MATHEMATIK NEUE WEGE

ARBEITSBUCH FÜR GYMNASIEN

Qualifikationsphase

Leistungskurs

Herausgegeben von
Henning Körner
Arno Lergenmüller
Günter Schmidt
Martin Zacharias

MATHEMATIK NEUE WEGE
ARBEITSBUCH FÜR GYMNASIEN
Qualifikationsphase Leistungskurs

Herausgegeben von:

Henning Körner, Arno Lergenmüller,
Prof. Günter Schmidt, Martin Zacharias

erarbeitet von:

Prof. Dr. Rolf Biehler, Kassel	Kerstin Peuser, Roetgen
Michael Bostelmann, Neuhäusel	Dr. Karl Reichmann, Neuenburg
Dieter Eichhorn, St. Ingbert	Michael Rüsing, Essen
Florian Engelberger, Traisen	Olga Scheid, Oldenburg
Andreas Jacob, Kaiserslautern	Prof. Günter Schmidt, Stromberg
Henning Körner, Oldenburg	Martin Traupe, Hamburg
Prof. Dr. Katja Krüger, Frankfurt/Main	Reimund Vehling, Hannover
Dr. Eberhard Lehmann, Berlin	Thomas Vogt, Hargesheim
Arno Lergenmüller, Roxheim	Dr. Hubert Weller, Lahnau
Annelies Paulitsch, Hamburg	Martin Zacharias, Molfsee

© 2015 Bildungshaus Schulbuchverlage
Westermann Schroedel Diesterweg Schöningh Winklers GmbH,
Georg-Westermann-Allee 66, 38104 Braunschweig
www.westermann.de

Das Werk und seine Teile sind urheberrechtlich geschützt. Jede Nutzung in anderen als den gesetzlich zugelassenen bzw. vertraglich zugestandenen Fällen bedarf der vorherigen schriftlichen Einwilligung des Verlages. Nähere Informationen zur vertraglich gestatteten Anzahl von Kopien finden Sie auf www.schulbuchkopie.de.

Für Verweise (Links) auf Internet-Adressen gilt folgender Haftungshinweis: Trotz sorgfältiger inhaltlicher Kontrolle wird die Haftung für die Inhalte der externen Seiten ausgeschlossen. Für den Inhalt dieser externen Seiten sind ausschließlich deren Betreiber verantwortlich. Sollten Sie daher auf kostenpflichtige, illegale oder anstößige Inhalte treffen, so bedauern wir dies ausdrücklich und bitten Sie, uns umgehend per E-Mail davon in Kenntnis zu setzen, damit beim Nachdruck der Verweis gelöscht wird.

Druck A^3 / Jahr 2024
Alle Drucke der Serie A sind inhaltlich unverändert.

Redaktion: Doreen Hempel, Sven Hofmann
Umschlagentwurf: Klaxgestaltung, Braunschweig
Illustrationen: M. Pawle, München
technische Zeichnungen: technisch-grafische Abteilung Westermann, Braunschweig;
imprint, Zusmarshausen, Hans-Joachim Piplak-Römer, Goslar; Mario Valentinelli, Rostock;
Michael Wojczak, Butjadingen
Satz: CMS – Cross Media Solutions GmbH, Würzburg
Taschenrechner-Screenshots: Texas Instruments Education Technology GmbH, Freising
Druck und Bindung: Westermann Druck GmbH,
Georg-Westermann-Allee 66, 38104 Braunschweig

ISBN 978-3-507-**85827**-5

Inhalt

Kapitel 1 **Einführung in die Analysis (Wiederholung)** **13**

1.1 Änderungsraten – grafisch erfasst 14
Änderungsrate und Graph 16

1.2 Durchschnittliche und momentane Änderungsrate –
Sekantensteigungsfunktion und Ableitungsfunktion 18
*Änderungsverhalten einer Funktion 19;
Der Grenzwert des Differenzenquotienten 21; Die „h-Methode" 22;
Von der Sekantensteigungsfunktion zur Ableitungsfunktion f'(x) 23*

1.3 Ableitungsregeln 25
*Wichtige Funktionen und deren Ableitungsfunktionen 26;
Wichtige Ableitungsregeln 28; Ganzrationale Funktion n-ten Grades 29;
Tangentengleichung 30*

1.4 Zusammenhänge zwischen Funktion und Ableitung –
Ganzrationale Funktionen 31
*Zusammenhang zwischen einer Funktion und ihrer Ableitung 32;
Lokale und globale Extrema 34;
Typisierung von Graphen ganzrationaler Funktionen dritten Grades 36;
Anzahl von Nullstellen bei ganzrationalen Funktionen dritten Grades 36;
Linearfaktorzerlegung 37; Mehrfache Nullstellen 37;
Bestimmung von Nullstellen 38*

CHECK UP 39

Anwendungen		*Werkzeuge*
Füllvorgänge 15	Bungee-Sprung 18	Differenzquotienten
800-Meter-Lauf 15	Senkrechter Wurf 20	mit dem GTR 20
Fußball 15		Funktionen mit Para-
Kochendes Wasser 17		meter mit dem GTR
Achterbahn 17, 20		30

Kapitel 2 **Erweiterung der Differenzialrechnung** **43**

2.1 Die 2. Ableitung und Zusammenhänge zwischen der
Funktion und ihren Ableitungen 44
*Geometrische Bedeutung der zweiten Ableitung 45; Wendepunkt 45;
Zusammenhänge zwischen einer Funktion und ihren Ableitungen 47*

2.2 Optimieren 58
Lösungsstrategie bei Optimierungsaufgaben 61

2.3 Funktionenscharen und Ortskurven................... 70
Ortskurven bei Funktionenscharen 72

2.4 Stetigkeit und Differenzierbarkeit 77
Stetigkeit 79; Differenzierbarkeit 79

CHECK UP 84
Sichern und Vernetzen – Vermischte Aufgaben 87

Anwendungen		legen von Aussagen
Umsatzentwicklung 44	Gewinnmaximierung	52
Kurven „erfahren" 45	66	Anwendungen der Pa-
Gewinnbilanz 46	Parfüm 66	rameterdarstellung
Tierbestände 46	Milchtüte 67	von Kurven 76
Optimale Schachtel 58	Füllgraphen 77	
Lagerhaltung 59		*Werkzeuge*
Stadion 64	*Exkurse*	Kurvendiskussion „per
Optimale Dose 64	Satz und Umkehrung	Hand" ohne GTR 57
Optimale Tüten 65	50	Parameterdarstellung
	Begründen oder Wider-	auf dem GTR 73

Kapitel 3 — **Modellieren mit Funktionen – Kurvenanpassung** 91

3.1 Funktionen beschreiben Wirklichkeit 92
Strategien zum Modellieren mit Funktionen 94

3.2 Gauß-Algorithmus zum Lösen linearer Gleichungssysteme 100
Der Gauß-Algorithmus in Kurzfassung 101

3.3 Bestimmung ganzrationaler Funktionen zu vorgegebenen Daten und Eigenschaften 105
Strategie zur Lösung von Steckbriefaufgaben 107

CHECK UP 124
Sichern und Vernetzen – Vermischte Aufgaben 126

Anwendungen	*Exkurse*	zum Krümmungsmaß 123
Reichstagskuppel 92	Kohlendioxid in der Atmosphäre 93	
CO_2-Gehalt der Luft 93		
Schwere Vögel 96	Regressionskurven 96	*Projekte*
Mobilfunkanschluss 97	Ziele des Modellierens 99	Eine Flasche mit Leck 99
Mikrowelle 97		
Ernteertrag 98	Ist GAUSS der Erfinder des Gauß-Algorithmus? 104	Klassische Bögen und moderne Architektur 116
Tennisballpyramide 104		
Übergänge – mit und ohne Ruck 106	Sanfte Übergänge 114	Eine Vase 117
Minigolf mit Mathe 113	Formen mit CAD konstruieren 120	*Werkzeuge*
Firmenlogo 113	Anschauliche Wege zum Krümmungsmaß 122	LGS mit dem grafikfähigen Taschenrechner lösen 102
Dach 113		
Skaterbahn 113	Rechnerischer Weg	

Kapitel 4 — **Integralrechnung** 129

4.1 Von der Änderungsrate zur Bestandsfunktion 130
Rekonstruktion der Bestandsfunktion aus der Änderungsratenfunktion 132;
Funktionsterme für die Bestandsfunktion finden 137;
Stammfunktionen 138

4.2 Der Hauptsatz der Differenzial- und Integralrechnung 142
Integralfunktion 144;
Hauptsatz der Differenzial- und Integralrechnung 147

4.3 Anwendungen der Integralrechnung 154
Flächenberechnung mit dem Integral 156; Ein Flächenvergleich 160;
Berechnung des Volumens eines Rotationskörpers mit dem Integral 168

CHECK UP 175
Sichern und Vernetzen – Vermischte Aufgaben 178

Anwendungen	*Exkurse*	KEPLER und die Weinfässer 169
Elektroauto 131	Elefantenrennen 135	
Gewinn 131, 136, 163	Ein Ausflug in die Wirtschaftswissenschaften 136	Ein Trinkgefäß 172
Pumpenspeicherwerk 134		Mittelwert einer Funktion auf Intervall 173
Fahrtenschreiber 135	Wurfspeer 141	
Freier Fall auf dem Mond 141	Integralfunktion 143	Die Bogenlänge 174
Beckenbefüllung 154	Anschaulicher „Beweis" des Hauptsatzes 146	*Werkzeuge*
Schmuckstücke 161	Das Integral als Grenzwert von Produktsummen 150	Bestandsberechnungen für Daten und Funktionen mit der Trapezformel 139
Helikopter 163		
Wasser im Keller 164		
Schweinezucht 164	Eine analytische Definition des bestimmten Integrals 152	Trapezsummen mit CAS 140
Wein im Glas 169		
Lagerhaltungskosten 173	Lorenzkurve und Gini-Koeffizient 165	Integrale mit dem GTR 147

Kapitel 5   **Exponentialfunktionen und ihre Anwendungen** 185

    5.1   Neue Ableitungsregeln – Produkt- und Kettenregel 186
          Verknüpfungen von Funktionen und ihren Ableitungen 188;
          Potenzregel für ganzzahlige und rationale Exponenten 191

    5.2   Änderungsverhalten bei Exponentialfunktionen......... 197
          Die natürliche Exponentialfunktion 199; Natürlicher Logarithmus 203;
          Die allgemeine Exponentialfunktionen als e-Funktion und ihre Ableitung 204;
          Die natürliche Logarithmusfunktion und ihre Ableitung 205

    5.3   Wachstum.. 211
          Exponentielles Wachstum: Wachstumsfaktor und Wachstumskonstante 213;
          Halbwertszeit bei radioaktivem Zerfall 215;
          Modellfunktionen aus Daten 217;
          Wachstumsfunktion des begrenzten Wachstums 219

    5.4   Modelle mit e-Funktionen 229
          Anwendung mit exponentiellen Modellen 231

CHECK UP 241
Sichern und Vernetzen – Vermischte Aufgaben 245

Anwendungen
Stetige Verzinsung 208
Abbauprozesse 211
Heuschrecken und Nashörner 212
Bisonbestände 212
Bakterien 214
Plutonium 215
Bevölkerung und Nahrungsmittel 216
Hundewelpen 217
Windkraftanlagen 218
Fischbestand 218
Lungenuntersuchung 220
Sonnenblumen 220
Ein Gerücht 221
Konzentration eines Medikaments 229, 234
Aus der Ökonomie 230
Kaffeeautomaten 232
Grippewelle 235
Strahlentherapie 239

Exkurse
Potenzen mit rationalen Exponenten 190
Beweis der Produktregel mit dem Differenzenquotienten 193
Die Ableitung der Umkehrfunktion 194
Die Leibniz-Notation für die Ableitung 195
Eine Frage der Priorität 196
Die Eulersche Zahl e 199
Eine neue Stammfunktion – eine Lücke wird gefüllt 207
Zinsen 208
Die Zahl e – allgegenwärtig und seltsam 210
Altersbestimmung mit der Radiokarbonmethode 215
Lineares und exponentielles Wachstum im Vergleich 216
„Bäume wachsen nicht in den Himmel." 219
Newtonsches Abkühlungsgesetz 227
Das Problem der hängenden Kette 233
Brücken und Kettenlinien 233
Die GAUSS'SCHE Glockenkurve 234

Werkzeuge
Funktionsvorschrift als Handlungsanweisung 189

Kapitel 6   **Orientieren und Bewegen im Raum (Wiederholung)** 251

    6.1   Orientieren im Raum – Koordinaten 252
          Koordinatensystem im Raum 253; Abstand zweier Punkte 253

    6.2   Bewegen im Raum – Vektoren..................... 257
          Vektoren – algebraisch und geometrisch 258;
          Rechnen mit Vektoren 260; Parallele Vektoren – kollinear 261;
          Differenzvektor 261; Mittelpunkt einer Strecke 261

CHECK UP 265
Sichern und Vernetzen – Vermischte Aufgaben 267

Anwendungen
Dachformen 255
Würfelverschiebungen 259
Rechteck im Würfel 261

Exkurse
Zeichnen auf Papier 254
Anfänge der Analytischen Geometrie 256
Die Begründung der modernen Vektorrechnung 264

Projekte
Mittenviereck in Ebene und Raum 263

Kapitel 7	**Geraden und Ebenen** **269**
7.1	Geraden in der Ebene und im Raum 270
	Punkt-Richtungs-Form einer Geradengleichung 272;
	Spurpunkte berechnen 277; Lagebeziehungen zwischen Geraden 280;
	Lagebeziehung zwischen Geraden mithilfe des Schnittpunktansatzes
	erkennen 282;
	Lagebeziehung zwischen Geraden an der Matrix erkennen 285
7.2	Ebenen im Raum.................................. 292
	Punkt-Richtungs-Form einer Ebenengleichung 295;
	Mit Spurpunkten zur Veranschaulichung von Ebenen 300;
	Lagebeziehung zwischen Gerade und Ebene 302;
	Lineare Abhängigkeit von drei Vektoren 304;
	Lagebeziehung zwischen Ebenen 306

CHECK UP 313
Sichern und Vernetzen – Vermischte Aufgaben 315

Anwendungen		*Projekte*
Begegnungsproblem 270	Dachfläche 293	Tripelspiegel 290
Laser 271	Pyramide und Quader 310	Zentralperspektive, Dürer und 3D-Kino 311
Haus des Nikolaus 275		
Würfelschnitte 275, 276	*Exkurse*	*Werkzeuge*
Projektionen 278	Darstellen von Geraden mit Spurpunkten 277	Lösen linearer Gleichungssysteme mit dem Gauß-Algorithmus 283
Schatten 278, 279, 289, 290	Licht und Schatten 289	
Tauchboot 279	Dürer 311	
Schiffswrack 279	3D im Gehirn 312	LGS mit dem grafikfähigen Taschenrechner lösen 284
Flugzeugkollision 288		
Landeanflug 288		

Kapitel 8	**Skalarprodukt und Messen** **319**
8.1	Skalarprodukt und Winkel 320
	Skalarprodukt und dessen Anwendungen 322
8.2	Winkel zwischen Geraden und Ebenen 331
	Normalenvektor einer Ebene 333;
	Winkel zwischen Gerade und Ebene 333;
	Normalenform einer Ebenengleichung 338; Vektorprodukt 346
8.3	Abstandsprobleme 348
	Lotfußpunktverfahren zum Bestimmen von Abständen 350;
	Hesse'sche Normalform 354; Abstand windschiefer Geraden 356

CHECK UP 360
Sichern und Vernetzen – Vermischte Aufgaben 363

Anwendungen		
Winkel in Pyramide 325, 326, 336	Tetraederwinkel 343	Tetraederpackung 342
Oktaeder 326, 343	Flugrouten 359	Geometrie linearer (3,3)-Gleichungssysteme 344
Winkel in Walmdächern 337	*Exkurse*	
Lagerhalle 341	Spat 324	Skalarprodukt und S-Multiplikation 346
Architektur 341	Beweis des Satzes des Thales mithilfe des Skalarproduktes 328	Abstand Punkt – Gerade mithilfe der Analysis 358
Parkettierung des Raumes 342, 343	Vektoren in der Physik 330	
Platonische Körper 342		

Kapitel 9   **Zufall, Wahrscheinlichkeit und Wahrscheinlichkeitsmodelle (Wiederholung)** **367**

       9.1   Mit Wahrscheinlichkeiten zufällige Prozesse beschreiben .. 368
       Bestimmen von Wahrscheinlichkeiten 370;
       Experimentelle und theoretische Methoden 370; Simulationsplan 373

■   9.2   Nachgefragt – Empirisches Gesetz der großen Zahlen 374
       Empirisches Gesetz der großen Zahlen – Stabilisierung der relativen
       Häufigkeiten 376; Prognoseintervalle für relative Häufigkeiten 377

       9.3   Wahrscheinlichkeitsmodelle 381
       Ereignisse und Rechnen mit Ereigniswahrscheinlichkeiten 382;
       Was versteht man unter der bedingten Wahrscheinlichkeit P(B|A)? 388

       CHECK UP 391

Anwendungen
Lotto 368
capture-recapture-Methode 372
Roulette 372, 381
Tennismatch 373
Simulation mit Excel 373
Münzwurf 374, 375, 379, 380, 386
Jungengeburten 378
Psychologischer Test 379
Multiple-Choice-Test 379
Würfeln 381, 383, 384, 385, 386, 387
Blutgruppenverteilung 383
Haustiere 386
Triebwerksstörung 389
„Der Fall Sally Clark" 390

Exkurse
Laplace-Würfel oder realer Würfel? 384
Zur Geschichte des Würfelns 385
Mengensprache in der Stochastik 387

Kapitel 10   **Häufigkeits- und Wahrscheinlichkeitsverteilungen** **393**

       10.1   Zufallsgrößen und Erwartungswert 394
       Zufallsgröße, Wahrscheinlichkeitsverteilung und deren Kenngrößen 396;
       Erwartungswert und Standardabweichung 396

       10.2   Binomialverteilung 403
       Binomialkoeffizienten und Wahrscheinlichkeiten 405;
       Bernoulli-Kette und Binomialverteilung 406;
       Erwartungswert und Standardabweichung der Binomialverteilung 412;
       Sigma-Regeln 415

       10.3   Normalverteilung 420
       Erwartungswert und Standardabweichung der Normalverteilung 423;
       Sigma-Regeln 427

       CHECK UP 430
       Sichern und Vernetzen – Vermischte Aufgaben zu den Kapiteln 9-10 433

Anwendungen
„E-Reader" 394
Preisausschreiben 397
Roulette 398, 408, 413
Lotto „6 aus 49" 398
PS-Sparen 398
„Chuck a luck" 399, 400
Städtereisen 400
Gruppentests 401
Spielstrategien bei „Sechs verliert" 402
Verkehrssicherheit 408
Linkshänder 409
Nebenwirkungen 410
Lkw-Kontrolle 410
Multiple-Choice-Test 410
Einschaltquoten 411
Mensaessen 411
„Alte Autos" 411
Alarmanlagen 411
Suche nach Öl 413
Anzahl der „e"s 416
Eine Fallstudie – „Anwenden und Verantwortung" 419
Tischtennisbälle 421
Zuckerpackungen 427
Kaffeepackungen 427
Basketballspieler 428
Kugeln für ein Kugellager 428
Flugzeiten 428
Länge von Nieten 428

Exkurse
Wie man Prognosen für Stichprobenergebnisse erstellt 416
Wissenswertes über Prognoseintervalle 418
Warum Normalverteilungen so wichtig sind 426

Werkzeuge
Binomialverteilung mit dem grafikfähigen Taschenrechner 408
Normalverteilung und GTR – Typische Aufgaben 424

■ Zusatzstoff

Kapitel 11 — Beurteilende Statistik 437

11.1 Testen von Hypothesen 438
Bewerten von Stichprobenergebnissen mit dem „P-Wert" 440;
Planen und Durchführen eines Hypothesentests („Signifikanztest") 445

■ **11.2** Nachgefragt – Entscheiden mit Statistik 455
Datenerhebung und Auswertung 456;
Vierfelder-Test (Exakter Test von FISHER) 458

CHECK UP 459
Sichern und Vernetzen – Vermischte Aufgaben 460

Anwendungen
Träume in Farbe? 438
Geschmackstest 439
Überraschungseier 439
Der Farbstift als Würfel 441
Parteien 441
Übersinnliche Wahrnehmungsfähigkeiten 442
Multiple-Choice-Test 442
Wirkung eines Impfstoffes 442, 451, 458
Händewaschen 442

Werbung im Internet 443, 448
Handynutzung am Steuer 443
Qualitätskontrolle 444
Euro-Münze 447
Verbesserung der Zahnpflege 449
Feuerwerkskörper 450
Medikamenten-Test 453, 457
Zufall im Sport 454
„Tödliche Handys" 455
Vitamin C 457

Antiseptische Chirurgie 458

Exkurse
Die „Zutaten" zur Überprüfung einer Vermutung 443
FAQ 452
Einige Bemerkungen zu Hypothesentests bei klinischen Studien 457

Kapitel 12 — Stochastische Prozesse 461

12.1 Stochastische Prozesse und Matrizen 462
Stochastische Prozesse beschreiben und berechnen 464;
Übergangsgraph, Übergangstabelle, Übergangsmatrix 464

12.2 Langzeitverhalten bei stochastischen Prozessen 471
Multiplikation von Matrizen 472;
Übergangsprozesse schrittweise (iterativ) und mit Matrixpotenzen 474;
Langfristige Entwicklung und stabile Verteilung 477

CHECK UP 483
Sichern und Vernetzen 485

Anwendungen
Nahverkehr 462
Marktanalyse 463, 466, 479
Käuferverhalten 465
Versicherung 467
Münzwanderung 467
Autovermietung 469, 478
Fahrradverleih 470
Umpumpen 471
Kundenströme 471
Mittagessen 473

Haarwaschmittel 476
Mäuselabyrinth 476
Supermarkt 476
Forellenteiche 477
Schokolinsen 480
Soziologie 481
Wo wohnen wir morgen? 481
Mäuse im Forschungslabor 482

Exkurse
Mathematische Fachsprache rund um Matrizen und Vektoren 468
Matrixpotenzen und Grenzmatrix von stochastischen Matrizen 482

Werkzeuge
Matrizen und Vektoren mit dem GTR 466
Matrizenmultiplikation mit dem GTR 474

Aufgaben zur Vorbereitung auf das Abitur 487
Lösungen zu den Check-ups 500
Tabelle Zufallsziffern 514
Stichwortverzeichnis 515
Fotoverzeichnis 522

■ Zusatzstoff

Zum Aufbau dieses Buches

Jedes Kapitel beginnt mit einer **Einführungsseite**, die den Kapitelaufbau mit den einzelnen Lernabschnitten übersichtlich darstellt.

Jeder dieser Lernabschnitte ist in **drei Ebenen** – **grün** – **weiß** – **grün** – unterteilt.

Die erste grüne Ebene

Was Sie erwartet

In wenigen Sätzen, Bildern und Fragen erfahren Sie, worum es in diesem Abschnitt geht.

Einführende Aufgaben

In vertrauten Alltagssituationen ist bereits viel Mathematik versteckt. Mit diesen Aufgaben können Sie wesentliche Zusammenhänge des Themas selbst entdecken und verstehen.

Dies gelingt besonders gut in der Zusammenarbeit mit einem oder mehreren Partnern.

In dem vielfältigen Angebot können Sie nach Ihren Erfahrungen und Interessen auswählen.

Die weiße Ebene

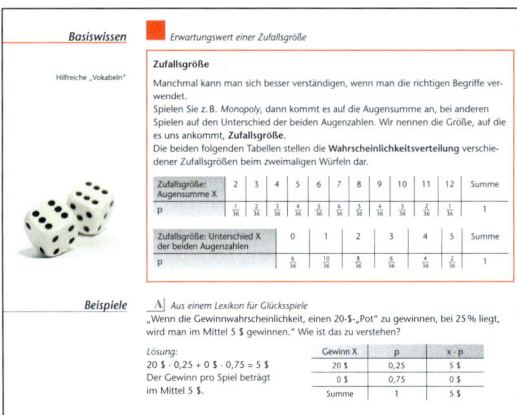

Basiswissen

Im roten Kasten finden Sie das Wissen und die grundlegenden Strategien kurz und bündig zusammengefasst.

Beispiele

Die durchgerechneten Musteraufgaben helfen beim eigenständigen Lösen der Übungen.

Übungen

Die Übungen bieten reichlich Gelegenheit zu eigenen Aktivitäten, zum Verstehen und Anwenden. Zusätzliche „Trainingsangebote" führen zur Sicherheit.

Bei vielen Übungen finden Sie hilfreiche Tipps oder Möglichkeiten zur Selbstkontrolle.

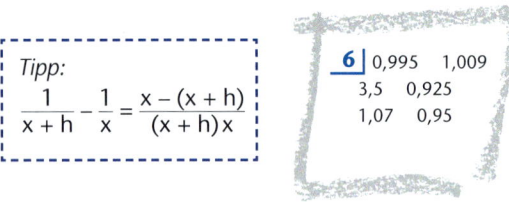

Werkzeugkästen erläutern den Umgang mit dem **GTR** oder das Vorgehen bei mathematischen Verfahren.

Auf **gelben Karten** sind wichtige Sätze oder Sachverhalte zusammengefasst, die das Basiswissen ergänzen.

> Eine solche Darstellung bezeichnet man als **Vektor**.

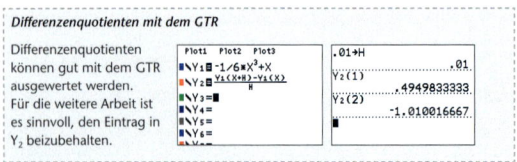

Die zweite grüne Ebene

Aufgaben

Hier finden Sie Anregungen zum Entdecken überraschender Zusammenhänge der Mathematik mit vielen Bereichen Ihrer Lebenswelt und anderer Fächer.

Die Aufgaben hier sind meist etwas umfangreicher, deshalb ist oft Teamarbeit sinnvoll.

In Projekten gibt es Anregungen zu mathematischen Exkursionen oder zum Erstellen eigener Produkte. Dies führt auch zu Präsentationen der Ergebnisse in größerem Rahmen.

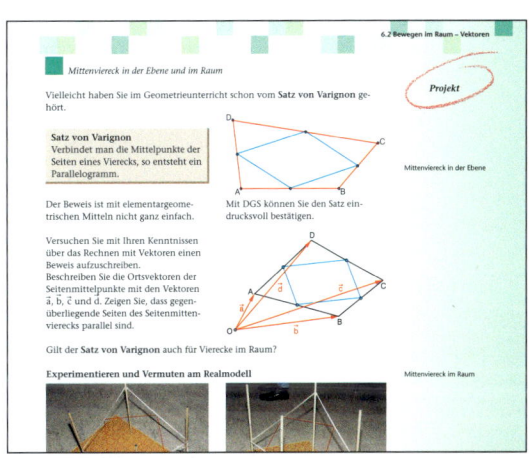

Exkurse

Auch im Mathematikbuch gibt es einiges zu erzählen, über Menschen, Probleme und Anwendungen oder auch Seltsames.

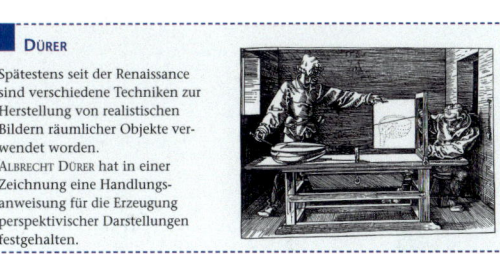

Check Up und Vermischte Aufgaben

Am Ende jedes Kapitels wird im **Check Up** nochmals das Wichtigste übersichtlich zusammengefasst.
Zusätzlich finden Sie passende Aufgaben, mit denen Sie Ihr Wissen festigen und sich für Prüfungen vorbereiten können. Die Lösungen hierzu finden Sie am Ende des Buches.

Die abschließenden **Vermischten Aufgaben** bieten weitere Übungen zur Festigung des Gelernten. Die **Abituraufgaben** stellen eine optimale Prüfungsvorbereitung für das Abitur dar. Die Lösungen zu beiden finden Sie unter www.schroedel.de/nw-85827.

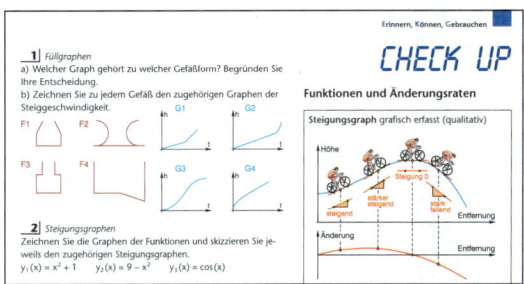

Kopfübungen und Zum Erinnern und Wiederholen

„Vergessen ist menschlich."
Deshalb können Sie in den **Kopfübungen** am Ende jeder weißen Ebene früher erworbene Kenntnisse wiederholen und auffrischen.

Im **Kompendium** wird Grundlegendes aus den vorhergehenden Bänden knapp und übersichtlich zusammengestellt
(siehe www.schroedel.de/nw-85827 im Reiter *Downloads*).

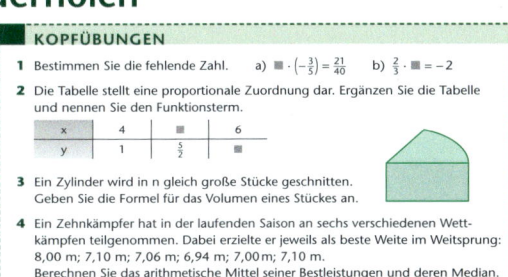

Digitale Werkzeuge

Zum **GTR-Einsatz** gibt es **handbuchartige Anleitungen** zu den gängigen Geräten für Schülerinnen und Schüler sowie für Lehrkräfte. Hierin gibt es Verweise auf passende Aufgaben und Werkzeuge, die sich zur Einführung einzelner Bedienelemente anbieten.
Außerdem bieten wir Ihnen **Interaktive Werkzeuge** zur Visualisierung von Objekten. Aufgaben, bei denen ein Werkzeugeinsatz hilfreich ist, sind mit dem **Maus-Symbol** (Analysis, Geometrie, Stochastik) gekennzeichnet. Darüber hinaus gibt es **Digitales Zusatzmaterial** (Excel-, Geogebra-, Fathomdateien), das zur Unterstützung der Anschauung und zur Darstellung von Lösungsstrategien angeboten wird. Die zur Aufgabe passenden Dateien sind neben dem **Maus-Symbol** genannt.
Alle digitalen Werkzeuge finden Sie unter www.schroedel.de/nw-85827 im Reiter *Downloads*.

Analysis

9110.ftm
9110.xlsx
9110.ggb

1 Einführung in die Analysis (Wiederholung)

Im Mittelpunkt dieser Einführung steht das „Änderungsverhalten" von Funktionen, das über die anschauliche Erfahrung aus dem Alltag in aufeinander aufbauenden Stufen bis zur Ableitungsfunktion mathematisiert wird.

1.1 Änderungsraten – grafisch erfasst

Die Änderungsrate an einer Stelle hängt mit der Steigung des Graphen an dieser Stelle zusammen. Mithilfe einer an dem Graphen entlang gleitenden Sekante lässt sich die Steigung in jedem Kurvenpunkt schätzen. Damit kann der Steigungsgraph qualitativ skizziert werden.

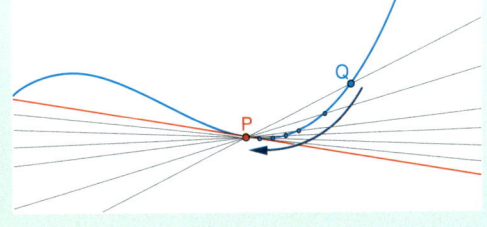

1.2 Durchschnittliche und momentane Änderungsrate – Sekantensteigungs- und Ableitungsfunktion

Die durchschnittliche Steigung eines Funktionsgraphen über einem Intervall lässt sich mit dem Differenzenquotienten berechnen. Der Grenzwert dieses Differenzenquotienten liefert einen Wert für die momentane Änderungsrate an der Stelle a. Geometrisch wird dieser Prozess durch die Annäherung von Sekanten an eine Tangente interpretiert.
Mit der Sekantensteigungsfunktion wird die Änderungsrate einer Funktion nicht nur an einer Stelle, sondern im ganzen Definitionsbereich näherungsweise berechnet. Diese lässt sich mit dem Rechner tabellarisch und grafisch darstellen. Mit den beschriebenen Grenzwertprozessen gelangt man schließlich zur Ableitungsfunktion.

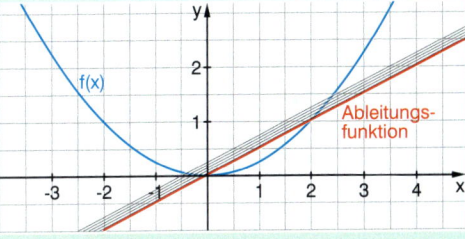

1.3 Ableitungsregeln

Mit wenigen einfachen Ableitungsregeln (Faktorregel, Summenregel, Potenzregel) können die Ableitungen von ganzrationalen Funktionen berechnet werden, ohne dass man auf Grenzwertprozesse zurückgreifen muss.

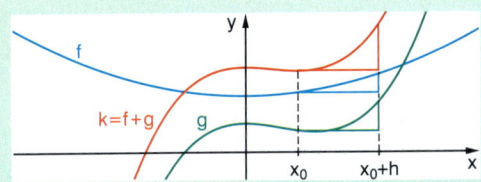

1.4 Zusammenhänge zwischen Funktion und Ableitung – Ganzrationale Funktionen

Eigenschaften eines Funktionsgraphen wie „fallend/steigend" oder „lokale Extrempunkte" spiegeln sich in der 1. Ableitung wider. Die Zusammenhänge lassen sich exakt formulieren und auf die Untersuchung von ganzrationalen Funktionen anwenden.

1.1 Änderungsraten – grafisch erfasst

Was Sie erwartet

Mit Graphen und Funktionen lassen sich viele Situationen und Vorgänge beschreiben. Bei der Interpretation der Graphen und Funktionen spielt sehr häufig deren „Änderungsverhalten" eine Rolle. Einiges wird Ihnen bereits bekannt sein. Benutzen Sie diesen und die folgenden Lernabschnitte zur Wiederholung und Ergänzung.

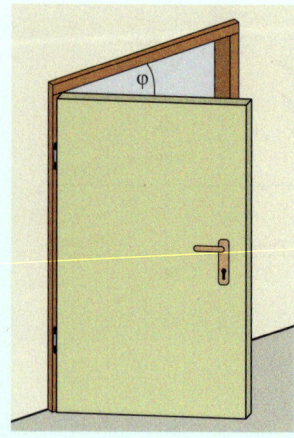

Eine Tür öffnet sich automatisch beim Durchschreiten einer Lichtschranke. Während des Öffnungs- und Schließvorganges hängt der Öffnungswinkel φ der Tür von der Zeit t ab.

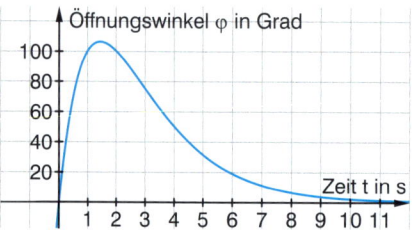
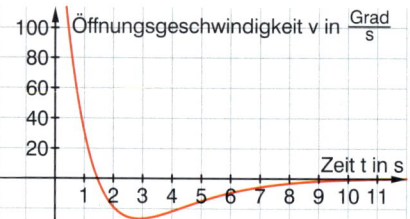

Beschreibung des Öffnungs- und Schließvorgangs:
Die Tür öffnet sich zunächst schnell. Dann verlangsamt sich das Öffnen, bis die Tür ihre maximale Öffnung erreicht. Anschließend schließt sich die Tür allmählich, bis sie ins Schloss fällt.

Beschreibung des Öffnungs- und Schließvorgangs:
Die „Öffnungsgeschwindigkeit" ist zunächst groß, wird dann kleiner und erreicht den Wert Null, wenn der Öffnungswinkel am größten ist. Im Anschluss daran schließt sich die Tür wieder („negative" Öffnungsgeschwindigkeit).

Aufgaben

Mit den Aufgaben 1 bis 4 können Sie Ihr Wissen über Änderungsraten von Funktionen überprüfen. Sollten Sie beim Lösen der Aufgaben unsicher sein oder Schwierigkeiten haben, dann lesen Sie zunächst das Basiswissen auf Seite 16.

1 Infusion

Ein Patient erhält ein Medikament durch eine Dauerinfusion. Im links abgebildeten Diagramm ist die Konzentration des Medikamentes im Blut in Abhängigkeit von der Zeit dargestellt, im rechten Diagramm die Änderungsgeschwindigkeit der Konzentration.

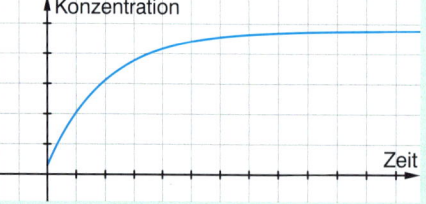
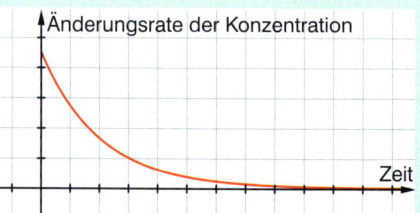

a) Beschreiben Sie beide Diagramme mit Worten.

b) Die Konzentration sinkt nach Beendigung der Infusion zunächst rasch und nähert sich dann allmählich null. Setzen Sie die beiden Graphen entsprechend fort.

1.1 Änderungsraten – grafisch erfasst

2 Füllvorgänge und Graphen
Aufgaben

In die abgebildeten Gefäße fließt mit gleichmäßigem Zufluss eine Flüssigkeit. Mit der Zeit steigt der Flüssigkeitsspiegel.

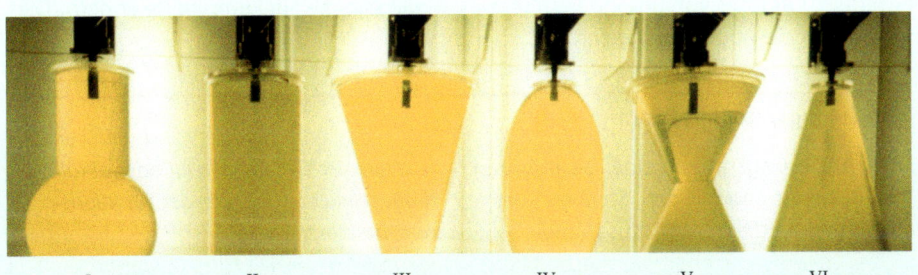

I   II   III   IV   V   VI

a) Der Flüssigkeitsspiegel für jedes Gefäß wird im Sekundenabstand festgehalten und aufgezeichnet. So entstehen wie bei einer „Stroboskopaufnahme" die sechs Bilder in den Spalten A bis F. Ordnen Sie den Gefäßen im obigen Bild jeweils die passende „Stroboskopaufnahme" zu.

b) Skizzieren Sie zu jedem Gefäß den passenden Füllgraphen, so wie er in der Abbildung für das Gefäß III dargestellt ist.

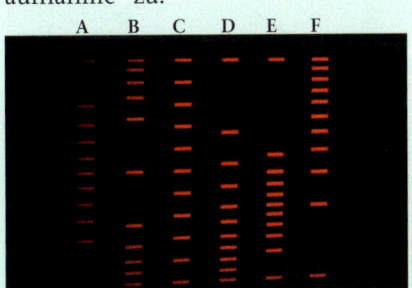

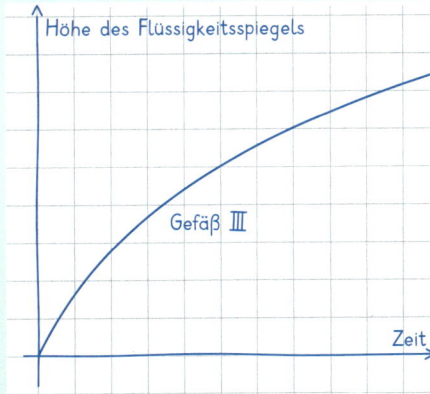

3 800-m-Lauf

In dem Bild ist das Weg-Zeit-Diagramm eines Athleten bei einem 800-m-Lauf dargestellt (vereinfachtes Modell).
a) Beschreiben Sie den Rennverlauf.
b) Begründen Sie, dass die Durchschnittsgeschwindigkeit 5 m/s beträgt. Wie würde das Weg-Zeit-Diagramm aussehen, wenn der Läufer konstant mit 5 m/s laufen würde?
c) Ermitteln Sie die größte Geschwindigkeit des Sportlers.
d) Inwieweit halten Sie den Graphen für angemessen?

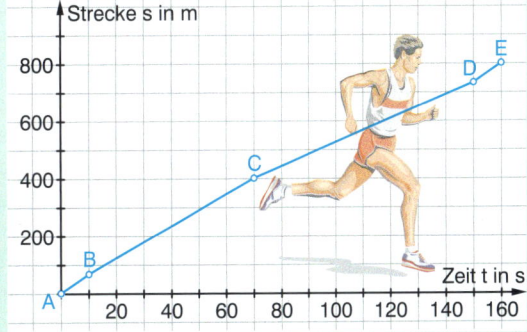

4 Der Flug eines Fußballs

Der Graph zeigt die Flughöhe eines Fußballs in Abhängigkeit von der Zeit.
a) Wie kann man mit dem angelegten Lineal einen Näherungswert für die Änderungsrate der Höhe zum Zeitpunkt $t = 4\,\text{s}$ ermitteln? Um welche physikalische Größe handelt es sich?
b) Ermitteln Sie mit der „Linealmethode" die Änderungsrate zu den Zeitpunkten $t = 2\,\text{s}$ und $t = 5\,\text{s}$.

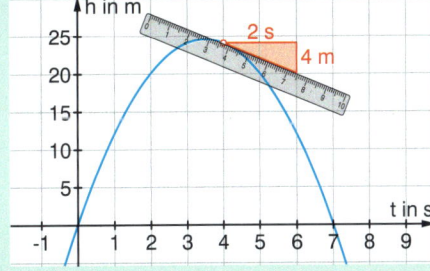

1 Einführung in die Analysis (Wiederholung)

Basiswissen

 Änderungsraten

Viele Situationen und Vorgänge werden durch Funktionsgraphen, Tabellen oder Funktionsgleichungen beschrieben. Zu bestimmten x-Werten lässt sich der zugehörige y-Wert ermitteln. Oft ist es von besonderem Interesse, wie sich die Funktionswerte ändern. Dies wird durch die Änderungsrate erfasst.

Änderungsrate und Graph

Die **Änderungsrate** an einer bestimmten Stelle hängt eng mit der „Steilheit" des Graphen an dieser Stelle zusammen.

Je steiler der Graph ansteigt oder abfällt, desto stärker ändert sich der Funktionswert an dieser Stelle.

Anders als bei einer Geraden, die überall gleichmäßig ansteigt oder abfällt, ändert sich die Steigung einer Kurve offenbar von Punkt zu Punkt.

Die Steilheit eines Graphen lässt sich auch mit einem Lineal schätzen (siehe Abbildung zu Aufgabe 4).

Das Bild verrät, wie man die Steigung an einem bestimmten Kurvenpunkt schätzen kann: Der Radfahrer fährt auf der Kurve entlang. Wenn sich die Pedale über einem bestimmten Kurvenpunkt befinden, berühren die beiden Räder links und rechts davon die Kurve. Diese Berührpunkte verbinden wir in Gedanken mit einer Geraden. Die Steigung dieser Geraden gibt einen guten Näherungswert für die Steigung der Kurve in dem Punkt. Damit kann der *Steigungsgraph* qualitativ skizziert werden. Er gibt Auskunft über die Änderungsrate an jeder Stelle.

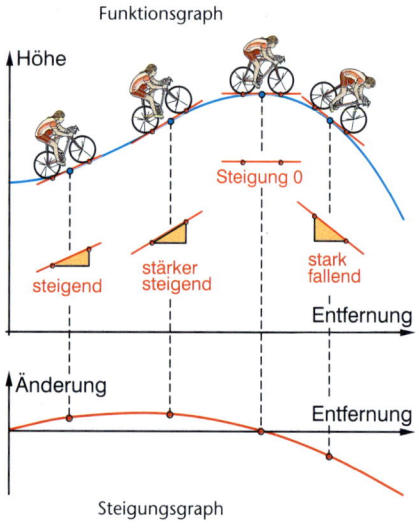

Beispiele

A *Rentierbestand*

Der Graph zeigt die Entwicklung einer Rentierpopulation auf einer einsamen Insel in Abhängigkeit von der Zeit. Beschreiben Sie die Entwicklung des Rentierbestandes mit Worten. Zeichnen Sie den zugehörigen Änderungsgraphen.

Lösung:
Am Anfang wächst der Rentierbestand immer schneller. Ab einem Zeitpunkt verlangsamt sich die Zunahme, bis der Bestand zum Zeitpunkt a sein Maximum erreicht hat. Dort ist die Änderungsrate null. Von da an verringert sich der Bestand, zunächst immer schneller und dann wieder langsamer.
Schließlich ändert sich der Bestand nicht mehr, er bleibt konstant.

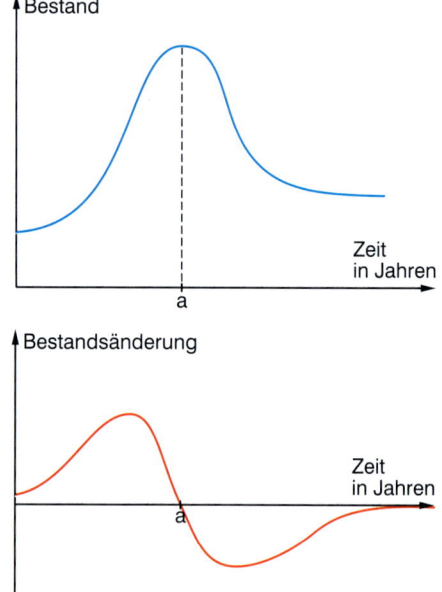

1.1 Änderungsraten – grafisch erfasst

Übungen

5 *Füllgraphen*
Skizzieren Sie die Füllgraphen und die zugehörigen Graphen, die die Höhenänderung in Abhängigkeit von der Zeit beschreiben (Höhenänderungsgraphen).

a) 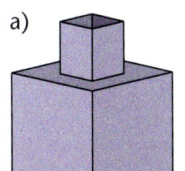 b)  c) 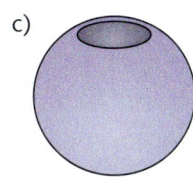 d) 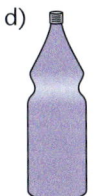 e)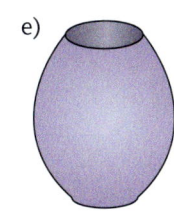

6 *Steigung am Funktionsgraph*
Die Abbildungen 1 bis 4 stellen die Graphen von verschiedenen Funktionen dar. Stellen Sie bei jedem Graphen an den markierten Stellen fest, ob der Graph dort steigt, fällt oder weder fällt noch steigt. Ändert sich die Funktion an den markierten Stellen a und b schnell oder eher langsam?

(1) 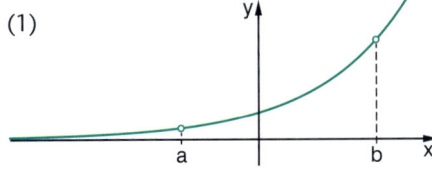   (2)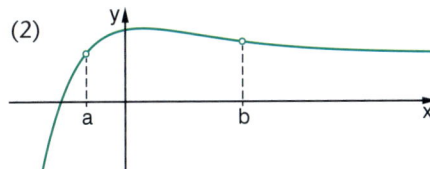

(3) 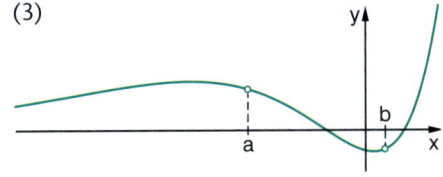   (4)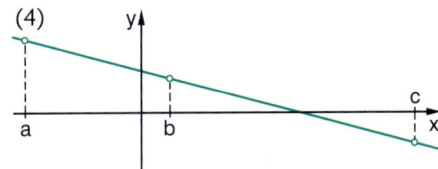

7 *Kochendes Wasser*
In der Abbildung ist die Temperatur T in Grad Celsius des Wassers in einem Wasserkessel auf einer Herdplatte in Abhängigkeit von der Zeit t in Minuten dargestellt.
a) Beschreiben Sie den Temperaturverlauf mit Worten. Wie kommt der Abschnitt zwischen 9 und 11 Minuten zustande?
b) Übertragen Sie das Diagramm auf kariertes Papier. Ermitteln Sie die Änderungsrate der Temperatur zu den Zeitpunkten 4, 10, 14 Minuten.
c) Zeichnen Sie den zugehörigen Graphen, der die Temperaturänderung in Abhängigkeit von der Zeit darstellt.

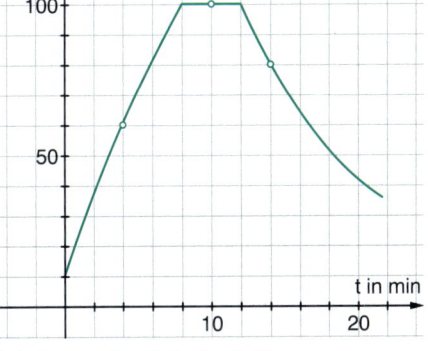

8 *Geschwindigkeit auf der Achterbahn*
Der Graph zeigt das Geschwindigkeits-Zeit-Diagramm eines Wagens einer Achterbahn, nachdem er vom höchsten Punkt der Bahn zum ersten Mal „in die Tiefe" stürzt.
a) Beschreiben Sie die Fahrt mit Worten.
b) Das Beschleunigungs-Zeit-Diagramm stellt die Geschwindigkeitsänderung (Beschleunigung) in Abhängigkeit von der Zeit dar. Zeichnen Sie den zugehörigen Graphen.

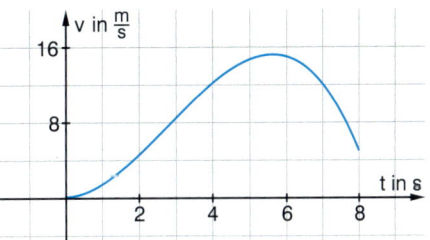

1 Einführung in die Analysis (Wiederholung)

1.2 Durchschnittliche und momentane Änderungsrate – Sekantensteigungsfunktion und Ableitungsfunktion

Was Sie erwartet

■ Wenn ein Stein von einem hohen Turm fällt oder ein Bungee-Springer von einer Brücke springt, dann ist die Fallgeschwindigkeit zunächst klein und wird dann immer größer. Die Fallstrecke und die Fallgeschwindigkeit sind von der Zeit abhängig. Eine interessante Frage ist: „Welche Geschwindigkeit hat der fallende Körper zu einem bestimmten Zeitpunkt?"

Diese Frage ist nicht leicht zu beantworten, da die Geschwindigkeit beim freien Fall zu jedem Zeitpunkt eine andere ist. Im Laufe dieses Lernabschnitts werden wir lernen, wie man diese Frage mit grafischen und numerischen Hilfsmitteln beantworten kann. Dabei werden wir das Konzept der momentanen Änderungsrate entwickeln und diese mithilfe der Ableitungsfunktion schnell berechnen können.

Aufgaben

1 *Freier Fall beim Bungee-Sprung*

Die Bloukrans-Brücke im Tsitsikamma-Nationalpark in Südafrika ist mit 216 m Höhe eine der höchsten Brücken der Welt. Daher ist sie bei allen professionellen Bungee-Springern bekannt. Der Sprung in die Tiefe ist zunächst ein freier Fall. Durch die Dehnung des Seiles nach der Freifallphase (nach etwa 4 Sekunden) wird der Springer so abgebremst, dass er rechtzeitig vor dem Boden gestoppt wird. Der gesamte Fall dauert bei der Bloukrans-Brücke über 6 Sekunden.

Es soll die Geschwindigkeit zu einem gegebenen Zeitpunkt t nach dem Absprung von der Brücke in der Freifallphase berechnet werden.

Der Absprung befindet sich 216 m über dem Fluss. Die Höhe h(t) über dem Fluss in Abhängigkeit von der Zeit t nach dem Absprung lässt sich in der Freifallphase modellieren mit der Gleichung

$$h(t) = 216 - 5t^2 \quad \text{für} \quad 0 \leq t \leq 4.$$

a) Berechnen Sie die **Durchschnittsgeschwindigkeit** des Springers auf den ersten 4 Sekunden des Sprunges mit der Formel $v = \frac{h(4) - h(0)}{4}$.

b) Im Folgenden soll die genaue Geschwindigkeit zum Zeitpunkt t = 4 s, die sogenannte Momentangeschwindigkeit, ermittelt werden. Dazu ein paar Überlegungen:
- Warum lässt sich die Geschwindigkeit v zum Zeitpunkt t = 4 s nicht mit der aus der Physik bekannten Formel Geschwindigkeit = $\frac{\text{Weg}}{\text{Zeit}}$ berechnen?
- Schätzen Sie die **Momentangeschwindigkeit** zum Zeitpunkt t = 4 s, indem Sie die Durchschnittsgeschwindigkeiten für immer kleinere Zeitintervalle [t; 4] berechnen.

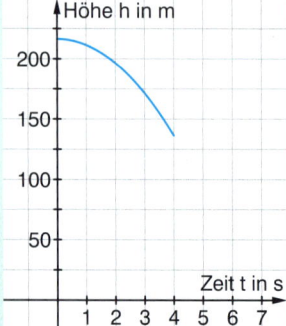

Berechnung der Höhe für Werte von t nahe 4 Sekunden, z. B. t = 3,9 s.

$h(3,9) = 216 - 5 \cdot 3,9^2 = 139,95 \quad v = \frac{h(4) - h(3,9)}{4 - 3,9} = \frac{136 - 139,95}{0,1} = -39,5$

Die Durchschnittsgeschwindigkeit auf dem Intervall [3,9; 4] beträgt –39,5 m/s.

Führen Sie die Berechnungen für t = 3,99 s, t = 3,999 s und t = 3,9999 s durch.
- Beobachten Sie, wie sich bei Ihren Berechnungen die Durchschnittsgeschwindigkeit verändert, wenn t sich immer mehr dem Wert 4 nähert.

1.2 Durchschnittliche und momentane Änderungsrate – Sekantensteigungsfunktion und Ableitungsfunktion

Basiswissen

Änderungsverhalten einer Funktion

Man kann das **Änderungsverhalten** einer Funktion f **auf einem Intervall** [a; b] beschreiben mit dem

Differenzenquotienten

$$\frac{\Delta y}{\Delta x} = \frac{f(b) - f(a)}{b - a}.$$

Dies ist die **durchschnittliche Änderungsrate** der Funktion im Intervall [a; b].

Geometrisch interpretiert gibt der Differenzenquotient die Steigung der Geraden (*Sekante*) durch die Punkte P(a|f(a)) und Q(b|f(b)) an. Die Steigung der Sekante ist die mittlere Steigung des Graphen auf dem Intervall [a; b].

Geometrische Bedeutung

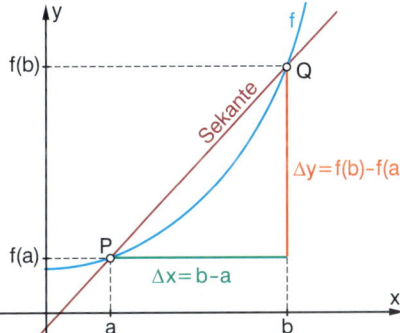

Statt „durchschnittliche" Änderungsrate sagt man oft auch „mittlere" Änderungsrate.

Das **Änderungsverhalten** einer Funktion f **an der Stelle a** kann man näherungsweise bestimmen.

Man berechnet die durchschnittliche Änderungsrate auf dem Intervall [a; a + h] für einen sehr kleinen Wert für den Betrag von h mit

$$\frac{\Delta y}{\Delta x} = \frac{f(a + h) - f(a)}{h}.$$

Setzt man z. B. für h die Zahl 0,001 ein, so erhält man die durchschnittliche Änderungsrate auf dem Intervall [a; a + 0,001].

Dies liefert einen guten Näherungswert für die Änderungsrate der Funktion f an der Stelle a.

Geometrische Bedeutung

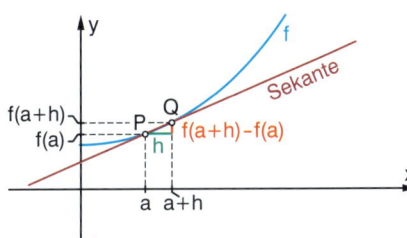

Die Änderungsrate an der Stelle a gibt die Steigung des Graphen an dieser Stelle an.

Man spricht auch von der **momentanen** Änderungsrate der Funktion f an der Stelle a.

Beispiele

A | Änderungsrate berechnen

Bestimmen Sie die Änderungsrate der Funktion $f(x) = 212 - 5x^2$ an der Stelle a = 3 mit dem Differenzenquotienten für ein „kleines" h.

Lösung:

a = 3; h = 0,01 $\frac{\Delta y}{\Delta x} = \frac{f(3 + 0,01) - f(3)}{0,01} = \frac{166,6995 - 167}{0,01} = -30,05$

Der Graph der Funktion f ist an der Stelle a = 3 stark fallend.

B | Steigung bestimmen

Zeichnen Sie an den Graphen der Funktion $f(x) = -x^2 + 8x$ im Punkt P(2|12) mit dem Lineal eine Tangente und lesen Sie die Steigung ab.
Berechnen Sie die Steigung mit dem Differenzenquotienten für ein „kleines" h.

Lösung:

a = 2; h = 0,001

$\frac{\Delta y}{\Delta x} = \frac{f(2 + 0,001) - f(2)}{0,001} = \frac{12,003999 - 12}{0,001} = 3,999$

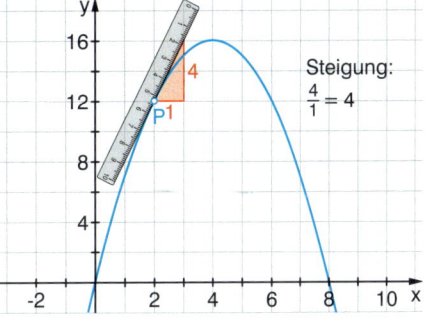

Steigung: $\frac{4}{1} = 4$

Die Rechnung passt in etwa zu der zeichnerischen Lösung.

1 Einführung in die Analysis (Wiederholung)

Übungen

2 *Durchschnittliche Änderungsraten auf beliebigen Intervallen*
a) Finden Sie allein mit Berechnungen heraus, ob der Graph von
$f(x) = x^3 - 2x^2 - 11x + 12$ in den Intervallen $[-3; 0]$, $[0; 3]$ und $[3; 6]$ eine positive oder negative durchschnittliche Steigung hat. Vergleichen Sie mit einer Skizze auf dem GTR.
b) Beschreiben Sie, welche „Schwächen" durchschnittliche Änderungsraten auf größeren Intervallen haben können.
c) Geben Sie drei Intervalle an, bei denen die durchschnittliche Änderungsrate Ihrer Meinung nach aussagekräftig ist.

3 *Näherungswerte für momentane Änderungsraten*
Bestimmen Sie die Änderungsrate der Funktion f an der Stelle a, indem Sie für h „kleine" Werte wählen.

a) $f(x) = \frac{4}{x}$, $a = 3$ 	b) $f(x) = x^3 - 9x$, $a = 4$ 	c) $f(x) = 2x$, $a = 50$

4 *Senkrechter Wurf*
Ein Ball wird senkrecht in die Höhe geworfen. Die Abbildung stellt die Höhe $h(t)$ in Abhängigkeit von der Zeit t dar.
a) Ermitteln Sie grafisch mit einem Lineal die Änderungsrate des Graphen zum Zeitpunkt $t = 1$ s.
b) Der senkrechte Wurf, so wie er in der Abbildung dargestellt ist, wurde mit der Funktion $h(t) = 20t - 5t^2$ modelliert. Berechnen Sie die Änderungsrate der

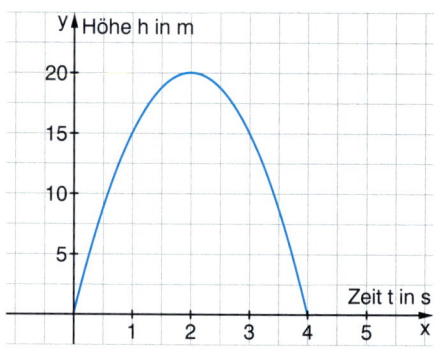

Funktion zum Zeitpunkt $t = 1$ s mithilfe des Differenzquotienten und vergleichen Sie Ihr Ergebnis mit dem der grafischen Methode.

5 *Achterbahn*
Das Bild zeigt einen kleinen Ausschnitt einer Achterbahn. Ein Teilstück einer solchen Achterbahn kann durch die Funktion $y = -\frac{1}{6}x^3 + x$ im Intervall $[0; 2,5]$ beschrieben werden (x und y jeweils in 10-m-Einheiten).
a) Wie steil ist es in den angegebenen Punkten?
b) An welcher Stelle liegt der höchste Punkt? Benutzen Sie zum Finden dieses Punktes auch die Steigung.
c) An welchen Stellen vermuten Sie das größte Gefälle und die größte Steigung? Berechnen Sie je einen Näherungswert für diese Steigungen.

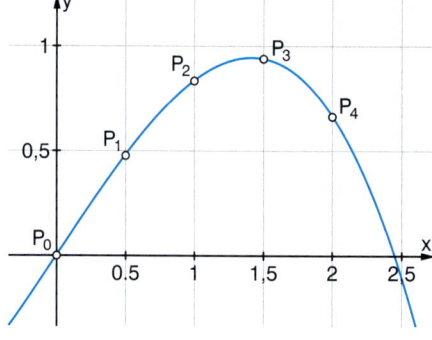

Analysis 3

Differenzquotienten mit dem GTR

Differenzquotienten können gut mit dem GTR ausgewertet werden. Für die weitere Arbeit ist es sinnvoll, den Eintrag in Y_2 beizubehalten.

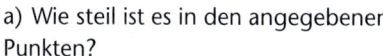

WERKZEUG

Basiswissen

Der Grenzwert des Differenzenquotienten

Was geschieht mit dem Differenzenquotienten, wenn h gegen 0 strebt?

Beispiel: $f(x) = x^3$ Differenzenquotient an der Stelle x = 1:

$$\frac{\Delta y}{\Delta x} = \frac{f(1+h) - f(1)}{h} = \frac{(1+h)^3 - 1^3}{h}$$

h	Wert des Differenzenquotienten	h	Wert des Differenzenquotienten
0,01	3,0301	−0,01	2,9701
0,001	3,003001	−0,001	2,997001
0,000001	3,000003	−0,000001	2,999997
0,000000001	3,000000000	−0,000000001	3,000000000

Offensichtlich nähert sich der Wert des Differenzenquotienten der Zahl 3. Dies ist der beste Wert für die Änderungsrate der Funktion f an der Stelle a = 3.
Diesen Wert nennen wir auch Grenzwert des Differenzenquotienten für h gegen 0 und schreiben: $\lim_{h \to 0} \frac{(1+h)^3 - 1^3}{h} = 3$.
Wir sagen: *Die momentane Änderungsrate an der Stelle 1 ist 3.*

Geometrische Bedeutung

Der **Differenzenquotient** gibt die **Steigung der Sekante** durch die Punkte P(1|1) und Q(1 + h|(1 + h)³) an. Die Steigung der Sekante ist die **durchschnittliche Steigung** des Graphen auf dem Intervall [1; 1 + h].

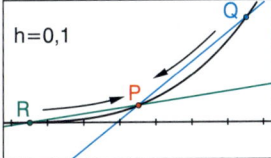 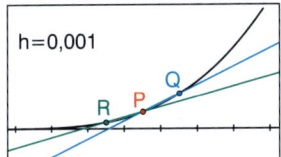 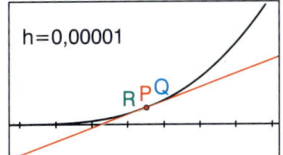

Für **h gegen 0** nähert sich die Sekante einer gedachten Geraden, die wir als **Tangente** an den Graphen der Funktion f im Punkt (1|1) bezeichnen. Die Sekantensteigungen nähern sich dem Wert 3, dem Wert der **Tangentensteigung** im Punkt (1|1).

Wir sagen: *Die Steigung des Graphen im Punkt P(1|1) ist 3.*

Beispiele

C *Momentane Änderungsrate als Grenzwert bestimmen*
Bestimmen Sie die Steigung der Funktion $f(x) = 9 - x^2$ an der Stelle a = 2 durch systematisches Annähern von h an 0 auf vier Stellen nach dem Komma genau.

Lösung: $\frac{\Delta y}{\Delta x} = \frac{f(2+h) - f(2)}{h} = \frac{9 - (2+h)^2 - 5}{h} = -h - 4$

h	Näherungswert der Steigung	h	Näherungswert der Steigung
0,1	−4,1	−0,1	−3,9
0,01	−4,01	−0,01	−3,99
0,001	−4,001	−0,001	−3,999
0,0001	−4,0001	−0,0001	−3,9999

Der Grenzwert der Sekantensteigungen für h gegen 0 ist offensichtlich −4.
Wir sagen: *Die Steigung des Graphen der Funktion f(x) an der Stelle 2 beträgt −4.*

1 Einführung in die Analysis (Wiederholung)

Übungen

6 *Steigung des Funktionsgraphen an einer Stelle*
Bestimmen Sie die Steigung des Funktionsgraphen an der Stelle a durch systematisches Annähern von h an null auf fünf Stellen nach dem Komma genau.
Zeichnen Sie zunächst mit dem GTR den Graphen der jeweiligen Funktion, damit Sie einen Überblick über seinen Verlauf erhalten.
Rechnen Sie dann und listen Sie jeweils die einzelnen Näherungswerte auf.

Bei einigen Aufgaben können Sie den Grenzwert angeben.

a) $f(x) = x^2 - 4x + 4$; $a = 2$
b) $f(x) = x^3 - 2$; $a = 1{,}5$
c) $f(x) = 2^x$; $a = 1$
d) $f(x) = x^3 - x^2$; $a = 1$
e) $f(x) = \sin(x)$; $a = 0{,}5$

7 *Durchschnittliche und momentane Änderungsrate*
a) Berechnen Sie die durchschnittliche Änderungsrate von f in den angegebenen Intervallen. Veranschaulichen Sie diese am Graphen durch die zugehörigen Sekanten.
(A) $f(x) = 2x^2$; $[-2; 1]$
(B) $f(x) = -x^2 + 5$; $[-3; 2]$
(C) $f(x) = x^3 - 2$; $[-1; 3]$
(D) $f(x) = x^4 - 3$; $[-5; 5]$
b) Vergleichen Sie die errechneten Werte jeweils mit guten Näherungswerten für die momentanen Änderungsraten an den Intervallgrenzen.

8 *Steigung einer Funktion an einer Stelle schnell ermittelt*

> **Die „h-Methode"**
> Häufig kann man die Formel für den Differenzenquotienten mithilfe der Algebra vereinfachen. Mit diesem vereinfachten Term kann man die Steigung der betreffenden Funktion an einer bestimmten Stelle oft auf einen Blick ablesen.
>
> *Aufgabe:*
> Ermitteln Sie die Steigung von $f(x) = 4 - x^2$ an der Stelle $a = 2$.
>
> *So wird's gemacht:*
> - Berechnen Sie zunächst einen möglichst einfachen Term für die Sekantensteigung auf dem Intervall $[2; 2 + h]$.
> - Bestimmen Sie mithilfe des gefundenen Terms den Grenzwert $\lim\limits_{h \to 0} \frac{(4 - (2+h)^2) - 0}{h}$.
>
> *Lösung:*
> Differenzenquotient
> $$\frac{\Delta y}{\Delta x} = \frac{f(2+h) - f(2)}{h} = \frac{(4 - (2+h)^2) - 0}{h}$$
> $$= \frac{(4 - (4 + 4h + h^2))}{h} = \frac{-4h - h^2}{h}$$
> $$= \frac{h(-4 - h)}{h} = -4 - h$$
> (vereinfachter Differenzenquotient)
>
> Lohn der Mühe: Man sieht sofort, was passiert, wenn sich h null nähert.
> Der gesuchte Grenzwert ist -4.

Ermitteln Sie die Steigung von f(x) an der Stelle a mithilfe der „h-Methode".
a) $f(x) = x^2$; $a = 3$
b) $f(x) = x^2 + 4x$; $a = 2$
c) $f(x) = x^2$; $a = \sqrt{3}$
d) $f(x) = 3x^2$; $a = 1$
e) $f(x) = x^2 - 2x + 1$; $a = 1$
f) $f(x) = x^3$; $a = 1$

Analysis 2

Vergleichen Sie die gefundenen Grenzwerte jeweils mit dem Wert des Differenzenquotienten für ein kleines h (z. B. h = 0,000001).

9 *Wenn die h-Methode versagt*
Finden Sie bei den folgenden beiden Funktionen mit dem Differenzenquotienten für ein kleines h (h = 0,000001) einen guten Näherungswert für die Steigung an der Stelle a.

Achten Sie bei b) darauf, dass der Rechner auf Bogenmaß eingestellt ist.

a) $f(x) = 3^x$; $a = 1$
b) $f(x) = \sin(x)$, $a = \frac{\pi}{4}$

Versuchen Sie auch hier den Grenzwert an der Stelle a mithilfe der h-Methode zu finden. Warum funktioniert das hier nicht so wie in den Beispielen von Aufgabe 8?

10 *Funktionen und Steigungsgraph*
a) Zeichnen Sie die Graphen der Funktion im Intervall $[-4; 4]$.
(1) $f(x) = x^2 - 2$
(2) $f(x) = \frac{1}{3}x^3 - 4x$
(3) $f(x) = \sin(x)$
b) Skizzieren Sie den Verlauf des Steigungsgraphen. Erstellen Sie dazu zunächst eine Tabelle für die Steigungen an Punkten, die Ihnen für den Verlauf der Steigung aussagekräftig erscheinen. Mit einem GTR können Sie Ihre Vermutung überprüfen.

```
Plot1  Plot2  Plot3
∎\Y1■X²-2
∎\Y2■ Y1(X+0.001)-Y1(X)
        ─────────────
             0.001
∎\Y3=
∎\Y4=
```

1.2 Durchschnittliche und momentane Änderungsrate – Sekantensteigungsfunktion und Ableitungsfunktion

Von der Sekantensteigungsfunktion zur Ableitungsfunktion f'(x)

Basiswissen

Die Sekantensteigungsfunktion

Die Funktion $\text{msek}(x) = \dfrac{f(x+h) - f(x)}{h}$ nennt man **Sekantensteigungsfunktion**. Sie ordnet jedem x-Wert die Steigung der Sekante durch die Punkte $P(x|f(x))$ und $Q(x+h|f(x+h))$ zu.
Wählt man für h einen kleinen Wert (z. B. h = 0,001), dann stellt der Graph der Sekantensteigungsfunktion eine gute Näherung für den „Steigungsgraphen" der Funktion f(x) dar.

Die Ableitungsfunktion – die beste Beschreibung des Steigungsverhaltens der Funktion f(x)

Falls an jeder Stelle x der Grenzwert $\lim\limits_{h \to 0} \dfrac{f(x+h) - f(x)}{h}$ existiert, so liefert uns dieser jeweils den besten Wert für die Steigung der Funktion f(x) an der Stelle x.
Die Funktion $f'(x) = \lim\limits_{h \to 0} \dfrac{f(x+h) - f(x)}{h}$ nennen wir **Ableitungsfunktion zur Funktion f**.

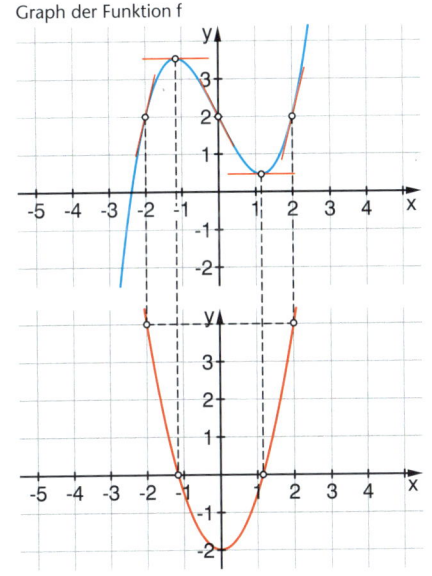

Graph der Funktion f

Graph der Ableitungsfunktion f'

msek — Steigung Sekante

Analysis 2, 3

Veranschaulichung für $f(x) = x^2$ mit $\text{msek}(x) = \dfrac{(x+h)^2 - x^2}{h}$:

x	msek(x) mit h = 0,01	msek(x) mit h = 0,001	f'(x) = $\lim\limits_{h \to 0}$ msek(x)
−3	−5,99	−5,999	−6
−2	−3,99	−3,999	−4
−1	−1,99	−1,999	−2
0	0,01	0,001	0
1	2,01	2,001	2
2	4,01	4,001	4

Änderungsrate an der Stelle x

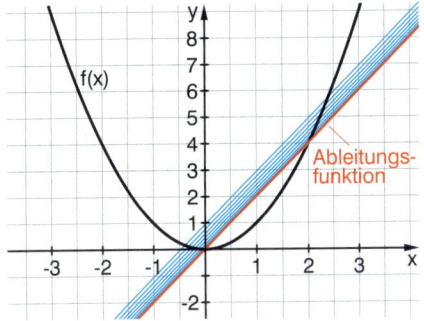

Der Steigungsgraph der Funktion $f(x) = x^2$ wird am besten durch die Ableitungsfunktion $f'(x) = 2x$ beschrieben.

Die Sekantensteigungsfunktionen nähern sich für kleiner werdendes h der Ableitungsfunktion $f'(x) = 2x$.

D *Ableitungsfunktion bestimmen*

Ermitteln Sie die Ableitungsfunktion f'(x) zur Funktion $f(x) = x^3$.

Lösung: $\text{msek}(x) = \dfrac{(x+h)^3 - x^3}{h}$

x	msek(x) mit h = 0,01	msek(x) mit h = 0,001	f'(x) = $\lim\limits_{h \to 0}$ msek(x)
−2	11,94	11,994	12
−1	2,9701	2,997	3
0	0,0001	0,000001	0
1	3,0301	3,003	3
2	12,06	12,006	12

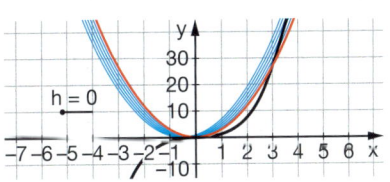

Der Steigungsgraph der Funktion $f(x) = x^3$ wird am besten durch die Ableitungsfunktion $f'(x) = 3x^2$ beschrieben.

Beispiele

msek(x) nähert sich für kleiner werdendes h der Ableitungsfunktion $f'(x) = 3x^2$.

1 Einführung in die Analysis (Wiederholung)

Übungen

11 *Funktionen und ihre Ableitungsfunktion*
Ermitteln Sie mithilfe geeigneter Tabellen und der Darstellung entsprechender Sekantensteigungsfunktionen jeweils die Ableitungsfunktion f'(x).
a) $f(x) = 1,5x^2$
b) $f(x) = 1,5x^2 + 2$
c) $f(x) = x^2 + 6x + 9$
d) $f(x) = \frac{1}{3}x^3$
e) $f(x) = \frac{1}{3}x^3 - 2x$
f) $f(x) = 2x - 1$

12 *Ein algebraisches Verfahren zur Berechnung der Ableitungsfunktion*
Wir haben im vorangegangenen Lernabschnitt erfahren, dass man in einigen Fällen den Differenzenquotienten mithilfe der Algebra vereinfachen kann. Dies lässt sich auch auf Sekantensteigungsfunktionen anwenden. Die Vereinfachung der Sekantensteigungsfunktion eignet sich oft zur Ermittlung der Ableitungsfunktion.
a) Informieren Sie sich über die „h-Methode" in Übung 8.
b) Ermitteln Sie die Ableitungsfunktion mithilfe der h-Methode.
$f_1(x) = 2x^2$
$f_2(x) = 2^x$
$f_3(x) = x^2 - 4x$
$f_4(x) = 2x^2 + 3x - 5$
$f_5(x) = x^2 + 5$
$f_6(x) = x^3 + 2x^2$

> **Die „h-Methode"**
>
> Funktion: $f(x) = 4 - x^2$
>
> Sekantensteigungsfunktion:
> $m_{sek}(x) = \frac{f(x+h) - f(x)}{h} = \frac{4 - (x+h)^2 - (4 - x^2)}{h}$
> $= \frac{-x^2 - 2xh - h^2 + x^2}{h} = \frac{-2xh - h^2}{h}$
> $= \frac{h(-2x - h)}{h}$
> $= -2x - h$
> vereinfachter Funktionsterm
>
> $f'(x) = \lim_{h \to 0}(-2x - h) = -2x$
>
> Ableitungsfunktion

Schreiben Sie jeweils ausführlich alle Lösungsschritte auf. Bestätigen Sie Ihre Ergebnisse mithilfe geeigneter Sekantensteigungsfunktionen. Bei einer Funktion funktioniert die h-Methode nicht. Beschreiben Sie die Schwierigkeiten.

13 *Alles klar? – Verständnis auf dem Prüfstand*
a) Wie findet man einen guten Näherungswert für die Steigung eines Funktionsgraphen an der Stelle a?
b) Welcher Zusammenhang besteht zwischen dem Differenzenquotienten $\frac{f(b) - f(a)}{b - a}$ und der Sekante durch die Punkte P(a|f(a)) und Q(b|f(b))?
c) Welche der Begriffe passen zueinander: Differenzquotient, Tangentensteigung, Sekantensteigung, Grenzwert des Differenzenquotienten?
d) Worin unterscheidet sich die Sekantensteigungsfunktion von der Ableitungsfunktion?
e) Warum stimmt bei einer linearen Funktion die Ableitungsfunktion mit der Sekantensteigungsfunktion überein?
f) An welchen Stellen existiert bei der Funktion $f(x) = |x^2 - 1|$ kein Grenzwert des Differenzenquotienten?

14 *Wahr oder falsch?*
Gegeben ist die Funktion $f(x) = x^2$.
Welche der Aussagen sind wahr? Begründen Sie Ihre Entscheidung.
a) Die mittlere Steigung im Intervall [1; 2] ist größer als die mittlere Steigung im Intervall [2; 3].
b) Die Durchschnittssteigung im Intervall [0; 2] ist in etwa so groß wie die Steigung im Punkt (1|1).
c) Die mittlere Steigung im Intervall [−2; 2] ist 0.
d) Die Steigung im Punkt (x|f(x)) lässt sich mit dem Differenzenquotienten $\frac{f(x+h) - f(x)}{h}$ berechnen, indem man für h null einsetzt.

15 *Begriffe am Beispiel erläutern*
a) Erläutern Sie am Beispiel der Funktion $f(x) = 1,5x^2$ die Begriffe Sekante, Sekantensteigung, Differenzenquotient, Tangente und Grenzwert des Differenzenquotienten.
b) Berechnen Sie $m_{sek}(3)$ für h = 0,001 und f'(3).

1.3 Ableitungsregeln

Was Sie erwartet

Im vorangegangenen Lernabschnitt wurde mit der Ableitungsfunktion das Änderungsverhalten einer Funktion beschrieben. Die jeweilige Ableitungsfunktion war das Ergebnis eines Grenzprozesses. Grafisch und rechnerisch war dies nicht immer ganz einfach. Um Ableitungen beim Problemlösen möglichst effektiv einsetzen zu können, benötigen wir Verfahren, mit denen man die Ableitungsfunktionen einfach bestimmen kann. Dazu werden wir Ableitungsregeln kennen lernen, die uns die zukünftige Arbeit erleichtern.

Die Ableitungsregeln, mit denen wir uns beschäftigen werden, haben griffige Namen:
- Potenzregel,
- Regel für konstante Summanden,
- Regel für konstante Faktoren,
- Summenregel

Aufgaben

1 *Ableitungsfunktionen ermitteln*
Es gibt verschiedene Methoden, die Ableitungsfunktion einer Funktion zu ermitteln.
a) Informieren Sie sich im vorangegangenen Kapitel über die „h-Methode" und das Verfahren, das sich der Sekantensteigungsfunktion für kleines h bedient, um die Ableitungsfunktion zu bestimmen.
b) Skizzieren Sie Sekantensteigungsfunktionen der Funktionen $f_1(x)$ bis $f_6(x)$ und versuchen Sie damit einen Funktionsterm für die Ableitungsfunktion zu finden. Versuchen Sie auch eine Bestimmung mit der h-Methode.
$f_1(x) = x^2$; $\quad f_2(x) = x^3$; $\quad f_3(x) = \frac{1}{x}$; $\quad f_4(x) = \sqrt{x}$; $\quad f_5(x) = \sin(x)$; $\quad f_6(x) = 1{,}5^x$

2 *Ableitungsfunktionen von Potenzfunktionen – Mustererkennung*
In den Abbildungen sind Potenzfunktionen und ihre jeweilige Ableitungsfunktion dargestellt.

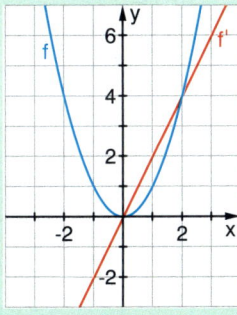
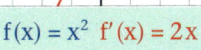
$f(x) = x^2 \quad f'(x) = 2x$

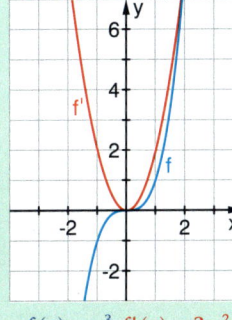
$f(x) = x^3 \quad f'(x) = 3x^2$

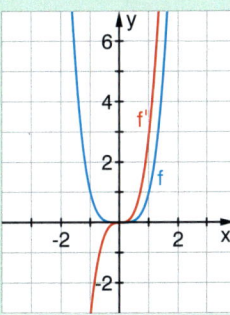
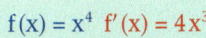
$f(x) = x^4 \quad f'(x) = 4x^3$

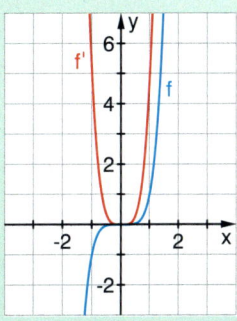
$f(x) = x^5 \quad f'(x) = 5x^4$

a) Beschreiben Sie das Steigungsverhalten der jeweiligen Funktion. Wie verändert es sich bei wachsendem natürlichen Exponenten und wie drücken sich diese Veränderungen in den Graphen der Funktion und der zugehörigen Ableitungsfunktion aus?
b) Wie könnte die Ableitungsfunktion von $f(x) = x^6$ lauten? Welche Ableitungsregel können Sie für die Ableitungsfunktion von $f(x) = x^n$ vermuten?

1 Einführung in die Analysis (Wiederholung)

Aufgaben

3 Was passiert mit f'(x), wenn f(x) verändert wird?

a) Beschreiben Sie, wie sich der Graph der neuen Funktion g(x) aus der Funktion f(x) bzw. aus den Funktionen $f_1(x)$ und $f_2(x)$ ergibt.

A $f(x) = x^2$ $g(x) = x^2 + 3$

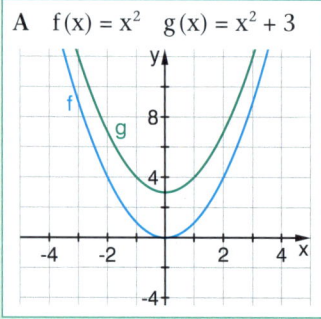

B $f(x) = x^2$ $g(x) = 2x^2$

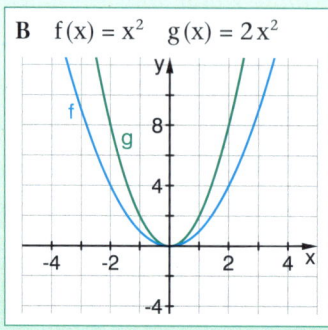

C $f_1(x) = x^2$ $f_2(x) = x$
  $g(x) = x^2 + x$

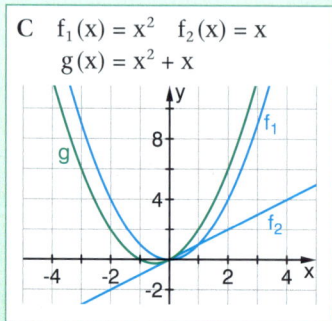

Analysis 7, 8, 9

b) In welchem Zusammenhang stehen jeweils die Steigung der neuen Funktion g(x) und die Steigung(en) der Ausgangsfunktion(en)?
Probieren Sie an verschiedenen Stellen und formulieren Sie Ihre Beobachtung als Regel. In einem der Beispiele können Sie die gefundene Regel sicher allgemein begründen.

Basiswissen

Grundbausteine für das Arbeiten mit Ableitungsfunktionen

Wichtige Funktionen und deren Ableitungsfunktionen

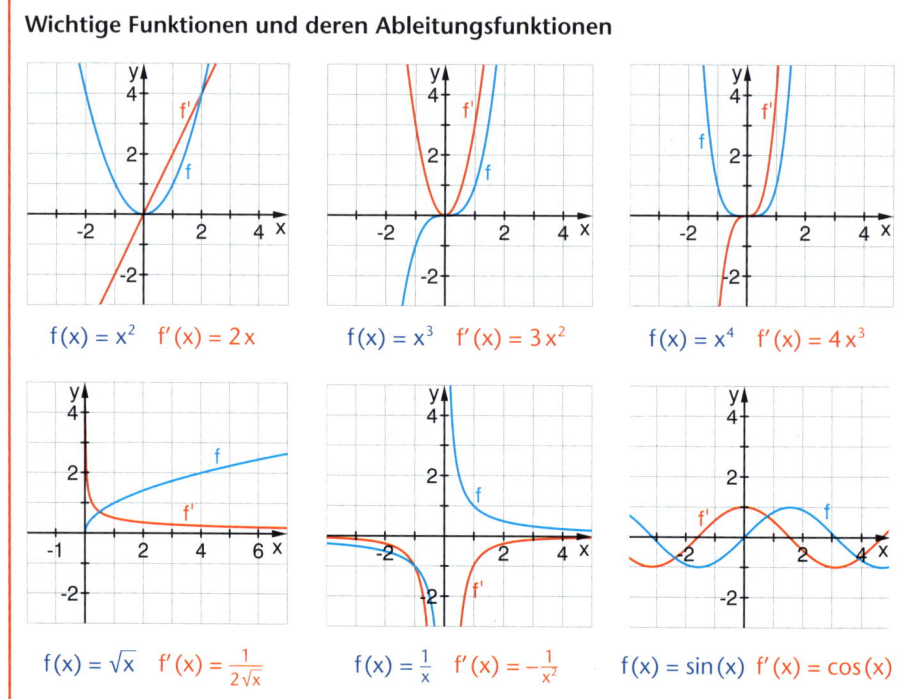

$f(x) = x^2$ $f'(x) = 2x$ | $f(x) = x^3$ $f'(x) = 3x^2$ | $f(x) = x^4$ $f'(x) = 4x^3$

$f(x) = \sqrt{x}$ $f'(x) = \frac{1}{2\sqrt{x}}$ | $f(x) = \frac{1}{x}$ $f'(x) = -\frac{1}{x^2}$ | $f(x) = \sin(x)$ $f'(x) = \cos(x)$

Beispiele

A *Zwei spezielle Ableitungsfunktionen*
Ergänzen Sie die „Grundbausteine" um die Funktionen $f(x) = x$ und $f(x) = 1$.
Lösung:

$f(x)$ ist eine lineare Funktion mit der Steigung 1. Die Ableitungsfunktion ist somit $f'(x) = 1$.

$f(x)$ ist eine lineare Funktion mit der Steigung 0. Die Ableitungsfunktion ist somit $f'(x) = 0$.

1.3 Ableitungsregeln

B *Begründen*

Begründen Sie die Ableitungsformel für $f(x) = x^3$ mit der h-Methode.

Lösung: $f'(x) = \lim_{h \to 0} \dfrac{f(x+h) - f(x)}{h}$

Für $f(x) = x^3$ gilt:

$f'(x) = \lim_{h \to 0} \dfrac{(x+h)^3 - x^3}{h}$

$= \lim_{h \to 0} \dfrac{(x^3 + 3x^2h + 3xh^2 + h^3) - x^3}{h} = \lim_{h \to 0} \dfrac{3x^2h + 3xh^2 + h^3}{h}$

$= \lim_{h \to 0} \dfrac{h(3x^2 + 3xh + h^2)}{h} = \lim_{h \to 0} (3x^2 + 3xh + h^2)$

$= 3x^2$

Somit gilt: $f'(x) = 3x^2$

Beispiele

Erinnerung:

$$\begin{array}{ccccccc} & & & 1 & & & \\ & & 1 & & 1 & & \\ & 1 & & 2 & & 1 & \\ 1 & & 3 & & 3 & & 1 \end{array}$$

Koeffizienten mithilfe des Pascalschen Dreiecks

Übungen

4 *Interessante Beobachtungen*

Berechnen Sie die Ableitung der Funktionen $f(x) = x^3$ und $g(x) = x^4$ an den Stellen $a = 2$ und $b = -2$.
Vergleichen Sie die Ergebnisse. Können Sie Ihre Beobachtung erklären?

5 *Wie genau ist die Zeichnung?*

Zeichnen Sie den Graphen von $f(x) = x^2$ für $0 \leq x \leq 3$. Zeichnen Sie an der Stelle $x = 0$ (0,5; 1 und 1,5) die Tangente an den Graphen der Funktion möglichst genau. Berechnen Sie anschließend die Steigung der Funktion an den entsprechenden Stellen und vergleichen Sie jeweils Ihren rechnerischen Wert mit der Steigung der von Ihnen eingezeichneten Tangente. Lagen Sie gut?

6 *Stelle mit der Steigung m gesucht*

An welcher Stelle hat die Funktion f die Steigung m?

a) $f(x) = x^3$ $m = 12$ b) $f(x) = x^4$ $m = -1$
c) $f(x) = \sin(x)$ $m = 1$ d) $f(x) = \sqrt{x}$ $m = 1$

7 *Nur negative Steigungen*

Begründen Sie mit der Ableitungsfunktion, dass die Steigung der Funktion $f(x) = \dfrac{1}{x}$ für jede Stelle x der Definitionsmenge negativ ist.

Benutzen Sie bei den Aufgaben 7, 8 und 9 die im Basiswissen angegebenen Ableitungsfunktionen.

8 *Überraschendes von der Sinus-Funktion*

Begründen Sie, dass die Steigung der Sinusfunktion nicht größer als 1 und nicht kleiner als -1 sein kann.

9 *Welche Steigung hat die Funktion $f(x) = \sqrt{x}$ an der Stelle $x = 0$?*

a) Warum lässt sich die Steigung der Funktion $f(x) = \sqrt{x}$ an der Stelle $x = 0$ mithilfe der Ableitungsfunktion nicht angeben?

b) Was ist in der Abbildung dargestellt? Untersuchen Sie die Veränderung der Sekantensteigung durch die Punkte $P = (0|0)$ und $Q = (h|\sqrt{h})$, wenn sich h dem Wert 0 nähert.
Welchen Schluss können Sie aus Ihrer Beobachtung für die Ableitung an der Stelle $x = 0$ ziehen?

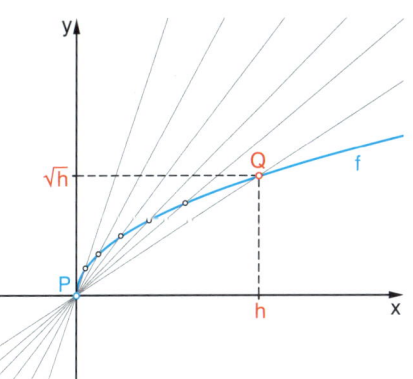

Problem mit der Ableitung: Bei manchen Funktionen kann man die Steigung an bestimmten Stellen nicht angeben.

1 Einführung in die Analysis (Wiederholung)

Basiswissen

Wichtige Ableitungsregeln

Potenzregel
Ist $f(x) = x^n$ eine **Potenzfunktion** mit natürlichem Exponenten n, dann ist
$f'(x) = n \cdot x^{n-1}$. *Beispiel:* $f(x) = x^6 \Rightarrow f'(x) = 6x^5$

Regel für konstante Summanden
Ist $f(x) = g(x) + c$, dann ist $f'(x) = g'(x)$.
In Worten: Ein **konstanter Summand** fällt beim Ableiten weg.
Beispiel: $f(x) = x^6 + 100 \Rightarrow f'(x) = 6x^5$

Faktorregel
Ist $f(x) = a \cdot g(x)$, dann ist $f'(x) = a \cdot g'(x)$.
In Worten: Ein konstanter Faktor bleibt beim Ableiten erhalten.
Beispiel: $f(x) = 2{,}5 x^2 \Rightarrow f'(x) = 2{,}5 \cdot 2x = 5x$

Summenregel
Ist $f(x) = g(x) + h(x)$, dann ist $f'(x) = g'(x) + h'(x)$.
In Worten: Die Ableitung der Summe zweier Funktionen ist die Summe der Ableitungen der beiden Summanden.
Beispiel: $f(x) = x^2 + x^6 \Rightarrow f'(x) = 2x + 6x^5$

Beispiele

C *Ableiten nach Regeln*
Leiten Sie die Funktionen ab und geben Sie die benutzten Regeln an.
a) $f(x) = 2x^4 + 4$ b) $f(x) = 3x^3 - 4x^2$ c) $f(x) = (2x - 7)^2$

Lösung:
a) $f'(x) = 8x^3$ konstanter Summand fällt weg, Faktorregel, Potenzregel
b) $f'(x) = 9x^2 - 8x$ Summenregel, Faktorregel, Potenzregel
c) Der Funktionsterm muss zunächst ausmultipliziert werden.
$f(x) = (2x - 7)^2 = 4x^2 - 28x + 49$, also $f'(x) = 8x - 28$
Alle vier Regeln werden angewendet.

Übungen

10 *Welche Ableitungsregeln?*
Bestimmen Sie die Ableitungsfunktion von $f(x) = x^4 - 13x^3 + 5x + 10$.
Welche Ableitungsregeln haben Sie dabei angewendet?

11 *Training Ableitungsregeln I*
Bestimmen Sie die Ableitungsfunktion.
a) $f(x) = 5x^4$ b) $f(x) = 3x - 2$ c) $f(x) = 3x^2 - 4$
d) $f(x) = 0{,}2x^3 - 4x + 2$ e) $f(x) = 4{,}5x^2$ f) $f(x) = 5$
g) $f(x) = 3\sqrt{x} + 2x + 5$ h) $f(x) = 5\sin(x) - x^2$ i) $f(x) = \frac{2}{x} + 2$

12 *Training Ableitungsregeln II*
Bestimmen Sie die Ableitungsfunktion. In manchen Fällen muss man die Funktion zunächst umformen, um sie ableiten zu können.
a) $f(x) = \frac{1}{x} + x$ b) $f(x) = x^2(1 - x)$ c) $f(x) = (x^2 + 1)(x^2 - 1)$
d) $f(x) = 5x^k + 10$ e) $f(x) = x(x^n - 1)$ f) $f(x) = 1 + x^2 + x^3 + x^4$

13 *Von der Ableitung zur Funktion*
Finden Sie zu den angegebenen Ableitungsfunktionen die zugehörigen Funktionen.
Überprüfen Sie Ihre Lösung jeweils durch Ableiten.
a) $f'(x) = 3x^2 - 4x$ b) $f'(x) = 5$ c) $f'(x) = \cos(x) + 1$ d) $f'(x) = \frac{3}{2\sqrt{x}}$
e) $f'(x) = 4x - 6$ f) $f'(x) = -\frac{3}{x^2} + x^2$ g) $f'(x) = 2x^4 - x^3 - 2$

1.3 Ableitungsregeln

Übungen

14 *Steigung an einer Stelle*
Bestimmen Sie die Steigung der Funktion f an der angegebenen Stelle a.
a) $f(x) = x^4 - 2x^2 + 4$, $a = 3$ b) $f(x) = 2x - 4$, $a = 0$ c) $f(x) = \sin(x) + 5$, $a = 0$
d) $f(x) = 10\sqrt{x} + x^2$, $a = 0$ e) $f(x) = \frac{4}{x} + 2\sqrt{x}$, $a = 1$ f) $f(x) = 2$, $a = 10$

Ganzrationale Funktion n-ten Grades

Mathematische Definitionen und Sätze sind in der Fachsprache der Mathematiker formuliert und sollen möglichst knapp, präzise und eindeutig sein.
Dies führt häufig zu Formulierungen, die nicht immer leicht zu lesen sind.
Allgemeine Definition einer ganzrationalen Funktion n-ten Grades:

Eine Funktion

$f(x) = a_n x^n + a_{n-1} x^{n-1} + \ldots + a_2 x^2 + a_1 x + a_0$ mit $n \in \mathbb{N}$, $a_i \in \mathbb{R}$ und $a_n \neq 0$

nennt man eine **ganzrationale Funktion n-ten Grades**.
Die reellen Zahlen a_i werden **Koeffizienten** genannt.

*Die Funktion oder der Funktionsterm werden auch als **Polynom von Grad n** bezeichnet.*

---

15 *Ganzrationale Funktionen*
a) Warum kann man die quadratische Funktion $f(x) = 3x^2 - 2x + 5$ als ganzrationale Funktion zweiten Grades bezeichnen?
Wie notiert man die allgemeine Form einer solchen Funktion?
b) Geben Sie je ein Beispiel und die allgemeine Form einer ganzrationalen Funktion vierten und fünften Grades an.
c) Wie lautet die allgemeine Gleichung einer ganzrationalen Funktion ersten und nullten Grades? Wie sehen die zugehörigen Funktionsgraphen aus?
d) Fertigen Sie zu a), b) und c) jeweils eine Skizze an.
Überprüfen Sie mit dem GTR.

16 *Ableitung von ganzrationalen Funktionen*
a) Begründen Sie: Die Ableitungsfunktion einer ganzrationalen Funktion dritten Grades ist eine ganzrationale Funktion zweiten Grades.
Tipp: Verwenden Sie die allgemeine Darstellung einer ganzrationalen Funktion dritten Grades.
b) Welchen Grad hat die Ableitungsfunktion einer ganzrationalen Funktion n-ten Grades?

17 *Von der Funktion zur Ableitung*
Bestimmen Sie die Ableitungsfunktion zu den folgenden Funktionen.
a) $f(x) = 3x^5 - 2x^3 - 10$ b) $g(x) = -4x^3 - x + 12$ c) $h(x) = 4x^5 - 2x^2 - x - 1$

18 *Von der Ableitung zur Funktion*
a) Von welcher ganzrationalen Funktion stammt die Ableitung $f'(x) = 4x^3 - 4x + 3$?
Welcher der vier vorgegebenen Kandidaten „passt"?
$f_1(x) = x^4 - x^2 + 3$; $f_2(x) = x^4 - 2x^2 + 3x$; $f_3(x) = x^4 - 2x^2 + 3x - 4$; $f_4(x) = x^4 - 4x + 3$
Finden Sie noch andere passende Kandidaten?
b) Bestimmen Sie passende Funktionen $g(x)$ zur gegebenen Ableitungsfunktion $g'(x)$.
$g_1'(x) = 3x^2 + 5$; $g_2'(x) = 4x^3 + 2x$; $g_3'(x) = x^2 + x + 1$

19 *Tangentengleichung*
a) Begründen Sie: Die Gerade mit der Gleichung $y = 1{,}5x - 1{,}5$ ist Tangente an den Graphen der Funktion $f(x) = 0{,}5x^2 + 0{,}5x - 1$ im Punkt $P(1|0)$.
b) Bestimmen Sie die Gleichung der Tangente an den Graphen der Funktion im Punkt $P(2|f(2))$.

Beispiele

D *Tangente an Hyperbel*

Bestimmen Sie die Gleichung der Tangente an den Graphen der Funktion $f(x) = \frac{1}{x}$ an der Stelle a = 2. Stellen Sie Funktion und Tangente grafisch dar.

Lösung: Berechnung des Berührpunktes:
$f(2) = 0{,}5$, also $P(2|0{,}5)$

Steigung im Punkt P: $f'(x) = -\frac{1}{x^2}$, also $m = f'(2) = -\frac{1}{4}$

Tangentengleichung: $y = -\frac{1}{4}(x-2) + 0{,}5 = -\frac{1}{4}x + 1$

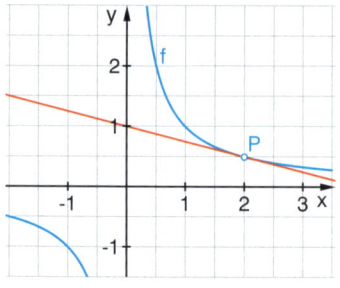

Übungen

20 *Training II*

Bestimmen Sie jeweils die Gleichung der Tangente im Punkt $P(a|f(a))$. Zeichnen Sie den Graphen und die Tangente mit dem GTR.

a) $f(x) = 3x^2$, $a = 1$ b) $f(x) = x^3$, $a = 2$ c) $f(x) = \frac{1}{x}$, $a = 3$

d) $f(x) = \sin(x)$, $a = \pi$ e) $f(x) = x^2 + 5x$, $a = 2$ f) $f(x) = -3x^2 + 7x$, $a = 0$

Basiswissen

Die Tangente an den Graphen einer Funktion f im Punkt $P(a|f(a))$ ist die Gerade, die durch P verläuft und als Steigung den Wert der Ableitung an dieser Stelle a hat.

Tangentengleichung

Beispiel: $f(x) = \frac{1}{4}x^2 - 1$; $P(4|3)$ Allgemein: $f(x)$; $P(a|f(a))$

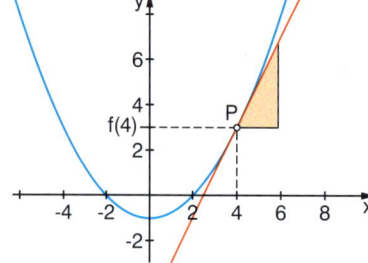 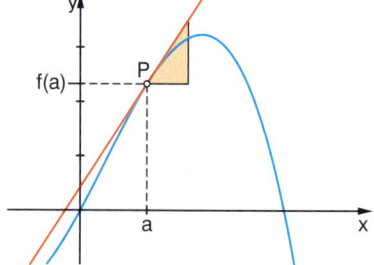

Ansatz: $y = m \cdot x + b$

$m = f'(4) = 2$	Steigung	$m = f'(a)$
$3 = 2 \cdot 4 + b$	y-Achsenabschnitt	$f(a) = f'(a) \cdot a + b$
$b = -5$		$b = f(a) - f'(a) \cdot a$
$y = 2x - 5$	Tangentengleichung	$y = f'(a) \cdot x + f(a) - f'(a) \cdot a$
		$y = f'(a)(x-a) + f(a)$

Übungen

21 *Tangentengleichung in beliebigem Punkt*

a) Zeigen Sie, dass $y = 2ax - a^2$ die Gleichung der Tangente von $f(x) = x^2$ im Punkt $(a|a^2)$ ist.

b) Bestimmen Sie die Gleichung der Tangente von $f(x) = x^3$ im Punkt $(a|a^3)$.

Funktionen mit Parameter mit dem GTR

Mit dem GTR können Funktionen mit einem Parameter gut skizziert werden. Dazu werden Parameterwerte in einer Liste eingegeben.

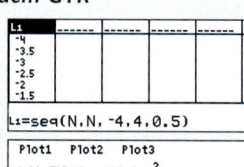 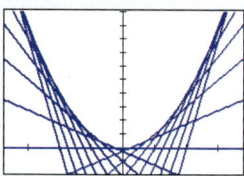

WERKZEUG

1.4 Zusammenhänge zwischen Funktion und Ableitung – Ganzrationale Funktionen

Was Sie erwartet

Funktionen beschreiben Abhängigkeiten zwischen zwei Größen, sowohl bei rein innermathematischen Zusammenhängen als auch in verschiedenen Anwendungsbereichen. Wertvolle Informationen über diese Zusammenhänge gewinnt man über die Darstellung in einer Tabelle oder im Funktionsgraphen. Vor allem am Verlauf des Graphen kann man schnell charakteristische Eigenschaften erkennen, z. B. wo dieser steigt bzw. fällt oder an welchen Stellen Hoch- bzw. Tiefpunkte erreicht werden. Interessanterweise spiegeln sich diese und weitere Eigenschaften sehr deutlich in den Ableitungen der Funktionen wider.

Aufgaben

1 *Hochwasser, Radtour und Verkaufszahlen*
In dem skizzierten Funktionsgraphen zu einer Funktion f sind besondere Punkte markiert.

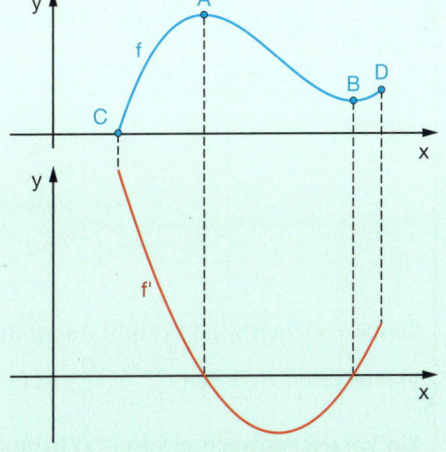

a) Beschreiben Sie die Bedeutung dieser Punkte, wenn die Funktion
(1) den Pegelstand eines Flusses innerhalb einer Woche beschreibt,
(2) das Höhenprofil einer Radtour darstellt,
(3) die Verkaufszahlen eines Produkts innerhalb eines Jahres beschreibt.

b) Begründen Sie, dass der untere Funktionsgraph die Ableitung von f darstellt. Beschreiben Sie Zusammenhänge zwischen dem Kurvenverlauf von f und der Ableitungsfunktion (insbesondere an den besonderen Punkten). Beschreiben Sie die Besonderheit der Punkte C und D.

2 *Zusammenhänge zwischen Funktion und Ableitung*
Zeichnen Sie zum abgebildeten Graphen der Funktion $f(x) = \frac{1}{8}x^3 - \frac{3}{2}x - 2$ den Graphen der 1. Ableitung $f'(x)$.

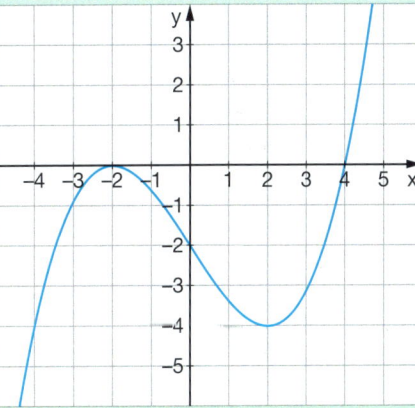

a) Welcher Zusammenhang besteht zwischen den Nullstellen der 1. Ableitung und den Extremstellen der Funktion?

b) Welche weiteren Eigenschaften der Funktion kann man aus dem Graphen der Ableitung ablesen?

c) An welcher Stelle hat der Funktionsgraph die kleinste Steigung?

1 Einführung in die Analysis (Wiederholung)

Basiswissen

Die Eigenschaft Monotonie und die besonderen Punkte (Hoch- und Tiefpunkte) einer Funktion spiegeln sich in ihrer Ableitung wider. Damit ist es möglich, diese Eigenschaft und die besonderen Punkte des Graphen der Funktion f aus den Ableitung f' abzulesen.

Alle hier aufgeführten Zusammenhänge und Aussagen setzen voraus, dass die Funktionen an jeder Stelle des betrachteten Definitionsbereiches differenzierbar sind.

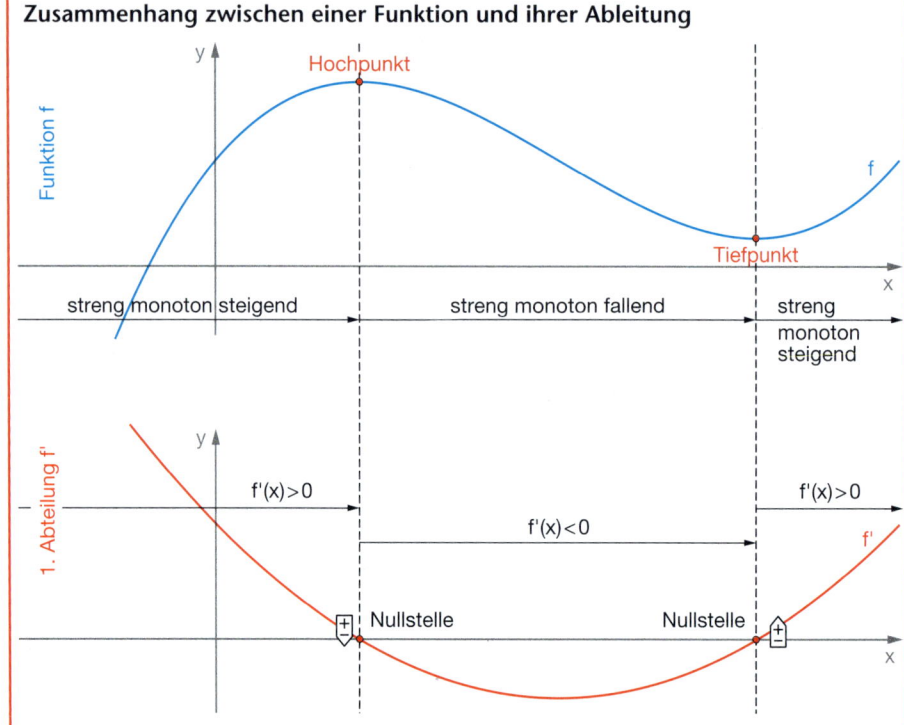

Zusammenhang zwischen einer Funktion und ihrer Ableitung

Monotonie

Das Vorzeichen von f'(x) gibt Auskunft über Steigen oder Fallen von f.

In Intervallen, in denen $f'(x) > 0$, ist f streng monoton steigend.
In Intervallen, in denen $f'(x) < 0$, ist f streng monoton fallend.

lokale Extrempunkte

Ein Vorzeichenwechsel von f'(x) kennzeichnet lokale Extrempunkte von f.
An der Stelle,
an der f'(x) das Vorzeichen von + nach − wechselt, liegt ein Hochpunkt von f vor.
an der f'(x) das Vorzeichen von − nach + wechselt, liegt ein Tiefpunkt von f vor.

An der Stelle, an der f einen lokalen Extrempunkt hat, ist $f'(x) = 0$.

Beispiele

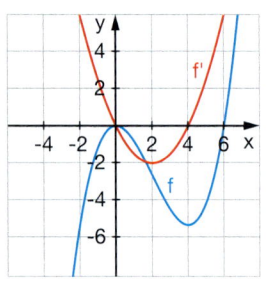

A *Steigung oder Gefälle?*

In welchen Intervallen ist der Graph der Funktion $f(x) = \frac{1}{6}x^3 - x^2$ monoton wachsend, in welchen monoton fallend? Wo liegen lokale Extrempunkte? Argumentieren Sie mit der Ableitungsfunktion.

Lösung:
$f'(x) = \frac{1}{2}x^2 - 2x$
In der grafischen Darstellung von f' erkennt man, dass die erste Ableitung f' für $x < 0$ oder für $x > 4$ positiv, für $0 < x < 4$ negativ ist.
Also ist der Graph von f für $x < 0$ oder $x > 4$ monoton wachsend und für $0 < x < 4$ monoton fallend.
Bei $x = 0$ und $x = 4$ liegen lokale Extrempunkte, da f' an diesen Stellen jeweils das Vorzeichen wechselt.

B Produktionskosten

Eine Möbelfirma stellt exklusive Designerstühle her. Die Produktionskosten K hängen von der an einem Tag produzierten Menge x ab. Sie werden im Produktionsbereich von 0 bis 300 Stück durch die Funktion $K(x) = x^3 - 3x^2 + 6x + 1$ modelliert (x gibt die Stückzahl in Hundert an, K(x) die Produktionskosten in Zehntausend Euro).
Beschreiben Sie die Entwicklung der Produktionskosten mithilfe der Ableitung.

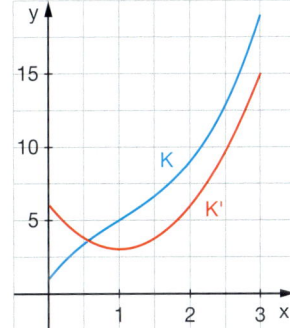

Lösung:
Der Graph von K verrät, dass erwartungsgemäß die Produktionskosten durchweg ansteigen: Je mehr produziert wird, desto höher sind die Kosten.
Der Graph von K' bestätigt das monotone Wachstum, denn es gilt im gesamten Intervall K'(x) > 0. Die Zunahme der Produktionskosten wird aber zunächst kleiner. Ab 100 Stück (x = 1) wächst die Zunahme wieder an. K' hat dort ein lokales Minimum.

C Von der Ableitung zur Funktion

Welche Aussagen liefert der abgebildete Graph der Ableitung f' über den Graphen der zugehörigen Funktion f?
Skizzieren Sie den Graphen von f.

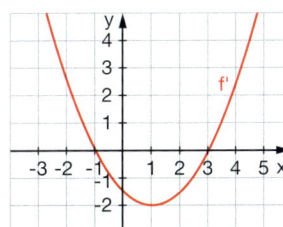

Lösung:
Die erste Ableitung f' hat zwei Nullstellen:
bei $x_1 = -1$ mit Vorzeichenwechsel von + nach – und bei $x_2 = 3$ mit Vorzeichenwechsel von – nach +.
Die Funktion f hat an der Stelle –1 einen Hochpunkt, an der Stelle 3 einen Tiefpunkt.

Für x < –1 oder x > 3 ist f'(x) > 0, f ist dort streng monoton steigend.
Für –1 < x < 3 ist f'(x) < 0, f ist dort streng monoton fallend.

Über die genaue Lage des Graphen von f gewinnt man keine Information, er kann in Richtung der y-Achse beliebig verschoben werden.

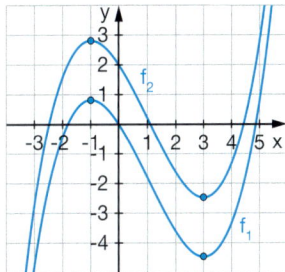

D Rechnerische Bestimmung von lokalen Extrempunkten

Der Graph der Funktion $f(x) = x^3 - 2x^2 - 15x$ wurde mit dem GTR gezeichnet. Bestimmen Sie rechnerisch mithilfe der Funktionsgleichung die exakten Koordinaten der lokalen Extrempunkte.

Lösung:
Extrempunkte kann es nur an den Stellen geben, an denen gilt:
$f'(x) = 3x^2 - 4x - 15 = 0$.
Die Gleichung $3x^2 - 4x - 15 = 0$ hat die beiden Lösungen $x_1 = -\frac{5}{3}$ und $x_2 = 3$.
f' ist eine quadratische Funktion. Wenn solche Funktionen zwei Nullstellen haben, dann sind dies immer Funktionen mit Vorzeichenwechsel.
Einsetzen dieser Werte in die Funktionsgleichung liefert die zugehörigen y-Werte:
$f\left(-\frac{5}{3}\right) = \frac{400}{27} \approx 14{,}815$ und $f(3) = -36$.
Der Hochpunkt hat die Koordinaten $\left(-\frac{5}{3} \mid \frac{400}{27}\right)$, der Tiefpunkt $(3 \mid -36)$.

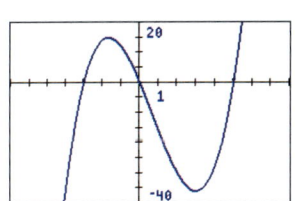

Übungen

3 *Ableitungspuzzle*

Ordnen Sie den Ableitungen ((A) bis (D)) die passenden Funktionen ((1) bis (4)) zu.

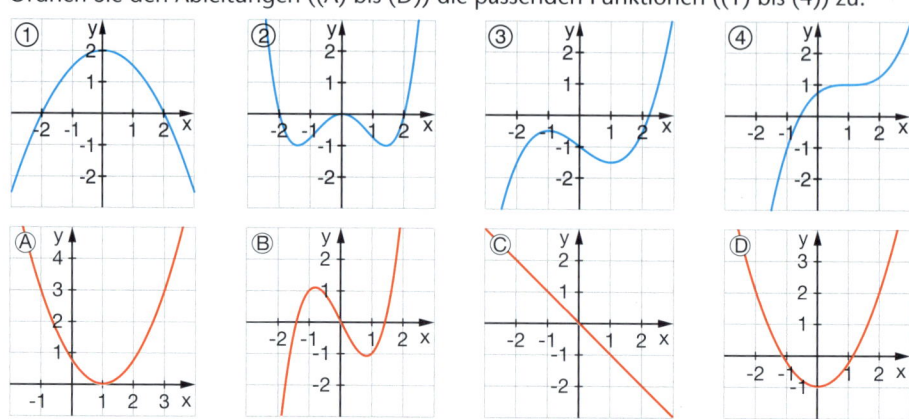

4 *Eigenschaften Graphen zuordnen*

Welcher Graph kann jeweils zu einer Funktion f mit folgenden Eigenschaften gehören?

| I $f'(a) = 0$ | II $f'(x) < 0$ für alle x | III $f'(x) > 0$ für $x < a$ |

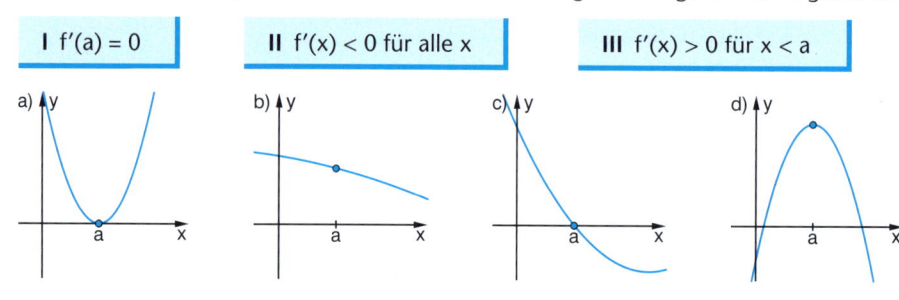

5 *Lokale und globale Extrema*

Lesen Sie die lokalen Extrempunkte der Graphen ab. Im Intervall [0; 5] kann es noch „höhere" oder „tiefere" Punkte geben. Lesen Sie diese ab.

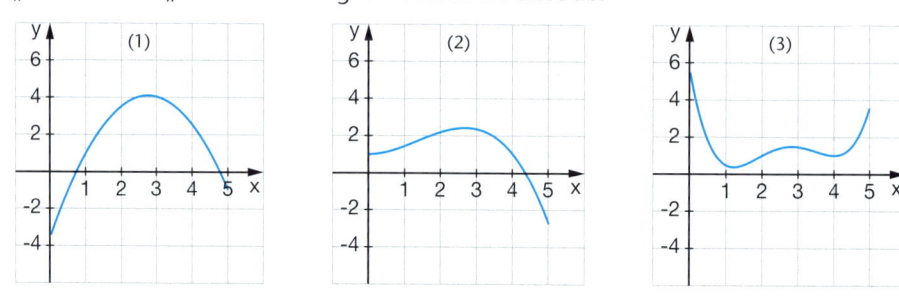

Lokale und globale Extrema

Lokales Extremum:
Maximum oder Minimum in einer gewissen Umgebung der Extremstelle x_E

Globales Extremum:
Maximum oder Minimum im gesamten Definitionsbereich

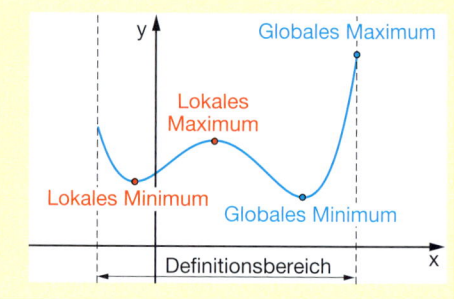

1.4 Zusammenhänge zwischen Funktion und Ableitung – Ganzrationale Funktionen

Übungen

6 *Lokale und globale Extrema*
a) Bestimmen Sie lokale und globale Extrema von $f(x) = -x^3 + 6x$ im Intervall $[-3;2]$.
b) Begründen Sie, dass ganzrationale Funktionen vom Grad 3 im gesamten Definitionsbereich $\mathbb{R}$ keine globalen Extrempunkte besitzen.
c) Untersuchen Sie $f(x) = \sqrt{x}$ und $g(x) = \frac{1}{x}$ auf lokale und globale Extrema.
d) Begründen Sie anschaulich:

> Ganzrationale Funktionen, die auf einem abgeschlossenen Intervall definiert sind, haben dort immer ein globales Maximum und Minimum.

Abgeschlossenes Intervall:
Die Grenzen gehören zum Intervall dazu.

7 *Typen von Graphen ganzrationaler Funktionen dritten Grades*
Wie sehen Graphen von ganzrationalen Funktionen dritten Grades aus?
Man kann verschiedene Typen unterscheiden.
a) Hilfe bei der Typisierung kann die erste Ableitung leisten.
Der Graph der Ableitung einer ganzrationalen Funktion dritten Grades
$f(x) = ax^3 + bx^2 + cx + d$ ($a > 0$) ist immer vom gleichen Typ, nämlich eine nach oben geöffnete Parabel.
Bezüglich der Lage im Koordinatensystem kann man grundsätzlich drei Fälle unterscheiden:

Fall I: Fall II: Fall III:

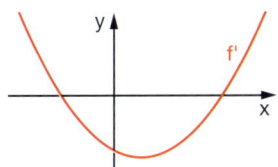 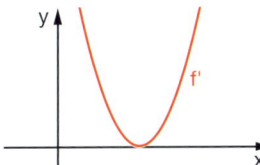 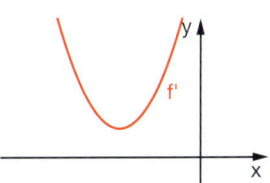

Worin liegen die Unterschiede? Skizzieren Sie zu jedem Ableitungsgraphen einen zugehörigen Graphen der Funktion f. Wie unterscheiden sich die drei Typen?
b) Was ändert sich an den drei Typen der Graphen von f, wenn in dem Funktionsterm $ax^3 + bx^2 + cx + d$ der Koeffizient $a < 0$ ist?

8 *Forschungsaufgabe: Nullstellen von ganzrationalen Funktionen dritten Grades*
Von quadratischen Funktionen wissen wir, dass sie höchstens zwei Nullstellen haben können und dass es Graphen mit keiner, mit einer und mit zwei Nullstellen gibt.
• Wie sieht dies bei ganzrationalen Funktionen dritten Grades aus?
• Wie viele Nullstellen können höchstens auftreten?
• Gibt es auch hier Beispiele mit keiner, einer, zwei oder mehr Nullstellen?
• Stellen Sie einen Untersuchungsbericht zusammen. Belegen Sie Ihre Ergebnisse mit Beispielen und versuchen Sie zu begründen.

Tipps:
Verschieben eines Graphen
in y-Richtung liefert verschiedene Fälle.

Bei manchen Funktionsgleichungen
kann man sofort die Anzahl der Nullstellen
erkennen.
$f(x) = (x - 1)(x + 2)(x + 5)$
$g(x) = (x - 1)^2(x + 1)$
$h(x) = (x + 2)^3$

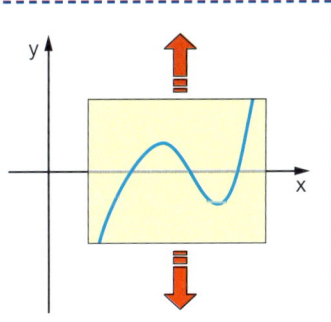

1 Einführung in die Analysis (Wiederholung)

Basiswissen — Die Graphen ganzrationaler Funktionen dritten Grades lassen sich in charakteristische Typen klassifizieren.

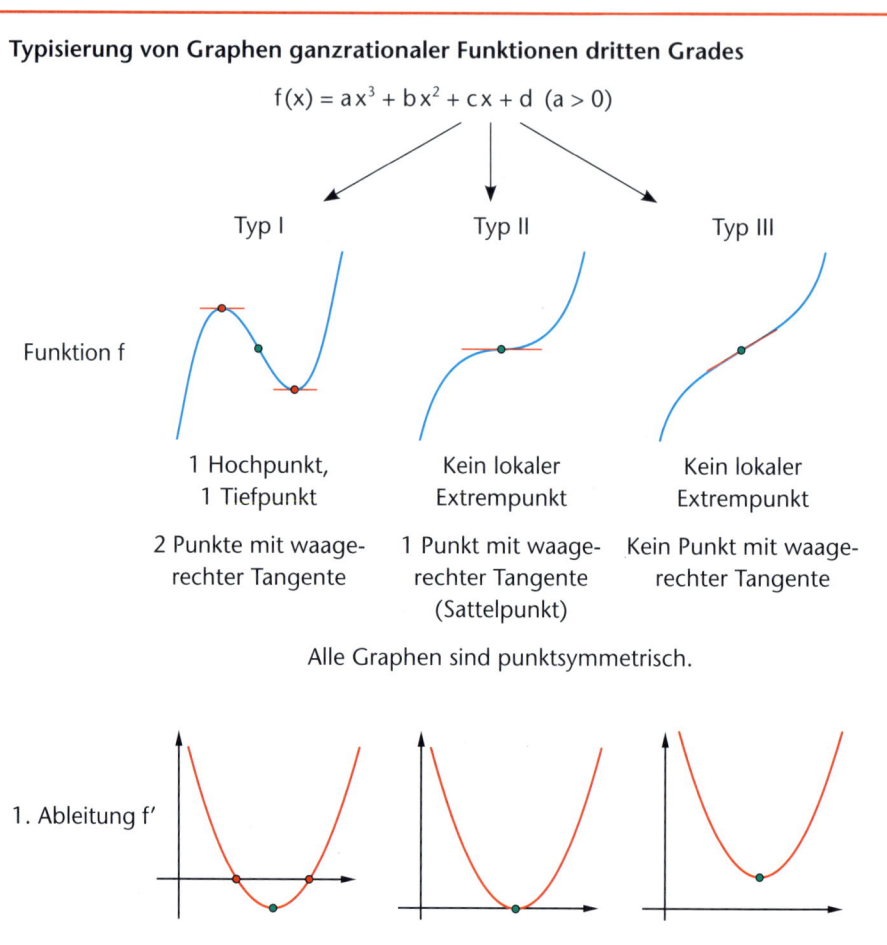

Basiswissen — Der Graph einer ganzrationalen Funktion dritten Grades hat mindestens eine Nullstelle und höchstens drei Nullstellen. In der Linearfaktorzerlegung des Funktionsterms lässt sich dies unmittelbar erkennen.

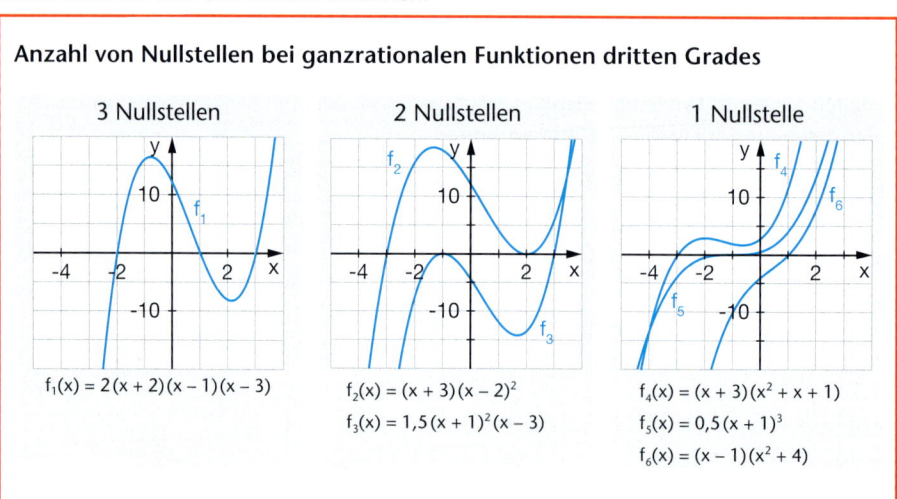

1.4 Zusammenhänge zwischen Funktion und Ableitung – Ganzrationale Funktionen

Übungen

9 *Von den Nullstellen zum Funktionsterm*
Geben Sie ganzrationale Funktionen dritten Grades mit folgenden Nullstellen an:
a) $x_1 = 4$; $x_2 = -2$; $x_3 = 7$ b) $x_1 = 3$; $x_2 = 8$ c) $x_1 = -3$
Skizzieren Sie jeweils mindestens zwei mögliche Kurvenverläufe.
Können Sie aus der Anzahl der Nullstellen der Funktion f auf die Anzahl der lokalen Extrempunkte des Graphen von f schließen?

10 *Ein Produkt ist 0, wenn ein Faktor 0 ist.*
a) Zeigen Sie, dass alle Funktionen ganzrational vom Grad 3 sind.

$f_1(x) = 2(x-6)^3$
$f_2(x) = \frac{1}{2}x(x-5)(x+3)$
$f_3(x) = (x^2+1)(x-2)$
$f_4(x) = -(x^2-1)(x-2)$
$f_5(x) = -x^2(x+10)$
$f_6(x) = -(x-3)(x^2+2x+1)$

b) Geben Sie jeweils alle Nullstellen der Funktion an. In welchen Fällen können Sie diese direkt aus dem Funktionsterm ablesen, in welchen Fällen müssen Sie noch weitere Überlegungen anstellen?

> **Linearfaktorzerlegung**
>
> Wenn x_1 eine Nullstelle einer ganzrationalen Funktion dritten Grades ist, dann lässt sich der Funktionsterm
> $f(x) = ax^3 + bx^2 + cx + d$
> als Produkt darstellen:
> $f(x) = a(x - x_1) \cdot g(x)$.
>
> Dabei ist g(x) der Term einer quadratischen Funktion.
> Der Faktor $(x - x_1)$ heißt Linearfaktor.
> Wenn sich g(x) wieder in ein Produkt zweier Linearfaktoren zerlegen lässt, so kann man daraus direkt die weiteren Nullstellen ablesen.

Ein Produkt a · b ist 0, wenn mindestens einer der Faktoren 0 ist.

11 *Verschiedene Typen von Nullstellen*
a) Zeichnen Sie die Graphen der Funktion $f(x) = 0{,}5x^3 - x^2 - 2x + 4$ und ihrer Ableitung f'(x). Wie viele Nullstellen haben jeweils f und f'?
b) Die Funktion f(x) wird auf zwei verschiedene Arten variiert:
$g(x) = f(x) + k$;   (k = 3; -1; -5) $h(x) = s \cdot f(x)$;   (s = 0,5; 2; -0,5)
Beschreiben Sie, wie sich dies jeweils auf die Anzahl und die Lage der Nullstellen der Funktion und ihrer Ableitung auswirkt. Begründen Sie.

> **Mehrfache Nullstellen**
>
> Wenn der gleiche Linearfaktor in einer Linearfaktorzerlegung zweimal auftritt, nennt man die zugehörige Nullstelle eine **doppelte Nullstelle**, wenn er dreimal auftritt, entsprechend eine **dreifache Nullstelle**.
>
> Dabei gilt:
>
> x_N doppelte Nullstelle: $(x_N | 0)$ ist ein Extrempunkt.
> x_N dreifache Nullstelle: $(x_N | 0)$ ist ein Sattelpunkt.
>
> Beispiel: $f(x) = (x+1)^3 \cdot (x-2)^2$

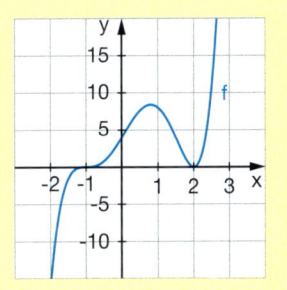

12 *Graphen aus Einzelinformationen erschließen*
Skizzieren Sie die Nullstellen. Geben Sie den Schnittpunkt mit der y-Achse an. Skizzieren Sie mit diesen Informationen den Graphen, soweit wie möglich, und überprüfen Sie Ihre Skizze mit dem GTR.

a) $f(x) = (x-1) \cdot (x+2)^2 \cdot (x-4)$ b) $f(x) = x \cdot (x+1)^3$
c) $f(x) = x^2 \cdot (2x+1)^2$ d) $f(x) = (x^2-2) \cdot (x+1)$
e) $f(x) = (x^2-9) \cdot (x^2+1)$ f) $f(x) = x \cdot (x-1) \cdot (x-2) \cdot (x-3)$

1 Einführung in die Analysis (Wiederholung)

Basiswissen — Bei Fragen zu Funktionen müssen oft Nullstellen bestimmt werden, also Gleichungen der Form f(x) = 0 gelöst werden. Dazu gibt es immer grafisch-numerische Verfahren und manchmal algebraisch-rechnerische Verfahren.

Bestimmung von Nullstellen

A Grafische Bestimmung mit dem GTR

Grafische Lösungen liefern immer gute Näherungen. Man weiß aber nicht ohne weitere Überlegungen, ob man alle Nullstellen gefunden hat. Wir zeichnen den Graphen in einer Fenstereinstellung, in der alle Nullstellen erkennbar sind.

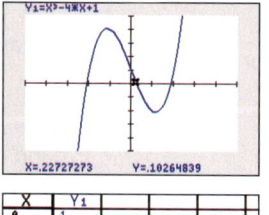 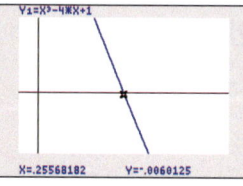

Mithilfe der Trace-Funktion können Näherungswerte für die Nullstellen abgelesen werden. Zoomen in der Nähe einer Nullstelle verbessert den Näherungswert.
Hilfreich kann hierbei auch die Tabelle sein.

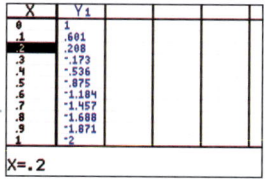 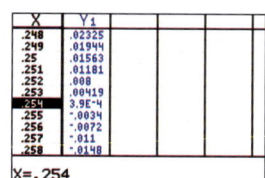

B Algebraisches Lösen der Gleichung f(x) = 0

Dies gelingt uns bei ganzrationalen Funktionen nur in Spezialfällen. Dafür kennt man dann aber die exakten Ergebnisse und auch die genaue Anzahl der Nullstellen.

(1) Ein linearer oder quadratischer Funktionsterm ist vorgegeben.
$3x - 10 = 0$ — Die lineare Gleichung hat die Lösung $x = \frac{10}{3}$.
$x^2 + 2x - 8 = 0$ — Die quadratische Gleichung hat die Lösungen $x_1 = 2$ und $x_2 = -4$ (pq-Formel).

(2) Der Funktionsterm f(x) ist in der Produktform vorgegeben.
„Ein Produkt ist null, wenn einer der Faktoren null ist."

$f(x) = 3(x + 1)(x - 2)(x - 3)$ — Nullstellen bei $x_1 = -1$, $x_2 = 2$ und $x_3 = 3$
$f(x) = (x - 1)^2(x + 1)$ — Nullstellen bei $x_1 = 1$ (doppelt) und $x_2 = -1$
$f(x) = (x + 3)(x^2 + x + 1)$ — Nullstelle bei $x_1 = -3$ (Der Faktor $x^2 + x + 1$ kann nicht null werden.)

(3) Am Funktionsterm lässt sich eine Produktform erkennen.
$f(x) = x^2 - 6x = x(x - 6)$ — Nullstellen bei $x_1 = 0$ und $x_2 = 6$ (Ausklammern)
$f(x) = x^3 - 3x^2 = x^2(x - 3)$ — Nullstellen bei $x_1 = 0$ (doppelt) und $x_2 = 3$ (Ausklammern)
$f(x) = x^4 - 4x^2 + 4 = (x^2 - 2)^2$ — Nullstellen bei $x_1 = \sqrt{2}$ (doppelt) und $x_2 = -\sqrt{2}$ (doppelt)   (Binomische Formel)

(4) Der Funktionsterm lässt sich durch eine Substitution $z = x^2$ auf eine quadratische Gleichung zurückführen.
$f(x) = x^4 - 12x^2 + 32$ $z = x^2$: $(x^2)^2 - 12x^2 + 32 = 0$, also $z^2 - 12z + 32 = 0$
Lösung mit pq-Formel: $z_1 = 8$; $z_2 = 4$
Mit $x = \pm\sqrt{z}$ erhält man: $x_1 = \sqrt{8}$; $x_2 = -\sqrt{8}$; $x_3 = 2$; $x_4 = -2$

Übungen

13 *Nullstellen*

Bestimmen Sie bei den folgenden Funktionen die Nullstellen. Benutzen Sie, wenn möglich, ein algebraisches Lösungsverfahren.

a) $f(x) = x \cdot (x - 5) \cdot \left(x + \frac{3}{2}\right)$
b) $f(x) = 5x^4 + 3x^3$
c) $f(x) = x^3 - 3x^2 - 2x$

d) $f(x) = x^4 - 2x^2 + 1$
e) $f(x) = 2 \cdot (x^2 + 1) \cdot (x^2 - 7)$
f) $f(x) = x^4 - 5x^2 + 4$

g) $f(x) = 2x^4 - 24x^2 + 70$
h) $f(x) = 2x^3 + x^2 - 4x + 1$
i) $f(x) = 3x^4 - 6x^2$

Erinnern, Können, Gebrauchen

CHECK UP

1 Füllgraphen
a) Welcher Graph gehört zu welcher Gefäßform? Begründen Sie Ihre Entscheidung.
b) Zeichnen Sie zu jedem Gefäß den zugehörigen Graphen der Steiggeschwindigkeit.

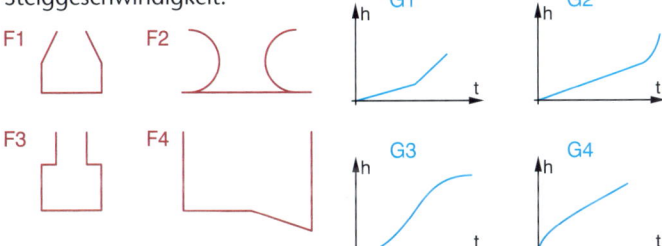

Funktionen und Änderungsraten

Steigungsgraph grafisch erfasst (qualitativ)

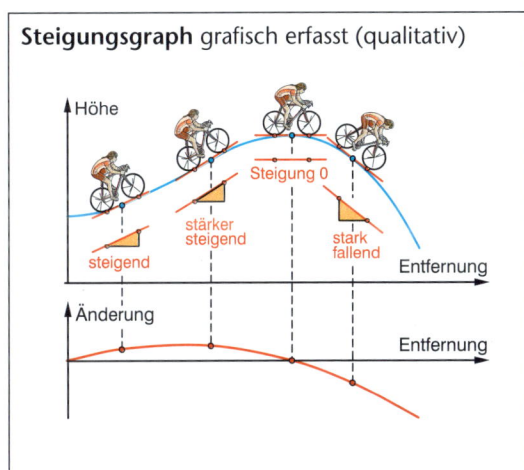

2 Steigungsgraphen
Zeichnen Sie die Graphen der Funktionen und skizzieren Sie jeweils den zugehörigen Steigungsgraphen.
$y_1(x) = x^2 + 1 \qquad y_2(x) = 9 - x^2 \qquad y_3(x) = \cos(x)$

3 Steigungsgraph zuordnen
Welcher der Graphen a, b oder c ist der passende Steigungsgraph zu dem links abgebildeten Funktionsgraphen? Begründen Sie.

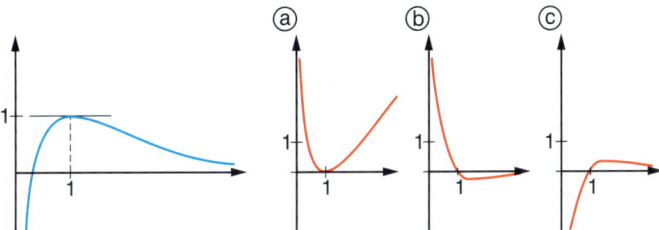

Durchschnittliche Änderungsrate/mittlere Steigung für die Funktion f im Intervall [a; b]

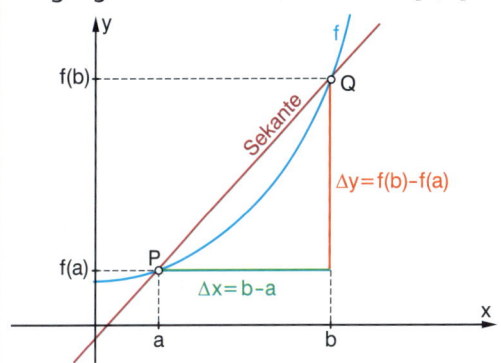

Differenzenquotient

$\frac{\Delta y}{\Delta x} = \frac{f(b) - f(a)}{b - a}$

Steigung der **Sekante PQ**

4 Eine Autofahrt
Eine Autofahrt ist im Weg-Zeit-Diagramm festgehalten.
a) Skizzieren Sie den zugehörigen Geschwindigkeitsgraphen.
b) Beantworten Sie die Fragen und begründen Sie mithilfe der Graphen.
(I) Handelt es sich eher um eine Fahrt auf einer Autobahn oder um eine Fahrt auf einer Bundesstraße mit Ortsdurchfahrten?
(II) Hat der Fahrer Pausen eingelegt?
(III) In welchen Zeitabschnitten war die Geschwindigkeit in etwa konstant?

Näherungswert für die momentane Änderungsrate der Funktion f an der Stelle a

$\frac{\Delta y}{\Delta x} = \frac{f(a+h) - f(a)}{h}$ für kleines h (z.B. 0,001)

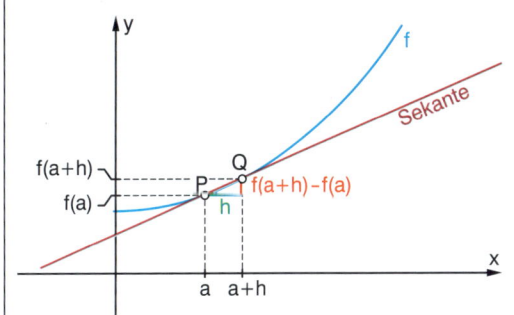

5 Ein Intervall gleitet
Das Intervall I gleitet längs der t-Achse nach rechts. Wo vermuten Sie I in jedem der folgenden Fälle?
• Die mittlere Änderungsrate ist maximal.
• Die mittlere Änderungsrate ist minimal.
• Die mittlere Änderungsrate ist null.

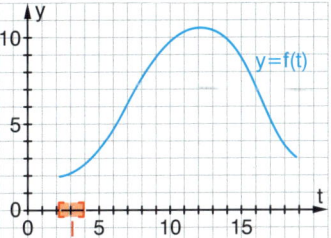

CHECK UP

Funktionen und Änderungsraten

Der Grenzwert des Differenzenquotienten

$$\lim_{h \to 0} \frac{f(a+h) - f(a)}{h}$$

ist der beste Wert für die **momentane Änderungsrate** der Funktion f an der Stelle a.

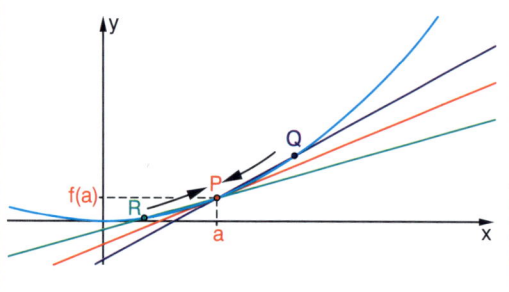

Steigung der Tangente im Punkt $P(a|f(a))$

Die Sekantensteigungsfunktion

$m_{sek}(x) = \frac{f(x+h) - f(x)}{h}$ für kleines h

ordnet jedem x-Wert die Steigung der Sekante durch die Punkte $P(x|f(x))$ und $Q(x+h|f(x+h))$ zu (Näherungswert für die Änderungsrate an der Stelle x).

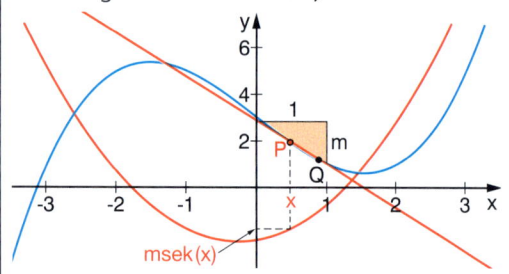

Die Ableitungsfunktion

$$f'(x) = \lim_{h \to 0} \frac{f(x+h) - f(x)}{h}$$

ordnet jedem x-Wert die Steigung der Tangente im Punkt $P(x|f(x))$ zu (momentane Änderungsrate an der Stelle x).

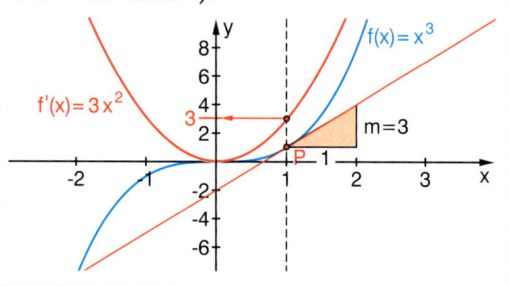

6 | *Untersuchung einer Funktion*
Gegeben sei die Funktion $f(x) = x^2 - 1$.
a) Skizzieren Sie den Graphen der Funktion.
b) Berechnen Sie die Durchschnittssteigung im Intervall [1; 2].
c) Geben Sie die Steigung der Sekante durch die Punkte $(2|f(2))$ und $(3|f(3))$ an.
d) Bestimmen Sie einen Näherungswert für die Steigung des Graphen im Punkt $(1|f(1))$.
e) Welcher der Differenzenquotienten ist größer? Begründen Sie.

$d_1 = \frac{f(1+0,1) - f(1)}{0,1}$ $d_2 = \frac{f(1-0,1) - f(1)}{-0,1}$

7 | *Ein fallender Stein*
Der freie Fall eines Steins aus 80 m Höhe wird durch die Funktionsgleichung
$f(t) = 80 - 5t^2$ (t in s, f(t) in m)
modelliert.
a) Nach welcher Zeit schlägt der Stein auf der Erde auf?

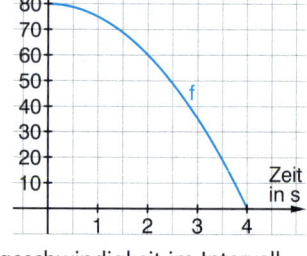

b) Bestimmen Sie die Durchschnittsgeschwindigkeit im Intervall [0; 4].
c) In welcher Höhe befindet sich der Stein nach 1 s, 2 s und 3 s? Bestimmen Sie jeweils die Momentangeschwindigkeit zu diesen Zeitpunkten.
d) Mit welcher Geschwindigkeit schlägt der Stein auf der Erdoberfläche auf?

8 | *Terme erläutern*
a) Erläutern Sie am Beispiel der Funktion $f(x) = 3x^2$ die folgenden Terme (Skizze, Berechnung).

$\frac{f(3+h) - f(3)}{h}$ $\lim_{h \to 0} \frac{f(3+h) - f(3)}{h}$ $y_1(x) = \frac{f(x+0,01) - f(x)}{0,01}$

b) Zu jedem der obigen Terme passt einer der folgenden Begriffe. Ordnen Sie richtig zu.
• Momentansteigung im Punkt $(3|f(3))$
• Sekantensteigungsfunktion
• Durchschnittssteigung

9 | *Sekantensteigung, Tangentensteigung*
a) Erläutern Sie anhand des nebenstehenden Bildes den Satz:
Die Tangentensteigung ist der Grenzwert der Sekantensteigungen.
b) Übertragen Sie die Skizze in Ihr Heft und ergänzen Sie sie um Sekanten in Intervallen [a – h; a].

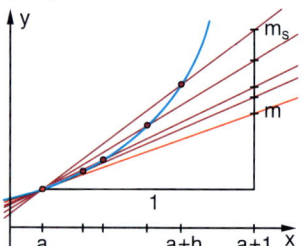

10 | *f' auf unterschiedlichen Wegen ermitteln*
Ermitteln Sie die Ableitungsfunktion zu $f(x) = x^2 + 2$ ...
a) ... mithilfe von Sekantensteigungsfunktionen.
b) ... algebraisch mithilfe der „h-Methode".
Stellen Sie beide Lösungswege übersichtlich dar.

11 Graphen und Ableitungen

a) Geben Sie die Funktionsterme zu den skizzierten Graphen an. Bestimmen Sie die Ableitungsfunktionen und skizzieren Sie deren Graphen.

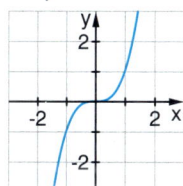 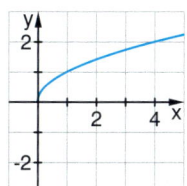 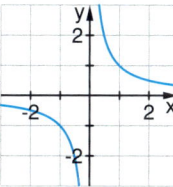

b) Die Graphen der Ableitungen dreier Funktionen sind skizziert. Skizzieren Sie die Graphen der zugehörigen Funktionen.

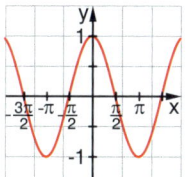 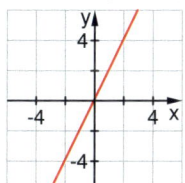 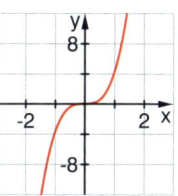

12 Steigungen

In welchem Verhältnis stehen die Steigungen von $f_n(x) = x^n$ ($n = 2, 3, 4, 5, 6$) jeweils an den Stellen $x = \frac{1}{2}$, $x = 1$ und $x = 2$?

13 Ableitungen berechnen

Bestimmen Sie die Ableitungen zu den Funktionen.
a) $f(x) = x^3 + 5$
b) $f(x) = 3x^3 - x^2 + 1$
c) $f(x) = 2x + \sin(x)$
d) $f(x) = ax^2 - bx + c$
e) $f(x) = \frac{1}{3}x + 2$
f) $f(t) = 10t^2 - t + 1$

14 Ableitungen einer „allgemeinen" Funktion

Bestimmen Sie die ersten drei Ableitungen von
$f(x) = ax^4 + bx^3 + cx^2 + dx + e$ ($a, b, c, d, e \in \mathbb{R}$ und $a \neq 0$).

15 Untersuchung verschiedener Stellen

Gegeben ist die Funktion $f(x) = x^2 - 6x$.
a) Bestimmen Sie die Steigung der Kurve an den Nullstellen.
b) In welchen Punkten hat der Graph die Steigung 4 bzw. –3 bzw. 5?
c) In welchen Punkten hat der Graph eine waagerechte Tangente?

16 Tangenten bestimmen

Bestimmen Sie die Gleichung der Tangente im Punkt $P(a|f(a))$.
a) $f(x) = 0{,}5x^2 + 1$; $a = 1$
b) $f(x) = \frac{2}{x}$; $a = 1$
c) $f(x) = 2\sin(x)$; $a = 0$

17 Begründungen

a) Zeigen Sie, dass die Tangente an den Graphen von $f(x) = x^4$ im Punkt $P(a|f(a))$ die Gleichung $y = 4a^3x - 3a^4$ hat.
b) Zeigen Sie, dass die Tangente an den Graphen von $f(x) = x^2$ in $P(2|f(2))$ parallel zur Sekante durch die Punkte $A(1|f(1))$ und $B(3|f(3))$ ist.
c) Gilt die Aussage von Teil b) auch für $f(x) = x^3$?

CHECK UP

Funktionen und Ableitungen

Wichtige Funktionen und ihre Ableitungen

f(x)	f'(x)	f(x)	f'(x)
x^2	$2x$	$\sqrt{x}$	$\frac{1}{2\sqrt{x}}$
x^3	$3x^2$	$\frac{1}{x}$	$-\frac{1}{x^2}$
x^4	$4x^3$	$\sin(x)$	$\cos(x)$

Ableitungsregeln

Potenzfunktion
$f(x) = x^n$ mit natürlichem Exponenten n
$f(x) = x^n$
$f'(x) = n \cdot x^{n-1}$

Ein **konstanter Summand** fällt beim Ableiten weg.
$f(x) = g(x) + c$
$f'(x) = g'(x)$

Ein **konstanter Faktor** bleibt beim Ableiten erhalten.
$f(x) = a \cdot g(x)$
$f'(x) = a \cdot g'(x)$

Eine **Summe** von zwei Funktionen hat als Ableitung die **Summe der beiden Ableitungen**.
$f(x) = g(x) + h(x)$
$f'(x) = g'(x) + h'(x)$

Ganzrationale Funktionen

Eine Funktion
$f(x) = a_n x^n + a_{n-1} x^{n-1} + \ldots + a_1 x + a_0$
($a_i \in \mathbb{R}$ und $a_n \neq 0$)
heißt ganzrationale Funktion n-ten Grades.
Ihre Ableitung ist eine ganzrationale Funktion vom Grad n – 1:
$f'(x) = a_n \cdot n x^{n-1} + a_{n-1} \cdot (n-1) x^{n-2} + \ldots + a_2 \cdot 2x + a_1$

Tangentengleichung

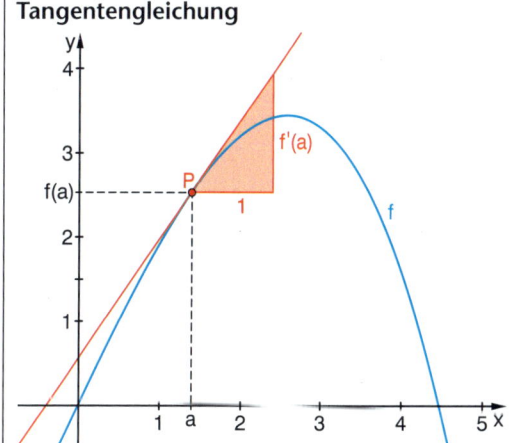

Die Tangente an den Graphen der Funktion f im Punkt $P(a|f(a))$ hat die Gleichung:
$$y = f'(a)(x - a) + f(a).$$

Erinnern, Können, Gebrauchen

CHECK UP

Funktionen und Ableitungen

Zusammenhang Funktion und Ableitung

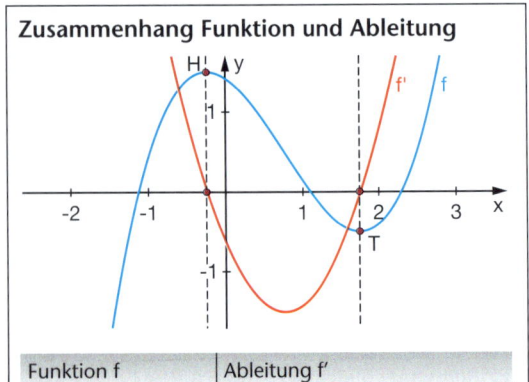

Funktion f	Ableitung f'
wachsend	$f'(x) > 0$
fallend	$f'(x) < 0$
lokales Extremum	$f'(x) = 0$ und $f'(x)$ hat Vorzeichenwechsel

Graphen ganzrationaler Funktionen 3. Grades

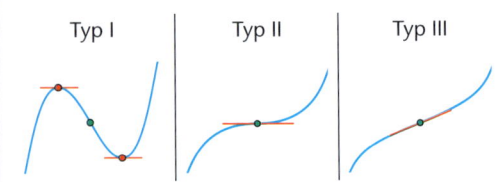

Alle Graphen sind punktsymmetrisch.

Nullstellen
Eine ganzrationale Funktion dritten Grades hat mindestens eine und höchstens drei Nullstellen.

Bestimmen von Nullstellen

1. Grafisch-numerische Bestimmung
$f(x) = x^3 - x + 3$

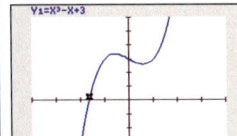 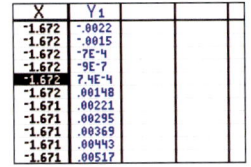

2. Algebraische Bestimmung
a) $f(x) = x^3 - 8x$
$x^3 - 8x = x(x^2 - 8) = x(x + \sqrt{8})(x - \sqrt{8}) = 0$
$x_1 = 0; \quad x_2 = \sqrt{8}; \quad x_3 = -\sqrt{8}$
b) $f(x) = x^4 - 10x^2 + 9$
$z = x^2: \quad f(z) = z^2 - 10z + 9; \quad z_{1,2} = 5 \pm \sqrt{16}$
$z_1 = 9: \quad x_1 = 3; \quad x_2 = -3$
$z_2 = 1: \quad x_3 = 1; \quad x_4 = -1$

18 *Monotonie untersuchen*
Geben Sie jeweils die Intervalle an, in denen f streng monoton wachsend bzw. streng monoton fallend ist.
a) $f(x) = 0{,}5x^3 - 2$ b) $f(x) = x^3 - 3x^2 + 4$
c) $f(x) = 2x^4 + 1$ d) $f(x) = x^2(x^2 - 16)$

19 *Von f' zu f*
Welche Aussagen liefert der abgebildete Graph der Ableitung f' über den Graphen der zugehörigen Funktion f? Skizzieren Sie den Graphen von f.

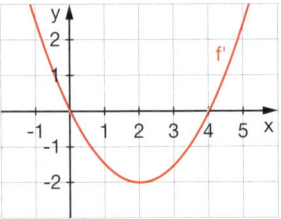

20 *Wahr oder falsch?*
Die Funktion f ist eine ganzrationale Funktion dritten Grades. Welche der folgenden Aussagen sind wahr? Begründen Sie.
(I) f hat mindestens einen Hochpunkt.
(II) f hat höchstens zwei lokale Extrema.
(III) f hat eine oder drei Nullstellen.
(IV) Wenn f an der Stelle x einen Tiefpunkt hat, dann muss $f'(x) = 0$ gelten.

21 *Von der Ableitung zur Funktion*
Welche der Aussagen sind wahr? Begründen Sie mit der Ableitung f'.
a) f hat keine lokalen Extrempunkte.
b) Die Tangente von f an der Stelle 0 hat eine negative Steigung.
c) An der Stelle $x = 2$ ist die Steigung von f gleich 0.
d) f ist überall streng monoton fallend.

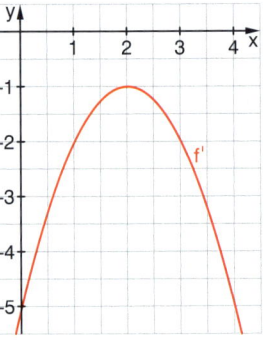

22 *Nullstellen und Extremstellen*
Bestimmen Sie die Nullstellen und lokalen Extrempunkte möglichst algebraisch. Skizzieren Sie die Graphen.
a) $f(x) = 2x^3 - 4x$ b) $f(x) = x^3 + 2x^2$
c) $f(x) = x^4 + 2x^2 + 1$ d) $f(x) = x^4 - x$
e) $f(x) = x^4 - 5x^2 + 6$ f) $f(x) = x^5 - 2x^3 + x$

23 *Von Nullstellen zu Extremstellen*
a) Geben Sie die Nullstellen der Funktionen an.
(1) $f(x) = x(x + 1)(x - 4)$ (2) $f(x) = x^2(x - 3)^2$
(3) $f(x) = x^2(x^2 - 3)$ (4) $f(x) = x^2(x^2 + 3)$
b) Machen Sie anhand der Nullstellen ohne weitere Rechnungen Aussagen über die Anzahl und die Lage der Extrempunkte.

24 *Funktionen bestimmen aus Bedingungen*
Geben Sie jeweils eine Funktionsgleichung an.
a) Die Funktion f hat die Nullstellen -4, 3 und 5.
b) Die Funktion f hat Extremstellen bei $x = 1$ und $x = 5$.
c) Die Funktion f ist vom Grad 3 und hat keine Extremstellen.

2 Erweiterung der Differenzialrechnung

In diesem Kapitel erfolgt mit der 2. Ableitung eine erste Erweiterung der Differenzialrechnung. Dies wirkt sich auf die Möglichkeiten der Untersuchung von Funktionen und die Zusammenhänge mit den ersten beiden Ableitungen aus. Mit dem Optimieren wird ein klassisches Anwendungsgebiet der Differenzialrechnung in den Fokus gerückt. Im dritten Lernabschnitt werden die Begriffe der Differenzialrechnung bei der Untersuchung von Funktionenscharen angewendet.
Im letzten Lernabschnitt geht es dann um eine weitere Präzisierung der Beschreibung von Funktionseigenschaften.

2.1 Die 2. Ableitung und Zusammenhänge zwischen der Funktion und ihren Ableitungen

Mit der zweiten Ableitung rückt nun die „Änderung der Änderung" in den Blickpunkt. Die geometrische Bedeutung der Änderung der Tangentensteigung führt zum Begriff der Krümmung eines Funktionsgraphen. Die Untersuchungen zu den Zusammenhängen zwischen Funktion und Ableitung können nun durch Einbezug der 2. Ableitung erweitert werden.

Wechsel der Kurvenlage beim Motorradrennen

2.2 Optimieren

Optimierung ist ein wichtiges Anwendungsgebiet der Mathematik. Immer dann, wenn sich Vorgänge und Situationen durch Funktionen modellieren lassen, können Optimierungsprobleme auch mit Verfahren der Differenzialrechnung gelöst werden.

Bienen bauen ihre Waben mit minimalem Materialaufwand und maximaler Stabilität

2.3 Funktionenscharen und Ortskurven

Funktionsterme mit Parametern führen zu Funktionenscharen. Besondere Punkte der Funktionen einer Schar liegen auf Ortskurven, mit deren Hilfe man die Schar oft genauer beschreiben und charakterisieren kann.

Flugbahnen eines Golfballs

2.4 Stetigkeit und Differenzierbarkeit

Mit der Betragsfunktion und der Funktion $f(x) = \frac{1}{x}$ haben Sie Beispiele von Funktionen kennengelernt, die im Gegensatz zu den ganzrationalen Funktionen an bestimmten Stellen ein besonderes Verhalten aufweisen. Solche „kritischen Stellen" werden nun etwas genauer untersucht und mathematisch präziser beschrieben.

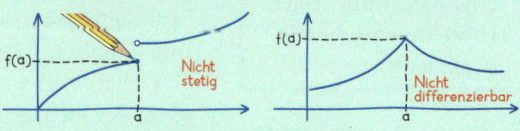

2 Erweiterung der Differenzialrechnung

2.1 Die 2. Ableitung und Zusammenhänge zwischen der Funktion und ihren Ableitungen

Was Sie erwartet

In der Einführungsphase haben Sie sich bereits ausführlich mit den Zusammenhängen zwischen der Funktion und der ersten Ableitung beschäftigt. Jetzt wird zusätzlich die zweite Ableitung mit ihrer geometrischen Bedeutung für den Graphen und ihrer Interpretation in Anwendungen in den Fokus gerückt. Damit können die Untersuchungen der Zusammenhänge zwischen der Funktion und den Ableitungen erweitert und vertieft werden. Die für die mathematische Argumentation wichtigen logischen Regeln werden nochmals in eigenen „Logikexkursen" herausgestellt und in einem Logiktraining angewendet.

Aufgaben

1 *Entwicklungen und Veränderungen – grafisch dargestellt*
a) Welche Kurve passt zu den Aussagen?

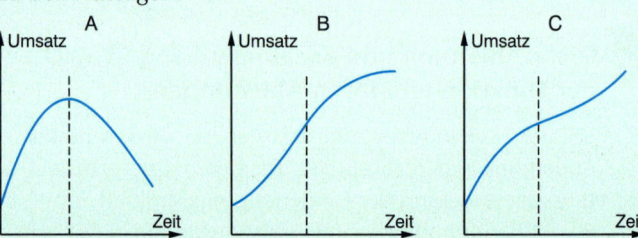

Auszug aus dem Jahresbericht einer Firma:

„Erfreulicherweise konnten wir den Umsatz über das ganze Jahr hinweg ständig steigern. Bedenklich ist allerdings, dass die Anfangsphase mit wachsender Zunahme dann durch eine Phase mit geringer werdender Zunahme abgelöst wurde."

Begründen Sie. Die Änderung der Tangentensteigung kann dabei nützlich sein.
b) Ändern Sie den Jahresbericht so ab, dass er jeweils zu den beiden anderen Kurven passt.

2 *Höhere Ableitungen*
Zu den Funktionen $f_1(x) = \frac{1}{3}x^3 - 3x^2 + 9x$, $f_2(x) = \frac{1}{3}x^3 - 3x^2 + 10x$ und $f_3(x) = \frac{1}{3}x^3 - 3x^2 + 8x$ sind die Graphen der 1. Ableitungen dargestellt.

Von der Ableitung einer Funktion lässt sich wieder die Ableitung bilden. Man nennt diese dann die **zweite Ableitung der Funktion f** und bezeichnet sie mit **f''(x)**. Sprechweise: *f zwei Strich von x*. Entsprechend kann man von f''(x) wieder eine Ableitung bilden. Diese heißt dann f'''(x) usw.

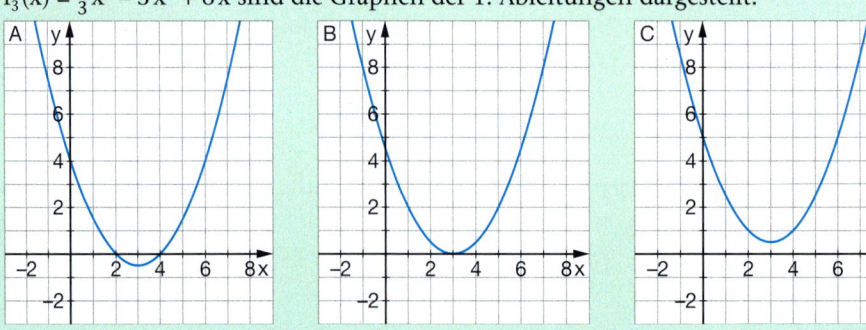

a) Welche Ableitungen gehören zu welcher Funktion? Begründen Sie ihre Entscheidung.
b) Bilden Sie zu den drei Funktionen die zweiten Ableitungen und zeichnen Sie ihre Graphen. Was fällt Ihnen auf?
c) Welche Bedeutung hat die Nullstelle der 2. Ableitung für den Verlauf der Graphen der Ausgangsfunktionen f_1, f_2 und f_3? Wie unterscheiden sich die Graphen von f_i jeweils rechts und links von der Nullstelle der zweiten Ableitung?

Aufgaben

3 *Kurven „erfahren"*
Rechts sehen Sie einen Ausschnitt aus dem Parcours eines Geschicklichkeitsfahrens mit dem Fahrrad von oben. Beschreiben Sie die Fahrt, wenn Sie den Parcours von links nach rechts durchfahren. Was lässt sich über die Lenkerstellung auf verschiedenen Teilstrecken sagen? Wo ist der Parcours besonders schwierig, wo kann man am schnellsten fahren?
Der Parcoursausschnitt kann im Intervall $[-2;6,6]$ durch die Funktion $f(x) = \frac{1}{8}x^4 - \frac{9}{8}x^3 + \frac{7}{4}x^2 + 3x$ beschrieben werden. Bestimmen Sie die zweite Ableitung und skizzieren Sie mit dem GTR die Graphen von f und f". Erkennen Sie Zusammenhänge zwischen Lenkerstellung und der zweiten Ableitung in bestimmten Intervallen? Beschreiben Sie.

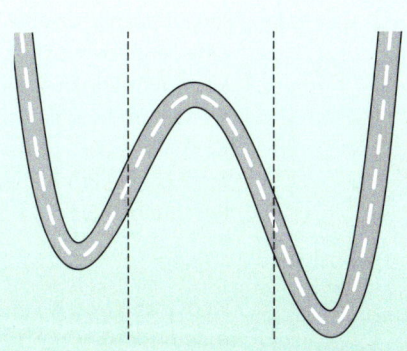
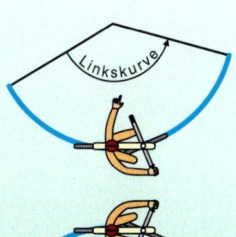

Intervall	Lenkerstellung	f''(x)
[−2; 0,6[	■	> 0
■	rechts	■
■	■	■

Basiswissen

■ Die zweite Ableitung f''(x) ist die Ableitung der ersten Ableitung, sie beschreibt also das Änderungsverhalten der Ableitung. Anschaulich ist dies die Änderung der Tangentensteigung.

Geometrische Bedeutung der zweiten Ableitung

Die Änderungsrate f''(x) der Tangentensteigung f'(x) gibt eine Vorstellung davon, in welcher Weise der Graph von f „gekrümmt" ist.

Wenn f''(x) > 0, so nehmen die Tangentensteigungen zu.

Wenn f''(x) < 0, so nehmen die Tangentensteigungen ab.

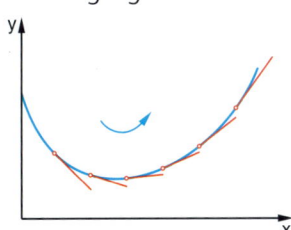
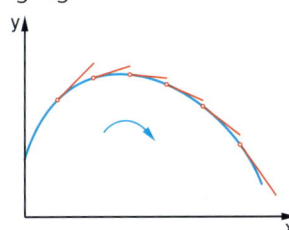
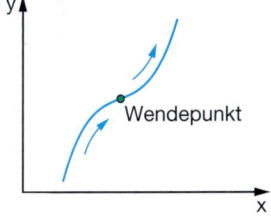

Die Tangenten drehen links herum.
Der Graph ist *linksgekrümmt*.

Die Tangenten drehen rechts herum.
Der Graph ist *rechtsgekrümmt*.

Ein **Wendepunkt** ist ein Punkt, in dem die Art der Krümmung wechselt.

Beispiele

A *Krümmung bei einer ganzrationalen Funktion 3. Grades*
In welchen Intervallen ist der Graph der Funktion $f(x) = \frac{1}{6}x^3 - x^2$ linksgekrümmt, in welchen rechtsgekrümmt?

Lösung: $f'(x) = \frac{1}{2}x^2 - 2x$ $f''(x) = x - 2$
In der grafischen Darstellung erkennt man, dass die zweite Ableitung für x < 2 negativ und für x > 2 positiv ist. Also ist der Graph für x < 2 rechtsgekrümmt, für x > 2 linksgekrümmt, bei x = 2 ist der Wendepunkt, bei dem der Übergang von einer Rechts- zu einer Linkskurve stattfindet. Algebraisch erkennt man dies direkt an dem Term von f''(x).

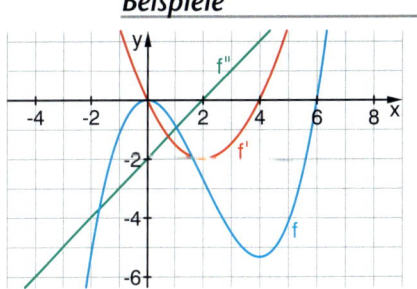

Beispiele

B *Entwicklung von Produktionskosten*

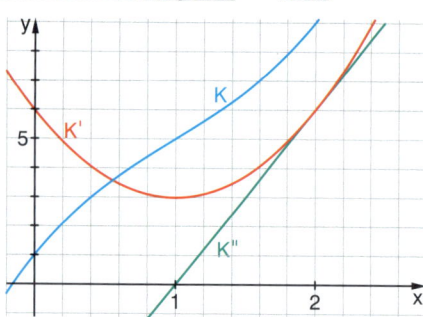

Eine Möbelfirma stellt exklusive Designerstühle her. Die Produktionskosten K hängen von der an einem Tag produzierten Menge x ab. Sie werden im Produktionsbereich von 0 bis 300 Stück durch die Funktion $K(x) = x^3 - 3x^2 + 6x + 1$ modelliert (x gibt die Stückzahl in Hundert an, K(x) die Produktionskosten in Zehntausend Euro).
Beschreiben Sie die Kostenentwicklung mithilfe der Ableitungen.

Lösung:

Der **Graph von K** verrät, dass erwartungsgemäß die Produktionskosten durchweg ansteigen: Je mehr produziert wird, desto höher sind die Kosten.
Der Graph von K' bestätigt das monotone Wachstum, denn es gilt im gesamten Intervall $K'(x) > 0$. Die Zunahme der Produktionskosten wird aber zunächst kleiner. Ab 100 Stück (x = 1) wächst sie wieder an. K' hat dort ein Minimum.
Der Graph von K'' zeigt das Schrumpfen der Zunahme der Produktionskosten, denn anfangs ist $K''(x) < 0$, d. h. negativ. Bei einer Produktion von 100 Stühlen liegt die geringste Zunahme der Produktionskosten ($K''(1) = 0$) vor. Danach wächst die Zunahme der Produktionskosten wieder an ($K''(x) > 0$).

Übungen

4 *Eine Gewinnbilanz*
Die Grafik zeigt die Entwicklung der Gewinne einer Firma seit 1998.
a) Beschreiben Sie die Entwicklung mit Worten.
b) Der Chef möchte für 2009 gerne Subventionen haben und muss dazu möglichst eine „negative" Prognose angeben. Haben Sie eine Idee?

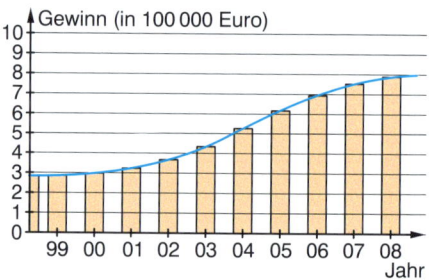

5 *Schlagzeilen zu Tierbeständen*

| Der Bestand an Eisbären sinkt ständig weniger. | Das Wachstum des Bestandes an Polarfüchsen wird geringer. | Die Zahl der Berglöwen nimmt immer schneller ab. |

Skizzieren Sie zu jeder Aussage eine angemessene Grafik und die dazugehörende erste und zweite Ableitung.

6 *Ableitungspuzzle*
Ordnen Sie die zweiten Ableitungen ((A)–(D)) den Funktionen ((1)–(4)) zu.

Eine Skizze der ersten Ableitung kann helfen.

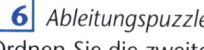
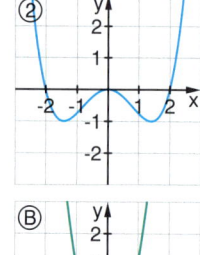
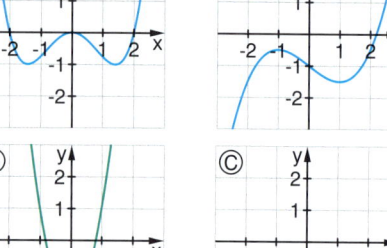
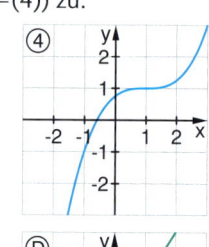
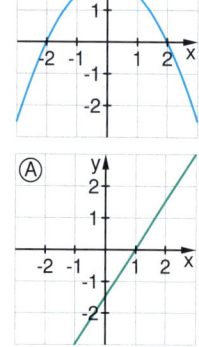
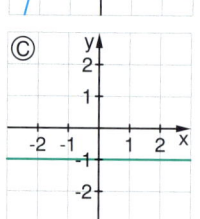
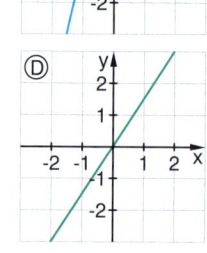

2.1 Die 2. Ableitung und Zusammenhänge zwischen der Funktion und ihren Ableitungen

Die Eigenschaften Monotonie und Extrempunkte eines Funktionsgraphen wurden bereits mithilfe der ersten Ableitung beschrieben. Mit der zweiten Ableitung erhält man nun die Krümmungseigenschaften und Wendepunkte des Graphen. So ergeben sich die Zusammenhänge zwischen einer Funktion und ihren ersten beiden Ableitungen.

Basiswissen

Zusammenhänge zwischen einer Funktion und ihren Ableitungen

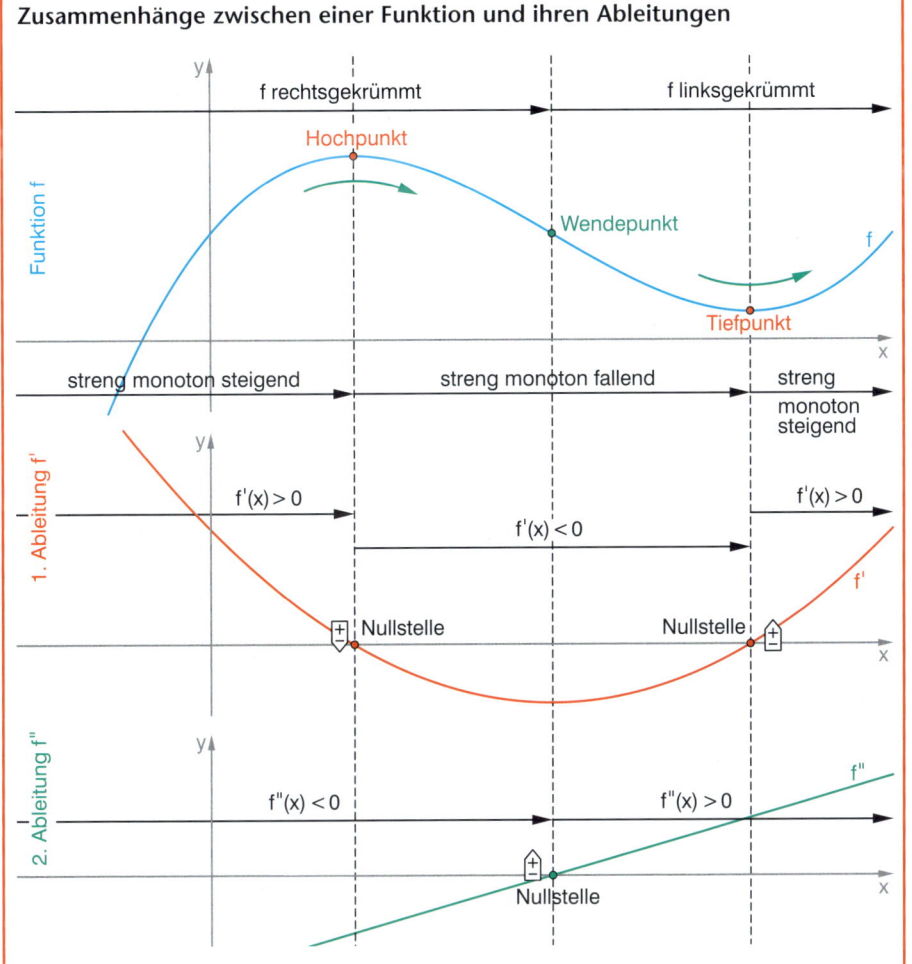

Alle hier aufgeführten Zusammenhänge und Aussagen setzen voraus, dass die Funktionen an jeder Stelle des betrachteten Definitionsbereiches differenzierbar sind.

Das Vorzeichen von f'(x) gibt Auskunft über Steigen oder Fallen von f.
In Intervallen, in denen $f'(x) > 0$, ist f streng monoton steigend.
$f'(x) < 0$, ist f streng monoton fallend.

Monotonie

Ein Vorzeichenwechsel von f'(x) kennzeichnet lokale Extrempunkte von f.
An der Stelle,
an der f'(x) das Vorzeichen von + nach − wechselt, liegt ein Hochpunkt von f vor.
von − nach + Tiefpunkt

An der Stelle, an der f einen lokalen Extrempunkt hat, ist $f'(x) = 0$.

lokale Extrempunkte

Das Vorzeichen von f''(x) gibt Auskunft über das Krümmungsverhalten von f.
In Intervallen, in denen $f''(x) > 0$, ist f linksgekrümmt.
$f''(x) < 0$, ist f rechtsgekrümmt.

Krümmung

Ein Vorzeichenwechsel von f''(x) kennzeichnet Wendepunkte von f.
An der Stelle, an der f''(x) einen Vorzeichenwechsel hat, hat f einen Wendepunkt.
An der Stelle, an der f einen Wendepunkt hat, ist $f''(x) = 0$.

Wendepunkt

2 Erweiterung der Differenzialrechnung

Beispiele

C *Eine Aufgabe aus einem internationalen Mathematiktest*
Welcher der folgenden Graphen hat die nachstehenden Eigenschaften?
f'(0) > 0 und f'(1) < 0 und f''(x) ist immer negativ.

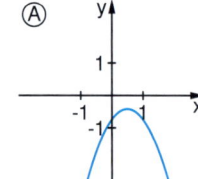
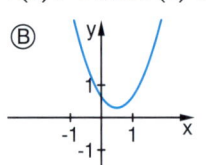
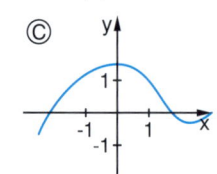
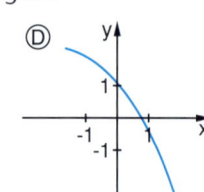
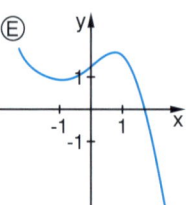

Lösung:
f'(0) > 0 besagt, dass der Graph von f an der Stelle 0 eine Tangente mit positiver Steigung hat. Dies wird nur von den Graphen A und E erfüllt.
f'(1) < 0 besagt, dass der Graph von f an der Stelle 1 eine Tangente mit negativer Steigung hat. Die Graphen von A und E erfüllen beide auch diese Bedingung.
f''(x) ist immer negativ besagt, dass der Graph überall rechtsgekrümmt ist. Der Graph E erfüllt diese Bedingung nicht, er ist zunächst linksgekrümmt und dann rechtsgekrümmt. Der Graph A erfüllt die Bedingung. Da er gleichzeitig die ersten beiden Bedingungen erfüllt, ist er der gesuchte Graph.

D *Von den Ableitungen zur Funktion*
Welche Aussagen liefern die abgebildeten Graphen der Ableitungen f' und f'' über den Graphen der zugehörigen Funktion f? Skizzieren Sie den Graphen von f.

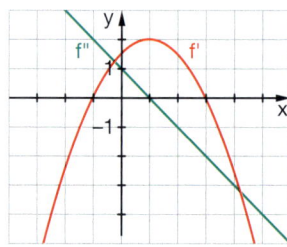

Lösung:
Die erste Ableitung f' hat zwei Nullstellen:
bei $x_1 = -1$ mit Vorzeichenwechsel von – nach + und
bei $x_2 = 3$ mit Vorzeichenwechsel von + nach –.
f hat also an der Stelle –1 einen Tiefpunkt, an der Stelle 3 einen Hochpunkt.

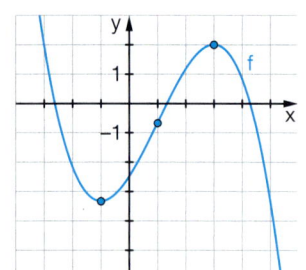

Für x < –1 oder x > 3 ist f'(x) < 0, f ist dort streng monoton fallend.
Für –1 < x < 3 ist f'(x) > 0, f ist dort streng monoton steigend.
Die zweite Ableitung f'' hat an der Stelle $x_3 = 1$ einen Vorzeichenwechsel, f hat dort einen Wendepunkt.
Für x < 1 ist f''(x) > 0, der Graph ist hier linksgekrümmt,
für x > 1 ist f''(x) < 0, der Graph ist hier rechtsgekrümmt.

Über die genaue Lage des Graphen von f gewinnt man keine Information, er kann in Richtung der y-Achse beliebig verschoben werden.

E *Rechnerische Bestimmung von besonderen Punkten*
Der Graph der Funktion $f(x) = x^3 - 2x^2 - 15x$ wurde mit dem GTR gezeichnet. Bestimmen Sie rechnerisch mithilfe der Funktionsgleichung die exakten Koordinaten des Wendepunktes.

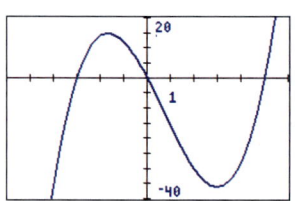

Lösung:
Im Wendepunkt muss $f''(x) = 6x - 4 = 0$ sein. Dies ist bei $x_3 = \frac{2}{3}$ der Fall.
Hier liegt ein Vorzeichenwechsel der 2. Ableitung vor, also liegt tatsächlich ein Wendepunkt vor.
Die Berechnung des Funktionswertes an dieser Stelle liefert $f\left(\frac{2}{3}\right) \approx -10{,}593$.
Der Wendepunkt hat die Koordinaten $\left(\frac{2}{3} \mid -\frac{286}{27}\right)$.

7 Graphen zu gegebenen Bedingungen

Eine Funktion f erfüllt gleichzeitig folgende Bedingungen:

A: Die Punkte P(2|3), Q(4|5) und R(6|7) liegen auf dem Graphen.
B: f'(6) = 0 und f'(2) = 0.
C: f''(x) > 0 für x < 4, f''(4) = 0 und f''(x) < 0 für x > 4.

Skizzieren Sie einen möglichen Graphen von f.
Vergleichen Sie mit den Skizzen anderer und begründen Sie gegebenenfalls Ihre Wahl.

8 Passende Graphen gesucht

Welche der folgenden Graphen können jeweils zu einer Funktion f mit folgenden Eigenschaften gehören?

I f'(a) = 0   **II** f''(x) < 0 für alle x   **III** f'(a) < 0 und f''(x) > 0 für alle x

a) 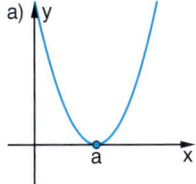   b) 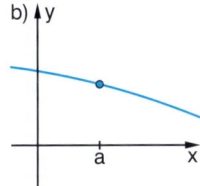   c) 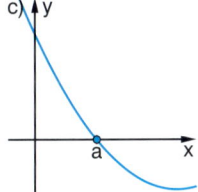   d)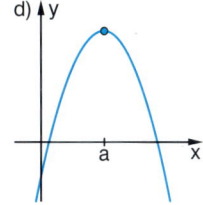

9 Von Eigenschaften der Ableitung zum Funktionsgraphen

Skizzieren Sie in einem gemeinsamen Koordinatensystem jeweils einen Funktionsgraphen, sodass die folgenden Bedingungen im gewählten Bildausschnitt (Intervall) erfüllt sind.

a) Die erste und zweite Ableitung sind immer positiv.
b) Die erste Ableitung ist immer positiv, die zweite Ableitung immer negativ.
c) Die erste und zweite Ableitung sind immer negativ.
d) Die erste Ableitung ist immer negativ, und die zweite Ableitung hat an einer Stelle a einen Vorzeichenwechsel von – nach +.
e) Die erste Ableitung ist immer positiv, und die zweite Ableitung hat an einer Stelle a einen Vorzeichenwechsel von + nach –.

Denken Sie sich selbst solche Bedingungen aus und tauschen Sie die Aufgaben mit Ihrem Tischnachbarn aus.

10 Entscheiden durch Rechnen

Welche der folgenden Funktionen erfüllt gleichzeitig die Bedingungen A, B und C?

$f(x) = \frac{1}{3}x^3 - 4x$ $g(x) = \frac{1}{3}x^3 - 2x^2 + 4x - \frac{1}{2}$ $h(x) = -\frac{f(x)}{4}$

A: Die Funktion hat ein lokales Minimum an der Stelle x = 2.
B: Die Funktion hat einen Wendepunkt an der Stelle x = 0.
C: Der Graph ist links vom Wendepunkt rechtsgekrümmt.

Entscheiden Sie zunächst nur durch Rechnen und überprüfen Sie dann mithilfe der Graphen.

11 Besondere Punkte rechnerisch bestimmen

Bestimmen Sie rechnerisch mithilfe der Funktionsgleichung die exakten Koordinaten der lokalen Extrempunkte und der Wendepunkte.

a) $f(x) = \frac{1}{3}x^3 - 4x$ b) $f(x) = \frac{1}{4}x^3 - 3x^2 + 9x$
c) $f(x) = 0,5x^4 - 3x^2$ d) $f(x) = \frac{1}{4}x^4 - \frac{3}{2}x^3 + 2$

Machen Sie die Probe mit dem Graphen auf dem GTR.

Übungen

In den folgenden Übungen geht es um die Zusammenhänge zwischen einer Funktion und ihren Ableitungen. Dabei wird auch das mathematische **Argumentieren** trainiert. Die beiden **Exkurse** geben eine Orientierungshilfe.

12 *Sattelpunkte*
Welche der folgenden Funktionen weisen einen Sattelpunkt auf? An welcher Stelle liegt dieser jeweils?
$f(x) = (x - 2)^3$ $g(x) = x^2(x - 1)$
$h(x) = x^3 - x$ $k(x) = \frac{1}{2}x^4 - 3x^2 - 4x$

Ein Wendepunkt mit waagerechter Tangente wird als „**Sattelpunkt**" bezeichnet.

13 *Genauer hingeschaut*
Im Basiswissen auf Seite 47 steht der Satz:
„An der Stelle x_E, an der f einen lokalen Extremwert hat, ist $f'(x_E) = 0$."

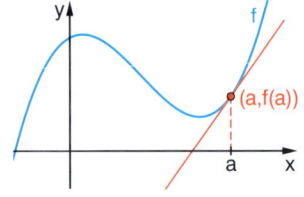

a) Schreiben Sie den Satz in der Wenn-dann-Form: „Wenn f an der Stelle x_E ... hat, dann gilt ...."
b) Begründen Sie mit einem Gegenbeispiel, dass die Umkehrung des Satzes aus a) „Wenn $f'(x_E) = 0$, dann hat f an der Stelle x_E einen lokalen Extremwert" nicht wahr ist.
c) Ist der folgende Satz wahr? „Wenn die erste Ableitung an der Stelle a nicht Null ist ($f'(a) \neq 0$), dann kann f an der Stelle a keinen lokalen Extremwert haben."
Sie können sowohl mit der geometrischen Bedeutung der ersten Ableitung als auch mit dem anfangs zitierten Satz argumentieren.

Satz und Umkehrung   Logik Exkurs 1

Sätze haben oft die Form:

Wenn A, dann B.

In A wird die Voraussetzung formuliert, in B die Behauptung.

Die „**Wenn-dann-Aussage**" wird auch in der Form A ⇒ B („Aus A folgt B") geschrieben.

Wenn Voraussetzung A und Behauptung B vertauscht werden, dann erhält man die **Umkehrung** des Satzes:

Wenn B, dann A

(A ⇐ B „Aus B folgt A")

Wenn ein Satz wahr ist, so muss nicht auch dessen Umkehrung wahr sein.

Wenn X ein Deutscher ist, dann ist X ein Europäer.

Wenn die Zahl n ein Vielfaches von 2 ist, dann ist auch n · n ein Vielfaches von 2.

Beide Sätze sind wahr.

Wenn X ein Europäer ist, dann ist X ein Deutscher.

Wenn die Zahl n · n ein Vielfaches von 2 ist, dann ist n ein Vielfaches von 2.

Die Umkehrung des 1. Satzes ist falsch (auch ein Franzose ist ein Europäer). Die Umkehrung des 2. Satzes ist wahr.

Hinreichende und notwendige Bedingungen

Bei einem wahren Satz **A ⇒ B** sagt man **A ist hinreichende Bedingung für B**, denn aus der Gültigkeit von A folgt die Gültigkeit von B.

B ist notwendige Bedingung für A, denn wenn B nicht gilt, kann auch A nicht wahr sein.

Das Vorliegen eines lokalen Extremwertes an der Stelle a ist hinreichend dafür, dass $f'(a) = 0$.

$f'(a) = 0$ ist notwendige Bedingung dafür, dass an der Stelle a ein lokaler Extremwert vorliegen kann.

2.1 Die 2. Ableitung und Zusammenhänge zwischen der Funktion und ihren Ableitungen

Übungen

14 *Logiktraining – Sätze aus dem Alltag*
Formulieren Sie zu jedem Satz den Umkehrsatz und überprüfen Sie beide auf ihre Gültigkeit. Finden Sie selbst solche Alltagsbeispiele.

a) Wenn es regnet, dann wird die Straße nass.
b) Wenn jemand einen Führerschein hat, darf er Auto fahren.
c) Wenn X der Täter ist, dann war er am Tatort.

15 *Logiktraining – Mathematische Sätze*
Nennen Sie in den folgenden Sätzen jeweils die Voraussetzung und die Behauptung und formulieren Sie die Sätze als „Wenn-dann-Satz". Sind die Sätze wahr? Formulieren Sie auch die Umkehrungen. Sind diese wahr?

a) Ein Viereck mit vier gleich langen Seiten ist ein Quadrat.
b) Wurzeln aus Primzahlen sind irrational.
c) In gleichseitigen Dreiecken ist jeder Winkel 60° groß.
d) Durch 4 teilbare Zahlen sind gerade.
e) Im rechtwinkligen Dreieck gilt: $a^2 + b^2 = c^2$

In der Formulierung mathematischer Sätze ist nicht immer die Wenn-dann-Form zu erkennen. Für das Begründen und Beweisen ist es hilfreich, Voraussetzung und Behauptung klar getrennt zu formulieren.

16 *Wenn-dann-Puzzle*
Erstellen Sie folgende Karten und legen Sie einen Satz (⬜ ⇒ ⬜). Ihr Partner soll entscheiden, ob der Satz gilt oder nicht. Danach tauschen Sie die Rollen.

Partnerarbeit

- Ⓐ $f'(a) = 0$
- Ⓔ f hat an der Stelle a einen lokalen Extremwert.
- Ⓦ f hat an der Stelle a einen Wendepunkt.
- Ⓒ $f'(a) = 0$ und $f''(a) = 0$
- Ⓑ $f''(a) = 0$
- Ⓥ f' hat an der Stelle a einen Vorzeichenwechsel.
- Ⓢ f hat an der Stelle a einen Sattelpunkt.
- Ⓓ f'' hat an der Stelle a einen Vorzeichenwechsel.

17 *Weitere hinreichende Bedingungen zum Auffinden von lokalen Extrempunkten und Wendepunkten*

Wenn an der Stelle x_1 gilt:
$f'(x_1) = 0$ und $\begin{matrix} f''(x_1) > 0, \\ f''(x_1) < 0, \end{matrix}$ dann hat f bei x_1 einen lokalen $\begin{matrix} \textbf{Tiefpunkt.} \\ \textbf{Hochpunkt.} \end{matrix}$

An der Stelle, an der f' einen lokalen Extrempunkt hat, hat f einen **Wendepunkt**.

a) Bestätigen Sie die hier aufgeführten Sätze an den Beispielen
$f_1(x) = \frac{1}{4}(x^3 - 9x^2 + 15x + 25)$ und $f_2(x) = x^3 - 3x^2 + 5$.
b) Begründen Sie mithilfe der Kriterien im Basiswissen auf Seite 47.

18 *Umkehrung von Sätzen*
Formulieren Sie jeweils die Umkehrung der Sätze in Aufgabe 17 und überprüfen Sie, ob sie wahr ist.

19 *Sattelpunkt*
a) Zeigen Sie, dass für die Funktion $f(x) = x^4 - 8x^3 + 24x^2 - 32x + 15$ die erste und die zweite Ableitung an der Stelle $x = 2$ eine Nullstelle haben.
b) Können Sie sicher sein, dass der Graph von f an der Stelle $x = 2$ einen Sattelpunkt hat? Zeichnen Sie den Graphen und argumentieren Sie mit den Sätzen im Basiswissen.

2 Erweiterung der Differenzialrechnung

> ### Begründen oder Widerlegen von Aussagen
> **Logik Exkurs 2**
>
> Aussagen können wahr oder falsch sein.
>
> Viele Aussagen sind **Allaussagen**.
> Beispiel: *Für alle x aus dem Intervall I gilt: f'(x) < 0.*
> Allaussagen können nicht durch ein zutreffendes Beispiel bewiesen werden. Die Wahrheit der Behauptung muss durch logische Schlüsse aus den gegebenen Voraussetzungen gefolgert werden. Zum Widerlegen der Allaussage genügt allerdings ein einziges Gegenbeispiel.
>
> Manche Sätze sind **Existenzaussagen**.
> Beispiel: *Es gibt eine Stelle x im Intervall I, für die gilt: f'(x) = 0.*
> Zum Beweis einer Existenzaussage genügt die Angabe eines zutreffenden Beispiels. Dafür ist sie schwerer zu widerlegen. Man muss nämlich nachweisen, dass es wirklich kein x ∈ I mit der geforderten Eigenschaft gibt.

Übungen

Es können auch jeweils mehrere Antworten richtig sein.

20 *Auswählen und begründen*
Wählen Sie jeweils die wahren Aussagen aus. Begründen Sie mithilfe der Ableitungen.
a) $f(x) = x \cdot (x-1)^2$ f hat an der Stelle 1
b) $f(x) = (x-1)^4$ f hat an der Stelle 1

A … ein lokales Minimum.	C … ein lokales Maximum.
B … eine Nullstelle.	D …einen Wendepunkt.

A … die Steigung 0.	C … einen Wendepunkt.
B … ein lokales Minimum.	D … ein lokales Maximum.

c) $f(x) = \frac{1}{x}$ f ist im Intervall [1; 2]
d) $f(x) = \sqrt{x}$ f ist für alle x > 0

A … linksgekrümmt.	B … rechtsgekrümmt.
C … streng monoton fallend.	D … streng monoton steigend.

A … streng monoton steigend.	B … streng monoton fallend.
C … linksgekrümmt.	D … rechtsgekrümmt.

21 *Wahr oder falsch?*
Welche der folgenden Aussagen sind wahr? Begründen Sie Ihre Entscheidung.

> (A) Wenn $f'(x) = 3x^2 - 4$, dann hat f genau zwei lokale Extrempunkte.
> (B) Wenn $f'(x) = c$ für alle $x \in \mathbb{R}$, dann ist der Graph von f eine Gerade.
> (C) Die lokalen Extrempunkte der Funktion $f(x) = \frac{1}{3}x^3 - 4x$ liegen auf einer Ursprungsgeraden.
> (D) Die Hochpunkte der ganzrationalen Funktion $f(x) = -0,5x^4 + 4x^2 - 5$ liegen auf einer Geraden parallel zur x-Achse.

22 *Eigenschaften der Funktion mithilfe der Ableitungen begründen*
Der Term der ersten Ableitung $f'(x) = 4x^3 - 8x$ ist vorgegeben.
a) Leiten Sie daraus die charakteristischen Eigenschaften des Graphen von f ab.

Der Graph ist
… streng monoton wachsend in …
… streng monoton fallend in …
… linksgekrümmt in …
… rechtsgekrümmt in ….

Der Graph hat
… lokale Maxima an den Stellen …
… lokale Minima an den Stellen …
… Wendepunkte an den Stellen …

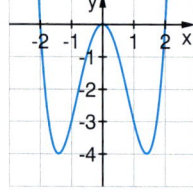

b) Passt der nebenstehende Funktionsgraph zu der gegebenen Ableitungsfunktion? Begründen Sie.

2.1 Die 2. Ableitung und Zusammenhänge zwischen der Funktion und ihren Ableitungen

Übungen

23 *Was die Ableitungen alles über die Funktion verraten*

Der Graph der Ableitungsfunktion f' der Funktion f ist gegeben.

a) Begründen Sie mithilfe des Graphen von f':
(1) f hat keinen lokalen Extrempunkt.
(2) f hat genau einen Wendepunkt, dieser ist ein Sattelpunkt.
(3) Die Tangente im Wendepunkt hat keine negative Steigung.
(4) f ist im ganzen Definitionsbereich streng monoton wachsend.
b) Skizzieren Sie den Verlauf des Graphen von f. Es gilt f(0) = 0.

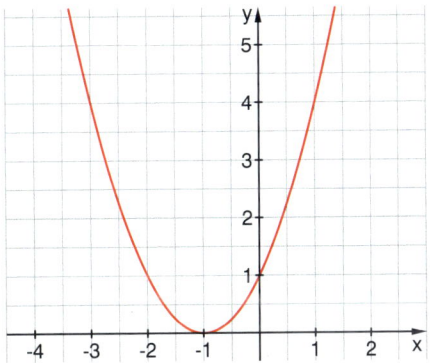

Scheitelpunkt S(–1|0); f'(0) = 1

24 *Von der zweiten Ableitung zur Funktion*

Die Funktionsgleichung der zweiten Ableitung $f''(x) = 2x + 2$ ist gegeben.
Es gilt zusätzlich $f'(-1) = 0$ und $f(0) = 0$.
a) Begründen Sie mithilfe der vorliegenden Informationen:
(1) f' hat an der Stelle –1 einen Tiefpunkt.
(2) f hat genau einen Wendepunkt, dieser ist ein Sattelpunkt.
(3) Der Graph von f geht am Wendepunkt von einer Rechts- in eine Linkskrümmung über.
(4) f ist im ganzen Definitionsbereich monoton wachsend.
b) Skizzieren Sie einen möglichen Verlauf des Graphen von f.

Überlegen Sie, wie Sie Funktionsterme zu den gegebenen Ableitungstermen finden können. („Ableiten rückwärts")

25 *Kurvenscharen*

Begründen Sie mithilfe der Ableitungen

(A) Alle Graphen der Funktionen $f(x) = ax^2 + bx + c$ haben keinen Wendepunkt.

(B) Jede ganzrationale Funktion dritten Grades hat genau einen Wendepunkt.

(C) Eine ganzrationale Funktion vierten Grades hat höchstens zwei Wendepunkte.

(D) Der Wendepunkt einer Funktion $f(x) = ax^3 + cx + d$ liegt stets auf der y-Achse.

KOPFÜBUNGEN

1 Welche der folgenden Gleichungen hat keine Lösung, genau eine Lösung, genau zwei Lösungen oder mehr als zwei Lösungen? Verdeutlichen Sie jeweils anhand eines Graphen.
 a) $x^2 - 2 = -2$ b) $x^3 - x = 0$ c) $-1 = 2x^2 + 2$ d) $x^2 - 2 = x + 1$

2 Wie breit ist ein Rechteck, wenn es 5,5 cm lang ist und einen Umfang von 25 cm hat?

3 Ein Glücksrad ist in einen blauen, einen weißen und einen roten Sektor unterteilt. Beim Drehen tritt „Blau" mit der Wahrscheinlichkeit p und „Weiß" mit der Wahrscheinlichkeit 3p ein.
 a) Geben Sie alle Werte für p an, die bei diesem Glücksrad möglich sind.
 b) Geben Sie ein Beispiel für die Wahrscheinlichkeitsverteilung (Blau, Weiß, Rot) an.

4 Zeigen Sie, dass die Funktion $g(x) = x^4 + 2x^{\frac{3}{2}} - \sqrt{2}$ ($x \geq 0$) eine Stammfunktion von $f(x) = 4x^3 + 3\sqrt{x}$ ist.

Tangentenscharen und Funktionenmikroskop – Linearisierung

Übungen

26 *Tangentenscharen und Hüllkurve*
In den Bildern wurden die Tangentenscharen an die Graphen verschiedener Funktionen gezeichnet. Der Graph der Funktion selbst ist nicht dargestellt, er erscheint als Hüllkurve.

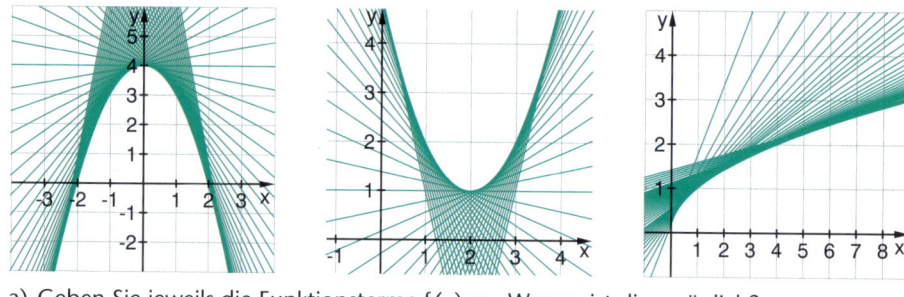

a) Geben Sie jeweils die Funktionsterme f(x) an. Warum ist dies möglich?
b) Zeichnen Sie mit dem GTR oder der interaktiven Software auch Tangentenscharen zu anderen Funktionen, z. B.

$f(x) = x^2$ $f(x) = x^3$ $f(x) = \sqrt{x}$ $f(x) = \frac{1}{x}$ $f(x) = \sin(x)$ $f(x) = 2^x$

Bei welchen Funktionen wird die Hüllkurve besonders gut erkennbar?

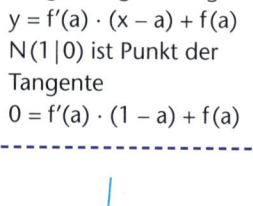

27 *Tipp zu a):*
Tangentengleichung
$y = f'(a) \cdot (x - a) + f(a)$
N(1|0) ist Punkt der Tangente
$0 = f'(a) \cdot (1 - a) + f(a)$

27 *Berührpunkt gesucht*
a) Bestimmen Sie den Punkt P(a|f(a)) auf dem Graphen von $f(x) = x^2$, so dass die Tangente in P die x-Achse bei x = 1 schneidet.
b) Bestimmen Sie den Punkt Q(b|f(b)) auf dem Graphen von $g(x) = x^3$, so dass die Tangente in Q die x-Achse bei x = 4 schneidet.

28 *Kurven unter dem Mikroskop 1 oder: Überall Tangenten!*
a) Zoomen Sie den Graphen von $f(x) = \frac{1}{3}x^3 - 3x$ mit dem GTR an verschiedenen Stellen. Wählen Sie als Zoom-Zentrum verschiedene Punkte der Kurve und zoomen Sie dort jeweils mehrmals.
Beschreiben Sie Ihre Beobachtungen.
Stellen Sie eine Beziehung zu den Tangenten an den Graphen her.
Sieht man sie nach dem Zoomen oder nicht?

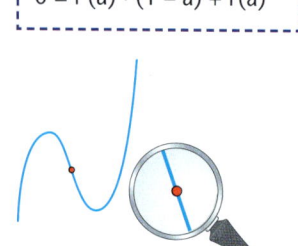

b) Erläutern Sie mit Ihren Beobachtungen aus a) die beiden folgenden Aussagen:

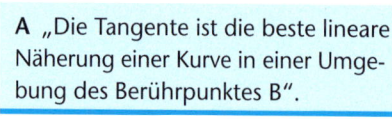

A „Die Tangente ist die beste lineare Näherung einer Kurve in einer Umgebung des Berührpunktes B".

B „Eine Kurve besteht aus unendlich vielen unendlich kleinen Geradenstücken".

29 *Kurven unter dem Mikroskop 2 oder: Gibt es überall Tangenten?*
Die Graphen von $f(x) = x^{10} + 1$ und $g(x) = \sqrt{x^2 - 2x + 1} + 1$ erscheinen im gekennzeichneten Punkt eher „eckig" als „rund". Zeichnen Sie mit dem GTR oder Funktionenplotter und zoomen Sie mehrmals um P als Zentrum. Vergleichen Sie. Welche der Kurven besitzt Ihrer Meinung nach keine Tangente in dem Kurvenpunkt? Erläutern Sie.

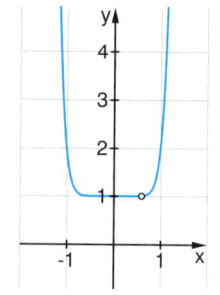
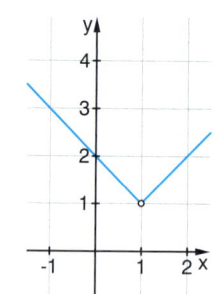

2.1 Die 2. Ableitung und Zusammenhänge zwischen der Funktion und ihren Ableitungen

Übungen

30 | Das Newton-Verfahren – Eine Anwendung der Linearisierung

Nicht immer kann man Nullstellen algebraisch bestimmen. Mit grafisch-numerischen Verfahren gelingt aber immer die Bestimmung von Näherungswerten. Tangenten können nun dabei helfen, schnell und bequem gute Näherungswerte zu bekommen. Dabei nutzt man die Eigenschaft, dass die Tangente in einer kleinen Umgebung des Berührpunktes P den Graphen gut annähert.

Geometrische Konstruktion

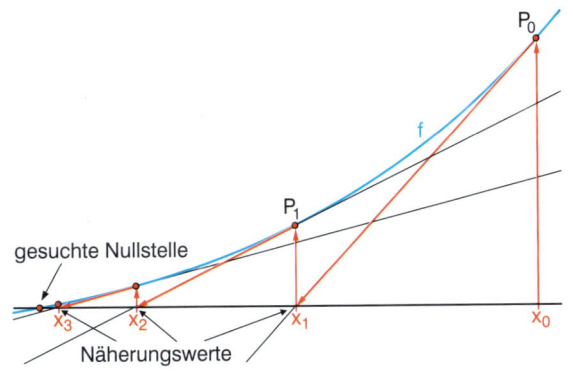

- Man wählt einen Startwert x_0 in der Nähe der gesuchten Nullstelle
- Man bestimmt an der Stelle x_0 die Tangente im zugehörigen Punkt P_0.
- Die Nullstelle der Tangente liefert einen ersten Näherungswert x_1.
- Man bestimmt dann die Tangente an der Nullstelle x_1 (im Punkt P_1).
- Die Nullstelle der Tangente liefert einen zweiten Näherungswert x_2.
- Man bestimmt dann die Tangente an der Nullstelle x_2 (im Punkt P_2).
- Die Nullstelle der Tangente ….

Bestimmung mit Formel

a) Begründen Sie mit der Skizze die Beziehung
$$f'(x_n) = \frac{f(x_n)}{x_n - x_{n+1}}.$$

Leiten Sie daraus die Formel zur Bestimmung der nächsten Näherungswerte her:
$$x_{n+1} = x_n - \frac{f(x_n)}{f'(x_n)}$$

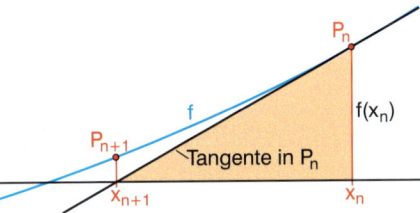

Füllen Sie die Tabelle zu $f(x) = \frac{2}{3}x^3 + 2x - 1$ aus.
Bestimmen Sie die Nullstelle auf sechs Nachkommastellen.
Starten Sie dann noch einmal mit $x_0 = 0$.

n	x_n	$f(x_n)$	$f'(x_n)$	$x_n - \frac{f(x_n)}{f'(x_n)}$
0	1	■	4	■
1	0,5833	■	■	■
2	■	■	■	■
…	■	■	■	■

b) Mit dem GTR können Sie Iterationen sehr bequem und schnell durchführen. Variieren Sie den Startwert und notieren Sie jeweils, nach wie vielen Schritten sich die Werte stabilisieren.
Sind die Werte exakte Lösungen?
Begründen Sie.

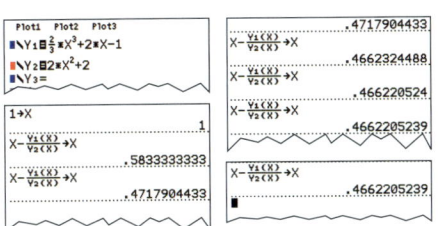

Wiederholtes „Enter" wiederholt den letzten Befehl

31 | Nullstellen mit dem Newton-Verfahren

Bestimmen Sie mit dem *Newton-Verfahren* die Nullstellen folgender Funktionen bzw. die Lösungen folgender Gleichungen. Verschaffen Sie sich durch Skizzen der Funktionsgraphen zunächst einen Überblick.

a) $f(x) = \frac{1}{3}x^3 - 3x + 2$
b) $f(x) = x^5 - x - 1$
c) $\frac{1}{2}x^4 + 4x^2 = 3x^3 + 1$
d) $x^3 - 3x^2 = 3 - x$

Manchmal gibt es mehrere Nullstellen

2 Erweiterung der Differenzialrechnung

Aufgaben

32 *Ganzrationale Funktionen vom Grad vier – die Vielfalt wächst*

Die Mutter der ganzrationalen Funktionen vom Grad vier ist $f(x) = x^4$.
Wie sehen die Graphen ihrer „Verwandten" $f(x) = ax^4 + bx^3 + cx^2 + dx + e$ aus?
Wie viele verschiedene Typen gibt es? Drei davon sind schon abgebildet.

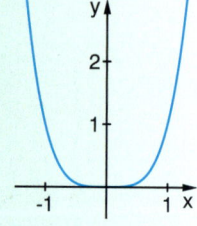 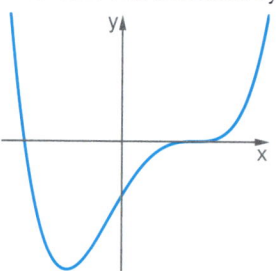 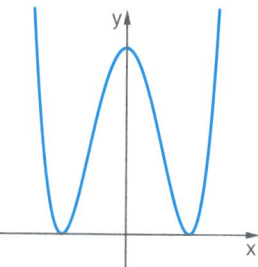 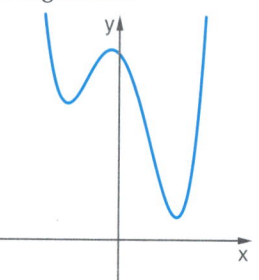

Forschungsaufgabe

Wie viele lokale Extrempunkte kann es geben, wie viele Wendepunkte, wie viele Nullstellen? Wie verhalten sich die Funktionen im Unendlichen, welche besonderen Symmetrien gibt es?

Gruppenarbeit

Die Arbeitskarten geben Anregungen, dies – ähnlich wie bei den ganzrationalen Funktionen dritten Grades – auf mehreren Wegen zu erforschen.

Experimentieren am Term

$f(x) = x^k \cdot (x + 2)^l \cdot (x - 1)^m \cdot (x - 3)^n$

Wählen Sie k, l, m, n jeweils so, dass eine ganzrationale Funktion vom Grad vier entsteht. Skizzieren Sie jeweils die Graphen und sortieren Sie nach gleichartigen Typen.
Wählen Sie auch verschiedene Kriterien nach denen Sie sortieren:
– charakteristische Form des Graphen
– Anzahl der Nullstellen
– Extrempunkte und Wendepunkte
– Symmetrien
– …

Von der Ableitung zur Funktion

Die Ableitungen f' sind ganzrationale Funktionen dritten Grades.
Mit dem Wissen darüber können Sie Aussagen über Extrem- und Wendepunkte der Funktion f machen. Skizzieren Sie dazu mögliche Typen und Ableitungen.

(siehe „Sortieren nach Nullstellen" Seite 36/37)

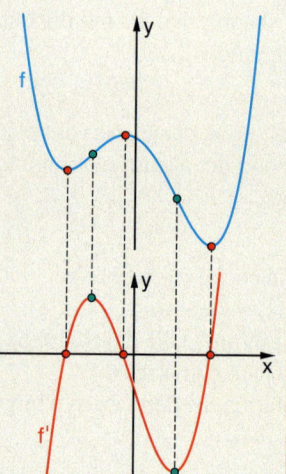

Experimentieren am Graphen

Untersuchen Sie die Funktionenschar

$f_t(x) = \frac{1}{4}x^4 - \frac{2}{3}tx^3 + tx^2$

für Werte des Parameters t zwischen −5 und 5 auf besondere Punkte.
Skizzieren Sie alle verschiedenen Typen, die auftreten.
Untersuchen Sie auch rechnerisch mithilfe der Ableitungen, wie viele Extrem- und Wendepunkte es jeweils gibt.

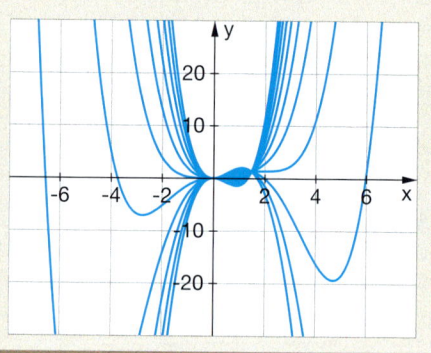

Forschungsbericht

Schreiben Sie einen ausführlichen Forschungsbericht, in dem Sie alle gefundenen Typen und ihre Eigenschaften und Besonderheiten dokumentieren. Tabellen und Übersichten verdeutlichen die Muster.

2.1 Die 2. Ableitung und Zusammenhänge zwischen der Funktion und ihren Ableitungen

WERKZEUG

Kurvendiskussion „per Hand" ohne GTR

Wenn man keinen GTR zur Hand hat, kann man mit den im Basiswissen auf Seite 47 aufgeführten Kriterien zumindest für einfache ganzrationale Funktionen schnell die besonderen Punkte errechnen. Mithilfe dieser Punkte und der Kenntnisse über die Typen von Graphen ganzrationaler Funktionen lässt sich eine gute Skizze für den Verlauf des Graphen erstellen.

$f(x) = x^3 - 3x^2 = x^2(x - 3)$

Ableitungen bestimmen
$f'(x) = 3x^2 - 6x = 3x(x - 2)$
$f''(x) = 6x - 6 = 6(x - 1)$

Nullstellen
Aus der faktorisierten Darstellung lassen sich die Nullstellen direkt ablesen:
$N_1(0|0)$ und $N_2(3|0)$

Lokale Extrempunkte
Notwendige Bedingung: $f'(x) = 0$
$3x(x - 2) = 0$ liefert $x = 0$ oder $x = 2$.
Hinreichende Bedingung: $f''(0) = -6 < 0$
$f(0) = 0$, also: Hochpunkt $H(0|0)$
Hinreichende Bedingung: $f''(2) = 6 > 0$
$f(2) = -4$, also: Tiefpunkt $T(2|-4)$

Wendepunkte
Notwendige Bedingung: $f''(x) = 0$
$6(x - 1) = 0$ liefert $x = 1$.
Hinreichende Bedingung:
f'' hat an der Stelle 1 einen Vorzeichenwechsel.
$f(1) = -2$, also: Wendepunkt $W(1|-2)$

Einzeichnen der besonderen Punkte im Koordinatensystem

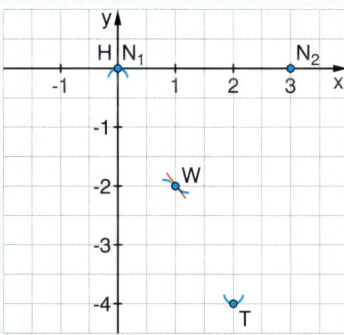

Skizzieren der Kurve

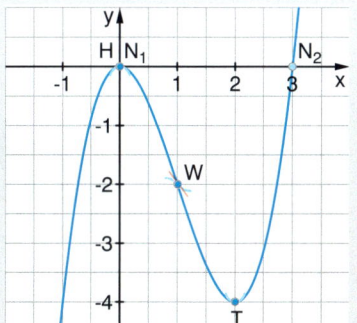

Aufgaben

33 *Training zur Kurvendiskussion ohne GTR*
Führen Sie selbst eine Kurvendiskussion „per Hand" einschließlich der Skizze des Graphen durch. Nutzen Sie gegebenenfalls auch weitere am Funktionsterm erkennbare Eigenschaften des Graphen (z. B. Symmetrien).

a) $f(x) = \frac{1}{4}x^3 - 3x$
b) $f(x) = -x^3 + 6x^2 - 9x$
c) $f(x) = -\frac{1}{4}x^4 + x^3$
d) $f(x) = \frac{1}{3}x^4 - 2x^2$
e) $f(x) = x^3 - 3x^2 + 3x$
f) $f(x) = -\frac{1}{2}x^3 + \frac{3}{2}x^2 - 3x$

34 *Graphen skizzieren*
Auch das Skizzieren von Graphen will geübt sein. Übertragen Sie die Bilder ins Heft und verbinden Sie die Punkte durch eine entsprechende Skizze.

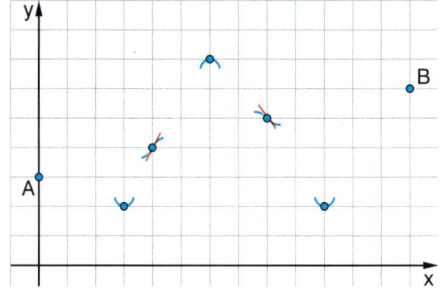
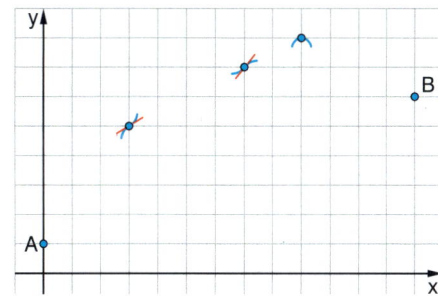

A● Punkt des Graphen
⌢ Hochpunkt
⌣ Tiefpunkt
✖ Wendepunkt mit Wendetangente

2.2 Optimieren

Was Sie erwartet

Bienen bauen ihre Waben mit minimalem Materialaufwand und maximaler Stabilität.

Wenn Sie einen Gegenstand möglichst günstig erwerben möchten, wenn Sie mit einer Anstrengung so viel wie möglich erreichen wollen, wenn Sie nur ein minimales Risiko auf sich nehmen wollen, immer dann versuchen Sie zu optimieren. Aber nicht nur im täglichen Leben versuchen wir häufig, etwas möglichst schnell, gut oder kurz zu machen, auch in der Natur, in der Wissenschaft oder im Wirtschaftsleben ist Optimieren angesagt. Die Mathematik hat in ihrer langen Geschichte immer wieder zur Lösung von Optimierungsproblemen beigetragen. Dabei spielte zunächst die Geometrie eine entscheidende Rolle.

Immer dann, wenn sich Vorgänge und Situationen durch Funktionen modellieren lassen, können wir Optimierungsprobleme auch mit den Verfahren der Differenzialrechnung bearbeiten. Dabei geraten die besonderen Punkte (lokale und globale Extrempunkte, Wendepunkte als Punkte extremaler Steigung) in den Blickpunkt. Bei Problemen mit konkret vorgegebenen Daten helfen Tabellen und Graphen, bei allgemeinen Fragestellungen kann man auf die Sätze und Kalküle der Differenzialrechnung zurückgreifen.

Aufgaben

1 *Optimale Schachtel*

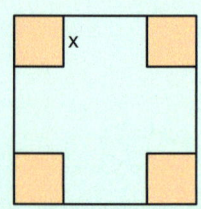

Die Schachteln werden nach einem einfachen Verfahren hergestellt: An allen vier Ecken eines quadratischen Pappbogens (20 cm × 20 cm) werden gleich große Quadrate herausgeschnitten, die verbleibenden Randflächen werden dann hoch gefaltet. Wie hängt das Volumen der Schachtel von der Seitenlänge x der ausgeschnittenen Quadrate ab? Gibt es eine Schachtel mit optimalem Volumen?
a) Einen ersten Überblick können Sie mit selbst gebastelten Schachteln und einer Tabelle erhalten. Die Übertragung der Tabellenwerte in ein Koordinatensystem liefert eine Vermutung über die optimale Schachtel.

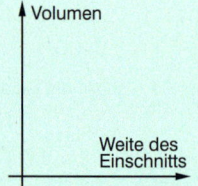

Seitenlänge x in cm	1	2	3	■
Volumen in cm³	■	■	■	■

b) Wenn es gelingt, eine Formel für das Volumen V zu finden, die von der Einschnittweite x abhängt, kann man das maximale Volumen rechnerisch bestimmen. Bestimmen Sie eine solche Volumenfunktion und damit das maximal mögliche Volumen.
c) Eine Firma soll aus verschieden großen quadratischen Pappbögen oben offene Schachteln mit möglichst großem Fassungsvermögen herstellen. Erarbeiten Sie eine Empfehlung über die Einschnittweite.

2 Quadrate im Quadrat

Auf den Seiten eines gegebenen Quadrates (k = 5 cm) werden immer dieselben Strecken x abgetragen, wenn man das Quadrat gegen den Uhrzeigersinn durchläuft. Auf diese Weise werden einem Quadrat andere Quadrate einbeschrieben.

Welches dieser Quadrate hat den kleinsten Flächeninhalt?

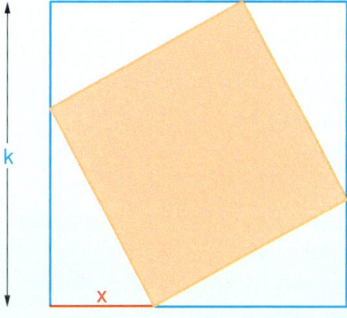
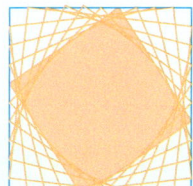

Es gibt unterschiedliche Lösungswege. Vergleichen Sie Ihre Ansätze.

(A) Man ermittelt die Seitenlänge des inneren Quadrates in Abhängigkeit von x …

(B) Wenn das Quadrat minimalen Flächeninhalt hat, müssen die Dreiecke maximalen Flächeninhalt haben …

Wie sieht die Lösung für ein Ausgangsquadrat mit beliebiger Seitenlänge k aus?

3 Optimierung bei der Lagerhaltung

Ein TV-Großhändler möchte eine optimale Strategie für die Lagerhaltung eines beliebten Fernsehgerätes entwickeln. Nach vorliegenden Erfahrungen und Schätzungen kann er davon ausgehen, dass im kommenden Jahr etwa 2500 Geräte verkauft werden.
Er kann diese Geräte in bestimmten Stückzahlen beim Hersteller bestellen und im eigenen Lager bereithalten.

Bestellkosten

Jede Bestellung verursacht Kosten. Da sind einmal die variablen Bestellkosten, die für jedes bestellte Gerät anfallen (Verpackung, Fracht) und damit abhängig sind vom Umfang der Bestellung. Sie betragen 9 € pro Gerät. Daneben gibt es Kosten, die unabhängig von der bestellten Stückzahl pauschal bei jeder Bestellung anfallen (Buchung, Büro), sie betragen 20 €. Häufige Bestellungen kleinerer Mengen drücken zwar die Lagerkosten, dafür müssen aber höhere Bestellkosten aufgewendet werden.

Lagerkosten

Die jeweils gelieferten Geräte bewahrt der Händler bis zum endgültigen Verkauf in seinem Warenlager auf. Hierfür entstehen Kosten (Miete des Lagerraums, Versicherung, …). Deshalb ist er bemüht, das Lager nicht unnötig groß zu halten.
In unserem Falle betragen die im Jahr anfallenden Lagerkosten 10 € pro Gerät.

2 Erweiterung der Differenzialrechnung

Jährliche Lagerkosten

Zur Berechnung der im Jahr anfallenden Lagerkosten müssen die pro Gerät anfallenden Lagerkosten von 10 € mit der durchschnittlichen Anzahl der im Jahr zu lagernden Geräte multipliziert werden.
Wie groß ist diese durchschnittliche Anzahl?
Wenn man voraussetzt, dass man im Jahr n Bestellungen von jeweils x Geräten tätigt und die Geräte über das Jahr mit einer etwa konstanten Rate verkauft werden, so beträgt diese durchschnittliche Anzahl gerade $\frac{x}{2}$.

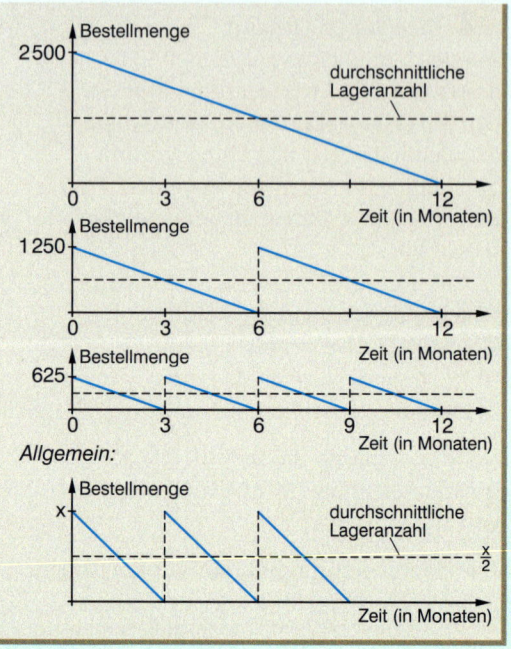

Die entscheidende Frage

In welchen Mengeneinheiten und wie oft soll bestellt werden, damit die Gesamtkosten möglichst gering sind?

Geben Sie zunächst eine Schätzung nach Gefühl ab. Wählen Sie dann einen der folgenden Lösungsansätze. Vergleichen Sie Ihre Ergebnisse.

Tabelle und Graph

Zahl der Bestellungen pro Jahr $\frac{2500}{x}$	Stückzahl einer Bestellung x	Lagerkosten pro Jahr $\frac{x}{2} \cdot 10$	Bestellkosten pro Jahr $(20 + 9x) \cdot \frac{2500}{x}$	Gesamtkosten pro Jahr K(x)
1	2500	12 500 €	22 520 €	35 020 €
2	1250	■	22 540 €	■
5	500	2500 €	■	■
...	250	■	■	■
...	■	■	■	■

Übertragen Sie die Tabelle ins Heft und füllen Sie sie vollständig aus.
Zeichnen Sie die Punkte (x | K(x)) in ein Koordinatensystem.

Funktionsterm

Stellen Sie einen Funktionsterm für die Funktion x → K(x) auf, die jeder Stückzahl x einer Bestellung die Gesamtkosten pro Jahr K(x) zuordnet. Bestimmen Sie dann das Minimum dieser Funktion im sinnvollen Definitionsbereich.

Etwas zum Nachdenken

Für das übernächste Jahr ist mit einer Steigerung des Verkaufs auf das Vierfache (10 000 Geräte) zu rechnen, alle anderen Bedingungen bleiben gleich.
Der Manager überlegt:

„Wenn wir nun auch die Stückzahl jeder Bestellung auf das Vierfache erhöhen, so bleiben unsere Gesamtkosten für Bestellung und Lagerung wiederum minimal."

Hat er recht? Prüfen Sie mit einer der obigen Strategien nach.

Bei der hier vorgenommenen Modellierung des Problems ist eine entscheidende Voraussetzung, dass die Nachfrage für die Geräte über das ganze Jahr in etwa konstant ist. Gibt es noch andere wichtige Annahmen?

2.2 Optimieren

Basiswissen

Optimierungsprobleme, die mithilfe einer Funktion modelliert werden können, lassen sich oft mit der gleichen Strategie lösen.

Lösungsstrategie bei Optimierungsaufgaben

Bei einem Kegel soll die Mantellinie s 10 cm lang sein. Wie müssen der Grundkreisradius und die Höhe gewählt werden, damit der Kegel maximales Volumen hat?

1. Erfassen des Problems
- Welche Größen kommen vor? Fertigen Sie evtl. eine Skizze an und beschriften Sie sie passend.
- Welche Größe soll optimiert werden?

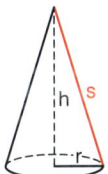 s = 10 cm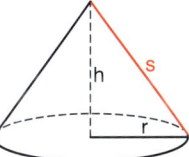

2. Herstellen eines funktionalen Zusammenhangs
- Wie lässt sich die zu optimierende Größe aus den anderen berechnen? Stellen Sie eine Funktionsgleichung auf. Zahlenbeispiele/Tabelle helfen dabei.
- Drücken Sie die zu optimierende Größe in Abhängigkeit von nur einer Variablen aus (*Zielfunktion*). Nutzen Sie dazu weitere Informationen des Aufgabentextes bzw. geometrische oder andere Zusammenhänge (*Nebenbedingungen*).
- Legen Sie einen sinnvollen Bereich für die verbleibende Variable fest.

Kegelvolumen: $V(r,h) = \frac{1}{3}\pi \cdot r^2 \cdot h$

*Im Funktionsterm kommen zunächst noch **zwei** Variablen vor.*

Nebenbedingung: $h^2 + r^2 = 10^2$ $r^2 = 100 - h^2$

Einsetzen liefert die Zielfunktion:

$V(h) = \frac{1}{3}\pi(100 - h^2) \cdot h = \frac{100}{3}\pi \cdot h - \frac{1}{3}\pi \cdot h^3$

*Im Funktionsterm kommt nur noch **eine** Variable vor.*

sinnvoller Bereich: $0 < h < 10$

Damit erhält man als maximales Kegelvolumen 403 cm³.

3. Bestimmen Sie den Extremwert der Zielfunktion mithilfe

- Grafik

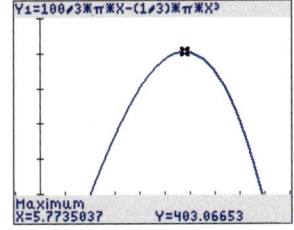

- Wertetabelle

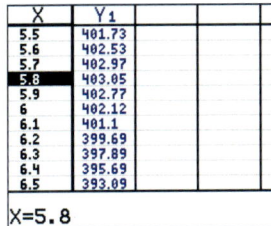

- Ableitung

$V(h) = \frac{10^2}{3}\pi \cdot h - \frac{1}{3}\pi \cdot h^3$

$V'(h) = \frac{10^2}{3}\pi \cdot - \pi \cdot h^2$ $V''(h) = -2\pi h$

$V'(h) = 0$ liefert $h = \frac{1}{\sqrt{3}} \cdot 10 \approx 5{,}77$

und $r = \sqrt{\frac{2}{3}} \cdot 10 \approx 8{,}16$ $\left(V''\left(\frac{10}{\sqrt{3}}\right) < 0\right)$

Damit erhält man als maximales Kegelvolumen 403 cm³.

Mit der Ableitung kann das Problem oft auch für einen allgemein vorgegebenen Parameter gelöst werden.

Allgemein vorgegebene Mantellinie s:
$V(h) = \frac{s^2}{3}\pi \cdot h - \frac{1}{3}\pi \cdot h^3$

$V'(h) = \frac{s^2}{3}\pi - \pi \cdot h^2$ $V''(h) = -2\pi h$

$V'(h) = 0$ liefert $h = \frac{1}{\sqrt{3}} \cdot s$ und

$r = \sqrt{\frac{2}{3}} \cdot s$ $\left(V''\left(\frac{s}{\sqrt{3}}\right) < 0\right)$

4. Interpretation des Ergebnisses

Bei jeder vorgegebenen Mantellänge s ist bei maximalem Volumen das Verhältnis $\frac{r}{h} = \sqrt{2}$.

2 Erweiterung der Differenzialrechnung

Beispiele

A *Rechtecke unter Funktionsgraphen*

Die Parabel mit der Gleichung $f(x) = -\frac{1}{3}x^2 + 12$ umschließt mit der x-Achse ein Flächenstück.
In dieses Stück werden Rechtecke eingebaut.

Nullstellen von f:
$x_1 = -6;\ x_2 = 6$

a) Welches Rechteck hat den maximalen Flächeninhalt?

b) Hat das maximale Rechteck immer dieselbe Breite, wenn die Parabel nach oben verschoben wird?

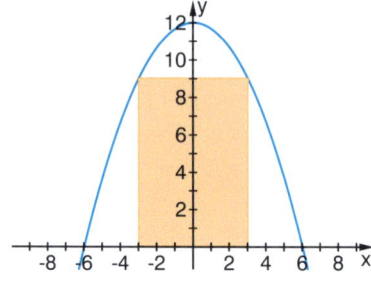

Lösung:

a) Zunächst legt man die Größe fest, die optimiert werden soll. Wir wählen t als halbe Breite des Rechtecks. Ein sinnvoller Bereich für t ist: $0 < t < 6$

Die Höhe des Rechtecks ist zunächst die zweite variable Größe, die Funktionsgleichung von f liefert hier die Nebenbedingung.

Die Höhe des Rechtecks ist dann die y-Koordinate von f(x) an der Stelle t. Damit erhält man für den Flächeninhalt: $A(t) = 2t \cdot \left(-\frac{1}{3}t^2 + 12\right)$, also: $A(t) = -\frac{2}{3}t^3 + 24t$

Eine grafisch-tabellarische Untersuchung von A(t) liefert den Hochpunkt (3,46 | 55,426).
Das Rechteck mit maximalem Flächeninhalt ist ca. 6,92 breit und hat einen Flächeninhalt von ca. 55,426.

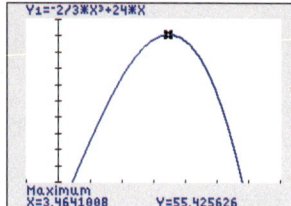 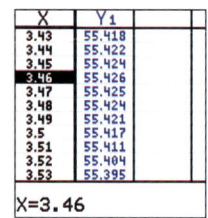

b) Mit $f(x) = -\frac{1}{3}x^2 + k$ erhält man für die Fläche des Rechtecks $A(t) = -\frac{2}{3}t^3 + 2kt$

$A'(t) = -2t^2 + 2k = 0 \implies t = \sqrt{k};\ A(\sqrt{k}) = \frac{4}{3}k\sqrt{k}$

Die Breite des Rechtecks hängt von k ab, sie wächst wie $y = \sqrt{x}$.

Die Modellierung passt nur, wenn alle Fischplatten verkauft werden.

B *Kosten, Umsatz und Gewinn*

Eine Firma hat durch Untersuchungen festgestellt, dass die Kosten einer Fischplatte in Abhängigkeit der Anzahl x an zubereiteten Platten durch die Funktion $K(x) = 0,2x^2 + 1000$ beschrieben werden können (x: Anzahl; K(x): Kosten in €).
Sie verkauft die Platten für 36 €.
Wie viele Fischplatten muss die Firma verkaufen, um Gewinn zu machen?
Wie hoch ist der maximale Gewinn?

Lösung:

Für den Umsatz U gilt: $U(x) = 36x$

Der Gewinn G kann dann durch die Differenz aus Umsatz und Kosten berechnet werden:

$G(x) = U(x) - K(x)$

$G(x) = 36x - (0,2x^2 + 1000)$

$G(x) = -0,2x^2 + 36x - 1000$

Im Bereich 34,3 < x < 145,7 ist G(x) > 0.
Die Firma muss mindestens 35 und darf höchstens 145 Fischplatten verkaufen, um Gewinn zu machen.

Maximaler Gewinn:

$G'(x) = -0,4x + 36 = 0$

$\Rightarrow x = 90;\ G(90) = 620$

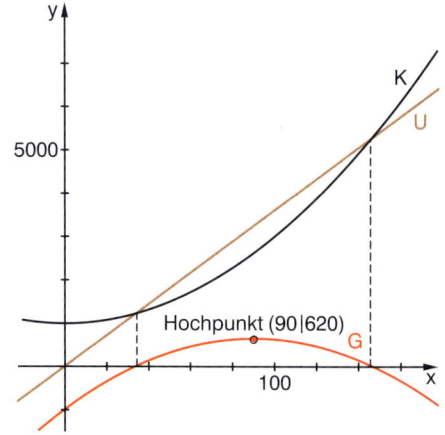

Wenn 90 Fischplatten verkauft werden, macht die Firma einen maximalen Gewinn von 620 €.

Übungen

4 *Schachteln mit maximalem Volumen*

Aus einem rechteckigen Stück Pappe mit den Seitenlängen 16 cm und 8 cm wird
a) eine oben offene Schachtel
b) eine Schachtel mit Deckel

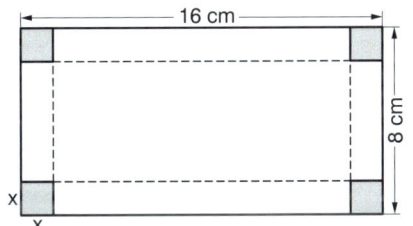
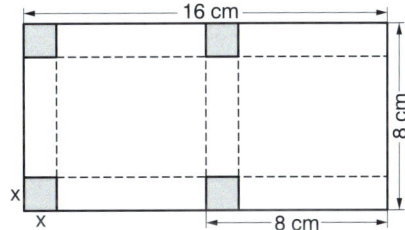

hergestellt, indem man die grauen Quadrate (Seitenlänge x) ausschneidet und dann längs der gestrichelten Linien faltet. Wie muss die Seitenlänge x der auszuschneidenden Quadrate gewählt werden, damit eine Schachtel mit größtem Volumen entsteht?

5 *Minimale Oberfläche*

a) Welcher Quader mit quadratischer Grundfläche und einem Volumen von 1000 cm^3 hat eine minimale Oberfläche?
b) Wie sieht das Ergebnis für einen Quader mit quadratischer Grundfläche bei einem anderen Volumen V aus?

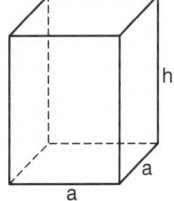

6 *Optimale Fläche einzäunen*

Goldgräber Joe kann sich mit einem 100 m langen Seil ein rechteckiges Stück Land abstecken. Dabei ist er natürlich an einer möglichst großen Fläche interessiert.

a)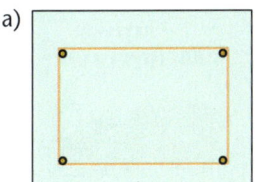
Das Seil muss alle vier Seiten umschließen.

b)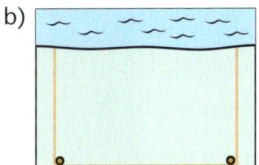
Eine Seite wird vom Fluss begrenzt.

c)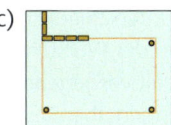
Eine Mauer von 20 m Länge kann zur Abgrenzung mit benutzt werden.

7 *Isoperimetrisches Problem*

a) Beweisen Sie dies für den allgemeinen Fall mithilfe der Optimierungsstrategie.

> Unter allen umfangsgleichen Rechtecken hat das Quadrat den größten Flächeninhalt.

iso: gleich
perimetros: Umfang
(griechisch)

b) Bei PIERRE DE FERMAT tritt das Problem in nebenstehender Formulierung auf. Erläutern Sie, warum dies dasselbe Problem ist.

> Die Strecke $\overline{AB}$ ist im Punkt T so zu teilen, dass das Rechteck mit den Seiten $\overline{AT}$ und $\overline{TB}$ ein Maximum wird.
>
>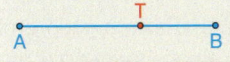

PIERRE DE FERMAT (1601–1665)

c) FERMAT stellte noch ein weiteres Problem. Lösen Sie das Problem.

> Die Strecke $\overline{AB}$ ist so zu teilen, dass das Produkt der Quadrate über $\overline{AT}$ und $\overline{TB}$ ein Maximum wird.

d) Variieren Sie das Problem von FERMAT in c), indem Sie „Produkt der Quadrate" durch „Summe der Quadrate", „Differenz der Quadrate" und „Quotient der Quadrate" ersetzen.

Übungen

8 *„Umgekehrtes" isoperimetrisches Problem*

a) Vergleichen Sie die nebenstehende Aussage mit der Aussage in Aufgabe 7a). Warum spricht man hier von dem umgekehrten isoperimetrischen Problem?

> Unter allen flächengleichen Rechtecken hat das Quadrat den minimalen Umfang.

b) Zeigen Sie am Beispiel eines Rechtecks mit dem Flächeninhalt $40\,cm^2$, dass die Aussage gilt.

c) Beweisen Sie die Aussage für ein beliebiges Rechteck mit dem Flächeninhalt A.

9 *Stadion*

Ein Sportstadion mit einer 400-m-Laufbahn soll so angelegt werden, dass das Fußballfeld möglichst groß ist. Die beiden Kurven sollen Halbkreise sein.

Entsprechen die Maße des Fußballfeldes den offiziellen Vorgaben der FIFA?

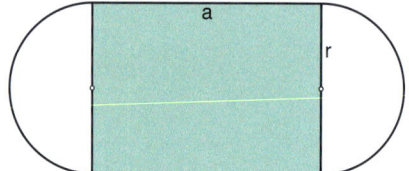

10 *Optimale Dose*

Die abgebildeten Konservendosen haben beide ein Füllvolumen von $580\,cm^3$, aber ihre Form ist unterschiedlich.
Die hohe Form der Würstchendose ist durch den Inhalt vorgegeben. Die Lychees erzwingen aber keine bestimmte Form.
Ähnlich ist es bei Suppendosen oder Dosen für Gemüse oder Obst. Der Hersteller ist in solchen Fällen daran interessiert, möglichst wenig Material für die Herstellung zu verbrauchen.

a) Vergleichen Sie den Materialverbrauch für die beiden Dosen.

r = 4,2 cm   h = 10,7 cm   r = 3,6 cm   h = 14,3 cm

b) Wie müssen Höhe und Durchmesser eines Zylinders mit $580\,cm^3$ Volumen gewählt werden, so dass seine Oberfläche minimal ist? Vergleichen Sie diesen optimalen Wert mit denen der Dosen.

c) Ändert sich das optimale Verhältnis von Durchmesser und Höhe bei einem Zylinder mit einem kleineren oder größeren Volumen?

Die Modellierung der Dose durch einen Zylinder ist vereinfacht. In Wirklichkeit muss beim Materialverbrauch noch der Falz berücksichtigt werden, durch den Deckel und Boden mit dem Mantel verbunden sind.

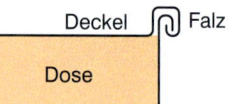

d) Wird der minimale Materialverbrauch größer oder kleiner, wenn man statt der zylinderförmigen Dose einen Quader mit quadratischer Grundfläche wählt? Schätzen Sie und rechnen Sie dann nach (siehe Aufgabe 5).

e) Welche anderen Bedingungen neben dem Materialverbrauch könnten bei der Herstellung von Konservendosen eine wichtige Rolle spielen? Zählen Sie solche Kriterien auf und bewerten Sie deren Bedeutung aus Sicht des Produzenten und des Konsumenten.

Übungen

11 *Optimale Tüten*
Formen Sie aus einem kreisförmigen Stück Papier mit Radius 10 cm eine kegelförmige Tüte mit maximalem Volumen. Schneiden Sie den Kreis längs eines Radius ein und formen Sie durch Überlappen die Tüte (Kegelmantel). (Das Beispiel im Basiswissen Seite 61 kann Ihnen beim Optimieren helfen.)

12 *Papierfalten*
Legen Sie ein DIN-A4-Blatt (ca. 21 cm × 30 cm) mit der längeren Kante nach unten vor sich hin. Falten Sie das Blatt nun so, dass die obere linke Ecke genau auf dem unteren Blattrand liegt. Wie muss man falten, damit das grau gefärbte Dreieck einen möglichst großen Flächeninhalt hat?

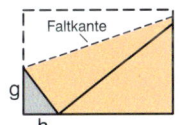
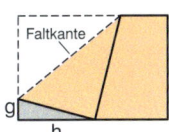

Probieren schafft Überblick:
Falten Sie viele Dreiecke, messen Sie, rechnen Sie und erzeugen Sie eine Tabelle.

g	h	Flächeninhalt des Dreiecks $A = \frac{1}{2}gh$
▪	▪	▪

Übertragen Sie die Punkte (g|A) in ein Koordinatensystem.

Funktionaler Zusammenhang:
Der Flächeninhalt A lässt sich als Funktion von g darstellen: $A = A(g)$.

Das Dreieck ist rechtwinklig.

Für die Hypotenuse gilt: $c = 21 - g$

Nebenbedingung:
$g^2 + h^2 = (21 - g)^2$

13 *Rechtecke unter Funktionen*
Es werden Rechtecke untersucht, bei denen zwei Seiten auf den Koordinatenachsen liegen und ein Eckpunkt auf dem Funktionsgraphen im 1. Quadranten.

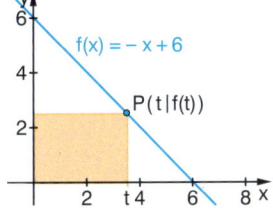
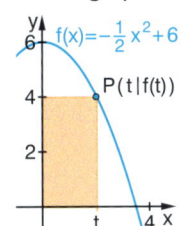
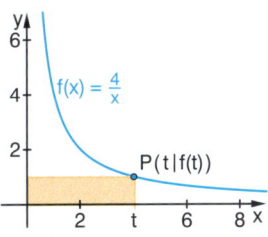

a) Bestimmen Sie jeweils die Rechtecke mit maximalem Flächeninhalt.
b) Bestimmen Sie jeweils die Rechtecke mit minimalem Umfang.
c) Erstellen Sie selbst eine solche Aufgabe mit einer geeigneten Funktion.

In zwei Fällen werden Sie Überraschendes feststellen.

14 *Mathematischer Bruch einer Glasscheibe*
Aus einer Fensterscheibe mit den Maßen a = 3 dm und b = 6 dm ist ein Stück herausgebrochen, dessen Rand durch eine Parabel g(x) beschrieben werden kann.
Aus dem Reststück soll eine möglichst große rechteckige Platte herausgeschnitten werden.
Suchen Sie die maximale Fläche der Glasplatte, wenn die Parabel die Gleichung $g(x) = 4 - x^2$ bzw. $h(x) = 3 - x^2$ hat.

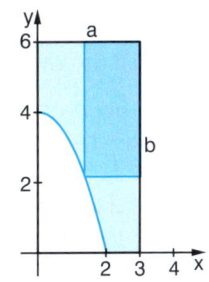

Achtung: Das Maximum kann auch am Rand des Definitionsbereichs liegen.

2 Erweiterung der Differenzialrechnung

Übungen

15 *Kosten, Umsatz und Gewinne*

Produktionskosten können auf unterschiedliche Weise entstehen.
Entsprechend werden sie durch unterschiedliche Funktionen modelliert.

Vergleichen Sie insbesondere die Kostenfunktion bei (3) und (4).

(1) $K_1(x) = 0{,}5x + 1$
$U_1(x) = 0{,}8x$

(2) $K_2(x) = 0{,}01x^3 + 1$
$U_2(x) = 1{,}5x$

(3) $K_3(x) = 0{,}2x^3 - 1{,}2x^2 + 2{,}4x + 1$
$U_3(x) = 1{,}4x$

(4) $K_4(x) = 0{,}1x^3 - 0{,}6x^2 + 1{,}7x + 1$
$U_4(x) = 2x$

a) Erstellen Sie zu jeder Kosten- und Umsatzfunktion eine aussagekräftige Skizze. Beschreiben und vergleichen Sie jeweils die Entwicklung der Produktionskosten in Abhängigkeit von der produzierten Menge.
Welche der Kostenfunktionen erscheinen Ihnen sinnvoll? Begründen Sie.
b) Ermitteln Sie zu den Kosten- und Umsatzfunktionen den Gewinnbereich und den maximalen Gewinn.

16 *Parfüm*

Je teurer ein Produkt verkauft wird, desto weniger kann abgesetzt werden.
Welchen Preis sollte eine Firma ansetzen?
Für den Absatz eines exklusiven Parfüms modellieren drei Teams die Preis-Absatz-Funktion für Packungspreise bis 200 € auf je unterschiedliche Weise (x: Packungspreis; y: absetzbare Packungsanzahl):

$P_1(x) = -50x + 10\,000$

$P_2(x) = 0{,}2x^2 - 90x + 10\,000$

$P_3(x) = \dfrac{30\,000}{\sqrt{x}}$

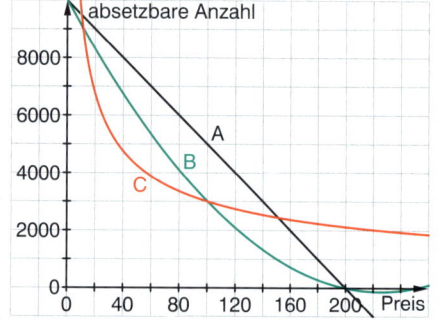

a) Begründen Sie, dass alle drei Modelle sinnvoll sind und ordnen Sie die Graphen den Funktionen zu. Beschreiben Sie das Kaufverhalten nach den drei Modellen.

b)

| Händler H1 erwartet den Absatz von 6000 Packungen. | Händler H2 möchte mindestens 320 000 € mit dem Parfüm umsetzen. | Händler H3 will das Parfüm für 200 € anbieten. |

Was sagen Sie den Händlern? Benutzen Sie dabei jedes der drei Modelle.
c) Welche Umsätze lassen sich erzielen? Bei welchem Preis macht die Firma maximalen Umsatz? Erstellen Sie zu jedem Modell einen Bericht und vergleichen Sie anschließend die Ergebnisse mit Ihren Mitschülern.

KOPFÜBUNGEN

1 Skizzieren Sie den Graphen einer ganzrationalen Funktion f, für die gilt:
Die Funktion der 1. Ableitung hat genau drei Nullstellen, die Funktion der 2. Ableitung ist an diesen Stellen ungleich null. Wie viele Krümmungswechsel hat der Graph?

2 Wahrscheinlichkeiten lassen sich mithilfe relativer Häufigkeiten schätzen. Welche Rolle spielt dabei das Gesetz der großen Zahlen?

3 Wahr oder falsch? Die Punktmenge $\vec{x} = \begin{pmatrix} 1 \\ 2 \\ -1 \end{pmatrix} + s \begin{pmatrix} 0 \\ 0 \\ 1 \end{pmatrix}$ beschreibt eine zur x_3-Achse parallele Gerade.

2.2 Optimieren

Aufgaben

17 *Die Milchtüte*

Getränke werden in verschiedenen Verpackungen angeboten. Kartons haben den Vorteil, dass sie leicht und wieder verwertbar sind. Überlegen Sie sich, was für den Hersteller, den Verkäufer und den Kunden alles wichtig und interessant bezüglich der Gestalt von Milchtüten ist.

Für die 1-Liter-Frischmilchtüte gibt es zwei verschiedene Formen. Besorgen Sie sich von jeder Sorte eine Tüte. Ermitteln Sie die Maße (Breite und Füllhöhe) einer Milchtüte und deren Volumen bis zur Füllgrenze.

Tüte mit Giebel   Tüte ohne Giebel

Warum fassen die realen Tüten meist weniger als einen Liter?
Liefern die realen Maße eine Tüte mit minimalem Materialaufwand?
Welche Breite b und welche Höhe h muss die optimale Tüte haben?

a) Modell 1: Quader mit quadratischer Grundfläche

Wenn man als Modell einen reinen Quader mit quadratischer Grundfläche nimmt, liefert der Würfel den minimalen Materialbedarf (vgl. Aufgabe 5). Warum sind die Milchtüten nicht würfelförmig?
Schneiden Sie eine Tüte auf und begründen Sie damit, dass dieses Modell nicht angemessen ist (siehe auch Abbildung zu b)).

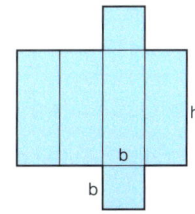

Achten Sie auf übereinander geklebte Teile.

b) Modell 2: Die Tüte ohne Giebel

Schneiden Sie eine Tüte auf und überzeugen Sie sich, dass das abgebildete Netz zu einer solchen Tüte passt. Entdecken Sie Unterschiede?
Für den Boden und den Deckel wird mehr Material als notwendig benutzt. Warum ist das sinnvoll? Erklären Sie damit, dass die optimale Milchtüte wesentlich schlanker als der Würfel ist.

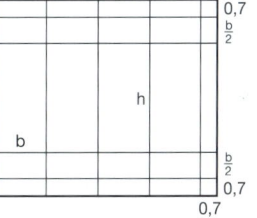

Erstellen Sie eine Formel für den Materialverbrauch in Abhängigkeit von a und bestimmen Sie den minimalen Materialbedarf. Vergleichen Sie mit den Maßen und dem Materialbedarf der realen Milchtüte.

Das Volumen ist vorgegeben.

c) Modell 3: Die Tüte mit Giebel

Der Materialverbrauch für den Giebel hängt von der Steilheit des Giebels ab. Veranschaulichen Sie sich dies am Schnittmuster, indem Sie es wieder zur Tüte zusammenfalten.
Ein angemessener Winkel ist $\alpha = 30°$. Bestimmen Sie damit zunächst x in Abhängigkeit von b und dann eine Formel für den Materialverbrauch. Bestimmen Sie den minimalen Materialbedarf.

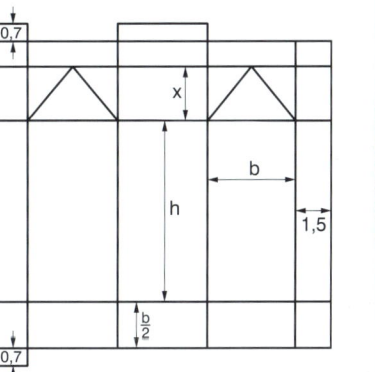
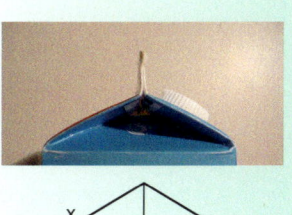

Vergleichen Sie mit den Maßen und dem Materialbedarf der realen Milchtüte.

d) Welche der beiden Tüten bevorzugen Sie? Sammeln Sie jeweils Argumente für und gegen jede Tüte.

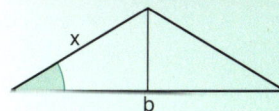

$\cos(\alpha) = \dfrac{\text{Ankathete}}{\text{Hypotenuse}}$

2 Erweiterung der Differenzialrechnung

Aufgaben

18 *Optimieren ohne Differenzialrechnung*

Extremwertaufgaben haben Menschen lange vor der Entwicklung der Differenzialrechnung gelöst. Es muss also noch andere Wege zur Lösung solcher Probleme geben. Meistens waren es geometrische Methoden, die häufig zu eleganten Lösungen führten, manchmal aber auch einfache algebraische Ansätze.
In den nächsten Aufgaben werden Sie etwas von diesen Methoden an bekannten und neuen Problemen kennen lernen und selbst ausprobieren können.

(A) *Isoperimetrisches Problem*

Unter allen umfangsgleichen Rechtecken hat das Quadrat den größten Flächeninhalt.

Zeigen Sie, dass das gefärbte Rechteck für jedes x den gleichen Umfang hat wie das Quadrat.

Geometrischer Beweis

Zeigen Sie, dass der Flächeninhalt des oberen (weißen) Rechtecks immer größer ist als der des rechten (gelben) Rechtecks und begründen Sie damit, dass das Quadrat unter allen umfangsgleichen Rechtecken den maximalen Flächeninhalt hat.

Algebraischer Beweis

Geben Sie einen Term für den Flächeninhalt des gefärbten Rechtecks an und begründen Sie damit, dass dieser für jeden Wert von x kleiner als der Flächeninhalt des Quadrates ist.

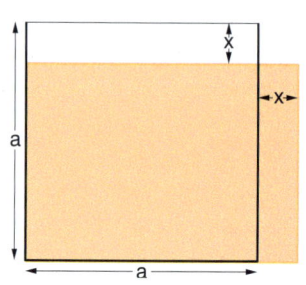

(B) *Quadrate im Quadrat*

Welches der inneren Quadrate hat den kleinsten Flächeninhalt?

Vergleichen Sie die Diagonalen der Quadrate.

Was wissen Sie über die Beziehungen der Seitenlängen von rechtwinkligen Dreiecken?

Warum ist damit das Problem auch für beliebige Ausgangsquadrate beantwortet?

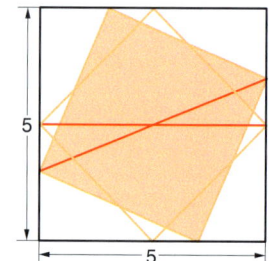

(C) Zu den „Quadraten im Quadrat" kann man auch das ‚umgekehrte' Problem formulieren:

Zu einem gegebenen festen Quadrat sollen Quadrate konstruiert werden, die das Quadrat umschreiben. Welches dieser Quadrate hat einen maximalen Flächeninhalt?

Zeichnen Sie ein Quadrat ABCD und konstruieren Sie einige umbeschriebene Quadrate. (*Hinweis*: Satz des Thales)

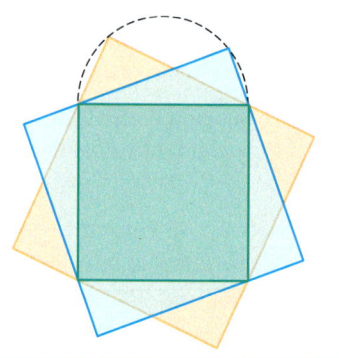

(D) Welches unter allen Rechtecken in einem gegebenen festen Kreis hat den maximalen Flächeninhalt?

Vergleichen Sie die Dreiecke in der Abbildung und benutzen Sie den Satz des Thales.

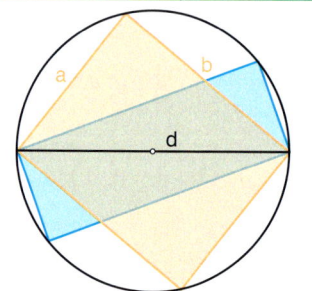

19 Viele Wege zum Ziel

Hier können Sie an einem Problem verschiedene Lösungsmethoden ausprobieren und diese dann miteinander vergleichen.

Einem gleichseitigen Dreieck werden Rechtecke einbeschrieben. Welches dieser Rechtecke hat einen maximalen Flächeninhalt?

Das Problem

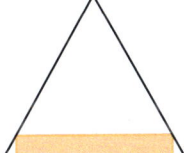 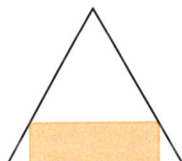 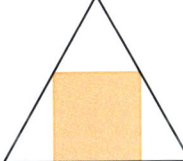 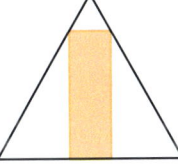

(A) Funktionaler Weg:
Beschreiben Sie die Seiten durch lineare Funktionen.

Die Lösungen

Tipps für mögliche Wege:

| Höhe des Dreiecks in Abhängigkeit von a bestimmen | Koordinaten der Eckpunkte in Abhängigkeit von a angeben | Steigung von $g(x)$ bestimmen |

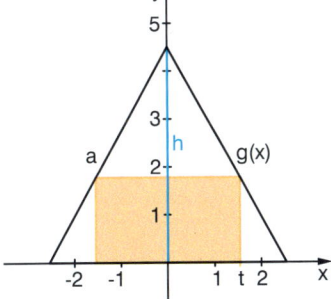

(B) Algebraisch-geometrischer Weg:
- Bestimmen Sie h in Abhängigkeit von a.
- Geben Sie einen Term für den Flächeninhalt des Rechtecks in Abhängigkeit von x und y an.
- Die Ähnlichkeit der Dreiecke COB und PQB liefert eine Nebenbedingung für y.

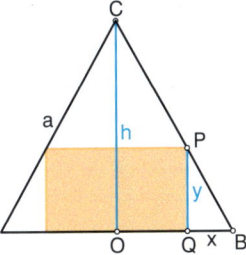

(C) Geometrischer Weg:
Bilder ohne Worte

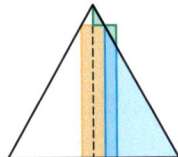 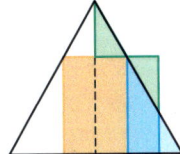 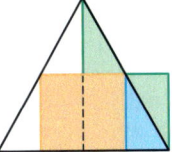 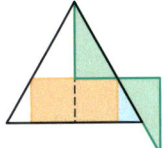 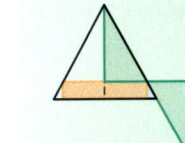

Begründen Sie, dass die Summe aus dem Flächeninhalt eines grünen Dreiecks und des blauen Dreiecks immer mindestens so groß wie der halbe Inhalt des gelben Rechtecks ist. Wann sind sie gleich groß?

Vergleichen Sie die Lösungswege:
- Welche Kenntnisse und Verfahren müssen Sie bei den einzelnen Wegen abrufen?
- Welche Wege können einfach abgearbeitet werden, bei welchen benötigt man „zündende Ideen"?
- Welcher Weg ist für Sie am einfachsten?
- Welchen Weg finden Sie am schönsten?

Reflexion

2 Erweiterung der Differenzialrechnung

2.3 Funktionenscharen und Ortskurven

Was Sie erwartet

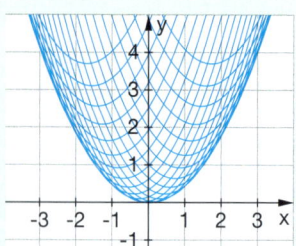

Quadratische Funktionen werden durch Funktionsterme $f(x) = ax^2 + bx + c$ beschrieben. a, b und c sind hierbei Parameter. Sie stehen also für gewisse Zahlen. Variiert man bei Funktionen einen (oder auch mehrere) Parameter, so erhält man Funktionenscharen. An solchen Funktionenscharen kann man sowohl in innermathematischen als auch in außermathematischen Anwendungen bestimmte Eigenschaften entdecken und untersuchen – beispielsweise die Lage von lokalen Extrempunkten der einzelnen Kurven der Schar. Diese Lage lässt sich manchmal mit einfachen Ortskurven beschreiben. Zur Bestimmung dieser Ortskurven gibt es verschiedene Verfahren, bei denen die Parameterdarstellung von Funktionen hilfreich ist.

Aufgaben

a, b, c: Parameter

1 *Parabelmuster 1*

Die allgemeine Form einer Parabelgleichung ist $f(x) = ax^2 + bx + c$. Wie wirkt sich die Veränderung eines Parameters auf die Gestalt und Lage der Parabeln aus, wenn die zwei anderen Parameter fest gewählt werden?

a) Ordnen Sie den Graphen die passende Funktionsgleichung zu. Die Parameter sind jeweils aus dem Intervall $[-5; 5]$ gewählt. Stellen Sie eine eigene Skizze der Graphen her und beschreiben Sie die Lage der Parabeln in Abhängigkeit des Parameters.

Analysis 17

(1) $f_a(x) = ax^2 + x + 1$ (2) $f_b(x) = x^2 + bx + 1$ (3) $f_c(x) = x^2 + x + c$

Der Scheitelpunkt in (1) ist $\left(-\frac{1}{2a} \,\middle|\, -\frac{1}{4a} + 1\right)$.

b) Markieren Sie in Ihrer Zeichnung jeweils die Scheitelpunkte. Beschreiben Sie deren Koordinaten in Abhängigkeit des Parameters.

c) Gelingt Ihnen das Aufstellen einer passenden Gleichung für die Ortskurve, auf der die Scheitelpunkte liegen? Sie können es auf verschiedenen Wegen probieren.

Zu Funktion (1)

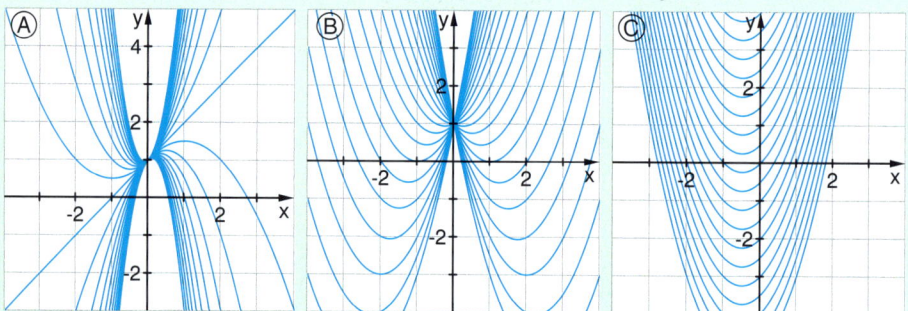

Skizzieren mehrerer Punkte und Kurvenanpassung (siehe 3.1)

a	x-Koord. x(a)	y-Koord. y(a)
-2	$\frac{1}{4}$	$\frac{9}{8}$
$\frac{1}{2}$	-1	$\frac{1}{2}$
4	$-\frac{1}{8}$	$\frac{15}{16}$
...		

Rechnung:
$x = -\frac{1}{2a} \Rightarrow a = -\frac{1}{2x}$
$\Rightarrow y = -\frac{1}{4\left(-\frac{1}{2x}\right)} + 1$
$y = 0{,}5\,x + 1$

2.3 Funktionenscharen und Ortskurven

Aufgaben

2 *Der Preis beeinflusst die Nachfrage*

Im vergangenen Jahr kosteten die Eintrittskarten für die Theateraufführung des Gymnasiums 6 €. Es kamen 300 Besucher. In diesem Jahr möchte man einen größeren Gewinn erzielen und beabsichtigt, die Eintrittspreise zu erhöhen. Man vermutet, dass bei einer Erhöhung um je 1 € ungefähr 30 Besucher weniger kommen, bei einer entsprechenden Senkung um 1 € ungefähr 30 Besucher mehr.

a) Erläutern Sie, dass $E(x) = (6 + x)(300 - 30x)$ eine angemessene Modellierung für die Einnahmen ist. Für welche Preisänderung erhält man die größten Einnahmen?

b) Untersuchen Sie folgende Fragen:

> (1) Welchen Einfluss hat der ursprüngliche Preis? Kann unter Annahme eines anderen ursprünglichen Preises eine Preissenkung zu höheren Einnahmen führen?
> (2) Dass 30 Zuschauer mehr oder weniger kommen, war eine Schätzung. Wie sieht die Entwicklung der Einnahmen aus, wenn dieser Wert größer oder kleiner ist? Kann man höhere Einnahmen erzielen, wenn man den Eintrittspreis senkt?

Tipp: Gehen Sie immer von ursprünglich 300 Besuchern aus.

Um diese Fragen zu untersuchen, müssen für den ursprünglichen Preis bzw. die Anzahl der Besucher Parameter benutzt werden, die man variieren kann. Damit erhält man Funktionenscharen.

(1) $E_p(x) = (p + x) \cdot (300 - 30x)$

(2) $E_b(x) = (6 + x) \cdot (300 - b \cdot x)$

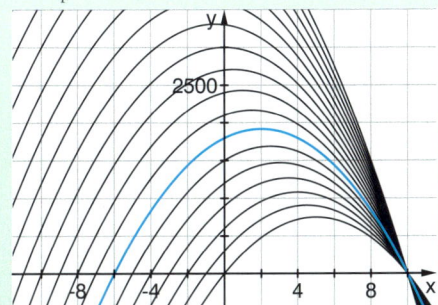

Die Bilder zeigen die Scharen. Gelingt Ihnen eine Angabe der zugehörigen Parameterwerte? (*Tipp*: Benutzen Sie die Achsenschnittpunkte.) Welche Bedeutung haben jeweils die Achsenschnittpunkte?

Bei welcher Preisänderung werden jeweils die Einnahmen maximal? Wie hoch sind dann die maximalen Einnahmen?

Eine Berechnung zu (2) mit CAS:

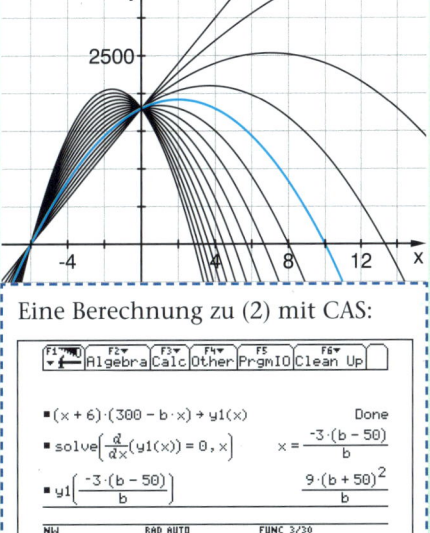

Scheitelpunkt in Abhängigkeit der Parameter

c) Für den Veranstalter ist der Zusammenhang zwischen Preisänderung und maximalen Einnahmen bzw. Anzahl der zusätzlichen Besucher und maximalen Einnahmen interessant. Füllen Sie die Tabellen aus.

p	x_{max}	$E_p(x_{max})$
■	■	■
4	3	1470
6	2	1920
■	■	■

b	x_{max}	$E_b(x_{max})$
■	■	■
30	2	1920
40	0,75	1822,5
■	■	■

Skizzieren Sie jeweils mehrere Punkte $(x_{max} | E_p(x_{max}))$. Beschreiben Sie die Entwicklung der maximalen Einnahmen
(1) in Abhängigkeit des ursprünglichen Preises p,
(2) in Abhängigkeit der unterschiedlichen Zu- bzw. Abnahme der Zuschauerzahlen b.

Im Modus der Parameterdarstellung von Funktionen können Sie mit dem GTR die Punkte direkt darstellen.
(→ siehe Werkzeug Seite 73)

2 Erweiterung der Differenzialrechnung

Basiswissen — Funktionsterme mit Parametern führen zu Funktionenscharen. Besondere Punkte der Funktionen einer Schar liegen auf **Ortskurven**, mit deren Hilfe man die Schar oft genauer beschreiben und charakterisieren kann.

Ortskurven bei Funktionenscharen

Beispiel:
Die Flugbahn eines Golfballs kann für einen Abschlagwinkel von 45° und unterschiedliche Abschlag-Geschwindigkeiten v sehr vereinfacht durch folgende Funktionenschar modelliert werden:

$f_v(x) = -\frac{10}{v^2}x^2 + x$

v: Abschlaggeschwindigkeit in m/s
x: Flugweite in m
$f_v(x)$: Flughöhe in m

Die Scheitelpunkte geben die maximale Höhe des Balls in Abhängigkeit von v an. Auf welcher Ortskurve liegen die Scheitelpunkte (Hochpunkte) der Kurvenschar? Um dies festzustellen, bestimmt man die Nullstellen der Ableitungsfunktion in Abhängigkeit von v:

$f_v'(x) = -\frac{20}{v^2}x + 1 = 0 \;\Rightarrow\; x_{max} = \frac{v^2}{20} \;\Rightarrow\; y_{max} = f_v\left(\frac{v^2}{20}\right) = \frac{v^2}{40} \;\Rightarrow\; HP\left(\frac{v^2}{20}\,\Big|\,\frac{v^2}{40}\right)$

Jeder Wert des Parameters v legt einen Punkt $(x_{max}|y_{max})$ fest.

v	x_{max}	y_{max}
0	0	0
5	1,25	0,625
10	5	2,5
15	11,25	5,625
20	20	10
25	31,25	15,625
30	45	22,5

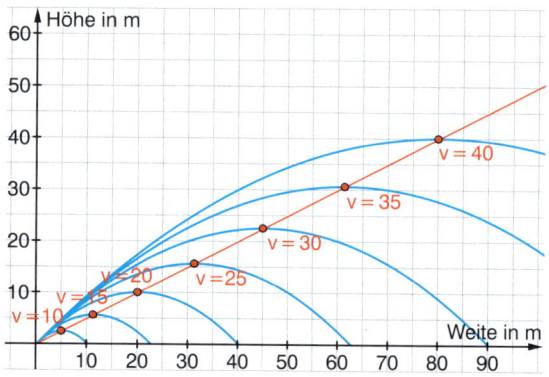

Die Punkte $(x(v)|y(v))$ erzeugen eine Kurve, wenn v die reellen Zahlen oder ein bestimmtes Intervall durchläuft.
Diese Ortskurve kann auf zwei Arten angegeben werden:

Das Paar $(x(v)|y(v))$ definiert eine **Parameterdarstellung** der Kurve, die sich auf dem GTR direkt zeichnen lässt.

$x(v) = \frac{v^2}{20}; \; y(v) = \frac{v^2}{40}$

v ist in diesem Falle der Parameter der Kurve. Er durchläuft die Zahlen des vorgegebenen Intervalls.

$x(v)$ und $y(v)$ sind die Koordinaten der Punkte auf der Kurve.

Mit **Parameterelimination** lässt sich eine Funktionsgleichung in der gewohnten Form $y = f(x)$ bestimmen.

1. Gleichung für x-Koordinate nach Parameter auflösen:

$x = \frac{v^2}{20} \;\Rightarrow\; v = \pm\sqrt{20x}$

2. Einsetzen für Parameter in Gleichung für y-Koordinate:

$y = \frac{\sqrt{20x}^2}{40}$

$y = \frac{1}{2}x$

2.3 Funktionenscharen und Ortskurven

Beispiele

A *Ortskurve der Extremwerte bei einer Funktionenschar*

Gegeben ist die Funktionenschar $f_t(x) = \frac{1}{3}x^3 - 2tx^2$. Bestimmen Sie die Ortskurve der lokalen Extremwerte.

Lösung:
Notwendige Bedingung für lokalen Extremwert: $f'(x) = 0$
$f'(x) = x^2 - 4tx = x(x - 4t)$
$x(x - 4t) = 0 \Rightarrow x = 0$ oder $x = 4t$
Für $t \neq 0$ ist diese Bedingung auch hinreichend ($f''(x) = 2x - 4t$, $f''(0) \neq 0$ und $f''(4t) \neq 0$).
Der Punkt $(0|0)$ ist bei jeder Scharkurve mit $t \neq 0$ lokaler Extrempunkt.
Der andere Extrempunkt liegt an der Stelle $x = 4t$. Der zugehörige y-Wert ist $f_t(4t) = -\frac{32t^3}{3}$.

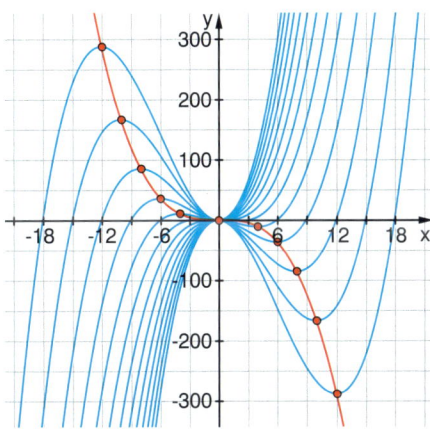

Für $t = 0$ liegt in $(0|0)$ ein Sattelpunkt der Ortskurve vor.

Ortskurve in Parameterdarstellung:
$x(t) = 4t; \quad y(t) = -\frac{32t^3}{3}$

Funktionsgleichung der Ortskurve durch Parameterelimination:
$x = 4t \Rightarrow t = \frac{x}{4} \Rightarrow y = \frac{-32\left(\frac{x}{4}\right)^3}{3} = -\frac{1}{6}x^3$

Parameterdarstellung auf dem GTR

Modus „par" einstellen

Festlegen des Fensters

Tabelle

Eingabe der beiden Parametergleichungen in „y="

Einstellen des Intervalls und der Schrittweite mit der Punkte berechnet werden.
Je kleiner *Tstep*, desto langsamer entsteht der Graph.

Graph
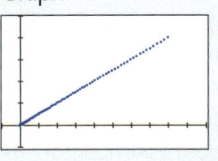

Der GTR „versteht" nur t als Namen des Parameters.

WERKZEUG

Übungen

3 *Untersuchung einer Funktionenschar*

Gegeben ist die Funktionenschar $f_t(x) = \frac{1}{3}x^3 - 2tx^2$.
a) Welche der Funktionen verläuft durch $P(1|2)$?
b) Wo schneiden die Funktionen die Achsen?
c) Wie groß ist die Steigung an der Stelle $x = 1$?
d) An welchen Stellen haben die Graphen die Steigung 1?
e) Auf welcher Ortskurve liegen die Wendepunkte?

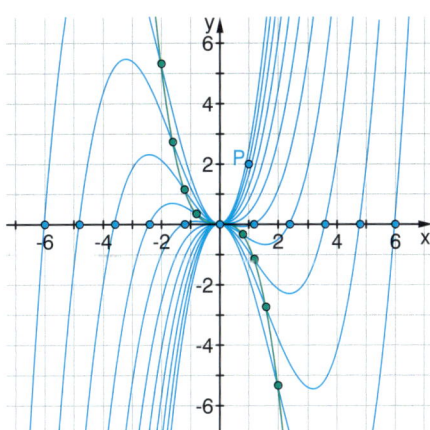

2 Erweiterung der Differenzialrechnung

Übungen

Gruppenarbeit und Präsentation der Ergebnisse

4 *Untersuchung verschiedener Kurvenscharen*

a) Erstellen Sie zu jeder Schar eine aussagekräftige Grafik und beschreiben Sie die Graphen in Abhängigkeit des Parameters.
Welche der Funktionen verlaufen durch den Punkt $P(-2\,|\,4)$?

$f_a(x) = x^2 - ax$ $\qquad f_b(x) = \frac{1}{b}x^2 - x$ $\qquad f_c(x) = x^3 - cx$ $\qquad f_d(x) = \frac{1}{2}x^4 - dx^2$

b) Beantworten Sie für jede Schar die folgenden Fragen.
(1) Wie groß ist die Steigung im Schnittpunkt mit der y-Achse?
(2) An welchen Stellen haben die Funktionen die Steigung -2?
(3) Auf welcher Kurve liegen die Extrempunkte?
(4) Auf welcher Kurve liegen die Wendepunkte (falls welche existieren)?

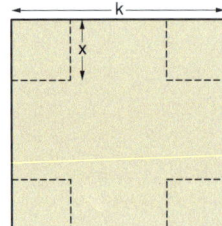

5 *Optimieren 1*

Eine Firma soll aus verschieden großen quadratischen Pappbögen mit der Kantenlänge k oben offene Schachteln mit möglichst großem Fassungsvermögen herstellen.

a) Begründen Sie, dass $V_k(x) = x \cdot (k - 2x)^2$ eine passende Formel für das Volumen in Abhängigkeit der Kantenlänge k ist.
b) Ermitteln Sie das maximal mögliche Volumen in Abhängigkeit von k.
c) Die Firma möchte eine Tabelle haben, in der zu vorgegebener Größe des Pappbogens sowohl Einschnittweite als auch maximales Volumen angegeben werden. Ergänzen Sie die abgebildete Tabelle. Erstellen Sie auch eine grafische Darstellung, die das maximale Volumen in Abhängigkeit der Einschnittweite zeigt.
Wie viel Pappe benötigt man mindestens, um ein Volumen von $1000\,\text{cm}^3$ zu erzeugen?

Kantenlänge k des Pappbogens (in cm)	Einschnittweite (in cm)	Maximales Volumen (in cm³)
5	■	■
10	■	■
...	■	■
30	5	2000
...	■	■

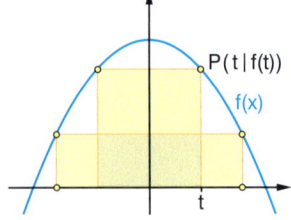

6 *Optimieren 2*

$f_a(x) = -ax^2 + 12$ $\qquad f_b(x) = -\frac{1}{3}x^2 + b$

a) Beschreiben Sie jeweils die Parabeln in Abhängigkeit von a bzw. b.
b) Die Parabeln umschließen für $a > 0$ bzw. $b > 0$ mit der x-Achse ein Flächenstück. In dieses Stück werden Rechtecke eingebaut, deren Größe von t abhängt. Welches dieser Rechtecke hat einen maximalen Flächeninhalt? Ermitteln Sie für jede der Parabeln die Ortskurve der Extrempunkte der Flächeninhaltsfunktion.

KOPFÜBUNGEN

1 Berechnen Sie den Wert des Terms $k^3 - 2k^2 - k - 1$ für $k = -2$.

2 Wo liegen alle Punkte, die
a) von zwei Punkten A und B gleich weit entfernt sind,
b) von einem Punkt C gleich weit entfernt ist?
Beantworten Sie die Fragen für den 2D- und für den 3D-Fall.

3 Begründen Sie, dass sich die Wahrscheinlichkeitsverteilung einer Zufallsgröße mithilfe eines Kreisdiagramms darstellen lässt. Wie sieht dieses für die Zufallsgröße „Augenzahl eines Spielwürfels" aus?

4 Welche der folgenden Aussagen trifft für eine ganzrationale Funktion ersten (zweiten, dritten, vierten) Grades zu? Der Graph hat auf jeden Fall …
a) keine lokalen Extrempunkte, b) keine Wendepunkte.

2.3 Funktionenscharen und Ortskurven

Aufgaben

7 *Bewegte Punkte oder: Kurven und Kurvenstücke*

Der Punkt P(x|y) bewegt sich im Koordinatensystem in Abhängigkeit vom Parameter t. Skizzieren Sie jeweils die „Flugbahn" der Punkte auf dem Display Ihres Rechners mithilfe der Parameterdarstellung in den angegebenen Intervallen für t.

a) $P(t+1 \mid t^2)$; $-2 \leq t \leq 3$
b) $P(2t+4 \mid t-1)$; $t \geq -1$
c) $P(\cos(t) \mid \sin(t))$; $0 \leq t \leq \pi$
d) $P(3t+1 \mid 9t^2)$; $-1 \leq t \leq 1$
e) $P\left(\frac{1}{t}+1 \mid \frac{1}{t^2}\right)$; $-1 \leq t \leq 1$
f) $P(\sin(t), t)$; $-\frac{\pi}{2} \leq t \leq \frac{\pi}{2}$

Die Bewegung lässt sich mithilfe eines Schiebereglers oder durch Einstellen der Option *animate* oder *path* auf dem GTR simulieren.

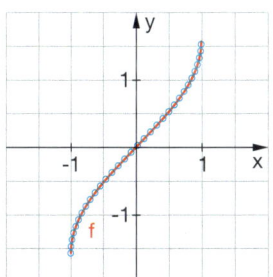
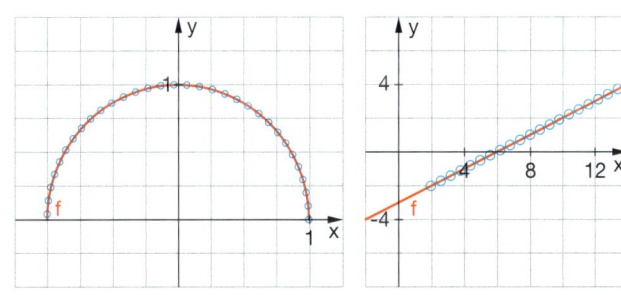

Ermitteln Sie, soweit möglich, die zugehörige Funktionsgleichung $f(x) = y$ und das entsprechende Intervall für x.

Tipp:
Drei Ortskurven gehören zu derselben Funktionsgleichung.

8 *Vielfältige Muster – auch selbst erzeugen*

a) Die Abbildungen zeigen zwei Parabelscharen. Ordnen Sie jeder Schar die passende Funktionsgleichung zu. Geben Sie die Ortskurve der Scheitelpunkte an. Dies ist ohne Rechnung möglich.

(1) $f_t(x) = (x - \cos(t))^2 + \sin(t)$
(2) $f_k(x) = (x - k)^2 + k^2$

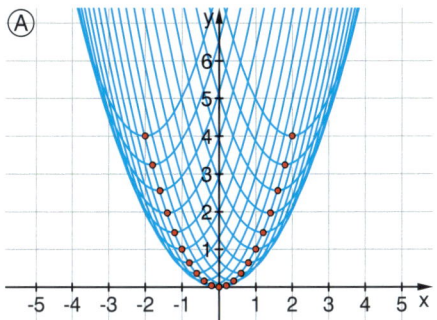
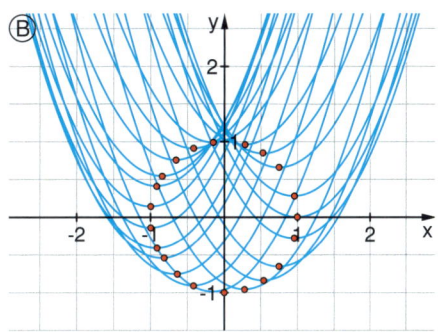

Zeichnen Sie die Graphen auf Ihrem GTR.

Analysis 17

b) Die Parabeln in Ⓐ werden anscheinend wiederum von einer Parabel eingehüllt. Finden Sie für diese eine Funktionsgleichung?

9 *Eine seltsame Ortskurve*

a) Beschreiben Sie die Graphen von
$f_t(x) = \frac{x^2}{2t} - tx$ $(t \neq 0)$
in Abhängigkeit von dem Parameter t.

b) Bestimmen Sie jeweils die Gleichung der Tangente im Schnittpunkt mit der y-Achse.

c) Ermitteln Sie in Abhängigkeit von t den Inhalt der Fläche, die von der Parabel und der x-Achse begrenzt wird. Für welche Werte von t beträgt der Flächeninhalt 162 FE?

d) Ermitteln Sie die Ortskurve der Scheitelpunkte. Beschreiben Sie die Besonderheiten der Ortskurve.

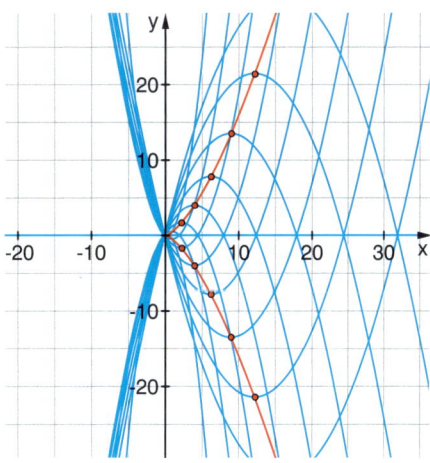

Anwendungen der Parameterdarstellung von Kurven

Viele Kurven können als Graphen von Funktionen $y = f(x)$ erzeugt werden.
Die Darstellung von Kurven in Parameterform stellt eine allgemeinere, sehr effektive Möglichkeit dar. Sie hat vielfältige Anwendungen.

1. Anwendung in der Physik
Wenn t die Zeit ist, so ist die Parameterdarstellung
$x(t) = v \cdot t \cdot \cos(\alpha)$
$y(t) = v \cdot t \cdot \sin(\alpha) - 5t^2 + h$
ein (vereinfachtes) Modell für die
Flugbahn einer Kugel beim Kugelstoß.

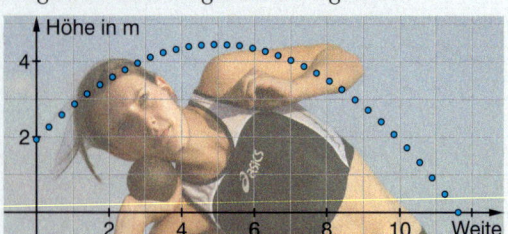

Abstoßgeschwindigkeit v: 10 m/s; Abstoßwinkel α: 45°;
Abstoßhöhe h: 1,9 m

2. Anwendungen in der Mathematik
Auch elementare Kurven, die keine Funktionen sind, können einfach dargestellt werden.

K: $\begin{array}{l} x(t) = 2 \cdot \cos(t) \\ y(t) = 2 \cdot \sin(t) \end{array}$; $0 \leq t \leq 2\pi$ (Kreis)

E: $\begin{array}{l} x(t) = 2 \cdot \cos(t) + 4 \\ y(t) = \sin(t) + 3 \end{array}$; $0 \leq t \leq 2\pi$ (Ellipse)

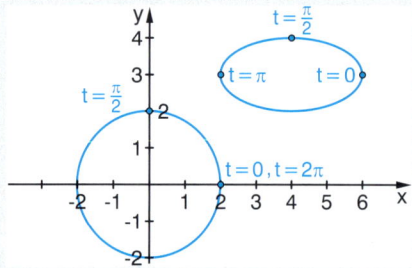

3. Funktionen und Parameterdarstellungen
(1) Jede Funktion lässt sich in Parameterform darstellen.

$f(x) = x^2 + 1 \rightarrow K_1: \begin{array}{l} x(t) = t \\ y(t) = t^2 + 1 \end{array}$; $t \in \mathbb{R}$

(2) Zu jeder Funktion gibt es verschiedene Parameterdarstellungen

$K_2: \begin{array}{l} x(t) = t \\ y(t) = t^2 \end{array}$ $K_3: \begin{array}{l} x(t) = t - 1 \\ y(t) = t^2 - 2t + 1 \end{array}$

K_2 und K_3 stellen $f(x) = x^2$ dar.

4. Parameterdarstellungen in Vektorform
Die vektorielle Darstellung einer Geraden ist auch eine Parameterform:
$x(t) = 1 + 3t$
$y(t) = 2 + t$
$\vec{x} = \begin{pmatrix} 1 \\ 2 \end{pmatrix} + t \begin{pmatrix} 3 \\ 1 \end{pmatrix} = \begin{pmatrix} 1 + 3t \\ 2 + t \end{pmatrix}$

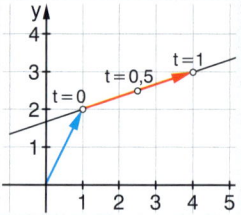

Aufgaben

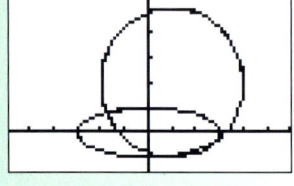

Achten Sie auf die Fenstereinstellung.

10 *Kreise, Ellipsen und Spiralen im Koordinatensystem*
a) Oben im Exkurs sind die Parametergleichungen für einen Kreis und eine Ellipse angegeben. Wie müssen Sie die Gleichungen ändern, damit
• ein Kreis mit dem Mittelpunkt M(1|2) und dem Radius 3,
• eine Ellipse mit dem Mittelpunkt im Ursprung und den Halbachsen a = 3 und b = 1
gezeichnet wird?
Überprüfen Sie mit dem GTR.
b) Welche Bilder entstehen bei der folgenden Parameterdarstellung?
$x(t) = 0{,}2t \cdot \sin(t); \; y(t) = 0{,}2t \cdot \cos(t); \quad 0 \leq t \leq 6\pi$
Experimentieren Sie auch mit anderen Faktoren anstelle von 0,2.

11 *Die Parameterdarstellung einer Zykloide*
Zeichnen Sie mit dem GTR die Kurve zur Parameterdarstellung.
$x(t) = t - \sin(t);$
$y(t) = 1 - \cos(t);$
$0 \leq t \leq 4\pi$

2.4 Stetigkeit und Differenzierbarkeit

Funktionen können an einzelnen Stellen unterschiedliches Verhalten haben, das sich auch am grafischen Verlauf ablesen lässt. Solche kritischen Stellen sind Ihnen schon bei der Einführung der Differenzialrechnung begegnet, wo der Differenzenquotient an der Stelle $x = a$ zwar nicht definiert ist, aber dessen Grenzwert $\lim\limits_{x \to a} \frac{f(x) - f(a)}{x - a}$ die Ableitung an dieser Stelle definiert. Grundsätzlich spielen Grenzwertbetrachtungen bei der Untersuchung kritischer Stellen eine zentrale Rolle. Mit diesen lassen sich dann Begriffe wie Stetigkeit und Differenzierbarkeit präziser fassen.

Was Sie erwartet

1 *Füllgraphen*

Bei gleichmäßigem Flüssigkeitszulauf in Gefäße haben wir die Füllgraphen (Zeit → Füllhöhe) und die Geschwindigkeitsgraphen (Zeit → Füllhöhenänderung) gezeichnet. Bei Kugel (A) haben diese Graphen „gute" Eigenschaften: Man kann sie mit dem Stift glatt (ohne Knick) und ohne abzusetzen (ohne Sprung) durchzeichnen.

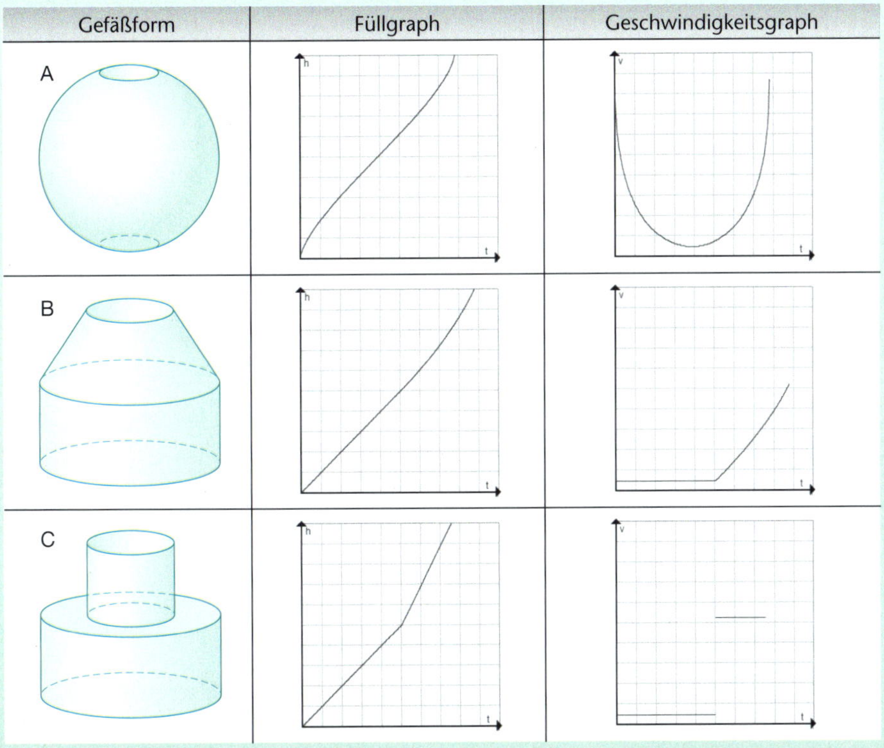

Aufgaben

Gefäßform	Füllgraph	Geschwindigkeitsgraph
A		
B		
C		

a) Begründen Sie mithilfe der Gefäßform C die Knickstelle und die Sprungstelle in den beiden zugehörigen Graphen. Argumentieren Sie dabei auch mit der Änderungsrate.
b) Begründen Sie den Knick im Geschwindigkeitsgraphen zu Gefäß B. Argumentieren Sie dabei auch mit der Beschleunigung (Änderungsrate der Geschwindigkeit).
c) Zeichnen Sie zu allen drei Gefäßformen jeweils einen Beschleunigungsgraphen. Vergleichen Sie Ihre Ergebnisse.
d) Skizzieren Sie eine Gefäßform, bei der der Füllgraph drei Knicke aufweist. Wie sieht der zugehörige Geschwindigkeitsgraph aus?

2 Erweiterung der Differenzialrechnung

Aufgaben

2 *Verhalten von Funktionen an kritischen Stellen*

a) Ordnen Sie den Graphen der vier Funktionen die passende Funktionsgleichung zu.

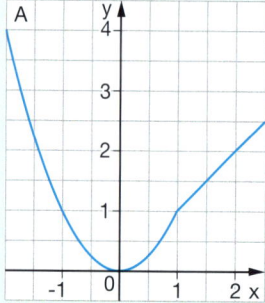
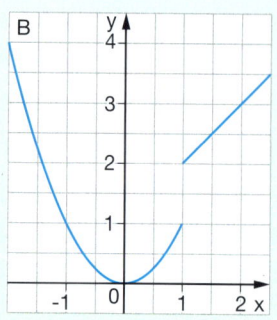
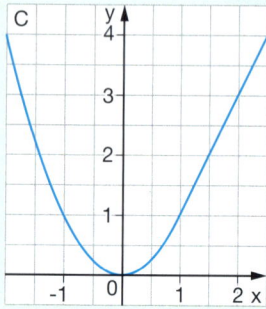

(1) $f_1(x) = \begin{cases} x^2 & \text{für } x \leq 1 \\ x+1 & x > 1 \end{cases}$

(2) $f_2(x) = \dfrac{1}{x-1}$

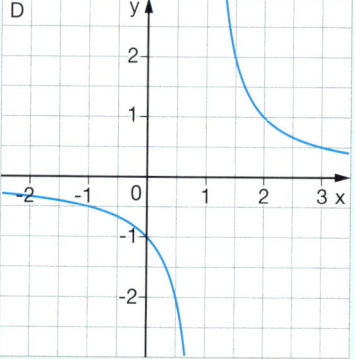

(3) $f_3(x) = \begin{cases} x^2 & \text{für } x \leq 1 \\ 2x-1 & x > 1 \end{cases}$

(4) $f_4(x) = \begin{cases} x^2 & \text{für } x \leq 1 \\ x & x > 1 \end{cases}$

b) Welche der Funktionen ist an der Stelle x = 1 nicht definiert? Beschreiben Sie jeweils die Unterschiede des Graphenverlaufs in der Umgebung der Stelle x = 1. Benutzen Sie dabei auch das Steigungsverhalten.

c) Untersuchen Sie tabellarisch und grafisch sowohl den Funktionsverlauf als auch den Verlauf der Ableitung an der Stelle x = 1 mit dem GTR.

Ein Beispiel:

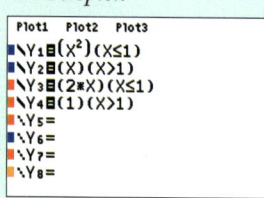
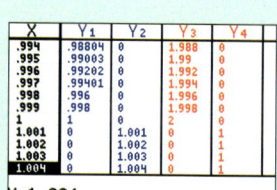
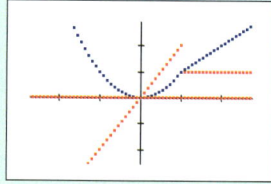

d) In der mathematischen Literatur findet man folgende Definitionen für „Stetigkeit" und „Differenzierbarkeit":

> Die Funktion f ist **stetig an der Stelle** $x = a$ ($a \in D_f$), falls der Grenzwert der Funktion für $x \to a$ existiert und gleich dem Funktionswert an dieser Stelle ist.
>
> $\lim\limits_{x \to a} f(x) = f(a)$

> Die Funktion f ist **differenzierbar an der Stelle** $x = a$ ($a \in D_f$), falls der Grenzwert des Differenzenquotienten an dieser Stelle existiert.
>
> $\lim\limits_{x \to a} \dfrac{f(x) - f(a)}{x - a} = f'(a)$

Erläutern Sie diese Definitionen an den vier Funktionen aus Teilaufgabe a). Welche dieser Funktionen sind stetig an der Stelle x = 1, welche dieser Funktionen sind differenzierbar an der Stelle x = 1?

2.4 Stetigkeit und Differenzierbarkeit

Basiswissen

Es gibt unterschiedliche Verhaltensweisen von Funktionen und ihren Graphen an einzelnen Stellen. Mit den Begriffen „Stetigkeit" und „Differenzierbarkeit" kann man diese beschreiben.

Stetigkeit	Differenzierbarkeit
(1) Intuitive, anschauliche Vorstellung	

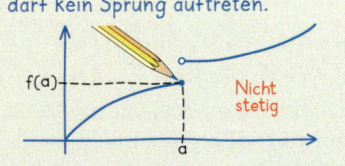
Eine Funktion ist stetig, wenn man den Graphen in einem Zug durchzeichnen kann, ohne den Stift abzusetzen, d.h. es darf kein Sprung auftreten.

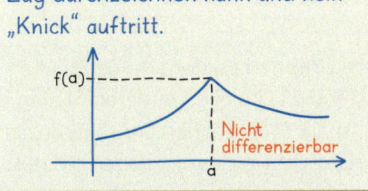
Eine Funktion ist differenzierbar, wenn man den Graphen in einem Zug durchzeichnen kann und kein „Knick" auftritt.

Wie oft in der Mathematik sind diese Vorstellungen nützlich, sie genügen aber nicht den Ansprüchen an eine formale Definition, die auch dann greift, wenn die Vorstellung nicht ausreicht. Mithilfe des Grenzwertbegriffs können wir eine formale Definition finden.

(2) Eine formale Definition

Die Funktion f ist **stetig an der Stelle** $x = a$ ($a \in D_f$), falls der Grenzwert der Funktion für $x \to a$ existiert und gleich dem Funktionswert an dieser Stelle ist.

$$\lim_{x \to a} f(x) = f(a)$$

Eine Funktion f wird **stetig** genannt, falls sie an jeder Stelle ihres Definitionsbereichs stetig ist.

Die Funktion f ist **differenzierbar an der Stelle** $x = a$ ($a \in D_f$), falls der Grenzwert des Differenzenquotienten an dieser Stelle existiert.

$$\lim_{x \to a} \frac{f(x) - f(a)}{x - a} = f'(a)$$

Eine Funktion f wird **differenzierbar** genannt, falls sie an jeder Stelle ihres Definitionsbereichs differenzierbar ist.

Beispiele

A *Nicht stetige und nicht differenzierbare Graphen*

(1) Für Diesel-Pkws müssen pro 100 cm³ Hubraum 9,50 € Steuern bezahlt werden.

(2) Bei Abnahme von bis zu 10 l Olivenöl kostet der Liter 6 €, jeder weitere dann 5 €.

Skizzieren Sie zu beiden Sachverhalten einen passenden Graphen. Welche Bedeutung haben hier Stetigkeit und Differenzierbarkeit? Was liegt an den kritischen Stellen vor?

Lösung:

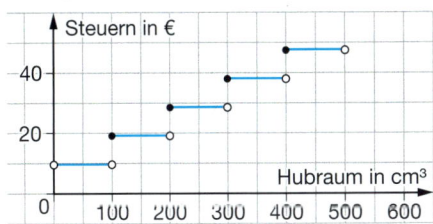

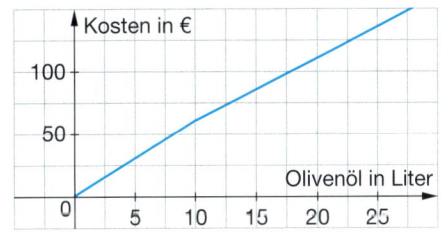

Die Funktionsgleichung zum Olivenöl:

$$f(x) = \begin{cases} 6x & x \leq 10 \\ 5x + 10 & x > 10 \end{cases}$$

(1) Nach jeweils 100 cm³ liegen Sprungstellen, also Unstetigkeitsstellen vor. Man muss abrupt mehr Steuern bezahlen.

(2) Der Graph ist stetig, hat aber bei x = 10 einen Knick, ist dort also nicht differenzierbar. Die Kosten ändern sich bei 10 Litern abrupt.

2 Erweiterung der Differenzialrechnung

Beispiele

- ● Punkt gehört zum Graphen
- ○ Punkt gehört nicht zum Graphen

B *Untersuchung einer Funktion*

Untersuchen Sie die Funktion an den Stellen $x = 1$, $x = 2$ und $x = 3$ auf Stetigkeit und Differenzierbarkeit.

$$f(x) = \begin{cases} x & \text{für } x \leq 1 \\ x^2 - 2x + 2 & \text{für } 1 < x \leq 2 \\ x + \frac{1}{2} & \text{für } 2 < x < 3 \\ -\frac{1}{2}x^2 + 4x - 4 & \text{für } x \geq 3 \end{cases}$$

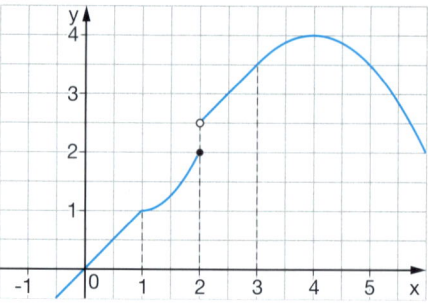

Lösung nach Anschauung:
An dem Graphen erkennt man, dass f an der Stelle $x = 2$ eine Sprungstelle hat, dort also nicht stetig ist. An allen anderen Stellen ist f stetig. Weil an der Stelle $x = 1$ ein Knick zu sehen ist, ist f hier wohl nicht differenzierbar. An der Stelle $x = 3$ scheint eine glatte Verbindung ohne Knick vorzuliegen, so dass f hier dann auch differenzierbar ist.

Nachweis mithilfe einer Grenzwertuntersuchung:
(1) Stetigkeit

	$x = 1$	$x = 2$	$x = 3$
Links:	$f(1) = 1$	$f(2) = 2$	$\lim\limits_{x \to 3} \left(x + \frac{1}{2}\right) = 3{,}5$
Rechts:	$\lim\limits_{x \to 1} (x^2 - 2x + 2)$ $= 1 - 2 + 2 = 1$	$\lim\limits_{x \to 2} \left(x + \frac{1}{2}\right)$ $= 2 + \frac{1}{2} = 2{,}5$	$f(3) = -\frac{9}{2} + 12 - 4 = 3{,}5$

(2) Differenzierbarkeit

$$f'(x) = \begin{cases} 1 & \text{für } x \leq 1 \\ 2x - 2 & \text{für } 1 < x \leq 2 \\ 1 & \text{für } 2 < x < 3 \\ -x + 4 & \text{für } x \geq 3 \end{cases}$$

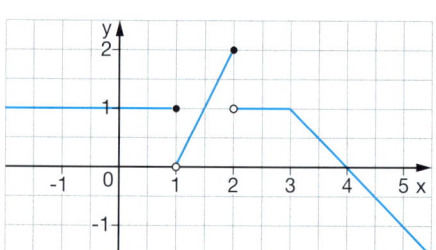

	$x = 1$	$x = 2$	$x = 3$
Links:	$f'(1) = 1$	weil f hier nicht stetig ist, ist f hier auch nicht differenzierbar	$\lim\limits_{x \to 3}(1) = 1$
Rechts:	$\lim\limits_{x \to 1} (2x - 2) = 0$		$f'(3) = 1$

Übungen

3 *Stetigkeit und Differenzierbarkeit im Sachzusammenhang*

(1) Bis zu 100 Kopien kostet die Kopie 10 Cent, ab 100 Kopien nur noch 8 Cent.

(2) Der Temperaturverlauf an einem Sommertag an der Nordsee.

(3) Als der Wasserstand auf 3 m über Normalstand stieg, wurde das Wehr geöffnet, sodass das Wasser wieder auf nur noch 1 m über Normalstand sank.

(4) Bei einem Mobilfunkvertrag werden pro angefangene Minute 30 Cent abgebucht. Ein Restguthaben beträgt 1,70 €.

Skizzieren Sie zu jedem Sachverhalt einen passenden Graphen. Welche Bedeutung haben Stetigkeit und Differenzierbarkeit in den jeweiligen Situationen? Untersuchen Sie die Graphen auf Stetigkeit und Differenzierbarkeit.

2.4 Stetigkeit und Differenzierbarkeit

4 | Stetige und differenzierbare Funktionen 1 — *Übungen*

a) Zeichnen Sie jeweils den Graphen der Funktion in einem geeigneten Ausschnitt.
Entscheiden Sie, ob die Funktion stetig ist.
Bestimmen Sie gegebenenfalls die Unstetigkeitsstellen und begründen Sie.
b) Entscheiden Sie, ob die Funktion differenzierbar ist. Bestimmen Sie gegebenenfalls
die Stellen, an denen die Funktion nicht differenzierbar ist, und begründen Sie.

$f_1(x) = \begin{cases} x^2 - 4 & \text{für } x < 2 \\ x - 2 & x \geq 2 \end{cases}$ $f_2(x) = |x - 1|$ $f_3(x) = \begin{cases} \frac{1}{2}x^2 - 1 & \text{für } x < 2 \\ -\frac{1}{4}x^2 + 3x - 4 & x \geq 2 \end{cases}$ $f(x) = |x| = \begin{cases} x & \text{für } x \geq 0 \\ -x & x < 0 \end{cases}$

$f_4(x) = \begin{cases} \frac{1}{x} & \text{für } x \neq 0 \\ 0 & x = 0 \end{cases}$ $f_5(x) = x^2 - x - 6$ $f_6(x) = |x^2 - 4|$

$f_7(x) = \begin{cases} -x & \text{für } x < 0 \\ \sin(x) & x \geq 0 \end{cases}$ $f_8(x) = |\cos(x)|$ $f_9(x) = \begin{cases} \frac{|x|}{x} & \text{für } x \neq 0 \\ 1 & x = 0 \end{cases}$

5 | Ähnlich und doch nicht gleich

Skizzieren Sie jeweils die Funktionen f und g und vergleichen Sie die Funktionsverläufe
bezüglich Stetigkeit und Differenzierbarkeit. Skizzieren Sie dazu jeweils auch die erste
und zweite Ableitung der Funktionen.

a) $f(x) = \begin{cases} -x^2 & \text{für } x < 0 \\ x^2 & x \geq 0 \end{cases}$

$g(x) = x^3$

b) $f(x) = \sin(x)$ für $0 \leq x \leq 2\pi$

$g(x) = \begin{cases} -\frac{4}{\pi^2}x^2 + \frac{4}{\pi}x & \text{für } 0 \leq x \leq \pi \\ \frac{4}{\pi^2}x^2 - \frac{12}{\pi}x + 8 & \pi < x \leq 2\pi \end{cases}$

6 | Stetige und differenzierbare Funktionen 2

Skizzieren Sie zu ausgewählten Werten von t aus [−5; 5] Kurven der Funktionenschar.
Bestimmen Sie den Wert des Parameters t so, dass f stetig ist. Liegt auch Differenzierbarkeit an der kritischen Stelle vor?

a) $f(x) = \begin{cases} x^2 - 1 & \text{für } x \leq 2 \\ 3x - t & x > 2 \end{cases}$

b) $f(x) = \begin{cases} tx + 1 & \text{für } x < 1 \\ -x^2 & x \geq 1 \end{cases}$

7 | Vielfältige Verbindungen

Gegeben ist jeweils die Funktionenschar $f_{a,b}$ durch

(1) $f_{a,b}(x) = \begin{cases} ax^2 + b & \text{für } x \leq 2 \\ -x & x > 2 \end{cases}$ (2) $f_{a,b}(x) = \begin{cases} ax + 1 & \text{für } x \leq 2 \\ x^2 + b & x > 2 \end{cases}$

a) Begründen Sie anschaulich, dass es unendlich viele Möglichkeiten dafür gibt, dass $f_{a,b}$
stetig ist. Ermitteln Sie dann die Bedingung dazu für a und b. Skizzieren Sie jeweils drei
Beispiele.
b) Bestimmen Sie jeweils die Bedingung dafür, dass $f_{a,b}$ differenzierbar ist.

8 | Zwei unterschiedliche Kurvenanpassungen

Zu den Stützpunkten A(0|0), B(5|2) und C(6|4) werden
zwei unterschiedliche Kurven angepasst:
$\text{int}(x) = \frac{4}{15}x^2 - \frac{14}{15}x$

$\text{sp}(x) = \begin{cases} \frac{2}{75}x^3 - \frac{4}{15}x & 0 \leq x \leq 5 \\ -\frac{2}{15}x^3 + \frac{12}{5}x^2 - \frac{184}{15}x + 20 & 5 < x \leq 6 \end{cases}$

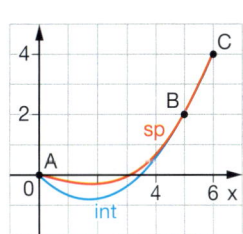

Skizzieren Sie jeweils die ersten beiden Ableitungen
und vergleichen Sie die Funktionen bezüglich Stetigkeit
und Differenzierbarkeit an der Stelle x = 5.

2 Erweiterung der Differenzialrechnung

Übungen

9 *Zwei Sätze*

(1) Ist f an einer Stelle x = a differenzierbar, dann ist f an der Stelle auch stetig.

Anschauliche Begründung
- Begründen Sie den Satz anschaulich-geometrisch.

Begründung mit Termen und Ableitungen
- Für eine formale, algebraische Begründung muss man einen Trick anwenden, den Sie schon einmal bei der Entwicklung eines Lösungsverfahrens (pq-Formel) für quadratische Gleichungen benutzt haben, nämlich eine geschickte Ergänzung:

$$f(x) = f(x) - f(a) + f(a) = \frac{f(x) - f(a)}{x - a} \cdot (x - a) + f(a)$$

Zeigen Sie damit, dass gilt: $\lim_{x \to a} f(x) = f(a)$

- Zeigen Sie an einem Gegenbeispiel, dass die Umkehrung des Satzes nicht gilt.

(2) Ganzrationale Funktionen sind überall stetig und differenzierbar.

Anschauliche Begründung
- Zoomen Sie den Graphen von $f(x) = \frac{1}{3}x^3 - 3x$ an verschiedenen Stellen. Wählen Sie verschiedene Punkte des Graphen als Zoom-Zentrum und zoomen Sie mehrmals. Beschreiben Sie Ihre Beobachtungen und begründen Sie damit anschaulich den Satz.
- Vergleichen Sie mit einem Zoomen von f(x) = |x| an der Stelle x = 0.

Begründung mit Termen und Ableitungen
- Lineare und quadratische Funktionen sind überall stetig und differenzierbar. Begründen Sie damit, dass auch alle ganzrationalen Funktionen höheren Grades stetig und differenzierbar sind.

Tipp: Die Potenzregel und Satz (1) helfen.

10 *Zwei Sonderfälle*

a) $f(x) = \sqrt{x}$ an der Stelle x = 0

Erläutern Sie an diesem Beispiel, dass eine Tangente im geometrischen Sinne existieren kann, obwohl die Funktion hier nicht differenzierbar ist.

b) $f(x) = \begin{cases} x^2 & \text{für } x \leq 1 \\ 2x & x > 1 \end{cases}$

Erläutern Sie an diesem Beispiel, warum Stetigkeit eine Voraussetzung für Differenzierbarkeit sein muss, und die Existenz eines Grenzwertes des Differenzenquotienten nicht ausreicht.

KOPFÜBUNGEN

1 Bestätigen oder widerlegen Sie für a, b ∈ ℝ:
   a) −a ist immer negativ.   b) b^2 ist niemals negativ.

2 Geben Sie einen Vektor an, der eine Verschiebung um 3 nach links, um 1 nach unten und um 2 nach vorne beschreibt. Gehen Sie von der üblichen Lage der Achsen in einem dreidimensionalen Koordinatensystems aus.

3 Erklären Sie die folgende Aussage: „Die Ereignisse A und B sind stochastisch unabhängig". Geben Sie ein Beispiel dafür aus dem Alltag an.

4 Lösen Sie die Gleichungen nach jeder Variablen auf:
   a) ax − 2 = 3x   b) 3(x − b) = b

11 Mathematik und Sprache

Viele Begriffe der Mathematik sind der Alltagssprache entnommen. Deren vielfältige Bedeutungen werden in der Mathematik dann allerdings auf eindeutige Definitionen reduziert. Hier einige Beispiele für die Verwendung von „stetig" in der Alltagssprache.

> Für die klassische Betrachtung der Naturwissenschaften gilt: Die Natur macht keine Sprünge. Danach verlaufen zahlreiche Naturvorgänge stetig.

> Der Umsatz geht stetig nach oben.
>
> Gebühren bei Postsendungen verändern sich nicht stetig.

> Stetige Veränderungen und Marktanpassungen sind heute Bedingung für die Überlebensfähigkeit von Organisationen aller Art.

Finden Sie selbst ähnliche Verwendungen von „stetig" aus Ihrer Erfahrung. Bewerten Sie die „Nähe" zur mathematischen Bedeutung der Begriffe.

12 Mathematik und Anschauung

Nebenstehend ist der Graph der Funktion $f(x) = \sin\left(\frac{1}{x}\right)$ in einer Umgebung von 0 gezeichnet.
Existiert $\lim\limits_{x \to 0} \sin\left(\frac{1}{x}\right)$?

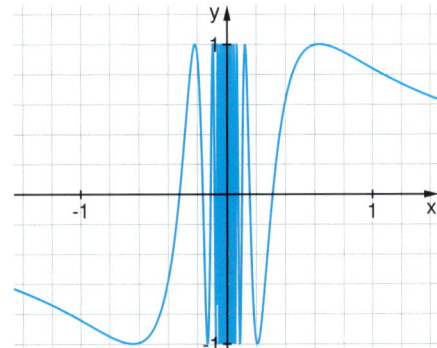

a) Zeichnen Sie die Funktion mit Ihrem GTR. Zoomen Sie dann mehrmals um $x = 0$. Beschreiben Sie Ihre Beobachtung.

b) Finden Sie einen x-Wert zwischen 0 und 0,1, für den $f(x) = 1$ und einen anderen x-Wert, für den $f(x) = -1$ gilt?

c) Können Sie Werte für x zwischen 0 und jeder noch so kleinen positiven Zahl finden, für die $f(x) = 1$ oder $f(x) = -1$ erfüllt sind? Beschreiben Sie nun das Verhalten von $\sin(x) = \left(\frac{1}{x}\right)$ für $x \to 0$ genauer. Begründen Sie damit, dass die anschauliche Definition für Stetigkeit aus dem Basiswissen nicht ausreicht.

d) Skizzieren Sie f' und beschreiben Sie den graphischen Verlauf um die Stelle $x = 0$.

13 Mathematik und Denken

a) Veranschaulichen Sie die Aussage des Satzes an einer Skizze.
Begründen Sie, warum die Stetigkeit als Voraussetzung gefordert ist.

> **Der Nullstellensatz von Bolzano**
> Wenn die Funktion f stetig ist auf dem Intervall $I = [a, b]$ und $f(a) < 0$ und $f(b) > 0$ erfüllt sind, dann gibt es ein $x_0 \in I$ mit $f(x_0) = 0$.

b) Begründen Sie mithilfe dieses Satzes, dass eine ganzrationale Funktion dritten Grades mindestens eine Nullstelle hat.

c) Begründen Sie am Beispiel von $f(x) = x^2 - 2$, dass die reellen Zahlen als Grundmenge eine notwendige Voraussetzung für den Nullstellensatz sind.

Bernhard Bolzano
1781–1848

CHECK UP

Erweiterung der Differenzialrechnung

Geometrische Bedeutung der 2. Ableitung

Die Änderungsrate f″(x) der Tangentensteigung f′(x) gibt eine Vorstellung davon, in welcher Weise der Graph von f „gekrümmt" ist.

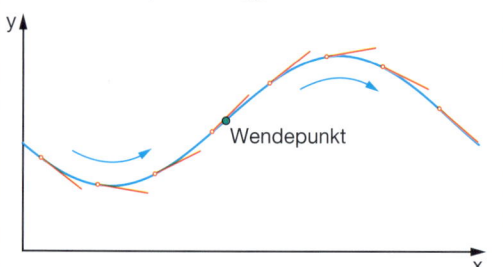

Wenn f″(x) > 0, so nehmen die Tangentensteigungen zu. Der Graph ist *linksgekrümmt*.

Wenn f″(x) < 0, so nehmen die Tangentensteigungen ab. Der Graph ist *rechtsgekrümmt*.

Ein **Wendepunkt** ist ein Punkt, in dem die Art der Krümmung wechselt.

Zusammenhänge zwischen Funktion und den ersten beiden Ableitungen

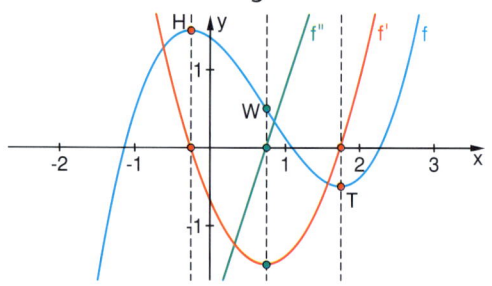

Funktion f	Ableitungen
wachsend	f′(x) > 0
fallend	f′(x) < 0
lokales Extremum	f′(x) hat Vorzeichenwechsel oder f′(x) = 0 **und** f″(x) ≠ 0
linksgekrümmt	f″(x) > 0
rechtsgekrümmt	f″(x) < 0
Wendepunkt	f″(x) hat Vorzeichenwechsel oder f′(x) hat lokales Extremum

Linearisierung einer Kurve

Die Tangente ist die beste lineare Näherung einer Kurve in einer Umgebung des Berührpunktes B.

---

1 *Eigenschaften in Punkten*
Welche Eigenschaften weist die Funktion f jeweils in den Punkten vor?
(1) f ist linksgekrümmt.
(2) f′(x) < 0
(3) Wendepunkt
(4) f′ hat ein lokales Maximum.

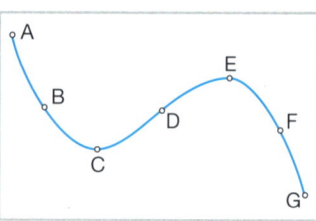

2 *Besondere Punkte rechnerisch*
a) Bestimmen Sie rechnerisch die Koordinaten der lokalen Extrempunkte und des Wendepunktes der Funktion $f(x) = x^3 - 3x^2 + 4$. Skizzieren Sie den Graphen.
b) Geben Sie jeweils die Intervalle an, in denen f streng monoton wachsend bzw. streng monoton fallend ist.
c) Begründen Sie: Der Graph geht im Wendepunkt von einer Rechtskrümmung in eine Linkskrümmung über.

3 *Von den Ableitungen zur Funktion*
Welche Aussagen liefern die abgebildeten Graphen der Ableitungen f′ und f″ über den Graphen der zugehörigen Funktion f? Skizzieren Sie den Graphen von f.

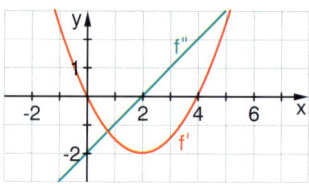

4 *Wahr oder falsch?*
Die Funktion f ist eine ganzrationale Funktion dritten Grades. Welche der folgenden Aussagen sind wahr? Begründen Sie.
(I) f hat mindestens einen Hochpunkt.
(II) f hat höchstens zwei lokale Extrema.
(III) f hat genau einen Wendepunkt.
(IV) Wenn f an der Stelle x einen Tiefpunkt hat, dann ist f′(x) = 0.
(V) Der Graph von f ist im ganzen Definitionsbereich linksgekrümmt.

5 *Eigenschaften begründen*
Begründen Sie mithilfe des Graphen von f′:
(a) f hat genau einen Wendepunkt.
(b) Die Tangente im Wendepunkt von f hat eine negative Steigung.
(c) Der Graph von f hat weder ein lokales Minimum noch und ein lokales Maximum.
(d) f ist überall streng monoton fallend.

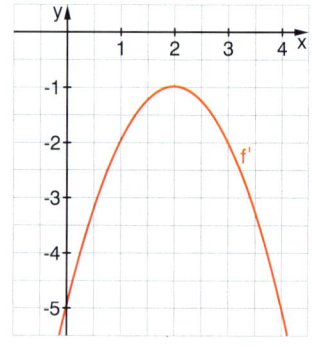

6 *Tangente an Parabel*
Zeigen Sie, dass die Tangente an einer Stelle a an die Parabel $f(x) = \frac{x^2}{2} - 2$ die Gleichung $y = ax - \frac{a^2}{2} - 2$ hat. Zeichnen Sie die Tangentenschar mit dem GTR.

7 | Volumen und Oberfläche

a) Bestimmen Sie die Maße eines Quaders mit quadratischer Grundfläche und der Oberfläche 24 m², wenn das Volumen maximal sein soll.

b) Bleibt die Form des Quaders die gleiche, wenn man von einem anderen Wert der Oberfläche ausgeht?

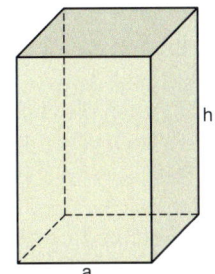

8 | Gewölbegang

Ein Gewölbegang hat einen Querschnitt von der Form eines Rechtecks mit aufgesetztem Halbkreis. Der Umfang des Querschnitts ist mit U = 10 m fest vorgegeben. Wie muss das Gewölbe gestaltet werden, damit die Querschnittsfläche möglichst groß wird?

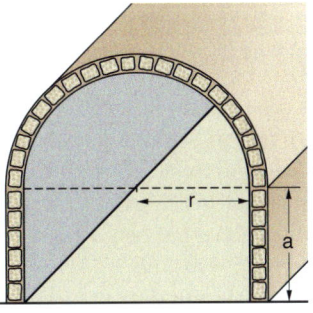

9 | Lagerhaltung

Ein Supermarkt-Manager möchte eine optimale Strategie für die Lagerhaltung des Orangensafts entwickeln. Nach vorliegenden Erfahrungen schätzt er, dass im kommenden Jahr etwa 1200 Mengeneinheiten mit einer gleichbleibenden Rate verkauft werden. Der Manager plant über das Jahr verteilt mehrere Bestellungen von gleicher Größe beim Zulieferer.
Die Bestellkosten für jede Lieferung betragen 75 €.
Die für ein Jahr anfallenden Lagerkosten betragen 8 € pro Mengeneinheit.
In welchen Mengeneinheiten und wie oft soll bestellt werden, damit die Gesamtkosten möglichst gering sind?

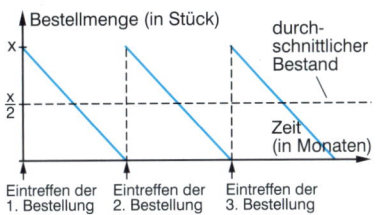

10 | Radiergummiproduktion

Die Firma Flamingo produziert Radiergummis.
Dabei entstehen Kosten, die durch die Kostenfunktion
$K(x) = 2,5 x^3 - 16 x^2 + 60 x + 10$
(Stückzahl x in 100, Kosten K in €) beschrieben werden.
Marktanalysen zeigen, dass je 100 Stück zu einem Preis von 40 € abgesetzt werden können.
In welchem Bereich kann Gewinn erwirtschaftet werden?
Bei welcher Stückzahl ist dieser maximal?
Wie groß ist der maximale Gewinn?

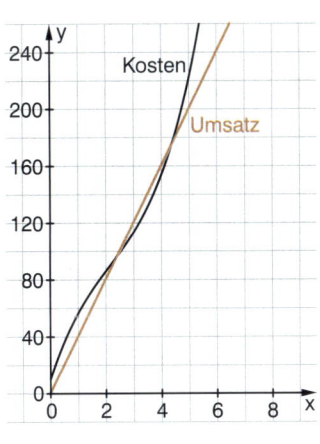

CHECK UP

Erweiterung der Differenzialrechnung

Strategie bei Optimierungsaufgaben

1. Fertigen Sie eine Skizze mit Bezeichnungen der Variablen an.

2. Geben Sie die zu optimierende Größe als Funktion der Variablen an (Zielfunktion).

3. Nutzen Sie die Beziehung zwischen den Variablen (Nebenbedingung), um die Zielfunktion als Funktion einer Variablen darzustellen.

4. Bestimmen Sie den Extremwert der Zielfunktion mithilfe
   der Tabelle oder
   dem Graphen oder
   der Ableitung.

5. Überprüfen und interpretieren Sie das Ergebnis im Sachzusammenhang.

Anwendungsbereiche zum Optimieren

Geometrie/Verpackungen
Maximaler Flächeninhalt/Volumen bei vorgegebenem Umfang/Oberflächeninhalt
Minimaler Umfang/Oberflächeninhalt bei vorgegebenem Flächeninhalt/Volumen

Wirtschaft
Minimierung der Kosten bei der Lagerhaltung
Gesamtkosten = Bestellkosten + Lagerkosten

Maximierung des Gewinns bei gegebener Kostenfunktion und Umsatzfunktion

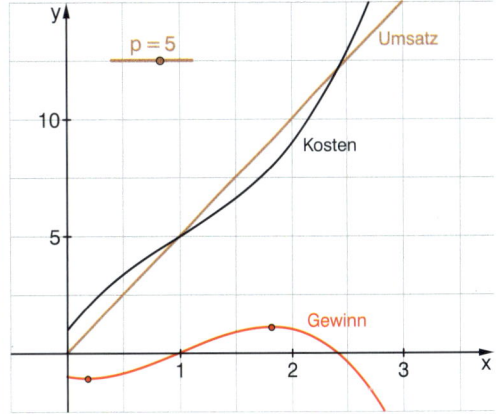

Kostenfunktion K(x)
Umsatzfunktion U(x) = p · x
Gewinnfunktion G(x) = U(x) − K(x)
x Stückzahl, p Preis/Stück

CHECK UP

Erweiterung der Differenzialrechnung

Ortskurven bei Funktionenscharen

Funktionsterme mit Parametern führen zu Funktionenscharen. Besondere Punkte der Funktionen einer Schar liegen auf **Ortskurven**.

Beispiel:
Funktionenschar
$f_t(x) = \frac{1}{3}x^3 - 2tx^2$

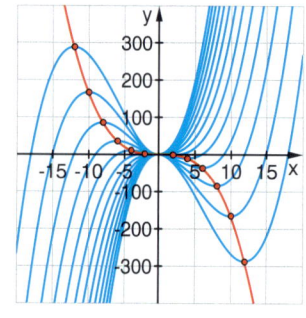

Ortskurve der Extrempunkte

Parameterdarstellung   Funktionsgleichung
$x(t) = 4t$, $y(t) = \frac{-32t^3}{3}$ $y = -\frac{1}{6}x^3$

Stetigkeit

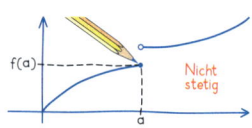

Die Funktion f ist **stetig an der Stelle x = a** ($a \in D_f$), falls der Grenzwert der Funktion für $x \to a$ existiert und gleich dem Funktionswert an dieser Stelle ist.

$\lim_{x \to a} f(x) = f(a)$

Differenzierbarkeit

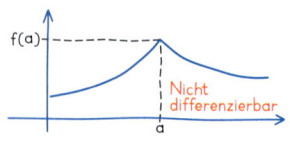

Die Funktion f ist **differenzierbar an der Stelle x = a** ($a \in D_f$), falls der Grenzwert des Differenzenquotienten an dieser Stelle existiert.

$\lim_{x \to a} \frac{f(x) - f(a)}{x - a} = f'(a)$

Eine Funktion f wird **differenzierbar** genannt, falls sie an jeder Stelle ihres Definitionsbereichs differenzierbar ist.

11 *Nullstellen und Ortskurven*
Gegeben ist die Funktionsschar
$f_a(x) = -x^3 + 3ax^2$.
a) Wo liegen die Nullstellen der Funktionen? Welche der Funktionen hat an der Stelle x = 1 die Steigung 3?
b) Auf welcher Ortskurve liegen die Extrempunkte?
c) Auf welcher Ortskurve liegen die Wendepunkte?

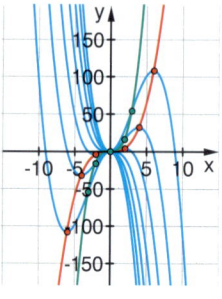

12 *Eine Schar kubischer Funktionen*
Gegeben ist die Funktionsschar
$f_k(x) = x^3 - 2kx^2 + k^2x$; $k > 0$
a) Zeigen Sie, dass jede Schar dieser Kurve eine doppelte und eine einfache Nullstelle aufweist. Welche dieser Nullstellen ist unabhängig vom Parameter k?
b) Bestimmen Sie die Wendepunkte dieser Schar und deren Ortskurve.

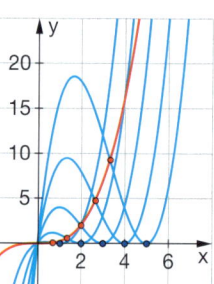

13 *Untersuchung kritischer Stellen*
Skizzieren Sie die Funktionen und untersuchen Sie die kritischen Stellen auf Stetigkeit und Differenzierbarkeit.

a) $f(x) = \begin{cases} 2x & \text{für } x \leq 3 \\ x^2 - 3 & \text{für } x > 3 \end{cases}$ b) $f(x) = \begin{cases} x^3 & \text{für } x \leq 1 \\ 3x & \text{für } x > 1 \end{cases}$

c) $f(x) = \begin{cases} x^3 + 1 & \text{für } x \leq 1 \\ -x^2 + 5x - 2 & \text{für } x > 1 \end{cases}$

14 *Wahr oder falsch?*
a) Eine stetige Funktion ist differenzierbar.
b) Eine differenzierbare Funktion ist stetig.

15 *Abschnittsweise definierte Funktion*
Gegeben ist die abschnittsweise definierte Funktion:
$f(x) = \begin{cases} 0{,}5x + 1 & \text{für } x < 2 \\ -\frac{1}{8}x^2 + x + 1{,}5 & \text{für } x \geq 2 \end{cases}$

a) Welche der folgenden Aussagen sind wahr? Begründen Sie.
(A) f ist stetig.
(B) f ist an der Stelle x = 3 stetig.
(C) f ist an der Stelle x = 2 stetig.
b) Die Funktion g ist für x < 2 durch 0,5x + 2 und sonst wie die Funktion f definiert. Ist die Funktion g stetig?

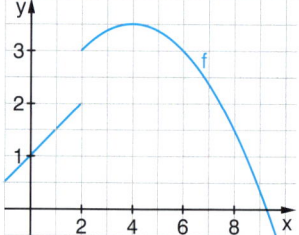

16 *Funktion passend ergänzen*
Ermitteln Sie g(x) so, dass für
$f(x) = \begin{cases} 2 & \text{für } x \leq 1 \\ g(x) & \text{für } x > 1 \end{cases}$ gilt:

a) f stetig, aber nicht differenzierbar an der Stelle x = 1 ist.
b) f stetig und differenzierbar ist und g eine quadratische Funktion ist.

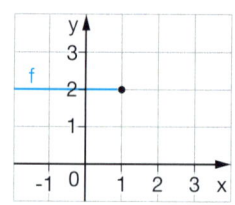

Sichern und Vernetzen – Vermischte Aufgaben

1 *Ableitungsfunktionen berechnen*   *Training*
Berechnen Sie die ersten beiden Ableitungen.
a) $f(x) = 0{,}2x^3 + 4x^2 - 5$ b) $f(x) = -3x^4 + 6x^2 - 2x$ c) $f(x) = (x^3 + 1) + (x^2 - 1)$
d) $f(x) = 6 \cdot (x^3 - x^2 + 2x)$ e) $f(x) = ax^4 + bx^2 + c$ f) $f(x) = mx + b$
g) $f(u) = 3u^3 - 2u^2$ h) $A(r) = \pi r^2$

2 *Krümmung in Extremwerten*
Jeder Graph der Funktionen hat einen Hochpunkt und einen Tiefpunkt.
$f_1(x) = x^3 + 6x^2 + 9x$ $f_2(x) = \frac{1}{9}x^3 - x^2$ $f_3(x) = 2x^3 - 15x^2 + 36x - 24$ $f_4(x) = x^3 - 12x$

Bestimmen Sie rechnerisch die Koordinaten dieser Punkte.
Geben Sie das Krümmungsverhalten in diesen Punkten an und skizzieren Sie mit diesen Informationen den Graphen.

3 *Funktionsuntersuchung per Hand*
$f_1(x) = x^3 - 6x^2 + 9x$ $f_2(x) = (x^2 - 1)(x - 2)$
a) Bestimmen Sie die Nullstellen, die Hoch-, Tief- und Wendepunkte der ganzrationalen Funktionen „per Hand" ohne GTR. Skizzieren Sie die Graphen.
b) Geben Sie die Intervalle an, in denen die Funktionen
   (1) streng monoton steigend,   (2) streng monoton fallend,
   (3) linksgekrümmt,   (4) rechtsgekrümmt sind.

4 *Vom Funktionsterm zu Eigenschaften des Graphen*
a) An welcher Stelle hat $f(x) = x(x^2 - 4)$ eine positive Steigung und ist linksgekrümmt?
b) Für welche Werte von k hat $g(x) = x^3 - kx^2 + kx + k$ einen Wendepunkt an der Stelle $x = 5$?

5 *Zusammenhang zwischen Funktion und Ableitung – Fill in-Test*
Füllen Sie im folgenden die Lücken aus:
a) Falls $f(x)$ an der Stelle a rechtsgekrümmt ist, dann ist $f''(a)$ …
b) Falls $f(x)$ überall rechtsgekrümmt ist, dann ist $-f(x)$ …
c) Falls $f''(x) = 0$, für alle x, dann ist der Graph von f …

6 *Mitteltangente*
Die Funktion $f(x) = x^3 - 3x^2 - 10x + 24$ hat drei Nullstellen bei $x_1 = 4$, $x_2 = 2$ und x_3.
a) Berechnen Sie die Nullstelle x_3.
b) Bestimmen Sie die Tangente in dem Punkt, dessen x-Wert in der Mitte zwischen den beiden Nullstellen x_1 und x_2 liegt und berechnen Sie auch deren Schnittpunkt mit der x-Achse.

7 *Kurvenscharen*
Gegeben ist die Kurvenschar
$f_t(x) = x^3 - tx$ mit $t > 0$.
a) Bestimmen Sie die Nullstellen und die Extremstellen.
b) Bestimmen Sie die Ortskurve der Extrema.

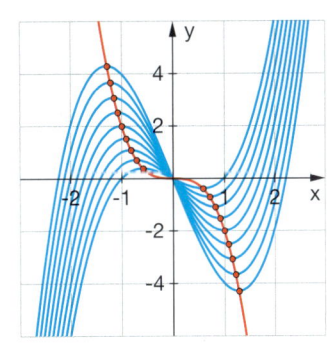

8 *Newton-Verfahren*
Berechnen Sie mit dem Newton-Verfahren Näherungswerte für die Nullstellen der Funktion
$f(x) = x^3 - x - 5$.

2 Erweiterung der Differenzialrechnung

Verstehen von Begriffen und Verfahren

9 *Entscheiden und Begründen*
Die Funktion f sei eine ganzrationale Funktion dritten Grades.
Welche der Aussagen sind wahr? Begründen Sie.

| (I) f hat mindestens einen Hochpunkt. | (II) f hat höchstens zwei lokale Extremwerte. | (III) f hat genau einen Wendepunkt. |

| (IV) Wenn f an der Stelle x einen Tiefpunkt hat, dann ist f'(x) = 0. | (V) Wenn f'(x) = 0, dann hat f an der Stelle x einen relativen Extremwert. | (VI) Der Graph von f ist im ganzen Definitionsbereich linksgekrümmt. |

10 *Notwendig oder hinreichend oder beides?*
a) Begründen Sie: Die Bedingung f'(a) = 0 ist zwar notwendig, aber nicht hinreichend für ein lokales Extremum an der Stelle a. Geben Sie eine hinreichende Bedingung an.
b) Geben Sie eine notwendige und hinreichende Bedingung dafür an, dass der Graph einer Funktion f eine Gerade ist. Finden Sie mehrere Möglichkeiten?

11 *Wahr oder falsch?*
Wahr oder falsch? Begründen Sie Ihre Entscheidung.
a) Die Extremstellen der ersten Ableitung sind immer Nullstellen der zweiten Ableitung.
b) Ein Graph ohne Extrempunkte ist eine Gerade.
c) Zwischen einem Hochpunkt und einem Tiefpunkt einer ganzrationalen Funktion dritten Grades liegt immer ein Wendepunkt.
d) Liegt an der Stelle b ein lokaler Extrempunkt, so ist $f''(b) \neq 0$.
e) Jeder Sattelpunkt ist auch ein Wendepunkt.

12 *Funktion mit Parameter*
$f(x) = x^3 + 6x^2 - 3ax + 1$
Bestimmen Sie jeweils einen Wert von a, sodass der Graph von f
a) einen Sattelpunkt
b) zwei lokale Extrema
c) einen Wendepunkt mit positiver Steigung der Wendetangente hat.

13 *Was die Nullstellen verraten*
a) Eine ganzrationale Funktion dritten Grades hat die Nullstellen -1, -2 und 4.
An welchen Stellen liegen die lokalen Extrema und der Wendepunkt?
b) Können Sie aus den gegebenen Informationen auch die Funktionswerte an diesen Stellen bestimmen? Begründen Sie.

14 *Wahr oder falsch? Begründen Sie Ihre Antwort.*
a) Es ist möglich, dass eine Funktion an einer Stelle stetig ist, dort aber nicht differenzierbar ist.
b) Eine Funktion, die eine Sprungstelle hat, kann dort nicht differenzierbar sein.

15 *Graphen einer Funktionenschar*
Die Abbildung zeigt drei Graphen der Funktionenschar
$f_k(x) = x^3 + k \cdot x$.
a) Ermitteln Sie die zugehörigen Parameterwerte ohne Benutzung eines GTR, benutzen Sie dazu auch die Ableitung.
b) Welchen Punkt haben alle Scharkurven gemeinsam? Begründen Sie.

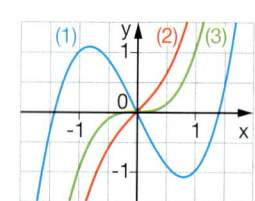

16 *Funktionsgraphen zu Bedingungen zeichnen*   *Anwenden und Modellieren*

Zeichnen Sie für jeden der Fälle A bis D einen passenden Funktionsgraphen mit dem Punkt (a|f(a)).

	f'(a) > 0	f'(a) < 0
f''(a) > 0	A	B
f''(a) < 0	C	D

17 *Die zweite Ableitung im Alltag*

Was bedeuten folgende Aussagen für die zweite Ableitung der Ausgangsfunktion?

	Ausgangsfunktion	Aussage
a	Wasserstand	Der Pegel wächst langsamer.
b	Temperatur	Die Temperaturzunahme beschleunigt sich.
c	Schulden	Der Abbau der Schulden verlangsamt sich.
d	Schülerzahl	Die Zunahme der Schülerzahl bleibt konstant.

18 *Produktionskosten*

Eine Unternehmensberatung untersucht die Produktionskosten einer Firma, die Autoscheinwerfer herstellt. Während der Untersuchung wurden bis zu einer Produktionsmenge von 8000 Stück folgende Beobachtungen gemacht.

| Selbst wenn nichts produziert wird, fallen Kosten in Höhe von K_0 Euro an. | Die Kosten nehmen mit produzierter Stückzahl zu. | Die Zunahme der Kosten wird bis zu einer Stückzahl x_0 ständig geringer, aber dann nimmt sie immer mehr zu. |

a) Skizzieren Sie einen Verlauf der Kostenfunktion, der die Beobachtungen gültig erfasst. Begründen Sie den von Ihnen gewählten Verlauf der Kostenfunktion auch mit dem Graphen der „Kostenänderungsfunktion".

b) Die Kostenfunktion wurde in dem Intervall [0;8] mit der Funktion
$K(x) = 2x^3 - 18x^2 + 60x + 32$
modelliert (Tagesproduktion x in Tausend Stück, Kosten K(x) in Tausend Euro).
Passt die Funktion zu den obigen Beobachtungen?
Wie groß ist die momentane Änderungsrate bei den Stückzahlen 0, 3000, 6000, 8000?
Für welche Stückzahl ist die momentane Änderungsrate minimal? Wie groß ist sie?

19 *Fallende Steine im astronomischen Vergleich*

Die Gleichungen für den freien Fall auf den Planeten Erde, Mars und Jupiter unterscheiden sich:
$s(t)_{Erde} = 4,9\,t^2$ $s(t)_{Mars} = 1,86\,t^2$ $s(t)_{Jupiter} = 11,44\,t^2$ (s in Metern, t in Sekunden)

Wie lange dauert es auf den verschiedenen Planeten, bis ein Stein im freien Fall eine Geschwindigkeit von 16,6 m/s (ca. 100 km/h) erreicht?
Aus welcher Höhe muss er mindestens fallen? Schätzen Sie zuerst.

20 *Flächen optimieren*

Ein Farmer hat 1500 $ zur Verfügung, um zwei gleiche rechteckige Landstücke an einem Fluss „E-förmig" einzugrenzen. Das Material für die Begrenzungen parallel zum Fluss kostet 6 $ pro Meter, das Material für die drei zum Fluss senkrechten Teile kostet 5 $ pro Meter.

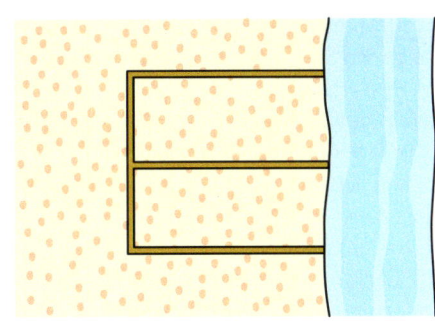

Finden Sie die Abmessungen, für die die gesamte Fläche möglichst groß wird.

2 Erweiterung der Differenzialrechnung

Kommunizieren und Präsentieren

21 *Skizzieren, Erläutern und Begründen*
a) Erläutern Sie mit einer Skizze, dass eine Funktion, die in einem Punkt eine waagerechte Tangente hat und dort linksgekrümmt ist, in diesem Punkt ein Minimum hat.
b) Geben Sie ein Beispiel für eine Funktion an, deren Graph in einem Punkt eine waagerechte Tangente aber kein lokales Extremum hat.
c) Begründen Sie, dass eine ganzrationale Funktion dritten Grades mindestens eine und höchstens drei Nullstellen hat. Skizzieren Sie einen Graphen mit genau zwei Nullstellen.
d) Die Ableitung einer ganzrationalen Funktion hat in einem Intervall ausschließlich positive Werte, aber die Ableitung ist in diesem Intervall streng monoton fallend. Skizzieren Sie mögliche Graphen einer solchen Funktion und ihrer Ableitung und kennzeichnen Sie das Intervall.

22 *Eigenschaften von Funktionsgraphen*
a) Stellen Sie die beiden Bedingungen „waagerechte Tangente" und „linksgekrümmt" jeweils durch eine Gleichung/Ungleichung dar.
b) Nennen Sie zwei unterschiedliche Charakterisierungen von Wendepunkten.
c) Können bei einer ganzrationalen Funktion genau zwei Wendepunkte zwischen einem Hoch- und einem Tiefpunkt liegen?
d) Welche Fragestellungen können zu der Gleichung $f'(x) = 0$ gehören?
e) Gibt es Funktionen vierten Grades, die keine Wendepunkte haben?
f) Von den Kreisen ist bekannt, dass eine Tangente den Kreis berührt, aber ihn nicht schneidet. Erläutern Sie an einem Beispiel, dass man diese Aussage nicht auf beliebige Funktionsgraphen übertragen kann. Geben Sie auch ein Beispiel für einen Funktionsgraphen an, bei dem die Aussage zutrifft.

23 *Wissen erläutern*

a) Stellen Sie die bekannten Ableitungsregeln zusammen und erläutern Sie jede durch ein Beispiel.

b) Zeigen Sie an einem Beispiel, dass man die Ableitungsregel für Potenzfunktionen nicht auf Exponentialfunktionen übertragen kann.

c) Stellen Sie durch ein Beispiel dar, dass man die Ableitung eines Produktes zweier Funktionen nicht allgemein als Produkt der Ableitungen berechnen kann.

Forschungsaufgaben

Schreiben Sie Ihren eigenen **Forschungsbericht**. Er kann auch Ihre Wege zur Lösung und Begründungen enthalten.

24 *Startwerte beim Newton-Verfahren – was passiert, wenn...?*
a) Bestimmen Sie mithilfe des Newton-Verfahrens die Nullstelle der Funktion $f(x) = x^3 - x + 1$. Welchen Startwert haben Sie gewählt?
b) Was passiert, wenn Sie als Startwert $x_0 = 1$ wählen?
c) Was passiert, wenn Sie als Startwert eine der beiden Extremstellen wählen? Beschreiben Sie jeweils die Iterationsschritte und begründen Sie den Iterationsverlauf.

25 *Mitteltangenten*
Zeichnen Sie an den Graphen der Funktion $f(x) = (x + 3)(x - 2)(x - 4)$ die Tangenten in den beiden Punkten, deren x-Wert jeweils in der Mitte zwischen zwei Nullstellen liegt. Sie können beobachten, dass diese Tangenten jeweils durch die dritte Nullstelle verlaufen. Trifft diese Beobachtung auch bei anderen ganzrationalen Funktionen dritten Grades mit drei Nullstellen zu?

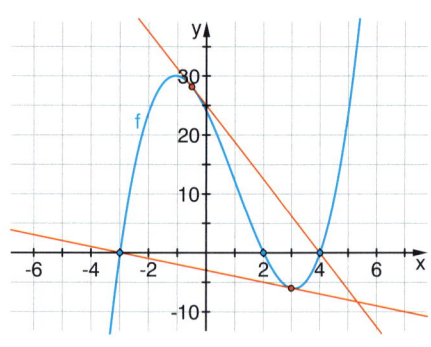

3 Modellieren mit Funktionen – Kurvenanpassung

Mit Funktionen können sowohl mathematische Probleme als auch reale Situationen beschrieben und wirkungsvoll bearbeitet werden. Während wir bisher von der gegebenen Funktion ausgegangen sind und über die Zusammenhänge mit ihren Ableitungen die Eigenschaften und besonderen Merkmale erkundet haben, gehen wir jetzt den umgekehrten Weg. Zu Bedingungen und Eigenschaften, die sich aus dem vorliegenden Problem ergeben, wird eine passende Funktion gesucht.

3.1 Funktionen beschreiben Wirklichkeit

Der Ausschnitt der Reichstagskuppel kann im Umriss durch eine Parabel modelliert werden. Ist die Kuppelform aber wirklich eine Parabel oder passt eine Parabel nur ganz gut?

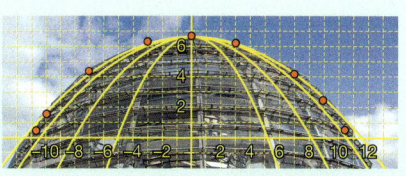

Die Daten zum atmosphärischen Kohlendioxid können durch verschiedene Funktionen beschrieben werden. Diese liefern dann Möglichkeiten, Prognosen zu berechnen. Welche Funktion ist aber sinnvoll?

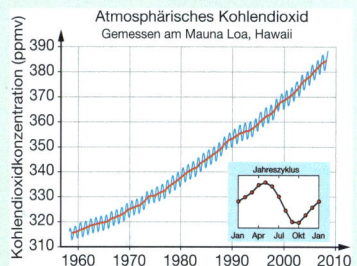

3.2 Gauß-Algorithmus zum Lösen linearer Gleichungssysteme

Lineare Gleichungssysteme werden übersichtlich in einer Matrix notiert.
Die Matrix wird in eine Diagonalform überführt, aus der man die Lösungen direkt ablesen kann.

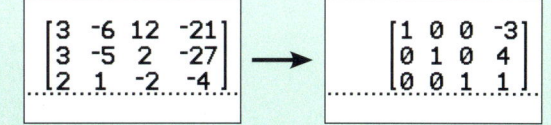

3.3 Bestimmung ganzrationaler Funktionen zu vorgegebenen Daten und Eigenschaften

Der Metallbecher lässt sich als Rotationskörper einer ganzrationalen Funktion 3. Grades beschreiben. Solche Beschreibungen durch mathematische Funktionen werden benötigt, wenn Gegenstände computergestützt entworfen und produziert werden.
Ein gängiges Verfahren dazu benutzt kubische Splines, die aus stückweise aneinander gesetzten Polynomen dritten Grades bestehen.

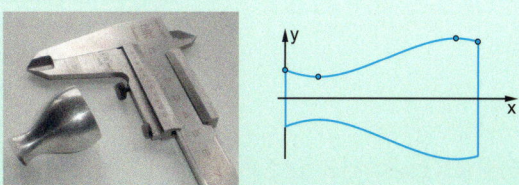

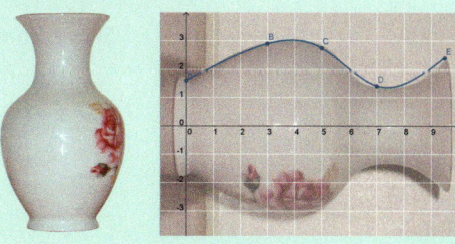

3 Modellieren mit Funktionen – Kurvenanpassung

3.1 Funktionen beschreiben Wirklichkeit

Was Sie erwartet

▌ *Viele Sachverhalte lassen sich durch Funktionsgleichungen beschreiben. Häufig lassen sich diese aus zugrunde liegenden Gesetzmäßigkeiten herleiten. Hierfür benötigt man Expertenwissen im jeweiligen Sachbereich. Eine weitere Möglichkeit, eine passende Funktionsgleichung zu finden, ist die Kurvenanpassung. Man geht von gegebenen oder gemessenen Daten aus und stellt diese zunächst durch Punkte P(x|y) im Koordinatensystem dar. Wenn man aus der Grafik zu den Messwerten eine Vermutung über einen einfachen funktionalen Zusammenhang gewinnt, bestimmt man mit geeigneten Verfahren eine passende Funktionsgleichung. Mithilfe eines Funktionenplotters kann man sich direkt von der „Güte" der Anpassung des Graphen an die vorgegebenen Punkte überzeugen. Allerdings kann man von der guten Passung des Funktionsgraphen in der Regel nicht darauf schließen, dass die Funktionsgleichung eine zugrunde liegende Gesetzmäßigkeit beschreibt.*

Aufgaben

Rund 23 Meter hoch und 40 Meter breit ist die Kuppel des Reichstagsgebäudes in Berlin. Sie wurde 1999 nach einem Entwurf des Architekten Sir Norman Foster gebaut.

1 *Die Reichstagskuppel in Berlin – eine Parabel?*
Ein Koordinatengitter wird über das Bild der Kuppel gelegt. Damit werden einige Punkte auf der Peripherie der Kuppel im Koordinatensystem bestimmt:
$P_1(0|6{,}66)$ $P_2(-3{,}02|6{,}29)$ $P_3(-7{,}02|4{,}33)$
$P_4(-9{,}94|1{,}53)$ $P_5(-10{,}65|0{,}44)$ $P_6(3{,}02|6{,}19)$
$P_7(6{,}99|4{,}14)$ $P_8(8{,}93|2{,}43)$ $P_9(10{,}42|0{,}49)$

Passen Sie eine Parabel nach einer der folgenden Strategien an die Punkte an. Vergleichen Sie Ihre Ergebnisse.

Strategie A $f(x) = ax^2 + c$
Grafische Anpassung durch Variation der Parameter a und c

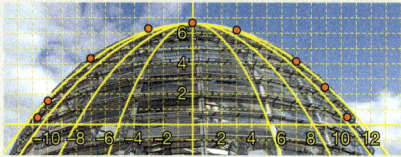

Mit dem DGS kann die Kuppel als Hintergrundbild in das Koordinatensystem gelegt werden. Die Variation der Parameter kann dynamisch über Schieberegler erfolgen.

Strategie B $f(x) = ax^2 + c$
Rechnerische Bestimmung der Parameter über ein Gleichungssystem

(1) $a \cdot 0 \; + c = 6{,}66$
(2) $a \cdot 6{,}99^2 + c = 4{,}14$

Einsetzen von zwei verschiedenen Punkten in die Funktionsgleichung. Es entsteht ein Gleichungssystem, aus dem die Parameter a und c bestimmt werden können.

Hinweise, wie Sie Wertepaare und Regressionskurven auf Ihrem GTR darstellen können, finden Sie in der Handreichung. Mehr Informationen zu Regressionskurven finden Sie auf Seite 82.

Strategie C
Regressionskurve
$f(x) = ax^2 + bx + c$
mit dem GTR

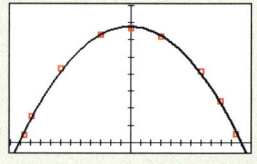

3.1 Funktionen beschreiben Wirklichkeit

2 *CO₂-Gehalt der Luft*

In der Tabelle ist die Entwicklung des CO_2-Gehalts in der Atmosphäre von 1960 bis 1982 in Zweijahresschritten festgehalten.

Jahr	1960	1962	1964	1966	1968	1970	1972	1974	1976	1978	1980	1982
x	0	1	2	3	4	5	6	7	8	9	10	11
CO_2-Gehalt in ppm	316	318	319	320	322	325	327	330	331	334	337	340

Aufgaben

ppm: parts per million
(Teilchen pro Million)

a) *Grafik zu den Messwerten*
Stellen Sie die Daten auf Ihrem GTR grafisch dar.
Wer die Dramatik des Anstiegs von CO_2 herausstellen will, wird auf das linke Diagramm schauen, wer alles ganz harmlos findet, nach rechts.

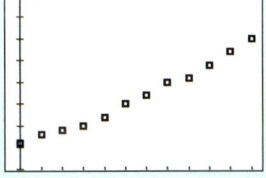 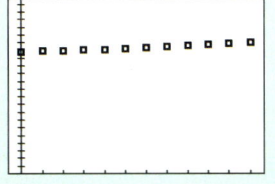

b) *Funktionsanpassung durch Regression*
Wie wachsen aber die Werte in dem tabellierten Zeitraum? Lässt sich eine Funktion an die Daten anpassen?
Bestimmen Sie mit Ihrem GTR die Regressionskurven nach einem linearen, einem quadratischen und einem exponentiellen Modell.

Hinweise, wie Sie Wertepaare und Regressionskurven auf Ihrem GTR darstellen können, finden Sie in der Handreichung. Mehr Informationen zu Regressionskurven finden Sie auf Seite 82.

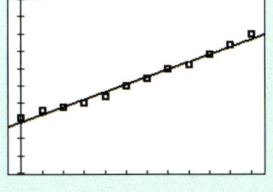 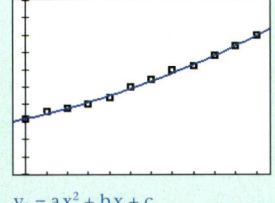 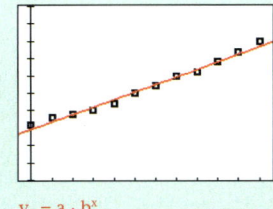

$y_1 = a x + b$ $y_2 = a x^2 + b x + c$ $y_3 = a \cdot b^x$

c) *Bewertung der Modelle*
Wann hat sich der CO_2-Gehalt – bzgl. 1980 – verdoppelt? Was sagen unsere drei Modelle dazu?
Da die Messreihe 1982 aufhört, können wir nach aktuellen Daten schauen. Im Internet finden wir für das Jahr 2013 einen CO_2-Anteil von 398 ppm. Welches Modell passt am besten zu dieser Zahl?

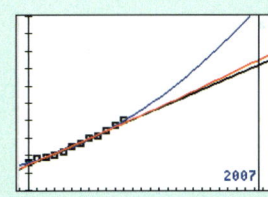

Unsere Prognosen stehen auf sehr schwachen Füßen, da wir bei der Modellierung ausschließlich auf eine funktionale Anpassung eines kleinen Datenauszugs geachtet haben.

Kohlendioxid in der Atmosphäre

Der Kohlendioxidgehalt in der Atmosphäre steigt – und zwar schneller als bislang befürchtet. Er gilt als der wichtigste Indikator des Klimawandels. Zu Beginn der industriellen Revolution lag er bei 280 Teilchen pro Million (ppm), 2014 wurden 402 ppm erreicht. Mit einer stetigen Zunahme der CO_2-Konzentration haben sich viele Menschen längst abgefunden – zumindest für die Gegenwart. Die Forschung arbeitet mit Nachdruck an der Entwicklung passender Modelle zur Beschreibung des Klimawandels. Dabei muss eine Fülle komplexer Zusammenhänge berücksichtigt werden.

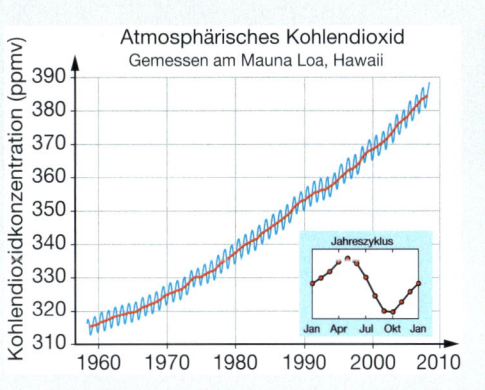

3 Modellieren mit Funktionen – Kurvenanpassung

Basiswissen

Strategien zum Modellieren mit Funktionen

Ausgangslage

Der Zusammenhang zwischen zwei Größen wird durch eine Kurve oder Tabelle vorgegeben. Kann er mithilfe einer bekannten Funktion beschrieben werden?

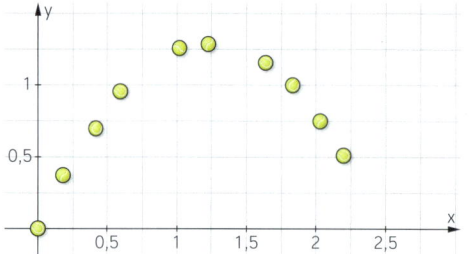

	x	y
1	0	0
2	0,18	0,38
3	0,42	0,70
4	0,60	0,96
5	1,02	1,26
6	1,23	1,29
7	1,64	1,16
8	1,83	1,00
9	2,03	0,75
10	2,20	0,52

Mit Videoanalyse wird die Flugbahn eines Tennisballs aufgezeichnet. Einzelne Punkte der Kurve werden im geeigneten Koordinatensystem identifiziert.

Funktionskandidat

Aus dem Graphen wird ein Kandidat für eine passende Funktion vermutet.

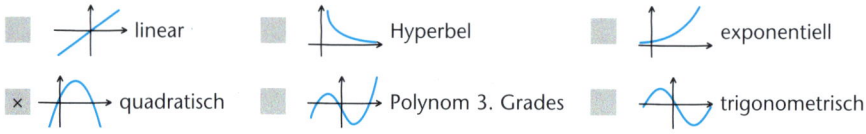

Funktionsgleichung mit Parametern. Diese werden auch Koeffizienten genannt.

Die Funktionsgleichung wird mit Koeffizienten formuliert: $y = ax^2 + bx + c$
Wegen $P_1(0|0)$ ist $c = 0$, also gilt $y = ax^2 + bx$.

Mithilfe einer geeigneten Strategie wird die Funktionsgleichung bestimmt.

Strategien zur Berechnung der Koeffizienten

Strategie A: Grafische Anpassung

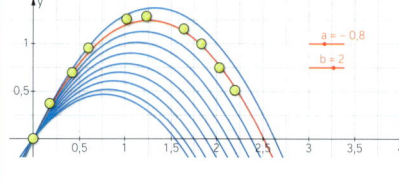

Strategie B: Koeffizienten berechnen
Einsetzen von zwei weiteren Punkten liefert ein Gleichungssystem für die Koeffizienten a und b.
P_5: $1{,}02^2 a + 1{,}02 b = 1{,}26$
P_8: $1{,}83^2 a + 1{,}83 b = 1{,}00$
Lösung des Gleichungssystems:
$a = -0{,}85; b = 2{,}1 \Rightarrow y = -0{,}85 x^2 + 2{,}1 x$

Weitere Informationen über Regressionskurven auf Seite 82

Strategie C: Bestimmung einer Regressionsfunktion mit dem GTR

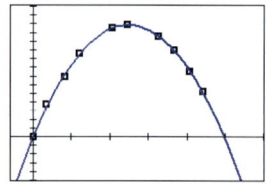

```
                    QuadReg
y=ax²+bx+c
a=-.8402802962
b=2.078541398
c=.00714028
```

Güte der Anpassung

Der eingezeichnete Funktionsgraph vermittelt eine Einschätzung über die Güte der Anpassung.

Interpretation der Modellierung

Der so gefundene funktionale Zusammenhang beschreibt in der Regel keinen gesetzmäßigen Zusammenhang zwischen den beiden Größen.
In manchen Fällen kann man ihn mit Expertenwissen begründen (z. B. Parabelform bei Brückenbögen aus Vorgaben der Statik oder Parabelkurve beim schiefen Wurf), in anderen Fällen ist der Zusammenhang nur rein statistisch.

3 | Bögen und Funktionsgraphen

Bestimmen Sie passende Funktionsgraphen zur Beschreibung der Bögen. Führt der Ansatz mit einer Parabel in jedem Fall zu einem befriedigenden Ergebnis? Versuchen Sie es gegebenenfalls mit einer anderen Funktion.

Zum Ausmessen von Punkten scannen Sie die Bilder und fügen Sie in ein Grafikprogramm ein. Es geht auch „händisch", indem Sie eine Gitterfolie über das (vergrößerte) Bild legen.

Übungen

Tipp:
Benutzen Sie
$f(x) = ax^2 + b$ oder
$f(x) = a(x-m)^2 + n$
und lesen Sie den Scheitelpunkt aus.

a) Der Berliner Bogen in Hamburg

$P_1(6|0)$; $P_2(5|2)$; $P_3(4|3,6)$; $P_4(3|4,6)$; $P_5(2|5,4)$; $P_6(1|5,8)$; $P_7(0|6)$

Finden Sie auch geeignete Funktionsgraphen für den inneren Bogen und den Glasbogen.

b) Der Pont du Gard

c) Die Europapassage in Hamburg

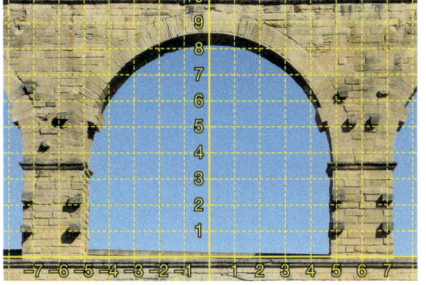

Äuadukt Pont du Gard in Südfrankreich (1. Jahrhundert n. Chr.)

d) Eine Brücke über den Harbour Bridge in Sydney

3 Modellieren mit Funktionen – Kurvenanpassung

In Tabellenkalkulations- und statistischen Anwenderprogrammen oder auf dem GTR/CAS-Rechner sind diese Verfahren verfügbar.

Regressionskurven

Ausgangspunkt sind die Tabelle und die grafische Darstellung (Streudiagramm) von gemessenen Wertepaaren zweier Größen. Man vermutet einen funktionalen Zusammenhang (wenn die Punkte z. B. in etwa auf einer Geraden oder einer Parabel liegen). Selbst wenn ein eindeutiger funktionaler Zusammenhang zwischen den Messgrößen zugrunde liegt, liegen die Punkte in der Regel nicht exakt auf dem zugehörigen Graphen. Man versucht nun, eine Funktion zu finden, die möglichst gut zu den gegebenen Punkten passt. Dies gelingt oft schon recht gut durch Einzeichnen einer solchen Kurve „per Augenmaß". In der Regressionsrechnung wird die Kurve nach bestimmten Methoden berechnet, häufig nach der Methode der kleinsten Fehlerquadrate. Dabei werden die Koeffizienten der vermuteten Funktionsvorschrift so bestimmt, dass die Summe der Quadrate der lotrechten Abweichungen der Punkte von der Ausgleichskurve minimiert wird.

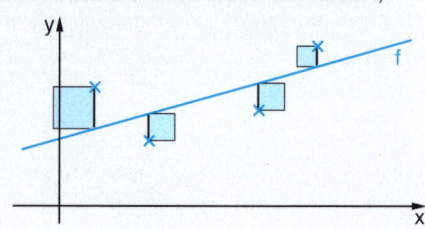

Funktionsanpassung mit dem GTR

Vermutung: Zusammenhang ist quadratisch

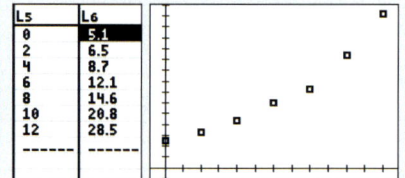
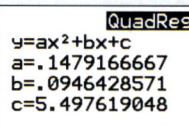
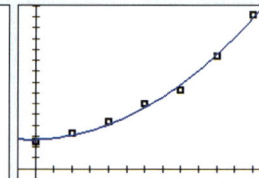

Die Messdaten werden in Listen festgehalten und als Streudiagramm dargestellt. Die vom Rechner bestimmte Parabel passt sich gut an die Daten an.

Modellfindung mithilfe von Regression und ausgewählten Messwerten

Benutzen Sie in den folgenden Aufgaben:
(1) die Regressionsfunktionen des GTR oder einer zur Verfügung stehenden Software.
(2) ausgewählte Funktionstypen der Kandidatenliste.
Bestimmen Sie fehlende Koeffizienten durch die Benutzung geeigneter Messpunkte.

Kandidatenliste:
$f(x) = mx + b$
$f(x) = ax^2 + b$
$f(x) = a(x - m)^2 + n$
$f(x) = a \cdot x^n$
$f(x) = a \cdot b^x$

Übungen

4 *Auch schwere Vögel können fliegen*
Die Tabelle zeigt die Masse und die Flügelfläche bei verschiedenen Vogelarten.
a) Zeichnen Sie ein Streudiagramm (x-Achse: Masse, y-Achse: Flügelfläche).
Gesucht sind Funktionen, die gut zu den Messwerten passen. Vergleichen Sie verschiedene passende Funktionen. Formulieren Sie eine Beziehung zwischen Masse und Flügelfläche.
b) Wie groß müsste die Masse eines Vogels mit 500 cm² Flügelfläche sein?
Wie groß müsste die Flügelfläche eines Vogels sein, der 300 g wiegt?
Ein Blaureiher wiegt 2100 g und hat eine Flügelfläche von 4450 cm². Passen diese Werte noch in etwa zu Ihren Funktionen?

Vogel	Masse	Flügelfläche
Spatz	25 g	87 cm²
Schwalbe	47 g	186 cm²
Amsel	78 g	245 cm²
Star	93 g	190 cm²
Taube	143 g	357 cm²
Krähe	440 g	1344 cm²
Möwe	607 g	2006 cm²

Blaureiher

3.1 Funktionen beschreiben Wirklichkeit

Übungen

5 *Mobilfunkanschlüsse*
Die Tabelle und die Grafik geben die Anzahl der Mobilfunkanschlüsse in Deutschland von 1997 bis 2008 an.

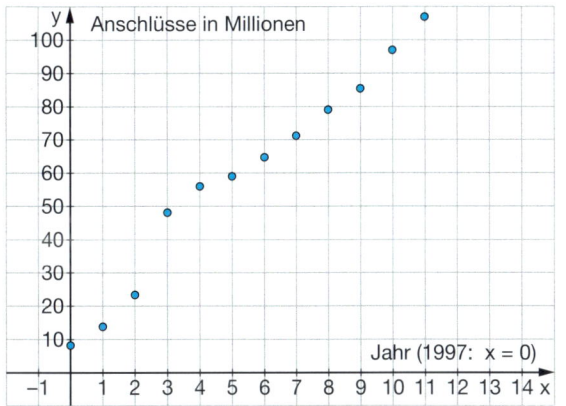

Jahr	Anzahl in Millionen
1997	8,29
1998	13,91
1999	23,47
2000	48,25
2001	56,13
2002	59,13
2003	64,84
2004	71,32
2005	79,27
2006	85,65
2007	97,15
2008	107,25

a) Stellen Sie die Daten grafisch dar (1997: x = 0). Welche Funktionstypen können zu den Daten passen? Finden Sie zwei verschiedene, gut passende Funktionen. Benutzen Sie dazu die Regressionsfunktionen des GTR oder die Kandidatenliste und geeignete Messwerte. Ein gut geeigneter Messwert ist meistens (0|m). Machen Sie mit Ihren Funktionen Prognosen für die Jahre 2009 bis 2014.
b) Die Werte für die nächsten fünf Jahre sind bekannt. Passen Ihre Funktionen noch zu den Daten? Wenn nicht, finden Sie eine besser passende Funktion.
c) Was vermuten Sie über die langfristige Entwicklung der Mobilfunkanschlüsse in Deutschland?

Jahr	Anzahl in Millionen
2009	108,26
2010	108,85
2011	114,13
2012	113,16
2013	115,23

6 *Wassererwärmung in der Mikrowelle*
Getränke können gut in der Mikrowelle aufgewärmt werden. Häufig gibt man dazu eine Zeitdauer vor. Wie warm ist dann aber das Getränk?
Wie lange muss man es in die Mikrowelle stellen, damit es heiß ist (ca. 65 °C)?
Olga möchte es genau wissen und hat verschiedene Mengen von 15 °C-warmem Wasser jeweils 30 Sekunden lang in der Mikrowelle erwärmt und den Temperaturzuwachs notiert. Hier ihre Messergebnisse:

Volumen in ml	60	100	125	210	250	320	400	500
Zuwachs in °C	21,2	15,7	12,9	11,0	10,4	8,6	6,9	5,9

Stellen Sie die Daten grafisch dar und finden Sie eine geeignete Funktion, die den Zusammenhang passend beschreibt.
Was vermuten Sie über den langfristigen Kurvenverlauf? Was bedeutet das für die Sachsituation?

Erzeugen Sie einen eigenen Datensatz, indem Sie verschiedene Mengen Wasser eine vorgegebene Zeitdauer erwärmen.

7 *How hot is Death Valley?*
a) Welchen funktionalen Zusammenhang zwischen Zeit (in Monaten) und Temperatur (in °C) vermuten Sie in diesem Sachzusammenhang?
b) Erstellen Sie jeweils ein Streudiagramm von beiden Datensätzen (average maximum, record maximum) und ermitteln Sie eine geeignete Regressionskurve. Vergleichen Sie die beiden Kurven.

How hot is Death Valley?
average maximum   record maximum

January........... 65° F (18° C)   89° F (32° C)
February.......... 72° F (22° C)   97° F (36° C)
March............. 80° F (27° C)   102° F (39° C)
April............. 90° F (32° C)   111° F (44° C)
May............... 99° F (27° C)   122° F (50° C)
June.............. 109° F (43° C) 128° F (53° C)
July.............. 115° F (46° C) 134° F (57° C)
August............ 113° F (45° C) 127° F (53° C)
September......... 106° F (41° C) 123° F (50° C)
October........... 92° F (33° C)   113° F (45° C)
November.......... 76° F (24° C)   97° F (36° C)
December.......... 65° F (19° C)   88° F (31° C)

Bei Regressionen mit Winkelfunktionen sollte die Periodenlänge mit eingegeben werden.

Übungen

8 *Ernteertrag und Stickstoffeintrag*
Die Tabelle und die Grafik geben den Ernteertrag in Abhängigkeit des Stickstoffeintrages in Schweden zwischen 1865 und 1985, gemessen in 10-Jahresschritten, an.

Jahr	Stickstoff (kg/ha)	Ernte (kg/ha)
1865	122,3	6449
1875	102,4	7483
1885	104,1	7874
1895	101,0	8034
1905	106,0	8419
1915	113,7	9362
1925	146,0	10080
1935	168,9	11959
1945	198,3	9928
1955	254,1	11850
1965	408,4	16001
1975	602,1	18753
1985	635,3	21412

Beschreiben Sie den Zusammenhang durch eine geeignete Funktion und interpretieren Sie ihn im Sachzusammenhang. Erlaubt das Modell langfristige Prognosen?
Stichwort: Überdüngung.

9 *Regressionskurven mit wenig Punkten*
Gegeben sind die vier Punkte A(–1|6), B(2|3), C(3|6) und D(5|8).
a) • Ermitteln Sie die Regressionsgerade durch:
  (1) A und B   (2) A, B und C
• Ermitteln Sie die Regressionsparabel durch:
  (3) A, B und C   (4) A, B, C und D
Skizzieren Sie die Kurven.
b) Vergleichen Sie die Kurven und die Stützpunkte. Was fällt Ihnen auf? Erklären Sie die Besonderheit.
Bestätigen Sie Ihre Vermutung mit den Punkten E(1|2), F(3|5) und G(5|4).

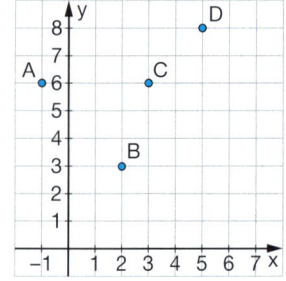

KOPFÜBUNGEN

1 Welche Terme sind äquivalent: $(-x)^6$, $-x^6$, $(x^7)^{-1}$, $(x^2)^3$, $-x \cdot x^5$

2 Der Punkt P liegt auf der Geraden $f(x) = \frac{3}{4}x$. Skizzieren Sie dazu zwei nicht kongruente Steigungsdreiecke mit P als Eckpunkt.
a) Was haben die beiden Steigungsdreiecke gemeinsam? Wie ist jeweils das Längenverhältnis der Katheten der Steigungsdreiecke?
b) Bestimmen Sie den Abstand des Punktes P(8|f(8)) bzw. P(a|f(a)) vom Ursprung.

3 Leon muss morgens zwei Ampelkreuzungen passieren. Die erste Ampel zeigt 15s Grün und 45s Rot. Die zweite Ampel zeigt 20s Grün und 40s Rot. Erstellen Sie ein Baumdiagramm und geben Sie die Wahrscheinlichkeiten an.

4 Skizzieren Sie die Graphen der Funktionenpaare und beschreiben Sie jeweils die Unterschiede.
a) $f_1(x) = x - 2$ und $f_2(x) = |x - 2|$
b) $g_1(x) = -x^2 + 4$ und $g_2(x) = |-x^2 + 4|$

3.1 Funktionen beschreiben Wirklichkeit

Eine Flasche mit Leck

In eine PET-Flasche mit einem möglichst großen zylindrischen Bereich wird am unteren Rand mit einem heißen Nagel ein Loch in die Wand gebrannt und seitlich ein Papierstreifen aufgeklebt. Die Flasche wird mit Wasser gefüllt und während sie ausläuft, wird in bestimmten Zeitabständen der Wasserstand auf dem Papierstreifen markiert.

Welchen funktionalen Zusammenhang erwarten Sie zwischen Zeit t und Höhe h des Wasserstandes?

Projekt

Führen Sie das Experiment selbst durch und protokollieren Sie die Messwerte übersichtlich in einer Tabelle. Den Nullpunkt der Skala bildet der Wasserstand, wenn kein Wasser mehr ausläuft. Die Zeitintervalle zwischen den einzelnen Messungen sollten so gewählt werden, dass man mindestens 12 Messwertpaare aufnehmen kann. Wenn Sie das Experiment nicht durchführen können, so benutzen Sie das folgende Versuchsprotokoll eines entsprechenden Experiments.

Experiment

Nr.	1	2	3	4	5	6	7	8	9	10	11	12
Zeit (s)	0	5	10	15	20	25	30	35	40	45	50	55
Höhe (cm)	11,4	10,1	8,6	7,3	6,3	5,2	4,0	3,2	2,5	1,8	0,9	0,6

Stellen Sie die ersten acht Messwerte in einem Diagramm auf dem GTR dar. Die übrigen Messwerte dienen später zur Kontrolle des Modells.

Auswertung

Versuchen Sie eine Funktionsanpassung mit verschiedenen Modellen. Vergleichen Sie diese miteinander.

Lineares Modell: $y = m x + b$
Quadratisches Modell: $y = a x^2 + b x + c$
Exponentielles Modell: $y = a \cdot b^x$

Welches Modell scheint Ihnen am besten geeignet? Welche Gründe sprechen für Ihre Entscheidung? Sie können Ihre Entscheidung auch daran ausrichten, wie gut mit dem Modell jeweils die letzten vier Werte der Tabelle erfasst werden. Ab welchem Zeitpunkt läuft kein Wasser mehr aus?

■ Ziele des Modellierens

Sie haben in diesem Lernabschnitt erfahren, wie man mit Funktionen verschiedenen Sachsituationen beschreiben kann. Dies geschieht immer näherungsweise, viele Aspekte der Wirklichkeit müssen unberücksichtigt bleiben. Bei der Beschreibung gibt es zwei grundsätzlich unterschiedliche Ziele:

(1) Ziel ist eine möglichst gute Passung mit einem Gegenstand (Reichstagskuppel, Berliner Bogen, …).

(2) Ziel sind Prognosen durch Auswertung von Datensätzen mit Funktionen (CO_2, Mobilfunkanschlüsse, …).

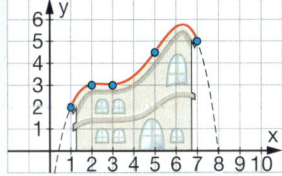
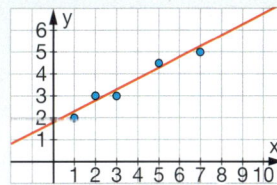

Während in (1) der Verlauf des Graphen außerhalb des interessierenden Intervalls nebensächlich ist, ist dieser bei (2) von zentralem Interesse (Voraussagen), eine ganz genaue Passung mit den Daten ist hier nicht entscheidend.

3.2 Gauß-Algorithmus zum Lösen linearer Gleichungssysteme

Was Sie erwartet

CARL FRIEDRICH GAUSS
1777–1855

Die Bestimmung einer Polynomfunktion zu gegebenen Eigenschaften erfordert oft das Lösen eines linearen Gleichungssystems (LGS). Zur Berechnung der Koeffizienten eines Polynoms zweiten Grades $y = ax^2 + bx + c$ benötigt man drei Gleichungen. Bei einem Polynom dritten Grades muss man bereits vier Parameter mit vier Gleichungen bestimmen. Der Umfang des Gleichungssystems wächst mit dem Grad des Polynoms. Dementsprechend wird auch das Lösungsverfahren sehr aufwändig und fehleranfällig.

Nach dem Mathematiker Gauß ist ein Verfahren benannt, das wegen seiner schematischen Organisation auf den Computer übertragen werden kann. Heute kann dieses Verfahren auch auf einem grafikfähigen Taschenrechner genutzt werden.

Aufgaben

1 *Gauß-Algorithmus am Beispiel*
Es soll das Polynom zweiten Grades $y = ax^2 + bx + c$ bestimmt werden, dessen Graph durch die Punkte A(–1|6), B(2|3) und C(3|6) verläuft.

1. Schritt: Einsetzen der Koordinaten der Punkte in die allgemeine Gleichung der Parabel liefert drei Gleichungen mit den drei Variablen a, b und c.

(3 × 3)-System

Einsetzen A(–1|6) (1) $a - b + c = 6$
Einsetzen B(2|3)   (2) $4a + 2b + c = 3$
Einsetzen C(3|6)   (3) $9a + 3b + c = 6$

Ein gestaffeltes Gleichungssystem ist ein System in Dreiecksform.

Äquivalenzumformungen verändern die Lösungsmenge nicht.

2. Schritt: Umformen des Gleichungssystems in ein gestaffeltes Gleichungssystem mithilfe der Äquivalenzumformungen.

Multiplikation einer Gleichung auf beiden Seiten **mit einer reellen Zahl** ungleich Null.

(1) $a - b + c = 6$
(2) $4a + 2b + c = 3$
(3) $9a + 3b + c = 6$

Addition zweier Gleichungen und anschließendes Ersetzen einer Gleichung durch das Ergebnis.

$4 \cdot (1) + (-1) \cdot (2) \rightarrow$ Gleichung (2*)
$9 \cdot (1) + (-1) \cdot (3) \rightarrow$ Gleichung (3*)

(1) $a - b + c = 6$
(2*) $-6b + 3c = 21$
(3*) $-12b + 8c = 48$

$(-2) \cdot (2^*) + (3^*) \rightarrow$ Gleichung (3**)

(1) $a - b + c = 6$
(2*) $-6b + 3c = 21$
(3**) $2c = 6$

3. Schritt: Die Lösung des Gleichungssystems kann nun schrittweise von unten nach oben ermittelt werden:

$2c = 6$, also $c = 3$
$-6b + 3 \cdot 3 = 21$, also $b = -2$
$a - (-2) + 3 = 6$, also $a = 1$

a) *Rechenprobe:* Setzen Sie die errechneten Werte für a, b und c in die drei Gleichungen ein.
Problemprobe: Wie lautet die Gleichung der gesuchten Funktion?
Liegen die drei Punkte A, B und C auf dem Graphen der ermittelten Funktion?
b) Bestimmen Sie nach dem obigen Verfahren das Polynom zweiten Grades, dessen Graph durch die Punkte P(1|4), Q(2|9) und R(3|18) verläuft.

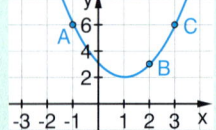

3.2 Gauß-Algorithmus zum Lösen linearer Gleichungssysteme

Basiswissen

Lineare Gleichungssysteme (LGS) lassen sich systematisch mit dem Gauß-Algorithmus lösen.

Der Gauß-Algorithmus in Kurzfassung

Das Gleichungssystem wird in eine Matrix übertragen. Dazu werden alle Informationen, die selbstverständlich sind, weggelassen. Nur die Koeffizienten der drei Variablen a, b und c werden notiert. Wichtig ist, dass die Koeffizienten, die zur gleichen Variablen gehören, in die gleiche Spalte geschrieben werden.

LGS ⟶ Tabelle ⟶ Matrix

(1) $a + b + 2c = 12$
(2) $3a - 2b - 5c = 7$
(3) $a + 2b - c = -3$

	a	b	c	
(1)	1	1	2	12
(2)	3	-2	-5	7
(3)	1	2	-1	-3

$$\begin{pmatrix} 1 & 1 & 2 & | & 12 \\ 3 & -2 & -5 & | & 7 \\ 1 & 2 & -1 & | & -3 \end{pmatrix}$$

Durch Äquivalenzumformungen wird die Matrix in die Dreiecksform überführt:

$$\begin{pmatrix} 1 & 1 & 2 & | & 12 \\ 3 & -2 & -5 & | & 7 \\ 1 & 2 & -1 & | & -3 \end{pmatrix} \rightarrow \begin{pmatrix} 1 & 1 & 2 & | & 12 \\ 0 & -5 & 11 & | & -29 \\ 0 & 1 & -3 & | & -15 \end{pmatrix} \rightarrow \begin{pmatrix} 1 & 1 & 2 & | & 12 \\ 0 & -5 & -11 & | & -29 \\ 0 & 0 & -26 & | & -104 \end{pmatrix}$$

Dreiecksform: unterhalb der Diagonalen stehen nur Nullen.

Durch Rückwärtseinsetzen werden die Variablen a, b und c bestimmt:
$-26c = -104$, also $c = 4$
$-5b - 11 \cdot 4 = -29$, also $b = -3$
$a - 3 + 2 \cdot 4 = 12$, also $a = 7$

Die **Lösung des LGS** ist das Zahlentripel $(a; b; c) = (7; -3; 4)$.

Das Verfahren lässt sich auf größere Gleichungssysteme übertragen. Auch hier wird die Matrix mit passenden Äquivalenzumformungen in eine Dreiecksform überführt. Der Rechenaufwand wird dann entsprechend höher.

Beispiele

A Lösen eines Gleichungssystems mit dem Gauß-Algorithmus

$x_2 + x_3 = -1$
$2x_1 + 3x_2 - 2x_3 = 0$
$-x_1 + 2x_2 + 3x_2 = -5$

Lösung:
Matrix des Gleichungssystems

$$\begin{pmatrix} 0 & 1 & 1 & | & -1 \\ 2 & 3 & -2 & | & 0 \\ -1 & 2 & 3 & | & -5 \end{pmatrix}$$ Vertauschen der 1. und 2. Zeile. 0 steht an passender Stelle.

$$\begin{pmatrix} 2 & 3 & -2 & | & 0 \\ 0 & 1 & 1 & | & -1 \\ -1 & 2 & 3 & | & -5 \end{pmatrix}$$ Multiplikation der 3. Zeile mit 2 und anschließend Addition der 1. Zeile.

$$\begin{pmatrix} 2 & 3 & -2 & | & 0 \\ 0 & 1 & 1 & | & -1 \\ 0 & 7 & 4 & | & -10 \end{pmatrix}$$ Multiplikation der 2. Zeile mit (-7) und anschließend Addition zur 3. Zeile.

$$\begin{pmatrix} 2 & 3 & -2 & | & 0 \\ 0 & 1 & 1 & | & -1 \\ 0 & 0 & -3 & | & -3 \end{pmatrix}$$

Rückwärts einsetzen
$-3c = -3$, also $c = 1$
$b + 1 = -1$, also $b = -2$
$2a + 3 \cdot (-2) - 2 = 0$, also $a = 4$

Das System hat die Lösung $(4; -2; 1)$.

3 Modellieren mit Funktionen – Kurvenanpassung

Übungen

Die Lösungen in ungeordneter Reihenfolge:

Lösungen:
(–1; 3; 4)
(1; 2; –1)
(2; 2; –1)

Lösungen:
(1; 1; 1)
(1; –1; 2)
(–3; 3; –2)

2 *Training per Hand*
Wenden Sie den Gauß-Algorithmus an, um die Gleichungssysteme zu lösen.

a) $x + y + z = 2$
$x - y + 2z = -3$
$2x + y + z = 3$

b) $x + y - z = -2$
$2x + y + z = 5$
$-x + 2y - z = 3$

c) $2x - y + z = 1$
$x + 2y + 4z = 2$
$x - y + 3z = -3$

3 *Training per Hand*
Übersetzen Sie zunächst die Matrix in ein Gleichungssystem und lösen Sie dann mithilfe des Gauß-Algorithmus.

a) $\begin{pmatrix} 1 & 2 & 1 & | & 1 \\ 2 & 1 & -1 & | & -1 \\ -1 & 2 & 2 & | & 1 \end{pmatrix}$

b) $\begin{pmatrix} 1 & 2 & 1 & | & 1 \\ 1 & 1 & -1 & | & 2 \\ 0 & 2 & 1 & | & 4 \end{pmatrix}$

c) $\begin{pmatrix} 3 & -2 & 4 & | & 5 \\ 4 & 6 & -1 & | & 9 \\ 5 & -4 & 3 & | & 4 \end{pmatrix}$

4 *Von der Dreiecksform zur Diagonalform*
Die nebenstehende Form einer Matrix nennt man **Diagonalform**.

$\begin{pmatrix} 1 & 0 & 0 & | & -3 \\ 0 & 1 & 0 & | & 4 \\ 0 & 0 & 1 & | & 1 \end{pmatrix}$

a) Lesen Sie aus dieser Form die Lösung des Gleichungssystems direkt ab.
b) Aus der Dreiecksform kann durch Äquivalenzumformungen die Diagonalform hergestellt werden.

$\begin{pmatrix} 1 & -2 & 4 & | & -7 \\ 0 & 1 & -2 & | & 2 \\ 0 & 0 & 1 & | & 1 \end{pmatrix}$ $\xrightarrow{\text{Das Doppelte der zweiten Zeile zur ersten addieren}}$ $\begin{pmatrix} 1 & 0 & 0 & | & -3 \\ 0 & 1 & -2 & | & 2 \\ 0 & 0 & 1 & | & 1 \end{pmatrix}$ $\xrightarrow{\text{Das Doppelte der dritten Zeile zur zweiten addieren}}$ $\begin{pmatrix} 1 & 0 & 0 & | & -3 \\ 0 & 1 & 0 & | & 4 \\ 0 & 0 & 1 & | & 1 \end{pmatrix}$

c) Erzeugen Sie zu den Dreicksformen aus Aufgabe 2 die Diagonalformen.

LGS mit dem grafikfähigen Taschenrechner lösen

Ausführliche Hinweise zur Eingabe von Matrizen und zum Arbeiten mit ihnen finden Sie in der Handreichung.

Mit dem GTR oder einem Computer-Algebra-System lässt sich die Lösungsmenge eines LGS schnell bestimmen. Dazu gibt man die „erweiterte Koeffizientenmatrix" mithilfe des Matrix-Editors ein.

```
MATRIX[A] 3 ×4
[ 3  -6  12  -21 ]
[ 3  -5   2  -27 ]
[ 2   1  -2   -4 ]
```

Koeffizientenmatrix

$3a - 6b + 12c = -21$
$3a - 5b + 2c = -27$
$2a + b - 2c = -4$

[A] $\underbrace{\begin{bmatrix} 3 & -6 & 12 \\ 3 & -5 & 2 \\ 2 & 1 & -2 \end{bmatrix}}\begin{bmatrix} -21 \\ -27 \\ -4 \end{bmatrix}$

Erweiterte Koeffizientenmatrix

WERKZEUG

Mit dem Befehl *ref* erzeugt man eine **Dreiecksform**, aus der man die Lösungen durch Rückwärtseinsetzen bestimmen kann.

$a - 2b + 4c = -7$
$b - 2c = 2$
$c = 1$

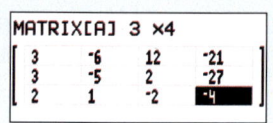

Der GTR besitzt einen weiteren Befehl *rref*, mit dem man aus der Koeffizientenmatrix eine **Diagonalform** erzeugt, aus der man das Ergebnis direkt ablesen kann.

$a = -3$
$ b = 4$
$ c = 1$

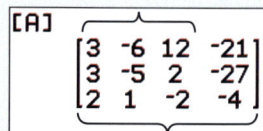

3.2 Gauß-Algorithmus zum Lösen linearer Gleichungssysteme

Übungen

5 *Training mit dem GTR*
Bestimmen Sie die Lösungen der Gleichungssysteme aus den Übungen 2 und 3 mit dem GTR. Vergleichen Sie gegebenenfalls mit Ihren händisch ermittelten Lösungen.

6 *Training – Geraden und Parabeln durch Punkte*
a) Bestimmen Sie die Gleichung der Geraden $y = ax + b$ durch die gegebenen Punkte.
(1) $A(2|-5)$; $B(-2|3)$ (2) $A(1|4)$; $B(7|8)$ (3) $A(-2|-4)$; $B(5|6)$

b) Bestimmen Sie die Gleichung der Parabel $y = ax^2 + bx + c$ durch die gegebenen Punkte.
(1) $A(-1|7)$; $B(0|4)$; $C(2|10)$ (2) $A(-1|-6)$; $B(1|0)$; $C(3|-2)$
(3) $A(-4|6)$; $B(2|0)$; $C(4|6)$ (4) $A(-2|0)$; $B(1|1)$; $C(5|-2)$

7 *Ganzrationale Funktionen – die Anzahl der Punkte wächst*
a) Bestimmen Sie die ganzrationale Funktion vom Grad 3 ($f(x) = ax^3 + bx^2 + cx + d$), deren Graph durch die angegebenen Punkte verläuft. Skizzieren Sie die Punkte mit dem zugehörigen Graphen.
(1) $A(-1|-10)$; $B(0|3)$; $C(1|0)$; $D(2|5)$
(2) $A(-2|12)$; $B(2|4)$; $C(4|12)$; $D(6|-4)$

b) Bestimmen Sie die ganzrationale Funktion vom Grad 4
($f(x) = ax^4 + bx^3 + cx^2 + dx + e$),
deren Graph durch die angegebenen Punkte verläuft.
(1) $A(-4|-5)$; $B(-3|11{,}75)$; $C(0|-1)$; $D(1|3{,}75)$; $E(4|3)$
(2) $A(-1|10)$; $B(-2|0)$; $C(0|0)$; $D(1|0)$; $E(4|0)$

Bei einer Aufgabe gelingt die Angabe einer Funktion ohne Aufstellen eines LGS.

8 *Fragen zum Verstehen des Gauß-Algorithmus*
a) In Beispiel A wurde zu Beginn des Verfahrens ein Zeilentausch (Vertauschen der Gleichungen (1) und (2)) vorgenommen. Warum war hier ein Zeilentausch sinnvoll? Begründen Sie, dass ein Zeilentausch die Lösungsmenge des linearen Gleichungssystems nicht verändert.

b) Man kann die Matrix auch in die nebenstehende Diagonalform umformen.
Was sind nun die Lösungen?

$$\begin{pmatrix} 0 & 0 & 1 & | & 3 \\ 0 & 1 & -1 & | & 2 \\ 1 & -2 & 4 & | & 1 \end{pmatrix}$$

c) Ändert ein Spaltentausch die Lösungsmenge des Gleichungssystems?

KOPFÜBUNGEN

1 Wie verändert sich das Volumen eines Würfels, wenn dessen Kantenlänge verdoppelt wird?

2 Beschreiben Sie die Seiten des Quadrates ABCD als Vektoren. Durch welche Vektoren können Sie die Diagonalen beschreiben?

3 Eine verbeulte Münze (Zahl, Wappen) wird zweimal geworfen. Die Wahrscheinlichkeit dafür, dass sie „mindestens einmal Wappen" zeigt, beträgt 0,64.
 a) Wie lautet das dazugehörige Gegenereignis? Geben Sie die Wahrscheinlichkeit dafür an.
 b) Bestimmen Sie die Wahrscheinlichkeit für „genau einmal Zahl" bei doppeltem Münzwurf.

4 Ermitteln Sie jeweils den Wert des Parameters a und erstellen Sie dazu eine Skizze des Funktionsgraphen:
$f(x) = x \cdot (x + a)$ und $f'(1{,}5) = -1$

Ist GAUSS der Erfinder des Gauß-Algorithmus?

GAUSS hat das nach ihm benannte Lösungsverfahren nicht als Erster entwickelt. Bereits vor über 2000 Jahren verwendeten chinesische Mathematiker Zahlenschemata zur Lösung linearer Gleichungssysteme. In einem für die Ausbildung von Beamten geschriebenen Buch („Chiu Chang Suan Shu" – Mathematik in neun Büchern) traten Beispiele für (3×3)-Systeme auf, die in einer der Matrix ähnlichen Kurzform notiert und durch Überführung in eine Dreiecksform gelöst wurden. In der neuzeitlichen europäischen Mathematik wurden zunächst andere effektive Verfahren (Determinanten) zur Lösung linearer Gleichungssysteme entwickelt, bevor Gauß dann in seinen umfangreichen Arbeiten zur angewandten Mathematik der Verwendung von Dreiecksmatrizen großes Gewicht verlieh.

Aufgaben

9 *Alte Aufgabe in neuem Gewand*
Ein Beispiel aus dem chinesischen Buch:

Übersetzen Sie es in ein Gleichungssystem und bestimmen Sie die Lösung.

3 Garben guter Ernte, 2 Garben mittlerer und 1 Garbe schlechter Ernte geben 39 dou;
2 Garben guter, 3 Garben mittlerer und 1 Garbe schlechter Ernte 34 dou;
1 Garbe guter, 2 Garben mittlerer und 3 Garben schlechter Ernte 26 dou.

10 *Rechendreiecke*
Für jede Seite eines Dreiecks sind Zahlen vorgegeben (*Seitenzahlen*). An den Ecken sollen Zahlen (*Eckenzahlen*) so gefunden werden, dass die Summe zweier Eckenzahlen die zugehörige Seitenzahl ergibt. Rechts ist ein Beispiel angegeben.

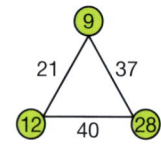

(1) 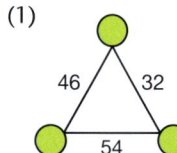 (2) 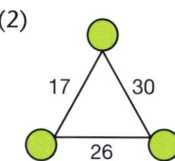 (3) 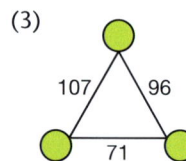 (4)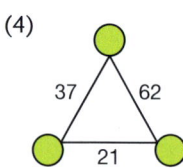

a) Suchen Sie Eckenzahlen zu (1), (2), (3) und (4).
b) Man kann das Problem auf unterschiedliche Weise systematisch, ohne zu Probieren, lösen.
(1) Setzen Sie in einer Ecke „x" ein und füllen Sie damit die anderen Ecken aus.
(2) Setzen Sie in den Ecken „x", „y" und „z" ein.

11 *Die Tennisballpyramide – Mit Polynom und LGS zur Formel*
Tennisbälle werden in der Form eines gleichseitigen Dreiecks angeordnet, sodass sich darauf eine Pyramide aufbauen lässt. Erste Experimente verdeutlichen den stufenweisen Aufbau der Pyramiden und die schnell wachsende Anzahl von benötigten Tennisbällen.

Stufen	Bälle
1	1
2	4
3	10
4	20
5	35
6	56
7	84

In der Tabelle ist die notwendige Anzahl von Tennisbällen für die ersten zehn Aufbaustufen festgehalten. Wie viele Bälle benötigt man für eine Pyramide der 50. Stufe? Passen die Bälle einer Pyramide der 100. Stufe auf einen Kleintransporter? Versuchen Sie ein Polynom mit möglichst niedrigem Grad zu finden, das zu der Tabelle passt und beantworten Sie damit die Fragen.

3.3 Bestimmung ganzrationaler Funktionen zu vorgegebenen Daten und Eigenschaften

Was Sie erwartet

Sie haben sich bereits mit den Zusammenhängen zwischen Funktion und Ableitung beschäftigt. Viele charakteristische Eigenschaften wie Monotonie oder Krümmungsverhalten oder auch besondere Punkte wie lokale Extrempunkte oder Wendepunkte lassen sich über diese Zusammenhänge aufspüren und begründen. Im Folgenden werden wir den umgekehrten Weg gehen. Aus vorgegebenen charakteristischen Eigenschaften einer Funktion werden die Funktionsgleichung und der vollständige Graph der Funktion ermittelt. Dabei konzentrieren wir uns in diesem Lernabschnitt auf ganzrationale Funktionen. Mit der Vielfalt ihrer Funktionsgraphen lassen sich eine Fülle innermathematischer Problemstellungen und außermathematischer Anwendungssituationen beschreiben. Die Übersetzung der Eigenschaften in Funktionsgleichungen führt zu einem linearen Gleichungssystem, das wir mit dem Verfahren des Gauß-Algorithmus auch in komplexeren Fällen mithilfe des GTR sicher lösen können.

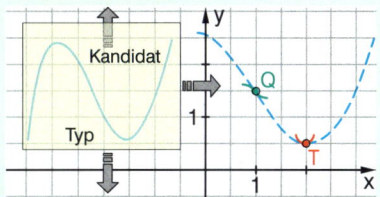

1 Bedingungen für den Funktionsgraphen

Aufgaben

a) Welche der angegebenen Eigenschaften werden jeweils von den Funktionsgraphen erfüllt? Gibt es Graphen, die alle vier Eigenschaften erfüllen?

| Ⓘ Der Punkt P(0\|1) liegt auf dem Graphen. | Ⓘ Ⓘ An der Stelle 0 hat der Graph die Steigung 2. | Ⓘ Ⓘ Ⓘ An der Stelle 2 hat der Graph die Steigung 0. | Ⓘ Ⓥ An der Stelle 0 hat der Graph einen Wendepunkt. |

„Steckbrief" der Funktion

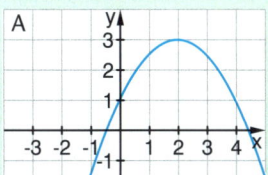
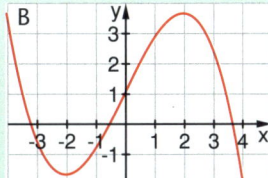
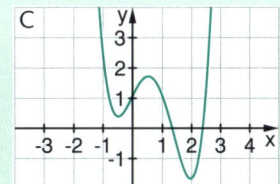

b) Man kann auch versuchen, eine ganzrationale Funktion dritten Grades $f(x) = ax^3 + bx^2 + cx + d$ zu bestimmen, deren Graph die obigen Eigenschaften erfüllt. Dazu werden die geometrischen Eigenschaften in algebraische Bedingungen (Gleichungen) übersetzt. Es entsteht ein Gleichungssystem mit vier Gleichungen für die vier unbekannten Koeffizienten a, b, c und d.

Die angegebenen vier Bedingungen führen zu vier Gleichungen. Dies legt den Ansatz mit einer ganzrationalen Funktion dritten Grades nahe.

	Bedingung	Gleichung
I	$f(0) = 1$	$a \cdot 0^3 + b \cdot 0^2 + c \cdot 0 + d = 1$
II	■	■
III	■	$3a \cdot 2^2 + 2b \cdot 2 + c = 0$
IV	$f''(0) = 0$	■

Schreiben Sie die fehlenden Bedingungen und Gleichungen auf und lösen Sie das Gleichungssystem. Zeichnen Sie den Graphen der ganzrationalen Funktion dritten Grades und vergleichen Sie mit dem Graphen in Bild B.

c) Begründen Sie, warum es keine ganzrationale Funktion zweiten Grades geben kann, deren Graph die obigen vier Eigenschaften erfüllt.

3 Modellieren mit Funktionen – Kurvenanpassung

Aufgaben

2 *Übergänge – mit und ohne Ruck*

Zwei geradlinige, zueinander parallel verlaufende Gleisstücke sollen durch ein Teilstück miteinander verbunden werden. Wie sollte diese Verbindung gestaltet sein, damit die Übergänge möglichst glatt und störungsfrei verlaufen?

a) Bei der Modellbahn stehen gerade und kreisförmig gebogene Gleise zur Verfügung. Es ist klar, dass eine geradlinige Verbindung nicht in Frage kommt.

 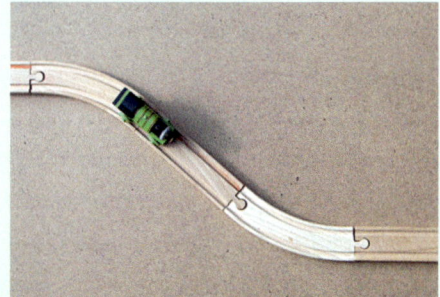

Welche der beiden hier konstruierten Übergänge würden Sie bevorzugen? Warum?

b) Obwohl bei beiden Varianten die Übergänge jeweils knickfrei verlaufen – beim Übergang Gerade-Bogen und Bogen-Bogen sind die Tangenten jeweils gleich –, spürt man beim Führen des Wagens an diesen Stellen einen Ruck. Wie ist dies zu erklären?

c) Beide oben abgebildeten Varianten mit den kreisförmigen Gleisstücken ähneln dem Teilstück eines Graphen einer ganzrationalen Funktion 3. Grades um den Wendepunkt. Bestimmen Sie die Gleichung einer solchen Funktion so, dass an den beiden Übergängen zu den Geraden keine Knicke auftreten.

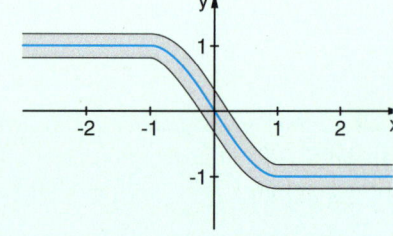

> Ansatz:
> $y = ax^3 + bx$
> (wegen Punktsymmetrie des Graphen zum Ursprung)

Wenn Sie die Verbindung in der Form eines Polynoms dritten Grades gestalten, so verspüren Sie im Wendepunkt keinen Ruck mehr, wohl aber noch an den beiden Übergängen von den Geraden zu der Kurve. Sie können dies durch Experimente mit Modellautos am Kurvenlineal oder durch Abfahren der Polynombahn mit dem Roller auf dem Schulhof selbst ausprobieren.

d) Der Ruck hat etwas mit der Krümmung an dem jeweiligen Übergang zu tun. Er wird deshalb auch als „Krümmungsruck" bezeichnet. Vergleichen Sie an den Übergangsstellen jeweils die Werte der zweiten Ableitung für die Gerade und das Polynom. Wenn Sie die Verbindung in der Form eines Polynoms fünften Grades $f(x) = ax^5 + bx^3 + cx$ gestalten, so können Sie die Bedingung $f''(-1) = f''(1) = 0$ berücksichtigen. Bestimmen Sie die Gleichung eines solchen Polynoms und zeichnen Sie den Graphen der Verbindung. Der Ruck findet nun nicht mehr statt. Vielleicht können Sie dies mit einer der oben vorgeschlagenen Varianten selbst erfahren.

3.3 Bestimmung ganzrationaler Funktionen zu vorgegebenen Daten und Eigenschaften

Strategie zur Lösung von Steckbriefaufgaben

Gesucht ist eine ganzrationale Funktion mit den Eigenschaften:
Der Funktionsgraph geht durch die Punkte P(2|1) und Q(1|3).
In P hat der Graph ein lokales Minimum, in Q wechselt er das Krümmungsverhalten.

Basiswissen

In Anwendungssituationen muss man die Ausgangslage erst in ein **Modell** übersetzen. Dabei entsteht so ein Steckbrief.

Die Eigenschaften werden im Koordinatensystem dargestellt und in Funktionsschreibweise notiert.
(1) $f(2) = 1$ (2) $f(1) = 3$
(3) $f'(2) = 0$ (4) $f''(1) = 0$

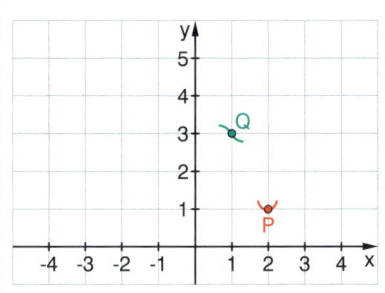

Ein erster Ansatz geht von der Anzahl der Bedingungen aus:
n Bedingungen
→ Polynom vom Grad n − 1

Ein passender Kandidat wird benannt.
Ein Polynom dritten Grades könnte die Eigenschaften erfüllen.

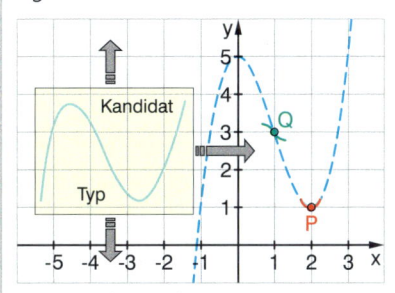

$f(x) = ax^3 + bx^2 + cx + d$
$f'(x) = 3ax^2 + 2bx + c$
$f''(x) = 6ax + 2b$

Die gegebenen Eigenschaften werden in Gleichungen für die Koeffizienten des Polynoms übersetzt.

(1) $8a + 4b + 2c + d = 1$
(2) $a + b + c + d = 3$
(3) $12a + 4b + c = 0$
(4) $6a + 2b = 0$

Das Gleichungssystem wird mit dem Gauß-Algorithmus in die Diagonalform gebracht und gelöst.

$\begin{pmatrix} 8 & 4 & 2 & 1 & 1 \\ 1 & 1 & 1 & 1 & 3 \\ 12 & 4 & 1 & 0 & 0 \\ 6 & 2 & 0 & 0 & 0 \end{pmatrix} \longrightarrow \begin{pmatrix} 1 & 0 & 0 & 1 & 0 \\ 0 & 1 & 0 & 0 & 0 \\ 0 & 0 & 1 & 0 & 0 \\ 0 & 0 & 0 & 0 & 1 \end{pmatrix}$ $\begin{matrix} a = 1 \\ b = -3 \\ c = 0 \\ d = 5 \end{matrix}$

Die Funktionsgleichung wird erstellt: $f(x) = x^3 - 3x^2 + 5$

Der Graph der Funktion wird gezeichnet und es wird überprüft, ob alle Eigenschaften erfüllt sind.

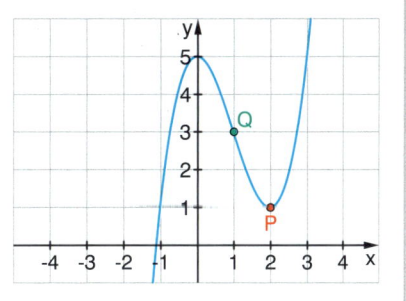

Wenn der Steckbrief das Ergebnis einer Modellierung ist, so muss auch überprüft werden, ob der Graph eine Lösung des Ausgangsproblems darstellt. → **Problemprobe**

3 Modellieren mit Funktionen – Kurvenanpassung

Beispiele

A *Innermathematischer Steckbrief*

Gesucht ist eine ganzrationale Funktion, die im Punkt $P(0|0)$ einen Sattelpunkt hat, an der Stelle $x = 3$ eine Nullstelle und durch den Punkt $Q(2|-2)$ verläuft.

Lösung:

Informationen grafisch und algebraisch festhalten und Kandidaten bestimmen

Dies legt als Kandidaten eine Funktion 4. Grades nahe, denn es kommen fünf Parameter vor.

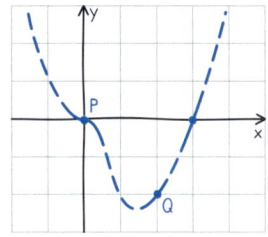

Der Steckbrief liefert fünf Bedingungen:
(1) $f(0) = 0$
(2) $f'(0) = 0$
(3) $f''(0) = 0$
(4) $f(3) = 0$
(5) $f(2) = -2$

Ein Polynom 4. Grades könnte die Bedingungen erfüllen.
Die Bedingungen liefern fünf Gleichungen für die fünf Koeffizienten a, b, c, d und e.
$f(x) = ax^4 + bx^3 + cx^2 + dx + e$
$f'(x) = 4ax^3 + 3bx^2 + 2cx + d$
$f''(x) = 12ax^2 + 6bx + 2c$

Gleichungssystem aufstellen und lösen, Funktionsgleichung erstellen und zugehörigen Graphen zeichnen

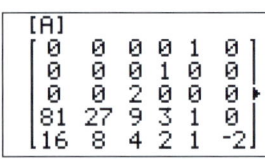

Aus den ersten drei Bedingungen folgt: $e = 0$, $d = 0$, $c = 0$
Es bleiben zwei Gleichungen für die Koeffizienten a und b.
$81a + 27b = 0$, also $b = -3a$
$16a + 8b = -2$, also $16a - 24a = -2$
Damit erhält man $a = \frac{1}{4}$ und $b = -\frac{3}{4}$.

Funktionsgleichung: $f(x) = \frac{1}{4}x^4 - \frac{3}{4}x^3$
Der Graph erfüllt die geforderten Eigenschaften.

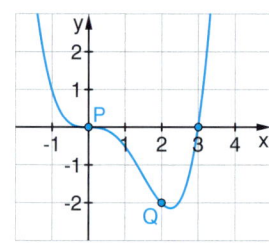

B *Steckbrief aus einer Situation – Modellierung*

Lässt sich der Metallbecher als Rotationskörper einer ganzrationalen Funktion beschreiben?

Lösung:

Von der Form her kommt als Kandidat ein Polynom 3. Grades in Frage ($f(x) = ax^3 + bx^2 + cx + d$).
Der Becher wird daher an vier charakteristischen Stellen vermessen, die Messwerte (in mm) werden notiert.

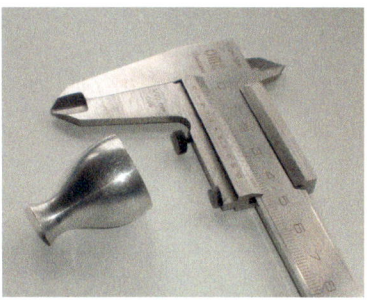

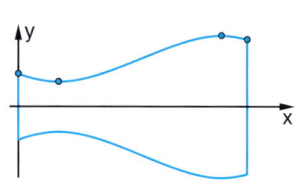

Es liegen vier Bedingungen vor:
(1) $f(0) = 6,3$
(2) $f(5) = 5$
(3) $f(24) = 11,9$
(4) $f(30) = 11,6$

0	5	24	30
6,3	5	11,9	11,6

Für die Koeffizienten ergibt sich durch Einsetzen der Punkte ein (4×4)-Gleichungssystem.

Das Gleichungssystem wurde mit dem GTR gelöst, die Werte für a, b und c sind gerundet.

$$\begin{pmatrix} 0 & 0 & 0 & 1 & 6,3 \\ 5^3 & 5^2 & 5 & 1 & 5 \\ 24^3 & 24^2 & 24 & 1 & 11,9 \\ 30^3 & 30^2 & 30 & 1 & 11,6 \end{pmatrix} \longrightarrow \begin{pmatrix} 1 & 0 & 0 & 0 & 0,0014 \\ 0 & 1 & 0 & 0 & 0,0670 \\ 0 & 0 & 1 & 0 & -0,5597 \\ 0 & 0 & 0 & 1 & 6,3 \end{pmatrix}, \text{also} \quad \begin{aligned} a &\approx -0,0014 \\ b &\approx 0,067 \\ c &\approx -0,56 \\ d &= 6,3 \end{aligned}$$

Damit erhält man $f(x) = -0,0014x^3 + 0,067x^2 - 0,56x + 6,3$.
Der untere Ast lässt sich durch $g(x) = -f(x)$ (Spiegelung an x-Achse) beschreiben.
Der aus dem Graphen von f entstehende Rotationskörper modelliert die Form des Bechers sehr gut.

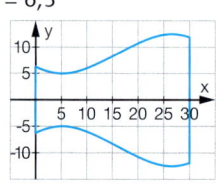

3.3 Bestimmung ganzrationaler Funktionen zu vorgegebenen Daten und Eigenschaften

Die Aufgaben 3 und 4 vermitteln Erfahrungen zum Ausfüllen der Tabelle in Aufgabe 5.

Übungen

3 *Steckbriefe mit Vorgabe des Kandidaten*
a) Der Graph einer ganzrationalen Funktion 3. Grades verläuft durch den Ursprung und hat die Nullstellen $x_1 = -2$ und $x_2 = 4$. Die Tangente an der Stelle $x = 2$ hat die Steigung $m = -2$.
b) Der Graph einer ganzrationalen Funktion 3. Grades geht durch den Punkt $A(0|-12)$, hat an der Stelle $x = 4$ einen lokalen Extremwert und in $P(3|6)$ einen Wendepunkt.
c) Eine ganzrationale Funktion 4. Grades hat im Ursprung einen Wendepunkt mit der x-Achse als Tangente und in $W(1|-1)$ einen weiteren Wendepunkt.

4 *Steckbriefe ohne Vorgabe des Kandidaten*
Gesucht ist jeweils eine ganzrationale Funktion mit den folgenden Eigenschaften.
Tipp: a) und b) können auch händisch bearbeitet werden, für c) und d) benötigt man möglichst einen GTR oder Software.

a) $P(0|1)$ liegt auf dem Graphen, $Q(1|4)$ ist ein Hochpunkt des Graphen. Der Graph hat an der Stelle $x = 4$ eine horizontale Tangente.

b) Der Graph hat einen Extrempunkt in $(0|3)$ und einen Wendepunkt an der Stelle $x = 3$. Er verläuft durch den Punkt $(1|1)$.

c) Der Graph hat in $H(-2|3)$ einen Hochpunkt, in $T(1|1)$ einen Tiefpunkt und einen weiteren Hochpunkt mit der x-Koordinate 2.

d) Der Graph hat einen Sattelpunkt $S(1|5)$, einen Tiefpunkt $T(2|2)$ und einen Hochpunkt bei $x = 4$.

5 *Übersetzungstabelle*
In jeder Spalte wird eine Eigenschaft des Graphen einer ganzrationalen Funktion in Wort, Bild und Gleichung festgehalten.
a) Füllen Sie die Tabelle vollständig aus.

Punkt $P(a|b)$ liegt auf dem Graphen.			Der Graph hat an der Stelle a einen Wendepunkt.		
$f(a) = b$	$f(a) = 0$			$f'(a) = 0$ und $f''(a) \neq 0$	

Die Tabelle kann bei den Übungen in diesem Kapitel hilfreich sein.

b) Ergänzen Sie die Tabelle durch das Symmetrieverhalten. Wie können Sie an den Potenzen von x das Symmetrieverhalten erkennen?

6 *Dichte Steckbriefe*
a) Welches zur y-Achse symmetrische Polynom 4. Grades geht durch $A(0|2)$ und hat in $B(1|0)$ ein Minimum?
b) Welches zu $(0|0)$ symmetrische Polynom 5. Grades geht durch $\left(-1\left|-\frac{9}{2}\right.\right)$ und hat in $(2|0)$ einen Extrempunkt?
c) Stimmt das?
• Zur y-Achse symmetrische Polynome haben einen Extrempunkt auf der y-Achse.
• Zum Ursprung symmetrische Polynome haben im Ursprung einen Wendepunkt.

3 Modellieren mit Funktionen – Kurvenanpassung

Übungen

7 *Grafische Steckbriefe*
Durch die Abbildung ist jeweils der Graph einer ganzrationalen Funktion gegeben. Bestimmen Sie eine passende Funktionsgleichung.

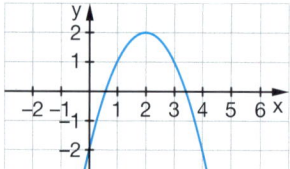 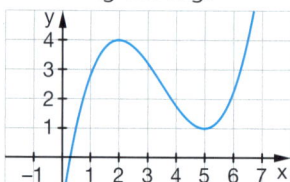 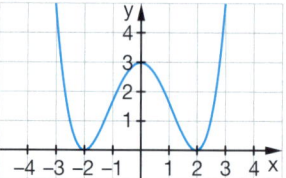

8 *Reichhaltige Steckbriefe*
a) Skizzieren Sie jeweils einen Funktionsgraphen mit den gegebenen Eigenschaften.

Ⓘ
$f(-2) = 8$
$f(0) = 4$
$f(2) = 0$
$f'(x) > 0$ für $|x| > 2$
$f'(2) = f'(-2) = 0$
$f'(x) < 0$ für $|x| < 2$
$f''(x) < 0$ für $x < 0$
$f''(x) > 0$ für $x > 0$

Ⓘ Ⓘ

x	y	Graph
x < 2		fallend, linksgekrümmt
2	1	horizontale Tangente
2 < x < 4		steigend, linksgekrümmt
4	4	Wendepunkt
4 < x < 6		steigend, rechtsgekrümmt
6	7	horizontale Tangente
x > 6		fallend, rechtsgekrümmt

b) Bestimmen Sie jeweils eine ganzrationale Funktion möglichst niedrigen Grades mit den obigen Eigenschaften. Vergleichen Sie deren Graphen mit Ihrer Skizze.

> Mögliche Kandidaten für Steckbriefe haben Sie gefunden, indem Sie den Grad einer ganzrationalen Funktion so gewählt haben, dass die Anzahl der gegebenen Bedingungen mit der Anzahl der Koeffizienten in der Funktionsgleichung übereinstimmt (Beispiel: vier Bedingungen: $f(x) = ax^3 + bx^2 + cx + d$). Dabei haben Sie bisher immer genau eine Lösungsfunktion gefunden. In den nächsten Aufgaben werden Sie erfahren, dass es einerseits nicht immer eine Lösungsfunktion gibt, anderseits manchmal auch viele. Dabei werden Sie auch untersuchen, was passiert, wenn die Anzahl der Bedingungen mit der Anzahl der Koeffizienten nicht übereinstimmt.

9 *Ganzrationale Funktionen durch zwei, drei und vier Punkte*
a) Bestimmen Sie jeweils eine ganzrationale Funktion niedrigsten Grades durch die angegebenen Punkte:
(1) A(1|2); B(−3|5) (2) A(1|2); B(4|1); C(−1|−2)
(3) A(−2|1); B(0|3); C(1|4); D(3|−6)
b) Begründen Sie, dass im Allgemeinen n Punkte ein Polynom (n−1)-ten Grades eindeutig festlegen. Zeigen Sie am Beispiel von drei Punkten, dass es manchmal auch ein Polynom mit niedrigerem Grad gibt.

10 *Keine und viele Kandidaten 1*

a) Untersuchen Sie, ob es eine lineare Funktion durch die Punkte A(−1|0), B(1|4) und C(3|7) gibt. Wie sieht das LGS dazu aus und wie die Matrix in Diagonalform?
Interpretieren Sie diese Matrix. Führen Sie die gleiche Untersuchung für A, B und C(3|8) durch.

b) Zeigen Sie durch Skizzen, dass viele quadratische Funkionen durch die Punkte A(−1|0) und B(1|4) verlaufen. Wie sieht das LGS dazu aus und wie die Matrix in Diagonalform? Interpretieren Sie diese Matrix. Zeigen Sie, dass die Funktionen $f_a(x) = ax^2 + 1 - a$ durch beide Punkte verlaufen und skizzieren Sie die Schar.

3.3 Bestimmung ganzrationaler Funktionen zu vorgegebenen Daten und Eigenschaften

Übungen

11 *Keine und viele Kandidaten 2*
Gesucht ist eine quadratische Funktion, für die gilt:

a) Der Graph verläuft durch $A(0|3)$ und $B(2|1)$ und hat an der Stelle 1 die Steigung 0.

b) Der Graph verläuft durch $A(0|3)$ und $B(2|3)$ und hat an der Stelle 1 die Steigung 0.

Skizzieren Sie die Bedingungen.
Stellen Sie jeweils das zugehörige LGS auf. Bestimmen Sie die zugehörige Matrix in Diagonalform und interpretieren Sie diese. Erläutern Sie das Ergebnis auch grafisch mit Ihrem Wissen über Parabeln.

Lösungsvielfalt von Steckbriefaufgaben

Anzahl der Lösungen	eine Lösung	keine Lösung	unendlich viele Lösungen
Beispiele	• Parabel durch drei Punkte, die nicht auf einer Geraden liegen	• Gerade durch drei, nicht auf einer Geraden liegenden, Punkte • „unmögliche" Informationen (vgl. 11 a)	• Gerade durch einen Punkt • „doppelte" Informationen (vgl. 11 b)
Bedingungen und Koeffizienten	Anzahl Bedingungen = Anzahl Koeffizienten	Anzahl Bedingungen ≥ Anzahl Koeffizienten	Anzahl Bedingungen < Anzahl Koeffizienten
Matrix in Diagonalform	$\begin{pmatrix} 1 & 0 & 0 & * \\ 0 & 1 & 0 & * \\ 0 & 0 & 1 & * \end{pmatrix}$	$\begin{pmatrix} 1 & 0 & 0 & * \\ 0 & 1 & 0 & * \\ 0 & 0 & 0 & 1 \end{pmatrix}$ Letzte Zeile: $0 = 1$	$\begin{pmatrix} 1 & \# & 0 & * \\ 0 & 1 & 0 & * \\ 0 & 0 & 0 & 0 \end{pmatrix}$ Letzte Zeile: $0 = 0$ 1. Zeile: $a + \# \cdot b = *$

12 *Steckbrief ohne und mit seltsamem Kandidaten*

a) Eine ganzrationale Funktion 3. Grades soll in $(1|1)$ einen Wendepunkt, an der Stelle -2 einen Hochpunkt und an der Stelle 2 einen Tiefpunkt haben.

b) Eine ganzrationale Funktion 3. Grades soll in $(0|1)$ einen Wendepunkt, an der Stelle -2 einen Hochpunkt und an der Stelle 2 einen Tiefpunkt haben.

13 *Widersprüchliche Zeugenaussagen?*
Gesucht ist eine ganzrationale Funktion dritten Grades, deren Graph an der Stelle $x = 1$ einen Extrempunkt und an der Stelle $x = 0$ einen Sattelpunkt hat.

14 *Mehrdeutiger Steckbrief*
a) Bestimmen Sie eine ganzrationale Funktion von möglichst niedrigem Grad, die den Steckbrief erfüllt. Begründen Sie, dass es genau eine solche Funktion gibt.
b) Gibt es Funktionen dritten Grades, die den Steckbrief erfüllen?
• Zeigen Sie, dass
$f_1(x) = \frac{1}{4}x^3 - x^2 + x + 5$
zum Steckbrief passt.
• Zeigen Sie, dass die Funktionen der Schar
$f_c(x) = \left(\frac{1}{12}c + \frac{1}{6}\right)x^3 + \left(-\frac{1}{2}c - \frac{1}{2}\right)x^2 + cx + 5$
passen.

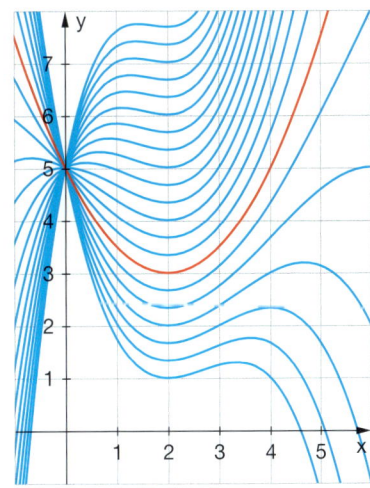

Steckbrief:
$f(0) = 5$
$f'(2) = 0$
$f''(2) = 1$

Übungen

15 *Eine Geradenschar und eine Parabelschar*
a) Bestimmen Sie:
(1) die Geradenschar durch A(1|2),
(2) die Parabelschar durch A(1|2) und B(0|3).
Warum erhält man jeweils eine Schar?
b) Welche der Scharkurven aus Teil a) verläuft durch den Punkt C(4|3)?
c) Was passiert, wenn man neben C noch D(7|4) in (1) und (2) hinzufügt?

16 *Viele Kandidaten 1*
a) Begründen Sie anhand der Abbildung, dass der nebenstehende Graph eines Polynoms die folgenden Gleichungen erfüllt:
$f'(1) = 0$; $f'(5) = 0$; $f''(3) = 0$ und $f''(3) = 2$
b) Wenn Sie mit dem passenden Gleichungssystem die Koeffizienten des Polynoms bestimmen, erleben Sie eine Überraschung bei der Matrix in Diagonalform. Finden Sie eine Erklärung für dieses Phänomen?
c) Suchen Sie mithilfe von Informationen aus der Skizze eine zum Graphen passende Funktionsgleichung.
d) Gelingt Ihnen eine Bestimmung der Gleichung der Funktionenschar mithilfe der Matrix in Diagonalform?

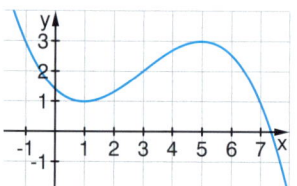

$$\begin{pmatrix} 1 & 0 & 0 & -\frac{1}{9} & -\frac{2}{9} \\ 0 & 1 & 0 & 1 & 2 \\ 0 & 0 & 1 & -\frac{5}{3} & -\frac{10}{3} \\ 0 & 0 & 0 & 0 & 0 \end{pmatrix}$$

17 *Viele Kandidaten 2*
a) Zeigen Sie, dass alle Graphen der Funktionenschar

$$f_a(x) = a \cdot x^4 - \left(\frac{8}{3}a + \frac{1}{6}\right)x^3 + 2x + 1$$

die folgenden Bedingungen erfüllen:
$f_a(0) = 1$; $f_a'(0) = 2$; und $f_a''(0) = 0$

b) Leiten Sie die Gleichung der Schar mithilfe der Matrix in Diagonalform her.
Ansatz: Vier Gleichungen für fünf Koeffizienten und
$f(x) = ax^4 + bx^3 + cx^2 + dx + e$

$$\begin{pmatrix} 1 & \frac{3}{8} & 0 & 0 & 0 & -\frac{1}{16} \\ 0 & 0 & 1 & 0 & 0 & 0 \\ 0 & 0 & 0 & 1 & 0 & 2 \\ 0 & 0 & 0 & 0 & 1 & 1 \end{pmatrix}$$

18 *Funktionenscharen*
a) Bestimmen Sie die Schar aller ganzrationalen Funktionen dritten Grades mit den Nullstellen –2, 2 und 4. Was lässt sich über die Lage des Wendepunktes und der lokalen Extrempunkte der Schar aussagen?
b) Bestimmen Sie die Schar aller ganzrationalen Funktionen dritten Grades, deren Wendepunkt auf der y-Achse liegt. Was lässt sich über die Lage der lokalen Extrempunkte aussagen?

19 *Der Graph bestimmt die Vorzeichen der Koeffizienten*
Was kann man über die Koeffizienten a, b, c, d und e der Funktion $f(x) = ax^4 + bx^3 + cx^2 + dx + e$ aussagen, wenn f die Form des abgebildeten, zur y-Achse symmetrischen Graphen hat?
Begründen Sie, welche Koeffizienten positiv, negativ oder Null sein müssen.
Geben Sie auch ein Beispiel für eine passende Funktionsgleichung an.

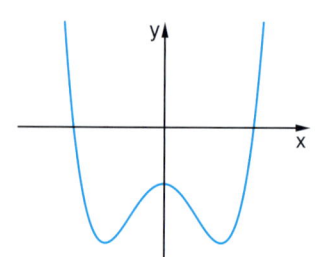

3.3 Bestimmung ganzrationaler Funktionen zu vorgegebenen Daten und Eigenschaften

Übungen
Anwendungen

20 *Minigolf mit Mathe*
Bei einer Minigolfbahn soll eine Bande zwischen B und C so gebaut werden, dass man vom Abschlagpunkt A möglichst einfach direkt in L einlochen kann.

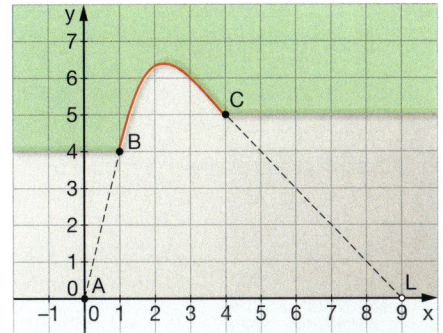

21 *Firmenlogo*

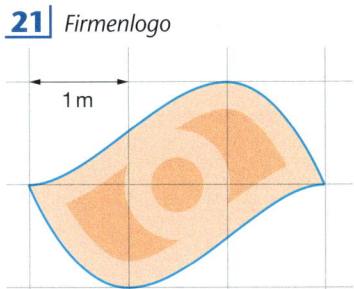

Das Designbüro *GanRat3* hat für einen Kunden ein neues Logo entwickelt.
Das Logo ist punktsymmetrisch und soll in den angegebenen Maßen produziert werden.
Die Designer haben ganzrationale Funktionen vom Grad 3 benutzt.
Ermitteln Sie passende Randfunktionen.

22 *Dach*
Ein Dach für eine Halle mit den angegebenen Maßen soll in der nebenstehenden Form konstruiert werden. Der höchste Punkt liegt in einer Höhe von 8 m, die seitlichen Stützmauern sind 6 m hoch, der Dachauslauf an den Seiten soll knickfrei und waagerecht seitlich der Stützmauern sein.

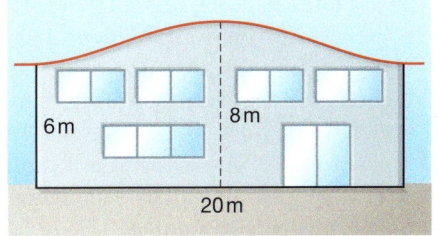

a) Ermitteln Sie eine geeignete Funktion.
b) An welcher Stelle ist das Dach am steilsten?

23 *Skaterbahn*

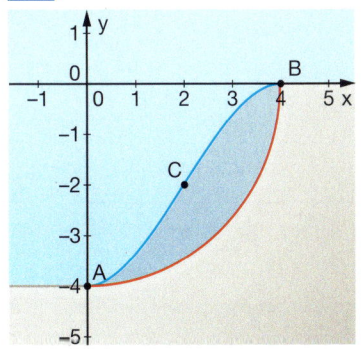

Für eine Skaterbahn müssen noch die gebogenen Teile gebaut werden. Die Abbildung (blau) zeigt eine knickfreie Verbindung mithilfe einer ganzrationalen Funktion vom Grad 3.
a) Ermitteln Sie die Funktionsgleichung und zeigen Sie, dass die Verbindung durch den Punkt C verläuft.
b) Als Alternative wird eine Verbindung durch zwei Parabelstücke erwogen. Bestimmen Sie eine geeignete Parabel durch A und C und danach eine passende durch C und B.
c) Bei einer Halfpipe werden meist kreisförmige Stücke gebaut. Zeigen Sie, dass $K(x) = -\sqrt{16 - x^2}$ für $0 \leq x \leq 4$ das Kreisbogenstück beschreibt.
d) Beschreiben Sie die unterschiedlichen „Fahrerlebnisse" bei den Verbindungen aus den Teilaufgaben a) bis c).

3 Modellieren mit Funktionen – Kurvenanpassung

Sanfte Übergänge

Beim Straßen- und Schienenbau besteht ein Problem in dem Übergang von einer geraden Strecke zu einer Kurve. Bei der Modelleisenbahn wird einfach an die geraden Gleisstücke ein Kreisbogen angeschlossen. Wenn man genau hinsieht, stellt man fest, dass die Modellbahn beim Überfahren dieser Anschlussstelle einen ziemlichen Ruck erfährt. Dieser Ruck ist leicht erklärbar. Stellen Sie sich vor, Sie fahren mit einem Fahrrad auf einer ganz schmalen Kreisbahn (Kreidelinie). Dazu muss der Lenker in einer konstanten Position eingeschlagen sein. Auf der geraden Strecke steht der Lenker gerade. Bei dem Übergang muss nun der Lenker ruckartig aus der Kurvenstellung in die gerade Stellung gebracht werden.

Beim Straßen- und Schienenbau ist unter anderem also darauf zu achten, dass die Krümmung der Streckenführung sich nicht ruckartig ändert. Dabei müssen auch die Straßenbreite oder das Fahrverhalten bei hohen Geschwindigkeiten, bei plötzlichem Beschleunigen oder Abbremsen berücksichtigt werden.

In der Realität wird das Problem auf verschiedene Weise gelöst. Dabei helfen auch mathematische Kurven, wie z. B. die Klothoide. Sie wird als Übergangsbogen bei Kurven im Straßen- und Eisenbahnbau eingesetzt. Ihr Krümmungsverlauf nimmt linear zu und dient einer ruckfreien Fahrdynamik.
Wenn wir in einer wenig realistischen Betrachtung die Streckenverläufe als Linien (ohne Breite) ansehen, so lassen sich diese durch Funktionsgraphen modellieren. In einfachen Fällen kann man die Ruckfreiheit dann dadurch erreichen, dass die Funktionen an den Übergängen in ihrer ersten und zweiten Ableitung übereinstimmen.

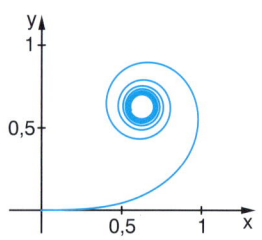

Klothoide

Die Klothoide lässt sich nicht als Funktionsgraph beschreiben. Die Parameterdarstellung vermittelt einen Eindruck der Komplexität.

$$\begin{pmatrix} x \\ y \end{pmatrix} = a\sqrt{\pi} \int_0^t \begin{pmatrix} \cos\frac{\pi \xi^2}{2} \\ \sin\frac{\pi \xi^2}{2} \end{pmatrix} d\xi$$

Übungen

24 *Vereinfachte Modellierung von Übergängen mit ganzrationalen Funktionen*
In den folgenden Situationen sollen gute Übergangsbögen zwischen A und B gefunden werden. In d) soll dieser Bogen durch den Punkt C verlaufen.

a)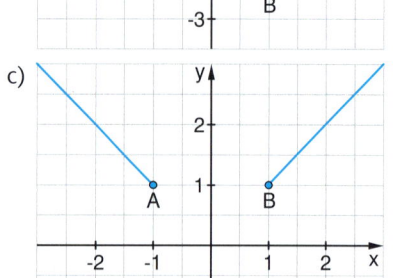

b)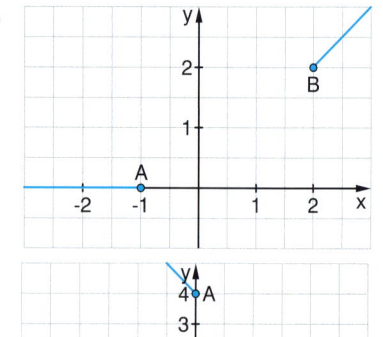

c)

d)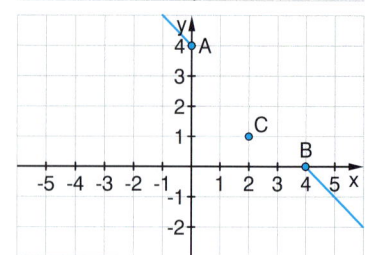

3.3 Bestimmung ganzrationaler Funktionen zu vorgegebenen Daten und Eigenschaften

Übungen
Gruppenarbeit

25 *Biegelinien 1*

Durch Gewichte belastete Gegenstande, z.B. ein Balken, biegen sich durch. Die dabei entstehende Biegelinie kann durch Graphen ganzrationaler Funktionen beschrieben werden.

Auf dem Foto ist ein Metallstreifen (eine Blattfeder) am linken Ende waagerecht eingespannt, während das rechte Ende durch ein Gewichtsstück belastet wird und frei herunterhängt. Durch die Projektion der Blattfeder auf Koordinatenpapier wurde die Kurve aufgezeichnet. Die Koordinaten von drei Punkten konnten dabei gut abgelesen werden:
A(0|19); B(7|16); C(17|0)

Nach der physikalischen Theorie müsste die Biegelinie wie der Graph einer ganzrationalen Funktion dritten Grades verlaufen.

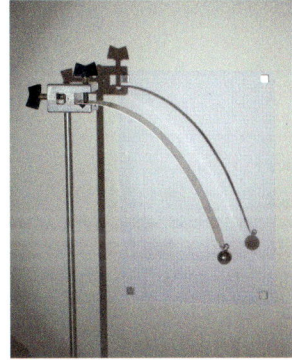

Bestimmen Sie mit den vorgegebenen Punkten und der Einspannbedingung eine solche Funktion und vergleichen Sie mit dem Projektionsbild. Welche Fehlerquellen könnten für eventuelle leichte Abweichungen verantwortlich sein?

26 *Biegelinien 2*

Ein Metallstab (Träger) biegt sich bei Belastung durch. Die Form der so entstehenden Kurve hängt davon ab, wie der Stab eingespannt ist.
Die Kurve soll durch den Graphen einer geeigneten Funktion modelliert werden.
Im Folgenden werden drei verschiedene Situationen dargestellt.
In allen Fällen ist der horizontale Abstand zwischen den Befestigungspunkten 50 cm.

Bei Kurve 1 liegt der höchste Punkt in der Mitte 8 cm über der waagerechten Geraden durch die Befestigungspunkte.

Bei Kurve 2 liegt der höchste Punkt 32 cm in horizontaler Richtung und 9 cm in vertikaler Richtung vom linken Befestigungspunkt

Bei Kurve 3 liegt der höchste Punkt in der Mitte 5 cm höher als die Befestigungspunkte.

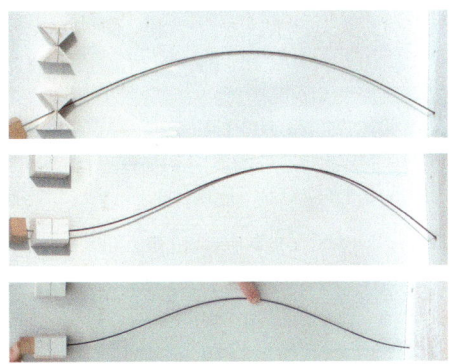

Stellen Sie in allen drei Fällen die Kurve mit geeigneten Funktionsgraphen dar. Beschreiben, begründen und bewerten Sie Ihre Lösung.

KOPFÜBUNGEN

1. Bestimmen Sie jeweils die Definitionsmenge:
   a) $f(x) = \frac{x+1}{2}$ b) $g(x) = \frac{2}{x+1}$ c) $h(x) = \sqrt{x+1}$

2. Ein Klettergerüst ist von der Spitze aus mit 10 m langen Seilen im 30°-Winkel am Boden befestigt. Bestimmen Sie die Höhe des Klettergerüstes.

3. Was bedeutet in der Stochastik P(A|B)? Formulieren Sie diesen Sachverhalt in Worten.

4. Lösen Sie das Gleichungssystem: $\begin{aligned} y - 2x &= -3 \\ y + 3x &= 2 \end{aligned}$

3 Modellieren mit Funktionen – Kurvenanpassung

Projekt

Klassische Bögen und moderne Architektur

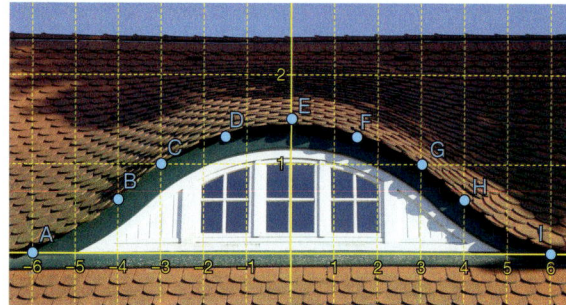

A(−6|0);
B(−4|0,6);
C(−3|1);
D(−1,5|1,3);
E(0|1,5);
F(1,5|1,3);
G(3|1);
H(4|0,6);
I(6|0)

Tipps:
- Symmetrie nutzen
- Funktionen abschnittsweise definieren und passend aneinandersetzen

GTR: Stückweise definierte Funktion im „DOT-Modus" zeichnen

(1) Eine ganzrationale Funktion vom Grad 4

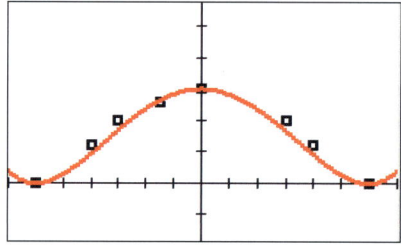

(2) Stückweise mit Parabeln

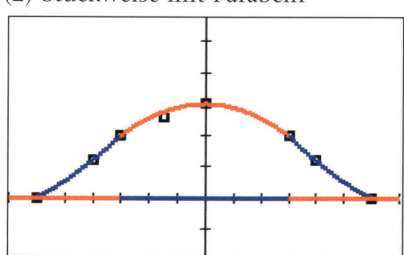

Tipp:
Kontur aus mehreren Funktionen abschnittsweise definieren und passend zusammensetzen.

A(−2|−0,7);   B(−1,9|0);   C(−1,5|0,5);   D(−1|0,55);   E(−0,5|0,3);
F(0|0,1);   G(0,5|0,2); H(1|0,4);   I(1,5|0,6);   J(2|0,55);
K(2,5|0,3);   L(3|−0,15); M(3,3|−0,5);   N(3,5|−0,7)

Das Volkstheater in Niteroi in Brasilien wurde von OSCAR NIEMEYER entworfen und 2007 eröffnet.

Eine Umriss-Skizze entsteht mithilfe der Graphen von abschnittsweise definierten Funktionen auf dem Bildschirm.

Das Auditorium von Teneriffa ist eine Konzert- und Kongresshalle in Santa Cruz de Tenerife. Sie wurde vom spanischen Architekten SANTIAGO CALATRAVA entworfen.

Suchen Sie Fotos von Bögen aus Ihrer Umgebung.

3.3 Bestimmung ganzrationaler Funktionen zu vorgegebenen Daten und Eigenschaften

Eine Vase
Ein Designer konstruiert in freier Skizze eine Vasenform. Für die computergestützte, industrielle Fertigung soll die Form durch eine geeignete Kurve beschrieben werden. Zunächst wird das Profil in einem Koordinatensystem abgetragen (der Sockel wird dabei zunächst weggelassen). Die Skalierung muss nicht in cm erfolgen.
Die folgenden Punkte sind ausgelesen:

Projekt

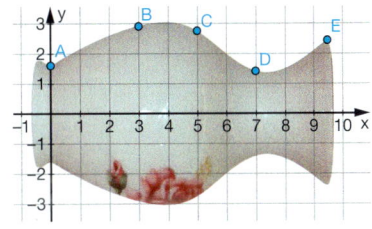

Gruppenarbeit

	A	B	C	D	E
x-Koord.	0	3	5	7	9,5
y-Koord.	1,6	2,9	2,75	1,4	2,4

Sie haben verschiedene Verfahren kennengelernt, wie man Messpunkte mit geeigneten Funktionen anpassen kann:

(A) Regressionsfunktionen

(B) Bestimmung eines Polynoms mithilfe von ausgewählten Punkten

(C) Benutzung von besonderen Punkten (Extrem- und Wendepunkte)

Benutzen Sie verschiedene Verfahren, um eine passende Funktion zu finden. Vergleichen Sie die Lösungen. Ist die Vasenform damit gut erfasst?

Modell 1

Wenn Formen mit dem Computer konstruiert werden sollen (CAD), muss das natürlich nach einem festen Verfahren (algorithmisch) geschehen. Mithilfe gewisser Informationen (hier: Stützpunkte) muss nach festen Regeln eine Lösungsfunktion bestimmt werden können.
Mit dem Modell 1 findet man zwar manchmal recht gut passende Funktionen, man kann aber über die Güte des Modells vorweg wenig aussagen und muss durch Probieren ein geeignetes finden. Die bisherigen Strategien lassen also kein Verfahren nach festen Regeln zu.
Ein neuer Ansatz ist, nicht eine Funktion durch alle Punkte zu finden, sondern je zwei Punkte durch eine Funktion zu verbinden, so dass sich die Lösungsfunktion aus mehreren Teilfunktionen zusammensetzt. Jede Teilfunktion ist ein Interpolationspolynom durch zwei Punkte (stückweise Interpolation).

Ein neuer Lösungsansatz

Verbindung durch Polynome ersten Grades (Geradenstücke)
Lesen Sie einige Punkte ab und verbinden Sie diese durch Geradenstücke.
Was halten Sie von diesem Modell?

Modell 2

Modellkritik

Verbindung durch Parabelstücke
Wir wollen den Ansatz von Modell 2 verbessern, indem wir jeweils zwei benachbarte Punkte durch Parabelstücke (statt durch Geradenstücke) verbinden. Dabei sollen aufeinandertreffende Parabelstücke knickfrei ineinander übergehen.

Modell 3

Für jede Parabel werden daher drei Bedingungen benötigt: Jeweils zwei Stützpunkte und die Knickfreiheit an der linken Anschlussstelle, d.h. die ersten Ableitungen der aufeinandertreffenden Parabelstücke müssen an der Übergangsstelle gleich sein. Bei der ersten Parabel muss am linken, freien Rand noch eine passende Steigung bestimmt werden. Die mittlere Steigung zwischen A und B liefert einen sinnvollen Wert.

$m_{AB} = \frac{2{,}9 - 1{,}6}{3 - 0} \approx 0{,}433$

Die Funktion f setzt sich stückweise aus quadratischen Teilfunktionen zusammen:

$$f(x) = \begin{cases} f_{AB}(x) = a_1 x^2 + b_1 x + c_1 & \text{für } 0 \leq x < 3 \\ f_{BC}(x) = a_2 x^2 + b_2 x + c_2 & \text{für } 3 \leq x < 5 \\ f_{CD}(x) = a_3 x^2 + b_3 x + c_3 & \text{für } 5 \leq x < 7 \\ f_{DE}(x) = a_4 x^2 + b_4 x + c_4 & \text{für } 7 \leq x \leq 9{,}5 \end{cases}$$

3 Modellieren mit Funktionen – Kurvenanpassung

Stückweise definierte Funktionen mit dem GTR:

```
Plot1 Plot2 Plot3
\Y1=(0.43X+1.6)(X>0)(X<3)
\Y2=
\Y3=
\Y4=
\Y5=
\Y6=
```

>, < usw. findet man z. B. im TEST-Menü

Bestimmen Sie alle Teilfunktionen mit Verwendung der Punkte A, B, C, D und E von Seite 117 und fertigen Sie eine Skizze an. Überprüfen Sie jedes Parabelstück.

$$\left.\begin{array}{l}f_{AB}(0) = 1{,}6 \\ f_{AB}(3) = 2{,}9 \\ f'_{AB}(0) = 0{,}433\end{array}\right\} \longrightarrow \begin{pmatrix} 0 & 0 & 1 & 1{,}6 \\ 9 & 3 & 1 & 2{,}9 \\ 0 & 1 & 0 & 0{,}433 \end{pmatrix} \xrightarrow{\text{rref}} \begin{pmatrix} 1 & 0 & 0 & 0 \\ 0 & 1 & 0 & 0{,}433 \\ 0 & 0 & 1 & 1{,}6 \end{pmatrix} \Rightarrow f_{AB}(x) = 0{,}433\,x + 1{,}6$$

$$\left.\begin{array}{l}f_{BC}(3) = 2{,}9 \\ f_{BC}(5) = 2{,}75 \\ f'_{BC}(3) = f'_{AB}(3) = 0{,}433\end{array}\right\} \longrightarrow \begin{pmatrix} 9 & 3 & 1 & 2{,}9 \\ 25 & 5 & 1 & 2{,}75 \\ 6 & 1 & 0 & 0{,}433 \end{pmatrix} \xrightarrow{\text{rref}} \begin{pmatrix} 1 & 0 & 0 & -0{,}254 \\ 0 & 1 & 0 & 1{,}957 \\ 0 & 0 & 1 & -0{,}685 \end{pmatrix}$$

$$\Rightarrow f_{BC}(x) = -0{,}254\,x^2 + 1{,}957\,x - 0{,}685$$

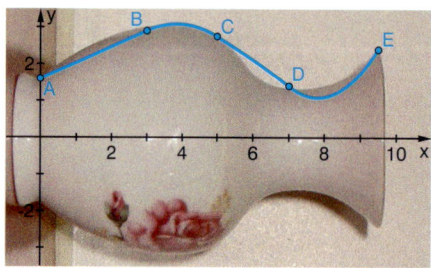
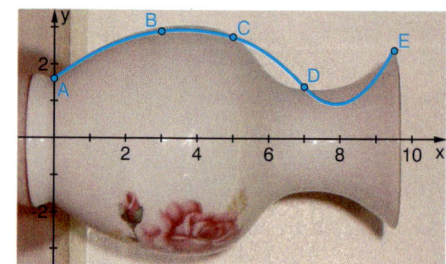

Warum erhält man als erste Funktion immer eine Gerade?
Variation: Beginnen Sie mit der Parabel durch die Punkte A, B und C und verbinden Sie dann knickfrei weiter (Abbildung oben rechts).

Modellkritik Wie bei Modell 2 haben wir hier einen einheitlichen Algorithmus. Leider ist das Ergebnis nicht zufriedenstellend: Der Graph der ermittelten Funktion weicht am Vasenhals zu stark von der tatsächlichen Form ab, die Krümmung passt nicht.

Modell 4 *Verbindung durch Polynome dritten Grades – **Spline-Interpolation***
Wenn man mit Parabeln das Krümmungsverhalten nicht angemessen modellieren kann, muss zusätzlich die zweite Ableitung ins Spiel kommen. Wir fordern deshalb auch die Übereinstimmung der zweiten Ableitungen an den Übergangsstellen (Stützpunkten).

Jeweils zwei benachbarte Punkte werden jetzt durch ganzrationale Funktionen 3. Grades knickfrei und mit gleichem Krümmungsverhalten in den Stützpunkten verbunden.

Bei der ersten und vierten Teilfunktion geben wir dem Krümmungsverhalten am linken bzw. rechten freien Rand den Wert null. Das entspricht einer geradlinigen Fortsetzung an den Enden.

Es werden die Punkte A, B, C, D und E benutzt.
Wegen der Fülle an Variablen und Zahlen ist eine systematische Kennzeichnung der Variablen wichtig.

$$f(x) = \begin{cases} f_{AB}(x) = a_1 x^3 + b_1 x^2 + c_1 x + d_1 \\ f_{BC}(x) = a_2 x^3 + b_2 x^2 + c_2 x + d_2 \\ f_{CD}(x) = a_3 x^3 + b_3 x^2 + c_3 x + d_3 \\ f_{DE}(x) = a_4 x^3 + b_4 x^2 + c_4 x + d_4 \end{cases}$$

Wenn man die Bedingungen aufstellt und versucht, die erste Funktion zu ermitteln, fällt auf, dass dies nicht mehr auf die gleiche Weise geht wie bei den Parabeln, also sukzessive hintereinander, zuerst $f_{AB}(x)$, dann $f_{BC}(x)$ usw. In einer Bedingung steckt immer schon eine weitere Funktion, für deren Bestimmung wiederum eine weitere Funktion benötigt wird. Erst alle Bedingungen zusammen ermöglichen die Berechnung aller Funktionen, man muss also alle Bedingungen auf einmal auswerten und eine große Matrix bilden.

3.3 Bestimmung ganzrationaler Funktionen zu vorgegebenen Daten und Eigenschaften

Jede der vier Funktionen verläuft durch zwei Punkte und wir erhalten daher acht Bedingungen. Die Knickfreiheit in den drei inneren Punkten B, C und D liefert weitere drei, das Krümmungsverhalten in den fünf Stützpunkten zusätzlich fünf Bedingungen.
Wir erhalten also 16 Gleichungen. Das entspricht 16 Zeilen in der Matrix des Gleichungssystems.
Wegen der Einheitlichkeit der Matrixeingabe müssen die Gleichungen der Form $f'_{AB}(3) = f'_{BC}(3)$ in $f'_{AB}(3) - f'_{BC}(3) = 0$ umgeformt werden.

Bedingung	a_1	b_1	c_1	d_1	a_2	b_2	c_2	d_2	a_3	b_3	c_3	d_3	a_4	b_4	c_4	d_4	rechte Seite
$f_{AB}(0) = 1{,}6$	0	0	0	1	0	0	0	0	0	0	0	0	0	0	0	0	1,6
$f_{AB}(3) = 2{,}9$																	
$f_{BC}(3) = 2{,}9$	0	0	0	0	27	9	3	1	0	0	0	0	0	0	0	0	2,9
$f_{BC}(5) = 2{,}75$																	
$f_{CD}(5) = 2{,}75$	0	0	0	0	0	0	0	0	125	25	5	1	0	0	0	0	
$f_{CD}(7) = 1{,}4$	0	0	0	0	0	0	0	0	343	49	7	1	0	0	0	0	1,4
$f_{DE}(7) = 1{,}4$																	
$f_{DE}(9{,}5) = 2{,}4$																	
$f'_{AB}(3) - f'_{BC}(3) = 0$	27	6	1	0	−27	−6	−1	0	0	0	0	0	0	0	0	0	0
$f'_{BC}(5) - f'_{CD}(5) = 0$																	
$f'_{CD}(7) - f'_{DE}(7) = 0$																	
$f''_{AB}(0) = 0$	0	2	0	0	0	0	0	0	0	0	0	0	0	0	0	0	0
$f''_{AB}(3) - f''_{BC}(3) = 0$	18	2	0	0	−18	−2	0	0	0	0	0	0	0	0	0	0	0
$f''_{BC}(5) - f''_{CD}(5) = 0$																	
$f''_{CD}(7) - f''_{DE}(7) = 0$																	
$f''_{DE}(9{,}5) = 0$																	

Übertragen Sie die Tabelle und füllen Sie diese vollständig aus. Der innere Teil der Tabelle entspricht der Matrix des Gleichungssystems.
Zeigen Sie, dass man nach Auswertung der Matrix (Diagonalisierung/Gauß-Verfahren) folgende stückweise definierte Funktion erhält:

$$f(x) = \begin{cases} -0{,}0100\,x^3 + 0{,}5240\,x + 1{,}6 & \text{für } 0 \leq x < 3 \\ -0{,}0364\,x^3 + 0{,}2369\,x^2 - 0{,}1867\,x + 2{,}3107 & \text{für } 3 \leq x < 5 \\ 0{,}1227\,x^3 - 2{,}1493\,x^2 + 11{,}7446\,x - 17{,}5747 & \text{für } 5 \leq x < 7 \\ -0{,}0569\,x^3 + 1{,}6227\,x^2 - 14{,}6595\,x + 44{,}0348 & \text{für } 7 \leq x \leq 9{,}5 \end{cases}$$

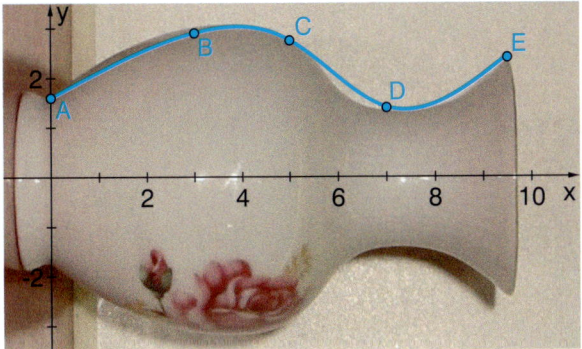

Modellkritik

Beurteilen Sie die Qualität dieses Modells und vergleichen Sie mit den anderen Modellen. Beschreiben Sie, was zu tun ist, um mit diesem Modell noch bessere Ergebnisse zu erhalten. Wie kann man den Sockel mit berücksichtigen?

Aufgaben

27 *Die Liege „Hammock PK 24"*

Der dänische Möbeldesigner POUL KJÆRHOLM gehört zu den wichtigsten Vertretern des dänischen Designs. 1965 entwickelte er die Liege „Hammock PK 24". Ihre Liegefläche ist aus Korbgeflecht oder Leder und der Rahmen aus Stahl. Die Form dieser Liege soll für die industrielle Fertigung als Splinefunktion konstruiert werden.

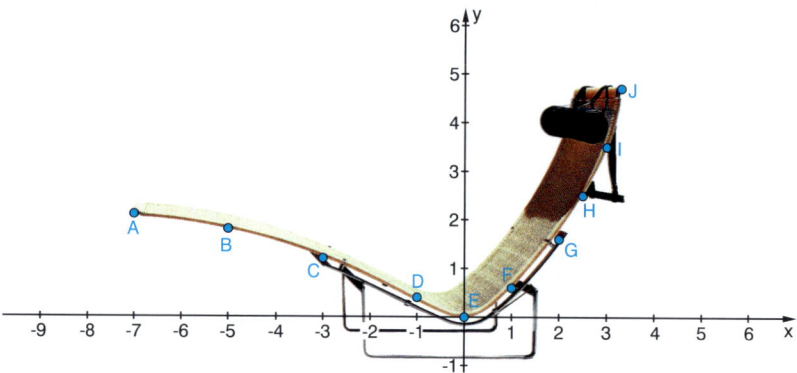

	A	B	C	D	E	F	G	H	I	J
x	−7	−5	−3	−1	0	1	2	2,5	3	3,3
y	2,1	1,8	1,2	0,4	0	0,6	1,6	2,5	3,5	4,7

Ein Spline mit allen 10 Stützpunkten würde ein riesiges Gleichungssystem ergeben (Wie viele Zeilen und Spalten hätte die Matrix?). Praktischer ist da ein Zusammensetzen der Kurve aus mehreren Splines. Eine Möglichkeit ist die Konstruktion von 3 Splines mit jeweils 4 Stützpunkten. Verabreden Sie zunächst eine Anzahl von Splines und der jeweiligen Stützpunkte. Beginnen Sie dann von links.

Formen mit CAD konstruieren

Ein wichtiges Anwendungsgebiet für Splines ist die Automobilindustrie, wo viele Teile nicht mehr nur auf Papier geplant und dann als Modell gefertigt werden, sondern auch mithilfe des Computers digitalisiert und am Bildschirm 3-dimensional dargestellt werden. Das Arbeiten mit Computermodellen hat den Vorteil, dass eine Konstruktionsänderung in kurzer Zeit am Computer durchgeführt werden kann, das Anfertigen eines neuen Modells aus Holz, Plastik oder Metall benötigt viel mehr Zeit, Arbeit und auch Geld.

Splines im Schiffbau

Die Form eines Schiffsrumpfes hat erhebliche Auswirkungen auf die Geschwindigkeit und den Energieverbrauch von Schiffen. Gegenüber einer massiven Bauweise haben Konstruktionen mit Quer- und Längslattungen einen erheblichen Gewichtsvorteil. Beim Bau von Schiffen wurden früher *Straaklatten* (engl.: *spline* = dünne Latte) benutzt, um eine optimale Form für den Schiffsrumpf zu finden. Dabei wurden leicht biegbare Latten um Befestigungspunkte gelegt, die durch das Konstruktionsprinzip des Schiffes vorgegeben waren. Die Latten nehmen aufgrund ihrer Elastizität von selbst eine Form an, die am wenigsten Biegeenergie erfordert und damit insgesamt die geringste Krümmung aufweist.

3.3 Bestimmung ganzrationaler Funktionen zu vorgegebenen Daten und Eigenschaften

Aufgaben

28 *Polynome durch Untersuchung einer Stelle*

Ein Polynom n-ten Grades ist im Allgemeinen durch die Vorgabe von n + 1 Punkten eindeutig festgelgt. Man kann Polynome aber auch auf andere Weise systematisch festlegen.

Bestimmen Sie jeweils das Polynom niedrigsten Grades, das die Bedingungen erfüllt.
a) $f(0) = 1$; $f'(0) = 2$
b) $f(0) = 1$; $f'(0) = 2$; $f''(0) = -1$
c) $f(0) = 1$; $f'(0) = 2$; $f''(0) = -1$; $f'''(x) = 6$

Erläutern Sie den Satz:

Ein Punkt und n Ableitungen legen ein Polynom n-ten Grades eindeutig fest.

b) Wie lauten die Bedingungen für Potenzfunktionen $f(x) = x^n$, wenn die Stelle 0 betrachtet wird?

29 *Approximation der Sinusfunktion durch Polynome 1*

Der Ausschnitt des Sinusgraphen weist eine gewisse Ähnlichkeit mit einem entsprechenden Ausschnitt des Graphen einer ganzrationalen Funktion dritten Grades auf.
Erstellen Sie Steckbriefe mit ausgewählten Bedingungen aus dem nebenstehenden Kasten und bestimmen Sie die zugehörigen Polynome. Vergleichen Sie die Güte der Approximation.

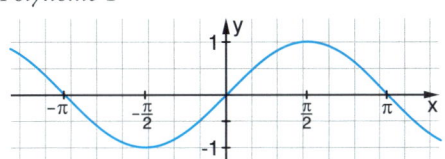

Nullstellen: 0; π; $-\pi$
$f(0) = 1$; $f'\left(\frac{\pi}{2}\right) = f'\left(-\frac{\pi}{2}\right) = 0$
Wendepunkt $(0|0)$

30 *Approximation der Sinusfunktion durch Polynome 2*

Im Folgenden nutzen wir zur Polynomapproximation ausschließlich die Information, die uns die Sinusfunktion und die fortgesetzten Ableitungen an der Stelle Null liefern ($f(0) = 0$; $f'(0) = 1$; $f''(0) = 0$; $f'''(0) = -1$; $f^{(4)}(0) = 0$; …). Warum wird es hier immer Ableitungen geben, die ungleich null sind? Wir gehen schrittweise vor. Mit der Anzahl der Informationen erhöhen wir den Grad des Polynoms.

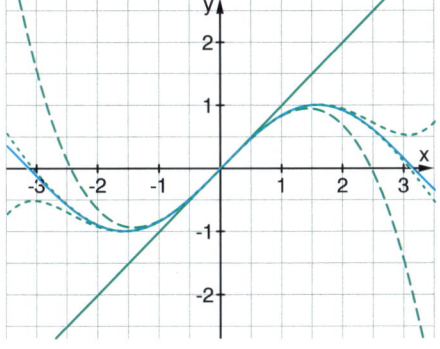

Der Start mit $f(0) = 0$ und $f'(0) = 1$ führt uns zu einem Polynom 1. Grades $f_1(x) = x$. Der Graph von f_1 ist die Tangente an den Sinusgraphen im Punkt $O(0|0)$. In der nahen Umgebung von O werden die Sinuswerte durch diese Gerade gut approximiert. Im dritten Schritt haben wir bereits vier Bedingungen $f(0) = 0$, $f'(0) = 1$, $f''(0) = 0$, $f'''(0) = -1$. Dies führt uns zu einem Polynom 3. Grades. Führen Sie die nächsten Approximationsschritte bis zum Polynom 7. Grades durch und zeichnen Sie jeweils die Graphen. Beobachten und beschreiben Sie die Entwicklung. Erkennen Sie eine Gesetzmäßigkeit bei der Bildung der Funktionsterme? Versuchen Sie damit eine Vorhersage für das Polynom 9. Grades zu machen.
Beschreiben Sie den Zusammenhang zwischen der Sinusfunktion und einer sukzessiven Erhöhung des Grades der Polynome.

In einem Mathematiklexikon oder im Internet findet man zur „Taylorentwicklung":

$\sin(x) = x - \frac{x^3}{3!} + \frac{x^5}{5!} - \frac{x^7}{7!} \pm \ldots$

$= \sum_{k=0}^{\infty} (-1)^k \frac{x^{2k+1}}{(2k+1)!}$

mit $n! = 1 \cdot 2 \cdot 3 \cdot \ldots \cdot n$

3 Modellieren mit Funktionen – Kurvenanpassung

Aufgaben

31 *Krümmung eines Funktionsgraphen und die zweite Ableitung*
Die erste Ableitung einer Funktion ist ein Maß für die Steigung einer Kurve – die zweite Ableitung gibt uns Aufschluss darüber, ob der Graph rechts- oder linksgekrümmt ist. Ist der Wert der zweiten Ableitung an einer Stelle x_0 auch ein Maß für die Krümmung des Graphen an dieser Stelle? Entscheiden Sie erst nach Beantwortung der beiden folgenden Fragen.
(1) Welches Krümmungsmaß hat Ihrer Meinung nach eine Gerade? Wird dies durch den Wert der zweiten Ableitung einer linearen Funktion bestätigt?
(2) An welcher Stelle hat Ihrer Meinung nach die Normalparabel die größte Krümmung? Was sagt die zweite Ableitung?

Anschauliche Wege zum Krümmungsmaß

Welche Kugel passt ins Glas?
Wir lassen am Rand eines Glases mit parabelförmigem Querschnitt eine Kugel abrollen. Eine kleine Kugel wird im tiefsten Punkt des Glases liegenbleiben, eine große Kugel bleibt „im Glas stecken".
Die Kugel, die gerade noch den tiefsten Punkt des Glases berührt, schmiegt sich offenbar besonders gut im tiefsten Punkt an das Glas an.
Wenn man den Längsschnitt betrachtet, könnte man von dem Schmiegekreis an die Parabel im Ursprung sprechen.
Wie kann man Krümmung messen?

Die Grundidee folgt einer Analogie zur Steigung. Die Steigung einer Kurve wird auf die Steigung einer geeignet gewählten Kurve konstanter Steigung (Gerade) zurückgeführt.
In gleicher Weise wird man die Krümmung einer Kurve auf die einer geeigneten Kurve konstanter Krümmung zurückführen. Solche Kurven sind Kreise. Ziel ist also die Bestimmung des Kreises, der sich – wieder in Analogie zur Steigung – optimal an die Kurve anschmiegt (Schmiegkreis). Da Kreise mit zunehmendem Radius r geringere Krümmung haben, ist $\kappa = \frac{1}{r}$ eine sinnvolle Definition der Krümmung.

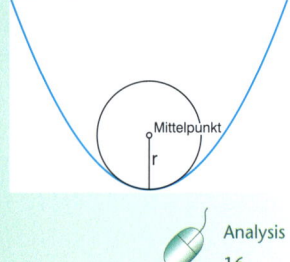

Analysis 16

Mithilfe eines dynamischen Geometrieprogramms (DGS) können Sie im Folgenden zwei anschaulich unterstützte Wege zur Bestimmung des Krümmungsmaßes ohne Verwendung des Funktionsterms für κ erarbeiten und mit diesem Werkzeug dann auch die Krümmung vielfältiger Funktionen grafisch untersuchen.

32 *Über Krümmungskreise zur Krümmung*

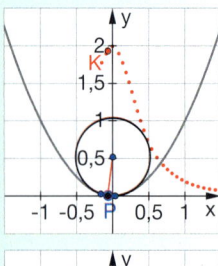

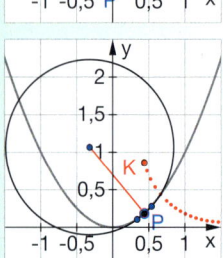

Konstruktionsidee 1:
Eine gute Näherung für Steigungsfunktionen (Ableitungen) sind Sekantensteigungsfunktionen mit sehr kleinem h. Um eine Sekante zu bestimmen, brauchten wir zwei Punkte. Also benutzten wir P und einen nahe an P liegenden Punkt Q. Um einen Kreis zu bestimmen, brauchen wir drei Punkte (warum?). Wir nehmen $P(x_p|y_p)$ und zwei dicht benachbarte Punkte P_{re} und P_{li}. r ist der Radius des Kreises durch P, P_{re} und P_{li}. Zieht man an P, beschreibt der Punkt $K(x_p|\frac{1}{r_p})$ dann näherungsweise die Krümmungsfunktion $\kappa(x)$ von f.

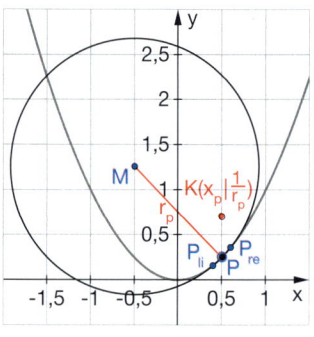

Führen Sie die Konstruktion für die Normalparabel $f(x) = x^2$ aus. Beschreiben Sie die entstehende Krümmungsfunktion. Entspricht der Verlauf Ihren Erwartungen?

3.3 Bestimmung ganzrationaler Funktionen zu vorgegebenen Daten und Eigenschaften

33 *Über Normalen zur Krümmung*

Konstruktionsidee 2:
Der Schmiegekreis soll die Parabel in P(a|f(a)) berühren. Deshalb muss der Radius senkrecht auf der Tangente in P stehen, d.h. der Mittelpunkt muss auf der Normalen in P liegen.
Aber wo genau? Wir bestimmen einen Punkt Q(a + h|f(a + h)), der nahe an P liegt und konstruieren auch darin die Normale. Die beiden Normalen schneiden sich im Punkt A, den wir zunächst als Mittelpunkt eines Kreises durch P wählen. Wenn wir nun Q immer besser an P annähern, so nähert sich unser Kreis immer besser dem gesuchten Schmiegekreis an.

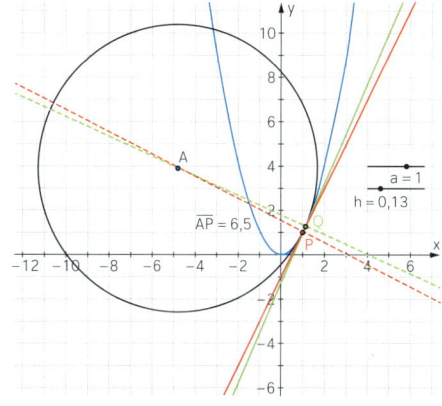

Aufgaben

Normale in P: Senkrechte zur Tangente in P

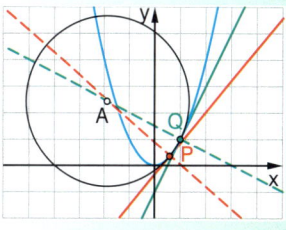

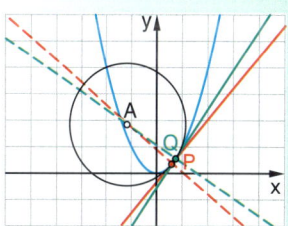

Führen Sie die Konstruktion für den Punkt P(1|1) der Normalparabel aus. Wie verändern sich Mittelpunkt und Radius, wenn h sich der Null nähert? Stellt sich ein Grenzwert ein? Experimentieren Sie mit weiteren Punkten der Normalparabel.

Rechnerischer Weg zum Krümmungsmaß

Es gibt verschiedene Wege der theoretischen Herleitung, darunter auch solche, die ohne Krümmungskreise auskommen. Auf jeden Fall benötigt man dazu einige Hilfsmittel der Analysis, die uns hier noch nicht zur Verfügung stehen. Ein Maß für die Krümmung κ einer Kurve an der Stelle x ist durch die folgende Formel gegeben: $\kappa(x) = \dfrac{f''(x)}{\left(\sqrt{1 + (f'(x))^2}\right)^3}$

In Kapitel 4.3, Aufgabe 50 gibt es eine Herleitung der Formel.

34 *Untersuchungen zur Krümmung*

a) Geben Sie das Krümmungsmaß für die Normalparabel an. Skizzieren Sie den Graphen und vergleichen Sie mit den Näherungskurven aus Aufgabe 32 und 33.
b) Skizzieren und untersuchen Sie mit den Werkzeugen aus den Aufgaben 32 und 33 die Krümmung der Funktionen. Geben Sie auch den Krümmungsterm an.
(1) $f(x) = x^4$ (2) $f(x) = \frac{1}{3}x^3 - x$ (3) $f(x) = \sin(x)$
c) Welches ist der qualitative Unterschied der Graphen von $f(x) = x^2$ und $f(x) = x^4$? Forschungsaufgabe: Liegt in den Extrempunkten von $f(x) = \frac{1}{3}x^3 - x$ jeweils eine extremale Krümmung vor?

Scheitelpunkt: Punkt mit extremaler Krümmung

35 *Die Krümmungskreismittelpunkte*

Wenn man in der Konstruktion aus Aufgabe 32 bzw. 33 zusätzlich die Spur der Mittelpunkte zeichnen lässt, erhält man interessante Kurven, die Ortskurven der Krümmungskreismittelpunkte, sie heißen *Evoluten*.
Untersuchen und skizzieren Sie diese Kurven für die Funktionen aus den Aufgaben 33 und 34. Beschreiben Sie Besonderheiten. Entdecken und formulieren Sie einen Zusammenhang zwischen den Spitzen dieser Kurven und den Krümmungsfunktionen.

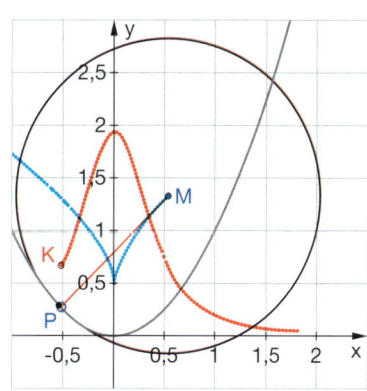

Erinnern, Können, Gebrauchen

CHECK UP

Modellieren mit Funktionen – Kurvenanpassung

Strategie beim Modellieren mit Funktionen
1. Vorgegebene Daten im Koordinatensystem erfassen
2. Aus den Punkten einen Kandidaten für einen passenden Funktionstyp vermuten
3. Allgemeine Funktionsgleichung (mit Koeffizienten) angeben
4. Koeffizienten bestimmen
    - durch grafische Anpassung
    - mithilfe eines Gleichungssystems
    - durch eine Regressionsfunktion
5. Graphen zeichnen und überprüfen, ob er zu den vorgegebenen Daten passt

Kandidaten für den Funktionstyp

- linear
- „Hyperbel"
- exponentiell
- quadratisch
- Polynom 3. Grades
- trigonometrisch

Gauß-Algorithmus
Durch Äquivalenzumformungen wird eine Matrix in die Dreiecksform überführt.

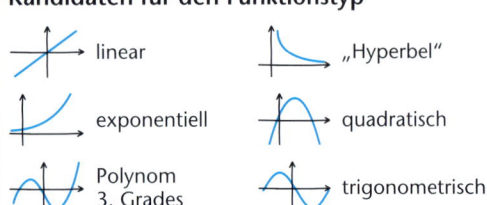

Ganzrationale Funktionen vom Grad n
$f(x) = a_n x^n + a_{n-1} x^{n-1} + a_{n-2} x^{n-2} + \ldots + a_1 x + a_0$
$a_i \in \mathbb{R}, n \in \mathbb{N}$

1 *Ein Brückenbogen*
Die Tyne Bridge in Newcastle wird von zwei Stahlbögen gestützt.

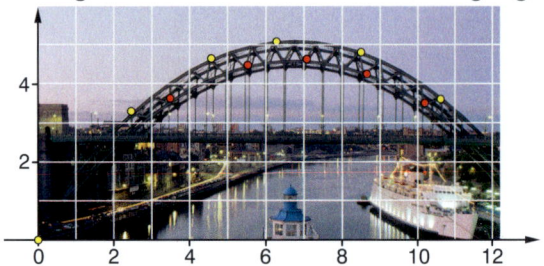

Es wurden einige Punkte für beide Bögen vermessen.
oberer Bogen: A(0|0); B(2,47|3,31); C(4,58|4,66); D(6,29|5,09); E(8,5|4,82); F(10,62|3,62)
unterer Bogen: G(3,49|3,64); H(5,53|4,49); I(7,08|4,64); J(8,65|4,26); K(10,19|3,52)
Beschreiben Sie die Bögen durch passende Funktionen.

2 *Ein Fischbestand*
In einem Teich wurden vor fünf Jahren Fische ausgesetzt. Dann wurde jährlich der Bestand gemessen.

Jahr	0	1	2	3	4	5
Anzahl	20	32	50	82	130	201

Ermitteln Sie verschiedene Funktionen, die die Entwicklung des Fischbestandes gut beschreiben. Wie entwickelt sich der Bestand nach den Modellen in den nächsten Jahren? Geben Sie die Werte für das zehnte Jahr an. Was halten Sie von Ihren Modellen, wenn Sie die langfristige Entwicklung betrachten?

3 *Gleichungssysteme händisch lösen*
Lösen Sie die Gleichungssysteme mithilfe des Gauß-Verfahrens per Hand und überprüfen Sie die Lösung mit dem GTR.

a) $x - y + 2z = 1$
$2x + y - z = 3$
$x + y - z = 2$

b) $2x + y - z = 2$
$x + 2y + z = 1$
$2x - y + 3z = -10$

4 *Steckbriefe mit Punkten*
Bestimmen Sie die Gleichung einer ganzrationalen Funktion, deren Graph durch die gegebenen Punkte verläuft.
a) A(1|3); B(2|5,5); C(4|13,5)
b) A(−1|3); B(1|−1); C(2|−6)
c) A(−2|−4); B(0|−4); C(2|0); D(4|−4)

5 *Zwei Steckbriefe mit Graphen*
Bestimmen Sie jeweils eine passende Funktionsgleichung.

a)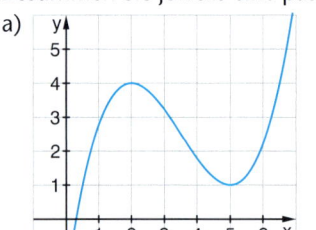
b)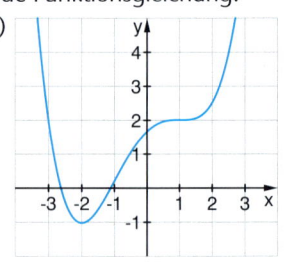

Modellieren mit Funktionen – Kurvenanpassung

6 *Zwei Steckbriefe mit besonderen Punkten*
a) Der Graph einer Funktion hat einen Sattelpunkt (1|5), einen Tiefpunkt (2|2) und einen Hochpunkt bei x = 4. Bestimmen Sie die Funktionsgleichung.
b) Der Graph einer Funktion hat einen Hochpunkt (−2|3), einen Tiefpunkt (1|1) und einen weiteren Hochpunkt mit der x-Koordinate 2. Bestimmen Sie eine Funktionsgleichung. Wie lautet die y-Koordinate des zweiten Hochpunktes?

7 *Ein Steckbrief mit Matrizen*
Mit der abgebildeten Matrix wurden die Koeffizienten einer ganzrationalen Funktion berechnet, deren Graph durch die Punkte P, Q und R gehen soll. Zeichnen Sie die Punkte und den Graphen im Koordinatensystem.

[A]
$$\begin{bmatrix} 1 & 1 & 1 & 5 \\ 9 & 3 & 1 & 1 \\ 16 & 4 & 1 & 3 \end{bmatrix}$$

rref([A])
$$\begin{bmatrix} 1 & 0 & 0 & \frac{4}{3} \\ 0 & 1 & 0 & -\frac{22}{3} \\ 0 & 0 & 1 & 11 \end{bmatrix}$$

8 *Ganzrationaler Giebel*
Der geschwungene Giebel eines alten Hauses lässt sich durch eine ganzrationale Funktion 4. Grades modellieren. Die oberen Ecken des eingebauten Fensters befinden

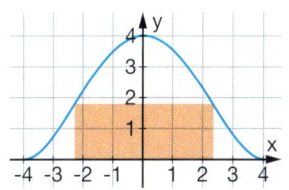

sich in den Wendepunkten der Funktion. Wie groß ist die Fläche des Fensters (Maße in m)? Schätzen und rechnen Sie.

9 *Knick- und ruckfrei?*
Zwischen den Graphen der Funktion f(x) = x² im Intervall [0; 2] und g(x) = 2x − 7 im Intervall [4; 6] soll ein Übergang modelliert werden.

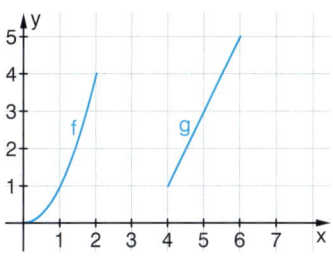

a) Modellieren Sie den Übergang knickfrei durch eine ganzrationale Funktion von möglichst kleinem Grad.
b) Überprüfen Sie, ob Ihre Modellierung auch ruckfrei ist.

10 *Ganzrationale Autobahnstücke*
Zwei gradlinige Autobahnstücke lassen sich durch die Geraden y = x und y = −x beschreiben.
Die beiden Autobahnen sollen zwischen den Punkten P(−1|1) und Q(1|1) verbunden werden.

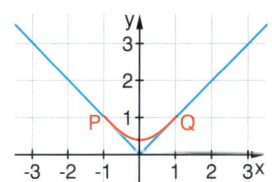

Nennen Sie die Kriterien, die für problemlose Übergänge zu beachten sind und berechnen Sie eine Funktion, die das Verbindungsstück beschreibt.

Strategie zur Lösung von Steckbriefaufgaben zu ganzrationalen Funktionen

(1) Eigenschaften im Koordinatensystem darstellen

Punkt   Tangente   Hochpunkt   Tiefpunkt   Wendepunkt

(2) Passenden Kandidaten suchen
    Erste Orientierung:
    Anzahl der Bedingungen n → Grad (n − 1)
(3) Eigenschaften in Gleichungen für die Koeffizienten des Polynoms übersetzen
(4) Gleichungssystem lösen
(5) Funktionsgleichung angeben
(6) Graphen zeichnen
(7) Probe:
    Erfüllt der Graph alle Bedingungen?

Übersetzungstabelle

geometrische Eigenschaft	algebraische Übersetzung
P(a|b) liegt auf dem Graphen.	f(a) = b
An der Stelle a ist ein lokaler Extrempunkt.	f′(a) = 0
An der Stelle a hat der Graph die Steigung m.	f′(a) = m
An der Stelle a ist ein Wendepunkt.	f″(a) = 0
An der Stelle a ist ein Sattelpunkt.	f′(a) = 0 f″(a) = 0

Anwendungen

Mithilfe ganzrationaler Funktionen lassen sich funktionale Zusammenhänge aus Natur und Wirtschaft gut modellieren.

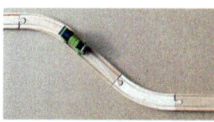

Insbesondere lassen sich damit Forderungen an glatte Kurvenverläufe (ohne Knicke) und ruckfreie Übergänge (ohne Krümmungsänderung) berücksichtigen.

f und g knickfrei in A(t|f(t)):
    f′(t) = g′(t)
f und g ohne Krümmungsänderung in A(t|f(t)):
    f″(t) = g″(t)

Sichern und Vernetzen – Vermischte Aufgaben

Training

1 *Übersetzungen*
Ordnen Sie den Beschreibungen die passenden Gleichungen zu.

(1) Der Graph von f ist symmetrisch zur y-Achse.	(2) f hat an der Stelle a eine Wendestelle.	(3) f hat an der Stelle a einen lokalen Extremwert.
(4) Die Tangente im Punkt (a|f(a)) hat die Steigung 2.	(5) f hat an der Stelle a einen Sattelpunkt.	(6) f ist punktsymmetrisch zum Ursprung.
(7) Der Graph von f schneidet die x-Achse an der Stelle a.	(8) Der Graph von f berührt an der Stelle a die x-Achse.	(9) Die Wendetangente von f an der Stelle a hat die Gleichung y = 2x − 1.

(A) $f(a) = 0$
(B) $f(x) = f(-x)$
(C) $f(a) = 0$ und $f'(a) = 0$
(D) $f(x) = -f(-x)$
(E) $f''(a) = 0$
(F) $f'(a) = 0$
(G) $f'(a) = 2$ und $f''(a) = 0$
(H) $f'(a) = 2$
(I) $f'(a) = 0$ und $f''(a) = 0$

2 *Steckbriefe für ganzrationale Funktionen mit Angabe des Grades*

a) Eine Parabel verläuft durch die Punkte A(−1|−6), B(1|0) und C(3|−2).

b) Die Funktion mit der Gleichung $f(x) = ax^3 + bx^2 + c$ hat im Wendepunkt (−1|1) die Steigung −3.

c) Eine Funktion 3. Grades hat im Ursprung die Tangente mit der Gleichung y = 2x und den Wendepunkt (3|−2).

d) Der Graph einer ganzrationalen Funktion 4. Grades hat im Punkt P(1|1) die Steigung 2 und im Punkt Q(0|0) einen Sattelpunkt.

3 *Steckbriefe ohne Angabe des Grades*

a) Der Graph von f hat den Hochpunkt (1|3) und den y-Achsenabschnitt −1 sowie die Wendestelle 2.

b) Finden Sie eine ganzrationale Funktion, die in (−1|3) einen Sattelpunkt und in (1|−5) einen Tiefpunkt hat.

4 *Passende Funktionsgleichung gesucht*

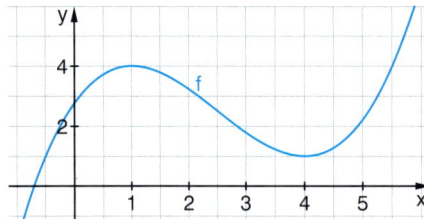
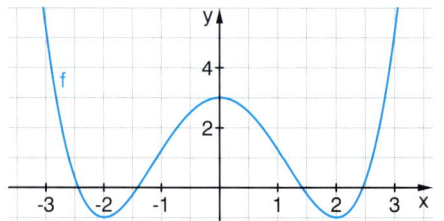

5 *Viele Gleichungen finden*

a) Finden Sie möglichst viele Gleichungen, die bei diesem Funktionsgraphen erfüllt sind.

b) Stellen Sie ein Gleichungssystem für die Koeffizienten einer ganzrationalen Funktion geeigneten Grades auf. Liefert die Lösung des Gleichungssystems den obigen Funktionsgraphen?

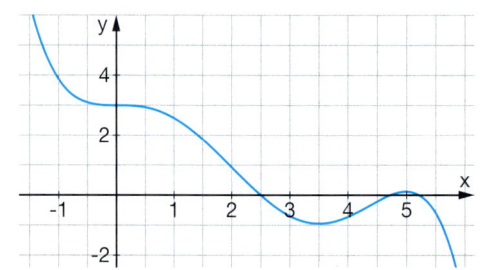

Sichern und Vernetzen – Vermischte Aufgaben

6 *Wahr oder falsch?*
Entscheiden und begründen Sie jeweils.

Verstehen von Begriffen und Verfahren

(A) Zur Bestimmung der Gleichung einer Funktion 4. Grades benötigt man mindestens fünf Bedingungen.

(B) Eine Funktion mit einem Sattelpunkt und einem Tiefpunkt hat mindestens den Grad 4.

(C) Die Beschreibung „S(2|3) ist Sattelpunkt der Funktion" führt auf zwei algebraische Gleichungen.

(D) „Bei x = 3 liegt ein Hochpunkt vor" lässt sich zu $f'(3) = 0$ und $f''(3) < 0$ übersetzen.

(E) Durch drei Punkte lässt sich immer eine Parabel legen.

(F) Es kann sein, dass man zu fünf Bedingungen eine passende Funktion 3. Grades finden kann.

7 *Eine Bedingung – viele Ursachen*
Welche geometrische Aussage über den Graphen kann zu der Gleichung $f'(2) = 0$ gehören? Finden Sie möglichst viele Aussagen.

8 *Kandidaten für einen Graphen*
Begründen Sie, dass der Graph nicht durch eine Gleichung 3. Grades beschrieben werden kann. Geben Sie verschiedene Argumente an. Bestimmen Sie den Grad, den die Funktionsgleichung mindestens haben muss. Finden Sie eine passende Funktionsgleichung.

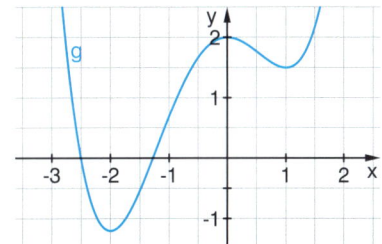

9 *Funktionenschar*
Bestimmen Sie alle Polynomfunktionen 3. Grades $f(x) = ax^3 + bx^2 + cx + d$, deren Graphen zum Koordinatenursprung punktsymmetrisch sind und an der Stelle 0 die Steigung 1 haben. Zeigen Sie, dass die Funktionen mit $a > 0$ keine Extrempunkte besitzen.

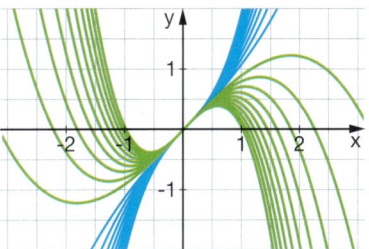

10 *Kugelstoßen*
Die Bahn der Kugel beim Kugelstoßen ist wie die Flugbahn beim Volleyballaufschlag parabelförmig. Eine Kugel wird aus einer Höhe von 1,80 m unter einem Winkel von 42° gegen die Horizontale abgestoßen. Die Stoßweite beträgt 8,40 m. Bestimmen Sie mit diesen Angaben die Gleichung der Modellfunktion. Wie groß ist die maximale Höhe der Flugbahn? In welchem Winkel trifft die Kugel auf dem Boden auf?

Anwenden und Modellieren

Steigung m einer Geraden (Tangente): $m = \tan(\alpha)$

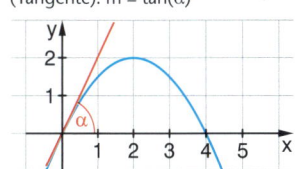

11 *Umsatzentwicklung*
Durch den Graphen wird näherungsweise die Umsatzentwicklung eines Unternehmens im Laufe von fünf Jahren dargestellt. Die Umsätze sind in Millionen Euro angegeben.
Bestimmen Sie eine Funktionsgleichung. Interpretieren Sie die Bedeutung des Wendepunktes und die relativ geringe Steigung der Wendetangente im Sachzusammenhang.

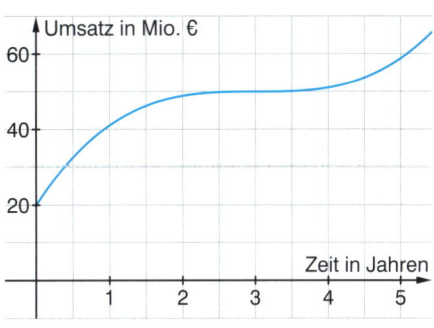

Sichern und Vernetzen – Vermischte Aufgaben

12 *Ein Regalbrett*

Ein 2 m langes Regalbrett, das auf der ganzen Länge gleichmäßig belastet wird, liegt an beiden Enden frei auf. In der Mitte ist das Brett um 8 cm durchgebogen. Ermitteln Sie eine Gleichung der Biegelinie. Wie groß ist die Neigung des Regalbrettes an den Enden?
Hinweis: An einem freien Ende liegt ein Wendepunkt vor. Ein gleichmäßig belastetes Brett wird durch eine Funktion 4. Grades beschrieben.

13 *Eine Straße*

Eine gerade Straße durch den Punkt A(−4|4) endet im Punkt B(−2|2). Die Fortsetzung der Straße ist der Teil der x-Achse, der rechts vom Punkt C(2|0) liegt.

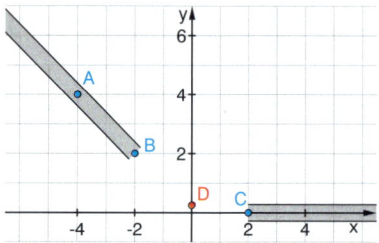

a) Bestimmen Sie die Verbindungskurve von B und C, die durch den Punkt D(0|0,25) verläuft und in welche die beiden geraden Straßenteile tangential einmünden.

b) Bestimmen Sie die Wendepunkte der von Ihnen ermittelten Funktion. Welche Schlüsse lassen sich aus der Lage der Wendepunkte für das Durchfahren der Verbindungskurve in den Anschlussstellen ziehen?

14 *Ein Holztisch*

Für eine industrielle Fertigung muss die Kontur eines Holztisches mit CAD erfasst werden. Erstellen Sie ein mathematisches Modell für die Kontur des Tisches.

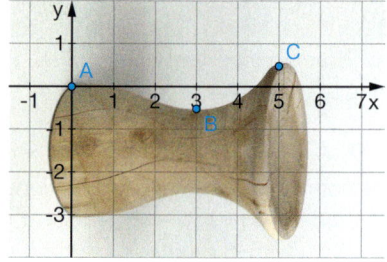

Kommunizieren und Präsentieren

15 *Vergleich von Kurvenanpassungen*

Vergleichen Sie die Kurvenanpassung durch Regression mit der Anpassung durch eine ganzrationale Funktion über das Lösen des Gleichungssystems.
Wo liegen die Unterschiede, wo die Vor- und Nachteile der beiden Verfahren?

Ein Datensatz:

L1	L2
0	0
2,47	3,31
4,58	4,66
6,29	5,09
8,5	4,82
10,62	3,62

16 *Bögen nachbilden*

Das Tor im Bild hat im oberen Bereich eine gebogene Querverbindung, die mathematisch modelliert werden soll. Beschreiben Sie anhand der Abbildungen unten die verwendeten Modellansätze. Diskutieren Sie die Qualität der Ergebnisse und nennen Sie Verbesserungsmöglichkeiten.

Die Stützpunkte sind:
A(−1|0,85),
B(−0,5|1),
C(0|1,23),
D(0,5|1),
E(1|0,85)

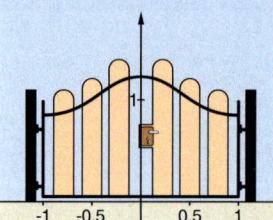
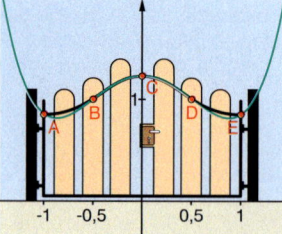
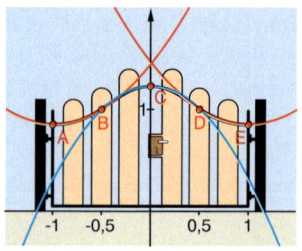

Modellieren Sie den Torbogen nach einer Methode Ihrer Wahl. Stellen Sie Ihr Ergebnis vor und vergleichen Sie mit den Modellierungen anderer Gruppen.

4 Integralrechnung

Mit Integralen lässt sich aus dem Geschwindigkeitsdiagramm eines Autos der zurückgelegte Weg konstruieren oder aus Zuflussraten die Wassermenge in einem Tank. Man kann damit auch die Fläche zwischen zwei Kurvenstücken oder das Volumen eines Rotationskörpers berechnen.

Was ist das Integral und welche inner- und außermathematischen Probleme werden mit der Integralrechnung bearbeitet? Zu diesen Fragestellungen werden Sie in diesem Kapitel Antworten finden und die dazu notwendigen Begriffe und Verfahren entwickeln und verstehen.

4.1 Von der Änderungsrate zur Bestandsfunktion

In der Differenzialrechnung lässt sich zu einer Funktion $f(x)$ an jeder Stelle die momentane Änderungsrate $f'(x)$ bestimmen. Kennt man umgekehrt die momentane Änderungsrate $f'(x)$ an jeder Stelle, so lässt sich daraus die zugehörige Funktion $f(x)$ rekonstruieren. In Sachzusammenhängen beschreiben die Funktionswerte zu jedem Zeitpunkt den „Bestand" der Größe, der von den Änderungsraten bis zu diesem Zeitpunkt „bewirkt" wurde.

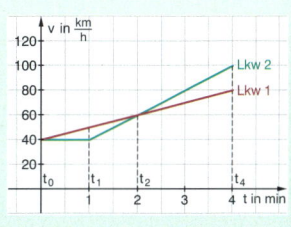

Aus den Geschwindigkeitsdiagrammen zweier Lkw lässt sich ein Überholvorgang rekonstruieren.

4.2 Der Hauptsatz der Differenzial- und Integralrechnung

Die allgemeinen Begriffe und Sätze begründen die zuvor in verschiedenen Sachzusammenhängen erfahrenen Zusammenhänge der Integralrechnung mit der Differenzialrechnung und führen zum Kalkül der Integralrechnung.

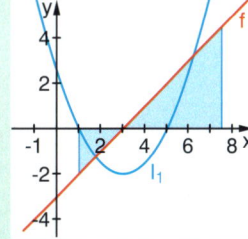

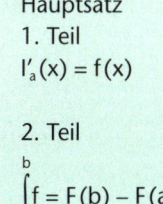

Hauptsatz
1. Teil
$I'_a(x) = f(x)$

2. Teil
$\int_a^b f = F(b) - F(a)$

4.3 Anwendungen der Integralrechnung

Mithilfe von Integralen kann man zum Beispiel:
- Flächen auch dort berechnen, wo keine elementaren Formeln zur Verfügung stehen;
- von der Änderungsrate auf den „Bestand" schließen, auch wenn die Änderungsrate nicht konstant ist;
- Volumen von Rotationskörpern bestimmen.

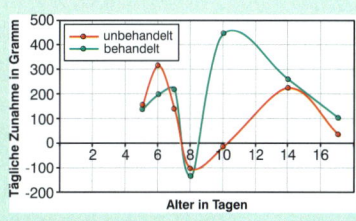

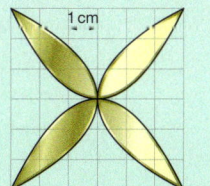
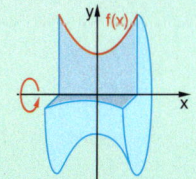

4.1 Von der Änderungsrate zur Bestandsfunktion

Was Sie erwartet

Mithilfe der Ableitungsfunktion kann man das Änderungsverhalten einer Funktion beschreiben. Damit können viele interessante und wichtige Probleme bearbeitet und gelöst werden. Häufig ist jedoch nicht die Funktion bekannt, sondern nur deren Änderungsverhalten. Aus der Kenntnis des Änderungsverhaltens soll dann auf die ursprüngliche Funktion geschlossen werden.

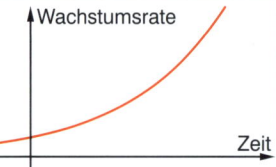
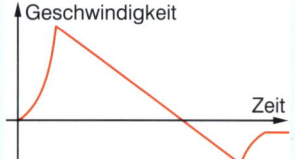
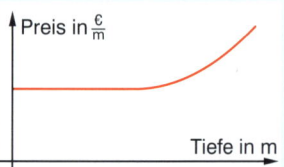

Ein Biologe kennt die Wachstumsraten einer Population über einen bestimmten Zeitraum. Er möchte die Funktion finden, die die Anzahl der Individuen in dieser Population in Abhängigkeit von der Zeit beschreibt.

Eine Physikerin kennt den Geschwindigkeitsverlauf einer senkrecht nach oben geschossenen Rakete und möchte die Funktion ermitteln, die die Höhe der Rakete in Abhängigkeit von der Zeit beschreibt.

Bei der Nutzung von Erdwärme werden häufig bis zu 3 km tiefe Bohrungen durchgeführt. Experten können die Kosten für eine Bohrung pro Meter in Abhängigkeit von der erreichten Tiefe abschätzen. Damit wollen sie die Funktion ermitteln, die der Tiefe der Bohrung die Gesamtkosten der Bohrung zuordnet.

In den dargestellten Fällen wird eine Funktion f gesucht, deren Änderungsratenfunktion f′ uns bekannt ist. Wie dies gelingt und wie man diesen Prozess der Rekonstruktion der Funktion f aus der Änderungsratenfunktion f′ geometrisch interpretieren kann, ist Inhalt des folgenden Lernabschnitts.

Aufgaben

1 *Der Zufluss liefert die Füllmengen – ein vereinfachtes Beispiel*

a) In der nebenstehenden Abbildung ist der Zufluss und Abfluss von Wasser in einer Badewanne dargestellt. Interpretieren Sie den Graphen im Sachzusammenhang und mit entsprechenden mathematischen Fachbegriffen.

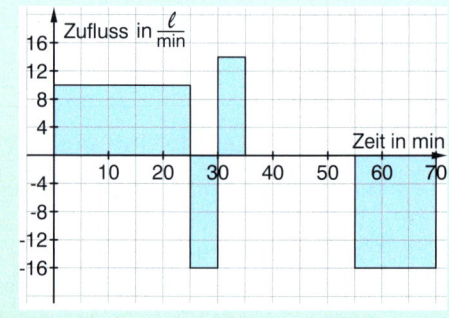

b) Erstellen Sie eine Tabelle mit der Füllmenge (dem „Bestand") der Badewanne nach 5 (10, …, 70) Minuten. Stellen Sie die Füllmenge der Badewanne in Abhängigkeit von der Zeit dar. Vergleichen Sie diesen Graphen mit dem Graphen in der Abbildung. Was fällt Ihnen auf?

c) *Geometrische Interpretation:* Zur Berechnung der Füllmenge nach 5 Minuten muss das Produkt 5 · 10 berechnet werden. Das Produkt kann als Flächeninhalt des entsprechenden Rechtecks in der Grafik interpretiert werden. Interpretieren Sie geometrisch entsprechend die Füllmenge nach 20 (25, 30, 70) Minuten.

Aufgaben

2 *Fahren mit einem Elektroauto*

Sie sind von einem Pkw-Hersteller beauftragt worden, die Fahrt eines neuen Pkw mit Elektroantrieb zu analysieren. Sie verfügen über das mit Telemetrie aufgezeichnete Geschwindigkeit-Zeit-Diagramm des beschleunigten Fahrzeugs.

a) Beschreiben Sie den Verlauf der Fahrt.
b) Welche Strecke legt das Fahrzeug von der 20. bis zur 30. Sekunde zurück? Interpretieren Sie Ihr Ergebnis geometrisch mithilfe des gefärbten Rechtecks.
c) Sie wollen herausfinden, welche Strecke das Fahrzeug in den ersten 20 Sekunden zurücklegt.
Auf welches Problem stoßen Sie?
Schätzen Sie den in den ersten 20 Sekunden zurückgelegten Weg.
Vergleichen Sie die Ergebnisse und die Verfahren in Ihrem Kurs.
d) In einem Physikbuch finden Sie:

> Der zurückgelegte Weg in dem Zeitintervall $[t_1; t_2]$ ist die Fläche unter der Kurve im Geschwindigkeit-Zeit-Diagramm.

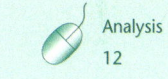

Passt diese Aussage für das Zeitintervall $[0; 20]$? Begründen Sie mithilfe der folgenden Bilder, dass die Behauptung aus dem Physikbuch auch für nicht konstante Geschwindigkeiten gilt. Wie erreichen Sie ein besseres Ergebnis?

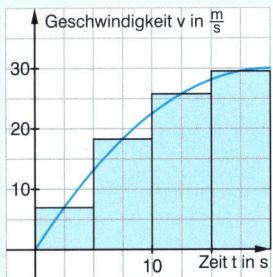 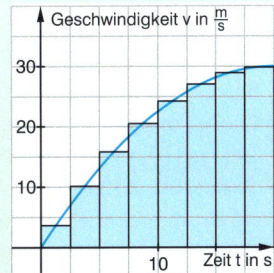

e) Zum Geschwindigkeit-Zeit-Diagramm kann man das Weg-Zeit-Diagramm skizzieren, indem man zu verschiedenen Zeiten t den bis dahin zurückgelegten Weg ermittelt. Dieser entspricht der jeweiligen Fläche unter der Kurve im Geschwindigkeit-Zeit-Diagramm. Skizzieren Sie für das Elektroauto das Weg-Zeit-Diagramm.

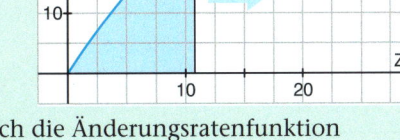

Analysis 12

Die Geschwindigkeit in $[0; 20]$ kann durch die Änderungsratenfunktion $v(t) = -0{,}075 x^2 + 3x$ beschrieben werden.
Hilft Ihnen dies bei der Suche nach der „Wegfunktion"?

3 *Gewinn – Verlust*

Im Geschäftsbericht einer Firma wird der Gewinnzufluss in den vergangenen 18 Monaten in einem Diagramm dargestellt.
a) Interpretieren Sie das Diagramm.
b) Schätzen Sie mithilfe des Diagramms den gesamten Gewinn der Firma in den dargestellten 18 Monaten.

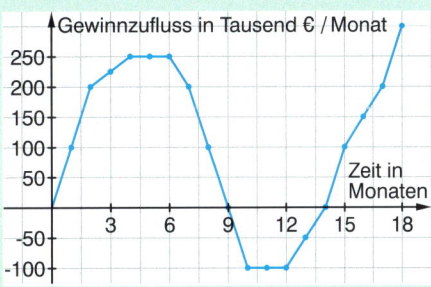

4 Integralrechnung

Basiswissen

integrare (lateinisch): erneuern, wiederherstellen

In der Differenzialrechnung lässt sich zu einer gegebenen Funktion f(x) an jeder Stelle die momentane Änderungsrate f'(x) bestimmen.

$$\text{Ableiten:} \quad f(x) \longrightarrow f'(x)$$

Kennt man umgekehrt die momentane Änderungsrate f'(x) an jeder Stelle, so lässt sich daraus die zugehörige Funktion f(x) rekonstruieren.

$$\text{Integrieren:} \quad f(x) \longleftarrow f'(x)$$

In Sachzusammenhängen beschreiben die Funktionswerte von f zu jedem Zeitpunkt den „Bestand" der Größe, der von den Änderungsraten bis zu diesem Zeitpunkt „bewirkt" wurde.

Rekonstruktion der Bestandsfunktion aus der Änderungsratenfunktion

Berechnung des Bestandes
für konstante Änderungsraten   für variable Änderungsraten

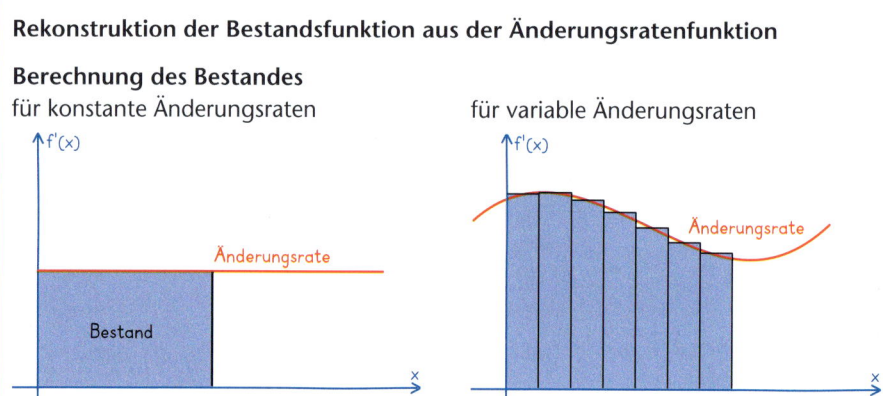

Man erhält den Funktionswert f(x) der Bestandsfunktion f mithilfe des Inhalts der Fläche, die durch den Graphen der Änderungsratenfunktion f' und die x-Achse im Intervall [0; x] begrenzt wird.

Positive Änderungsraten bewirken eine Zunahme des Bestandes, negative Änderungsraten eine Abnahme.

Liegen also Flächen unterhalb der x-Achse, dann zählt der Flächeninhalt negativ, sonst positiv. Man spricht hier von **orientierten Flächeninhalten**.

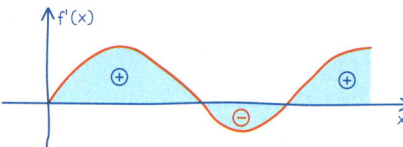

Ermitteln der Bestandsfunktion am Beispiel des Zuflusses eines Wasserbeckens (Änderungsrate des Wasserbestandes)

Änderungsratenfunktion f'

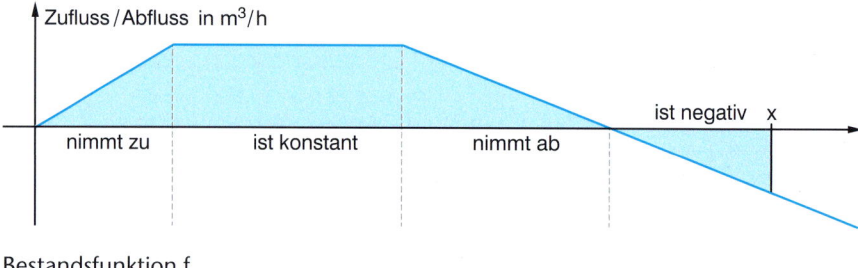

Bestandsfunktion f

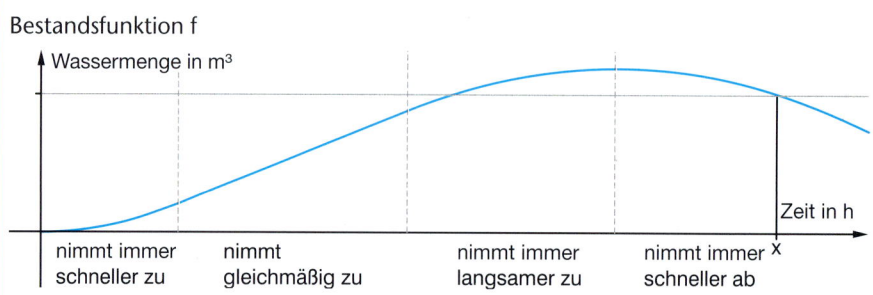

> Der Bestand f(x) entspricht dem orientierten Inhalt der oben blau gekennzeichneten Fläche.

4.1 Von der Änderungsrate zur Bestandsfunktion

A | Eine Wasserrakete

Eine Wasserrakete wird senkrecht nach oben abgeschossen. Der rechte Graph zeigt das Geschwindigkeit-Zeit-Diagramm des Raketenfluges für die vertikale Geschwindigkeit.

a) Interpretieren Sie das Geschwindigkeit-Zeit-Diagramm. Beschreiben Sie dazu den Flug der Rakete möglichst präzise. Markante Zeitpunkte sind $t = 0\,s$, $2\,s$, $5\,s$ und $9\,s$.

b) Skizzieren Sie den Verlauf des Höhe-Zeit-Diagramms. Schätzen Sie dazu die maximale Höhe, die die Rakete erreicht.

Beispiele

Informieren Sie sich über **Kaltwasserraketen** im Internet.

Eine einfache Kaltwasserrakete

Geschwindigkeit-Zeit-Diagramm

Lösung: a) Die Rakete wird während der ersten zwei Sekunden des Fluges beschleunigt. In dieser Phase nimmt die Geschwindigkeit zu. In den nächsten drei Sekunden nimmt die Geschwindigkeit ab, bis sie zum Zeitpunkt $t = 5\,s$ den Betrag 0 hat. Zu diesem Zeitpunkt hat die Rakete die maximale Höhe erreicht. Ab dann ist die Geschwindigkeit negativ und wird zunehmend kleiner. Die Rakete fällt also immer schneller. Nach $9\,s$ schlägt die Rakete auf dem Boden auf.

Höhen-Zeit-Diagramm

b) **Höhe der Rakete zum Zeitpunkt t:**
Orientierter Inhalt der Fläche im Geschwindigkeit-Zeit-Diagramm von 0 bis t
Maximale Höhe: Inhalt der Fläche zwischen dem Geschwindigkeitsgraphen und der Zeit-Achse im Intervall von 0 bis 5: ca. $85\,m$

B | Von der Geschwindigkeit zum Weg

Früher war die Geschwindigkeit eines Schiffes einfacher zu messen als der zurückgelegte Weg. Die Geschwindigkeit eines Schiffes wird alle 15 Minuten gemessen und in einer Tabelle registriert. Schätzen Sie, welche Strecke der Tanker von 10.00 bis 12.00 Uhr zurückgelegt hat.

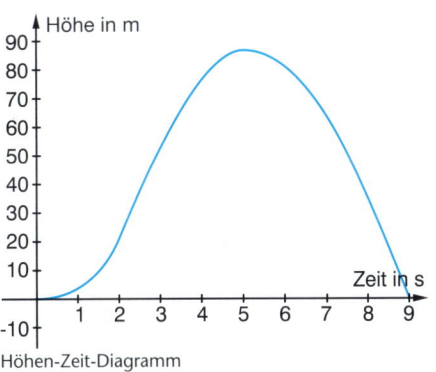

Uhrzeit	10.00	10.15	10.30	10.45	11.00	11.15	11.30	11.45	12.00
Geschw. (sm/h)	25	22	17	10	5	5	10	19	24

Lösung: Die gegebenen Werte sind in das Diagramm eingetragen. Da es keine zusätzlichen Informationen über die Geschwindigkeit des Schiffes zwischen den Messungen gibt, verbinden wir die Messpunkte durch Streckenzüge. Der zurückgelegte Weg kann mithilfe der Fläche unter dem Graphen geschätzt werden.

sm: Seemeile
$1\,sm = 1852\,m$

Die Gesamtfläche wird als Summe der Flächeninhalte von Trapezen berechnet. Jedes der Trapeze ist $0{,}25\,LE$ breit.

Berechnung:
$A = 0{,}25 \cdot \left(\frac{1}{2}(25 + 22) + \frac{1}{2}(22 + 17) + \frac{1}{2}(17 + 10) \right.$
$\left. + \frac{1}{2}(10 + 5) + \frac{1}{2}(5 + 5) + \frac{1}{2}(5 + 10) \right.$
$\left. + \frac{1}{2}(10 + 19) + \frac{1}{2}(19 + 24)\right) = 28{,}125$

Interpretation:
Das Schiff legte von 10.00 bis 12.00 Uhr etwa $28\,sm$ zurück.

4 Integralrechnung

Übungen

4 *Zufluss bekannt, Bestand gesucht*

Rekonstruieren Sie aus dem Graphen der Zuflussrate von Wasser in ein Becken den Graphen der Bestandsfunktion (Wassermenge im Becken in Abhängigkeit von der Zeit). Gehen Sie dabei davon aus, dass das Becken zu Beginn leer ist.

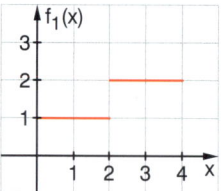
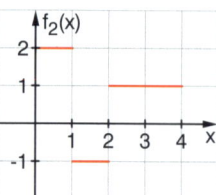
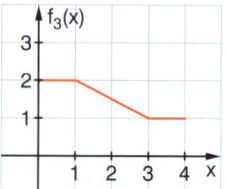

Analysis 12

5 *A ball on a hill – Ein Ball am Abhang*

a) Betrachten Sie den Graphen und beschreiben Sie den dargestellten Sachverhalt.
b) Welche Bedeutung hat der Inhalt der Fläche unterhalb des Graphen?
c) Skizzieren Sie den Graphen der zugehörigen Bestandsfunktion und interpretieren Sie ihn für die Situation.

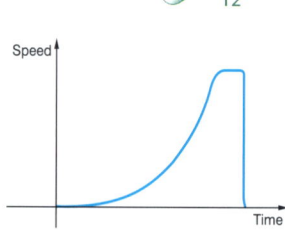

6 *Pumpenspeicherwerk*

In einem Pumpspeicherkraftwerk wird in Zeiten von „Stromüberschuss" Wasser in einen Speichersee gepumpt. Im Bedarfsfall fließt Wasser aus dem Speichersee durch die stromerzeugenden Turbinen ab, um Spitzen des Stromverbrauchs aufzufangen. In der Abbildung ist der Zufluss über 24 Stunden dargestellt.

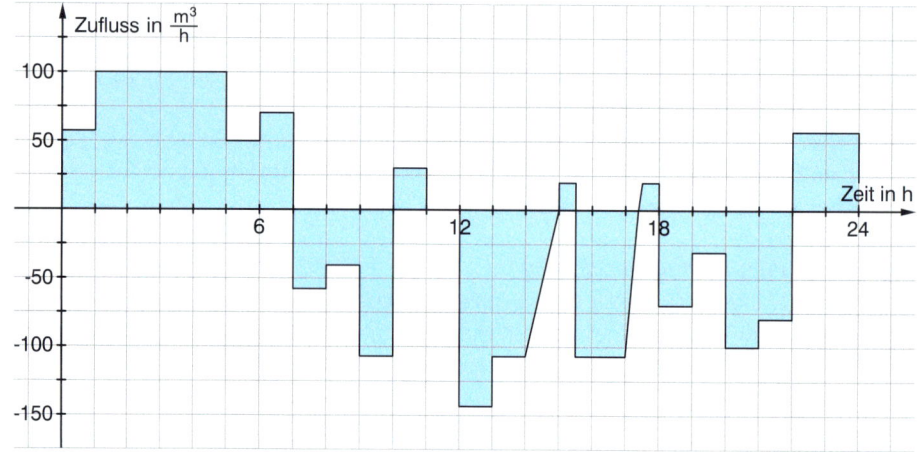

oberer Speichersee des Koepchenwerkes bei Herdecke, NRW

a) Interpretieren Sie das Diagramm.
b) Schätzen Sie mit dem Diagramm die Wassermenge, um die sich die Gesamtwassermenge in den dargestellten 24 Stunden verändert hat.
c) Skizzieren Sie einen Graphen, der zu jedem Zeitpunkt die zugeflossene Wassermenge seit Beginn der Messung darstellt.

7 *Geschwindigkeit-Zeit-Diagramm eines Rennwagens*

von   0 auf 100 km/h: 3,4 s;
von 100 auf 160 km/h: 3,4 s;
von 160 auf 200 km/h: 2,9 s;
von 200 auf 300 km/h: 13,6 s

Zeichnen Sie ein mögliches Geschwindigkeit-Zeit-Diagramm für den beschleunigenden Rennwagen. Welche Strecke legt er zurück, bis er 300 km/h schnell ist?

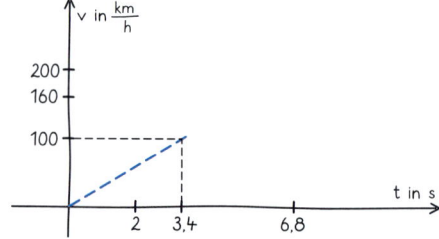

4.1 Von der Änderungsrate zur Bestandsfunktion

Übungen

8 *Fahrtenschreiber*

Überholvorgänge von Lkw können sehr lange dauern. Ein Lkw 1 überholt zum Zeitpunkt t_0 den neben ihm fahrenden Lkw 2. Der folgende Graph zeigt das Geschwindigkeit-Zeit-Diagramm und gibt Aufschluss über die weitere Fahrt.

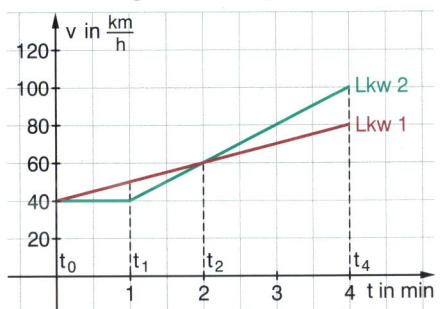
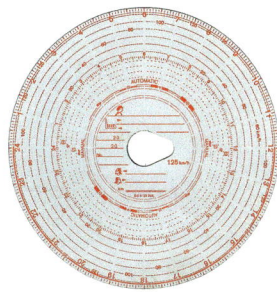

a) Beschreiben Sie die Fahrt der beiden Lkw anhand des Diagramms. Skizzieren Sie für beide Lkw den Graphen der Bestandsfunktion.

b) Begründen Sie, dass Lkw 1 zum Zeitpunkt t_1 die größere Strecke zurückgelegt hat.

c) Überholt Lkw 2 den Lkw 1 innerhalb des gegebenen Zeitintervalls $[t_0; t_4]$?

Elefantenrennen

Das Oberlandesgericht Hamm urteilte am 29.10.2008: „Das Überholen durch einen Lkw (sog. „Elefantenrennen") ist nur ahndungswürdig, wenn ein solcher Vorgang wegen zu geringer Differenzgeschwindigkeit eine unangemessene Zeitspanne in Anspruch nimmt. ...
Als Faustregel für einen noch regelkonformen Überholvorgang ist von einer Dauer von maximal 45 Sekunden auszugehen.
Unter Berücksichtigung der Länge eines zu überholenden Fahrzeugs von knapp 25 m und den vor und nach dem Überholen vorgeschriebenen Sicherheitsabständen von jeweils 50 m entspricht dies einer Geschwindigkeit von 80 km/h für das überholende und einer solchen von 70 km/h für das zu überholende Fahrzeug."

9 *Elefantenrennen*

Überprüfen Sie, ob die Aussagen aus dem Text zutreffen. Die passenden Geschwindigkeit-Zeit-Diagramme und die Flächen unter den Graphen helfen dabei.

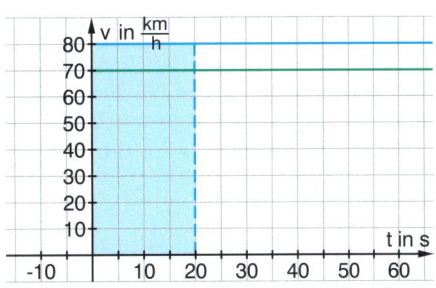

10 *Zwei Lastkähne*

Das Diagramm zeigt jeweils die „Zeit-Geschwindigkeit-Kurve" der Lastkähne „Luise" und „Kurt", die von derselben Stelle aus auf dem Küstenkanal in die gleiche Richtung fahren.

a) Beschreiben Sie die Fahrten von Luise und Kurt in dem gegebenen Zeitintervall.

b) Wer ist nach neun Stunden weiter gefahren?

c) Wann gibt es Überholvorgänge? Wer überholt wen?

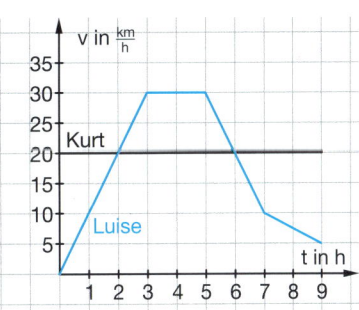

Ein Ausflug in die Wirtschaftswissenschaften

Häufig ist bekannt, wie sich z. B. der Gewinnzufluss in einem Geschäftsbereich mit der Zeit entwickelt. Man kann mit dieser Information den Gesamtgewinn über eine bestimmte Zeitspanne berechnen.

Beispiel 1: Angenommen, der Gewinn wächst mit einer konstanten „Zuflussrate" von 10 000 € pro Jahr. Der Gesamtgewinn (Bestand) nach 3 Jahren beträgt 3 · 10 000 € = 30 000 €. Diese Berechnung kann man grafisch mit dem Inhalt der Rechteckfläche veranschaulichen.

Beispiel 2: Eine typische Kurve einer Gewinnentwicklung in Abhängigkeit von der Zeit ist in der unteren Grafik dargestellt. Den Gesamtgewinn in diesem Fall kann man als Inhalt der Fläche unter der Kurve des Gewinnzuflusses interpretieren und berechnen.

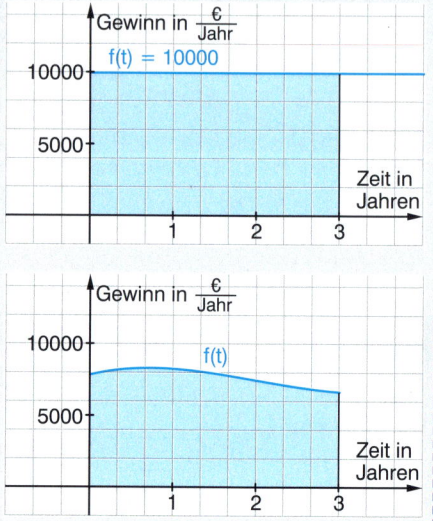

Übungen

11 *Nicht konstanter Gewinnzufluss*
Erläutern Sie anhand der nebenstehenden Abbildung, weshalb der Gesamtgewinn dem Inhalt der Fläche unter dem Graphen in dem Gewinnzufluss-Zeit-Diagramm entspricht.

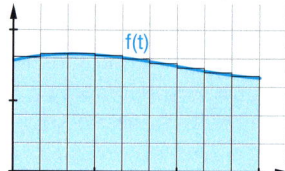

12 *Wie entwickelt sich der Gesamtgewinn?*
Der Gewinn einer Firma in Abhängigkeit von der Zeit wird für die ersten drei Jahre prognostiziert.
a) Wie entwickelt sich der Gewinnzufluss? Stellen Sie markante Punkte heraus.
b) Erstellen Sie eine Tabelle für die Entwicklung des Gesamtgewinns und zeichnen Sie damit die zugehörige Funktion.

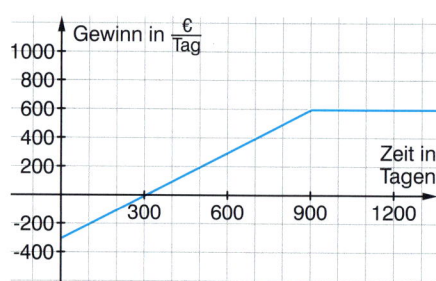

13 *Von der Zuflussrate zur Wassermenge*
Die Zuflussrate f' in einem Wasserbecken steigt im Zeitraum von 0 bis 6 Minuten gemäß der Funktionsgleichung $f'(t) = 12t + 20$ (Zeit t in Minuten und Zuflussrate f'(t) in l/min).
a) Bestimmen Sie die Wassermenge nach 1, 5 und 10 Minuten.
b) Zeigen Sie, dass $f(t) = 6t^2 + 20t$ eine zu den berechneten Werten aus a) passende Bestandsfunktion für die zugeflossene Wassermenge ist.
Erkennen Sie einen Zusammenhang zwischen der Bestandsfunktion und der Funktion für die Zuflussrate?
c) Welche Wassermenge ist nach 4 Minuten zugeflossen? Nach welcher Zeit sind 250 Liter zugeflossen?
d) Was ändert sich an der Bestandsfunktion, wenn zum Zeitpunkt t = 0 schon 5 Liter Wasser in dem Becken enthalten sind?

4.1 Von der Änderungsrate zur Bestandsfunktion

Basiswissen

Bestandsfunktionen können aus Änderungsratenfunktionen auch ohne Flächenberechnungen ermittelt werden.

Funktionsterme für die Bestandsfunktion finden

Ist für die Änderungsfunktion $y = f'(x)$ der Funktionsterm gegeben, so gelingt in vielen Fällen die Rekonstruktion der Bestandsfunktion durch Umkehren des Ableitens. Man sucht einen Term $f(x)$, dessen Ableitung $f'(x)$ ergibt.

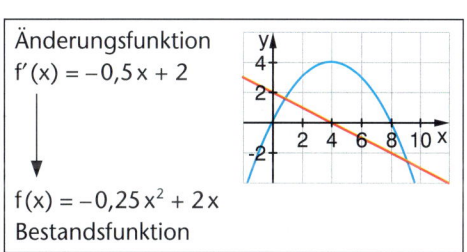

Änderungsfunktion
$f'(x) = -0,5x + 2$

↓

$f(x) = -0,25x^2 + 2x$
Bestandsfunktion

Es gilt: $f(0) = 0$ („Der Bestand zur Zeit t = 0 ist 0.")

Übungen

14 *Funktionsgleichungen für Bestandsfunktionen finden*

a) Zu den drei Änderungsfunktionen f_1', f_2' und f_3' wurden die zugehörigen Bestandsfunktionen aufgezeichnet. Bestimmen Sie die Funktionsgleichungen der Bestandsfunktionen.

$f_1'(x) = 1 + 0,5x$ $\qquad$ $f_2'(x) = -0,5x^2 + 3$ $\qquad$ $f_3'(x) = 0,1x^3 + 0,5x$

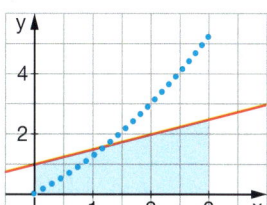 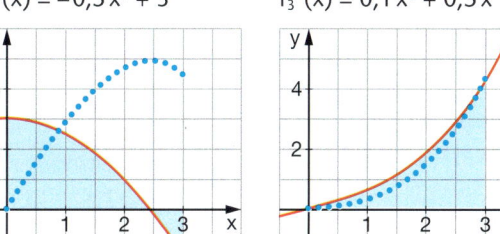

b) Lösen Sie eigene solche Aufgaben durch Experimentieren mit der Software.

15 *Änderungsratenfunktionen und Bestandsfunktionen*

In der oberen Reihe finden Sie die Graphen der Änderungsratenfunktionen f' und darunter die der dazugehörigen Bestandsfunktionen f.

a) Finden Sie die passenden Paare.

(1) 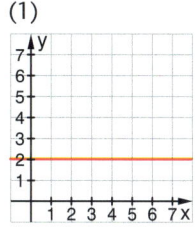 (2) 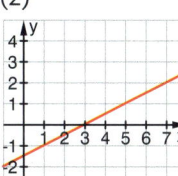 (3) 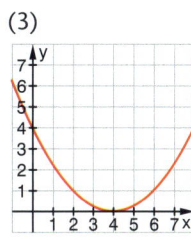 (4)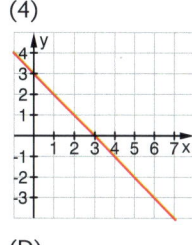

(A) 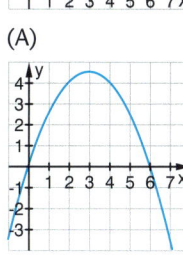 (B) 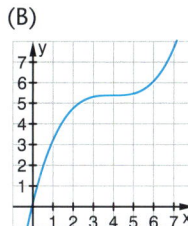 (C) 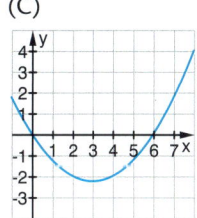 (D)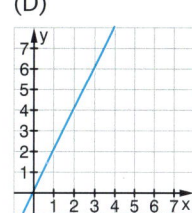

b) Geben Sie zu den Graphen der Änderungsraten jeweils den passenden Funktionsterm f'(x) an. Bestimmen Sie dann auch die Funktionsterme f(x) der jeweils zugehörenden Bestandsfunktion. Begründen Sie Ihre Ergebnisse.

4 Integralrechnung

Basiswissen

Bei der Berechnung von orientierten Flächeninhalten und Bestandsrekonstruktionen rückt das ‚Umgekehrte des Ableitens' („Aufleiten") in den Mittelpunkt.

Der Begriff „Aufleiten" bezeichnet anschaulich die Umkehrung des Ableitens von Funktionstermen. Er gehört nicht zur mathematischen Fachsprache.

Stammfunktionen

Eine Funktion $F(x)$ heißt **Stammfunktion** zu $f(x)$, wenn $F'(x) = f(x)$ gilt.

Wichtige Eigenschaften:
Wenn $F(x)$ Stammfunktion zu $f(x)$ ist, dann erhält man mit $F(x) + c$ (c Konstante) alle Stammfunktionen zu $f(x)$.

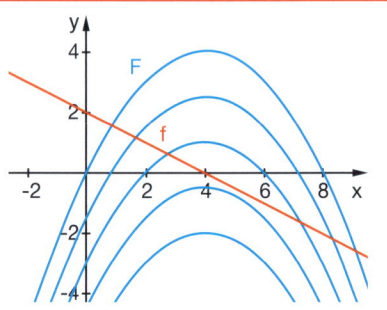

Beispiele

C *Stammfunktionen finden*

Ermitteln Sie alle Stammfunktionen zu $f(x) = 2x^2 - 4$ und überprüfen Sie.

Lösung:

$F(x) = \frac{2}{3}x^3 - 4x + c$ Probe: $F'(x) = 3 \cdot \frac{2}{3}x^2 - 4x = 2x^2 - 4 = f(x)$

Übungen

16 *Regeln für Stammfunktionen suchen*

Bestandsfunktionen sind Funktionen, deren Ableitung die Änderungsfunktion ist. Man sucht also Stammfunktionen. Bei der Suche helfen die Ableitungsregeln. Ermitteln Sie eine Stammfunktion. Geben Sie alle Stammfunktionen an.

Ableitungsregeln

(1) Potenzregel:
$f(x) = x^n \Rightarrow f'(x) = n \cdot x^{n-1}$

(2) Faktorregel:
$f(x) = a \cdot g(x) \Rightarrow f'(x) = a \cdot g'(x)$

(3) Summenregel:
$f(x) = g(x) + h(x) \Rightarrow f'(x) = g'(x) + h'(x)$

(1) $f(x) = \frac{1}{2}x + 3$ (2) $f(x) = x^2 - 4x$ (3) $f(x) = -\frac{1}{2}x^4 + 3x^2 - 1$

Formeln und Regeln zum Bestimmen von Stammfunktionen

Zum Bestimmen von Stammfunktionen muss man **„aufleiten"**, d.h. das Ableiten (Differenzieren) umkehren.

$F(x), G(x), H(x)$ ist jeweils Stammfunktion zu $f(x), g(x), h(x)$.

Wichtige Funktionen

Funktion $f(x)$	Stammfunktion $F(x)$
$2x$	x^2
$3x^2$	x^3
$\frac{1}{x^2}$	$\frac{-1}{x}$
$\frac{1}{2\sqrt{x}}$	$\sqrt{x}$
$\sin(x)$	$-\cos(x)$

Regeln

	Funktion	Stammfunktion
Potenzregel	x^n	$\frac{1}{n+1}x^{n+1}$
konstanter Faktor	$g(x) = a \cdot f(x)$	$G(x) = a \cdot F(x)$
Summenregel	$h(x) = f(x) + g(x)$	$H(x) = F(x) + G(x)$

Regeln in Stichworten:
konstanter Faktor – konstante Faktoren bleiben beim „Aufleiten" erhalten.
Summenregel – Summen von Funktionen werden summandenweise „aufgeleitet".

Einmal muss der Funktionsterm zunächst umgeformt werden.

17 *Training: Stammfunktionen gesucht*

a) $f(x) = 3x^2 - 4x + 1$ b) $f(x) = -2x^3 + 6x$ c) $f(x) = \frac{1}{4}x^4 - 2x^2 + 8$

d) $f(x) = \frac{2}{x^2} + x^3$ e) $f(x) = (x+2) \cdot (x-3)$ f) $f(x) = 4 \cdot \sin(x)$

4.1 Von der Änderungsrate zur Bestandsfunktion

18 *Eine Quelle*

Wegen mangelnder Regengüsse versiegt eine Quelle. Die Geschwindigkeiten, mit denen das Wasser an verschiedenen Tagen aus der Quelle sprudelt, lassen sich der Tabelle und Grafik entnehmen. Wie viel Wasser liefert die Quelle in acht Tagen, wie viel noch bis zum Versiegen?

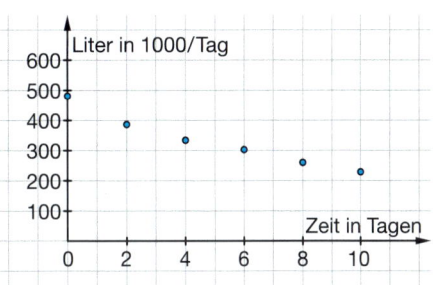

Übungen

Tage	l in 1000/Tag
0	480
2	385
4	335
6	305
8	260
10	230

Tipps:

Passende Funktion zu den Daten finden.

Punkte geradlinig verbinden und Flächen bestimmen.

Bestandsberechnungen für Daten und Funktionen mit der Trapezformel

WERKZEUG

Änderungsraten können tabellarisch gegeben, mit einer Funktion beschrieben oder grafisch dargestellt sein. Der zugehörige Bestand entspricht der Fläche unter dem Graphen der Änderungsratenfunktion.

Ist die Änderungsrate als Tabelle gegeben, so liegt es nahe, die Funktion als Streckenzug darzustellen (siehe Beispiel B). Die Fläche unter dem Graphen setzt sich dann aus den Flächeninhalten von Trapezen zusammen.

Ist die Änderungsrate als Funktion gegeben, von der man keine Stammfunktion kennt, kann man den gewünschten Bereich (z. B. von 0 bis 10) in **gleich breite** vertikale Streifen einteilen. Die Fläche unter dem Graphen kann man dann näherungsweise als Summe der Flächeninhalte der Trapeze berechnen.

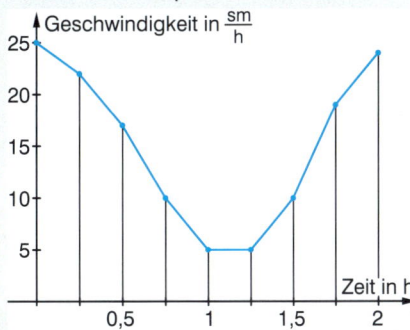

Trapezformel

Anzahl der Trapeze: n

gleiche „Höhe" für jedes Trapez: Δx

Die Summe der Flächeninhalte aller Trapeze:

$$\Delta x \left(\tfrac{1}{2} f(x_0) + f(x_1) + f(x_2) + \ldots + f(x_{n-1}) + \tfrac{1}{2} f(x_n) \right)$$

Sie liefert einen Näherungswert für den Inhalt der Fläche, die der Funktionsgraph mit der x-Achse im Intervall [0; b] einschließt. Je größer die Anzahl der Trapeze, desto besser die Näherung.

---

19 *Anwenden der Trapezregel*

a) In der Grafik oben rechts wird die Trapezformel am Beispiel der Funktion $f(x) = 1{,}2^x$ dargestellt. Berechnen Sie einen Näherungswert für die Fläche unter dem Graphen der Funktion von 0 bis 10. Verwenden Sie zur Berechnung zunächst 5 und dann 10 Trapeze.

b) Begründen Sie, warum in der Trapezformel der Faktor $\tfrac{1}{2}$ bei $f(x_0)$ und $f(x_n)$ auftritt.

Trapezsummen mit CAS

In einem CAS kann die Formel für die Berechnung der Trapezsummen als „Makro" (Funktion) eingegeben werden, sodass es nach Angabe der notwendigen Parameter a, b und n den Flächeninhalt angibt.

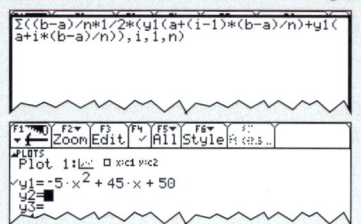

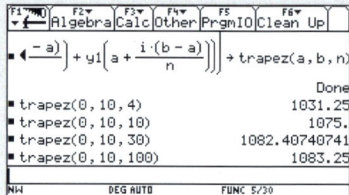

Übungen

20 *„Vorausschauende" Ersatzteilproduktion*

Ein Hersteller von Fernsehgeräten will die Produktion einer Modellreihe einstellen. Damit er die im Lager vorhandenen Geräte dieses Modells noch verkaufen kann und um Kunden, die bereits die entsprechenden Fernseher besitzen, nicht zu verärgern, sollen in diesem Jahr alle Ersatzteile produziert werden, die in den nächsten 10 Jahren voraussichtlich benötigt werden.
Bekannt ist, dass sich die Nachfragerate nach Netzteilen für die Geräte (in Stückzahl pro Jahr) durch die Funktion $f'(t) = 200 \cdot 0{,}85^t$ gut modellieren lässt. Entwickeln Sie ein Verfahren, mit dem Sie abschätzen können, wie viele dieser Netzteile produziert und eingelagert werden müssen, damit die Nachfrage für die nächsten 10 Jahre befriedigt werden kann.

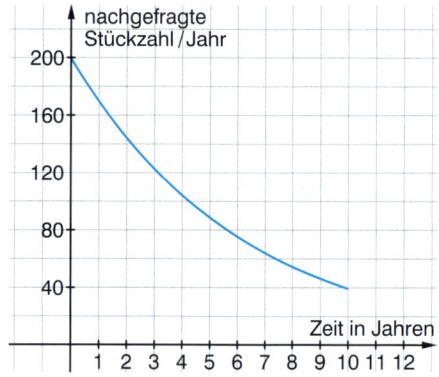

21 *Geförderte Gasmenge*

Die Förderrate (Änderungsrate der Fördermenge) einer Gasquelle nimmt zunächst stark zu und dann mit der Zeit wegen des nachlassenden Gasdruckes wieder ab. Die Förderrate wird mit der Funktion $g(t) = \frac{4t}{t^2 + 1}$ modelliert. Ermitteln Sie näherungsweise mit der Trapezformel die Gasmenge, die die Quelle in 12 Jahren liefert.

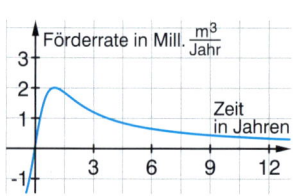

KOPFÜBUNGEN

1 Bestimmen Sie alle Lösungen: $(8 - x)^2 - 9 = 0$

2 Vergleichen Sie die Länge der Vektoren $\vec{a} = \begin{pmatrix} 1 \\ -2 \\ 3 \end{pmatrix}$ und $\vec{b} = \begin{pmatrix} -1 \\ -1 \\ 4 \end{pmatrix}$.

3 Aus einer Urne mit zwei roten und vier weißen Kugeln werden nacheinander zwei Kugeln ohne Zurücklegen gezogen. Geben Sie die Wahrscheinlichkeitsverteilung an.

4 Beantworten Sie jeweils mithilfe eines geeigneten Beispiels:
   a) Was ist die grafische Bedeutung der Ableitung einer Funktion an einer Stelle?
   b) Was ist die physikalische Bedeutung der Ableitung einer Funktion an einer Stelle?

Vom Nutzen der Bestandsfunktion in der Physik

Das Weg-Zeit-Gesetz beim freien Fall $s(t) = 5t^2$ diente als Beispiel bei der Entwicklung des Begriffs der zugehörigen Momentangeschwindigkeit $s'(t) = v(t) = 10t$. Die dabei zugrundeliegende Beschleunigung ist die Änderungsrate der Geschwindigkeit. Man erhält sie als Ableitung der Geschwindigkeit: $s''(t) = a(t) = 10$. Die Beschleunigung beim freien Fall ist also konstant etwa $10\,\text{m/s}^2$.

Weg → Geschwindigkeit → Beschleunigung

Der genauere Wert für die Fallbeschleunigung auf der Erde ist $g = 9{,}81\,\text{m/s}^2$.

Durch Integrieren können wir nun allein aus der Kenntnis der konstanten Beschleunigung die Weg-Zeit-Funktion für eine gleichmäßig beschleunigte Bewegung rekonstruieren: Die Geschwindigkeit ergibt sich als Bestand der Beschleunigung, der zurückgelegte Weg wiederum als Bestand der Geschwindigkeit.

Beschleunigung → Geschwindigkeit → Weg

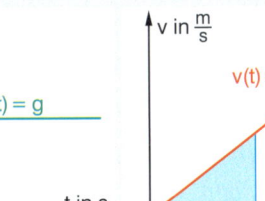
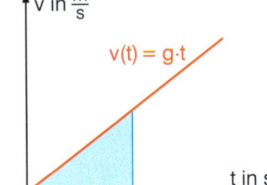
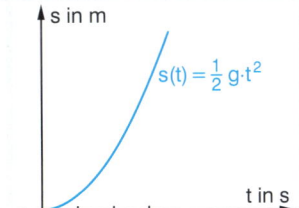

22 Freier Fall auf dem Mond
Eine Schraube fällt auf dem Mond aus einer Höhe von 1,4 Meter. Wann und mit welcher Geschwindigkeit erreicht die Schraube die Oberfläche des Mondes? Vergleichen Sie mit dem gleichen Vorgang auf der Erde.

Aufgaben

Die Fallbeschleunigung auf dem Mond beträgt $1{,}67\,\text{m/s}^2$.

23 Wachsende Beschleunigung
Ein Testfahrzeug startet zum Zeitpunkt $t = 0$ mit einer linear ansteigenden Beschleunigung $a(t) = 1{,}2 \cdot t$ (t in s, a in $\frac{m}{s^2}$). Welchen Weg hat es nach 5 s zurückgelegt?

Eine interessante Anwendung – Der digitale Wurfspeer

Das Fraunhofer-Institut Magdeburg hat einen „digitalen Wurfspeer" entwickelt, mit dessen Hilfe man durch Sensoren den Beschleunigungsverlauf des Speeres während der Anlauf- und Abwurfphase erfassen kann. Die Geschwindigkeit des Speeres ergibt sich als Fläche in dem Beschleunigung-Zeit-Diagramm und kann z. B. mithilfe der Trapezformel berechnet werden.

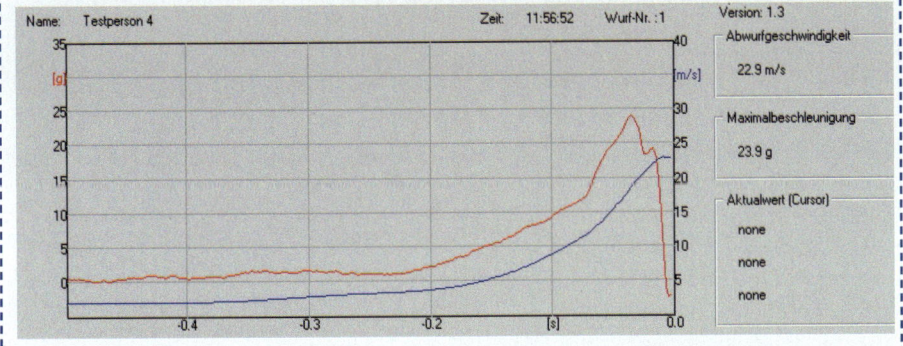
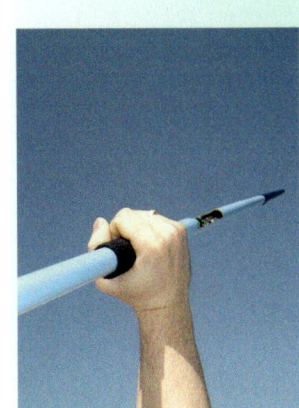

4.2 Der Hauptsatz der Differenzial- und Integralrechnung

Was Sie erwartet

Im vorherigen Lernabschnitt haben Sie in Sachzusammenhängen zu vorgegebener Änderungsfunktion die zugehörige Bestandsfunktion rekonstruiert. Die rekonstruierten Funktionswerte wurden dabei als orientierte Flächeninhalte interpretiert und berechnet oder einfach durch „Aufleiten" des Ableitungsterms gewonnen.

In diesem Lernabschnitt wird dies vertieft. Sie beschreiben zunächst den orientierten Flächeninhalt unter dem Graphen einer Funktion f von einer beliebigen festen linken Grenze a bis zu einer beliebigen variablen rechten Grenze x. Dann lösen wir uns von den Sachzusammenhängen, aus der Änderungsratenfunktion wird einfach eine Funktion, aus der Bestandsfunktion die Integralfunktion. Den wichtigen Zusammenhang von beiden Funktionen haben Sie schon im ersten Lernabschnitt erfahren, er wird nun als Hauptsatz der Differenzial- und Integralrechnung formuliert. Der Satz liefert dann auch eine Möglichkeit zur rechnerischen Bestimmung von orientierten Inhalten.

Aufgaben

1 *Variationen der Bestandsfunktion*

a) An drei Zapfsäulen einer Tankstelle werden – zeitversetzt um eine Minute – mit konstanter Fließgeschwindigkeit von 30 l/min drei Pkw betankt.
Füllen Sie die Tabelle aus und geben Sie für jeden Tank die passende Bestandsfunktion an. Skizzieren Sie diese und die Zuflussfunktion. Überprüfen Sie mit den Tabelleneinträgen. Was fällt Ihnen auf? Veranschaulichen Sie die Tabelleneinträge durch Flächen.

	Füllmenge (in l)		
x (in min)	Pkw 1	Pkw 2	Pkw 3
–1	0	–	–
0	30	0	–
1	■	■	0
2	■	■	■
3	■	■	■
4	■	■	■
5	■	■	■

b) Die Zuflussrate wird jetzt durch $f'(x) = 3x^2$ beschrieben (x in min; $f'(x)$ in l/min). Begründen Sie, dass $f_0(x) = x^3$ die Füllmenge zu Pkw 2 beschreibt, wenn die Betankung also zum Zeitpunkt $x = 0$ beginnt. Füllen Sie damit die Tabelle wie in a) aus und geben Sie die passenden Bestandsfunktionen zu $x = -1$ und $x = 1$ an.
Bestätigt sich Ihre Vermutung aus a)?
Hinweis: Nutzen Sie für Pkw 1 die Symmetrie von f' aus.

c) Begründen Sie mithilfe der Bilder allgemein:
Für $a < b$ gilt: $f_a(x) = f_b(x) + c$
Dabei ist $f_a(x)$ die Bestandsfunktion zum Beginn bei $x = a$ und c eine Konstante.
Welche geometrische Bedeutung hat die Konstante c?

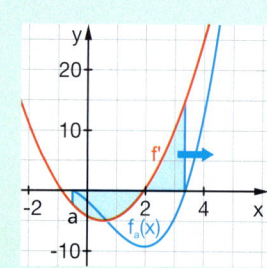 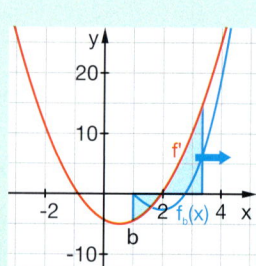

Integralfunktion

Die Integralfunktion $I_a(x)$ ist eine Verallgemeinerung der Bestandsfunktion. Sie ordnet jedem $x > a$ den orientierten Inhalt der Fläche zu, die von dem Graphen zu f und der x-Achse im Intervall $[a; x]$ eingeschlossen wird. Bei den Bestandsfunktionen ist die linke Intervallgrenze meist Null und die Funktion f eine Änderungsratenfunktion.

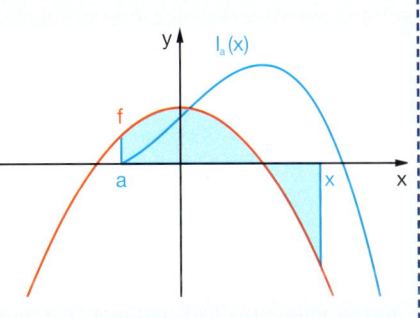

Aufgaben

2 *Erkunden von Integralfunktionen*

Mit einem dynamischen Funktionsplotter können Sie die Entstehung der Integralfunktion bei vorgegebener linker Grenze a punktweise beobachten.
Beispiel: Funktion: $f(x) = x \cdot (x-3) \cdot (x-5)$; Integralfunktion: $I_{-0,5}(x)$

Der Schieberegler für x darf nicht x heißen.

a) Experimentieren Sie mit der Software und ermitteln Sie Integralfunktionen $I_a(x)$ zu den gegebenen Funktionen f. Beginnen Sie mit $a = 0$ und variieren Sie dann die linke Intervallgrenze.
(1) $f(x) = -0,5x + 2$ (2) $f(x) = x^2 - 2x$
(3) $f(x) = \sin(x)$ (4) $f(x) = x^3 - 4x^2$

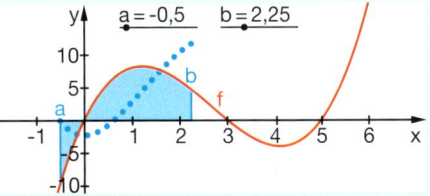

b) Begründen Sie anschaulich folgende Eigenschaften:
(1) $I_a(a) = 0$ (2) Für $a < b$ gilt: $I_a(x) = I_b(x) + c$.
Welche inhaltliche Bedeutung hat die Konstante c?

c) Finden Sie einen Zusammenhang zwischen den $I_a(x)$ und $f(x)$? Bestimmen Sie die Funktionsgleichungen der Integralfunktionen $I_a(x)$.

3 *Integralfunktionen und orientierte Flächeninhalte*

a) Begründen Sie, dass den Bestandsfunktionen aus dem vorherigen Lernabschnitt die Integralfunktionen $I_0(x)$ entsprechen. Begründen Sie damit, dass $I_0'(x) = f(x)$ gilt.
b) Erläutern Sie mithilfe der Bildfolge, wie man den orientierten Flächeninhalt unter f zwischen a und b ($a < b$) berechnen kann. Begründen Sie, dass $I_a(b) = I_0(b) - I_0(a)$ gilt.

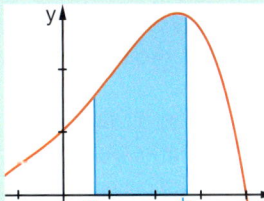 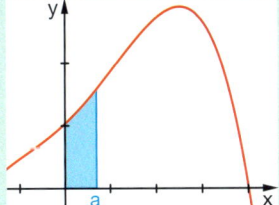 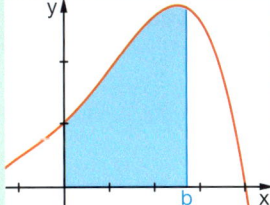

c) Bestimmen Sie den orientierten Flächeninhalt in den angegebenen Intervallen.
(1) $f(x) = 2x$; $a = 0,5$; $b = 3$ (2) $f(x) = 3x^2$; $a = 1$; $b = 2$

4 Integralrechnung

Basiswissen

Mit der Definition der Integralfunktion können wir einen zentralen Satz der Differenzial- und Integralrechnung formulieren.

Integralfunktion

Eine Funktion $f(x)$ ist gegeben. Die Funktion, die jedem x den orientierten Inhalt der Fläche zuordnet, die $f(x)$ mit der x-Achse zwischen a und x einschließt, nennt man Integralfunktion $I_a(x)$ zu $f(x)$.

Sprechweise:
„Integral von f von a bis x"
f: Integrand
a: untere Grenze
x: obere Grenze

Da in der Bezeichnung $I_a(x)$ der Bezug zur gegebenen Funktion nicht ersichtlich ist, führt man folgende Bezeichnung ein: $I_a(x) = \int_a^x f$.

Die Funktionswerte $I_a(b) = \int_a^b f$ heißen **Integral**.

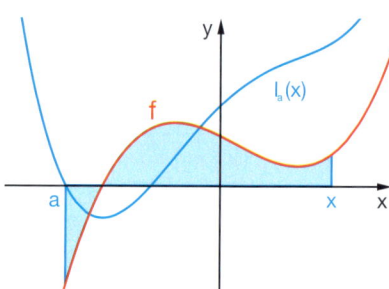

Wichtige Eigenschaften

(1) Es gilt die Anfangsbedingung $I_a(a) = \int_a^a f = 0$.

(2) Die Integralfunktionen $I_a(x)$ und $I_b(x)$ zur selben Funktion $f(x)$ unterscheiden sich um eine Konstante c: $I_a(x) = I_b(x) + c$, also $\int_a^x f = \int_b^x f + c$

Da man den orientierten Flächeninhalt durch „Aufleiten" der Funktion f erhält, gilt der wichtige Zusammenhang zwischen Integralfunktion $I_a(x)$ und Funktion $f(x)$:

Hauptsatz der Differenzial- und Integralrechnung (Teil 1)
Für den Zusammenhang von Funktion f und Integralfunktion I_a gilt: $I_a'(x) = f(x)$.
Integralfunktionen sind also Stammfunktionen.

Beispiele

A *Geometrische Interpretation einer Integralfunktion*

Könnte der blaue Graph k der Graph der Integralfunktion $I_{-3}(x) = \int_{-3}^x x^2 - 4$ sein?

Argumentieren Sie geometrisch anhand des Verlaufs der beiden Graphen.

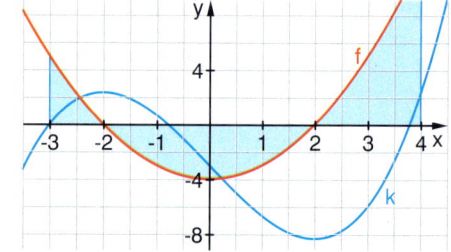

Lösung:
a) Geometrische Argumentation
Der blaue Graph könnte vom Verlauf her zum orientierten Flächeninhalt unter dem Graphen von $f(x)$ passen:
1. $I_{-3}(-3) = 0$. Diese Eigenschaft erfüllt der Graph k.
2. $f(x)$ ist auf $[-3;-2[$ positiv, fallend. Der orientierte Flächeninhalt ist also zunächst positiv und wächst. Allerdings wird die Zunahme geringer (Rechtskurve des blauen Graphen). Bei $x = -2$ hat $I_{-3}(x)$ ein lokales Maximum, Graph k ebenfalls.
3. $f(x)$ ist auf $]-2;2[$ negativ. Der orientierte Flächeninhalt wird also kleiner, die blaue Kurve fällt. An der Stelle (etwa bei $x = -0{,}8$), an der die Fläche unter der Achse gleich groß der Fläche über der Achse ist, ist der orientierte Flächeninhalt 0. Die blaue Kurve schneidet die x-Achse.
4. An der Stelle $x = 2$ hat $I_{-3}(x)$ ein lokales Minimum, ab dann ist $f(x) > 0$. Die blaue Kurve steigt wieder.

Beispiele

B *Integralfunktionen gesucht*
Ermitteln Sie die Gleichungen der Integralfunktionen $I_0(x)$ und $I_1(x)$ zu der Berandungsfunktion $f(x) = x - 3$.

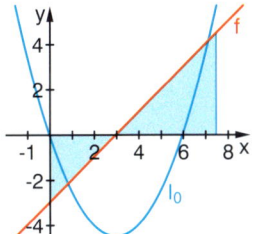
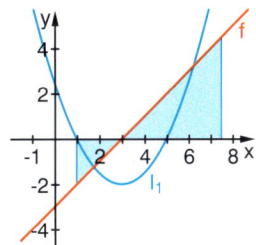

Lösung:
Die Integralfunktionen sind Stammfunktionen von $f(x)$, also gilt: $I_0'(x) = I_1'(x) = x - 3$

$I_0(x) = \int_0^x x - 3 = \frac{1}{2}x^2 - 3x + c$; Berechnung der Konstanten c aus der Anfangsbedingung $I_0(0) = 0$: $I_0(0) = \frac{1}{2}0^2 - 3 \cdot 0 + c = 0$, also $c = 0$. $I_0(0) = \frac{1}{2}x^2 - 3x$

$I_1(x) = \int_1^x x - 3 = \frac{1}{2}x^2 - 3x + c$; $I_1(1) = 0$, also $c = 2{,}5$; $I_1(x) = \frac{1}{2}x^2 - 3x + 2{,}5$

Übungen

4 *Vom Bild zur Integralfunktion*
In dem Diagramm sind die Graphen einer Berandungsfunktion rot und einer zugehörigen Integralfunktion blau gezeichnet.
a) Bestimmen Sie die Gleichungen der beiden Funktionen.
b) Vergleichen Sie den Graphen der gezeichneten Integralfunktion mit dem Graphen von $I_0(x) = \int_0^x f$.

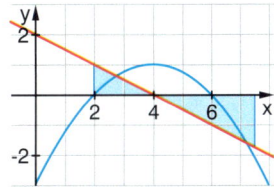

5 *Integralfunktion finden*   vgl. Beispiel A
Gegeben ist $f(x) = x(x-2)(x-5)$. Welche der eingezeichneten Funktionsgraphen g, h und k könnten der Graph der Integralfunktion $\int_1^x f$ sein? Begründen Sie Ihre Entscheidung.

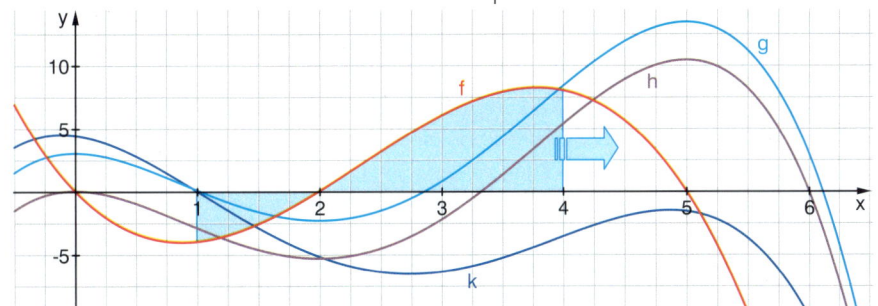

6 *Integralfunktionen berechnen*   vgl. Beispiel B
Berechnen Sie die Integralfunktion zu der Funktion $f(x)$. Skizzieren Sie $f(x)$ und die Integralfunktionen sowie die zugehörigen orientierten Flächeninhalte.
a) $f(x) = 3x - 1$; $I_0(x)$; $I_3(x)$
b) $f(x) = \sin(x)$; $I_0(x)$; $I_\pi(x)$
c) $f(x) = 4x^3 + x - 2$; $I_0(x)$; $I_2(x)$
d) $f(x) = -\frac{1}{x^2}$; $I_2(x)$

7 *Übersetzen und Begründen*
a) Übersetzen Sie die nebenstehenden Aussagen in die Schreibweise mit dem Integralzeichen.
b) Begründen Sie die aufgeführten Eigenschaften.

Eigenschaften der Integralfunktion
(1) $I_a(a) = 0$
(2) Für $a < b < x$ gilt: $I_a(x) = I_b(x) + k$
(3) Für $a < b < c$ gilt: $I_a(c) = I_a(b) + I_b(c)$

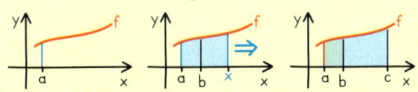

4 Integralrechnung

Übungen

8 *Aussagen überprüfen*
Welche der Aussagen über die Integralfunktionen zu der Funktion f(x) sind richtig? Begründen Sie.
a) $I_0(0) = 0$ b) $I_a(a) = 0$
c) $I_a(x)$ ist stets positiv.
d) $I_a(x)$ ist stets ungleich 0.
e) $I_0(x) = I_1(x) + d$ (d konstant)
f) $I_a(b) = S_2 + S_1$ (S_1, S_2 Flächeninhalte)
g) $I_a(b) = S_2 - S_1$

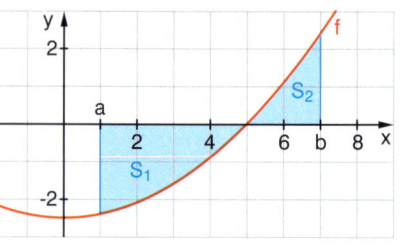

Ein anschaulicher „Beweis" des Hauptsatzes

Den Zugang zur Ableitung finden wir über den Differenzenquotienten. Der Differenzenquotient von $I_a(x)$ an der Stelle x ist $\frac{I_a(x+h) - I_a(x)}{h}$.

Der Zähler des Differenzenquotienten kann als Inhalt des Flächenstücks unter dem Graphen von f von x bis x + h interpretiert werden. Dieses Flächenstück lässt sich durch Rechteckflächen abschätzen. Wenn f monoton wächst, gilt:
$f(x) \cdot h \leq I_a(x+h) - I_a(x) \leq f(x+h) \cdot h$

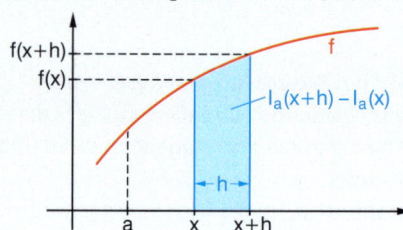

Wenn wir diese Ungleichung durch h dividieren (h > 0), so erhalten wir eine Abschätzung für den oben angegebenen Differenzenquotienten, der die mittlere Änderungsrate von I_a im Intervall [x; x + h] beschreibt:

$f(x) \leq \frac{I_a(x+h) - I_a(x)}{h} \leq f(x+h)$

Beim Grenzübergang für h → 0 strebt f(x + h) gegen f(x) (wegen der Stetigkeit von f). Der entsprechende Grenzwert des Differenzenquotienten ist die Änderungsrate $I_a'(x)$ an der Stelle x. Damit gilt

$f(x) \leq \lim_{h \to 0} \frac{I_a(x+h) - I_a(x)}{h} \leq f(x)$ und somit $I_a'(x) = f(x)$.

Übungen

9 *Lesen, Wiedergeben und Verstehen*
Schauen Sie sich den Beweis genau an. Versuchen Sie, die einzelnen Schritte zu verstehen und schreiben Sie den Beweis dann ohne die Vorlage in Ihren eigenen Worten auf. Wo ist Ihre Argumentation ausführlicher, wo zeigt sie Lücken?

10 *Genauer hingeschaut*
Bei dem obigen Beweis des Hauptsatzes wurde von der Stetigkeit von f(x) Gebrauch gemacht. Angenommen, f(x) hat eine Sprungstelle an der Stelle 2 (siehe Abbildung). Skizzieren Sie die zugehörige Integralfunktion. Begründen Sie, warum die Integralfunktion I_0 an der Stelle 2 nicht differenzierbar ist.

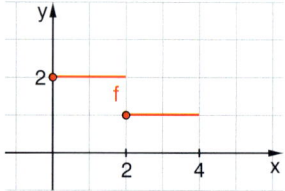

11 *Orientierten Inhalt berechnen*
Gegeben ist $f(x) = \frac{3}{2}x^2 + 1$.
a) Begründen Sie mithilfe des Bildes, dass der markierte orientierte Flächeninhalt mit

(1) $\int_0^2 f - \int_0^1 f$ oder   (2) $\int_1^2 f$ berechnet werden kann.

b) Bestimmen Sie zunächst die Integralfunktionen
$\int_0^x f$ und $\int_1^x f$ und damit die Integrale und den orientierten Flächeninhalt.

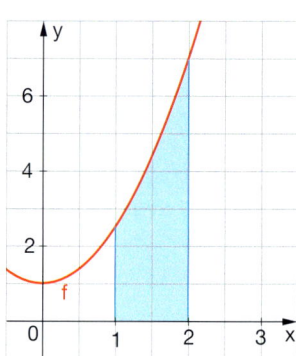

4.2 Der Hauptsatz der Differenzial- und Integralrechnung

Basiswissen

 Für $I_a(x) = \int_a^x f$ kommen nur Stammfunktionen in Frage: $\int_a^x f = F(x) + c$

Mit der bekannten Bedingung $I_a(a) = \int_a^a f = 0$ wird die Konstante c festgelegt:

$0 = I_a(a) = F(a) + c \Rightarrow c = -F(a)$

Dieser Zusammenhang liefert eine Methode zur Berechnung von Integralen.

Hauptsatz der Differenzial- und Integralrechnung (Teil 2)
Für den **orientierten Flächeninhalt** unter f(x) in den Grenzen a und b gilt:

$I_a(b) = \int_a^b f = F(b) - F(a)$

F(x) ist eine beliebige Stammfunktion.

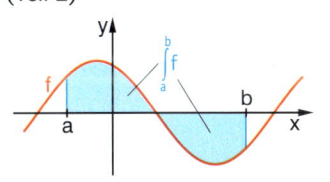

Sprechweise für $\int_a^b f$:
„Integral von f von a bis b"
Es wird auch als **bestimmtes Integral** bezeichnet.
Die Funktion f heißt **Integrand**.

Beispiele

C *Einen orientierten Inhalt bestimmen*
Bestimmen Sie den orientierten Inhalt der Fläche zwischen dem Graphen zu $f(x) = x^2 - 5x + 4$ und der x-Achse in den Grenzen 3 und 6.

Lösung: Anwendung des Hauptsatzes:
Eine Stammfunktion zu f(x) ist
$F(x) = \frac{1}{3}x^3 - \frac{5}{2}x^2 + 4x$.
Zu berechnen ist $F(6) - F(3)$.

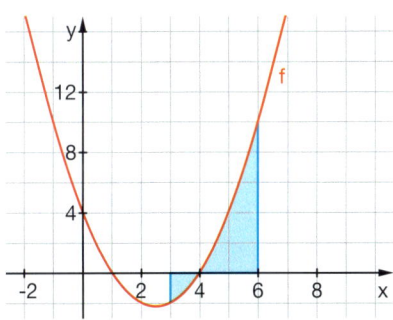

Man schreibt:
$\int_3^6 f = [F(x)]_3^6 = \left[\frac{1}{3}x^3 - \frac{5}{2}x^2 + 4x\right]_3^6 = \left(\frac{1}{3} \cdot 6^3 - \frac{5}{2} \cdot 6^2 + 4 \cdot 6\right) - \left(\frac{1}{3} \cdot 3^3 - \frac{5}{2} \cdot 3^2 + 4 \cdot 3\right)$
$= 6 - (-1{,}5) = 7{,}5$
Der gesuchte orientierte Flächeninhalt beträgt 7,5 FE.

Die Schreibweise
$[F(x)]_3^6 = \left[\frac{1}{3}x^3 - \frac{5}{2}x^2 + 4x\right]_3^6$
dient der übersichtlichen Darstellung der notwendigen Rechenschritte.

Übungen

12 *Berechnung von Integralen*
Wenden Sie den Hauptsatz der Differenzial- und Integralrechnung an. Skizzieren Sie die zugehörigen Flächen.

a) $\int_1^2 4x^3$ b) $\int_{-3}^5 2x - 4$ c) $\int_{-1}^1 9x^2 - 1$ d) $\int_0^{\frac{\pi}{2}} \sin(x)$

e) $\int_1^3 \frac{1}{x^2}$ f) $\int_0^4 x(x-1)$ g) $\int_{-1}^1 x^3 - x$ h) $\int_{-2}^0 5x^4 - 2$

Training
Stammfunktionen der Grundfunktionen finden Sie in 4.1 Seite 138.

Integrale mit dem GTR

Mit dem GTR können Integrale numerisch und grafisch bestimmt werden:

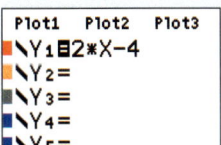
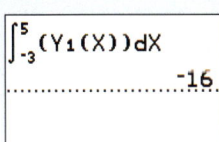
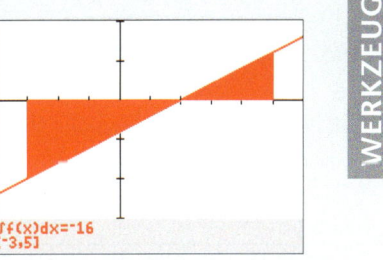

WERKZEUG

Ergebnisse sind meistens Näherungswerte

Zur Schreibweise $\int y_1(x) \, dx$ siehe auch „Unterschiedliche Integrationsvariable" (S. 149) und „Eine analytische Definition des bestimmten Integrals" (S. 152)

Überprüfen Sie Ihre Ergebnisse mit dem GTR.

4 Integralrechnung

Übungen

Regeln und Begründungen

13 *Integrationsregeln*
Verdeutlichen Sie die beiden Regeln geometrisch mithilfe der Bilder.

$$\int_a^x k \cdot f = k \cdot \int_a^x f \qquad \int_a^x (f+g) = \int_a^x f + \int_a^x g$$

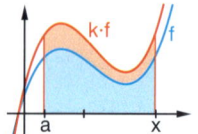 

14 *Eine weitere Integrationsregel*
Formulieren Sie die folgende Gleichung in Worten und begründen Sie die Korrektheit mithilfe des Bildes.

$$\int_a^b (-f) = -\int_a^b f$$

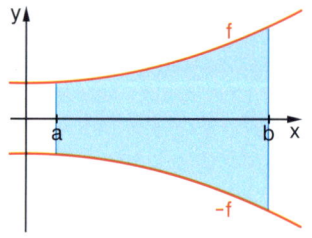

15 *Eine bekannte Formel*
Welche bekannte Formel verbirgt sich hinter $\int_0^a b$ mit $b > 0$?

Veranschaulichen Sie Ihre Antwort auch mithilfe einer Skizze.

Begriffsverständnis

f(x) ist eine stetige Funktion.

16 *Integrale und Symmetrie*
Welche der folgenden Aussagen sind wahr? Stützen Sie Ihre Entscheidung jeweils anhand eines Beispiels und begründen Sie.
a) Wenn f(x) punktsymmetrisch zum Ursprung ist,
dann gilt: $\int_{-a}^{a} f = 0 \quad (a > 0)$

b) Wenn f(x) achsensymmetrisch zur y-Achse ist,
dann gilt: $\int_{-a}^{a} f = 2 \cdot \int_0^a f \quad (a > 0)$

c) Erläutern Sie mithilfe der Funktionen $f(x) = \frac{1}{x}$ und $f(x) = \frac{1}{x^2}$, dass Stetigkeit eine notwendige Voraussetzung für die Aussagen in a) und b) ist.

17 *Stammfunktionen und Integralfunktionen*
a) Begründen Sie: *Jede Integralfunktion hat mindestens eine Nullstelle.*
b) Jede Integralfunktion ist eine Stammfunktion.
Ist aber auch jede Stammfunktion eine Integralfunktion?
Zeigen Sie, dass $F(x) = x^2 + 1$ Stammfunktion von $f(x) = 2x$ ist, aber keine Integralfunktion sein kann.

18 *Terme veranschaulichen*
Es gilt $F'(x) = f(x)$. Veranschaulichen Sie jeden der angegebenen Werte möglichst in beiden Diagrammen. Vergleichen Sie Ihre Ergebnisse mit denen Ihrer Mitschülerinnen und Mitschüler.

(1) $f(a)$ (2) $\int_a^b f(x)$ (3) $F'(a)$ (4) $F(b) - F(a)$ (5) $\frac{F(b) - F(a)}{b - a}$

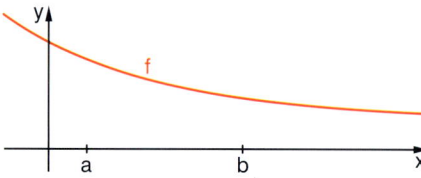 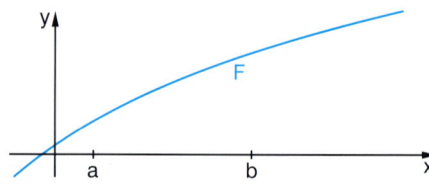

Unterschiedliche Integrationsvariablen

Die Variable, nach der integriert wird, kann unterschiedlich heißen. Man kennzeichnet daher diese Variable durch ein angehängtes „dx", „dt" oder „du" im Integralausdruck.

Wir schreiben im Weiteren dann $\int_1^4 (x^2 - 2)\,dx$ oder $\int_{-1}^1 (t^3 + t)\,dt$.

Bei einer Integralfunktion $\int_a^x f(x)\,dx$ kommt die Variable x aber nun in zweierlei Bedeutung vor. Sie ist das eine Mal Variable (Argument) der Funktion f, das andere Mal untere oder obere Grenze der Integralfunktion (in der Grafik an den unterschiedlichen Farben erkennbar).

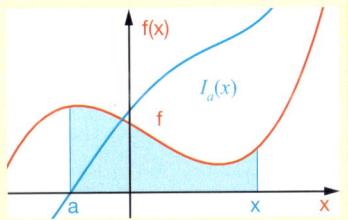

Um hier Verwechslungen zu vermeiden, wird das Argument von f dann t genannt, wenn x als untere oder obere Grenze auftritt.

Man schreibt: $\int_a^x f(t)\,dt$

Es gibt noch eine andere Bedeutung von „dx". Diese wird in „Eine analytische Definition des bestimmten Integrals" (Seite 152) erschlossen.

Übungen

19 *Unterschiedliche Integrationsvariablen*
a) Bestimmen Sie die folgenden Integrale.

(1) $\int_0^1 (t \cdot x^2)\,dx$ (2) $\int_0^1 (t \cdot x^2)\,dt$ (3) $\int_{-1}^1 (t \cdot x + x)\,dx$ (4) $\int_{-1}^1 (t \cdot x + x)\,dt$

b) Rechts sehen Sie einige Berechnungen mit dem CAS. Leiten Sie die Lösungen ohne GTR her.
Wie kommt es zu der Fehlermeldung?

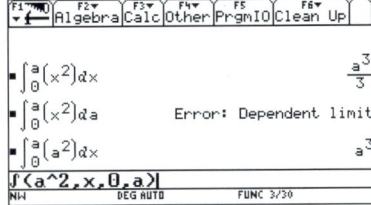

20 *Eine Gleichung – zwei Scharen*
Die beiden Funktionenscharen $f_t(x) = x^2 - tx$ und $f_x(t) = x^2 - tx$ haben zwar denselben Funktionsterm, stellen aber unterschiedliche Funktionen dar.

a) Beschreiben Sie die Unterschiede. Welches Bild gehört zu welcher Schar? Ordnen Sie jeweils passende Parameterwerte t bzw. x zu.

(1) 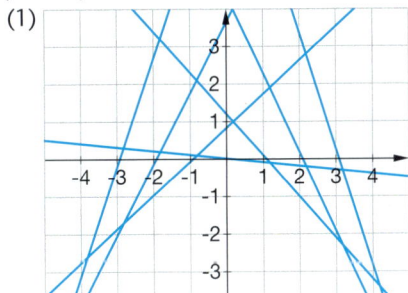   (2)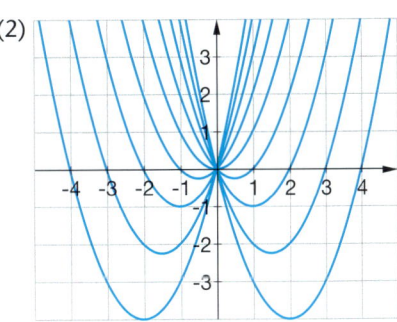

b) Lösen Sie die Gleichungen: (1) $\int_0^2 f_t(x)\,dx = 0$ und   (2) $\int_0^2 f_x(t)\,dt = 0$

Welche anschauliche Bedeutung haben die Lösungen?

4 Integralrechnung

Das Integral als Grenzwert von Produktsummen

Der Hauptsatz der Differenzial- und Integralrechnung stellt einen Zusammenhang zwischen dem Integrieren und dem Finden von Stammfunktionen her, so dass man denken könnte, dass „Integrieren" und „Stammfunktion finden" dasselbe ist. Wenn man eine Stammfunktion kennt oder bestimmen kann, ist das Ermitteln der Integrale und Flächeninhalte damit komfortabel und übersichtlich. Es gibt aber einen großen Unterschied zum Ableiten, dem „Umgekehrten" des Aufleitens. Während man für das Ableiten aller differenzierbaren Funktionen nur wenige Regeln benötigt, die Sie teilweise noch kennenlernen, ist das Finden einer Stammfunktion häufig sehr schwierig und aufwendig.

Die Abbildung zeigt Beispiele, die mit einem CAS erzeugt sind. An den Termen der Stammfunktionen ist zu erkennen, dass hinter ihrer Bestimmung wohl keine einfachen Verfahren stecken, das Finden einer Stammfunktion ist dann oft schon eher eine Kunst als einfaches Handwerk.
In wissenschaftlich orientierten Taschenbüchern der Mathematik werden deswegen häufig umfangreiche Tabellen mit Stammfunktionen angegeben. Es ist aber noch schlimmer: Es gibt Funktionen, zu denen kann keine Stammfunktion gefunden werden. Ein Beispiel sehen Sie rechts.

Am Graphen erkennt man aber deutlich, dass $\int_{-1}^{1} 2^{-x^2}$

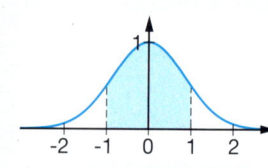

existieren muss und nach erster Anschauung ungefähr den Wert 1,5 hat. $f(x) = 2^{-x^2}$ sollte also integrierbar sein.

Integrieren ist mehr als „Stammfunktion finden"!
Ziel muss es also sein, eine Definition für das Integral zu finden, die ohne den Begriff der Stammfunktion auskommt. Wie lässt sich das Integral ohne Bezug zu Stammfunktionen durch eine Definition aus einfachen Bausteinen präzisieren?

Beim Begriff der Ableitung sind wir so vorgegangen:

> **Die Ableitung als Grenzwert von Quotienten**
> Bei der Einführung der Änderungsrate einer Funktion wurde diese als Steigung einer Sekante bzw. einer Tangente veranschaulicht. Der geometrisch anschauliche Prozess des Übergangs von der Sekanten- zur Tangentensteigung konnte mithilfe des algebraischen Terms des Differenzenquotienten präzisiert werden:
> Die Ableitung wurde als Grenzwert einer Folge von Differenzenquotienten definiert.
> $f'(a) = \lim_{h \to 0} \frac{f(a+h) - f(a)}{h}$

Es ist nicht überraschend, dass hier auch wieder Grenzprozesse eine wichtige Rolle spielen.
Wo es bei der Ableitung der Grenzwert von Quotienten war, wird es hier der Grenzwert von Summen von Produkten sein. Die einfachen Bausteine bei der Ableitung sind die Sekanten, also Geraden, hier sind es Rechtecke, also Flächen.

4.2 Der Hauptsatz der Differenzial- und Integralrechnung

Übungen

21 *Untersummen, Obersummen und Grenzwertprozesse*
Prinzip: Der Inhalt A der Fläche zwischen dem Graphen einer Funktion f und der x-Achse in einem Intervall wird durch Rechtecksummen angenähert. Dabei bildet man einmal Rechtecke unterhalb des Graphen (Untersummen) und einmal oberhalb des Graphen (Obersummen).

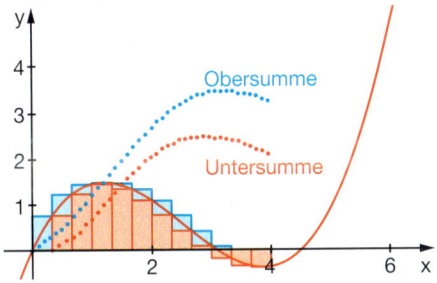
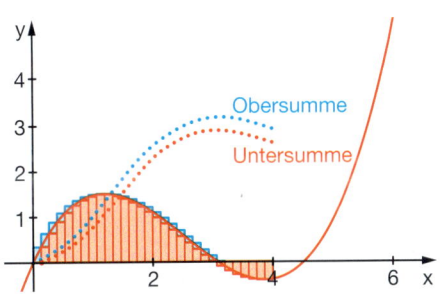

Analysis 11

Erläutern Sie die Bildfolge. Was passiert mit den Unter- und Obersummen, wenn man die Intervalle verfeinert? Welcher Zusammenhang ergibt sich mit der Integralfunktion?

22 *Unter- und Obersummen*
Der Inhalt A der Fläche zwischen dem Graphen von $f(x) = x^2$ und der x-Achse im Intervall $[0;1]$ wird durch Rechtecksummen angenähert.

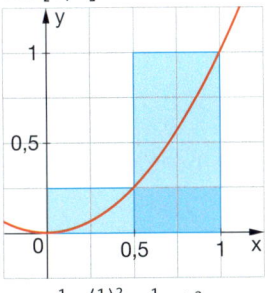
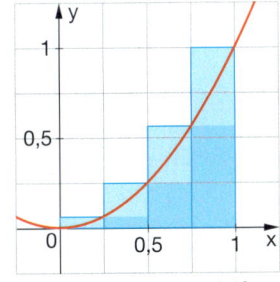
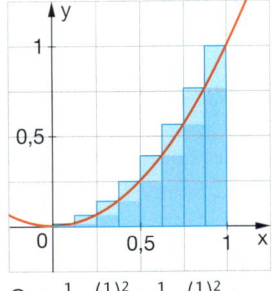

$O_2 = \frac{1}{2} \cdot \left(\frac{1}{2}\right)^2 + \frac{1}{2} \cdot 1^2$

$U_2 = \frac{1}{2} \cdot 0^2 + \frac{1}{2} \cdot \left(\frac{1}{2}\right)^2$

$O_4 = \frac{1}{4} \cdot \left(\frac{1}{4}\right)^2 + \frac{1}{4} \cdot \left(\frac{1}{2}\right)^2 + \frac{1}{4} \cdot \left(\frac{3}{4}\right)^2 + \frac{1}{4} \cdot 1^2$

$U_4 = \frac{1}{4} \cdot 0^2 + \frac{1}{4} \cdot \left(\frac{1}{4}\right)^2 + \frac{1}{4} \cdot \left(\frac{1}{2}\right)^2 + \frac{1}{4} \cdot \left(\frac{3}{4}\right)^2$

$O_8 = \frac{1}{8} \cdot \left(\frac{1}{8}\right)^2 + \frac{1}{8} \cdot \left(\frac{1}{4}\right)^2 + \ldots + \frac{1}{8} \cdot (1)^2$

$U_8 = \frac{1}{8} \cdot 0^2 + \frac{1}{8} \cdot \left(\frac{1}{8}\right)^2 + \ldots + \frac{1}{8} \cdot \left(\frac{7}{8}\right)^2$

a) Erläutern Sie die Bildfolge und die darunter stehenden Produktsummen für die Obersummen O_n und Untersummen U_n und berechnen Sie diese.
Begründen Sie, dass $U_n < A < O_n$ gilt.

b) Begründen Sie die beiden Formeln.

$O_n = \frac{1}{n} \cdot \left(\frac{1}{n}\right)^2 + \frac{1}{n} \cdot \left(\frac{2}{n}\right)^2 + \ldots + \frac{1}{n} \cdot \left(\frac{n}{n}\right)^2$

$U_n = \frac{1}{n} \cdot (0)^2 + \frac{1}{n} \cdot \left(\frac{1}{n}\right)^2 + \ldots + \frac{1}{n} \cdot \left(\frac{n-1}{n}\right)^2$

Geben Sie die Formeln in den CAS-Rechner ein und berechnen Sie damit O_{100} und U_{100}.

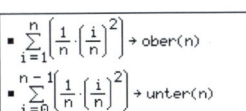

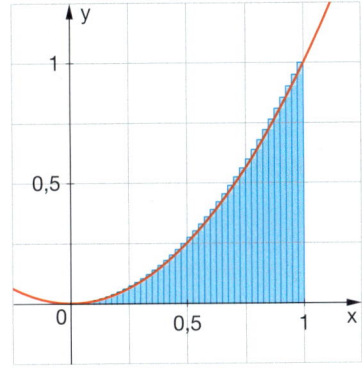

Mit dem Summenzeichen Σ erreicht man eine kurze Darstellung der aus vielen Summanden bestehenden Summe.

Welche Werte erwarten Sie für O_{1000} und U_{1000}?
Anschaulich ist klar, dass sowohl die Untersummen als auch die Obersummen beliebig nahe an den Flächeninhalt $A = \frac{1}{3}$ herankommen. Das CAS berechnet den Grenzwert ganz ohne Anschauung.

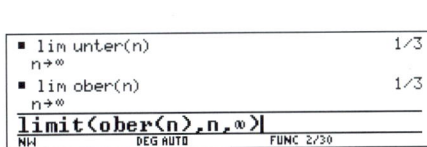

Informieren Sie sich über die genaue Syntax auf dem GTR oder CAS.

Übungen

Aus der Formelsammlung:
Für die Summe der ersten n Quadratzahlen gilt:
$$1 + 4 + 9 + \ldots + n^2 = \frac{n(n+1)(2n+1)}{6}$$

23 *Ein Beweis für den Grenzwert von O_n für $f(x) = x^2$*

In der Obersumme ist die Summe der ersten n Quadratzahlen versteckt.

$$O_n = \frac{1}{n} \cdot \left(\frac{1}{n}\right)^2 + \frac{1}{n} \cdot \left(\frac{2}{n}\right)^2 + \ldots + \frac{1}{n} \cdot \left(\frac{n}{n}\right)^2 = \frac{1}{n^3} \cdot (1^2 + 2^2 + \ldots + n^2)$$

$$= \frac{1}{n^3} \cdot \frac{n(n+1)(2n+1)}{6} = \frac{1}{6} \cdot 1 \cdot \left(1 + \frac{1}{n}\right) \cdot \left(2 + \frac{1}{n}\right).$$

Für $n \to \infty$ gilt $\frac{1}{n} \to 0$.

Damit bleibt in dem letzten Term nur noch $\frac{1}{6} \cdot 1 \cdot 1 \cdot 2 = \frac{1}{3}$. Also gilt $\lim\limits_{n \to \infty} O_n = \frac{1}{3}$.

Führen Sie die entsprechenden Termumformungen für die Untersumme
$U_n = \frac{1}{n} \cdot (0)^2 + \frac{1}{n} \cdot \left(\frac{1}{n}\right)^2 + \ldots + \frac{1}{n} \cdot \left(\frac{n-1}{n}\right)^2$ durch und zeigen Sie, dass auch $\lim\limits_{n \to \infty} U_n = \frac{1}{3}$.

Eine analytische Definition des bestimmten Integrals

Wir betrachten eine stetige Funktion f auf dem Intervall [a; b]. Das Intervall teilen wir in n Teilintervalle auf. Der Einfachheit halber sollen alle die gleiche Breite $\Delta x = \frac{b-a}{n}$ haben.
In jedem dieser Teilintervalle wählen wir eine Stelle x_i. Nun bilden wir die Produktsumme:

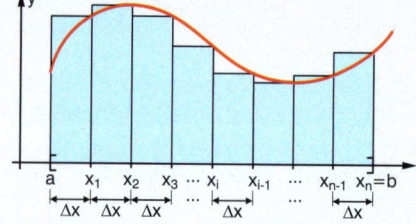

$$s_n = f(x_1) \cdot \Delta x + f(x_2) \cdot \Delta x + \ldots + f(x_n) \cdot \Delta x = \sum_{k=1}^{n} f(x_k) \cdot \Delta x$$

Der Grenzwert dieser Produktsumme liefert eine Definition des bestimmten Integrals:

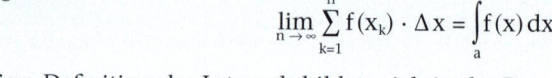

$$\lim_{n \to \infty} \sum_{k=1}^{n} f(x_k) \cdot \Delta x = \int_a^b f(x)\,dx$$

Diese Definition des Integrals bildete sich in der Entwicklung der Analysis erst recht spät heraus. Sie ist – allerdings in einer noch allgemeineren Fassung – mit dem Mathematiker BERNHARD RIEMANN (1826 – 1866) verbunden.
Damit lässt sich auch eine plausible Erklärung für die Schreibweise $\int f(x)\,dx$ geben:

BERNHARD RIEMANN
(1826 – 1866)

Das Integralzeichen kann man als langgezogenes S deuten, das sich aus dem Summenzeichen entwickelt hat. Das Zeichen dx steht für das beliebig kleine Δx. Die Produktsumme kann als Summe der (orientierten) Flächeninhalte $f(x) \cdot dx$ kleiner Rechteckstreifen interpretiert werden. In den Anwendungen spielt diese Interpretation eine große Rolle.

KOPFÜBUNGEN

1 Bestimmen Sie alle Lösungen: $3x^2 - 27 = 0$

2 Lösen Sie die Gleichung $V = \frac{1}{3}\pi r^2 h$ einmal nach r und einmal nach h auf. Welche geometrische Bedeutung hat die Gleichung?

3 Bei Neugeborenen gilt das Geschlechterverhältnis von „100 zu 105" (weniger Mädchen als Jungen) als normal. Welche Wahrscheinlichkeit für die Geburt eines Mädchens folgt daraus?

4 Wahr oder falsch?
a) Ganzrationale Funktionen vom Grad 3 haben immer einen Wendepunkt.
b) Ganzrationale Funktionen vom Grad 4 haben immer zwei Wendepunkte.
Gelingt es Ihnen, die Aussage zu begründen oder zu widerlegen?

4.2 Der Hauptsatz der Differenzial- und Integralrechnung

24 *Flächenberechnung mit Unter- und Obersummen*
Bei der Bestimmung von Integralen von Potenzfunktionen mithilfe von Unter- und Obersummen benötigt man Summenformeln für Potenzen:

$$S_m(n) = \sum_{k=1}^{n} k^m = 1^m + 2^m + \ldots + n^m$$

Mit einem CAS können für solche Summen explizite Formeln ermittelt werden:

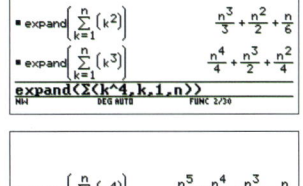

Aufgaben

m = 2: Summe der Quadratzahlen (vgl. Aufgabe 23)

m = 3: Summe der Kubikzahlen

a) Es soll der Inhalt der Fläche bestimmt werden, die $f(x) = x^3$ zwischen $x = 0$ und $x = b$ mit der x-Achse einschließt.

Das Intervall $[0; b]$ wird in n gleichbreite Abschnitte Δx zerlegt.
- Begründen Sie, dass $\Delta x = \frac{b}{n}$ und $x_k = k \cdot \frac{b}{n}$ gelten.
- Leiten Sie damit her:
$$U_n = \sum_{k=1}^{n-1} f(x_k) \cdot \Delta x = \ldots = \left(\frac{b}{n}\right)^4 \cdot S_3(n-1) \text{ und } O_n = \sum_{k=1}^{n} f(x_k) \cdot Δx = \ldots = \left(\frac{b}{n}\right)^4 \cdot S_3(n).$$
- Leiten Sie damit die Ungleichungskette her: $\frac{1}{4}b^4 - \frac{b^4}{2n} + \frac{b^4}{4n^2} \leq A \leq \frac{1}{4}b^4 + \frac{b^4}{2n} + \frac{b^4}{4^2}$
- Bestimmen Sie $A = \lim_{n \to \infty} U_n = \lim_{n \to \infty} O_n$.

$S_3(n-1) = S_3(n) - n^3$
$U_n \leq A \leq O_n$

b) Bestimmen Sie in gleicher Weise die entsprechende Fläche, die $f(x) = x^4$ zwischen $x = 0$ und $x = b$ mit der x-Achse einschließt.

25 *Trapezformel wieder im Einsatz*
Bestimmen Sie mithilfe der Trapezformel einen Näherungswert.
a) $\int_{-1}^{1} 2^{-x^2} dx$ b) $\int_{0}^{5} 2^{-x^2} dx$

Nicht integrierbare Funktionen?

Die analytische Definition des Integrals nach RIEMANN ist so weit, dass damit auf geschlossenen Intervallen auch Funktionen mit Sprungstellen integrierbar sind, was ja auch der Anschauung entspricht, weil die Flächen ja augenscheinlich existieren. Gibt es dann überhaupt nach der analytischen Definition von RIEMANN nicht integrierbare Funktionen? Ja, der Mathematiker DIRICHLET hat als erster eine solche angegeben. Diese Funktion hat unendlich viele Sprungstellen, sogar „überabzählbar" viele. Wenn man auch bei einer solchen Funktion Flächen messen will, muss der Integralbegriff noch einmal erweitert werden. Dies hat LEBESGUE durchgeführt (*Lebesgue-Integral*).

Dirichlet-Funktion:
$$f(x) = \begin{cases} 1 & \text{für } x \in \mathbb{Q} \\ 0 & \text{für } x \in \mathbb{R} \setminus \mathbb{Q} \end{cases}$$

PETER-GUSTAV-LEJEUNE DIRICHLET (1805–1859)

HENRI LÉON LEBESGUE (1875–1941)

26 *Integral bei nicht stetiger Funktion*
Zeigen Sie mithilfe der Definition des Integrals nach RIEMANN, dass nebenstehende Funktion im Intervall $[0; 4]$ integrierbar ist.

$$f(x) = \begin{cases} 2 & \text{für } 0 \leq x < 2 \\ 1 & \text{für } 2 \leq x \leq 4 \end{cases}$$

4.3 Anwendungen der Integralrechnung

Was Sie erwartet

Die Integralrechnung findet in unterschiedlichen Gebieten ihre Anwendung.

A Mithilfe der Integralfunktion können wir von der Änderungsrate auf den „Bestand" schließen, auch wenn die Änderungsrate nicht konstant ist.

Aus der Zuflussrate bei einem Stausee wird auf die vorhandene Wassermenge geschlossen.

Von den Bohrkosten pro Meter kann man auf die Gesamtkosten einer Tiefenbohrung schließen.

B Mit Integralen kann man Flächen berechnen, wo keine elementaren Formeln zur Verfügung stehen.

C Die Integralrechnung findet auch Anwendung in den Sozial- und Wirtschaftswissenschaften. So lässt sich z. B. ein Koeffizient definieren, der ein Maß für das Ungleichgewicht in der Einkommensverteilung in einer Bevölkerung ist.

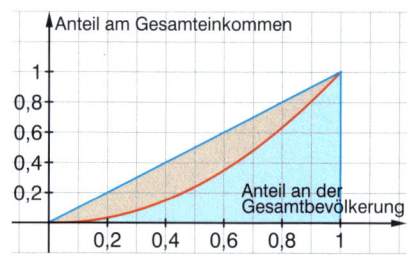

Einen Teil dieser Anwendungen haben Sie bereits im ersten Lernabschnitt kennengelernt. In diesem Abschnitt werden diese erweitert. Dabei wird der Hauptsatz der Integral- und Differenzialrechnung von Nutzen sein. Bei den Berechnungen greifen wir häufig auf numerische Näherungen mithilfe der Rechner und der vorhandenen Software zurück.

Berechnung von Beständen aus Änderungsraten

Aufgaben

1 *Befüllen eines Beckens*
Das Befüllen eines Wasserbeckens wird durch Messungen der Zuflussgeschwindigkeit beschrieben. Passend zu den Daten wird der fünfstündige Füllvorgang mit $v(t) = 5t - t^2$ modelliert.
Dabei wird v in m^3/h angegeben und t in Stunden.
a) Beschreiben Sie, wie sich die Zuflussgeschwindigkeit mit der Zeit ändert. Wann fließt das Wasser am schnellsten?
b) Berechnen Sie, welche Wassermenge insgesamt zugeflossen ist. Wie viel Wasser ist zwischen der zweiten und vierten Stunde dazugeflossen?
c) Die gesamte Wassermenge soll mit konstanter Abflussrate von $3 m^3/h$ abgelassen werden. Wann ist das Becken wieder leer?
d) Skizzieren Sie die Wasserstandsfunktion für das Befüllen und Entleeren.

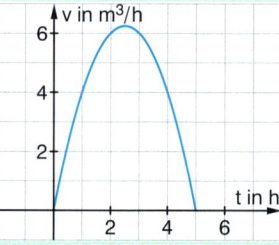

Berechnung von Flächeninhalten

2 *Fläche zwischen Graphen und x-Achse auf verschiedenen Intervallen*
Berechnen Sie jeweils den Flächeninhalt der gefärbten Fläche.

(1)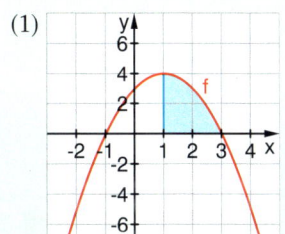
(2)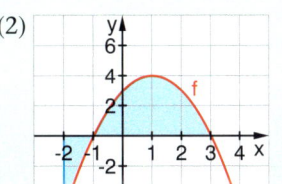
(3)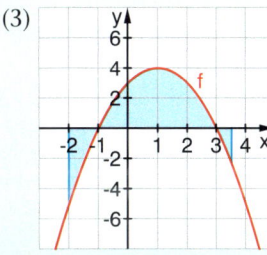

Aufgaben

$$\int_a^b f(x)\,dx$$

liefert den orientierten Flächeninhalt. Wie unterscheidet sich dieser jeweils von dem gesuchten Flächeninhalt?

Dokumentieren Sie Ihre Lösungswege. Welche Probleme sind aufgetreten? Versuchen Sie das Verfahren zur Berechnung des Inhalts der Fläche, die ein Graph auf dem Intervall [a;b] mit der x-Achse einschließt, als Folge von einzelnen Berechnungsschritten darzustellen.

3 *Fläche zwischen zwei Graphen*
Anhand der folgenden Aufgabensequenz können Sie durch schrittweises Vorgehen eine Strategie zur Berechnung der Fläche zwischen den Graphen zweier Funktionen im Intervall [a;b] entwickeln.

(I) *Einfacher Spezialfall*

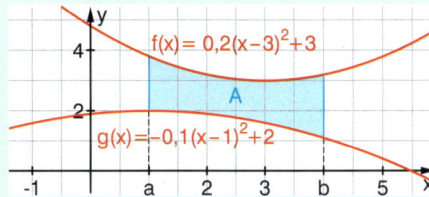

Es gilt $f(x) \geq g(x) \geq 0$ in [a;b]. Begründen Sie, dass für den Inhalt A der gefärbten Fläche gilt:

$$A = \int_a^b (f(x) - g(x))\,dx$$

(II) *1. Verallgemeinerung*

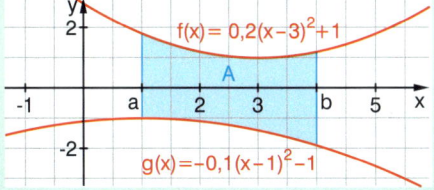

(III) *2. Verallgemeinerung*

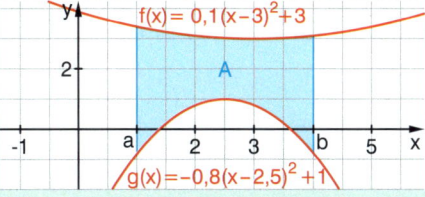

Die angegebenen Funktionsgleichungen sind zur Entwicklung der Strategie nicht notwendig, können aber für die Probe nützlich sein.

a) Was hat sich von (I) zu (II) und von (II) zu (III) jeweils verändert? Inwiefern kann man von Verallgemeinerungen sprechen? Begründen Sie, dass auch in (II) und (III) für den Inhalt der gefärbten Fläche $A = \int_a^b (f(x) - g(x))\,dx$ gilt.

(IV) *3. Verallgemeinerung*

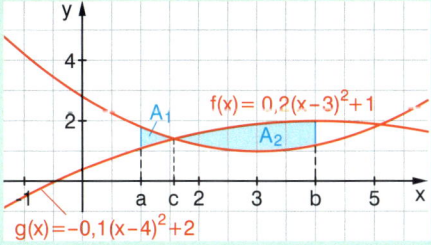

b) Was hat sich in (IV) im Vergleich zu (III) verändert? Wieso kann man den Flächeninhalt A der schraffierten Fläche nicht mit $\int_a^b (f(x) - g(x))\,dx$ berechnen?

Beschreiben Sie eine Strategie, mit der man den gesuchten Flächeninhalt A richtig berechnen kann.

4 Integralrechnung

Basiswissen

■ Das Integral $\int_a^b f(x)\,dx$ gibt den orientierten Inhalt der Fläche zwischen dem Graphen der Funktion f und der x-Achse auf dem Intervall [a; b] an. Damit lassen sich die Inhalte der von Graphen begrenzten Flächen berechnen.

Flächenberechnung mit dem Integral

Inhalt A der Fläche zwischen dem Graphen einer Funktion und der x-Achse

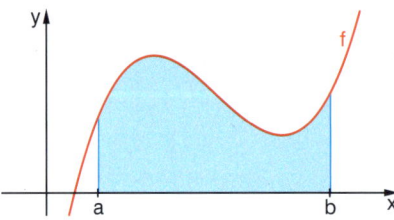

Der Graph der Funktion f liegt auf dem gesamten Intervall [a; b] oberhalb der x-Achse (f(x) ≥ 0) oder unterhalb der x-Achse (f(x) ≤ 0). Dann gilt:	Der Graph der Funktion f hat auf dem Intervall [a; b] Nullstellen (z. B. x_1 und x_2), er liegt teilweise oberhalb und teilweise unterhalb der x-Achse. Dann gilt:
$A = \left|\int_a^b f(x)\,dx\right|$	$A = \left|\int_a^{x_1} f(x)\,dx\right| + \left|\int_{x_1}^{x_2} f(x)\,dx\right| + \left|\int_{x_2}^b f(x)\,dx\right|$

Von Nullstelle zu Nullstelle integrieren, Beträge addieren

Faustregel:

Von Schnittstelle zu Schnittstelle integrieren, Beträge addieren

Inhalt A der Fläche zwischen den Graphen zweier Funktionen f(x) und g(x)

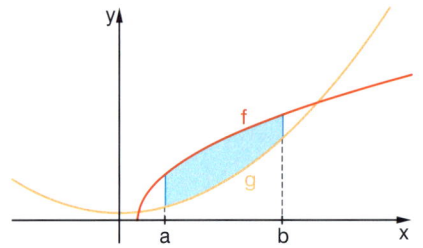 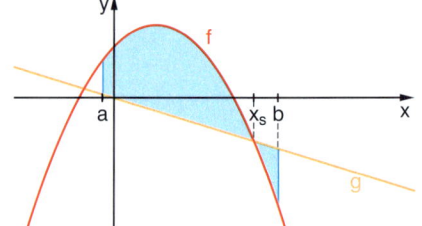

Liegt auf dem gesamten Intervall [a; b] der Graph von f oberhalb des Graphen von g (f(x) ≥ g(x)) oder unterhalb des Graphen von g (f(x) ≤ g(x)), dann gilt:	Schneiden sich die Graphen der beiden Funktionen f und g im Intervall [a; b] (z. B. an der Stelle x_s), dann gilt:
$A = \left|\int_a^b (f(x) - g(x))\,dx\right|$	$A = \left|\int_a^{x_s} (f(x) - g(x))\,dx\right| + \left|\int_{x_s}^b (f(x) - g(x))\,dx\right|$

Beispiele

A *Fläche zwischen Graphen und x-Achse*
Berechnen Sie die Fläche zwischen dem Graphen von $f(x) = x^3 - 7x^2 + 6x + 25$ und der x-Achse auf dem Intervall [1; 5].

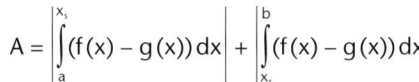

Lösung:
Der Graph der Funktion liegt in dem Intervall [1; 5] oberhalb der x-Achse.

$A = \int_1^5 (x^3 - 7x^2 + 6x + 25)\,dx$

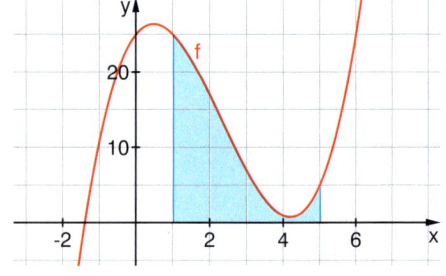

Stammfunktion: $F(x) = \frac{1}{4}x^4 - \frac{7}{3}x^3 + 3x^2 + 25x$ $\qquad F(1) = 25\frac{11}{12} \qquad F(5) = 64\frac{7}{12}$

Hauptsatz der Differenzial- und Integralrechnung, 2. Teil

Dann gilt: $A = |F(5) - F(1)| = \left|64\frac{7}{12} - 25\frac{11}{12}\right| = 38\frac{8}{12}$

Der gesuchte Flächeninhalt A beträgt $38\frac{2}{3}$ Flächeneinheiten.

4.3 Anwendungen der Integralrechnung

Beispiele

 Fläche zwischen zwei Graphen 1
Welchen Inhalt hat die Fläche, die von den Graphen der Funktionen
$f(x) = x^2 - 1$ und $g(x) = x + 1$
eingeschlossen wird?

Lösung:
Schnittstellenbestimmung:
1. Ablesen aus Grafik und Überprüfung durch Einsetzen: $f(-1) = g(-1) = 0$ und $f(2) = g(2) = 3$ oder:

2. Gleichsetzen der Funktionsterme: $x^2 - 1 = x + 1$

$x^2 - x - 2 = 0 \quad \Rightarrow \quad x_{1,2} = \frac{1}{2} \pm \sqrt{\frac{1}{4} + 2} \quad \Rightarrow \quad x_1 = -1$ und $x_2 = 2$

Der Graph von f liegt im Intervall $[-1; 2]$ unterhalb des Graphen von g, also muss $f(x) \leq g(x)$ gelten. Berechnung des gesuchten Flächeninhalts:

$$A = \left|\int_{-1}^{2} (f(x) - g(x))\,dx\right| = \int_{-1}^{2} (g(x) - f(x))\,dx = \int_{-1}^{2} ((x+1) - (x^2 - 1))\,dx = \int_{-1}^{2} (-x^2 + x + 2)\,dx$$

Stammfunktion: $F(x) = -\frac{1}{3}x^3 + \frac{1}{2}x^2 + 2x$

Flächeninhalt: $A = F(2) - F(-1) = \frac{10}{3} - \left(-\frac{7}{6}\right) = \frac{9}{2}$

Der gesuchte Flächeninhalt beträgt $A = 4{,}5$ Flächeneinheiten.

 Fläche zwischen zwei Graphen 2
Welchen Inhalt hat die Fläche, die von den Graphen der Funktionen
$f(x) = x^3 - 2x^2 - 7x + 6$ und $g(x) = x + 6$
eingeschlossen wird?

Lösung:
Ermitteln der Schnittstellen aus der Grafik oder aus der Gleichung $f(x) = g(x)$:
$x^3 - 2x^2 - 7x + 6 = x + 6$
$\Leftrightarrow x(x^2 - 2x - 8) = 0$
$\Rightarrow x_1 = 0; x_2 = 4; x_3 = -2$

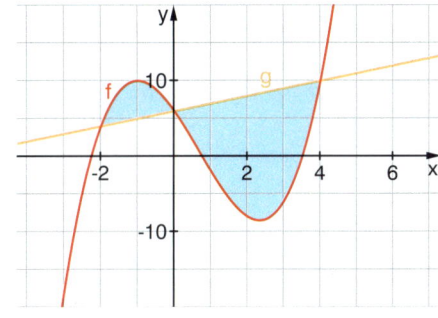

Es müssen zwei Integrale ausgewertet und deren Beträge addiert werden:

$I_1 = \int_{-2}^{0} (x^3 - 2x^2 - 8x)\,dx = \left[\frac{1}{4}x^4 - \frac{2}{3}x^3 - 4x^2\right]_{-2}^{0} = \frac{20}{3}$

$I_2 = \int_{0}^{4} (x^3 - 2x^2 - 8x)\,dx = \left[\frac{1}{4}x^4 - \frac{2}{3}x^3 - 4x^2\right]_{0}^{4} = -\frac{128}{3}$

$A = |I_1| + |I_2| = \frac{148}{3} = 49{,}\overline{3}$

Lösung mit dem GTR:

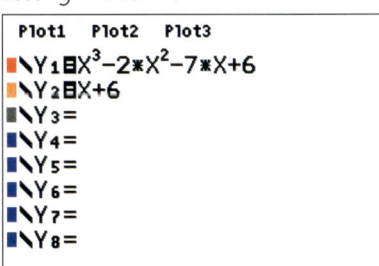

4 Integralrechnung

Übungen

Fläche zwischen Graphen und x-Achse

Überprüfen Sie mit dem GTR.

4 *Schätzen und rechnen*
Schätzen Sie jeweils den Inhalt der gefärbten Fläche und rechnen Sie nach.

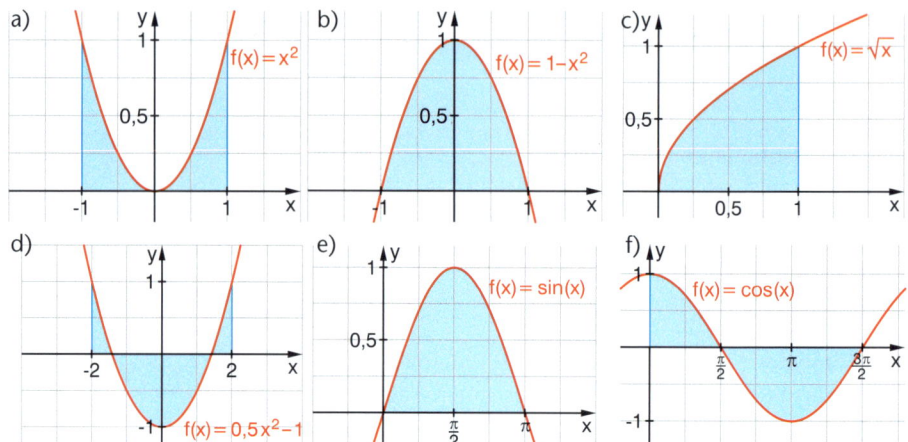

5 *Skizzieren, schätzen, rechnen und überprüfen*
Schätzen, berechnen und überprüfen Sie jeweils den Inhalt der Fläche, die von dem Graphen von f und der x-Achse im Intervall [a; b] eingeschlossen wird.

a) $f(x) = x^2 + x - 2$; $a = -1$, $b = 3$
b) $f(x) = 4 - x^2$; $a = -4$, $b = 4$
c) $f(x) = \cos(x)$; $a = 0$, $b = 2\pi$
d) $f(x) = \frac{1}{x^2}$; $a = 1$, $b = 4$
e) $f(x) = -x^3 - x$; $a = -2$, $b = 2$
f) $f(x) = \sin(x)$; $a = -\pi$, $b = \pi$

6 *Integral und Flächeninhalt 1*

In den Bildern gibt $I_0(k) = \int_0^k (-3x^2 + 4)\,dx$

den Inhalt der blau gefärbten Fläche für verschiedene Werte von $k \neq 0$ an.

a) Vergleichen Sie die entsprechenden Werte des Integrals jeweils mit dem Inhalt der gefärbten Flächen.
b) Finden Sie ein $k \neq 0$, für das $I_0(k) = 0$ gilt. Zeichnen Sie dazu das entsprechende Bild und interpretieren Sie dieses bezüglich des Flächeninhalts.

(I) 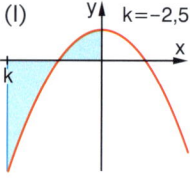 k = -2,5

(II) 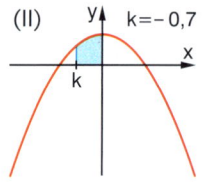 k = -0,7

(III) 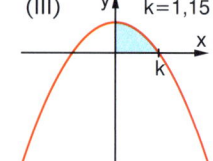 k = 1,15

(IV) 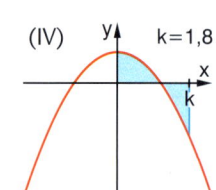 k = 1,8

7 *Integral und Flächeninhalt 2*

In einigen Fällen gelingt der Vergleich ohne Rechnen.

Vergleichen Sie den Wert des Integrals $\int_a^b f(x)\,dx$ jeweils mit dem Flächeninhalt unter dem Graphen von f auf dem Intervall [a; b].

a) $f(x) = x^2 - 1$; $a = -2$, $b = 2$
b) $f(x) = x^3$; $a = -1$, $b = 2$
c) $f(x) = 0{,}2x^4 - x^2$; $a = -3$, $b = 0$
d) $f(x) = x^3 - x$; $a = -1$, $b = 1$
e) $f(x) = x^2 - 2x + 1$; $a = -2$, $b = 2$

8 *Integral und Flächeninhalt 3*
Die Funktion $f(x) = \frac{1}{2}x^3 - \frac{1}{2}x^2 - 3x$ hat drei Nullstellen a, b und c mit $a < b < c$.
Bestimmen Sie die Integrale. Interpretieren Sie die Ergebnisse geometrisch.

(1) $\int_a^c f(x)\,dx$ (2) $\int_a^b f(x)\,dx + \int_b^c f(x)\,dx$ (3) $\int_a^b f(x)\,dx - \int_b^c f(x)\,dx$

4.3 Anwendungen der Integralrechnung

Übungen

9 | Parameterwerte bestimmen
Bestimmen Sie den Wert des Parameters a. Skizzieren Sie auch die zugehörigen Flächen.

a) $\int_0^a x^2 \, dx = 4$ b) $\int_1^a (2x - 4) \, dx = 3$ c) $\int_1^2 (3x^2 + a) \, dx = 3$

10 | Flächenschrumpfung
Die fünf Potenzfunktionen $f_0(x) = x^0$, $f_1(x) = x^1$, $f_2(x) = x^2$, $f_3(x) = x^3$ und $f_4(x) = x^4$ schließen im Intervall [0;1] jeweils mit der x-Achse eine Fläche ein, die mit wachsender Potenz immer kleiner wird. Im Folgenden sind diese Flächen und darunter jeweils das flächeninhaltsgleiche Rechteck gezeichnet.

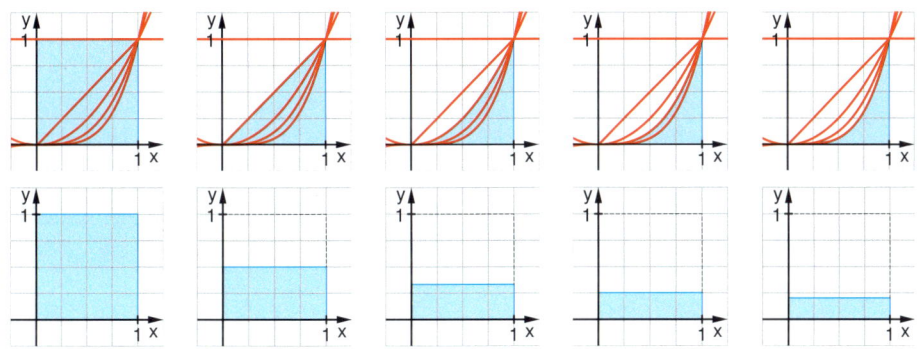

a) Geben Sie für die unteren Rechtecke jeweils die Höhe an.
b) Beschreiben Sie die Folge der Höhen h_n. Für welche Potenz x^n ist $h_n < \frac{1}{1000}$?

11 | Parabelschar
a) Ermitteln Sie für die Funktionenschar $f_k(x) = x^2 - k$ die Funktion, deren Graph im Intervall [0;1] mit der x-Achse eine Fläche mit dem orientierten Inhalt -2 umschließt.
b) Bestimmen Sie $k > 0$ so, dass der orientierte Inhalt der Fläche unter f_k in [-2;2] den Wert 0 hat.

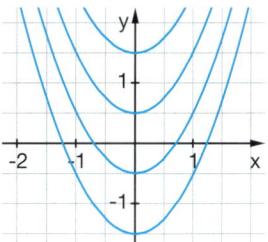

12 | Flächen zwischen Graphen
Berechnen Sie die von den Graphen eingeschlossenen gefärbten Flächen.

Fläche zwischen zwei Graphen

(1) 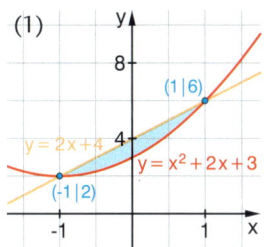   (2) 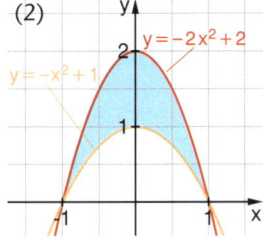   (3)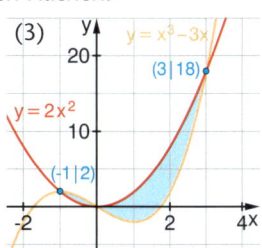

13 | Skizzieren und berechnen
Die Graphen der Funktionen f und g schließen Flächen ein. Zeichnen Sie die Graphen und berechnen Sie die von ihnen eingeschlossenen Flächen.

a) $f(x) = 6 - 0{,}5x^2$; $g(x) = 2$
b) $f(x) = 0{,}75x^2 - 6$; $g(x) = 1{,}5x$
c) $f(x) = 0{,}5x^2 + x + 2$; $g(x) = 2x + 6$
d) $f(x) = x^3$; $g(x) = 2x - x^2$
e) $f(x) = x^2 - 1$; $g(x) = x + 1$
f) $f(x) = x^2(x - 3)$; $g(x) = x - 3$
g) $f(x) = 0{,}25x^4 - 2x^2 + 4$; $g(x) = k$ (k ist der y-Wert des Hochpunktes des Graphen von f)

Übungen

14 *Flächenvergleiche*
a) Bestimmen Sie die Flächeninhalte. Jeweils zwei der Grafiken bilden ein Paar mit gleichem Flächeninhalt. Beschreiben Sie den Zusammenhang.

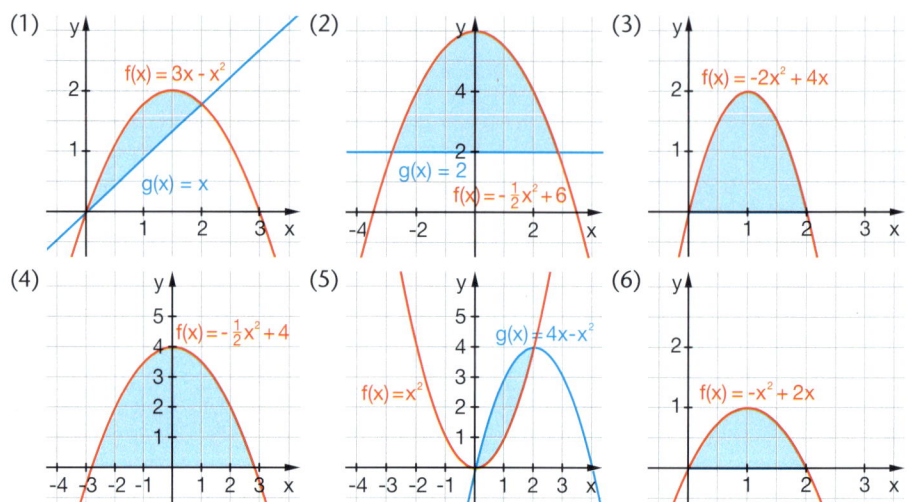

b) Erörtern Sie folgenden Satz:

> **Ein Flächenvergleich**
>
> Die Bestimmung des Inhalts der Fläche zwischen zwei Funktionen kann immer auch als Bestimmung der Fläche zwischen einer Funktion und der x-Achse interpretiert werden.

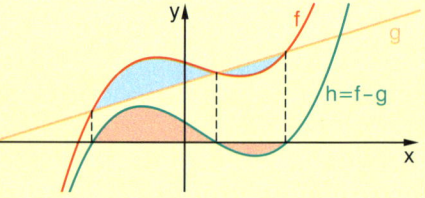

15 *Kurvendiskussion und Flächeninhalte*
Gegeben sei die Funktion $f(x) = \frac{1}{3}x^3 - 2x^2 + 3x$.
a) Ermitteln Sie den Inhalt der von der Kurve und der positiven x-Achse eingeschlossenen Fläche.
b) Bestimmen Sie den Inhalt der von der y-Achse, der Kurve und der Tangente im Kurvenpunkt $P(1|f(1))$ eingeschlossenen Fläche.
c) Zeigen Sie, dass die Kurve und die Gerade g durch den Ursprung und den Wendepunkt $W(x_w|f(x_w))$ im Bild eine Fläche mit dem Inhalt $\frac{4}{3}$ Flächeneinheiten einschließen.
Wo taucht eine Fläche gleichen Inhalts beim Schnitt der Geraden g mit f noch einmal auf? Skizzieren und begründen Sie.

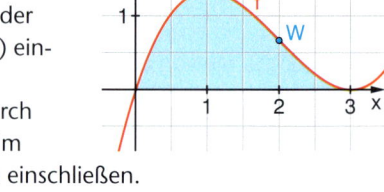

16 *Kurven in enger Nachbarschaft*
Gegeben sind die Funktionen $f(x) = -4x^2 + 8x$ und $g(x) = -0{,}25x^4 + 2x$.
a) Zeigen Sie, dass $(0|0)$ und $(2|0)$ Schnittpunkte von f und g sind und berechnen Sie den Inhalt der gefärbten Fläche.
b) Gehen Sie mit dem GTR auf weitere Schnittpunktsuche und bestimmen Sie den Inhalt der von f und g eingeschlossenen Fläche.
Gelingt Ihnen eine Begründung, dass es noch zwei weitere Schnittpunkte geben muss?

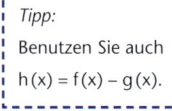

Tipp:
Benutzen Sie auch
$h(x) = f(x) - g(x)$.

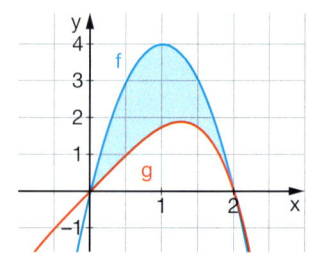

4.3 Anwendungen der Integralrechnung

Übungen

17 *Parabelsegmente*

a) Verschiebt man einen Streifen mit festgelegter Breite parallel zur Symmetrieachse einer Parabel, schneidet dieser Streifen die Parabel in zwei Punkten P und Q. Diese beiden Punkte legen ein Parabelsegment fest (Bild links). Beschreiben Sie die Form des Segments, wenn der Streifen von links nach rechts wandert. In welcher Position des Streifens vermuten Sie den maximalen Flächeninhalt?

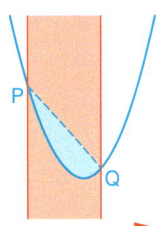

b) Im Bild rechts sind zu $f(x) = x^2$ drei Segmente skizziert. Die zugehörigen Geraden haben die Gleichungen $g_1(x) = 4$; $g_2(x) = 2x + 3$; $g_3(x) = 4x$. Zeigen Sie, dass die Segmente zu den Streifen gleicher Breite gehören und ermitteln Sie jeweils den zugehörigen Flächeninhalt. Was fällt auf? Vergleichen Sie mit Ihrer ursprünglichen Vermutung. Konstruieren Sie zwei weitere Segmente gleicher Breite nach eigener Wahl und prüfen Sie Ihre (neue) Vermutung.

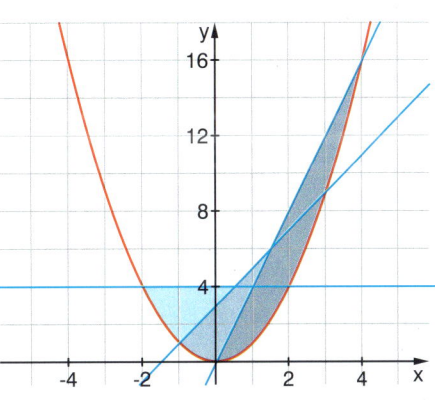

c) Gilt die in b) gefundene Eigenschaft für beliebige Parabeln $f_k(x) = kx^2$ und jede Breite des Segments? Wer gerne weiter forschen möchte, sollte ein CAS (oder entsprechende Software) zu Hilfe nehmen.

18 *Die Flächenformel von ARCHIMEDES für ein Parabelsegment*

ARCHIMEDES fand eine Formel für ein Parabelsegment:
Die Fläche unter dem Parabelbogen ist zwei Drittel der Fläche des Rechtecks aus der Höhe h und der Breite b der Basis der Parabel.

a) Berechnen Sie mit dem Integral jeweils die Fläche, die die Parabel mit der x-Achse einschließt für $f(x) = 8 - 2x^2$ bzw. $g(x) = 6 - x - x^2$. Bestätigt dies die Formel?

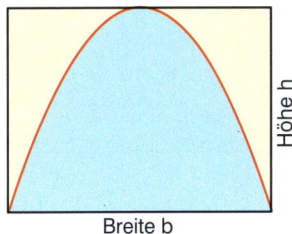

b) Begründen Sie die Formel mithilfe der Integralrechnung allgemein für eine Parabel der Form $f(x) = h - ax^2$.

19 *Schmuckstücke im Parabeldesign*

Die folgenden Abbildungen zeigen Schmuckstücke, die mit einer dünnen Schicht Weißgold belegt werden sollen. Die Flächen werden von Parabeln begrenzt. Bei welchem Schmuckstück fallen die höchsten Materialkosten an? Begründen Sie.

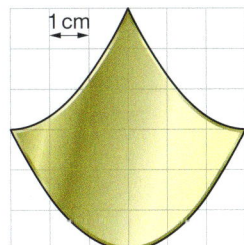 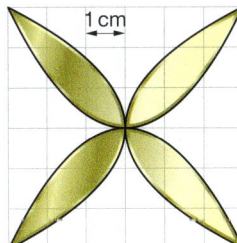 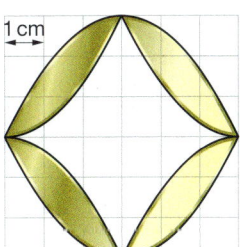

Hinweis:
Wenn Sie den Abschnitt $-1 < x < 1$ und $-1 < y < 1$ benutzen, können Sie mit $y = x^2$ und $y = \sqrt{x}$ und ihren Verwandten modellieren.

Übungen

Anspruchsvolle Aufgaben zu Flächenbestimmungen

20 *Flächenhalbierung*

Halbieren Sie die Fläche, die der Graph von f(x) mit der x-Achse einschließt. Versuchen Sie es mithilfe einer Skizze per Augenmaß und rechnen Sie nach.

a) $f(x) = 9 - x^2$

Halbieren durch eine Parallele zur x-Achse:

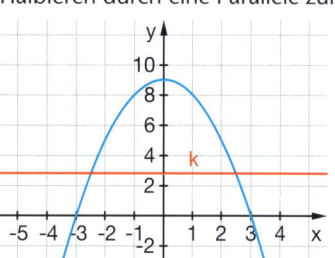

b) $f(x) = -0{,}5x^2 + 3x$

Halbieren durch eine Ursprungsgerade:

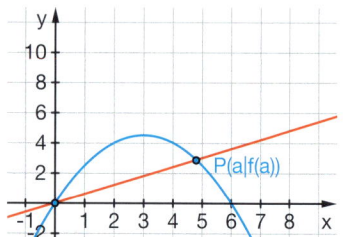

21 *Wandernder Streifen*

Der Funktionsgraph zu $f(x) = -\frac{1}{6}x^3 + x^2$ und die x-Achse begrenzen im ersten Quadranten des Koordinatensystems ein Flächenstück. Ein zur y-Achse paralleler Streifen der Breite 3 soll so gelegt werden, dass er aus diesem Flächenstück einen möglichst großen Teil ausschneidet. Wie ist der Streifen zu legen?

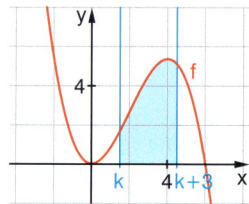

22 *Flächenstücke*

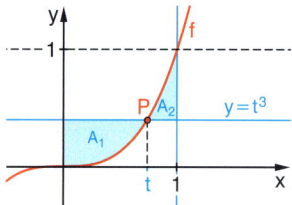

Es sei die Funktion f mit $f(x) = x^3$ gegeben. Eine Parallele zur x-Achse soll jeweils konstruiert werden, sodass gilt:

a) $A_1 = A_2$

b) $A_1 + A_2$ ist minimal.

23 *Ein maximales Rechteck*

Die Graphen der Funktionen $f(x) = x^2$ und $g(x) = -x^2 + 6$ schließen eine Fläche ein. In diese Fläche wird ein Rechteck so gelegt, dass die Rechteckseiten parallel zu den Achsen verlaufen. Welche Koordinaten müssen die Eckpunkte des Rechtecks haben, damit der Flächeninhalt des Rechtecks maximal wird?
Vergleichen Sie den Inhalt des Rechtecks mit dem Inhalt der von den Graphen umschlossenen Fläche.

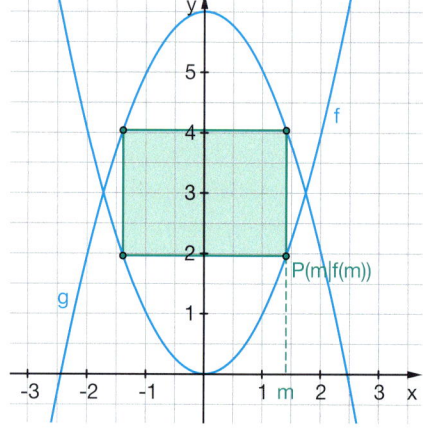

24 *Puzzeln*

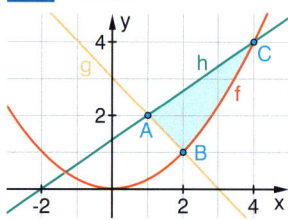

Entwickeln und formulieren Sie eine Strategie zur Bestimmung des Inhalts der gefärbten Fläche. Finden Sie unterschiedliche Strategien?
Bestimmen Sie den Flächeninhalt. Machen Sie zunächst einen Überschlag.

$f(x) = \frac{1}{4}x^2$; $\quad g(x) = 3 - x$; $\quad h(x) = \frac{2}{3}x + \frac{4}{3}$

4.3 Anwendungen der Integralrechnung

Übungen

Rekonstruktion aus Änderungen

25 *Pflanzenbestand*

Die Zuwachsrate eines Pflanzenbestandes wird durch folgende Funktion in einem Zeitraum von 20 Jahren modelliert:
$f(x) = 0{,}01 \cdot x \cdot (x - 12) \cdot (x - 20)$

a) Bestimmen und begründen Sie anhand des Graphen, in welchen Zeiträumen der Bestand zunimmt bzw. abnimmt.

b) Wann ist der Bestand maximal?

c) Zur Zeit t = 0 sind 100 Pflanzen vorhanden. Bestimmen Sie den Minimal- und den Maximalbestand in den nächsten 20 Jahren.

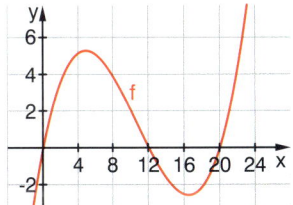

26 *Gewinnentwicklung*

Die Gewinnentwicklung in € pro Woche beim Verkauf eines neuen Produktes wird in den ersten 12 Monaten mit der Funktion $f(x) = -20x^3 + 240x^2 - 1200$ beschrieben (siehe Diagramm).
Die Zahlen auf der Zeitachse geben jeweils das Ende des entsprechenden Monats an.

a) Beschreiben Sie den Verlauf der Gewinnentwicklung.

b) Ermitteln Sie den Gesamtgewinn in den ersten vier Monaten und vom Beginn des zweiten Monats bis zum Ende des zehnten Monats.

c) Was meinen Sie: Kann f die Gewinnentwicklung in den nächsten 12 Monaten angemessen beschreiben?

27 *Helikopter*

Die Funktionen modellieren die Steig- bzw. Sinkgeschwindigkeit von drei Helikoptern innerhalb eines einminütigen Fluges (t: Zeit in s, f(t): Steiggeschwindigkeit in m/s).

$f_1(t) = 0{,}0007 \cdot t \cdot (t - 30) \cdot (t - 60)$
$f_2(t) = 0{,}0005 \cdot t \cdot (t - 20) \cdot (t - 60)$
$f_3(t) = 0{,}00025 \cdot t \cdot (t - 50) \cdot (t - 60)$

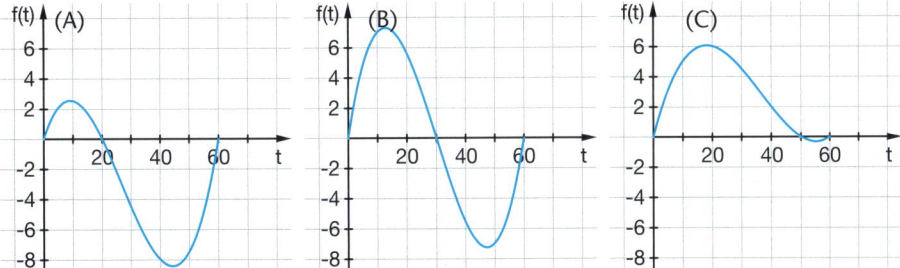

a) Ordnen Sie den Graphen die passende Funktionsgleichung zu und beschreiben Sie den jeweiligen Flug. Welche Bedeutung haben die Nullstellen und die Extrempunkte? Nennen Sie Gemeinsamkeiten und Unterschiede zwischen den Funktionen.

b) • Welche Höhe haben die Helikopter eine Minute nach dem Start erreicht?
• Welcher Hubschrauber fliegt am höchsten?
• Welcher Hubschrauber hat die größte Steig- bzw. Sinkgeschwindigkeit?
• Welcher Hubschrauber landet auf der Ausgangshöhe?

Übungen

Modellieren

28 | *Wasser im Keller*

Familie Backhaus macht sich Sorgen: Nach einem starken Regen steht Wasser im Keller. Um den Schaden zu beheben, wird die Wasserpumpe eingesetzt.

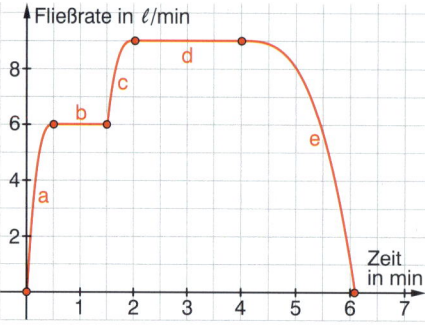

a) Erläutern Sie das Diagramm im Sachzusammenhang. Beschreiben Sie insbesondere die verschiedenen Phasen des Wasserpumpens und geben Sie die entsprechenden Zeitintervalle an.

b) Erklären Sie, wie man anhand des Diagramms die Menge des abgepumpten Wassers zu verschiedenen Zeitpunkten bestimmen kann.

c) Zeigen Sie, dass die nebenstehenden Funktionen passende mathematische Modelle für die einzelnen Phasen darstellen. Bestimmen Sie damit rechnerisch die Menge des Wassers, das insgesamt abgepumpt wurde.

$a(x) = 48x^3 - 72x^2 + 36x$
$b(x) = 6$
$c(x) = 24x^3 - 144x^2 + 288x - 183$
$d(x) = 9$
$e(x) = -x^3 + 12x^2 - 48x + 73$

29 | *Schweinezucht – mit und ohne Medikament*

In Ländern mit intensiver Schweinehaltung tritt bei neugeborenen Ferkeln häufig eine Erkrankung (Kokzidiose) auf, die durch Parasiten verursacht wird. Auch nach dem Abklingen der akuten Erkrankung bleiben viele Tiere im Wachstum hinter gesunden Tieren zurück. Neben den hygienischen Maßnahmen kann vorbeugend ein Medikament eingesetzt werden. Es wird den Ferkeln einmal im Alter von drei bis fünf Tagen verabreicht.

Ferkel A und Ferkel B aus einem Wurf wiegen bei ihrer Geburt jeweils 1,2 kg. Ferkel B wird an seinem 3. Lebenstag das Medikament verabreicht, Ferkel A bleibt unbehandelt. Am fünften Lebenstag wiegen Ferkel A 2000 g und Ferkel B 1900 g. Welche Unterschiede ergeben sich laut Diagramm für die beiden Ferkel?

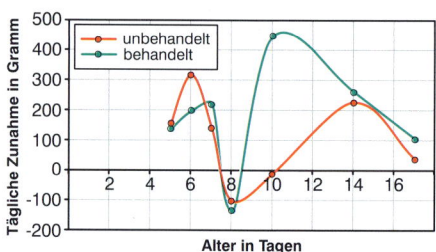

a) Schraffieren Sie jeweils die Fläche, die zwischen dem Graphen und der Zeitachse im Zeitintervall [5;17] eingeschlossen wird. Interpretieren Sie diese Flächen im Sachkontext. Welche Bedeutung haben die Inhalte der Flächen, die unterhalb der Zeitachse liegen?

b) Skizzieren Sie, wie sich das Gewicht der Ferkel in den ersten 17 Tagen entwickelt.

c) Die Funktionen f_A und f_B beschreiben die tägliche Gewichtszunahme der beiden Ferkel A und B. Erläutern Sie die Bedeutung der Integralfunktionen $\int_5^x f_A(t)\,dt$ und $\int_5^x f_B(t)\,dt$ in Bezug auf die Sachsituation. Welche wirtschaftliche Bedeutung hat die Differenz der beiden Integralfunktionen $\int_5^x f_A(t)\,dt - \int_5^x f_B(t)\,dt$?

4.3 Anwendungen der Integralrechnung

Lorenzkurve und Gini-Koeffizient

„In Frankreich besitzen 90 % der Bevölkerung 33 % des verfügbaren Einkommens. In Deutschland besitzt das eine Prozent Superreiche 13 % des verfügbaren Einkommens."

Zeit online 5/2014

Ist das Einkommen in Deutschland oder in Frankreich gerechter verteilt?

Wie kann man entscheiden, ob das Vermögen in einem Land gerechter verteilt ist als in einem anderen? Solche Fragen sind für Wirtschaftsfachleute und Politiker bedeutsam. Die beiden Statistiker MAX OTTO LORENZ und CORRADO GINI haben dazu ein Modell entwickelt, das in den Sozialwissenschaften häufig benutzt wird. Dazu wird eine Funktion L(x) konstruiert (**Lorenzkurve**), die den Zusammenhang zwischen dem Bevölkerungsanteil (x-Achse) und dem Anteil am Einkommen (y-Achse) beschreibt. Der Punkt **P** gehört zu der Information: 60 % der Bevölkerung besitzen 35 % des verfügbaren Einkommens. Das blaue Geradenstück ist auch eine Lorenzkurve. Sie stellt die gleichmäßige Verteilung des Einkommens in der Bevölkerung dar.

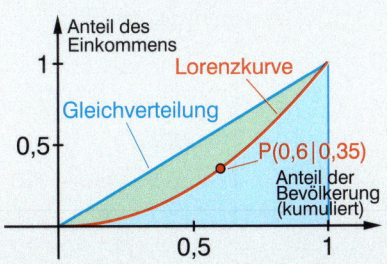

Ein Maß für die Stärke der Abweichung der konkreten Einkommensverteilung von der gleichmäßigen Verteilung ist der Gini-Koeffizient G: Er wird definiert als Verhältnis des Inhalts der Fläche zwischen der blauen und der roten Kurve zu dem Flächeninhalt des Dreiecks unter der blauen Kurve.

Der Gini-Koeffizient wird auch zur Beurteilung der Verteilung von Marktanteilen oder der Einkommensstruktur in Betrieben benutzt.

Flächen in Wirtschafts- und Sozialwissenschaft

Übungen

30 *Gerechte und ungerechte Verteilungen*
a) Begründen Sie, dass die Gerade y = x als Lorenzkurve die „vollkommen gerechte Verteilung" angibt. Welcher Gini-Koeffizient gehört dazu?
b) Welcher Gini-Koeffizient gehört zu der größtmöglichen „Ungerechtigkeitsverteilung"? Wie sieht die zugehörige Lorenzkurve aus?

*Extreme Positionen:
Allen gehört alles,
einem gehört alles.*

31 *Gini-Koeffizient als Streckenzug*
In den Sozialwissenschaften wird meist das „Polygonzugmodell" verwendet, also die geradlinige Verbindung der Messpunkte durch einen Streckenzug.

Ein Markt wird von 4 Anbietern beherrscht.
Bestimmen Sie den Gini-Koeffizienten G.

Firma	A	B	C	D
Anteile	10 %	20 %	30 %	40 %

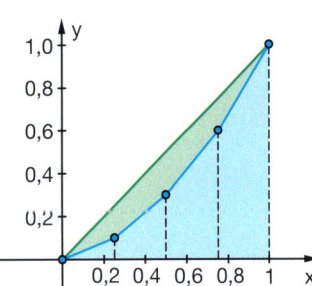

Hinweise:
(1) Die y-Werte müssen aufaddiert („kumuliert") werden. Ein Messpunkt ist also (0,75 | 0,6).

(2) $G = \dfrac{F_{Dreieck} - F_{Trapeze}}{F_{Dreieck\ unter\ y=x}} = \dfrac{F_{Dreieck} - F_{Trapeze}}{0,5} = 2 \cdot (F_{Dreieck} - F_{Trapeze})$

4 Integralrechnung

Übungen

Für das Ermitteln einer Lorenzkurve müssen die y-Werte aufaddiert (kumuliert) werden. Ein Messpunkt bei den Vollzeitbeschäftigten ist z. B. (0,3|13,4).

Durch Dezile (lat. „Zehntelwerte") wird die Verteilung in 10 gleich große Teile zerlegt.

32 | Gini-Koeffizient als Integral

a) Zeigen Sie, dass die Integralformel die Berechnung des Gini-Koeffizienten liefert. Die Lorenzkurve wird mit L(x) bezeichnet.

$$G = \left(\int_0^1 (x - L(x))\,dx\right) : \frac{1}{2} = 2\int_0^1 (x - L(x))\,dx$$

b) Ermitteln Sie zu den in der Tabelle angegebenen Verteilungen jeweils eine passende Lorenzkurve und den dazugehörigen Gini-Koeffizienten.
Als Lorenzkurve können Polynomfunktionen benutzt werden. Finden Sie eine geeignete Funktion. Benutzen Sie Funktionen mit unterschiedlichem Grad.
Einkommensverteilungen 2005:

Dezil	1.	2.	3.	4.	5.	6.	7.	8.	9.	10.
vollzeitbeschäftigte Arbeitnehmer (in %)	2,5	4,7	6,2	7,4	8,4	9,0	10,5	12,6	14,9	23,1
Arbeitnehmer insgesamt (in %)	0,5	1,6	2,9	5,3	7,4	9,8	11,8	14,4	17,8	23,4

Quelle: SOEP: Bundesministerium für Arbeit und Soziales (BMAS): Lebenslagen in Deutschland

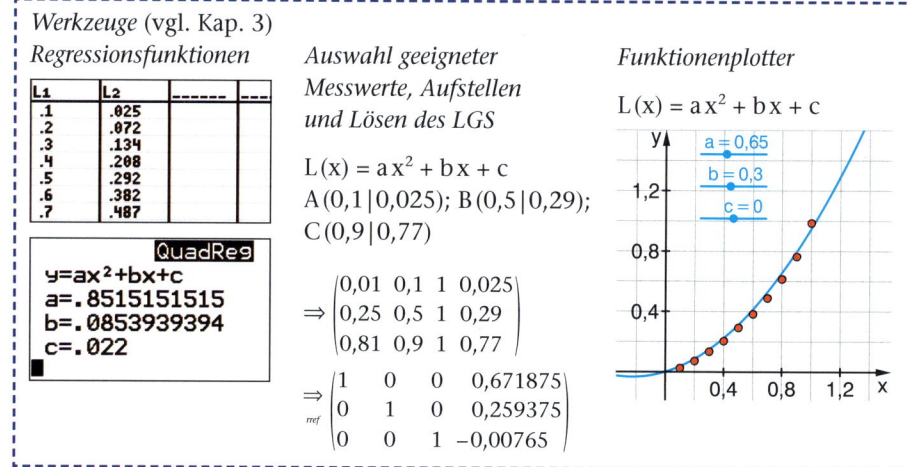

Werkzeuge (vgl. Kap. 3)
Regressionsfunktionen

Auswahl geeigneter Messwerte, Aufstellen und Lösen des LGS

$L(x) = ax^2 + bx + c$
$A(0,1|0,025)$; $B(0,5|0,29)$; $C(0,9|0,77)$

Funktionenplotter

$L(x) = ax^2 + bx + c$

c) Ermitteln Sie einen Gini-Koeffizienten zu der Marktsituation aus Aufgabe 31).

33 | Gini-Koeffizient in verschiedenen Sachsituationen

Ermitteln Sie jeweils einen Gini-Koeffizienten. Benutzen Sie Integrale oder Streckenzüge.
Vergleichen Sie die Ergebnisse und interpretieren Sie den Gini-Koeffizienten im Sachzusammenhang.

Erläutern Sie, wer jeweils einen möglichst kleinen Wert, wer einen möglichst großen Wert wünschen könnte.

Ein Markt wird von 4 Anbietern beherrscht:

Firma	A	B	C	D
Anteile	10 %	20 %	30 %	40 %

Umsatz von Einzelhandelsunternehmen:

Umsatz in 10 000 €	0–10	10–50	50–100	100–300
Anzahl	200	300	250	250

Das Einkommen von 500 Angestellten eines Betriebes:

Bruttolohn in €	bis 500	500–1000	1000–1500	1500–2000	2000–2500
Anzahl	75	100	100	200	25

4.3 Anwendungen der Integralrechnung

Übungen

Volumina von Rotationskörpern

34 *Kegelstumpf als Rotationskörper*
Die Fläche, die von dem Graphen von
f(x) = 0,5 x und der x-Achse im Intervall
[1; 3] eingeschlossen wird, rotiert um die
x-Achse. Dabei entsteht ein Kegelstumpf.
a) Geben Sie die Radien r_1 und r_2 der
beiden Kreise und die Höhe h des Kegelstumpfes an.
b) Wie groß ist das Volumen des Kegelstumpfes? Bestimmen Sie jeweils die
Summe der Volumina der beiden roten
und der beiden blauen Zylinderscheiben.
Schätzen Sie damit das Volumen des
Kegelstumpfes ab. Vergleichen Sie mit
dem Wert aus der Formel.

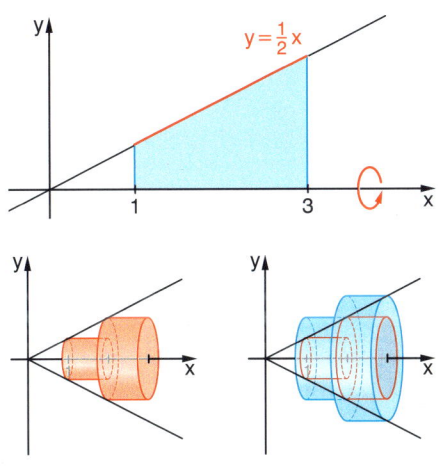

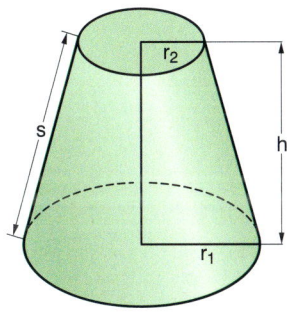

$V = \frac{1}{3}\pi \cdot h(r_1^2 + r_1 \cdot r_2 + r_2^2)$

c) Begründen Sie: Wenn man das Intervall [1; 3] in n gleichlange Teilintervalle unterteilt
und dann das Volumen mit der Summe der entsprechenden n Zylinderscheiben ab-
schätzt, dann erhält man mit wachsendem n immer bessere Näherungswerte für das
Volumen des Kegelstumpfes.

35 *Produktsummen bei der Volumenberechnung von Rotationskörpern*
Die Fläche unter der Funktion $f(x) = \sqrt{x}$
im Intervall [0; 4] rotiert um die x-Achse.
Damit entsteht ein Rotationskörper, in
diesem Falle ein Paraboloid.
Wie kann man das Volumen eines
solchen Paraboloids bestimmen?
Wir zerlegen die rotierende Fläche in
schmale Rechteckstreifen.

Bei der Rotation entstehen daraus Zylinderscheiben, deren Volumen jeweils berechnet werden kann: $V = \pi \cdot r^2 \cdot h$.
In unserem Fall ist der Radius der k-ten
Zylinderscheibe gerade der Funktionswert
$f(x_k)$, die Höhe entspricht der Scheiben-
dicke Δx.

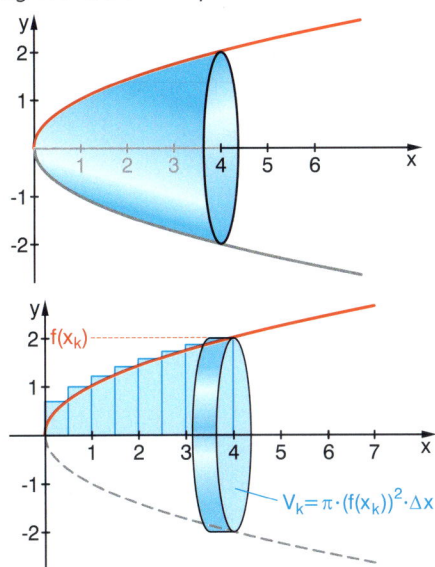

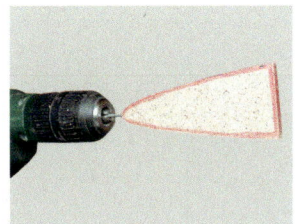

Die Produktsumme

$V_n = \pi \cdot (f(x_1))^2 \cdot \Delta x + \pi \cdot (f(x_2))^2 \cdot \Delta x + \ldots + \pi \cdot (f(x_n))^2 \cdot \Delta x = \pi \cdot \sum_{k=1}^{n} (f(x_k))^2 \cdot \Delta x$

liefert mit wachsendem n einen immer besseren Näherungswert für das Rotationsvolumen.
a) Berechnen Sie Näherungswerte für das Volumen des Rotationsparaboloids im
Intervall [0; 4] für die Zerlegung in vier (acht) Scheiben.
b) Mit dem CAS können Sie weitere
Näherungswerte für feinere Zerlegungen
und schließlich auch den Grenzwert der
Produktsummen für n → ∞ berechnen.
c) Bestimmen Sie $\int_0^4 (f(x))^2$ und damit das
Volumen mit einem bestimmten Integral.

4 Integralrechnung

Basiswissen

Berechnung des Volumens eines Rotationskörpers mit dem Integral

Die Fläche unter dem Graphen von f im Intervall [a; b] rotiert um die x-Achse. Wir unterteilen das Intervall in n kleine Abschnitte der Breite $\Delta x = \frac{b-a}{n}$. Jeder der dadurch entstehenden Rechteckstreifen der „Höhe" $f(x_i)$ erzeugt bei der Rotation eine Zylinderscheibe. Die Summe der Volumina dieser Zylinderscheiben liefert dann einen guten Näherungswert für das Volumen des Rotationskörpers.

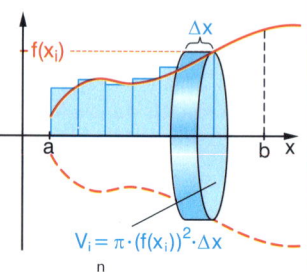

vgl. Definition des Integrals nach RIEMANN auf S. 152

$$V \approx \pi \cdot (f(x_1))^2 \cdot \Delta x + \pi \cdot (f(x_2))^2 \cdot \Delta x + \ldots + \pi \cdot (f(x_n))^2 \cdot \Delta x = \pi \cdot \sum_{k=1}^{n} (f(x_k))^2 \cdot \Delta x$$

Der Grenzwert dieser Produktsummen kann als Integral berechnet werden.
$$V = \pi \int_a^b (f(x))^2 \, dx$$

Beispiele

D Berechnen Sie das Volumen des Kegelstumpfes aus Aufgabe 34 mit dem Integral.

Lösung: $V = \pi \cdot \int_1^3 (0{,}5x)^2 \, dx = 0{,}25\pi \cdot \left[\frac{1}{3}x^3\right]_1^3 = 0{,}25\pi \cdot \left(9 - \frac{1}{3}\right) = \frac{13}{6}\pi \approx 6{,}8$

E Skizzieren Sie die Form des Körpers, der durch Rotation der Fläche unter dem Graphen von $f(x) = x^2 + 1$ im Intervall $[-1; 1]$ entsteht. Bestimmen Sie sein Volumen.

Lösung:

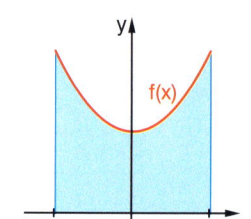
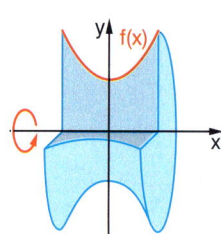

$V = \pi \int_{-1}^{1} (x^2 + 1)^2 \, dx = 2\pi \int_0^1 (x^4 + 2x^2 + 1) \, dx$

$= 2\pi \left[\frac{1}{5}x^5 + \frac{2}{3}x^3 + x\right]_0^1$

$= 2\pi \left(\frac{1}{5} + \frac{2}{3} + 1\right)$

$= \frac{56}{15}\pi \approx 11{,}7$

Übungen

36 *Rotationskörper skizzieren und berechnen*
Skizzieren Sie ein Bild des Körpers, der bei Rotation der Fläche unter dem Graphen von f im Intervall [a; b] um die x-Achse entsteht. Berechnen Sie sein Volumen.
a) $f(x) = 0{,}5x^2 \quad a = 1; b = 2$
b) $f(x) = \sqrt{2x} \quad a = 0; b = 4$
c) $f(x) = 2x^3 - 6x^2 + 4x - 0{,}5 \quad a = 0{,}5; b = 1{,}5$

37 *Hohlkörper*
Berechnen Sie das Volumen der Drehkörper, die bei Rotation der blau gefärbten Fläche um die x-Achse entstehen.

a)
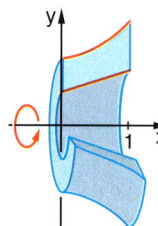
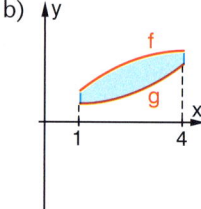

$f(x) = x^2 + 2, \quad g(x) = \frac{1}{2}x + 1$

b)
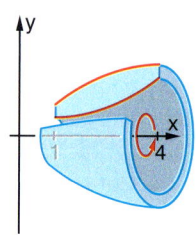

$f(x) = x^2 + 2, \quad g(x) = \frac{1}{2}x + 1$

4.3 Anwendungen der Integralrechnung

Übungen

38 *Potenzfunktionen*
a) Berechnen Sie jeweils das Volumen des Körpers, der bei Rotation der Fläche unter dem Graphen der Potenzfunktion um die x-Achse im Intervall [0; 1] entsteht.
$f_1(x) = x$ $f_2(x) = x^2$ $f_3(x) = x^3$

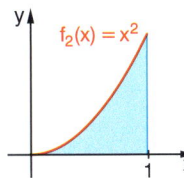
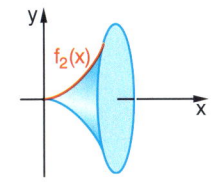

b) Wie entwickeln sich die Volumina der Rotationskörper mit dem Exponenten? Vergleichen Sie mit der Entwicklung der Inhalte der entsprechenden Flächen.

39 *Wie viel Wein passt ins Glas?*
Das Foto der Umrisse des Weinglases wird maßstabgetreu ins Koordinatensystem übertragen und ausgemessen.
a) Schätzen Sie das Fassungsvermögen des Weinglases.
b) Die Randkurve des Glases lässt sich recht gut durch den Graphen einer ganzrationalen Funktion dritten Grades modellieren. Ermitteln Sie die Gleichung einer solchen Funktion mit einer geeigneten Methode (siehe Kapitel 3) und bestimmen Sie das Volumen des Rotationskörpers mit dem Integral. Vergleichen Sie mit Ihren Schätzwerten.

Höhe	0	1	2	3	4	5	6	7	8
Radius	0,7	2,2	3,1	3,4	3,4	3,2	3	2,8	2,8

40 *Volumen eines Weinfasses*
Von JOHANNES KEPLER (1571–1630) stammt die folgende Formel zur Berechnung des Volumens eines Weinfasses:
$V = \frac{\pi}{15} \cdot h \cdot (8R^2 + 4Rr + 3r^2)$
Für eine parabelförmige Berandung liefert diese Formel den gleichen Wert wie unsere Integralformel für das Rotationsvolumen.
a) Bestätigen Sie die Aussage für ein Fass mit R = 5, r = 4 und h = 12 (Länge in dm).
b) Begründen Sie die Keplerformel allgemein mithilfe des Integrals.

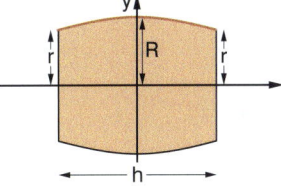

Tipp zu b):
Ermitteln Sie die Parabelgleichung $y = -ax^2 + R$ mithilfe des Punktes $P(\frac{h}{2} | r)$

KEPLER und die Weinfässer

JOHANNES KEPLER
1571–1630

Im Jahre 1613 kauft JOHANNES KEPLER einen Vorrat Wein in Fässern. Einige Tage später kommt der Kaufmann und misst nach, wie viel Wein KEPLER gekauft hat. Dazu benutzt er eine Visierrute, die er in die horizontal liegenden Fässer steckt, schräg vom Spundloch bis zum Boden. Er liest dann direkt von der Visierrute den Inhalt des Fasses ab und berechnet danach den Preis. KEPLER war nicht überzeugt davon, dass die Methode mit der Rute zutreffend sei. Das Problem, den Inhalt von fassartigen Körpern zu bestimmen, reizte ihn so sehr, dass er eine tiefgehende infinitesimal-geometrische Studie darüber anstellte, deren Resultate er 1615 publizierte. In diesen Büchern spricht er über Inhalte von Rotationskörpern von Kegelschnittsegmenten. Er kommt zu der Schlussfolgerung, dass man mit der Visierrute einen guten Näherungswert für den Inhalt österreichischer Weinfässer bestimmen kann. Der besondere Wert der Keplerschen Studien liegt darin, dass er neue Methoden zur Inhaltsberechnung von geometrischen Figuren entwickelte. Seine Methoden wurden von vielen Mathematikern des 17. Jahrhunderts studiert und dann auch weiterentwickelt. Sie bildeten einen wichtigen Baustein in der damaligen Entwicklung der Infinitesimalrechnung.

4 Integralrechnung

Uneigentliche Integrale

Übungen

41 *Wenn Flächen nicht ganz dicht sind...*

a) Füllen Sie die Tabelle aus. Äußern Sie eine Vermutung über die Entwicklung der Flächeninhalte für $k \to \infty$. Es sind $f(x) = \frac{1}{x^2}$ und $g(x) = \frac{1}{\sqrt{x}}$ gewählt.

$\int_1^{50} \left(\frac{1}{x^2}\right) dx$ ... ≈ 98

k	5	10	50	100	1000
$\int_1^k f(x)\,dx$					
$\int_1^k g(x)\,dx$					

Die Potenzregel beim Integrieren gilt auch für rationale Exponenten.

b) Bestimmen Sie jeweils die Integralfunktion $I_1(k) = \int_1^k f(x)\,dx$ zu f und g.

Welcher Graph gehört zu welcher Integralfunktion? Untersuchen Sie die Entwicklung des Flächeninhalts mithilfe der Funktionsterme und Graphen von $I_1(k)$ für $k \to \infty$. Beschreiben Sie die Besonderheiten.

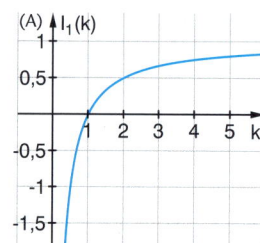 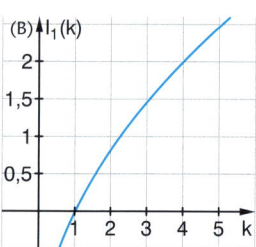

Basiswissen

Hinweis:
$\int_a^b f(x)\,dx = -\int_b^a f(x)\,dx$

Mithilfe der Integralrechnung können auch Flächen, die „ins Unendliche offen" sind, untersucht werden. Unbeschränkte Flächen können entstehen, wenn

(1) eine Integrationsgrenze „unendlich" ist.

(2) der Integrand f(x) im Integrationsintervall unbeschränkt ist.

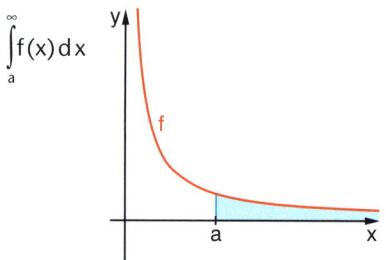 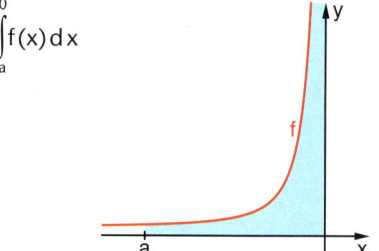

Die zugehörigen Integrale heißen **Uneigentliche Integrale**.
Man untersucht diese Integrale, indem man prüft, ob folgende Grenzwerte existieren:

$$\lim_{c \to \infty} \int_a^c f(x)\,dx$$

Beispiel: $f(x) = \frac{1}{x^2}$

(1) $\int_1^c \frac{1}{x^2}\,dx = \left[-\frac{1}{x}\right]_1^c = -\frac{1}{c} + 1 \Rightarrow \lim_{c \to \infty}\left(-\frac{1}{c} + 1\right) = 1$

$$\lim_{c \to b} \int_a^c f(x)\,dx$$

(2) $\int_{-1}^c \frac{1}{x^2}\,dx = \left[-\frac{1}{x}\right]_{-1}^c = -\frac{1}{c} - 1 \underset{c<0}{\underset{c \to 0}{\longrightarrow}} \infty$

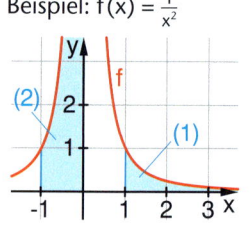

Existieren diese Grenzwerte nicht, dann sagt man auch, dass das uneigentliche Integral nicht existiert.

4.3 Anwendungen der Integralrechnung

Übungen

42 *Uneigentliche Integrale?*
Untersuchen Sie, ob die uneigentlichen Integrale $\int_2^\infty f(x)\,dx$ und $\int_0^1 f(x)\,dx$ existieren.

Geben Sie gegebenenfalls ihren Wert an. Fertigen Sie Skizzen an.

a) $f(x) = \frac{2}{\sqrt{x}}$ b) $f(x) = \frac{1}{x^3}$ c) $f(x) = \frac{4}{\sqrt{x^3}}$ d) $f(x) = \frac{3}{x^2} + 1$

43 *Von unendlich zu endlich*
In den Übungen 41 und 42 haben Sie erfahren, dass eine ins Unendliche offene Fläche einen endlichen Inhalt haben kann, aber auch über alle Grenzen wachsen kann.
Untersuchen Sie mit dem GTR für verschiedene Werte von k mit $\frac{1}{2} < k < 2$ die Entwicklung von

$$\int_1^c x^{-k}\,dx \text{ für } c \to \infty.$$

vgl. Übung 41:
$$\lim_{c \to \infty} \int_1^c \frac{1}{x^2}\,dx = \lim_{c \to \infty} \int_1^c x^{-2}\,dx = 1$$
$$\int_1^c \frac{1}{\sqrt{x}}\,dx = \int_1^c x^{-\frac{1}{2}}\,dx \to \infty \text{ für } c \to \infty$$

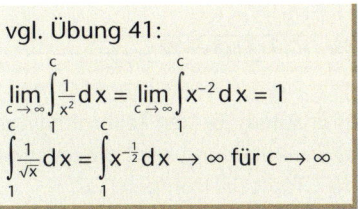

Finden Sie den Übergang von unbegrenztem Wachstum des Flächeninhalts zu einem endlichen Wert?

Ein CAS bestimmt das Integral für den allgemeinen Fall. Gelingt Ihnen eine Beantwortung der Frage mithilfe des Lösungsterms?
Erzeugen Sie selbst den Term für das Integral.

44 *Seltsame Technik*
a) Was wird nebenstehend untersucht?
Warum muss das zweite GTR-Ergebnis falsch sein?

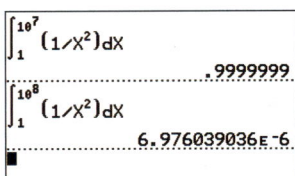

> Wenn bei einem grafischen Taschenrechner bei Rechnungen Werte auftreten, die sehr nahe bei 0 liegen, dann rundet der grafische Taschenrechner auf 0 und rechnet damit weiter. Dadurch kann das Ergebnis vollständig verändert werden.

b) Untersuchen Sie grafisch-numerisch, ob die Grenzwerte der uneigentlichen Integrale existieren.
Warum können Sie dies nicht rechnerisch untersuchen und warum können Sie auf dem grafisch-numerischen Weg kein eindeutiges Ergebnis bekommen?

(1) $\int_1^\infty \frac{1}{x}\,dx$ (2) $\int_0^\infty 2^{-x}\,dx$ (3) $\int_0^\infty \frac{1}{1+x^2}\,dx$

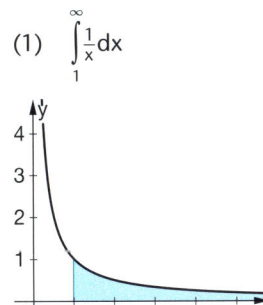 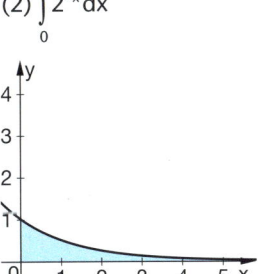 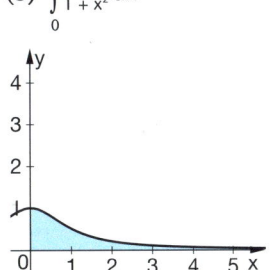

Übungen

45 | Seltsame Phänomene

Obwohl das Schaf nur 2 m² Platz zum Weiden hat, reicht kein Zaun dieser Welt aus, um die Weide einzuzäunen. Wenn man den Zaun aber nur ein wenig nach außen versetzt, haben unendlich viele Schafe genug Platz zum Weiden.

EVANGELISTA TORRICELLI
(1608–1647)

Dass $\int_1^k \frac{1}{x} dx \to \infty$ gilt, lernen Sie in Kapitel 5.

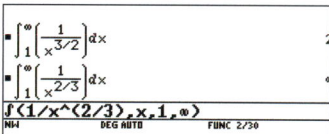

a) Erläutern Sie den Text mithilfe der obigen Rechnungen und der Skizze.
b) Die Abbildung zeigt die Entstehung der „Torricelli-Trompete" als Rotationskörper.
(1) Zeigen Sie, dass die Trompete ein endliches Volumen hat.
(2) Es gilt: $\int_1^k \frac{1}{x} dx \to \infty$. Begründen Sie damit anschaulich, dass die Oberfläche über alle Grenzen wächst.
Formulieren Sie einen ähnlichen paradoxen Satz wie in Teilaufgabe a).

CHRISTIAN HUYGENS
(1629–1695)

RENÉ FRANÇOIS WALTHER DE SLUZE
(1622–1685)

■ Ein Trinkgefäß oder: Ein weiteres Paradoxon

TORRICELLI konstruierte 1643 seine „Trompete" mit unendlicher Oberfläche und endlichem Volumen. Kurze Zeit später, 1658, bauten CHRISTIAN HUYGENS und RENÈ FRANÇOIS DE SLUZE einen Körper, der eine endliche Oberfläche aber ein unendliches Volumen hat.

Rotiert die Funktion $y = \sqrt{\frac{x^3}{x-1}}$ um die y-Achse, entsteht ein „Trinkbecher".
Man kann zeigen, dass dieser eine endliche Oberfläche hat, aber ein unendlich großes Volumen. In einem Brief an HUYGENS beschreibt DE SLUZE den Körper als
„…leichtgewichtiges Trinkglas, das nicht einmal der härteste Trinker leeren kann."

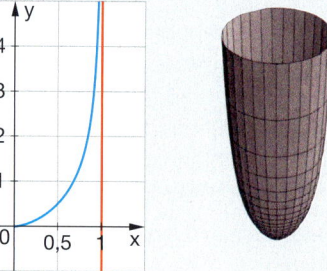

Was ist die Ursache für solche Paradoxa? GALILEI schreibt:
„Paradoxa des Unendlichen entstehen nur dann, wenn wir versuchen, mit unserem endlichen Geist das Unendliche zu diskutieren und letzterem diejenigen Eigenschaften zuordnen, die wir dem Endlichen und Begrenzten geben."

■ KOPFÜBUNGEN

1 Wie lang ist die Diagonale eines Quadrats mit der Seitenlänge a?

2 Der Punkt A = (−2 | −1 | 1) wird am Punkt B = (1 | 1 | 1) gespiegelt. Bestimmen Sie den Spiegelpunkt A'.

3 Unter einer 30-köpfigen Reisegruppe sind 12 Männer. Wie viel Prozent der Gruppe sind das?

46 Mittlere Tagestemperatur

Ein Temperaturschreiber hat an einem heißen Sommertag die Temperaturkurve aufgezeichnet. Sie lässt sich in guter Näherung durch eine ganzrationale Funktion 4. Grades modellieren:
$f(x) = 0{,}0008\,x^4 - 0{,}04\,x^3 + 0{,}525\,x^2 - 0{,}51\,x + 10$
(x: Zeit in Stunden, f(x): Temperatur in °C)

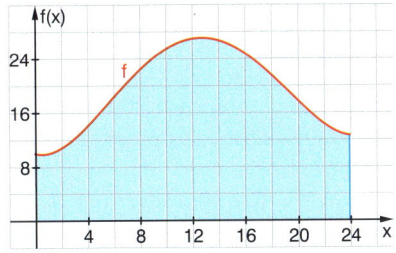

Aufgaben

Das Integral als Mittelwert einer Funktion in einem Intervall

Wie groß ist die durchschnittliche Temperatur an diesem Tag?
Berechnen Sie auf zwei verschiedenen Wegen:

(A) Bestimmen Sie aus der Kurve die Temperaturwerte in der Mitte jedes Stundenintervalls und berechnen Sie aus diesen 24 Werten das arithmetische Mittel.

(B) Berechnen Sie das Integral
$$\frac{1}{24} \cdot \int_0^{24} f(x)\,dx.$$

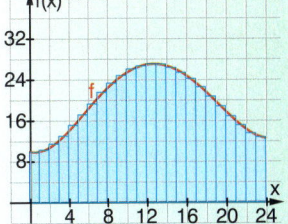

Vergleichen Sie die beiden Werte. Welcher ist Ihrer Meinung nach der bessere Wert für die mittlere Temperatur an diesem Tag? Begründen Sie mit dem Bild auf dem Rand den Zusammenhang zwischen beiden Mittelungsverfahren.

Mittelwert einer Funktion auf einem Intervall

Mithilfe des Integrals kann die vertraute Definition des arithmetischen Mittelwertes von Daten auf den Fall übertragen werden, dass die Daten kontinuierlich durch eine Funktion gegeben sind.

Der Mittelwert einer stetigen Funktion $y = f(x)$ im Intervall $[a; b]$ ist gleich dem Wert des Integrals von f, dividiert durch die Länge des Intervalls.

$$y_m = \frac{1}{b-a} \int_a^b f(x)\,dx$$

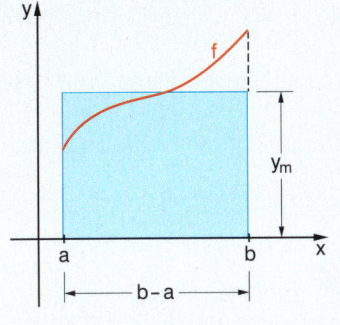

Geometrische Interpretation
Der Flächeninhalt unter dem Graphen wurde in ein flächeninhaltsgleiches Rechteck mit der Höhe y_m und der Breite $b - a$ verwandelt.

47 Lagerhaltungskosten

Durchschnittliche Lagerhaltungskosten
Der Funktionsmittelwert wird in der Wirtschaft zum Beispiel bei der Berechnung von Lagerhaltungskosten verwendet. Falls $L(x)$ die Anzahl der Einheiten eines bestimmten Produkts ist, das eine Firma am Tag x auf Lager hält, dann gibt der Mittelwert L_M von $L(x)$ über eine bestimmte Zeitperiode $a < x < b$ die mittlere Anzahl der pro Tag gelagerten Produkteinheiten an. Falls K_L die Lagerhaltungskosten für eine Einheit pro Tag (in €) angibt, berechnen sich die durchschnittlichen täglichen Lagerhaltungskosten in dem Zeitintervall $[a; b]$ durch $L_M \cdot K_L$.

Ein Großhändler erhält alle 30 Tage eine Sendung von 1200 Kisten Pralinenschachteln. Diese verkauft er an die Einzelhändler. x Tage nach Erhalt der Sendung beträgt die Anzahl der Kisten, die noch im Lager sind, $L(x) = \frac{4}{3}(x - 30)^2 = \frac{4}{3}x^2 - 80x + 1200$. Wie groß sind die durchschnittlichen täglichen Lagerkosten, wenn die täglichen Lagerkosten für eine Kiste 35 Cent betragen?

4 Integralrechnung

Aufgaben

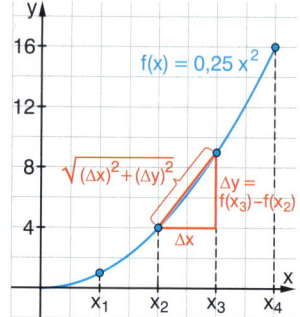

48 *Wie lang ist ein Parabelstück?*

Einen ersten Näherungswert für die Länge des Parabelstücks zu $f(x) = 0{,}25\,x^2$ im Intervall $[-8;8]$ erhält man z. B. durch Auslegen mit Streichhölzern. Damit ist auch bereits die Idee für ein mathematisches Näherungsverfahren da:

Wegen der Symmetrie genügt es, die Länge des rechten Parabelastes im Intervall $[0;8]$ zu berechnen. Das Intervall wird in vier gleichlange Teilstücke der Breite $\Delta x = 2$ zerlegt.

a) Begründen Sie mithilfe der Skizze, dass sich mit der Länge L des Streckenzugs

$$L = \sqrt{(\Delta x)^2 + (f(2) - f(0))^2} + \sqrt{(\Delta x)^2 + (f(4) - f(2))^2} + \ldots + \sqrt{(\Delta x)^2 + (f(8) - f(6))^2}$$

ein Näherungswert für die Länge des Parabelastes ergibt. Berechnen Sie diesen.
b) Begründen Sie, dass sich die Länge des Streckenzuges für eine feinere Unterteilung des Intervalls immer besser an die gesuchte Bogenlänge annähert.

Die Bogenlänge

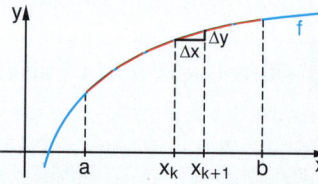

Wir unterteilen das Intervall $[a;b]$ in n kleine Abschnitte der Breite $\Delta x = \frac{b-a}{n}$.

Die Bogenlänge wird dann durch die Länge eines Streckenzuges angenähert:

vgl. Definition des Integrals nach RIEMANN auf Seite 152

$$L \approx \sum_{k=0}^{n-1} \sqrt{(x_{k+1} - x_k)^2 + (f(x_{k+1}) - f(x_k))^2} = \sum_{k=0}^{n-1} \left(\sqrt{1 + \left(\frac{f(x_{k+1}) - f(x_k)}{x_{k+1} - x_k}\right)^2} \cdot (x_{k+1} - x_k) \right)$$

Der Grenzwert dieser Produktsummen kann als Integral berechnet werden.

Dieses gibt die Bogenlänge an: $L = \int_a^b \sqrt{1 + (f'(x))^2}\, dx$

Die Integrale, die für die Ermittlung von Bogenlängen bestimmt werden müssen, können meist nur grafisch-numerisch berechnet werden.

49 *Training*

Vergleichen Sie die Bogenlänge von $f(x) = x^n$ für $n = 2, 3, \ldots$ im Intervall $[0;1]$. Was erhält man für $n \to \infty$?

Krümmung:
vgl. mit Kapitel 3.3, Seite 122, 123

50 *Mit der Bogenlänge zur Krümmung*

„Gekrümmt" bedeutet beim Durchwandern von Kurven, dass sich der Steigungswinkel α ändert. Das Maß der Krümmung hängt außerdem von der Bogenlänge zwischen zwei Punkten ab. Sinnvoll kann Krümmung dann als Verhältnis von Steigungsänderung zur Änderung der Bogenlänge definiert werden, also: $\operatorname{\mathfrak{k}}(x) = \frac{\alpha'(x)}{s'(x)}$.

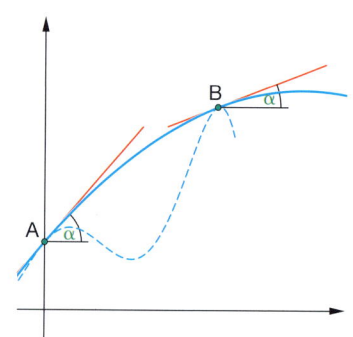

- $f'(x) = \tan(\alpha) \Rightarrow \alpha = \arctan(f'(x))$

- Mit $\arctan'(x) = \frac{1}{1+x^2}$ und der Kettenregel erhält man: $\alpha'(x) = \frac{f''(x)}{1 + (f'(x))^2}$

Mit $s'(x) = \sqrt{1 + (f'(x))^2}$ erhält man $\operatorname{\mathfrak{k}}(x) = \dfrac{\frac{f''(x)}{1 + (f'(x))^2}}{\sqrt{1 + (f'(x))^2}} = \dfrac{f''(x)}{(1 + (f'(x))^2)^{\frac{3}{2}}}$

CHECK UP

Integralrechnung

1 *Zufluss im Wasserbecken*
Die Grafik zeigt Zu- und Abfluss in einem Wasserbecken. Skizzieren Sie die zugehörige Bestandsfunktion. Was beschreibt diese Funktion?

2 *Rekonstruktion*
Rekonstruieren Sie grafisch aus der gegebenen Änderungsratenfunktion die Funktion der Gesamtänderung (Bestandsfunktion).
Erfinden Sie eine Situation, die dazu passt. Machen Sie deutlich, was in dieser Situation jeweils die Rolle der Änderungsratenfunktion und der Bestandsfunktion spielt.

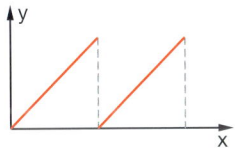

3 *Von der Geschwindigkeit zum Weg*
In der Tabelle ist der Geschwindigkeitsverlauf eines Autos während einer Stunde aufgezeichnet (t in min; v in $\frac{km}{h}$).

t	0	5	10	15	20	25	30	35	40	45	50	55	60
v	20	65	90	35	95	80	50	60	35	80	90	75	25

a) Schätzen Sie, wie weit das Auto in dieser Stunde ungefähr gefahren ist.
b) Berechnen Sie einen Näherungswert. Benutzen Sie dazu geradlinige Verbindungen der Messpunkte.
c) Skizzieren Sie eine „Kurve", die in etwa die Messwerte der Tabelle erfasst. Skizzieren Sie dazu den Graphen der zugehörigen Bestandsfunktion.

4 *Gärungsprozess*
Der Graph zeigt die Gärungsgeschwindigkeit für Traubenmost (in Liter CO_2 pro Tag). Er kann beschrieben werden durch die Funktion:
$f'(x) = -0{,}04\,x^3 + 0{,}34\,x^2 + 0{,}64\,x$

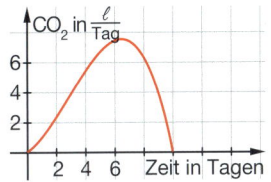

a) Beschreiben Sie den Gärungsprozess anhand des Graphen.
b) Geben Sie den Funktionsterm und den Graphen der zugehörigen Bestandsfunktion an. Welche Größe wird damit beschrieben?
c) Welche Menge an CO_2 wurde in den zehn Tagen produziert?

5 *Bestands- und Integralfunktion*
Begründen Sie: Die Bestandsfunktion ist eine spezielle Integralfunktion. Was ist das Spezielle daran?

6 *„Aufleiten" und Ableiten*
Finden Sie Stammfunktionen zu f(x).
$f_1(x) = 3$ $\qquad f_2(x) = 3x - 2$ $\qquad f_3(x) = x^4 - 4x^2 + 6$
$f_4(x) = x(x-1)^2$ $\qquad f_5(x) = \cos(x)$ $\qquad f_6(x) = (x+5)(x-5)$

7 *Viele Stammfunktionen zu einer Funktion*
Begründen Sie: Wenn F(x) eine Stammfunktion zu f(x) ist, dann ist auch F(x) + c, $c \in \mathbb{R}$ eine Stammfunktion zu f(x).

Bestandsfunktion: Rekonstruktion aus dem Änderungsverhalten

Die Bestandsfunktion f(x) wird aus dem gegebenen Änderungsverhalten f'(x) des Bestandes „rekonstruiert".

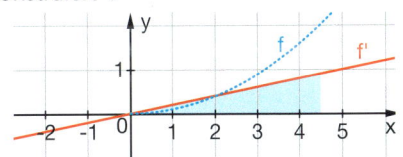

Geometrisch kann man den Funktionswert der Bestandsfunktion an der Stelle x als **orientierten Flächeninhalt** unter dem Graphen der Änderungsratenfunktion von 0 bis x interpretieren.

Änderungsrate	Bestandsgröße
Geschwindigkeit in $\frac{m}{s}$	zurückgelegter Weg in m
Zuflussrate	Wassermenge
Gewinnzufluss	Gesamtgewinn

Rechnerisch erhält man die Bestandsfunktion durch das Umgekehrte des Ableitens („Aufleiten"). Es gilt: f(0) = 0

Änderungsfunktion
$f'(x) = -0{,}5\,x + 2$

↓ „Aufleiten"

$f(x) = -0{,}25\,x^2 + 2x$
Bestandsfunktion

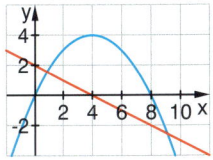

Stammfunktion
Eine Funktion F(x) heißt Stammfunktion zu f(x), wenn F'(x) = f(x) erfüllt ist.

Wichtige Stammfunktionen

f(x)	c	x^n	$\frac{1}{x^2}$	$\frac{1}{2\sqrt{x}}$	$\sin(x)$
F(x)	$c \cdot x$	$\frac{1}{n+1}x^{n+1}$	$-\frac{1}{x}$	$\sqrt{x}$	$-\cos(x)$

Integralfunktion
Eine Berandungsfunktion f(x) ist auf dem Intervall [a; b] definiert. Die Funktion, die jedem $x \in [a;b]$ den orientierten Inhalt der Fläche zuordnet, die f(x) mit der x-Achse zwischen a und x einschließt, nennt man **Integralfunktion** $I_a(x)$ **zu f(x)**.

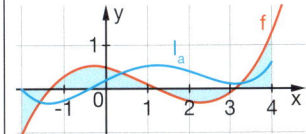

$$I_a(x) = \int_a^x f$$

CHECK UP
Integralrechnung

Eigenschaften der Integralfunktion

(1) $\int_a^a f = 0$

(2) Für $a < b < x$ gilt: $\int_a^x f = \int_b^x f + k$; k konstant

(3) Für $a < b < c$ gilt: $\int_a^c f = \int_a^b f + \int_b^c f$

Integrationsregeln

Konstanter Faktor

$\int_a^x k \cdot f = k \cdot \int_a^x f$

Summenregel

$\int_a^x (f + g) = \int_a^x f + \int_a^x g$

Hauptsatz der Differenzial- und Integralrechnung

1. Teil: $I_a'(x) = f(x)$.

2. Teil: $I_a(x) = \int_a^x f = F(x) - F(a)$

Für den **orientierten Flächeninhalt** unter $f(x)$ in den Grenzen a und b gilt:

$\int_a^b f = F(b) - F(a)$

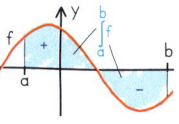

Integral als Grenzwert von Produktsummen

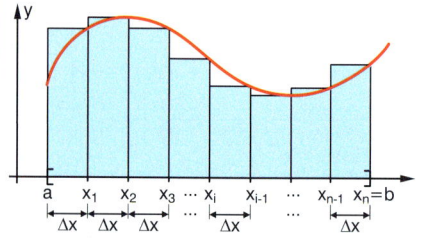

Summe von Rechteckflächen (Produktsummen):
$s_n = f(x_1) \cdot \Delta x + f(x_2) \cdot \Delta x + \ldots + f(x_n) \cdot \Delta x$

Bestimmtes Integral
Grenzwert der Produktsumme:

$\lim\limits_{n \to \infty} \sum\limits_{k=1}^n f(x_k) \cdot \Delta x = \int_a^b f(x)\,dx$

8 *Integralfunktionen*
a) In dem Bild sind die Graphen einer Berandungsfunktion f(x) und einer zugehörigen Integralfunktion $I_1(x)$ dargestellt. Bestimmen Sie die Gleichungen der beiden Funktionen.
b) Vergleichen Sie die Graphen von $I_0(x)$ und $I_2(x)$ mit dem der gezeichneten Integralfunktion.

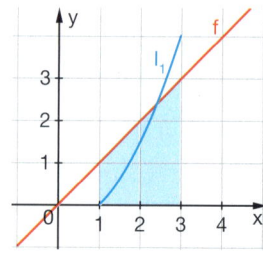

9 *Orientierte Flächeninhalte*

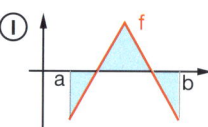 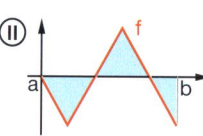 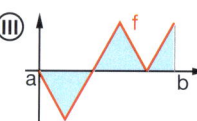

a) Prüfen Sie jeweils, ob $\int_a^b f(x)\,dx$ kleiner, größer oder gleich 0 ist.
b) Berechnen Sie den orientierten Flächeninhalt zwischen dem Graphen von f(x) und der x-Achse im Intervall [a; b].
(1) $f(x) = 3x + 1$, [2; 3]   (2) $f(x) = 2 - x^2$, [−2; 2]

10 *Eine Funktionenschar*
a) Bestimmen Sie die Nullstellen und den Scheitelpunkt der Parabeln $f_t(x) = \frac{3}{4}x^2 - tx$.
Geben Sie die Parameterwerte der Parabeln in der Zeichnung an.

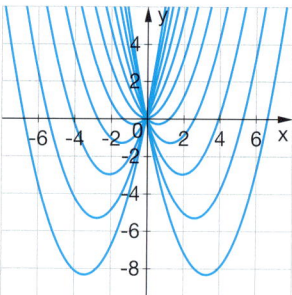

b) (1) Bestimmen Sie $\int_0^4 f_t(x)\,dx$.

(2) Für welchen Wert von t erhält man $\int_0^4 f_t(x)\,dx = 0$? Veranschaulichen Sie das Ergebnis.

(3) Was bedeutet es geometrisch, wenn $\int_0^4 f_t(x)\,dx > 0$ ist?

(4) Für welche Werte von t gibt $\int_0^4 f_t(x)\,dx$ den Flächeninhalt zwischen f_t und der x-Achse an?

Flächenberechnungen

11 Bestimmen Sie den Inhalt der Fläche, die der Graph von f(x) im Intervall [a; b] mit der x-Achse einschließt.
a) $f(x) = x^3 - x$, [−1; 2]   b) $f(x) = 0{,}5x^3 - x^2 - 4x$, [−2; 4]

12 Vergleichen Sie das Integral von f in den Grenzen zwischen a und b mit dem Flächeninhalt unter dem Graphen von f im Intervall [a; b].
a) $f(x) = x^3$, [−2; 2]   b) $f(x) = 0{,}25x^4 - x^2$, [−2; 0]
c) $f(x) = 1 - \sqrt{x}$, [0; 4]

13 Welchen Inhalt schließen die Graphen der Funktionen f und g zwischen ihren Schnittstellen ein?
a) $f(x) = 6 - x$; $g(x) = x^2 - 6x + 10$
b) $f(x) = 5 - 0{,}5x^2$; $g(x) = x^2 + 3x + 0{,}5$

14 *Ein Flächenverhältnis*
Durch den Wendepunkt des Graphen von
$f(x) = x^3 - 3x^2$ wird eine Parallele zur y-Achse gezogen.
Diese Parallele zerlegt die Fläche, die der Graph von f mit der
x-Achse einschließt, in zwei Teilflächen. In welchem Verhältnis
stehen die Inhalte der beiden Teilflächen zueinander?

15 *Eine Funktionenschar*
Gegeben ist die Funktionenschar $f_k(x) = x^2 \cdot (x - k)$.
a) Geben Sie die Nullstellen an und skizzieren Sie einige Scharkurven.
b) Bestimmen Sie in Abhängigkeit von k den Inhalt der Fläche, die die Graphen mit der x-Achse umschließen.
Erläutern Sie den Fall k = 0.
Begründen Sie, dass es keinen maximalen Flächeninhalt gibt.

16 *Vokabellernen*
Beim Auswendiglernen von Vokabeln wird die Lernrate (Anzahl der neu gelernten Wörter pro Minute) durch die Funktionsgleichung
$L(t) = -0{,}009\,t^2 + 0{,}2\,t$
beschrieben.

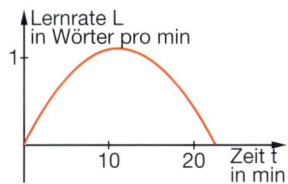

a) Beschreiben Sie den Lernvorgang anhand des Graphen.
b) Wie viele Wörter wurden in den ersten zehn Minuten gelernt, wie viele Wörter bis zum Zeitpunkt, an dem die Lernrate auf null gesunken ist?

17 *Rotationskörper*
Die Fläche zwischen den Graphen
der Funktionen $f(x) = x^2$ und
$g(x) = \sqrt{x}$ rotiert um die x-Achse.
Beschreiben Sie die Form des dabei
entstehenden Rotationskörpers und
berechnen Sie sein Volumen.

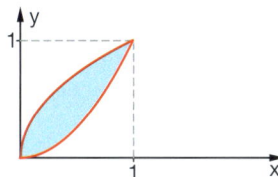

18 *Hohlkörper*
Berechnen Sie das Volumen des
Drehkörpers, der bei Rotation der
blauen Fläche um die x-Achse
entsteht. Begründen Sie, warum
der Term $\pi \cdot \int_0^4 (f(x) - g(x))^2$ nicht
das richtige Ergebnis liefert.

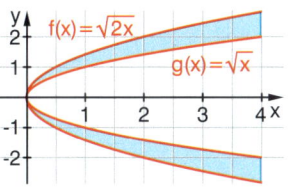

19 *Uneigentliche Integrale*
Existieren die beiden Grenzwerte $\lim\limits_{c \to \infty} \int_a^c f(x)\,dx$ mit a > 0 und
$\lim\limits_{c \to 0} \int_b^c f(x)\,dx$ mit b < c < 0 für die Funktion $f(x) = \frac{2}{x^2}$?

Stützen Sie Ihre Vermutungen durch konkrete Berechnungen für
verschiedene obere Grenzen c und begründen Sie dann mithilfe
der Stammfunktion.

CHECK UP

Integralrechnung

Flächenberechnung mit dem Integral

Fläche zwischen Kurve und x-Achse:
„Von Nullstelle zu
Nullstelle integrieren
und jeweils den Betrag
nehmen"

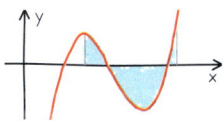

$$A = \left|\int_a^{x_1} f(x)\,dx\right| + \left|\int_{x_1}^{x_2} f(x)\,dx\right| + \left|\int_{x_2}^b f(x)\,dx\right|$$

Fläche zwischen zwei Kurven:
„Differenzfunktion von
Schnittstelle zu
Schnittstelle integrieren
und jeweils den Betrag
nehmen"

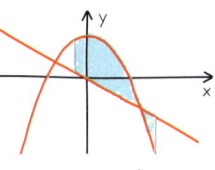

$$A = \left|\int_a^{x_s} (f(x) - g(x))\,dx\right| + \left|\int_{x_s}^b (f(x) - g(x))\,dx\right|$$

Rekonstruktion aus Änderungen

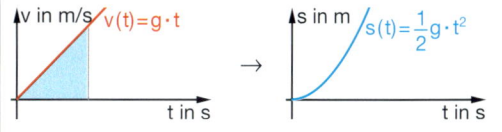

Berechnung der Volumina von Rotationskörpern

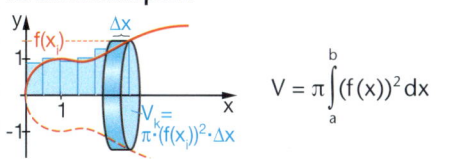

$$V = \pi \int_a^b (f(x))^2\,dx$$

Uneigentliche Integrale

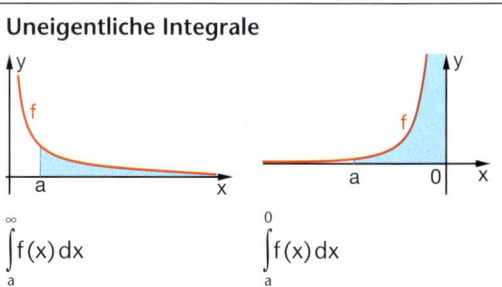

$$\int_a^\infty f(x)\,dx \qquad \int_a^0 f(x)\,dx$$

Man untersucht diese Integrale, indem man
überprüft, ob die Grenzwerte existieren.

$$\lim_{c \to \infty} \int_a^c f(x)\,dx \qquad \lim_{c \to 0} \int_a^c f(x)\,dx$$

Sichern und Vernetzen – Vermischte Aufgaben

Training

1 *Wasserabfluss*

Die Wassermenge, die durch eine Abflussrinne geflossen ist, kann man mithilfe der Durchflussrate abschätzen, die man zu verschiedenen Zeitpunkten gemessen hat.

Zeit	6:00	9:00	12:00	15:00	18:00	21:00	24:00	3:00	6:00
m³/min	5	8	12,5	14	13	10,5	6	8	7

Bestimmen Sie einen Näherungswert, indem Sie
(1) die Messpunkte geradlinig verbinden,
(2) die Messpunkte durch eine geeignete quadratische Funktion beschreiben.

2 *Zuflussraten*

Die Funktionsterme für die Zuflussrate $f'(x)$ sind abschnittsweise notiert:

$f'_1(x) = 10$ im Intervall $[0;4]$
$f'_2(x) = -5x + 30$ im Intervall $[4;7]$
$f'_3(x) = -5$ im Intervall $[7;10]$

Wie sehen die Terme der zugehörigen Bestandsfunktionen $f_1(x)$, $f_2(x)$ und $f_3(x)$ in den einzelnen Abschnitten aus?
Zeigen Sie, dass diese an den Übergangsstellen der Intervalle jeweils die gleiche Steigung haben.

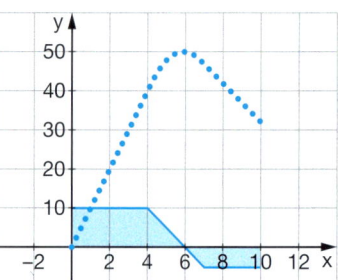

3 *Funktionen und Stammfunktionen*

a) Bestimmen Sie jeweils den fehlenden Eintrag.

Funktion $f(x)$	$x + 1$	■	$x(x^2 - 1)$	$\sqrt{x}$	■	$\cos(x)$	■
Stammfunktion $F(x)$	■	$0,5x^2 - 4$	■	■	$\sqrt{x}$	■	$\cos(x)$

b) Finden Sie jeweils eine Stammfunktion.
(1) $f(x) = 2x + t$ (2) $f(t) = 2t + x$ (3) $f(x) = a(x - b)^2$ (4) $f(x) = x^2(x - b)$

4 *Integrale bestimmen*

Es sei $\int_a^b f(x)\,dx = c$ gegeben.

Bestimmen Sie jeweils den fehlenden Eintrag und fertigen Sie zu jeder Teilaufgabe eine aussagekräftige Skizze an.

Es sind verschiedene Einträge möglich.

a)	a	b	c	$f(x)$
(1)	1	3	■	$3x^2 - 1$
(2)	-2	■	7	$2x - 2$
(3)	■	1	-15	$4x^3$
(4)	0	2	6	$mx + n$

b)	a	b	c	$f(x)$
(1)	-3	1	■	$x^3 - 4x$
(2)	-2	■	0	$5x^4 - 3x^2$
(3)	■	2	$\frac{5}{3}$	$x^2 - \frac{1}{2}x$
(4)	-1	2	9	$3kx^2 + t$

5 *Flächeninhalte bestimmen 1*

Ermitteln Sie jeweils den Inhalt der blauen Fläche.

(1)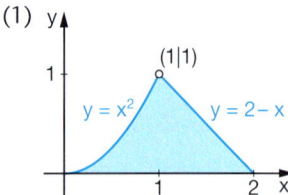

(2)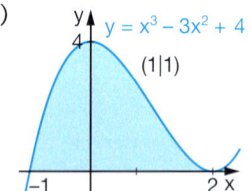

(3)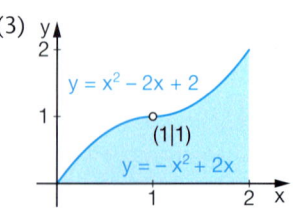

6 *Flächeninhalte bestimmen 2*
Ermitteln Sie den Inhalt der Fläche, die f mit der x-Achse einschließt.
a) $f(x) = 9 - x^2$
b) $f(x) = x^3 - x$
c) $f(x) = x^3 + \frac{3}{2}x^2 - 10x$
d) $f(x) = x(x-1)(x+3)$
e) $f(x) = 2x + x^2$
f) $f(x) = (x^2 - 9)(x^2 + 1)$

7 *Flächeninhalte bestimmen 3*
Ermitteln Sie den Inhalt der Fläche, die f und g einschließen.
a) $f(x) = -\frac{1}{2}x^2 + 4$
   $g(x) = x^2 + 1$
b) $f(x) = x^2 - 1$
   $g(x) = x + 1$
c) $f(x) = x^3 + x^2 - 6x$
   $g(x) = -4x$
d) $f(x) = x^2(x-3)$
   $g(x) = x - 3$

8 *Flächeninhalte bestimmen 4*
Bestimmen Sie den Inhalt des abgebildeten Flächenstücks, das von den Graphen der folgenden drei Funktionen begrenzt wird:
$f_1(x) = -0,5(x-1)^2 + 2$ $f_2(x) = -0,5(x+1)^2 + 2$
$f_3(x) = \frac{1}{3}(x-3)(x+3)$

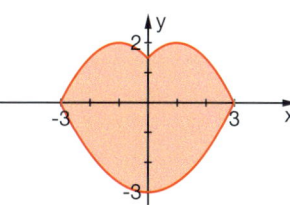

9 *Eine Parabelschar*
a) Ermitteln Sie die Nullstellen und den Scheitelpunkt der Parabeln der Schar $f_a(x) = -\frac{1}{a^3}x(x-a)$ und skizzieren Sie einige Kurven der Schar.

b) Bestimmen Sie den Inhalt der Fläche, die die Parabeln mit der x-Achse umschließen. Was ist das Besondere am Ergebnis?

10 *Flächeninhalt und Rotationsvolumen*
Berechnen Sie jeweils im Intervall [a;b] den Inhalt der Fläche unter dem Graphen und das Rotationsvolumen, wenn die Fläche um die x-Achse rotiert.
a) $f(x) = 9 - x^2$, $[1;2]$
b) $g(x) = \sqrt{x}$, $[1;2]$
c) $h(x) = \sin x$, $[0;\pi]$

11 *Ein Heißluftballon*
Ein Heißluftballon startet zur Zeit t = 0 vom Boden. Die Geschwindigkeit des Ballons in vertikaler Richtung wird durch das Diagramm beschrieben (Zeit: t in min, Geschwindigkeit v in m/s).
a) Beschreiben Sie den Bewegungsablauf qualitativ. Schätzen Sie die nach 30 Minuten erreichte Höhe. Was war die maximale Steighöhe, wann wurde sie erreicht?
b) Begründen Sie, dass die Ballonfahrt auf einem Hügel endet. Wie viel höher als der Startplatz liegt der Hügel?

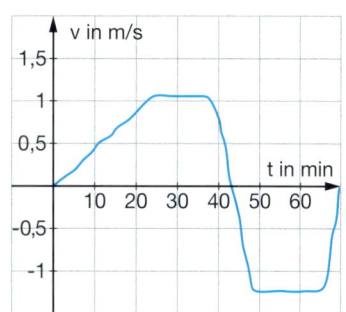

Verstehen von Begriffen und Verfahren

c) Skizzieren Sie ein mögliches Diagramm für einen Ballon mit qualitativ gleichem Steigverhalten, der aber auf einem Hügel startet und im Tal landet.

12 *Veranschaulichen und Begründen*
a) Geben Sie jeweils Intervalle [a;b] mit a < 0 und b > 0 so an, dass für $f(x) = x^3 - 4x$ gilt:
(1) $\int_a^b f(x)\,dx > 0$
(2) $\int_a^b f(x)\,dx = 0$
(3) $\int_a^b f(x)\,dx < 0$

Veranschaulichen und begründen Sie durch Skizzen.

b) Für welche c > 0 gilt $\int_{-c}^{0} f(x)\,dx = -\int_{0}^{c} f(x)\,dx$?

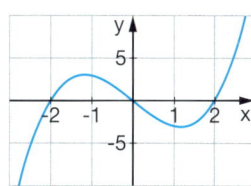

13 | Wege und Geschwindigkeiten
Welches Objekt hat in den zehn Sekunden den größten Weg zurückgelegt?

(A) 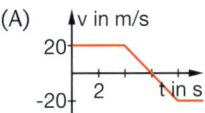 (B) 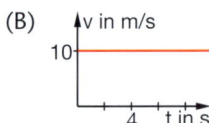 (C) 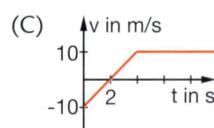 (D)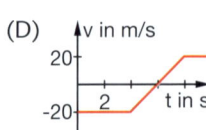

14 | Aus einem amerikanischen Lehrbuch

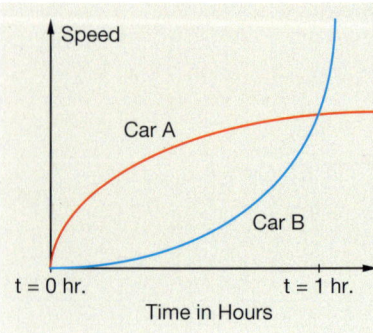

The given graph represents velocity vs. time for two cars. Assume that the cars start from the same position and are traveling in the same direction.
a) State the relationship between the position of car A and that of car B at t = 1 hr. Explain.
b) State the relationship between the velocity of car A and that of car B at t = 1 hr. Explain.
c) State the relationship between the acceleration of car A and that of car B at t = 1 hr. Explain.
d) How are the positions of the two cars related during the time interval between t = 0.75 hr and t = 1 hr? (That is, is one car pulling away from the other?) Explain.

15 | Begriffe
Ordnen Sie der Größe nach.

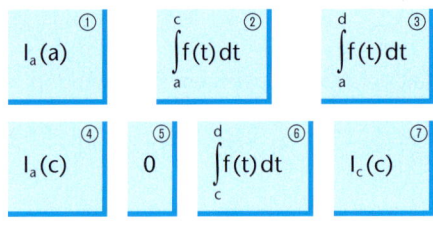 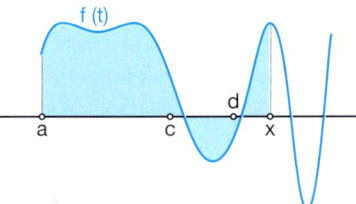

16 | Terme veranschaulichen
Die Funktion $F(x)$ ist eine Stammfunktion von $f(x)$. Veranschaulichen Sie die Terme am Graphen von f.

a) $f(b) - f(a)$
b) $\dfrac{f(b) - f(a)}{b - a}$
c) $F(b) - F(a)$
d) $\dfrac{F(b) - F(a)}{b - a}$
e) $\pi \int_a^b (f(x))^2$

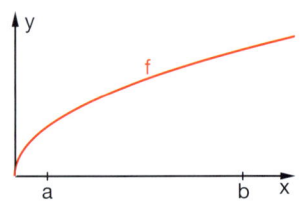

17 | Wahr oder falsch?
Welche der Aussagen sind wahr? Begründen Sie.

(A) Es gilt stets $\int_a^b f(x)\,dx = \int_b^a f(x)\,dx$.

(B) Jede Integralfunktion $\int_a^x f(t)\,dt$ ist eine Stammfunktion.

(C) Jede Stammfunktion ist eine Integralfunktion.

(D) Für $a < b < c$ gilt: $\int_a^b f(x)\,dx + \int_b^c f(x)\,dx = \left|\int_a^b f(x)\,dx\right| + \left|\int_b^c f(x)\,dx\right|$

18 Wie alles zusammen passt

Die Geschwindigkeit eines Körpers kann durch die Funktionsgleichung $v(t) = -\frac{1}{2}t^2 + \frac{5}{2}t + 3$ im Intervall $[0;4]$ beschrieben werden.

a) Rekonstruieren Sie aus der Geschwindigkeit-Zeit-Funktion die zugehörige Weg-Zeit-Funktion $s(t)$ im Intervall $[0;4]$. Welche Wegstrecke legt der Körper im angegebenen Zeitintervall zurück?

b) Berechnen Sie die durchschnittliche Geschwindigkeit mithilfe des Differenzenquotienten $\frac{s(4)-s(0)}{4-0}$. Veranschaulichen Sie den Wert im Weg-Zeit-Diagramm.

c) Bestimmen Sie $v_m = \frac{1}{4-0} \cdot \int_0^4 v(t)\,dt$. Erläutern Sie zudem den Zusammenhang mit Teilaufgabe b).

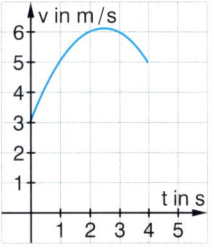
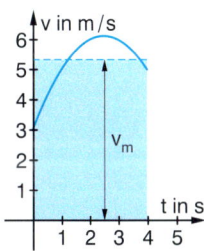

19 Rotationsintegral

Ist f eine in $[a;b]$ stetige Funktion, so entsteht bei Rotation (um die x-Achse) der Fläche zwischen dem Schaubild von f und der x-Achse über $[a;b]$ ein Körper mit dem Rauminhalt

$$V = \pi \int_a^b (f(x))^2\,dx.$$

a) Begründen Sie anhand einer Skizze, warum hinter dem Integralzeichen das Quadrat von $f(x)$ steht und woher der Faktor π kommt.

b) Berechnen Sie mithilfe der obigen Formel das Volumen des Rotationskörpers für $f(x) = \sqrt{9-x^2}$ im Intervall $[-3;3]$. Skizzieren Sie f. Um was für einen Körper handelt es sich? Führen Sie einen Nachweis, indem Sie den Abstand eines Punktes von f vom Ursprung ermitteln.

c) Berechnen Sie das Integral $V = \pi \int_2^3 (f(x))^2\,dx$. Von welchem Körper wird damit das Volumen berechnet?

Eine Skizze ist hier hilfreich.

20 Vergleichen von Flächen und Rotationsvolumina

a) Die Graphen der Funktionen $f(x) = \sqrt{x}$ und $g(x) = 2\sqrt{x}$ schließen jeweils mit der x-Achse im Intervall $[0;2]$ eine Fläche A_f bzw. A_g ein. Vergleichen Sie die Flächeninhalte.

b) Was vermuten Sie über das Verhältnis der Rotationsvolumina, wenn die beiden Flächen um die x-Achse rotieren? Überprüfen Sie durch Nachrechnen.

c) Lassen sich die Beobachtungen auf andere Funktionen $f(x)$ und $g(x) = 2 \cdot f(x)$ übertragen?

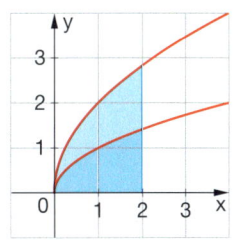

21 Flächenentwicklungen

Untersuchen Sie jeweils die gefärbten Flächen für $c \to \infty$. Beschreiben Sie die Besonderheiten und eventuell auftretenden Überraschungen.

$f(x) = -\frac{1}{\sqrt{x}} + 1$

$g(x) = -\frac{1}{x^2} + 1$

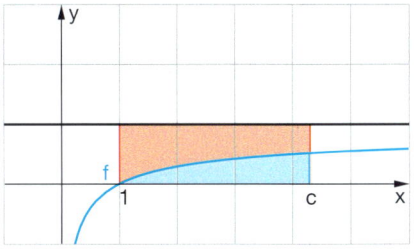
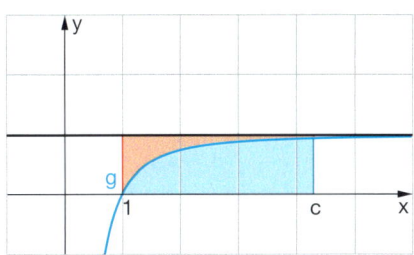

Sichern und Vernetzen – Vermischte Aufgaben

Anwenden und Modellieren

22 *Von der Emissionsrate zum Gesamtausstoß*
Nach einem Unfall in einer Fabrik tritt ein giftiges Gas aus. Von der Werksfeuerwehr wird die abnehmende Emissionsrate des Gases in mg/min gemessen.

Zeit in min	60	120	180	240
Gasemission in $\frac{mg}{min}$	9,0	2,4	0,8	0,1

Man will nun abschätzen, welche Gasmenge innerhalb der ersten vier Stunden in etwa freigesetzt wurde. Erläutern Sie Ihr Vorgehen. Was können Sie zur Genauigkeit Ihres Schätzwertes sagen?

23 *Eine Quelle versiegt*
Wegen mangelnder Regengüsse versiegt eine Quelle. Die Geschwindigkeiten, mit denen das Wasser an verschiedenen Tagen aus der Quelle sprudelt, lassen sich folgender Tabelle entnehmen:

Zeit in Tagen	0	2	4	6	8	10
Wasser sprudelt in L/min	400	385	335	305	260	240

a) Schätzen Sie die Wassermenge, die die Quelle am ersten Tag der Messung liefert. Ermitteln Sie eine Funktionsgleichung, die den obigen Sachverhalt möglichst gut abbildet und bestimmen Sie damit die Wassermenge, die die Quelle am 15. Tag liefert.
b) Berechnen Sie die gesamte Wassermenge, die von der Quelle in zehn Tagen geliefert wird. Wie viel Wasser wird die Quelle bis zum Versiegen noch liefern?

24 *Datenübertragung*
Wenn mit einem Computer Daten aus dem Internet geladen werden, kann man auf dem Bildschirm ständig die Übertragungsrate ablesen. Der Wert der Übertragungsrate ist in der Regel nicht konstant. Die Übertragungsrate wird in kbit/s gemessen.

kbit ist die Einheit zur Messung der Datenmenge.

Bei einem Ladevorgang ergab sich eine Übertragungsratenfunktion mit der Gleichung $u(t) = 20 \cdot \left(\frac{t^3}{360} - \frac{t^2}{7} + 2t + 2\right)$. Der Übertragungsvorgang dauerte 30 Sekunden.
Wie groß waren die minimale und die maximale Übertragungsrate während des Vorgangs? Wie groß war die durchschnittliche Übertragungsrate?
Wie groß war die gesamte übertragene Datenmenge? Zu welchem Zeitpunkt war die Hälfte der Datenmenge übertragen?

25 *Von der Beschleunigung zum Weg*

Zeit t in Sekunden
Geschwindigkeit v(t) in m/s
Weg s(t) in Meter
s(0) = 0, v(0) = 0
1 m/s = 3,6 km/h

Ein Sportwagen beschleunigt aus dem Stand (t = 0) bis zum Erreichen der Höchstgeschwindigkeit (t = t_1) mit der abnehmenden Beschleunigung $a(t) = 5 - 0{,}25\,t + 0{,}003\,125\,t^2$.
Dann ist $a(t_1) = 0$.
Wie lange beschleunigt das Auto?
Wie groß ist die Höchstgeschwindigkeit?
Welche Strecke hat das Auto bis zum Erreichen der Höchstgeschwindigkeit zurückgelegt?

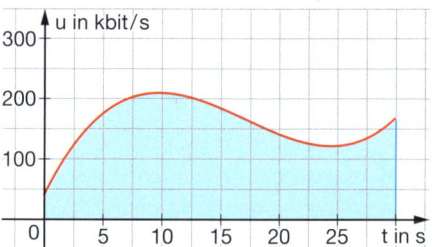

Wie groß ist die Durchschnittsgeschwindigkeit im Beschleunigungsintervall?

26 *„Ein Straußenei entspricht 25 bis 35 Hühnereiern."* – Kann das sein?

a) Die Berandung des Straußeneis kann durch drei Parabeln modelliert werden. Die Parabel g im Bild verläuft durch die Punkte B, C und D:
$g(x) = -0{,}21x^2 + 1{,}02x + 0{,}67$
Bestimmen Sie die noch fehlenden Parabeln f(x) (durch die Punkte A und B) und h(x) (durch die Punkte D und E). Die Steigungen dieser Parabeln in den Stoßpunkten B und D sollen jeweils mit denen der Parabel g übereinstimmen.

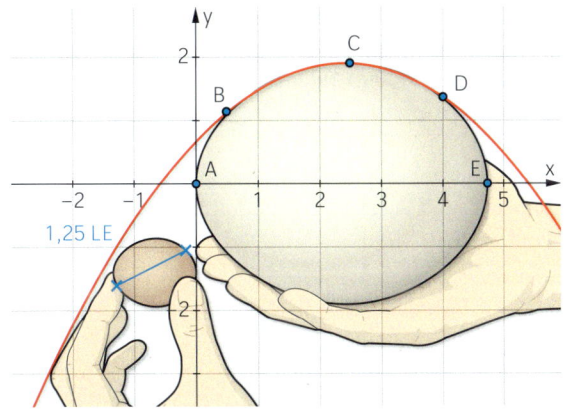

A(0|0), B(0,5|1,12), C(2,5|1,9), D(4|1,38), E(4,75|0)
Das kleine Hühnerei liefert den Maßstab: Wir nehmen an, dass das Hühnerei 5 cm lang ist, das entspricht 1,25 LE im Bild. Damit folgt: 1 LE ≙ 4 cm.

b) Berechnen Sie das Volumen des Straußeneis und vergleichen Sie mit dem Volumen des Hühnereis, das ungefähr 40 cm³ beträgt.

27 *Wurzelbecher nach Maß*
Ein Becher entsteht durch Rotation der blau gefärbten Fläche um die x-Achse. Welche Höhe h muss der Becher haben, damit das Rotationsvolumen ungefähr 200 cm³ beträgt?
Die beiden Funktionen lauten:
$f(x) = \sqrt{5x + 4}; \quad g(x) = \sqrt{5x - 4}$

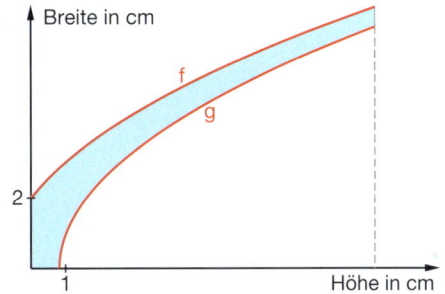

28 *Pulverturm in Oldenburg*
Der Pulverturm in Oldenburg ist ein letztes Andenken an die mittelalterliche Stadtbefestigung. Heute finden in dem ehemaligen Pulverlager und Eiskeller Kunstausstellungen statt.

a) Mithilfe der nebenstehenden Daten kann die Kuppel als Rotationskörper modelliert werden. Welchen Rauminhalt nimmt das Gebäude ein?

b) Man will den Inhalt des Innenraums abschätzen und weiß, dass die Mauer im zylindrischen Teil ca. 1,5 m und im Kuppeldach 0,25 m dick ist. Welche Schwierigkeiten treten im mathematischen Verfahren auf?

Der Durchmesser des zylindrischen Teils (des Geschützturms) beträgt ca. 12 m. Die Punkte A(0|4,75), B(2|3,54), C(3|2,44) und D(4,25|0) liegen auf dem Kuppeldach.
Begründen Sie die besondere Wahl der Lage des Koordinatensystems (x-Achse senkrecht).

Sichern und Vernetzen – Vermischte Aufgaben

Kommunizieren und Präsentieren

29 *Begriffe und Formeln*
In den Feldern finden Sie viele Begriffe und Formeln, die bei der Einführung und Anwendung des Integrals aufgetaucht sind. Ergänzen Sie diese und ordnen Sie sie in einer Mind-Map. Erläutern Sie anschließend wichtige Teile dieser Mind-Map an charakteristischen Beispielen.

Integralfunktion	Bestandsfunktion	Uneigentliches Integral	$\int_a^b f = F(b) - F(a)$
orientierter Inhalt	$\lim_{n \to \infty} \sum_{k=1}^{n} f(x_k) \cdot \Delta x = \int_a^b f(x)\,dx$	[Rotationskörper-Skizze]	Summenregel $\int_a^x (f+g) = \int_a^x f + \int_a^x g$
Flächeninhalte	$I_a(x) = \int_a^x f$	Hauptsatz der Differenzial- und Integralrechnung	[Treppensummen-Skizze]
Rotationsvolumen	Rekonstruktion aus dem Änderungsverhalten	$I_a'(x) = f(x)$	Grenzwert von Produktsummen
Trapezformel	$\int_a^x f = F(x) - F(a)$	$\int_a^a f = 0$	[Skizze abnehmende Funktion]
$I_a(x) = I_b(x) + c$	$\int_a^b c \cdot f(x)\,dx = c \cdot \int_a^b f(x)\,dx$	[Graphen-Skizze]	$\lim_{c \to \infty} \int_a^c f(x)\,dx$

30 *Forschungsaufgabe*

a) Zeichnen Sie den Graphen von
$f(x) = x^3 - 3x^2$. Ermitteln Sie die Koordinaten des Hochpunktes $H(a|f(a))$, des Tiefpunktes $T(b|f(b))$ und des Wendepunktes $W(c|f(c))$.
Zeichnen Sie die Gerade g durch die Punkte H und T und bestimmen Sie deren Gleichung $y = g(x)$. Hat die Gerade g einen weiteren Schnittpunkt mit dem Graphen von f? Bestimmen Sie gegebenenfalls dessen Koordinaten.

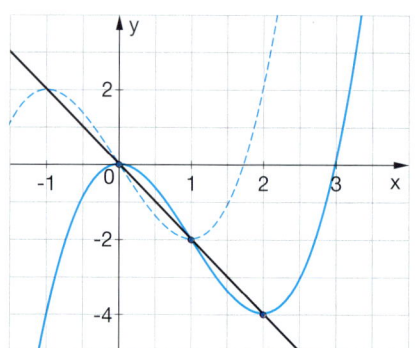

Berechnen Sie dann das Integral $\int_a^b (f(x) - g(x))\,dx$.
Überrascht Sie das Ergebnis?

b) Führen Sie die gleichen Schritte mit der Funktion $f_1(x) = x^3 + 9x^2 + 16x - 7$ durch. Welche Ergebnisse erwarten Sie?

c) Formulieren Sie eine Vermutung, die auf alle Funktionen dritten Grades mit Hoch- und Tiefpunkt zutrifft. Versuchen Sie einen Beweis Ihrer Vermutung. Informieren Sie sich dazu nochmals über Transformationen der Graphen und Symmetrieeigenschaften im Koordinatensystem.

5 Exponentialfunktionen und ihre Anwendungen

In der Differenzial- und Integralrechnung wurden bisher überwiegend ganzrationale Funktionen betrachtet. In diesem Kapitel werden nun die Exponentialfunktionen und ihre Ableitungen genauer untersucht. Im Mittelpunkt steht dabei die natürliche Exponentialfunktion und die besondere Eigenschaft ihrer Ableitung. Diese Funktion tritt bei vielen Anwendungen auf, bei denen Wachstums- und Änderungsprozesse modelliert werden. Damit vielfältige Modellierungen möglich sind, müssen aber zunächst noch weitere Ableitungsregeln zur Verfügung gestellt werden.

5.1 Neue Ableitungsregeln – Produkt- und Kettenregel

Mithilfe der Produkt- und Kettenregel lassen sich die Ableitungen zusammengesetzter Funktionen aus den Ableitungen der Grundfunktionen berechnen.

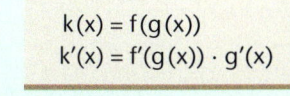

Kettenregel:

$$k(x) = f(g(x))$$
$$k'(x) = f'(g(x)) \cdot g'(x)$$

$$x \to g(x) \to f(g(x))$$

5.2 Änderungsverhalten bei Exponentialfunktionen

Für die Ableitung einer Exponentialfunktion $f(x) = b^x$ kann die Ableitung nicht mit bisher erarbeiteten Verfahren ermittelt werden. Über die Sekantensteigungsfunktion ergibt sich ein Zugang zur Eulerschen Zahl e und zur natürlichen Exponentialfunktion e^x. Mithilfe des Logarithmierens gelingt dann auch die Ableitung beliebiger Exponentialfunktionen. Sie lernen hier auch die natürliche Logarithmusfunktion $\ln(x)$ als Umkehrfunktion der natürlichen Exponentialfunktion kennen.

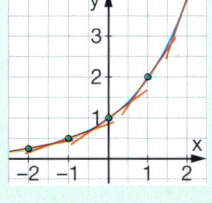
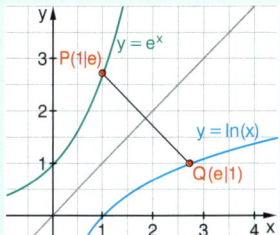

5.3 Wachstum

Die Entwicklung der Anzahl der Internetanschlüsse lässt sich mit demselben Wachstumsmodell beschreiben wie der Abbau von Medikamenten im Körper. Die Änderungsrate ist hier immer proportional zum aktuellen Bestand. Es gilt aber: „Die Bäume wachsen nicht in den Himmel." Es gibt Grenzen. Auf diese bekannte Tatsache kann man mit entsprechenden Wachstumsmodellen reagieren.

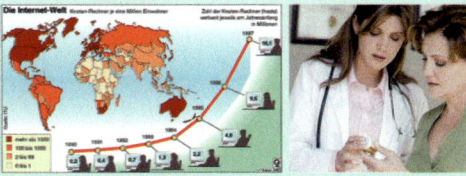

5.4 Modelle mit e-Funktionen

Wie ändert sich die Konzentration eines Wirkstoffs im Körper? Wie entwickeln sich Verkaufszahlen von Produkten? Wie wachsen Tierpopulationen? Wenn es um Änderungsprozesse geht, sind häufig zusammengesetzte Exponentialfunktionen geeignete Modelle zur Beschreibung.

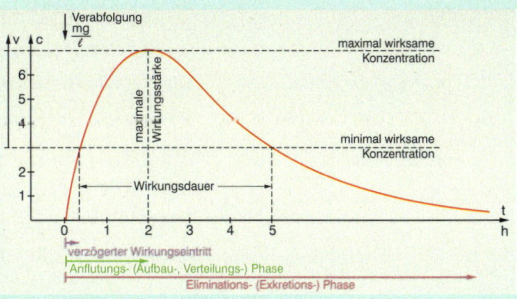

5 Exponentialfunktionen und ihre Anwendungen

5.1 Neue Ableitungsregeln – Produkt- und Kettenregel

Was Sie erwartet

Ableitungsregeln erlauben eine schnelle Berechnung der Ableitung, ohne erneut auf die Definition der Ableitung über den Grenzwert des Differenzenquotienten zurückgreifen zu müssen. Mit den Ihnen bisher bekannten Regeln lässt sich die Ableitung jeder ganzrationalen Funktion bestimmen, da diese durch Multiplikation mit konstanten Faktoren und Addition aus Potenzfunktionen entstehen. Andere Funktionen entstehen durch Multiplikation oder die Verkettung von einfachen Grundfunktionen. Für diese Verknüpfungen von Funktionen lassen sich ebenfalls entsprechende Ableitungsregeln herleiten.

Aufgaben

1 *Bekannte Ableitungsregeln*
a) Formulieren Sie die folgenden Ableitungsregeln in Worten und geben Sie jeweils ein Beispiel an.

Konstanter Summand	Konstanter Faktor	Summe
$f(x) = g(x) + c$	$f(x) = a \cdot g(x)$	$f(x) = g(x) + h(x)$
$f'(x) = g'(x)$	$f'(x) = a \cdot g'(x)$	$f'(x) = g'(x) + h'(x)$

Bestimmen Sie die Ableitung von $f(x) = 3x^5 - 2x^3 + 1$ und geben Sie an, welche Ableitungsregeln Sie dabei im Einzelnen benutzt haben.

b) Begründen Sie am Beispiel von $f(x) = x \cdot (x^2 + 1)$, dass für Produkte $f(x) = g(x) \cdot h(x)$ nicht eine gleichartige Ableitungsregel wie bei Summen gilt, dass also $f'(x) \neq g'(x) \cdot h'(x)$ ist.

2 *Zusammenbauen – Verknüpfen von Funktionen*
Die beiden Funktionen $g(x) = \sin(x)$ und $h(x) = 0{,}5x + 1$ werden auf verschiedene Weisen miteinander verknüpft.
Dadurch entstehen neue Funktionen:
$s(x) = g(x) + h(x)$ (Summe)
$p(x) = g(x) \cdot h(x)$ (Produkt)
Rechts finden Sie die Graphen der beiden Funktionen jeweils mit den Graphen der Ausgangsfunktionen.

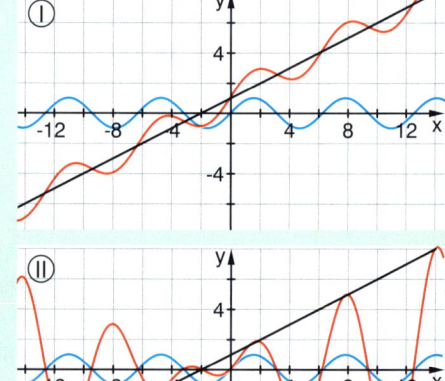

a) Entscheiden Sie ohne Nutzung des GTR, welcher Graph zu welcher Funktion gehört. Können Sie den Kurvenverlauf erklären?

$m_{sek}(x) = \frac{f(x + 0{,}001) - f(x)}{0{,}001}$

b) Geben Sie die jeweiligen Funktionsterme von $s(x)$ und $p(x)$ an. Bestimmen Sie, soweit es gelingt, die Ableitungen „per Hand" und überprüfen Sie mit der Sekantensteigungsfunktion. Warum gelingt die algebraische Bestimmung der Ableitung nicht immer?

5.1 Neue Ableitungsregeln – Produkt- und Kettenregel

Aufgaben

3 *Ableiten von Produkten – Ein Blick in die Formelsammlung*
Die „Produktregel" ist in Kurzform als Merkregel aufgeführt.

Produktregel:
$y = uv$
$y' = u'v + uv'$

a) Formulieren Sie die Regel in ausführlicher Notation, also mit $p(x) = f(x) \cdot g(x)$.

b) Wenden Sie die Regeln auf folgende Funktionen an:

(1) $f(x) = x^2 \cdot x^3$ (2) $f(x) = (x^2 - 2x) \cdot (5x - 4)$ (3) $f(x) = x \cdot \sin(x)$

Überprüfen Sie Ihre Ergebnisse auf dem Rechner mithilfe einer Sekantensteigungsfunktion. In zwei Fällen können Sie auch durch eine vorangehende Termumformung der Ausgangsfunktion die Ableitung mit bekannten Regeln finden und damit die Überprüfung vornehmen.

$m_{sek}(x) = \dfrac{f(x + 0{,}001) - f(x)}{0{,}001}$

4 *Verketten*
Die Verkettung ist eine ganz besondere „Verknüpfung" zweier Funktionen f und g. Hierbei werden die Funktionen hintereinander ausgeführt, d. h. zuerst wird mit g der Funktionswert g(x) ermittelt und auf diesen Funktionswert wird dann die Funktion f angewendet.

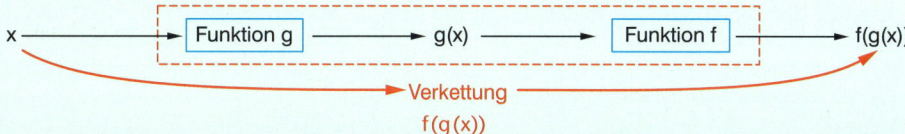

Verkettung
f(g(x))

Beispiel: $f(x) = x^2$; $g(x) = x + 1$
Es gibt zwei Möglichkeiten, f mit g zu verketten. Man kann zunächst g ausführen und dann auf das Ergebnis f anwenden oder umgekehrt.

a) Füllen Sie die Tabelle aus. Ergänzen Sie die Tabelle ggf. mit weiteren x-Werten und skizzieren Sie damit die Graphen von g(f(x)) und f(g(x)).
Wie lauten die Funktionsgleichungen von g(f(x)) bzw. f(g(x))?

x	f(x)	g(f(x))
-3	9	10
-1	■	2
0	■	■
2	■	■
4	■	■
a	■	■

x	g(x)	f(g(x))
-3	■	■
-1	■	■
0	■	■
2	3	9
4	■	■
a	■	■

x   x
↓   ↓
f(x)   g(x)
↓   ↓
g(f(x))   f(g(x))

b) Man kann die Hintereinanderausführung auch mit dem GTR durchführen. Überprüfen Sie damit a).
Untersuchen Sie die Verkettungen von $f_1(x) = 2x + 1$; $f_2(x) = \sin(x)$; $f_3(x) = x^2$. Wählen Sie jeweils zwei Funktionen aus, erzeugen Sie die Graphen der Hintereinanderausführungen und bestimmen Sie die Funktionsterme (insgesamt also sechs Funktionen). Überprüfen Sie die Ergebnisse mit dem GTR.

```
Plot1 Plot2 Plot3
\Y1=0.5*X+1
\Y2=sin(X)
\Y3=Y1(X)*Y2(X)
\Y4=Y2(Y1(X))
\Y5=Y1(Y2(X))
\Y6=
```

5 *Kettenregel mit CAS entdecken*
Mit dem CAS wurden einige Ableitungen von verketteten Funktionen berechnet.

a) Erkennen Sie ein Muster?
Formulieren Sie eine Ableitungsregel für verkettete Funktionen.
$f(g(x))' = \ldots$

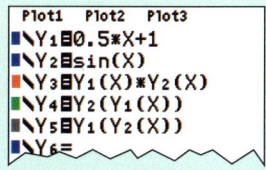

$\frac{d}{dx}$ bedeutet:
Leite den Term in der Klammer nach x ab.

b) Überprüfen Sie Ihre gefundene Regel an folgenden Funktionen:
(1) $f(x) = (x^3 - 2x)^4$ (2) $f(x) = \cos(x^2)$
(3) $f(x) = \sqrt{4x^2}$

Überprüfungsmöglichkeiten:
• Sekantensteigungsfunktion
• CAS
• Termumformungen

$f(x) = \sqrt{x} \Rightarrow f'(x) = \dfrac{1}{2\sqrt{x}}$

187

5 Exponentialfunktionen und ihre Anwendungen

Basiswissen Durch Multiplikation und Verkettung (Hintereinanderausführung) von Funktionen entstehen neue Funktionen. Für diese gibt es Ableitungsregeln.

Verknüpfungen von Funktionen und ihren Ableitungen

Produktregel

Produkt von Funktionen: $\quad p(x) = f(x) \cdot g(x)$
Produktregel für die Ableitung: $p'(x) = f'(x) \cdot g(x) + f(x) \cdot g'(x)$

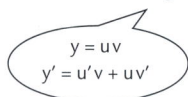
$y = uv$
$y' = u'v + uv'$

Beispiel:
$p(x) = (x^2 - 1{,}5) \cdot (0{,}5x - x^2)$ $\qquad f(x) = x^2 - 1{,}5; \quad g(x) = 0{,}5x - x^2$
$\qquad\qquad\qquad\qquad\qquad\qquad\qquad\qquad f'(x) = 2x; \qquad\quad g'(x) = 0{,}5 - 2x$

$p'(x) = 2x \cdot (0{,}5x - x^2) + (x^2 - 1{,}5) \cdot (0{,}5 - 2x)$

Kettenregel

Verkettung von Funktionen: $\quad k(x) = f(g(x))$ $\qquad$ g: innere Funktion
Kettenregel für die Ableitung: $k'(x) = g'(x) \cdot f'(g(x))$ $\qquad$ f: äußere Funktion

Innere mal äußere Ableitung

Beispiel:
$k(x) = \sin(0{,}2x^2)$ $\qquad\qquad\qquad\qquad\qquad f(x) = \sin(x); \quad g(x) = 0{,}2x^2$
$\qquad\qquad\qquad\qquad\qquad\qquad\qquad\qquad f'(x) = \cos(x); \quad g'(x) = 0{,}4x$

$k'(x) = 0{,}4x \cdot \cos(0{,}2x^2)$

Beweise der Regeln werden in den Aufgaben 23 und 24 thematisiert.

Beispiele

A *Ableitungen bestimmen*

(1) $p(x) = (x^3 + 2) \cdot (x^2 - 4x)$

(2) $k(x) = (3x^2 - x^4)^2$

Lösung:
$p(x)$ ist das Produkt der Funktionen
$u(x) = x^3 + 2$ und $v(x) = x^2 - 4x$.
Anwenden der Produktregel:
$\qquad u' \cdot v + u \cdot v'$
$p'(x) = 3x^2 \cdot (x^2 - 4x) + (x^3 + 2) \cdot (2x - 4)$
$\quad\;\; = 3x^4 - 12x^3 + 2x^4 + 4x - 4x^3 - 8$
$\quad\;\; = 5x^4 - 16x^3 + 4x - 8$

Lösung:
$k(x)$ ist die Verkettung $f(g(x))$ der Funktionen $g(x) = 3x^2 - x^4$ und $f(x) = x^2$.
Anwenden der Kettenregel:
$\qquad g'(x) \cdot f'(g(x))$
$k'(x) = (6x - 4x^3) \cdot 2 \cdot (3x^2 - x^4)$
$\quad\;\; = 2 \cdot (18x^3 - 6x^5 - 12x^5 + 4x^7)$
$\quad\;\; = 8x^7 - 36x^5 + 36x^3$

Übungen

6 *Training – Ableiten nach Regeln*
Bestimmen Sie die Ableitungsterme zu den folgenden Funktionen. Geben Sie jeweils die benutzten Ableitungsregeln an. Überprüfen Sie mit dem GTR, indem Sie die gefundene Ableitung und eine Sekantensteigungsfunktion zeichnen.

a) $f(x) = (x^3 - x) \cdot (4x - x^2)$ $\qquad$ b) $f(x) = (6 - 3x)^4$ $\qquad$ c) $f(x) = x^3 \cdot (x^2 - 1)$
d) $f(x) = (x^2 - 2x)^3$ $\qquad\qquad\;\;$ e) $f(x) = x^2 \cdot \sqrt{x}$ $\qquad\quad\;$ f) $f(x) = \sqrt{1 + x^2}$
g) $f(x) = \sin(2x)$ $\qquad\qquad\qquad$ h) $f(x) = 2x \cdot \sin(x)$ $\qquad$ i) $f(x) = \sin(2x^2 + 1)$

In einigen Fällen gibt es verschiedene Möglichkeiten zur Bestimmung des Ableitungsterms (z. B. bei a): Produktregel oder Ausmultiplizieren und Summenregel).

Überprüfung mit msek
Wenn man in d) als Ableitung $f'(x) = 3(x^2 - 2x)^2$ gefunden hat, kann man an der Skizze von f, f' und der Sekantensteigungsfunktion (oder *nderiv* (GTR)) gut erkennen, dass f' falsch bestimmt ist.

5.1 Neue Ableitungsregeln – Produkt- und Kettenregel

Übungen

7 *Die Ableitungsregeln in Worten*
a) Welche der Ableitungsregeln aus dem Basiswissen ist hier formuliert?
b) Formulieren Sie auch die andere Ableitungsregel in Worten.

> Bilde die Ableitung der äußeren Funktion f an der Stelle g(x) und multipliziere mit der Ableitung der inneren Funktion g an der Stelle x.

8 *Bekanntes in neuem Kleid*
Zeigen Sie, dass sich die Faktorregel als Spezialfall der Produktregel ergibt mit $u(x) = a$ und $v(x) = g(x)$.

> **Faktorregel**
> $f(x) = a \cdot g(x) \Rightarrow f'(x) = a \cdot g'(x)$
> „Ein konstanter Faktor bleibt beim Ableiten erhalten."

WERKZEUG

Funktionsvorschrift als Handlungsanweisung

Bei der Verkettung von Funktionen f(g(x)) passieren häufig Fehler. Oft wird nicht beachtet, dass die innere Funktion g auf das Argument x angewendet wird, die äußere Funktion f aber auf das Argument g(x).

$$x \xrightarrow{g} g(x) \xrightarrow{f} f(g(x))$$

Daraus resultierende Fehler können vermieden werden, wenn man die Funktionsvorschrift als Handlungsanweisung formuliert, also z. B.:
Statt $g(x) = 2x + 1$: „*Verdopple und addiere dann 1*" und statt $f(x) = x^2$: „*Quadriere*"

$$f(g(x)) \quad x \xrightarrow[\text{Verdopple und addiere 1}]{g} 2x+1 \xrightarrow[\text{Quadriere}]{f} (2x+1)^2$$

$$g(f(x)) \quad x \xrightarrow[\text{Quadriere}]{f} x^2 \xrightarrow[\text{Verdopple und addiere 1}]{g} 2x^2+1$$

Zusätzlich hilft die Fragestellung „Was muss ich zuerst ausführen" mit der leicht zu merkenden Antwort: „*Von innen nach außen*", d. h. zuerst die innere Funktion anwenden und dann die äußere Funktion.

Beispiele: $f(g(3)) \quad 3 \xrightarrow{g} 2\cdot3+1=7 \xrightarrow{f} (7)^2 = 49$

$g(f(3)) \quad 3 \xrightarrow{f} 3^2 = 9 \xrightarrow{g} 2\cdot9+1 = 19$

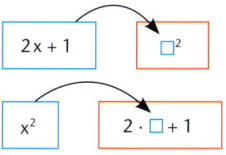

---

9 *Verketten von Handlungsanweisungen*
Formulieren Sie im Folgenden die Funktionen f und g als Handlungsanweisungen und bilden Sie damit jeweils die Verkettungen f(g(x)) und g(f(x)). Bestimmen Sie dann auch die Ableitungen der Verkettungen.

f(x)	$\sqrt{x}$	$x - 5$	$\sin(x)$	$ax + b$	$(x + 2)^2$
g(x)	$x^2 + 4$	x^2	$3x$	x^4	$\sqrt{x}$

10 *Wo steckt der Fehler?*
Bei vier der sechs Aufgaben haben sich Fehler eingeschlichen. Finden und benennen Sie diese und korrigieren sie.
a) $y = 3x \cdot \sqrt{x} \Rightarrow y' = 3x \cdot \sqrt{x} + 3 \cdot \frac{1}{2\sqrt{x}}$
b) $y = (x - 2) \cdot x^6 \Rightarrow y' = x^6 + 6 \cdot (x - 2)^5$
c) $y = \sqrt{x^2 + 2} \Rightarrow y' = \frac{1}{2\sqrt{x}} \cdot 2x$
d) $y = x^2 \cdot \sin(x) \Rightarrow y' = 2x \cdot \sin(x) + x^2 \cdot \cos(x)$
e) $y = (x^2 + 3)^5 \Rightarrow y' = 5x^2 \cdot 2x$
f) $y = 2 \cdot (4x + 7)^4 \Rightarrow y' = 32 \cdot (4x + 7)^3$

11 *Ableitungsregeln mehrmals*
Manchmal muss man beide Ableitungsregeln anwenden.
a) $f(x) = x^2 \cdot (4x + 1)^2$
b) $f(x) = x^2 \cdot \sin(4x)$
c) $f(x) = (x \cdot \sin(x))^2$

5 Exponentialfunktionen und ihre Anwendungen

Potenzen mit rationalen Exponenten

Mit $a^n = \underbrace{a \cdot a \cdot \ldots \cdot a}_{n\text{-mal}}$ sind Potenzen zunächst nur für natürliche Exponenten n
($n \in \mathbb{N}$) sinnvoll erklärt.
Der Potenzbegriff kann aber erweitert werden. Einige Erweiterungen haben Sie auch schon kennen gelernt:

$a^0 = 1$ $\qquad$ $a^1 = a$ $\qquad$ $a^{-n} = \frac{1}{a^n}$ $\qquad$ $a^{\frac{1}{2}} = \sqrt{a}$ $\qquad$ $a^{\frac{1}{3}} = \sqrt[3]{a}$

Potenzen mit „gebrochenen" Exponenten machen zunächst keinen Sinn. Man definiert dann aber so, dass die bekannten Rechenregeln für Potenzen erhalten bleiben. Damit das möglich ist, muss $a \geq 0$ vorausgesetzt werden.

(1) $a^{\frac{1}{n}} = \sqrt[n]{a}$

$\sqrt[5]{46}$ ist diejenige Zahl, die 5-mal mit sich selbst multipliziert, 46 ergibt.

Es gilt also: $\left(\sqrt[5]{46}\right)^5 = 46$

(2) $a^{\frac{m}{n}} = \sqrt[n]{a^m}$

$\sqrt[5]{a^3}$ ist die Zahl, die 5-mal mit sich selbst multipliziert, a^3 ergibt, denn:

$a^{\frac{3}{5}} = a^{3 \cdot \frac{1}{5}} = (a^3)^{\frac{1}{5}} = \sqrt[5]{a^3}$.

Es gilt allgemein: $a^{\frac{m}{n}} = a^{m \cdot \frac{1}{n}} = (a^m)^{\frac{1}{n}} = \sqrt[n]{a^m}$.

Beispiele: (1) $\sqrt[5]{46} \approx 2{,}15$ (GTR) (2) $\sqrt[3]{a^6} = a^{\frac{6}{3}} = a^2$ (3) $4^{\frac{3}{2}} = \sqrt[2]{4^3} = \sqrt{64} = 8$

Die meisten solcher Zahlen sind irrational.

Für Potenzfunktionen $f(x) = x^n$ mit $n \in \mathbb{N}$ haben Sie die Ableitungsregel $f'(x) = n \cdot x^{n-1}$ kennengelernt.
Wie aber leitet man Potenzfunktionen mit rationalen Exponenten ab?

Übungen

12 *Potenzgleichungen*
Mit den Definition von $a^{\frac{1}{n}} = \sqrt[n]{a}$ und $a^{\frac{m}{n}} = \sqrt[n]{a^m}$ können die exakten Lösungen von Potenzgleichungen knapp aufgeschrieben werden.
a) (1) $x^3 = 50$ $\qquad$ (2) $x^6 = 2000$ $\qquad$ (3) $x^5 = -250$ $\qquad$ (4) $x^4 = -1000$
$\quad$ (5) $x^3 = a^2$ $\qquad$ (6) $x^4 = a^3 b^4$ $\qquad$ (7) $\frac{6000}{x^3} = 20$ $\qquad$ (8) $x^4 = \frac{1}{16}$
b) Geben Sie für die Potenzgleichungen $x^n = c$ und $a \cdot x^n = b$ die Lösungen in Abhängigkeit von c bzw. a und b an. Veranschaulichen Sie die Lösungen grafisch.

13 *Ableitungen weiterer Potenzfunktionen*
Sie kennen die Ableitungen von zwei besonderen Potenzfunktionen.
a) Zeigen Sie, dass man diese Ableitungen auch durch Anwenden der Potenzregel erhält.
b) Gilt die Potenzregel auch für beliebige rationale Exponenten?
Wenden Sie zunächst die Potenzregel auf die Funktionen an. Skizzieren Sie die so erhaltenen Ableitungen und überprüfen Sie diese grafisch mithilfe einer Sekantensteigungsfunktion (*msek* oder *nderiv*) mit dem GTR.

Funktion	Ableitung
$f(x) = \frac{1}{x}$	$f'(x) = \frac{-1}{x^2}$
$f(x) = \sqrt{x}$	$f'(x) = \frac{1}{2\sqrt{x}}$

Funktion	$f(x) = x^{-3}$	$f(x) = x^{-4}$	$f(x) = x^{\frac{1}{3}}$	$f(x) = x^{\frac{2}{3}}$	$f(x) = x^{\frac{7}{4}}$
Ableitung	■	■	■	■	■

5.1 Neue Ableitungsregeln – Produkt- und Kettenregel

Basiswissen

Die Potenzregel gilt auch für ganzzahlige und rationale Exponenten.

Potenzregel für ganzzahlige und rationale Exponenten

$f(x) = x^{-n} = \dfrac{1}{x^n}$

$f'(x) = -n \cdot x^{-n-1} = \dfrac{-n}{x^{n+1}}$

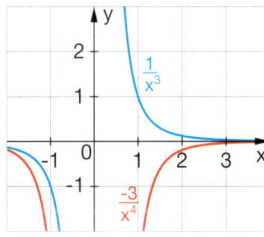
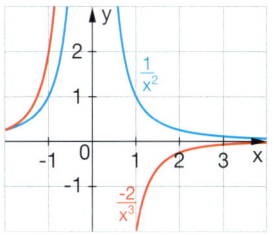

$f(x) = x^{\frac{m}{n}} = \sqrt[n]{x^m}$

$f'(x) = \dfrac{m}{n} \cdot x^{\frac{m}{n}-1}$

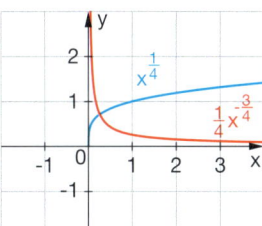
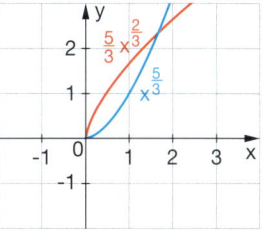

Übungen

14 Training
Bestimmen Sie die ersten beiden Ableitungen. Überprüfen Sie grafisch mithilfe des GTR.
a) $f(x) = \dfrac{3}{x^5}$
b) $f(x) = x^{-5}$
c) $f(x) = 4 \cdot x^{\frac{3}{4}}$
d) $f(x) = x^{\frac{1}{3}} \cdot x^{-2}$
e) $f(x) = 3 \cdot (x^{0,5})^4$
f) $f(x) = x^{\frac{k+1}{k}}$
g) $f(x) = a \cdot x^{-a} + x^4$
h) $f(x) = \left(x^{\frac{1}{3}}\right)^{n+1}$

15 Genau hingeschaut 1
Im Exkurs „Potenzen mit rationalen Exponenten" wird $\sqrt[n]{a}$ nur für $a \geq 0$ definiert. Ist nicht aber $\sqrt[3]{-8} = -2$, weil $(-2)^3 = -8$ ist?
Erläutern Sie mithilfe der nebenstehenden Umformungen, dass $\sqrt[n]{a}$ nur für $a \geq 0$ definiert werden sollte.

$-1 = \sqrt[3]{-1} = (-1)^{\frac{1}{3}} = (-1)^{\frac{2}{6}} = \sqrt[6]{(-1)^2} = \sqrt[6]{1} = 1$

Ein GTR liefert für $y = x^{\frac{1}{3}}$ die nebenstehende Grafik.
Erläutern Sie, warum der Graph nicht mit der Definition von $x^{\frac{1}{3}}$ vereinbar ist.
Aus welchen praktischen Gründen könnte der GTR so zeichnen?

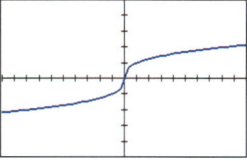

16 Genau hingeschaut 2
a) Begründen Sie, dass für $m < n$ die Ableitung von $f(x) = x^{\frac{m}{n}}$ an der Stelle $x = 0$ nicht existiert, f also dort nicht differenzierbar ist. Beschreiben Sie mithilfe von f' den graphischen Verlauf von f in der Nähe von (0|0).

b) Skizzieren Sie $f(x) = -\dfrac{1}{x} + 2$ und $g(x) = x^{\frac{1}{3}}$ sowie die Ableitungen der beiden Funktionen. Vergleichen Sie den grafischen Verlauf der Funktionen und ihrer Ableitungen für $x \to \infty$.
Beziehen Sie auch die Funktionsterme in Ihre Betrachtungen mit ein. Was ist überraschend?

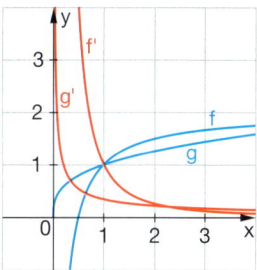

Übungen

17 *Ableitungen in innermathematischen Kontexten*

(1) Berechnen Sie die Steigung der Funktion $f(x) = (3x + 2)^4$ an den Stellen $x = 0$ und $x = -1$.

(2) Bestimmen Sie die Steigung von $f(x) = (x^2 - 1) \cdot (2x - 8)$ in den Schnittpunkten mit der x-Achse.

(3) An welchen Stellen hat $f(x) = \frac{1}{2} \cdot (x^2 - 4)^2$ eine waagerechte Tangente?

(4) Bestimmen Sie die Gleichung der Tangente an den Graphen der Funktion $f(x) = (x^3 - 2) \cdot (4 - x)$ im Schnittpunkt mit der y-Achse.

18 *Ein Extremwertproblem*
Der Punkt C des Rechtecks liegt auf dem Graphen von $y = \sqrt{1 - x}$, $0 < x < 1$. Welchen maximalen Flächeninhalt kann das Rechteck erreichen?

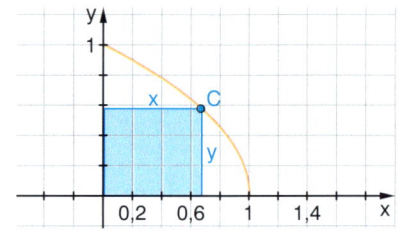

19 *Steigung der Tangente am Kreis – geometrisch und analytisch*
In dem Bild ist die Tangente an den Graphen von $f(x) = \sqrt{25 - x^2}$ im Punkt $P(x | f(x))$ gezeichnet.
a) Bestimmen Sie die Steigung der Tangente mithilfe der Beziehung, dass die Tangente in P senkrecht zum Radius ist.
b) Bestätigen Sie Ihr Ergebnis mithilfe der Ableitung $f'(x)$.

Tipp:
Steigung der Geraden durch (0|0) und P bestimmen

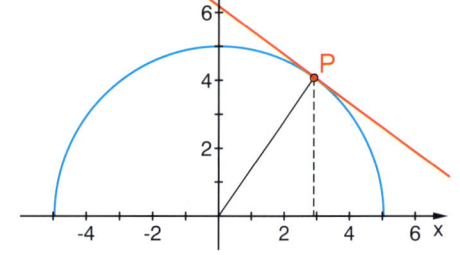

20 *Wahr oder falsch?*
Für welche der folgenden Beispiele trifft die nebenstehende Aussage zu?
a) $f(x) = (g(x))^2$
b) $f(x) = \sqrt{g(x)}$
c) $f(x) = (x^2 + 1) \cdot g(x)$
Begründen Sie jeweils Ihre Entscheidung.

Falls der Graph von g an der Stelle a eine waagerechte Tangente hat, dann hat auch der Graph der Funktion f an dieser Stelle eine waagerechte Tangente.

21 *Ableitung von Quotienten?!*

Quotientenregel

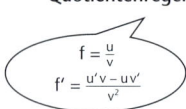

Sie können mittlerweile Produkte und verkettete Funktionen ableiten. Wie leitet man aber Quotientenfunktionen $q(x) = \frac{f(x)}{g(x)}$ ab?

Mit einer geschickten Umformung kann $q(x)$ auf bekannte Funktionstypen gebracht werden:

$q(x) = \frac{f(x)}{g(x)} = f(x) \cdot \frac{1}{g(x)} = f(x) \cdot g(x)^{-1}$

Die Quotientenregel

Quotient von Funktionen: $q(x) = \frac{f(x)}{g(x)}$

Quotientenregel für die Ableitung:

$q'(x) = \frac{f'(x) \cdot g(x) - f(x) \cdot g'(x)}{(g(x))^2}$

Leiten Sie $f(x) \cdot g(x)^{-1}$ mithilfe der Produkt-, Ketten- und Potenzregel ab und entwickeln Sie damit die Quotientenregel.

22 Training
Bestimmen Sie die ersten beiden Ableitungen. Überprüfen Sie grafisch mithilfe des GTR.

a) $f(x) = \frac{4x}{x^2 + 2}$
b) $f(x) = \frac{x^2 - 4}{x + 8}$
c) $f(x) = \frac{2x^2}{x^3 - 4}$
d) $f(x) = \frac{\sin(x)}{x + 1}$
e) $f(x) = \frac{a - x}{x^2 + a}$
f) $f(x) = \frac{a \cdot x^2}{2x - a}$

Beweis der Produktregel mit dem Differenzenquotienten

Beweisen

Das Finden von Ableitungsregeln und das Beweisen derselben sind zwei verschiedene Dinge. Das Beweisen wird meist erst dann in Angriff genommen, wenn man die Regel schon kennt und von ihrer Richtigkeit überzeugt ist. Zum Beweis ist eine exakte Formulierung der Aussage – vor allem die genaue Formulierung der Voraussetzungen – von entscheidender Bedeutung.

Produktregel in der Wenn-Dann-Formulierung:
Wenn $p(x) = f(x) \cdot g(x)$ im Intervall I und $f(x)$ und $g(x)$ im Intervall I differenzierbar sind, dann ist auch $p(x)$ im Intervall I differenzierbar, und es gilt $p'(x) = f'(x) \cdot g(x) + f(x) \cdot g'(x)$.

Beweis mithilfe des Differenzenquotienten:
Es ist zu zeigen:

$$\lim_{h \to 0} \frac{p(x+h) - p(x)}{h} = \lim_{h \to 0} \frac{f(x+h) - f(x)}{h} \cdot g(x) + f(x) \cdot \lim_{h \to 0} \frac{g(x+h) - g(x)}{h}$$

Dies gelingt, wenn wir den Zähler des Differenzenquotienten trickreich umformen:

$$\frac{p(x+h) - p(x)}{h} = \frac{f(x+h)g(x+h) - f(x)g(x)}{h}$$
$$= \frac{f(x+h)g(x+h) - f(x+h)g(x) + f(x+h)g(x) - f(x)g(x)}{h}$$
$$= f(x+h) \frac{g(x+h) - g(x)}{h} + g(x) \frac{f(x+h) - f(x)}{h}$$

In dem letzten Ausdruck lässt sich der Grenzübergang $h \to 0$ nun durchführen und führt dann direkt zu der behaupteten Formel.

23 Zum Verstehen des Beweises zur Produktregel
- Erläutern Sie, dass in der ersten Zeile des Beweises „Es ist zu zeigen ..." die Formel der Produktregel versteckt ist.
- Warum wird die trickreiche Umformung des Zählers vorgenommen?
- An welcher Stelle wird in dem Beweis die Voraussetzung der Differenzierbarkeit von f und g benötigt?

24 Beweis der Kettenregel
Für einen Beweis der Kettenregel mithilfe des Differenzenquotienten muss dieser wieder geschickt umgeformt werden. Ähnlich wie bei der Produktregel oder bei der quadratischen Ergänzung beim Lösen einer quadratischen Gleichung wird ein Term geschickt ergänzt.

$$\frac{f(g(x+h)) - f(g(x))}{h} = \frac{f(g(x+h)) - f(g(x))}{h} \cdot \frac{g(x+h) - g(x)}{g(x+h) - g(x)}$$
$$= \frac{f(g(x+h)) - f(g(x))}{g(x+h) - g(x)} \cdot \frac{g(x+h) - g(x)}{h}$$

Leiten Sie daraus die Regel ab.

5 Exponentialfunktionen und ihre Anwendungen

Die Ableitung der Umkehrfunktion

Eine Funktion ist eine Zuordnung, die jedem x-Wert genau einen y-Wert zuordnet. Man kann Funktionen beschreiben durch eine Zuordnungsvorschrift, eine Tabelle und/oder einen Graphen.
Will man zu einem y-Wert den zugehörigen x-Wert finden, dann muss man die Funktion „umkehren".
Am besten ist die Umkehrfunktion von der Wurzelfunktion her vertraut.
Die Funktion $\bar{f}(x) = \sqrt{x}$ ist die Umkehrfunktion zu der Funktion $f(x) = x^2$ ($x > 0$).

Rechnerisch erhält man die Gleichung der Umkehrfunktion, indem man die Funktionsgleichung $y = x^2$ nach x auflöst und dann die Variablen x und y vertauscht:
$$x = \sqrt{y} \rightarrow y = \sqrt{x}$$

Den Graphen der Umkehrfunktion erhält man, indem man den Graphen der Funktion an der Winkelhalbierenden spiegelt.

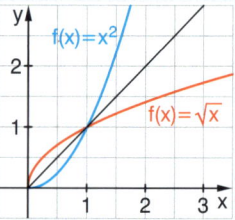

Die Umkehrfunktion $\bar{f}$ hat die Eigenschaft, dass sie die Wirkung der Funktion f rückgängig macht:

$$x \xrightarrow{f} f(x) \xrightarrow{\bar{f}} x, \quad \text{d.h. } \bar{f}(f(x)) = x$$

Wenn $\bar{f}$ Umkehrfunktion zu f ist, dann ist auch f Umkehrfunktion zu $\bar{f}$:

$$x \xrightarrow{\bar{f}} \bar{f}(x) \xrightarrow{f} x, \quad \text{d.h. } f(\bar{f}(x)) = x$$

Übungen

25 *Die „Umkehrregel"*
Leiten Sie mit der Beziehung $f(\bar{f}(x)) = x$ durch Ableiten auf beiden Seiten und Benutzung der Kettenregel die Regel zum Ableiten von Umkehrfunktionen her.

> Ableiten der Umkehrfunktion $\bar{f}$
> sei die Umkehrfunktion zu f.
> Dann gilt $\bar{f}'(x) = \frac{1}{f'(\bar{f}(x))}$,
> falls $f'(\bar{f}(x)) \neq 0$.

26 *Ableitung von Potenzfunktionen mit rationalen Exponenten (Wurzelfunktionen)*
a) Bestätigen Sie durch Anwenden der Umkehrregel, dass $(\sqrt{x})' = \frac{1}{2\sqrt{x}}$ gilt.
b) $\bar{f}(x) = \sqrt[n]{x} = x^{\frac{1}{n}}$ ist die Umkehrfunktion von $f(x) = x^n$ ($x > 0$).
Zeigen Sie mithilfe der Umkehrregel: $\bar{f}'(x) = \frac{1}{n \cdot \sqrt[n]{x^{n-1}}} = \frac{1}{n} \cdot x^{\frac{1}{n}-1}$
c) Zeigen Sie mit $f(x) = x^{\frac{m}{n}} = \left(x^m\right)^{\frac{1}{n}} = \left(x^{\frac{1}{n}}\right)^m$, dass die Potenzregel auch für rationale Exponenten gilt.

KOPFÜBUNGEN

1 Vereinfachen Sie den Term und bestimmen Sie die 1. Ableitung:
$f(x) = (2x - 1) \cdot (x + 3)$

2 In welchen Vierecken stehen die Diagonalen stets senkrecht aufeinander?

3 Ein Test besteht aus drei Fragen, wobei es zu jeder Frage drei Antwortmöglichkeiten gibt, von denen jeweils nur eine richtig ist. Um den Test zu bestehen, muss man mindestens zwei Fragen richtig beantworten. Wie groß ist die Wahrscheinlichkeit, den Test ganz ohne Vorkenntnisse zu bestehen?

4 Bestimmen Sie die Ableitung von $f(x) = 2x^2 - 4x - 6$ und geben Sie an, welche Ableitungsregeln Sie dabei im Einzelnen benutzt haben.

Die Leibniz-Notation für die Ableitung

Wir haben die Ableitung einer Funktion $y = f(x)$ bisher durch die Verwendung eines Strichs dargestellt: $y' = f'(x)$. Eine andere Schreibweise für die Ableitung geht auf den Philosophen und Mathematiker LEIBNIZ zurück.
Im Differenzenquotienten $\frac{y_2 - y_1}{x_2 - x_1} = \frac{\Delta y}{\Delta x}$ einer Funktion $y = f(x)$ kann man den Nenner als Differenz Δx von x-Werten und den Zähler als Differenz Δy von y-Werten ansehen.

Zur Berechnung der Ableitung überlegte LEIBNIZ: *Nähert sich der eine x-Wert dem anderen, so werden Δx und Δy immer kleiner. Schließlich erhält man „unendlich kleine Größen".*

LEIBNIZ bezeichnete diese mit dx und dy und nannte sie *Differenziale*. Die Zahl, der sich der Quotient $\frac{\Delta y}{\Delta x}$ nähert, wurde als Quotient dieser Differenziale angesehen, mit $\frac{dy}{dx}$ bezeichnet und *Differenzialquotient* genannt.

Verglichen mit unserer Schreibweise gilt also: $\frac{dy}{dx} = f'(x)$.

Diese Überlegung ist nicht unproblematisch. Was sind unendlich kleine Größen? Wie kann man aus ihnen einen Quotienten berechnen?
Obwohl LEIBNIZ dies nicht näher erklären konnte und obwohl diese Schreibweise vielfach kritisiert wurde, verwendet man sie auch heute noch, weil sie sich in Anwendungen (z. B. in der Physik) als äußerst nützlich erweist.

Man darf $\frac{dy}{dx}$ auf keinen Fall als Bruch ansehen, vielmehr als Anweisung („Operator"), die Funktion $y = f(x)$ nach der Variablen x abzuleiten. Das Symbol hat nur als Ganzes einen Sinn – man liest deshalb „dy nach dx".

Auf modernen CAS-Rechnern findet man diese Schreibweise, hier wird der Differenzialoperator „d nach dx" auf die Funktion $f(x)$ angewendet.

Aufgaben

27 *Die Ableitungsregeln in der Leibniz-Notation*
a) In dieser Notation kann sich mancher die Kettenregel einfacher merken und anwenden: $\frac{dy}{dx} = \frac{dy}{du} \cdot \frac{du}{dx}$.

Identifizieren Sie die einzelnen Terme mit denen in der gewohnten Darstellung der Kettenregel: $y' = (f(g(x))' = f'(g(x)) \cdot g'(x)$.

b) Formulieren Sie die Produktregel für $y = u \cdot v$ und die Quotientenregel für $y = \frac{u}{v}$ in der Leibniznotation.

28 *Anwenden der Ableitungsregeln in der Leibniz-Notation*
Bestimmen Sie die Ableitungen unter Verwendung der Leibniz-Notation
a) $y = x \cdot \cos(x)$ b) $y = \frac{1}{3x^2 - 4}$
c) $y = \sqrt{x^3 + 5}$ d) $y = \sin(2x^7 + 1)$

Beispiel: $y = \sin(x^2)$
Setze $y = \sin(u)$ mit $u = x^2$
Dann ist $\frac{dy}{du} = \cos(u)$ und $\frac{du}{dx} = 2x$
Also: $\frac{dy}{dx} = (\cos(u)) \cdot 2x = 2x \cdot \cos(x^2)$

29 *Recherchieren und referieren*
Finden Sie mehr über GOTTFRIED WILHELM LEIBNIZ und seine Arbeit heraus und stellen Sie einen Bericht zusammen.

5 Exponentialfunktionen und ihre Anwendungen

Eine Frage der Priorität

GOTTFRIED WILHELM LEIBNIZ

* 1.7.1646
† 14.11.1716

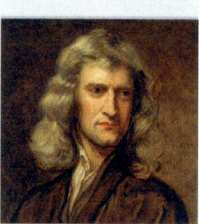

SIR ISAAC NEWTON

* 4.1.1643
† 31.3.1727

LEIBNIZ Veröffentlichung enthält in der Einleitung den Satz: *„In welcher klar gezeiget wird, dass nicht Herr Neuton, sondern der Herr von Leibnitz Erfinder des Calculi differentialis sey."*

LEIBNIZ fand seinen Differenzialkalkül auf der Suche nach Tangenten, Maxima und Minima bei elementaren (d. h. ableitbaren) Funktionen. Dies sind genau die Fragestellungen, die auch heute im Analysisunterricht im Zentrum stehen.
Er entwarf dazu ein Kalkül (Calculus), d. h. Regeln, die unseren heutigen Ableitungsregeln entsprechen und die er so notierte:
$$d\, x^a = a \cdot x^{a-1}$$
$$d\sqrt[b]{x^a} = \frac{a}{b} \cdot \sqrt[b]{x^{a-b}}$$

LEIBNIZ notierte dazu: *„Kennt man, wenn ich so sagen soll, den obigen Algorithmus dieses Kalküls, den ich Differentialrechnung nenne, so lassen sich alle anderen Differentialgleichungen durch ein gemeinsames Rechnungsverfahren finden, es lassen sich die Maxima und Minima sowie die Tangenten erhalten, ohne dass es dabei nötig ist, Brüche oder Irrationalitäten oder andere Verwicklungen zu beseitigen, was nach den bisher bekannt gegebenen Methoden doch geschehen musste."*

NEWTON kam von der Physik. Er betrachtete die Bewegung eines Punktes (auf einer Kurve) mit einer bestimmten Geschwindigkeit während eines gleichmäßig fließenden Zeitparameters t. Somit „fließen" die Koordinaten x, y (Fluenten) der Kurvenpunkte. Ihre Geschwindigkeiten $\dot{x}$ und $\dot{y}$ sind dann die Fluxionen. Er konnte alle Infinitesimalrechnungen mithilfe unendlicher Reihen und deren Grenzwerten ausführen.
Bis heute ist folgende Einstellung in der Analysis maßgeblich:

„Wenn daher irgendwann im Folgenden um der leichteren Verständlichkeit willen die Ausdrücke „unendlich klein" oder „verschwinden" oder „letzte" gebraucht werden, bezogen auf Größen, so muss man sich hüten, darunter dem Ausmaß nach bestimmte Größen zu verstehen, und sie in allen Fällen auffassen als Größen, die unbegrenzt abnehmen."

Eine der berühmtesten Auseinandersetzungen zwischen zwei Naturwissenschaftlern ist der Streit zwischen LEIBNIZ und NEWTON über die Erstentdeckung der Infinitesimalrechnung, der sog. „Prioritätsstreit".
Historische Forschungen belegen: NEWTON entdeckte seinen Infinitesimalkalkül bereits um 1665, also etwa zehn Jahre vor LEIBNIZ. Allerdings beschritten beide Forscher unabhängig voneinander ganz unterschiedliche Wege, die dann zum gleichen Ergebnis führten. Warum wurde dennoch gestritten?
LEIBNIZ hatte seine Ergebnisse als erster veröffentlicht. Zuvor hatte aber NEWTON in einem Brief an LEIBNIZ eine Idee zur Infinitesimalrechung formuliert – allerdings nur in verschlüsselter Form. Später wurde LEIBNIZ beschuldigt, er habe in Kenntnis der Newtonschen Schriften und nur mit deren Hilfe „seine eigene" Infinitesimalrechnung entwickelt. LEIBNIZ wollte dies nicht auf sich sitzen lassen.

Dieser Streit beeinflusste die naturwissenschaftlichen Arbeiten auf dem europäischen Festland und der britischen Insel nachhaltig, ohne dass sich die Kontrahenten jemals persönlich gegenüber standen.

5.2 Änderungsverhalten bei Exponentialfunktionen

Wachstumsprozesse werden oft mit Exponentialfunktionen beschrieben. Da Wachstum viel mit Änderung zu tun hat, ist hier das Änderungsverhalten besonders interessant. Die Ableitungen von Exponentialfunktionen kennen Sie allerdings noch nicht. Ihnen widmet sich dieser Lernabschnitt. Dabei werden Sie zunächst eine besondere Exponentialfunktion kennenlernen und untersuchen, die Funktion $f(x) = e^x$. Danach erfahren Sie, dass diese Exponentialfunktion sogar der Schlüssel zu allen Exponentialfunktionen und ihren Ableitungen ist.

Was Sie erwartet

1 *Wachstumsprozesse – linear und exponentiell*
a) Ordnen Sie den beschriebenen Wachstumsvorgängen (A–D) jeweils die passende Funktionsgleichung (1–4) und die zugehörige Grafik (a–d) zu.

Aufgaben

(1) $y = -8x + 100$
(2) $y = 30 \cdot 0{,}82^x$
(3) $y = 100 \cdot 1{,}24^x$
(4) $y = 5 \cdot 1{,}03^x$

Ⓐ Eine Stadt mit 5 Millionen Einwohnern wächst jährlich um 3 %.

Ⓑ Bei einem jährlichen Zuwachs von p % stieg die Anzahl der Kaninchen in 5 Jahren von 100 auf fast 300.

Ⓒ Herr M. hat 100 g Alkohol zu sich genommen. Stündlich werden 8 g Alkohol abgebaut.

Ⓓ Nach Aufnahme von 30 mg eines Vitamins werden stündlich 18 % abgebaut.

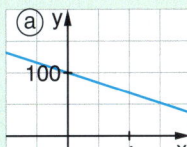
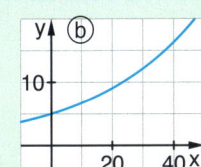
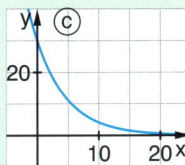
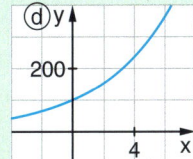

b) Beschreiben Sie in jedem der Fälle das Änderungsverhalten.

2 *Graphen einfacher Exponentialfunktionen – eine nützliche Wiederholung*
a) Die Graphen verschiedener Exponentialfunktionen sind unten dargestellt. Am linken Rand finden sie die zugehörigen Funktionsgleichungen. Welcher Graph gehört zu welcher Funktionsgleichung?

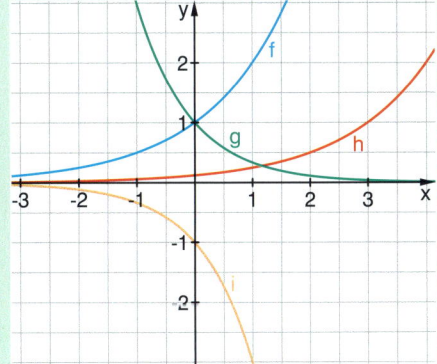
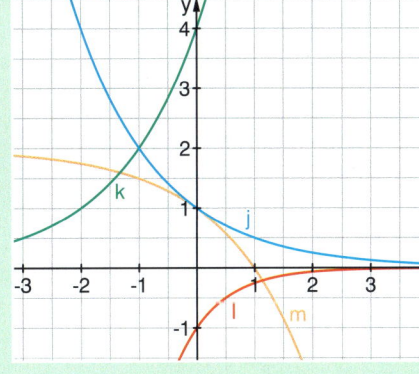

$y_1 = 2^x$
$y_2 = 3^{-x}$
$y_3 = \left(\frac{1}{2}\right)^x$
$y_4 = -3^x$
$y_5 = -\left(\frac{1}{4}\right)^x$
$y_6 = 4 \cdot 2^x$
$y_7 = -2^x + 2$
$y_8 = 2^{x-3}$

b) Beschreiben Sie die einzelnen Graphen. Gehen Sie dabei auch auf das Steigungsverhalten ein. Vergleichen Sie die Graphen zu ganzzahligen Basen mit denen zu gebrochenen Basen.

Aufgaben

3 *Eine besondere Exponentialfunktion*

Wie sieht die Ableitung von Exponentialfunktionen aus?
Skizzieren Sie $f(x) = 2^x$.
Ein erster Blick auf den Graphen verdeutlicht bereits:
Die Tangentensteigungen werden mit wachsendem x immer größer.

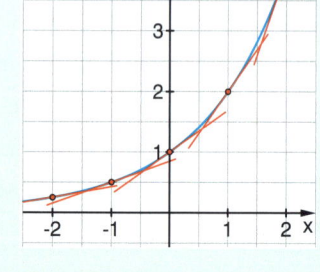

a) Skizzieren Sie nach Anschauung die Ableitung.

Die Sekantensteigungsfunktion $m_{sek}(x) = \dfrac{2^{x+0,001} - 2^x}{0,001}$

oder *nderiv* (GTR) liefern eine gute Näherung für die Ableitung. Vergleichen Sie mit Ihrer anschaulich erzeugten Ableitung.

b) Der Graph der Ableitung sieht wieder aus wie eine Exponentialfunktion. Bestätigt sich diese Vermutung bei anderen Exponentialfunktionen?
Überprüfen Sie für $f(x) = 3^x$ und $f(x) = 7^x$. Gilt die Vermutung auch für $f(x) = 0,5^x$?

c) Wenn die Ableitungen von Exponentialfunktionen wieder Exponentialfunktionen sind, dann könnte es auch eine Exponentialfunktion $f(x) = b^x$ geben, für die die Ableitung mit der Ausgangsfunktion übereinstimmt, für die also $f'(x) = f(x)$ gilt.

Im Folgenden können Sie auf zwei verschiedenen experimentellen Wegen auf die Suche nach einem Näherungswert für eine solch spezielle Basis b gehen.

(A) Stützen Sie mithilfe der Grafiken die Vermutung, dass die Basis zwischen 2 und 4 liegen muss. Variieren Sie die Basis so, dass nach Augenmaß f und die Sekantensteigungsfunktion übereinstimmen.

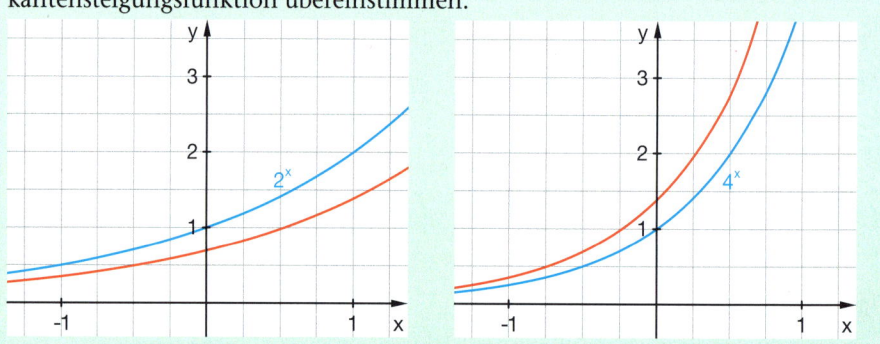

$b^0 = 1$

(B) Wenn die Ableitung mit der Ausgangsfunktion übereinstimmt, dann gilt insbesondere $f'(0) = f(0) = 2^0 = 1$. Zeigen Sie damit, dass $y = x + 1$ die Gleichung der Tangente in $(0|1)$ ist.
Begründen Sie mithilfe der Grafiken, dass die Basis zwischen 2 und 4 liegen muss. Betrachten Sie dazu die Schnittpunkte von f und der Tangente. Variieren Sie nun die Basis so, dass die Berühreigenschaft annähernd erfüllt ist.

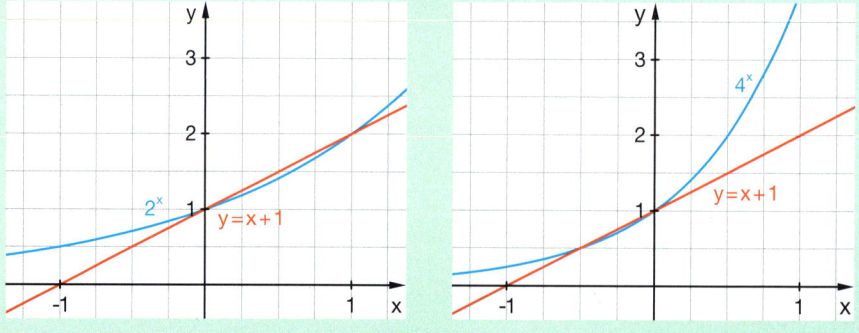

5.2 Änderungsverhalten bei Exponentialfunktionen

Basiswissen

Unter den Exponentialfunktionen $f(x) = b^x$ gibt es eine mit einer besonderen Basis und besonderen Eigenschaften.

Die natürliche Exponentialfunktion

Die Exponentialfunktion $f(x) = e^x$ mit der Basis $e \approx 2{,}718281\ldots$ heißt *natürliche Exponentialfunktion*.
Sie wird auch als e-Funktion bezeichnet.

Eine besondere Eigenschaft der e-Funktion besteht darin, dass sie mit ihrer Ableitung übereinstimmt.

$f(x) = e^x \;\Rightarrow\; f'(x) = e^x$

Die Tangente der e-Funktion im Punkt $P(0|1)$ hat die Gleichung $y = x + 1$.

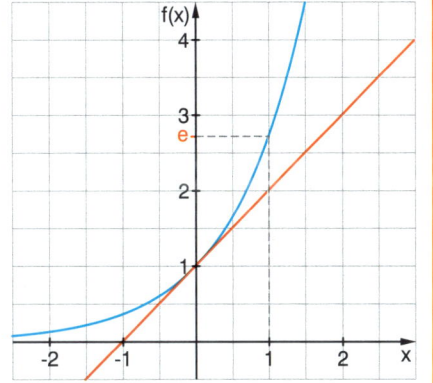

Mehr zum Zusammenhang zwischen b^x und e^x finden Sie auf Seite 204.

Beispiele

A *Tangenten an e-Funktionen*
a) Vergleichen Sie die Graphen der Funktionen $f(x) = e^x$, $g(x) = e^{-x}$ und $h(x) = -e^x$.
b) Bestimmen Sie jeweils die Gleichungen der Tangenten an der Stelle 1.

Lösung:
a) Der Graph von g entsteht durch Spiegeln des Graphen von f an der y-Achse.
Der Graph von h entsteht durch Spiegeln des Graphen von f an der x-Achse.
b) Gleichung der Tangente in $P(a|f(a))$: $t: y = f'(a) \cdot (x - a) + f(a)$

f(x)	f'(x)	f(1)	f'(1)	Tangente an der Stelle 1
$f(x) = e^x$	$f'(x) = e^x$	$f(1) = e$	$f'(1) = e$	$y = e \cdot (x-1) + e = e \cdot x$
$g(x) = e^{-x}$	$g'(x) = -e^{-x}$ Kettenregel	$g(1) = e^{-1} = \frac{1}{e}$	$g'(1) = -e^{-1} = -\frac{1}{e}$	$y = -\frac{1}{e}(x-1) + \frac{1}{e} = -\frac{1}{e}x + \frac{2}{e}$
$h(x) = -e^x$	$h'(x) = -e^x$ Faktorregel	$h(1) = -e$	$h'(1) = -e$	$y = -e(x-1) + (-e) = -e \cdot x$

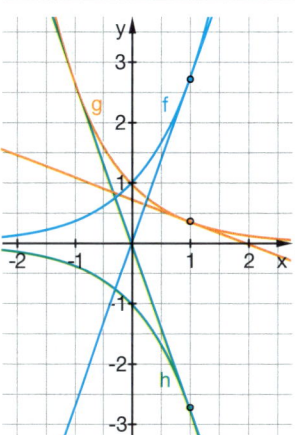

Die Eulersche Zahl e

Neben der Zahl π gehört die Zahl e zu den besonderen, merkwürdigen Zahlen der Mathematik. Während die Kreiszahl π in unmittelbarem Zusammenhang mit dem Kreis steht, taucht die Zahl e vor allem bei Wachstumsvorgängen auf, bei denen die momentane Änderungsrate proportional zum aktuellen Bestand ist.
Der in Basel geborene Mathematiker LEONHARD EULER hat Wesentliches zur Analyse dieser Zahl beigetragen. Die Zahl e wird heute auch *Eulersche Zahl* genannt.
So wie π ist auch e eine irrationale Zahl. Sie lässt sich nur näherungsweise bestimmen.

e ≈ 2,71828 18284 59045 23536
02874 71352 66249 77572 47093
69995 95749 66967 62772 40766
30353 54759 45713 82178 52516
64274 27466 39193 20030 59921
81741 35966 29043 57290 03342
95260 59563 07381 32328 62794
34907 ....

Übungen

4 *Eigenschaften der e-Funktion*
a) Begründen Sie mithilfe der Ableitungen, dass $f(x) = e^x$ keine Extrem- und Wendepunkte besitzt.
b) Untersuchen Sie mithilfe der Ableitungen das Monotonie- und das Krümmungsverhalten von $f(x) = e^x$.

Übungen

5 | Ableitungen von komplexeren e-Funktionen

a) Ordnen Sie die Funktionsgraphen den Funktionsgleichungen zu.

$f_1(x) = 2e^x$ $\quad f_2(x) = e^{2x}$
$f_3(x) = e^{x-2}$ $\quad f_4(x) = 0{,}5e^x - 3$

Durch welche geometrischen Abbildungen gehen diese jeweils aus dem Graphen von $f(x) = e^x$ hervor?

b) Bestimmen Sie die Ableitungen und zeichnen Sie deren Graphen.

c) Wie unterscheiden sich die Ableitungsgraphen von dem Graphen der Ableitung von $f(x) = e^x$?

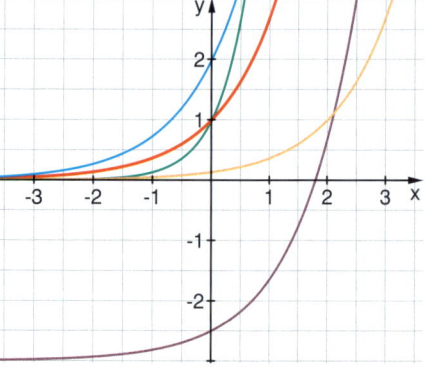

6 | e-Funktionen bewegen und ableiten

Erläutern Sie, wie man den Graphen von $f(x) = e^x$ bewegen muss, um die Graphen der angegebenen Funktionen zu erzeugen. Geben Sie zudem die zugehörige Ableitung an.

a) $f(x) = -e^x + 5$ b) $f(x) = 0{,}1 \cdot e^{x+6}$ c) $f(x) = \left(\frac{1}{e}\right)^x - e$ d) $f(x) = -e^{-x}$

Was bedeutet die Bewegung jeweils für die Ableitung?
Beispiel: Verschiebung in y-Richtung → Ableitung bleibt gleich.

7 | Besondere Eigenschaft der e-Funktion

Die e-Funktion $f(x) = e^x$ stimmt mit ihrer Ableitung überein. Zeigen Sie, dass alle Funktionen $g(x) = c \cdot e^x$ diese Eigenschaft haben. Untersuchen Sie auch die Funktionen $h(x) = e^{cx}$ und $d(x) = e^{x+c}$ bezüglich dieser Eigenschaft.

8 | Produkte mit e-Funktionen 1

a) Beschreiben Sie die Veränderung des Graphen von $f(x) = e^x$, wenn man e^x mit einer Konstanten a multipliziert.
b) Was passiert, wenn man e^x mit „x" multipliziert?
- Überlegen Sie zunächst ohne GTR. Gibt es Nullstellen und Extremstellen? Versuchen Sie eine Skizze des Graphen.
- Überprüfen Sie Ihre Vermutung mit dem GTR. Hat die Ableitung von $g(x) = x \cdot e^x$ wieder die gleiche Form wie die Ausgangsfunktion?

9 | Produkte mit e-Funktionen 2

$f(x) = e^x$ hat keine Nullstellen, Extrempunkte und Wendepunkte. Gilt dies auch für zusammengesetzte Funktionen $f(x) = g(x) \cdot e^x$?

a) Welche Funktion gehört zu welchem Graphen? Gelingt Ihnen eine Zuordnung ohne Benutzung des GTR?

$f_1(x) = x \cdot e^x$ $\quad f_2(x) = x \cdot e^{-x}$
$f_3(x) = x^2 \cdot e^x$ $\quad f_4(x) = (x-1) \cdot e^x$

b) Ermitteln Sie die Gleichungen der Tangenten an den Stellen $x = -1$ und $x = 0$.
c) Untersuchen Sie die Funktionen auf Nullstellen, Extrempunkte und Wendepunkte.

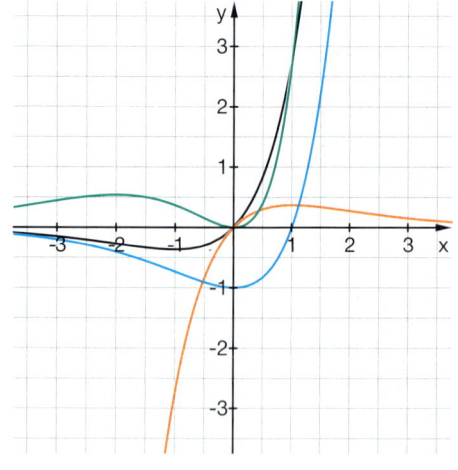

10 | Mustererkennung bei zusammengesetzten e-Funktionen

Übungen

a) Ordnen Sie den Funktionen (blau) die passende Grafik zu. Begründen Sie Ihre Zuordnung.
b) Bestimmen Sie die Ableitungen mithilfe der Ableitungsregeln und überprüfen Sie Ihr Ergebnis mit den eingezeichneten Ableitungen (rot).
c) Vergleichen Sie die Graphen der Funktionen und ihrer Ableitungen. Was fällt Ihnen Besonderes auf? Gelingt Ihnen eine Skizze von $f_4(x) = (x - 4) \cdot e^x$ ohne GTR?

$f_1(x) = (x - 1) \cdot e^x$

$f_2(x) = (x - 2) \cdot e^x$

$f_3(x) = (x - 3) \cdot e^x$

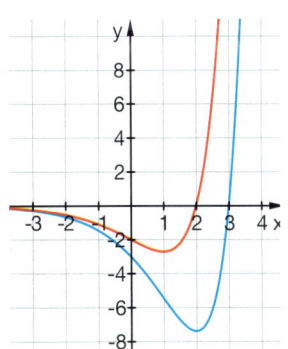
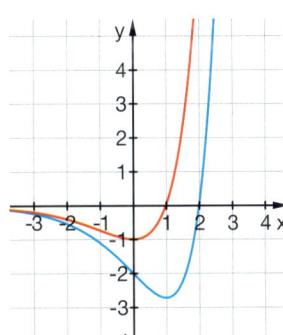
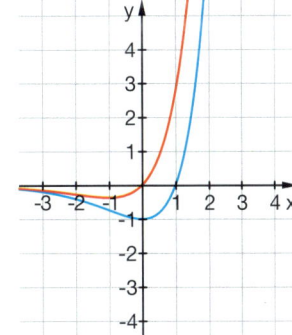

11 | Viele Ableitungen

Bestimmen Sie die ersten drei Ableitungen der Funktionen. Wie lautet die n-te Ableitung der Funktion? Zeichnen Sie jeweils die Schar der ersten fünf Ableitungen.

a) $f(x) = 0{,}9 \cdot e^{0{,}5x}$

b) $f(x) = x \cdot e^x$

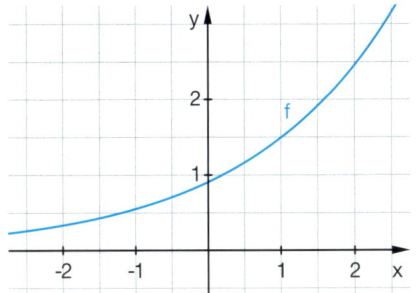
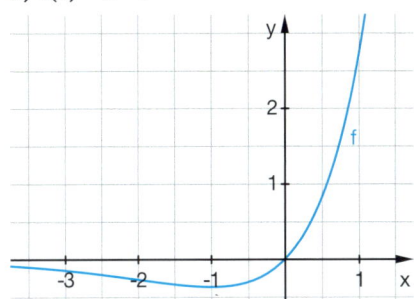

12 | Stammfunktionen

a) Geben Sie jeweils eine Stammfunktion F an. Überprüfen Sie Ihr Ergebnis, indem Sie zeigen, dass $F'(x) = f(x)$ gilt.

(1) $f(x) = e^x$ (2) $f(x) = 3e^x$ (3) $f(x) = e^{2x}$ (4) $f(x) = 3e^{2x}$

b) Ermitteln Sie zu $f(x) = a \cdot e^{kx}$ eine Stammfunktion F. Wie unterscheiden sich die Graphen von F und f?

13 | Flächeninhalte – Schätzen und Rechnen

Schätzen Sie jeweils ab, wie groß der Inhalt der Fläche ist, die der Graph von f im Intervall [0; 1] mit der x-Achse einschließt. Bestimmen Sie dann den Wert mithilfe des Integrals und vergleichen Sie.

a) $f(x) = e^x$ b) $g(x) = 2e^x$ c) $h(x) = e^{2x}$

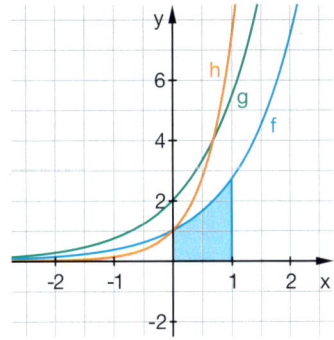

5 Exponentialfunktionen und ihre Anwendungen

Übungen

14 *Eine Fläche*
a) Geben Sie die Funktionsterme aller Randfunktionen an.
b) Ermitteln Sie den Inhalt der farbigen Fläche.

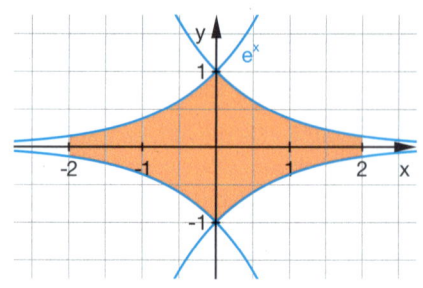

In 5.4 Aufgabe 5 lernen Sie etwas über die Bedeutung dieser Funktionen.

15 *Eine besondere Funktion*
a) Bilden Sie jeweils die ersten beiden Ableitungen der folgenden Funktionen:

$s_1(x) = \frac{1}{2} \cdot (e^x + e^{-x})$

$s_2(x) = \frac{1}{2} \cdot (e^x - e^{-x})$

Was stellen Sie fest?

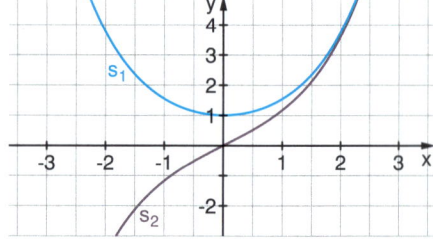

b) Bestimmen Sie für
$s_1(x) = \frac{1}{2} \cdot (e^x + e^{-x})$

• die Steigung an der Stelle a,
• den Flächeninhalt unter der Kurve in [0; a].

Vergleichen und interpretieren Sie die Ergebnisse.

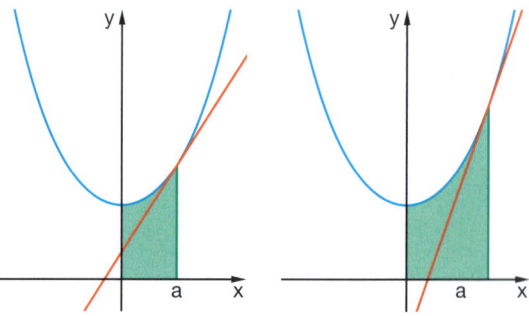

16 *Ein mathematisches Stück Edelmetall*
Bei einer Produktion sind Edelmetallstücke der links abgebildeten Form entstanden. Aus dieser Form soll ein möglichst großes rechteckiges Stück geschnitten werden. Der gebogene Rand kann durch $f(x) = e^{-x}$ beschrieben werden (1 LE $\triangleq$ 10 cm).

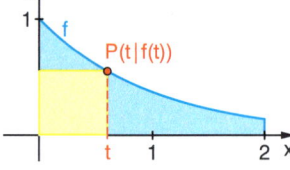

17 *x aus gegebenem y bestimmen*
• An welcher Stelle hat $f(x) = e^x$ den Funktionswert 2?
• Wo schneidet der Graph von $f(x) = e^x$ die Gerade $y = 2$?
• An welcher Stelle hat der Graph von $f(x) = e^x$ die Steigung 2?
• Alle diese Fragen führen zu dem Problem, die Gleichung $e^x = 2$ zu lösen.

Lösen Sie die Gleichungen:

(1) $e^x = 2$ (2) $e^x = 5$
(3) $e^x = 50$ (4) $e^x = 0{,}2$

a) durch Abschätzen/Probieren.
b) grafisch mit dem GTR oder Funktionenplotter.

Kann man diese Gleichungen auch rechnerisch lösen?

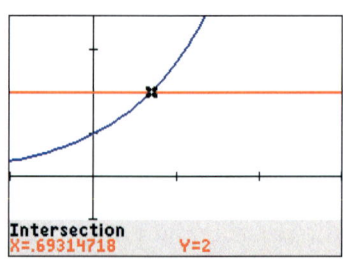

5.2 Änderungsverhalten bei Exponentialfunktionen

Basiswissen

Wie das Subtrahieren die Umkehrung des Addierens und das Dividieren die Umkehrung des Multiplizierens ist, so ist das Logarithmieren die Umkehrung des „Exponierens".

Natürlicher Logarithmus

Die Gleichung $e^x = a$ ($a > 0$) wird durch die Umkehroperation, das Logarithmieren, gelöst.

$$e^x = a \Rightarrow x = \ln(a)$$

Der Logarithmus zur Basis e heißt **natürlicher Logarithmus**, er wird mit ln bezeichnet.

Es gilt: $e^{\ln(a)} = \ln(e^a) = a$

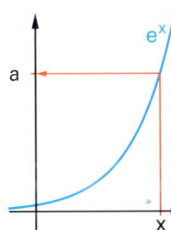
Zum x-Wert den zugehörigen Funktionswert $f(x) = a$ finden:
$a = e^x$

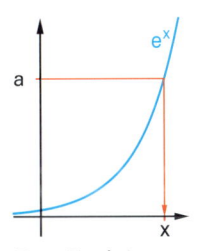
Zum Funktionswert $a = f(x)$ den zugehörigen x-Wert finden:
$x = \ln(a)$

$\ln(a)$ ist diejenige Zahl x, mit der ich e potenzieren muss, um a zu erhalten.

Beispiele

B *Einfache Gleichungen durch Logarithmieren lösen*
Lösen Sie die Gleichungen rechnerisch. Überprüfen Sie grafisch.

(1) $e^x = 15$
Lösung:
$x = \ln(15) \approx 2{,}71$

(2) $e^{2x} = 35$
Lösung:
$2x = \ln(35)$
$x = \frac{1}{2} \cdot \ln(35) \approx 1{,}78$

(3) $e^{-0{,}2x} = 0{,}5$
Lösung:
$-0{,}2x = \ln(0{,}5)$
$x = -5 \cdot \ln(0{,}5) \approx 3{,}47$

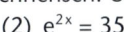
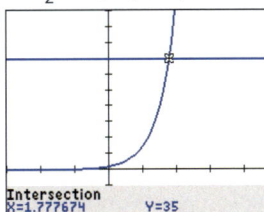
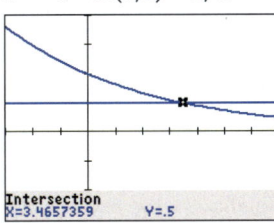

C *Komplexe Gleichungen lösen.*

Aufgabe	Lösung
(1) $e^{x-1} = \sqrt{e}$	$\frac{e^x}{e^1} = \sqrt{e} \Rightarrow e^x = e \cdot e^{\frac{1}{2}} = e^{\frac{3}{2}} \Rightarrow x = \frac{3}{2}$
(2) $e^{x^2-5} = \frac{1}{e}$	$e^{x^2-5} = e^{-1} \Rightarrow x^2 - 5 = -1 \Rightarrow x^2 = 4 \Rightarrow x_1 = 2; x_2 = -2$
(3) $e^x = x + 2$	Weil x sowohl als Exponent als auch als Basis auftritt, lässt sich die Gleichung nicht algebraisch lösen. Grafisch-numerische Lösung: $x_1 \approx -1{,}8414$ und $x_2 \approx 1{,}1462$ Wegen des charakteristischen Verlaufs von $y = e^x$ und $y = x + 2$ kann es keine weiteren Lösungen geben.
(4) $\frac{10}{1 + e^{-0{,}1x}} = 8$	$10 = 8 + 8e^{-0{,}1x} \Rightarrow e^{-0{,}1x} = \frac{1}{4} \Rightarrow -0{,}1x = \ln\left(\frac{1}{4}\right) \Rightarrow x = -10\ln\left(\frac{1}{4}\right) \approx 13{,}863$

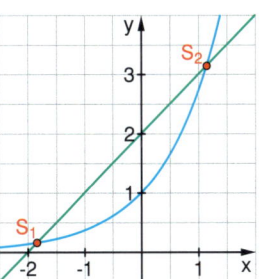

Übungen

18 *Exponentialgleichungen lösen*
Lösen Sie die Gleichungen, wenn möglich algebraisch, und überprüfen Sie Ihre Ergebnisse grafisch.

a) $e^{2x} = 5$
b) $e^x + 2 = 6$
c) $0{,}25 \cdot e^{0{,}1x} + 4 = 100$
d) $e^{-x} + e = 2$
e) $4 \cdot \ln(x) - 8 = 0$
f) $e^x + x^2 = 0$
g) $6 \cdot e^{2x^2} + 11 = 35$
h) $e^{2x} + e^x - e = 0$
i) $e^{x^2} = \frac{e^{5x}}{e^6}$

5 Exponentialfunktionen und ihre Anwendungen

Übungen

19 *Abschätzen*

Wie lautet die kleinste bzw. größte ganze Zahl x, für die Folgendes gilt?
a) $e^x > 1\,000\,000$ b) $e^x < 0{,}00001$ c) $e^x > 10^{-7}$ d) $e^x < 10^5$

20 *Steigungen und Integrale*

a) Wie groß ist die Steigung der Funktion $f(x) = 2e^x$ an der Stelle $x = 3$? An welcher Stelle hat die Funktion die Steigung 10?

b) Wie groß ist die Steigung von $f(x) = e^{-x} - 5$ in den Schnittpunkten mit den Koordinatenachsen? Wo hat f die Steigung -10?

c) Bestimmen Sie t: $\int_2^t e^x dx = 20$

Veranschaulichen Sie das Integral.

d) Bestimmen Sie t: $\int_t^0 e^x dx = 1$

Interpretieren Sie das Ergebnis grafisch.

Auf der Suche nach der Ableitung von Exponentialfunktionen haben Sie die natürliche Exponentialfunktion $f(x) = e^x$ kennengelernt, deren Besonderheit darin liegt, dass ihre Ableitung mit der Ausgangsfunktion übereinstimmt. Wie bekommt man nun aber die Ableitungen beliebiger Exponentialfunktionen wie $f(x) = 2^x$ oder $f(x) = 0{,}9^x$?

21 *Von e^x zu b^x*

$e^{k \cdot x} = (e^k)^x$

a) Vergleichen Sie die Graphen der Funktionen
$f_1(x) = e^{0{,}69x}$, $f_2(x) = e^{1{,}1x}$, $f_3(x) = e^{-0{,}69x}$, $f_4(x) = 2^x$, $f_5(x) = 3^x$ und $f_6(x) = \left(\frac{1}{2}\right)^x$.
Was fällt Ihnen auf? Erklären Sie. Finden Sie zu $f_7(x) = 7^x$ eine passende e-Funktion.

b) Bestimmen Sie die Ableitungen von $f_1(x)$, $f_2(x)$ und $f_3(x)$. Skizzieren Sie mithilfe einer Sekantensteigungsfunktion *msek* oder *nderiv* (GTR) näherungsweise die Ableitungen von $f_4(x)$, $f_5(x)$ und $f_6(x)$. Finden Sie einen Term für die Ableitungen?

Basiswissen

Wie die Quadratwurzel die Umkehrung des Quadrierens ist, so ist das Logarithmieren die Umkehrung des „Exponierens":
$a = \sqrt{a^2} = (\sqrt{a})^2$

Für die Vielfalt der Exponentialfunktionen braucht man nur eine Basis.

Die allgemeine Exponentialfunktion als e-Funktion und ihre Ableitung

Aus $b = e^z$ und $z = \ln(b)$ folgt $b = e^{\ln(b)}$. Es gilt daher:

Jede Exponentialfunktion b^x lässt sich als Funktion zur Basis e darstellen:
$f(x) = b^x = (e^{\ln(b)})^x = e^{\ln(b) \cdot x}$

Für die Ableitung der allgemeinen Exponentialfunktion gilt: $f'(x) = \ln(b) \cdot b^x$

Beispiele

D *Von der Basis b zur Basis e und zurück*

(1) Schreiben Sie $f(x) = 2^x$ und $g(x) = \left(\frac{1}{2}\right)^x$ mit der Basis e.
Lösung: $f(x) = 2^x = e^{\ln(2) \cdot x} \approx e^{0{,}6931x}$ $\qquad g(x) = \left(\frac{1}{2}\right)^x = e^{\ln\left(\frac{1}{2}\right) \cdot x} \approx e^{-0{,}6931x}$

(2) Schreiben Sie $f(x) = e^{0{,}2x}$ und $g(x) = e^{-0{,}1x}$ ohne Basis e.
Lösung: $f(x) = e^{0{,}2x} \Rightarrow b = e^{0{,}2} \approx 1{,}2214 \qquad g(x) = e^{-0{,}1x} \Rightarrow b = e^{-0{,}1} \approx 0{,}9048$

Übungen

22 *Trainieren und Begründen*

a) Bestimmen Sie die Ableitungen.
(1) $f(x) = 2^x$ (2) $f(x) = 0{,}5^x$ (3) $f(x) = 4 \cdot 3^x$ (4) $f(x) = 4^{x-1}$

b) Begründen Sie die Ableitungsregel für die allgemeine Exponentialfunktion.

Übungen

23 *Die Logarithmusfunktion*
Die Logarithmusfunktion $L(x) = \ln(x)$ ist die Umkehrung der natürlichen Exponentialfunktion $E(x) = e^x$.
a) Füllen Sie die Tabelle aus und erstellen Sie durch Vertauschen von x- und y-Wert in der Tabelle für $E(x)$ eine Tabelle für $L(x)$. Skizzieren Sie damit den Graphen von $L(x)$.

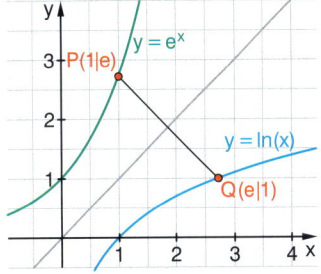

x	–2	–1	0	1	2	5	10
y = e^x	■	$\frac{1}{e}$	1	e	■	■	■

b) Überzeugen Sie sich, dass Sie den Graphen von $\ln(x)$ auch durch Spiegeln des Graphen von e^x an der ersten Winkelhalbierenden erhalten.

24 *Ableitung von ln(x)*
$f(x) = e^x$ hat eine sehr einfache Ableitung. Gilt das für die natürliche Logarithmusfunktion auch? Skizzieren Sie die Ableitung von $\ln(x)$ nach Augenmaß und mithilfe einer Sekantensteigungsfunktion bzw. mit der entsprechenden Funktion des GTR. Welche Vermutung über den Ableitungsterm für $\ln(x)$ haben Sie? Überprüfen Sie diese mithilfe des Graphen und der Tabelle der Sekantensteigungsfunktion.

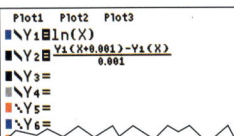

Basiswissen

Die natürliche Logarithmusfunktion und ihre Ableitung

Die Funktion $L(x) = \ln(x)$ ist die Umkehrfunktion von $E(x) = e^x$.
Sie heißt *natürliche Logarithmusfunktion*.
Sie ist für alle positiven reellen Zahlen definiert. Ihr Wertebereich sind alle reellen Zahlen. Es gilt:
- für $0 < x < 1$ ist $\ln(x) < 0$
- für $x = 1$ ist $\ln(x) = 0$
- für $x > 1$ ist $\ln(x) > 0$

Für die Ableitung von $L(x) = \ln(x)$ gilt:
$L'(x) = \frac{1}{x}$

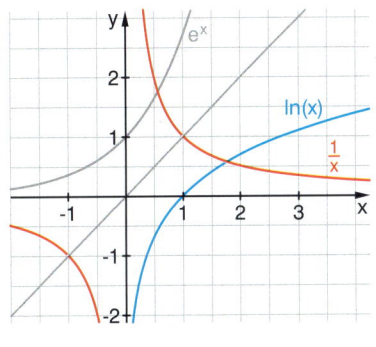

Zur Umkehrfunktion siehe Kap 5.1, Seite 194

Beispiele

E *Monotonie und Krümmungsverhalten der natürlichen Logarithmusfunktion*
Zeigen Sie, dass $L(x) = \ln(x)$ im ganzen Definitionsbereich streng monoton steigend und rechtsgekrümmt ist.

Lösung:
$L'(x) = \frac{1}{x} > 0$ für alle $x > 0$. Die Steigung ist überall positiv. Daraus folgt die Monotonie.
$L''(x) = \frac{-1}{x^2} < 0$ für alle $x > 0$. Daraus folgt die Rechtskrümmung.

F *Begründung der Ableitungsregel*
Für die Funktion $E(x) = e^x$ und ihre Umkehrfunktion $L(x) = \ln(x)$ gilt: $E(L(x)) = x$

Lösung:
Ableiten auf beiden Seiten (mit Anwendung der Kettenregel):
$(e^{\ln(x)})' = 1$, also $\ln(x)' \cdot e^{\ln(x)} = 1$ und damit $\ln(x)' = \frac{1}{e^{\ln(x)}}$. Also gilt: $\ln(x)' = \frac{1}{x}$

Übungen

25 *Skizzieren des Graphen per Hand*
Geben Sie (ohne Benutzung des Taschenrechners) die Koordinaten von fünf Punkten der natürlichen Logarithmusfunktion an. Skizzieren Sie damit den Graphen. Gelingt dies auch im negativen Wertebereich?

5 Exponentialfunktionen und ihre Anwendungen

Übungen

26 *Wächst ln(x) über alle Grenzen?*

a) Experimentieren Sie mit großen Werten von x. Begründen Sie Ihre Vermutung geometrisch mit der Umkehrfunktion $y = e^x$.

b) Wie lang müsste die x-Achse sein, damit bei einer Skalierung 1 LE ≙ 1 cm der Graph der natürlichen Logarithmusfunktion 10 cm oberhalb der x-Achse angelangt ist?

c) Ein DIN-A4-Blatt ist etwa 30 cm hoch. Wenn die Unterkante die x-Achse ist, wie lang müsste sie gezeichnet werden, damit der Graph von ln(x) die Oberkante des Blatts erreicht? Wie oft könnte man dieses Stück der x-Achse um den Äquator wickeln?

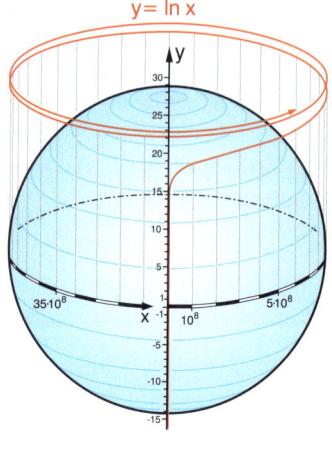

27 *Ein Wettrennen im Schnellwachsen und ein Wettrennen im Langsamwachsen*

a)

(1) Wird $y = e^x$ die Funktion $y = x^{10}$ noch einmal schneiden?

(2) Wird $y = \sqrt[10]{x}$ die Funktion $y = \ln(x)$ noch einmal schneiden? Wo schneiden sie sich überhaupt das erste Mal?

Benutzen Sie auch $y = x^{10} - e^x$ und Tabellen.

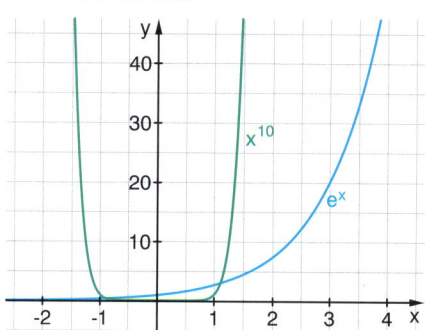

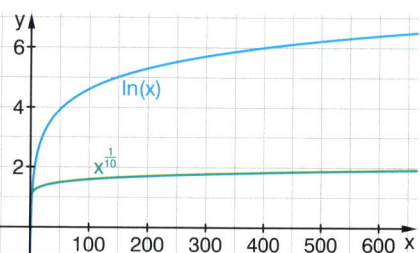

b) Wählen Sie andere Basen und Exponenten und vergleichen Sie die Funktionsgraphen mit denen aus a).

Wachsen von Exponentialfunktionen und Potenzfunktionen im Vergleich

(1) Exponentialfunktionen mit a > 1 wachsen auf Dauer immer stärker als jede Potenzfunktion.
$$\lim_{x \to \infty} \frac{x^n}{a^x} = 0$$

(2) Logarithmusfunktionen wachsen auf Dauer immer langsamer als jede Wurzelfunktion
$$\lim_{x \to \infty} \frac{\ln(x)}{\sqrt[n]{x}} = 0$$

---

28 *Eine (überraschende?) Entdeckung*

a) Bilden Sie die Ableitungen der Funktionen $f_1(x) = \ln(x)$, $f_2(x) = \ln(2x)$, $f_3(x) = \ln(3x)$. Was beobachten Sie? Welche Vermutung haben Sie für die Ableitung von $f_n(x) = \ln(n \cdot x)$? Begründen Sie die Vermutung algebraisch und mithilfe der Graphen.

b) Gilt die Vermutung auch für $f_a(x) = \ln(a \cdot x)$ mit $a \in \mathbb{R}$ und a > 0?

Logarithmengesetz:
$\ln(a \cdot b) = \ln(a) + \ln(b)$

29 *Ableitungen*

a) Bilden Sie die Ableitungen.
(1) $f(x) = \ln(3x)$ (2) $f(x) = 3 \cdot \ln(x)$ (3) $f(x) = \ln(x + 3)$ (4) $f(x) = 2 \cdot \ln(4x)$
(5) $f(x) = x \cdot \ln(x) - x$ (6) $f(x) = \ln(x) \cdot \sin(x)$ (7) $f(x) = \ln(\sin(x))$ (8) $f(x) = \ln(\sqrt{x})$

b) Zeichnen Sie die Graphen der Funktionen und der zugehörigen Ableitungen. Welche der Funktionen haben lokale Extrempunkte? Bestimmen Sie diese.

30 | Fehler gesucht
Finden und beschreiben Sie die Fehler.

$f(x) = \ln(x^2)$
$f'(x) = \frac{2}{x}$

$g(x) = x \cdot \ln(x)$
$g'(x) = 1$

$h(x) = \ln(x+2)$
$h'(x) = \frac{1}{x}$

31 | Stammfunktionen
Bestimmen Sie Stammfunktionen zu den folgenden Funktionen.

$f_1(x) = \frac{1}{x}$ $\quad f_2(x) = \frac{3}{x}$ $\quad f_3(x) = \frac{1}{x+3}$ $\quad f_4(x) = \frac{1}{2x}$ $\quad f_5(x) = \ln(x)$

Hinweis zu f_5:
In Aufgabe 29 a) finden Sie Hilfe.

Eine neue Stammfunktion – eine Lücke wird gefüllt

Mit den Ableitungen der Exponential- und Logarithmusfunktionen können wir alle uns bekannten Funktionen algebraisch ableiten. Natürlich kann der Rechenaufwand sehr hoch werden, aber es gibt für jede Funktion passende Regeln. Aus diesem Grund kann ein CAS auch sehr gut und sicher Ableitungen bilden. Beim umgekehrten Prozess („Aufleiten") war das ganz anders. Oft ist es sehr schwer eine Stammfunktion zu finden, manchmal ist es sogar gar nicht möglich.
Mit $L'(x) = \frac{1}{x}$ als Ableitung der natürlichen Logarithmusfunktion $L(x) = \ln(x)$ haben wir aber nun auch eine früher aufgetretene Lücke geschlossen.

f(x)	...	x^4	x^3	x^2	x	1	x^{-1}	x^{-2}	x^{-3}	x^{-4}	...
F(x)	...	$\frac{1}{5}x^5$	$\frac{1}{4}x^4$	$\frac{1}{3}x^3$	$\frac{1}{2}x^2$	x	?	$-x^{-1}$	$-\frac{1}{2}x^{-2}$	$-\frac{1}{3}x^{-3}$	...

Das Bilden von Stammfunktionen bei Polynomen folgt in Anlehnung an die entsprechende Ableitungsregel nach einer einfachen Formel:

$$f(x) = x^n \implies F(x) = \frac{1}{n+1} \cdot x^{n+1}.$$

Für $n = -1$ ist diese Formel aber nicht definiert, so dass es damit unmöglich war, zu $y = x^{-1} = \frac{1}{x}$ eine Stammfunktion zu finden. Jetzt haben wir diese gefunden. Überraschend bleibt, dass hier die Ableitung einen ganz anderen Funktionstyp liefert.

32 | Flächen unter der Hyperbel
Die Hyperbel schließt mit der x-Achse im Intervall $\left[\frac{1}{e}; 1\right]$ eine Fläche A und im Intervall $[1; e]$ eine Fläche B ein.

a) Schätzen Sie die Inhalte der Flächen A und B. Welche Fläche hat den größeren Inhalt?

b) Berechnen Sie die Flächen mit dem Integral. Wird Ihre Schätzung bestätigt?

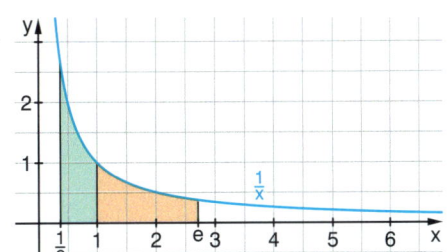

KOPFÜBUNGEN

1. Widerlegen Sie anhand eines Zahlenbeispiels, dass die Gleichung $\sqrt{a^2 + b^2} = a + b$ allgemein gilt. Gibt es ein Zahlenpaar a und b, das die Gleichung dennoch erfüllt?

2. Ergänzen Sie die fehlenden Koordinaten so, dass die Vektoren $\vec{a} = \begin{pmatrix} 6 \\ 8 \\ -3 \end{pmatrix}$ und $\vec{b} = \begin{pmatrix} 3 \\ b_2 \\ b_3 \end{pmatrix}$ parallel sind. Vergleichen Sie dann deren Länge und Richtung.

3. Bestimmen Sie die Nullstellen der Funktion: $f(x) = e^x \cdot (3x - x^2)$

Aufgaben

Andere Wege zu e

33 Stetige Verzinsung

Zinsen

Auf einer Tontafel aus Mesopotamien aus dem 17. Jahrhundert v. Chr. steht: *In welcher Zeit verdoppelt sich ein Geldbetrag, der zu jährlich 20% Zinsen angelegt wird?* In Buch II Mose, Kapitel 22, Vers 24, steht demgegenüber: *Wenn du meinem Volke Geld leihst, … so handle an ihm nicht wie ein Wucherer; ihr sollt ihm keinen Zins auflegen.* Schon immer stehen finanzielle Dinge im Mittelpunkt des menschlichen Interesses. Die mathematische Diskussion um Zinsen wurde von JAKOB BERNOULLI 1689 durch folgendes Problem angeregt:

Eine Summe Geldes sei auf Zinsen angelegt, dass in den einzelnen Augenblicken ein proportionaler Teil der Jahreszinsen zum Kapital geschlagen wird.

JAKOB BERNOULLI
(1654–1705)

Ein frisch gebackener Millionär hat 1 Million Euro und möchte durch geschickte Geldanlage innerhalb eines Jahres noch mehr Geld daraus machen. Das Kapital soll sich durch Zinsen vermehren.

Vier Banken in seiner Umgebung bieten verschiedene Anlagemodelle an:

Ganzjahresbank	Verzinsung pro Jahr mit 6%
Halbjahresbank	Verzinsung pro Halbjahr mit $\frac{6}{2}$% = 3%
Monatsbank	Verzinsung pro Monat mit $\frac{6}{12}$% = 0,5%
Tagesbank	Verzinsung pro Tag mit $\frac{6}{360}$% = $\frac{1}{60}$%

Zinseszinsformel:

$$K(t) = K_0 \cdot \left(1 + \frac{p}{100}\right)^t$$

K_0: Anfangskapital
p: jährlicher Zinssatz
t: Zeit

$\frac{6}{360}\% = \frac{6\%}{360} = \frac{6}{100} \cdot \frac{1}{360}$

a) Untersuchen Sie, wie sich die 1 Million Euro bei den verschiedenen Banken nach einem Jahr vermehrt haben. Begründen Sie, dass mit der Formel
$K(n) = 1 \cdot \left(1 + \frac{6}{100} \cdot \frac{1}{n}\right)^n$ das Kapital bei der „1/n-Jahresbank" berechnet werden kann.

b) Die „1/n-Momentanbank" bietet eine stetige Verzinsung bei einem utopischen Jahreszinssatz von 100% an. Es werden also unmittelbar in jedem Augenblick auch die Zinseszinsen gutgeschrieben. Wächst das Vermögen ins Unendliche, wenn die Million dort angelegt wird?
• Begründen Sie, dass $K(n) = \left(1 + \frac{1}{n}\right)^n$ das Kapital nach einem Jahr angibt.
• Füllen Sie die Tabelle aus:

Verzinsung pro…	Monat	Tag	Stunde	Minute	Sekunde
n	12	365	8760	▫	▫
$\left(1 + \frac{1}{n}\right)^n$	▫	▫	▫	▫	▫

Eine Verzinsung in jedem Moment heißt hier dann, dass n unendlich wird. Was vermuten Sie über den Ausdruck $\left(1 + \frac{1}{n}\right)^n$, wenn n über alle Grenzen wächst, also gegen unendlich strebt?

c) Begründen Sie die nebenstehende Zinseszinsformel für die stetige Verzinsung.

Zinseszinsformel bei stetiger Verzinsung:

$$K(t) = K_0 \cdot e^{\frac{pt}{100}}$$

K_0: Anfangskapital
t: Zeit in Jahren
p: jährlicher Zinssatz

34 *Die Zahl e als Grenzwert einer Folge*

a) Begründen Sie durch Einsetzen sehr kleiner Zahlen: Für hinreichend kleine Werte von h ist $\frac{e^h - 1}{h} \approx 1$ und damit $e^h \approx 1 + h$.
Für $h = \frac{1}{n}$ erhält man damit für große n die Näherungsformel $e \approx \left(1 + \frac{1}{n}\right)^n$.

> Mit der Folge $a_n = \left(1 + \frac{1}{n}\right)^n$ $(n \in \mathbb{N})$ lassen sich **Näherungswerte für die Eulersche Zahl e** berechnen.
> Es gilt $\lim_{n \to \infty} \left(1 + \frac{1}{n}\right)^n = e$

b) Bestätigen Sie mit Ihrem Taschenrechner die angegebenen Tabellenwerte und setzen Sie die Tabelle bis zu einem Näherungswert fort, der auf sechs Stellen genau ist.

n	10	10^2	10^3	10^4	10^5
a_n	2,59	2,70	2,717	2,71815	2,718268

c) Mona und Jannik haben keine Werte eingesetzt und probiert, sondern über das Verhalten von $\left(1 + \frac{1}{n}\right)^n$ für $n \to \infty$ nachgedacht. Sie streiten sich:

> **Mona:**
> Die Basis ist immer größer als 1, also strebt der Ausdruck gegen unendlich.

> **Jannik:**
> Die Basis strebt für n gegen unendlich gegen 1 und 1 hoch irgendwas ist immer 1, also strebt der Ausdruck gegen 1.

Können Sie den Streit klären? Entdecken Sie die „Denkfehler" von Mona und Jannik? Gelingt Ihnen eine Erklärung?

35 *Die Zahl e als Grenzwert einer Reihe*

Die charakteristische Eigenschaft $f'(x) = f(x)$ von $f(x) = e^x$ hat zur Folge, dass auch die Werte der höheren Ableitungen an einer Stelle alle gleich sind:

$f(0) = f'(0) = f''(0) = \ldots = f^{(n)}(0) = 1$

a) Ermitteln Sie die ersten fünf Interpolationspolynome, also:
1. Gerade durch (0|1) mit Steigung 1
2. Parabel mit $f(0) = 1$, $f'(0) = 1$ und $f''(0) = 1$
3. ...

Bedingungen	Interpolationspolynom
$f(0) = 1$ und $f'(0) = 1$	$p(x) = 1 + x$
... und $f''(0) = 1$	
... und $f'''(0) = 1$	$p(x) = 1 + x + \frac{1}{2}x^2 + \frac{1}{6}x^3$
... und $f^{(4)}(0) = 1$	
... und $f^{(5)}(0) = 1$	

b) Zeichnen Sie jeweils die Graphen der Polynome und vergleichen Sie mit dem Graphen von $y = e^x$. Beschreiben Sie die Entwicklung.

c) Die Polynome in der Tabelle sind die ersten Glieder einer Reihe (Taylorreihe), mit der man die natürliche Exponentialfunktion beliebig gut annähern kann.

Erläutern Sie, wie man damit die nebenstehende Näherungsformel für die Zahl e erhält. Berechnen Sie die Näherungswerte für n = 1 (5, 10).

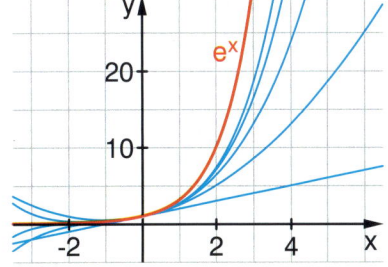

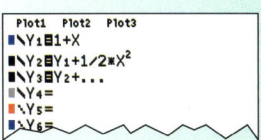

$e \approx 1 + 1 + \frac{1}{2} + \frac{1}{6} + \frac{1}{24} + \cdots \frac{1}{1 \cdot 2 \cdot 3 \cdots n} = \sum_{k=0}^{n} \frac{1}{k!}$

$\lim_{n \to \infty} \sum_{k=0}^{n} \frac{1}{k!} = e$

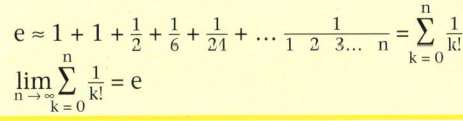

Die Zahl e – allgegenwärtig und seltsam

Auf der Suche nach einer Funktion, deren Ableitung wieder die Ausgangsfunktion ist, haben Sie auf experimentellem Weg die Zahl e entdeckt. Charakteristisch für diese Zahl ist damit, dass sie Zusammenhänge zwischen Beständen (Funktionswerten) und Änderungen (Ableitungen) beschreibt. Sie hat deswegen auch ihren großen Auftritt bei der Modellierung von Wachstumsprozessen. Diese werden im nächsten Lernabschnitt ausführlich behandelt. Das Faszinierende an der Zahl e ist aber, dass sie in ganz unterschiedlichen Bereichen auftritt, die auf den ersten Blick gar nichts miteinander zu tun haben. Ein und derselbe mathematische Gegenstand taucht also in verschiedenen Zusammenhängen auf; ein Phänomen, das typisch für die Mathematik ist.

e und der Zufall

In der Stochastik hat e eine große Bedeutung bei der Beschreibung von Verteilungen. Das Diagramm zeigt die Verteilung der Körpergröße von 455 Männern. Die Gaußsche Glockenkurve (Abb. rechts) beschreibt solche Verteilungen.

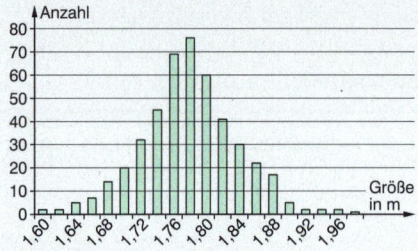
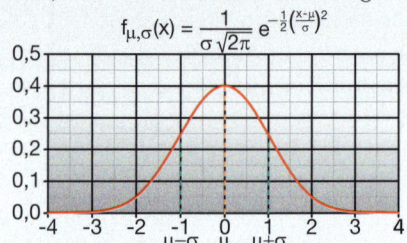

e und natürliche Formen

Spiralförmige Schnecken werden gut durch logarithmische Spiralen beschrieben. Diese haben in einem Polarkoordinatensystem die Gleichung $r = e^{k \cdot \varphi}$.
Dabei ist r der Abstand eines Punktes vom Ursprung und φ der Winkel gegen den Uhrzeigersinn bezüglich der x-Achse.

Nautilus-Schnecke

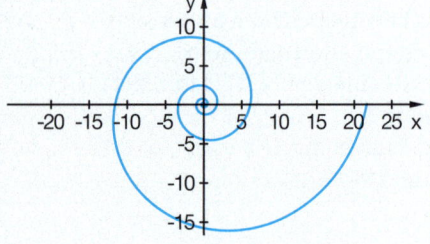

Was ist e für eine Zahl?

e ist eine irrationale Zahl, sie lässt sich also nicht als Bruch darstellen, man kann immer nur Näherungen finden. Dies hat e mit $\sqrt{2}$ gemeinsam. Mathematiker haben unterschiedliche systematische Verfahren entwickelt, um Näherungswerte zu bestimmen.

e als Grenzwert einer Folge	e als unendliche Summe	e als Kettenbruch
$e = \lim_{n \to \infty} \left(1 + \frac{1}{n}\right)^n$	$e = 1 + \frac{1}{1 \cdot 2} + \frac{1}{1 \cdot 2 \cdot 3} + \ldots$	$e = \cfrac{2}{2 + \cfrac{3}{3 + \cfrac{4}{4 + \ldots}}}$

e ist aber noch seltsamer als $\sqrt{2}$. $\sqrt{2}$ ist Lösung der Gleichung $x^2 - 2 = 0$. Zahlen, die Lösung einer Polynomgleichung $a_n x^n + a_{n-1} x^{n-1} + \ldots + a_1 x + a_0 = 0$ mit rationalen Koeffizienten sind, heißen *algebraische* Zahlen.
Es gibt nun keine solche Gleichung, deren Lösung e ist. e ist also keine algebraische Zahl. Solche Zahlen heißen *transzendent*.

5.3 Wachstum

Viele Wachstumsprozesse in der Natur, der Wirtschaft und der Politik lassen sich durch Exponentialfunktionen der Form f(x) = a · b^x gut modellieren. In der Einführungsphase haben Sie hierfür bereits typische Situationen wie z.B. Bevölkerungswachstum, Staatsverschuldung oder den Medikamentenabbau im Körper kennengelernt. In diesem Lernabschnitt werden wir diese und weitere Modellierungen nochmals aufgreifen und vor allem auch mithilfe des Änderungsverhaltens (der Ableitungen) genauer untersuchen. Dabei hilft uns die Darstellung des Modells als e-Funktion. Sie werden auch wieder mit konkreten Daten arbeiten und erkennen, dass es beim Modellieren zunächst darauf ankommt, ein geeignetes Modell zu finden. Zusätzlich erfahren Sie, dass häufig verschiedene Modelle gut zu Daten passen.

Was Sie erwartet

1 Abbauprozesse

Aufgaben

A *Abbau eines Narkotikums*
Bei kleineren operativen Eingriffen wird ein Anästhetikum in einer Dosis von 400 mg gespritzt. Dieses Medikament wird im Körper des Patienten dann hauptsächlich über die Niere wieder abgebaut. Bei normaler Nierenfunktion werden stündlich etwa 20 % des im Blut vorhandenen Medikamentes entfernt.

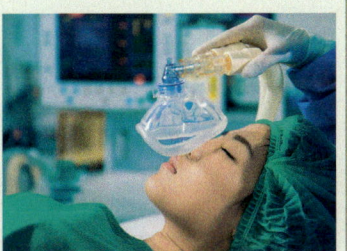

B *Alkoholabbau*
Gleichgültig, wie viel Alkohol aufgenommen wird, der Körper baut mit gleichbleibender Geschwindigkeit den vorhandenen Alkohol ab. Der Genuss von 2 Liter Bier entspricht einer Aufnahme von ca. 80 g Alkohol. Bei einer 70 kg schweren Person werden ca. 7 g pro Stunde abgebaut.

Zeit (h)	Narkotikum (mg)	Alkohol (g)
0	400	80
1	320	73
2	▪	▪
3	▪	▪
...	▪	▪

Exponentielles Wachstum/
Exponentieller Zerfall
f(x) = A · b^x
Die Funktion wächst/fällt mit dem Faktor b, es gibt zum Zeitpunkt x = 0 den Bestand A.

$b^x = e^{\ln(b) \cdot x}$

a) Füllen Sie die Tabelle aus, welche die stündliche Restmenge des Medikaments bzw. des Alkohols in den nächsten zehn Stunden angibt.
b) Zeigen Sie, dass N(t) = 400 · e$^{-0{,}223\,t}$ den Abbau des Narkotikums angemessen beschreibt. Bestimmen Sie eine Funktion, die den Alkoholabbau beschreibt. Skizzieren Sie die Funktionen und beschreiben Sie die langfristige Entwicklung des Bestandes an Narkotikum bzw. Alkohol. Vergleichen Sie die beiden Abbauprozesse. Beziehen Sie auch die Ableitungen in den Vergleich mit ein.
c) Was ändert sich an den Abbauprozessen und Funktionen, wenn zu Beginn 600 mg Narkotikum und 100 g Alkohol vorhanden sind?

Aufgaben

2 *Von Heuschrecken und Nashörnern*

(1) Eine Heuschreckenpopulation aus anfänglich 1000 Tieren wächst wöchentlich um 30%.

(2) Eine Nashornpopulation von 200 Tieren nimmt jährlich um 10% ab.

a) Geben Sie zu den Heuschrecken und den Nashörnern den passenden Wachstumsfaktor und die zugehörige Wachstumsfunktion $f(x) = A \cdot b^x$ an.

b) Beim mathematischen Modellieren wird meist die e-Funktion benutzt, also $f(x) = A \cdot b^x = A \cdot (e^k)^x$. Dazu muss der Wachstumsfaktor b in die passende e-Potenz e^k umgerechnet werden, also $b = e^k$.

$(e^k)^x = e^{k \cdot x}$

Zeigen Sie, dass man für die Heuschreckenpopulation $h(x) = 1000 \cdot e^{0,2624x}$ erhält. Welche Funktionsgleichung erhält man für die Nashornpopulation?

c) • Die größten Heuschreckenschwärme sind 1784 in Südafrika dokumentiert worden. Es sollen damals 300 Milliarden Insekten das Land bedeckt haben. Nach wie vielen Wochen wäre die Population nach dem Modell in a) so groß?
• Nach wie vielen Jahren hat sich die Nashornpopulation halbiert?

3 *Bisonbestände*

Jahr	Anzahl
1902	44
1905	74
1908	95
1910	149
1913	215
1917	394
1920	501
1923	748
1927	1008
1931	1192

Die Tabelle und die Grafik geben in Ausschnitten die Entwicklung der Bisonbestände im Yellowstonepark von 1902 bis 1931 an.

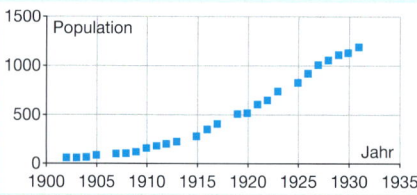

a) Modellieren Sie die Daten mit einer Exponentialfunktion $f(x) = A \cdot e^{kx}$ (1902: x = 0).

Strategien

Hinweise:
$b^x = e^{\ln(b) \cdot x} = e^{k \cdot x}$
$x^3 = a \Rightarrow x = \sqrt[3]{a}$

(1) *Rechnerisch*
Wachstumskonstante k mit zwei Messwerten. Beispiel: (1902, 1910)
$f(0) = A \cdot e^{k \cdot 0} = A = 44$;
$f(8) = 44 \cdot e^{8k} = 149$
$\Rightarrow k = \frac{1}{8}\ln\left(\frac{149}{44}\right) \approx 0,1525$

(2) *Grafisch mit Schiebereglern*

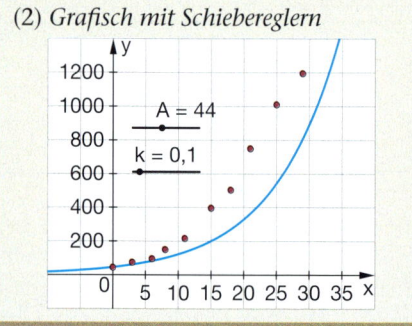

(3) *Exponentielle Regression*
Mit GTR (*ExpReg*) oder Software.

b) Modellieren Sie den Datensatz mit ganzrationalen Funktionen des Typs $f(x) = c \cdot x^n + d$. Bestimmen Sie geeignete Parameter durch Benutzung zweier Messwerte. Vergleichen Sie die Modelle aus a) und b).

Ein Beispiel: $f(x) = cx^3 + d$
(0|44):   d = 44
(18|501): $501 = c \cdot 18^3 + 44$
           $c \approx 0,0784$

c) Der aktuelle Bestand beträgt 3500. Vergleichen Sie diesen mit Ihren Modellen.

5.3 Wachstum

Basiswissen

Bei exponentiellen Wachstumsprozessen werden oft prozentuale Änderungen angegeben. Die mathematische Modellierung erfolgt meistens mithilfe einer e-Funktion.

Exponentielles Wachstum: Wachstumsfaktor und Wachstumskonstante

In einer Schonung sind 100 Borkenkäfer. Jedes Jahr kommen 20% dazu.
Modellierung mit exponentiellem Wachstum

	Allgemein	Borkenkäfer
Wachstumsfunktion:	$f(x) = A \cdot b^x$ $= A \cdot e^{\ln(b) \cdot x}$ $= A \cdot e^{k \cdot x}$	$f(x) = 100 \cdot 1{,}2^x$ $= 100 \cdot e^{\ln(1{,}2) \cdot x}$ $= 100 \cdot e^{0{,}1823\, x}$
Anfangsbestand:	A	100
Wachstumsfaktor:	b	1,2
Wachstumskonstante:	$k = \ln(b)$	0,1823

Es gilt:
(1) Prozentuale Zunahme um p% = 20% führt zum Wachstumsfaktor
   $b = 1 + p\% = 1 + \frac{20}{100} = 1{,}2$

(2) Die prozentuale Änderung bezieht sich auf einen Zeitraum, ist also eine mittlere Änderungsrate. Die Wachstumskonstante beschreibt die momentane Änderungsrate.

Beispiele

A *Wachstum einer Stadt*

Eine Stadt mit 25 600 Einwohnern wächst jährlich um 1,5 %.
a) Geben Sie die Wachstumsfunktion mit der Basis e an. Nennen Sie den Wachstumsfaktor und die Wachstumskonstante.
b) Wie viele Einwohner hat die Stadt nach 5 Jahren?
c) Wann sind es mehr als 35 000 Einwohner?

Lösung:
a) $\quad f(x) = 25\,600 \cdot 1{,}015^x$
$\quad\quad\quad = 25\,600 \cdot e^{\ln(1{,}015)x}$
$\quad\quad\quad \approx 25\,600 \cdot e^{0{,}0149x}$

Wachstumsfaktor: 1,015
Wachstumskonstante: 0,0149

b) $\quad f(5) = 25\,600 \cdot e^{0{,}0149 \cdot 5} \approx 27\,580$
Nach 5 Jahren sind es ca. 27 600 Einwohner.

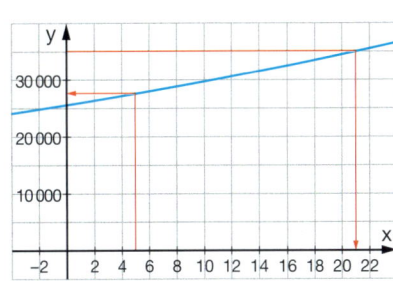

c) $\quad 25\,600 \cdot e^{0{,}0149x} = 35\,000$
$\quad\quad\quad e^{0{,}0149x} = 1{,}3672$
$\quad\quad \ln(e^{0{,}0149x}) = \ln(1{,}3672)$
$\quad\quad\quad 0{,}0149x = \ln(1{,}3672)$
$\quad\quad\quad\quad x = \frac{\ln(1{,}3672)}{0{,}0149} \approx 20{,}99$

Mehr als 35 000 sind es nach ca. 21 Jahren.

Anmerkung: In der Abbildung oben sieht die Wachstumsfunktion fast linear aus. In kleinen Zeitabschnitten ist tatsächlich der exponentielle Verlauf annähernd linear. Das qualitativ andersartige Verhalten sieht man erst, wenn man anders skaliert.

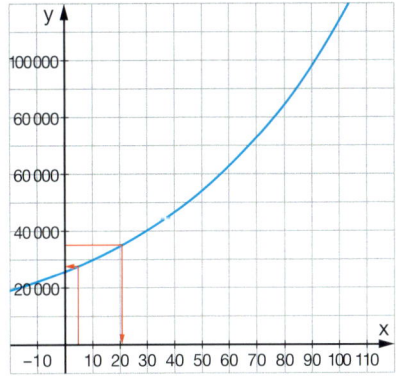

5 Exponentialfunktionen und ihre Anwendungen

Beispiele

Auch Zerfall wird als Wachstum mit negativer Wachstumskonstante angesehen.

B *Radiokativer Zerfall*

Strontium-90 zerfällt mit einer Zerfallskonstanten k = −0,02476.
a) Ermitteln Sie die Zerfallsfunktion und den prozentualen Zerfall.
b) Wann hat sich ein Anfangsbestand von 100 000 Teilchen halbiert?

Lösung:
a) Da kein Anfangsbestand angegeben ist, wird dieser als Parameter angegeben:

$$f(x) = A \cdot e^{-0{,}02476x}$$
$$-0{,}02476 = \ln(b) \Rightarrow b = e^{-0{,}02476} \approx 0{,}9755$$

Es zerfallen ca. 2,45 % in jeder Zeiteinheit.

b)
$$f(x) = 100\,000 \cdot e^{-0{,}02476x}$$
$$100\,000 \cdot e^{-0{,}02476x} = 50\,000$$
$$e^{-0{,}02476x} = 0{,}5$$
$$-0{,}02476x = \ln(0{,}5)$$
$$x = \frac{\ln(0{,}5)}{-0{,}02476} \approx 28{,}06$$

Nach ca. 28 Jahren hat sich der Bestand halbiert.

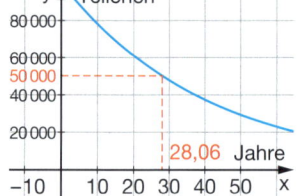

Übungen

Wachstumskonstante, Wachstumsfaktor, Prozentsatz

4 *Von der prozentualen Zunahme/Abnahme zur Wachstumskonstanten*
Geben Sie jeweils den Wachstumsfaktor und die Exponentialfunktion mit der Basis e an, die die folgenden Wachstums- und Zerfallsprozesse beschreiben.

(1) 4 % Zinsen/Jahr (mit Zinseszins) (2) 12 % jährlicher Wertverlust

(3) Verdreifachung pro Jahr (4) Halbierung pro Woche

Etwa 25,9 % des jeweils im Speicher vorhandenen Wassers fließen pro Zeiteinheit ab.

5 *Von der Wachstumskonstanten zum Wachstumsfaktor und Prozentsatz*
Geben Sie die Wachstumskonstante an. Bestimmen Sie den Anfangsbestand, den Wachstumsfaktor und die prozentuale Änderung pro Zeiteinheit.
(1) $f(x) = 100 \cdot e^{0{,}3x}$ (2) $f(x) = 5 \cdot e^{-0{,}002x}$ (3) $f(x) = e^{4x}$ (4) $f(x) = 25 \cdot e^{0{,}0158x}$

6 *Zusammenhang zwischen Wachstumskonstante und Prozentsatz*
Zeigen Sie, dass der Zusammenhang zwischen der Wachstumskonstanten k und dem Prozentsatz p durch folgende Formel beschrieben werden kann: $k = \ln\left(1 + \frac{p}{100}\right)$. Erläutern Sie anhand der nebenstehenden Grafik, dass kleine Prozentsätze gute Näherungen für die Wachstumskonstante sind, große Prozentsätze dagegen nicht.

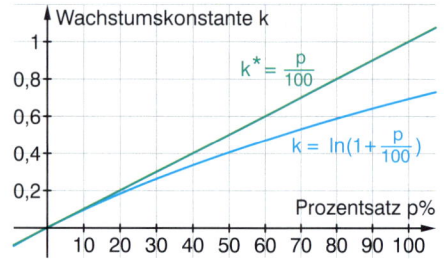

7 *Bakterien*
Eine Bakterienkultur aus anfänglich 10 000 Bakterien wächst mit einer Wachstumskonstanten von 0,15 (Zeit in Tagen).
a) Geben Sie ein passendes Wachstumsmodell an. Wie hoch ist die prozentuale Zunahme pro Tag?
b) Bestimmen Sie die Anzahl der Bakterien nach einer Woche und einem Monat.
c) Ermitteln Sie die mittlere Änderungsrate in der ersten Woche, in der zweiten und dritten Woche sowie im ersten Monat. Vergleichen Sie jeweils mit der momentanen Änderungsrate an den Stellen x = 7, x = 14, x = 21 und x = 30.

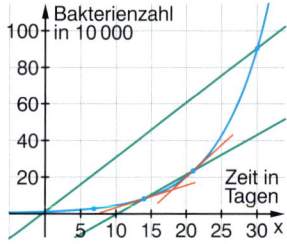

214

5.3 Wachstum

8 *Halbwertszeit*
a) Leiten Sie die Formel zur Bestimmung der Halbwertszeit mithilfe der Funktionsgleichung $f(t) = A \cdot e^{-kt}$ her.
b) Begründen Sie, dass diese Zeit umgekehrt proportional zur Zerfallskonstante k ist.

Halbwertszeit bei radioaktivem Zerfall
Der radioaktive Zerfall eines chemischen Elementes wird durch die Funktion $f(t) = A \cdot e^{-kt}$ (k > 0) beschrieben. Der Faktor k heißt in diesem Fall *Zerfallskonstante*. Charakteristisch für den Zerfallsprozess ist auch die Halbwertszeit t_H.
Die Halbwertszeit t_H gibt an, in welcher Zeit sich die Menge der vorhandenen Substanz gerade halbiert.
$$t_H = \frac{\ln(2)}{k}$$

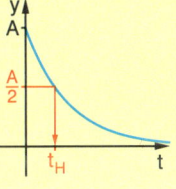

Übungen
Halbwertszeit und Verdopplungszeit

Nuklid	Halbwertszeit
^{235}U	704 Mio. Jahre
^{14}C	5730 Jahre
^{226}Ra	1602 Jahre
^{222}Rn	3,8 Tage
^{223}Th	0,6 Sekunden

9 *Plutonium*
Plutonium 239 ist ein verbreitetes Reaktorprodukt mit einer sehr kleinen Zerfallskonstante von $k = 285 \cdot 10^{-7}$/Jahr.
a) Geben Sie die Zerfallsfunktion M(t) in Abhängigkeit der Zeit t an, wenn die Ausgangsmenge $A = M(0) = 20\,g$ beträgt. Skizzieren Sie den Graphen.
b) Wie viel ist nach 1000 Jahren noch vorhanden? Wann ist nur noch 1 g übrig?
c) Wie groß ist die Halbwertszeit von Plutonium?

Beim Reaktorunfall in Tschernobyl trat sehr viel Cäsium mit einer Halbwertszeit von 30 Jahren aus.

Altersbestimmung mit der Radiokarbonmethode

Zur Bestimmung des Alters von organischen Objekten (Holz, Knochen, Pflanzen usw.) verwenden Archäologen oft die C 14-Methode. C 14 (Kohlenstoff 14) ist eine radioaktive Form des Kohlenstoffes. C 14 zerfällt mit einer Halbwertszeit von 5700 Jahren. Ein „totes" Stück Holz nimmt kein C 14 mehr auf. Das im Holz vorhandene C 14 wird durch den radioaktiven Zerfall abgebaut. Enthält das Holz nur noch halb so viel C 14 wie ein „lebendes" Stück Holz, so kann man daraus schließen, dass das gefundene Holzstück ca. 5700 Jahre alt ist.

C 14-Methode

10 *Eine Mumie und ein Grabtuch*
a) Ermitteln Sie die zur C 14-Methode gehörende Wachstumsfunktion.
b) 1991 wurde im Eis der Ötztaler Alpen die Mumie eines jungsteinzeitlichen Mannes gefunden („Ötzi"). Mit der C 14-Methode wurde sein Alter auf 5200 Jahre geschätzt. Wie hoch war der C 14-Anteil gegenüber dem ursprünglichen Wert?
c) Das Turiner Grabtuch ist ein Leinentuch (4,36 m lang und 1,1 m breit), das ein Ganzkörper-Bildnis der Vorder- und Rückseite eines Menschen zeigt. Es wird von vielen Gläubigen als das Tuch verehrt, in dem Jesus nach der Kreuzigung begraben wurde. Am 21. April 1988 wurde unter Aufsicht der Öffentlichkeit ein schmales Stück entnommen und in drei verschiedenen Labors mit der C14-Methode untersucht. Alle Messungen ergaben, dass noch 92% der ursprünglichen Menge an C14 enthalten ist.

11 *Verdopplungszeit*
Bei einem exponentiellen Wachstumsprozess $f(t) = A \cdot e^{kt}$ (k > 0) gibt die Verdopplungszeit t_D an, in welcher Zeit sich die Menge der vorhandenen Substanz gerade verdoppelt.
a) Leiten Sie eine Formel zur Bestimmung der Verdopplungszeit t_D mithilfe der Funktionsgleichung $f(t) = A \cdot e^{kt}$ her. Vergleichen Sie mit der Formel für die Halbwertszeit bei einem Zerfallsprozess.
b) • Eine Bevölkerung wächst gegenwärtig mit 1,7% pro Jahr. Wie groß ist die Verdopplungszeit bei gleichbleibendem Wachstum?
• Vergleichen Sie jeweils mit der Verdopplungszeit bei 1% bzw. 2% Wachstum pro Jahr.
• Verdoppelt sich auch die Wachstumsgeschwindigkeit jeweils in der Zeit t_D?

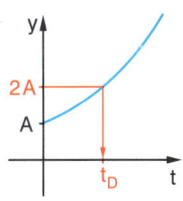

5 Exponentialfunktionen und ihre Anwendungen

Übungen

Exponentiell und linear

Achten Sie auf die Achsenbezeichnungen.

Einmal fehlt eine Angabe, es gibt dann verschiedene Funktionen (Funktionenschar).

12 *Exponentielles und lineares Wachstum*
Stellen Sie zu den Wachstumsprozessen jeweils die passende Wachstumsfunktion auf. Skizzieren Sie die Graphen der Wachstumsfunktionen und ordnen Sie nach Typen des Wachstums. Vergleichen Sie die Typen.

a) Eine Insektenpopulation von 80 Tieren wächst monatlich um 15 %.

b) Eine 24 cm lange Kerze brennt stündlich um 0,5 cm ab.

c) Röntgenstrahlen werden durch Bleiplatten abgeschwächt. Die Strahlungsintensität nimmt dabei um 5 % ab, wenn die Platten 1 mm dicker werden.

d) In einem Liter Vollmilch sind 13 mg Vitamin C. Licht zersetzt stündlich 5 % der Vitamin-C-Menge, wenn die Milch in einer farblosen Flasche aufbewahrt wird.

e) In eine 15 m³ große Zisterne fließen täglich durchschnittlich 50 Liter Regenwasser.

f) Frau Meier hat 5000 € zu 2,5 % Zinsen pro Jahr angelegt.

Lineares und exponentielles Wachstum im Vergleich

Lineares und exponentielles Wachstum sind zwei grundlegende Wachstumsmodelle, die aber zu sehr unterschiedlichen Einschätzungen zukünftiger Entwicklungen führen können. Der Mensch neigt dazu, alle Prozesse eher als lineare zu denken, in der Natur verlaufen aber viele Prozesse häufig zunächst eher exponentiell. HOIMAR VON DITHFURTH drückte das in den 80er Jahren des 20. Jahrhundert so aus: *Menschen zählen zeitlebens wie ABC-Schützen: eins, zwei... viele. Die Natur zählt, etwa bei Zellteilungen, anders: 400, 800, 1600, 3200... unendlich. Wenn der Mensch nicht bald lernt, naturgemäß zu zählen, sprich: mit der Natur zu rechnen, wird er ausgezählt.*   HOIMAR VON DITHFURTH: „Unfähig zu zählen" (Natur 2/1985)

HOIMAR VON DITHFURTH
(1921–1989)

13 *Seerosen*
Auf einem 8 ha großen See befindet sich ein 100 m² großes Feld von Seerosen. Jährlich verdoppelt sich diese Fläche. Wenn ein See vollständig mit Seerosen bedeckt ist, stirbt er. Wann ist der See vollständig bedeckt? Wann ist er halbvoll bedeckt?
Als er halbvoll bedeckt ist, bemerkt eine Spaziergängerin: *„Oh, wie schön, diese Seerosen!"*
Was würden Sie ihr erzählen? Nehmen Sie Bezug zum Zitat von HOIMAR VON DITHFURTH.

THOMAS ROBERT MALTHUS
(1766–1834)

14 *Bevölkerung und Nahrungsmittel*
Der britische Nationalökonom THOMAS ROBERT MALTHUS beschäftigte sich mit der Bevölkerungsentwicklung. Seine Kernaussagen lauten:

1. Die Bevölkerung wächst exponentiell.
2. Die Nahrungsproduktion wächst linear, da das Ackerland begrenzt ist und das pflanzliche Wachstum nicht beliebig gesteigert werden kann.

Im Original formuliert MALTHUS:

I said that population, when unchecked, increased in a geometrical ratio, and subsistence for man in an arithmetical ratio. Let us examine whether this position be just.
An essay on the principle of population, 1798, S. 6

- Nennen Sie Gründe, die den Annahmen von MALTHUS bzgl. des Bevölkerungswachstums und der Nahrungsmittelproduktion zugrunde liegen können.
- Als Konsequenz seiner Kernaussagen sagte MALTHUS Hungerepidemien voraus und sprach von einem „Krisenpunkt". Warum? Erläutern Sie dies und erstellen Sie zu den Kernaussagen eine aussagekräftige Skizze.
- Warum sind die Hungerepidemien ausgeblieben? Was konnte MALTHUS nicht wissen?

15 Ein Zeitungsartikel aus dem Jahr 1997

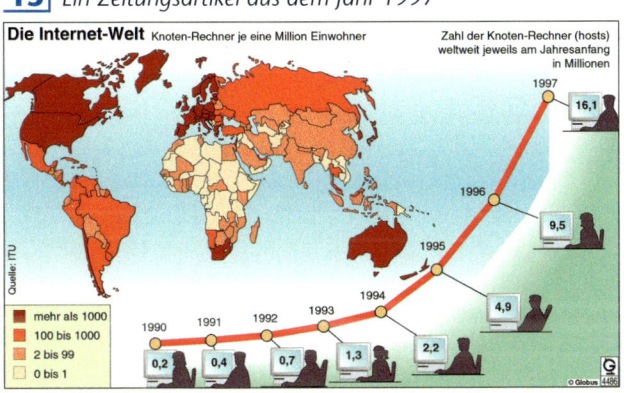

a) Ermitteln Sie zu den Daten eine geeignete Exponentialfunktion mit der Basis e. Wählen Sie hier $x = 0$ für das Jahr 1990.

b) Machen Sie mit Ihrem Modell eine Prognose für 2010. Versuchen Sie, aktuelle Daten zu bekommen.

Übungen

Modellieren mit Daten

Knotenrechner: Rechner, die einzelne Netze miteinander verbinden.

Modellfunktionen aus Daten

Häufig stehen zunächst nur Messwerte zur Verfügung.

Eine Tierpopulation entwickelt sich in folgender Weise:

Zeit in Jahren	0	1	2	3	4	5
Anzahl	10	18	35	69	123	234

Um weitergehende Aussagen über den Wachstumsprozess machen zu können, benötigt man eine passende Funktion. Eine sinnvolle Vorgehensweise dazu ist:

(1) Festlegung eines Funktionstyps durch Analyse der Messwerte

Bilden der Quotienten von Messwerten:

$\frac{18}{10} = 1{,}8$; $\quad \frac{35}{18} \approx 1{,}94$; $\quad \frac{69}{35} \approx 1{,}97$; $\quad \frac{123}{69} \approx 1{,}78$; $\quad \frac{234}{123} \approx 1{,}90$

Es gilt damit annähernd $f(x + 1) \approx 1{,}9 \cdot f(x)$. Dies legt ein exponentielles Modell nahe.

(2) Bestimmung der notwendigen Parameter für eine konkrete Funktion

Hierzu gibt es verschiedene Strategien:

(A) Anfangswert $f(0) = 10$ und passenden Quotienten als Wachstumsfaktor wählen:
$f(x) = 10 \cdot e^{\ln(1{,}9) \cdot x} = 10 \cdot e^{0{,}6419 x}$

(B) Regressionsfunktion:
$f(x) = 9{,}79 \cdot 1{,}8947^x = 9{,}79 \cdot e^{0{,}6391 x}$

(C) Anfangswert $f(0) = 10$ und einen geeigneten Messpunkt wählen:
$P(4 | 123)$:
$10 \cdot e^{4k} = 123 \Rightarrow k = \frac{1}{4} \cdot \ln(12{,}3) \approx 0{,}6274$
$f(x) = 10 \cdot e^{0{,}6274 x}$

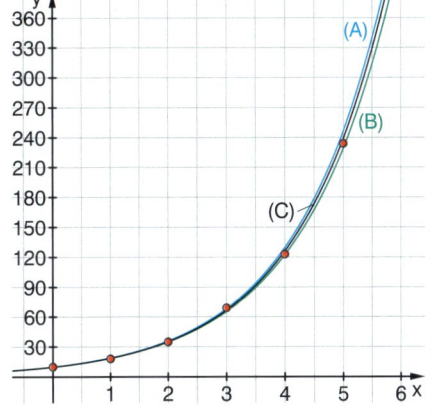

Basiswissen

---

16 Hundewelpen

Seit Geburt wurde ein Hundewelpe gewogen.

Woche	0	1	2	3	4	5	6	7	8
Gewicht in kg	0,50	0,61	0,72	0,87	1,05	1,26	1,50	1,82	2,18

Bestimmen Sie anhand dieser Datei ein passendes exponentielles Modell für diese Wachstumsphase.

Übungen

5 Exponentialfunktionen und ihre Anwendungen

Übungen

Jahr	Kumulierte Leistung in MW
1990	55
1992	173
1994	618
1996	1546
1998	2871
2000	6104
2002	11994

Setzen Sie 1990 als 0. Jahr, 1992 als 1. Jahr usw.

17 Windkraftanlagen

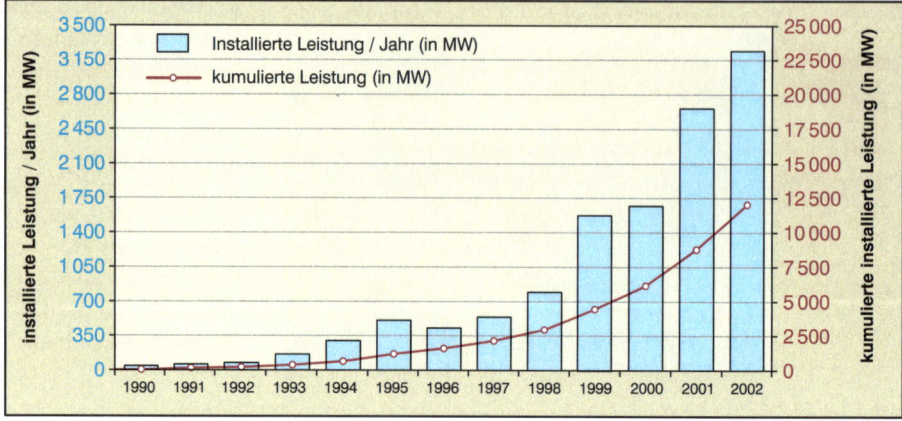

a) In dem Diagramm sind links die Leistung der in dem Jahr installierten Windkraftanlagen (Balkendiagramm) und rechts die Gesamtleistung aller Anlagen (rote Kurve) dargestellt. Die kumulierte Leistung erhält man, indem man die entsprechenden Jahresleistungen addiert. Die Werte der roten Kurve im Jahr x geben damit die Flächeninhalte unter der „Balkendiagrammkurve" von 1990 bis zum Jahr x an. Warum wird damit ein exponentielles Wachstumsmodell nahegelegt? Ermitteln Sie zu beiden Darstellungen eine passende Wachstumsfunktion.

b) Machen Sie mit Ihrem Modell Prognosen für die nächsten 10 Jahre. Beurteilen Sie Ihre Modelle. Suchen Sie aktuelle Daten im Netz und überprüfen Sie damit Ihre Modelle.

18 Ein Fischbestand – drei Modelle

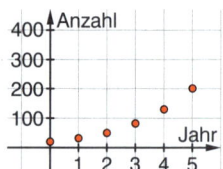

In einem Teich wurden vor 5 Jahren Fische ausgesetzt. Dann wurde jährlich der Bestand gemessen.

Jahr	0	1	2	3	4	5
Anzahl	20	32	50	82	130	201

Um zu wissen, wie der Fischbestand sich mittelfristig entwickelt, werden drei Institute beauftragt, Prognosen zu erstellen. Sie benutzen dabei unterschiedliche Modelle.

Institut A:
$A(x) = 20\,e^{0,45x}$

Institut B:
$B(x) = 7x^2 + 20$

Institut C:
$C(x) = (x+1)^3 + 20$

a) Zeigen Sie, dass alle drei Modelle gut zu den Daten passen.
b) Wie viele Fische wird es nach den Modellen in 3 bzw. in 5 Jahren geben? Wann wird es nach den Modellen 800 Fische in dem See geben? Welchem Modell stimmen Sie am ehesten zu? Begründen Sie.
c) Nehmen Sie auf Grundlage der Ergebnisse aus a) und b) Stellung zu der nebenstehenden Aussage.

> Auch sehr unterschiedliche Prognosen können gleichzeitig gut begründet sein.

19 Eine seltene Tierart

Zeit	Anzahl
0	30
1	49
3	72
4	92
7	185

In unregelmäßigen Abständen (in Jahren) wird der Bestand einer seltenen Tierart gemessen. Zwei Institute modellieren die Bestandsentwicklung unterschiedlich:
A: $f(x) = 30 \cdot e^{kx}$ \qquad B: $g(x) = ax^2 + bx + 30$

a) Bestimmen Sie für A und B passende Parameter. Vergleichen Sie Ihre Lösungen.
b) Wie viele Tiere werden es laut Institut A beziehungsweise B in 12 Jahren sein? Wann werden es jeweils über 1500 Tiere sein?
c) Ermitteln Sie für jedes Modell den Zeitraum, in dem sich der Bestand verdoppelt. Beschreiben Sie diesbezüglich Unterschiede zwischen den beiden Modellen.

5.3 Wachstum

„Die Bäume wachsen nicht in den Himmel."

Es gibt Grenzen. So haben in einem Gebiet immer nur eine bestimmte Anzahl von Tieren eine Lebenschance. Abkühlender Kaffee kann nicht kälter werden als die Raumtemperatur und Autos können nur bis zu einer gewissen Menge verkauft werden. Sowohl bei linearem Wachstum als auch bei exponentiellem Wachstum wachsen die Bestände aber über alle Grenzen. Es müssen also neue Modelle gefunden oder die bestehenden verändert werden. Grundlegend ist dabei die Beobachtung, dass das Wachstum schwächer wird, wenn man in die Nähe der Grenze kommt. Der Weg dahin kann aber unterschiedlich verlaufen. Es gibt zwei wesentliche Verlaufsformen.

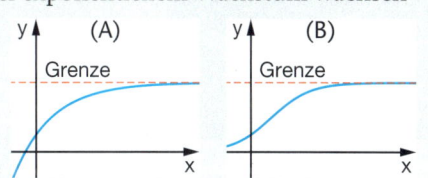

Übungen

20 *Smartphones, Sonnenblumen, ein Gerücht und Säugetiere*

a) Beschreiben Sie die Bestandsentwicklungen zu den beiden Modellen (A) und (B) aus dem Exkurs. Beziehen Sie dabei auch Skizzen der Ableitungsfunktionen mit ein.
b) Welches Modell erscheint Ihnen in den Situationen (1)–(4) angemessen. Geben Sie jeweils eine Begründung an.

(1) Entwicklung der Verkaufszahlen eines Smartphones.

(2) Entwicklung des Längenwachstums von Sonnenblumen.

(3) Zwei Schüler setzen ein Gerücht in Umlauf. Wie verbreitet sich das Gerücht an der Schule?

(4) Wie entwickelt sich die Anzahl von Säugetieren, die ein Mensch in Minutenschritten nennen kann?

Mathematische Modelle zu (1) – (4):

(1)	Aufgabe 21
(2)	Aufgabe 24
(3)	Aufgabe 25
(4)	Aufgabe 31

21 *Absatz eines TV-Geräts*

Ein TV-Gerät wird bei seiner Markteinführung 2000-mal verkauft. Umfragen haben ergeben, dass es maximal 20 000-mal verkauft werden kann und dass die Verkaufsrate zu Beginn am größten ist.

a) Zeichnen Sie den Graphen von $f(x) = -18 \cdot e^{-0,15x} + 20$ (x: Zeit in Monaten; f(x): Anzahl der verkauften Geräte in 1000 Stück). Begründen Sie, dass f ein passendes Modell in diesem Sachzusammenhang sein kann.
b) Wie viele Geräte sind nach zehn Monaten verkauft? Wann ist die Hälfte der maximalen Anzahl verkauft? Vergleichen Sie die Verkaufsraten zu diesen Zeitpunkten.

Modell (A)

Basiswissen

Wachstum hat immer Grenzen. Ein Modell ist das „Begrenzte Wachstum".

Wachstumsfunktion des begrenzten Wachstums

$f(x) = b \cdot e^{-kx} + G$

A: Anfangsbestand $f(0) = b + G$
G: (Kapazitäts-)grenze
k: Wachstumskonstante

Beispiel:
Ein Produkt kann nach Einführung auf dem Markt Umfragen zufolge maximal 10 000-mal abgesetzt werden. Die Wachstumskonstante beträgt k = 0,2.
b = 0 – 10 000 = –10 000
$f(x) = -10\,000 \cdot e^{-0,2x} + 10\,000$

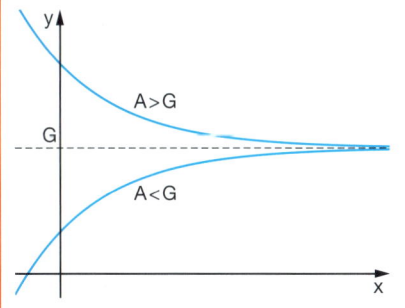

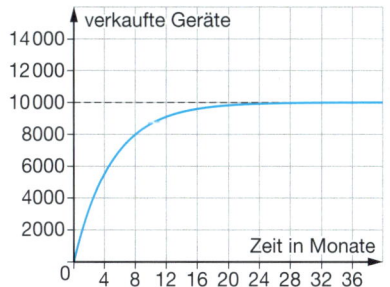

Übungen

22 *Abkühlung und Erwärmung*
Nach NEWTON lassen sich Abkühlungs- und Erwärmungsvorgänge durch Funktionen des Typs $f(x) = a \cdot e^{-kx} + b$ beschreiben.
(1) $f(x) = 70 \cdot e^{-0,15x} + 20$ (2) $g(x) = -18 \cdot e^{-0,1x} + 25$
a) Zeichnen Sie beide Funktionen und ihre Ableitungen. Welche der beiden Gleichungen stellt einen Abkühlvorgang, welche eine Erwärmung dar?
Begünden Sie allein mithilfe der Funktionsterme den Anfangswert und das Verhalten für $x \to \infty$.
b) Wie hoch ist jeweils die Anfangstemperatur und wie hoch die Raumtemperatur? Wählen Sie jeweils andere Werte für k und vergleichen Sie die Temperaturentwicklung. Welche Bedeutung hat k hier im Sachzusammenhang?

23 *Lungenuntersuchung*
Bei Lungenuntersuchungen muss man vollständig ausatmen und danach 5 Sekunden lang so tief wie möglich einatmen.

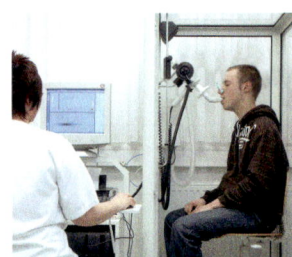

a) Bei zwei Personen lässt sich das Einatmen durch folgende Funktionen beschreiben: $L_1(x) = 5 - 5e^{-x}$ und $L_2(x) = 4 - 4e^{-2,5x}$ (x: Zeit in s, L(x): Lungenvolumen in l)
Skizzieren Sie beide Modellfunktionen. Beschreiben und vergleichen Sie das jeweilige Einatmen. Wo liegt jeweils die Grenze und welche Bedeutung hat sie im Sachkontext?
b) Begründen Sie, auch mithilfe der Ableitung, dass das Änderungsverhalten am Anfang am stärksten ist und umso geringer wird, je näher das Volumen an die Sättigungsgrenze heran kommt.
c) Zu welchem Zeitpunkt haben beide Personen dieselbe Menge Luft eingeatmet? Vergleichen Sie die momentane Änderungsrate zu diesem Zeitpunkt.
d) Bei gesunden Menschen gilt allgemein $L(x) = V - Ve^{-kx}$, $k > 0$ als passendes Modell zur Beschreibung des Einatmens. Ordnen Sie begründet den Bildern eine der Schargleichungen zu. Erklären Sie die Bedeutung der Parameter k und V.

(1) $L_V(x) = V - Ve^{-x}$

(2) $L_k(x) = 6 - 6e^{-kx}$

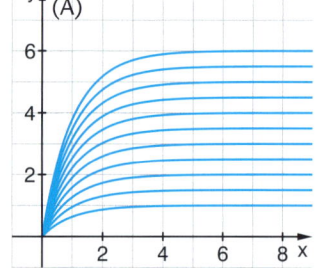

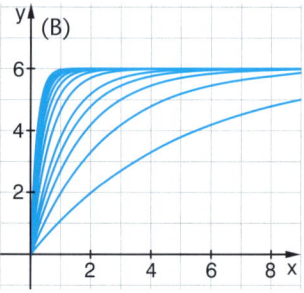

Modell (B)

24 *Sonnenblumen*
1919 untersuchten H. S. REED und R. H. HOLLAND das Wachstum von Sonnenblumen. Die Tabelle gibt ihre Messdaten an.

a) Skizzieren Sie den Datensatz und begründen Sie, warum das begrenzte Wachstum kein passendes Modell ist.

b) Zeigen Sie, dass $f(x) = \dfrac{260}{1 + 25\,e^{-0,1x}}$ gut zu den Daten passt.
Wie hoch wächst nach diesem Modell die Sonnenblume? Skizzieren Sie die Wachstumsgeschwindigkeit mithilfe einer Sekantensteigungsfunktion.
An welchem Tag ist die Wachstumsgeschwindigkeit am größten?
Wann hat die Sonnenblume die Hälfte der maximalen Höhe erreicht?

Zeit (Tage)	Höhe (cm)
0	8,0
7	17,9
14	36,4
21	67,8
28	98,1
35	131,0
42	169,5
49	205,5
56	228,3
63	247,1
70	250,5
77	253,8
84	254,5

Wachstumsfunktion des logistischen Wachstums

$f(x) = \dfrac{G}{1 + b \cdot e^{-kx}}$

G: (Kapazitäts-)grenze
k: Wachstumskonstante
Anfangsbestand $f(0) = \dfrac{G}{1+b}$

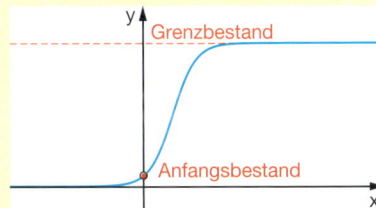

Beispiel:
Ein 10 cm hoher Sprössling Zyperngras wird eingepflanzt. Zyperngras wächst maximal 1,5 m hoch mit einer Wachstumskonstanten von ca. 0,1.

$G = 150;\ f(0) = 10;\ b = \dfrac{150}{10} - 1 = 14;$
$f(x) = \dfrac{150}{1 + 14 e^{-0,1 x}}$

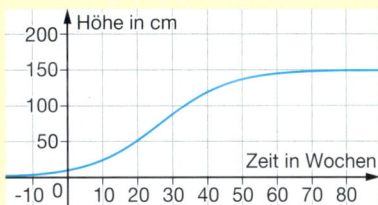

Für logistische Wachstumsfunktionen gilt:
Die Wachstumsgeschwindigkeit einer Population ist zu dem Zeitpunkt maximal, an dem die Population den halben Grenzbestand (Kapazitätsgrenze) erreicht hat.

Der Zeitpunkt ist $x = \dfrac{\ln(b)}{k}$.

Der zugehörige Punkt $\left(\dfrac{\ln(b)}{k}\bigg|\dfrac{G}{2}\right)$ ist Wendepunkt.

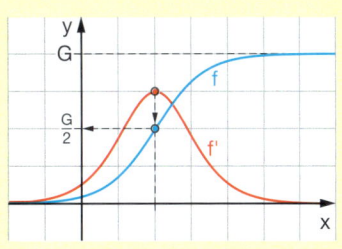

Übungen

25 | Ein Gerücht
Die Ausbreitung eines Gerüchts an einer Schule kann mit $f(x) = \dfrac{900}{1 + 224 e^{-1,8x}}$ modelliert werden (x in Stunden).

a) Skizzieren Sie f. Wieso ist diese Art der Modellierung sinnvoll?

b) Wie viele Schüler setzen zum Zeitpunkt x = 0 das Gerücht in die Welt? Wie viele Schüler kennen das Gerücht nach 2 Stunden, wie viele nach 4 Stunden?

c) Wann kennen 400 Schüler das Gerücht?

Wie hoch ist die Maximalzahl an Menschen, die das Gerücht erfahren? Geben Sie eine Begründung.

26 | Kresse
Ein Biologiekurs beobachtet das Wachstum von Kresse nach Beginn der Wurzelbildung.

Zeit (Tage)	0	1	2	3	4	5	6	7	8
Höhe (cm)	0,2	0,3	0,5	1,1	2,4	4,1	5,4	6,5	7,1

a) Zeigen Sie, dass $f(x) = \dfrac{1,6}{0,2 + 7,8 \cdot e^{-0,736 x}}$ ein passendes Modell ist.

b) Wächst die Kresse am 2. Tag stärker als am 7. Tag? Wann wächst die Kresse am stärksten?

c) Wann wächst die Kresse am schnellsten? Wie hoch ist sie dann gewachsen?

Übungen

Modellieren mit Daten

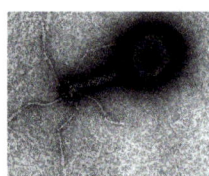

27 | Bakteriophagen

Der größte wirtschaftliche Schaden milchverarbeitender Betriebe (Molkereien) lässt sich auf Bakteriophagen (Phagen) zurückführen (mit 70 bis 80 % Hauptursache aller Produktionsstörungen). Phagen sind Viren, die Bakterien befallen. Der Befall einer Bakterienkultur mit Phagen kann zum Tod der Bakterienzelle und damit zu leichten bis totalen Produktionsausfällen führen.

Eine Möglichkeit, die Raumluft phagenarm zu halten, besteht in der Behandlung der Luft mit UV-C-Strahlung. Dazu ist es notwendig, einen Überblick über die Möglichkeiten der Reduzierung zu erhalten. Aus diesem Grund wurden Versuche zur Inaktivierung von Phagen durch UV-Strahlung durchgeführt. Sie zeigten, dass die Überlebensrate mit zunehmender Strahlendosis exponentiell abnimmt.

Die Tabelle zeigt die Ergebnisse eines Experiments zur Bestrahlung von Bakteriophagen.

Dosis	1	2	3	4
Überlebensrate	80	65	50	40

Wird es immer eine Restmenge an Überlebenden geben oder nicht?
Modellieren Sie den Datensatz mit unterschiedlichen Modellen und formulieren Sie zugehörige Antworten auf die Frage.

Vergleichen Sie Aufgabe 17

Jahr	Leistung in MW
1992	183
1993	334
1994	643
1995	1 137
1996	1 546
1997	2 082
1998	2 875
1999	4 445
2000	6 095
2001	8 754
2002	12 001
2003	14 609
2004	16 629
2005	18 428
2006	20 621
2007	22 247
2008	23 903
2009	25 777

28 | Windenergie

Die Grafik veranschaulicht die gesamte installierte Windenergieleistung (kumuliert) und den jährlichen Zubau (Balken) zwischen 1992 und 2009. Die Tabelle gibt die kumulierte Leistung an. Modellieren Sie die Entwicklung mit dem logistischen Wachstumsmodell. Inwiefern gibt Ihnen die Grafik zum Zubau einen Hinweis auf eine maximal mögliche installierte Leistung?

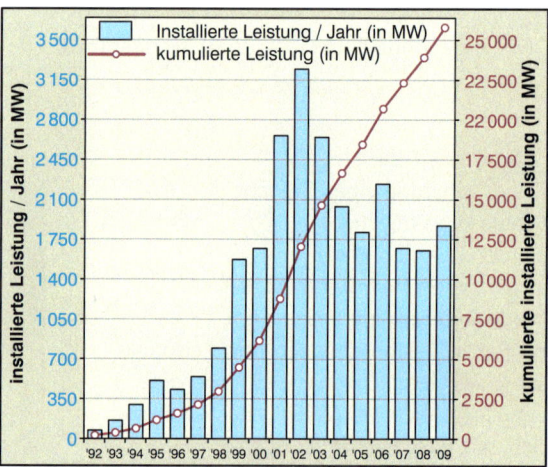

In welchem mathematischen Zusammenhang stehen der kumulierte Bestand und der Zubau? Überprüfen Sie damit Ihr Modell und versuchen Sie eine Prognose für die nächsten 10 Jahre.

KOPFÜBUNGEN

1. Schreiben Sie auf einen Bruchstrich: $\frac{a}{b} + \frac{b}{a}$

2. Beschreiben Sie die Punktmengen geometrisch:
   a) alle Tripel $(0\,|\,1\,|\,z)$ mit $z \in \mathbb{R}$ b) alle Tripel $(2\,|\,y\,|\,z)$ mit $y, z \in \mathbb{R}$

3. Bestimmen Sie jeweils alle Nullstellen:
   a) $f(x) = \left(x + \frac{1}{3}\right)^2$ b) $g(x) = \sqrt{x + 0{,}1}$ c) $h(x) = 3 \cdot e^{2x} + x^2$

4. Notieren Sie einen Lösungsansatz: „Wie oft muss man eine Münze werfen, um mit einer Wahrscheinlichkeit von mindestens 99 % mindestens einmal „Zahl" zu erhalten?"

5.3 Wachstum

29 *Wachstum der Weltbevölkerung*

a) Führen Sie eine exponentielle Regression durch und begründen Sie damit, dass die gesamte Entwicklung der Weltbevölkerung nicht sinnvoll durch ein exponentielles Modell beschrieben werden kann.

b) Zeigen Sie, dass für die Entwicklung zwischen 700 und 1750 sowohl ein lineares als auch ein exponentielles Modell gut passt. Erläutern Sie damit den Satz:

> Am Wachstumsbeginn kann häufig exponentielles Wachstum gut durch lineares Wachstum ersetzt werden.

Jahr	Bevölkerung in Mrd.	Jahr	Bevölkerung in Mrd.
700	0,2	1950	2,52
1000	0,31	1960	3,02
1250	0,4	1970	3,70
1500	0,5	1980	4,45
1750	0,79	1990	5,29
1800	0,98	1994	5,66
1900	1,65	1998	5,97
1910	1,75	2002	6,23
1920	1,86	2006	6,54
1930	2,07	2009	6,82
1940	2,30	2012	7,00

Aufgaben

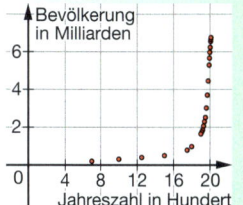

Skalieren Sie die x-Achse in Intervallen von 100 Jahren.

Finden Sie Zeitabschnitte, in denen ein exponentielles Modell gut passt und modellieren Sie damit stückweise die Entwicklung der Weltbevölkerung. Warum lassen sich mit einer solchen stückweisen Modellierung nur schlecht Prognosen erstellen?

c) Erläutern Sie anhand der Verdopplungszeiträume, dass das Wachstum der Weltbevölkerung zwischen 700 und 2006 stärker als exponentielles Wachstum ist. Will man also die gesamte Entwicklung durch eine einzige Modellfunktion beschreiben, muss man eine Funktion finden, deren Wachstumsgeschwindigkeit größer ist, als die des exponentiellen Wachstums.

Zeigen Sie, dass $f(x) = \frac{-20}{6x-125}$ gut zu den Daten passt. Skizieren Sie f und beschreiben sie den Verlauf des Graphen. Worin liegt ein qualitativer Unterschied zum Verlauf jeder Exponentialfunktion?

d) Zeigen Sie, dass für

(1) $f(x) = A \cdot e^{kx}$ gilt: $f'(x) = k \cdot f(x)$ (2) $f(x) = \frac{-20}{6x-125}$ gilt: $f'(x) = 0,3 \cdot (f(x))^2$

Begründen Sie damit, dass f(x) stärker wächst als eine Exponentialfunktion. Was würde es für die Weltbevölkerung bedeuten, wenn $f(x) = \frac{-20}{6x-125}$ angemessen wäre?

---

30 *Einflüsse bei der Abkühlung und Erwärmung*

Abkühlung und Erwärmung hängen von der Außentemperatur, der Ausgangstemperatur und der Isolierfähigkeit der Behälter ab. Wie wirken sich Variationen dieser Parameter auf den Abkühlungs- bzw. Erwärmungsprozess aus?

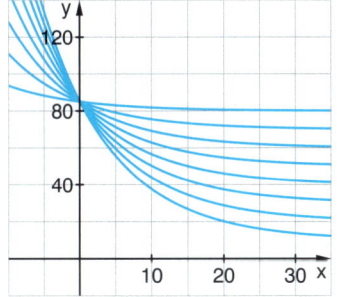

Nehmen Sie eine Raumtemperatur von 20 °C, eine Ausgangstemperatur von 85 °C und eine Isolierfähigkeit von 0,1 als Ausgangspunkt. Variieren Sie jeweils einen Parameter, also:

(1) A = 85 °C; k = 0,1; G variabel

(2) A = 85 °C; G = 20 °C; k variabel

(3) G – 20 °C; k – 0,1; A variabel

Die Grafik gehört zu einer Variation.

Eine Schargleichung:
$f_G'(x) = 0,1 \cdot (f_G(x) - G)$
A = 85

Geben Sie die Gleichungen der zugehörigen Funktionenscharen an. Beschreiben Sie die Bedeutung der jeweiligen Variation in der Sachsituation und skizzieren Sie die zugehörige Schar. Beschreiben Sie die Auswirkungen auf die Temperaturverläufe. Entsprechen diese Ihren Erwartungen?

5 Exponentialfunktionen und ihre Anwendungen

Aufgaben

31 *Ein sozialwissenschaftlich – psychologisches Experiment*
Wie viele Säugetierarten kennt eine Person? Wie schnell erfolgen die Nennungen? Gibt es einen Zusammenhang zwischen der Anzahl der Arten, die eine Person kennt, und der Geschwindigkeit, diese zu nennen?

Tierarten
Eine Art ist die kleinste Gruppe von Tieren, die sich untereinander, jedoch nicht mit Angehörigen anderer Arten, fortpflanzen können. Es gibt ca. 4000 Säugetierarten.

Interessante Einblicke in den Vorgang der kontinuierlichen Produktion kontrollierter Assoziationen vermitteln die Untersuchungen von BOUSFIELD und seinen Schülern (1944, 1950). Die Versuchspersonen hatten die Aufgabe, innerhalb eines festgelegten Rahmens (z. B. Säugetiere, Städtenamen) möglichst viele Assoziationen zu produzieren. Die Anzahl der in aufeinanderfolgenden Intervallen von je 2 Minuten niedergeschriebenen Einfälle lässt einen sehr typischen Verlauf erkennen. Es handelt sich um eine negativ beschleunigte Funktion, die einem maximalen Grenzwert C entgegenstrebt. Ihre Form wird durch die Gleichung $N(t) = C \cdot (1 - e^{-m \cdot t})$ beschrieben, in der e die Basis des natürlichen Logarithmus, m die Zuwachsrate, t die verstrichene Zeit und N die Anzahl der bis zum Zeitpunkt t produzierten Assoziationen ist.

Quelle: www.sgipt.org/wisms/av/hofst1.htm

Ein Beispiel für ein Testergebnis:

Zeit	Anzahl
2	22
4	33
6	40
8	45
10	50
12	54
14	57
16	59
18	61
20	63

a) Führen Sie den Test partnerweise durch.
Einer nennt die Tierarten, der Partner zählt und notiert. Übertragen Sie dazu die Tabelle in Ihr Heft. Wechseln Sie nach jeweils 2 Minuten in die nächste Zeile und summieren Sie in der Spalte „Summe".
Erstellen Sie ein Diagramm
Zeit → Anzahl genannter Tierarten.

Zeit (in min)	Anzahl genannter Tierarten	
	Strichliste	Summe
2	■	■
4	■	■
6	■	■
...	■	■
18	■	■
20	■	■

b) Benutzen Sie zum Modellieren den im Text genannten Funktionstyp
$N(t) = C \cdot (1 - e^{-m \cdot t})$.
Legen Sie basierend auf Ihrer Messreihe eine angemessene Grenze für das Reservoir C an Säugetieren bei der Testperson fest.
Bestimmen Sie damit einen passenden Wert von m, indem Sie einen Messwert benutzen und geben Sie eine zu Ihren Messwerten passende Funktion an.
Vergleichen Sie die gefundenen Funktionen im Kurs und einigen Sie sich auf einen „Durchschnittssäugetierartennenner".

Eine Anmerkung:
Natürlich gibt es keine halben Säugetiere und Messwerte gibt es auch nur zu bestimmten Zeitpunkten. Trotzdem kann hier sinnvoll mit einer kontinuierlichen Funktion modelliert werden, solange die Daten passen.

Wachstum mit Differenzialgleichungen beschreiben

Wie wachsen Populationen? Wie werden Stoffe im Körper abgebaut? Wie hängt die Zunahme der Verkaufszahlen von der Anzahl der verkauften Produkte ab? Sie haben in diesem Kapitel Exponentialfunktionen als geeignete Modelle zur Beantwortung solcher Fragen kennengelernt. Bei der Untersuchung dieser Fragen spielen die Zusammenhänge zwischen den Beständen (mathematisch: den Funktionswerten) und ihren Änderungsraten (mathematisch: der Ableitung) eine zentrale Rolle. Es erscheint daher angemessen, die Modelle über eine Beschreibung dieser Zusammenhänge zu entwickeln. Während bisher meist Modelle im Mittelpunkt standen, die den Verlauf einer Population beschreiben, werden jetzt gesetzmäßige Zusammenhänge zwischen der Änderungsrate und dem Bestand in den Blick genommen.

32 *Geschwindigkeit, Vermehrung und Verkäufe*

Aufgaben

a) Ordnen Sie den Texten die passende Beschreibung und Gleichung zu.

(A) Max fährt mit konstant zunehmender Geschwindigkeit.

(B) Jedes Jahr vermehrte sich die Hasenpopulation um 25 %.

(C) Pro Woche wurden zwei Autos mehr verkauft.

(D) Die **Änderung** ist proportional zum **Bestand**.

(E) Die **Änderung** ist proportional zur **Zeit**.

(F) Die **Änderung** ist **konstant**.

(1) $f_1'(x) = 2$

(2) $f_2'(x) = 0{,}5 \cdot x$

(3) $f_3'(x) = \ln(1{,}25) \cdot f_3(x)$

Für welche Funktionen gelten die Gleichungen (1), (2) und (3)?
Welche Funktionen „lösen" die Gleichungen?

b) Geben Sie zu (1), (2) und (3) eine passende Lösungsfunktion an. Warum gibt es zu jeder Gleichung mehrere Funktionen? Beschreiben Sie jeweils alle Lösungen.

Differenzialgleichungen grundlegender Wachstumsprozesse

Gleichungen, die einen Zusammenhang zwischen Funktionen, den x-Werten und ihren Ableitungen herstellen, heißen **Differenzialgleichungen** (DGL).

Lineares Wachstum

Die **Änderung** ist **konstant**.

$f'(x) = c$
$f(x) = c \cdot x + A$

Quadratisches Wachstum

Die **Änderung** ist proportional zur **Zeit** x.

$f'(x) = k \cdot x$
$f(x) = \frac{k}{2} x^2 + A$

Exponentielles Wachstum

Die **Änderung** ist proportional zum **Bestand**.

$f'(x) = k \cdot f(x)$
$f(x) = A \cdot e^{kx}$

DGL

Funktion

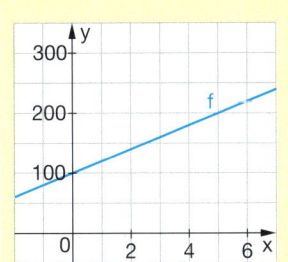
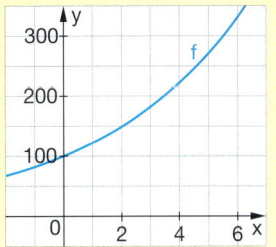

5 Exponentialfunktionen und ihre Anwendungen

Aufgaben

33 *Exponentielles und quadratisches Wachstum im Vergleich*

Die beiden Graphen haben ein ähnliches Aussehen, einer gehört zu
$f_1(x) = e^x$, der andere zu $f_2(x) = 1{,}7x^2 + 1$.

a) Ordnen Sie nach Augenmaß zu.

Polynom:
$a_n x^n + a_{n-1} x^{n-1} + \ldots + a_1 x + a_0$

b) Bestimmen und skizzieren Sie jeweils die ersten drei Ableitungen und beschreiben Sie mit deren Hilfe den qualitativen Unterschied beider Graphen.

g(x) ist Lösung der DGL
$g'(x) = 2 \cdot \frac{g(x) - 1}{x}$.

c) $f(x) = e^x$ ist Lösung der DGL $f'(x) = f(x)$.
Zeigen Sie, dass $g(x) = 1{,}7x^2 + 1$ keine Lösung dieser DGL ist.

d) Begründen Sie, dass keine ganzrationale Funktion
$f'(x) = a_n x^n + a_{n-1} x^{n-1} + \ldots + a_1 x + a_0$ Lösungsfunktion der DGL $f'(x) = f(x)$ sein kann.

34 *Kaffee und Säugetiere*

Die Zitate beschreiben den Abkühlvorgang von Kaffee bzw. das Nennen von Säugetieren (vgl. Aufgabe 31). Formulieren Sie die beschriebenen Zusammenhänge zwischen den Änderungen und den „Beständen" verallgemeinernd in Worten („Die Änderung ist proportional zu...") und durch eine DGL ($f'(x) = k \cdot \ldots$).

> Je heißer der Kaffee, desto schneller wird er kalt.

> Je weniger ich noch kenne, desto schwieriger ist es, dass mir eine neue Art einfällt.

> Je näher die Temperatur an der Umgebungstemperatur ist, desto geringer werden die Änderungen.

> Nach einer gewissen Zeit kam man immer wieder auf schon genannte Tiere.

> Je größer die Temperaturdifferenz desto größer ist die Temperaturänderung.

> Je mehr Zeit vergeht, desto langsamer nimmt die Temperatur ab.

> Je weniger Arten noch übrig sind, desto geringer ist die Anzahl zusätzlich genannter Arten.

DGL des begrenzten Wachstums

Die Änderung ist proportional zur Differenz aus Bestand und Grenze, also proportional zum möglichen Restbestand.

DGL: $f'(x) = k \cdot (G - f(x))$
A: Anfangsbestand $f(0)$
G: (Kapazitäts-)grenze
k: Wachstumskonstante
Funktion: $f(x) = (A - G) \cdot e^{-kx} + G$

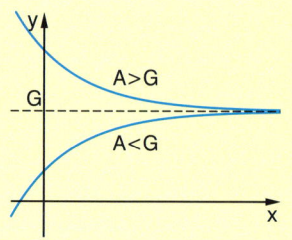

Zeit (min)	Temp. (°C)
0	84
2	72
4	62
6	56
8	51
10	47
12	44
14	41
16	38

35 *Rechnerische Lösung der DGL*

Weisen Sie nach, dass $f(x) = (A - G) \cdot e^{-kx} + G$ die DGL des begrenzten Wachstums löst.

36 *Kaffeeabkühlung*

a) Ermitteln Sie zu der Messreihe eine passende Funktion des begrenzten Wachstums.

b) Zeigen Sie, dass $g(x) = \frac{380}{x + 6} + 20$ auch gut zu dem Datensatz passt.

c) Zeigen Sie mit $g'(x) = \frac{-380}{(x + 6)^2}$, dass $g(x)$ nicht die DGL des beschränkten Wachstums löst.

Warum sind Exponentialfunktionen das bessere Modell zur Beschreibung von Abkühlungsvorgängen?

Newtonsches Abkühlungsgesetz

Wenn das einzige Kriterium für die Güte eines Modells die (statistisch) gute Übereinstimmung mit den Messwerten wäre, dann beschreiben sowohl die Exponentialfunktionen als auch die Hyperbeln in gleicher Weise angemessen den Abkühlungsprozess. Eine Differenzialgleichung beschreibt darüber hinaus einen gesetzmäßigen Zusammenhang zwischen den Größen (z. B. Zeit und Temperatur). Die Differenzialgleichung des beschränkten Wachstums ist von ISAAC NEWTON im Zusammenhang mit Abkühlungsprozessen entwickelt worden und heißt dementsprechend auch Newtonsches Abkühlungsgesetz.

ISAAC NEWTON
(1643–1727)

Aufgaben

37 *Überlagerung von exponentiellem und begrenztem Wachstum*
Das logistische Wachstum erscheint vom grafischen Verlauf eine Überlagerung von exponentiellem und begrenztem Wachstum zu sein. Naheliegend ist daher eine entsprechende Modellierung durch Verknüpfung beider DGL.
(1) $f'(x) = k \cdot f(x) + k \cdot (G - f(x))$ (2) $f'(x) = k \cdot f(x) \cdot (G - f(x))$
Welche DGL passt zu dem Wachstumsprozess?

Hinweise:
- DGL umformen
- Zunahme betrachten, wenn Grenze fast erreicht

DGL des logistischen Wachstums

Die Änderung ist proportional zum Bestand und zum Restbestand.

DGL: $f'(x) = k \cdot f(x) \cdot (G - f(x))$
A: Anfangsbestand $f(0)$
G: (Kapazitäts-)grenze
k: Wachstumskonstante

Funktion: $f(x) = \dfrac{A \cdot G}{A + (G - A) \cdot e^{-k \cdot G \cdot x}}$

(Grenzbestand, Anfangsbestand)

---

38 *Rechnerische Lösung der DGL*
Der rechnerische Nachweis, dass
$y_1(x) = \dfrac{A \cdot G}{A + (G - A) \cdot e^{-kGx}}$
die DGL $y_1'(x) = k \cdot y_1(x) \cdot (G - y_1(x))$ löst, ist mit einem CAS geführt worden. Erläutern Sie den Nachweis. Termprofis versuchen einen Nachweis „zu Fuß".

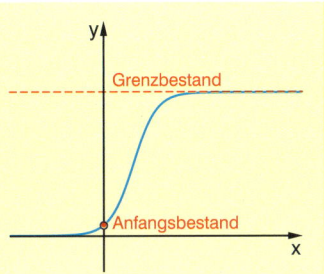

39 *Unterschiedliche Situationen – gleicher Modelltyp*
a) Die Wachstumskonstante k beim exponentiellen Wachstum setzt sich aus einer konstanten Geburtenrate g und einer konstanten Sterberate s zusammen, also:
$f'(x) = k \cdot f(x) = (g - s) \cdot f(x)$
Begründen Sie, dass der Ansatz
„Die Sterberate ist proportional zum Bestand"
angemessen den im Kasten dargestellten Sachverhalt modelliert. Modifizieren Sie entsprechend obige DGL und zeigen Sie, dass diese äquivalent zur DGL des logistischen Wachstums ist.
b) Gegeben ist die DGL $f'(x) = k \cdot f(x) - b \cdot f(x)^2$. Interpretieren Sie diese und zeigen Sie, dass sie äquivalent zu der DGL des logistischen Wachstums ist.

> Bei hohen Beständen sterben häufig anteilig zunehmend mehr, weil es z.B. zu einem Kampf um Futter kommt.

> $f(x) \cdot f(x)$ modelliert die Anzahl der Begegnungen einer Art mit sich selbst.

5 Exponentialfunktionen und ihre Anwendungen

Aufgaben

40 *Ein DGL-Puzzle*

Sie haben in diesem Kapitel erfahren, wie man die linearen Funktionen und die Exponentialfunktionen durch ihr Änderungsverhalten charakterisieren kann. Dieses Änderungsverhalten wird durch Differenzialgleichungen (DGL) beschrieben, also Gleichungen, bei denen im Allgemeinen sowohl die Funktion f als auch ihre Ableitung f′ auftreten.

Lassen sich andere Grundtypen von Funktionen (Quadratische Funktionen, Potenzfunktionen, Wurzelfunktionen etc.) ebenfalls durch ihr Änderungsverhalten, also durch Differenzialgleichungen, charakterisieren?

a) Welche Texte, DGL, Funktionen und Graphen gehören zusammen?

(1) Änderung proportional zum Bestand	(2) Änderung umgekehrt proportional zur Zeit	(3) Änderung konstant	(4) Änderung umgekehrt proportional zum Bestand	(5) Änderung proportional zur Zeit
(a) $f'(x) = \frac{k}{x}$	(b) $f'(x) = kx$	(c) $f'(x) = \frac{k}{f(x)}$	(d) $f'(x) = k$	(e) $f'(x) = \ln(k) \cdot f(x)$
(A) $f(x) = k^x$	(B) $f(x) = k \cdot \ln(x)$	(C) $f(x) = \frac{1}{2}kx^2$	(D) $f(x) = kx$	(E) $f(x) = \sqrt{2kx}$

(I) 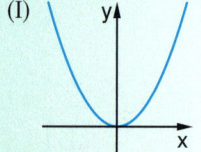	(II) 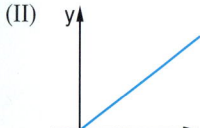	(III) 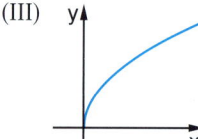	(IV) 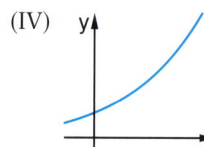	(V) 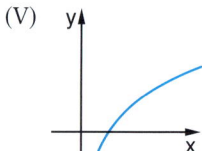

b) Weisen Sie rechnerisch nach, dass die Funktionen die zugehörige DGL lösen. Ordnen Sie die Funktionen nach ihrer Wachstumsintensität, geordnet vom schwächsten zum stärksten Wachstum.

c) Potenzfunktionen und Winkelfunktionen kann man auch über Differenzialgleichungen charakterisieren. Diese beiden Funktionsklassen sind aber etwas anders gebaut. Welche DGL gehört zu welcher Funktion? Führen Sie auch einen rechnerischen Nachweis. Beschreiben Sie die DGL in Worten.

(1) $f''(x) = -f(x)$	(2) $f'(x) = \frac{k \cdot f(x)}{x}$	(A) $f(x) = \sin(x)$	(B) $f(x) = x^k$

Differenzialgleichungen in der Physik

Differenzialgleichungen sind ein mächtiges Werkzeug zur Beschreibung und Analyse von Phänomenen aus Natur und Technik. Vor allem in der Physik treten sie in vielfältigen Zusammenhängen auf. So ist z.B. der von NEWTON entdeckte Zusammenhang F = m · a (Kraft = Masse · Beschleunigung) eine DGL $x''(t) = a(t) = \frac{F}{m}$. Je nach Art der Kraft F erhält man mit dem Ort x(t) zur Zeit t:

	Freier Fall: Konstante Gewichtskraft: F = m · g	Harmonische Schwingung Federpendel: F = –D · x(t)	Gedämpfte Schwingung F = –D · x(t) – r · x'(t)
DGL	$x''(t) = g$	$x''(t) = -\frac{D}{m} \cdot x(t)$	$x''(t) = -\frac{D}{m} \cdot x(t) - \frac{r}{m} \cdot x'(t)$
Lösung x(t)	$x(t) = \frac{1}{2}g \cdot t^2$	$x(t) = x_{max} \cdot \cos\left(\sqrt{\frac{D}{m}} \cdot t\right)$	$x(t) = x_{max} \cdot e^{-k \cdot t} \cdot \cos\left(\sqrt{\left(\frac{D}{m} - k^2\right)} \cdot t\right)$
Beobachtung			

5.4 e-Funktionen in Realität und Mathematik

Mit e-Funktionen lassen sich vielfältige mathematische Probleme bearbeiten und reale Situationen beschreiben. Nach den Wachstumsmodellen werden hier nun weitere, vor allem auch komplexere Anwendungsprobleme aufgegriffen. Dabei werden die bereits erworbenen Kenntnisse und Methoden der Analysis trainiert und erweitert. Um eine erfolgreiche Mathematisierung zu erreichen, muss zunächst der Sachzusammenhang angemessen erfasst werden, ehe die Übersetzung in ein mathematisches Modell erfolgt. Von gleicher Wichtigkeit ist aber auch das Überprüfen der errechneten Werte am Sachzusammenhang. In innermathematischen Zusammenhängen werden bereits erworbene Kenntnisse und Methoden der Analysis trainiert.

Was Sie erwartet

1 *Konzentration eines Medikaments*

Aufgaben

Die Wirkung eines Medikaments hängt entscheidend von seiner Dosierung ab. Zu kleine Dosen entfalten oft keine Wirkung, zu hohe sind oft schädlich oder führen sogar zu Vergiftungen. Die Abbildung zeigt den zeitlichen Verlauf der Konzentration eines Medikaments im Blut. Pharmakologen verwenden zum Modellieren der Konzentration häufig Exponentialfunktionen.

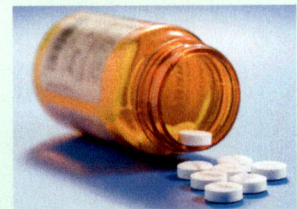

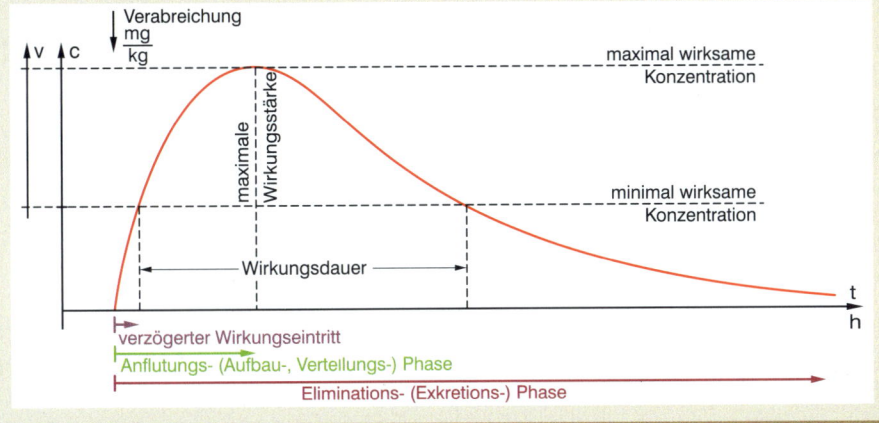

a) Die Funktion $K(t) = t \cdot e^{-0{,}1t}$ (t in h; K(t) in mg/kg) ist ein Modell für den zeitlichen Verlauf der Wirksamkeit eines Medikaments. Beschreiben Sie die in der Grafik eingetragenen Bereiche (Wirkungsdauer, maximale Wirkungsstärke usw.) zu diesem Medikament und geben Sie die zugehörigen Werte an. Die minimal wirksame Konzentration beträgt 2 mg/kg.
b) Zu welchem Zeitpunkt ist der Aufbau der Konzentration am stärksten, zu welchem ist der Abbau am stärksten?
c) Wann ist das Medikament vollständig abgebaut? Vergleichen Sie Modell und Wirklichkeit.
d) $K_c(t) = t \cdot e^{-c \cdot t}$ beschreibt die Konzentration für unterschiedliche Medikamente. Die minimal wirksame Konzentration beträgt $\frac{0{,}2}{c}$ mg/kg. Skizzieren und beschreiben Sie den Verlauf der Konzentration in Abhängigkeit ausgewählter Werte für $0 < c < 0{,}3$. Bestimmen Sie Wirkungsdauer, maximale Wirkungsstärke und die Zeitpunkte für den stärksten Aufbau bzw. Abbau in Abhängigkeit von c.

Hinweis:
Zur Untersuchung von K(t) können Sie Sekantensteigungsfunktionen $\frac{K(t + 0{,}001) - K(t)}{0{,}001}$ oder Ableitungen benutzen.

5 Exponentialfunktionen und ihre Anwendungen

Aufgaben

2 Aus der Ökonomie

Bei der Absatzplanung von Firmen ist häufig die Frage bedeutsam:
Welcher Stückpreis kann bei einer angestrebten Absatzmenge erzielt werden?
Meistens gilt: Wenn man viel verkaufen will, müssen die Produkte günstig sein. Wenn sie aber zu günstig sind, bleibt vielleicht kaum ein Gewinn übrig.

Da Unternehmen meist nicht wissen, wie viele Produkte sie zu welchem Preis verkaufen können, sind sie zunächst auf gedankliche Modelle angewiesen. Dazu konstruieren sie Preisabsatzfunktionen, die einer Absatzmenge x einen Stückpreis P(x) zuordnen.

a) Beschreiben Sie, in welcher Weise die drei Graphen den Zusammenhang zwischen Absatzmenge x und Stückpreis P(x) modellieren. Welche der Graphen erscheinen Ihnen sinnvoll zu sein? Wo liegen die Unterschiede in den Modellen?

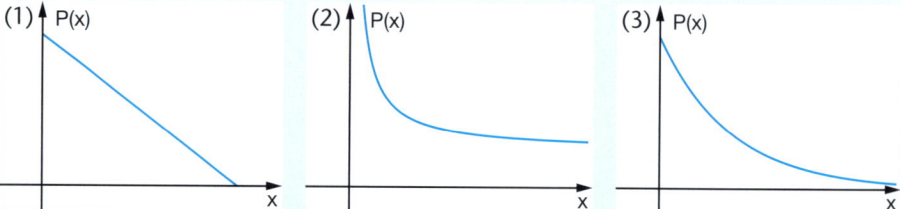

Der Umsatz wird auf diese Art modelliert: Umsatz = Preis · Menge

Warum gilt hier nicht: „Je mehr verkauft wird, desto höher der Umsatz"?
Haben Sie eine Vermutung zur Entwicklung des Umsatzes in Abhängigkeit der Absatzmenge?
Skizzieren Sie einen möglichen Graphen einer Umsatzfunktion (x: Absatzmenge; U(x): Umsatz).

b) Eine Firma hat aus früheren Erfahrungen und Umfragen ein Modell erarbeitet, das den Preis P(x) eines Produktes in Abhängigkeit vom angestrebten Absatz von x Einheiten/Tag durch folgende Funktion beschreibt:

$P_1(x) = 300 \cdot e^{-0,02x}$ (x: Absatzmenge in Stück; P(x): Stückpreis in €)

• Skizzieren Sie $P_1(x)$ und beschreiben Sie die Entwicklung des Verkaufspreises in Abhängigkeit der nachgefragten Menge. Vergleichen Sie mit den Graphen aus a).
• Geben Sie die Umsatzfunktion $U_1(x)$ an. Skizzieren Sie $U_1(x)$ und beschreiben Sie die Entwicklung des Umsatzes in Abhängigkeit der nachgefragten Menge. Ermitteln Sie den maximalen Umsatz.

c) $P_k(x) = a \cdot e^{-0,02x}$; $a > 0$ beschreibt verschiedene Preisabsatzfunktionen in Abhängigkeit von a.
Geben Sie die zugehörige Schar von Umsatzfunktionen $U_a(x)$ an.
• Skizzieren und beschreiben Sie beide Scharen in jeweils ein Koordinatensystem für Werte von a mit $0 < a < 1000$. Welche Bedeutung hat a im Sachzusammenhang? Wie entwickeln sich die Umsätze?
• Bestimmen Sie die maximalen Umsätze. Wann ist die Abnahme des Umsatzes am stärksten?

5.4 e-Funktionen in Realität und Mathematik

Basiswissen

e-Funktionen treten in vielen Anwendungen auf. Im ersten Schritt müssen angemessene Modelle zu den Realsituationen aufgestellt werden, ehe dann mithilfe des Modells Fragestellungen mathematisch bearbeitet werden können.

Situation: Die Bekämpfung von sehr schnell wachsenden Schädlingsbeständen mit Pestiziden führt meist nicht zur sofortigen Abnahme und Beseitigung der Schädlinge, weil die Wirkung der eingesetzten Mittel erst mit der Zeit erfolgreich einsetzt.

Modell: $S(t) = e^{0,2t}(50 - e^{0,2t})$ (t: Zeit in Tagen, S(t): Anzahl der Schädlinge in 1000 Stück)
$= 50e^{0,2t} - e^{0,4t}$

Fragestellung	Antwort
Beschreibt die Funktion S(t) den zeitlichen Verlauf eines Schädlingsbestandes nach Versprühen eines Pestizids (t = 0) angemessen? Wann sind nach diesem Modell die Schädlinge beseitigt?	**Graph zeichnen und beschreiben** 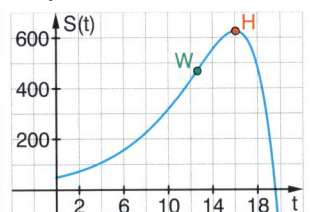 Die Population wächst zunächst, dann (t ≈ 16) schnelle Abnahme, nach ca. 20 Tagen sind keine Schädlinge mehr vorhanden. Nullstelle: t ≈ 20
Wann ist der Höchststand an Schädlingen vorhanden? Wann ist die Wachstumsgeschwindigkeit am größten?	**Charakteristische Punkte aus Graphen ablesen** Der Höchstand (Hochpunkt) sind ca. 620 000 Schädlinge nach 16 Tagen. Die maximale Wachstumsgeschwindigkeit ist nach 12–13 Tagen (Wendepunkt).
Jeder Schädling vertilgt pro Tag ca. 4 cm² Blattfläche. Wie viel Blattfläche wurde von den Schädlingen insgesamt gefressen?	**Integral unter Kurve bestimmen** (Anzahl der verzehrten Tagesportionen) $\int_0^{20} S(t)\,dt \approx 6000$; $4\,cm^2 \cdot 1000 \cdot 6000 = 24\,000\,000\,cm^2$ Es werden ca. 2400 m² Blattfläche gefressen.

Situation: Verschiedene Pestizide wirken bei Schädlingen unterschiedlich schnell und stark, was Einfluss auf das Wachstum der Schädlingspopulationen und den Zeitpunkt der Beseitigung hat.

Modell: $S_k(t) = e^{kt}(50 - e^{kt})$ (t: Zeit in Tagen, $S_k(t)$: Anzahl der Schädlinge in 1000 Stück)
$= 50e^{kt} - e^{2kt}$ $\quad 0 < k < 1$

Fragestellung	Antwort
Wie sehen verschiedene Kurven der Schar $S_k(t)$ aus? Wie lassen sich die Schädlingsbestände in Abhängigkeit von k beschreiben? Welche Bedeutung hat der Parameter k?	**Schar zeichnen und beschreiben** 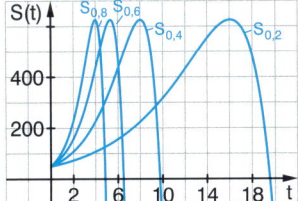 Je größer k ist, desto schneller wachsen die Bestände, sie sterben dann aber auch entsprechend früher aus. Das Maximum scheint unabhängig von k zu sein. k ist ein Maß dafür, wie schnell das Pestizid wirkt.
Wann liegt für die einzelnen Scharkurven in Abhängigkeit von k der maximale Schädlingsbestand vor? Wie lange dauert es bis zur Beseitigung des Bestandes?	**Hochpunkt mit Kriterien bestimmen** $S_k'(t) = 50k \cdot e^{kt} - 2k \cdot e^{2kt} = 2k \cdot e^{kt}(25 - e^{kt})$ $S_k'(t) = 0 \Rightarrow t = \frac{1}{k}\ln(25)$ **Nullstelle:** $50 - e^{kt} = 0 \Rightarrow t = \frac{1}{k}\ln(50)$ Für k → 1 strebt der Zeitpunkt der Beseitigung gegen ln(50) ≈ 3,9. Es gibt also mindestens 4 Tage lang Schädlinge.

Übungen

3 *Verkauf von Kaffeeautomaten*

Zwei unterschiedliche Typen von Kaffeeautomaten werden gleichzeitig am Markt eingeführt. Auf der Grundlage von Umfragen und bisherigen Erfahrungen wird der Verkauf durch die beiden folgenden Funktionen modelliert:

Typ 1:
$T_1(x) = 3x \cdot e^{-0,25x}$

Typ 2:
$T_2(x) = 0,5x^2 \cdot e^{-0,25x}$

x: Zeit in Monaten
x = 0: Zeitpunkt der Markteinführung
y: Stückzahl in 1000/Monat

a) Skizzieren Sie jeweils die Absatzfunktionen. Beschreiben und vergleichen Sie die jeweiligen Absätze. Wo liegt ein wesentlicher Unterschied in der Modellierung des Absatzes der beiden Gerätetypen?

b) Bestimmen Sie jeweils die maximalen Absätze pro Monat und deren Zeitpunkt. Wann sind die Zunahme bzw. Abnahme der abgesetzten Stückzahlen/Monat jeweils maximal? Erklären Sie damit rechnerisch den qualitativen Unterschied in der Absatzentwicklung.

Stammfunktion zu T_1:
$-12(x + 4) \cdot e^{-0,25x}$

Stammfunktion zu T_2:
$(-2x^2 - 16x - 64) \cdot e^{-0,25x}$

c) Begründen Sie, dass die Absatzfunktionen Änderungsfunktionen sind.
Wie viele Geräte werden nach den Modellen jeweils in den ersten 3 Monaten abgesetzt, wie viele in den ersten 2 Jahren? Interpretieren Sie das Ergebnis. Untersuchen Sie grafisch, wann von beiden Gerätetypen gleich viel abgesetzt wurde.

4 *Aufnahme und Abgabe von Stoffen*

> Wirkstoffe von Arzneimitteln werden vom Körper aufgenommen, verteilen sich im Körper, unterliegen Stoffwechselprozessen und werden wieder abgegeben. In einem vereinfachenden Modell wird angenommen, dass die Aufnahme und Abgabe jeweils exponentiell zerfallend ist.

Die Funktion $f(x) = 2(e^{-0,5x} - e^{-3x})$ (x: Zeit in Stunden; f(x): Konzentration in mg/l) beschreibt einen solchen Prozess.

a) Skizzieren Sie f und f'. Beschreiben Sie mithilfe beider Funktionen den Verlauf der Konzentration des Medikaments im Blut.
Bestimmen Sie den Hoch- und den Wendepunkt. Interpretieren Sie die berechneten Werte im Sachkontext.

b) Das Medikament wirkt, wenn die Konzentration mindestens 0,25 mg/l beträgt. Bestimmen Sie den Wirkzeitraum des Medikaments nach Einnahme.

HARRY BATEMAN
(1882–1946)
britischer Mathematiker

> f ist ein Beispiel für eine *Bateman-Funktion*. Diese Funktionen haben die allgemeine Gleichung $f(x) = k \cdot (e^{-ax} - e^{-bx})$; k, a, b ≥ 0, a < b. Diese Funktionen sind ein allgemeines Modell für die Aufnahme und Abgabe eines Stoffes in Abhängigkeit der Zeit. Aufnahme und Abgabe werden jeweils durch eine e-Funktion modelliert.

c) Wie wirken sich einzelne Veränderungen der Parameter k, a und b aus? Beschreiben Sie diese Auswirkungen mithilfe der Skizzen. Warum muss a < b gelten?

a = 0,5; b = 3; k variabel   a variabel; b = 3; k = 2   a = 0,5; b variabel; k = 2

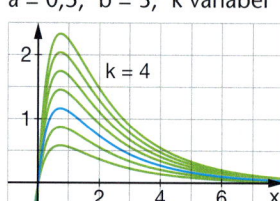
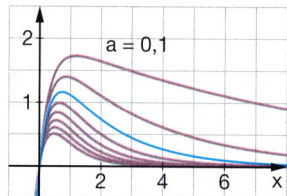
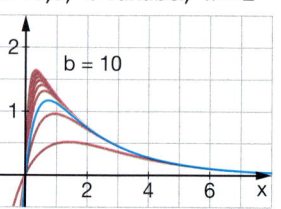

d) Bestimmen Sie die Hoch- und Wendepunkte in Abhängigkeit vom Parameter.

5 Kettenlinie

Eine frei hängende Kette nimmt unabhängig von der Aufhängung und der Länge eine parabelförmige Form an. Ist es auch eine Parabel?
Die Abbildung zeigt zwei nach Anschauung passende Graphen verschiedener Funktionstypen:

$p(x) = 0{,}75 \cdot x^2 + 1$; $K(x) = 0{,}5 \cdot (e^x + e^{-x})$

Zeichnen Sie beide zugehörigen Graphen und beschreiben Sie den unterschiedlichen Verlauf. Präzisieren Sie die Unterschiede mithilfe der ersten und zweiten Ableitungen.

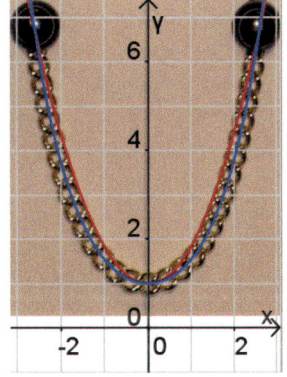

Übungen

Das Problem der hängenden Kette

Das Problem, die Linie einer frei hängenden Kette durch eine Funktion zu beschreiben, taucht schon bei GALILEI auf. Er glaubte, dass die Kurve eine Parabel ist. HUYGENS wies dann als 17-Jähriger nach, dass es keine Parabel sein kann.

Später (1690) wurde das Problem von LEIBNIZ, HUYGENS und JOHANN BERNOULLI gelöst. Sie konnten mit physikalisch-mathematischen Mitteln zeigen, dass die Kette folgende Bedingung erfüllen muss: $f''(x) = k \cdot \sqrt{1 + f'(x)^2}$.
Diese Bedingung wird aber nur von den Funktionen $K_k(x)$ erfüllt und nicht von Parabeln. Diese Funktionen heißen daher auch **Kettenlinien**.

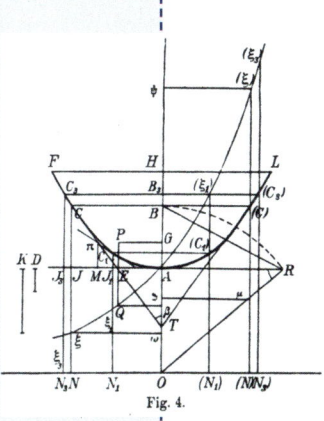

Aus einem Manuskript von LEIBNIZ

b) Zeigen Sie, dass die Kettenlinie $K(x)$ die Bedingung $f''(x) = \sqrt{1 + f'(x)^2}$ (vgl. „Das Problem der hängenden Kette") erfüllt und die Parabel $p(x) = 0{,}75 \cdot x^2 + 1$ nicht.

c) Bestimmen Sie für $K(x) = \frac{1}{2}\left(e^x + e^{-x}\right)$

- die Steigung an der Stelle a;
- den Flächeninhalt unter der Kurve in $[0; a]$;
- die Länge des Bogens in $[0; a]$.

Für Termexperten oder mit CAS

In Aufgabe 21 finden sie weitere Untersuchungen zur Kettenlinie

Bogenlänge von K in $[0; a]$:
$$\int_0^a \sqrt{1 + K'(x)^2}\, dx$$

Brücken und Kettenlinien

Eventuell haben Sie schon einmal Brückenbögen mithilfe einer Parabel modelliert. Sind das nun eigentlich auch Kettenlinien?
Von der Form her passen sicher beide Kurventypen ganz gut. Mit mathematisch-physikalischen Methoden kann man aber zeigen, dass die Bögen bei Hängebrücken wie der Golden Gate Bridge angemessener mit Parabeln modelliert werden, frei hängende Hängebrücken, wie die Salbitbrücke, besser mit einer Kettenlinie. Wo liegt der Unterschied? Bei den Straßenbrücken hängt an den Bögen eine sehr große Last, nämlich die Fahrbahn. Dies ist bei den frei hängenden Brücken nicht der Fall.

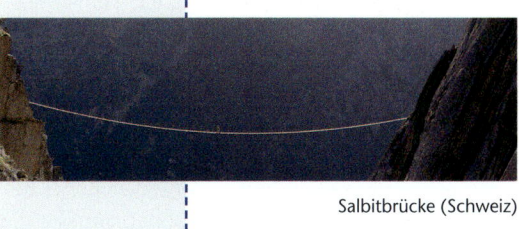

Salbitbrücke (Schweiz)

Golden Gate Bridge (USA)

5 Exponentialfunktionen und ihre Anwendungen

Übungen

6 *Konzentration von Medikamenten*
Die Konzentration eines Medikaments im Blut hängt vom Medikament, von der Konstitution des Patienten und von anderen Aspekten ab. Die folgenden Funktionenscharen beschreiben die Konzentration in Abhängigkeit gewisser Parameter.
Skizzieren Sie jeweils die Schar und beschreiben Sie die Auswirkung der Parametervariation im Sachkontext.

a) $K_t(x) = x \cdot e^{-tx}$
   $t > 0$
b) $K_a(x) = a \cdot x \cdot e^{-0,02x}$
   $0 < a \leq 2$
c) $K_b(x) = (x - b) \cdot e^{-0,02x}$
   $b > 0$

Ermitteln Sie die Ortskurven der maximalen Konzentration und der maximalen Abnahme der Konzentration.

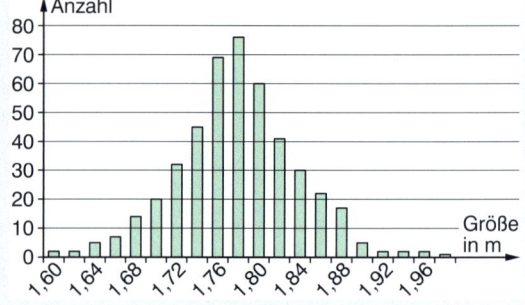

Beispiel: Schar mit Ortskurven

Extrempunkt:
$\left(\frac{1}{k} \mid \frac{1}{e \cdot k}\right)$

Wendepunkt:
$\left(\frac{2}{k} \mid \frac{2}{e^2 \cdot k}\right)$

Ortskurven:
$y = \frac{x}{e}$; $y = \frac{x}{e^2}$

Größe in m	Anzahl
1,6	2
1,62	2
1,64	5
1,66	7
1,68	14
1,7	20
1,72	32
1,74	45
1,76	69
1,78	76
1,8	60
1,82	41
1,84	30
1,86	22
1,88	17
1,9	5
1,92	2
1,94	2
1,96	2
1,98	1

Die GAUSS'SCHE Glockenkurve
Wie verteilt sich die Körpergröße von Männern?

Die Tabelle links zeigt das Ergebnis einer Untersuchung an 455 Männern.
Im Diagramm rechts ist es grafisch dargestellt. Es gibt viele Männer, die um 1,78 m groß sind und ganz wenige, die sehr klein oder sehr groß sind. Die Grafik hat ein typisches Aussehen für solche Verteilungen.
In der Stochastik werden theoretische Modelle entwickelt, die derartige Verteilungen beschreiben. Die zugehörigen Funktionen haben dann das charakteristische glockenförmige Aussehen. CARL FRIEDRICH GAUSS hat als erster solche Funktionen entwickelt und untersucht.

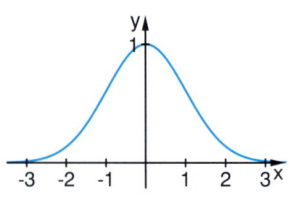

Gleichung der Tangente
an der Stelle a:
$y = f'(a) \cdot (x - a) + f(a)$

7 *Eigenschaften der Glockenkurve*
Der Graph von $f(x) = e^{-\frac{1}{2}x^2}$ ist ein Beispiel für eine Glockenkurve.
a) Begründen Sie die Symmetrie und das Verhalten für $x \to \infty$. Begründen Sie, dass $(0|1)$ der Hochpunkt ist (dies geht auch ohne Rechnung). Bestimmen Sie die Wendepunkte und die Gleichungen der Tangenten in diesen Punkten.
b) Zu f können wir keine Stammfunktion angeben. Um die Fläche unter der Kurve im Intervall $[0;2]$ zu bestimmen, können wir z. B. die Glockenkurve durch einfache Funktionen annähern. Hier einige Tipps zur Bestimmung von Näherungskurven:

Wendetangenten benutzen	$y = bx^2 + 1$
$y = b \cdot (x - 3)^2$	Punkte aus der Wertetabelle von f auslesen und Regressionsfunktionen (Polynomfunktion) auswählen.

Probieren Sie verschiedene Lösungswege und vergleichen Sie.

8 Eine Grippewelle

Übungen

In diesem Lernabschnitt haben Sie häufig Prozesse modelliert, bei denen das Wachstum zunächst zunimmt, dann aber wieder abnimmt. Häufig beschreiben Funktionen des Typs $f(x) = a \cdot x \cdot e^{-kx}$ dieses Verhalten angemessen. Allerdings ist bei diesen Modellen die Wachstumsgeschwindigkeit immer zu Beginn des Prozesses maximal, sie nimmt ab, bis der Maximalbestand erreicht ist. Bei Grippewellen wächst die Anzahl der Infizierten zunächst auch, aber zu Beginn langsam, weil nur wenige infiziert sind. Wenn aber immer mehr Personen auf Infizierte treffen, wird die Geschwindigkeit der Zunahme an Infizierten größer, ehe so viele krank sind, dass man mehr auf Infizierte trifft als auf nicht Infizierte; die Zunahme an Infizierten nimmt wieder ab, bis die Maximalanzahl an Grippekranken erreicht ist. Nach einer gewissen Zeit ebbt die Welle dann ab, bis schließlich alle Menschen wieder grippefrei sind.

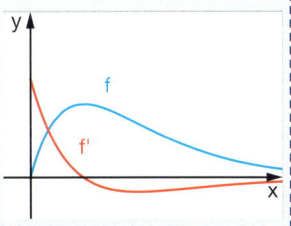

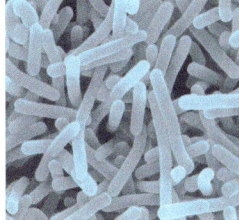

a) Skizzieren Sie den Verlauf einer Grippewelle so, dass er zu den Aussagen im obigen Text passt. Skizzieren Sie auch die Wachstumsgeschwindigkeit nach Anschauung. Vergleichen Sie mit der Wachstumsgeschwindigkeit von
$g(x) = 10x \cdot e^{-0,5x}$

b) • Skizzieren Sie $f(x) = e^{0,2x - 0,01x^2}$ (x: Zeit in Tagen, f(x): Anzahl der Infizierten in 100 Personen) und begründen Sie damit, dass f den Verlauf einer Grippewelle angemessen beschreibt.
• Zeigen Sie, dass $f'(x) = (-0,02x + 0,2) \cdot e^{0,2x - 0,01x^2}$ gilt (Kettenregel). Skizzieren Sie f' und bestätigen Sie damit Ihre Beschreibung aus a). Passen die Graphen zu Ihren Graphen aus a)?
• Bestimmen Sie die maximale Anzahl an Infizierten und die Zeitpunkte maximaler Zu- bzw. Abnahme der Infizierten. Benutzen Sie eine Sekantensteigungsfunktion.

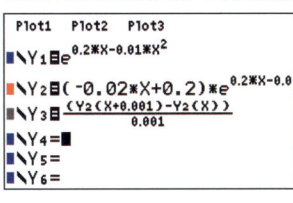 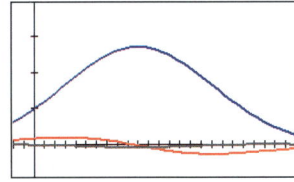 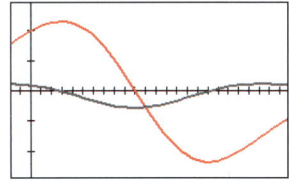

Die Funktionen $f_{a,g}(x) = e^{a \cdot x - g \cdot x^2}$ beschreiben den Verlauf der Grippewelle für unterschiedliche Ansteckungsraten a und Gesundungsraten g.

c) Welche Bedeutung haben Variationen der Parameter a und g im Sachkontext? Beschreiben Sie jeweils die Auswirkungen von unterschiedlichen Ansteckungs- und Gesundungsraten.
(1) g = 0,01; a variabel
(2) a = 0,2; g variabel
Erstellen Sie zu (2) eine aussagekräftige Skizze.
Bestimmen Sie die maximale Anzahl Grippekranker und die Zeitpunkte maximaler Zu- bzw. Abnahme der Infizierten.

d) Welche Bedeutung haben a und g, wenn es sich um die Entwicklung von Bakterien in einer Petrischale handelt? Beschreiben Sie auch hier die Bedeutung und Auswirkungen von Variationen.

5 Exponentialfunktionen und ihre Anwendungen

Übungen

Klassifikationen von e-Funktionen

9 *Verknüpfung linearer Funktionen mit Exponentialfunktionen*

Was passiert, wenn man eine lineare Funktion $l(x) = ax + b$ mit einer Exponentialfunktion $g(x) = e^{kx}$ zu $f(x) = (ax + b) \cdot e^{kx}$ verknüpft?

a) Ordnen Sie begründet den Funktionsgleichungen passende Grafiken zu. Versuchen Sie eine Zuordnung ohne technische Hilfsmittel.

(1) $f_b(x) = (x + b) \cdot e^x$ (2) $f_a(x) = a \cdot x \cdot e^x$ (3) $f_k(x) = x \cdot e^{kx}$

(A) 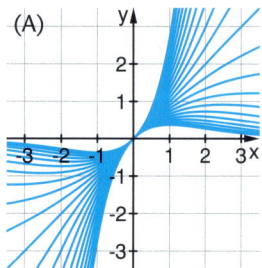   (B) 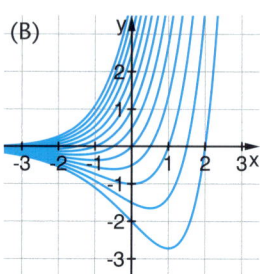   (C)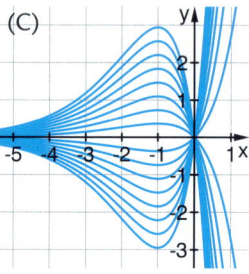

b) Untersuchen Sie die Funktionenscharen jeweils auf Nullstellen, Extrem- und Wendepunkte. Ermitteln Sie gegebenenfalls die Ortskurve der Extrem- und Wendepunkte. Geben Sie Begründungen für das Verhalten der Funktionen für $x \to \pm\infty$.

c) Beschreiben Sie die Gemeinsamkeiten und Unterschiede der Scharen f_a, f_b und f_k. Schreiben Sie einen Bericht zu der Ausgangsfrage.

d) Untersuchen Sie $f(x) = (ax + b) \cdot e^{kx}$ auf Nullstellen, Extrem- und Wendepunkte. Ermitteln Sie gegebenenfalls die Ortskurve der Extrem- und Wendepunkte und untersuchen Sie das Verhalten für $x \to \pm\infty$.

10 *Verknüpfung von Potenzfunktionen mit e-Funktionen*

Was passiert, wenn man eine Potenzfunktion $p(x) = x^n$; $n \in \mathbb{N}$; mit einer Exponentialfunktion $g(x) = e^x$; zu $f_n(x) = x^n \cdot e^x$ verknüpft?

a) Ordnen Sie den Funktionsgleichungen begründet ohne Benutzung eines GTR eine passende Grafik zu.

$f_1(x) = x \cdot e^x$	$f_2(x) = x^2 \cdot e^x$	$f_3(x) = x^3 \cdot e^x$
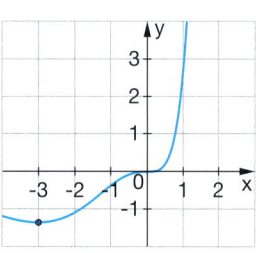	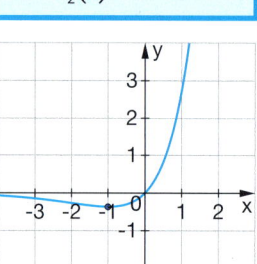	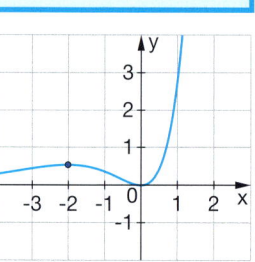

Beschreiben Sie qualitativ den graphischen Verlauf von $f_4(x) = x^4 \cdot e^x$; $f_5(x) = x^5 \cdot e^x$ ...

b) Berechnen Sie die charakteristischen Punkte von f_1, f_2 und f_3. Für Termprofis oder mit CAS: Bestimmen Sie die charakteristischen Punkte für ein beliebiges n.

Forschungsaufgaben

11 *Forschungsaufgaben*

e-Funktionen können mit verschiedenen Funktionen verknüpft werden. Untersuchen Sie die Verknüpfungen. Schreiben sie jeweils einen Forschungsbericht. Fertigen Sie aussagekräftige Skizzen an.

$f(x) = e^{ax^2 + bx + c}$ $f(x) = x^2 \cdot e^{ax + b}$ $f(x) = a \cdot e^{bx} + cx$

Übungen

Innermathematisches Training

12 | Charakteristische Punkte
Skizzieren Sie f. Bestimmen Sie jeweils die Schnittpunkte mit den Koordinatenachsen und die lokalen Extrempunkte.

a) $f(x) = 4x - e^x$
b) $f(x) = e^x - e \cdot x$
c) $f(x) = (e^x - 2)^2$
d) $f(x) = e^x + e^{-x}$
e) $f(x) = (x - 2) \cdot e^x$
f) $f(x) = (x^2 + 1) \cdot e^x$

13 | Ableitungen
Bestimmen Sie jeweils die Gleichung der Tangente in den Punkten $(0|f(0))$ und $(2|f(2))$.

a) $f(x) = e^{2x}$
b) $f(x) = 2e^x$
c) $f(x) = e^x + x$
d) $f(x) = x - e^x$
e) $f(x) = x \cdot e^x$
f) $f(x) = \frac{e^x}{x}$

14 | Flächen
Bestimmen Sie jeweils den Inhalt der gefärbten Fläche.

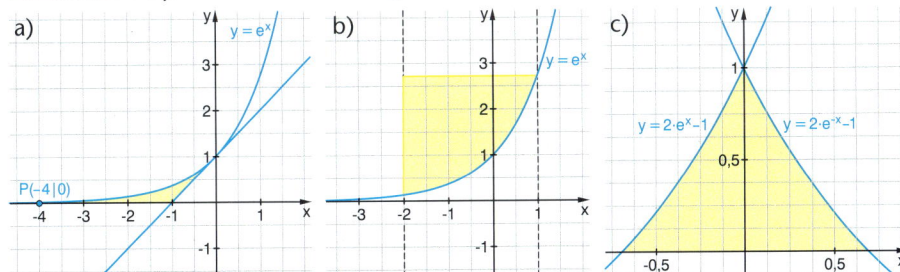

15 | Zwei Funktionenscharen
Skizzieren Sie jeweils die Schar mit dem GTR und beschreiben Sie die Gestalt der Graphen in Abhängigkeit vom Parameter k. Beantworten Sie dann die Fragen.

(1) Gegeben ist die Funktionenschar $f_k(x) = e^x - kx$.

a) Welche Kurve verläuft durch $(1|4)$?
b) Wie lautet der Funktionswert an der Stelle 2?
Welche Kurve schneidet dort die x-Achse?
c) Geben Sie für $k = 1$ alle Stammfunktionen an. Welche verläuft durch $(1|0)$?
d) Bestimmen Sie:

(1) $\int_{-1}^{1} f_k(x)\,dx$ (2) $\int_{-t}^{t} f_1(x)\,dx$

(2) Gegeben ist die Funktionenschar $f_k(x) = (x - k) \cdot e^x$.

a) • Welche der Kurven verläuft durch den Ursprung, welche durch $(1|1)$?
• Welche Kurve hat an der Stelle $x = 0$ eine waagerechte Tangente?
• Welche Kurve hat an der Stelle $x = 1$ die Steigung 2?

b) Welche Kurve hat an der Stelle $x = 0$ einen Krümmungswechsel?

c) Für welchen Wert von k wechselt die Steigung an der Stelle 1 ihr Vorzeichen?

16 | Funktionenscharen und Ortskurven
Fertigen Sie zunächst eine aussagekräftige Skizze der Funktionenscharen an. Beschreiben Sie die Kurven in Abhängigkeit des Parameters.
Bestimmen Sie Achsenschnittpunkte, Extrem- und Wendepunkte in Abhängigkeit des Parameters.
Bestimmen Sie – gegebenenfalls – die Ortskurven der Extrem- und Wendepunkte.

a) $f_t(x) = e^x + tx$ b) $f_a(x) = e^x + ax^2$ c) $f_s(x) = (e^x - s)^2$

5 Exponentialfunktionen und ihre Anwendungen

Übungen

Innermathematische Anwendungen

17 *Tangenten und ein Extremwertproblem*

a) Wählen Sie verschiedene Punkte von $y = e^x$ und ermitteln Sie die Gleichungen der zugehörigen Tangenten. Wo schneiden diese die x-Achse?
Was fällt auf? Formulieren Sie eine Vermutung und erhärten Sie diese durch ein weiteres Beispiel. Beschreiben Sie damit, wie die Tangente an $y = e^x$ in einem Punkt geometrisch konstruiert werden kann.

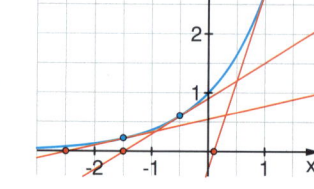

b) Jede der Tangenten schließt mit den Koordinatenachsen ein Dreieck ein. Berechnen Sie für die in a) gewählten Punkte die Flächeninhalte dieser Dreiecke.

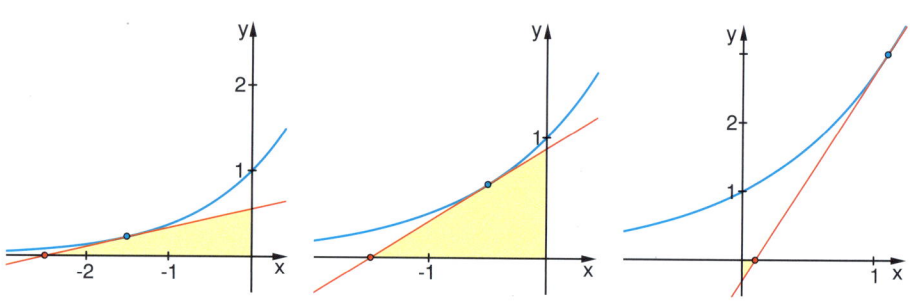

c) Beweisen Sie die Vermutung aus a) allgemein für den beliebigen Punkt $(t\,|\,e^t)$. Zeigen Sie, dass $A(t) = \frac{1}{2}(t-1)^2 \cdot e^t$ den Flächeninhalt für das Dreieck angibt, das die Tangente in $(t\,|\,e^t)$ mit den Koordinatenachsen umschließt. Für welche Werte von t ist der Flächeninhalt maximal beziehungsweise minimal?

18 *Asymptoten, Extrempunkte und Flächen*

Gegeben ist die Funktion
$f(x) = e^{2x} - 2e^x + 1$.

a) Begründen Sie, dass $y = 1$ eine Asymptote für $x \to -\infty$ ist und dass für $x \to \infty$ die Funktionswerte $f(x)$ gegen ∞ streben.

b) Bestimmen Sie den Tief- und den Wendepunkt von $f(x)$.

uneigentliches Integral

c) Wo schneidet f die waagerechte Asymptote $y = 1$?
Ermitteln Sie jeweils den Inhalt der gefärbten Flächen.

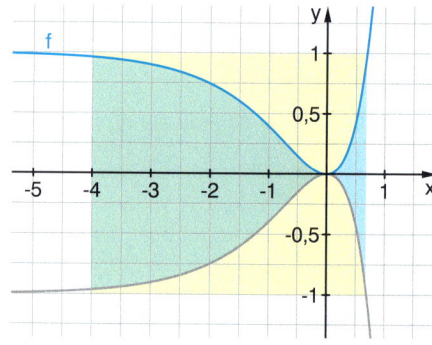

KOPFÜBUNGEN

1 Lösen Sie die Gleichung: $x^2 + 6x + 5 = 0$

2 Die Vektoren $\vec{a}, \vec{b}, \vec{c}$ und $\vec{d}$ bilden ein Parallelogramm.

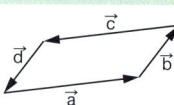

  a) Bestimmen Sie: $\vec{a} + \vec{c} = \blacksquare$ $\vec{a} - \vec{c} = \blacksquare$ $\vec{a} + \vec{b} + \vec{c} = \blacksquare$ $\vec{a} + \vec{b} + \vec{c} + \vec{d} = \blacksquare$

  b) Geben Sie die beiden Diagonalen nur mithilfe von $\vec{a}$ und $\vec{b}$ an.

3 Welche Funktion wächst auf Dauer am stärksten?
$f(x) = 2x$ $g(x) = 2^x$ $h(x) = x^2$

4 Aus einer Urne mit zwei roten und einer blauen Kugel werden nacheinander zwei Kugeln mit Zurücklegen gezogen. Geben Sie die Wahrscheinlichkeitsverteilung an.

19 Eine Funktionenschar

Durch $f_k(x) = x - k \cdot e^x$ ($k \neq 0$) ist eine Funktionenschar gegeben.

a) Drei Graphen zu den Parameterwerten $k = -1$, $k = 0{,}2$ und $k = 1$ sind dargestellt. Ordnen Sie die Parameterwerte k allein durch Überlegungen bezüglich des Funktionsterms den Kurven zu.
Begründen Sie, dass die Kurven sich für $x \to -\infty$ der Geraden $y = x$ anschmiegen.

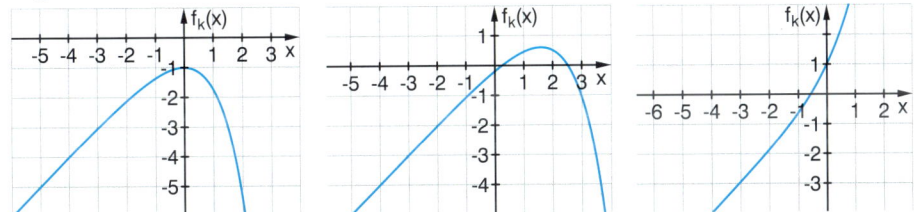

b) Skizzieren Sie einige Kurven der Schar f_k und untersuchen Sie die Anzahl der Nullstellen in Abhängigkeit von k. Warum lassen sich die Nullstellen nicht algebraisch ermitteln?

c) Markieren Sie einige Hochpunkte in der Skizze aus b) und zeigen Sie, dass diese Punkte auf der Geraden $y = x - 1$ liegen. Bestimmen Sie dazu den Hochpunkt in Abhängigkeit von k. Der Übergang von „keiner Nullstelle" zu „zwei Nullstellen" lässt sich nun exakt angeben. Begründen Sie, dass es keine Wendepunkte gibt.

d) Bestimmen Sie die Gleichung der Tangentenschar im Punkt $B(1\,|\,f_k(1))$. Welchen Punkt haben alle diese Tangenten gemeinsam?

Gleichung der Tangente an der Stelle a:

$y = f'(a) \cdot (x - a) + f(a)$

20 Strahlentherapie

Tumorerkrankungen werden häufig durch eine Strahlentherapie behandelt. Man kann sich vorstellen, dass dabei die Tumorzellen mit Strahlen „beschossen" werden. Damit eine Tumorzelle abstirbt, muss man bestimmte Stellen dieser Zelle treffen. Die durchschnittliche Größe einer solchen Stelle wird mit k bezeichnet.

a) Wenn es genügt, genau eine Stelle zu treffen, damit die Tumorzelle abstirbt, dann lässt sich der Zusammenhang zwischen der Dosis x und der Überlebensrate der Tumorzelle $f(x)$ durch die Funktion $f(x) = e^{-kx}$ ($0 < k$) modellieren. Beschreiben Sie die Abhängigkeit der Überlebensrate von der Dosis.

Die Überlebensrate der Tumorzelle hängt in der Realität nicht nur von der Bestrahlung ab, sondern u. a. auch von der Beschaffenheit des Tumors selbst.

b) Wenn man annimmt, dass genau zwei Stellen in einer Zelle getroffen werden müssen, damit diese abstirbt, kann man für die Beschreibung des Zusammenhangs zwischen der Dosis und der Überlebensrate folgende Funktion benutzen:
$f_k(x) = 1 - \left(1 - e^{-kx}\right)^2$; $0 < k \leq 3$; $x \geq 0$
Ordnen Sie den Kurven passende Parameterwerte k zu. Zeigen Sie, dass $(0\,|\,1)$ der Hochpunkt ist und untersuchen Sie das Verhalten für $x \to \infty$.
Bei welcher Dosis ist die Abnahme der Überlebensrate maximal? Wie hoch ist die Überlebensrate an dieser Stelle? Interpretieren Sie die Ergebnisse im Sachkontext.

Analysis 17

$f''(x) = 2k^2 e^{-kx}\left(1 - 2e^{-kx}\right)$

c) Angenommen, es müssen n Stellen der Größe 1 in einer Zelle getroffen werden, dann beschreibt die Funktion
$f_n(x) = 1 - \left(1 - e^{-x}\right)^n$ das Modell. Die Abbildung zeigt die Kurven für einige n. Interpretieren Sie die Grafik im Sachkontext.

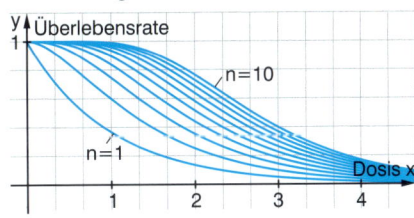

In dem Bereich der Dosis, in dem die Abnahme der Überlebensrate maximal ist, kann man durch kleine Änderungen der Dosis eine hohe Wirkung erzielen. Bei der Festlegung der Dosis spielen aber noch viele weitere Kriterien wie die Lage des Tumors oder der Zustand des Patienten eine Rolle.

Für einen hinreichenden Behandlungserfolg dürfen höchstens 50 % der Zellen überleben. Zeigen Sie, dass die notwendige Mindestdosis $x = -\ln(1 - \sqrt[n]{0{,}5})$ ist. Skizzieren Sie ein n-x-Diagramm und interpretieren Sie im Sachkontext.

6 Exponentialfunktionen und ihre Anwendungen

Aufgaben

21 Kettenlinie 2

In Aufgabe 5 haben Sie die Kettenlinie und einige ihrer besonderen Eigenschaften kennengelernt. Hier können Sie noch weitere Aspekte der Kettenlinie erforschen.

A *Anpassen von Polynomen an Kettenlinie*

Die Kettenlinie ist keine Parabel, hat aber eine ähnliche Form. Welche Parabel passt gut zur Kettenlinie? An der Stelle x = 0 sollen die Parabel und die Kettenlinie im Funktionswert und in den ersten beiden Ableitungen übereinstimmen.

Ansatz:
$y = ax^2 + bx + c$

Eine bessere Anpassung an die Kettenlinie erhält man, wenn man Polynome höheren Grades ermittelt und dazu die entsprechende Übereinstimmung an der Stelle x = 0 auch in den höheren Ableitungen fordert. Warum werden in den Lösungen nur gerade Exponenten auftreten?
Bestimmen Sie das Polynom vom Grad 4 und das vom Grad 6.
Wie lautet das Polynom vom Grad 8, wie das Polynom vom Grad n?

Ansatz:
5 Bedingungen:
$y = ax^4 + bx^3 + cx^2 + dx + e$

Polynom 6. Grades:
$f(x) = \frac{1}{6!}x^6 + \frac{1}{4!}x^4 + \frac{1}{2!}x^2 + 1$
$n! = 1 \cdot 2 \cdot \ldots \cdot n$

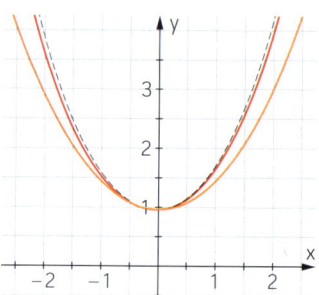

B *Kettenlinien an Daten anpassen*

Finden Sie geeignete Parameterwerte für a, b und c, so dass die Kettenlinie gut zu der abgebildeten Kette passt. Benutzen Sie die Kettenlinie in folgender Darstellung:

$$K'(x) = \frac{1}{a}(e^{bx} + e^{-bx}) + c$$

Am einfachsten gelingt dies mit einem Funktionenplotter. Mit einem CAS können Sie auch die Parameterwerte berechnen. Lesen Sie dazu zunächst neben dem Punkt (0|1) noch zwei weitere Punkte ab. Lösen Sie dann das nichtlineare Gleichungssystem, das entsteht, wenn man die abgelesenen Koordinaten in die Funktionsgleichung einsetzt, mit dem Einsetzungsverfahren. Werten Sie dafür zunächst die Gleichung für den Punkt (0|1) aus.

CAS

C *Geometrische Konstruktion der Länge eines Kettenstücks*

Nach Aufgabe 5 c) gilt: $K'(a) = \int_0^a K(x)\,dx = \int_0^a \sqrt{1 + K'(x)^2}\,dx = \frac{1}{2}(e^a - e^{-a})$.

Die Steigung an der Stelle a, der Flächeninhalt und die Bogenlänge haben dieselbe Maßzahl. Die Länge des Kettenstücks lässt sich geometrisch konstruieren:

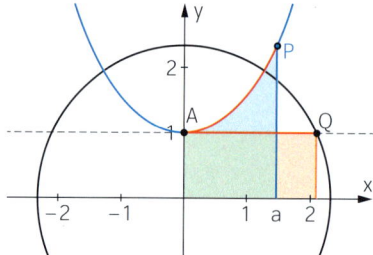

Konstruktionsbeschreibung zu Q:
(1) Kreis mit r = K(a) und M(0|0)
(2) Parallele zur x-Achse durch den Tiefpunkt von K
(3) Schnittpunkt der Parallele mit dem Kreis

Begründen Sie, dass $\overline{AQ} = K'(a)$ ist. Zeigen Sie damit und mit den obigen Ergebnissen, dass man die Länge eines Kettenstücks zwischen A und P als Strecke s = $\overline{AQ}$ geometrisch konstruieren kann. Wie lässt sich die Fläche unter dem Kettenstück in [0; a] in ein flächengleiches Rechteck verwandeln?

CHECK UP

Exponentialfunktionen und ihre Anwendungen

1 *Ableitungen bestimmen 1*
Bestimmen Sie die Ableitung zur Funktion. Geben Sie die verwendete Regel an.
a) $f(x) = (x^2 + 1)(3x - 1)$
b) $f(x) = (x^2 + 1)^3$
c) $f(x) = x^{-4}$
d) $f(x) = x^2 \cdot \sin(x)$
e) $f(x) = \sin(3x - 1)$
f) $f(x) = \frac{\sin(x)}{x}$
g) $f(x) = (x^2 + 1) \cdot \sqrt[3]{x^2}$
h) $f(x) = \sqrt[3]{(2x + 5)^4}$
i) $f(x) = 5 \cdot x^{-\frac{3}{2}}$

2 *Verkettungen*
$f(x)$ ist eine Funktion mit der Ableitung $f'(x)$. Bestimmen Sie jeweils die Ableitung der Funktion.
a) $g(x) = (f(x))^2$
b) $h(x) = \sqrt{f(x)}$
c) $k(x) = \frac{1}{f(x)}$

3 *Ein Extrempunkt*
Eine Funktion $f(x)$ hat den Extrempunkt $E(1|0)$. Weisen Sie nach, dass auch die Funktion $g(x) = x \cdot f(x)$ diesen Extrempunkt besitzt.

4 *Eine „Warum"-Frage und eine Begründung*
Warum ist die Ableitung von $f(x) = e^{-x}$ nicht $f'(x) = e^{-x}$?

a) Geben Sie eine Erklärung mithilfe der Ableitungsregeln.

b) Begründen Sie grafisch-geometrisch, dass $f'(x) = -e^{-x}$ gilt.

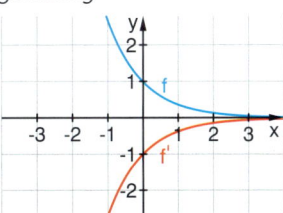

5 *Funktionsterme finden*
Geben Sie zu jedem Bild einen geeigneten Funktionsterm an. Benutzen Sie zur Überprüfung auch f'.

a)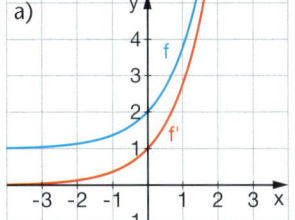
b)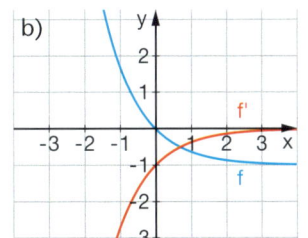

6 *e-Funktionen bewegen*
a) Geben Sie den Funktionsterm an, wenn man $f(x) = e^x$
(1) an der y-Achse spiegelt.
(2) an der x-Achse spiegelt.
(3) um 3 Einheiten in die negative x-Richtung verschiebt.
(4) um 2 Einheiten in die positive y-Richtung verschiebt.

b) Durch welche geometrischen Abbildungen lassen sich die Funktionen f, g und h aus $f(x) = e^x$ erzeugen?
$f(x) = e^{x-2} - 1$ $g(x) = 3 \cdot e^{-x}$ $h(x) = -2 \cdot e^{-x} + 1$

7 *Gleichungen lösen*
Lösen Sie die Gleichungen.
a) $e^{2x} = 2000$
b) $3e^{-x} = 0{,}5$
c) $e^x = x + 4$
d) $3e^{0,5x} - 6 = 27$
e) $\ln(x + 1) = 5$
f) $\ln(x^2 + 1) = 3$

Ableitungsregeln

Produktregel
$p(x) = f(x) \cdot g(x)$
$p'(x) = f'(x) \cdot g(x) + f(x) \cdot g'(x)$
Kurzform: $(uv)' = u'v + uv'$

Kettenregel
$k(x) = f(g(x))$
$k'(x) = g'(x) \cdot f'(g(x))$

Merkregel
Ableitung der inneren Funktion
mal Ableitung der äußeren Funktion

Potenzregel für ganzzahlige Exponenten
$f(x) = x^{-n} = \frac{1}{x^n}$ $f'(x) = -nx^{-n-1} = \frac{-n}{x^{n+1}}$

Potenzregel für rationale Exponenten
$f(x) = x^{\frac{m}{n}} = \sqrt[n]{x^m}$ $f'(x) = \frac{m}{n} x^{\frac{m}{n} - 1} = \frac{m}{n} \sqrt[n]{x^{m-n}}$

Natürliche Exponentialfunktion (e-Funktion)
Die besondere Eigenschaft der e-Funktion besteht darin, dass sie mit ihrer Ableitung übereinstimmt.
$f(x) = e^x$
$\Rightarrow f'(x) = e^x$
mit $e = 2{,}718\,281\ldots$
Die Tangente der e-Funktion im Punkt $P(0|1)$ hat die Gleichung $y = x + 1$.

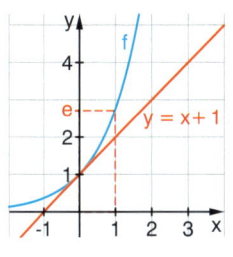

Natürlicher Logarithmus
Die Gleichung $e^x = a$ ($a > 0$) wird durch die Umkehroperation, das **Logarithmieren** gelöst.
$e^x = a \Rightarrow x = \ln(a)$
Der Logarithmus zur Basis e heißt **natürlicher Logarithmus**. Er wird mit **ln** bezeichnet.
Es gilt: $e^{\ln(a)} = \ln(e^a) = a$

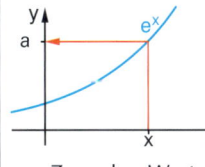
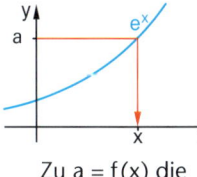

Zu x den Wert $a = f(x)$ finden: $a = e^x$

Zu $a = f(x)$ die Stelle x finden: $x = \ln(a)$

CHECK UP

Exponentialfunktionen und ihre Anwendungen

Zusammenhänge zwischen e und ln

(1) $e^{\ln(a)} = a$ ($a > 0$)   (2) $\ln(e^a) = a$

Jede **Exponentialfunktion** $f(x) = b^x$ lässt sich als Funktion zur Basis e darstellen.

$f(x) = b^x = (e^{\ln(b)})^x = e^{\ln(b) \cdot x}$
$b^x = e^{\ln(b) \cdot x}$

Für die Ableitung von $f(x) = b^x$ gilt:

$f'(x) = \ln(b) \cdot e^{\ln(b)x} = \ln(b) \cdot b^x$

Natürliche Logarithmusfunktion
Die natürliche Logarithmusfunktion $L(x) = \ln(x)$ ist die Umkehrfunktion von $E(x) = e^x$.

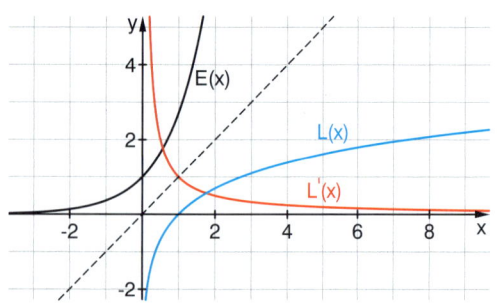

Sie ist für alle positiven reellen Zahlen definiert. Ihr Wertebereich sind alle reellen Zahlen. Es gilt:

für $0 < x < 1$ ist $\ln(x) < 0$
für $x = 1$ ist $\ln(x) = 0$
für $x > 1$ ist $\ln(x) > 0$

Ableitung von $L(x) = \ln(x)$: $L'(x) = \frac{1}{x}$

Exponentielles Wachstum

$f(x) = A \cdot e^{kx}$

$k > 0$: Wachstum
$k < 0$: Zerfall

Die Änderung ist proportional zum Bestand.

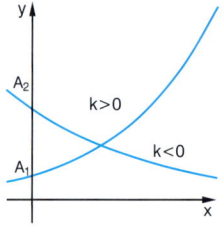

$A = f(0)$: Anfangsbestand
k: Wachstumskonstante

---

8 Ableitungen bestimmen 2
a) $f(x) = 3e^{0,5x}$ b) $f(x) = e^{2x} - x^2$
c) $f(x) = (2x + 1)e^x$ d) $f(x) = (x^2 - 1)e^x$
e) $f(x) = 3\ln(2x + 1)$ f) $f(x) = x\ln(x)$
g) $f(x) = \ln(x^2)$ h) $f(x) = e^{\sin(x)}$

9 Integrale bestimmen
a) $\int_{-1}^{2} e^{-x} dx$ b) $\int_{1}^{8} \frac{2}{x} dx$ c) $\int_{0}^{k} e^{-x} + e^x dx$

d) $\int_{-1}^{2} e^x(1 - e^{-x}) dx$ e) $\int_{0}^{2} e^{mx} dx$ f) $\int_{1}^{3} \frac{e^x + e^{-x}}{e^{-x}} dx$

10 Tangenten
Bestimmen Sie die Gleichung der Tangente von $f(x) = e^{2x}$ in:
a) $(0 | f(0))$ b) $(1 | f(1))$ c) $(-0,5 | f(-0,5))$

11 Besondere Stellen
Gegeben ist die Funktion $f(x) = e^{0,5x}$.
a) Welche Steigung hat f an der Stelle 2?
b) An welcher Stelle hat f den Wert 8?
c) An welcher Stelle hat f die Steigung 15?
d) Ermitteln Sie den markierten Flächeninhalt.

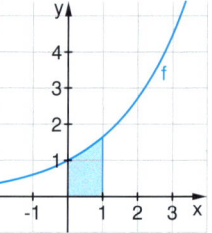

12 Besondere Punkte
Ermitteln Sie die Schnittpunkte mit den Koordinatenachsen, lokale Extrempunkte und Wendepunkte.
Untersuchen Sie das Verhalten für $x \to \pm\infty$.
a) $f(x) = (2x - 1)e^x$ b) $f(x) = (x^2 + 1)e^{-x}$ c) $f(x) = e^{x^2 - 4x}$

13 Wachstumsfunktionen
Stellen Sie die passende Wachstumsfunktion (bei exponentiellem Wachstum mit der Basis e) auf.

a) Aus einem 20 m³ fassenden Öltank werden wöchentlich 70 Liter entnommen.

b) Aus einem See mit anfänglich 52 000 m³ Wasser fließen monatlich 20 % der vorhandenen Wassermenge ab.

14 Eine Schimmelpilzkultur
Eine Schimmelpilzkultur von anfänglich 20 cm² wächst täglich um 50 %.
a) Stellen Sie eine passende Wachstumsfunktion auf.
b) Bestimmen Sie die momentanen Änderungsraten zu Beginn, nach einem, zwei und drei Tagen. Vergleichen Sie diese mit den durchschnittlichen Änderungsraten am ersten, zweiten und dritten Tag. Fertigen Sie eine zugehörige Skizze an.
c) Nach wie vielen Tagen ist die vom Schimmelpilz bedeckte Fläche 100 m² groß?
d) Nach wie vielen Tagen wäre die gesamte Landfläche der Erde (149 Mio. km²) bedeckt? Schätzen Sie zunächst.

15 Waschbären

Man schätzt, dass sich die Zahl der Kaninchen einer Kolonie alle zwei Jahre verdoppelt. Zum Zeitpunkt t = 0 (t in Jahren) werden 5000 Kaninchen gezählt.

a) Stellen Sie ein passendes exponentielles Modell $f(x) = A \cdot e^{kx}$ für die Bestandsentwicklung auf.
b) Wie viele Kaninchen sind nach einem Jahr, nach vier Jahren, nach sechs Jahren zu erwarten? Welche dieser Fragen kann man ohne Rechnung beantworten?
c) Wie lange wird es laut Modell dauern, bis die Population mehr als eine Million Kaninchen zählt? Beschreiben Sie mit diesem Beispiel Möglichkeiten und Grenzen mathematischer Modelle.

16 Radon

Radon ist ein radioaktives Gas, das vor allem im Erdboden entsteht und von dort in die Atmosphäre gelangt. Ein Ansammeln dieses Gases in schlecht gelüfteten Räumen erhöht die Strahlenbelastung.

Die Halbwertszeit des Radon-222 beträgt etwa vier Tage.
a) Füllen Sie die Tabelle aus.

Zeit (in Tagen)	0	4	8	■	256	■
vorhandene Menge (in g)	100	■	■	6,25	■	1,5625

b) Welche Funktionsgleichungen passen zu der Tabelle?
(1) $f(x) = 100 \cdot e^{-\frac{x}{4}}$
(2) $f(x) = 100 \cdot e^{\ln(\frac{1}{2}) \cdot \frac{1}{4} x}$
(3) $f(x) = 100 \cdot e^{\ln(\frac{1}{4}) \cdot x}$
(4) $f(x) = 100 \cdot e^{-0,17328 x}$

c) Wann ist die vorhandene Menge 2?

17 Halbwertszeiten

Bestimmen Sie zu jedem Element eine passende Zerfallsfunktion. Wann sind jeweils 90% zerfallen?

Element	Halbwertszeit
^{235}U Uran	704 Mio. Jahre
^{226}Ra Radium	1602 Jahre
^{60}Co Cobalt	5,3 Jahre
^{223}Th Thorium	0,6 Sekunden

18 Solarenergie in den USA

Die Tabelle gibt die jährlich installierten Solarenergiemodule in den USA an (x: Jahr; y: Kapazität in Megawatt). Ermitteln Sie zwei verschiedene passende Modelle und stellen Sie Prognosen für 2005 und 2010 auf.

Jahr	Kapazität
1986	6,6
1988	10,0
1990	13,8
1992	15,6
1994	26,1
1996	35,5
1998	50,6

CHECK UP

Exponentialfunktionen und ihre Anwendungen

Zusammenhang zwischen prozentualer Zunahme p%, Wachstumsfaktor b und Wachstumskonstante k:

$$\left(1 + \frac{p}{100}\right)^x = b^x = e^{\ln(b)x} = e^{kx}$$

Halbwertszeit: $x = \frac{-\ln(2)}{k}$

Halbwerts- und Verdopplungszeit bei exponentiellem Wachstum

Halbwertszeit:
$x = \frac{-\ln(2)}{k}$

Verdopplungszeit:
$x = \frac{\ln(2)}{k}$

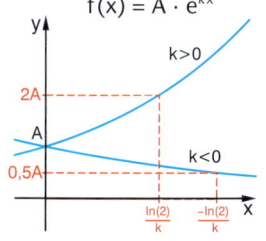

Begrenztes Wachstum

$f(x) = b \cdot e^{-kx} + G$

Anfangsbestand:
$f(0) = b + G$

G: (Kapazitäts-)grenze
k: Wachstumskonstante

Die Änderung ist proportional zum möglichen Restbestand.

Logistisches Wachstum

$f(x) = \frac{G}{1 + b \cdot e^{-kx}}$

Anfangsbestand:
$f(0) = \frac{G}{1 + b}$

G: (Kapazitäts-)grenze
k: Wachstumskonstante

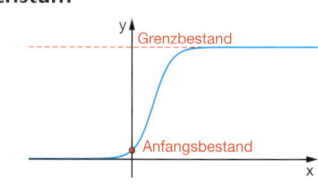

Die Änderung ist proportional zum Bestand und zum möglichen Restbestand.

Wenn der halbe Grenzbestand erreicht ist, ist die Wachstumsgeschwindigkeit am größten.

Erinnern, Können, Gebrauchen

CHECK UP

Exponentialfunktionen und ihre Anwendungen

Modellfindung aus Daten

Zeit x	0	1	2	3	4
Bestand f(x)	12	14	18	25	35

1. Festlegen des Modelltyps
$f(x) = A \cdot e^{kx}$

2. Bestimmen passender Parameterwerte
(A) Mit dynamischem Funktionenplotter
(B) Mit sinnvollen Messwerten Gleichungen aufstellen
$(0|12): A = 12;$ $(3|25): 25 = 12e^{3k}$
$\Rightarrow k = \frac{1}{3}\ln\left(\frac{25}{12}\right) \approx 0{,}2446$

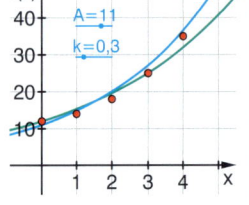

Anwendungsprobleme beim Wachstum

Die momentane Wachstumsrate einer Bakterienkultur wird durch $f(x) = x \cdot e^{-0,2x}$ beschrieben (x: Zeit in Stunden).

Wann hat die Wachstumsrate den Wert 1?
Aus Grafik: Nach ca. 1,3 und 12,7 Stunden.

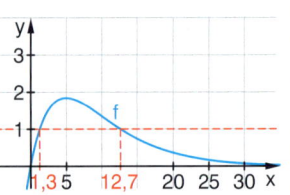

Wann ist die maximale Wachstumsrate erreicht? Welchen Wert hat sie?
$f'(x) = (1 - 0{,}2x)e^{-0,2x} = 0 \Rightarrow x = 5$
$f(5) = \frac{5}{e} \approx 1{,}84$
Nach 5 Stunden hat die Wachstumsrate den maximalen Wert 1,84 erreicht.

Wann erfolgt die größte Abnahme der Wachstumsrate?
$f''(x) = (0{,}04x - 0{,}4)e^{-0,2x} = 0 \Rightarrow x = 10$
Nach 10 Stunden nimmt die Rate am stärksten ab.

Welcher Bestand entsteht am ersten Tag?
$F(x) = (-5x - 25)e^{-0,2x}$
$\int_0^{24} f(x)\,dx = -145e^{-4,8} - (-25) \approx 23{,}8$
Am ersten Tag entsteht ein Bestand von ca. 24.

19 *Eine Tasse Kaffee*
Das Abkühlen einer frisch gekochten Tasse Kaffee kann durch $f(x) = 65 \cdot e^{-0,2x} + 20$ modelliert werden.
Skizzieren Sie f und beantworten Sie die Fragen grafisch und rechnerisch.
a) Wie heiß war der Kaffee zu Beginn der Messung?
b) Wie hoch ist die Raumtemperatur?
c) Wie warm ist der Kaffee nach 15 Minuten?
d) Wann ist der Kaffee 40 °C warm?

20 *Algenwachstum 1*
Das Wachstum von Algen hängt von der Wasserzusammensetzung, den Wetterbedingungen und von anderen Aspekten ab.
Die Funktionen beschreiben unterschiedliche zeitliche Verläufe von Algenbeständen.

(1) $A_1(t) = t \cdot e^{-0,1t}$ (2) $A_2(t) = 2t \cdot e^{-0,2t}$
(t: Zeit in Tagen; A(t): Fläche in 1000 m²)

a) Skizzieren Sie die unterschiedlichen Funktionen. Beschreiben und vergleichen Sie die Entwicklung der Algen.
b) • Wie groß ist die Fläche jeweils nach 5 Stunden?
• Wann ist die Fläche 2000 m² groß?
• Wie groß ist die maximale von Algen bedeckte Fläche?
• Wann ist die Zu- bzw. Abnahme der Algenmenge maximal?

21 *Algenwachstum 2*
Das Wachstum einer von Algen bedeckten Fläche eines Sees wird mit $f(x) = 15 \cdot e^{0,5x - 0,1x^2}$ modelliert (x: Zeit in Monaten, f(x): Fläche in 1000 m²).
a) Wie groß ist die bedeckte Fläche zur Zeit x = 0?
b) Wie verläuft die langfristige Entwicklung der Fläche?
c) Wie groß ist die maximal von Algen bedeckte Fläche?
d) Wann ist die Zu- bzw. Abnahme der Fläche maximal?

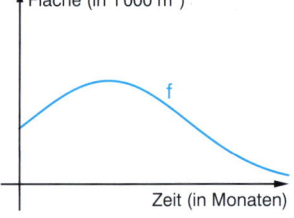

22 *Eine Funktionenschar*
Gegeben ist die Funktionenschar $f_k(x) = e^x - k \cdot e^{2x}$.
a) Die Graphen gehören zu k = –1, k = 0 und k = 1.
Ordnen Sie begründet zu.
b) Ermitteln Sie die Hochpunkte in Abhängigkeit von k.
c) Bestimmen Sie die Gleichung der Tangente im Schnittpunkt mit der y-Achse.
d) Bestimmen Sie $\int_0^1 f_k(x)\,dx$. Für welchen Wert von k hat die zugehörige Fläche den Wert der Eulerschen Zahl e? Skizzieren Sie diese Fläche.

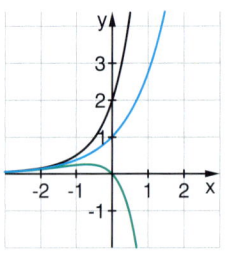

Sichern und Vernetzen – Vermischte Aufgaben

1 Ableitungen bestimmen
Training

Bestimmen Sie die Ableitungen. Geben Sie jeweils an, welche Ableitungsregeln Sie benutzt haben. Manchmal gibt es mehrere Möglichkeiten, benutzen Sie diese.

a) $f(x) = (x^2 - 1) \cdot (x^2 + 1)$
b) $f(x) = \sin(x) \cdot \cos(x)$
c) $f(x) = 3 \cdot e^{0,1x}$
d) $f(x) = x^{\frac{1}{3}} \cdot x^{-2}$
e) $f(x) = e^x + e^{2x}$
f) $f(x) = e^x \cdot e^{2x}$
g) $f(x) = x \cdot e^{-x}$
h) $f(x) = 4\ln(x^2)$
i) $f(x) = (x^2 - 2) \cdot e^x$

2 Bewegte Graphen

a) Ermitteln Sie zu den Graphen jeweils eine Funktionsgleichung. Es handelt sich jeweils um eine verschobene oder gespiegelte Funktion von $f(x) = e^x$.
Beschreiben Sie, durch welche geometrischen Abbildungen die Graphen aus dem Graphen von $f(x) = e^x$ entstehen.

b) Geben Sie die Asymptoten an.

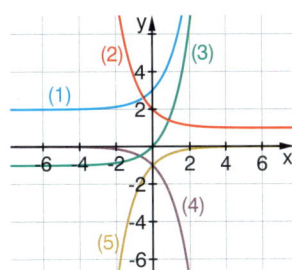

3 Lokale Extrempunkte und Tangenten

Skizzieren Sie die Funktionen. Bestimmen Sie jeweils die lokalen Extrempunkte und die Gleichungen der Tangenten in den Schnittpunkten mit den Koordinatenachsen, sofern diese existieren.

a) $f(x) = (x - 2) \cdot e^x$
b) $f(x) = e^x + e^{-x}$
c) $f(x) = 2x \cdot e^{0,5x}$

4 Flächeninhalte

Bestimmen Sie jeweils die Flächeninhalte der farbigen Flächen.
In den Abbildungen ist jeweils $f_1(x) = e^x$ gewählt.

Hinweis zu b): $f_3(x) = e^x + e^{-x} - 2$

a)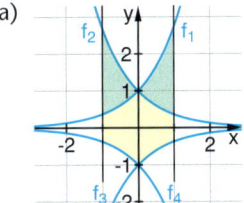
b)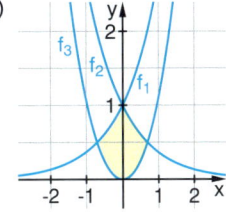

5 Parameterwerte bestimmen

Bestimmen Sie den Wert des Parameters jeweils so, dass der Punkt P auf dem Graphen von f liegt. Skizzieren Sie f und überprüfen Sie Ihr Ergebnis grafisch.

a) $f(x) = 6 \cdot e^{kx}$
   $P(3|50)$
b) $f(x) = A \cdot e^{-0,005x} + 200$
   $P(10|4)$
c) $f(x) = A \cdot e^{-0,00015x}$
   $P(200|15)$

6 Wachstumsfunktionen mit e

Geben Sie eine Wachstumsfunktion mit der Basis e an.

a) Eine Käferpopulation von 70 Käfern wächst jährlich um 18%.

b) Der Wert eines Autos mit Neupreis 32 000 € sinkt jährlich um 25%.

c) 2000 € werden mit 1,5% Zinsen jährlich angelegt.

7 Momentane Änderungsraten

Mit f(x) werden Wachstumsmodelle beschrieben. Wie groß ist die momentane Änderungsrate an der Stelle x = 5? An welcher Stelle hat die momentane Änderungsrate den Wert 1? Wann haben sich die Bestände verdoppelt bzw. halbiert?

Es dürfen auch grafische Verfahren benutzt werden.

(1) $f(x) = 2 \cdot e^{0,25x}$
(2) $f(x) = 1000 \cdot e^{-0,1x}$
(3) $f(x) = 50 \cdot e^{-0,05x} + 20$

8 Eine Funktionenschar
Gegeben ist die Funktionenschar $f_k(x) = (x - k) \cdot e^x$.
a) Zu welchen Werten von k gehören die Kurven in der Abbildung? Ordnen Sie ohne Rechnung zu.
b) Welche Funktion verläuft durch (1|1)?
c) Welche Funktion hat im Schnittpunkt mit der y-Achse eine waagerechte Tangente?
d) Zeigen Sie, dass keine Funktion im Schnittpunkt mit der x-Achse eine waagerechte Tangente hat.
e) Ermitteln Sie die Extrem- und Wendepunkte und deren jeweilige Ortskurve.

Verstehen von Begriffen und Verfahren

9 Einzelinformationen
Gegeben sind folgende Werte der Funktionen $g(x)$, $g'(x)$, $h(x)$ und $h'(x)$:

x	g(x)	g'(x)	h(x)	h'(x)
−1	3	4	2	5
0	4	−3	1	3
2	0	2	0	−1

Berechnen Sie daraus $f(x)$ und $f'(x)$ an den Stellen −1, 0 und 2 für:
$f_1(x) = g(x) + h(x)$ $f_2(x) = g(x) \cdot h(x)$ $f_3(x) = g(h(x))$ $f_4(x) = h(g(x))$
Die Berechnung ist nicht immer möglich. Warum?

10 Der Größe nach ordnen
Ordnen Sie die Zahlen der Größe nach ohne Benutzung eines Hilfsmittels. Beginnen Sie mit der kleinsten.
−1; 1; e; π; ln(1); 0; −e; 4; e^0; ln(e); 2; $\sqrt{2}$; e^{-1}; $\ln(e^2)$; $\sqrt{3}$; $\ln\left(\frac{1}{e}\right)$; $e^{\ln(2)}$

11 Wahr oder falsch?
Welche der Aussagen sind wahr? Geben Sie eine Begründung.

(1) $e^a \cdot e^b = e^{a+b}$

(2) Für $f(x) = -e^{-x}$ gilt: $f'(x) = -f(-x)$

(3) Eine Verschiebung von $y = e^x$ in x-Richtung ist gleichzeitig eine Strecke in y-Richtung.

(4) Für $f(x) = e^{-x}$ gilt: $f'(x) = f(-x)$

(5) Wenn die Halbwertszeit eines radioaktiven Stoffes 12 Jahre beträgt, dann sind nach 24 Jahren noch 25% vorhanden.

(6) Beim exponentiellen Wachstum kann keine Funktion durch (0|0) verlaufen.

12 Funktionsgraphen zeichnen
Zeichnen Sie für jeden der Fälle A bis D einen passenden Funktionsgraphen des Typs $f(x) = a \cdot e^{kx}$ und geben Sie mögliche zugehörige Werte für a und k an.

	f'(x) > 0	f'(x) < 0
f''(x) > 0	A	B
f''(x) < 0	C	D

13 Warum-Fragen
a) Warum ist die natürliche Logarithmusfunktion $f(x) = \ln(x)$ nur für positive Werte von x definiert?

b) Warum gilt für $f(x) = e^x$ nicht $f'(x) = x \cdot e^{x-1}$? Finden Sie drei verschiedene Begründungen? (*Tipp für eine Begründung: Betrachten Sie x = 0*)

c) Warum gilt für $f(x) = x^{-1}$ nicht die Potenzregel des Integrierens $F(x) = \frac{1}{n+1}x^{n+1}$?

14 Funktionsbeziehungen

Erläutern Sie nebenstehenden Satz. In welcher Hinsicht verhalten sich quadratische Funktionen anders? Wie sieht die Situation bei Geraden aus?

> Quadratische Funktionen verhalten sich zu Wurzelfunktionen wie Exponentialfunktionen zu Logarithmusfunktionen.

15 Graphen zuordnen

Ordnen Sie begründet – ohne Verwendung eines Hilfsmittels – den Funktionsgleichungen den passenden Graphen (A) – (C) und den Graphen die passende Ableitung (D) – (F) zu. Überprüfen Sie Ihre Zuordnungen mithilfe des GTR und entsprechenden Rechnungen.

$f_1(x) = (x-2)e^{-0,5x}$ $\quad f_2(x) = (e^x - 1)^2$ $\quad f_3(x) = \dfrac{x-2}{e^{0,1x^2}}$

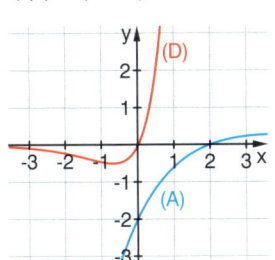
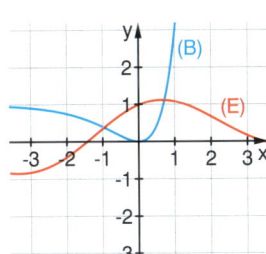
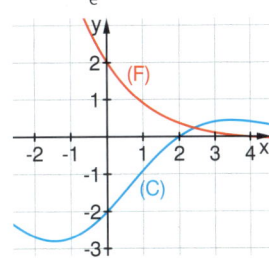

16 Waschbären

Anwenden und Modellieren

Man schätzt, dass sich die Anzahl der Waschbären einer Kolonie alle drei Jahre verdoppelt. Zum Zeitpunkt t = 0 (t in Jahren) werden 20 000 Waschbären gezählt.

a) Stellen Sie ein passendes exponentielles Modell $f(x) = A \cdot e^{kx}$ für die Bestandsentwicklung auf.

b) Wie viele Waschbären sind nach einem Jahr, nach vier Jahren, nach sechs Jahren zu erwarten? Welche dieser Fragen kann man ohne Rechnung beantworten?

c) Wie lange wird es laut Modell dauern, bis die Population mehr als eine Million Waschbären zählt? Für wie angemessen halten Sie das Modell?

17 Milchsäurebakterien

Maschinengemolkene Milch enthält ca. 20 000 Keime pro ml. Die Vermehrung der Keime hängt u. a. von der Temperatur ab. Die *Van't Hoff-Regel* formuliert dazu eine Faustregel:

> **Van't Hoff-Regel**
> Bei einer Temperaturerhöhung um 10 °C verdoppelt sich die Geschwindigkeit der Keimvermehrung.

In 25 °C warmer Milch verdoppeln sich die Keime ungefähr alle 2 Stunden. Bei etwa 1 000 000 Keimen pro ml wird Milch sauer.

a) Ermitteln Sie eine passende Wachstumsfunktion für die Keimentwicklung in 25 °C warmer Milch. Wann wird sie sauer?

b) Wann würde die Milch sauer werden, wenn Sie unmittelbar nach dem Melken auf 5 °C abgekühlt wird? Benutzen Sie die Van't Hoff-Regel zur Bestimmung der Verdopplungszeit.

c) Weil beim Melken von Hand die Euter vorher gereinigt werden, enthält handgemolkene Milch wesentlich weniger Keime. Wann würde diese Milch bei 25 °C bzw. 5 °C sauer werden, wenn 12 000 Keime pro ml zu Beginn in der Milch enthalten sind?

Durch Pasteurisierung und Homogenisierung wird Milch wesentlich länger haltbar.

5 Exponentialfunktionen und ihre Anwendungen

18 *Ein Zeitungsartikel aus dem Jahr 2009*

> **Wirtschaft im Osten holt kräftiger auf**
> BERLIN/DPA – Die ostdeutsche Wirtschaft hat aus Expertensicht kräftiger aufgeholt, als nach ökonomischen Lehrsätzen zu erwarten war. Die Wirtschaftsleistung je Einwohner sei 20 Jahre nach dem Mauerfall auf gut 70 Prozent des Westniveaus gestiegen, teilte das arbeitgebernahe Institut der deutschen Wirtschaft Köln (IW) in Berlin mit. Damit wäre eigentlich erst 2028 zu rechnen gewesen.
> Der Ost-West-Abstand sei jährlich um 4,4 Prozent geschmolzen, üblich sind durchschnittlich zwei Prozent.

Der Zeitungsartikel gibt Anlass für Fragen:
(1) Wie groß ist der Ost-West-Abstand (in %) zum Zeitpunkt des Mauerfalls 1989?
(2) Was besagt der in dem Zitat erwähnte ökonomische Lehrsatz? Stimmt die Aussage bezüglich des Jahres 2028?
(3) Wie groß hätte der Ost-West-Abstand beim Mauerfall sein müssen, wenn der Abstand jährlich wie üblich abgenommen hätte?

Der Punkt (20|30) gehört zum zweiten Satz des Artikels.

a) Formulieren Sie ein zum Text passendes Modell für die reale Entwicklung und beantworten Sie Frage (1).
(x: Zeit in Jahren nach Mauerfall; y: Abstand Ost-West in %)
b) Beantworten Sie die Fragen (2) und (3).

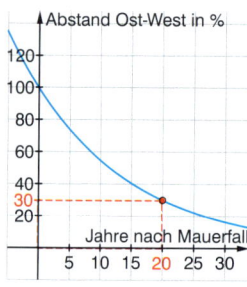

19 *Eine zweifelhafte Modellierung*
In einem Zeitungskommentar zum Weltbevölkerungsbericht 1990 der UNO heißt es:

> Heute leben 5,3 Milliarden Menschen auf der Erde, im Jahre 2000 werden es weit über 6 Milliarden Menschen sein.

a) Stellen Sie mit den Daten des Kommentars Prognosen für 2010, 2030 und 2050 mit dem linearen sowie dem exponentiellen Wachstumsmodell auf. Vergleichen Sie mit der tatsächlichen Bevölkerungszahl in 2005 (6,5 Milliarden) und 2010 (6,9 Milliarden).
b) Nehmen Sie Stellung zur Qualität der Modellierungen aufgrund der vorhandenen Datenmenge.

20 *Wie schnell öffnet und schließt eine automatische Tür?*
Eine Tür mit einem automatischen Türöffner öffnet und schließt sich.
Die Abhängigkeit des Öffnungswinkels α von der Zeit t kann durch folgende Funktion beschrieben werden:

$\alpha(t) = 200\,t \cdot e^{-0,7t}$ (t in s; α in °)

Skizzieren Sie α und beschreiben Sie damit den Vorgang.
- Wann ist die Tür ganz geöffnet?
- Wann ist die Tür geschlossen?
- Wann ist die Schließbewegung am schnellsten?

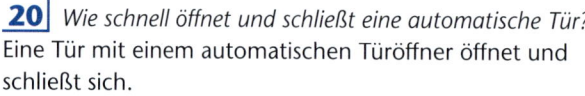

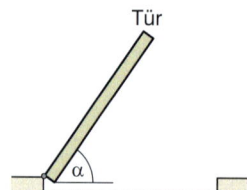

21 | Ein Fischbestand – drei Modelle

In einem Teich wurden vor 5 Jahren Fische ausgesetzt. Dann wurde jährlich der Bestand gemessen.

Jahr	0	1	2	3	4	5
Anzahl	20	32	50	82	130	201

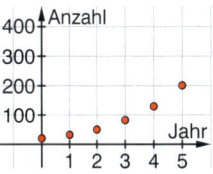

Um zu wissen, wie der Fischbestand sich mittelfristig entwickelt, werden drei Institute beauftragt, Prognosen zu erstellen. Sie benutzen dabei unterschiedliche Modelle.

Institut A:
$A(x) = 20 e^{0,45x}$

Institut B:
$B(x) = 7x^2 + 20$

Institut C:
$C(x) = \dfrac{600}{1 + 29 e^{-0,5x}}$

a) Zeigen Sie, dass alle drei Modelle gut zu den Daten passen. Weshalb hat kein Institut mit begrenztem Wachstum (vergleichen Sie mit Seite 219) modelliert?
b) Wie viele Fische wird es nach den Modellen in 4 bzw. in 8 Jahren geben?
Wann wird es nach den Modellen 1000 Fische in dem See geben?
Wann wächst der Fischbestand nach den Modellen am stärksten?
Welchem Modell stimmen Sie am ehesten zu? Begründen Sie.
c) Nehmen Sie auf Grundlage der Ergebnisse aus a) und b) Stellung zu der nebenstehenden Aussage.

> Auch sehr unterschiedliche Prognosen können gleichzeitig gut begründet sein.

22 | Ein Modell – Zwei Varianten

Mit $f(x) = A \cdot e^{kx^2}$; $-1 \le k \le 1$; $A > 0$ können für $x \ge 0$ verschiedene Arten von Wachstum beschrieben werden (x: Zeit, f(x): Bestand).

a) Die Abbildungen zeigen Graphen für unterschiedliche Werte von A und k. Ordnen Sie begründet den Bildern (I) bis (IV) passende Parameterwerte bzw. -bereiche zu. Beschreiben Sie die unterschiedlichen Arten des Wachstums.

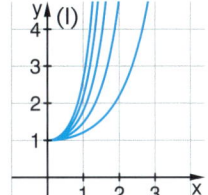 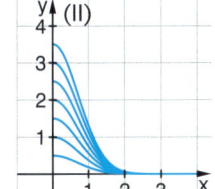 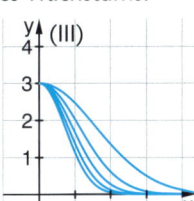 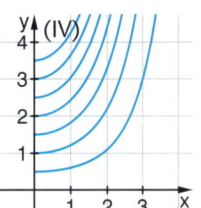

b) Beschreiben und begründen Sie das langfristige Verhalten von $f(x)$.
c) Wann liegt in den Fällen (II) beziehungsweise (III) die stärkste Abnahme des Bestandes vor? Wie groß sind die Bestände zu diesem Zeitpunkt? Interpretieren Sie das Ergebnis.
d) Vergleichen Sie dieses Modell mit dem exponentiellen Wachstum $g(x) = A \cdot e^{kx}$. Wo liegen Gemeinsamkeiten, wo Unterschiede?

23 | Ein Stück Edelmetall

Bei einer Produktion sind Edelmetallstücke der rechts abgebildeten Form entstanden. Aus dieser Form sollen möglichst große Rechtecke und Dreiecke geschnitten werden.

Der gebogene Rand kann durch $f(x) = e^{-x}$ beschrieben werden (1 LE $\triangleq$ 10 cm).

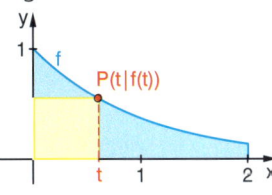 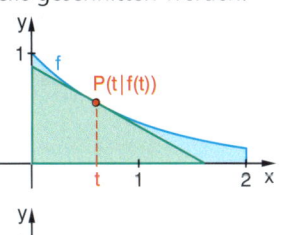

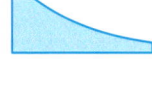

Tangentengleichung:
$y = f'(t) \cdot (x - t) + f(t)$

Vergleichen Sie die beiden maximalen Flächenwerte. Skizzieren Sie das maximale Rechteck und Dreieck mit der Randfunktion in ein Koordinatensystem und veranschaulichen Sie das Größenverhältnis geometrisch.

5 Exponentialfunktionen und ihre Anwendungen

Kommunizieren und Präsentieren

24 *Wachstumsfaktor, Wachstumskonstante und prozentuale Zuhnahme.*
Erläutern Sie an einem selbstgewählten Beispiel die Begriffe *Wachstumsfaktor*, *Wachstumskonstante* und *prozentuales Wachstum*. Wie erkennt man an der Wachstumskonstanten, ob es sich um Wachstum oder Zerfall handelt? Wie erkennt man dies am Wachstumsfaktor?

25 *Wissen erläutern*

a) Beschreiben Sie, wie man einen guten Näherungswert für die Zahl e finden kann.

b) Stellen Sie die grundlegenden Wachstumsmodelle zusammen und erläutern Sie jedes durch zwei Beispiele.

c) Was versteht man unter Halbwertszeit bzw. Verdopplungszeit? Wie kommt man zu den entsprechenden Formeln?

26 *Erläutern, Begründen und Skizzieren*
Man kann folgende Funktionsterme erhalten, wenn man $f(x) = e^x$ quadriert:

$f_1(x) = (e^x)^2$ $\qquad f_2(x) = e^{2x} \qquad f_3(x) = e^x \cdot e^x$

a) Zeigen Sie die Gleichwertigkeit (Äquivalenz) der Darstellungen.
b) Bestimmen Sie jeweils die Ableitung und nennen Sie die benutzten Ableitungsregeln. Erläutern Sie an diesem Beispiel, dass die Regeln sich vertragen.
c) In welcher Darstellung können Sie unmittelbar eine Stammfunktion bilden? Warum gelingt das in den anderen Darstellungen nicht unmittelbar?
d) Welche Auswirkungen auf den Graphen hat das Quadrieren? Vergleichen Sie mit dem Quadrieren von $g(x) = x$ und $h(x) = \sin(x)$. Fertigen Sie Skizzen an.

27 *Polynom-, Winkel- und Exponentialfunktionen – Immer wieder ableiten*

Teilen Sie die Skizzen untereinander auf und diskutieren Sie in der Gruppe Gemeinsamkeiten und Unterschiede.

a) Skizzieren Sie jeweils die ersten vier Ableitungen und vergleichen Sie deren Verlauf. Was erwarten Sie bei den einzelnen Funktionstypen (Polynom-, Winkel- und Exponentialfunktionen), wenn weitere Ableitungen gebildet werden?
Worin unterscheiden sich die Entwicklungen der Ableitungen bei den einzelnen Funktionstypen? Was ist ihnen gemeinsam? Schreiben Sie einen Bericht.

(1) $p_1(x) = \frac{1}{6}x^4 + \frac{1}{3}x^3 - \frac{1}{6}x^2 - \frac{1}{3}x$ $\quad$ (2) $w_1(x) = \sin(1{,}5x - 1)$ $\quad$ (3) $e_1(x) = 2 \cdot e^{1{,}5x}$
$\qquad p_2(x) = 0{,}1\,x^4 + 1$ $\qquad\qquad\qquad w_2(x) = 2 \cdot \sin(0{,}5x - 1)$ $\qquad e_2(x) = 4 \cdot e^{-0{,}5x}$

b) Erläutern Sie die beiden Aussagen.

> Polynomfunktionen wackeln etwas, Winkelfunktionen immer und Exponentialfunktionen gar nicht.

> Wir können alles ableiten, aber bei weitem nicht alles aufleiten.

Aufgabe für Kreative

$f(x) + g(x);$
$f(x) - g(x)$
$f(x) \cdot g(x);$
$f(g(x));$
$g(f(x))$

28 *Ein Funktionenzoo*
Bilden Sie verschiedene Verknüpfungen zu den angegebenen Funktionen, z. B. p_1 mit w_2. Erstellen Sie eine Sammlung von interessanten Graphen. Gelingen Ihnen rechnerische Nachweise? Finden Sie zu den Graphen passende Funktionsgleichungen.

$p_1(x) = x + 1$
$p_2(x) = x^2$
$w_1(x) = \sin(x)$
$w_2(x) = \cos(x)$
$e_1(x) = e^x$
$e_2(x) = e^{-x}$

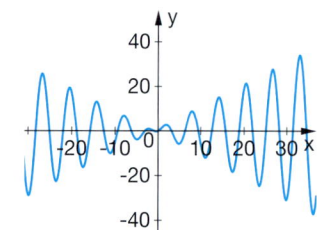
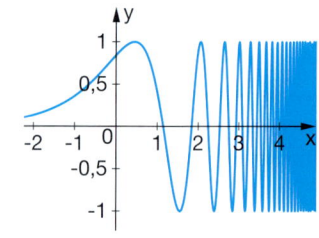

6 Orientieren und Bewegen im Raum (Wiederholung)

Die Analytische Geometrie ist geprägt durch das Zusammenspiel von Geometrie und Algebra. In einem Koordinatensystem lassen sich Punkte und geometrische Objekte mithilfe von Zahlen, den Koordinaten, beschrieben. Bewegungen können durch Vektoren beschrieben werden.

Die Veranschaulichung räumlicher Objekte und die Erkundung von geometrischen Eigenschaften und Beziehungen geschieht an den räumlichen Modellen selbst oder über das Zeichnen von Schrägbildern. Der Computer ermöglicht mit geeigneter 3D-Software neue Erkundungswege über bewegte Bilder.

Mit der Interpretation von Zahlentripeln als Punkte im Raum oder als Bewegungen im Raum erhält man wirkungsvolle Werkzeuge zur Lösung geometrischer Probleme.

6.1 Orientieren im Raum – Koordinaten

In einem Würfel wird über entsprechende Kantenmitten ein Sechseck konstruiert. Ist dieses Sechseck regelmäßig?
Am Würfelschnitt oder am durchsichtigen halb gefüllten Würfel lässt sich die Vermutung am realen Modell überprüfen.

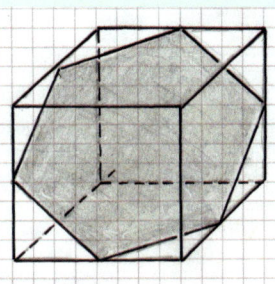

6.2 Bewegen im Raum – Vektoren

In unterschiedlichen Koordinatensystemen kann man verschiedene Perspektiven darstellen. Die Kantenlänge des Sechsecks lässt sich aus den Koordinaten berechnen.
Mithilfe der Darstellung und dem Rechnen mit Vektoren lässt sich die Vermutung, dass das Sechseck regelmäßig ist, auch rechnerisch beweisen.

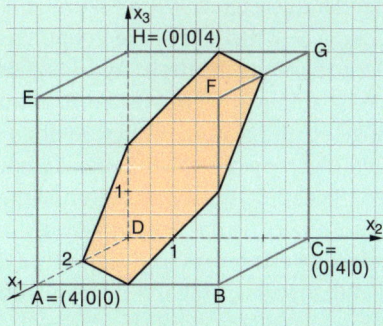

6 Orientieren und Bewegen im Raum (Wiederholung)

6.1 Orientieren im Raum – Koordinaten

Was Sie erwartet

Der Anschauungsraum und geometrische Beziehungen im Raum werden mithilfe algebraischer Beziehungen beschrieben. So lassen sich Punkte in einem Koordinatensystem und geometrische Objekte mithilfe von Koordinaten beschreiben.

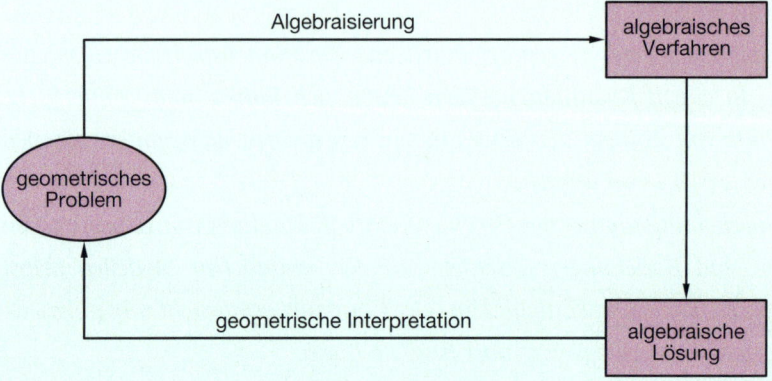

Aufgaben

1 *Körper im dreidimensionalen Raum*
Beschreiben Sie die Körper mithilfe von Koordinaten.

a) *Oktaeder*
Der Würfel hat die Kantenlänge 4, die Eckpunkte des Oktaeders sind Mittelpunkte der Seitenflächen.

b) *Kuboktaeder*
Der Würfel hat die Kantenlänge 4, die Eckpunkte des Kuboktaeders sind Mittelpunkte der Würfelkanten.

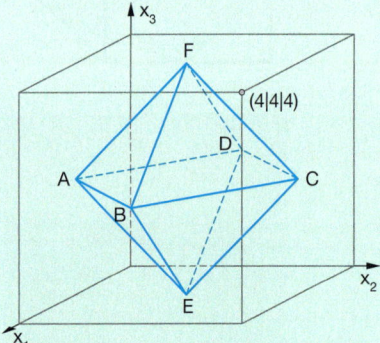
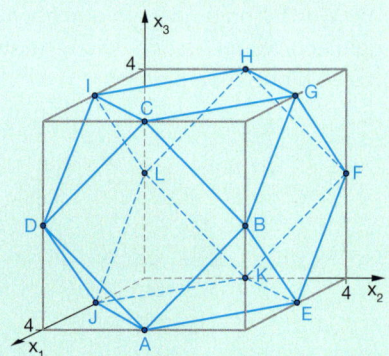

2 *Schrägbild eines Körpers*
Bei dem gezeigten Würfel wurde die Ecke G = (8|8|8) über die Eckpunkte C, F und H abgeschnitten. Auf die gleiche Weise sollen auch die Ecken B, D und E abgeschnitten werden. Beschreiben Sie den Restkörper bezüglich der Anzahl von Ecken, Kanten und Seitenflächen. Bestimmen Sie die Eckpunktkoordinaten des Restkörpers und stellen Sie diesen dann als Schrägbild oder mithilfe einer geeigneten Software dar.

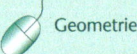
Geometrie

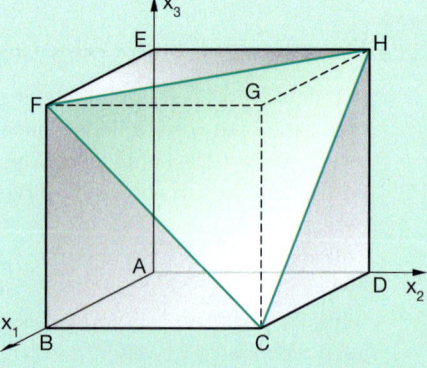

6.1 Orientieren im Raum – Koordinaten

Basiswissen

In einem Koordinatensystem können Punkte und geometrische Objekte mithilfe von Zahlen – den Koordinaten – beschrieben werden.

Koordinatensystem im Raum

Drei zueinander senkrechte Achsen mit Ursprung.

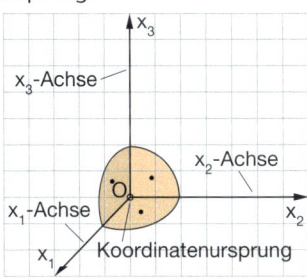

Der Punkt P wird festgelegt durch das Zahlentripel $(x_P | y_P | z_P)$.

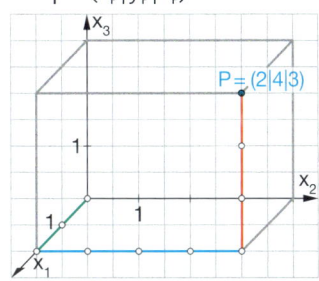

Das reale Modell des räumlichen Koordinatensystems stützt die Vorstellung im Schrägbild.

Geometrische Objekte werden durch die Koordinaten von Punkten beschrieben.

Quadratische Pyramide ABCDS mit
$A = (4 | -4 | 0)$, $B = (4 | 4 | 0)$, $C = (-4 | 4 | 0)$,
$D = (-4 | -4 | 0)$ und $S = (0 | 0 | 6)$.

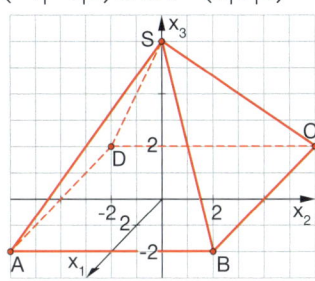

Der **Abstand zweier Punkte** P, Q kann mithilfe der Koordinaten mit dem Satz von Pythagoras bestimmt werden.

$$d = \overline{PQ} = \sqrt{(x_Q - x_P)^2 + (y_Q - y_P)^2 + (z_Q - z_P)^2}$$

Für die Kante $\overline{AS}$ der Pyramide gilt:
$$\overline{AS} = \sqrt{(0-4)^2 + (0-(-4))^2 + (6-0)^2}$$
$$= \sqrt{68}$$

Zur Bezeichnung von Punkten verwenden wir hier die Form $A = (4 | -4 | 0)$. Andere übliche Bezeichnungen wie $A(4 | -4 | 0)$ sind auch zulässig.

Beispiele

A *Ebener Schnitt am Holzwürfel*

Das Bild zeigt einen Holzwürfel mit einer Kantenlänge von 4 cm, bei dem eine Ecke über die Kantenmitten abgeschnitten wurde.
Beschreiben Sie die Schnittfläche mithilfe von Koordinaten.

Lösung:
1. Schritt: Einen Würfel mit der Kantenlänge 4 cm im Koordinatensystem zeichnen.
2. Schritt: Die Eckpunkte der dreieckigen Schnittfläche als Mitten K, L und M der drei Vorderkanten kennzeichnen.
3. Schritt: Die Koordinaten der Eckpunkte bestimmen: $K = (4 | 2 | 4)$; $L = (4 | 4 | 2)$; $M = (2 | 4 | 4)$

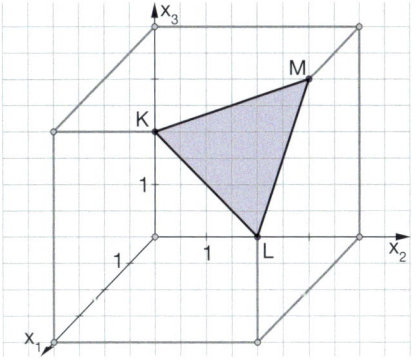

Übungen

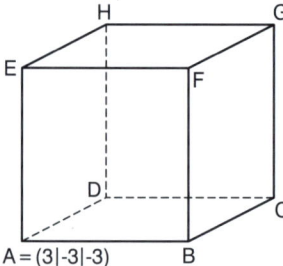

3 *Quader im Würfel*
Zeichnen Sie das Schrägbild eines Quaders mit quadratischer Grundfläche in einen Würfel. Wählen Sie ein geeignetes Koordinatensystem mit geeigneter Skalierung der Achsen.

4 *Punkte im Würfel*
a) Zeichnen Sie einen Würfel ABCDEFGH mit der Kantenlänge 6 so in ein Koordinatensystem, dass alle Kanten parallel zu den Koordinatenachsen verlaufen und der Mittelpunkt des Würfels der Punkt M = (0|0|0) ist.
b) Prüfen Sie, welche der folgenden Punkte auf der Würfeloberfläche, welche innerhalb des Würfels und welche außerhalb des Würfels liegen: $P_1 = (4|2|1)$, $P_2 = (2|0|1)$, $P_3 = (3|3|1)$, $P_4 = (0|3|1)$, $P_5 = (4|5|6)$, $P_6 = (-1|2|1)$.
c) Wo liegen die Punkte $Q_1 = (3|3|-3)$, $Q_2 = (3|0|-3)$, $Q_3 = (0|0|3)$ in Bezug auf den Würfel?

Zeichnen auf Papier

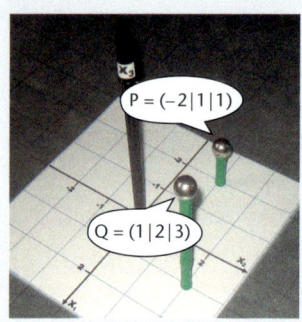

Bei der Darstellung eines räumlichen Objekts auf einem Blatt Papier stehen uns nur zwei Dimensionen zur Verfügung. Ziel ist es, durch geschickte Wahl der drei Achsen ein möglichst anschauliches Bild des Objekts zu erzeugen. Dabei kommt es darauf an, in welcher Richtung die Achsen gezeichnet werden. Je nach Situation können unterschiedliche Koordinatensysteme gezeichnet werden, wobei die Kästchen des Karopapiers gut zur Festlegung der Richtungen der Achsen genutzt werden können.

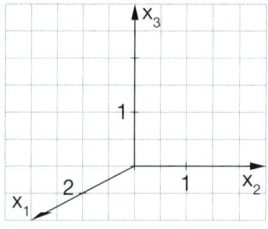 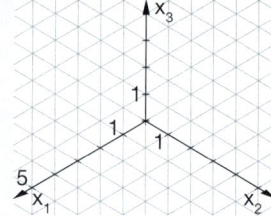

„2-1-Koordinatensystem"   „1-1-Koordinatensystem"   „Isometrisches Koordinatensystem"

Geometrie

Die Bezeichnungen „2-1-Koordinatensystem" und „1-1-Koordinatensystem" orientieren sich am Einzeichnen der x_1-Achse im Karopapier.

Koordinatenweg

Hilfreich beim Einzeichnen eines Punktes P ist der „Koordinatenweg" vom Ursprung des Koordinatensystems bis zum Punkt P:
Für P = (2|3|1,5) gehen wir
– zunächst 2 Einheiten in Richtung der x_1-Achse,
– danach 3 Einheiten in Richtung der x_2-Achse,
– und nun 1,5 Einheiten in Richtung der x_3-Achse.

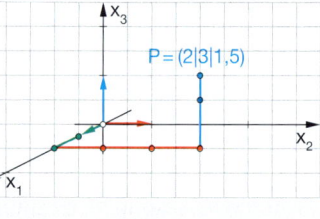

Das Einzeichnen des **Koordinatenquaders** stützt zusätzlich die Anschauung.

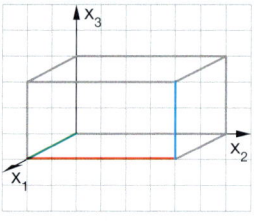 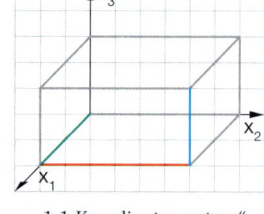 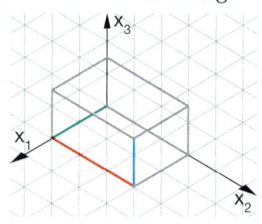

„2-1-Koordinatensystem"   „1-1-Koordinatensystem"   „Isometrisches Koordinatensystem"

6.1 Orientieren im Raum – Koordinaten

5 Dachformen
Die Dachformen lassen sich durch die Koordinaten von sechs Punkten im räumlichen Koordinatensystem darstellen.

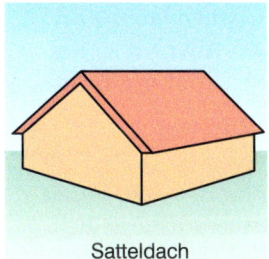
Satteldach

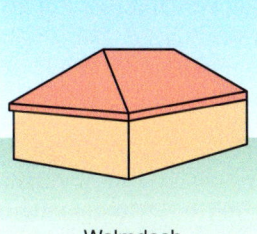
Walmdach

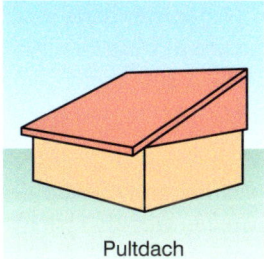
Pultdach

a) Welche Koordinaten gehören zu welcher Dachform? Begründen Sie Ihre Entscheidung.

I	II	III
$A = (2\mid-3\mid2)$ $B = (2\mid3\mid2)$	$A = (2\mid-3\mid2)$ $B = (2\mid3\mid2)$	$A = (2\mid-3\mid2)$ $B = (2\mid3\mid2)$
$C = (-2\mid3\mid2)$ $D = (-2\mid-3\mid2)$	$C = (-2\mid3\mid2)$ $D = (-2\mid-3\mid2)$	$C = (-2\mid3\mid2)$ $D = (-2\mid-3\mid2)$
$E = (0\mid-2\mid5)$ $F = (0\mid2\mid5)$	$E = (2\mid3\mid5)$ $F = (-2\mid3\mid5)$	$E = (0\mid-3\mid5)$ $F = (0\mid3\mid5)$

Geometrie

b) Zeichnen Sie die Dächer mit den gegebenen Koordinaten jeweils in ein geeignetes Koordinatensystem.

6 Turm in verschiedenen Lagen im Koordinatensystem
Zeichnen Sie jeweils ein Schrägbild des Turmes mit quadratischer Grundfläche in ein Koordinatensystem und geben Sie die Koordinaten der neun Eckpunkte an.

a) A liegt im Ursprung und B auf der x_2-Achse.	b) A, B und S haben die Koordinaten $A = (1\mid-1\mid2)$, $B = (1\mid3\mid2)$, $S = (-1\mid1\mid20)$.	c) Keine der Achsen berührt oder schneidet den Turm.

Vergleichen Sie die Ergebnisse untereinander.

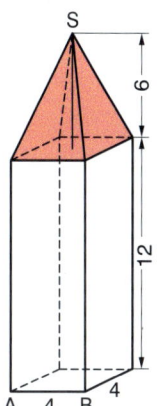

7 Ablesen von Punkten in einem Schrägbild
a) Paula, Emil und Lara lesen die Koordinaten des eingezeichneten Punktes S ab. Sie erhalten verschiedene Ergebnisse:

Paula: $S = (0\mid-2\mid9)$
Emil: $S = (8\mid2\mid11)$
Lara: $S = (-4\mid-4\mid8)$

Kann das sein? Zeichnen Sie das Bild in Ihr Heft.
Prüfen Sie durch Einzeichnen der jeweiligen Koordinatenwege.

b) Sie erhalten die Zusatzinformation, dass S die Spitze einer quadratischen Pyramide ist. Die Pyramide hat die Höhe 9 sowie die Eckpunkte $A = (4\mid2\mid0)$ und $B = (-4\mid2\mid0)$. Lassen sich nun die Koordinaten der Spitze S eindeutig bestimmen?

c) Der eingezeichnete Punkt A könnte auch die Koordinaten $A = (0\mid0\mid-1)$ haben. Bestätigen Sie dies durch Einzeichnen des Koordinatenweges.
Versuchen Sie, dazu passende Punkte B, C, D und S für eine quadratische Pyramide zu bestimmen.
Halten Sie Ihre Beobachtungen in einem Bericht fest (zum Beispiel unter dem Thema „Trauen Sie keinem Schrägbild").

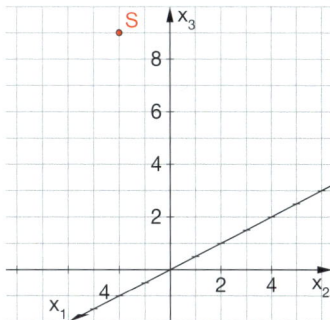

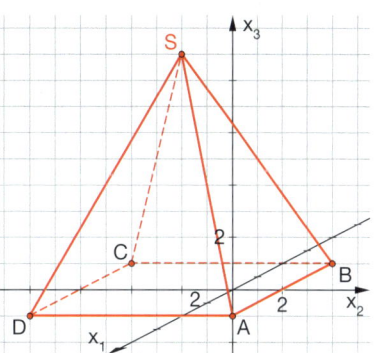

Anfänge der Analytischen Geometrie

Sucht man nach den Wurzeln der Analytischen Geometrie, so stößt man auf zwei Namen: RENÉ DESCARTES und PIERRE DE FERMAT. Beide haben sich am Anfang des 17. Jahrhunderts unabhängig voneinander mit geometrischen Problemen befasst und neue Denkwege eingeschlagen. Dabei haben sie – jeder auf eigene Weise – Algebra und Geometrie miteinander verbunden und damit den Grundstein der modernen Analytischen Geometrie gelegt.

„Cogito ergo sum."
(Ich denke, also bin ich.)

RENÉ DESCARTES
(1596–1650)

PIERRE DE FERMAT
(1601–1665)

DESCARTES gilt als Begründer der neuzeitlichen Philosophie. Sein Lebensziel war die Errichtung eines philosophischen Weltsystems, welches logisch aufgebaut sein sollte. Hierbei schienen ihm mathematische Methoden hilfreich. Deshalb befasste er sich intensiv mit mathematischen Fragestellungen. Eine seiner großen Leistungen war es, dass er eine Verbindung zwischen geometrischen Linien und Zahlen suchte.

„… um die Linie zu umfassen, wurde ich mir darüber klar, dass ich diese durch bestimmte Zahlzeichen erklären müsste, …"

Durch die Einführung einer Einheitsstrecke ordnete er jeder Strecke eine Zahl zu. Damit konnte er dann rechnen. Dies war neu in der Geometrie.

„… und ich werde mich nicht scheuen, diese der Arithmetik entnommenen Ausdrücke in die Geometrie einzuführen, um mich dadurch verständlicher zu machen."

Neben der Einheitsstrecke führte DESCARTES auch einen *Bezugspunkt 0* (Ursprung) und eine Koordinatenachse ein und ordnete jedem Punkt der Ebene zwei Zahlen zu (Koordinate und Entfernung von der Koordinatenachse). In Anlehnung an DESCARTES sprechen wir bis heute vom „Kartesischen Koordinatensystem". Eine zweite Koordinatenachse wurde aber erst von LEIBNIZ (1646–1716) eingeführt. Durch die Charakterisierung von Punkten durch zwei Zahlen gelang DESCARTES die Beschreibung *krummer Linien* (Kurven). Galt für jeden Punkt einer Kurve zwischen den beiden Zahlen dieselbe Beziehung, so nannte er diese Beziehung die Gleichung der Kurve.

FERMAT war von Beruf Jurist. Die Mathematik war für ihn eine Freizeitbeschäftigung. Dabei strebte er die Verbindung antiker und zeitgenössischer Methoden an. Seine geometrischen Untersuchungen begann er mit der Untersuchung von Ortslinien. Darunter versteht man Kurven, die durch bestimmte geometrische Eigenschaften der auf ihnen liegenden Punkte gekennzeichnet sind. Die Ortslinie aller Punkte, die von einem gegebenen Punkt denselben Abstand haben, ist ein Kreis. Die Ortslinie aller Punkte, die zu einer gegebenen Gerade und einem gegebenen Punkt den gleichen Abstand haben, ist eine Parabel.

„Es ist kein Zweifel, dass die Alten sehr viel über Örter geschrieben haben. … Aber wenn wir uns nicht täuschen, fiel ihnen die Untersuchung der Örter nicht gerade leicht ….. Wir unterwerfen daher diesen Wissenszweig einer besonderen, ihm eigens angepassten Analyse, …"

Diese Analyse bestand darin, Örter (Ortslinien) durch Gleichungen zu beschreiben. Dabei fiel FERMAT auf, dass man zu jeder Gleichung mit zwei unbekannten Größen eine Kurve finden kann.

„Sobald in einer Schlussgleichung zwei unbekannte Größen auftreten, hat man einen Ort, …. Die Gleichungen kann man aber bequem versinnlichen, wenn man die beiden unbekannten Größen in einem gegebenen Winkel (den wir meist gleich einem Rechten nehmen) aneinandersetzt."

Mit dem Aneinandersetzen der beiden Größen ist das Darstellen von Punkten in einem Koordinatensystem gemeint. Auch FERMAT bediente sich also eines von ihm erdachten Koordinatensystems.

6.2 Bewegen im Raum – Vektoren

Was Sie erwartet

Mithilfe des Koordinatensystems können geometrische Objekte durch Zahlen beschrieben und in Schrägbildern anschaulich dargestellt werden. Mit Vektoren können viele geometrische Frage- und Problemstellungen mit rechnerischen (algebraischen) Methoden bearbeitet werden.

Die Grundidee ist dabei recht einfach: Die Zahlentripel $(x_1|x_2|x_3)$ werden nun nicht mehr nur als Beschreibung von Punkten im räumlichen Koordinatensystem genutzt, sondern zusätzlich auch als Bewegungen (Verschiebungen) interpretiert. Für die Vektoren lassen sich einfache Rechenoperationen definieren, die dann wiederum eine geometrische Bedeutung haben. Damit können Sie nun viele geometrische Eigenschaften von Objekten erkunden und Zusammenhänge nachweisen.

Aufgaben

1 *Körper im dreidimensionalen Koordinatensystem/Schrägbilder*
Die Punkte A = (2|3|0), B = (6|7|2), D = (4|−1|4) und E = (−2|5|4) bilden eine Ecke eines Würfels im Raum.

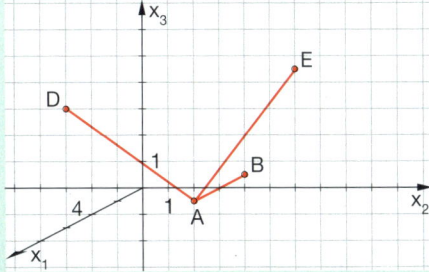

Zeichnen Sie die Punkte und die Kanten $\overline{AB}$, $\overline{AD}$, $\overline{AE}$ im räumlichen Koordinatensystem.
Rekonstruieren Sie aus diesen Angaben den Würfel, d.h. bestimmen Sie die Koordinaten der anderen Eckpunkte. Das ist nicht ganz einfach, weil der Würfel „schräg" im Koordinatensystem liegt. Beschreiben Sie Ihr Vorgehen. Vergleichen Sie mit den Strategien anderer.
Zeichnen Sie den Würfel so, dass deutlich wird, welche Kanten sichtbar und welche verdeckt sind.

6 Orientieren und Bewegen im Raum (Wiederholung)

Basiswissen — Mit Vektoren gewinnen wir ein neues Werkzeug, mit dem wir im Koordinatensystem neben der Lage von Punkten nun auch Bewegungen beschreiben können.

Vektoren – algebraisch und geometrisch

Zahlentripel

Algebraisch wird ein Vektor als **Zahlentripel** geschrieben.

$$\vec{x} = \begin{pmatrix} x_1 \\ x_2 \\ x_3 \end{pmatrix} \qquad \vec{v} = \begin{pmatrix} -2 \\ 1 \\ 3 \end{pmatrix}$$

Wir schreiben Vektoren als Spalten und bezeichnen sie mit kleinen Buchstaben und einem zusätzlichen Pfeil. Die reellen Zahlen x_1, x_2, x_3 heißen **Koordinaten des Vektors**.

Verschiebungen Translationen

Geometrisch können Vektoren als **Verschiebungen (Translationen)** in der Ebene oder im Raum interpretiert werden.

Der Vektor $\vec{v} = \begin{pmatrix} -2 \\ 1 \\ 3 \end{pmatrix}$

verschiebt den Punkt A = (1|1|3)
– um –2 in Richtung x_1-Achse,
– um   1 in Richtung x_2-Achse,
– um   3 in Richtung x_3-Achse.

Der Bildpunkt ist A' = (–1|2|6).

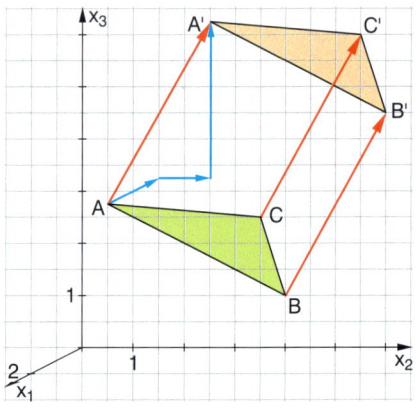

Pfeile

Der Vektor wird durch einen **Pfeil** gekennzeichnet. Pfeile gleicher Länge und gleicher Richtung kennzeichnen den gleichen Vektor.

Die Pfeile $\overrightarrow{AA'}$, $\overrightarrow{BB'}$ und $\overrightarrow{CC'}$ haben jeweils die gleiche Richtung und die gleiche Länge. Jeder dieser Pfeile kennzeichnet den Vektor

$$\vec{v} = \begin{pmatrix} v_1 \\ v_2 \\ v_3 \end{pmatrix} = \begin{pmatrix} -2 \\ 1 \\ 3 \end{pmatrix}.$$

Betrag eines Vektors

Die Länge eines Pfeils $\overrightarrow{AA'}$ ist gleich dem Abstand der Punkte A und A'. Sie wird als **Betrag $|\vec{v}|$ des Vektors** $\vec{v}$ bezeichnet.

$$|\vec{v}| = \sqrt{v_1^2 + v_2^2 + v_3^2}$$

$$|\vec{v}| = \sqrt{(-2)^2 + 1^2 + 3^2}$$

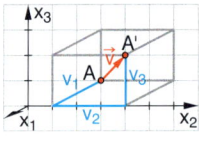

Berechnung des Vektors aus Punkt und Bildpunkt

Aus den Koordinaten eines Punktes A = (1|1|3) und seines Bildpunktes A' = (–1|2|6) können die Koordinaten des Vektors (der Verschiebung) berechnet werden.

$$\overrightarrow{AA'} = \begin{pmatrix} a'_1 - a_1 \\ a'_2 - a_2 \\ a'_3 - a_3 \end{pmatrix} = \begin{pmatrix} -1-1 \\ 2-1 \\ 6-3 \end{pmatrix} = \begin{pmatrix} -2 \\ 1 \\ 3 \end{pmatrix}$$

Punkte Ortsvektoren

Vektoren können auch als **Punkte im Koordinatensystem** interpretiert werden.
Zeichnet man vom Ursprung O des Koordinatensystems einen Pfeil zum Punkt P = (–2|1|3), so repräsentiert dieser den Vektor $\overrightarrow{OP} = \begin{pmatrix} -2 \\ 1 \\ 3 \end{pmatrix}$.

Gleichzeitig kennzeichnet er auch den Punkt P. $\overrightarrow{OP}$ wird als **Ortsvektor** des Punktes P bezeichnet.

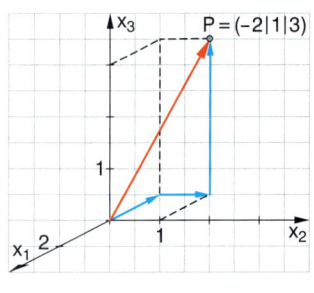

6.2 Bewegen im Raum – Vektoren

Beispiele

A *Verschieben eines Dreiecks*

Das Dreieck ABC wird in das Dreieck DEF verschoben.
Geben Sie den Verschiebungsvektor $\vec{v}$ und die Koordinaten der Eckpunkte des Bilddreiecks an, wenn A = (2|0|0), B = (–2|4|0), C = (–2|2|4) und D = (2|4|4) ist.

Lösung:
Den Vektor $\vec{v}$ können wir aus den Koordinaten des Punktes A und seines Bildpunktes D berechnen.

$$\vec{v} = \overrightarrow{AD} = \begin{pmatrix} 2-2 \\ 4-0 \\ 4-0 \end{pmatrix} = \begin{pmatrix} 0 \\ 4 \\ 4 \end{pmatrix}$$

Durch Addieren der Koordinaten von $\vec{v}$ zu den jeweiligen Koordinaten der Punkte B und C erhalten wir dann die Bildpunkte:
E = (–2|8|4) und F = (–2|6|8).

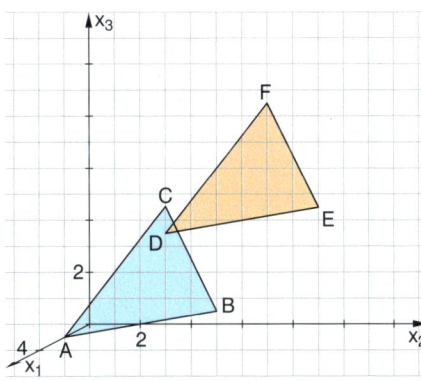

Übungen

2 *Streckenzüge*

Die Streckenzüge ABCD und ADCB können als Bewegungen vom Startpunkt A über Zwischenpunkte zum Endpunkt D bzw. B gedeutet werden („Vektorzüge").
Bestimmen Sie die jeweils passenden Vektoren. Welcher Streckenzug ist der kürzere?

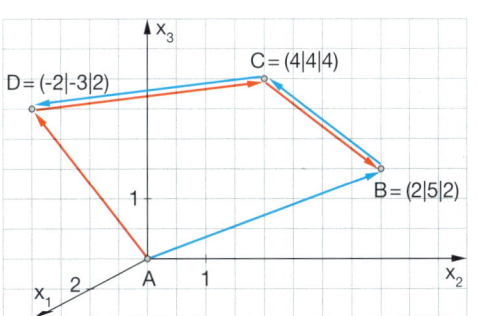

Streckenzüge als „Vektorzüge"

3 *Vektoren im Würfel*

Die Vektoren $\vec{u} = \begin{pmatrix} 2 \\ 2 \\ 1 \end{pmatrix}$, $\vec{v} = \begin{pmatrix} -2 \\ 1 \\ 2 \end{pmatrix}$ und $\vec{w} = \begin{pmatrix} 1 \\ -2 \\ 2 \end{pmatrix}$

beschreiben mit dem Punkt A = (–1|0|3) die Kanten eines Würfels.
a) Bestimmen Sie die restlichen Eckpunkte des Würfels.
b) Wie ändern sich die Eckpunkte, wenn der Würfel um $\begin{pmatrix} 2 \\ -1 \\ 4 \end{pmatrix}$ verschoben wird?
c) Der Würfel wird so verschoben, dass der Punkt A auf den Punkt A' = (2|4|–4) zu liegen kommt. Geben Sie den dazugehörigen Verschiebungsvektor an.

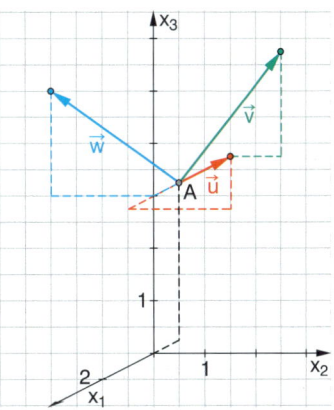

4 *Würfelverschiebungen*

Der rote Würfel mit der Kantenlänge 4 wurde mehrfach verschoben.

Führen Sie ein geeignetes Koordinatensystem ein und beschreiben Sie die Verschiebungen jeweils durch den passenden Vektor.

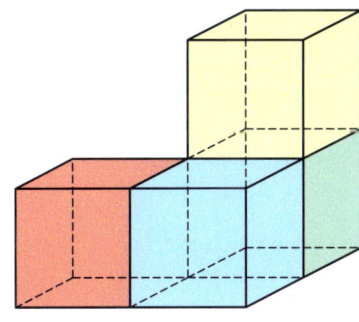

6204A.ggb
6204B.ggb

6 Orientieren und Bewegen im Raum (Wiederholung)

Basiswissen

Mit Vektoren kann man „rechnen". Da sich die Rechenoperationen mithilfe der Pfeile auch geometrisch interpretieren lassen, gewinnt man damit ein wirkungsvolles Werkzeug zum Darstellen und Lösen geometrischer Probleme.

Rechnen mit Vektoren

	algebraisch	geometrisch

Addition

$$\vec{a} + \vec{b} = \begin{pmatrix} a_1 \\ a_2 \\ a_3 \end{pmatrix} + \begin{pmatrix} b_1 \\ b_2 \\ b_3 \end{pmatrix} = \begin{pmatrix} a_1 + b_1 \\ a_2 + b_2 \\ a_3 + b_3 \end{pmatrix}$$

Die einzelnen Koordinaten der beiden Vektoren $\vec{a}$ und $\vec{b}$ werden jeweils addiert.

$$\begin{pmatrix} -2 \\ 4 \\ 3 \end{pmatrix} + \begin{pmatrix} 3 \\ 2 \\ -1 \end{pmatrix} = \begin{pmatrix} 1 \\ 6 \\ 2 \end{pmatrix}$$

Die Pfeile werden aneinandergehängt. Dies entspricht dem Nacheinanderausführen der durch $\vec{a}$ und $\vec{b}$ gegebenen Verschiebungen. Der resultierende Pfeil kennzeichnet den Summenvektor $\vec{a} + \vec{b}$.

S-Multiplikation

Wir schreiben auch $s\vec{a}$.

$$s \cdot \vec{a} = s \cdot \begin{pmatrix} a_1 \\ a_2 \\ a_3 \end{pmatrix} = \begin{pmatrix} s\,a_1 \\ s\,a_2 \\ s\,a_3 \end{pmatrix}; \quad s \in \mathbb{R}$$

Jede Koordinate des Vektors $\vec{a}$ wird mit der reellen Zahl s multipliziert.

Der Begriff S-Multiplikation kommt aus der Physik. Dort werden reelle Zahlen zur Unterscheidung von Vektoren oft als „Skalare" bezeichnet.

$$1{,}9 \cdot \begin{pmatrix} -2 \\ 4 \\ 3 \end{pmatrix} = \begin{pmatrix} -3{,}8 \\ 7{,}6 \\ 5{,}7 \end{pmatrix}; \quad (-1{,}2) \cdot \begin{pmatrix} -2 \\ 4 \\ 3 \end{pmatrix} = \begin{pmatrix} 2{,}4 \\ -4{,}8 \\ -3{,}6 \end{pmatrix}$$

Der Pfeil wird auf die s-fache Länge gestreckt. Die Richtung bleibt erhalten.

Der Pfeil wird auf die |s|-fache Länge gestreckt. Die Richtung wird umgekehrt.

Linearkombination

Eine Linearkombination kann auch aus mehr als zwei Vektoren gebildet werden:
$\vec{x} = r \cdot \vec{a} + s \cdot \vec{b} + t \cdot \vec{c}$

Ein Vektor
$\vec{x} = r \cdot \vec{a} + s \cdot \vec{b}$ mit r, s ∈ ℝ
heißt eine Linearkombination der Vektoren $\vec{a}$ und $\vec{b}$.

$$2 \cdot \begin{pmatrix} -2 \\ 4 \\ 3 \end{pmatrix} + (-0{,}5) \cdot \begin{pmatrix} 3 \\ 2 \\ -1 \end{pmatrix} = \begin{pmatrix} -5{,}5 \\ 7 \\ 6{,}5 \end{pmatrix}$$

Beispiele

B *Linearkombination*

Stellen Sie im Parallelogramm OABC die Diagonalen $\overrightarrow{OB}$ und $\overrightarrow{CA}$ mithilfe der Vektoren

$$\overrightarrow{OA} = \vec{a} = \begin{pmatrix} 2 \\ 3 \\ 1 \end{pmatrix} \text{ und } \overrightarrow{OC} = \vec{c} = \begin{pmatrix} -4 \\ 1 \\ 2 \end{pmatrix} \text{ dar.}$$

Lösung:

$$\overrightarrow{OB} = \vec{a} + \vec{c} = \begin{pmatrix} 2 \\ 3 \\ 1 \end{pmatrix} + \begin{pmatrix} -4 \\ 1 \\ 2 \end{pmatrix} = \begin{pmatrix} -2 \\ 4 \\ 3 \end{pmatrix};$$

$$\overrightarrow{CA} = \vec{a} - \vec{c} = \begin{pmatrix} 2 \\ 3 \\ 1 \end{pmatrix} - \begin{pmatrix} -4 \\ 1 \\ 2 \end{pmatrix} = \begin{pmatrix} 6 \\ 2 \\ -1 \end{pmatrix}$$

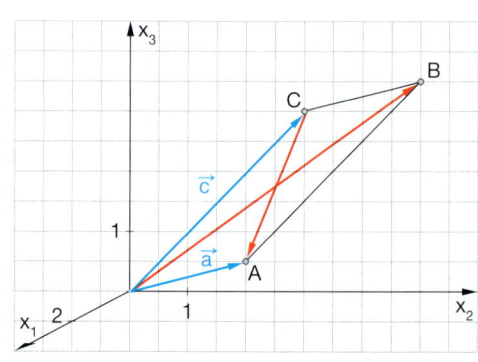

6.2 Bewegen im Raum – Vektoren

Differenzvektor

Der Vektor $\vec{AB}$ lässt sich in der Form
$\vec{AB} = \vec{OB} - \vec{OA} = \vec{b} - \vec{a}$ darstellen.

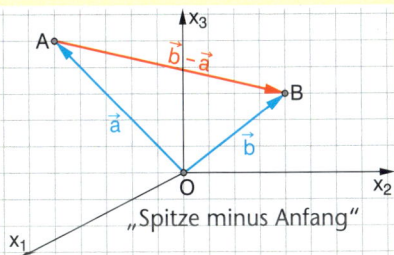

„Spitze minus Anfang"

Mittelpunkt einer Strecke

Der Mittelpunkt einer Strecke lässt sich als Linearkombination
$$\vec{OM} = \vec{OA} + \tfrac{1}{2} \cdot \vec{AB} = \vec{a} + \tfrac{1}{2} \cdot (\vec{b} - \vec{a})$$
oder als Mittelwert
$$\vec{OM} = \tfrac{1}{2} \cdot (\vec{OA} + \vec{OB}) = \tfrac{1}{2} \cdot (\vec{a} + \vec{b})$$
darstellen.

Parallele Vektoren

Die **Parallelität** von zwei Strecken $\overline{AB}$ und $\overline{CD}$ lässt sich mithilfe von Vektoren leicht erkennen.
Zwei Vektoren $\vec{u} = \vec{AB}$ und $\vec{v} = \vec{CD}$ sind genau dann parallel, wenn $\vec{u} = c \cdot \vec{v}$ ($c \in \mathbb{R}$).
Man bezeichnet die Vektoren $\vec{u}$ und $\vec{v}$ auch als **kollinear**.

Übungen

5 *Vervierfachung*
In der Abbildung ist die Kantenlänge des großen Würfels viermal so lang wie die Kantenlänge des kleinen Würfels. Weisen Sie rechnerisch nach, dass dann auch die Raumdiagonale des großen Würfels viermal so lang ist wie die des kleinen. Beschreiben Sie Ihr Vorgehen. Finden Sie auch eine geometrische Begründung?

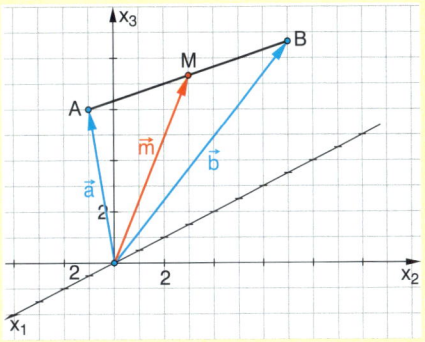

6 *Spat mit aufgesetzter Pyramide*
Im Spat mit aufgesetzter Pyramide ist F der Mittelpunkt der Strecke $\overline{BS}$.
a) Stellen Sie $\vec{AC}, \vec{BS}, \vec{SD}, \vec{HS}, \vec{EC}$ jeweils als Linearkombination von $\vec{a}, \vec{b}, \vec{c}$ dar.
b) Geben Sie zwei Punkte an, deren Verbindungsvektor durch den Vektor $\vec{a} - \vec{b} - \vec{c}$ bestimmt wird.

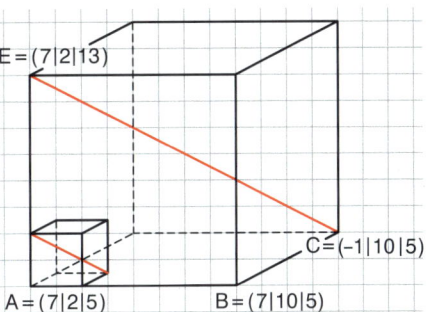

7 *Rechteck im Würfel*
Stellen Sie den Ortsvektor zum Mittelpunkt des Würfels als Linearkombination der Vektoren $\vec{a}, \vec{b}, \vec{c}$ dar.
Stellen Sie den Mittelpunkt des blauen Rechtecks als Linearkombination der Vektoren $\vec{a}$ und $\vec{AH} = \vec{b} + \vec{c}$ dar.
Zeigen Sie rechnerisch, dass die beiden Mittelpunkte identisch sind. Finden Sie auch eine geometrische Begründung.

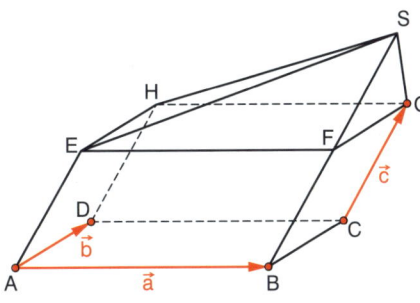

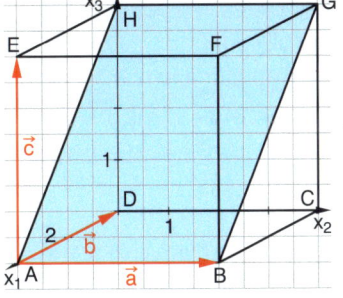

261

6 Orientieren und Bewegen im Raum (Wiederholung)

Im Folgenden werden geometrische Aussagen mithilfe der Vektorrechnung begründet.

Übungen

Beweise geometrischer Aussagen mithilfe der Vektorrechnung

8 *Diagonalenschnittpunkt im Parallelogramm*
Der Diagonalenschnittpunkt S im Parallelogramm kann mit der Information, dass der Schnittpunkt die Diagonalen halbiert, also mit $\vec{s} = \vec{a} + \frac{1}{2} \cdot (\vec{AB} + \vec{BC})$ bestimmt werden.
a) Zeichnen Sie das Parallelogramm mit A = (1|1), B = (5|2), C = (6|4) und D = (2|3). Bestimmen Sie zeichnerisch die Koordinaten des Diagonalenschnittpunktes und bestätigen Sie die Formel am Beispiel.
b) Begründen Sie die Formel mithilfe eines Vektorzuges.
c) Bestimmen Sie den vierten Punkt des Parallelogramms ABCD mit A = (6|6|6), B = (2|1|0) und C = (3|4|5) sowie die Koordinaten des Diagonalenschnittpunktes.

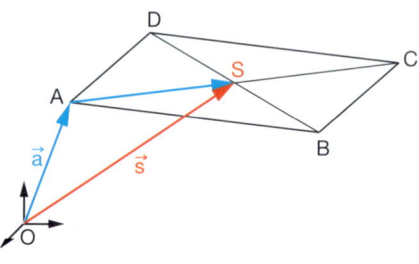

9 *Mittelparallele im Dreieck*
Gegeben ist ein Dreieck ABC; M_{BC} ist der Mittelpunkt von $\overline{BC}$; M_{AC} ist der Mittelpunkt von $\overline{AC}$.
Begründen Sie mit einem Vektorzug: $\overline{M_{BC} M_{AC}}$ ist parallel zu $\overline{AB}$ und halb so lang wie $\overline{AB}$.

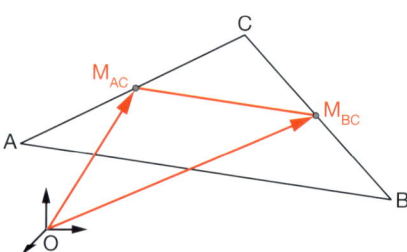

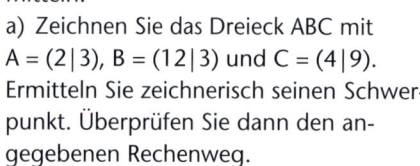

Der Schwerpunkt eines Dreiecks teilt die Seitenhalbierenden im Verhältnis 2:1.

Rechnerische Ermittlung des Schwerpunkts S eines Dreiecks ABC:
$\vec{s} = \vec{a} + \frac{2}{3} \cdot \vec{AM_{BC}}$

10 *Schwerpunkt eines Dreiecks*
Mithilfe der nebenstehenden Information lässt sich der Schwerpunkt S eines Dreiecks ABC rechnerisch mit dem Punkt A und dem Mittelpunkt M_{BC} der Strecke $\overline{BC}$ ermitteln.
a) Zeichnen Sie das Dreieck ABC mit A = (2|3), B = (12|3) und C = (4|9). Ermitteln Sie zeichnerisch seinen Schwerpunkt. Überprüfen Sie dann den angegebenen Rechenweg.
b) Der Schwerpunkt S lässt sich auch durch zwei weitere Vektorzüge berechnen. Ermitteln Sie diese aus der Zeichnung. Zeigen Sie, dass sich damit der Schwerpunkt S ergibt.
c) Bestimmen Sie rechnerisch den Schwerpunkt des Dreiecks QRT mit Q = (−2|3|10), R = (2|−1|6) und T = (0|7|8).

11 *Schwerpunkt eines Dreiecks als Mittelwert*
Der Schwerpunkt S eines Dreiecks ABC wird durch $\vec{s} = \vec{a} + \frac{2}{3} \cdot \vec{AM_{BC}}$ bestimmt (siehe Marginalie oder Übung 10).
In der Formelsammlung finden Sie für den Schwerpunkt $\vec{s} = \frac{1}{3} \cdot (\vec{a} + \vec{b} + \vec{c})$.
a) Bestätigen Sie die Formel am Beispiel A = (3|−4|7), B = (1|5|−4) und C = (−7|2|3).
b) Begründen Sie die Formel allgemein zeichnerisch und rechnerisch.

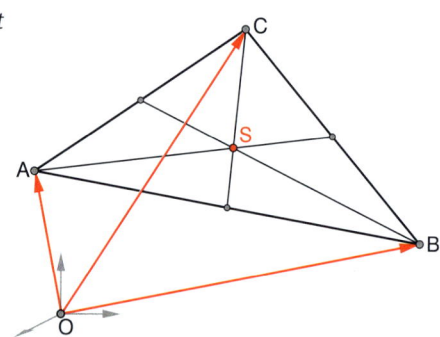

Mittenviereck in der Ebene und im Raum

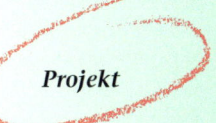

Projekt

Vielleicht haben Sie im Geometrieunterricht schon vom **Satz von Varignon** gehört.

Satz von Varignon
Verbindet man die Mittelpunkte der Seiten eines Vierecks, so entsteht ein Parallelogramm.

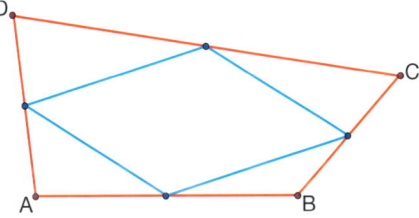

Mittenviereck in der Ebene

Der Beweis ist mit elementargeometrischen Mitteln nicht ganz einfach.

Mit DGS können Sie den Satz eindrucksvoll bestätigen.

Versuchen Sie mit Ihren Kenntnissen über das Rechnen mit Vektoren einen Beweis aufzuschreiben.
Beschreiben Sie die Ortsvektoren der Seitenmittelpunkte mit den Vektoren $\vec{a}$, $\vec{b}$, $\vec{c}$ und $\vec{d}$. Zeigen Sie, dass gegenüberliegende Seiten des Seitenmittenvierecks parallel sind.

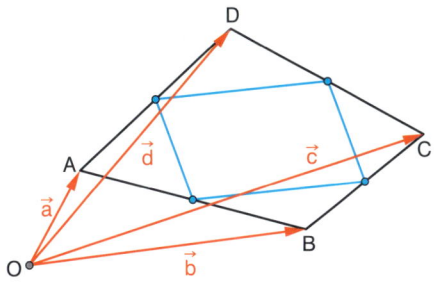

Gilt der **Satz von Varignon** auch für Vierecke im Raum?

Experimentieren und Vermuten am Realmodell

Mittenviereck im Raum

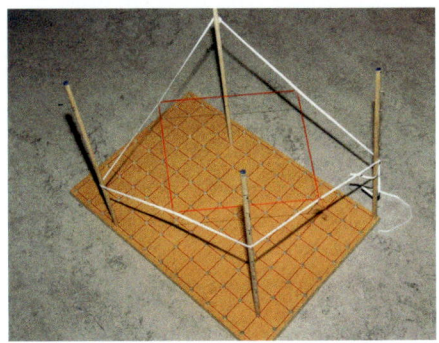

Probieren und Bestätigen mit DGS

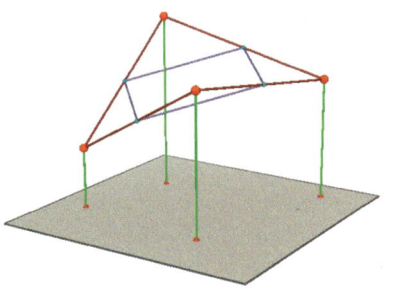
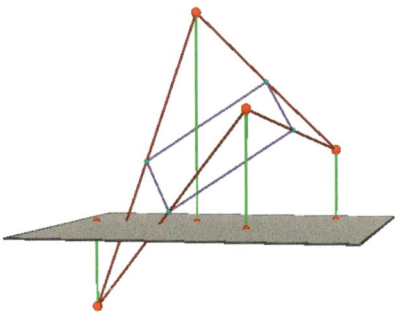
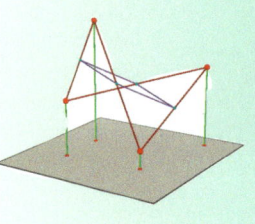

ProjektMV.cg3

Beweisen mithilfe von Vektoren
Überlegen Sie, was Sie am Beweis für das Mittenviereck in der Ebene ändern müssen.

Die Begründung der modernen Vektorrechnung

Schon 1679 gab GOTTFRIED WILHELM LEIBNIZ (1629–1695) den Anstoß zur Entwicklung eines Vektorbegriffs:

„Die geometrische Analyse müsste in der Lage sein, die Lage und die Bewegung ihrer Figuren der rechnerischen Formel zugänglich zu machen."

LEIBNIZ selbst verfolgte seine Idee nicht weiter.

Viel später, im Jahr 1844, stellte die Gesellschaft der Wissenschaften in Leipzig zum Gedenken an LEIBNIZ (dieser war in Leipzig geboren) folgende Preisaufgabe:

„Es sind noch einige Bruchstücke einer von Leibniz erfundenen geometrischen Charakteristik übrig, in welcher die gegenseitigen Lagen der Orte .... unmittelbar durch einfache Symbole bezeichnet und durch deren Verbindung bestimmt werden und die daher von unserer [herkömmlichen] Geometrie gänzlich verschieden sind. Es fragt sich, ob nicht dieser Kalkül wieder hergestellt oder ein ihm ähnlicher angegeben werden kann, was keineswegs unmöglich zu sein scheint."

Den Preis erhielt 1846 HERMANN GÜNTER GRASSMANN, ein Gymnasiallehrer aus Stettin, der eine entsprechende neue Methode bereits 1839 in seiner Prüfungsarbeit *„Theorie von Ebbe und Flut"* verwendete und sie 1843 in seinem Werk *„Die lineare Ausdehnungslehre, ein neuer Zweig der Mathematik"* weiter ausarbeitete.

HERMANN GÜNTER GRASSMANN
(1809–1877)

„Den ersten Anstoß gab mir die Betrachtung des Negativen in der Geometrie. Ich gewöhnte mich, die Strecken AB und BA als entgegengesetzte Größen aufzufassen. ... Strecken wurden nicht als bloße Längen aufgefasst, sondern an ihnen zugleich die Richtung festgehalten. So drängte sich der Unterschied auf zwischen der Summe der Längen und zwischen der Summe solcher Strecken, in denen zugleich die Richtung festgehalten war. .... Am Gesetz, dass AB + BC = AC sei, wurde auch dann noch festgehalten, wenn A, B, C nicht in einer geraden Linie lagen. Hiermit war der erste Schritt zu einer Analyse getan, welche in der Folge zu dem neuen Zweig der Mathematik führte, die hier vorliegt."

Durchgängiger Grundgedanke GRASSMANNS war es, Beziehungen zwischen räumlichen Größen mithilfe algebraischer Beziehungen zu beschreiben. Damit gilt GRASSMANN als Begründer der modernen Vektorrechnung. GRASSMANNS Schriften sind allerdings keine leichte Lektüre. Selbst der Geometer FELIX KLEIN (1849–1925) bezeichnete sie als *„schwer zugänglich, fast unlesbar"*. GRASSMANNS Bemühungen um einen mathematischen Lehrstuhl blieben deshalb auch erfolglos. In einem entsprechenden Gutachten wurde sein Werk als *„guter Inhalt in mangelhafter Form"* bewertet. GRASSMANN wandte sich daraufhin enttäuscht von allen mathematischen Studien ab und widmete sich den Sprachwissenschaften, was ihm wesentlich mehr Erfolg einbrachte.

Die mathematischen Leistungen GRASSMANNS erlangten wissenschaftlich erst spät Anerkennung. Es waren vor allem Physiker, die in den 80er Jahren des 19. Jahrhunderts die Vektorrechnung in ihre Vorlesungen aufnahmen. Die Mathematiker taten es ihnen erst zu Beginn des 20. Jahrhunderts nach.

1 *Pyramide*
Zeichnen Sie das Schrägbild einer Pyramide mit quadratischer Grundfläche in einen Würfel. Wählen Sie ein geeignetes Koordinatensystem mit geeigneter Skalierung der Achsen.

2 *Würfelschnitt*
A und G sind Eckpunkte, M und N sind Kantenmittelpunkte eines Würfels mit der Kantenlänge 5. Zeigen Sie, dass AMGN ein ebenes Viereck bildet und bestimmen Sie die Form dieses Vierecks.

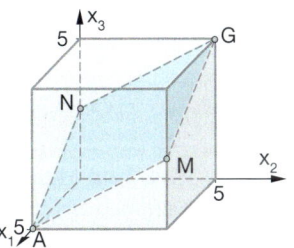

3 *Punktemenge*
Wo liegen alle Punkte $(x_1|x_2|x_3)$ mit $x_1 = x_2 = x_3$?

4 *Punkte in einem Schrägbild*
a) Zeichnen Sie die Punkte A bis H in ein „1-1-Koordinatensystem" (45°).

A = (2|–1|2),	B = (4|4|3),	C = (0|4|3),	D = (0|0|3),
E = (4|0|7),	F = (6|5|8),	G = (4|6|9),	H = (0|0|7)

Verbinden Sie die Punkte so, dass das Schrägbild eines Körpers mit „Bodenfläche" ABCD und „Deckfläche" EFGH entsteht. Um welchen Körper handelt es sich?
b) Zeichnen Sie nun den Körper wie in a) in ein „2-1-Koordinatensystem" (30°).
Vergleichen Sie. Können Sie Ihre Beobachtung begründen?
c) Weisen Sie nach, dass weder die „Bodenfläche" noch die „Deckfläche" ein ebenes Viereck bilden.

5 *Walmdach*
Wie viele verschiedene Vektoren findet man im Walmdachhaus? Finden Sie Vektoren, die nicht gleich sind?

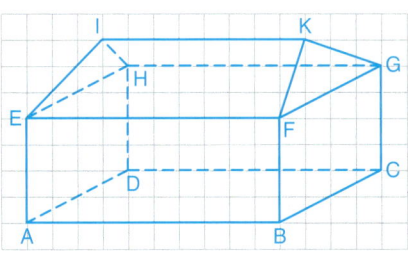

6 *Würfelverschiebungen*
a) Geben Sie für jeden Würfel (Seitenlänge 1) die Ortsvektoren der Eckpunkte an.
b) Geben Sie die Verschiebungsvektoren an, mit denen die Würfel jeweils ineinander verschoben werden können.

$B_{(blau)} = (0|0|3)$
$B_{(grün)} = (1|1|0)$
$B_{(rot)} = (0|3,5|0)$

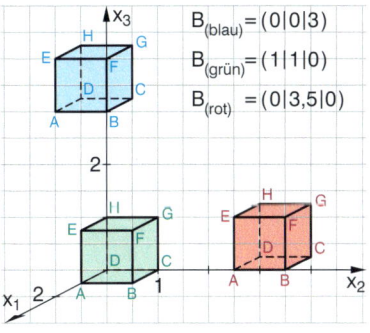

CHECK UP

Orientieren und Bewegen im Raum

Koordinatensystem im Raum

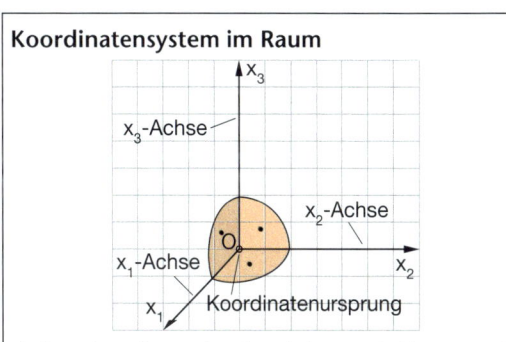

drei zueinander senkrechte Achsen mit Ursprung O

Der **Punkt P** wird festgelegt durch das **Zahlentripel** $(x_P|y_P|z_P)$.

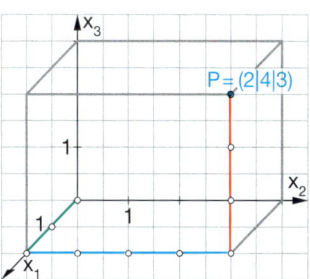

Algebraisch wird ein **Vektor** durch ein **Zahlentripel** beschrieben.

$$\vec{x} = \begin{pmatrix} x_1 \\ x_2 \\ x_3 \end{pmatrix} \qquad \vec{v} = \begin{pmatrix} -2 \\ 1 \\ 3 \end{pmatrix}$$

Geometrisch können Vektoren als **Verschiebungen (Translationen)** in der Ebene oder im Raum interpretiert werden.

Betrag des Vektors $\vec{v}$ 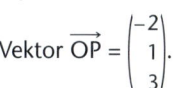 $|\vec{v}| = \sqrt{v_1^2 + v_2^2 + v_3^2}$

Vektoren können auch als **Punkte im Koordinatensystem** interpretiert werden.
Der Punkt $P = (-2|1|3)$ repräsentiert den

Vektor $\vec{OP} = \begin{pmatrix} -2 \\ 1 \\ 3 \end{pmatrix}$.

Dieser kennzeichnet gleichzeitig geometrisch den Punkt P.

$\vec{OP}$ wird als **Ortsvektor** des Punktes P bezeichnet.

Erinnern, Können, Gebrauchen

CHECK UP

Orientieren und Bewegen im Raum

Addition von Vektoren

$$\vec{a} + \vec{b} = \begin{pmatrix} a_1 \\ a_2 \\ a_3 \end{pmatrix} + \begin{pmatrix} b_1 \\ b_2 \\ b_3 \end{pmatrix} = \begin{pmatrix} a_1 + b_1 \\ a_2 + b_2 \\ a_3 + b_3 \end{pmatrix}$$

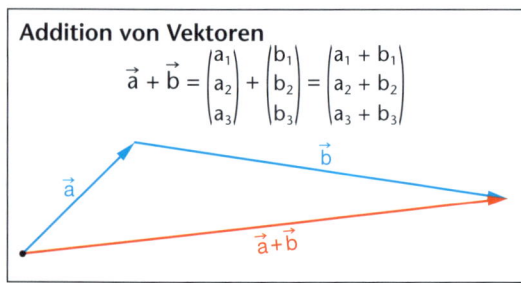

S-Multiplikation von Vektoren

$$s \cdot \vec{a} = s \cdot \begin{pmatrix} a_1 \\ a_2 \\ a_3 \end{pmatrix} = \begin{pmatrix} s \cdot a_1 \\ s \cdot a_2 \\ s \cdot a_3 \end{pmatrix}; \quad s \in \mathbb{R}$$

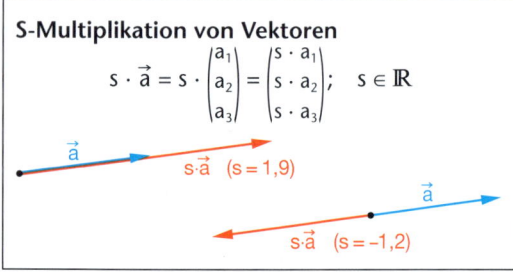

Differenzvektor
Der Vektor $\vec{AB}$ lässt sich in der Form
$\vec{AB} = \vec{OB} - \vec{OA} = \vec{b} - \vec{a}$ darstellen.

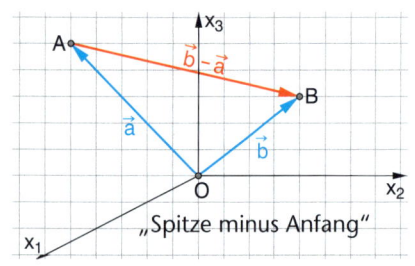

„Spitze minus Anfang"

Linearkombination
Ein Vektor $\vec{x} = r \cdot \vec{a} + s \cdot \vec{b}$ mit $r, s \in \mathbb{R}$
heißt eine **Linearkombination** der Vektoren $\vec{a}$ und $\vec{b}$.

$$2 \cdot \begin{pmatrix} -2 \\ 4 \\ 3 \end{pmatrix} + (-0,5) \cdot \begin{pmatrix} 3 \\ 2 \\ -1 \end{pmatrix} = \begin{pmatrix} -5,5 \\ 7 \\ 6,5 \end{pmatrix}$$

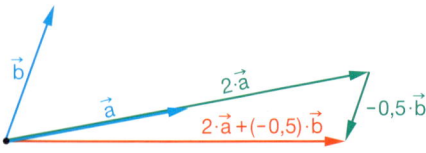

Zwei Vektoren $\vec{u} = \vec{AB}$ und $\vec{v} = \vec{CD}$ sind genau
dann **parallel**, wenn $\vec{u} = c \cdot \vec{v}$, $c \in \mathbb{R}$.
Man bezeichnet die Vektoren $\vec{u}$ und $\vec{v}$ auch als
kollinear.

7 *Dreiecke*
a) Weisen Sie nach, dass das Dreieck ABC mit A = (4|2|7),
B = (2|3|8) und C = (3|1|9) gleichseitig ist.
b) Finden Sie selbst Punkte, die ein gleichseitiges Dreieck bilden.
c) Zeigen Sie, dass das Dreieck ABC mit A = (2|1|4),
B = (6|4|6) und C = (2|2|3) gleichschenklig ist.

8 *Mittelpunkt einer Strecke*
a) Bestimmen Sie mit Vektoren den Mittelpunkt der Strecke
zwischen A = (1|–3|4) und B = (5|3|2).
b) M = (2|–4|1) ist Mittelpunkt der Strecke durch C = (–1|2|3)
und D. Bestimmen Sie die Koordinaten des Punktes D.

9 *Was wird beschrieben?*
Martin berechnet mit A = (2|3|–4) und B = (4|–1|–2) den
Punkt $P = \left(\frac{4-2}{2} \mid \frac{-1-3}{2} \mid \frac{-2-(-4)}{2}\right) = (1|-2|1)$. Was beschreiben
die Koordinaten des Punktes?

10 *Linearkombination I*
Erklären Sie $3 \cdot \begin{pmatrix} 2 \\ 3 \end{pmatrix} + 2 \cdot \begin{pmatrix} 4 \\ 1 \end{pmatrix}$ mithilfe einer Zeichnung.

11 *Linearkombination II*
Stellen Sie die Vektoren $\vec{c}$ und $\vec{d}$ mithilfe der Vektoren $\vec{a}$ und $\vec{b}$
dar.
a) 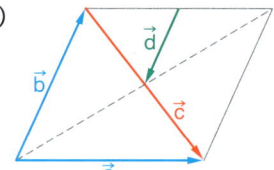 b)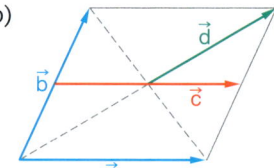

12 *Mittelpunkt einer Raute*
a) Zeigen Sie, dass das Viereck
ABCD mit A = (1|0|4),
B = (2|2|7), C = (3|0|10) und
D = (2|–2|7) eine Raute ist.
b) Bestimmen Sie den Mittelpunkt der Raute ABCD.

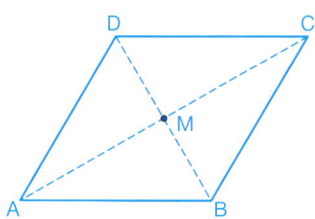

13 *Punktspiegelung*
Die Spitze S = (4|3|6) der
nebenstehenden Pyramide wird
am Punkt C = (2|5|3)
gespiegelt.
a) Beschreiben Sie die in der
Zeichnung dargestellte Vorgehensweise und bestimmen
Sie die Koordinaten des Spiegelpunktes S'_C.
b) Spiegeln Sie S auch an
A = (6|1|3), B = (6|5|3) und D = (2|1|3) und bestimmen Sie
die Koordinaten der Bildpunkte.
c) Welcher Körper entsteht, wenn die Bodenpunkte A, B, C und
D an S gespiegelt werden?

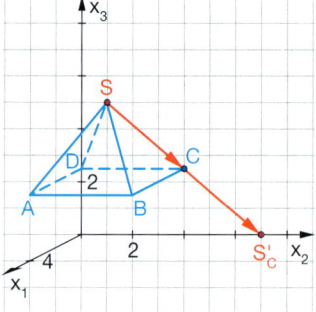

Sichern und Vernetzen – Vermischte Aufgaben

Training

1 | Koordinaten und Schrägbild
Von den Körpern sind einige Punkte gegeben. Geben Sie die Koordinaten der weiteren Punkte an und zeichnen Sie das Schrägbild des Körpers.

Würfel	**Quader**	**Quadratische Pyramide**
A = (2|2|0); C = (−2|6|0); D = (−2|2|0); H = (−2|2|4)	A = (4|0|0); C = (0|3|0); D = (0|0|0); E = (4|0|2)	A = (2|3|1) und B = (2|6|1) Höhe 5

2 | Dreieckspyramide
Die Punkte A = (−6|−2|1); B = (3|−2|4) und C = (6|−2|2) bilden die Grundfläche einer Dreieckspyramide mit der Spitze S = (2|−5|3). Zeichnen Sie ein Schrägbild der Pyramide. Wie hoch ist die Pyramide?

3 | Vektorzüge
Welcher Vektorzug ergibt $\vec{0}$?

a) $\begin{pmatrix}0\\1\\-4\end{pmatrix}; \begin{pmatrix}-2\\3\\4\end{pmatrix}; \begin{pmatrix}2\\-3\\1\end{pmatrix}; \begin{pmatrix}0\\-3\\1\end{pmatrix}$ b) $\begin{pmatrix}2\\2\\1\end{pmatrix}; \begin{pmatrix}-3\\4\\3\end{pmatrix}; \begin{pmatrix}2\\-6\\0\end{pmatrix}; \begin{pmatrix}-1\\0\\-4\end{pmatrix}$

4 | Betrag von Vektoren
Welcher Vektor ist der kürzeste, welcher der längste?

$\vec{a} = \begin{pmatrix}1\\2\\3\end{pmatrix}; \quad \vec{b} = \begin{pmatrix}0,5\\4\\-1\end{pmatrix}; \quad \vec{c} = \begin{pmatrix}1\\0\\-4\end{pmatrix}; \quad \vec{d} = \begin{pmatrix}-1\\3\\-2\end{pmatrix}; \quad \vec{e} = \begin{pmatrix}3\\-2\\-0,5\end{pmatrix}; \quad \vec{f} = \begin{pmatrix}-2\\-4\\0\end{pmatrix}$

5 | Parallelogramme
Verstehen von Begriffen und Verfahren

a) Zeichnen Sie die Punkte A = (−2|2), B = (2|3) und C = (3|−1) in ein Koordinatensystem. Ergänzen Sie einen vierten Punkt so, dass sich ein Parallelogramm ergibt. Wie viele solcher Punkte finden Sie?
b) Bestimmen Sie rechnerisch die Punkte aus a).

6 | Punkte in einem Schrägbild
Zeigen Sie am eingetragenen Punkt P, dass die Koordinaten nicht eindeutig abgelesen werden können.
Gilt das auch für das Eintragen von Punkten?

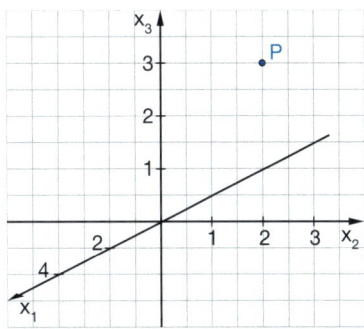

7 | Würfel
AG mit A = (1|2|3) und G = (−3|6|7) ist die Raumdiagonale in einem Würfel. Geben Sie die Koordinaten der weiteren Eckpunkte eines Würfels an.

8 | Entscheidungen
Welche Aussagen sind wahr? Begründen Sie.

I) $\begin{pmatrix}-1\\-5\\6\end{pmatrix}$ ist als Linearkombination von $\begin{pmatrix}1\\-2\\2\end{pmatrix}$ und $\begin{pmatrix}3\\1\\-2\end{pmatrix}$ darstellbar.

II) $\vec{a} + \vec{b}$ und $\vec{a} - \vec{b}$ mit $\vec{a} = \begin{pmatrix}-2\\1\\4\end{pmatrix}, \vec{b} = \begin{pmatrix}1\\-3\\2\end{pmatrix}$ sind kollinear.

Anwenden und Modellieren

9 *Regelmäßige dreiseitige Pyramide im Würfel*
In den Würfel soll eine regelmäßige dreiseitige Pyramide einbeschrieben werden. Geben Sie die Koordinaten der Eckpunkte an.

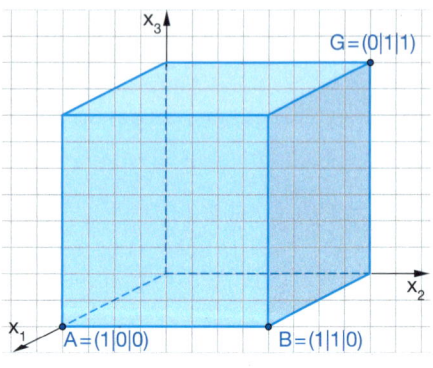

10 *Tetraeder?*
Beschreiben die Punkte $D = (0|0|0)$; $P = \left(\frac{1}{2}\sqrt{2}\,\middle|\,0\,\middle|\,0\right)$; $Q = \left(0\,\middle|\,\frac{1}{2}\sqrt{2}\,\middle|\,0\right)$ und $R = \left(0\,\middle|\,0\,\middle|\,\frac{1}{2}\sqrt{2}\right)$ ein Tetraeder im Würfel? Zeichnen Sie ein Schrägbild des Körpers im Würfel.

11 *Würfelschnitte*
Ein Schnitt im oben abgebildeten Würfel verläuft durch die Punkte K, L, M und N. Welches Viereck entsteht jeweils aus dem Würfelschnitt? Zeichnen Sie jeweils ein entsprechendes Schrägbild.

①
$K = (1|0|1)$, $L = (1|1|0)$,
$M = (0|1|0)$, $N = (0|0|1)$

②
$K = (0|0|0)$, $L = (1|1|0)$,
$M = (0|0|1)$, $N = (1|1|1)$

③
$K = (1|0|0{,}5)$, $L = (1|1|0{,}5)$,
$M = (0|1|0{,}5)$, $N = (0|0|0{,}5)$

Kommunizieren und Präsentieren

12 *Konstruktionen*
Zeichnen Sie das nebenstehende Oktaeder in unterschiedlichen Koordinatensystemen.

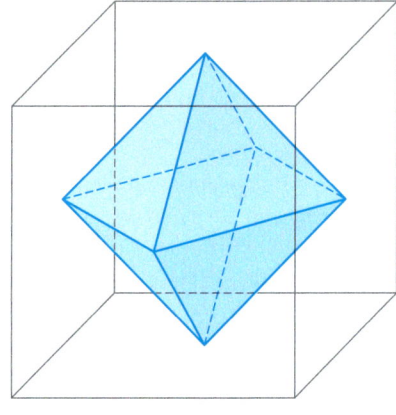

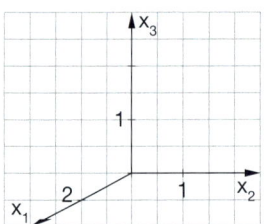
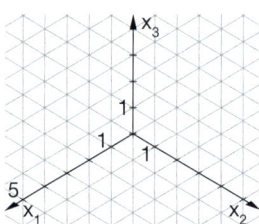

13 *Platonische Körper*

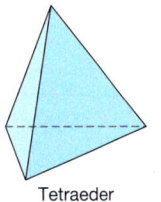
Tetraeder

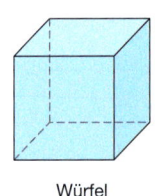
Würfel

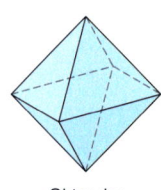
Oktaeder

a) Welcher Körper entsteht, wenn man jeweils die Mittelpunkte zweier Seitenflächen bei einem Tetraeder miteinander verbindet?
Erläutern Sie dies an einer Zeichnung oder an einem Modell.

b) Verbindet man die Mittelpunkte benachbarter Seitenflächen eines Würfels, so entsteht ein Oktaeder.
Welcher Körper entsteht, wenn die Mittelpunkte benachbarter Seitenflächen eines Oktaeders verbunden werden?
Erläutern Sie dies an einer Zeichnung oder an einem Modell.

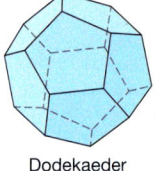
Dodekaeder

Ikosaeder

7 Geraden und Ebenen

Mithilfe von Vektoren und ihren Rechenverknüpfungen können Geraden und Ebenen im Raum nun durch Gleichungen beschrieben werden. Lagebeziehungen von Geraden oder Ebenen können aus den Gleichungen erschlossen werden. Die gegebenenfalls vorhandenen Schnittpunkte können mithilfe von linearen Gleichungssystemen rechnerisch ermittelt werden. Beim Lösen dieser Gleichungssysteme mit dem Gauß-Algorithmus leistet der GTR gute Hilfe. Die geometrische Interpretation der Lösungsmengen muss in den verschiedenen Problemstellungen aber selbst geleistet werden. An speziellen geometrischen Objekten kann man mit Methoden der Analytischen Geometrie interessante Zusammenhänge entdecken und begründen.

7.1 Geraden in der Ebene und im Raum

Mithilfe von Koordinaten und Richtungsvektoren lassen sich Ausschnitte aus Flugrouten als Geraden beschreiben. Die Darstellung dieser Geraden als Gleichungen ermöglicht es, die Frage nach einer möglichen Kollision der Flugzeuge im Modell zu beantworten.
Ebenso lassen sich Schattenbilder berechnen.

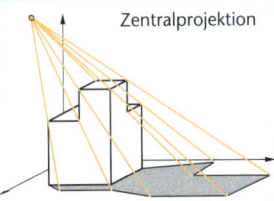

Zentralprojektion

7.2 Ebenen im Raum

Wodurch ist eine Ebene festgelegt?
Experimentieren mit Stiften zeigt z. B., dass zwei einander schneidende Geraden eine Ebene ebenso festlegen wie ein Punkt und eine Gerade. Aus diesen Experimenten und weiteren Überlegungen lassen sich mithilfe von Vektoren Gleichungen für Ebenen aufstellen. Daraus kann man wiederum Erkenntnisse über Lagebeziehungen oder Schnittmengen rechnerisch gewinnen.

7 Geraden und Ebenen

7.1 Geraden in der Ebene und im Raum

Was Sie erwartet

Die Kondensstreifen zeichnen die geradlinigen Spuren zweier Flugzeuge am Himmel. Von unten betrachtend hat man den Eindruck, dass sich die beiden Flugrouten kreuzen. In der Wirklichkeit ist dies wegen der unterschiedlichen Flughöhen wohl eher nicht der Fall.

In diesem Lernabschnitt werden Sie sich eingehender mit der mathematischen Beschreibung von Geraden im Raum befassen. Geraden in der Ebene können Sie bereits durch Gleichungen der Form $y = mx + b$ erfassen. Diese Darstellung lässt sich aber nicht ohne weiteres auf Geraden im Raum übertragen. Mit den Vektoren und ihren Rechenverknüpfungen finden wir nun Gleichungen für Geraden in der Ebene und im Raum, die in völlig analoger Weise aufgebaut sind. Mithilfe von Lagebeziehungen und Schnittproblemen von Geraden können wir die Untersuchungen an geometrischen Objekten vertiefen und weitere Anwendungen erschließen.

Aufgaben

1 *Begegnungsproblem auf hoher See*

Kapitän Horner ist mit seinem Frachtschiff *Berta* mal wieder auf dem Atlantik unterwegs. Regelmäßig beobachtet er den Radarschirm.

Das Koordinatensystem auf dem Schirm ist so eingerichtet, dass die x_1-Achse von Westen nach Osten verläuft und die x_2-Achse von Süden nach Norden. Der Ursprung L wird durch einen Leuchtturm markiert. Die Längeneinheiten auf beiden Achsen sind in Seemeilen (sm) angegeben. Um 13.00 Uhr befindet sich die *Berta* an der Stelle mit den Koordinaten (3|0). Außerdem erkennt Kapitän Horner noch ein weiteres Schiff, die *Ariane,* an der Stelle (0|2).

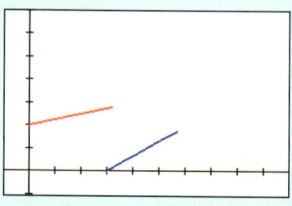

Mit der Parameterdarstellung können Sie das Begegnungsproblem auf dem GTR simulieren.

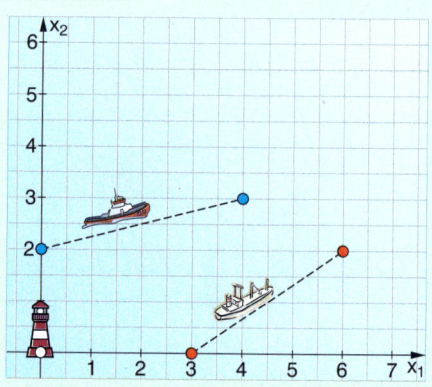

Eine Stunde später, um 14.00 Uhr, befindet sich die *Berta* an der Stelle (6|2) und die *Ariane* an der Stelle (4|3). Der geradlinige Kurs beider Schiffe wird mithilfe von „Richtungsvektoren" $\vec{u} = \begin{pmatrix} 3 \\ 2 \end{pmatrix}$ und $\vec{v} = \begin{pmatrix} 4 \\ 1 \end{pmatrix}$ beschrieben.

a) Mit welcher Geschwindigkeit bewegen sich die beiden Schiffe?
In welcher Position befinden sie sich jeweils um 15.00 Uhr (15.30; 16.00; 17.00)?
Es wird dabei angenommen, dass die Geschwindigkeiten gleich bleiben.

b) Bordingenieur Ingo berechnet schnell, wo sich die beiden fiktiven Kursgeraden schneiden. Er findet mit dem nebenstehenden Ansatz den Schnittpunkt S = (9,6|4,4). Erklären Sie diesen Ansatz und bestätigen Sie die Koordinaten des Schnittpunktes durch eigene Rechnung.

c) Muss der Kapitän nun die Kursrichtung seines Schiffes ändern, um einen Zusammenstoß zu vermeiden? Berechnen Sie dazu den jeweiligen Zeitpunkt, zu dem sich die beiden Schiffe in der Position S befinden.

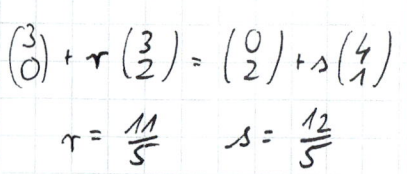

2 Laser

Aufgaben

Im Maschinenbau werden heute CNC-Maschinen zum Bohren, Schneiden und Fräsen eingesetzt. Die Werkzeuge werden sehr präzise durch Computer gesteuert und bewegen sich mit gleich bleibender Geschwindigkeit.

Wir schauen uns den Vorgang mit einer „mathematischen Brille" an.

a) Laser in der Ebene
Ein Laser startet im Punkt $A = (3|1)$, bewegt sich geradlinig mit konstanter Geschwindigkeit und hat nach genau einer Sekunde den Punkt $B = (8|4)$ erreicht. Mit unseren Kenntnissen aus der Vektorrechnung können wir dies mit Vektoren beschreiben: $\vec{b} = \overrightarrow{OA} + 1 \cdot \overrightarrow{AB}$.

① In welchen Punkten befindet sich der Laser nach $t = \frac{1}{2}$ Sekunde, $t = \frac{3}{4}$ Sekunde, $t = 0{,}9$ Sekunden?

② In welchen Punkten wird der Laser nach $t = 2$ Sekunden, $t = 3{,}5$ Sekunden sein?

③ Wo ist die Position, die man mit der Zahl $t = -5$ Sekunden berechnet?

④ Wird der Laser die Punkte $R = (27|14)$ und $S = (75|37)$ erreichen?

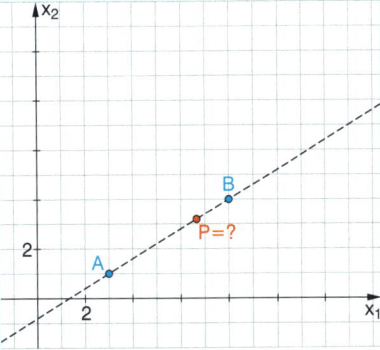

Wo liegen alle Punkte, die durch die Gleichung $\vec{x} = \overrightarrow{OA} + t \cdot \overrightarrow{AB}$ mit $-5 \leq t \leq 15$ bestimmt werden?

b) Laser im Raum
Ein Laser startet im Punkt $A = (6|2|2)$, bewegt sich geradlinig mit konstanter Geschwindigkeit und hat schließlich nach genau einer Sekunde den Punkt $B = (2|7|5)$ erreicht.

① In welchen Punkten befindet sich der Laser nach $t = \frac{1}{2}$ Sekunde, $t = \frac{3}{4}$ Sekunde, $t = 0{,}9$ Sekunden?

② In welchen Punkten wird der Laser nach $t = 2$ Sekunden, $t = 3{,}5$ Sekunden sein?

③ Wo ist die Position, die man mit der Zahl $t = -5$ Sekunden berechnet?

④ Wird der Laser die Punkte $R = (-14|27|17)$ und $S = (-6|18|11)$ erreichen?

Geben Sie allgemein die Position $X = (x_1|x_2|x_3)$ an, in der sich der Laser nach t Sekunden befindet.

7 Geraden und Ebenen

Basiswissen

Mithilfe von Vektoren lassen sich die Punkte einer Geraden oder Strecke in der Ebene oder im Raum durch eine einfache Gleichung beschreiben.

Punkt-Richtungs-Form einer Geradengleichung

Gerade in der Ebene

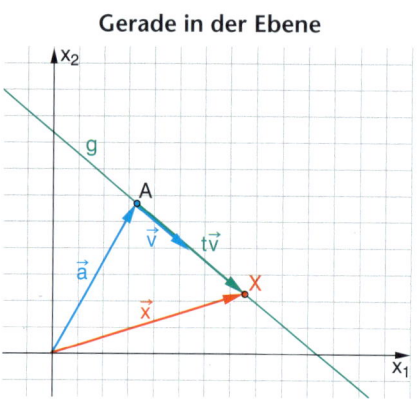

Gerade im Raum

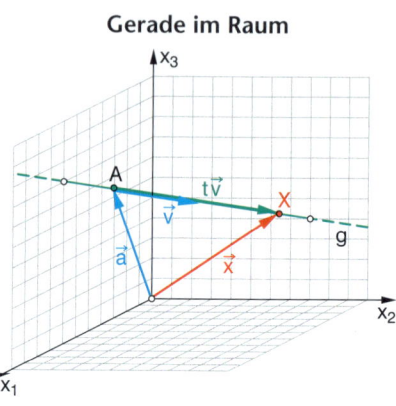

$$g: \vec{x} = \vec{a} + t\vec{v} \text{ mit } t \in \mathbb{R}$$

$\vec{a}$ Stützvektor, $\vec{v}$ Richtungsvektor

Durch einen Punkt und einen Richtungsvektor ist eine Gerade festgelegt. Durchläuft der Parameter t alle reellen Zahlen, so durchläuft X alle Punkte der Geraden.

Sprechweise: Die Gerade g mit der Gleichung $\vec{x} = \vec{a} + t\vec{v}$

Die Gleichung wird auch kurz Parametergleichung genannt.

Richtungsvektor kann der Verbindungsvektor $\vec{v}$ der Punkte sein:
$$\vec{v} = \vec{b} - \vec{a}$$

Strecke in der Ebene

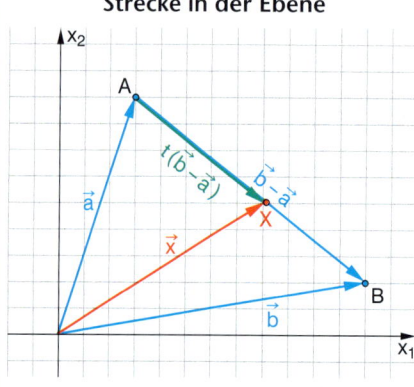

Strecke im Raum

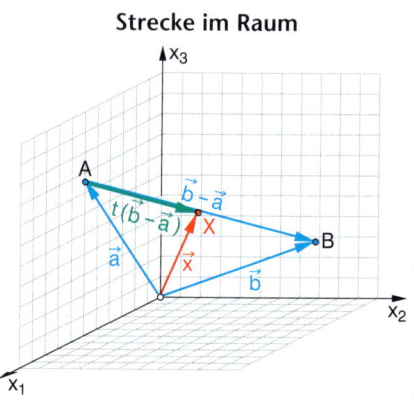

$$\overline{AB}: \vec{x} = \vec{a} + t(\vec{b} - \vec{a}) \text{ mit } 0 \leq t \leq 1$$

Durchläuft der Parameter t alle reellen Zahlen von 0 bis 1, so durchläuft X alle Punkte der Strecke $\overline{AB}$.

Beispiele

A *Gerade durch zwei Punkte*

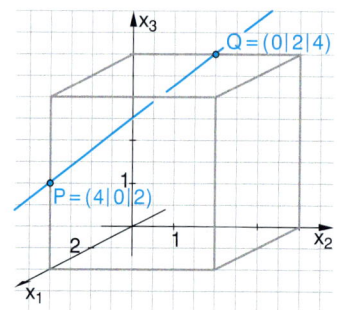

Geben Sie eine Punkt-Richtungs-Form der Geraden g an, die durch die Punkte P und Q geht.

Lösung:
Als Stützvektor wählen wir $\overrightarrow{OP} = \vec{p} = \begin{pmatrix} 4 \\ 0 \\ 2 \end{pmatrix}$,

als Richtungsvektor wählen wir

$$\vec{v} = \vec{q} - \vec{p} = \begin{pmatrix} 0 \\ 2 \\ 4 \end{pmatrix} - \begin{pmatrix} 4 \\ 0 \\ 2 \end{pmatrix} = \begin{pmatrix} -4 \\ 2 \\ 2 \end{pmatrix}.$$

Punkt-Richtungs-Form $g: \vec{x} = \begin{pmatrix} 4 \\ 0 \\ 2 \end{pmatrix} + t \begin{pmatrix} -4 \\ 2 \\ 2 \end{pmatrix}, t \in \mathbb{R}$

Beispiele

B *Punktprobe: Liegt P auf der Geraden g?*
Liegen die Punkte $P_1 = (8|-4|8)$ und $P_2 = (3|1|2)$ auf g?

Lösung:
Wenn P auf g: $\vec{x} = \vec{a} + t\vec{v}$ liegt, dann gibt es ein t, sodass $\vec{OP} = \vec{a} + t\vec{v}$.
Wenn man ein solches t nicht findet, dann liegt P nicht auf g.

Die Gerade g lässt sich in der Form g: $\vec{x} = \begin{pmatrix} 4 \\ 0 \\ 4 \end{pmatrix} + t \begin{pmatrix} -4 \\ 4 \\ -4 \end{pmatrix}$ darstellen.

$\vec{OP_1} = \begin{pmatrix} 4 \\ 0 \\ 4 \end{pmatrix} + t \begin{pmatrix} -4 \\ 4 \\ -4 \end{pmatrix} \rightarrow \begin{pmatrix} 8 \\ -4 \\ 8 \end{pmatrix} = \begin{pmatrix} 4 \\ 0 \\ 4 \end{pmatrix} + t \begin{pmatrix} -4 \\ 4 \\ -4 \end{pmatrix}$ liefert die Gleichungen:

$8 = 4 - 4t$ also $t = -1$
$-4 = 0 + 4t$ also $t = -1$
$8 = 4 - 4t$ also $t = -1$

Es gibt ein t, das alle Gleichungen erfüllt. Somit liegt $P_1 = (8|-4|8)$ auf g.

$\vec{OP_2} = \begin{pmatrix} 4 \\ 0 \\ 4 \end{pmatrix} + t \begin{pmatrix} -4 \\ 4 \\ -4 \end{pmatrix} \rightarrow \begin{pmatrix} 3 \\ 1 \\ 2 \end{pmatrix} = \begin{pmatrix} 4 \\ 0 \\ 4 \end{pmatrix} + t \begin{pmatrix} -4 \\ 4 \\ -4 \end{pmatrix}$ liefert die Gleichungen:

$3 = 4 - 4t$ also $t = \frac{1}{4}$
$1 = 0 + 4t$ also $t = \frac{1}{4}$
$2 = 4 - 4t$ also $t = \frac{1}{2}$

Es gibt kein t, das alle Gleichungen erfüllt. Somit liegt $P_2 = (3|1|2)$ nicht auf g.

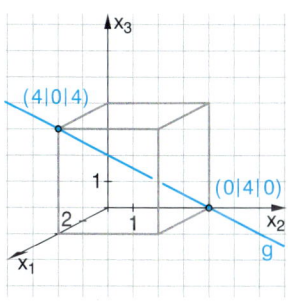

C *Fläche im Walmdach*
Beschreiben Sie die eingezeichnete Dreiecksfläche des Walmdaches.

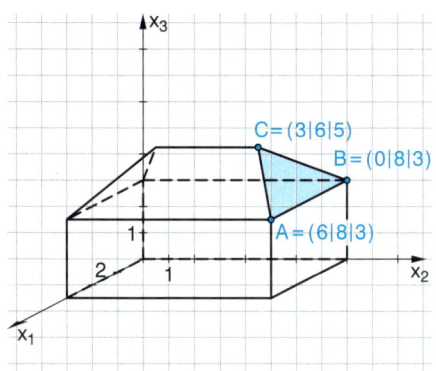

Lösung:
Die Dreiecksfläche kann mithilfe von Strecken durch die Punkte A, B und C beschrieben werden.

$\overline{AB}: \vec{x} = \begin{pmatrix} 6 \\ 8 \\ 3 \end{pmatrix} + r \begin{pmatrix} -6 \\ 0 \\ 0 \end{pmatrix}, \; 0 \leq r \leq 1$

$\overline{AC}: \vec{x} = \begin{pmatrix} 6 \\ 8 \\ 3 \end{pmatrix} + s \begin{pmatrix} -3 \\ -2 \\ 2 \end{pmatrix}, \; 0 \leq s \leq 1$

$\overline{BC}: \vec{x} = \begin{pmatrix} 0 \\ 8 \\ 3 \end{pmatrix} + t \begin{pmatrix} 3 \\ -2 \\ 2 \end{pmatrix}, \; 0 \leq t \leq 1$

 Geometrie

Übungen

3 *Kanten in einer Pyramide*
Vier der angegebenen Gleichungen beschreiben Kanten der Pyramide. Ordnen Sie zu.
Welche Strecken der Pyramide werden durch die beiden anderen Gleichungen beschrieben?

g: $\vec{x} = \begin{pmatrix} 2 \\ 2 \\ 6 \end{pmatrix} + t \begin{pmatrix} 2 \\ -2 \\ -6 \end{pmatrix}$
$0 \leq t \leq 1$

h: $\vec{x} = \begin{pmatrix} 4 \\ 0 \\ 0 \end{pmatrix} + t \begin{pmatrix} -4 \\ 4 \\ 0 \end{pmatrix}$
$0 \leq t \leq 1$

i: $\vec{x} = \begin{pmatrix} 2 \\ 2 \\ 6 \end{pmatrix} + t \begin{pmatrix} -2 \\ 2 \\ -6 \end{pmatrix}$
$0 \leq t \leq 1$

k: $\vec{x} = t \begin{pmatrix} 0 \\ 4 \\ 0 \end{pmatrix}$
$0 \leq t \leq 1$

l: $\vec{x} = \begin{pmatrix} 4 \\ 0 \\ 0 \end{pmatrix} + t \begin{pmatrix} 0 \\ 4 \\ 0 \end{pmatrix}$
$0 \leq t \leq 1$

m: $\vec{x} = \begin{pmatrix} 2 \\ 2 \\ 6 \end{pmatrix} + t \begin{pmatrix} 0 \\ 0 \\ -6 \end{pmatrix}$
$0 \leq t \leq 1$

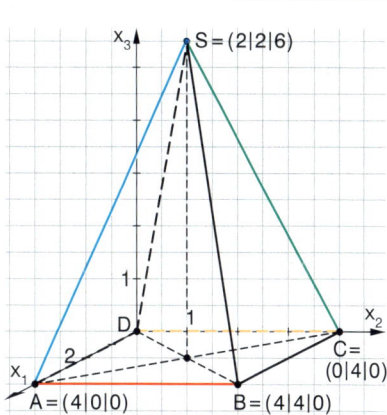

7 Geraden und Ebenen

Übungen

4 Geraden im Pyramidenstumpf

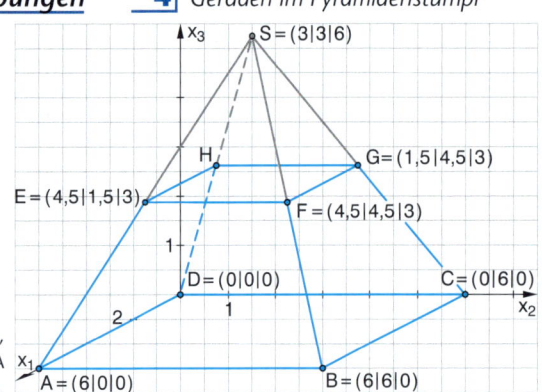

AB bezeichnet die Gerade, die durch die Punkte A und B verläuft.

Geben Sie Gleichungen für die Kanten des Pyramidenstumpfes an.
Zeigen Sie, dass S auf den Geraden durch die Seitenkanten liegt.

5 Geradengleichungen aufstellen

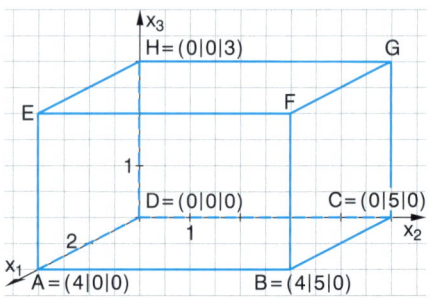

a) Stellen Sie Geradengleichungen auf für AB, AD, GH, EG, FG, DH, HF, BF, BD.
b) Welche der Geraden sind parallel? Wie erkennen Sie an den Geradengleichungen parallele Geraden?

6 Eine Gerade – „viele Geradengleichungen"

a)

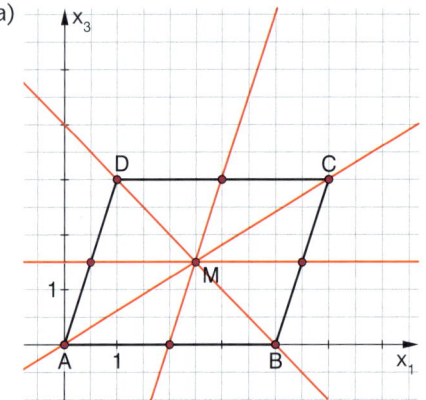

$g_1: \vec{x} = \begin{pmatrix} 2{,}5 \\ 1{,}5 \end{pmatrix} + t \begin{pmatrix} 1{,}5 \\ -1{,}5 \end{pmatrix}$; $g_2: \vec{x} = \begin{pmatrix} 4 \\ 0 \end{pmatrix} + t \begin{pmatrix} -1 \\ 1 \end{pmatrix}$

Beide Gleichungen beschreiben dieselbe Gerade. Kann das sein? Finden Sie die passende Gerade in der Abbildung.
Geben Sie für die anderen Geraden jeweils zwei verschiedene Geradengleichungen an.

b) Welche der Geradengleichungen beschreiben die eingezeichnete Gerade?

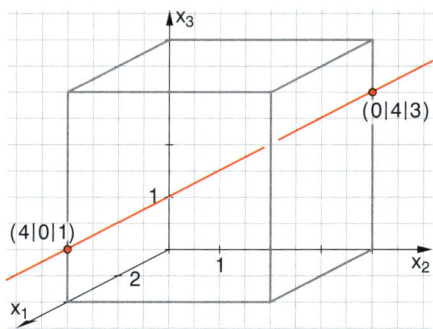

$g: \vec{x} = \begin{pmatrix} 4 \\ 0 \\ 1 \end{pmatrix} + t \begin{pmatrix} -4 \\ 4 \\ 2 \end{pmatrix}$ $h: \vec{x} = \begin{pmatrix} 0 \\ 4 \\ 3 \end{pmatrix} + t \begin{pmatrix} -4 \\ 4 \\ 2 \end{pmatrix}$

$i: \vec{x} = \begin{pmatrix} 4 \\ 0 \\ 1 \end{pmatrix} + t \begin{pmatrix} 0 \\ 4 \\ 3 \end{pmatrix}$ $k: \vec{x} = \begin{pmatrix} 4 \\ 0 \\ 1 \end{pmatrix} + t \begin{pmatrix} 2 \\ -2 \\ -1 \end{pmatrix}$

Erstellen Sie selbst weitere Geradengleichungen für die eingezeichnete Gerade.

7 Punkte einsetzen

Gegeben ist die Gerade $g: \vec{x} = \begin{pmatrix} 1 \\ -1 \\ 2 \end{pmatrix} + t \begin{pmatrix} 4 \\ 2 \\ -4 \end{pmatrix}$.

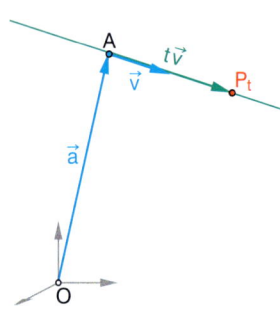

Der zu einem Parameterwert t gehörende Punkt von g wird mit P_t bezeichnet.
a) Bestimmen Sie P_2, P_{-3} und $P_{0{,}5}$ und geben Sie das zu $P = (-5|-4|8)$ gehörende t an.
b) Zeigen Sie:

| (I) Die Punkte P_t und P_{-t} sind gleich weit vom Punkt $A = (1|-1|2)$ entfernt. | (II) P_{-t} ist der Spiegelpunkt von P_t an A. | (III) Die Entfernung zwischen P_t und P_{t+1} beträgt für jedes t genau 6 Längeneinheiten. |

8 Geraden im Quader

$g: \vec{x} = \begin{pmatrix} -2 \\ 3 \\ -2 \end{pmatrix} + t \begin{pmatrix} 4 \\ 0 \\ 4 \end{pmatrix}$ $h: \vec{x} = \begin{pmatrix} -2 \\ 3 \\ -2 \end{pmatrix} + t \begin{pmatrix} 4 \\ -6 \\ 4 \end{pmatrix}$

$i: \vec{x} = \begin{pmatrix} 0 \\ 0 \\ 0 \end{pmatrix} + t \begin{pmatrix} -2 \\ 3 \\ -2 \end{pmatrix}$ $k: \vec{x} = \begin{pmatrix} 2 \\ 3 \\ 2 \end{pmatrix} + t \begin{pmatrix} -4 \\ 0 \\ -4 \end{pmatrix}$

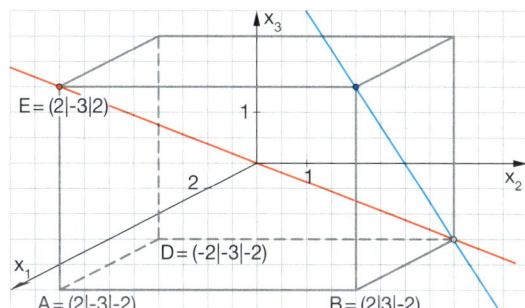

Jeweils zwei der Geradengleichungen kennzeichnen eine der eingezeichneten Geraden. Ordnen Sie zu und begründen Sie. Beachten Sie dabei, dass der Koordinatenursprung im Mittelpunkt des Quaders liegt.

9 „Haus des Nikolaus" im Raum

Die vier angegebenen Gleichungen beschreiben vier Kanten im Haus des Nikolaus. Ordnen Sie zu.

$k: \vec{x} = \begin{pmatrix} 0 \\ 0 \\ 3 \end{pmatrix} + t \begin{pmatrix} 0 \\ 6 \\ 0 \end{pmatrix}$ $l: \vec{x} = \begin{pmatrix} 0 \\ 6 \\ 3 \end{pmatrix} + t \begin{pmatrix} 3 \\ -3 \\ 5 \end{pmatrix}$

$0 \leq t \leq 1$ $0 \leq t \leq 1$

$m: \vec{x} = \begin{pmatrix} 6 \\ 6 \\ 3 \end{pmatrix} + t \begin{pmatrix} 0 \\ 0 \\ -3 \end{pmatrix}$ $n: \vec{x} = \begin{pmatrix} 6 \\ 6 \\ 3 \end{pmatrix} + t \begin{pmatrix} -6 \\ 0 \\ 0 \end{pmatrix}$

$0 \leq t \leq 1$ $0 \leq t \leq 1$

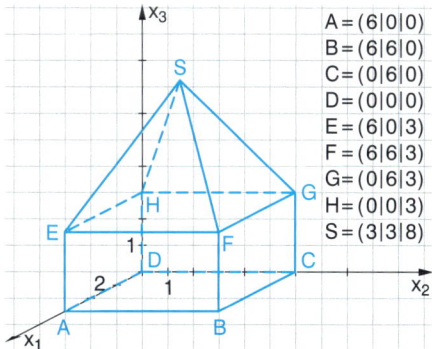

Geben Sie Gleichungen für die restlichen Kanten an.
Für Knobler: Kann das Haus in einem Zug gezeichnet werden?

10 Würfel mit abgeschnittener Ecke

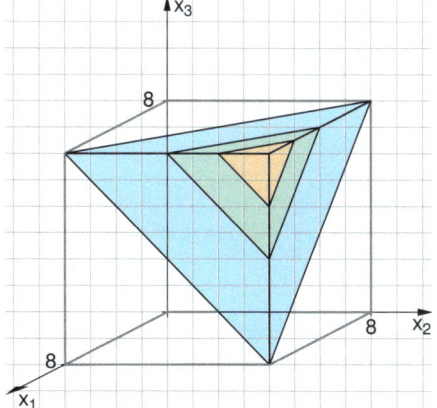

Die Eckpunkte der Schnittdreiecke befinden sich jeweils im gleichen Abstand von der Ecke des Würfels (bei dem gelben 2 cm, bei dem grünen 4 cm, bei dem blauen 8 cm).
Geben Sie für die Dreiecksseiten jeweils die Gleichungen an.
Was fällt Ihnen an den Gleichungen auf? Was bedeutet dies geometrisch?

11 Abgeschnittener Würfel (Kuboktaeder)

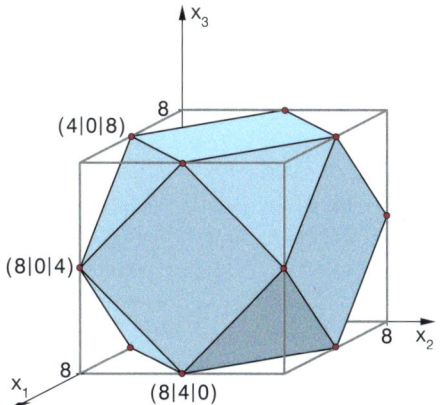

Von einem Würfel (a = 8 cm) werden die Ecken so abgeschnitten, dass die Schnittkanten jeweils durch die Mitten der Würfelkanten verlaufen.
Zwei der Punkte $P_1 = (8|2|6)$, $P_2 = (8|8|6)$, $P_3 = (8|0|8)$, $P_4 = (8|3|7)$ und $P_5 = (4|8|4)$ liegen auf einer Kante des entstandenen Körpers.
Begründen Sie dies rechnerisch mit den Gleichungen der Kanten.

Geometrie

Holiday Inn, Chinatown in San Francisco

7 Geraden und Ebenen

Übungen

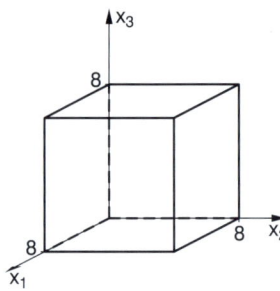

12 *Besondere Geraden im Würfel*

a) Zeichnen Sie die vier Geraden in das Schrägbild eines Würfels mit der Kantenlänge 8 cm ein.

$g_1: \vec{x} = \begin{pmatrix} 8 \\ 0 \\ 0 \end{pmatrix} + t \begin{pmatrix} -8 \\ 8 \\ 8 \end{pmatrix} \qquad g_2: \vec{x} = \begin{pmatrix} 0 \\ 8 \\ 0 \end{pmatrix} + t \begin{pmatrix} 8 \\ -8 \\ 8 \end{pmatrix}$

$g_3: \vec{x} = \begin{pmatrix} 8 \\ 8 \\ 0 \end{pmatrix} + t \begin{pmatrix} -8 \\ 0 \\ 8 \end{pmatrix} \qquad g_4: \vec{x} = \begin{pmatrix} 8 \\ 0 \\ 8 \end{pmatrix} + t \begin{pmatrix} -8 \\ 8 \\ 0 \end{pmatrix}$

b) Durch die folgenden Gleichungen sind die Seiten eines Dreiecks angegeben, das durch einen ebenen Schnitt am Würfel entstanden ist.
Zeichnen Sie diese Schnittfläche in den Würfel ein.

$s_1: \vec{x} = \begin{pmatrix} 8 \\ 0 \\ 4 \end{pmatrix} + t \begin{pmatrix} 0 \\ 4 \\ 4 \end{pmatrix} \qquad s_2: \vec{x} = \begin{pmatrix} 4 \\ 0 \\ 8 \end{pmatrix} + t \begin{pmatrix} 4 \\ 4 \\ 0 \end{pmatrix}$

$s_3: \vec{x} = \begin{pmatrix} 4 \\ 0 \\ 8 \end{pmatrix} + t \begin{pmatrix} 4 \\ 0 \\ -4 \end{pmatrix}$

c) Beschreiben Sie selbst eine Schnittfläche am Würfel.

13 *Würfelschnitte*

Beschreiben Sie die roten Schnittflächen jeweils durch Gleichungen für die vier begrenzenden Seiten.

a)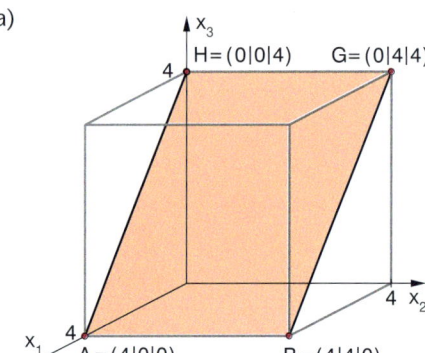

b)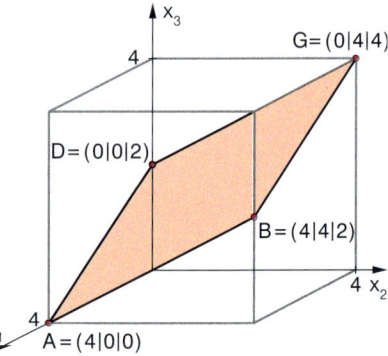

14 *Dreimal dieselbe Gerade*

Gegeben sind drei Darstellungen derselben Geraden g:

$g_t: \vec{x} = \begin{pmatrix} 1 \\ 0 \\ 2 \end{pmatrix} + t \begin{pmatrix} 4 \\ 3 \\ -1 \end{pmatrix}, \quad g_s: \vec{x} = \begin{pmatrix} 1 \\ 0 \\ 2 \end{pmatrix} + s \begin{pmatrix} 8 \\ 6 \\ -2 \end{pmatrix} \quad \text{und} \quad g_r: \vec{x} = \begin{pmatrix} -11 \\ -9 \\ 5 \end{pmatrix} + r \begin{pmatrix} 4 \\ 3 \\ -1 \end{pmatrix}.$

a) Zum Punkt P = (9|6|0) gehört in der Geradendarstellung g_t der Parameter t = 2. Bestimmen Sie die zum Punkt P gehörenden Parameter s und r in den anderen Darstellungen.

b) Welche Parameter gehören zu Q = (−3|−3|3)?

c) Zeigen Sie, dass zwischen r und t die Beziehung r = t + 3 besteht. Ermitteln Sie auch die Beziehungen zwischen s und t sowie zwischen r und s.

15 *Geradengleichung in der Ebene*

Die Geradengleichung y = mx + b kennen Sie schon. Sie wird als Punkt-Steigungs-Form der Geradengleichung bezeichnet.
Geben Sie die Gerade y = 3x + 2 in der Punkt-Richtungs-Form an. Gibt es einen Zusammenhang zwischen Steigung und Richtung?

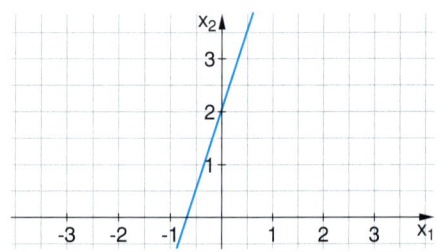

7.1 Geraden in der Ebene und im Raum

Darstellen von Geraden mit Spurpunkten

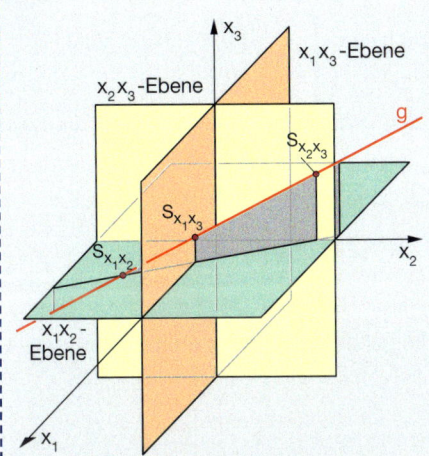

Mithilfe von Spurpunkten können wir Geraden im Raum darstellen. Stellen Sie sich ein dreidimensionales Koordinatensystem vor, in dem die Koordinatenebenen mit einer durchsichtigen Membran bespannt sind. Eine Gerade, die – je nach Lage – drei, zwei oder eine dieser Ebenen durchstößt, würde auf den Membranen ihre Spuren hinterlassen, die **Spurpunkte**.

In vielerlei Software wird diese Darstellung verwendet.

Statt $S_{x_1 x_2}$ schreiben wir auch S_{12}.

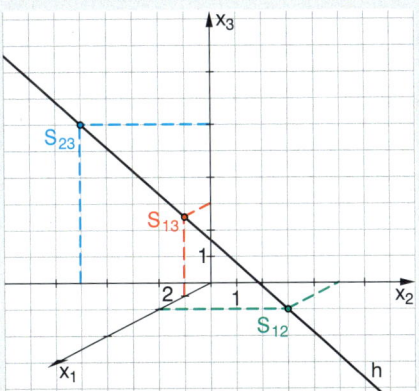

Sind die Spurpunkte in einer Abbildung als solche gekennzeichnet, so können ihre Koordinaten eindeutig bestimmt werden, da es zu jedem dieser Punkte genau einen Vektorweg gibt. So hat die Gerade h die Spurpunkte $S_{12} = (4|5|0)$, $S_{13} = (2|0|3)$ und $S_{23} = (0|-5|6)$.

S_{12} bezeichnet den Spurpunkt in der $x_1 x_2$-Ebene.

Spurpunkte berechnen

Spurpunkte zeichnen sich dadurch aus, dass mindestens eine ihrer Koordinaten 0 ist und sind daher leicht zu berechnen.

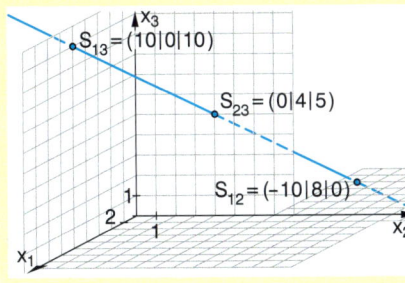

Die Spurpunkte der Geraden

$$g: \vec{x} = \begin{pmatrix} 5 \\ 2 \\ 7{,}5 \end{pmatrix} + t \begin{pmatrix} 10 \\ -4 \\ 5 \end{pmatrix}$$

berechnen wir wie folgt:

Schnitt mit der $x_1 x_2$-Ebene:
$x_3 = 0 \Rightarrow 7{,}5 + 5t = 0 \Rightarrow t = -1{,}5$.
Somit gilt $S_{12} = (-10|8|0)$.

Entsprechend werden S_{13} und S_{23} berechnet.

Übungen

16 *Gerade aus Spurpunkten*
Bestimmen Sie mithilfe der Spurpunkte eine Parametergleichung der Geraden g und bestätigen Sie rechnerisch, dass g die abgelesenen Spurpunkte hat.

17 *Spurpunkte einer Geraden*
Bestimmen Sie die Spurpunkte der Geraden
$$g: \vec{x} = \begin{pmatrix} 5 \\ -1 \\ 6 \end{pmatrix} + t \begin{pmatrix} -2 \\ 0 \\ 4 \end{pmatrix}$$
und zeichnen Sie die Gerade ins Koordinatensystem.

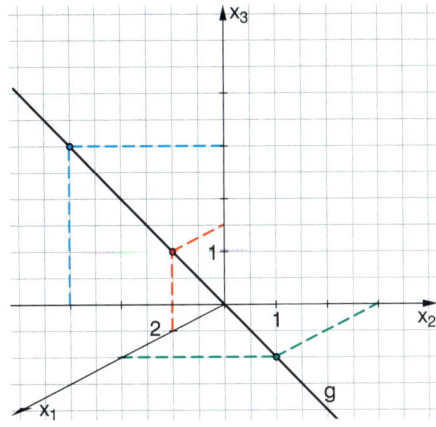

Übungen

18 | Spurpunkte einer Geraden
Von den Geraden g, h und k sind folgende Eigenschaften bekannt:

> **(I)** g besitzt einen Schnittpunkt mit der x_3-Achse.

> **(II)** h verläuft parallel zur $x_1 x_3$-Ebene.

> **(III)** k verläuft parallel zur x_1-Achse.

Wie viele Durchstoßpunkte mit den Koordinatenebenen kann jede der Geraden haben? Begründen Sie, dass die Anzahl der verschiedenen Durchstoßpunkte nur für eine der Geraden eindeutig zu bestimmen ist.

19 | Anzahl der Spurpunkte – Lage der Geraden
Wie liegt eine Gerade im Koordinatensystem, die genau einen Spurpunkt (genau zwei Spurpunkte; genau drei Spurpunkte) hat? Erstellen Sie jeweils eine Skizze.

20 | Projektionen
Die Punkte $A_1 = (2|1|4)$, $A_2 = (5|3|6)$ und $A_3 = (-1|2|5)$ sind die Eckpunkte eines Dreiecks im Raum.

a) **Parallelprojektion**
Das Dreieck wird in Richtung $\vec{v} = \begin{pmatrix} 1 \\ 1 \\ -2 \end{pmatrix}$ auf die $x_1 x_2$-Ebene projiziert. Berechnen Sie die Koordinaten der Bildpunkte in der $x_1 x_2$-Ebene und zeichnen Sie das Dreieck und sein Bild.

b) **Zentralprojektion**
Das Dreieck wird vom Punkt $S = (-1|8|3)$ aus an die „Wand" ($x_1 x_3$-Ebene) projiziert. Berechnen Sie die Bildpunkte in der $x_1 x_3$-Ebene und zeichnen Sie das Dreieck und sein Bild.

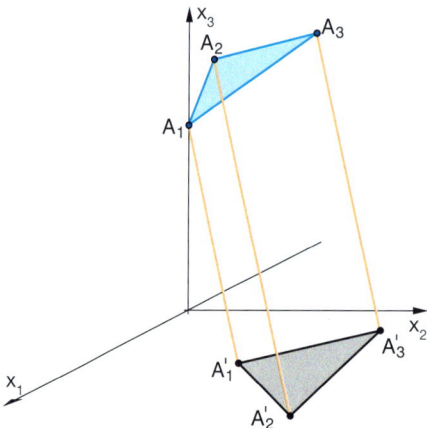
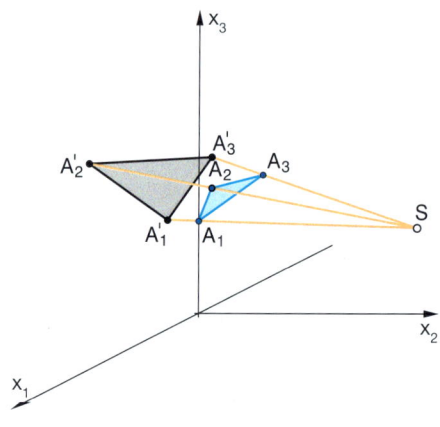

21 | Schattenpunkte

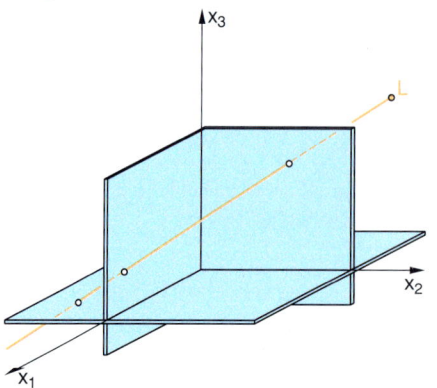

Ein Objekt im Punkt $A = (2|3|3)$ wird durch eine Lichtquelle im Punkt $L = (-2|5|6)$ beleuchtet.
Berechnen Sie die Punkte, in denen der Lichtstrahl die $x_2 x_3$-Ebene, die $x_1 x_2$-Ebene und die $x_1 x_3$-Ebene trifft.
Stellen Sie L, A, die Spurpunkte und den Lichtstrahl im Koordinatensystem dar.

Welche Wand wird wirklich beleuchtet, wenn die Ebenen nicht transparent sind?

Übungen

22 | Baumschatten

Legt man ein Koordinatensystem (Längeneinheit 1 m) über ein ebenes Gelände, so befindet sich der Fußpunkt eines gerade gewachsenen Baumes im Punkt F = (−1 | 5 | 0). Haben die Sonnenstrahlen die Richtung $\vec{v} = \begin{pmatrix} 1 \\ -1 \\ -3 \end{pmatrix}$, so wirft die Spitze des Baumes ihren Schatten auf den Punkt S′ = (2 | 2 | 0). Bestimmen Sie die Höhe des Baumes.

23 | Tauchboot

Ein Tauchboot befindet sich in der Position P = (413 | −367 | −215). Es bewegt sich auf einem Kurs entlang des Vektors $\vec{v} = \begin{pmatrix} -84 \\ 100 \\ -2 \end{pmatrix}$. Im Punkt H = (−175 | 333 | −229) wird ein Hindernis geortet. Soll das Schiff seinen Kurs ändern? Begründen Sie anhand einer Rechnung.

Positionen von Tauchbooten lassen sich durch Punkte im Raum beschreiben. Die Wasseroberfläche liegt dabei in der $x_1 x_2$-Ebene.

24 | Schiffswrack

Ein Tauchboot wird im Punkt S = (−213 | 107 | 0) zu Wasser gelassen, um eine Expedition zu einem Schiffswrack zu unternehmen, das in der Position W = (1013 | 4082 | −350) auf dem Meeresboden liegt. Das Tauchboot bewegt sich geradlinig und mit konstanter Geschwindigkeit. Die Bewegung pro Minute lässt sich durch den Vektor $\vec{b} = \begin{pmatrix} 14 \\ 9 \\ -7 \end{pmatrix}$ beschreiben (Angaben in m).

a) Mit welcher Geschwindigkeit bewegt sich das Tauchboot? Nach welcher Zeit erreicht es die Tiefe des Schiffswracks?
b) Die Suchscheinwerfer des Tauchboots haben eine Reichweite von 90 m. Ist das Schiffswrack von der Stelle aus sichtbar, an der das Tauchboot den Meeresboden erreicht?

25 | Passagierflugzeug

Ein Passagierflugzeug befindet sich zu einem bestimmten Zeitpunkt in der Position A = (−1010 | 960 | 8600). Fünf Sekunden später befindet es sich in der Position B = (178 | 217 | 8710) (Angaben in m). Ermitteln Sie die Position, in der sich das Flugzeug nach weiteren 20 Sekunden befindet, sofern es mit der gleichen Geschwindigkeit geradlinig weiterfliegt. Mit welcher Geschwindigkeit bewegt es sich fort?

Positionen von Flugzeugen lassen sich durch Punkte im Raum beschreiben. Die Erdoberfläche liegt dabei in der $x_1 x_2$-Ebene.

26 | Lagen von Geraden

In der Ebene sind Geraden identisch oder parallel oder sie schneiden sich.
a) Welcher der Fälle liegt vor?

$g_1: \vec{x} = \begin{pmatrix} 1 \\ 2 \end{pmatrix} + r \begin{pmatrix} 3 \\ -1 \end{pmatrix}$ $g_2: \vec{x} = \begin{pmatrix} 4 \\ 2 \end{pmatrix} + s \begin{pmatrix} -6 \\ 2 \end{pmatrix}$

$h_1: \vec{x} = \begin{pmatrix} 3 \\ 1 \end{pmatrix} + t \begin{pmatrix} 2 \\ -5 \end{pmatrix}$ $h_2: \vec{x} = \begin{pmatrix} -4 \\ 7 \end{pmatrix} + s \begin{pmatrix} 3 \\ 4 \end{pmatrix}$

$k_1: \vec{x} = \begin{pmatrix} 2 \\ -1 \end{pmatrix} + r \begin{pmatrix} 3 \\ -2 \end{pmatrix}$ $k_2: \vec{x} = \begin{pmatrix} -1 \\ 1 \end{pmatrix} + s \begin{pmatrix} -6 \\ 4 \end{pmatrix}$

b) Gilt die obige Aussage auch für Geraden im Raum?

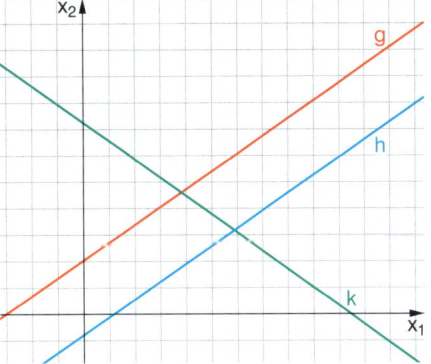

7 Geraden und Ebenen

Basiswissen

Wie in der Ebene können Geraden im Raum **parallel** bzw. **identisch** sein oder genau einen **Schnittpunkt** haben. Durch die dritte Dimension gibt es noch eine weitere Lagebeziehung: Geraden im Raum können **windschief** sein. Die geometrische Lage lässt sich algebraisch an den Gleichungen ablesen.

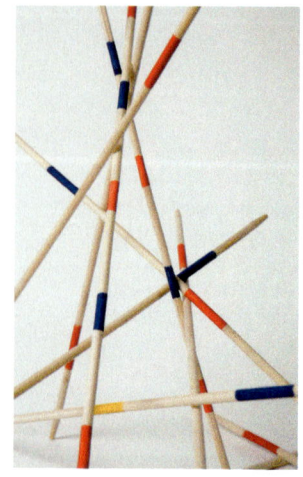

Lagebeziehungen zwischen Geraden

Lage der Geraden $g: \vec{x} = \vec{p} + s\vec{u}$ und $h: \vec{x} = \vec{q} + t\vec{v}$

$\vec{u}$ und $\vec{v}$ sind **parallel (kollinear)**
$\vec{u} = r\vec{v}$ für ein $r \in \mathbb{R}$

g und h sind **identisch**	g und h sind **parallel**
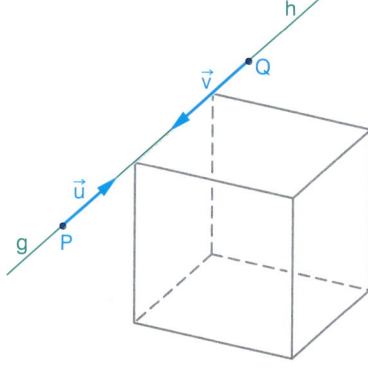	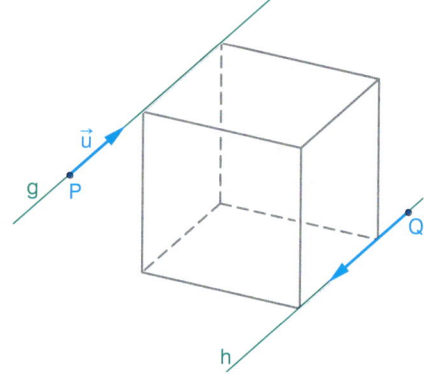
P liegt auf h	P liegt nicht auf h
$\vec{p} = \vec{q} + t\vec{v}$ für ein $t \in \mathbb{R}$	$\vec{p} \neq \vec{q} + t\vec{v}$ für alle $t \in \mathbb{R}$

$\vec{u}$ und $\vec{v}$ sind **nicht parallel (nicht kollinear)**
$\vec{u} \neq r\vec{v}$ für alle $r \in \mathbb{R}$

g und h haben **genau einen gemeinsamen Punkt**	g und h sind **windschief**
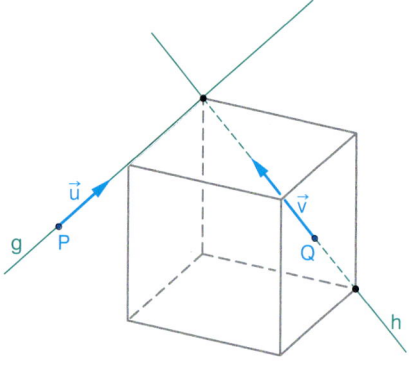	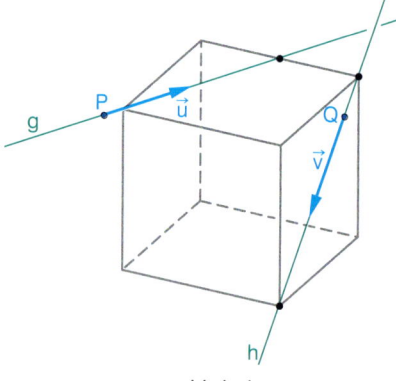
g und h haben **genau einen Schnittpunkt**	g und h haben **keinen Schnittpunkt**
$\vec{p} + s\vec{u} = \vec{q} + t\vec{v}$ für je ein $s, t \in \mathbb{R}$	$\vec{p} + s\vec{u} \neq \vec{q} + t\vec{v}$ für alle $s, t \in \mathbb{R}$

7.1 Geraden in der Ebene und im Raum

Beispiele

D *Lage von Geraden – kollineare Richtungsvektoren*

Welche Lagebeziehung haben die Geraden $g: \vec{x} = \begin{pmatrix} 2 \\ 0 \\ 1 \end{pmatrix} + r \begin{pmatrix} 3 \\ 4 \\ 1 \end{pmatrix}$ und $h: \vec{x} = \begin{pmatrix} 1 \\ 2 \\ -1 \end{pmatrix} + s \begin{pmatrix} 6 \\ 8 \\ 2 \end{pmatrix}$ zueinander?

Lösung:

1. Richtungsvektoren auf Kollinearität prüfen:
Da die Richtungsvektoren der beiden Geraden kollinear sind, müssen die Geraden g und h entweder identisch oder zueinander parallel sein.

2. Punktprobe:
Wenn der Punkt (2|0|1) der Geraden g auch auf h liegt, so sind g und h identisch; sonst sind g und h parallel zueinander.

$\begin{pmatrix} 2 \\ 0 \\ 1 \end{pmatrix} = \begin{pmatrix} 1 \\ 2 \\ -1 \end{pmatrix} + s \begin{pmatrix} 6 \\ 8 \\ 2 \end{pmatrix}$ liefert die Gleichungen:

$2 = 1 + 6s$; also $s = \frac{1}{6}$
$0 = 2 + 8s$; also $s = -\frac{1}{4}$
$1 = -1 + 2s$; also $s = 1$

Es gibt kein s, das alle Gleichungen erfüllt. Somit liegt der Punkt (2|0|1) nicht auf der Geraden h. Die beiden Geraden sind parallel zueinander.

E *Lage von Geraden – nicht kollineare Richtungsvektoren*

Welche Lagebeziehung haben die Geraden $g: \vec{x} = \begin{pmatrix} 3 \\ 1 \\ 1 \end{pmatrix} + r \begin{pmatrix} 1 \\ 0 \\ 2 \end{pmatrix}$ und $h: \vec{x} = \begin{pmatrix} 6 \\ 2 \\ 5 \end{pmatrix} + s \begin{pmatrix} 2 \\ 1 \\ 2 \end{pmatrix}$ zueinander?

Lösung:

1. Richtungsvektoren auf Kollinearität prüfen:
Da die Richtungsvektoren der beiden Geraden nicht kollinear sind, schneiden sich die Geraden g und h in einem Punkt oder sind windschief.

2. Schnittpunkte:
Mit der Bestimmung des Schnittpunktes können wir entscheiden, welcher Fall vorliegt. Gibt es keinen Schnittpunkt, so sind die beiden Geraden windschief. Gibt es einen Schnittpunkt, so schneiden sich die beiden Geraden in diesem Schnittpunkt. Den Schnittpunktansatz finden Sie auf der nächsten Seite.

Übungen

27 *Lage von Geraden im Pyramidenstumpf*

a) Welche Lagebeziehung liegt bei den Geradenpaaren jeweils vor?

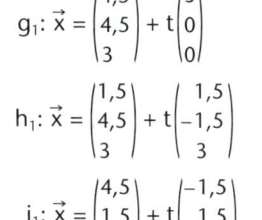

$g_1: \vec{x} = \begin{pmatrix} 4,5 \\ 4,5 \\ 3 \end{pmatrix} + t \begin{pmatrix} 3 \\ 0 \\ 0 \end{pmatrix}$ $g_2: \vec{x} = \begin{pmatrix} 6 \\ 6 \\ 0 \end{pmatrix} + t \begin{pmatrix} 1 \\ 0 \\ 0 \end{pmatrix}$

$h_1: \vec{x} = \begin{pmatrix} 1,5 \\ 4,5 \\ 3 \end{pmatrix} + t \begin{pmatrix} 1,5 \\ -1,5 \\ 3 \end{pmatrix}$ $h_2: \vec{x} = \begin{pmatrix} 6 \\ 6 \\ 0 \end{pmatrix} + t \begin{pmatrix} -1,5 \\ -1,5 \\ 3 \end{pmatrix}$

$i_1: \vec{x} = \begin{pmatrix} 4,5 \\ 1,5 \\ 3 \end{pmatrix} + t \begin{pmatrix} -1,5 \\ 1,5 \\ 3 \end{pmatrix}$ $i_2: \vec{x} = \begin{pmatrix} 6 \\ 0 \\ 0 \end{pmatrix} + t \begin{pmatrix} -3 \\ 3 \\ 6 \end{pmatrix}$

$k_1: \vec{x} = \begin{pmatrix} 6 \\ 0 \\ 0 \end{pmatrix} + t \begin{pmatrix} 0 \\ 1 \\ 0 \end{pmatrix}$ $k_2: \vec{x} = \begin{pmatrix} 1,5 \\ 4,5 \\ 3 \end{pmatrix} + t \begin{pmatrix} 1 \\ 0 \\ 0 \end{pmatrix}$

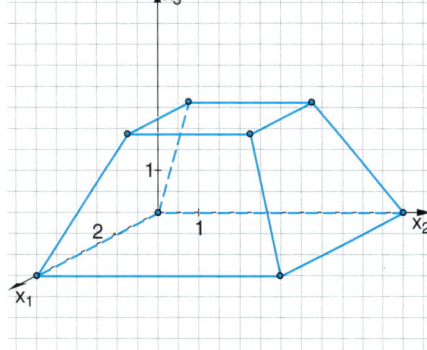

b) Die Geraden in Teil a) gehen durch Kanten im Pyramidenstumpf. Zeichnen Sie die Geraden in die gegebene Abbildung ein. Der Schnittpunkt S von zwei dieser Geraden ist die Spitze der Pyramide. Zeigen Sie rechnerisch, dass weitere „Kantengeraden" sich in S schneiden.

7 Geraden und Ebenen

Lagebeziehung zwischen Geraden mithilfe des Schnittpunktansatzes erkennen

Gegeben sind die Parametergleichungen der Geraden g und h mit g: $\vec{x} = \vec{a} + r\vec{v}$ und h: $\vec{x} = \vec{b} + s\vec{w}$.

Einen Schnittpunkt suchen heißt …
- geometrisch: Gibt es einen Punkt, der auf beiden Geraden liegt?
- algebraisch: Finden wir ein r und s so, dass $\vec{a} + r\vec{v} = \vec{b} + s\vec{w}$?

Beispiel 1:

$$g: \vec{x} = \begin{pmatrix} 4 \\ 1 \\ 2 \end{pmatrix} + r\begin{pmatrix} -2 \\ 3 \\ 1 \end{pmatrix}; \quad h: \vec{x} = \begin{pmatrix} 1 \\ 5 \\ -2 \end{pmatrix} + s\begin{pmatrix} -1 \\ 1 \\ -5 \end{pmatrix}$$

Schnittpunktansatz:

$$\begin{pmatrix} 4 \\ 1 \\ 2 \end{pmatrix} + r\begin{pmatrix} -2 \\ 3 \\ 1 \end{pmatrix} = \begin{pmatrix} 1 \\ 5 \\ -2 \end{pmatrix} + s\begin{pmatrix} -1 \\ 1 \\ -5 \end{pmatrix}$$

Gleichungen – Gleichungssystem:

$4 - 2r = 1 - s \Rightarrow s = 2r - 3$
$1 + 3r = 5 + s \Rightarrow s = 3r - 4$ $\Rightarrow r = 1; s = -1$
$2 + r = -2 - 5s \Rightarrow$ r; s erfüllen 3. Gleichung

Das Gleichungssystem ist lösbar. Es gibt einen Schnittpunkt S = (2|4|3).

Beispiel 2:

$$g: \vec{x} = \begin{pmatrix} 0 \\ 2 \\ 1 \end{pmatrix} + r\begin{pmatrix} 1 \\ 2 \\ 3 \end{pmatrix}; \quad h: \vec{x} = \begin{pmatrix} 3 \\ 12 \\ -4 \end{pmatrix} + s\begin{pmatrix} 1 \\ 2 \\ -3 \end{pmatrix}$$

Schnittpunktansatz:

$$\begin{pmatrix} 0 \\ 2 \\ 1 \end{pmatrix} + r\begin{pmatrix} 1 \\ 2 \\ 3 \end{pmatrix} = \begin{pmatrix} 3 \\ 12 \\ -4 \end{pmatrix} + s\begin{pmatrix} 1 \\ 2 \\ -3 \end{pmatrix}$$

Gleichungen – Gleichungssystem:

$r = 3 + s \Rightarrow r = 3 + s$
$2 + 2r = 12 + 2s \Rightarrow r = 5 + s$ $\Rightarrow$ Widerspruch
$1 + 3r = -4 - 3s$

Das Gleichungssystem ist nicht lösbar. Somit gibt es keinen Schnittpunkt der beiden Geraden. Also sind die Geraden windschief oder parallel zueinander. Da die Richtungsvektoren nicht parallel (nicht kollinear) sind, müssen die Geraden windschief sein.

Übungen

28 *Geraden im Quader*
a) Offensichtlich schneiden sich die vier Raumdiagonalen im Mittelpunkt des Quaders. Weisen Sie dies rechnerisch nach. Wie zeigt sich das am Gleichungssystem?

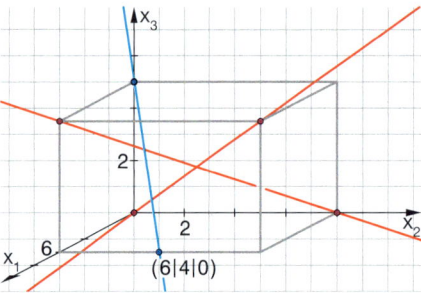

b) Schneiden die beiden eingezeichneten Raumdiagonalen die eingezeichnete blaue Gerade? Wie zeigt sich das am Gleichungssystem?

29 *Geraden im Quader*
Schneiden sich die drei Geraden?

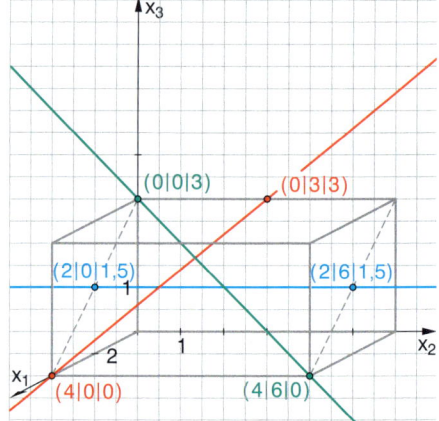

30 *Sich schneidende Geraden?*
In einem Würfel der Kantenlänge 4 gehen die Geraden durch die Mittelpunkte der entsprechenden Kanten. Schneiden sich die beiden Geraden? Begründen Sie auch rechnerisch.

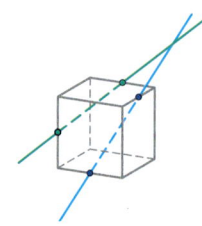

7.1 Geraden in der Ebene und im Raum

Das Bestimmen des Schnittpunktes von Geraden führt auf das Lösen von Gleichungssystemen mit zwei Variablen. Dabei entstehen nicht immer Gleichungssysteme mit vielen Nullen, die sich durch Einsetzen einfach lösen lassen.

Für die Geraden g: $\vec{x} = \begin{pmatrix} 1 \\ 1 \\ 4 \end{pmatrix} + r \begin{pmatrix} 3 \\ -3 \\ 2 \end{pmatrix}$ und h: $\vec{x} = \begin{pmatrix} 4 \\ 2 \\ 0 \end{pmatrix} + s \begin{pmatrix} -6 \\ 4 \\ -1 \end{pmatrix}$ erhält man das LGS:

Gauß-Algorithmus, siehe Seite 81

(1) $3r + 6s = 3$ (2) $-3r - 4s = 1$ (3) $2r + s = -4$

Lösen linearer Gleichungssysteme mit dem Gauß-Algorithmus

Zum Lösen von linearen Gleichungssystemen ist der Gauß-Algorithmus ein effizientes Werkzeug. Mit dem Verfahren wird ein gegebenes Gleichungssystem systematisch in eine Dreiecksform überführt.

WERKZEUG

Zur Ausführung des Gauß-Algorithmus benötigt man nur zwei erlaubte **Äquivalenzumformungen**:

(1) $3r + 6s = 3$
(2) $-3r - 4s = 1$
(3) $2r + s = -4$

- Multiplikation einer Gleichung auf beiden Seiten mit einer reellen Zahl ungleich Null.

Eliminieren der Variablen r:
(1) $\quad 3r + 6s = 3$
(1) + (2) $\quad 2s = 4 \quad (2^*)$
$2 \cdot (1) + (-3) \cdot (3) \quad 9s = 18 \quad (3^*)$

CARL FRIEDRICH GAUSS
1777–1855

- Die Addition zweier Gleichungen und anschließendes Ersetzen einer Gleichung durch das Ergebnis.

Eliminieren der Variablen s:
(1) $\quad 3r + 6s = 3$
$(2^*) \quad 2s = 4$
$-9 \cdot (2^*) + 2 \cdot (3^*) \quad 0 = 0$

Dreiecksform
$3r + 6s = 3$
$0 \quad 2s = 4$
$0 \quad 0 = 0$

Die Lösung kann nun schrittweise von unten nach oben ermittelt werden.

Rückwärtseinsetzen:
$2s = 4$, also $s = 2$
$3r + 6 \cdot 2 = 3$, also $r = -3$

oder Normieren und Einsetzen:
(1) : 3 $\quad r + 2s = 1$
$(2^*) : 2 \quad s = 2$
$(3^*) \quad 0 = 0$

Es ergibt sich eine eindeutige Lösung für r und s. Somit schneiden sich die Geraden g und h. Für $r = -3$ in der Geradendarstellung von g oder $s = 2$ in der Geradendarstellung von h erhält man den Schnittpunkt $S = (-8 \mid 10 \mid -2)$.

31 *Lösen linearer Gleichungssysteme per Hand*
Lösen Sie die linearen Gleichungssysteme mit dem Gauß-Algorithmus. In welchen Fällen gibt es keine Lösung?

Übungen

Weitere Übungen, siehe Seite 82

a) $3x + y = 7$
$\quad x + 5y = 21$
$\quad 2x - y = 13$

b) $2x - 3y = -19$
$\quad -4x + 2y = 26$
$\quad x + 6y = 13$

c) $4x - 5y = 8$
$\quad -x + y = -2$
$\quad x + 2y = 2$

d) $6x + 4y = 14$
$\quad -3x + y = -10$
$\quad x - y = 8$

e) $3x - 2y = 5$
$\quad 2x - 2y = 4$
$\quad x + 2y = -1$

f) $x + 2y = 8$
$\quad -2x - 3y = -11$
$\quad 3x + 6y = 20$

32 *Training per Hand*
Lösen Sie die linearen Gleichungssysteme mit dem Gauß-Algorithmus und führen Sie die Probe mit *rref* aus.

rref, siehe nächste Seite

a) $2x - 3y = -8$
$\quad x + 4y = 7$
$\quad -x - y = -1$

b) $x + 2y = -8$
$\quad 2x - 3y = -2$
$\quad 3x + y = 4$

c) $2x + 2y = 10$
$\quad -3x + 2y = 0$
$\quad x + y = 5$

d) $x + y + z = 2$
$\quad x - y + 2z = -3$
$\quad 2x + y + z = 3$

e) $x + y - z = -2$
$\quad 2x + y + z = 5$
$\quad -x + 2y - z = 3$

f) $2x - y + z = 1$
$\quad x + 2y + 4z = 2$
$\quad x - y + 3z = -3$

7 Geraden und Ebenen

Ein Gleichungssystem lässt sich übersichtlich in eine **Tabelle** übertragen. Dazu werden alle Informationen, die selbstverständlich sind, weggelassen. Nur die Koeffizienten werden notiert und um eine Spalte mit den Ergebnissen erweitert. Wichtig ist, dass die Koeffizienten, die zur gleichen Variablen gehören, in die gleiche Spalte geschrieben werden. In der Algebra schreibt man eine solche Tabelle in Form einer **Matrix**.

Da die Matrix neben den Koeffizienten auch die Ergebnisspalte enthält, wird die Matrix **erweiterte Koeffizientenmatrix** genannt.

LGS $\longrightarrow$ Tabelle $\longrightarrow$ Matrix

(1) $3a + 6b = 3$
(2) $-3a - 4b = 1$
(3) $2a + b = -4$

	a	b	Erg.
(1)	3	6	3
(2)	-3	-4	1
(3)	2	1	-4

$$\begin{pmatrix} 3 & 6 & | & 3 \\ -3 & -4 & | & 1 \\ 2 & 1 & | & -4 \end{pmatrix}$$

Siehe auch Seite 82

LGS mit dem grafikfähigen Taschenrechner lösen

Mit einem grafikfähigen Taschenrechner oder einem Computer-Algebra-System lässt sich die Lösungsmenge eines LGS schnell bestimmen. Dazu gibt man die „erweiterte Koeffizientenmatrix" mithilfe des Matrix-Editors ein.

WERKZEUG

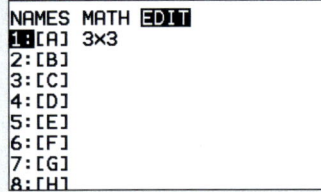

Mit **3 × 3** wird der Typ der Matrix festgelegt: 3 Zeilen, 3 Spalten

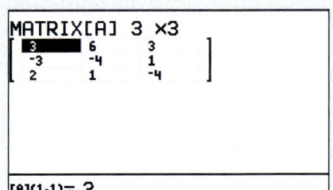

1, 1 kennzeichnet die Position der Zahl in der 1. Zeile und der 1. Spalte

Erweiterte Koeffizientenmatrix: In die letzte Spalte schreibt man die rechte Seite der Gleichungen.

$3a + 6b = 3$
$-3a - 4b = 1$
$2a + b = -4$

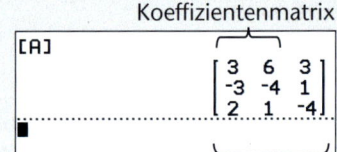

Koeffizientenmatrix

Erweiterte Koeffizientenmatrix

Mit dem Befehl **ref** erzeugt man eine **Dreiecksform**, aus der man die Lösungen durch Rückwärtseinsetzen bestimmen kann.

$a + 2b = 1$
$b = 2$
$0 = 0$

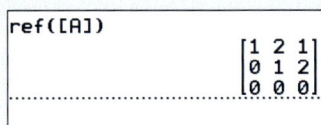

Der GTR besitzt einen weiteren Befehl **rref**, mit dem man aus der Koeffizientenmatrix eine **Diagonalform** erzeugt, aus der man das Ergebnis direkt ablesen kann.

$a = -3$
$ b = 2$
$ 0 = 0$

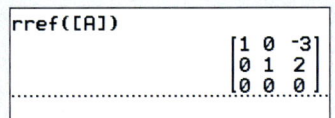

Übungen

33 *Training mit dem GTR*

Bestimmen Sie die Lösungen der linearen Gleichungssysteme aus den Übungen von Seite 219 mit dem GTR. Vergleichen Sie gegebenenfalls mit Ihren händisch ermittelten Lösungen.

Lagebeziehung zwischen Geraden an der Matrix erkennen

Der Schnittpunktansatz führt auf ein lineares Gleichungssystem mit drei Gleichungen und zwei Variablen. Die erweiterte Koeffizientenmatrix ist dann eine (3 × 3)-Matrix.
rref führt jeweils zu einer Matrix in Diagonalform.

Fall 1: sich schneidende Geraden
$$\begin{pmatrix} 2 & -3 & -8 \\ 1 & 4 & 7 \\ -1 & -1 & -1 \end{pmatrix} \xrightarrow{rref} \begin{pmatrix} 1 & 0 & -1 \\ 0 & 1 & 2 \\ 0 & 0 & 0 \end{pmatrix}$$

Fall 2: windschiefe Geraden
$$\begin{pmatrix} 1 & -1 & 0 \\ 1 & 0{,}5 & 1 \\ -1 & -1 & -1 \end{pmatrix} \xrightarrow{rref} \begin{pmatrix} 1 & 0 & 0 \\ 0 & 1 & 0 \\ 0 & 0 & 1 \end{pmatrix}$$

Fall 3: parallele Geraden
$$\begin{pmatrix} 2 & 4 & -1 \\ 1 & 2 & 0 \\ -3 & -6 & 2 \end{pmatrix} \xrightarrow{rref} \begin{pmatrix} 1 & 2 & 0 \\ 0 & 0 & 1 \\ 0 & 0 & 0 \end{pmatrix}$$

Fall 4: identische Geraden
$$\begin{pmatrix} 2 & -1 & -2 \\ 4 & -2 & -4 \\ -6 & 3 & 6 \end{pmatrix} \xrightarrow{rref} \begin{pmatrix} 1 & -0{,}5 & -1 \\ 0 & 0 & 0 \\ 0 & 0 & 0 \end{pmatrix}$$

36 *Parallele Geraden*
Das Schnittpunktverfahren liefert bei windschiefen und parallelen Geraden jeweils einen Widerspruch. Für parallele Geraden gilt für deren Richtungsvektoren $\vec{v}_1$ und $\vec{v}_2$: $\vec{v}_2 = s \cdot \vec{v}_1$.
Begründen Sie, warum in diesem Fall der Widerspruch in der zweiten Zeile ist.

Diagonalform
```
[A]
      [1 2 0]
      [0 0 1]
      [0 0 0]
```

37 *Identische Geraden*
Wie erkennen Sie an der Diagonalform, dass die Geraden identisch sind?

Matrix   Diagonalform
```
[A]                   rref([A])
  [ 2 -1 -2]            [1 -.5 -1]
  [ 4 -2 -4]            [0  0   0]
  [-6  3  6]            [0  0   0]
```

34 *Diagonalmatrix sich schneidender Geraden*
Zeigen Sie, dass für die Geraden

$g: \vec{x} = \begin{pmatrix} 7 \\ -5 \\ 6 \end{pmatrix} + s \begin{pmatrix} 2 \\ 1 \\ -1 \end{pmatrix}$ und

$h: \vec{x} = \begin{pmatrix} -1 \\ 2 \\ 5 \end{pmatrix} + t \begin{pmatrix} 3 \\ -4 \\ 1 \end{pmatrix}$

rref die Matrix in Diagonalform $\begin{pmatrix} 1 & 0 & -1 \\ 0 & 1 & 2 \\ 0 & 0 & 0 \end{pmatrix}$ liefert.

35 *Windschiefe oder sich schneidende Geraden*

(A) $g: \vec{x} = \begin{pmatrix} 1 \\ 2 \\ 1 \end{pmatrix} + r \begin{pmatrix} 2 \\ 1 \\ 3 \end{pmatrix}$; $h: \vec{x} = \begin{pmatrix} 1 \\ 1 \\ 2 \end{pmatrix} + s \begin{pmatrix} -4 \\ -2 \\ 6 \end{pmatrix}$

(B) $k: \vec{x} = \begin{pmatrix} 1 \\ 2 \\ 1 \end{pmatrix} + r \begin{pmatrix} 2 \\ 1 \\ 3 \end{pmatrix}$; $l: \vec{x} = \begin{pmatrix} -5 \\ -1 \\ 16 \end{pmatrix} + s \begin{pmatrix} -4 \\ -2 \\ 6 \end{pmatrix}$

Beide Fälle sind in Matrix und Diagonalform übersetzt:

(I)   Matrix   Diagonalform
$$\begin{pmatrix} 2 & 4 & -6 \\ 1 & 2 & -3 \\ 3 & -6 & 15 \end{pmatrix} \xrightarrow{rref} \begin{pmatrix} 1 & 0 & 1 \\ 0 & 1 & -2 \\ 0 & 0 & 0 \end{pmatrix}$$

(II)   Matrix   Diagonalform
$$\begin{pmatrix} 2 & 4 & 0 \\ 1 & 2 & -1 \\ 3 & -6 & 1 \end{pmatrix} \xrightarrow{rref} \begin{pmatrix} 1 & 0 & 0 \\ 0 & 1 & 0 \\ 0 & 0 & 1 \end{pmatrix}$$

Welcher Fall gehört zu welchen Matrizen? Woran erkennt man dies?
Bestimmen Sie im Fall der sich schneidenden Geraden den Schnittpunkt.

38 *Lagebeziehung von Geraden im Würfel*
Die Abbildung zeigt einen Würfel mit der Kantenlänge 4. Die grünen Punkte markieren Kantenmitten.

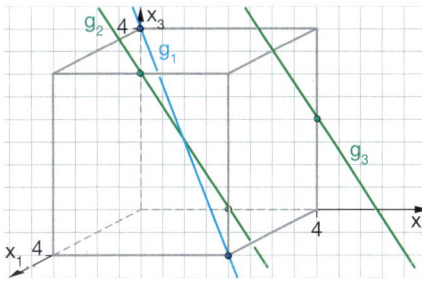

Stellen Sie für die möglichen Schnittprobleme (g_1–g_2, g_2–g_3, g_1–g_3) jeweils die erweiterte Koeffizientenmatrix auf, bestimmen Sie die Lösung und begründen Sie damit die Lagebeziehung.

Übungen

39 *Geraden im Würfel*

a) Im abgebildeten Würfel mit Kantenlänge 4 sind die Punkte K, L, M, N Kantenmitten.
Schneidet die Raumdiagonale die eingezeichneten Geraden?
Begründen Sie rechnerisch.

b) Geben Sie zur eingezeichneten Geraden im Würfel an:
– eine parallele Gerade
– eine schneidende Gerade
– eine windschiefe Gerade
Überprüfen Sie jeweils rechnerisch.
Wie erkennen Sie dies am Gleichungssystem?

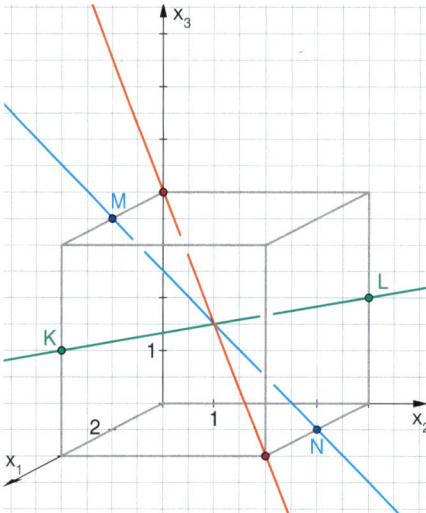
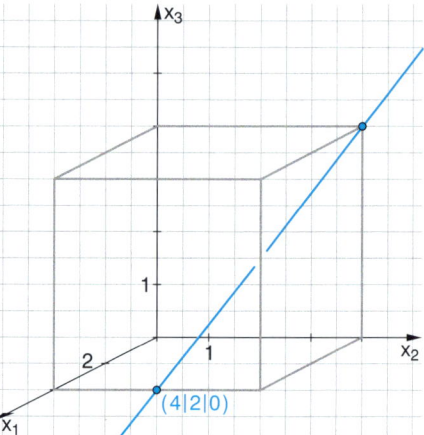

40 *Vier Geraden – Geradenpaare gesucht*

Suchen Sie unter den vier Geraden g_1, g_2, g_3 und g_4 Geradenpaare paralleler Geraden, sich schneidender Geraden sowie windschiefer Geraden:

$$g_1: \vec{x} = \begin{pmatrix} 0 \\ 1 \\ 1 \end{pmatrix} + t \begin{pmatrix} 1 \\ 2 \\ 0 \end{pmatrix}, \quad g_2: \vec{x} = \begin{pmatrix} 4 \\ 2 \\ 2 \end{pmatrix} + t \begin{pmatrix} 1 \\ 2 \\ 0 \end{pmatrix}, \quad g_3: \vec{x} = t \begin{pmatrix} 0 \\ 1 \\ 1 \end{pmatrix} \quad \text{und} \quad g_4: \vec{x} = \begin{pmatrix} 4 \\ 2 \\ 2 \end{pmatrix} + t \begin{pmatrix} 0 \\ 1 \\ 1 \end{pmatrix}.$$

41 *Geraden gesucht*

Konstruieren Sie zur Geraden $g: \vec{x} = \begin{pmatrix} 2 \\ 3 \\ -1 \end{pmatrix} + t \begin{pmatrix} 3 \\ 2 \\ 4 \end{pmatrix}$ jeweils verschiedene Geraden, die

… parallel sind zu g,   … windschief sind zu g,   … mit g einen Schnittpunkt haben.
Überprüfen Sie dies auch rechnerisch.

42 *Lage von Geraden*

a) Welche der folgenden Geraden
… sind zueinander parallel,   … schneiden sich,   … sind windschief zueinander?

$$g: \vec{x} = \begin{pmatrix} 1 \\ 2 \\ 3 \end{pmatrix} + t \begin{pmatrix} -2 \\ 0 \\ 1 \end{pmatrix}; \quad h: \vec{x} = \begin{pmatrix} 0 \\ 0 \\ 1 \end{pmatrix} + t \begin{pmatrix} -2 \\ 0 \\ 1 \end{pmatrix}; \quad k: \vec{x} = \begin{pmatrix} 1 \\ 2 \\ 3 \end{pmatrix} + t \begin{pmatrix} 1 \\ 0 \\ -2 \end{pmatrix}$$

b) Bestimmen Sie x_1 so, dass sich die Gerade $l: \vec{x} = \begin{pmatrix} 2 \\ 2 \\ 4 \end{pmatrix} + t \begin{pmatrix} x_1 \\ 0 \\ 1 \end{pmatrix}$ mit g in $S = (1|2|3)$ schneidet.

c) Welche der Geraden b oder c ist zur Geraden a parallel?

$$a: \vec{x} = \begin{pmatrix} 1 \\ 2 \\ 3 \end{pmatrix} + t \begin{pmatrix} 1 \\ 0 \\ 2 \end{pmatrix}; \quad b: \vec{x} = \begin{pmatrix} 2 \\ 4 \\ 6 \end{pmatrix} + t \begin{pmatrix} 1 \\ 0 \\ 2 \end{pmatrix}; \quad c: \vec{x} = \begin{pmatrix} 1 \\ 2 \\ 3 \end{pmatrix} + t \begin{pmatrix} 2 \\ 0 \\ 4 \end{pmatrix}$$

43 Geradenschnittpunkt

Gegeben sind die Geraden

g: $\vec{x} = \vec{a} + r\vec{v} = \begin{pmatrix} 8 \\ 5 \\ 1 \end{pmatrix} + r \begin{pmatrix} 4 \\ 6 \\ 9 \end{pmatrix}$ und

h: $\vec{x} = \vec{b} + s\vec{w} = \begin{pmatrix} -2 \\ -4 \\ 1{,}5 \end{pmatrix} + s \begin{pmatrix} 2 \\ 10 \\ 2 \end{pmatrix}$.

Im „2-1-Koordinatensystem" sieht es so aus, als ob sich die Geraden im Punkt (0|3|3) schneiden.
Wie kann man dies schnell nachprüfen?
Schneiden sich g und h überhaupt?

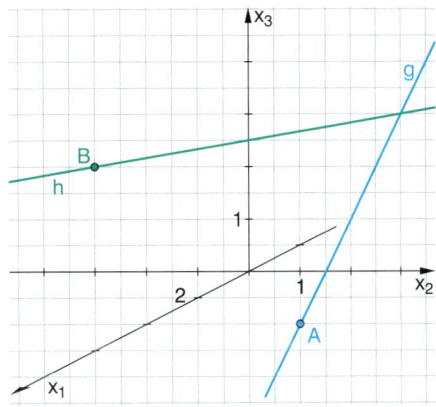

Übungen

44 Lage von Geraden in unterschiedlichen Körpern

Bestimmen Sie die Lage der Geraden zueinander. Wie erkennen Sie am Gleichungssystem die Lage der Geraden? Geben Sie gegebenenfalls den Schnittpunkt an.
Die Punkte P, Q, R, T sind jeweils Kantenmitten.

Training

a)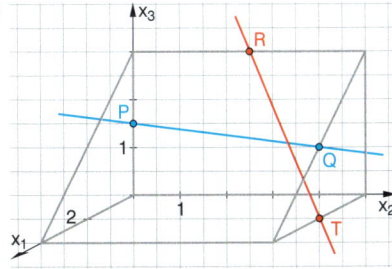

b)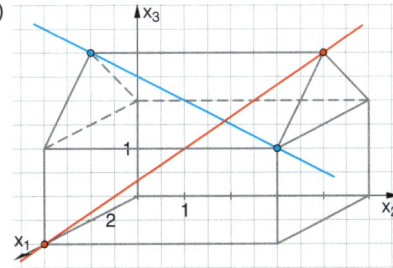

c)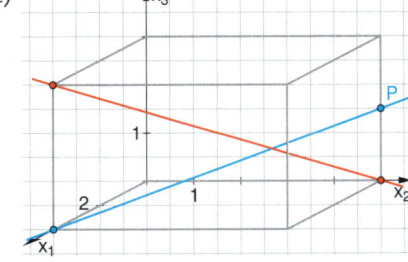

d)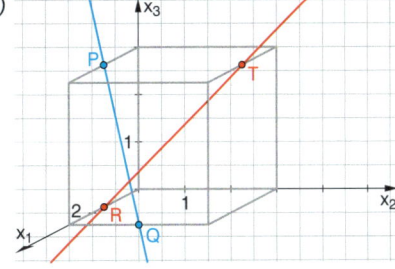

45 Geradenbüschel

Die Grafik zeigt einen Würfel der Kantenlänge 4. Die blaue Gerade h geht durch die eingezeichneten Kantenmitten.
Die roten Geraden gehen alle durch den Punkt Q = (0|0|4) und durch einen Punkt P_a auf der rechten unteren Kante des Würfels, die parallel zur x_1-Achse ist.
Begründen Sie, dass die Punkte P_a die Koordinaten $P_a = (a|4|0)$ haben.
Die Gerade durch Q und P_a wird mit g_a bezeichnet.

Bestimmen Sie a so, dass sich h und g_a schneiden.

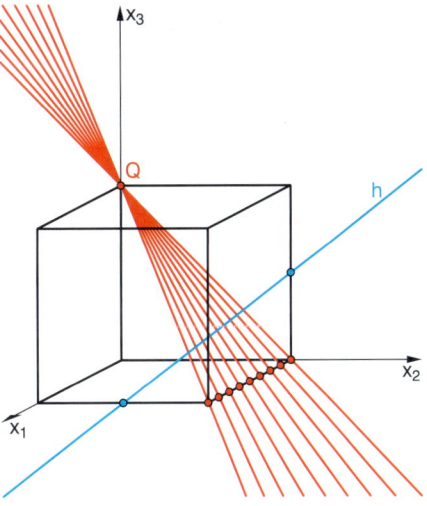

Übungen

46 *Flugzeugkollision?*
Kondensstreifen am Himmel vermitteln oft den Eindruck, dass sich die Flugbahnen von Flugzeugen kreuzen. Zu einem bestimmten Zeitpunkt befindet sich ein Airbus 320 im Punkt A = (8 | –4 | 10,2) und bewegt sich in Richtung $\vec{v} = \begin{pmatrix} 7,5 \\ 8,5 \\ -0,1 \end{pmatrix}$.

Eine Boeing 747 befindet sich zum gleichen Zeitpunkt im Punkt B = (20 | 16 | 10) und bewegt sich in Richtung $\vec{w} = \begin{pmatrix} 1 \\ -1 \\ 0 \end{pmatrix}$.

Kreuzen sich die beiden Flugrouten?

47 *Landeanflug*
Landeanflüge von Flugzeugen müssen sehr präzise sein, insbesondere, wenn die Landebahnen sehr kurz sind, z. B. auf Inseln. Ein Flugzeug soll auf einer Landebahn etwa im Punkt L = (200 | 100 | 0) aufsetzen. Aktuell befindet es sich in der Position P = (–2450 | 6300 | 1050) und fliegt in Richtung des Vektors $\vec{v} = \begin{pmatrix} 25 \\ -60 \\ -10 \end{pmatrix}$ (Angaben in m).

Wie weit ist das Flugzeug noch vom Landepunkt entfernt? In welchem Punkt setzt es auf der Insel auf, wenn es seinen Kurs nicht ändert? Welche Kursänderung schlagen Sie vor? Begründen Sie.

KOPFÜBUNGEN

1 Bestimmen Sie beide Lösungen: $\sqrt{(1 + x)^2} = 4$

2 Geben Sie die Werte für a und b so an, dass die Vektoren
$\vec{u} = \begin{pmatrix} 0,5 \\ -5 \\ -1 \end{pmatrix}$ und $\vec{v} = \begin{pmatrix} a \\ 1 \\ b \end{pmatrix}$ zueinander parallel sind. Finden Sie einen Vektor $\vec{w}$, der zu $\vec{u}$ und $\vec{v}$ parallel ist und nur ganzzahlige Koordinaten (nur positive Koordinaten) enthält?

3 Bei „Mensch, ärgere dich nicht" hat man zu Beginn drei Versuche, eine „Sechs" zu würfeln. Wie groß ist die Wahrscheinlichkeit, die erste „Sechs" genau im dritten Versuch zu erzielen?

4 Begründen Sie jeweils in Worten und mit einer Skizze.
  a) Gibt es Funktionen, die zur x-Achse symmetrisch sind?
  b) Gibt es Funktionen, die sowohl punktsymmetrisch zum Ursprung als auch achsensymmetrisch zur y-Achse sind?

Licht und Schatten

Wo Licht ist, ist auch Schatten! Wenn ein undurchsichtiger Gegenstand beleuchtet wird, entsteht ein Schatten auf dem Boden oder an einer Wand. Diese Lichteffekte werden in der Computergrafik genutzt, um ein möglichst realistisches Bild zu erzeugen.

Aber wie werden solche Schattenbilder in die Sprache der Zahlen übersetzt, um sie zu berechnen und auf dem Bildschirm darzustellen?

Sie haben in diesem Lernabschnitt das notwendige „Handwerkszeug" kennengelernt, denn Lichtstrahlen können wir als Geraden auffassen, und Sie können die Schnittpunkte von Geraden mit den Koordinatenebenen berechnen.

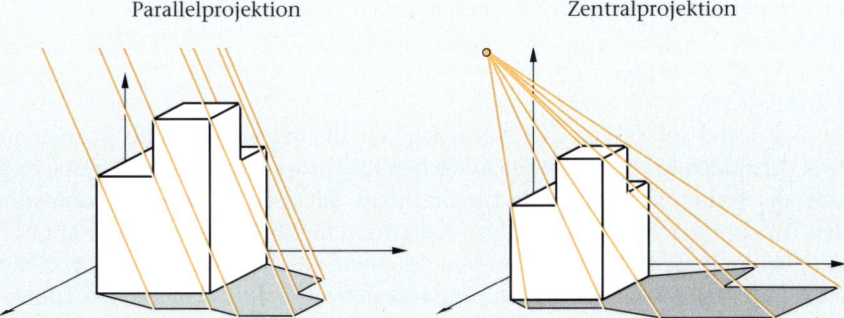

Parallelprojektion   Zentralprojektion

Je nachdem, ob die Lichtstrahlen parallel sind (wie z. B. beim Sonnenlicht) oder von einem Punkt ausgehen (z. B. von einer Lampe), spricht man von **Parallelprojektion** oder **Zentralprojektion**.

Aufgaben

48 *Schatten einer Pyramide*
Eine quadratische Pyramide mit
$A = (8|4|0)$, $B = (8|8|0)$ und $S = (6|6|5)$
wird von der Sonne beschienen.
a) Morgens steht die Sonne so, dass die Spitze S auf der $x_1 x_2$-Ebene den Schattenpunkt $S_1 = (14|17|0)$ erzeugt. Stellen Sie die Pyramide und ihren Schatten im „2-1-Koordinatensystem" dar.

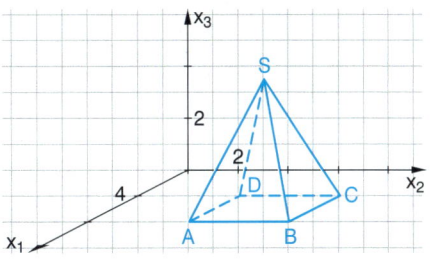

b) Am Nachmittag steht die Sonne so, dass die Spitze S auf der $x_1 x_3$-Ebene den Schattenpunkt $S_2 = (10|0|2{,}5)$ erzeugt. Erklären Sie anhand der Zeichnung, wie die Schattenpunkte S_3 und S_4 bestimmt werden können.
Stellen Sie die Pyramide und ihren Schatten im „2-1-Koordinatensystem" dar.

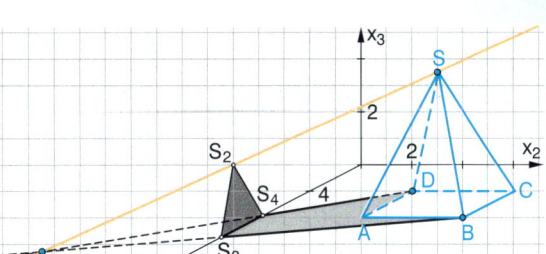

Aufgaben

49 *Schatten eines Turmes*

Ein Turm steht vor einer Wand (die $x_1 x_3$-Ebene), die Sonne scheint und erzeugt einen Schatten des Turms an der Wand und auf dem Boden.

$A = (6|4|0)$
$B = (6|6|0)$
$D = (4|4|0)$
$E = (6|4|3)$
$S = (5|5|6)$

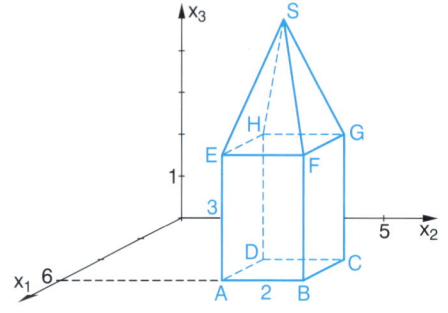

7149A.ggb
7149B.ggb

a) Die Richtung der Sonnenstrahlen ist gegeben durch den Vektor $\vec{v} = \begin{pmatrix} 2 \\ -3 \\ -1 \end{pmatrix}$. Berechnen Sie die Schattenpunkte und zeichnen Sie den Körper mit dem Schatten im Koordinatensystem.

b) Abends wird der Körper durch eine Lampe, die sich im Punkt $L = (12|2|4)$ befindet, angestrahlt, und es wird ein Schatten auf der hinteren Wand ($x_2 x_3$-Ebene) und dem Boden erzeugt. Berechnen und zeichnen Sie auch hier den Schatten.

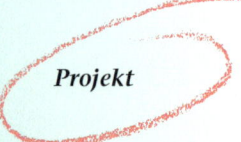
Projekt

Tripelspiegel

Tripelspiegel sind Spiegel mit drei Spiegelflächen, die paarweise senkrecht zueinander sind. Sie finden in verschiedenen Bereichen ihre Anwendung. In der Messtechnik (z. B. bei der Weitenmessung in der Leichtathletik oder bei der Geländevermessung) werden Tripelspiegel verwendet, um den Laserstrahl für die Entfernungsmessung zu reflektieren. In der Schifffahrt werden Radarreflektoren benutzt, die nach dem gleichen Prinzip arbeiten. Auch Fahrradreflektoren sind aus vielen kleinen Tripelspiegeln aufgebaut.

Geländevermessung

Drei orthogonale Spiegel

Ein Fahrradreflektor besteht aus vielen kleinen Tripelspiegeln

Sechs Tripelspiegel im Mathematikum in Gießen

7.1 Geraden in der Ebene und im Raum

Experimentieren am eigenen Tripelspiegel

Bauen Sie selbst einen Tripelspiegel, z. B. aus Spiegelkacheln. Leuchten Sie mit einer Taschenlampe aus verschiedenen Richtungen in den Spiegel und beobachten Sie an der Wand, wohin der Strahl reflektiert wird.

Experimentieren

Untersuchen des Strahlengangs

Für die folgenden Rechnungen legen wir fest, dass die drei Spiegelebenen die Koordinatenebenen eines räumlichen Koordinatensystems sind.

Eine Lichtquelle befindet sich im Punkt $A = (5|6|2)$. Der Lichtstrahl trifft die $x_1 x_2$-Ebene im Punkt $B = (4|4|0)$ und wird dort reflektiert.

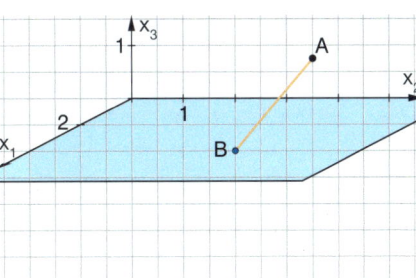

Mathematisieren

Wie lässt sich der Weg des an den drei Koordinatenebenen reflektierten Strahls berechnen?

ProjektTS.cg3

Spiegeln Sie dafür den Punkt A an der $x_1 x_2$-Ebene. Sie erhalten den Punkt $A_1 = (5|6|-2)$.
Die Gerade durch A_1 und B beschreibt den gespiegelten Lichtstrahl.

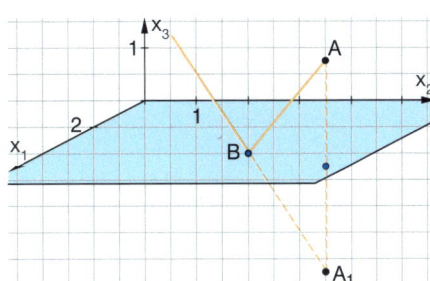

In welchem Punkt trifft er die $x_1 x_3$-Ebene? Berechnen Sie diesen Punkt.

Der gespiegelte Strahl wird auf die gleiche Weise an der $x_1 x_3$-Ebene und danach an der $x_2 x_3$-Ebene reflektiert. Zeigen Sie, dass nach drei Reflexionen der an der $x_2 x_3$-Ebene gespiegelte Strahl die gleiche Richtung wie der Strahl der Lichtquelle hat.

Wählen Sie einen Strahl mit einer anderen Richtung und überprüfen Sie, ob der nach dreifacher Reflexion ausfallende Lichtstrahl wiederum parallel zum Strahl der Lichtquelle ist.

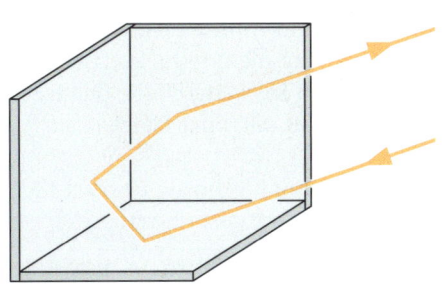

Der allgemeine Beweis kann mithilfe eines Computeralgebrasystems gelingen.

Präsentieren

Präsentieren

Erstellen Sie einen Projektbericht, der die folgenden Aspekte des Projekts enthält.

Bauanleitung für einen Tripelspiegel	Konstruktionszeichnungen
Fotos von Experimenten	Theoretische Untersuchungen und Erklärungen

7.2 Ebenen im Raum

Was Sie erwartet

Mit Ebenen haben wir es im täglichen Leben häufig zu tun. Glasplatten, Fensterscheiben, Tischplatten, Wände oder Dachflächen sind Teile von Ebenen. Jede Hälfte eines Satteldachs ist Teil einer Ebene, deren Lage durch die Dachbalken und die Richtung der Dachsparren bestimmt ist.

Mit Vektoren und ihren Rechenoperationen lassen sich analog zu den Geraden im Raum einfache Gleichungen zur Beschreibung von Ebenen finden.

Mithilfe von Lagebeziehungen und Schnitten von Ebene und Gerade werden die Untersuchungen von geometrischen Objekten erweitert und vertieft.

Aufgaben

1 *Experimentieren: Wodurch ist eine Ebene festgelegt?*
Eine Gerade ist durch zwei Punkte eindeutig festgelegt. Wie sieht das bei einer Ebene aus?

eine Gerade

zwei sich schneidende Geraden

eine Gerade und ein Punkt

Material

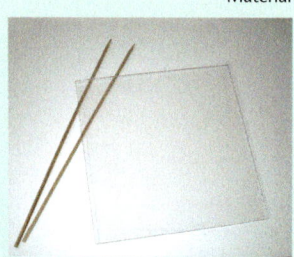

In welchen Fällen ist eine Ebene festgelegt? Wie sind die Bewegungsmöglichkeiten, falls die Ebene nicht festgelegt ist?
Untersuchen Sie weitere Fälle durch Experimentieren mit Stiften (als Punkte oder Geraden) und mit einer Platte.

Stellen Sie Ihre Ergebnisse übersichtlich in einer Tabelle dar.

eine Gerade	zwei sich schneidende Geraden	eine Gerade und ein Punkt
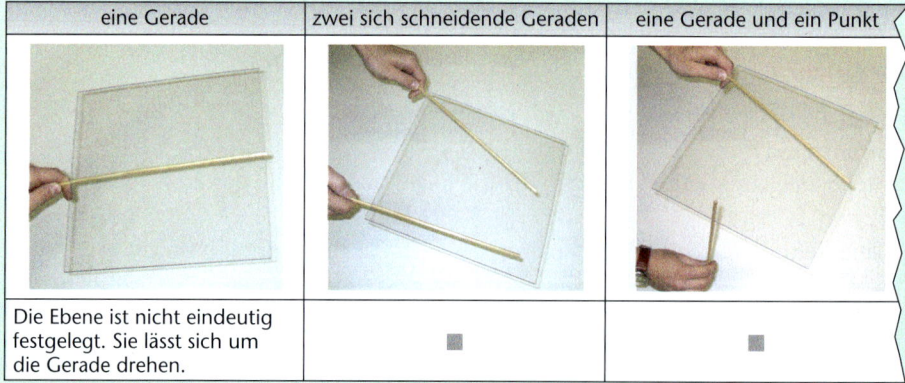		
Die Ebene ist nicht eindeutig festgelegt. Sie lässt sich um die Gerade drehen.	▪	▪

Vergleichen Sie die Ergebnisse untereinander.

2 Ebene einer Dachfläche

Für die Lage einer Dachfläche sind der Dachfirst (AB) und die Richtung der Dachsparren (AD) entscheidend.

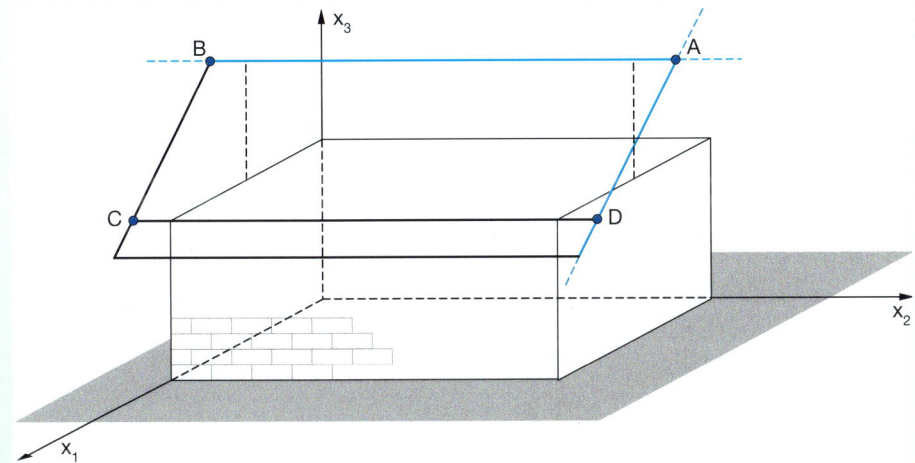

Aufgaben

A = (4|11|7)
B = (4|−1|7)
D = (8|11|4)

$\vec{a}, \vec{b}, \vec{d}$ sind die entsprechenden Ortsvektoren.

Welche Punktmengen werden durch die folgenden Gleichungen beschrieben?

(A) $\vec{x} = \vec{a} + r \cdot (\vec{b} - \vec{a})$ mit $0 \leq r \leq 1$ (B) $\vec{x} = \vec{a} + s \cdot (\vec{d} - \vec{a})$ mit $0 \leq s \leq 1$

Lässt sich die Dachfläche auch entsprechend beschreiben?

Die Koordinaten des Punktes Q können mit den Punkten A, B und D bestimmt werden.

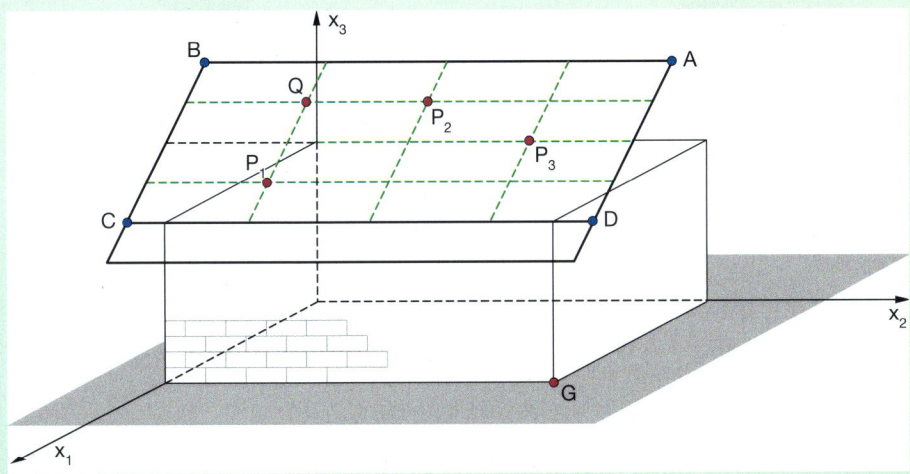

$\vec{q} = \vec{a} + \frac{3}{4} \cdot \overrightarrow{AB} + \frac{1}{4} \cdot \overrightarrow{AD} = \begin{pmatrix} 4 \\ 11 \\ 7 \end{pmatrix} + \frac{3}{4} \cdot \begin{pmatrix} 0 \\ -12 \\ 0 \end{pmatrix} + \frac{1}{4} \cdot \begin{pmatrix} 4 \\ 0 \\ -3 \end{pmatrix} = \begin{pmatrix} 5 \\ 2 \\ 6{,}25 \end{pmatrix}$, also:

Q = (5|2|6,25)

a) Bestimmen Sie ebenso die Koordinaten der Punkte P_1, P_2 und P_3.
b) Zeigen Sie, dass ein beliebiger Punkt X auf der Dachfläche darstellbar ist durch $\vec{x} = \vec{a} + r \cdot \overrightarrow{AB} + s \cdot \overrightarrow{AD}$. Welche Werte darf man für r und s verwenden?
c) Was passiert, wenn es keine Einschränkungen für r und s gibt? Wo liegt z. B. der Punkt, wenn r = 1,2 und s = 2,5 ist?
d) Kann man auf diese Weise auch den Punkt G = (8|10|0) als Linearkombination der Vektoren $\vec{a}$, $\overrightarrow{AB}$ und $\overrightarrow{AD}$ darstellen?

7 Geraden und Ebenen

Aufgaben

Das Programm Surfer wird im Internet zur freien Verfügung bereitgestellt. Stichwort: imaginary 2008

3 *Flächen im Raum werden durch Gleichungen beschrieben*

Zum Jahr der Mathematik (2008) wurde das Programm Surfer zur Visualisierung algebraischer Flächen entwickelt. Damit lassen sich die unten gezeigten Bilder erzeugen.

Beispiele für Gleichungen und die zugehörigen Flächen:

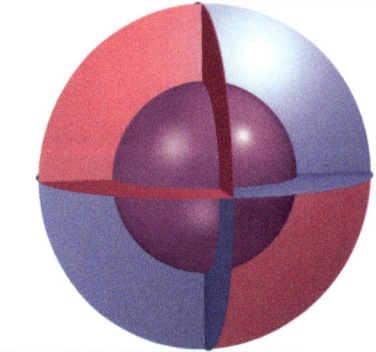
Kugel: $x^2 + y^2 + z^2 = 1$

Paraboloid: $x^2 + y^2 - z = -0{,}5$

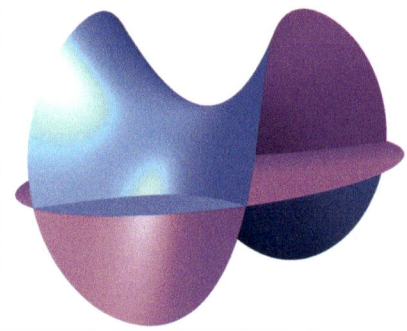
Sattel: $(x \cdot y + z - 1) \cdot z = 0$

Tülle: $(x^2 + y - z) \cdot y \cdot z = 0$

Die zu einer einfachen linearen Gleichung gehörende Fläche können wir auch mit dem Programm Surfer darstellen.

$2x - y + z = 2$ ist eine lineare Gleichung. Im Folgenden soll untersucht werden, wo die Punkte $(x|y|z)$ liegen, die diese Gleichung erfüllen.

a) Zeigen Sie, dass die Punkte $P_1 = (4|8|2)$ und $P_2 = (-1|1|5)$ zu der Punktmenge gehören. Zeichnen Sie diese und drei weitere beliebige Punkte der Menge in ein „2-1-Koordinatensystem".

b) Ergänzen Sie in der Tabelle die Koordinaten so, dass die Punkte A, B und C zur Punktmenge gehören. Zeichnen Sie diese Punkte in das Koordinatensystem. Zeichnen Sie einige weitere Punkte der Punktmenge ein.

	x	y	z
A	0	■	0
B	■	0	0
C	0	0	■

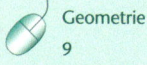
Geometrie 9

Mit dem Zufallszahlengenerator werden für x und y zwei Zufallszahlen zwischen 0 und 1 erzeugt.

z wird mit der Gleichung $z = 2 - 2x + y$ berechnet.

Mit dem entsprechenden Interaktiven Werkzeug können Sie per Knopfdruck viele Punkte der Punktmenge zufällig erzeugen und zeichnen lassen:

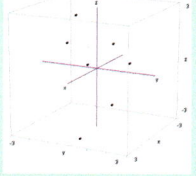
einzelne Punkte...

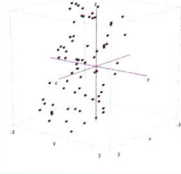
...mehr Punkte...

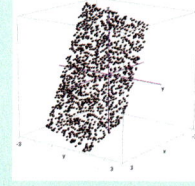
...sehr viele Punkte...

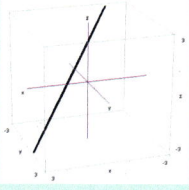
...Blick von der Seite.

7.2 Ebenen im Raum

Basiswissen

Eine Ebene ist durch **drei Punkte**, die nicht auf einer Geraden liegen, festgelegt. Mithilfe von Vektoren lassen sich die Punkte einer Ebene durch einfache Gleichungen beschreiben.

Punkt-Richtungs-Form einer Ebenengleichung

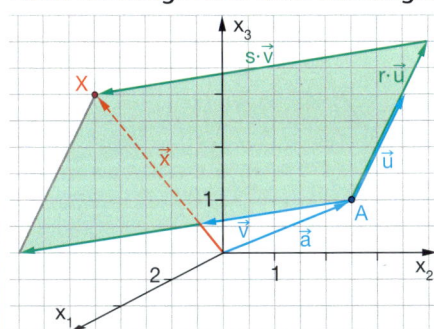

E: $\vec{x} = \vec{a} + r\vec{u} + s\vec{v}$ mit $r, s \in \mathbb{R}$

$\vec{a}$ **Stützvektor**

$\vec{u}$ und $\vec{v}$ **Richtungsvektoren**

E: $\vec{x} = \begin{pmatrix} 4 \\ 4{,}5 \\ 2 \end{pmatrix} + r \begin{pmatrix} 2 \\ 2 \\ 2{,}5 \end{pmatrix} + s \begin{pmatrix} -2 \\ -4 \\ -1 \end{pmatrix}$

Durch einen Punkt und zwei nicht parallele (nicht kollineare) Richtungsvektoren ist eine Ebene festgelegt. Durchlaufen die Parameter r und s alle reellen Zahlen, so erhält man alle Punkte X der Ebene.

Ebenes Flächenstück durch Begrenzung der Parameter

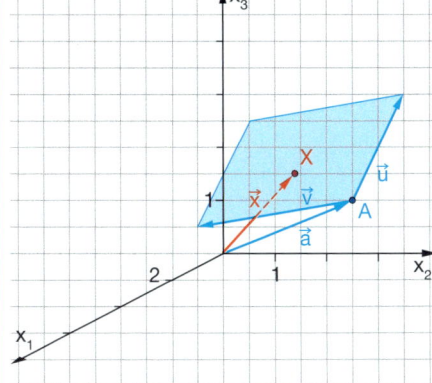

Durch $\vec{x} = \vec{a} + r\vec{u} + s\vec{v}$
mit $0 \leq r \leq 1$, $0 \leq s \leq 1$
wird die von den Vektoren $\vec{u}$ und $\vec{v}$ vom Punkt A aus aufgespannte Parallelogrammfläche beschrieben.

$\vec{x} = \begin{pmatrix} 4 \\ 4{,}5 \\ 2 \end{pmatrix} + r \begin{pmatrix} 2 \\ 2 \\ 2{,}5 \end{pmatrix} + s \begin{pmatrix} -2 \\ -4 \\ -1 \end{pmatrix}$

mit $0 \leq r \leq 1$, $0 \leq s \leq 1$

Koordinatenform einer Ebenengleichung

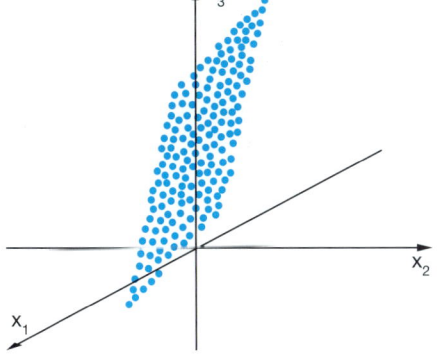

Alle Punkte $P = (x|y|z)$, die einer Gleichung der Form $ax + by + cz = d$ genügen, liegen auf einer Ebene (a, b, c und d sind reelle Zahlen).

E: $2x - y + z = 2$
oder
E: $2x_1 - x_2 + x_3 = 2$

Das Bild kann mit des Interaktiven Werkzeugs erstellt werden.

Geometrie
9

7 Geraden und Ebenen

Beispiele

A *Fläche*

In einem Würfel mit der Kantenlänge 4 bilden die beiden Kantenmitten P und Q mit den Eckpunkten G und H ein Rechteck. Beschreiben Sie dieses Rechteck mithilfe von Vektoren.

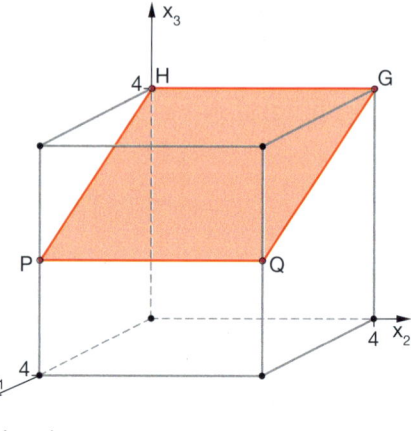

Lösung: Aufstellen einer Ebenengleichung:
Das Rechteck wird vom Punkt P = (4|0|2) aus durch die Vektoren

$\overrightarrow{PQ} = \begin{pmatrix} 0 \\ 4 \\ 0 \end{pmatrix}$ und $\overrightarrow{PH} = \begin{pmatrix} -4 \\ 0 \\ 2 \end{pmatrix}$ aufgespannt.

Die Gleichung für die Rechteckfläche

lautet dann $\vec{x} = \begin{pmatrix} 4 \\ 0 \\ 2 \end{pmatrix} + r\begin{pmatrix} 0 \\ 4 \\ 0 \end{pmatrix} + s\begin{pmatrix} -4 \\ 0 \\ 2 \end{pmatrix}$ mit der Einschränkung $0 \le r \le 1$, $0 \le s \le 1$.

B *Punktprobe*

Liegt der Mittelpunkt des Würfels mit der Kantenlänge 4 auf der Dreiecksfläche?

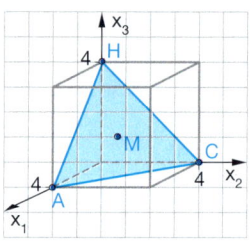

Lösung 1: Mit der Ebenengleichung in Punkt-Richtungs-Form

Die Interaktiven Werkzeuge liefern eine erste Vermutung.

Aufstellen einer Ebenengleichung:

Stützvektor $\overrightarrow{OA} = \vec{a} = \begin{pmatrix} 4 \\ 0 \\ 0 \end{pmatrix}$,

Richtungsvektoren $\vec{u} = (\vec{c} - \vec{a}) = \begin{pmatrix} 0 \\ 4 \\ 0 \end{pmatrix} - \begin{pmatrix} 4 \\ 0 \\ 0 \end{pmatrix} = \begin{pmatrix} -4 \\ 4 \\ 0 \end{pmatrix}$ und $\vec{v} = (\vec{h} - \vec{a}) = \begin{pmatrix} 0 \\ 0 \\ 4 \end{pmatrix} - \begin{pmatrix} 4 \\ 0 \\ 0 \end{pmatrix} = \begin{pmatrix} -4 \\ 0 \\ 4 \end{pmatrix}$

Punkt-Richtungs-Form der Ebene E: $\vec{x} = \begin{pmatrix} 4 \\ 0 \\ 0 \end{pmatrix} + r\begin{pmatrix} -4 \\ 4 \\ 0 \end{pmatrix} + s\begin{pmatrix} -4 \\ 0 \\ 4 \end{pmatrix}$

Mittelpunkt des Würfels: M = (2|2|2).

Punktprobe: Gibt es ein r und ein s, sodass $\begin{pmatrix} 2 \\ 2 \\ 2 \end{pmatrix} = \begin{pmatrix} 4 \\ 0 \\ 0 \end{pmatrix} + r\begin{pmatrix} -4 \\ 4 \\ 0 \end{pmatrix} + s\begin{pmatrix} -4 \\ 0 \\ 4 \end{pmatrix}$?

Dies führt zu einem linearen Gleichungssystem mit drei Gleichungen und zwei Variablen.

Lösen des LGS per Hand	Lösen des LGS mit dem Rechner		
	LGS	Matrix	Diagonalform
$2 = 4 - 4r - 4s$ $2 = 0 + 4r \quad \Rightarrow r = \frac{1}{2}$ $2 = 0 \quad + 4s \Rightarrow s = \frac{1}{2}$	$-4r - 4s = -2$ $4r \quad\quad = 2$ $\quad\quad 4s = 2$	$\begin{bmatrix} -4 & -4 & -2 \\ 4 & 0 & 2 \\ 0 & 4 & 2 \end{bmatrix}$	$\begin{bmatrix} 1 & 0 & 0 \\ 0 & 1 & 0 \\ 0 & 0 & 1 \end{bmatrix}$
Mit $r = \frac{1}{2}$ und $s = \frac{1}{2}$ ist die 1. Gleichung nicht erfüllt, denn es gilt: $2 \ne 4 - 2 - 2$. Also gibt es keine Werte für r und s, sodass alle Gleichungen erfüllt sind.	Die Zeile $\boxed{0\ 0\ 1}$ liefert den Widerspruch $0r + 0s = 1$.		

Das Gleichungssystem ist nicht lösbar, somit liegt M nicht auf der Dreiecksfläche.

Lösung 2: Mit der Ebenengleichung in Koordinatenform

Die drei Eckpunkte der Dreiecksfläche erfüllen die Koordinatengleichung
E: $x_1 + x_2 + x_3 = 4$ (Bestätigen durch Einsetzen).
Für den Punkt M = (2|2|2) gilt $2 + 2 + 2 = 6 \ne 4$. Somit liegt M nicht auf E.

7.2 Ebenen im Raum

Übungen

4 *Punktprobe im Würfel*
Die Ebene E ist im Würfel mit der Kantenlänge 8 durch die roten Eckpunkte festgelegt.
a) Begründen Sie, dass E durch die Gleichung $x_2 + x_3 = 8$ beschrieben wird.
b) Die Punkte P_1 bis P_4 sind jeweils Streckenmittelpunkte. Prüfen Sie rechnerisch nach, ob sie auf E liegen.

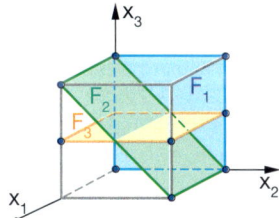

5 *Rechteckflächen im Würfel*
Im Würfel mit der Kantenlänge 8 sind durch Eckpunkte bzw. Kantenmittelpunkte drei Rechtecke F_1, F_2 und F_3 festgelegt.
Beschreiben Sie jede Rechteckfläche durch eine passende Gleichung.

6 *Flächen im Haus mit Satteldach*
Geben Sie Gleichungen der Ebenen an, in denen
a) die Bodenfläche,
b) die vordere Dachfläche,
c) die hintere Dachfläche
liegt.
Wie müssen die Parameter eingeschränkt werden, damit die Flächenstücke beschrieben werden?

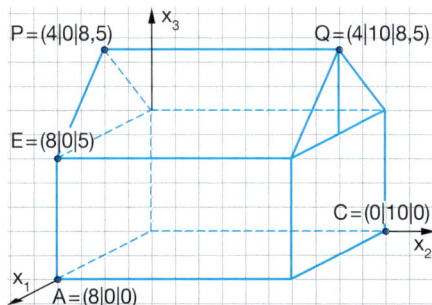

7 *Ebenen in einer Pyramide*
a) Zeigen Sie, dass die Bodenfläche der Pyramide durch die Gleichung
$$\vec{x} = \begin{pmatrix} 4 \\ 4 \\ 0 \end{pmatrix} + r \begin{pmatrix} -1 \\ 0 \\ 0 \end{pmatrix} + s \begin{pmatrix} 0 \\ -1 \\ 0 \end{pmatrix}$$
beschrieben wird.
b) Bestimmen Sie eine Ebenengleichung für die grüne Mittelebene.
c) Welche Seitenfläche liegt in der Ebene mit der Koordinatengleichung $3x_2 - x_3 = 0$?

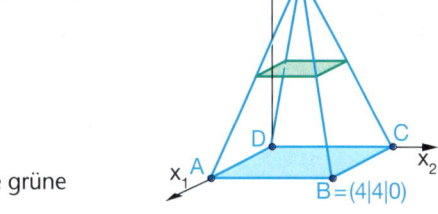

8 *Ebenengleichungen gesucht*
Die abgebildeten Dreiecke bestimmen jeweils eine Ebene.
Geben Sie jeweils eine passende Gleichung an.

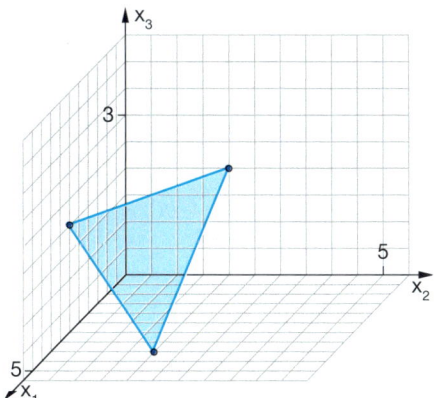
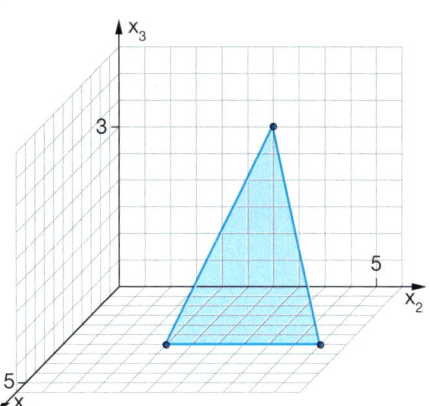

Übungen

9 *Dreiecke beschreiben – Erkunden mit Beispielen und DGS*

Die Gleichung $\vec{x} = \vec{a} + r\vec{u} + s\vec{v}$ mit $0 \leq r \leq 1$, $0 \leq s \leq 1$ beschreibt ein Parallelogramm.

Bei der Diskussion um die Frage, wie man ein Dreieck beschreiben kann, wurden folgende Vermutungen geäußert:

(1) r und s müssen kleiner als 0,5 sein.
(2) r oder s muss kleiner als 0,5 sein.
(3) Zusammen dürfen r und s nicht größer als 1 sein.

Überprüfen Sie die Vermutungen an Beispielen. Dabei ist eine dynamische Geometrie-Software mit Schiebereglern hilfreich.

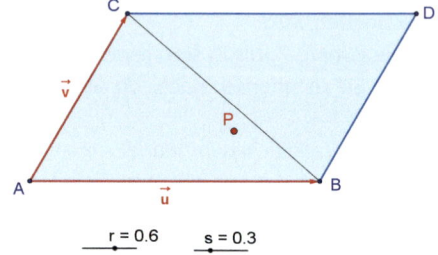

10 *Ebenes Viereck*

Zeigen Sie, dass das Viereck ein ebenes Viereck ist.
Stellen Sie dazu mit drei Punkten eine Ebenengleichung auf und prüfen Sie, ob der vierte Punkt auf der Ebene liegt.

P = (4 | 1 | 1)   Q = (5 | 4 | 1)
R = (1 | 4 | 2)   S = (0 | 1 | 2)

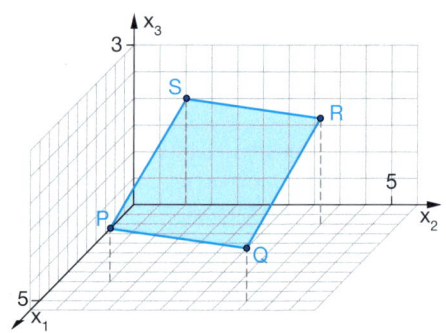

11 *Punktprobe mit Punkt-Richtungs-Form und Koordinatenform*

Prüfen Sie jeweils, ob die Punkte P und Q in der Ebene E liegen.

a) Ebene: $E: \vec{x} = \begin{pmatrix} 1 \\ 1 \\ 2 \end{pmatrix} + r \begin{pmatrix} 1 \\ 1 \\ -1 \end{pmatrix} + s \begin{pmatrix} 2 \\ -1 \\ 1 \end{pmatrix}$

Punkte: P = (1 | 4 | −1) und Q = (8 | −1 | 6)

b) Ebene: $E: -4x_1 + 2x_2 - 2x_3 = 8$

Punkte: P = (2 | 1 | 5) und Q = (0 | 7 | 3)

12 *Eine Ebene – „viele Ebenengleichungen"*

Im Würfel mit der Kantenlänge 2 sind die Punkte P_1, P_2, P_3 Kantenmittelpunkte. Genau drei der angegebenen Gleichungen bestimmen die Ebene, in der das Dreieck liegt.

I $\quad \vec{x} = \begin{pmatrix} 1 \\ 0 \\ 2 \end{pmatrix} + r \begin{pmatrix} 1 \\ 1 \\ -2 \end{pmatrix} + s \begin{pmatrix} -1 \\ 2 \\ -1 \end{pmatrix}$

II $\quad x_1 + x_2 + x_3 = 3$

III $\quad \vec{x} = \begin{pmatrix} 0 \\ 2 \\ 1 \end{pmatrix} + r \begin{pmatrix} 1 \\ 0 \\ 1 \end{pmatrix} + s \begin{pmatrix} 2 \\ 0 \\ -1 \end{pmatrix}$

IV $\quad \vec{x} = \begin{pmatrix} 2 \\ 1 \\ 0 \end{pmatrix} + r \begin{pmatrix} -1 \\ -1 \\ 2 \end{pmatrix} + s \begin{pmatrix} -2 \\ 1 \\ 1 \end{pmatrix}$

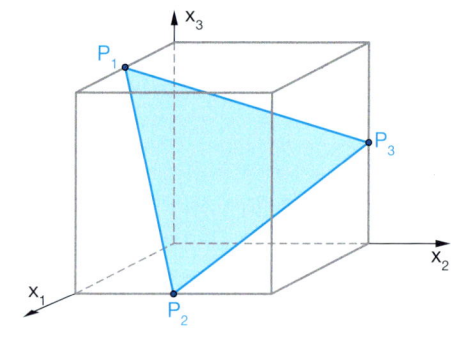

7.2 Ebenen im Raum

Übungen

13 *Punktprobe bei verschiedenen Ebenen*
Prüfen Sie jeweils, ob die Punkte P und Q in der Ebene E liegen. Bestimmen Sie hierzu zunächst eine Ebenengleichung von E.

a) E ist parallel zur x_3-Achse und enthält die Punkte A = (3|3|0) und B = (0|6|2).

P = (4|2|4) und Q = (0|7|3)

b) E enthält die Punkte A, B und C.

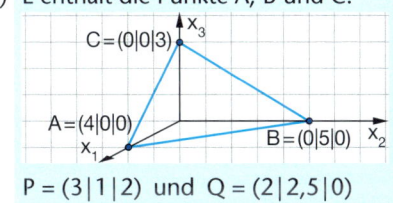

P = (3|1|2) und Q = (2|2,5|0)

14 *Punktprobe mit dem GTR*
Zeigen Sie, dass die Punkte
P = (2|1|5) und Q = (–4|5|6) auf der Ebene E durch A, B und C liegen.

Gehört der Punkt R = (5|2|–1) zur Ebene E?

Welche Matrix gehört zu welcher Punktprobe?

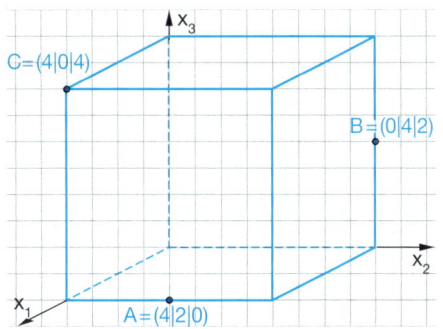

zu Matrizen, siehe Seite 283–285

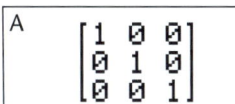
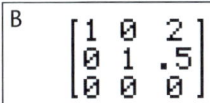
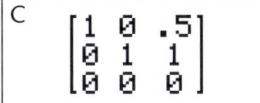

15 *Ebene im Quader*
Ein Quader hat die Kantenlängen
$\overline{AB}$ = 6 cm, $\overline{AD}$ = 5 cm und $\overline{AE}$ = 4 cm.
M ist der Mittelpunkt der Kante $\overline{DH}$.
Die blaue Ebene enthält die Punkte F, C, M.
Bestimmen Sie eine Gleichung der Ebene in Punkt-Richtungs-Form.
Entscheiden Sie, ob der Mittelpunkt der Kante $\overline{EH}$ auf der Ebene liegt.

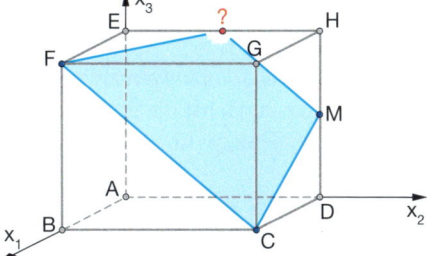

Zur Probe können Sie die Koordinatengleichung der Ebene nutzen:

$5x_1 + 12x_2 + 15x_3 = 90$

16 *Neuer Blick auf das Sechseck im Würfel*
Die Frage, ob dieses Sechseck eben ist, wurde bereits experimentell beantwortet. Nun können wir dies mithilfe einer Ebenengleichung entscheiden.
Zeigen Sie rechnerisch, dass P_1, P_2, …, P_6 ein ebenes Sechseck bilden und dass der Mittelpunkt des Würfels auf dieser Sechseckfläche liegt.
Wem der Nachweis für einen Würfel mit beliebiger Kantenlänge zu schwierig erscheint, kann es zunächst mit einem Würfel mit der Kantenlänge 4 versuchen.

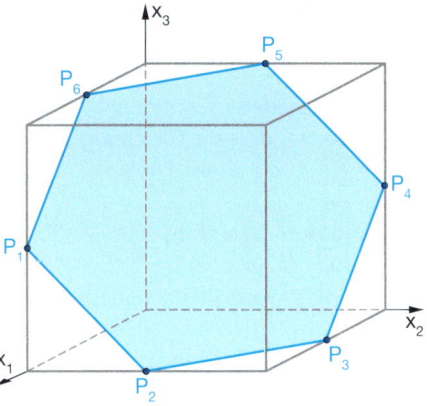

7 Geraden und Ebenen

Übungen

17 *Spurpunkte bestimmen*

In welchen Punkten schneidet die Ebene durch A = (2|0|4), B = (4|4|0) und C = (0|2|4) die Achsen?
Schätzen Sie zunächst und berechnen Sie dann.

Von der Koordinatengleichung über Spurpunkte zur Veranschaulichung der Ebene

Mithilfe von Spurpunkten lassen sich in der Regel Ebenen so darstellen, dass man ein anschauliches Bild von der Lage der Ebene im Raum erhält.

Die Spurpunkte sind die Schnittpunkte der Ebene mit den Koordinatenachsen.

Berechnung der Spurpunkte am Beispiel:
E: $5x_1 + 6x_2 + 5x_3 = 30$

Schnitt mit der x_1-Achse:
$x_2 = 0$ und $x_3 = 0 \Leftrightarrow 5x_1 = 30 \Leftrightarrow x_1 = 6$
Somit ist $S_1 = (6|0|0)$ der Schnittpunkt der Ebene mit der x_1-Achse.

Entsprechend werden S_2 und S_3 berechnet.

Die Spurpunkte werden auf den Achsen eingetragen und miteinander verbunden. Die Geraden durch die Spurpunkte heißen **Spurgeraden**.

---

18 *Ebenen mit Spurpunkten zeichnen*

Berechnen Sie zunächst die Spurpunkte und zeichnen Sie dann damit die Ebene.
E_1: $4x_1 + 2x_2 + 3x_3 = 12$ E_2: $2x_1 + 4x_3 = 8$ E_3: $x_2 = 5$

19 *Grenzen der Veranschaulichung*

Warum heißt es in der obigen gelben Karte „in der Regel"? Zeigen Sie, dass es in den angegebenen Fällen keine drei Spurpunkte gibt.
E_1: $3x_1 - 2x_2 = 6$ E_2: $4x_3 = 8$
Woran liegt das? Gibt es weitere Fälle? Lassen sich diese Ebenen dennoch anschaulich darstellen?

20 *Spurpunkte sind Achsenabschnitte*

a) Zeigen Sie, dass die Gleichung $\frac{x}{3} + \frac{y}{4} + \frac{z}{5} = 1$ die Ebene E mit

E: $\vec{x} = \begin{pmatrix} 3 \\ 0 \\ 0 \end{pmatrix} + r \begin{pmatrix} -3 \\ 4 \\ 0 \end{pmatrix} + s \begin{pmatrix} 3 \\ 0 \\ -5 \end{pmatrix}$

beschreibt. Weisen Sie nach, dass die Punkte $S_1 = (3|0|0)$, $S_2 = (0|4|0)$ und $S_3 = (0|0|5)$ auf der Ebene E liegen.
b) Bestimmen Sie mithilfe der Spurpunkte die Achsenabschnittsform der Ebene
E: $2x - y + 6z = 12$.

> Aus einer Formelsammlung:
>
> **Achsenabschnittsform der Ebene**
> $\frac{x}{a} + \frac{y}{b} + \frac{z}{c} = 1$
>
> $S_1 = (a|0|0)$, $S_2 = (0|b|0)$ und $S_3 = (0|0|c)$ sind die Spurpunkte.

7.2 Ebenen im Raum

Übungen

21 *Lage von Geraden und Ebenen*
Über mögliche Lagebezeichnungen zwischen Geraden wissen Sie bereits Bescheid.
Wie sieht es mit den Lagebeziehungen zwischen Geraden und Ebenen aus?
Im rechten Bild sehen Sie einen Würfel mit der Kantenlänge 4.
Entscheiden Sie, ob die Gerade und die Ebene, in der das Dreieck liegt, gemeinsame Punkte haben.

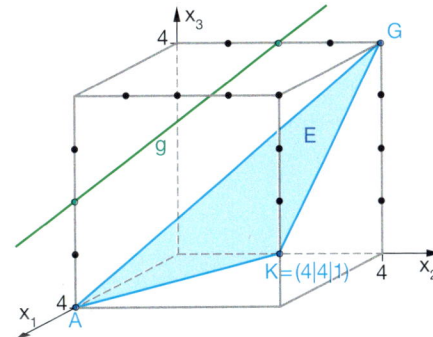

Dazu einige Ansätze:

(I) Richtungsvektor der Geraden und der Ebene betrachten

(II) Verschieben der Geraden nach unten und prüfen, ob die Gerade in der Ebene liegt

(III) Schnittpunkte ausrechnen

(IV) Prüfen, ob AG parallel zur Geraden liegt

Beschreiben Sie Ihr Vorgehen und vergleichen Sie mit den anderen Lösungsansätzen.

22 *Lagebeziehung zwischen Geraden und Ebenen*
Lagebeziehungen zwischen Geraden und Ebenen lassen sich am Würfel zeigen.
Die Ebene E und die Gerade g schneiden sich in einem Punkt.

Welche weiteren Lagebeziehungen zwischen Geraden und Ebenen sind möglich?
Zeichnen Sie diese in einen Würfel ein.

In welchen Fällen kann man die Lagebeziehung direkt aus den Gleichungen ablesen? Wie kann man in den anderen Fällen die Lagebeziehung bestimmen?

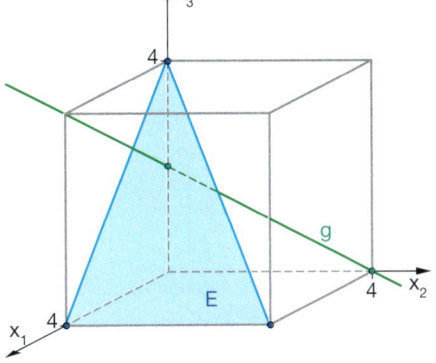

Geometrie

23 *Lagebeziehung mit dem GTR*
Der Schnittpunktansatz einer Geraden mit einer Ebene führt zu einem linearen Gleichungssystem mit drei Gleichungen und drei Variablen.

a) $g: \vec{x} = \begin{pmatrix} 4 \\ 11 \\ 7 \end{pmatrix} + t \begin{pmatrix} 1 \\ -2 \\ -5 \end{pmatrix}$; $E: \vec{x} = \begin{pmatrix} 4 \\ 1 \\ 5 \end{pmatrix} + r \begin{pmatrix} 2 \\ 1 \\ 1 \end{pmatrix} + s \begin{pmatrix} 4 \\ 2 \\ -6 \end{pmatrix}$

Stellen Sie das Gleichungssystem auf. Welche Form hat die erweiterte Koeffizientenmatrix?
Wie erkennen Sie an der Diagonalform dieser Matrix die Lagebeziehung zwischen einer Geraden und einer Ebene?

Zur erweiterten Koeffizientenmatrix, vgl. Seite 284.

b) $E: \vec{x} = \begin{pmatrix} 4 \\ 1 \\ 5 \end{pmatrix} + r \begin{pmatrix} 2 \\ 1 \\ 1 \end{pmatrix} + s \begin{pmatrix} 4 \\ 2 \\ -6 \end{pmatrix}$; $h: \vec{x} = \begin{pmatrix} 3 \\ 4 \\ 2 \end{pmatrix} + t \begin{pmatrix} 2 \\ 1 \\ -7 \end{pmatrix}$

Untersuchen Sie die Lage der Geraden h zur Ebene E.

7 Geraden und Ebenen

Basiswissen

Für die Lage von Gerade-Ebene-Paaren im Raum lassen sich verschiedene Fälle unterscheiden.

Lagebeziehung zwischen Gerade und Ebene

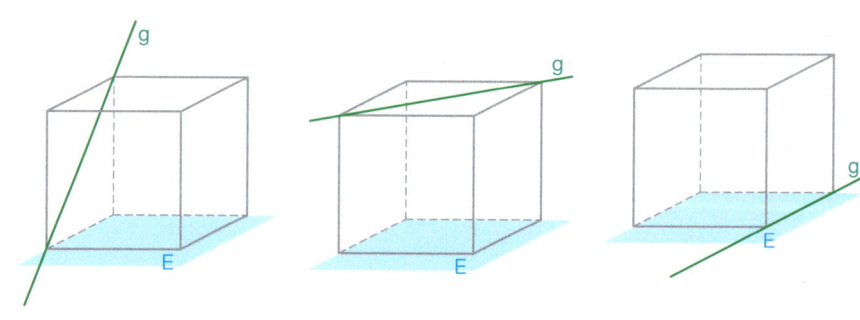

g und E schneiden sich in einem Punkt.　　g und E sind parallel.　　g liegt in E.

Die mögliche Lagebeziehung kann man mithilfe der Gleichungen der Geraden und der Ebene berechnen.

$$g: \vec{x} = \vec{a} + t\vec{u} \qquad E: \vec{x} = \vec{b} + r\vec{v} + s\vec{w}$$

Schnittpunktansatz:
Die Geradengleichung wird mit der Ebenengleichung gleichgesetzt.

$$\vec{a} + t\vec{u} = \vec{b} + r\vec{v} + s\vec{w}$$

Dies führt auf ein lineares Gleichungssystem mit drei Gleichungen und drei Variablen. Das Gleichungssystem kann genau eine Lösung, keine Lösung oder unendlich viele Lösungen haben.

Beispiel:

genau eine Lösung	keine Lösung	unendlich viele Lösungen
$\begin{bmatrix} 1 & 0 & 0 & -1 \\ 0 & 1 & 0 & 2 \\ 0 & 0 & 1 & -1 \end{bmatrix}$	$\begin{bmatrix} 1 & 0 & -1 & 0 \\ 0 & 1 & -2 & 0 \\ 0 & 0 & 0 & 1 \end{bmatrix}$	$\begin{bmatrix} 1 & 0 & -1 & 1 \\ 0 & 1 & -2 & 1 \\ 0 & 0 & 0 & 0 \end{bmatrix}$
g und E schneiden sich in einem Punkt	g und E sind parallel	g liegt in E

Beispiele

C *Lagebeziehung Gerade – Ebene*

Welche Lage haben die Ebene $E: \vec{x} = \begin{pmatrix} 2 \\ 2 \\ 2 \end{pmatrix} + r\begin{pmatrix} -1 \\ 1 \\ 1 \end{pmatrix} + s\begin{pmatrix} -2 \\ 1 \\ 3 \end{pmatrix}$ und $g: \vec{x} = \begin{pmatrix} -1 \\ 4 \\ 6 \end{pmatrix} + t\begin{pmatrix} -5 \\ 3 \\ 7 \end{pmatrix}$ zueinander?

Lösung:
Der Schnittpunktansatz liefert:

LGS	Matrix	Diagonalform	Interpretation
$-r - 2s + 5t = -3$ $r + s - 3t = 2$ $r + 3s - 7t = 4$	$\begin{bmatrix} -1 & -2 & 5 & -3 \\ 1 & 1 & -3 & 2 \\ 1 & 3 & -7 & 4 \end{bmatrix}$	$\begin{bmatrix} 1 & 0 & -1 & 1 \\ 0 & 1 & -2 & 1 \\ 0 & 0 & 0 & 0 \end{bmatrix}$	$r - t = 1$ $s - 2t = 1$ $0 = 0$

Für das Rechnen mit Matrizen, siehe Werkzeugkasten Seite 284.

Die letzte Gleichung ist allgemeingültig. Der Parameter t kann beliebig gewählt werden. Alle Punkte von g sind also Lösung des Gleichungssystems. Das bedeutet, die Gerade liegt in der Ebene.

7.2 Ebenen im Raum

Übungen

24 *Training*
Untersuchen Sie jeweils die Lagebeziehung der Ebene und der Gerade.

a) $E: \vec{x} = \begin{pmatrix} -1 \\ 4 \\ 0 \end{pmatrix} + r\begin{pmatrix} 0 \\ 3 \\ -2 \end{pmatrix} + s\begin{pmatrix} 1 \\ -2 \\ 1 \end{pmatrix}$; $g: \vec{x} = \begin{pmatrix} 3 \\ 4 \\ 4 \end{pmatrix} + t\begin{pmatrix} 2 \\ 1 \\ -3 \end{pmatrix}$

b) $E: \vec{x} = \begin{pmatrix} 3 \\ 1 \\ 0 \end{pmatrix} + r\begin{pmatrix} 1 \\ 3 \\ -2 \end{pmatrix} + s\begin{pmatrix} 0 \\ -2 \\ 2 \end{pmatrix}$; $g: \vec{x} = \begin{pmatrix} -4 \\ 0 \\ 1 \end{pmatrix} + t\begin{pmatrix} 3 \\ 5 \\ -2 \end{pmatrix}$

c) $E: \vec{x} = \begin{pmatrix} 1 \\ 4 \\ 2 \end{pmatrix} + r\begin{pmatrix} 1 \\ 1 \\ 1 \end{pmatrix} + s\begin{pmatrix} 1 \\ 2 \\ 0 \end{pmatrix}$; $g: \vec{x} = \begin{pmatrix} 6 \\ 0 \\ -8 \end{pmatrix} + t\begin{pmatrix} 1 \\ 0 \\ 2 \end{pmatrix}$

25 *Schnittpunkt aus Diagonalform*
Bestimmen Sie den Schnittpunkt der Ebene

$E: \vec{x} = \begin{pmatrix} 2 \\ 3 \\ 2 \end{pmatrix} + r\begin{pmatrix} -3 \\ 1 \\ 1 \end{pmatrix} + s\begin{pmatrix} 1 \\ -1 \\ 1 \end{pmatrix}$ mit der Geraden

$g: \vec{x} = \begin{pmatrix} 2 \\ 3 \\ 10 \end{pmatrix} + t\begin{pmatrix} -5 \\ 3 \\ 7 \end{pmatrix}$ aus der rechts angegebenen Diagonalform.

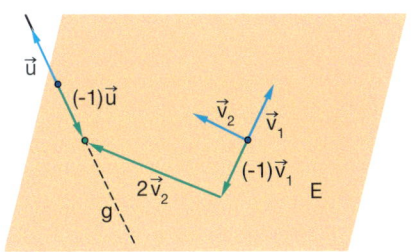

$\begin{bmatrix} 1 & 0 & 0 & -1 \\ 0 & 1 & 0 & 2 \\ 0 & 0 & 1 & -1 \end{bmatrix}$

Ordnen Sie $\vec{u}$, $\vec{v_1}$ und $\vec{v_2}$ den Richtungsvektoren zu und interpretieren Sie die Zeichnung.

26 *Sechseckfläche*
Zeigen Sie mit dem GTR, dass die Diagonale $\overline{DF}$ des Würfels die Sechseckfläche im Mittelpunkt des Würfels $M = (2|2|2)$ schneidet. Wie erkennen Sie an der Diagonalmatrix, dass genau ein Schnittpunkt vorliegt?

Geometrie

27 *Lagebeziehung Gerade – Ebene mit dem GTR*
Bei der Untersuchung der Lagebeziehung einer Ebene zu einer Geraden erhält man die Matrix M. Welche Lage haben die Ebene und die Gerade zueinander? Begründen Sie Ihre Entscheidung.

$M = \begin{pmatrix} 1 & 0 & -1 & 0 \\ 0 & 1 & -2 & 0 \\ 0 & 0 & 0 & 1 \end{pmatrix}$

28 *Rechner defekt – kein Problem*
Bei diesen Aufgaben geht es auch leicht per Hand. Welche Lage haben die Ebene und die Gerade zueinander?

a) $E: \vec{x} = \begin{pmatrix} 1 \\ 1 \\ 5 \end{pmatrix} + r\begin{pmatrix} 0 \\ 1 \\ 1 \end{pmatrix} + s\begin{pmatrix} 4 \\ 0 \\ -1 \end{pmatrix}$; $g: \vec{x} = \begin{pmatrix} 6 \\ 0 \\ -4 \end{pmatrix} + t\begin{pmatrix} 1 \\ 0 \\ 2 \end{pmatrix}$

b) $E: \vec{x} = \begin{pmatrix} 1 \\ 0 \\ 2 \end{pmatrix} + r\begin{pmatrix} 1 \\ 1 \\ 1 \end{pmatrix} + s\begin{pmatrix} 0 \\ 2 \\ -1 \end{pmatrix}$; $g: \vec{x} = \begin{pmatrix} 3 \\ 8 \\ 1 \end{pmatrix} + t\begin{pmatrix} -2 \\ 0 \\ -3 \end{pmatrix}$

c) $E: \vec{x} = \begin{pmatrix} 2 \\ 1 \\ 5 \end{pmatrix} + r\begin{pmatrix} 0 \\ 2 \\ -1 \end{pmatrix} + s\begin{pmatrix} 3 \\ 0 \\ 1 \end{pmatrix}$; $g: \vec{x} = t\begin{pmatrix} 3 \\ 2 \\ 0 \end{pmatrix}$

d) $E: \vec{x} = r\begin{pmatrix} 3 \\ 2 \\ 4 \end{pmatrix} + s\begin{pmatrix} 6 \\ -2 \\ 2 \end{pmatrix}$; $g: \vec{x} = \begin{pmatrix} 14 \\ 1 \\ 15 \end{pmatrix} + t\begin{pmatrix} -2 \\ 2 \\ 0 \end{pmatrix}$

Beispiel zu a):

$1 + 4s = 6 + t$ $4s - t = 5$
$1 + r = 0$ $\Rightarrow$ $r = -1$
$5 + r - s = -4 + 2t$ $r - s - 2t = -9$

$\Rightarrow \begin{array}{l} t = 4s - 5 \\ r = -1 \\ -1 - s - 8s + 10 = -9 \end{array} \Rightarrow \begin{array}{l} t = 4s - 5 \\ r = -1 \\ -9s = -18 \end{array} \Rightarrow \begin{array}{l} t = 3 \\ r = -1 \\ s = 2 \end{array}$

E und g schneiden sich im Punkt $P = (9|0|2)$.

7 Geraden und Ebenen

Übungen

29 *Lineare Abhängigkeit von drei Vektoren*
Bisher haben wir kollineare Vektoren als parallele Vektoren interpretiert.
Man kann auch sagen:
Zwei Vektoren $\vec{u}$ und $\vec{v}$ sind genau dann linear abhängig, wenn $\vec{u} = c\vec{v}$ mit $c \in \mathbb{R}$.

Bei drei Vektoren geht die Interpretation mithilfe paralleler Vektoren nicht mehr.

Begründen Sie anschaulich, dass die Vektoren $\vec{a}$, $\vec{b}$ und $\vec{c}$ linear abhängig sind. Zeigen Sie dies mithilfe der nebenstehenden Definition auch rechnerisch.

> **Lineare Abhängigkeit von drei Vektoren**
> (1) Drei Vektoren $\vec{a}$, $\vec{b}$ und $\vec{c}$ im Raum sind **linear abhängig**, wenn mindestens einer dieser Vektoren als Linearkombination der beiden anderen Vektoren darstellbar ist, z. B.
> $$\vec{a} = r\vec{b} + s\vec{c}.$$
> Oder
> (2) Drei Vektoren $\vec{a}$, $\vec{b}$ und $\vec{c}$ im Raum sind **linear abhängig**, wenn es Zahlen r, s und t gibt, die nicht alle null sind, sodass
> $$\vec{0} = r\vec{a} + s\vec{b} + t\vec{c} \text{ gilt.}$$
> Andernfalls sind die Vektoren $\vec{a}$, $\vec{b}$ und $\vec{c}$ **linear unabhängig**.

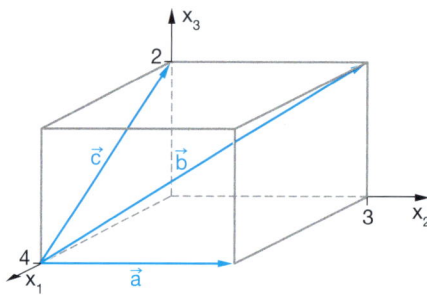

30 *Lineare Abhängigkeit – Lagebeziehung*
Die Lagebeziehung von Gerade und Ebene können Sie auch mithilfe der linearen Abhängigkeit oder linearen Unabhängigkeit der Richtungsvektoren untersuchen.
Entscheiden Sie, welche Lage jeweils vorliegt.

> Beispiel zu a):
> $\quad\quad s = 2 \quad\quad\quad s = 2$
> $3r - 2s = 1 \quad \Rightarrow \quad 3r = 5$
> $-2r + s = -3 \quad\quad\quad -2r = -5$
>
> $\Rightarrow$ $s = 2$ Das Gleichungssystem führt auf einen Widerspruch und hat also keine Lösung.
> $r = \frac{5}{3}$ Die drei Richtungsvektoren sind somit nicht linear
> $r = \frac{5}{2}$ abhängig. E und g schneiden sich in einem Punkt.

a) $E: \vec{x} = \begin{pmatrix}-1\\4\\0\end{pmatrix} + r\begin{pmatrix}0\\3\\-2\end{pmatrix} + s\begin{pmatrix}1\\-2\\1\end{pmatrix}$; $g: \vec{x} = \begin{pmatrix}3\\4\\4\end{pmatrix} + t\begin{pmatrix}2\\1\\-3\end{pmatrix}$

b) $E: \vec{x} = \begin{pmatrix}3\\1\\0\end{pmatrix} + r\begin{pmatrix}1\\3\\-2\end{pmatrix} + s\begin{pmatrix}0\\-2\\2\end{pmatrix}$; $g: \vec{x} = \begin{pmatrix}-4\\0\\1\end{pmatrix} + t\begin{pmatrix}3\\5\\-2\end{pmatrix}$

c) $E: \vec{x} = \begin{pmatrix}1\\4\\2\end{pmatrix} + r\begin{pmatrix}1\\1\\1\end{pmatrix} + s\begin{pmatrix}1\\2\\0\end{pmatrix}$; $g: \vec{x} = \begin{pmatrix}6\\0\\-8\end{pmatrix} + t\begin{pmatrix}1\\0\\2\end{pmatrix}$

31 *Vier Vektoren im Raum*
Zeigen Sie, dass vier Vektoren im Raum immer linear abhängig sind.
Weisen Sie dies zunächst an den folgenden vier Vektoren nach.

$\vec{a} = \begin{pmatrix}1\\1\\1\end{pmatrix}$, $\vec{b} = \begin{pmatrix}1\\0\\0\end{pmatrix}$, $\vec{c} = \begin{pmatrix}0\\1\\2\end{pmatrix}$, $\vec{d} = \begin{pmatrix}0\\1\\0\end{pmatrix}$

32 *Flussdiagramm*
Erläutern Sie die Lagebeziehung der Geraden g: $\vec{x} = \vec{a} + t\vec{u}$
zur Ebene E: $\vec{x} = \vec{b} + r\vec{v} + s\vec{w}$
anhand des Flussdiagramms.

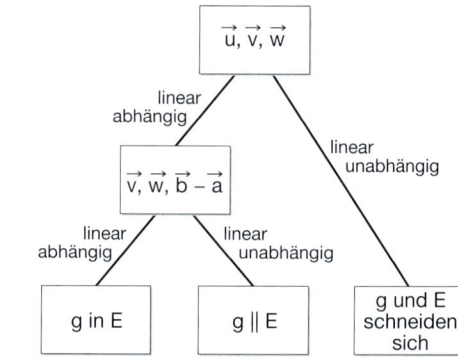

7.2 Ebenen im Raum

33 *Lineare Unabhängigkeit mit dem GTR*
Überprüfen Sie rechnerisch, ob die Vektoren $\vec{a}$, $\vec{b}$ und $\vec{c}$ linear abhängig oder linear unabhängig sind.
Übersetzen Sie dazu die Gleichung $\vec{0} = r\vec{a} + s\vec{b} + t\vec{c}$ in die Matrixschreibweise.
Wie erkennen Sie an der Diagonalform, ob die Vektoren linear unabhängig sind?

a) $\vec{a} = \begin{pmatrix} 2 \\ 4 \\ 1 \end{pmatrix}$, $\vec{b} = \begin{pmatrix} 1 \\ 2 \\ 0 \end{pmatrix}$, $\vec{c} = \begin{pmatrix} 0 \\ 0 \\ 2 \end{pmatrix}$

b) $\vec{a} = \begin{pmatrix} 1 \\ 1 \\ 1 \end{pmatrix}$, $\vec{b} = \begin{pmatrix} 1 \\ 0 \\ 0 \end{pmatrix}$, $\vec{c} = \begin{pmatrix} 0 \\ 1 \\ 2 \end{pmatrix}$

34 *Dreiseitige Pyramide*
Die dreiseitige Pyramide steht auf der Ebene E.

$E: \vec{x} = \begin{pmatrix} 1 \\ -1 \\ 0 \end{pmatrix} + r\begin{pmatrix} 1 \\ -2 \\ 1 \end{pmatrix} + s\begin{pmatrix} 0 \\ 1 \\ -1 \end{pmatrix}$

Drei Seitenkanten der dreiseitigen Pyramide liegen auf den Geraden

$s_1: \vec{x} = \begin{pmatrix} 3 \\ 5 \\ 0 \end{pmatrix} + t_1\begin{pmatrix} 2 \\ 3 \\ 0 \end{pmatrix}$, $s_2: \vec{x} = \begin{pmatrix} 3 \\ 5 \\ 0 \end{pmatrix} + t_2\begin{pmatrix} 2 \\ 5 \\ 1 \end{pmatrix}$ und

$s_3: \vec{x} = \begin{pmatrix} 3 \\ 5 \\ 0 \end{pmatrix} + t_3\begin{pmatrix} 1 \\ 2 \\ 1 \end{pmatrix}$.

Bestimmen Sie die Eckpunkte der Pyramide. Handelt es sich um ein Tetraeder?

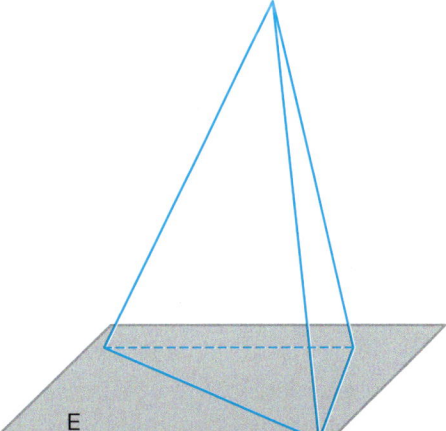

35 *Lagebeziehung zwischen Ebenen*
Auch Lagebeziehungen zwischen Ebenen lassen sich am Würfel zeigen. Die Ebenen E_1 und E_2 schneiden sich in einer Schnittgeraden g.

Welche weiteren Lagebeziehungen zwischen Ebenen sind möglich?
Zeichnen Sie diese in einen Würfel ein.

In welchen Fällen kann man die Lagebeziehung direkt aus den Gleichungen erkennen? Welche Möglichkeiten sehen Sie in den anderen Fällen?

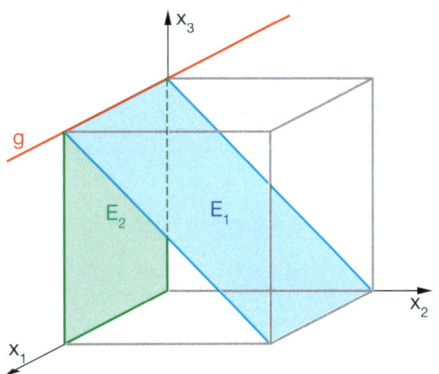

36 *Lagebeziehung mit dem GTR*
Der Schnittpunktansatz zweier Ebenen führt zu einem linearen Gleichungssystem mit drei Gleichungen und vier Variablen.

a) $E_1: \vec{x} = \begin{pmatrix} 2 \\ 1 \\ 4 \end{pmatrix} + r_1\begin{pmatrix} 1 \\ 4 \\ -2 \end{pmatrix} + s_1\begin{pmatrix} 4 \\ -2 \\ 3 \end{pmatrix}$; $E_2: \vec{x} = \begin{pmatrix} 8 \\ 7 \\ 3 \end{pmatrix} + r_2\begin{pmatrix} 5 \\ 2 \\ 1 \end{pmatrix} + s_2\begin{pmatrix} 4 \\ 3 \\ 2 \end{pmatrix}$

Stellen Sie das Gleichungssystem auf. Welche Form hat die erweiterte Koeffizientenmatrix?
Wie erkennen Sie an der Diagonalform die Lagebeziehung der Ebenen?

b) $E_1: \vec{x} = \begin{pmatrix} 2 \\ 1 \\ 4 \end{pmatrix} + r_1\begin{pmatrix} 1 \\ 4 \\ -2 \end{pmatrix} + s_1\begin{pmatrix} 4 \\ -2 \\ 3 \end{pmatrix}$; $E_2: \vec{x} = \begin{pmatrix} 1 \\ 1 \\ 1 \end{pmatrix} + r_2\begin{pmatrix} 5 \\ 2 \\ 1 \end{pmatrix} + s_2\begin{pmatrix} 2 \\ -10 \\ 7 \end{pmatrix}$

Untersuchen Sie analog die Lage der beiden Ebenen zueinander.

Basiswissen

Für die Lage von Ebenenpaaren lassen sich verschiedene Fälle unterscheiden.

Lagebeziehung zwischen Ebenen

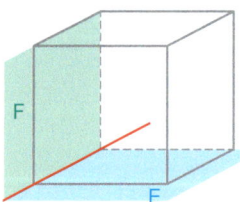
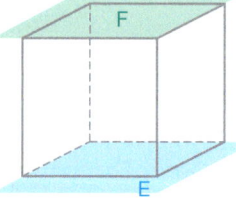
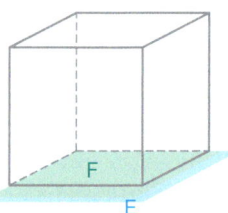

E und F schneiden sich in einer Geraden.   E und F sind parallel.   F liegt in E.

Die Lagebeziehung kann man mithilfe der Ebenengleichungen berechnen.

$$E:\ \vec{x} = \vec{b}_1 + r_1 \vec{v}_1 + s_1 \vec{w}_1 \qquad F:\ \vec{x} = \vec{b}_2 + r_2 \vec{v}_2 + s_2 \vec{w}_2$$

Schnittpunktansatz:
Die beiden Ebenen werden gleichgesetzt. $\quad \vec{b}_1 + r_1 \vec{v}_1 + s_1 \vec{w}_1 = \vec{b}_2 + r_2 \vec{v}_2 + s_2 \vec{w}_2$

Dies führt auf ein lineares Gleichungssystem mit drei Gleichungen und vier Variablen. Das Gleichungssystem kann keine oder unendlich viele Lösungen haben. Bei unendlich vielen Lösungen kann man zwei Fälle unterscheiden.

unendlich viele Lösungen und in allen Zeilen der Diagonalform Einträge	keine Lösung	unendlich viele Lösungen und eine Zeile der Diagonalform nur Nullen
$\begin{bmatrix} 1 & 0 & 0 & -.5 & .5 \\ 0 & 1 & 0 & -1 & .5 \\ 0 & 0 & 1 & 1.5 & 1 \end{bmatrix}$	$\begin{bmatrix} 1 & 0 & -1 & -2 & 0 \\ 0 & 1 & -1 & -3 & 0 \\ 0 & 0 & 0 & 0 & 1 \end{bmatrix}$	$\begin{bmatrix} 1 & 0 & -1 & -2 & 1 \\ 0 & 1 & -1 & -3 & 0 \\ 0 & 0 & 0 & 0 & 0 \end{bmatrix}$
E und F schneiden sich in einer Geraden.	E und F sind parallel.	F liegt in E.

Beispiele

D *Lagebeziehung von Ebenen*

Welche Lage haben die Ebenen $E_1: \vec{x} = \begin{pmatrix} 2 \\ 3 \\ 2 \end{pmatrix} + r_1 \begin{pmatrix} -3 \\ 1 \\ 1 \end{pmatrix} + s_1 \begin{pmatrix} 1 \\ -1 \\ 1 \end{pmatrix}$ und $E_2: \vec{x} = \begin{pmatrix} 2 \\ 2 \\ 2 \end{pmatrix} + r_2 \begin{pmatrix} -1 \\ 1 \\ 1 \end{pmatrix} + s_2 \begin{pmatrix} -2 \\ 1 \\ 3 \end{pmatrix}$ zueinander?

Lösung:

LGS	Matrix	Diagonalform	Interpretation
$\begin{aligned} -3r_1 + s_1 + r_2 + 2s_2 &= 0 \\ r_1 - s_1 - r_2 - s_2 &= -1 \\ r_1 + s_1 - r_2 - 3s_2 &= 0 \end{aligned}$	$\begin{bmatrix} -3 & 1 & 1 & 2 & 0 \\ 1 & -1 & -1 & -1 & -1 \\ 1 & 1 & -1 & -3 & 0 \end{bmatrix}$	$\begin{bmatrix} 1 & 0 & 0 & -.5 & .5 \\ 0 & 1 & 0 & -1 & .5 \\ 0 & 0 & 1 & 1.5 & 1 \end{bmatrix}$	$\begin{aligned} r_1 - 0{,}5\,s_2 &= 0{,}5 \\ s_1 - s_2 &= 0{,}5 \\ r_2 + 1{,}5\,s_2 &= 1 \end{aligned}$

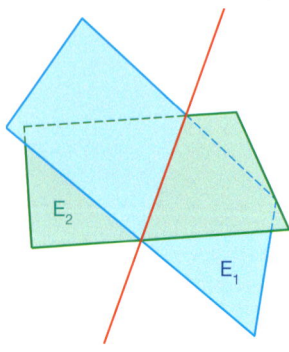

Da sich zwei Ebenen nicht in einem einzigen Punkt schneiden können, kann es keine eindeutige Lösung geben. Wir schreiben die Parameter r_1, s_1 und r_2 in Abhängigkeit vom vierten Parameter s_2. Damit ergibt sich:

$r_1 - 0{,}5\,s_2 = 0{,}5 \Rightarrow r_1 = 0{,}5 + 0{,}5\,s_2$
$s_1 - s_2 = 0{,}5 \quad\;\; \Rightarrow s_1 = 0{,}5 + s_2$
$r_2 + 1{,}5\,s_2 = 1 \quad \Rightarrow r_2 = 1 - 1{,}5\,s_2$

Wir setzen nun r_2 in E_2 ein und fassen zusammen:

$$\vec{x} = \begin{pmatrix} 2 \\ 2 \\ 2 \end{pmatrix} + (1 - 1{,}5\,s_2)\begin{pmatrix} -1 \\ 1 \\ 1 \end{pmatrix} + s_2 \begin{pmatrix} -2 \\ 1 \\ 3 \end{pmatrix}$$

Das ist die Gleichung der Schnittgeraden: $\quad \vec{x} = \begin{pmatrix} 1 \\ 3 \\ 3 \end{pmatrix} + s_2 \begin{pmatrix} -0{,}5 \\ -0{,}5 \\ 1{,}5 \end{pmatrix}$

7.2 Ebenen im Raum

Übungen

37 *Schnitt von zwei Zeltflächen*
Die beiden Seitenflächen des gezeigten Zeltes liegen in den Ebenen

$E_1: \vec{x} = \begin{pmatrix} 8 \\ 0 \\ 0 \end{pmatrix} + r_1 \begin{pmatrix} -1 \\ 0 \\ 0 \end{pmatrix} + s_1 \begin{pmatrix} 0 \\ 3 \\ 4 \end{pmatrix}$ und

$E_2: \vec{x} = \begin{pmatrix} 8 \\ 6 \\ 0 \end{pmatrix} + r_2 \begin{pmatrix} -1 \\ 0 \\ 0 \end{pmatrix} + s_2 \begin{pmatrix} 0 \\ -3 \\ 4 \end{pmatrix}$.

Zeigen Sie rechnerisch, dass der Schnitt von
E_1 und E_2 die Gerade $g: \vec{x} = \begin{pmatrix} 8 \\ 3 \\ 4 \end{pmatrix} + t \begin{pmatrix} -1 \\ 0 \\ 0 \end{pmatrix}$
durch die obere Zeltkante ergibt.

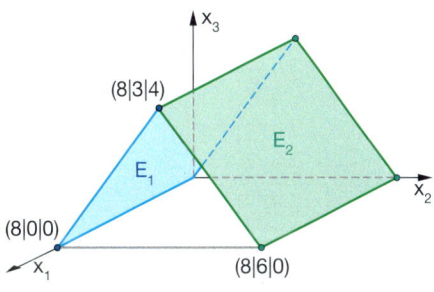

38 *Lagebeziehung von Ebenen*
Welche Lage haben zwei Ebenen zueinander, wenn die Lösung mit der Diagonalform folgendes Ergebnis liefert? Begründen Sie Ihre Entscheidung.

a)
```
[1 0 -1 -2 0]
[0 1 -1 -3 0]
[0 0  0  0 1]
```

b)
```
[1 0 -1 -2 1]
[0 1 -1 -3 0]
[0 0  0  0 0]
```

39 *Schnittgerade*
Die Ebenen $E_1: \vec{x} = \begin{pmatrix} 0 \\ 4 \\ 0 \end{pmatrix} + r_1 \begin{pmatrix} 1 \\ 0 \\ 0 \end{pmatrix} + s_1 \begin{pmatrix} 0 \\ 0 \\ 1 \end{pmatrix}$

und $E_2: \vec{x} = \begin{pmatrix} 4 \\ 0 \\ 4 \end{pmatrix} + r_2 \begin{pmatrix} -1 \\ 0 \\ 0 \end{pmatrix} + s_2 \begin{pmatrix} 0 \\ 1 \\ -1 \end{pmatrix}$

schneiden sich in einer Schnittgeraden.
Wie erkennt man diese ...
a) ... aus dem Gleichungssystem?
b) ... aus der Diagonalform?

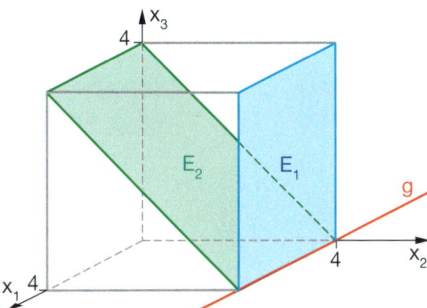

40 *Flussdiagramm*

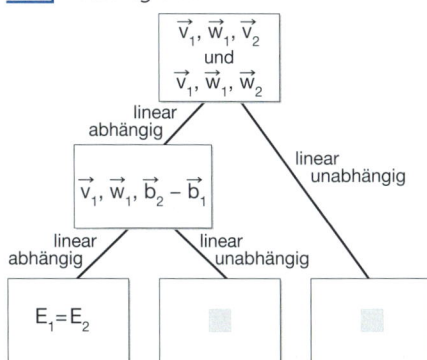

Erläutern Sie die Lagebeziehung der Ebenen

$E_1: \vec{x} = \vec{b}_1 + r_1 \vec{v}_1 + s_1 \vec{w}_1$ und

$E_2: \vec{x} = \vec{b}_2 + r_2 \vec{v}_2 + s_2 \vec{w}_2$

zueinander anhand des Flussdiagramms.
Ergänzen Sie die Lagebeziehung der Ebenen.

41 *Oktaeder*
a) Man kann der Anschauung entnehmen, dass in einem Oktaeder gegenüberliegende Flächen parallel sind. Zeigen Sie dies rechnerisch.
b) Zeigen Sie rechnerisch, dass die rote Kante $\overline{AB}$ keinen Schnittpunkt mit den hinteren Flächen hat.

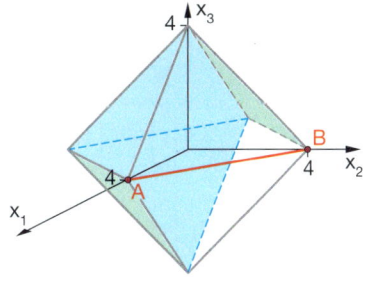

Geometrie

Übungen

42 *Flächen im Kuboktaeder*
Der Würfel hat die Kantenlänge 4, die Eckpunkte des Kuboktaeders sind die Mittelpunkte der Würfelkanten.
Welche Begrenzungsfläche des Körpers liegt in der Ebene E_1, welche in der Ebene E_2?

Geometrie

$E_1: \vec{x} = \begin{pmatrix} 4 \\ 0 \\ 2 \end{pmatrix} + r_1 \begin{pmatrix} -2 \\ 0 \\ 2 \end{pmatrix} + s_1 \begin{pmatrix} 0 \\ 2 \\ 2 \end{pmatrix}$

$E_2: \vec{x} = \begin{pmatrix} 4 \\ 4 \\ 2 \end{pmatrix} + r_2 \begin{pmatrix} 0 \\ -2 \\ 2 \end{pmatrix} + s_2 \begin{pmatrix} -2 \\ 0 \\ 2 \end{pmatrix}$

Begründen Sie anschaulich, dass die gemeinsamen Punkte der Ebenen E_1 und E_2 auf einer Geraden liegen, und berechnen Sie eine Gleichung dieser Geraden. Beschreiben Sie deren Lage.

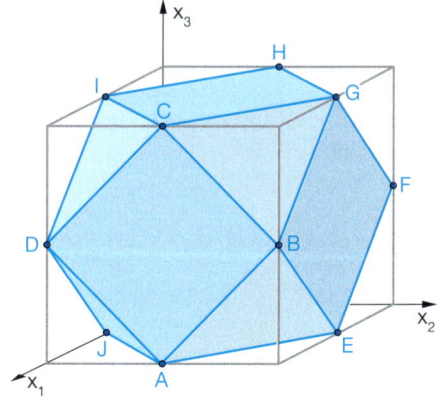

43 *Lage von Geraden und Ebenen im Pyramidenstumpf*
Übertragen Sie die Abbildung als Schrägbild in Ihr Heft. Veranschaulichen Sie die Lage der Objekte im Pyramidenstumpf und weisen Sie jeweils die Lagebeziehungen rechnerisch nach.

a) $g: \vec{x} = \begin{pmatrix} 5 \\ 5 \\ 0 \end{pmatrix} + t \begin{pmatrix} -1 \\ -1 \\ 3 \end{pmatrix}$;

$E: \vec{x} = \begin{pmatrix} 5 \\ 0 \\ 0 \end{pmatrix} + r \begin{pmatrix} -5 \\ 0 \\ 0 \end{pmatrix} + s \begin{pmatrix} -4 \\ 1 \\ 3 \end{pmatrix}$

b) $g: \vec{x} = \begin{pmatrix} 5 \\ 5 \\ 0 \end{pmatrix} + t \begin{pmatrix} -1 \\ -1 \\ 3 \end{pmatrix}$;

$E: \vec{x} = \begin{pmatrix} 4 \\ 1 \\ 3 \end{pmatrix} + r \begin{pmatrix} 0 \\ 3 \\ 0 \end{pmatrix} + s \begin{pmatrix} 1 \\ -1 \\ -3 \end{pmatrix}$

c) $E_1: \vec{x} = \begin{pmatrix} 5 \\ 5 \\ 0 \end{pmatrix} + r_1 \begin{pmatrix} -1 \\ -1 \\ 3 \end{pmatrix} + s_1 \begin{pmatrix} -5 \\ 0 \\ 0 \end{pmatrix}$; $E_2: \vec{x} = \begin{pmatrix} 5 \\ 0 \\ 0 \end{pmatrix} + r_2 \begin{pmatrix} -5 \\ 0 \\ 0 \end{pmatrix} + s_2 \begin{pmatrix} -4 \\ 1 \\ 3 \end{pmatrix}$

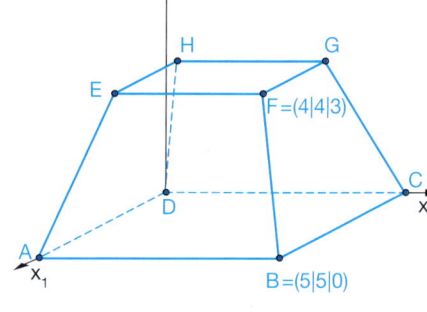

44 *Training zu Lageaufgaben*
Entscheiden Sie, welche Lagebeziehung die Objekte zueinander haben.

a) $g: \vec{x} = \begin{pmatrix} 1 \\ 2 \\ -1 \end{pmatrix} + t \begin{pmatrix} 1 \\ 2 \\ 4 \end{pmatrix}$; $E: \vec{x} = \begin{pmatrix} 2 \\ 4 \\ 3 \end{pmatrix} + r \begin{pmatrix} 3 \\ 1 \\ 0 \end{pmatrix} + s \begin{pmatrix} 1 \\ 2 \\ 4 \end{pmatrix}$

b) $g: \vec{x} = t \begin{pmatrix} 1 \\ 1 \\ 1 \end{pmatrix}$; $E: \vec{x} = \begin{pmatrix} 1 \\ 0 \\ 0 \end{pmatrix} + r \begin{pmatrix} 1 \\ -1 \\ 0 \end{pmatrix} + s \begin{pmatrix} 1 \\ 0 \\ -1 \end{pmatrix}$

c) $g: \vec{x} = \begin{pmatrix} 2 \\ 0 \\ 1 \end{pmatrix} + t \begin{pmatrix} 2 \\ 1 \\ -1 \end{pmatrix}$; $E: \vec{x} = \begin{pmatrix} 1 \\ 1 \\ 2 \end{pmatrix} + r \begin{pmatrix} 1 \\ 0 \\ -1 \end{pmatrix} + s \begin{pmatrix} 1 \\ 1 \\ 0 \end{pmatrix}$

d) $E_1: \vec{x} = \begin{pmatrix} 1 \\ 2 \\ 3 \end{pmatrix} + r_1 \begin{pmatrix} 3 \\ 1 \\ 0 \end{pmatrix} + s_1 \begin{pmatrix} 1 \\ 2 \\ 4 \end{pmatrix}$; $E_2: \vec{x} = \begin{pmatrix} 2 \\ 4 \\ 3 \end{pmatrix} + r_2 \begin{pmatrix} 1 \\ 2 \\ 4 \end{pmatrix} + s_2 \begin{pmatrix} 3 \\ 1 \\ 0 \end{pmatrix}$

e) $E_1: \vec{x} = \begin{pmatrix} 1 \\ 1 \\ 2 \end{pmatrix} + r_1 \begin{pmatrix} 0 \\ 1 \\ 0 \end{pmatrix} + s_1 \begin{pmatrix} 1 \\ 0 \\ 0 \end{pmatrix}$; $E_2: \vec{x} = \begin{pmatrix} 1 \\ 1 \\ 0 \end{pmatrix} + r_2 \begin{pmatrix} 1 \\ -1 \\ 1 \end{pmatrix} + s_2 \begin{pmatrix} 1 \\ -1 \\ 0 \end{pmatrix}$

Tipp:
Folgende Methoden stehen zur Verfügung:
- Lösen des LGS per Hand
- Lösen des LGS mit dem GTR
- Überprüfen der Richtungsvektoren auf lineare Abhängigkeit

45 *Lagebeziehungen*

a) g: $\vec{x} = \vec{a} + t\vec{u}$
   E: $\vec{x} = \vec{b} + r\vec{v} + s\vec{w}$

> Wenn sich $\vec{u}$ als Linearkombination von $\vec{v}$ und $\vec{w}$ darstellen lässt, dann liegt g in E oder g ist parallel zu E.

b) E_1: $\vec{x} = \vec{b_1} + r_1\vec{v_1} + s_1\vec{w_1}$
   E_2: $\vec{x} = \vec{b_2} + r_2\vec{v_2} + s_2\vec{w_2}$

> Wenn sich jeder Richtungsvektor von E_1 als Linearkombination von $\vec{v_2}$ und $\vec{w_2}$ darstellen lässt, dann sind die Ebenen parallel oder identisch.

Veranschaulichen Sie die Aussagen an einer geeigneten Zeichnung und geben Sie jeweils ein Beispiel an.

46 *Schnittaufgaben im Würfel*

Entscheiden Sie anschaulich und überprüfen Sie rechnerisch, ob sich Gerade und Ebene bzw. beide Ebenen schneiden.
Bestimmen Sie gegebenenfalls eine Gleichung der Schnittmenge.

a)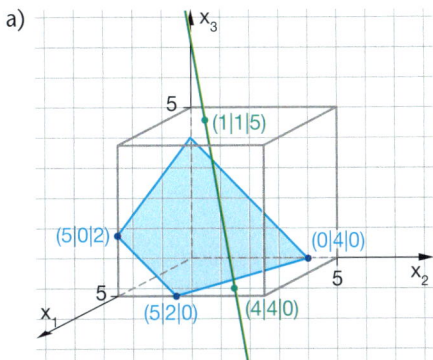

b)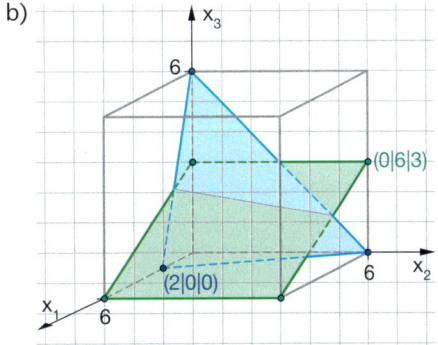

Geometrie

c)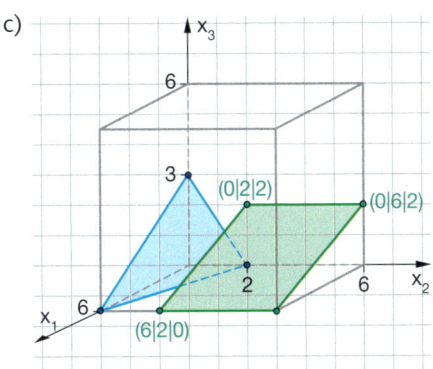

d)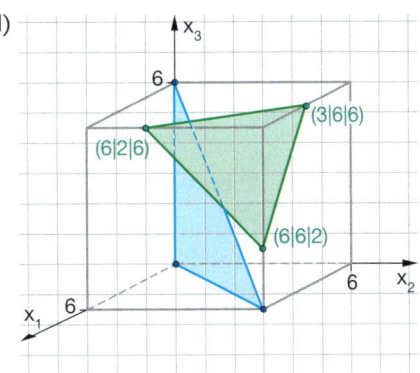

47 *Gerade und Ebene im Würfel*

Der Würfel hat die Kantenlänge 6 und M ist der Mittelpunkt der Seitenfläche BCGF.
Bestimmen Sie den Punkt S, in dem die Gerade durch A und M das Dreieck BCE trifft.

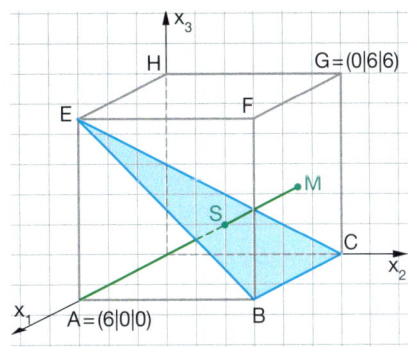

Übungen

48 *Pyramide und Quader*

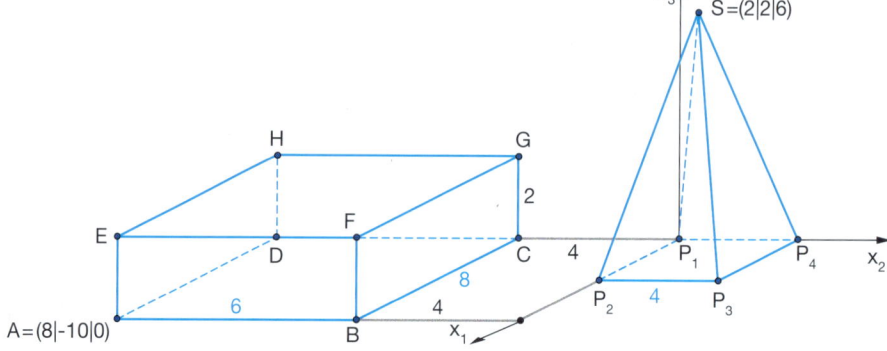

Eine quadratische Pyramide mit Grundkantenlänge 4 und Höhe 6 steht neben einem Quader. Die Sonne scheint und wirft einen Schatten der Pyramide auf die Stufe.

Die Richtung der Sonnenstrahlen ist $\vec{v} = \begin{pmatrix} 0{,}75 \\ -2{,}5 \\ -1 \end{pmatrix}$.

Zeichnen Sie die Pyramide vor der Stufe und den Schatten in ein „2-1-Koordinatensystem". Berechnen Sie die dazu notwendigen Eckpunkte.

49 *Pyramidenschatten auf Pyramide*

Zwei Pyramiden stehen nebeneinander. Die eine Pyramide wirft einen Schatten auf die andere.

Wir nehmen an, dass die erste Pyramide die folgenden Eckpunkte hat:
A = (−3 | 3 | 0), B = (3 | 3 | 0), C = (3 | −3 | 0), D = (−3 | −3 | 0) und E = (0 | 0 | 5).

Die Richtung der Sonnenstrahlen ist $\vec{v} = \begin{pmatrix} -12 \\ -16 \\ -7 \end{pmatrix}$.

a) Zeichnen Sie die Pyramide und ihren Schatten, der in der Ebene liegt, in ein Koordinatensystem.

b) Die zweite Pyramide hat die folgenden Eckpunkte:
P = (−5 | −10 | 0), Q = (−5 | −6 | 0), R = (−9 | −6 | 0), S = (−9 | −10 | 0) und T = (−7 | −8 | 3).
Zeichnen Sie diese Pyramide in das gleiche Koordinatensystem. Konstruieren Sie den Schatten, den die erste Pyramide auf der zweiten erzeugt. Berechnen Sie alle dazu notwendigen Punkte.

In der Nähe von Kairo steht die Cheops- neben der Chephrenpyramide. Die eine wirft einen Schatten auf die andere.

KOPFÜBUNGEN

1 Wie verändern sich der Umfang und der Flächeninhalt eines Rechtecks, wenn dessen Seitenlängen verdoppelt werden?

2 Wahr oder falsch? Die Funktionen $f(x) = x^2$, $g(x) = x^3$ und $h(x) = x^4$ haben an der Stelle $x = 0$ (bzw. $x = 1$)
a) denselben Funktionswert, b) dieselbe Steigung,
c) dasselbe Krümmungsverhalten.

3 Die Tabelle zeigt die Häufigkeitsverteilung für eine Gewinnausschüttung. Bestimmen Sie den Erwartungswert.

Gewinn in €	1	2	3	4
Häufigkeit	2	6	12	5

4 In welcher Koordinatenebene liegt die Gerade $g: \vec{x} = t \begin{pmatrix} 1 \\ 0 \\ 2 \end{pmatrix}$?

Ergänzen Sie die Koordinaten des Punktes $P = (p_1 | p_2 | 6)$ auf dieser Geraden.

Zentralperspektive, DÜRER und 3D-Kino

Das Kantenmodell eines Würfels wird vor einer weißen Wand durch eine punktförmige Lichtquelle beleuchtet und erzeugt einen Schatten an der Wand. Das Schattenbild sieht anders aus als alle Darstellungen eines Würfels, die Sie bisher benutzt haben. Sie haben mathematische Werkzeuge kennengelernt, die es Ihnen erlauben, diese Bilder rechnerisch herzustellen. Die Lichtstrahlen durch die Eckpunkte können als Geraden gedeutet werden, deren Schnittpunkte mit der Wand (Ebene) bestimmt werden können.
Experimentieren Sie selber mit einem Kantenmodell und einer Lampe.

Projekt

Experimentieren

Auf der $x_1 x_2$-Ebene steht ein Würfel mit den Eckpunkten A, B, C, D, E, F, G und H. Dabei sind A = (0|3|0), B = (4|0|0), D = (3|7|0) und E = (0|3|5) gegeben. Der Würfel wird vom Punkt L = (12|3|3) aus beleuchtet, das Bild wird auf der „Wand" ($x_2 x_3$-Ebene) erzeugt.
• Bestimmen Sie die Koordinaten der anderen Eckpunkte.
• Berechnen Sie die Koordinaten der Bildpunkte A_1, B_1, ..., H_1 und zeichnen Sie das Bild des Würfels in der $x_2 x_3$-Ebene.

Perspektivisches Bild des Würfels berechnen

ProjektZP1.ggb

DÜRER

Spätestens seit der Renaissance sind verschiedene Techniken zur Herstellung von realistischen Bildern räumlicher Objekte verwendet worden.
ALBRECHT DÜRER hat in einer Zeichnung eine Handlungsanweisung für die Erzeugung perspektivischer Darstellungen festgehalten.

Formulieren Sie die im Bild dargestellte Methode mit Ihren eigenen Worten als Anleitung zum Zeichnen.
Was ist der wesentliche Unterschied zwischen der von Ihnen oben benutzten Methode und der in DÜRERS Bild dargestellten Technik? Wo liegen die Gemeinsamkeiten?

Mathematisieren

Sie haben sicherlich festgestellt, dass in Ihrer Zeichnung die Bilder von parallelen Kanten nicht mehr parallel sind.
Jeder kennt das Phänomen:
Die Eisenbahnschienen scheinen aufeinander zuzulaufen und sich am Horizont zu treffen, obwohl wir alle wissen, dass die Schienen in Wirklichkeit parallel sind und immer den gleichen Abstand zueinander haben. Im Bild sind die Eisenbahnschienen keine parallelen Geraden – sie schneiden sich.
Ist dieses Phänomen typisch für perspektivische Abbildungen?

Parallele Kanten

7 Geraden und Ebenen

ProjektZP2.ggb

Fluchtpunkte

Teilen Sie sich die Arbeit.

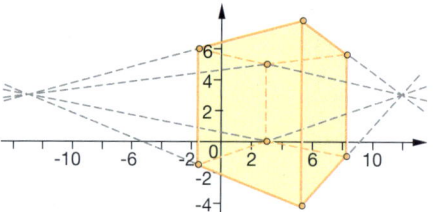

Am Anfang des Projekts haben Sie an einem konkreten Beispiel ein perspektivisches Bild des Würfels erstellt. Zeigen Sie hierfür rechnerisch, dass sich die Bilder der Geraden, die durch im Würfel parallele Kanten verlaufen, in einem Punkt schneiden.
Bestimmen Sie die Koordinaten dieser sogenannten „**Fluchtpunkte**".

Fluchtpunkte in Fotografien

3D im Gehirn

Auch auf Fotografien lassen sich Fluchtpunkte rekonstruieren.

Die Eigenschaft, dass sich die Bilder paralleler Geraden in einem Punkt schneiden, wird in der darstellenden Geometrie zur Konstruktion von perspektivischen Darstellungen genutzt.

Mit der perspektivischen Darstellung möchte man möglichst realistische Bilder von Objekten erzeugen, und zwar so, wie sie vom menschlichen Auge wahrgenommen werden. Die hier beschriebene Methode ist gut geeignet für den Blick mit einem Auge.
Der Mensch hat aber zwei nebeneinander liegende Augen, die jedes für sich ein eigenes Bild sehen. Erst im Gehirn werden beide Bilder zu einem räumlichen Bild zusammengefügt.

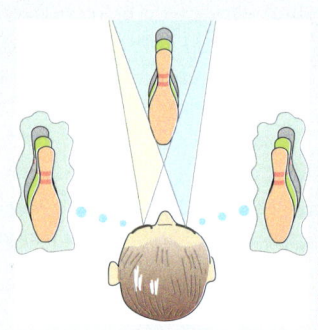

Räumliches Sehen mit Rot-Grün-Brille

Sie haben auf der vorigen Seite bereits ein perspektivisches Bild des Würfels gezeichnet. Berechnen und zeichnen Sie in dasselbe Koordinatensystem ein zweites Bild des Würfels, das entsteht, wenn der Würfel von dem Punkt $L_2 = (12|4|3)$ aus beleuchtet wird. L_2 liegt neben dem Punkt L.

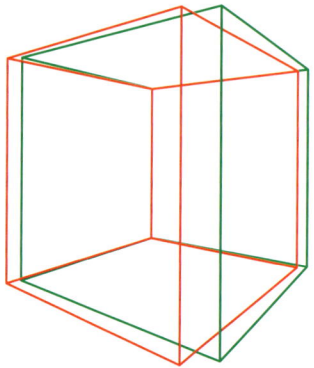

Zeichnen Sie das erste Bild in grün und das zweite Bild in rot.
Besorgen Sie sich eine rote und grüne Folie und basteln Sie daraus eine Rot-Grün-Brille.
Wenn Sie nun das Bild der beiden Würfel betrachten (rote Folie am linken Auge), werden Sie ein räumliches Bild wahrnehmen.

ProjektZP3.ggb

Auf dem Prinzip, zwei unterschiedliche Bilder zu zeigen, beruhen auch die in den neuen 3D-Kinos gezeigten Filme, die ein völlig anderes dreidimensionales Sehen ermöglichen.

CHECK UP

1 *Strecken im Würfel*
Zeichnen Sie die Geraden in einen Würfel mit der Kantenlänge 8
(D = (0|0|0)).

$g: \vec{x} = \begin{pmatrix} 0 \\ 8 \\ 0 \end{pmatrix} + t \begin{pmatrix} 8 \\ -8 \\ 0 \end{pmatrix}$
$\qquad h: \vec{x} = \begin{pmatrix} 0 \\ 8 \\ 0 \end{pmatrix} + t \begin{pmatrix} 0 \\ 0 \\ 8 \end{pmatrix}$

$m: \vec{x} = \begin{pmatrix} 0 \\ 8 \\ 8 \end{pmatrix} + t \begin{pmatrix} 8 \\ -8 \\ 0 \end{pmatrix}$
$\qquad n: \vec{x} = \begin{pmatrix} 8 \\ 0 \\ 0 \end{pmatrix} + t \begin{pmatrix} 0 \\ 0 \\ 8 \end{pmatrix}$

Kennzeichnen Sie jeweils die Strecken für $0 \leq t \leq 1$. Welche Figur entsteht im Würfel?

2 *Geraden gesucht*
a) Konstruieren Sie zur Geraden $g: \vec{x} = \begin{pmatrix} 1 \\ 2 \\ 3 \end{pmatrix} + t \begin{pmatrix} -2 \\ 1 \\ 4 \end{pmatrix}$ jeweils zwei verschiedene Geraden, die parallel sind zu g oder mit g einen Schnittpunkt haben.
b) Welche der folgenden Geraden sind zueinander parallel, welche schneiden sich, welche sind windschief?

$g: \vec{x} = \begin{pmatrix} 3 \\ -1 \\ 2 \end{pmatrix} + r \begin{pmatrix} 2 \\ 5 \\ -3 \end{pmatrix}$; $\quad h: \vec{x} = \begin{pmatrix} 3 \\ 2 \\ -1 \end{pmatrix} + s \begin{pmatrix} 2 \\ 1 \\ \frac{1}{2} \end{pmatrix}$; $\quad k: \vec{x} = \begin{pmatrix} 3 \\ -1 \\ 2 \end{pmatrix} + t \begin{pmatrix} 4 \\ 2 \\ 1 \end{pmatrix}$

3 *Pyramide*
Geben Sie die Gleichungen für die farbigen Kanten der Pyramide an. Zeigen Sie rechnerisch, dass S Schnittpunkt der Seitenkanten ist.

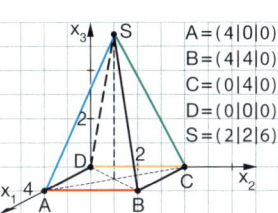

A = (4|0|0)
B = (4|4|0)
C = (0|4|0)
D = (0|0|0)
S = (2|2|6)

4 *Parallele Strecken im Quader*
Im Quader teilen R, S, T, U, V und W die Kanten jeweils im Verhältnis 1:2. Gibt es im Sechseck R S T U V W parallele Kanten?

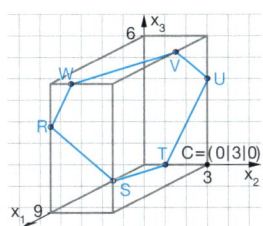

5 *Lage von Geraden*
Bestimmen Sie die Lage der Geraden zueinander. Geben Sie gegebenenfalls den Schnittpunkt an. Die Punkte P, Q, R in b) sind jeweils Kantenmitten.

a)
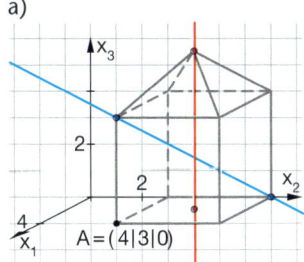
A = (4|3|0)

b)
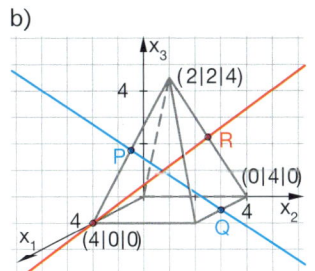
(2|2|4), (0|4|0), (4|0|0)

Geraden und Ebenen

Gerade und Strecke im Raum

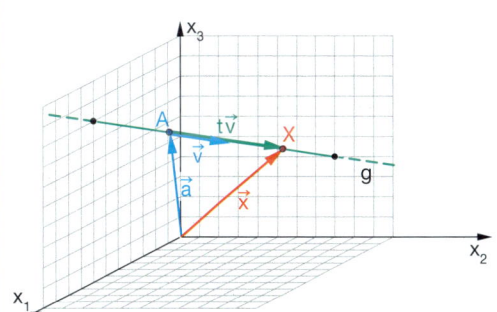

Punkt-Richtungs-Form
$g: \vec{x} = \vec{a} + t\vec{v}$ mit $t \in \mathbb{R}$
$\vec{a}$ **Stützvektor**, $\vec{v}$ **Richtungsvektor**

Durch Einschränkung des Parameters t entsteht eine Strecke.

Lagebeziehungen von Geraden im Raum
$g: \vec{x} = \vec{p} + s\vec{u}$ und $h: \vec{x} = \vec{q} + t\vec{v}$

$\vec{u}$ und $\vec{v}$ sind **parallel (kollinear)**
$\vec{u} = r\vec{v}$ für ein $r \in \mathbb{R}$

g und h identisch	g und h sind parallel
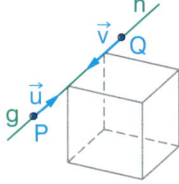	

P liegt auf h $\qquad$ **P liegt nicht auf h**
$\vec{p} = \vec{q} + t\vec{v}$ $\qquad$ $\vec{p} \neq \vec{q} + t\vec{v}$
für ein $t \in \mathbb{R}$ $\qquad$ für alle $t \in \mathbb{R}$

$\vec{u}$ und $\vec{v}$ sind **nicht parallel (nicht kollinear)**
$\vec{u} \neq r\vec{v}$ für alle $r \in \mathbb{R}$

g und h haben genau einen Schnittpunkt	g und h sind windschief
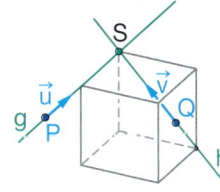	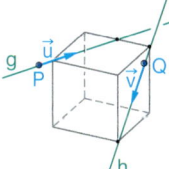

$\vec{p} + s\vec{u} = \vec{q} + t\vec{v}$ $\qquad$ $\vec{p} + s\vec{u} \neq \vec{q} + t\vec{v}$
für je ein $s, t \in \mathbb{R}$ $\qquad$ für alle $s, t \in \mathbb{R}$

CHECK UP

Geraden und Ebenen

Ebene im Raum

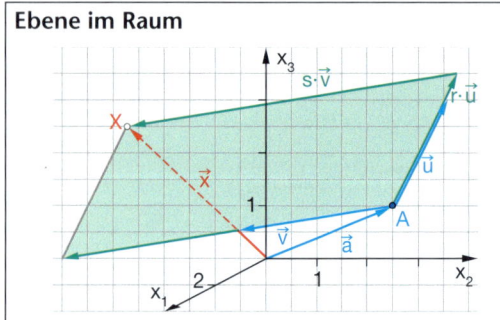

Punkt-Richtungs-Form
$E: \vec{x} = \vec{a} + r\vec{u} + s\vec{v}$ mit $r, s \in \mathbb{R}$
$\vec{a}$ **Stützvektor**, $\vec{u}$ und $\vec{v}$ **Richtungsvektoren**

$E: \vec{x} = \begin{pmatrix} 4 \\ 4{,}5 \\ 2 \end{pmatrix} + r \begin{pmatrix} 2 \\ 2 \\ 2{,}5 \end{pmatrix} + s \begin{pmatrix} -2 \\ -4 \\ -1 \end{pmatrix}$

Durch Einschränkung der Parameter r und s mit $0 \leq r \leq 1$, $0 \leq s \leq 1$ entsteht ein ebenes Flächenstück.

Koordinatenform
$E: 8x_1 - 3x_2 - 4x_3 = 10{,}5$

Lagebeziehung zwischen Gerade und Ebene

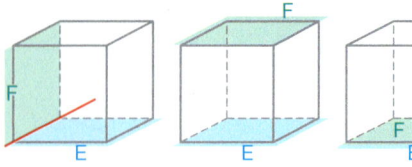

| g und E schneiden sich | g und E sind parallel | g liegt in E |

$g: \vec{x} = \vec{a} + t\vec{u}$ $\qquad$ $E: \vec{x} = \vec{b} + r\vec{v} + s\vec{w}$

Der Schnittpunktansatz durch Gleichsetzen führt auf ein lineares Gleichungssystem mit drei Gleichungen und drei Variablen.

Lagebeziehung zwischen Ebenen

| E und F schneiden sich | E und F sind parallel | E liegt in F |

$E: \vec{x} = \vec{b}_1 + r_1\vec{v}_1 + s_1\vec{w}_1$ $\qquad$ $F: \vec{x} = \vec{b}_2 + r_2\vec{v}_2 + s_2\vec{w}_2$

Der Schnittpunktansatz durch Gleichsetzen führt auf ein lineares Gleichungssystem mit drei Gleichungen und vier Variablen.

---

6 *Walmdach*
a) Geben Sie die Gleichungen der Ebenen an, in denen die vier Dachflächen des Walmdaches liegen.
b) Welche Fläche wird beschrieben durch
$E: \vec{x} = \begin{pmatrix} 2 \\ 4 \\ 1{,}5 \end{pmatrix} + r \begin{pmatrix} 0 \\ 0 \\ -1 \end{pmatrix} + s \begin{pmatrix} 0 \\ -1 \\ 0 \end{pmatrix}$?

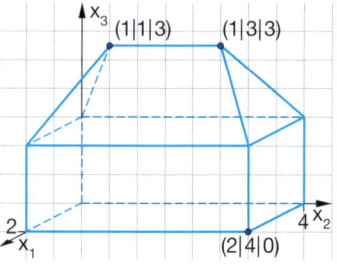

7 *Dreiseitige Pyramide*
Welche Flächen werden beschrieben durch
$E: \vec{x} = \begin{pmatrix} 4 \\ 2 \\ 0 \end{pmatrix} + r \begin{pmatrix} -4 \\ 2 \\ 0 \end{pmatrix} + s \begin{pmatrix} -4 \\ -2 \\ 0 \end{pmatrix}$;
$F: \vec{x} = \begin{pmatrix} 0 \\ 4 \\ 0 \end{pmatrix} + r \begin{pmatrix} 4 \\ -2 \\ 0 \end{pmatrix} + s \begin{pmatrix} 0 \\ -2 \\ 2 \end{pmatrix}$?

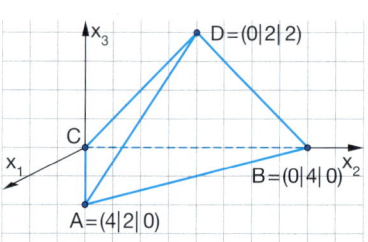

Stellen Sie die Ebenengleichungen für die weiteren Flächen auf.

8 *Koordinatenform einer Ebene*
Die Abbildung zeigt eine Ebene durch die Punkte A, B und C. Zeigen Sie, dass diese drei Punkte die Gleichung $E: 1{,}5x_1 + 2x_2 + 3x_3 = 6$ erfüllen.
Liegt der Punkt $P(2|2|-1)$ auf E?

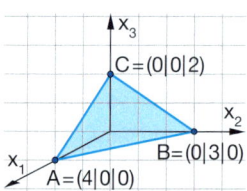

9 *Raumdiagonale und Ebenen im Würfel*

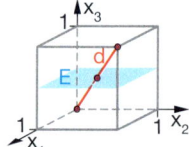 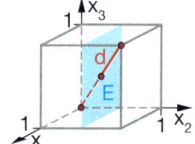 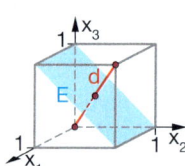

Bestimmen Sie jeweils den Schnittpunkt. Was fällt auf? Gibt es weitere Ebenen im Würfel mit der gleichen Besonderheit?

10 *Lagebeziehung im Würfel*
a) In welchem Punkt schneidet die Gerade g durch E und C das Dreieck AFH?
b) Schneidet die Gerade h durch B und G die Ebene, auf der das Dreieck AFH liegt?

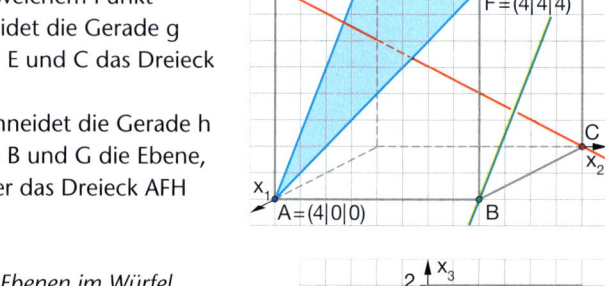

11 *Ebenen im Würfel*
Welche Lage haben die Ebenen E_1, E_2 und E_3 zueinander? Bestätigen Sie geometrisch Ihre rechnerische Lösung.

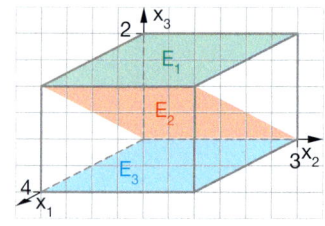

Sichern und Vernetzen – Vermischte Aufgaben

1 *Punkte im Würfel*   *Training*
a) Zeigen Sie zeichnerisch und rechnerisch, dass die Punkte A = (4|0|0), C = (0|4|0) und H = (0|0|4) nicht auf einer Geraden liegen.
b) Geben Sie eine Gleichung der Ebene an, die diese Punkte enthält.

2 *Geraden im Würfel*
Geben Sie zur Geraden

$$g: \vec{x} = \begin{pmatrix} 4 \\ 0 \\ 4 \end{pmatrix} + t \begin{pmatrix} -4 \\ 4 \\ 0 \end{pmatrix}$$

Geraden h, k und l an, sodass gilt:
- h und g sind parallel,
- k und g sind windschief,
- l und g besitzen einen Schnittpunkt.

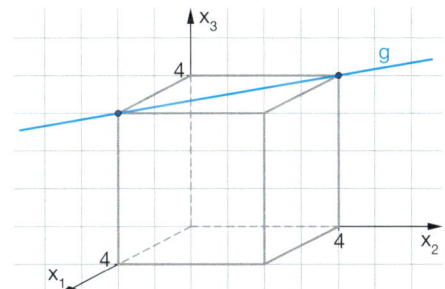

3 *Geraden im Quader*
a) Welche Lage haben die Geraden g und h zueinander? M und N sind Kantenmitten.
b) Geben Sie eine Gleichung der Ebene E an, die B, M und N enthält. Liegt C auf der Ebene E?

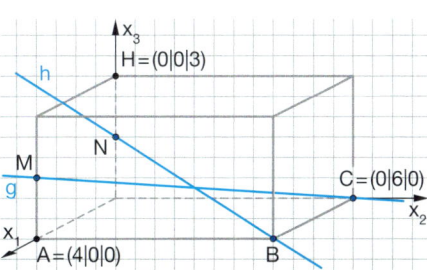

4 *Windschiefe Geraden im Würfel*
Weisen Sie rechnerisch nach, dass die Geraden

$$g: \vec{x} = \begin{pmatrix} 4 \\ 0 \\ 4 \end{pmatrix} + s \begin{pmatrix} -4 \\ 4 \\ 0 \end{pmatrix} \text{ und}$$

$$h: \vec{x} = \begin{pmatrix} 0 \\ 0 \\ 4 \end{pmatrix} + t \begin{pmatrix} 4 \\ 4 \\ -4 \end{pmatrix} \text{ windschief sind.}$$

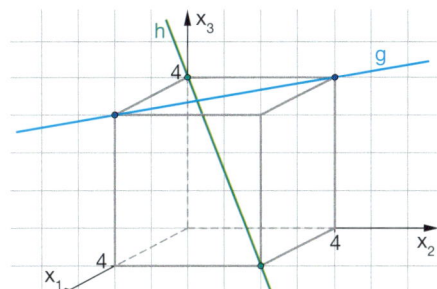

5 *Ebene – Geraden*
Geben Sie zur Ebene $E: \vec{x} = \begin{pmatrix} 4 \\ 2 \\ 3 \end{pmatrix} + r \begin{pmatrix} 3 \\ 3 \\ 3 \end{pmatrix} + s \begin{pmatrix} 0 \\ -4 \\ -3 \end{pmatrix}$ eine Gerade g an, die parallel zu E ist und
eine Gerade h, die E im Punkt P = (7|–3|0) schneidet.

6 *Ebenen durch vorgegebene Geraden*
a) Stellen Sie die Gleichungen der Geraden g, h und k auf.
b) Geben Sie eine Gleichung der Ebene an, die h und k enthält.
c) Zeigen Sie, dass es keine Ebene gibt, die g und h enthält und dass es keine Ebene gibt, die g und k enthält.
d) Geben Sie eine Gleichung der Ebene an, die g enthält und parallel ist zu h, sowie eine Gleichung der Ebene, die g enthält und parallel ist zu k.

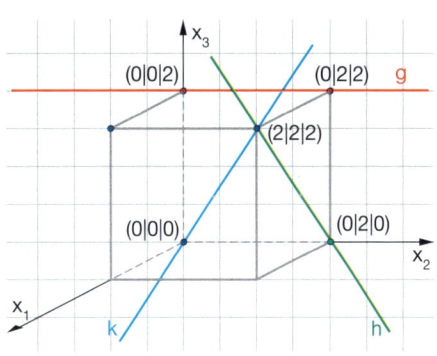

7 Geraden und Ebenen

Verstehen von Begriffen und Verfahren

7 *Geradengleichung*
a) Welche Gleichung hat die Parallele h zu
g: $\vec{x} = \begin{pmatrix} 1 \\ 3 \\ 7 \end{pmatrix} + t \begin{pmatrix} 2 \\ 0 \\ 1 \end{pmatrix}$, die durch P = (5|7|2) geht?
b) Welche Gleichung hat die Mittelparallele m von g und h?
Begründen Sie Ihr Vorgehen.

8 *Spurgerade*
a) Veranschaulichen Sie die Ebenen
$E_1: 3x_1 + 2x_2 + 3x_3 = 12$ und
$E_2: 3x_1 + 2x_2 = 6$
mithilfe ihrer Spurgeraden.
b) Zeichnen Sie die Schnittgerade der beiden Ebenen ohne Rechnung ein. Begründen Sie Ihr Vorgehen.

9 *Ursprungsebene*
Geben Sie die Gleichung einer Ebene durch den Ursprung an. Wie können Sie dies erkennen an einer Ebenengleichung in
- Punkt-Richtungs-Form?
- Koordinatenform?

10 *Schnittgeraden*
Geben Sie im Würfel mit der Kantenlänge 4 jeweils zwei Ebenen an, die die angegebene Gerade als Schnittgerade haben. Begründen Sie zeichnerisch und rechnerisch.
a) x_1-Achse   b) g: $\vec{x} = t \begin{pmatrix} 4 \\ 4 \\ 4 \end{pmatrix}$

11 *Gleichungen für Objekte*
Ordnen Sie den Bildern die zugehörigen Gleichungen zu.

(I)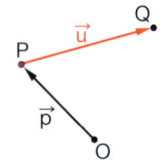

(II)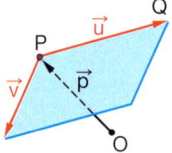

(III)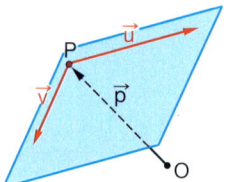

(IV)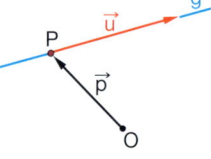

a) $\vec{x} = \vec{p} + r\vec{u} + s\vec{v}$ mit r, s ∈ ℝ

b) $\vec{x} = \vec{p} + t\vec{u}$ mit $0 \leq t \leq 1$

c) $\vec{x} = \vec{p} + r\vec{u} + s\vec{v}$ mit $0 \leq r, s \leq 1$

d) $\vec{x} = \vec{p} + r\vec{u} + s\vec{v}$ mit $0 \leq r, s \leq 1$ und $r + s \leq 1$

e) $\vec{x} = \vec{p} + t\vec{u}$ mit t ∈ ℝ

(V)

12 *Wahr oder falsch?*
Welche der Aussagen sind wahr, welche falsch?

(A) Wenn die Ebene E: $\vec{x} = \vec{a} + r\vec{u} + s\vec{v}$ den Ursprung enthält, muss $\vec{a} = \vec{0}$ gelten.

(B) Für $\vec{a} = \vec{0}$ gilt: Die Ebene E: $\vec{x} = \vec{a} + r\vec{u} + s\vec{v}$ enthält den Ursprung.

(C) Die Geraden g: $\vec{x} = \vec{a} + t\vec{u}$ und h: $\vec{x} = \vec{b} + t\vec{u}$ sind identisch, falls $\vec{a}$ und $\vec{b}$ linear abhängig sind.

(D) Wenn g: $\vec{x} = \vec{a} + t\vec{u}$ und h: $\vec{x} = \vec{b} + t\vec{u}$ identisch sind, dann sind $\vec{a} - \vec{b}$ und $\vec{u}$ linear abhängig.

13 *Parametersuche*
Der Punkt P = (1|2|5) soll auf jeder der drei Ebenen liegen. Welchen Wert muss a jeweils haben?
$E_1: ax_1 - 3x_2 + x_3 = -4$; $E_2: \begin{pmatrix} 1 \\ 7 \\ 1 \end{pmatrix} \cdot \left(\vec{x} - \begin{pmatrix} 2 \\ a \\ 4 \end{pmatrix} \right) = 0$; $E_3: \vec{x} = r \begin{pmatrix} 0 \\ 8 \\ 2 \end{pmatrix} + s \begin{pmatrix} 0,5 \\ a \\ 2 \end{pmatrix}$

14 Walmdach

Es sind die folgenden Geraden

$g: \vec{x} = \begin{pmatrix} 4 \\ 6 \\ 0 \end{pmatrix} + t \begin{pmatrix} -4 \\ 0 \\ 3 \end{pmatrix}$, $\quad h: \vec{x} = \begin{pmatrix} 4 \\ 6 \\ 3 \end{pmatrix} + t \begin{pmatrix} -2 \\ -2 \\ 2 \end{pmatrix}$, $\quad k: \vec{x} = \begin{pmatrix} 4 \\ 0 \\ 3 \end{pmatrix} + t \begin{pmatrix} 0 \\ 6 \\ 0 \end{pmatrix}$, $\quad l: \vec{x} = \begin{pmatrix} 5 \\ 3 \\ 2 \end{pmatrix} + t \begin{pmatrix} 0 \\ -1 \\ -3 \end{pmatrix}$

und $m: \vec{x} = \begin{pmatrix} 0 \\ 0 \\ 3 \end{pmatrix} + t \begin{pmatrix} 2 \\ 2 \\ 2 \end{pmatrix}$ gegeben.

Welche Gerade passt zu welcher Frage?

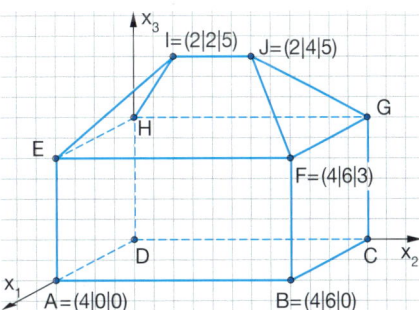

A) Auf welcher Geraden liegt die Dachkante HI?

B) Auf welcher Geraden liegt die Dachkante JF?

C) Welche Gerade ist Schnittgerade der Ebenen ABE und FIJ?

D) Welche Gerade ist keine Kante, aber in einer der Hauswandebenen enthalten?

E) Welche Gerade verläuft außerhalb des Hauses?

15 Ebenen beim Kuboktaeder

Der Würfel hat die Kantenlänge 4, die Eckpunkte des Kuboktaeders sind die Mittelpunkte der Kanten des Würfels.

a) Welche Begrenzungsfläche des Körpers liegt in der Ebene $E: \vec{x} = \begin{pmatrix} 4 \\ 2 \\ 0 \end{pmatrix} + r \begin{pmatrix} -2 \\ 2 \\ 0 \end{pmatrix} + s \begin{pmatrix} 0 \\ 2 \\ 2 \end{pmatrix}$?

b) Geben Sie eine Gleichung der Ebene F an, die der Ebene E gegenüberliegt. Wie kann man an der Ebenengleichung die Parallelität erkennen?

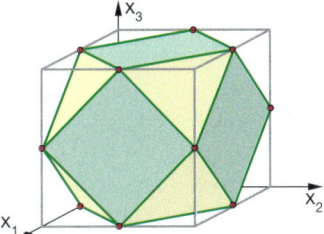

16 Würfel – Quader – Spat

Zeigen Sie an selbst gewählten Beispielen, dass sich die vier Diagonalen jeweils in einem Punkt schneiden.

17 Pyramide aus Bauklötzen

In einem Holzbauklotzkasten gehören jeweils drei Klötze zusammen, die zu einer Pyramide zusammengefügt werden können. Von einer Pyramide fehlt der mittlere Teil. Welche der beiden Spitzen gehört zu dem Pyramidenstumpf (1 LE entspricht 1 cm)?

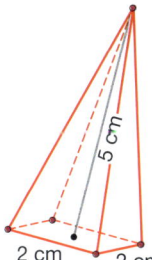
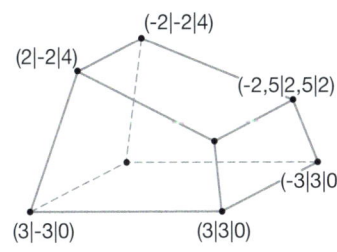
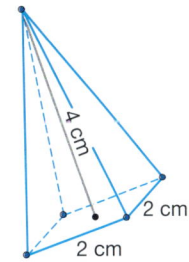

Kommunizieren und Präsentieren

18 *Geraden und Ebenen im Oktaeder*
Beschreiben Sie die Lagemöglichkeiten von Geraden oder Ebenen zueinander am Oktaeder.
Geben Sie jeweils ein Beispiel an. Erstellen Sie eine Übersicht über alle Lagemöglichkeiten von Geraden oder Ebenen.

A = (1|0|1), B = (2|1|1), C = (1|2|1),
D = (0|1|1), E = (1|1|0), F = (1|1|2)

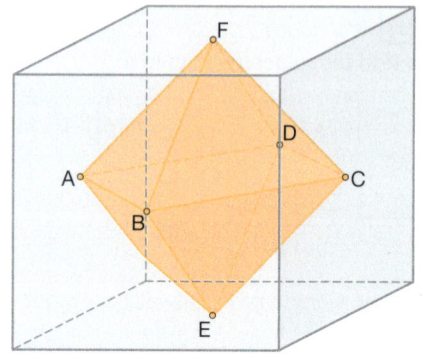

19 *Auf einen Blick*
Erläutern Sie am Bild und an den Vektoren:

a) P = (3|1|3) liegt auf g: $\vec{x} = \begin{pmatrix} 4 \\ 0 \\ 4 \end{pmatrix} + t \begin{pmatrix} -4 \\ 4 \\ -4 \end{pmatrix}$.

b) Die Gerade g: $\vec{x} = \begin{pmatrix} 4 \\ 0 \\ 4 \end{pmatrix} + t \begin{pmatrix} -4 \\ 4 \\ -4 \end{pmatrix}$ läuft nicht durch den Ursprung.

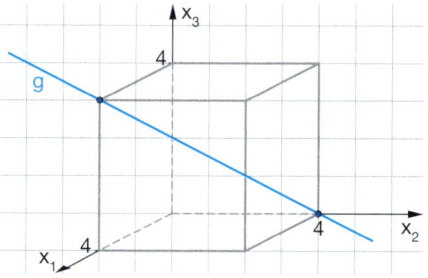

c) Die Ebene durch die Punkte (4|4|4), (0|0|4) und (0|4|4) ist parallel zu einer Koordinatenebene.

d) Die Punktmenge $\vec{x} = \begin{pmatrix} 0 \\ 0 \\ 4 \end{pmatrix} + r \begin{pmatrix} 4 \\ 4 \\ -4 \end{pmatrix} + s \begin{pmatrix} 2 \\ 2 \\ -2 \end{pmatrix}$ stellt keine Ebene, sondern eine Gerade dar.

20 *Gerade im Raum*
Welche geometrische Bedeutung haben die Vektoren $\vec{a}$ und $\vec{u}$ in einer Geradengleichung g: $\vec{x} = \vec{a} + t\vec{u}$? Veranschaulichen Sie dies mit einer Skizze.

21 *Drei Geraden*
Zur Geraden g: $\vec{x} = \vec{a} + t\vec{u}$ sollen die Gleichungen von drei Geraden h, k und l angegeben werden, sodass gilt: g und h sind parallel, g und k schneiden sich in einem Punkt, g und l sind windschief. Welche Bedingungen müssen jeweils der Stütz- und der Richtungsvektor erfüllen?

22 *GTR – Ergebnisse interpretieren*
Bei der Untersuchung der Lagebeziehung von Geraden und Ebenen in Parameterform ergaben sich aus den erweiterten Koeffizientenmatrizen mithilfe des *rref*-Befehls die folgenden Diagonalmatrizen.
Interpretieren Sie die jeweiligen Situationen geometrisch.

a) $\begin{bmatrix} 1 & 0 & 0 & 2 & 1 \\ 0 & 1 & 0 & 1 & 1 \\ 0 & 0 & 1 & 2 & 2 \end{bmatrix}$

b) $\begin{bmatrix} 1 & 0 & 2 & 2 \\ 0 & 1 & 4 & 2 \\ 0 & 0 & 1 & 1 \end{bmatrix}$

c) $\begin{bmatrix} 1 & 0 & 0 & 2 & 5 \\ 0 & 1 & 0 & 3 & 4 \\ 0 & 0 & 0 & 0 & 0 \end{bmatrix}$

d) $\begin{bmatrix} 1 & 0 & 0 & 1 & 1 \\ 0 & 1 & 0 & 1 & 1 \\ 0 & 0 & 1 & 1 & 0 \end{bmatrix}$

e) $\begin{bmatrix} 1 & 0 & 0 & 4 & 1 \\ 0 & 1 & 0 & 2 & 2 \\ 0 & 0 & 0 & 0 & 2 \end{bmatrix}$

f) $\begin{bmatrix} 1 & 0 & 2 & 0 \\ 0 & 1 & 1 & 0 \\ 0 & 0 & 1 & 0 \end{bmatrix}$

8 Skalarprodukt und Messen

Das Skalarprodukt von Vektoren ist eine besondere Multiplikation von zwei Vektoren, die als Ergebnis keinen Vektor hat, sondern eine reelle Zahl, die auch Skalar genannt wird. Mithilfe des Skalarproduktes von Vektoren, können metrische Eigenschaften wie Länge, Winkel und Abstände algebraisch beschrieben und berechnet werden. Damit werden die Objektstudien um viele interessante Aspekte erweitert.

8.1 Skalarprodukt und Winkel

Mit dem Skalarprodukt von Vektoren können Winkel zwischen zwei Vektoren algebraisch berechnet werden. Dadurch kann man auf ein-fache Weise die Orthogonaltität von Vektoren als Spezialfall beschreiben und rechnerisch nachweisen.
Mit dem Skalarprodukt lassen sich manche Beweise für Sätze aus der Elementargeometrie finden und einfach darstellen. Auch in der Physik findet das Skalarprodukt viele Anwendungen.

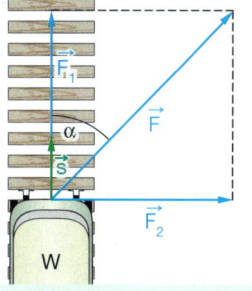

$W = |\vec{F}| \cdot |\vec{s}| \cdot \cos \sphericalangle (\vec{F}, \vec{s})$

8.2 Winkel zwischen Geraden und Ebenen

Wie groß sind die Winkel im aufgespannten Dreieck im Würfel?
Welchen Winkel bildet die Raumdiagonale des Würfels mit den Seitenflächen? In welchem Winkel stoßen die Flächen bei den verschiedenen platonischen Körpern aneinander?
Aus der Formel für die Berechnung des Winkels zwischen zwei Vektoren können Winkel zwischen Geraden oder Ebenen bestimmt werden.
Dabei vereinfacht die Normalenform der Ebenengleichung einige Berechnungen wesentlich.

8.3 Abstandsprobleme

Der Abstand eines Punktes zu einer Geraden oder der Abstand zweier paralleler Geraden im Raum lässt sich mithilfe von „Lotvektoren" recht einfach bestimmen. Andere Abstandsprobleme wie z. B. der Abstand windschiefer Geraden lassen sich auf einfachere Fälle zurückführen.
Abstandsprobleme lassen sich auch als Minimierungsprobleme beschreiben. Dabei bewährt sich das Zusammenspiel von Analytischer Geometrie und Analysis.

8.1 Skalarprodukt und Winkel

Was Sie erwartet

Bisher haben wir uns in der Geometrie im Wesentlichen mit Lagebeziehungen von Punkten, Geraden und Ebenen beschäftigt. Dabei lieferte uns die Darstellung und Beschreibung geometrischer Objekte durch Vektoren eine gute Hilfe. Als Vektoroperationen benötigten wir die Vektor-Addition und die S-Multiplikation.

Zwar haben wir in manchen Objekten auch bereits Längen von Vektoren berechnet, hierfür stand uns aber noch keine geeignete Vektoroperation zur Verfügung.

Mit dem **Skalarprodukt** wird nun eine solche Operation eingeführt. Mithilfe des Skalarproduktes lassen sich die metrischen Eigenschaften wie Länge, Orthogonalität und auch Winkel zwischen Vektoren algebraisch beschreiben und berechnen.

Aufgaben

1 Senkrechte Vektoren im Raum

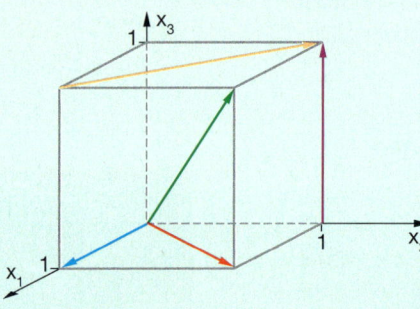

a) Sieht man in dem Bild, welche der farbig eingezeichneten Vektoren senkrecht zueinander stehen? Wie entscheiden Sie?

Mit dem Kriterium aus der unteren Formelsammlung können Sie Ihre Vermutung rechnerisch überprüfen.

b) Wie lässt sich dieses Kriterium begründen?

Hier hilft wieder einmal der Satz des Pythagoras:
$\overline{CA} \perp \overline{CB}$
$\overline{CA}^2 + \overline{CB}^2 = \overline{AB}^2$

Übersetzt in vektorielle Darstellung:

$\vec{a} \perp \vec{b}$
$|\vec{a}|^2 + |\vec{b}|^2 = |\vec{b} - \vec{a}|^2$
$(a_1^2 + a_2^2 + a_3^2) + \ldots = \ldots$

Führen Sie den Beweis zu Ende.

Aus der Formelsammlung:

Zwei Vektoren $\vec{a}$ und $\vec{b}$ sind genau dann senkrecht zueinander, wenn gilt: $a_1 b_1 + a_2 b_2 + a_3 b_3 = 0$.

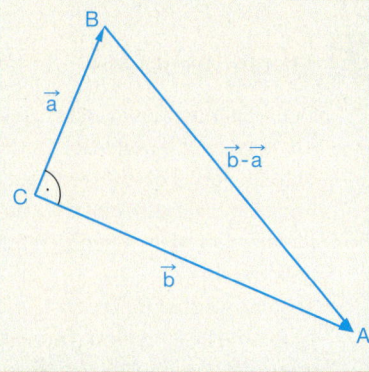

Zur Erinnerung:
Für die Länge eines Vektors $\vec{v}$ gilt:
$|\vec{v}| = \sqrt{v_1^2 + v_2^2 + v_3^2}$
$|\vec{v}|^2 = v_1^2 + v_2^2 + v_3^2$

2 Schätzen, Messen und Berechnen von Winkeln im Raum *Aufgaben*

a) Unter welchem Winkel schneiden sich die Raumdiagonalen im Würfel und im Quader?

Schätzen Sie anhand der Schrägbilder. Wie gut ist Ihre Schätzung?

Entscheiden Sie durch Messen an einem Modell.

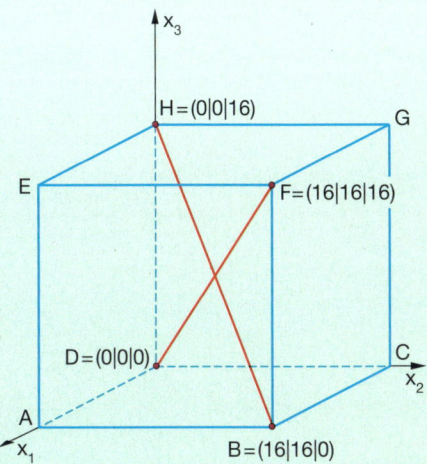

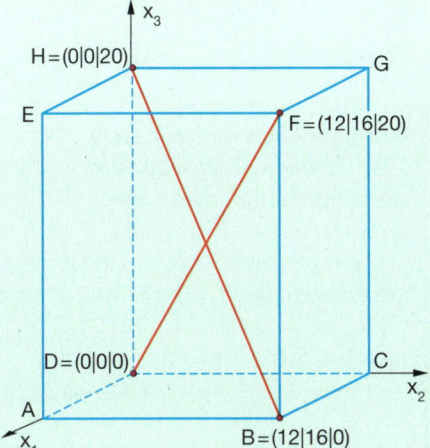

b) Lassen sich die Winkel auch rechnerisch ermitteln? Vielleicht haben Sie in der Mittelstufe den Kosinussatz behandelt. In der Formel kommen die Längen der Dreiecksseiten vor. Diese können wir vektoriell berechnen, z. B. $|\vec{a}| = \left\| \begin{pmatrix} a_1 \\ a_2 \\ a_3 \end{pmatrix} \right\| = \sqrt{a_1^2 + a_2^2 + a_3^2}$.

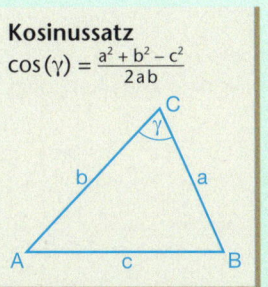

Kosinussatz
$\cos(\gamma) = \dfrac{a^2 + b^2 - c^2}{2ab}$

In vektorieller Schreibweise sieht der Kosinussatz so aus:

$\cos(\gamma) = \dfrac{|\vec{a}|^2 + |\vec{b}|^2 - |(\vec{b} - \vec{a})|^2}{2|\vec{a}||\vec{b}|}$.

Zeigen Sie, dass Sie durch Ausmultiplizieren und Zusammenfassen

$\cos(\gamma) = \dfrac{2(a_1 b_1 + a_2 b_2 + a_3 b_3)}{2\sqrt{a_1^2 + a_2^2 + a_3^2} \cdot \sqrt{b_1^2 + b_2^2 + b_3^2}}$ erhalten.

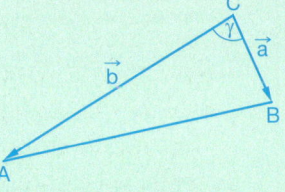

Vergleichen Sie Ihre Messergebnisse mit den Ergebnissen, die Sie mit der Formel berechnen.

8 Skalarprodukt und Messen

Basiswissen

Mithilfe einer weiteren Verknüpfung von Vektoren können Winkel und Längen berechnet werden.

Skalarprodukt von Vektoren

Die Bezeichnung Skalarprodukt ist darauf zurückzuführen, dass das Ergebnis dieser „Multiplikation" eine Zahl ist. Physiker nennen diese Zahlen „Skalare".

$\vec{a} \cdot \vec{b} = a_1 b_1 + a_2 b_2 + a_3 b_3$ heißt **Skalarprodukt** von $\vec{a}$ und $\vec{b}$.

Schreibweise: $\vec{a} \cdot \vec{b}$

Für $\vec{a} = \begin{pmatrix} 2 \\ -3 \\ 1{,}5 \end{pmatrix}$ und $\vec{b} = \begin{pmatrix} 3 \\ 5 \\ 8 \end{pmatrix}$ gilt:

$\vec{a} \cdot \vec{b} = \begin{pmatrix} 2 \\ -3 \\ 1{,}5 \end{pmatrix} \cdot \begin{pmatrix} 3 \\ 5 \\ 8 \end{pmatrix} = 2 \cdot 3 + (-3) \cdot 5 + 1{,}5 \cdot 8 = 3$

Länge eines Vektors

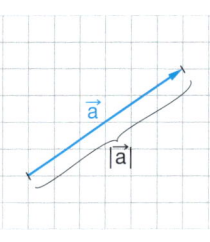

in der Ebene

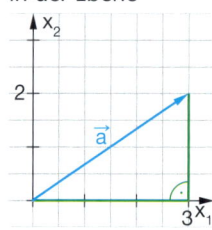

im Raum

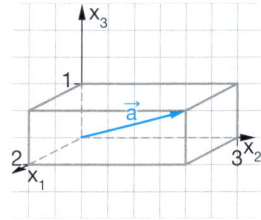

$|\vec{a}| = \sqrt{\vec{a} \cdot \vec{a}} = \sqrt{a_1^2 + a_2^2 + a_3^2}$ $|\vec{a}| = \sqrt{3^2 + 2^2} = \sqrt{13}$ $|\vec{a}| = \sqrt{2^2 + 3^2 + 1^2} = \sqrt{14}$

Orthogonalität von Vektoren

Das Wort **orthogonal** kommt aus dem Griechischen und bedeutet **rechtwinklig**, also **senkrecht aufeinander** stehend.

Zwei Vektoren sind genau dann zueinander orthogonal, wenn $\vec{a} \cdot \vec{b} = 0$.

Mit Koordinaten:
$\vec{a} \perp \vec{b}$
$\Leftrightarrow a_1 b_1 + a_2 b_2 + a_3 b_3 = 0$

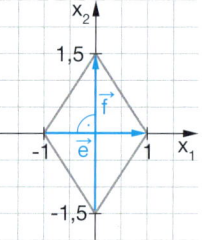

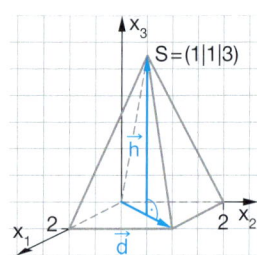

$\vec{e} \cdot \vec{f} = \begin{pmatrix} 2 \\ 0 \end{pmatrix} \cdot \begin{pmatrix} 0 \\ 3 \end{pmatrix}$
$= 2 \cdot 0 + 0 \cdot 3 = 0$

$\vec{d} \cdot \vec{h} = \begin{pmatrix} 2 \\ 2 \\ 0 \end{pmatrix} \cdot \begin{pmatrix} 0 \\ 0 \\ 3 \end{pmatrix}$
$= 2 \cdot 0 + 2 \cdot 0 + 0 \cdot 3 = 0$

Winkel zwischen zwei Vektoren

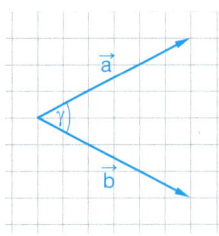

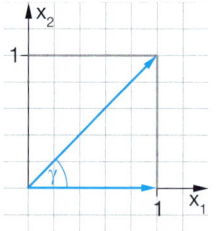

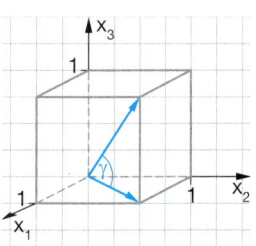

Die Beziehung $\cos(\gamma) = \dfrac{\vec{a} \cdot \vec{b}}{|\vec{a}| \cdot |\vec{b}|}$ kann auch als Definition für das Skalarprodukt verwendet werden:
$\vec{a} \cdot \vec{b} = |\vec{a}| \cdot |\vec{b}| \cdot \cos(\gamma)$

$\cos(\gamma) = \dfrac{\vec{a} \cdot \vec{b}}{|\vec{a}| \cdot |\vec{b}|}$

$= \dfrac{a_1 b_1 + a_2 b_2 + a_3 b_3}{\sqrt{a_1^2 + a_2^2 + a_3^2} \cdot \sqrt{b_1^2 + b_2^2 + b_3^2}}$

$\cos(\gamma) = \dfrac{\begin{pmatrix} 1 \\ 1 \\ 0 \end{pmatrix} \cdot \begin{pmatrix} 1 \\ 1 \\ 1 \end{pmatrix}}{1 \cdot \sqrt{2}} = \dfrac{1}{\sqrt{2}}$

$\Rightarrow \gamma = 45°$

$\cos(\gamma) = \dfrac{\begin{pmatrix} 1 \\ 1 \\ 0 \end{pmatrix} \cdot \begin{pmatrix} 1 \\ 1 \\ 1 \end{pmatrix}}{\sqrt{2} \cdot \sqrt{3}} = \dfrac{2}{\sqrt{6}}$

$\Rightarrow \gamma \approx 35{,}3°$

8.1 Skalarprodukt und Winkel

Beispiele

A | Skalarprodukt

Nennen Sie Unterschiede und Gemeinsamkeiten zwischen dem Skalarprodukt von Vektoren und der bekannten Multiplikation reeller Zahlen.

Lösung:
Das Ergebnis der Multiplikation zweier reeller Zahlen ist wieder eine reelle Zahl.
Beispiel: $3 \cdot (-2) = -6$
Das Skalarprodukt zweier Vektoren ist nicht wieder ein Vektor, sondern eine reelle Zahl.

Beispiel: $\vec{a} = \begin{pmatrix} 1{,}5 \\ 0 \\ 2 \end{pmatrix}, \vec{b} = \begin{pmatrix} -5 \\ 4 \\ 2 \end{pmatrix} \Rightarrow \vec{a} \cdot \vec{b} = 1{,}5 \cdot (-5) + 0 \cdot 4 + 2 \cdot 2 = -3{,}5$

Das Skalarprodukt kann positiv, negativ oder 0 sein.
Beide Verknüpfungen sind kommutativ.

B | Winkel im Dreieck – Schätzen und Berechnen

a) Begründen Sie geometrisch und rechnerisch, dass das Dreieck BCH im Einheitswürfel rechtwinklig ist.
b) Wie groß sind die beiden anderen Winkel? Schätzen und berechnen Sie.

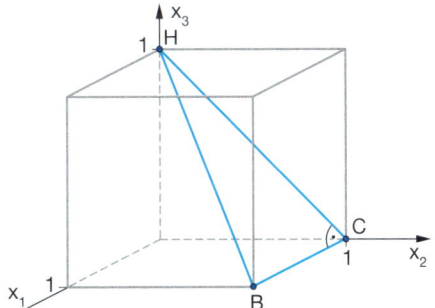

Lösung:
a) Geometrische Begründung:
Die Seite $\overline{CH}$ liegt auf der hinteren Würfelfläche und bildet daher mit der Würfelkante $\overline{BC}$ einen rechten Winkel.
Rechnerische Begründung:
Koordinaten der Eckpunkte: $B = (1|1|0)$, $C = (0|1|0)$ und $H = (0|0|1)$

Vektoren: $\vec{CB} = \begin{pmatrix} 1 \\ 0 \\ 0 \end{pmatrix}$ und $\vec{CH} = \begin{pmatrix} 0 \\ -1 \\ 1 \end{pmatrix}$

Geometrie

Skalarprodukt: $\vec{CB} \cdot \vec{CH} = 1 \cdot 0 + 0 \cdot (-1) + 0 \cdot 1 = 0$
Somit ist der Winkel bei C ein rechter Winkel.

b) Der Winkel γ bei H ist geschätzt 30° groß, und damit muss der Winkel bei B etwa 60° groß sein.

$\vec{HB} = \begin{pmatrix} 1 \\ 1 \\ -1 \end{pmatrix}$ und $\vec{HC} = \begin{pmatrix} 0 \\ 1 \\ -1 \end{pmatrix}$. Somit ist $\cos(\gamma) = \dfrac{\begin{pmatrix} 1 \\ 1 \\ -1 \end{pmatrix} \cdot \begin{pmatrix} 0 \\ 1 \\ -1 \end{pmatrix}}{\sqrt{3} \cdot \sqrt{2}} = \dfrac{2}{\sqrt{6}}$.

Also $\cos(\gamma) \approx 0{,}82 \Rightarrow \gamma \approx 35{,}3°$.
Der Winkel bei B beträgt dann ca. 54,7°.

Wenn man den Winkel zwischen $\vec{HB} = \begin{pmatrix} 1 \\ 1 \\ -1 \end{pmatrix}$ und $\vec{CH} = \begin{pmatrix} 0 \\ -1 \\ 1 \end{pmatrix}$ berechnet, erhält man

$\cos(\gamma) = \dfrac{\begin{pmatrix} 1 \\ 1 \\ -1 \end{pmatrix} \cdot \begin{pmatrix} 0 \\ -1 \\ 1 \end{pmatrix}}{\sqrt{3} \cdot \sqrt{2}} = \dfrac{-2}{\sqrt{6}}$. Also $\cos(\gamma) \approx -0{,}82 \Rightarrow \gamma \approx 144{,}7°$.

Je nach Orientierung der beiden Vektoren erhält man den spitzen Winkel oder den Ergänzungswinkel zu 180°.

Übungen

3 | Skalarprodukt berechnen
Berechnen Sie die Skalarprodukte.

a) $\begin{pmatrix} 2 \\ -6 \\ 1 \end{pmatrix} \cdot \begin{pmatrix} 0{,}5 \\ 2 \\ 8 \end{pmatrix}$
b) $\begin{pmatrix} -3 \\ 0 \\ -2 \end{pmatrix} \cdot \begin{pmatrix} 2 \\ 3 \\ -2 \end{pmatrix}$
c) $\begin{pmatrix} 3 \\ 1 \\ 2 \end{pmatrix} \cdot \begin{pmatrix} 1 \\ -4 \\ 0{,}5 \end{pmatrix}$
d) $\begin{pmatrix} -2 \\ 4 \\ -5 \end{pmatrix} \cdot \begin{pmatrix} 1 \\ 1 \\ 2 \end{pmatrix}$
e) $\begin{pmatrix} -1 \\ 2 \\ 3 \end{pmatrix} \cdot \begin{pmatrix} 3 \\ 2 \\ 1 \end{pmatrix}$

Lösungen
−8; −3; −2; 0; 4

Übungen

4 *Hinsehen und Nachrechnen*
Nehmen Sie Stellung zu den Berechnungen.

a) $\begin{pmatrix} 2 \\ 4 \\ -3 \end{pmatrix} \cdot \begin{pmatrix} 1 \\ 0{,}5 \\ -3 \end{pmatrix} = \begin{pmatrix} 2 \\ 2 \\ 9 \end{pmatrix}$ b) $\begin{pmatrix} 1 \\ 1 \\ 1 \end{pmatrix} \cdot \begin{pmatrix} 1 \\ 1 \\ 1 \end{pmatrix} = 1$ c) $\begin{pmatrix} 0 \\ 1 \\ 1 \end{pmatrix} \cdot \begin{pmatrix} 1 \\ 0 \\ 0 \end{pmatrix} = 3$ d) $\begin{pmatrix} 1 \\ 2 \\ 3 \end{pmatrix} \cdot \begin{pmatrix} 2 \\ 3 \\ 1 \end{pmatrix} = 11$

5 *Senkrechte Vektoren suchen*
a) Bestimmen Sie zwei nicht kollineare Vektoren $\vec{x} = \begin{pmatrix} x_1 \\ x_2 \\ x_3 \end{pmatrix}$ und $\vec{y} = \begin{pmatrix} y_1 \\ y_2 \\ y_3 \end{pmatrix}$, die senkrecht zu $\vec{a} = \begin{pmatrix} 1 \\ 0 \\ 1 \end{pmatrix}$ sind.

b) Ermitteln Sie einen Vektor $\vec{x} = \begin{pmatrix} x_1 \\ x_2 \\ x_3 \end{pmatrix}$, der zu $\vec{a} = \begin{pmatrix} 1 \\ 0 \\ 1 \end{pmatrix}$ und $\vec{b} = \begin{pmatrix} 2 \\ 2 \\ 1 \end{pmatrix}$ senkrecht ist.

6 *Geometrische Beziehung und Skalarprodukt*
Drücken Sie die Beziehungen mithilfe des Skalarproduktes aus.
a) Das Viereck ABCD ist ein Rechteck.

b) Die Vektoren $\vec{a}$ und $\vec{b}$ sind kollinear.

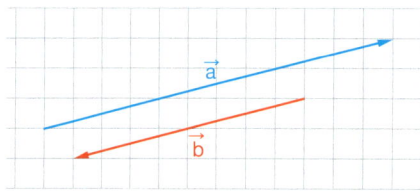

7 *Rechter Winkel*
Eine der Flächendiagonalen $\overline{EB}$ und $\overline{BG}$ steht senkrecht auf der Kante $\overline{BC}$, die andere nicht. Zeigen Sie dies rechnerisch.

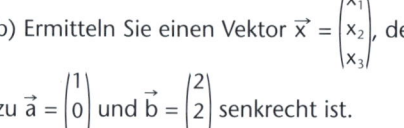

8 *Kollineare Vektoren*
Begründen Sie geometrisch und rechnerisch: Wenn die Vektoren $\vec{a}$ und $\vec{b}$ zueinander senkrecht sind, dann sind es auch die Vektoren $r\vec{a}$ und $s\vec{b}$ mit $r \neq 0$; $s \neq 0$; $r, s \in \mathbb{R}$.

9 *Winkel im Spat*
Die Vektoren $\vec{a} = \begin{pmatrix} 0 \\ 3 \\ 1{,}5 \end{pmatrix}$, $\vec{b} = \begin{pmatrix} 4 \\ 4 \\ 4 \end{pmatrix}$ und $\vec{c} = \begin{pmatrix} 2 \\ 6 \\ 1 \end{pmatrix}$ spannen einen Spat auf.

a) Berechnen Sie die Kantenlängen des Spates und die Winkel in O.
b) Wie ändern sich die Winkelgrößen, wenn die Kantenlängen des Spates verdoppelt werden? Begründen Sie geometrisch und rechnerisch.

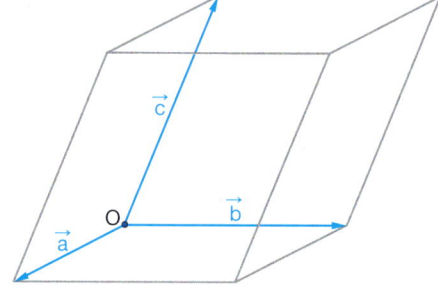

Spat

Aus einem Lexikon:
Als Spat (auch Parallelflach oder Parallelepiped) bezeichnet man in der Geometrie einen Körper, der von sechs paarweise kongruenten Parallelogrammen begrenzt wird.
Die Bezeichnung Spat rührt vom Kalkspat (Calcit, chemisch: $CaCO_3$) her, dessen Kristalle die Form eines Parallelflachs aufweisen.

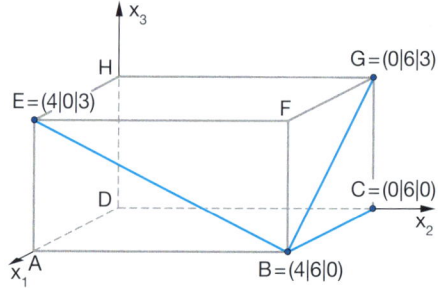

10 Winkel und Ergänzungswinkel

Martin will den Winkel ε bestimmen. Er schätzt 60°.
Rechnerisch bestimmt er ε mithilfe des Skalarproduktes der Vektoren
$\vec{AC} = \begin{pmatrix} 4 \\ 2 \end{pmatrix}$ und $\vec{CB} = \begin{pmatrix} 0 \\ -2 \end{pmatrix}$ und erhält
$\cos(\varepsilon) = \frac{\begin{pmatrix} 4 \\ 2 \end{pmatrix} \cdot \begin{pmatrix} 0 \\ -2 \end{pmatrix}}{\sqrt{20} \cdot \sqrt{4}} = \frac{-4}{4 \cdot \sqrt{5}}$, also $\varepsilon \approx 116{,}6°$.

a) Wie kann das passieren? Bestimmen Sie ε mithilfe der Trigonometrie.

b) Bestimmen Sie ε mit $\vec{CA}$ und $\vec{CB}$. Bestimmen Sie ε ebenfalls mit $\vec{AC}$ und $\vec{BC}$. Was stellen Sie fest?

11 Gestreckte Pyramide

Wie verändern sich in der quadratischen Pyramide die Winkel γ und ε, wenn die Höhe der Pyramide verdoppelt wird? Schätzen und berechnen Sie.

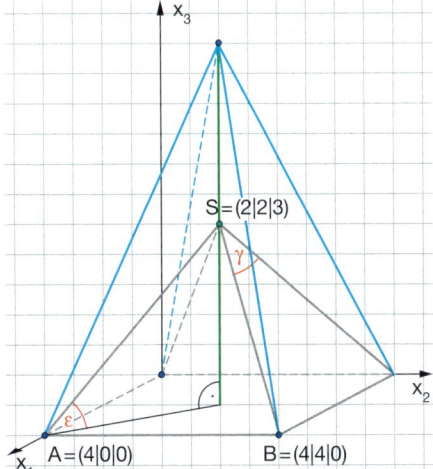

12 Längen und Winkel

Bestimmen Sie im Einheitswürfel die Längen der Strecken $\overline{AC}$, $\overline{AG}$ und $\overline{HC}$ sowie die Winkel ∢(AG, AB); ∢(AG, AC); ∢(AG, CG) sowohl elementargeometrisch mit rechtwinkligen Dreiecken als auch mit dem Skalarprodukt von Vektoren.
Vergleichen Sie die beiden Lösungswege.

 Geometrie

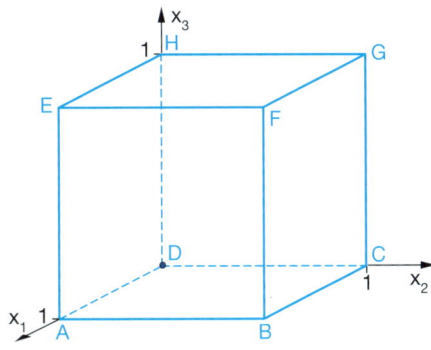

13 Senkrechte Vektoren im Würfel

Welche der auf dem Würfel eingezeichneten Vektoren stehen senkrecht zueinander? Schätzen Sie und rechnen Sie nach.

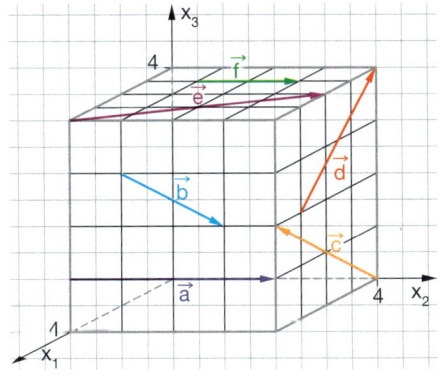

14 Quadrat

Bestimmen Sie D rechnerisch so, dass das Viereck ABCD mit A = (0|0|1), B = (0|5|1) und C = (3|5|5) ein Quadrat ist.
Verschiedene Wege sind möglich.

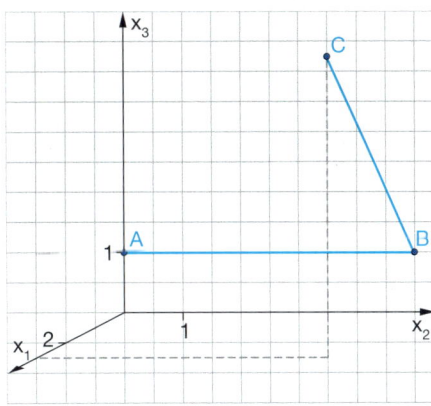

Übungen

15 *Winkel in quadratischer Pyramide*
Schätzen und berechnen Sie jeweils die Größen der eingezeichneten Winkel δ, φ und ε.

zu den Aufgaben 15 bis 20:

Geometrie

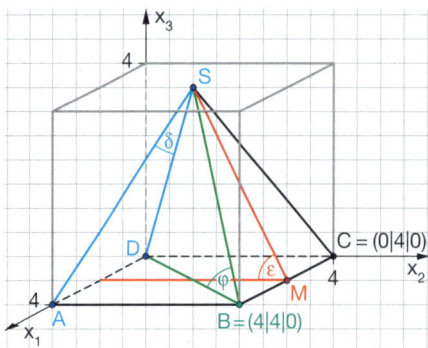

16 *Oktaeder*
Die Kanten eines Oktaeders sind gleich lang. Weisen Sie rechnerisch nach, dass die angegebene Figur ein Oktaeder ist.

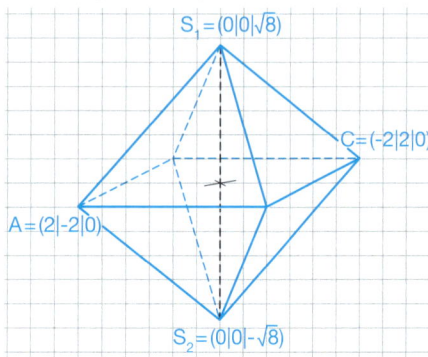

---

17 und **18**:
Hier helfen Geradengleichung
g: $\vec{x} = \vec{a} + t\vec{v}$
oder Ebenengleichung
E: $\vec{x} = \vec{a} + r\vec{v} + s\vec{w}$.

17 *Raumdiagonalen im Würfel*
a) Berechnen Sie den Schnittwinkel zweier Raumdiagonalen im Einheitswürfel.
b) Ändert sich der Winkel in einem Würfel mit der Kantenlänge a? Begründen Sie geometrisch und rechnerisch.

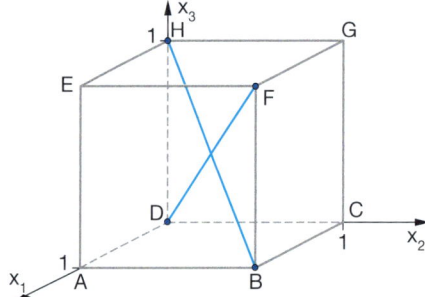

18 *Quadrat oder Raute?*
In einem Würfel mit der Kantenlänge a werden zwei Flächen- und zwei Kantenmittelpunkte zu einem Viereck verbunden. Handelt es sich um ein ebenes Viereck? Welche Form hat es? Stellen Sie Vermutungen auf und überprüfen Sie diese rechnerisch.

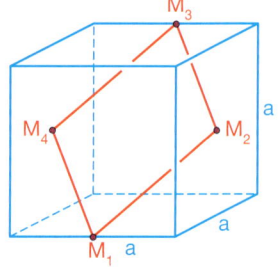

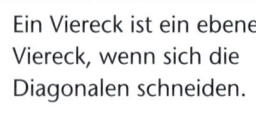
Ein Viereck ist ein ebenes Viereck, wenn sich die Diagonalen schneiden.

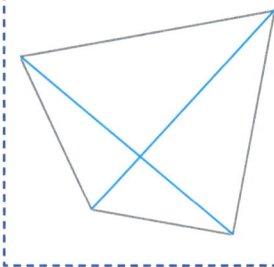

19 *Winkelsumme im Viereck*
a) Bestimmen Sie die Innenwinkel im Viereck ABCD mit A = (4|0|2), B = (6|6|0), C = (0|8|4) und D = (0|0|0).
Was fällt auf? Woran liegt das?

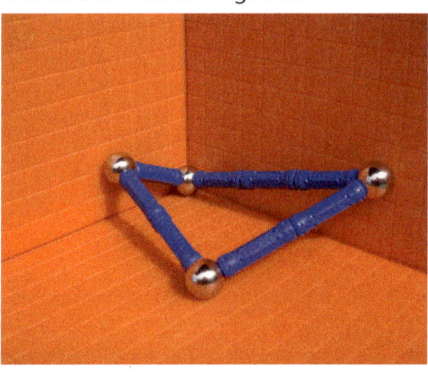

b) Verändern Sie D so, dass das Viereck eine Winkelsumme von 360° hat.

20 *Viereck in quadratischer Pyramide*

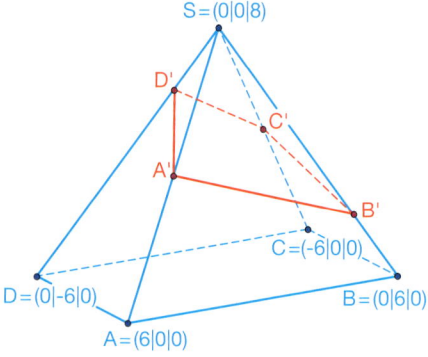

Die Punkte A', B', C' und D' liegen in unterschiedlichen Höhen zur Pyramidengrundfläche auf den Pyramidenkanten: B' auf der Höhe 2, A' und C' auf der Höhe 4 und D' auf der Höhe 6.
Ist A'B'C'D' ein ebenes Viereck?

8.1 Skalarprodukt und Winkel

21 *Produkte – genauer hingeschaut*
Erläutern Sie die beiden „Topfbilder".

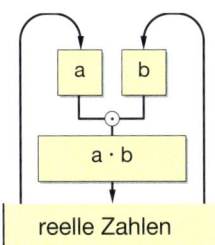
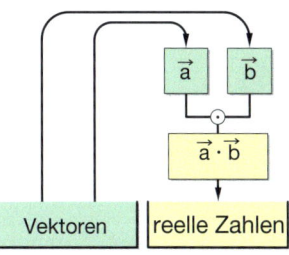

Übungen
Strukturuntersuchungen für Vektorverknüpfungen

22 *Termanalyse*
In Vektortermen lassen sich verschiedene Rechenoperationen nicht immer durch die Rechenzeichen unterscheiden. Die Verwendung verschiedener Symbole kann hier Klarheit schaffen. Schreiben Sie die Terme mit den angegebenen Symbolen.

$(3 \cdot \vec{a} + \vec{b}) \cdot \vec{c} = (3 \circ \vec{a} \oplus \vec{b}) \otimes \vec{c}$

a) $\vec{a} \cdot (\vec{b} + 5 \cdot \vec{c})$ b) $((2 \cdot 3) \cdot \vec{a} + \vec{b}) \cdot \vec{c}$ c) $(\vec{a} \cdot \vec{b} + 3) \cdot \vec{c}$
d) $(\vec{a} \cdot \vec{b} + \vec{a} \cdot \vec{c}) \cdot (3 \cdot \vec{a} + (2 + 3) \cdot \vec{b})$

- $\oplus$ Vektoraddition
- $+$ Addition reeller Zahlen
- $\circ$ S-Multiplikation
- $\cdot$ Multiplikation reeller Zahlen
- $\otimes$ Skalarprodukt

23 *Eigenschaften des Skalarprodukts*
Welche der bekannten Rechengesetze für reelle Zahlen lassen sich auf das Rechnen mit dem Skalarprodukt übertragen?
Der folgende Beweis des Distributivgesetzes beim Rechnen mit Vektoren ist nicht so, wie er sein sollte. Bringen Sie die Karten in die richtige Reihenfolge:

Distributivgesetz:
Für alle Vektoren $\vec{a}, \vec{b}$ und $\vec{c}$ gilt: $(\vec{a} + \vec{b}) \cdot \vec{c} = \vec{a} \cdot \vec{c} + \vec{b} \cdot \vec{c}$

Beweis:

Ⓘ $a_1c_1 + a_2c_2 + a_3c_3 + b_1c_1 + b_2c_2 + b_3c_3 =$

Ⓘ Ⓘ $\vec{a} \cdot \vec{c} + \vec{b} \cdot \vec{c}$

Ⓥ $\left(\begin{pmatrix} a_1 \\ a_2 \\ a_3 \end{pmatrix} + \begin{pmatrix} b_1 \\ b_2 \\ b_3 \end{pmatrix}\right) \cdot \begin{pmatrix} c_1 \\ c_2 \\ c_3 \end{pmatrix} =$

Ⓘ Ⓘ Ⓘ $(\vec{a} + \vec{b}) \cdot \vec{c} =$ Ⓘ Ⓥ $(a_1 + b_1)c_1 + (a_2 + b_2)c_2 + (a_3 + b_3)c_3 =$

Ⓥ Ⓘ $a_1c_1 + b_1c_1 + a_2c_2 + b_2c_2 + a_3c_3 + b_3c_3 =$

Ⓥ Ⓘ Ⓘ $\begin{pmatrix} a_1 + b_1 \\ a_2 + b_2 \\ a_3 + b_3 \end{pmatrix} \cdot \begin{pmatrix} c_1 \\ c_2 \\ c_3 \end{pmatrix} =$

Ⓥ Ⓘ Ⓘ Ⓘ $\begin{pmatrix} a_1 \\ a_2 \\ a_3 \end{pmatrix} \cdot \begin{pmatrix} c_1 \\ c_2 \\ c_3 \end{pmatrix} + \begin{pmatrix} b_1 \\ b_2 \\ b_3 \end{pmatrix} \cdot \begin{pmatrix} c_1 \\ c_2 \\ c_3 \end{pmatrix} =$

Eigenschaften des Skalarproduktes
Für alle Vektoren $\vec{a}, \vec{b}$ und $\vec{c}$ und für alle reellen Zahlen s gilt:
I: $\vec{a} \cdot \vec{b} = \vec{b} \cdot \vec{a}$ (Kommutativgesetz)
II: $(s\vec{a}) \cdot \vec{b} = s(\vec{a} \cdot \vec{b})$ („Assoziativgesetz")
III: $(\vec{a} + \vec{b}) \cdot \vec{c} = \vec{a} \cdot \vec{c} + \vec{b} \cdot \vec{c}$ (Distributivgesetz)

---

24 *Eigenschaften des Skalarproduktes*
a) Beweisen Sie die Eigenschaften I (Kommutativgesetz) und II („Assoziativgesetz").
b) Zeigen Sie an einem geeigneten Beispiel, dass das Assoziativgesetz $(a \cdot b) \cdot c = a \cdot (b \cdot c)$ der Multiplikation reeller Zahlen nicht für das Skalarprodukt von Vektoren gilt.

25 *Wahr oder falsch?*
Die folgenden Aussagen gelten für reelle Zahlen. Hier stehen sie für Vektoren. Welche Aussagen sind wahr? Begründen Sie Ihre Entscheidung.

a) $(\vec{a} + \vec{b})^2 = \vec{a}^2 + 2\vec{a} \cdot \vec{b} + \vec{b}^2$ b) $(\vec{a} \cdot \vec{a})(\vec{b} \cdot \vec{b}) = (\vec{a} \cdot \vec{b})(\vec{a} \cdot \vec{b})$
c) Wenn $\vec{a} \cdot \vec{b} = \vec{a} \cdot \vec{c}$, dann $\vec{b} = \vec{c}$.   d) $\vec{a} \cdot \vec{b} = \vec{0} \Leftrightarrow \vec{a} = \vec{0}$ oder $\vec{b} = \vec{0}$

8 Skalarprodukt und Messen

Übungen

Beweise mithilfe des Skalarproduktes

Mithilfe des Skalarproduktes und seiner Eigenschaften (vgl. Seite 327) lassen sich manche Sätze aus der Elementargeometrie „rechnerisch" beweisen.

Beweis des Satzes des Thales mithilfe des Skalarproduktes

Satz des Thales:
„Liegen die Eckpunkte eines Dreiecks so auf einem Kreis, dass eine Seite des Dreiecks der Kreisdurchmesser ist, dann ist das Dreieck rechtwinklig."

Beweis:
Es gilt: $\vec{a} = \vec{r}_1 + \vec{r}_2$
$\vec{b} = \vec{r}_2 - \vec{r}_1$
$|\vec{r}_1| = |\vec{r}_2|$

Daraus folgt:
$\vec{a} \cdot \vec{b} = (\vec{r}_1 + \vec{r}_2) \cdot (\vec{r}_2 - \vec{r}_1)$
$= -\vec{r}_1 \cdot \vec{r}_1 + \vec{r}_2 \cdot \vec{r}_2$
$= -|\vec{r}_1|^2 + |\vec{r}_2|^2$
$= 0$

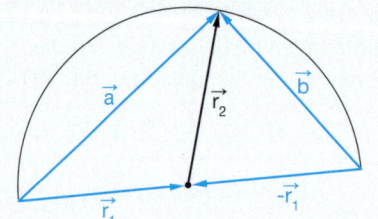

26 *Gleichschenkliges Dreieck*
Mithilfe der Vektorrechnung soll gezeigt werden, dass im gleichschenkligen Dreieck eine Seitenhalbierende senkrecht auf der dazugehörenden Seite steht und dass die Winkel an dieser Seite gleich groß sind.
a) Rechnen Sie dies für das Dreieck ABC mit A = (1|1), B = (4|5) und C = (1|6) nach.
b) Zeigen Sie es allgemein.

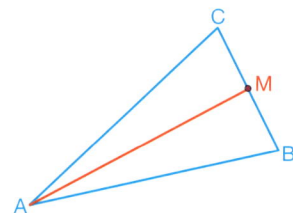

27 *Basiswinkel*
Zeigen Sie, dass die Basiswinkel im gleichschenkligen Dreieck gleich groß sind.

28 *Drachenviereck*
Zeigen Sie, dass die Diagonalen im Drachenviereck senkrecht zueinander sind.

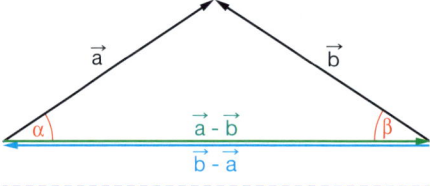

Tipp:
Es gilt: $|\vec{a}| = |\vec{b}|$
Zu zeigen ist: $\alpha = \beta$
Berechnen Sie $\cos(\alpha)$ und $\cos(\beta)$.

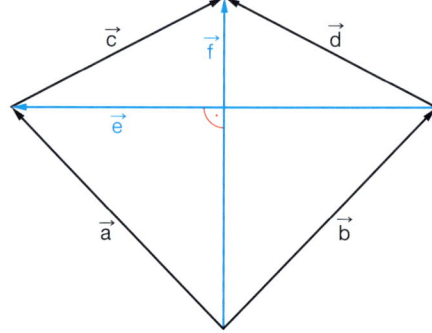

29 *Im rechtwinkligen Dreieck*
a) Stellen Sie die Vektoren $\vec{a}$ und $\vec{b}$ durch die Vektoren $\vec{h}$, $\vec{p}$ und $\vec{q}$ dar und bilden Sie das Skalarprodukt von $\vec{a}$ und $\vec{b}$. Welcher geometrische Satz ist damit bewiesen?
b) Zeigen Sie: $\vec{a} \cdot \vec{c} = \vec{p} \cdot \vec{c}$
c) Multiplizieren Sie $\vec{a} + \vec{b} = \vec{c}$ auf beiden Seiten mit $\vec{a}$ und nutzen Sie Teil b). Interpretieren Sie das Ergebnis.

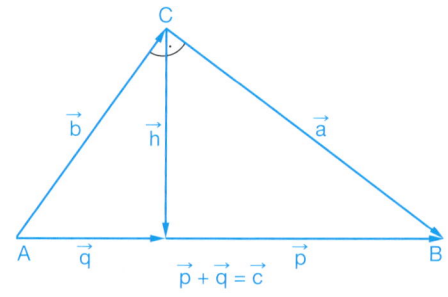

8.1 Skalarprodukt und Winkel

Übungen

30 *Geometrische Beziehungen und Vektorgleichungen*
Geometrische Beziehungen können mithilfe von Vektorgleichungen beschrieben werden.
Welche Gleichung passt zu welchem Bild?

Ⓐ $(\vec{a} + \vec{b}) \cdot (\vec{a} - \vec{b}) = 0$ Ⓑ $(\vec{b} - \vec{a}) \cdot \vec{a} = 0$ Ⓒ $|\vec{a} + \vec{b}| = |\vec{a} - \vec{b}|$

Ⓘ rechtwinkliges Dreieck   Ⓘ Ⓘ Quadrat   Ⓘ Ⓘ Ⓘ Rechteck

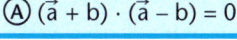
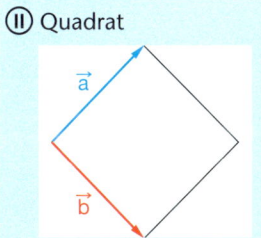
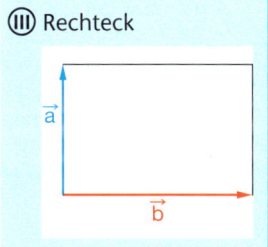

31 *Vierecke*

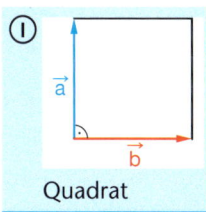
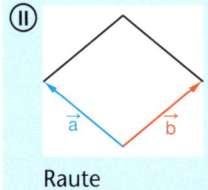
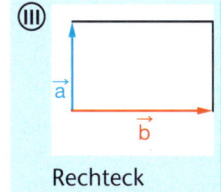
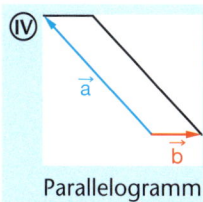

Ⓘ Quadrat   Ⓘ Ⓘ Raute   Ⓘ Ⓘ Ⓘ Rechteck   Ⓘ V Parallelogramm

Welche Figur wird durch $\vec{x} = r\vec{a} + s\vec{b}$ mit $0 \leq r, s \leq 1$ beschrieben?

Ⓐ $\vec{a} = \begin{pmatrix} 1 \\ 2 \\ 3 \end{pmatrix}, \vec{b} = \begin{pmatrix} -2 \\ 1 \\ 0 \end{pmatrix}$ Ⓑ $\vec{a} = \begin{pmatrix} -1 \\ -3 \\ 5 \end{pmatrix}, \vec{b} = \begin{pmatrix} 4 \\ 2 \\ 3 \end{pmatrix}$ Ⓒ $\vec{a} = \begin{pmatrix} 4 \\ 2 \\ 5 \end{pmatrix}, \vec{b} = \begin{pmatrix} -3 \\ 6 \\ 0 \end{pmatrix}$ Ⓓ $\vec{a} = \begin{pmatrix} 5 \\ 6 \\ 1 \end{pmatrix}, \vec{b} = \begin{pmatrix} 2 \\ 7 \\ 3 \end{pmatrix}$

KOPFÜBUNGEN

1 Bei einer Lotterie steht auf 10 % der Lose „Gewinn 5 €", auf 20 % der Lose „Gewinn 2 €" und auf 50 % der Lose „Gewinn 1 €". Die anderen Lose sind Nieten. Bestimmen Sie den Preis der Lose, sodass der Veranstalter
  a) insgesamt keinen Gewinn macht,
  b) im Mittel pro Los mindestens 50 ct verdient.

2 Geben Sie jeweils eine passende lineare Funktionsgleichung an:
  a) Der Graph verläuft durch den 1., 2. und 4. Quadranten.
  b) Der Graph hat eine positive Steigung und schneidet die x-Achse in (4 | 0).
  c) Die Graph ist parallel zur x-Achse und verläuft durch den Punkt $\left(-\frac{1}{2} \mid -\frac{3}{5}\right)$.

3 Ein Tauchboot bewegt sich nahezu konstant pro Minute um den Vektor
  $\vec{v} = \begin{pmatrix} 2 \\ 1 \\ 2 \end{pmatrix}$. Ändern Sie genau eine Koordinate so, dass es sich um einen Tauchvorgang handelt und sich das Boot dabei
  a) mit der gleichen Geschwindigkeit bewegt,
  b) mit der doppelten Geschwindigkeit bewegt.

4 Geben Sie alle möglichen Werte für a, b und c so an, dass M eine stochastische Matrix ist: $M = \begin{pmatrix} a & b & c \\ 0 & b & c \\ a & b & 1-2c \end{pmatrix}$

Aufgaben

32 *Eine andere Definition des Skalarprodukts – koordinatenfrei*
Aus der Winkelbeziehung des Skalarprodukts folgt koordinatenfrei unmittelbar
$\vec{a} \cdot \vec{b} = |\vec{a}| \cdot |\vec{b}| \cdot \cos(\gamma)$.
Zeigen Sie mit dieser Definition:

a) Wenn $\vec{a} = r\vec{b}$ ist, dann ist $\vec{a} \cdot \vec{b}$ gleich dem Flächeninhalt des Rechtecks mit den Kantenlängen $|\vec{a}|$ und $|\vec{b}|$.

b) Wenn $\vec{a}$ nicht kollinear zu $\vec{b}$ ist, dann ist $\vec{a} \cdot \vec{b}$ gleich dem Flächeninhalt des Rechtecks mit der Kantenlänge $|\vec{a}|$ und der Länge der Projektion von $\vec{b}$ auf $\vec{a}$ (auch $\vec{b}_{\vec{a}}$).

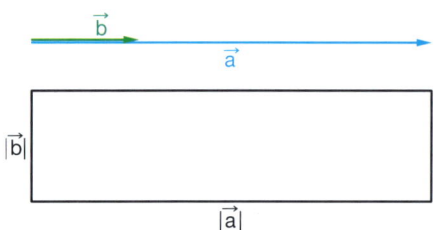
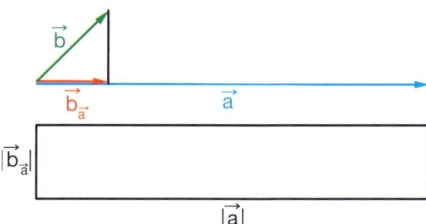

Vektoren in der Physik

In der Physik gibt es Größen, bei denen sowohl der Betrag als auch die Richtung eine Rolle spielen, zum Beispiel Geschwindigkeiten und Kräfte. Wenn man diese Größen als Vektoren beschreibt, so lassen sich manche physikalische Probleme durch das Rechnen mit Vektoren übersichtlich darstellen und lösen.

Vektoraddition bei der Flussüberquerung

Die Fähre möchte den Fluss auf möglichst kurzem Weg überqueren. Hierbei spielen zwei Geschwindigkeiten eine Rolle: Die Strömungsgeschwindigkeit des Flusses v_F und die Eigengeschwindigkeit v_B des Bootes. Es gilt für die tatsächliche Geschwindigkeit v des Bootes: $\vec{v} = \vec{v}_F + \vec{v}_B$

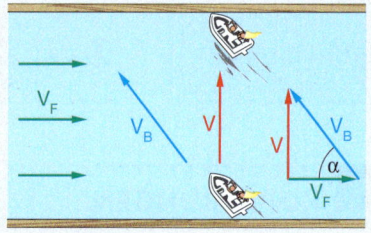

Daraus lassen sich Richtung und Betrag von $\vec{v}$ ablesen.

Skalarprodukt bei der Arbeit

Ein Draisinenfahrzeug wird zum Rangieren mit einem Seil gezogen. Wenn die Kraft $\vec{F}$ und der zurückgelegte Weg $\vec{s}$ in der Richtung übereinstimmen, dann kann man die aufgewendete Arbeit W als Produkt „Kraft mal Weg" $W = |\vec{F}| \cdot |\vec{s}|$ berechnen. Falls die Kraft $\vec{F}$ nicht in Richtung des Weges $\vec{s}$ wirkt, müssen wir den Kraftvektor $\vec{F}$ in zwei Komponenten zerlegen, nämlich in eine Komponente $\vec{F}_1$, die in Richtung von $\vec{s}$ wirkt und eine Komponente $\vec{F}_2$, die senkrecht zu $\vec{s}$ wirkt. Nur die Komponente $\vec{F}_1$ liefert dann einen Beitrag zur Arbeit.
Es gilt: $W = |\vec{F}| \cdot |\vec{s}| \cdot \cos\sphericalangle(\vec{F}, \vec{s})$.
Dies ist nichts anderes als das Skalarprodukt von $\vec{F}$ und $\vec{s}$: $W = \vec{F} \cdot \vec{s}$.
Der erste Fall lässt sich als Spezialfall mit dem Skalarprodukt darstellen, denn es gilt $\sphericalangle(\vec{F}, \vec{s}) = 0°$ und damit $\cos\sphericalangle(\vec{F}, \vec{s}) = 1$.

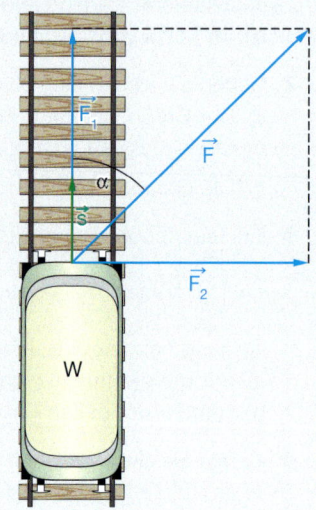

8.2 Winkel zwischen Geraden und Ebenen

Mit Tetraedern und Oktaedern gleicher Kantenlänge lässt sich der Raum lückenlos füllen. Dies hat etwas mit den Winkeln zwischen den Seitenflächen dieser beiden platonischen Körper zu tun. Mithilfe der Formel für die Berechnung von Winkeln zwischen zwei Vektoren können Winkel zwischen Geraden oder Ebenen bestimmt werden. Dabei muss zunächst überlegt werden, wie die Winkel zwischen Geraden, zwischen Gerade und Ebene und zwischen Ebenen mithilfe von charakteristischen Vektoren definiert werden. Eine wichtige Rolle spielt der Normalenvektor einer Ebene. Mit der Normalenform einer Ebenengleichung wird die bisher überwiegend verwendete Punkt-Richtungs-Form um eine vielfach verwendbare algebraische Beschreibung der Ebene ergänzt.

Was Sie erwartet

Aufgaben

1 *Orthogonale Vektoren*

a) Welche der Vektoren sind orthogonal zur Geraden beziehungsweise zur Ebene?

Benutzen Sie die Aussagen auf den Karten.

Gerade in der Ebene

$g: \vec{x} = \begin{pmatrix} 2 \\ 3 \end{pmatrix} + t \begin{pmatrix} -4 \\ 5 \end{pmatrix}$

$\vec{a} = \begin{pmatrix} 5 \\ 4 \end{pmatrix}; \vec{b} = \begin{pmatrix} 15 \\ 12 \end{pmatrix}; \vec{c} = \begin{pmatrix} 5 \\ -4 \end{pmatrix}$

Ein Vektor ist orthogonal zu einer Geraden in der Ebene, wenn er orthogonal zum Richtungsvektor der Geraden ist.

Gerade im Raum

$h: \vec{x} = \begin{pmatrix} 2 \\ 3 \\ 1 \end{pmatrix} + t \begin{pmatrix} -1 \\ -2 \\ 5 \end{pmatrix}$

$\vec{a} = \begin{pmatrix} 0 \\ 5 \\ 2 \end{pmatrix}; \vec{b} = \begin{pmatrix} 5 \\ 0 \\ 1 \end{pmatrix}; \vec{c} = \begin{pmatrix} 2 \\ -1 \\ 0 \end{pmatrix}$

Ein Vektor ist orthogonal zu einer Geraden im Raum, wenn er orthogonal zum Richtungsvektor der Geraden ist.

Ebene im Raum

$E: \vec{x} = \begin{pmatrix} -1 \\ 2 \\ 4 \end{pmatrix} + r \begin{pmatrix} 2 \\ -3 \\ 1 \end{pmatrix} + s \begin{pmatrix} -1 \\ 4 \\ 2 \end{pmatrix}$

$\vec{a} = \begin{pmatrix} 2 \\ 1 \\ -1 \end{pmatrix}; \vec{b} = \begin{pmatrix} -4 \\ -2 \\ 2 \end{pmatrix}; \vec{c} = \begin{pmatrix} 3 \\ 2 \\ 0 \end{pmatrix}$

Ein Vektor ist orthogonal zu einer Ebene, wenn er orthogonal zu beiden Richtungsvektoren der Ebene ist.

b) In den Bildern sind jeweils zu einer Geraden oder einer Ebene orthogonale Vektoren eingezeichnet. Was können Sie jeweils über die blauen, orthogonalen Vektoren in den Bildern aussagen?

Gerade in der Ebene

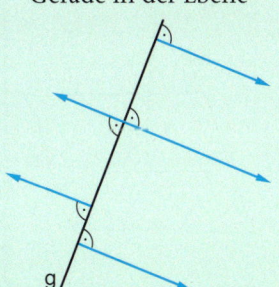

Gerade im Raum

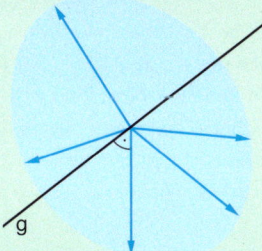

Ebene im Raum

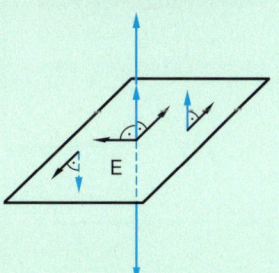

8 Skalarprodukt und Messen

Aufgaben

2 Winkel zwischen Geraden und Ebenen

Den Winkel zwischen zwei Vektoren können wir bereits mit dem Skalarprodukt bestimmen.
Wie kann man den Winkel zwischen Geraden und Ebenen bestimmen?
Versuchen Sie es an den Beispielen.

Schnittwinkel von Geraden

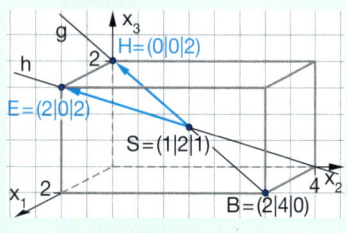

Schnittwinkel von Ebenen

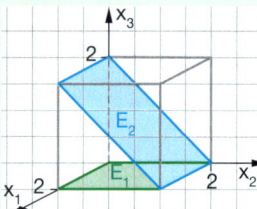

Schnittwinkel von Ebene und Gerade

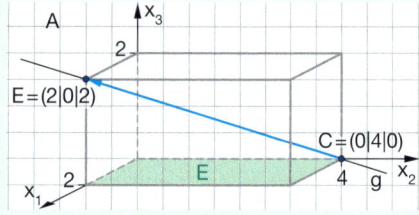

$g: \vec{x} = \begin{pmatrix} 1 \\ 2 \\ 1 \end{pmatrix} + t \begin{pmatrix} -1 \\ -2 \\ 1 \end{pmatrix}$

$h: \vec{x} = \begin{pmatrix} 1 \\ 2 \\ 1 \end{pmatrix} + t \begin{pmatrix} 1 \\ -2 \\ 1 \end{pmatrix}$

$E_1: \vec{x} = \begin{pmatrix} 2 \\ 0 \\ 0 \end{pmatrix} + r \begin{pmatrix} 0 \\ 2 \\ 0 \end{pmatrix} + s \begin{pmatrix} -2 \\ 2 \\ 0 \end{pmatrix}$

$E_2: \vec{x} = \begin{pmatrix} 2 \\ 2 \\ 0 \end{pmatrix} + r \begin{pmatrix} 0 \\ -2 \\ 2 \end{pmatrix} + s \begin{pmatrix} -2 \\ 0 \\ 0 \end{pmatrix}$

$g: \vec{x} = \begin{pmatrix} 0 \\ 4 \\ 0 \end{pmatrix} + t \begin{pmatrix} 2 \\ -4 \\ 2 \end{pmatrix}$

$E: \vec{x} = \begin{pmatrix} 0 \\ 4 \\ 0 \end{pmatrix} + r \begin{pmatrix} 2 \\ 0 \\ 0 \end{pmatrix} + s \begin{pmatrix} 0 \\ -4 \\ 0 \end{pmatrix}$

Erarbeiten Sie Vorschläge und vergleichen Sie diese untereinander.

Hier eine Ideensammlung von Schülerinnen und Schülern. Welche Strategien sind geeignet?

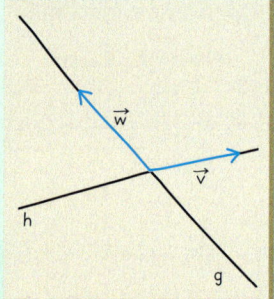

Man nimmt aus jeder Ebene einen Vektor – mit gemeinsamem Anfangspunkt auf der Schnittgeraden der Ebenen – und bestimmt den Winkel zwischen ihnen.

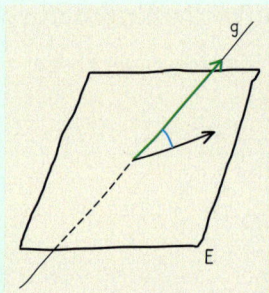

Winkel zwischen $\overrightarrow{CE}$ und $\overrightarrow{CA}$

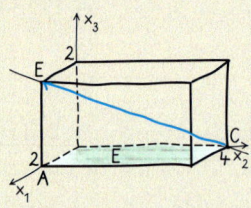

Man nimmt aus jeder Ebene einen beliebigen Vektor und bestimmt den Winkel zwischen ihnen.

Winkel zwischen zwei zur Schnittgeraden senkrechten Vektoren.

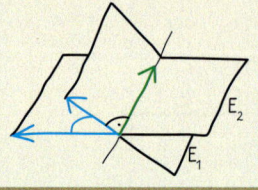

Man bestimmt für jede Ebene einen orthogonalen Vektor. Der Winkel zwischen diesen Vektoren ist der gesuchte Winkel.

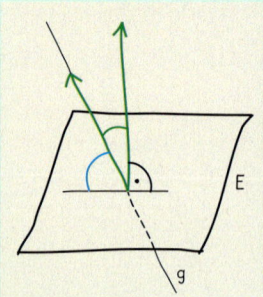

8.2 Winkel zwischen Geraden und Ebenen

Basiswissen

Mithilfe der Formel für die Berechnung des Winkels zwischen zwei Vektoren können Winkel zwischen Geraden oder Ebenen bestimmt werden. Eine wichtige Rolle spielt dabei der Normalenvektor einer Ebene.

Normalenvektor einer Ebene

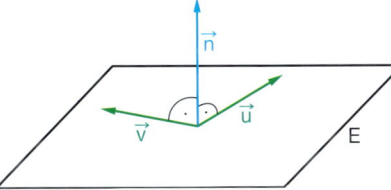

$$E: \vec{x} = \begin{pmatrix} 1 \\ 2 \\ 3 \end{pmatrix} + r \begin{pmatrix} 1 \\ 1 \\ -1 \end{pmatrix} + s \begin{pmatrix} 2 \\ 1 \\ 0 \end{pmatrix} \qquad \vec{n} = \begin{pmatrix} -1 \\ 2 \\ 1 \end{pmatrix}$$

$$\begin{pmatrix} -1 \\ 2 \\ 1 \end{pmatrix} \cdot \begin{pmatrix} 1 \\ 1 \\ -1 \end{pmatrix} = 0 \quad \text{und} \quad \begin{pmatrix} -1 \\ 2 \\ 1 \end{pmatrix} \cdot \begin{pmatrix} 2 \\ 1 \\ 0 \end{pmatrix} = 0$$

Ein Vektor $\vec{n}$, der orthogonal ist zu den beiden Richtungsvektoren der Ebene, heißt **Normalenvektor der Ebene**.

Winkel zwischen Geraden

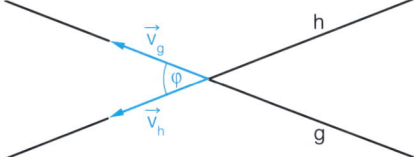

$$g: \vec{x} = \begin{pmatrix} 3 \\ -1 \\ 4 \end{pmatrix} + t \begin{pmatrix} 2 \\ -2 \\ -1 \end{pmatrix} \qquad h: \vec{x} = \begin{pmatrix} 3 \\ -1 \\ 4 \end{pmatrix} + t \begin{pmatrix} 4 \\ 0 \\ 3 \end{pmatrix}$$

$$\cos(\varphi) = \frac{\begin{pmatrix} 2 \\ -2 \\ -1 \end{pmatrix} \cdot \begin{pmatrix} 4 \\ 0 \\ 3 \end{pmatrix}}{\sqrt{9} \cdot \sqrt{25}} = \frac{5}{15} = \frac{1}{3} \implies \varphi \approx 70{,}5°$$

Der Winkel zwischen zwei Geraden, die sich schneiden, ist der Winkel zwischen den Richtungsvektoren.

Eigentlich dürfen wir nicht von **dem** Winkel zwischen zwei Geraden oder zwei Ebenen sprechen, sondern von zwei Winkeln, die sich zu 180° ergänzen. Welchen dieser Winkel wir suchen, hängt von der jeweiligen Situation ab.

Winkel zwischen Ebenen

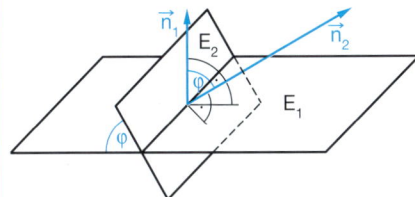

$$E_1: \vec{x} = \begin{pmatrix} 1 \\ 2 \\ 3 \end{pmatrix} + r \begin{pmatrix} 1 \\ 1 \\ -1 \end{pmatrix} + s \begin{pmatrix} 2 \\ 1 \\ 0 \end{pmatrix} \qquad \vec{n}_1 = \begin{pmatrix} -1 \\ 2 \\ 1 \end{pmatrix}$$

$$E_2: \vec{x} = \begin{pmatrix} 1 \\ 2 \\ 3 \end{pmatrix} + r \begin{pmatrix} 2 \\ 2 \\ 1 \end{pmatrix} + s \begin{pmatrix} 1 \\ 3 \\ -2 \end{pmatrix} \qquad \vec{n}_2 = \begin{pmatrix} -7 \\ 5 \\ 4 \end{pmatrix}$$

$$\cos(\varphi) = \frac{\begin{pmatrix} -1 \\ 2 \\ 1 \end{pmatrix} \cdot \begin{pmatrix} -7 \\ 5 \\ 4 \end{pmatrix}}{\sqrt{6} \cdot \sqrt{90}} = \frac{21}{\sqrt{6} \cdot \sqrt{90}} \implies \varphi \approx 25{,}4°$$

Der Winkel zwischen zwei Ebenen ist der Winkel zwischen den Normalenvektoren.

Winkel zwischen Gerade und Ebene

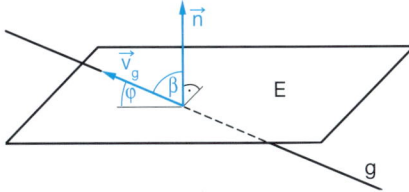

$$g: \vec{x} = \begin{pmatrix} 1 \\ -1 \\ 2 \end{pmatrix} + t \begin{pmatrix} 1 \\ 0 \\ 3 \end{pmatrix}$$

$$E: \vec{x} = \begin{pmatrix} 1 \\ -1 \\ 2 \end{pmatrix} + r \begin{pmatrix} 3 \\ 1 \\ 1 \end{pmatrix} + s \begin{pmatrix} 0 \\ 2 \\ -1 \end{pmatrix} \qquad \vec{n} = \begin{pmatrix} -1 \\ 1 \\ 2 \end{pmatrix}$$

$$\cos(\beta) = \frac{\begin{pmatrix} 1 \\ 0 \\ 3 \end{pmatrix} \cdot \begin{pmatrix} -1 \\ 1 \\ 2 \end{pmatrix}}{\sqrt{10} \cdot \sqrt{6}} = \frac{5}{\sqrt{10} \cdot \sqrt{6}} \implies \beta \approx 49{,}8°$$

$$\varphi = 90° - \beta \approx 40{,}2°$$

Der Winkel zwischen einer Ebene und einer Geraden ist der Winkel φ, der den Winkel β zwischen dem Normalenvektor der Ebene und dem Richtungsvektor der Geraden zu 90° ergänzt.

Beispiele

A *Normalenvektor einer Ebene*

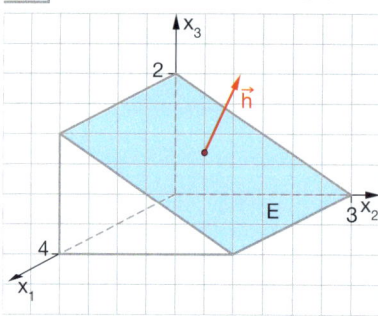

Bestimmen Sie einen Normalenvektor der Ebene

$$E: \vec{x} = \begin{pmatrix} 4 \\ 3 \\ 0 \end{pmatrix} + r\begin{pmatrix} -4 \\ -3 \\ 2 \end{pmatrix} + s\begin{pmatrix} -4 \\ -1{,}5 \\ 1 \end{pmatrix}.$$

Lösung:
Gesucht ist $\vec{n} = \begin{pmatrix} n_1 \\ n_2 \\ n_3 \end{pmatrix}$ mit:

$$\begin{pmatrix} n_1 \\ n_2 \\ n_3 \end{pmatrix} \cdot \begin{pmatrix} -4 \\ -3 \\ 2 \end{pmatrix} = 0 \quad \text{und} \quad \begin{pmatrix} n_1 \\ n_2 \\ n_3 \end{pmatrix} \cdot \begin{pmatrix} -4 \\ -1{,}5 \\ 1 \end{pmatrix} = 0$$

Dies liefert ein Gleichungssystem mit zwei Gleichungen und drei Variablen:
$-4n_1 - 3n_2 + 2n_3 = 0$
$-4n_1 - 1{,}5n_2 + n_3 = 0$

Da die Länge eines Normalenvektors nicht festgelegt ist, hat das LGS auch keine eindeutige Lösung.

Lösen des LGS per Hand
Hier kann man eine Variable frei wählen. Setze $n_3 = 1$.

$\begin{array}{l} -4n_1 - 3n_2 + 2 = 0 \\ -4n_1 - 1{,}5n_2 + 1 = 0 \end{array} \Rightarrow \begin{array}{l} -4n_1 - 3n_2 + 2 = 0 \\ 1{,}5n_2 - 1 = 0 \end{array} \Rightarrow \begin{array}{l} -4n_1 - 3n_2 + 2 = 0 \\ n_2 = \frac{2}{3} \end{array} \Rightarrow \begin{array}{l} n_1 = 0 \\ n_2 = \frac{2}{3} \end{array}$

Man erhält also $n_1 = 0$, $n_2 = \frac{2}{3}$, $n_3 = 1$.

Lösen des LGS mit GTR

```
[A]
[-4  -3   2  0]
[-4 -1.5  1  0]
```
$\Rightarrow$
```
rref([A])
[1 0   0   0]
[0 1  -2/3 0]
```

Eine Variable kann man frei wählen.
Setze $n_3 = 1$.
Man erhält also $n_1 = 0$, $n_2 = \frac{2}{3}$, $n_3 = 1$.

Damit ist $\vec{n}_1 = \begin{pmatrix} 0 \\ \frac{2}{3} \\ 1 \end{pmatrix}$ ein Normalenvektor der Ebene und auch der „kollineare Freund"

$\vec{n}_2 = 3 \cdot \vec{n}_1 = \begin{pmatrix} 0 \\ 2 \\ 3 \end{pmatrix}$. Für weitere Berechnungen ist dieser häufig günstiger.

B *Winkel in Pyramide*
Beschreiben Sie die Winkel α, β, γ und berechnen Sie deren Größe.

Lösung:
α ist der Winkel zwischen der Grundfläche und einer Seitenfläche.
Normalenvektoren zu den Ebenen sind:
Zur Bodenebene $\vec{n}_1 = \begin{pmatrix} 0 \\ 0 \\ 1 \end{pmatrix}$, zur Ebene BCS $\vec{n}_2 = \begin{pmatrix} 0 \\ 2{,}5 \\ 1 \end{pmatrix}$

Mit der Formel $\cos(\alpha) = \frac{\vec{n}_1 \cdot \vec{n}_2}{|\vec{n}_1| \cdot |\vec{n}_2|}$ erhält man $\alpha \approx 68{,}2°$.

β ist der Winkel zwischen der Kante $\overline{CS}$ und der Bodenebene.
Die Kante $\overline{CS}$ hat den Richtungsvektor $\vec{CS} = \begin{pmatrix} 2 \\ -2 \\ 5 \end{pmatrix}$,

der Boden den Normalenvektor $\vec{n} = \begin{pmatrix} 0 \\ 0 \\ 1 \end{pmatrix}$.

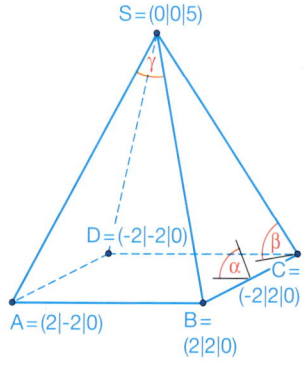

$S = (0|0|5)$
$D = (-2|-2|0)$
$C = (-2|2|0)$
$A = (2|-2|0)$
$B = (2|2|0)$

```
cos⁻¹(5/√33)
          .5148059551
```

Für den Winkel ψ zwischen diesen Vektoren gilt: $\cos(\psi) = \frac{5}{\sqrt{33}}$, also $\psi \approx 29{,}5°$.
Der gesuchte Winkel β beträgt somit $\beta = 90° - \psi \approx 60{,}5°$.

γ ist der Winkel zwischen zwei Kanten.
Die Kanten haben die Richtungsvektoren $\vec{SA} = \begin{pmatrix} 2 \\ -2 \\ -5 \end{pmatrix}$ und $\vec{SB} = \begin{pmatrix} 2 \\ 2 \\ -5 \end{pmatrix}$; somit $\cos(\gamma) = \frac{25}{33}$;
also $\gamma \approx 40{,}7°$.

8.2 Winkel zwischen Geraden und Ebenen

Übungen

3 *Normalenvektoren im Prisma*
Welche der Vektoren $\vec{n}_1 = \begin{pmatrix}2\\3\\2\end{pmatrix}$, $\vec{n}_2 = \begin{pmatrix}1\\2\\2\end{pmatrix}$ und $\vec{n}_3 = \begin{pmatrix}1\\0\\1\end{pmatrix}$ sind Normalenvektoren der vorderen Fläche im Prisma?

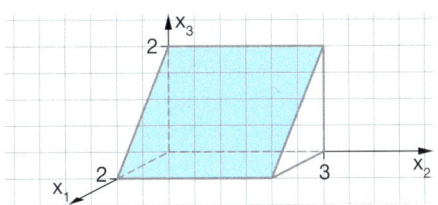

4 *Normalenvektoren von Ebenen*
Bestimmen Sie einen Normalenvektor der Ebene. In einem Fall kann man sich Arbeit ersparen und einen Normalenvektor unmittelbar erkennen.

a) $E: \vec{x} = \begin{pmatrix}0\\2\\1\end{pmatrix} + r\begin{pmatrix}2\\0\\0\end{pmatrix} + s\begin{pmatrix}0\\0\\1\end{pmatrix}$ b) $E: \vec{x} = \begin{pmatrix}0\\0\\1\end{pmatrix} + r\begin{pmatrix}5\\1\\2\end{pmatrix} + s\begin{pmatrix}4\\-1\\4\end{pmatrix}$ c) $E: \vec{x} = \begin{pmatrix}1\\1\\1\end{pmatrix} + r\begin{pmatrix}1\\0\\-1\end{pmatrix} + s\begin{pmatrix}2\\-2\\1\end{pmatrix}$

5 *Normalenvektoren einer Pyramide*
Die Vektoren $\begin{pmatrix}0\\0\\1\end{pmatrix}, \begin{pmatrix}3\\0\\2\end{pmatrix}, \begin{pmatrix}0\\3\\2\end{pmatrix}$ sind Normalenvektoren zu Flächen in der Pyramide.
a) Ordnen Sie die Normalenvektoren den Flächen zu.
b) Geben Sie Normalenvektoren für die weiteren Flächen an.

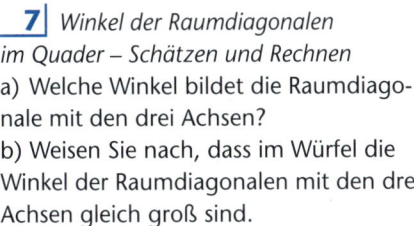

6 *Normalenvektoren einer Ebene*
a) Die Ebene durch die drei Punkte $A = (3|1|4)$, $B = (4|3|1)$ und $C = (1|4|3)$ hat den Vektor $\vec{n}$ als Normalenvektor. Bestätigen Sie dies.
b) Zeigen Sie, dass $\vec{n}$ auch Normalenvektor der Ebenen durch die drei Punkte $A = (1|2|3)$, $B = (2|3|1)$ und $C = (3|1|2)$ beziehungsweise $D = (4|-2|-3)$, $E = (-2|-3|4)$ und $F = (-3|4|-2)$ ist.

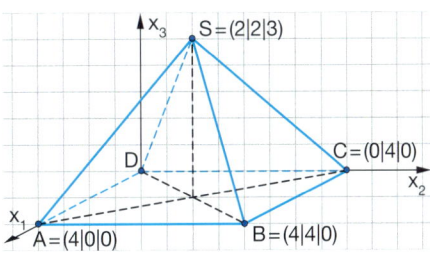

7 *Winkel der Raumdiagonalen im Quader – Schätzen und Rechnen*
a) Welche Winkel bildet die Raumdiagonale mit den drei Achsen?
b) Weisen Sie nach, dass im Würfel die Winkel der Raumdiagonalen mit den drei Achsen gleich groß sind.

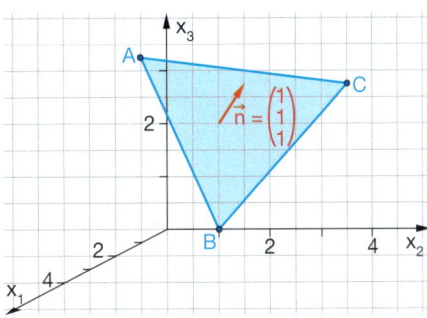

8 *Winkel einer Fläche im Würfel*
a) In welchem Winkel schneidet die Fläche mit den Eckpunkten PQGH die Deckfläche des Würfels?
b) Wie ändert sich der Winkel in a), wenn die Punkte P und Q auf die Grundfläche des Würfels wandern?

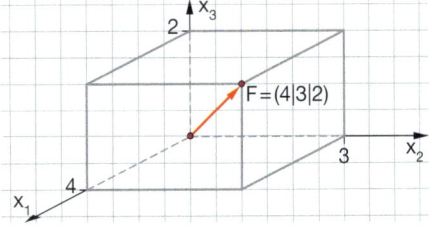

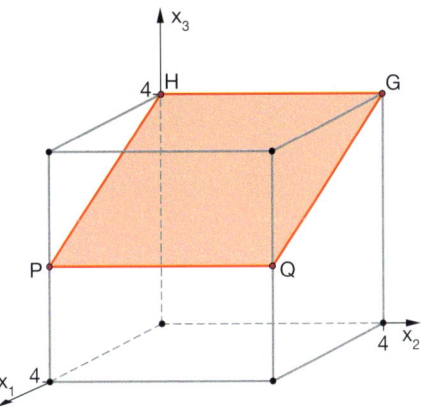

Übungen

9 *Winkel in einer Pyramide*
a) Bestimmen Sie den Winkel α zwischen den rot eingezeichneten Linien.
b) Bestimmen Sie den Winkel β zwischen der Bodenfläche und der vorderen Seitenfläche.
Vergleichen Sie die beiden Winkel.

Geht der Vergleich auch ohne Rechnung?

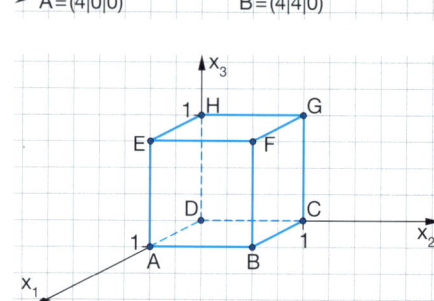

10 *Winkel im Würfel*
Welcher Winkel wird jeweils im Würfel bestimmt?
a) $\cos(\alpha) = \dfrac{1 \cdot 1 + 1 \cdot 1 + 1 \cdot 0}{\sqrt{3} \cdot \sqrt{2}}$

b) $\cos(\beta) = \dfrac{1 \cdot 1 + 0 \cdot 0 + 0 \cdot 1}{1 \cdot \sqrt{2}}$

c) $\cos(\gamma) = \dfrac{1 \cdot 1 + 1 \cdot 1 + 1 \cdot (-1)}{\sqrt{3} \cdot \sqrt{3}}$

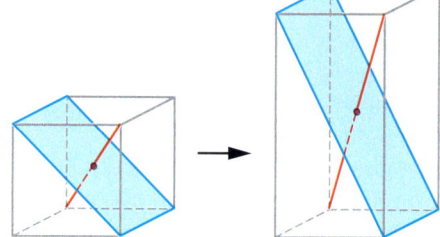

11 *Zum Nachdenken*
Kann man auch den Winkel zwischen windschiefen Geraden berechnen?

12 *Orthogonalität – Schätzen und Rechnen*
Welche der Ebenen wird von der Raumdiagonalen d im Würfelmittelpunkt geschnitten?
Welche der Ebenen ist orthogonal zu d?
Begründen Sie dies rechnerisch und berechnen Sie im Fall der Nicht-Orthogonalität den Schnittwinkel.

Würfel mit Kantenlänge 1

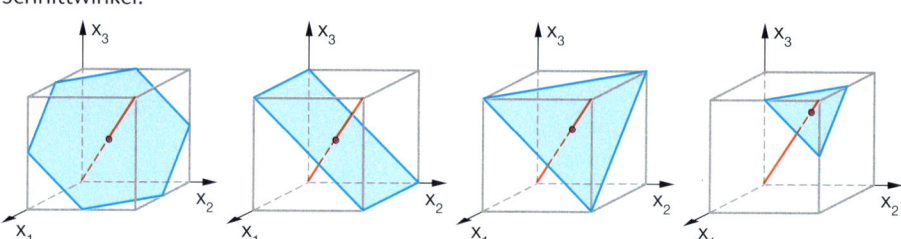

13 *Schnittwinkel in Würfel und Quader*
Wie ändert sich der Schnittwinkel von Ebene und Raumdiagonale, wenn der Würfel zu einem Quader mit gleich bleibender Grundfläche und doppelter Höhe wird? Wie ändert sich der Schnittpunkt?

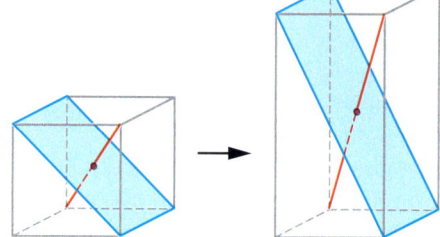

14 *Winkel im Kuboktaeder*
Der Würfel hat die Kantenlänge 4, die Eckpunkte des Kuboktaeders sind die Mittelpunkte der Würfelkanten.
In welchen Winkeln stehen angrenzende Flächen im Kuboktaeder zueinander?

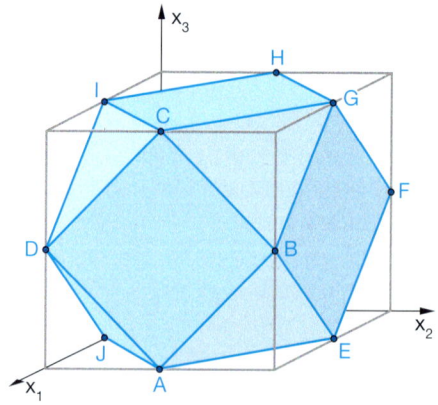

8.2 Winkel zwischen Geraden und Ebenen

15 | Winkel in Walmdächern
Zwei Walmdächer unterscheiden sich lediglich in der Länge des Dachfirstes (Strecke $\overline{EF}$).

Übungen

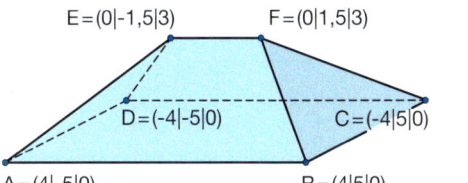
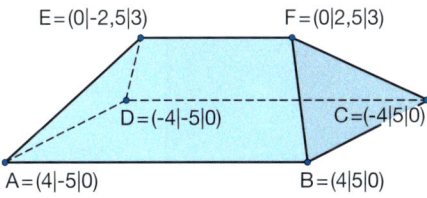

a) Wie ändern sich die Winkel α, β und γ, wenn der Dachfirst länger wird? Begründen Sie Ihre Entscheidung geometrisch und überprüfen Sie rechnerisch an einem Beispiel.

| α: Winkel zwischen den Trapezflächen und dem Boden. | β: Winkel zwischen den Dreiecksflächen und dem Boden. | γ: Winkel zwischen den Trapezflächen und den Dreiecksflächen. |

b) Bei keinem der beiden Dächer stimmt der Winkel α zwischen Boden und Trapezflächen mit dem Winkel β zwischen Boden und Dreiecksflächen überein.
Ist es bei einem Walmdach überhaupt möglich, dass die beiden Winkel α und β gleich groß sind?

16 | Pyramidenstumpf
Von einer quadratischen Pyramide wurde die Spitze abgeschnitten.
Welcher Winkel ist größer: Der Winkel zwischen den Seitenflächen ABFE und BCGF oder der Winkel zwischen den Kanten AB und BC?
Vermuten Sie zunächst und überprüfen Sie dann Ihre Vermutung durch Rechnung an einem selbst gewählten Beispiel.

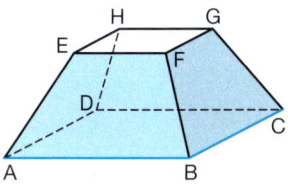

17 | Experimentieraufgabe
Die Höhe h kann verändert werden. Wann ist der Winkel β am kleinsten bzw. am größten? Wie groß sind diese Winkel? Wie groß ist der Winkel β, wenn B* auf der Mitte der Kante $\overline{CG}$ liegt?

Experimentieren
Vermuten
Überprüfen

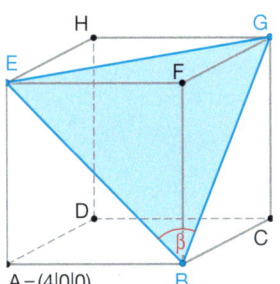
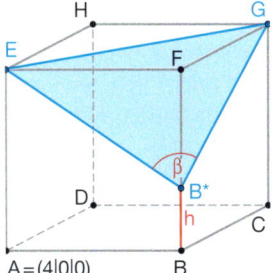

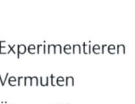
Geometrie

Die folgenden Strategien können helfen:

| Was passiert, wenn B nach oben geschoben wird? – ansehen und nachdenken. | „Randsituationen" betrachten. | Den Winkel für einige festgelegte Höhen berechnen. |

Für Experten eine Verbindung zur Analysis:
Der Kosinus des Winkels lässt sich als Funktion darstellen: $f(h) = \dfrac{h^2 - 8h + 16}{h^2 - 8h + 32}$
Am Graphen lassen sich das Maximum und Minimum ablesen.

8 Skalarprodukt und Messen

Übungen **18** *Weitere Form einer Ebenengleichung*

Die Stange steht senkrecht zur Ebene.

Das Experiment verdeutlicht eine weitere Möglichkeit, wie man eine Ebene beschreiben kann. Wenn man einen Punkt und einen Normalenvektor der Ebene kennt, so kann man die Ebene eindeutig beschreiben.

Erläutern Sie an den Bildern, dass eine Ebene durch einen Normalenvektor und einen Punkt festgelegt ist.

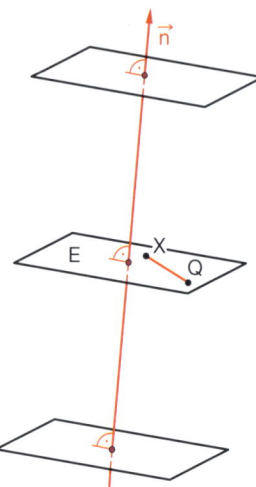

Basiswissen   Eine Ebene kann mithilfe eines Normalenvektors und eines Punktes beschrieben werden.

Normalenform einer Ebenengleichung

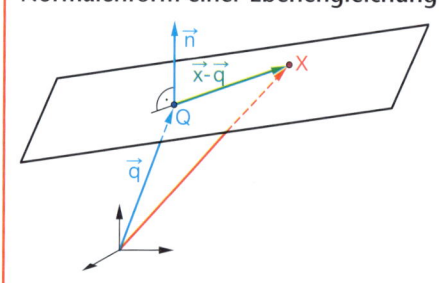

Die Ebene ist durch einen Normalenvektor $\vec{n}$ und einen Punkt Q auf der Ebene festgelegt.

Alle Punkte X, für die der Verbindungsvektor $\vec{x} - \vec{q}$ orthogonal zu $\vec{n}$ ist, liegen auf der Ebene E.

$E: \vec{n} \cdot (\vec{x} - \vec{q}) = 0$

Beispiele   **C** *Normalenform einer Ebenengleichung*

Stellen Sie eine Ebenengleichung der Ebene auf, die senkrecht zur Raumdiagonalen steht und durch den Kantenmittelpunkt (1|1|0,5) verläuft. Zeigen Sie rechnerisch, dass die Kantenmittelpunkte (1|0,5|1) und (0,5|1|1) auf der Ebene liegen.

Lösung:
Ebenengleichung aufstellen:

$E: \begin{pmatrix} 1 \\ 1 \\ 1 \end{pmatrix} \cdot \left(\vec{x} - \begin{pmatrix} 1 \\ 1 \\ 0,5 \end{pmatrix} \right) = 0$, da $\vec{n} = \begin{pmatrix} 1 \\ 1 \\ 1 \end{pmatrix}$

ein Normalenvektor ist.

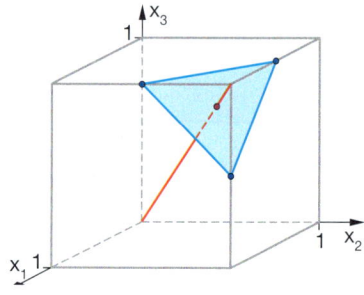

Punktprobe:

Der Punkt (1|0,5|1) liegt auf E, da $\begin{pmatrix} 1 \\ 1 \\ 1 \end{pmatrix} \cdot \left(\begin{pmatrix} 1 \\ 0,5 \\ 1 \end{pmatrix} - \begin{pmatrix} 1 \\ 1 \\ 0,5 \end{pmatrix} \right) = \begin{pmatrix} 1 \\ 1 \\ 1 \end{pmatrix} \cdot \begin{pmatrix} 0 \\ -0,5 \\ 0,5 \end{pmatrix} = 0$.

Der Punkt (0,5|1|1) liegt auf E, da $\begin{pmatrix} 1 \\ 1 \\ 1 \end{pmatrix} \cdot \left(\begin{pmatrix} 0,5 \\ 1 \\ 1 \end{pmatrix} - \begin{pmatrix} 1 \\ 1 \\ 0,5 \end{pmatrix} \right) = \begin{pmatrix} 1 \\ 1 \\ 1 \end{pmatrix} \cdot \begin{pmatrix} -0,5 \\ 0 \\ 0,5 \end{pmatrix} = 0$.

8.2 Winkel zwischen Geraden und Ebenen

Übungen

19 *Normalenform aufstellen*
Stellen Sie für die Ebene durch G, die senkrecht zur Raumdiagonalen steht, eine Gleichung in Normalenform auf.
Zeigen Sie rechnerisch, dass die Eckpunkte B und E auf der Ebene liegen.

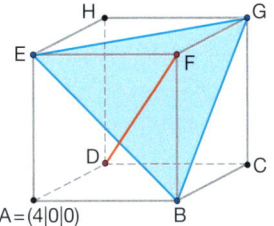

20 *Normalenform für Ebenen im Quader*
Welche Ebenengleichung beschreibt welche Fläche?

a) $\begin{pmatrix}0\\0\\1\end{pmatrix} \cdot \left(\vec{x} - \begin{pmatrix}2\\0\\4\end{pmatrix}\right) = 0$ b) $\begin{pmatrix}0\\4\\3\end{pmatrix} \cdot \left(\vec{x} - \begin{pmatrix}2\\0\\4\end{pmatrix}\right) = 0$

c) $\begin{pmatrix}0\\1\\0\end{pmatrix} \cdot \left(\vec{x} - \begin{pmatrix}2\\3\\0\end{pmatrix}\right) = 0$

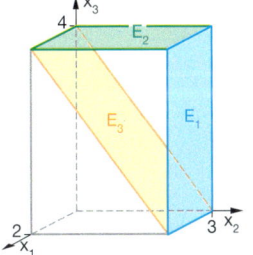

21 *Normalenformen in einem Würfel*
Beschreiben Sie die Ebenen, in denen die Seitenflächen des Würfels liegen, in Normalenform und in Punkt-Richtungs-Form.
Woran erkennt man jeweils parallele Ebenen?

22 *Normalenformen in verschiedenen Darstellungen*
Welche Gleichungen stellen dieselbe Ebene dar?

a) $\begin{pmatrix}3\\2\\0\end{pmatrix} \cdot \left(\vec{x} - \begin{pmatrix}1\\1\\1\end{pmatrix}\right) = 0$ b) $\begin{pmatrix}1\\1\\1\end{pmatrix} \cdot \vec{x} = 5$

c) $3x_1 + 2x_2 - 5 = 0$ d) $\begin{pmatrix}3\\2\\0\end{pmatrix} \cdot \vec{x} - 5 = 0$

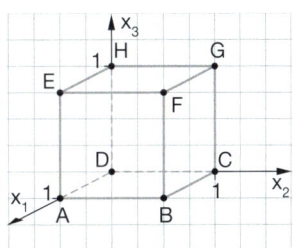

23 *Fünf Ebenen in Normalenform*
Wählen Sie aus den fünf Ebenen jeweils zwei aus, die
- parallel und verschieden sind.
- gleich sind.
- orthogonal zueinander sind.
- weder parallel noch orthogonal zueinander sind.

$E_1: \begin{pmatrix}-2\\3\\1\end{pmatrix} \left(\begin{pmatrix}x_1\\x_2\\x_3\end{pmatrix} - \begin{pmatrix}1\\0\\0\end{pmatrix}\right) = 0$ $E_2: \begin{pmatrix}0\\4\\0\end{pmatrix} \left(\begin{pmatrix}x_1\\x_2\\x_3\end{pmatrix} - \begin{pmatrix}2\\3\\4\end{pmatrix}\right) = 0$

$E_3: \begin{pmatrix}4\\-6\\-2\end{pmatrix} \left(\begin{pmatrix}x_1\\x_2\\x_3\end{pmatrix} - \begin{pmatrix}1\\0\\0\end{pmatrix}\right) = 0$ $E_4: 4x_2 - 4 = 0$ $E_5: 2x_1 + x_3 = 4$

24 *Punkte in der Ebene finden*
Bestimmen Sie einen Punkt Q auf E. Wie gehen Sie vor?

a) $E: 2x_1 - 3x_2 + x_3 - 6 = 0$
b) $E: x_1 + 3x_2 + x_3 + 5 = 0$
c) $E: x_3 - 2 = 0$
d) $E: \begin{pmatrix}2\\-1\\5\end{pmatrix} \cdot \vec{x} - 10 = 0$

Umwandeln von verschiedenen Darstellungen einer Ebene

Die Koordinatenform einer Ebene
$E: ax_1 + bx_2 + cx_3 - d = 0$ ist die „ausmultiplizierte" Normalenform der Ebene.

$E: \begin{pmatrix}a\\b\\c\end{pmatrix} \cdot \left(\begin{pmatrix}x_1\\x_2\\x_3\end{pmatrix} - \begin{pmatrix}q_1\\q_2\\q_3\end{pmatrix}\right) = 0$

$E: \begin{pmatrix}a\\b\\c\end{pmatrix} \cdot \begin{pmatrix}x_1\\x_2\\x_3\end{pmatrix} - \begin{pmatrix}a\\b\\c\end{pmatrix} \cdot \begin{pmatrix}q_1\\q_2\\q_3\end{pmatrix} = 0$

$E: ax_1 + bx_2 + cx_3 - \underbrace{(aq_1 + bq_2 + cq_3)}_{d} = 0$

$E: ax_1 + bx_2 + cx_3 - d = 0$

Die Koeffizienten a, b, c bilden einen Normalenvektor $\vec{n}$ von E. $\vec{n} = \begin{pmatrix}a\\b\\c\end{pmatrix}$

Wie findet man mit der Koordinatenform einen Punkt Q auf der Ebene E?
$E: 4x_1 + x_2 + x_3 - 9 = 0$
Zwei Koordinaten null setzen, z. B.
$x_1 = 0$ und $x_2 = 0$; dann ergibt sich $x_3 = 3$.
Damit ist $Q = (0|0|3)$ ein Punkt auf E.

Übungen

25 *Sechseckfläche*
Geben Sie die Ebene, in der die Sechseckfläche liegt, in Koordinatenform, Normalenform und in Punkt-Richtungs-Form an.
Welche Darstellung fällt Ihnen am leichtesten?

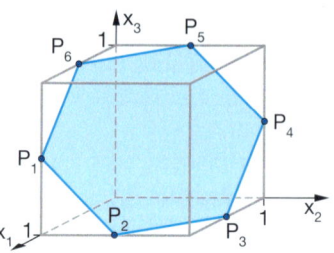

26 *Verschiedene Darstellungen einer Ebene*
Drei der vier Gleichungen beschreiben dieselbe Ebene. Welche sind es?

I) $\begin{pmatrix}1\\1\\1\end{pmatrix} \cdot \left(\vec{x} - \begin{pmatrix}6\\0\\0\end{pmatrix}\right) = 0$ II) $\begin{pmatrix}1\\1\\1\end{pmatrix} \cdot \begin{pmatrix}x_1\\x_2\\x_3\end{pmatrix} = \begin{pmatrix}1\\1\\1\end{pmatrix} \cdot \begin{pmatrix}2\\2\\2\end{pmatrix}$ III) $\begin{pmatrix}1\\1\\1\end{pmatrix} \cdot \vec{x} = 4$ IV) $x_1 + x_2 + x_3 = 6$

27 *Besondere Normalenform*
Anna behauptet: „Jede Ebene mit der Ebenengleichung $\vec{n} \cdot \vec{x} = 0$ geht durch den Ursprung."
Tim behauptet: „Auch die Ebene $\begin{pmatrix}1\\1\\-1\end{pmatrix} \cdot \left(\vec{x} - \begin{pmatrix}0\\1\\1\end{pmatrix}\right) = 0$ verläuft durch den Ursprung."
Haben die beiden recht?

28 *Richtungsvektoren aus Normalenvektor finden*
Wie kann man zu einem Normalenvektor $\vec{n}$ einer Ebene dazugehörige Richtungsvektoren $\vec{v}$ und $\vec{w}$ finden? Erläutern Sie das nebenstehende Verfahren und wenden Sie es auf $\vec{n} = \begin{pmatrix}1\\2\\3\end{pmatrix}$ an. Sind die Richtungsvektoren eindeutig festgelegt?

29 *Umwandeln von Ebenengleichungen*
a) Gegeben ist eine Ebene in Normalenform.

$E: \begin{pmatrix}1\\2\\-1\end{pmatrix} \cdot \left(\vec{x} - \begin{pmatrix}2\\-3\\4\end{pmatrix}\right) = 0$

Wandeln Sie die Normalenform mithilfe der angegebenen Strategien in die Punkt-Richtungs-Form und die Koordinatenform um.

> **Umwandeln der Normalenform einer Ebene in die Punkt-Richtungs-Form**
> Normalenvektor $\vec{n} = \begin{pmatrix}2\\1\\-4\end{pmatrix}$
>
> Gesucht sind die Richtungsvektoren $\vec{v}$ und $\vec{w}$ mit
> $\vec{v} \cdot \vec{n} = 0$ und $\vec{w} \cdot \vec{n} = 0$.
>
> $\begin{pmatrix}v_1\\v_2\\v_3\end{pmatrix} \cdot \begin{pmatrix}2\\1\\-4\end{pmatrix} = 0 \qquad \begin{pmatrix}w_1\\w_2\\w_3\end{pmatrix} \cdot \begin{pmatrix}2\\1\\-4\end{pmatrix} = 0$
>
> Eine Koordinate null setzen:
> z. B. $v_3 = 0$ \qquad z. B. $w_1 = 0$
> Damit sind $\vec{v}$ und $\vec{w}$ linear unabhängig.
>
> Eine weitere Koordinate wählen:
> $v_1 = n_2$ \qquad $w_2 = n_3$
> $v_2 = -n_1$ \qquad $w_3 = -n_2$
> (Vertauschen und ein umgekehrtes Vorzeichen)
>
> $\vec{v} = \begin{pmatrix}1\\-2\\0\end{pmatrix} \qquad \vec{w} = \begin{pmatrix}0\\-4\\-1\end{pmatrix}$

Punkt-Richtungs-Form	Normalenform	Koordinatenform
Aus der Normalenform drei Punkte bestimmen und mithilfe der 3-Punkte-Form die Punkt-Richtungs-Form aufstellen.	$E: \begin{pmatrix}1\\2\\-1\end{pmatrix} \cdot \left(\vec{x} - \begin{pmatrix}2\\-3\\4\end{pmatrix}\right) = 0$	Die Normalenform „ausmultiplizieren".

b) Welche Umformung fällt Ihnen leichter? Das Umwandeln von der Punkt-Richtungs-Form in die Normalenform oder von der Normalenform in die Punkt-Richtungs-Form? Versuchen Sie es an einem Beispiel.

8.2 Winkel zwischen Geraden und Ebenen

Übungen

30 *Wahr oder falsch?*
Gegeben sind im Folgenden zwei Ebenen und eine Gerade im Raum.
$$E: \vec{x} = \vec{a} + r\vec{u} + s\vec{v} \qquad F: \vec{n} \cdot (\vec{x} - \vec{q}) = 0 \qquad g: \vec{x} = \vec{b} + t\vec{w}$$

Welche der Aussagen sind wahr? Begründen Sie Ihre Entscheidung.

A $\vec{n} \perp \vec{u}$ und $\vec{n} \perp \vec{v} \Rightarrow E = F$

B $E = F \Rightarrow \vec{n} \perp \vec{u}$ und $\vec{n} \perp \vec{v}$

C $\vec{n} = c\vec{w} \Rightarrow g \perp F$

$\Rightarrow$ „Wenn …, dann …"

31 *Zielauftrag erkennen und ausführen*
Gegeben sind eine Ebene
$E: x_1 + 2x_2 + 3x_3 = 4$ und eine Gerade
$g: \vec{x} = \begin{pmatrix} 2 \\ -1 \\ 4 \end{pmatrix} + t \begin{pmatrix} 1 \\ 3 \\ -2 \end{pmatrix}$.

Ansatz:
$(2 + t) + 2(-1 + 3t) + 3(4 - 2t) = 4$
Was soll mit dem Ansatz berechnet werden? Rechnen Sie weiter.

32 *Lagerhalle*
a) Zeigen Sie, dass die Eckpunkte der Dachfläche in einer Ebene liegen.
b) Aus Sicherheitsgründen sollen zwei vertikale Träger t_1 und t_2 das Dach stabilisieren. t_1 stützt das Dach im Diagonalenschnittpunkt der Dachfläche, t_2 wird über dem Punkt $P = (1|1,5|0)$ errichtet.
Beschreiben Sie Ihr Vorgehen zur Bestimmung der Länge der Träger und berechnen Sie diese Längen.
c) Zeichnen Sie die Lagerhalle mit ihren Trägern in ein „2-1-Koordinatensystem".

A ☑ (3,00|0,25|0,00)
B ☑ (3,00|2,25|0,00)
C ☑ (0,00|2,00|0,00)
D ☑ (0,00|0,00|0,00)
E ☑ (3,00|0,25|0,50)
F ☑ (3,00|2,25|1,00)
G ☑ (0,00|2,00|2,00)
H ☑ (0,00|0,00|1,50)

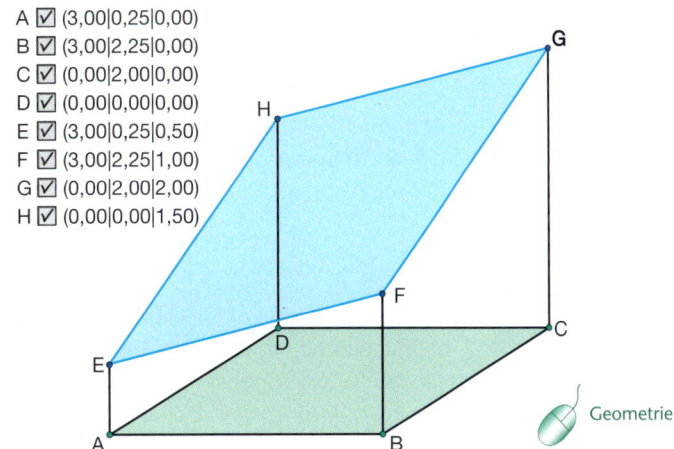

Geometrie

33 *Architektur*
Der Freihandentwurf eines Künstlers zu einem Würfelgebäude enthält folgende handschriftliche Anmerkungen:

> Grundkörper ist ein Würfel mit der Kantenlänge von 8 m.
> Die Front des Gebäudes mit dem Eingangsbereich ist so gestaltet, dass die beiden vorderen Kanten der Dachfläche genau in der Mitte enden und dann gerade und steil zum vorderen Eckpunkt des Würfels führen. In die so entstehende dreieckige Fassadenfrontfläche wird ein Mast eingezogen, der die Fassade genau in der Verlängerung der Raumdiagonalen des Würfels verlässt.

Zeichnen Sie ein aussagekräftiges Schrägbild des Würfelgebäudes.
Fertigen Sie ein passendes Netz (Bastelbogen) für den Würfelkörper und bauen Sie daraus ein maßstabsgerechtes Modell des Gebäudes.

Beantworten Sie die folgenden Fragen:
- Wo ist die Stelle, an der der Mast die Fassade verlässt?
- Unter welchem Winkel verlässt der Mast die Fassade?

Übungen

Gruppenarbeit

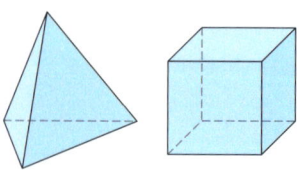
Tetraeder — Würfel

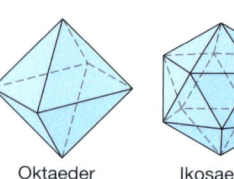
Oktaeder — Ikosaeder

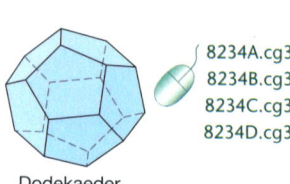
Dodekaeder

8234A.cg3
8234B.cg3
8234C.cg3
8234D.cg3

34 *Winkel zwischen Kanten und Flächen bei platonischen Körpern*
Die Winkel zwischen den Kanten lassen sich aus den regelmäßigen Begrenzungsflächen der Körper elementargeometrisch leicht ermitteln.

Körper	Tetraeder	Würfel	Oktaeder	Dodekaeder	Ikosaeder
Begrenzungsflächen	gleichseitiges Dreieck	Quadrat	■	■	■
Kantenwinkel	60°	■	■	■	■

a) Füllen Sie die Tabelle vollständig aus. Bestätigen Sie den elementargeometrisch ermittelten Kantenwinkel beim Oktaeder auch rechnerisch mit dem Skalarprodukt. Verwenden Sie zum Rechnen das Oktaeder mit den Ecken (1|0|0), (0|1|0), (0|0|1), (–1|0|0), (0|–1|0) und (0|0|–1).
b) Die Flächenwinkel lassen sich auch elementargeometrisch bestimmen, dies ist aber nur beim Würfel unmittelbar einsichtig.

Körper	Tetraeder	Würfel	Oktaeder	Dodekaeder	Ikosaeder
Flächenwinkel	70,53°	90°	109,47°	116,57°	138,19°

Bestätigen Sie die in der Tabelle angegebenen Winkel für das Tetraeder und das Oktaeder durch Berechnung als Winkel zwischen zwei Ebenen. Verwenden Sie zum Rechnen das oben angegebene Oktaeder und das Tetraeder mit den Ecken (1|1|1), (1|–1|–1), (–1|1|–1) und (–1|–1|1).

35 *Parkettierung des Raumes mit platonischen Körpern?*
Würfel gleicher Kantenlänge kann man so stapeln, dass sie den Raum lückenlos ausfüllen („Räumliche Parkettierung"). Gelingt dies auch mit einem der anderen platonischen Körper? Probieren Sie und begründen Sie mit den in der Tabelle angegebenen Flächenwinkeln.

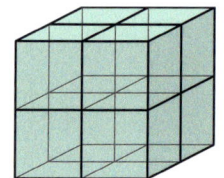

Tetraederpackung

ARISTOTELES schrieb vor über 2300 Jahren, dass man gleiche regelmäßige Tetraeder so stapeln könne, dass sie den Raum lückenlos füllen und dass von den anderen vier platonischen Körpern nur noch der Würfel diese Eigenschaft habe.

Dieser Irrtum wurde erst im 15. Jahrhundert aufgedeckt. Seitdem versuchen die Mathematiker herauszufinden, wie dicht man Tetraeder packen kann, sodass sie möglichst wenig Zwischenraum frei lassen. In jüngster Zeit führte dieses sogenannte „Tetraederpackungsproblem" zu einer Fülle von Untersuchungen, sei es durch aufwändige Computersimulationen oder durch Realexperimente mit den überall käuflichen „Tetraederwürfeln". Der Physiker CHAIKIN besorgte sich im Jahre 2006 in einem Spielwarengeschäft viele tetraederförmige Spielwürfel, warf sie in einen Behälter, mischte sie durch langes Schütteln kräftig durch und ermittelte so eine Packungsdichte von über 72 %. In dem Wettrennen wurden immer neue Zahlen erreicht; der jüngste nachgewiesene Rekord (Dezember 2009) liegt bei 85,6437 %, aber niemand weiß, ob es noch dichtere Packungen gibt.

8.2 Winkel zwischen Geraden und Ebenen

36 *Parkettierung des Raums mit platonischen Körpern*
a) Vergleichen Sie die Flächenwinkel beim Tetraeder und beim Oktaeder. Was fällt Ihnen auf?
b) Mit Tetraedern und Oktaedern gleicher Seitenlänge lässt sich der Raum lückenlos füllen. Probieren Sie dies aus und begründen Sie mithilfe der Flächenwinkel.

Übungen

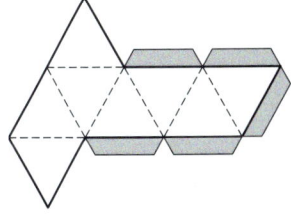

Bastelbögen finden Sie im Internet.

37 *Nur auf den ersten Blick einfach*

Auf eine Seitenfläche eines regelmäßigen Oktaeders wird mit einer ganzen Seitenfläche ein regelmäßiges Tetraeder aufgesetzt.
Wie viele Ecken, Kanten und Flächen hat der entstehende Körper?

Strategie: Probieren und Nachdenken

Auch hier spielen die Flächenwinkel eine Rolle.

38 *Tetraederwinkel*
Der Winkel zwischen den Geraden durch den Schwerpunkt und je einen der Eckpunkte eines gleichseitigen Tetraeders wird als Tetraederwinkel bezeichnet.
Zeigen Sie, dass der Tetraederwinkel sich mit dem Flächenwinkel des Tetraeders zu 180° ergänzt.
Im Tetraeder mit den Ecken (0|0|0), (1|1|0), (1|0|1) und (0|1|1) hat der Schwerpunkt die Koordinaten (0,5|0,5|0,5).

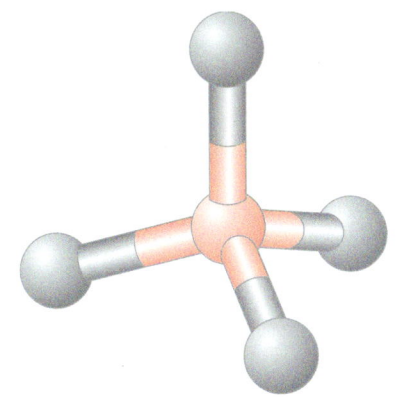

Der Tetraederwinkel ist in der Chemie von Bedeutung. Er spielt bei der Modellierung der Bindungsstruktur des Methan-Moleküls (CH_4) eine Rolle.

KOPFÜBUNGEN

1 Lösen Sie die Gleichung: $2x + 4 = 10 + \frac{1}{2}x$

2 Der höchste Punkt des Graphen einer quadratischen Funktion berührt die x-Achse an der Stelle x = 1. Geben Sie zwei verschiedene Funktionsgleichungen an, auf die diese Beschreibung zutrifft.

3 Welchen Durchschnittswert kann man beim Werfen eines „fairen" Würfels bezüglich der Augenzahlen auf lange Sicht erwarten? Kann man diese Frage mithilfe des Erwartungswerts beantworten?

4 Wahr oder falsch? Die Punktmenge $\vec{x} = r\begin{pmatrix}2\\-1\\1\end{pmatrix} + s\begin{pmatrix}-4\\2\\-2\end{pmatrix}$ (r, s ∈ ℝ) stellt eine Ebene dar.

Aufgaben

39 *Lineare Gleichungen und Geraden*

Eine lineare Gleichung mit zwei Variablen beschreibt eine Gerade in der Ebene. Die Lösungsmenge eines (2,2)-LGS lässt sich als Schnittmenge von zwei Geraden interpretieren.

I: $3x - 2y = 4$
$6x - 4y = 8$

II: $3x - 2y = 4$
$6x - 4y = 2$

III: $3x - 2y = 4$
$x + 2y = 5$

Ordnen Sie die Gleichungssysteme den Bildern zu.

Geometrische Interpretation von linearen Gleichungen in der Ebene

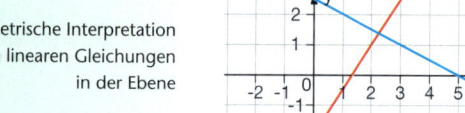
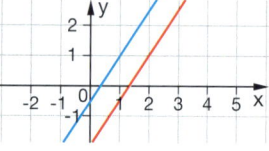
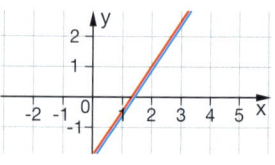

Ⓐ genau eine Lösung   Ⓑ keine Lösung   Ⓒ unendlich viele Lösungen

Geometrische Interpretation von linearen Gleichungen im Raum

Geometrie linearer (3,3)-Gleichungssysteme

Eine lineare Gleichung mit drei Variablen beschreibt eine Ebene im Raum. Die Lösungsmenge eines (3,3)-LGS lässt sich als Schnittmenge von drei Ebenen interpretieren.

Die drei Ebenen schneiden sich in einem Punkt.

Die drei Ebenen schneiden sich in einer Geraden.

Das Gleichungssystem hat genau eine Lösung.

Das Gleichungssystem hat unendlich viele Lösungen. Diese erfüllen die Gleichung der Schnittgeraden.

Die drei Ebenen sind identisch.

Die drei Ebenen haben keine gemeinsame Schnittmenge.

Das Gleichungssystem hat unendlich viele Lösungen. Diese erfüllen die Gleichung der Ebene.

Das Gleichungssystem hat keine Lösung.

Stellen Sie die Ebenen-Modelle selbst her.

8.2 Winkel zwischen Geraden und Ebenen

Aufgaben

40 *Ebenen im Würfel*
Im Würfel werden drei Ebenen E_1, E_2 und E_3 festgelegt.

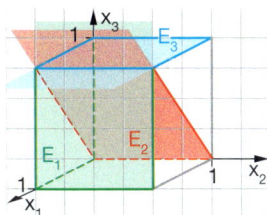 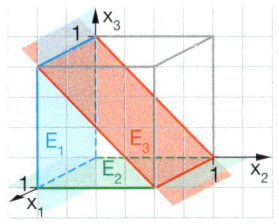 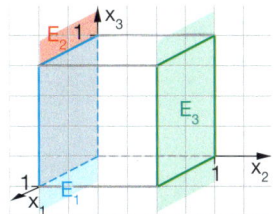

Für Bild 1 ist ein Verfahren zur Bestimmung der Lösungsmenge beschrieben.

Gleichungen	Gleichungssystem	Diagonalform	Lösungsmenge
E_1: $x_1 = 1$ E_2: $-x_1 + x_3 = 0$ E_3: $x_3 = 1$	$\begin{pmatrix} 1 & 0 & 0 & 1 \\ -1 & 0 & 1 & 0 \\ 0 & 0 & 1 & 1 \end{pmatrix}$	$\begin{pmatrix} 1 & 0 & 0 & 1 \\ 0 & 0 & 1 & 1 \\ 0 & 0 & 0 & 0 \end{pmatrix}$	Das Gleichungssystem hat unendlich viele Lösungen. Diese erfüllen die Geradengleichung: $g: \vec{x} = \begin{pmatrix} 1 \\ 0 \\ 1 \end{pmatrix} + t \begin{pmatrix} 0 \\ 1 \\ 0 \end{pmatrix}$

a) Stellen Sie für die anderen beiden Fälle jeweils das zugehörige LGS auf, lösen Sie es und überprüfen Sie Ihre Lösung am Bild.
b) Bearbeiten Sie analog dazu weitere Fälle.

→ Würfelbild mit Ebenen zeichnen
→ LGS aufstellen und lösen
→ Lösung am Bild überprüfen

41 *Interpretation der Lösungsmenge eines (3,3)-LGS mithilfe der Normalenvektoren*
Jede Gleichung eines LGS beschreibt eine Ebene in Koordinatenform. Daraus lässt sich sofort ein Normalenvektor der Ebene ablesen. Aus den drei Normalenvektoren kann man Rückschlüsse auf die Lage der Ebenen im Raum und damit auf die Lösungsmenge des LGS ziehen.

$3x_1 - 2x_2 + 4x_3 = 5$

$\vec{n} = \begin{pmatrix} 3 \\ -2 \\ 4 \end{pmatrix}$

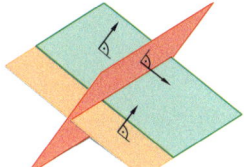 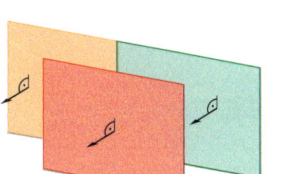

Die drei Normalenvektoren sind linear abhängig, zwei sogar kollinear. Die drei Normalenvektoren sind linear unabhängig. Die drei Normalenvektoren sind kollinear.

Untersuchen Sie in den übrigen Fällen die Lage der Normalenvektoren.

42 *Diagonalform und geometrische Interpretation*
Kann man an der Diagonalform des linearen Gleichungssystems die geometrische Lagebeziehung der Ebenen erkennen? Versuchen Sie es an den Beispielen.

a) $\begin{pmatrix} 0 & 1 & 0 & 0 \\ 0 & 0 & 0 & 1 \\ 0 & 0 & 0 & 0 \end{pmatrix}$
b) $\begin{pmatrix} 0 & 1 & 0 & 0 \\ 0 & 0 & 1 & 0 \\ 0 & 0 & 0 & 1 \end{pmatrix}$
c) $\begin{pmatrix} 0 & 0 & 1 & 0 \\ 0 & 0 & 0 & 0 \\ 0 & 0 & 0 & 0 \end{pmatrix}$
d) $\begin{pmatrix} 1 & 0 & 0 & 0 \\ 0 & 1 & 0 & 0 \\ 0 & 0 & 1 & 0 \end{pmatrix}$
e) $\begin{pmatrix} 1 & 0 & 0 & 1 \\ 0 & 0 & 1 & 1 \\ 0 & 0 & 0 & 0 \end{pmatrix}$

43 *LGS geometrisch interpretieren*
Untersuchen Sie bei den folgenden LGS die Schnittmenge der drei Ebenen.

a) $2x_1 + x_2 - 4x_3 = 2$
   $x_1 + 3x_2 - x_3 = 5$
   $3x_1 + 4x_2 - 5x_3 = 7$

b) $x_1 - x_2 + 2x_3 = 1$
   $-x_1 + x_2 - 2x_3 = 2$
   $x_1 + x_2 + x_3 = 3$

c) $2x_1 + x_2 + x_3 = 7$
   $x_1 + 2x_2 + x_3 = 8$
   $x_1 + x_2 + 2x_3 = 9$

8 Skalarprodukt und Messen

Skalarprodukt und S-Multipikation

Skalarprodukt und S-Multiplikation sind unterschiedliche „Multiplikationen".
Bei der S-Multiplikation wird ein Vektor mit einer reellen Zahl multipliziert – das Produkt ist ein Vektor.
Beim Skalarprodukt werden zwei Vektoren multipliziert – das Produkt ist eine reelle Zahl.

Geometrische Deutung

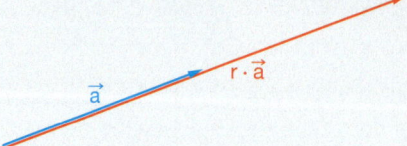

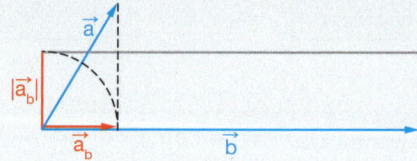

Streckung eines Vektors um den Faktor r

Flächeninhalt des Rechtecks $|\vec{a}_b| \cdot |\vec{b}|$

Vektorprodukt

$\vec{a} \times \vec{b}$
lies „a kreuz b"

Es gibt eine weitere Multiplikation mit Vektoren, das **Vektorprodukt**.

$$\begin{pmatrix} a_1 \\ a_2 \\ a_3 \end{pmatrix} \times \begin{pmatrix} b_1 \\ b_2 \\ b_3 \end{pmatrix} = \begin{pmatrix} a_2 b_3 - a_3 b_2 \\ a_3 b_1 - a_1 b_3 \\ a_1 b_2 - a_2 b_1 \end{pmatrix}$$

Beim Vektorprodukt werden zwei Vektoren multipliziert, das Produkt ist ein Vektor.
Es gilt:
1. Das Vektorprodukt $\vec{a} \times \vec{b}$ steht senkrecht zu $\vec{a}$ und $\vec{b}$; $\vec{a} \times \vec{b} \perp \vec{a}$ und $\vec{a} \times \vec{b} \perp \vec{b}$.
2. $|\vec{a} \times \vec{b}|$ ist der Flächeninhalt des durch $\vec{a}$ und $\vec{b}$ aufgespannten Parallelogramms.

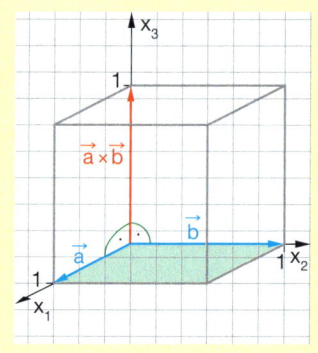

Aufgaben

44 *Eigenschaften des Vektorprodukts*
Bestätigen Sie rechnerisch die beiden Eigenschaften für das Vektorprodukt und verdeutlichen Sie diese anhand einer Zeichnung.

a) $\begin{pmatrix} 1 \\ 0 \\ 0 \end{pmatrix} \times \begin{pmatrix} 1 \\ 1 \\ 0 \end{pmatrix}$
b) $\begin{pmatrix} 1 \\ 1 \\ 0 \end{pmatrix} \times \begin{pmatrix} 0 \\ 1 \\ 1 \end{pmatrix}$
c) $\begin{pmatrix} 0 \\ 1 \\ 0 \end{pmatrix} \times \begin{pmatrix} 1 \\ 1 \\ 1 \end{pmatrix}$

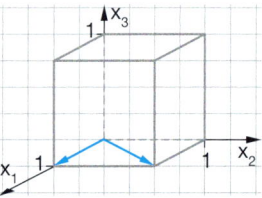 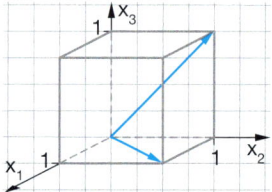 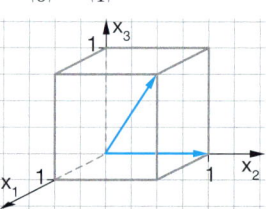

Zum einfacheren Behalten der Formel hilft das Ergänzen der 1. Zeile:

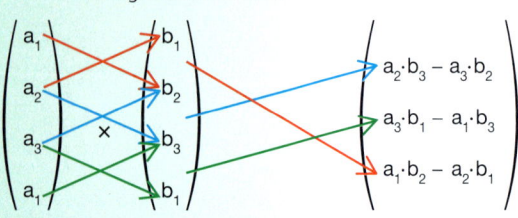

45 *Normalenvektoren*
Bestimmen Sie mit dem Vektorprodukt zu einer Ebene in Punkt-Richtungs-Form auf einfache Art einen Normalenvektor.

a) $E: \vec{x} = \begin{pmatrix} 1 \\ 1 \\ 1 \end{pmatrix} + r \begin{pmatrix} 1 \\ 0 \\ -1 \end{pmatrix} + s \begin{pmatrix} 2 \\ -2 \\ 1 \end{pmatrix}$
b) $E: \vec{x} = \begin{pmatrix} 2 \\ 3 \\ -1 \end{pmatrix} + r \begin{pmatrix} 3 \\ -2 \\ 1 \end{pmatrix} + s \begin{pmatrix} 2 \\ -1 \\ 4 \end{pmatrix}$

c) $E: \vec{x} = \begin{pmatrix} 0 \\ 1 \\ 4 \end{pmatrix} + r \begin{pmatrix} 2 \\ 0 \\ 1 \end{pmatrix} + s \begin{pmatrix} 1 \\ -1 \\ 2 \end{pmatrix}$
d) $E: \vec{x} = r \begin{pmatrix} 4 \\ -1 \\ 2 \end{pmatrix} + s \begin{pmatrix} 1 \\ 2 \\ 5 \end{pmatrix}$

Flächen- und Volumenberechnungen mit dem Vektorprodukt

Flächeninhalt eines Parallelogramms

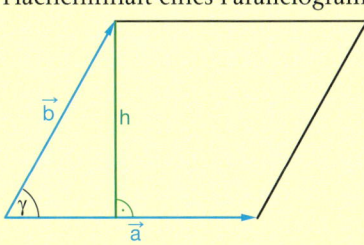

$A = |\vec{a} \times \vec{b}| = |\vec{a}| \cdot |\vec{b}| \cdot \sin(\gamma)$

Flächeninhalt eines Dreiecks

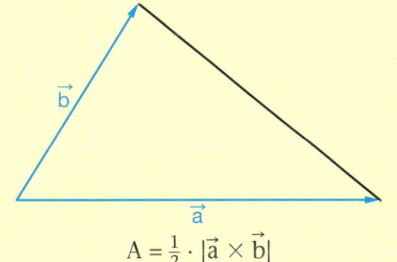

$A = \frac{1}{2} \cdot |\vec{a} \times \vec{b}|$

Volumen eines von $\vec{a}, \vec{b}, \vec{c}$ aufgespannten Spats

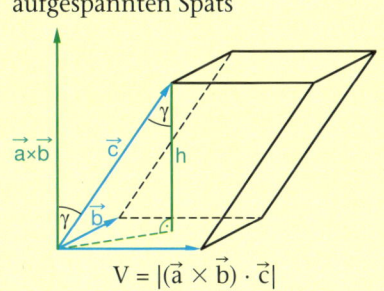

$V = |(\vec{a} \times \vec{b}) \cdot \vec{c}|$

Volumen einer dreiseitigen Pyramide

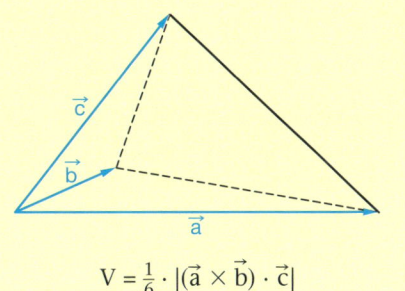

$V = \frac{1}{6} \cdot |(\vec{a} \times \vec{b}) \cdot \vec{c}|$

Die Verknüpfung $(\vec{a} \times \vec{b}) \cdot \vec{c}$ wird Spatprodukt genannt.

Aufgaben

46 *Parallelogramm*
Berechnen Sie die Koordinaten des fehlenden Parallelogrammpunktes und den Flächeninhalt mithilfe des Vektorprodukts.
a) $A = (4|0|3)$; $B = (5|-3|-1)$;
 $C = (-2|4|-3)$; D
b) $A = (0|3|4)$; $B = (6|0|0)$;
 C; $D = (9|-2|5)$

47 *Anwenden des Vektorprodukts*
a) Berechnen Sie den Flächeninhalt des Parallelogramms mit $A = (1|-2|4)$, $B = (7|0|6)$, $C = (5|6|-4)$ und $D = (-1|4|-6)$.
b) Berechnen Sie den Flächeninhalt des Dreiecks mit $A = (3|2|-2)$, $B = (1|5|1)$ und $C = (0|2|3)$.
c) Berechnen Sie das Volumen des Spats ABCDEFGH mit $A = (4|1|0)$, $B = (4|8|0)$, $C = (1|8|0)$ und $E = (3|2|4)$. Erstellen Sie auch eine Zeichnung.
d) Berechnen Sie das Volumen einer dreiseitigen Pyramide mit den Eckpunkten $A = (6|0|0)$, $B = (0|4|0)$, $C = (0|0|0)$ und $S = (2|2|6)$.

48 *Rechengesetze für das Vektorprodukt*
Welche Aussagen sind wahr? Begründen Sie Ihre Entscheidung.

1) $\vec{a} \times \vec{b} = \vec{b} \times \vec{a}$
2) $\vec{a} \times \vec{a} = \vec{0}$
3) $\vec{a} \times (\vec{b} \times \vec{c}) = (\vec{a} \times \vec{b}) \times \vec{c}$
4) $\vec{a} \times \vec{b} = -(\vec{b} \times \vec{a})$
5) $\vec{a} \| \vec{b} \Rightarrow \vec{a} \times \vec{b} = \vec{0}$
6) $\vec{a} \times (\vec{b} + \vec{c}) = (\vec{a} \times \vec{b}) + (\vec{a} \times \vec{c})$
7) $(r \cdot \vec{a}) \times \vec{b} = r \cdot (\vec{a} \times \vec{b})$
8) $(\vec{a} \times \vec{b}) \times (\vec{a} \times \vec{b}) = \vec{a} \times \vec{a} + \vec{b} \times \vec{b}$

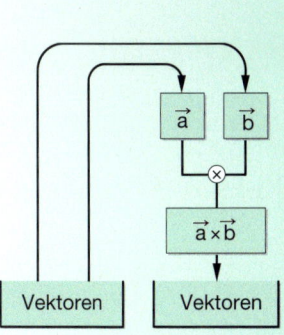

8.3 Abstandsprobleme

Was Sie erwartet

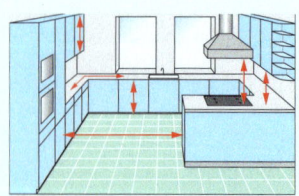

Bisher können wir den Abstand zweier Punkte bestimmen. Bei geometrischen Körpern und räumlichen Planungen im Alltag sind auch die Abstände zwischen Geraden und Ebenen häufig von Bedeutung. Bei der rechnerischen Bestimmung von Abständen spielt wiederum der Normalenvektor eine entscheidende Rolle. Die unterschiedlichsten Abstandsbestimmungen lassen sich weitgehend auf die zwei Grundprobleme „Abstand Punkt-Gerade" und „Abstand Punkt-Ebene" zurückführen.

Aufgaben

1 *Abstandsprobleme*
Wo spielen Abstände eine Rolle?
Situationen

I

II
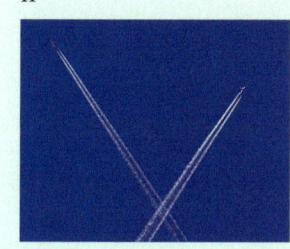

III

IV

V

VI

Abstandsprobleme

Abstand Punkt – Gerade	Abstand paralleler Geraden	Abstand windschiefer Geraden
Abstand Punkt – Ebene	Abstand paralleler Ebenen	Abstand Gerade – parallele Ebene

a) Ordnen Sie die Abstandsprobleme den Situationen zu. Finden Sie noch aussagekräftigere Bilder oder auch andere Abstandssituationen.
b) Mit Ihren Mitteln können Sie die speziellen Abstandsprobleme lösen.

Pyramide
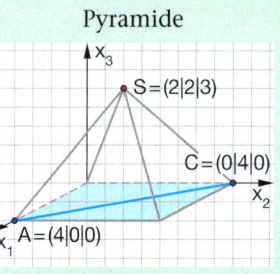
Abstand der Spitze zur Flächendiagonalen

Quader
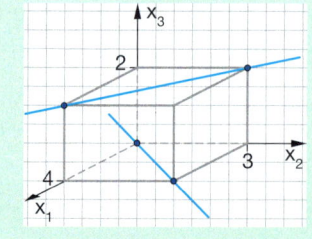
Abstand der windschiefen Geraden

Spat
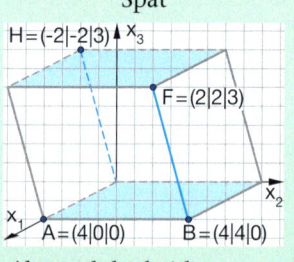
Abstand der beiden Ebenen

Aufgaben

2 *Strategien*

In den beiden Bildsequenzen sind zwei Verfahren zur Bestimmung von Abständen dargestellt. Beschreiben Sie die einzelnen Schritte.

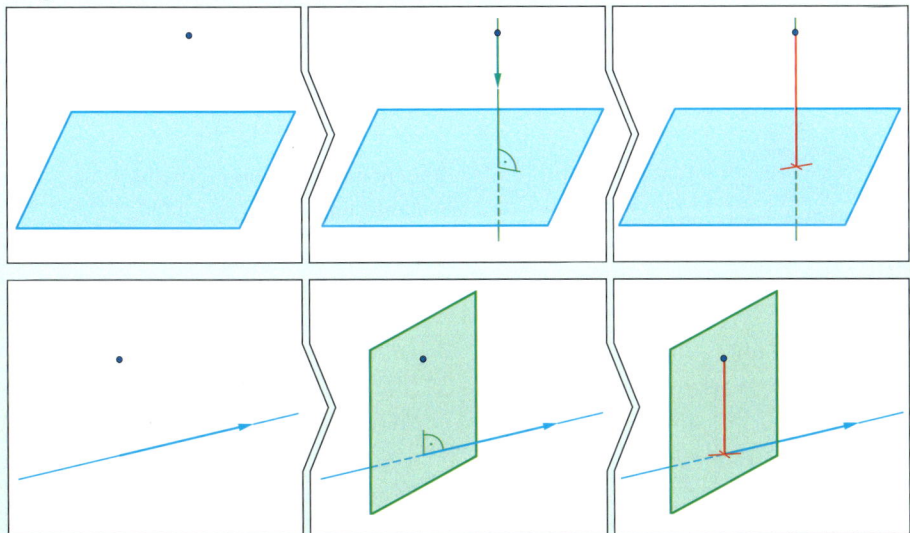

Wenden Sie die Verfahren auf die konkreten Beispiele an:
Abstand des Punktes P = (0|1|2) von

$E: \vec{x} = \begin{pmatrix} 2 \\ 0 \\ 2 \end{pmatrix} + r \begin{pmatrix} 0 \\ 2 \\ 0 \end{pmatrix} + s \begin{pmatrix} -2 \\ 0 \\ -2 \end{pmatrix}$ und $g: \vec{x} = \begin{pmatrix} 2 \\ 0 \\ 1 \end{pmatrix} + t \begin{pmatrix} 0 \\ 2 \\ 0 \end{pmatrix}$

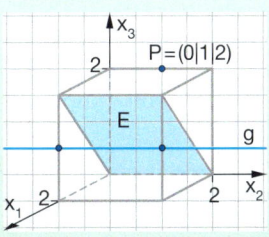

3 *„Abstand"*

Was ist eigentlich der Abstand zwischen zwei geometrischen Objekten?

> Die Abstandsbestimmung ist ein Minimierungsproblem.
> Für zwei Punkte ist der Abstand die kürzeste Verbindung dieser Punkte und somit eine Strecke. In den anderen Fällen spielt die Orthogonale (das Lot) eine entscheidende Rolle.

a) Erläutern Sie anhand der Bilder das Minimierungsproblem.

b) Bei windschiefen Geraden ist es schwierig. Experimentieren Sie deshalb an einem Modell.
Spielen auch hier Orthogonalen eine Rolle? Messen oder Nachdenken sind hilfreich.

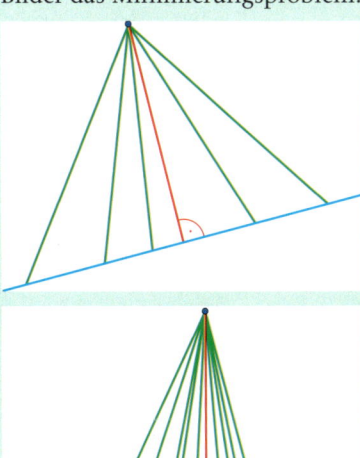

8 Skalarprodukt und Messen

Basiswissen

Mithilfe der Orthogonalität von Vektoren können Abstände bestimmt werden.

Lotfußpunktverfahren zum Bestimmen von Abständen

Abstand Punkt – Gerade

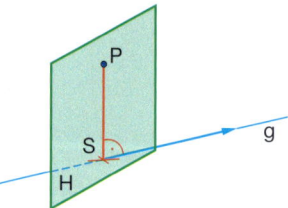

Vorgehen
(1) Hilfsebene H bestimmen, die senkrecht zu g ist und P enthält
(2) Schnittpunkt S von g und H bestimmen
(3) Abstand der Punkte P und S bestimmen

Abstand Punkt – Ebene

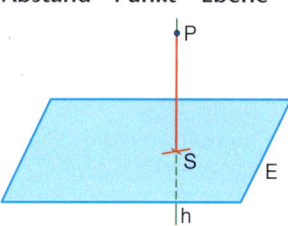

Vorgehen
(1) Hilfsgerade h bestimmen, die senkrecht zu E ist und P enthält
(2) Schnittpunkt S von h und E bestimmen
(3) Abstand der Punkte P und S bestimmen

Andere Abstandsprobleme können auf diese beiden grundlegenden Abstandsprobleme zurückgeführt werden.

Kurzschreibweisen für Abstände:
Punkt – Gerade d(P, g)
Punkt – Ebene d(P, E)
Punkt – Punkt d(P, Q)

d von distance

Beispiele

A| *Abstand Punkt – Gerade im Würfel*

Gesucht ist der Abstand der Würfelecke A zur Raumdiagonalen $g: \vec{x} = \begin{pmatrix} 3 \\ 0 \\ 3 \end{pmatrix} + t \begin{pmatrix} -3 \\ 3 \\ -3 \end{pmatrix}$.

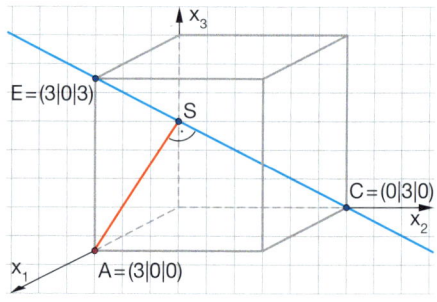

Lösung:
(1) Ebene H bestimmen, die senkrecht zu g ist und A enthält:

Der Richtungsvektor $\vec{v} = \begin{pmatrix} -3 \\ 3 \\ -3 \end{pmatrix}$ von g ist ein Normalenvektor von H.

Also H: $\begin{pmatrix} -3 \\ 3 \\ -3 \end{pmatrix} \cdot \left(\vec{x} - \begin{pmatrix} 3 \\ 0 \\ 0 \end{pmatrix} \right) = 0$ oder in Koordinatenform H: $-3x_1 + 3x_2 - 3x_3 = -9$

(2) Schnittpunkt S von g und H bestimmen:
Für einen Punkt P auf g gilt P = (3 – 3t | 3t | 3 – 3t).
Einsetzen in die Koordinatengleichung von H ergibt:
$-3(3 - 3t) + 3 \cdot 3t - 3(3 - 3t) = -9$

Auflösen nach t liefert $t = \frac{1}{3}$.

Einsetzen von $t = \frac{1}{3}$ in die Geradengleichung g liefert den Schnittpunkt S = (2 | 1 | 2).

(3) Abstand der Punkte A und S bestimmen:

$d(A, S) = \sqrt{(2 - 3)^2 + (1 - 0)^2 + (2 - 0)^2} = \sqrt{6}$

Der Abstand von A zur Raumdiagonalen beträgt $\sqrt{6}$ LE.

Beispiele

B *Abstand Punkt – Ebene in einer Pyramide*

Bestimmen Sie die Höhe einer dreiseitigen Pyramide mit der Grundfläche ABC durch
A = (0|−2|4,5), B = (4|−2|4,5) und C = (2|4|0) und der Spitze S = (2|6|11).

Lösung:
Die Höhe der Pyramide ist der Abstand der Spitze zur Ebene,
in der die Grundfläche liegt.
Die Grundfläche ABC liegt in der Ebene

$$E: \vec{x} = \begin{pmatrix} 0 \\ -2 \\ 4,5 \end{pmatrix} + r \begin{pmatrix} 4 \\ 0 \\ 0 \end{pmatrix} + s \begin{pmatrix} 2 \\ 6 \\ -4,5 \end{pmatrix}.$$

(1) Gerade h bestimmen, die senkrecht zu E ist und S enthält:

Ein Normalenvektor der Ebene E ist $\vec{n} = \begin{pmatrix} 0 \\ 3 \\ 4 \end{pmatrix}$. Also gilt h: $\vec{x} = \begin{pmatrix} 2 \\ 6 \\ 11 \end{pmatrix} + t \begin{pmatrix} 0 \\ 3 \\ 4 \end{pmatrix}$.

(2) Schnittpunkt F von h und E bestimmen: E = h führt zu einem Gleichungssystem,
bestehend aus drei Gleichungen mit drei Variablen.

Lösen des LGS per Hand
I: 4r + 2s   = 2
II: 6s − 3t = 8
III: −4,5s − 4t = 6,5
mit den Lösungen t = −2, r = s = $\frac{1}{3}$

Lösen des LGS mit GTR

Einsetzen von t = −2 in die Geradengleichung h liefert den Schnittpunkt F = (2|0|3).

(3) Abstand der Punkte F und S bestimmen:
d(F, S) = $\sqrt{(2-2)^2 + (6-0)^2 + (11-3)^2} = \sqrt{100} = 10$
Die Höhe der Pyramide beträgt 10 LE.

Übungen

4 *Zeltdach*

Bestimmen Sie die Höhe des Zeltdachhauses rechnerisch als Abstand der Spitze von der Bodenfläche.

Vergleichen Sie mit den Angaben in der Zeichnung.

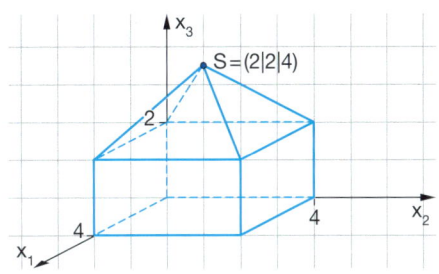

5 *Abstand im Würfel*

a) Berechnen Sie den Abstand des Mittelpunktes M = (2|2|2) des Würfels mit der Kantenlänge 4 von der Dreiecksfläche ACH mit $E: \vec{x} = \begin{pmatrix} 4 \\ 0 \\ 0 \end{pmatrix} + r \begin{pmatrix} -4 \\ 4 \\ 0 \end{pmatrix} + s \begin{pmatrix} -4 \\ 0 \\ 4 \end{pmatrix}$.

b) Welchen Abstand hat der Kantenmittelpunkt M = (4|2|4) von der Ebene $E: \vec{x} = \begin{pmatrix} 4 \\ 0 \\ 0 \end{pmatrix} + r \begin{pmatrix} 0 \\ 4 \\ 0 \end{pmatrix} + s \begin{pmatrix} -4 \\ 0 \\ 4 \end{pmatrix}$?

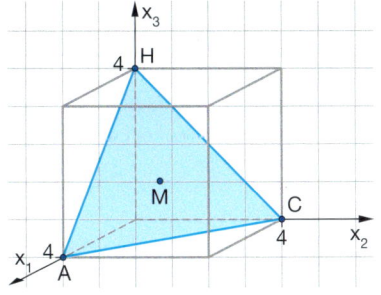
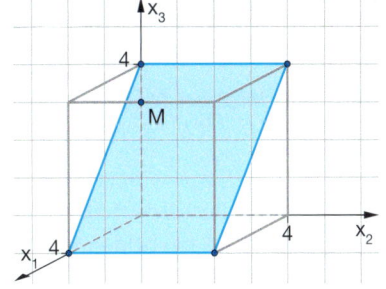

Übungen

6 *Raumdiagonale im Würfel*
a) Welchen Abstand hat der Punkt $A = (1|0|0)$ von der Raumdiagonalen $\overline{BH}$?
b) Welcher Eckpunkt, der nicht auf der Raumdiagonalen liegt, hat den geringsten Abstand zu dieser? Begründen Sie.

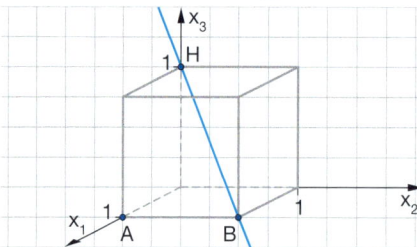

7 *Raumdiagonale im Quader*
Welchen Abstand haben die Eckpunkte des Quaders, die nicht auf der Raumdiagonalen liegen, von der Raumdiagonalen $\overline{DF}$?

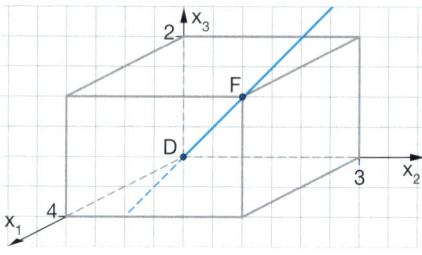

8 *Schiefe Pyramide*
Berechnen Sie die Höhe der schiefen Pyramide mit der Grundfläche ABCD mit $A = (5|-2|2)$, $B = (5|2|3)$, $C = (1|2|4)$ und $D = (1|-2|3)$ und der Spitze $S = (3|1|6)$.

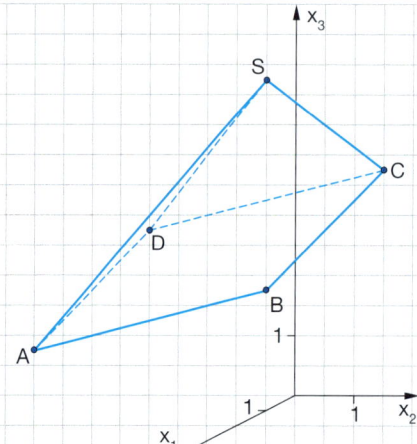

9 *Pyramide*
Welchen Abstand hat der Mittelpunkt M der Bodenfläche einer quadratischen Pyramide mit der Kantenlänge 4 cm und einer Höhe von 6 cm von den Seitenflächen der Pyramide?

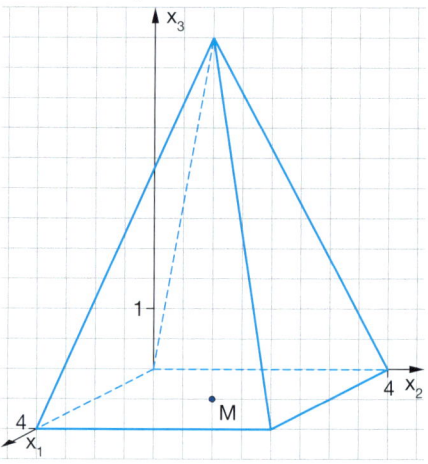

KOPFÜBUNGEN

1 Gibt es Werte für t und s so, dass alle drei Gleichungen erfüllt sind?
 (1) $6t + s = 6$ (2) $2t - 3s = 2$ (3) $t + s = 1$

2 Skizzieren Sie zum Text passende Graphen:
 a) Die Preise steigen immer weniger.
 b) Die Größe des Algenteppichs nimmt immer schneller ab.
 c) Die Population von anfänglich 50 Tieren nahm zunächst gleichmäßig zu, ehe sie sich nach 3 Jahren verringerte und bei ca. 100 Tieren einpendelte.

3 Ein rechtwinkliges Dreieck besteht aus der Kathete $a = 4\,\text{cm}$ und der Hypotenuse $c = 5\,\text{cm}$. Wie groß ist der Flächeninhalt dieses Dreiecks?

4 Ein „fairer" Würfel wird zweimal geworfen. Welches der beiden Ereignisse A und B hat die größere Wahrscheinlichkeit?
 A: „keine Sechs bei beiden Würfen" B: „zwei verschiedene Augenzahlen"

8.3 Abstandsprobleme

10 *Abstand Ebene – parallele Gerade als Abstandsproblem Punkt – Ebene*
Wie groß ist der Abstand zwischen der Ebene

$E: \vec{x} = \begin{pmatrix} 2 \\ -1 \\ 0 \end{pmatrix} + r \begin{pmatrix} 6 \\ 4{,}5 \\ -1 \end{pmatrix} + s \begin{pmatrix} -4 \\ -3 \\ 4 \end{pmatrix}$ und der zu E

parallelen Geraden $g: \vec{x} = \begin{pmatrix} 7 \\ -1 \\ 4 \end{pmatrix} + t \begin{pmatrix} 4 \\ 3 \\ 3 \end{pmatrix}$?

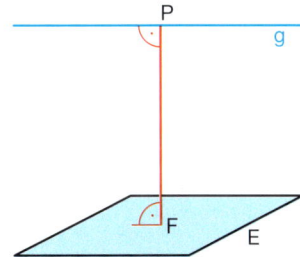

Übungen

Dieses Abstandsproblem kann man auf das Abstandsproblem Punkt – Ebene zurückführen. Da der Abstand von g zur Ebene für alle Punkte von g gleich groß ist, kann ein beliebiger Punkt auf g genommen werden, z. B.
$P = (7\,|-1\,|\,4)$.

Der noch fehlende Fall windschiefer Geraden folgt auf Seite 356.

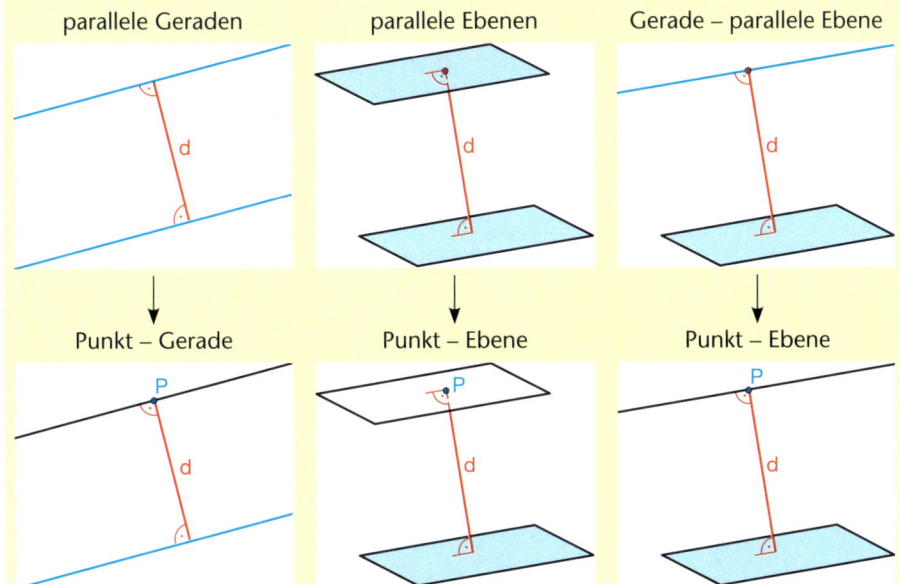

Strategien zum Zurückführen auf grundlegende Abstandsprobleme

Die folgenden Abstandsprobleme lassen sich auf die Lotfußpunktverfahren Punkt – Gerade oder Punkt – Ebene zurückführen.

parallele Geraden → Punkt – Gerade
parallele Ebenen → Punkt – Ebene
Gerade – parallele Ebene → Punkt – Ebene

11 *„Abstandsprobleme in drei Schritten"*
Welcher Abstand wird hier ermittelt?
(1) Einen beliebigen Punkt auf einer Ebene wählen.
(2) Eine zur anderen Ebene senkrechte Gerade durch den gewählten Punkt aufstellen.
(3) Schnittpunkt der Geraden mit der Ebene bestimmen und Länge des Verbindungsvektors ermitteln.

12 *Höhenberechnung*
Die Bestimmung von Höhen ist für die Berechnung von Flächen- und Rauminhalten häufig notwendig. Welche Abstandsprobleme liegen hier vor? Auf welches Grundproblem lässt sich die Berechnung zurückführen?

a) b) c) d) e)

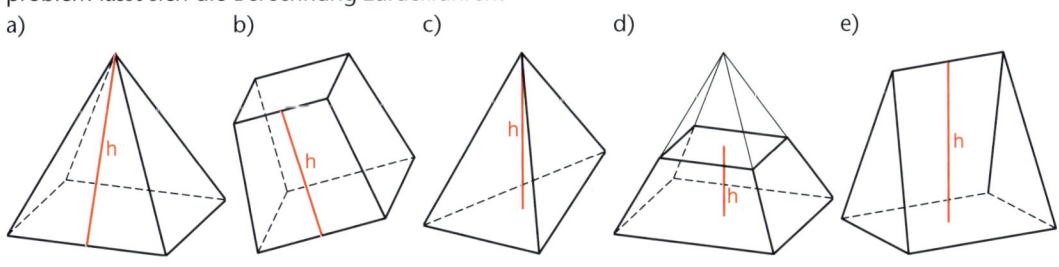

8 Skalarprodukt und Messen

LUDWIG OTTO HESSE
(1811–1874)

Hesse'sche Normalenform

Für das Abstandsproblem Punkt – Ebene kann eine spezielle Normalenform helfen, den Abstand direkt zu berechnen.
In der Hesse'schen Normalenform muss der Normalenvektor die Länge 1 haben.

Normalenform der Ebene aufstellen:
$E: \vec{n} \cdot (\vec{x} - \vec{q}) = 0$

$P = (1|6|2)$

$E: \begin{pmatrix} 2 \\ 1 \\ -2 \end{pmatrix} \cdot \left(\vec{x} - \begin{pmatrix} 1 \\ 3 \\ 2 \end{pmatrix} \right) = 0$

Hesse'sche Normalenform aufstellen:
Normalenvektor $\vec{n}_0$ der Länge 1 bestimmen: $\vec{n}_0 = \frac{1}{|\vec{n}|} \cdot \vec{n}$
$E: \vec{n}_0 \cdot (\vec{x} - \vec{q}) = 0$ mit $|\vec{n}_0| = 1$

$\vec{n}_0 = \frac{1}{3} \cdot \begin{pmatrix} 2 \\ 1 \\ -2 \end{pmatrix}$

$E: \frac{1}{3} \cdot \begin{pmatrix} 2 \\ 1 \\ -2 \end{pmatrix} \cdot \left(\vec{x} - \begin{pmatrix} 1 \\ 3 \\ 2 \end{pmatrix} \right) = 0$

In obigem Term für $\vec{x}$ den **Vektor $\vec{p}$ einsetzen** und den **Betrag dieses Terms bilden**.
So erhalten wir direkt den Abstand von P zu E:
$d(P, E) = |\vec{n}_0 \cdot (\vec{p} - \vec{q})|$

$\left| \frac{1}{3} \cdot \begin{pmatrix} 2 \\ 1 \\ -2 \end{pmatrix} \cdot \left(\begin{pmatrix} 1 \\ 6 \\ 2 \end{pmatrix} - \begin{pmatrix} 1 \\ 3 \\ 2 \end{pmatrix} \right) \right|$

$= \frac{1}{3} \cdot (2 - 2 + 6 - 3 - 4 + 4)$

$= 1 = d(P, E)$

Übungen

13 *Bestätigen des Verfahrens*
Überprüfen Sie das Verfahren an den Beispielen. Die Abstände können Sie in a) und c) auch den Zeichnungen entnehmen.

a) Abstand $H = (0|0|4)$ zu E

b) Abstand $M = (4|2|4)$ zu E

c) Abstand P zu Koordinatenebenen

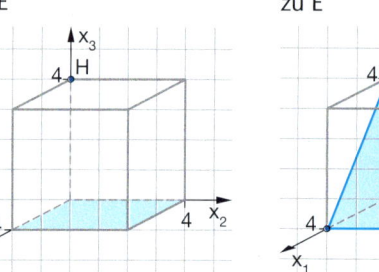

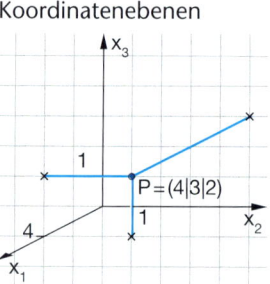

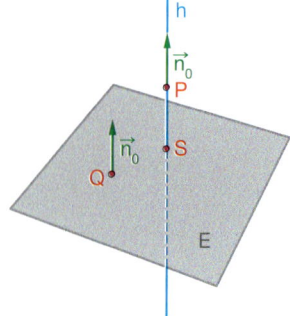

14 *Begründen des Verfahrens*
Lesen Sie den Text und vollziehen Sie die einzelnen Schritte nach.

Um den Abstand des Punktes P zur Ebene E zu berechnen, konstruiert man zunächst die Orthogonale h zu E durch P mit h: $\vec{x} = \vec{p} + t\vec{n}_0$, wobei $\vec{n}_0$ der Normalenvektor der Länge 1 ist.

Schnittpunkt von h und E bestimmen:
Einsetzen von h: $\vec{x} = \vec{p} + t\vec{n}_0$ in E: $(\vec{x} - \vec{q}) \cdot \vec{n}_0 = 0$ ergibt $(\vec{p} + t\vec{n}_0 - \vec{q}) \cdot \vec{n}_0 = 0$.
Ausmultiplizieren liefert: $\vec{p} \cdot \vec{n}_0 + t\vec{n}_0 \cdot \vec{n}_0 - \vec{q} \cdot \vec{n}_0 = 0$
Auflösen nach t liefert: $t\vec{n}_0 \cdot \vec{n}_0 = \vec{q} \cdot \vec{n}_0 - \vec{p} \cdot \vec{n}_0$.
Da $|\vec{n}_0| = 1$ gilt, folgt $t = (\vec{q} - \vec{p}) \cdot \vec{n}_0$.

Der Parameter t ist ein Skalar und gibt an, dass man mit $t\vec{n}_0$ zum Schnittpunkt der Ebene E mit h gelangt.
Da $\vec{n}_0$ die Länge 1 hat, ist $d(P, E) = |t|$. Also gilt für den Abstand $d(P, E) = |(\vec{q} - \vec{p}) \cdot \vec{n}_0|$.

Übungen

15 *Ebene mit Spurgeraden*
Wie weit ist die durch Spurgeraden dargestellte Ebene vom Ursprung entfernt?

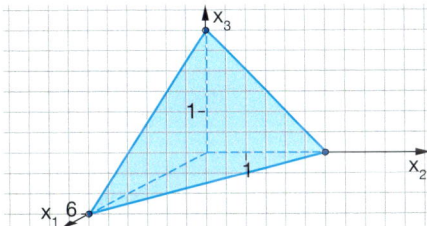

16 *Gerade mit Spurpunkten*
Wie weit ist die durch Spurpunkte dargestellte Gerade vom Ursprung entfernt?

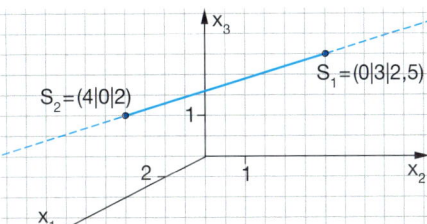

17 *Sechseck*
a) Berechnen Sie mit der Hesse'schen Normalenform den Abstand des Punktes $F = (1|1|1)$ von der Sechseckfläche $E: x_1 + x_2 + x_3 = 1{,}5$.

b) Was passiert, wenn der Punkt F in der Ebene liegt? Bestätigen Sie Ihre Vermutung am Mittelpunkt $M = (0{,}5|0{,}5|0{,}5)$ des Würfels.

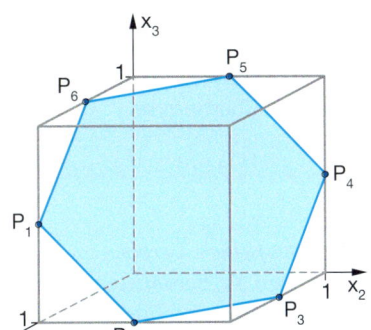

 Geometrie

18 *„Würfel" mit abgeschnittenen Ecken*
Am Würfel wurden gegenüberliegende Ecken abgeschnitten. Die Punkte M_1, M_2, M_3 und M_4 sind Kantenmittelpunkte eines Würfels mit der Kantenlänge 6.
a) Weisen Sie nach, dass die blauen Schnittflächen parallel sind.
b) Vergleichen Sie den Abstand der Schnittflächen mit der Kantenlänge des ursprünglichen Würfels.
Stellen Sie Vermutungen auf (Schätzen und Messen am Modell ist auch erlaubt) und überprüfen Sie diese rechnerisch.

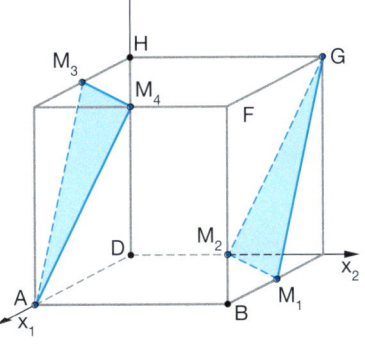

Geometrie

19 *Training zur Abstandsbestimmung*
a) Eine dreiseitige Pyramide hat die Grundfläche ABC mit $A = (2|2|3)$, $B = (0|-4|3)$ und $C = (2|-2|1)$ und die Spitze $S = (7|-4|6{,}5)$.
Berechnen Sie die Höhe.

b) Zeigen Sie, dass $E: \vec{x} = \begin{pmatrix}1\\2\\0\end{pmatrix} + r\begin{pmatrix}4\\0\\1\end{pmatrix} + s\begin{pmatrix}-2\\1\\0\end{pmatrix}$

und $g: \vec{x} = \begin{pmatrix}2\\4\\-4\end{pmatrix} + t\begin{pmatrix}0\\2\\1\end{pmatrix}$ zueinander parallel

sind. Berechnen Sie deren Abstand.

c) Welche Ebene ist vom Ursprung am weitesten entfernt?

$E_1: \vec{x} = \begin{pmatrix}-5\\-7\\3\end{pmatrix} + r\begin{pmatrix}2\\1\\-4\end{pmatrix} + s\begin{pmatrix}3\\6\\1\end{pmatrix}$

$E_2: \left(\begin{pmatrix}x_1\\x_2\\x_3\end{pmatrix} - \begin{pmatrix}-4\\4\\5\end{pmatrix}\right) \cdot \begin{pmatrix}3\\-3\\0\end{pmatrix} = 0$

$E_3: 2x_1 - 2x_2 + 4x_3 = 12$

d) Zeigen Sie, dass sich die Ebene $E: x_1 - 4x_2 + x_3 = 12$ und die Gerade

$g: \vec{x} = \begin{pmatrix}9\\1\\10\end{pmatrix} + t\begin{pmatrix}1\\0\\2\end{pmatrix}$ schneiden.

Wie viele Punkte auf g sind 3 LE von E entfernt?

8 Skalarprodukt und Messen

Auf welches grundlegende Abstandsproblem wird die Abstandsbestimmung windschiefer Geraden zurückgeführt?

Abstand windschiefer Geraden

Die Bildsequenz beschreibt ein Verfahren zur Abstandsbestimmung windschiefer Geraden.

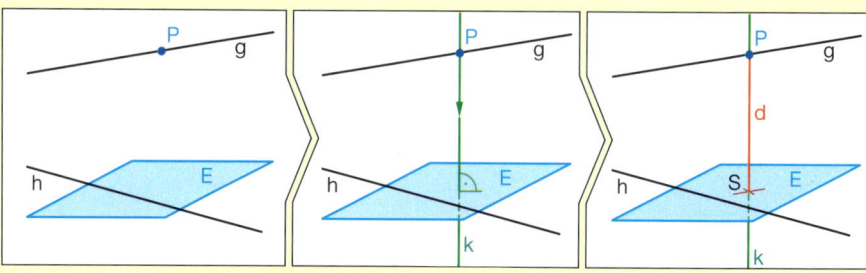

Ebene E bestimmen, die h enthält und parallel zu g ist. Als Richtungsvektoren von E können die Richtungsvektoren der Geraden übernommen werden.

Gerade k bestimmen, die senkrecht zu E ist und P enthält.

Schnittpunkt S von k und E bestimmen. Abstand der Punkte P und S bestimmen.

Übungen

20 *Windschiefe Geraden im Quader*
Bestimmen Sie den Abstand der windschiefen Geraden g und h. Welche beiden Punkte auf den Geraden haben den geringsten Abstand zueinander?

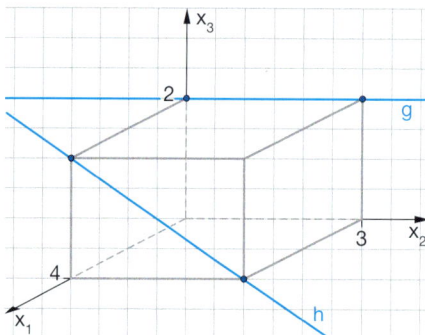

21 *Windschiefe Geraden in der Pyramide*
a) Bestimmen Sie den Abstand der eingezeichneten windschiefen Geraden in der Pyramide.
b) Wie groß ist der Abstand der Geraden durch B und S zur Geraden durch C und D?

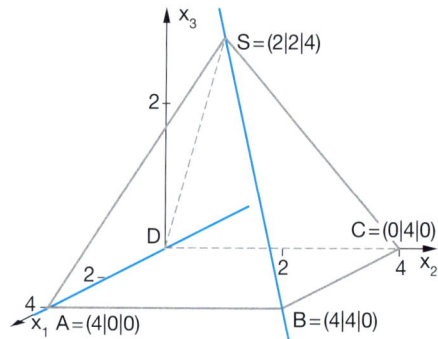

22 *Training windschiefer Geraden*
Bestimmen Sie den Abstand der windschiefen Geraden. Bei welchem Geradenpaar ist der Abstand am größten?

a) $g: \vec{x} = \begin{pmatrix} 1 \\ 0 \\ 1 \end{pmatrix} + r \begin{pmatrix} 1 \\ 1 \\ 2 \end{pmatrix};\quad h: \vec{x} = \begin{pmatrix} 2 \\ 1 \\ 0 \end{pmatrix} + s \begin{pmatrix} 0 \\ 1 \\ 1 \end{pmatrix}$

b) $g: \vec{x} = \begin{pmatrix} 1 \\ 2 \\ -1 \end{pmatrix} + r \begin{pmatrix} 1 \\ 0 \\ 1 \end{pmatrix};\quad h: \vec{x} = \begin{pmatrix} 0 \\ 0 \\ 1 \end{pmatrix} + s \begin{pmatrix} 1 \\ 1 \\ 1 \end{pmatrix}$

c) $g: \vec{x} = \begin{pmatrix} 3 \\ 1 \\ 1 \end{pmatrix} + r \begin{pmatrix} 2 \\ -3 \\ -10 \end{pmatrix};\quad h: \vec{x} = \begin{pmatrix} -2 \\ 3 \\ 11 \end{pmatrix} + s \begin{pmatrix} 2 \\ 1 \\ -2 \end{pmatrix}$

23 *Windschiefe Geraden im Würfel*
Berechnen Sie den Abstand der beiden Geraden.

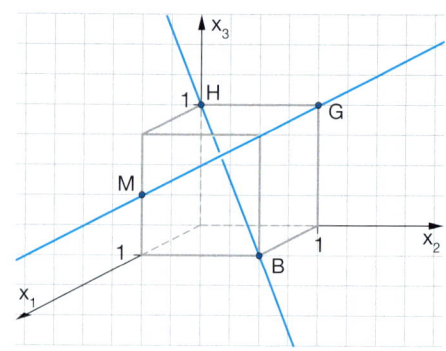

8.3 Abstandsprobleme

Bei diesen Übungen werden Punkte mit einer vorgegebenen Bedingung gesucht. Dabei erhält man eine Gleichung, bei der auch die Hesse'sche Normalenform ihre Wirkung entfalten kann.

Übungen

24 *Mittelebenen*
Die Würfelschnitte werden von den Punkten gebildet, die gleich weit von zwei gegebenen Punkten A und B entfernt sind.

Die Schnitte halbieren den Einheitswürfel.

(1) 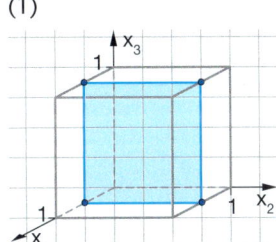 (2) 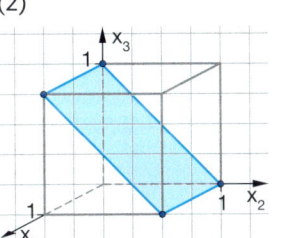 (3)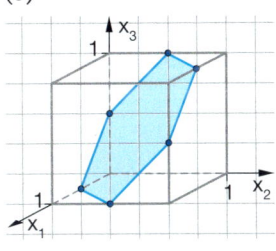

 Geometrie

a) Begründen Sie, dass im Raum alle Punkte, die von zwei Punkten gleich weit entfernt sind, eine Ebene bilden.
b) Ordnen Sie die Fälle I) bis III) den Bildern zu.

In der Ebene liegen alle Punkte, die von zwei Punkten gleich weit entfernt sind, auf der Mittelsenkrechten.

I)	II)	III)
A = (1|0|0); B = (1|1|1)	A = (1|0|1); B = (0|0|1)	A = (1|0|1); B = (0|1|0)

c) Die Ebenengleichungen lassen sich einfach aus der Anschauung bestimmen. Welche Ebenengleichung gehört zu welchem Schnitt?

$$E: \vec{x} = \begin{pmatrix} 0{,}5 \\ 0 \\ 0 \end{pmatrix} + r\begin{pmatrix} 1 \\ 1 \\ 0 \end{pmatrix} + s\begin{pmatrix} 1 \\ 2 \\ 1 \end{pmatrix} \quad F: \vec{x} = \begin{pmatrix} 0{,}5 \\ 0 \\ 0 \end{pmatrix} + r\begin{pmatrix} 0 \\ 0 \\ 1 \end{pmatrix} + s\begin{pmatrix} 0 \\ 1 \\ 0 \end{pmatrix} \quad G: \vec{x} = \begin{pmatrix} 1 \\ 0 \\ 1 \end{pmatrix} + r\begin{pmatrix} 0 \\ 1 \\ -1 \end{pmatrix} + s\begin{pmatrix} 1 \\ -1 \\ 1 \end{pmatrix}$$

d) Man kann die Ebenengleichungen auch ohne Anschauung aus der Bedingung $d(A, P) = d(B, P)$ erstellen. Die gesuchten Punkte P haben die Koordinatendarstellung $P = (x_1 | x_2 | x_3)$.
Für den Fall I) erhalten wir: $d(A, P) = d(B, P)$, also:
$$\sqrt{(1-x_1)^2 + (0-x_2)^2 + (0-x_3)^2} = \sqrt{(1-x_1)^2 + (1-x_2)^2 + (1-x_3)^2}$$
$$1 - 2x_1 + x_1^2 + x_2^2 + x_3^2 = 1 - 2x_1 + x_1^2 + 1 - 2x_2 + x_2^2 + 1 - 2x_3 + x_3^2$$
$$0 = 1 - 2x_2 + 1 - 2x_3$$
Aus dieser Gleichung können wir die Koordinatengleichung ermitteln.
$$2x_2 + 2x_3 = 2$$
$$x_2 + x_3 = 1$$
Ermitteln Sie ebenso die Gleichungen der anderen beiden Ebenen.

25 *Winkelhalbierende im Raum*
Die Punkte, die von zwei sich schneidenden Ebenen gleich weit entfernt sind, bilden eine Ebene. Wir nennen sie im Folgenden Winkelhalbierenden-Ebene. Bestimmen Sie diese zu den Ebenen
$E_1: x_1 + 2x_2 + 2x_3 - 1 = 0$ und
$E_2: 6x_1 + 2x_2 + 3x_3 + 3 = 0$.

Zeigen Sie, dass die beiden Winkelhalbierenden-Ebenen zueinander senkrecht sind.

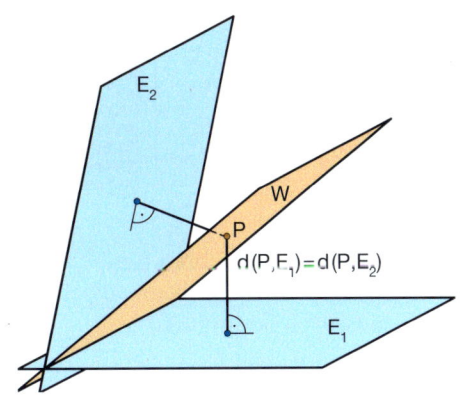

Tipp:
Die Ebenen E_1 und E_2 in die Hesse'sche Normalform umstellen und die linken Terme gleichsetzen.

8 Skalarprodukt und Messen

Abstand Punkt – Gerade mithilfe der Analysis

Zwischen einem Punkt P und einer Geraden g soll die minimale Entfernung bestimmt werden. Dazu können wir vom Punkt P die Entfernungen zu allen Punkten der Geraden g berechnen. Die kleinste dieser Entfernungen ist der Abstand der Geraden g zum Punkt P.

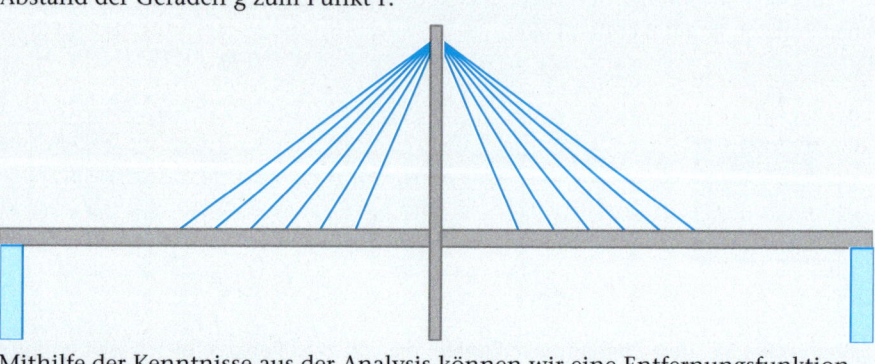

Mithilfe der Kenntnisse aus der Analysis können wir eine Entfernungsfunktion für je zwei Punkte aufstellen. Das Minimum dieser Entfernungsfunktion ist dann der Abstand Punkt – Gerade.

Aufgaben

26 *Abstand als Extremwertproblem*

Um den Abstand des Punktes $P = (p_1|p_2|p_3)$ von der Geraden $g: \vec{x} = \vec{a} + t\vec{v}$ zu berechnen, können wir den Abstand des Punktes P zu einem beliebigen Punkt auf g durch die Länge des Vektors $\vec{x} - \vec{p}$ ausdrücken.

Der Abstand ist dann eine Funktion des Parameters t der Geradengleichung.

$$f(t) = |\vec{x} - \vec{p}| = \sqrt{(x_1 - p_1)^2 + (x_2 - p_2)^2 + (x_3 - p_3)^2}$$
$$= \sqrt{(a_1 + tv_1 - p_1)^2 + (a_2 + tv_2 - p_2)^2 + (a_3 + tv_3 - p_3)^2}$$

Diese Abstandsfunktion ist eine Funktion, die von der Variablen t abhängt.

a) Zeigen Sie, dass $f(t) = \sqrt{9t^2 - 36t + 45}$ die Abstandsfunktion für das konkrete Beispiel $P = (2|3|4)$ und $g: \vec{x} = \begin{pmatrix} 2 \\ 0 \\ 10 \end{pmatrix} + t \begin{pmatrix} 1 \\ 2 \\ -2 \end{pmatrix}$ ist.

Erläutern Sie mögliche weitere Vorgehensschritte und berechnen Sie den Abstand.

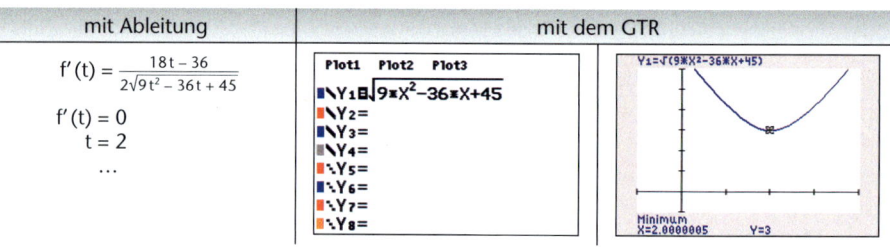

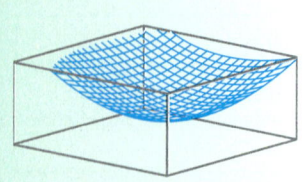

Mit dem CAS können Sie auch eine Funktion zweier Variablen grafisch darstellen.

b) Wie würde ein Verfahren für die Abstandsberechnung eines Punktes zu einer Ebene als Extremwertproblem aussehen? Warum können wir hier das Minimum nicht so einfach bestimmen?

27 Flugrouten

Zwei Flugzeuge fliegen mit gleich bleibender Geschwindigkeit auf geradem Kurs. Das erste befindet sich zum Zeitpunkt t = 0 im Nullpunkt eines geeignet gewählten Koordinatensystems. Zum Zeitpunkt t = 3 ist es in P = (6|−3|9). Zu den entsprechenden Zeitpunkten befindet sich das zweite Flugzeug in Q = (2|28|−14) bzw. R = (5|19|−2).
Koordinatenangaben: Einheit 10 m, Zeiteinheiten in Sekunden.

Aufgaben

(I)
Wann sind sich die Flugzeuge am nächsten? Wie weit sind sie dann voneinander entfernt?
In welchen Positionen befinden sich die beiden Flugzeuge zu dem Zeitpunkt?

(II)
Zu welchem Zeitpunkt binnen der ersten Minute ist der Abstand der Flugzeuge am größten?
Wo befinden sich in dem Moment die beiden Flugzeuge?

Gruppenarbeit

(III)
Wie groß ist der minimale Abstand der beiden Flugrouten?
Welcher Unterschied besteht zwischen dem minimalen Abstand der Flugrouten und der geringsten Entfernung der beiden Flugzeuge? Welcher Wert ist der kleinere?

(IV)
Mit welchen Geschwindigkeiten fliegen die beiden Flugzeuge?
Mit welcher Geschwindigkeit müsste das zweite Flugzeug fliegen, damit die geringste Entfernung der Flugzeuge mit der minimalen Entfernung der Flugrouten übereinstimmt?

Tipp:
Stellen Sie die Flugrouten als $\vec{a}(t) = \vec{p} + t\vec{v}_1$ und $\vec{b}(t) = \vec{q} + t\vec{v}_2$ dar. Die Geschwindigkeitsvektoren $\vec{v}_1$ und $\vec{v}_2$ werden so gewählt, dass mit dem Parameter t jeweils die Position des Flugzeugs zum Zeitpunkt t bestimmt ist. Beachten Sie, dass der (Zeit-)Parameter t in beiden Geradengleichungen der gleiche ist. Die Entfernungsfunktion entf(t) lässt sich dann als Entfernung der jeweiligen Positionen zum Zeitpunkt t bestimmen.

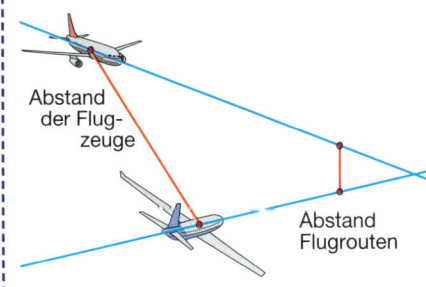
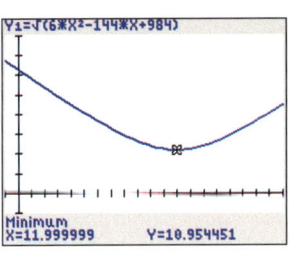

CHECK UP

Skalarprodukt und Messen

Skalarprodukt von Vektoren

$a_1 b_1 + a_2 b_2 + a_3 b_3$ heißt **Skalarprodukt von $\vec{a}$ und $\vec{b}$.**

Schreibweise: $\vec{a} \cdot \vec{b}$ oder $\vec{a}\vec{b}$

$\vec{a} \cdot \vec{b} = |\vec{a}| \cdot |\vec{b}| \cdot \cos(\gamma)$

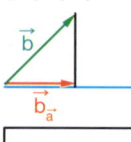

Länge eines Vektors

$|\vec{a}| = \sqrt{\vec{a} \cdot \vec{a}} = \sqrt{a_1^2 + a_2^2 + a_3^2}$

in der Ebene   im Raum

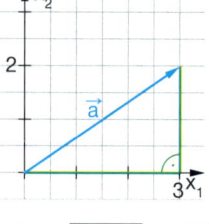 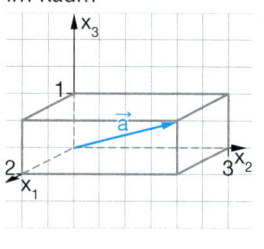

$|\vec{a}| = \sqrt{3^2 + 2^2} = \sqrt{13}$ $|\vec{a}| = \sqrt{2^2 + 3^2 + 1^2} = \sqrt{14}$

Orthogonalität von Vektoren

Zwei Vektoren sind genau dann zueinander orthogonal, wenn $\vec{a} \cdot \vec{b} = 0$ erfüllt ist.

Mit Koordinaten:
$\vec{a} \perp \vec{b} \Leftrightarrow a_1 b_1 + a_2 b_2 + a_3 b_3 = 0$

Winkel zwischen zwei Vektoren

$$\cos(\gamma) = \frac{\vec{a} \cdot \vec{b}}{|\vec{a}| \cdot |\vec{b}|}$$

$$= \frac{a_1 b_1 + a_2 b_2 + a_3 b_3}{\sqrt{a_1^2 + a_2^2 + a_3^2} \cdot \sqrt{b_1^2 + b_2^2 + b_3^2}}$$

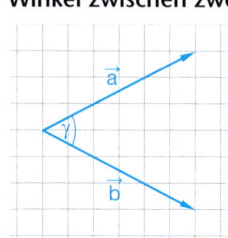

---

1 *Skalarprodukte berechnen*
Welches Skalarprodukt hat den größten Wert?

$\begin{pmatrix}2\\3\\-4\end{pmatrix} \cdot \begin{pmatrix}0{,}5\\1{,}5\\2{,}5\end{pmatrix}$; $\begin{pmatrix}-1\\1{,}5\\2\end{pmatrix} \cdot \begin{pmatrix}-1\\2\\-3\end{pmatrix}$; $\begin{pmatrix}2\\-1\\-4\end{pmatrix} \cdot \begin{pmatrix}-4\\2\\-3\end{pmatrix}$; $\begin{pmatrix}-1{,}5\\2\\0{,}5\end{pmatrix} \cdot \begin{pmatrix}-2\\-4\\3\end{pmatrix}$; $\begin{pmatrix}3\\4\\-1\end{pmatrix} \cdot \begin{pmatrix}-2{,}5\\3\\4\end{pmatrix}$

2 *Skalarprodukte ordnen*
Ordnen Sie für $\vec{a} = \begin{pmatrix}2\\-1\\0\end{pmatrix}$, $\vec{b} = \begin{pmatrix}3\\1\\4\end{pmatrix}$ und $\vec{c} = \begin{pmatrix}5\\0\\-2\end{pmatrix}$ die Skalarprodukte $\vec{a} \cdot \vec{b}$, $\vec{a} \cdot \vec{c}$ und $\vec{b} \cdot \vec{c}$ der Größe nach.

3 *Parallelogramm, aber keine Raute*
Zeigen Sie, dass das Viereck mit den Eckpunkten A = (3|1|2), B = (8|1|3), C = (9|4|5) und D = (4|4|4) ein Parallelogramm, aber keine Raute ist.

4 *Gleichseitige Dreiecke*
Zeigen Sie rechnerisch, dass für je drei verschiedene Zahlen a, b, c die Punkte P = (a|b|c), Q = (b|c|a) und R = (c|a|b) ein gleichseitiges Dreieck bilden, ebenso die Punkte S = (a|c|b), T = (b|a|c) und U = (c|b|a).
Gilt dies auch für V = (a|a|b), W = (a|b|a) und X = (b|a|a)?

5 *Längere Vektoren – größeres Skalarprodukt?*
Für vier Vektoren gilt $|\vec{a}| > |\vec{b}| > |\vec{c}| > |\vec{d}|$. Kann man daraus schließen, dass $\vec{a} \cdot \vec{b} > \vec{c} \cdot \vec{d}$ gilt?

6 *Orthogonal zu zwei Vektoren*
Geben Sie einen Vektor $\vec{w}$ an, der orthogonal zu $\vec{u} = \begin{pmatrix}0\\1\\-3\end{pmatrix}$ und zu $\vec{v} = \begin{pmatrix}2\\0\\-2\end{pmatrix}$ ist. Ist $\vec{w}$ eindeutig bestimmt?

7 *Winkel in Pyramide*
Ist der Winkel zwischen $\vec{u}$ und $\vec{v}$ ein rechter Winkel oder ist er größer oder kleiner als 90°?
Stellen Sie eine Vermutung auf und überprüfen Sie diese.

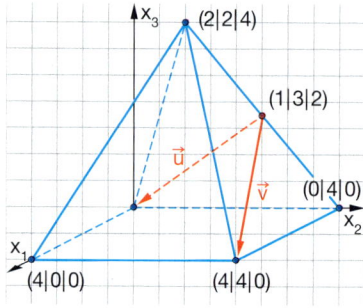

8 *Winkel im Dreieck*
Berechnen Sie die Winkel im roten Dreieck.

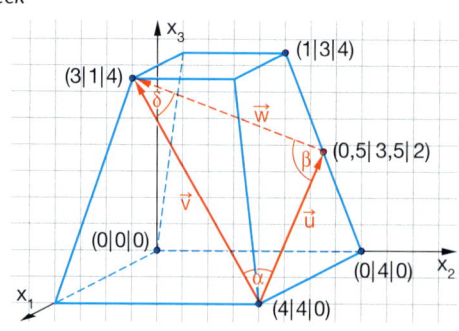

9 *Normalenvektoren – Normalenform*
a) Bestimmen Sie je einen Normalenvektor folgender Ebenen:

$E_1: \vec{x} = \begin{pmatrix} 0 \\ 1 \\ 2 \end{pmatrix} + r\begin{pmatrix} 0 \\ 1 \\ 4 \end{pmatrix} + s\begin{pmatrix} 1 \\ 1 \\ 1 \end{pmatrix};$ $E_2: \vec{x} = r\begin{pmatrix} 2 \\ 1 \\ 4 \end{pmatrix} + s\begin{pmatrix} 3 \\ 0 \\ 3 \end{pmatrix};$

$E_3: 2x_1 - 3x_2 + 7x_3 = 10$

b) Geben Sie E_1, E_2 und E_3 in Normalenform an.

10 *Winkel zwischen Geraden*
Gibt es unter den drei Geraden g, h und k im Würfel zwei, die orthogonal zueinander sind?
Stellen Sie eine Vermutung auf und berechnen Sie dann die Winkel zwischen je zwei der drei Geraden.

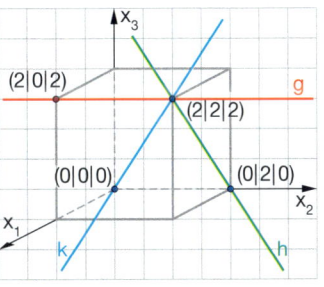

$g: \vec{x} = \begin{pmatrix} 2 \\ 0 \\ 2 \end{pmatrix} + r\begin{pmatrix} 0 \\ 1 \\ 0 \end{pmatrix};$ $h: \vec{x} = \begin{pmatrix} 0 \\ 2 \\ 0 \end{pmatrix} + s\begin{pmatrix} 1 \\ 0 \\ 1 \end{pmatrix};$ $k: \vec{x} = t\begin{pmatrix} 1 \\ 1 \\ 1 \end{pmatrix}$

11 *Winkel zwischen Gerade und Ebene*

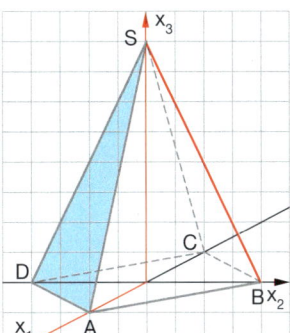

Die Ebene E wird durch die Punkte $A = (2|0|0)$, $S = (0|0|4)$ und $D = (0|-2|0)$ beschrieben.

Bestimmen Sie die Winkel, die die Ebene E mit der x_1-Achse, mit der x_3-Achse und mit der Kante BS bildet.

12 *Winkel zwischen zwei Ebenen*
a) Bestimmen Sie mithilfe der Formel $\cos \gamma = \frac{\vec{a} \cdot \vec{b}}{|\vec{a}| \cdot |\vec{b}|}$ den Winkel zwischen den Ebenen E_1 und E_2.
E_1 wird durch die Punkte A, E, H und D bestimmt, E_2 durch die Punkte A, B, F und E.
Begründen Sie, dass dies nicht der Winkel zwischen den entsprechenden Seitenflächen des Pyramidenstumpfes ist und geben Sie diesen an.

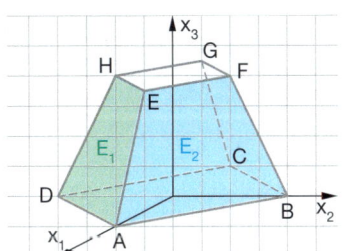

$A = (4|0|0)$ $B = (0|4|0)$
$C = (-4|0|0)$ $D = (0|-4|0)$
$E = (2|0|4)$ $F = (0|2|4)$
$G = (-2|0|4)$ $H = (0|-2|4)$

b) Ist der Winkel zwischen benachbarten Seitenflächen kleiner oder größer als der Winkel zwischen einer Seitenfläche und der Deckfläche des Pyramidenstumpfes?
Vermuten Sie und überprüfen Sie rechnerisch.

CHECK UP

Skalarprodukt und Messen

Normalenvektor einer Ebene

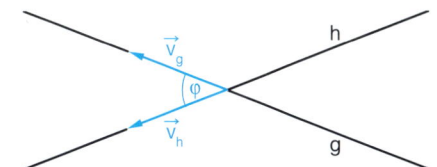

Ein Vektor $\vec{n}$, der orthogonal zu beiden Richtungsvektoren der Ebene ist, heißt **Normalenvektor der Ebene**.
Es gilt: $\vec{n} \cdot \vec{u} = 0$ und $\vec{n} \cdot \vec{v} = 0$

Winkel zwischen Geraden

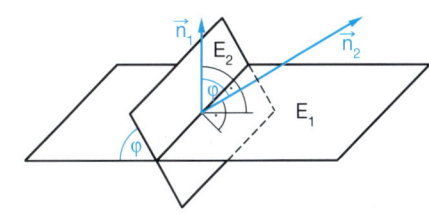

Der Winkel zwischen zwei Geraden ist der Winkel zwischen den Richtungsvektoren.

Winkel zwischen Ebenen

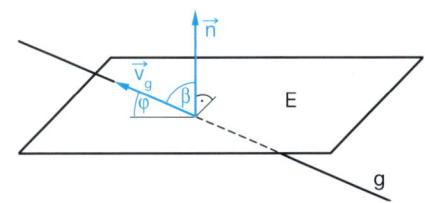

Der Winkel zwischen zwei Ebenen ist der Winkel zwischen den Normalenvektoren.

Winkel zwischen Gerade und Ebene

Der Winkel zwischen einer Ebene und einer Geraden ist der Ergänzungswinkel zum Winkel zwischen dem Normalenvektor der Ebene und dem Richtungsvektor der Geraden.

Normalenform einer Ebenengleichung
$E: \vec{n} \cdot (\vec{x} - \vec{q}) = 0$, falls $\vec{n}$ ein Normalenvektor und Q ein Punkt von E ist.

CHECK UP

Skalarprodukt und Messen

Abstand Punkt – Punkt
$d(P, Q) = \sqrt{(q_1 - p_1)^2 + (q_2 - p_2)^2 + (q_3 - p_3)^2}$

Abstand Punkt – Gerade

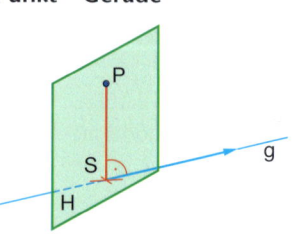

Vorgehen:
(1) Hilfsebene H bestimmen, die senkrecht zu g ist und P enthält
(2) Schnittpunkt S von g und H bestimmen
(3) Abstand der Punkte P und S bestimmen

Spezialfall:
Abstand paralleler Geraden
P ist beliebiger Punkt einer der Geraden.
Der Abstand von P zur anderen Gerade ist der gesuchte Abstand.

Abstand Punkt – Ebene

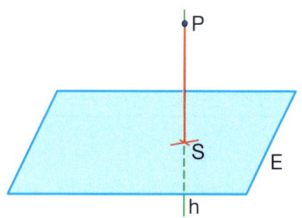

Vorgehen:
(1) Hilfsgerade h bestimmen, die senkrecht zu E ist und P enthält
(2) Schnittpunkt S von h und E bestimmen
(3) Abstand der Punkte P und S bestimmen

Spezialfall:
Abstand paralleler Ebenen
P ist beliebiger Punkt einer der Ebenen.
Der Abstand von P zur anderen Ebene ist der gesuchte Abstand.

Hesse'sche Normalenform
$E: \vec{n}_0 \cdot (\vec{x} - \vec{q}) = 0$ mit $\vec{n}_0 = \frac{1}{|\vec{n}|} \cdot \vec{n}$

Zur Berechnung des Abstands eines Punktes P zur Ebene E den Vektor $\vec{p}$ einsetzen:
$d(P, E) = |\vec{n}_0 \cdot (\vec{p} - \vec{q})|$

13 *Satteldach*
Bestimmen Sie rechnerisch den Abstand des Dachfirstes zur Bodenfläche. Vergleichen Sie mit den Angaben in der Zeichnung.

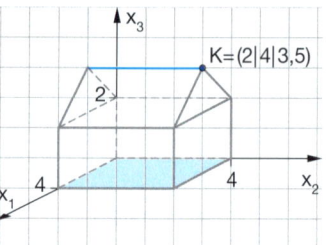

14 *Abstände vom Ursprung*
Bestimmen Sie den Abstand des Punktes A, der Geraden g und der Ebene W vom Ursprung.
$A = (2|2|1)$ $B = (2|4|1)$
$C = (0|4|1)$ $D = (0|2|1)$
$E = (2|2|3)$ $F = (2|4|3)$
$G = (0|4|3)$ $H = (0|2|3)$

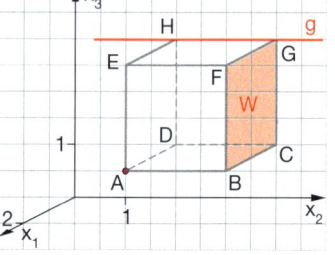

15 *Abstände im Spat*

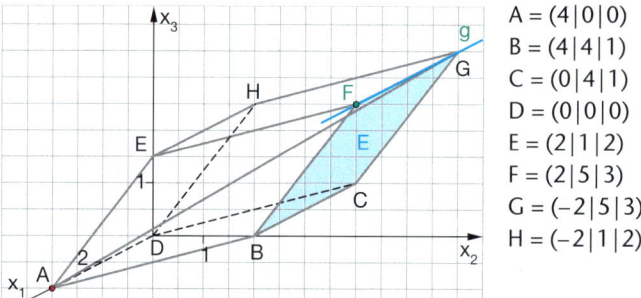

$A = (4|0|0)$
$B = (4|4|1)$
$C = (0|4|1)$
$D = (0|0|0)$
$E = (2|1|2)$
$F = (2|5|3)$
$G = (-2|5|3)$
$H = (-2|1|2)$

Berechnen Sie im Spat den Abstand des Eckpunktes A
• zum Punkt F,
• zur Gerade g durch F und G,
• zur Ebene E durch B, C, F und G.

16 *Abstand Punkt – Koordinatenebenen*
Welchen Abstand hat der Punkt $P = (4|3|-2)$ von den Koordinatenebenen ($x_1 x_2$-Ebene, $x_1 x_3$-Ebene und $x_2 x_3$-Ebene)? Überprüfen Sie Ihre Angaben rechnerisch.

17 *Wo steckt der Fehler?*
Gesucht ist der Abstand zwischen der Ebene E mit den Achsenschnittpunkten $(1|0|0)$, $(0|1|0)$ und $(0|0|1)$ und dem Ursprung. E hat die Koordinatenform $x_1 + x_2 + x_3 = 1$ und den

Normalenvektor $\vec{n} = \begin{pmatrix} 1 \\ 1 \\ 1 \end{pmatrix}$.

Mit der Hesse'schen Normalenform ergibt sich

$d(O, E) = \left| \begin{pmatrix} 1 \\ 1 \\ 1 \end{pmatrix} \cdot \left(\begin{pmatrix} 0 \\ 0 \\ 0 \end{pmatrix} - \begin{pmatrix} 1 \\ 0 \\ 0 \end{pmatrix} \right) \right| = 1$.

Begründen Sie, weshalb der Abstand kleiner sein muss als 1 und suchen Sie den Fehler.

Sichern und Vernetzen – Vermischte Aufgaben

1 *Skalarprodukt berechnen* *Training*
Welches Skalarprodukt hat den kleinsten Wert?

$$\begin{pmatrix}1\\-3\\-4\end{pmatrix}\cdot\begin{pmatrix}1\\2\\-3\end{pmatrix} \qquad \begin{pmatrix}-3\\-2\\5\end{pmatrix}\cdot\begin{pmatrix}1\\3\\0\end{pmatrix} \qquad \begin{pmatrix}-2\\0\\3\end{pmatrix}\cdot\begin{pmatrix}2\\-5\\3\end{pmatrix} \qquad \begin{pmatrix}-1\\4\\0{,}5\end{pmatrix}\cdot\begin{pmatrix}3\\1\\-6\end{pmatrix} \qquad \begin{pmatrix}4\\1\\-3\end{pmatrix}\cdot\begin{pmatrix}1\\-1\\-1\end{pmatrix}$$

2 *Senkrechte Vektoren*

a) Zeigen Sie rechnerisch, dass die blauen Kanten im Würfel senkrecht zueinander stehen.

b) Zeigen Sie rechnerisch, dass die Raumdiagonale die Ebene, in der die Fläche BCEH liegt, nicht senkrecht schneidet.

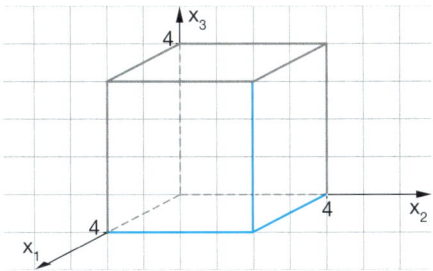
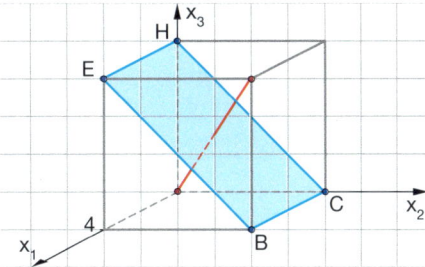

3 *Winkel zwischen Geraden*

a) Bestimmen Sie die Winkelgrößen in einer Seitenfläche.
b) Wie groß ist der Winkel zwischen einer Seitenfläche und der Grundfläche?

4 *Doppelwürfel*

a) Ist das Dreieck ECL rechtwinklig?
b) Finden Sie noch weitere rechtwinklige Dreiecke mit Ecken auf dem Doppelwürfel, die nicht auf der Oberfläche liegen.

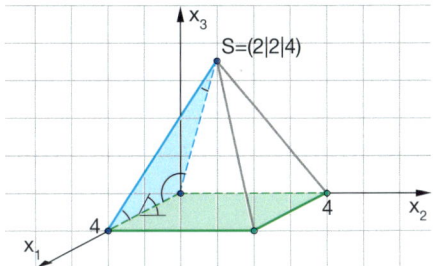
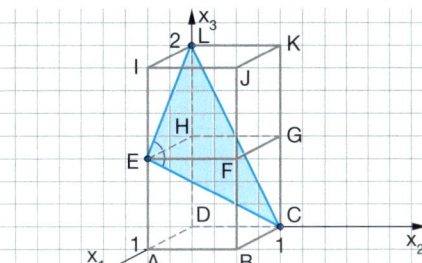

5 *Winkel zwischen Ebenen*
Zeigen Sie, dass der Winkel zwischen der Ebene E mit der Gleichung $x_1 - x_2 + \sqrt{\frac{2}{3}}\, x_3 = 1$ und der $x_1 x_2$-Ebene 60° beträgt.

6 *Abstand Punkt – Ebene*
Bestimmen Sie den Abstand des Punktes $F = (4|4|4)$ von der Ebene E, in der die Sechseckfläche liegt.

7 *Abstand Punkt – Gerade*
Wie weit ist der Punkt $N = (4|4|2)$ von der Geraden $g: \vec{x} = \begin{pmatrix}4\\0\\4\end{pmatrix} + t\begin{pmatrix}-4\\0\\0\end{pmatrix}$ entfernt?

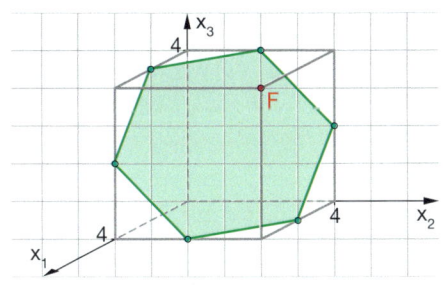
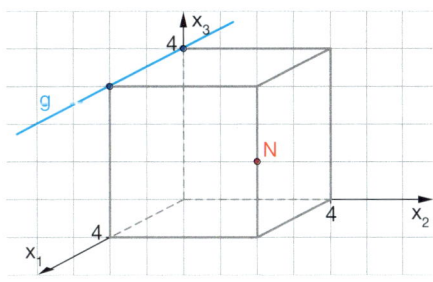

8 Skalarprodukt und Messen

Verstehen von Begriffen und Verfahren

8 *Vektor, Zahl oder sinnlos?*
Jeweils zwei der folgenden Ausdrücke beschreiben einen Vektor, eine Zahl oder sind sinnlos. Entscheiden Sie.
(1) $\vec{a} \cdot \vec{b} + s$ (2) $\vec{a} \cdot \vec{b} + \vec{c}$
(3) $(\vec{a} + \vec{b}) \cdot \vec{c}$ (4) $s \cdot (\vec{a} + \vec{b})$
(5) $s \cdot (r \cdot \vec{a})$ (6) $s - r \cdot \vec{a}$

9 *Geraden*
Geben Sie zu $E: \vec{x} = \begin{pmatrix} 1 \\ 2 \\ -1 \end{pmatrix} + r \begin{pmatrix} 2 \\ 1 \\ 1 \end{pmatrix} + s \begin{pmatrix} 3 \\ -1 \\ 1 \end{pmatrix}$
Gleichungen von Geraden g_1 und g_2 an, für die gilt:
- g_1 ist parallel zu E.
- g_2 ist senkrecht zu E.

10 *Topfbilder*
Ordnen Sie die „Topfbilder" den „Multiplikationen" zu.

a) 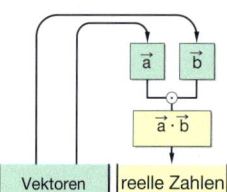 b) 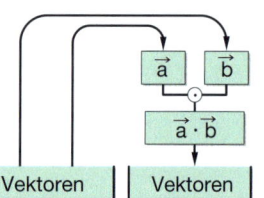 c)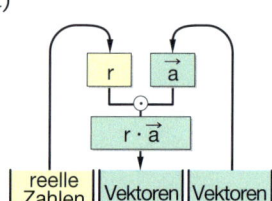

11 *Ebene in Normalenform*
Welche geometrische Bedeutung haben die Vektoren $\vec{n}$ und $\vec{x} - \vec{q}$ in der Ebenengleichung $E: \vec{n} \cdot (\vec{x} - \vec{q}) = 0$?

12 *Ebenen in unterschiedlichen Formen*
Zu den Ebenen $E_1: 2x_1 + 4x_2 + x_3 = 8$ und $E_2: -x_1 + 2x_2 - x_3 = 0$ sind auch die Gleichungen in Normalenform und Parameterform angegeben.

I) $\vec{x} = \begin{pmatrix} 1 \\ 2 \\ 3 \end{pmatrix} + r \begin{pmatrix} 5 \\ 6 \\ 7 \end{pmatrix} + s \begin{pmatrix} 9 \\ 9 \\ 9 \end{pmatrix}$

II) $\vec{x} = \begin{pmatrix} 0 \\ 0 \\ 8 \end{pmatrix} + r \begin{pmatrix} -1 \\ 0 \\ 2 \end{pmatrix} + s \begin{pmatrix} 0 \\ 1 \\ -4 \end{pmatrix}$

III) $\begin{pmatrix} -1 \\ 2 \\ -1 \end{pmatrix} \cdot \left(\vec{x} - \begin{pmatrix} -1 \\ 2 \\ -1 \end{pmatrix}\right) = 0$

IV) $\begin{pmatrix} 2 \\ 4 \\ 1 \end{pmatrix} \cdot \left(\vec{x} - \begin{pmatrix} 0 \\ 0 \\ 8 \end{pmatrix}\right) = 0$

a) Ordnen Sie den beiden Ebenen die passenden Gleichungen zu.
b) Welche Gleichungsform würden Sie für die Beantwortung folgender Fragen wählen? Begründen Sie Ihre Wahl.

| Liegt der Punkt $P = (0\|2\|3)$ auf der Ebene E_1? | Wie liegen die Ebenen E_1 und E_2 zueinander? | Welchen Abstand hat der Punkt $Q = (4\|9\|6)$ von E_1? |

13 *Abstand Punkt – Gerade*
a) Beschreiben Sie ein Verfahren, mit dem man den Abstand eines Punktes P von einer Geraden $g: \vec{x} = \vec{a} + t\vec{v}$ im Raum bestimmen kann.
b) Wenden Sie das Verfahren auf das Beispiel $P = (2|3|4)$ und $g: \vec{x} = \begin{pmatrix} 2 \\ 0 \\ 10 \end{pmatrix} + t \begin{pmatrix} 1 \\ 2 \\ -2 \end{pmatrix}$ an.

14 *Wahr oder falsch?*
Es sind zwei Ebenen und eine Gerade im Raum gegeben.
$E: \vec{x} = \vec{a} + r\vec{u} + s\vec{v}$ $\qquad F: \vec{n} \cdot (\vec{x} - \vec{q}) = 0$ $\qquad g: \vec{x} = \vec{b} + t\vec{w}$
Welche der Aussagen sind wahr? Begründen Sie Ihre Entscheidung.
(A) $(\vec{x} - \vec{q}) \cdot \vec{w} = 0 \Rightarrow g \perp F$ (B) $g \perp E \Rightarrow \vec{w} \cdot \vec{u} = 0$ und $\vec{w} \cdot \vec{v} = 0$ (C) $\vec{w} \perp \vec{n} \Rightarrow g$ liegt in F

15 *Skalarprodukt – wahr oder falsch?*
Welche Aussagen sind wahr? Begründen Sie Ihre Antwort.
a) $|\vec{a} \cdot \vec{b}| = |\vec{a}| \cdot |\vec{b}|$
b) $\vec{a} \cdot \vec{b} = 0 \Rightarrow \vec{a} = \vec{0}$ oder $\vec{b} = \vec{0}$
c) $\vec{a} = \vec{0}$ oder $\vec{b} = \vec{0} \Rightarrow \vec{a} \cdot \vec{b} = 0$
d) $r \cdot \vec{b} = 0 \Rightarrow r = 0$ oder $\vec{b} = \vec{0}$

16 Spiegelpunkte

a) Spiegeln Sie die Spitze der Pyramide $S = (0|4|4)$ an der Grundebene

$$E: \vec{x} = \begin{pmatrix} 4 \\ 0 \\ 4 \end{pmatrix} + r \begin{pmatrix} -1 \\ 0 \\ 0 \end{pmatrix} + s \begin{pmatrix} 0 \\ 1 \\ -1 \end{pmatrix}.$$

Beschreiben Sie Ihr Vorgehen.

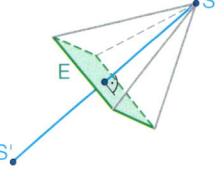

b) Wie kann der Spiegelpunkt an einer Geraden bestimmt werden?
Spiegeln Sie den Punkt $S = (0|4|4)$ an der Geraden

$$g: \vec{x} = \begin{pmatrix} 4 \\ 0 \\ 4 \end{pmatrix} + t \begin{pmatrix} 0 \\ 4 \\ -4 \end{pmatrix}.$$

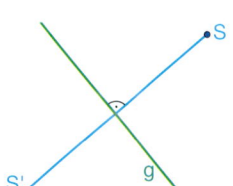

Anwenden und Modellieren

17 Rund um das Oktaeder

Gruppenarbeit

1 Geben Sie die Koordinaten des Oktaeders im Würfel mit der Kantenlänge 4 an.	8 Welche weiteren Winkel sind am Oktaeder zu entdecken? Wie gelingt der Nachweis?	7 Welcher Winkel γ wird hier bestimmt? $\cos(\gamma) = \dfrac{(-2)\cdot(-2)+(-2)\cdot 2 + 0 \cdot 0}{\sqrt{8}\cdot\sqrt{8}}$
2 Zeigen Sie, dass die Seitenflächen gleichseitige Dreiecke sind.	(Abbildung: Würfel mit Oktaeder, Punkte S_1, S_2, A, B, C, D, Kantenlänge 4)	6 Wie müssen r und s eingeschränkt werden, damit die Ebene E $E: \vec{x} = \begin{pmatrix}4\\2\\2\end{pmatrix} + r\begin{pmatrix}-2\\2\\0\end{pmatrix} + s\begin{pmatrix}-2\\0\\2\end{pmatrix}$ eine Seitenfläche des Oktaeders beschreibt?
3 In welchem Winkel schneidet die Kante BC die Seitenfläche ABS_1?		
4 Unter welchen Blickwinkeln sieht man von B aus die Kanten CD und DS_2?	5 $E: \vec{x} = \begin{pmatrix}4\\2\\2\end{pmatrix} + r\begin{pmatrix}-2\\2\\0\end{pmatrix} + s\begin{pmatrix}-2\\0\\2\end{pmatrix}$	Deuten Sie die Gleichung geometrisch und stellen Sie den Zusammenhang zum Oktaeder her.

18 Sicherheitsabstand von Flugzeugen

Ein Sportflugzeug A und ein Transportflugzeug B befinden sich jeweils auf geradlinigem Flug. Im Koordinatensystem (Angaben in 1 km) des Flughafens werden die Positionen zum Zeitpunkt 0 und dann 6 Minuten später festgehalten.

	Ort zum Zeitpunkt 0	Ort zum Zeitpunkt 6 Minuten
Sportflugzeug A	$(0|4|2)$	$(20|-6|2)$
Transportflugzeug B	$(3|0|3)$	$(3|50|-7)$

a) Bestimmen Sie jeweils die Richtung und den Betrag der Geschwindigkeit (in km/h) der Flugzeuge.

b) Zeigen Sie, dass man die Positionen der beiden Flugzeuge zum Zeitpunkt t (t in Stunden) durch die folgenden Gleichungen beschreiben kann:

$$\vec{a}(t) = \begin{pmatrix} 0 \\ 4 \\ 2 \end{pmatrix} + t \begin{pmatrix} 200 \\ -100 \\ 0 \end{pmatrix} \quad \text{und} \quad \vec{b}(t) = \begin{pmatrix} 3 \\ 0 \\ 3 \end{pmatrix} + t \begin{pmatrix} 0 \\ 500 \\ -100 \end{pmatrix}$$

c) Wann und wo kommen sich die beiden Flugzeuge am nächsten? Wird ein Sicherheitsabstand von 1,5 km eingehalten?

d) Zeigen Sie, dass der Abstand der Flugrouten ungefähr 0,49 km beträgt. Begründen Sie, warum dieser kleiner als die minimale Entfernung der Flugzeuge ist.

19 Punktmengen

Kommunizieren und Präsentieren

Im 3-dimensionalen Raum werden drei Punktmengen durch Gleichungen beschrieben.

$$E_1: \vec{x} = \begin{pmatrix} 3 \\ 1 \\ 0 \end{pmatrix} + r \begin{pmatrix} 1 \\ 1 \\ 0 \end{pmatrix} + s \begin{pmatrix} 1 \\ 0 \\ 1 \end{pmatrix} \qquad E_2: \begin{pmatrix} -1 \\ 1 \\ 1 \end{pmatrix} \cdot \left(\vec{x} - \begin{pmatrix} 1 \\ 1 \\ 1 \end{pmatrix} \right) = 0 \qquad E_3: -x_1 + x_2 + x_3 = 1$$

a) Erläutern und begründen Sie, dass es sich jeweils um eine Ebene im Raum handelt.
b) Zeigen Sie, dass $E_2 = E_3$ und E_1 parallel zu E_2 ist.

20 Ebenen darstellen

Veranschaulichen Sie zum Beispiel mithilfe des abgebildeten Materials die Darstellung einer Ebene:
a) in Parameterform
b) in Normalenform
Erläutern Sie die jeweilige Darstellung an Ihrem Modell.

21 Ebenen in unterschiedlichen Formen

Für verschiedene Aufgaben sind unterschiedliche Darstellungsformen für Ebenen unterschiedlich gut geeignet.
In der Tabelle sind drei Gleichungsformen für eine Ebene und vier Aufgabenstellungen angegeben.

	Punktprobe	Schnitt Gerade – Ebene	Schnitt Ebene – Ebene	Abstandsbestimmung von Ebenen
Parameterform	■	■	■	■
Koordinatenform	■	■	■	■
Hesse'sche NF	■	■	■	■

a) Geben Sie jeweils an, wie weit die Gleichungsform zur Lösung der Aufgabe geeignet ist:
++ sehr gut   + gut   o neutral   – weniger   – – schlecht

b) Ergänzen Sie die Tabelle um weitere Aufgaben.

22 Schnittmenge von drei Ebenen

a) Geben Sie eine geeignete Strategie an, wie Sie die Schnittmenge von drei Ebenen bestimmen können, wenn alle drei Ebenen
• in Parameterform,
• in Koordinatenform
gegeben sind.

b) Welche unterschiedlichen Lagen von Ebenen können betrachtet werden? Ordnen Sie diese den angegebenen Bildern zu. Ergänzen Sie weitere Bilder.

c) Wie zeigen sich in der Strategie die speziellen Fälle
(Schnittmenge: leer, ein Punkt, eine Gerade, eine Ebene)? Geben Sie eine Anleitung.
Erläutern Sie jeweils an einem passenden Beispiel.

9 Zufall, Wahrscheinlichkeit und Wahrscheinlichkeitsmodelle (Wiederholung)

Auch in der Stochastik benötigt man Handwerkszeug sowie Anleitung und Verständnis dafür, wie man mit diesem Handwerkszeug sachgemäß umgeht. Vieles, was Ihnen in diesem Kapitel begegnet, ist Ihnen bekannt, vielleicht sogar vertraut. Sie können Ihre Fertigkeiten mit diesem Kapitel überprüfen und das eine oder andere ergänzen oder vertiefen.

9.1 Mit Wahrscheinlichkeiten zufällige Prozesse beschreiben

Angenommen, Sie werfen einen Würfel 60-mal. Was ist größer, die Wahrscheinlichkeit, dass die „Sechs" 10-mal kommt oder die Wahrscheinlichkeit, dass die „Sechs" weniger als 5-mal kommt?
Wahrscheinlichkeiten kann man mit experimentellen oder theoretischen Methoden bestimmen, von denen einige in diesem Lernabschnitt wiederholt und angewendet werden.

9.2 Nachgefragt – Empirisches Gesetz der großen Zahlen

Dieses Gesetz ist wesentliche Grundlage für das Ermitteln von Wahrscheinlichkeiten mit empirischen Untersuchungen oder mit Simulationen.
Wie gut kann man den so gewonnenen Schätzwerten vertrauen?

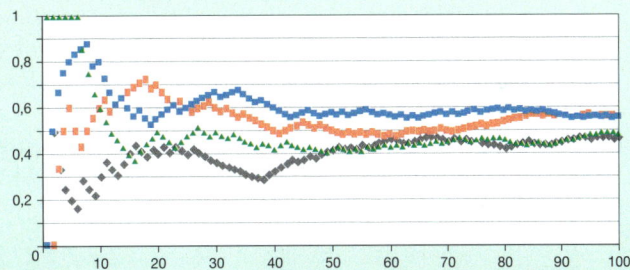

9.3 Wahrscheinlichkeitsmodelle

Wahrscheinlichkeitsmodelle sind von zentraler Bedeutung in der Stochastik.
Für Wahrscheinlichkeitsmodelle benötigt man die folgenden „Zutaten":
- eine Ergebnismenge und die Wahrscheinlichkeiten, mit denen diese Ergebnisse auftreten,
- wir müssen festlegen, was man unter einem Ereignis versteht und wie man die Wahrscheinlichkeit berechnet, mit der das betreffende Ereignis eintritt,
- dazu benötigen wir noch einige Regeln zum Rechnen mit Wahrscheinlichkeiten.

$P(\text{„rot"}) = \frac{18}{37}$

$P(\text{„erstes Dutzend"}) = \frac{12}{37}$

$P(\text{„rot und erstes Dutzend"}) = ?$

$P(\text{„rot oder erstes Dutzend"}) = ?$

Zur Wiederholung wird als ein besonderes Wahrscheinlichkeitsmodell die bedingte Wahrscheinlichkeit angesprochen.

9 Zufall, Wahrscheinlichkeit und Wahrscheinlichkeitsmodelle (Wiederholung)

9.1 Mit Wahrscheinlichkeiten zufällige Prozesse beschreiben

Was Sie erwartet

Mit Wahrscheinlichkeiten kann man zufällige Prozesse beschreiben, wie z. B. das Werfen einer Münze, das Würfeln, den Lauf von Kugeln durch ein Galton-Brett, das Wetter von morgen, die Ziehung der Lottozahlen oder auch die Teilnahme an einem Multiple-Choice-Test. Dabei geht es zumeist um die Frage, mit welcher Wahrscheinlichkeit bestimmte Ereignisse eintreten.

Wie man Wahrscheinlichkeiten mithilfe von relativen Häufigkeiten schätzen oder durch einen theoretischen Ansatz ermitteln kann, wird in diesem Lernabschnitt ebenso wiederholt wie das Rechnen mit Wahrscheinlichkeiten.

Aufgaben

1 *Gibt es ein Gespür für den Zufall?*
a) Was halten Sie von dem Lotto-Ereignis vom 1.8.2014? Was halten Sie von der Aussage von T. Schäfer vom Saar-Lotto: „Das Unwahrscheinliche ist wahrscheinlich geworden."

> **Lotto-Fee findet Fünflinge „krass"**
> Lotto-Fee Nina Azizi war kurz „geflasht":
> „Ist das ein Witz, ist das Ernst?"
> Die gezogenen Glückszahlen waren
> 9, 10, 11, 12, 13 und 37.
> Rhein-Main-Presse, 1. August 2014

b) Ein Experiment: Ein Schüler wird gebeten, sich vorzustellen, dass er eine Münze 20-mal wirft und dabei jeweils aufschreibt, ob „Kopf" (K) oder „Zahl" (Z) fällt. Zum Vergleich hat der Lehrer dieses Zufallsexperiment mit einer realen Münze durchgeführt und die 20 Ergebnisse protokolliert.
• Was meinen Sie, welche der beiden Folgen stellt das wirkliche Zufallsexperiment dar und welches das ausgedachte des Schülers? Begründen Sie Ihre Entscheidung.

| K | K | Z | K | Z | K | K | Z | Z | Z | K | Z | K | K | K | Z | K | Z | Z | K |
| Z | Z | Z | K | K | K | Z | Z | Z | Z | Z | K | K | K | K | K | Z | Z | K | Z |

• Simulieren Sie den 20-fachen Münzwurf wiederholt mit dem GTR und schauen Sie nach, ob es Serien gibt mit „Runs" (ununterbrochene Wiederholung von K oder Z) mit der Länge 4 oder gar 5. Vergleichen Sie die Ergebnisse in Ihrem Kurs.

2 *Auch berühmte Mathematiker können sich irren*
Der berühmte französische Mathematiker D'ALEMBERT (1717–1783) schrieb in einem Mathematikbuch, dass die Wahrscheinlichkeit, zweimal „Kopf" mit dem zweifachen Wurf einer „fairen" Münze zu erzielen, $\frac{1}{3}$ beträgt. Im Folgenden sind die Ergebnisse dieses Zufallsexperimentes nach D'ALEMBERT aufgelistet, von denen er annahm, dass sie gleichwahrscheinlich sind:
• Der erste Wurf ist „Zahl".
• Der erste Wurf ist „Kopf", der zweite Wurf ist „Zahl".
• Der erste Wurf ist „Kopf", der zweite Wurf ist „Kopf".
a) Hat D'ALEMBERT alle Ergebnisse des zweifachen Münzwurfes richtig aufgeschrieben?
b) Finden Sie die korrekte Wahrscheinlichkeit.

9.1 Mit Wahrscheinlichkeiten zufällige Prozesse beschreiben

3 „Wiederholung" *Aufgaben*

In den vergangenen Schuljahren ist Ihnen im Mathematikunterricht Stochastik in Sachzusammenhängen begegnet, in denen der Zufall eine Rolle spielt. Die unten abgedruckten Karteikarten und der folgende rote Kasten vermitteln einen Überblick über grundlegende Begriffe der Wahrscheinlichkeitsrechnung. Stellen Sie eigene Karteikarten her, mit deren Hilfe Sie Ihre Kenntnisse über Wahrscheinlichkeiten auffrischen und zusammenfassen. Präsentieren Sie die Ergebnisse Ihren Mitschülerinnen und Mitschülern. Die folgenden Fragen und die Überschriften für einige Karteikarten sollen Ihnen dabei helfen.

- Welche Beispiele von (mehrstufigen) Zufallsexperimenten sind Ihnen schon begegnet?
- Wodurch sind sogenannte Laplace-Versuche gekennzeichnet?
- Welche Möglichkeiten kennen Sie, um Wahrscheinlichkeiten zu bestimmen?
- Wodurch unterscheiden sich absolute und relative Häufigkeiten?
- Was versteht man unter einem Ereignis (Gegenereignis)?

Zufallsexperiment

- Ein Zufallsexperiment hat verschiedene Ergebnisse. Welches Ergebnis eintritt, ist nicht vorhersagbar.
- Zufallsexperimente lassen sich durch die Menge aller möglichen Ergebnisse beschreiben.
  Beispiel: Ergebnisse {1; 2; 3; 4; 5; 6} beim Würfeln

Holz-Quader

Spielwürfel

- Bei Zufallexperimenten interessiert man sich für die Wahrscheinlichkeiten, mit denen bestimmte Ergebnisse auftreten.

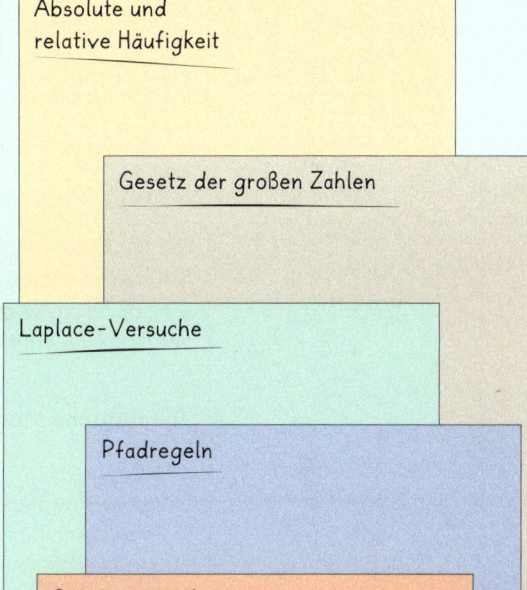

Absolute und relative Häufigkeit

Gesetz der großen Zahlen

Laplace-Versuche

Pfadregeln

Summenregel

Zweifacher Münzwurf

	Zahl	Wappen
Zahl	(Z;Z)	(Z;W)
Wappen	(W;Z)	(W;W)

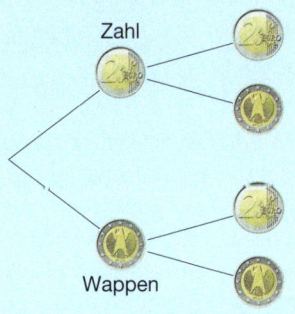

Mehrstufige Zufallsexperimente

- Mehrstufige Zufallsexperimente bestehen aus mehreren einstufigen Zufallsexperimenten, die nacheinander oder gleichzeitig durchgeführt werden.
- Die Ergebnismenge lässt sich häufig mit einem Baumdiagramm oder mit einer Tabelle ermitteln.
- Hat der Versuch n Stufen, dann kann man die Ergebnismenge auch in Form eines n-Tupels angeben.

9 Zufall, Wahrscheinlichkeit und Wahrscheinlichkeitsmodelle (Wiederholung)

Basiswissen

Methoden zur Bestimmung von Wahrscheinlichkeiten

Zufallsexperiment: Es wird mit zwei Würfeln gewürfelt. Wie groß ist die Wahrscheinlichkeit, mindestens eine „Sechs" zu erzielen?

Bestimmen von Wahrscheinlichkeiten

Experimentelle Methoden

Realversuch

Die beiden Würfel werden 1000-mal geworfen und die Ergebnisse protokolliert:

Ereignis E: Beim Wurf mit zwei Würfeln erscheint mindestens eine „Sechs".

350-mal „mindestens eine Sechs" bzw. 650-mal „keine Sechs"
Relative Häufigkeit:

$h(E) = \frac{\text{absolute Häufigkeit}}{\text{Versuchsanzahl}}$

$h(E) = \frac{350}{1000} = 35\%$

Die relative Häufigkeit liefert einen Schätzwert für die gesuchte Wahrscheinlichkeit, wenn die Anzahl der Versuchswiederholungen groß ist.

Experimentelle Methoden stützen sich auf das **empirische Gesetz der großen Zahlen**.

Stabilisieren sich für große Stichproben die relativen Häufigkeiten h, mit denen bestimmte Ergebnisse eintreten, um denselben Zahlenwert p, so ordnet man dem betreffenden Ergebnis diesen Zahlenwert p als Eintretenswahrscheinlichkeit zu.

Simulation des Zufallsexperimentes

Mithilfe von Zufallszahlen kann man das Werfen von zwei Würfeln nachspielen. Die Zufallszahlen 1 bis 6 kann man mit einem Computer oder durch Ziehen mit Zurücklegen aus einer Urne mit den Kugeln 1 bis 6 erzeugen.

n	1. Wurf	2. Wurf	Eine 6 dabei
1	1	5	Nein
2	6	2	Ja
3	6	6	Ja
...	...	...	...

Bei 1000 Simulationen erhalten wir:

$h(E) = \frac{\text{Anzahl der Simulationen mit „Ja"}}{\text{Gesamtanzahl der Simulationen}} = 0{,}32$

Wir nehmen 32 % als Schätzwert für die unbekannte Wahrscheinlichkeit.

Theoretische Methoden

Zählen

Notieren aller Würfelergebnisse, z. B. in Form einer Tabelle
Annahme: Alle Ergebnisse sind gleichwahrscheinlich.

	1	2	3	4	5	6
1	(1;1)	(1;2)	(1;3)	(1;4)	(1;5)	**(1;6)**
2	(2;1)	(2;2)	(2;3)	(2;4)	(2;5)	**(2;6)**
3	(3;1)	(3;2)	(3;3)	(3;4)	(3;5)	**(3;6)**
4	(4;1)	(4;2)	(4;3)	(4;4)	(4;5)	**(4;6)**
5	(5;1)	(5;2)	(5;3)	(5;4)	(5;5)	**(5;6)**
6	**(6;1)**	**(6;2)**	**(6;3)**	**(6;4)**	**(6;5)**	**(6;6)**

$P(E) = \frac{\text{Anzahl der günstigen Ergebnisse}}{\text{Anzahl der möglichen Ergebnisse}}$

$= \frac{11}{36} \approx 30{,}6\%$

Die Wahrscheinlichkeit des Ereignisses E „mindestens eine Sechs" erhält man durch Abzählen der zu E gehörenden Ergebnisse. Damit ist $P(E) = \frac{11}{36}$.

Die Zählmethode funktioniert nur bei einem **Laplace-Versuch**. Ein Laplace-Versuch ist ein Zufallsexperiment, bei dem alle Ergebnisse gleichwahrscheinlich sind.

Rechnen mit den Pfadregeln

Aufstellen eines Baumdiagramms:

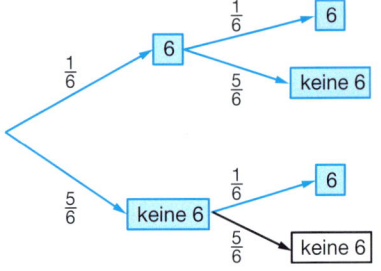

Berechnung der Wahrscheinlichkeit mit der Produkt- und Summenregel:

$P(E) = \frac{1}{6} \cdot \frac{5}{6} + \frac{1}{6} \cdot \frac{1}{6} + \frac{5}{6} \cdot \frac{1}{6} = \frac{11}{36}$

Die Wahrscheinlichkeit des Ereignisses E „mindestens eine Sechs" ist die Summe der Pfadwahrscheinlichkeiten der zu E gehörenden Ergebnisse. Längs eines Pfades werden Wahrscheinlichkeiten multipliziert. Damit ist $P(E) = \frac{11}{36}$.

9.1 Mit Wahrscheinlichkeiten zufällige Prozesse beschreiben

A | Zufallszahlen

Die Menge der möglichen Ergebnisse beim einmaligen Drehen eines Glücksrades ist {0; 1; 2; 3; 4; 5; 6; 7; 8; 9}. Dieses Glücksrad wurde sehr häufig gedreht. Dabei wurde darauf geachtet, dass das Ergebnis einer Drehung nicht vom Ergebnis der vorherigen Drehung abhängt. Die erzeugten Ziffern wurden zur besseren Übersicht in 5er-Blöcken aufgeschrieben.

Beispiele

Stochastik 3

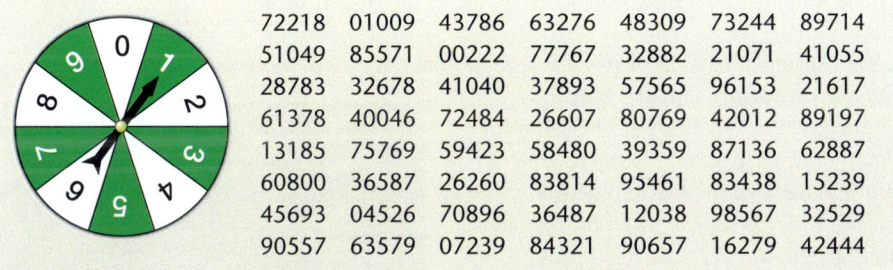

Zufallsziffern kann man auch mit einem Zufallszahlengenerator elektronisch erzeugen.

Zufallszahlengenerator: Programm, mit dem man Zufallszahlen mithilfe des Computers erzeugen kann

Wie viele Anzahlen von verschiedenen Ziffern gibt es in einem 5er-Block? Schätzen Sie die Wahrscheinlichkeit für jede dieser Anzahlen.

Lösung:
Es sind 1 bis 5 verschiedene Ziffern pro 5er-Block denkbar. Wertet man die abgebildeten 5er-Blöcke aus, so erhält man die folgende Statistik:

Anzahl der verschiedenen Ziffern	1	2	3	4	5
Häufigkeit	0	3	9	20	24
Relative Häufigkeit	0	$\frac{3}{56}$	$\frac{9}{56}$	$\frac{5}{14}$	$\frac{3}{7}$

Es wurden 56 „5er-Blöcke" ausgewertet. Die relativen Häufigkeiten sind grobe Schätzwerte für die Wahrscheinlichkeiten, mit denen 5er-Blöcke mit 1, 2, ..., 5 verschiedenen Ziffern auftreten.

B | Hundewelpen

Angenommen, eine Hündin wirft vier Welpen. Die Wahrscheinlichkeiten für einen männlichen oder weiblichen Welpen seien dabei gleich. Wie groß ist die Wahrscheinlichkeit, dass alle Welpen Rüden sind (mindestens ein Welpe weiblich ist)?

Lösung:
Mit einem Baumdiagramm:

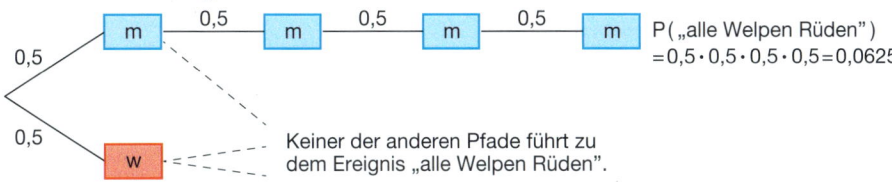

Rechnen mit dem Gegenereignis:
Zu dem Ereignis „mindestens ein weiblicher Welpe" gehört als Gegenereignis „kein weiblicher Welpe" oder auch „alle Welpen Rüden".
P(„alle Welpen Rüden") = 0,0625 (siehe Baumdiagramm)
P(„mindestens ein Welpe weiblich") = 1 − P(„alle Welpen Rüden")
     = 1 − 0,0625 = 0,9375

A: Ereignis
$\overline{A}$: Gegenereignis zu A
$P(\overline{A}) = 1 - P(A)$

4 | Wahrscheinlichkeit durch Abzählen

Übungen

Beim Wurf mit zwei Würfeln können als Unterschiede der Augenzahlen 0, 1, 2, 3, 4 und 5 auftreten. Schreiben Sie zunächst alle 36 möglichen Ergebnisse des Wurfes mit zwei Würfeln auf. Bestimmen Sie dann durch Abzählen die Wahrscheinlichkeiten, mit denen die Unterschiede 0, 1, 2, 3, 4 und 5 auftreten.

Übungen

5 *Gewinnchancen beim zweifachen Würfeln*

Bei Brettspielen, wie z. B. Monopoly, wird in der Regel mit zwei Würfeln gewürfelt. Entscheiden Sie mithilfe einer Methode Ihrer Wahl, welche der folgenden Aussagen stimmen:

a) Die Augensumme 11 und die Augensumme 12 sind gleichwahrscheinlich.
b) Die Augensumme 4 ist genauso wahrscheinlich wie die Augensumme 10.
c) Die Augensumme 8 ist wahrscheinlicher als die Augensumme 7.

6 *Wildenten in Nordamerika – Wie zählt man etwas, was man nicht zählen kann?*

Mit der **capture-recapture-Methode** wurde im Jahr 1930 die Anzahl der Wildenten in Nordamerika geschätzt: Eine große Anzahl von Wildenten wurde markiert, bevor sie von ihren Brutplätzen aufbrachen. In der folgenden Jagdsaison wurden 5 Millionen Enten erlegt. Darunter befanden sich 12 % der markierten Enten.

a) Schätzen Sie mit diesen Angaben die Gesamtanzahl der Wildenten.
b) Welche Annahmen muss man machen, wenn das beschriebene Verfahren einen guten Schätzwert liefern soll? Was halten Sie davon?
c) *Was Sie schon immer einmal wissen wollten*

Mit der capture-recapture-Methode können Sie auch schätzen, wie viele Reiskörner in einem Kilogramm Reis sind. Dazu muss man eine bestimmte Anzahl von schwarzen Reiskörnern unter das Kilogramm mischen und dann … Beschreiben Sie das Verfahren weiter und führen Sie es durch.

Stochastik
3, 6

7 *Schießen mit Zufallszahlen*

Zehn absolut treffsichere Schützen schießen auf fünf Dosen. Sie wählen die Dose, auf die sie schießen, unabhängig voneinander aus. Die Ergebnisse aus Beispiel A kann man verwenden, um zu ermitteln, wie groß die Wahrscheinlichkeit ist, dass genau fünf verschiedene Dosen getroffen werden.
Welche Annahmen müssen Sie machen, damit dieses Problem mit Zufallszahlen modelliert werden kann?

8 *Wahrscheinlichkeiten beim Roulette*

a) Begründen Sie die angegebenen Wahrscheinlichkeiten:
$P(\text{rouge}) = \frac{18}{37}$ $P(\text{impair}) = \frac{18}{37}$

b) Susanne stellt fest: „Setzt ein Spieler gleichzeitig auf „rouge", „impair" und auf die Zahlen „2", „6", „10", „14", „18", „22", „26" und „30", dann gewinnt er immer.
Für diese Ereignisse gelten die folgenden Wahrscheinlichkeiten:

$P(\text{rouge}) = \frac{18}{37}$; $P(\text{impair}) = \frac{18}{37}$;

$P(2, 6, 10, 14, 18, 22, 26, 30) = \frac{8}{37}$

Die Summe dieser Wahrscheinlichkeiten ist größer als 1. Dies belegt meine Vermutung."

Was halten Sie von dieser Aussage?

9.1 Mit Wahrscheinlichkeiten zufällige Prozesse beschreiben

Aufgaben

9 *Tennismatch*

John spielt in einem Tennisturnier gegen Max. Er hat schon oft gegen Max gespielt. Laut Statistik gewinnt Max in etwa zwei Drittel aller Sätze gegen John.

a) Mit welcher Wahrscheinlichkeit gewinnt John ein Match mit zwei Gewinnsätzen gegen Max? Max will diese Frage mittels Simulation beantworten. Dazu hat er einen Simulationsplan vorbereitet:

Simulationsplan	
1. Was soll modelliert werden?	Ein Tennismatch mit zwei Gewinnsätzen
2. Modellierung	Satzgewinn für John mit $p = \frac{1}{3}$
3. Zufallsgerät	Würfel: Satzgewinn für John, falls Augenzahl 1 oder 2; sonst Satzgewinn für Max
4. Match simulieren	Würfeln wiederholen, bis Max oder John zwei Sätze gewonnen hat
5. Match 20-mal simulieren	Relative Häufigkeit der Matchgewinne von John ermitteln

b) Bestimmen Sie die Wahrscheinlichkeit, dass John ein Match gewinnt.
c) Wie groß ist die Wahrscheinlichkeit, dass John ein Match mit drei Gewinnsätzen gewinnt? Ändern Sie den Simulationsplan entsprechend ab.

10 *Simulation mit Excel*

Kennt man die Wahrscheinlichkeitsverteilung der Differenz der Augenzahlen, kann man die Spielmarken so setzen, dass diese schnell weggeräumt werden. Man setzt z. B. auf die Differenz, die sehr häufig auftritt, viele Spielmarken usw.

a) Das Ergebnis von 200 Simulationen des Wurfes mit zwei Würfeln:

1. Würfel	2. Würfel	Differenz
4	2	2
3	2	1
1	4	3
4	4	0
2	6	4
5	1	4
6	6	0
5	5	0
6	1	5
5	5	0
2	5	3
2	3	1
5	1	4
6	5	1
6	2	4
...	...	...

Differenz	relative Häufigkeit	absolute Häufigkeit
0	0,180	36
1	0,230	46
2	0,205	41
3	0,205	41
4	0,155	31
5	0,025	5
	1	200

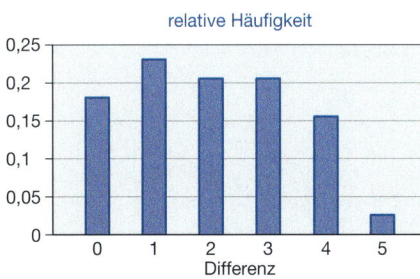

Welche Schlussfolgerung können Sie aus der Simulation für die Verteilung der Chips auf das Spielfeld ziehen?

b) Die Anzahl von 200 Simulationen des Doppelwurfes ist relativ gering. Wenn Sie wiederholt eine Simulation mit zwei Würfeln durchführen, ändert sich die Häufigkeitsverteilung von Simulation zu Simulation noch recht stark. Führen Sie mit Excel wiederholt 1000 Simulationen durch und vergleichen Sie die Häufigkeitsverteilungen. Welche Folgerungen können Sie ziehen?

> **„Differenz trifft"**
> Bei diesem Spiel mit zwei Würfeln werden zunächst von jedem Spieler insgesamt 18 Spielmarken beliebig auf die Spalten seines Spielfeldes verteilt.
>
> | 0 | 1 | 2 | 3 | 4 | 5 |
> |---|---|---|---|---|---|
> | | | | | | |
>
> Es wird reihum gewürfelt. Das Ergebnis ist die Differenz der Augenzahlen. Ist sie z. B. 4, dann wird eine Spielmarke in der Spalte „4" weggenommen. Ist keine Spielmarke in dem Feld, so hat man Pech gehabt. Gewonnen hat, wer zuerst alle Spielmarken wegräumen konnte.

9110.ftm
9110.xlsx
9110.ggb

9.2 Nachgefragt – Empirisches Gesetz der großen Zahlen

Was Sie erwartet

Das empirische Gesetz der großen Zahlen ist das vielleicht wichtigste Gesetz für Mathematiker der Versicherungsgesellschaften. Versicherungen können nicht nachträglich von allen Versicherungsnehmern Geld fordern, wenn sich herausstellt, dass die erhobenen Prämien nicht ausreichen, um die angefallenen Schäden zu decken. Daher ist es wichtig, dass die Versicherungsprämien richtig berechnet werden. Dies gelingt dank des Gesetzes der großen Zahlen. Dabei gilt: Je größer die Anzahl der erfassten Personen, Güter und Sachwerte, die von den gleichen Risiken bedroht sind, desto besser die Vorhersagen über die Häufigkeit und die Höhe von Schäden. Mit dieser Kenntnis können die Versicherungsmathematiker dann die Versicherungsprämien kalkulieren.

In Lernabschnitt 9.1 haben Sie als Schätzwerte für die Wahrscheinlichkeit, mit der ein Ereignis eintritt, die experimentell bestimmte relative Häufigkeit verwendet. Allerdings blieben interessante Fragen offen:

Für die Versicherungsgesellschaften bedeutet dies: Benötigt man einen Stichprobenumfang von 100, 1000 oder sogar 10 000 Personen, um das Risiko eines Schadenfalls genügend sicher einschätzen zu können?

- Wie oft muss man den Versuch wiederholen, damit die relative Häufigkeit ein guter Schätzwert für die Wahrscheinlichkeit ist?
- Wie gut kann man einem gefundenen Schätzwert „vertrauen"?

In diesem Lernabschnitt erfahren Sie, wie „nahe" die relativen Häufigkeiten an der Wahrscheinlichkeit liegen, wenn man einen Versuch 100-, 1000- oder 10 000-mal durchführt und wie „sicher" man sich bei der entsprechenden Aussage sein kann.

Aufgaben

1 Die relativen Häufigkeiten von „Wappen" beim Münzwurf – Was passiert bei wachsender Anzahl der Münzwürfe?

a) Beschreiben Sie, was in dem Diagramm dargestellt ist. Was ist auf der horizontalen, was auf der vertikalen Achse aufgetragen? Welche gemeinsamen Eigenschaften haben die vier Wiederholungen des 100-fachen Münzwurfes?

Computersimulation mit einem Zufallszahlengenerator

Relative Häufigkeiten von „Wappen" bei vier Serien von je 100 Münzwürfen

Modellierung: „Wappen" tritt bei einem Münzwurf mit einer Wahrscheinlichkeit von $p = 0{,}5$ auf.

9201.xlsx
9201.ggb

Stochastik 1

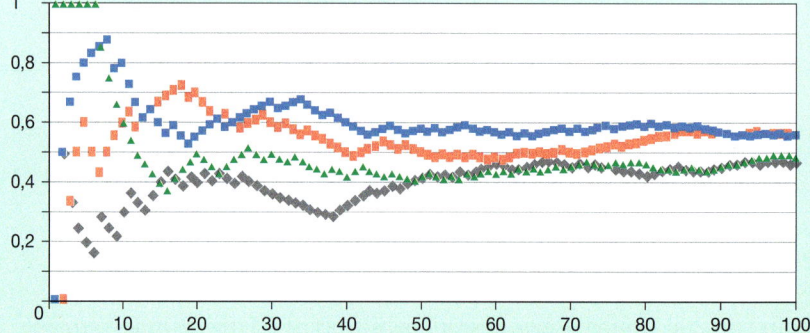

b) Führen Sie mit einem geeigneten Zufallszahlengenerator 1000 Münzwürfe selbst durch und veranschaulichen Sie die Entwicklung der relativen Häufigkeiten in einem Diagramm wie in der obigen Abbildung. Vergleichen Sie Ihre Diagramme bei Wiederholungen der Münzwurfserie. Was bleibt gleich, was ändert sich?

Aufgaben

2 *Was halten Sie davon?*
Kommentieren Sie die folgende Meinung:

> „Wenn ich nur einen Versuch mache, dann interessiert mich nicht die Wahrscheinlichkeit, ob der Versuch gelingt. Bei einem Versuch glückt dieser oder nicht. Die relative Häufigkeit, mit der der Versuch bei einer sehr häufigen Versuchswiederholung gelingt, ist für einen einzigen Versuch unerheblich."

3 *ARS CONJECTANDI – Vermutungskunst*

JAKOB BERNOULLI (1655–1705), ein Schweizer Mathematiker und Physiker, hat mit seinem Buch *ARS CONJECTANDI* (*Die Kunst des Vermutens*) wesentlich zur Entwicklung der Wahrscheinlichkeitstheorie beigetragen. Er beschäftigte sich unter anderem mit der Frage, ob sich Wahrscheinlichkeiten aufgrund von wiederholten Beobachtungen näherungsweise bestimmen lassen. BERNOULLI hat dazu festgestellt:
„Man muss vielmehr noch Weiteres in Betracht ziehen, woran vielleicht niemand bisher auch nur gedacht hat. Es bleibt nämlich noch zu untersuchen, ob durch Vermehrung der Beobachtungen beständig auch die Wahrscheinlichkeit dafür wächst, dass die Zahl der günstigen zu der Zahl der ungünstigen Beobachtungen das wahre Verhältnis erreicht, und zwar in dem Maße, dass diese Wahrscheinlichkeit schließlich jeden beliebigen Grad der Gewissheit übertrifft, oder ob das Problem vielmehr, sozusagen, seine Asymptote hat, d. h. ob ein bestimmter Grad der Gewissheit, das wahre Verhältnis der Fälle gefunden zu haben, vorhanden ist, welcher auch bei beliebiger Vermehrung der Beobachtungen niemals überschritten werden kann." (aus *ARS CONJECTANDI*, 1713, posthum publiziert)

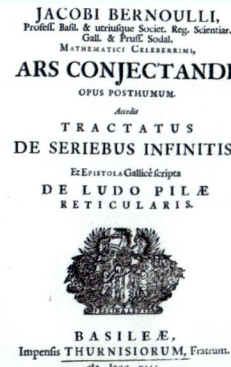

Lesen Sie den obigen Text aus dem Buch aufmerksam. Welche Probleme sieht JAKOB BERNOULLI im Zusammenhang mit der Ermittlung der Wahrscheinlichkeit durch die häufige Wiederholung des betreffenden Zufallsexperimentes? Wie stehen Sie dazu?

4 *Zufallsschwankungen beim Münzwurf*

Mit dem Computer wurden 25er-, 100er- und 400er-Serien eines Münzwurfes 1000-mal simuliert. Bei jeder der 1000 Simulationen wurde der Anteil von „Kopf" ermittelt. Die Auswertung der Versuche ergab die folgende Tabelle:

Ergebnisse von 1000 Simulationen

Anzahl der Serien mit der relativen Häufigkeit von „Kopf" im Bereich von:	25er-Serie	100er-Serie	400er-Serie
45% bis 55%	334	680	953
40% bis 60%	676	960	999
35% bis 65%	889	998	1000
30% bis 70%	964	1000	1000

Werten Sie die Tabelle hinsichtlich der folgenden Fragen aus:
- Wie groß ist die Wahrscheinlichkeit, dass die relative Häufigkeit von „Kopf"
  - bei einer 25er-Serie in das Intervall [0,45; 0,55] fällt,
  - bei einer 25er- (100er- , 400er-) Serie mehr als 60% beträgt?
- Wie schätzen Sie die Wahrscheinlichkeit dafür ein, dass bei einer 100er-Serie nur „Kopf" geworfen wird?
- Wie groß ist bei den verschiedenen Wurfserien der Anteil der Simulationsergebnisse, bei denen die relativen Häufigkeiten für „Kopf" um mehr als 0,05 (0,1; 0,15; ...) von der theoretischen Wahrscheinlichkeit 0,5 abweichen?
- Vergleichen Sie die Simulationsergebnisse in jeder Zeile miteinander. Was fällt Ihnen auf? Können Sie die Beobachtung erklären?

9 Zufall, Wahrscheinlichkeit und Wahrscheinlichkeitsmodelle (Wiederholung)

Basiswissen

Empirisches Gesetz der großen Zahlen – Stabilisierung der relativen Häufigkeiten

Bei manchen Zufallsexperimenten ist zunächst keine (theoretische) Wahrscheinlichkeit bekannt, wie z. B. beim Werfen eines unregelmäßigen Würfels. Stabilisieren sich für große Versuchsumfänge n die relativen Häufigkeiten h, mit denen die möglichen Ergebnisse auftreten, um denselben Zahlenwert p, so ordnet man dem betreffenden Ergebnis als Wahrscheinlichkeit den Wert p zu. Die Wahrscheinlichkeit p kann man nur aus den relativen Häufigkeiten schätzen.

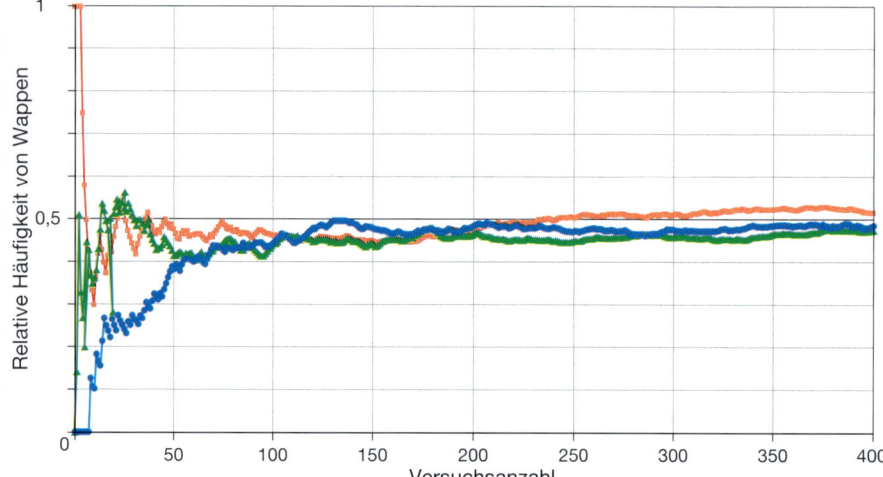

In der Abbildung sind drei Serien von 400 Münzwürfen dargestellt.

Stochastik 1

Bei manchen Zufallsexperimenten kennt man die Wahrscheinlichkeit p, mit der ein Ereignis eintritt. In diesem Fall stabilisiert sich die relative Häufigkeit um diese Wahrscheinlichkeit p.

Beim Münzwurf z. B. kann man annehmen, dass die Wahrscheinlichkeit p für „Wappen" und für „Zahl" jeweils 0,5 beträgt. Wirft man eine Münze sehr häufig, dann stabilisiert sich die beobachtete relative Häufigkeit h für „Kopf" um den Wert 0,5.

Beispiele

A | Vergleich von Wahrscheinlichkeiten

Was meinen Sie, ist es wahrscheinlicher, beim 10-fachen Münzwurf mindestens 6-mal „Wappen" oder beim 100-fachen Münzwurf mindestens 60-mal „Wappen" zu werfen?

Lösung:
Schaut man sich die Grafik im Basiswissen an, so sieht man, dass bei zehn Würfen die relative Häufigkeit von „Wappen" bei verschiedenen Versuchsreihen stark schwankt. Daher erscheint es wahrscheinlicher, bei zehn Würfen 0,6 als Anteil von „Wappen" zu erreichen.

B | Richtig oder falsch?

Das empirische Gesetz der großen Zahlen besagt, dass die relativen Häufigkeiten mit zunehmender Versuchsanzahl „immer näher" an die theoretische Wahrscheinlichkeit kommen. Stimmt das?

Lösung:
Betrachtet man die Münzwurfserien in der Grafik im Basiswissen, so fällt auf, dass diese Aussage nicht richtig ist. An dem rot gefärbten Graphen kann man gut erkennen, dass die relativen Häufigkeiten zwischen dem 200. und 250. Versuch sehr nahe an der theoretischen Wahrscheinlichkeit 0,5 liegen. Danach wurden wohl mehr „Wappen" geworfen, sodass die relativen Häufigkeiten nicht „immer näher" an die theoretische Wahrscheinlichkeit kommen.

9.2 Nachgefragt – Empirisches Gesetz der großen Zahlen

Prognoseintervalle für relative Häufigkeiten

Basiswissen

Angenommen, die Wahrscheinlichkeit, mit der ein Ereignis E (z. B. „Wappen" beim Münzwurf) eintritt, beträgt 0,5. Die bei einer Versuchsreihe ermittelte relative Häufigkeit h für das Eintreten des Ereignisses E „streut" um den Wert 0,5.

Durch umfangreiche Simulationsstudien oder theoretische Berechnungen findet man nebenstehende Tabelle mit Intervallen, in denen die relative Häufigkeit h in ca. 95 % aller Versuchsreihen liegt. Man nennt diese Intervalle **95 %-Prognoseintervalle**. Wie man sieht, hängt die Breite des jeweiligen Prognoseintervalls von der Länge n der Versuchsreihe ab.

n	Intervall für h
25	0,5 ± 0,2
100	0,5 ± 0,1
400	0,5 ± 0,05
1000	0,5 ± 0,03
10000	0,5 ± 0,01

In etwa 5 % der Versuchsreihen kann es dennoch vorkommen, dass die relative Häufigkeit außerhalb des Prognoseintervalls liegt.

92RoKa.xlsx
92RoKa.ggb

Breite von Prognoseintervallen
(Faustregel für p = 0,5)

Bei der Auswertung der Tabelle stellt man fest: Die Breite der Prognoseintervalle nimmt mit wachsender Versuchsanzahl n ab.

Es gilt das **$1/\sqrt{n}$-Gesetz**:

Mit mindestens 95 % Sicherheit liegen die relativen Häufigkeiten bei n Versuchen im Intervall $\left[0{,}5 - \frac{1}{\sqrt{n}};\ 0{,}5 + \frac{1}{\sqrt{n}}\right]$.

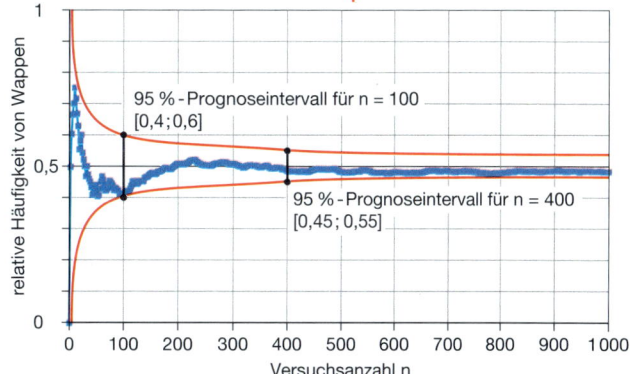

Für Wahrscheinlichkeiten p ≠ 0,5 lassen sich „engere" Prognoseintervalle angeben.
Man ist also auf der sicheren Seite, wenn man auch für solche p mit $\frac{1}{\sqrt{n}}$ rechnet.

Beispiele

C | Prognoseintervall berechnen

Ein Würfel soll 200-mal geworfen werden. Berechnen Sie das Prognoseintervall, in das mit 95 %-iger Sicherheit die relative Häufigkeit einer geraden Augenzahl fällt. Mit welcher Wahrscheinlichkeit liegt die relative Häufigkeit außerhalb des Intervalls?

Lösung:
Berechnung des 95 %-Prognoseintervalls mit der $1/\sqrt{n}$-Faustregel:

Prognoseintervall $\left[0{,}5 - \frac{1}{\sqrt{200}};\ 0{,}5 + \frac{1}{\sqrt{200}}\right] = [0{,}43;\ 0{,}57]$

Mit 5 %-iger Wahrscheinlichkeit liegt die relative Häufigkeit, mit der eine gerade Augenzahl geworfen wird, außerhalb des Prognoseintervalls. Dies geschieht somit recht selten, kann aber vorkommen.

D | Versuchsanzahl bestimmen

Wie oft muss man eine Münze werfen, damit die relative Häufigkeit für „Wappen" mit einer Sicherheit von 95 % im Intervall [0,48; 0,52] liegt?

Lösung:
Die gesuchte Versuchsanzahl muss deutlich höher als 400 sein, da das entsprechende Prognoseintervall mit [0,45; 0,55] noch zu groß ist. Mithilfe des $1/\sqrt{n}$ Gesetzes findet man zu dem gegebenen Intervall [0,48; 0,52] die Versuchsanzahl n rechnerisch:

$\frac{1}{\sqrt{n}} = 0{,}02 \Rightarrow \sqrt{n} = \frac{1}{0{,}02} \Rightarrow n = \frac{1}{0{,}02^2} = 50^2 = 2500$

Man muss die Münze mindestens 2500-mal werfen, damit die relative Häufigkeit für „Wappen" mit einer Sicherheit von 95 % im vorgegebenen Intervall liegt.

Übungen

5 *Prognoseintervalle und Versuchszahlen*
Wie oft muss man eine Münze für die folgenden 95%-Prognoseintervalle für „Kopf" werfen? a) [0,4; 0,6]   b) [0,45; 0,55]   c) [0,495; 0,505]

6 *In eigenen Worten*
Erklären Sie, was man unter einem 90%-Prognoseintervall beim n-fachen Münzwurf versteht. Ist das 90%-Prognoseintervall jeweils kürzer oder länger als das 95%-Prognoseintervall? Vergleichen Sie mit dem 60%-Prognoseintervall.

7 *Zum Nachdenken – Richtig oder falsch?*

a) Bei 100 Simulationen des 100-fachen Münzwurfes liegt die relative Häufigkeit für „Kopf" höchstens bei fünf Simulationen außerhalb des Intervalls [0,3; 0,7].

b) Beim n-fachen Münzwurf wird das 95%-Prognoseintervall der relativen Häufigkeit für „Kopf" mit wachsendem n kleiner.

c) Beim 25-maligen Würfeln kann es vorkommen, dass 25-mal das Ergebnis „gerade Zahl" eintritt.

d) Die Wahrscheinlichkeit für 50-mal „Kopf" beim 100-fachen Münzwurf beträgt $\frac{1}{2}$.

8 *Zeitungsmeldung*
Was meinen Sie? Ist diese Zeitungsmeldung eine Sensation?

> In unserer Stadt kamen im vergangenen Jahr 1234 Kinder zur Welt, davon waren 739 Jungen.

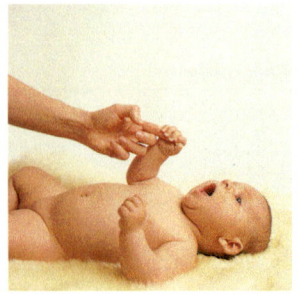

9 *Anteil der Jungengeburten in NRW*
Das *Statistische Landesamt* hat den Jungenanteil unter den Geburten in verschiedenen Städten und Landkreisen in Nordrhein-Westfalen im Jahr 2002 ermittelt. In der folgenden Abbildung ist der Anteil der Jungengeburten in einer bestimmten Stadt oder einem Landkreis auf der y-Achse und die Anzahl der in dieser Stadt (Landkreis) insgesamt Geborenen auf der x-Achse aufgetragen.

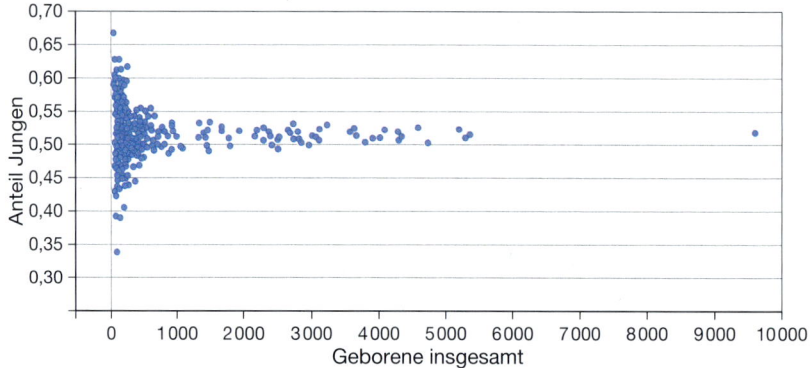

Die Punkte in der Grafik geben ausgewählte Städte und Landkreise wieder. So steht z.B. der Punkt ganz rechts für eine Stadt oder einen Landkreis mit etwa 9600 Neugeborenen und einem Jungenanteil von 0,52.

a) Die Stadt Raesfeld hatte mit 0,337 den geringsten Jungenanteil (28 von 83 Neugeborenen). Die Ortschaft Dahlem hatte den höchsten Jungenanteil mit 0,67 (24 von 36 Neugeborenen). Wo findet man die Orte in der Grafik? Passieren hier merkwürdige Dinge?

b) Der Anteil der Jungengeburten in NRW im Jahr 2002 betrug 0,5141. Bei welchen Neugeborenenzahlen beobachten Sie starke Abweichungen der relativen Häufigkeiten der Jungengeburten von 0,5141? Erklären Sie diese Beobachtung.

9.2 Nachgefragt – Empirisches Gesetz der großen Zahlen

10 *Psychologischer Test*
Psychologen haben in Untersuchungen festgestellt, dass die meisten Menschen die folgende Aufgabe falsch lösen:

> In einer kleinen Klinik A werden wöchentlich im Durchschnitt 20 Kinder geboren, in einer großen Klinik B wöchentlich im Durchschnitt 40 Kinder. In welcher Kinderklinik gibt es mehr Wochen im Jahr, in denen mehr als 60 % der Kinder Mädchen sind?
>
> ■ in der kleinen Klinik A   ■ in der großen Klinik B   ■ in beiden etwa gleich

Was würden Sie antworten? Vergleichen Sie Ihre Antwort mit denen Ihrer Mitschülerinnen und Mitschüler. Warum wird diese Aufgabe wohl häufig falsch gelöst?

11 *Multiple-Choice-Tests im Vergleich*
Eine Lehrerin probiert einen Multiple-Choice-Test von 25 Fragen aus, bei denen man jeweils nur zwischen zwei Antworten wählen kann, von denen eine richtig ist. Man hat den Test bestanden, wenn mindestens 60 %, d. h. 15 Antworten, richtig gelöst sind. Um die Wahrscheinlichkeit zu reduzieren, dass jemand durch Raten besteht, wählt die Lehrerin einen Test von 50 Fragen, lässt die Bestehensgrenze aber bei 60 % (jetzt 30 Fragen).
Ihre Schülerinnen und Schüler meinen, dass sich dadurch nichts ändert, denn man muss zwar mindestens 15 Fragen mehr richtig beantworten, darf aber auch 20 Fragen falsch beantworten. Das gleiche sich aus. Nehmen Sie dazu Stellung.

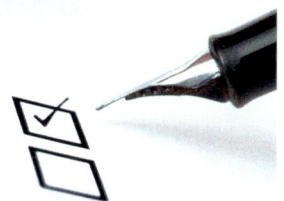

12 *Verteilung der Ergebnisse beim 20-fachen Münzwurf*
Mit den folgenden Daten können Sie genauer untersuchen, wie nahe die relative Häufigkeit für „Wappen" bei der theoretischen Wahrscheinlichkeit von 0,5 liegt. Nehmen Sie an, jemand simuliert den 20-fachen Münzwurf 1000-mal mit einem Computerprogramm. Die folgende Tabelle und die Grafik zeigen die Ergebnisse dieser Simulation in Form einer Häufigkeitsverteilung.

rel. Häufigkeit	0,1	0,15	0,2	0,25	0,3	...	0,7	0,75	0,8	0,85	0,9
Anzahl	1	1	3	14	35	...	28	16	7	0	1

Die Säule über 0,3 enthält 35 Ergebnisse. Das bedeutet, dass in 35 der 1000 Simulationen ein sehr geringer Wappenanteil von 30 % (6-mal „Wappen" bei 20 Würfen) erzielt wurde.

a) Die Säule über 0,5 in der Grafik enthält etwa 180 Ergebnisse. Erklären Sie, was dies bedeutet.
b) Welche Ergebnisse sind für Anzahl und Anteil von „Wappen" theoretisch überhaupt möglich? Warum wurden einige dieser Ergebnisse in dieser Simulation nicht erzielt?
c) Statistiker interessieren sich oft nur für den Bereich der mittleren 95 % aller Ergebnisse. Ermitteln Sie mit der Grafik diesen mittleren 95 %-Bereich.
Vergleichen Sie diesen mit dem 95 %-Prognoseintervall, das Sie mit dem $1/\sqrt{n}$-Gesetz berechnen können.

Aufgaben

13 *Münzwurfserien im Vergleich*

Der Mathematiker JOHN KERRICH warf während seiner Kriegsgefangenschaft 10 000-mal eine Münze und notierte viele Zwischenstände zum Anteil von „Kopf". Nach 10 000 Würfen hatte er insgesamt 5067-mal „Kopf" erhalten. In der folgenden Abbildung sind Teile der experimentellen Daten als drei Serien von je 1000 Würfen gruppiert. Um die Größe der zufälligen Schwankungen der relativen Häufigkeit für verschiedene Versuchsanzahlen hervorzuheben, ist eine besondere Skalierung der x-Achse gewählt worden.

Beschreiben und vergleichen Sie den Verlauf der drei Graphen. Was fällt Ihnen auf? Schreiben Sie einen kurzen Bericht über Ihre Untersuchungsergebnisse.

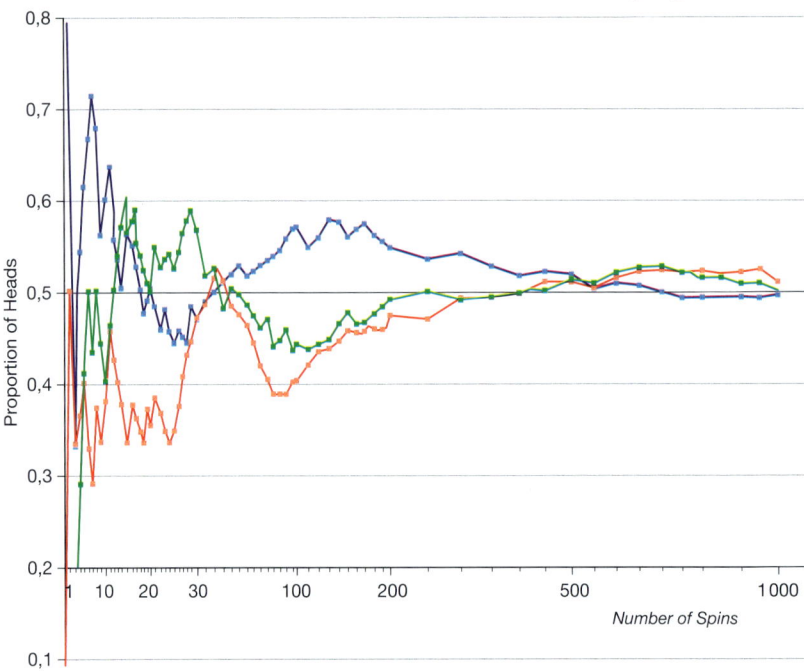

Quelle: J.E. KERRICH, An experimental introduction to the theory of probability, 1946

Proportion of Heads in three samples of 1000 successive spins of a coin

14 *Prognoseintervalle bei einer Wette des CHEVALIER DE MÉRÉ*

Im 17. Jahrhundert war die folgende Wette unter zwei Spielern sehr beliebt:

> „Vier Würfel werden geworfen. Wenn eine oder mehrere „Sechsen" dabei sind, gewinne ich. Wenn keine „Sechs" dabei ist, gewinnst du".

Nach langen Spielserien hatte sich herausgestellt, dass es günstiger war, darauf zu wetten, dass die Augenzahl 6 beim vierfachen Wurf mindestens einmal erscheint.
a) Wie groß ist die theoretische Gewinnwahrscheinlichkeit bei dieser Wette?
b) Kann man nach 5000 Spielen schon herausfinden, ob diese Wette von Vorteil ist? Argumentieren Sie mit der Breite des Prognoseintervalls für die relativen Häufigkeiten bei einer Versuchsanzahl von 5000.
Hinweis: Für theoretische Wahrscheinlichkeiten p ≠ 0,5 kann man Prognoseintervalle mit einer „verbesserten" Formel angeben. Die Grenzen des Intervalls, in das die relative Häufigkeit in 95 % von n Versuchen fällt, kann man mit der Formel

$$p \pm \frac{2\sqrt{p(1-p)}}{\sqrt{n}}$$ berechnen.

c) Wie hängen die Regel aus b) und das $1/\sqrt{n}$-Gesetz zusammen? Schätzt man bei Anwendung des $1/\sqrt{n}$-Gesetzes für Wahrscheinlichkeiten p ≠ 0,5 die Breite der Prognoseintervalle tendenziell zu groß oder eher zu klein ab?

9.3 Wahrscheinlichkeitsmodelle

Was Sie erwartet

Will man den Zufall „in den Griff bekommen", muss man für die jeweilige Situation ein passendes mathematisches Modell entwickeln. In diesem Lernabschnitt werden zunächst die wichtigsten Fachtermini wiederholt bzw. bereitgestellt und ein Blick auf verschiedene Wahrscheinlichkeitsverteilungen geworfen.

Beim Durcharbeiten dieses Lernabschnitts werden Ihnen viele Probleme begegnen, in denen Münzen, Würfel, Kartenspiele oder Glücksräder eine Rolle spielen. An diesen Ihnen vertrauten „Zufallsgeräten" können Sie sich wieder mit den fundamentalen Prinzipien befassen, die man in verschiedenen Situationen, in denen der Zufall eine Rolle spielt, anwenden kann.

Aufgaben

1 *Roulettespieler unter sich*
Ein Spielbankbesucher stellt fest: „Wenn ich einen Jeton auf „Rot" setzte und einen auf „erstes Dutzend", dann gewinne ich mit einer Wahrscheinlichkeit von $\frac{16}{37} + \frac{12}{37} = \frac{28}{37}$."
Wie könnte man auf diese Rechnung gekommen sein und was ist daran falsch? Wie kommt man von $\frac{28}{37}$ auf das richtige Ergebnis?

2 *Widerspruch zwischen Erfahrung und Erklärungsmodell*

Der Fürst der Toskana fragte GALILEI: „Warum erscheint beim Wurf dreier Würfel die Summe 10 öfter als die Summe 9, obwohl beide Summen auf sechs verschiedene Arten eintreten können?"

$$\left.\begin{array}{l} 1+2+6 \\ 1+3+5 \\ 1+4+4 \\ 2+2+5 \\ 2+3+4 \\ 3+3+3 \end{array}\right\} = 9 \quad \left.\begin{array}{l} 1+3+6 \\ 1+4+5 \\ 2+2+6 \\ 2+3+5 \\ 2+4+4 \\ 3+3+4 \end{array}\right\} = 10$$

Offensichtlich vertraute der Fürst der Toskana seinen Beobachtungen bei langen Spielserien mehr als seinen theoretischen Überlegungen, nach denen beide Augensummen gleich häufig auftreten sollten.
a) Mittels einer Simulation wurden 1000 Würfe mit drei Würfeln nachgespielt und die Ergebnisse protokolliert: 117-mal Augensumme 9 und 128-mal Augensumme 10. Diskutieren Sie, ob der Fürst der Toskana, in die heutige Zeit „versetzt", das Ergebnis der Simulation als einen Beweis seiner Vermutung „Augensumme 10 fällt öfter als Augensumme 9" akzeptieren würde.
b) Erstellen Sie einen eigenen Simulationsplan und führen Sie die Simulation wiederholt einmal für 1000 und dann für 10000 Würfe mit drei Würfeln mithilfe einer passenden Software aus. Vergleichen Sie.
c) Was stimmt nicht an den theoretischen Überlegungen des Fürsten der Toskana? Verbessern Sie das Modell. Liefert dies eine Erklärung für die Simulationswerte?

GALILEI löste das Problem. Tatsächlich ist der Unterschied der Wahrscheinlichkeiten sehr gering.

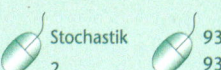

Stochastik 2   9302.ftm   9302.xlsx

Basiswissen

Ereignis:
Menge von Ergebnissen eines Zufallsexperimentes

Ereignisse und Rechnen mit Ereigniswahrscheinlichkeiten

Wahrscheinlichkeit von Ereignissen
Die Wahrscheinlichkeit P(E) eines Ereignisses E ist die Summe der Wahrscheinlichkeiten, mit denen jedes Element von E auftritt.

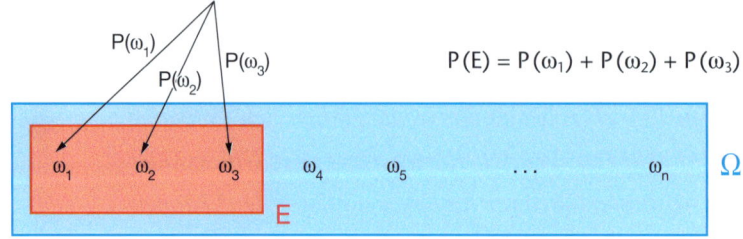

$P(E) = P(\omega_1) + P(\omega_2) + P(\omega_3)$

Verknüpfungen von Ereignissen

Und – Verknüpfung
A und B
Sowohl das Ereignis A als auch das Ereignis B tritt ein.

Beispiel: Würfel
A: „Die Augenzahl ist eine Primzahl"
B: „Die Augenzahl ist gerade"

„Die Augenzahl ist eine Primzahl **und** eine gerade Zahl"
A **und** B = {2}

Oder – Verknüpfung
A oder B
Mindestens eines der Ereignisse A, B tritt ein.

A = {2; 3; 5} $P(A) = \frac{1}{2}$
B = {2; 4; 6} $P(B) = \frac{1}{2}$

„Die Augenzahl ist eine Primzahl **oder** eine gerade Zahl"
A **oder** B = {2; 3; 4; 5; 6}

Mengendiagramme

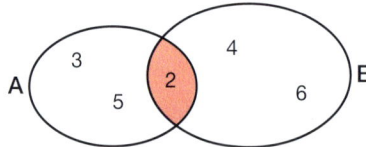
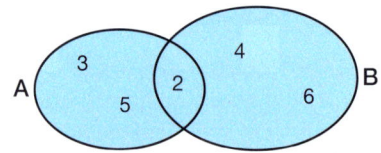

Offensichtlich gilt in dem obigen Beispiel: P(A oder B) ≠ P(A) + P(B).
Richtig ist der **Additionssatz** für zwei Ereignisse A, B:
P(A oder B) = P(A) + P(B) – P(A und B).

Beispiele

A *Karten ziehen*
Aus einem gut durchmischten Kartenspiel mit 52 Karten wird eine Karte gezogen. Wie groß ist die Wahrscheinlichkeit, dass es sich um eine „♥-Karte" oder einen „König" handelt? Berechnen Sie die gesuchte Wahrscheinlichkeit mithilfe der obigen Formel.

Lösung: $P(\text{„♥"}) = \frac{13}{52}$; $P(\text{„König"}) = \frac{4}{52}$

$P(\text{„♥ und König"}) = \frac{1}{52}$, da das Ereignis „♥ und König" nur dann eintritt, wenn die gezogene Karte ein „♥-König" ist. Somit ist $P(\text{„♥ oder König"}) = \frac{13}{52} + \frac{4}{52} - \frac{1}{52} = \frac{16}{52} = \frac{4}{13}$.

Ereigniswahrscheinlichkeit bei einem Laplace-Versuch mit n Ergebnissen

Für ein Ereignis E, das k gleichwahrscheinliche Ergebnisse enthält, gilt:

$P(E) = \frac{k}{n} = \frac{\text{Anzahl der für E günstigen Ergebnisse}}{\text{Anzahl aller möglichen Ergebnisse}}$

Übungen

3 *Ereigniswahrscheinlichkeiten beim „Schweine-Würfeln"*
Bei dem Glücksspiel „Schweine-Würfeln" werden anstelle zweier Spielwürfel zwei Schweinchen geworfen. Jedes Schweinchen kann auf fünf verschiedene Weisen fallen.

Aus einer umfangreichen Wurfserie sind die folgenden absoluten Häufigkeiten ermittelt worden:

Seite	Suhle	Haxe	Schnauze	Backe
5069	1653	778	171	29

Man erhält die höchste Punktzahl, wenn ein Schweinchen beim Würfeln auf der Schnauze oder seinen Backen zum Liegen kommt, aber nur einen Punkt, wenn es auf der Seite liegen bleibt. Wie groß ist die Wahrscheinlichkeit für das Ereignis, die höchste Punktzahl zu erhalten?

4 *Zufallsziffern*
Bei Zufallsziffern treten die Paare 00, 01, 02, …, 99 mit der gleichen Wahrscheinlichkeit auf. Berechnen Sie die Wahrscheinlichkeit der folgenden Ereignisse:
a) Das Produkt der Ziffern beträgt 4.
b) Beide Ziffern sind kleiner als 5.
c) Die erste Ziffer ist kleiner als die zweite.

Grundlegendes Zählprinzip

Aus der Reklame eines Autohauses:

Angebotspalette bei unserem neuen Modell
drei Motorenvarianten: Diesel, Benziner, Hybrid
vier Farben: schwarz, grau, weiß, rot

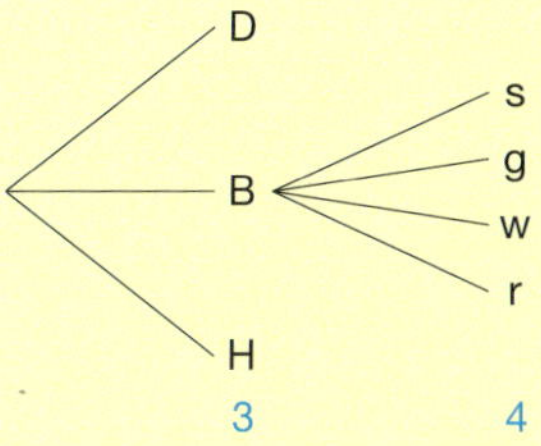

Man kann $3 \cdot 4 = 12$ verschiedene Modelle konfigurieren.

Wie man richtig zählt

Für einen zweistufigen Prozess mit n_1 Ergebnissen auf der ersten Stufe und n_2 Ergebnissen auf der zweiten Stufe, ist die **Gesamtanzahl der Ergebnisse $n_1 \cdot n_2$.**

Beim Bestimmen von Wahrscheinlichkeiten hilft oft Zählen.

---

5 *Genau eine „Sechs"*
Mit welcher Wahrscheinlichkeit erhält man beim Werfen mit sechs Laplace-Würfeln genau einmal eine „Sechs"? Verwenden Sie zur Berechnung der Anzahl der möglichen Ergebnisse das **Grundlegende Zählprinzip**.

6 *Spiel mit dem Tetraeder-Würfel*
Ein Tetraeder-Würfel wird zweimal geworfen.
a) Wie viele verschiedene Ergebnisse gibt es?
b) Stellen Sie alle Ergebnisse in einer Tabelle dar.
c) Wie groß ist die Wahrscheinlichkeit dafür, dass
 • die Augensumme 2 beträgt,
 • die größere Augenzahl minus der kleineren Augenzahl 2 beträgt?

7 *Blutgruppenverteilung*
Eine Aufteilung nach Blutgruppen des AB0- und des Rhesus-Systems mit Rh(D)+ bzw. Rh(D)− ergibt für Deutschland die links nebenstehende Häufigkeitsverteilung. Wie groß ist die Wahrscheinlichkeit, dass eine zufällig ausgewählte Person die Blutgruppe Rh(D)− (Rhesus negativ) oder die Blutgruppe A besitzt?

Tipp: Verwenden Sie die Summenregel für P(A oder B).

	Rh(D)+	Rh(D)−
0	35%	6%
A	37%	6%
B	9%	2%
AB	4%	1%

Übungen

8 *Passwortkombinationen und Sicherheit*
Tabea möchte ihren Computer mit einem Passwort schützen. Sie wählt dazu ein Passwort, das fünf Zeichen lang ist. Als Zeichen verwendet sie Buchstaben in Groß- oder Kleinschreibung und Ziffern.
a) Wie groß ist die Wahrscheinlichkeit, dass ein Unbefugter mit dem ersten Versuch das Passwort richtig „trifft"?
b) Wie groß ist die Wahrscheinlichkeit, dass bei drei Versuchen das Passwort nicht erraten wird?

9 *„Kleine Hausnummer"*
Es wird mit zwei Würfeln gewürfelt und aus den beiden Augenzahlen die kleinste zweistellige Zahl gebildet („Kleine Hausnummer" werfen).
Geben Sie die Menge der Ergebnisse zu diesem Versuch an. Ermitteln Sie die zugehörigen Wahrscheinlichkeiten.

10 *Unterschied der Augenzahlen beim Doppelwurf mit Würfeln*
Bei einem Gewinnspiel mit zwei Würfeln wird der Unterschied der Augenzahlen benötigt. Subtrahieren Sie die kleinere von der größeren Augenzahl.
Welche Ergebnisse sind möglich? Was erwarten Sie, wie häufig diese Ergebnisse in etwa auftreten werden, wenn insgesamt 1000-mal gewürfelt wird?

■ Laplace-Würfel oder realer Würfel?

Mit diesen Sprechweisen wollen wir bewusst hervorheben, dass wir ein **Modell** eines realen Zufallsexperimentes betrachten. Bei realen Spielwürfeln könnten z. B. kleinste Luftblasen im Kunststoff dazu führen, dass nicht alle Würfelaugen mit der gleichen Wahrscheinlichkeit fallen.

Aus diesem Grund werden für den Gebrauch in Spielcasinos Präzisionswürfel aufwändig hergestellt, die möglichst gut das ideale Laplace-Modell annähern sollen. Bei den Maßen eines Präzisionswürfels treten nur noch Längentoleranzen von rund einem Hundertstel-Millimeter auf. Bereits kleine Abweichungen von der Gleichverteilung könnten von professionellen Spielern bemerkt und gewinnbringend in Wetten eingesetzt werden. Deshalb wird bei Präzisionswürfeln außerdem zur Füllung der Augen nur Farbe mit der Dichte des Würfelmaterials verwendet und die Oberfläche meist so poliert, dass die Würfel durchsichtig erscheinen, wodurch einige Zinkmethoden erkennbar werden würden.

Präzisionswürfel

Um diese Unterscheidung von realen und idealen Zufallsgeräten auszudrücken, müssen wir bei den folgenden Aufgaben eigentlich vom Werfen eines „Laplace-Würfels" oder einer „Laplace-Münze" sprechen, wenn wir unseren Rechnungen das Laplace-Modell zugrunde legen.

---

11 *Ereignisse beim Würfeln*
Berechnen Sie die Wahrscheinlichkeit für jedes Ereignis, wenn man einen Laplace-Würfel einmal wirft. Die Augenzahl ist:
a) gerade b) durch 3 teilbar c) größer als 6 d) 4 e) kleiner als 1

Zwei der Aufgaben sind nicht ganz ernst zu nehmen. Allerdings kann man dennoch eine mathematisch sinnvolle Antwort geben.

Zur Geschichte des Würfelns

Bereits in der Antike wurde gewürfelt, dabei waren verschiedene Geschicklichkeits- und Glücksspiele in Griechenland und Rom verbreitet. Neben den heute noch üblichen Würfeln wurden häufig sogenannte Astragale verwendet, die knöchernen Sprungbeine vom Hinterbein eines Schafes, die in vier verschiedene Positionen fallen konnten. Jeder der vier breiteren Seitenflächen wurde ein Zahlenwert zugeordnet (1, 3, 4 und 6). Da Astragale nicht gleichmäßig symmetrisch geformt sind, treten die Ergebnisse nicht mit gleicher Wahrscheinlichkeit auf. Bei Glücksspielen wurde üblicherweise mit vier Astragalen gewürfelt. Als bester Wurf galt der „Venus"-Wurf, bei dem alle vier Astragale eine andere Seite zeigen mussten. Überliefert ist, dass der „Hund" als besonders schlechtes Wurfergebnis galt, allerdings lassen sich heute die zugehörigen Seitenkombinationen nicht zweifelsfrei rekonstruieren. Historiker vermuten, dass die noch heute verwendete Redensart „auf den Hund gekommen" auf das Würfeln mit den Astragalen zurückzuführen ist.

Knöchelspielerin
Römische Statue
130–150 n. Chr.

Astragale wurden auch für Orakelsprüche verwendet. Bei dem sogenannten Buchstabenorakel wurden beispielsweise fünf Astragale geworfen und die Augensumme gebildet, die zwischen 5 (1, 1, 1, 1, 1) und 30 (6, 6, 6, 6, 6) lag. Diesen 26 möglichen Ergebnissen wurden in umgekehrter Reihenfolge die Buchstaben des griechischen Alphabets zugeordnet. Der höchste Summenwert 30, das „alpha", hatte dabei folgenden Orakelspruch: *Alles wirst du glücklich tun, das sagt der Gott.*

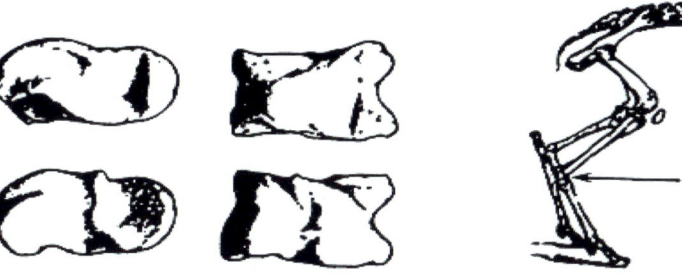

Quelle: Ineichen, Robert; Würfel und Wahrscheinlichkeit in der Antike; Spektrum 1996

12 Seltsame Würfel

Gegeben sind drei Würfel, deren Seiten, wie auf den Würfelnetzen angegeben, beschriftet sind.

A
	2	
2	2	2
	6	
	6	

B
	3	
3	3	3
	3	
	3	

C
	4	
1	4	1
	5	
	5	

a) Ein Spieler wirft den Würfel A, ein anderer den Würfel B. Wer die höhere Augenzahl hat, gewinnt. Mit welcher Wahrscheinlichkeit gewinnt der Spieler mit dem Würfel B gegen den Spieler mit dem Würfel A?

b) Mit welcher Wahrscheinlichkeit gewinnt man mit Würfel C gegen B bzw. mit A gegen C? Was erscheint an diesem Ergebnis paradox?

Übungen

13 *Sich gegenseitig ausschließende Ereignisse*
Mit einem Würfel wird zweimal gewürfelt.
a) Wie groß ist die Wahrscheinlichkeit für das Ereignis A: „Die Augensumme ist 3"?
Wie groß ist die Wahrscheinlichkeit für das Ereignis B: „Pasch"?
b) Berechnen Sie P(A oder B) mithilfe des Additionssatzes. Was fällt Ihnen bei der Berechnung auf?

> **Sich gegenseitig ausschließende Ereignisse A und B**
>
> Unter sich gegenseitig ausschließenden Ereignissen A und B versteht man Ereignisse, die nicht gleichzeitig eintreten können.
>
> Für sich gegenseitig ausschließende Ereignisse A und B gelten:
>
> - P(A und B) = 0
> - vereinfachter Additionssatz: P(A oder B) = P(A) + P(B)

Zur Erinnerung:
In der Stochastik bedeutet A oder B: entweder tritt das Ereignis A oder das Ereignis B ein oder beide gleichzeitig.

14 *Anwendung des Additionssatzes*
a) Wie groß ist die Wahrscheinlichkeit dafür, bei einem Wurf mit zwei Würfeln die Augensumme 8 oder einen Pasch zu erzielen?
b) Sebastian berechnet die Wahrscheinlichkeit des Ereignisses A, beim Wurf mit zwei Würfeln mindestens eine „Sechs" zu erzielen, mit der Formel $P(A) = \frac{1}{6} + \frac{1}{6} - \frac{1}{36}$.
Rabea schlägt als Ergebnis $P(A) = \frac{1}{6} + \frac{1}{6}$ vor, denn die Ereignisse (Sechs, keine Sechs) und (keine Sechs, Sechs) schließen einander aus.
Wer hat recht? Versuchen Sie die gesuchte Wahrscheinlichkeit auf einem anderen Weg zu bestimmen.

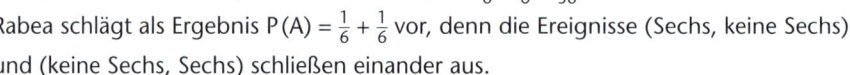

15 *Wurf mit zwei Münzen*
Marc stellt fest, dass die Wahrscheinlichkeit, beim Wurf mit zwei Münzen mindestens einmal „Kopf" zu erzielen, mit dem Additionssatz berechnet werden kann:

P(„eine Münze zeigt Kopf oder die andere Münze zeigt Kopf")
= P(„eine Münze zeigt Kopf") + P(„die andere Münze zeigt Kopf") = $\frac{1}{2} + \frac{1}{2} = 1$

Was halten Sie von seiner Argumentation und von dem Ergebnis?

16 *Haustiere*
Aus einer Befragung unter 180 Schülerinnen und Schülern der Oberstufe eines Gymnasiums nach den Haustieren Hund und Katze liegt die folgende unvollständige Tabelle vor:
a) Vervollständigen Sie die Tabelle.
b) Wie groß ist die Wahrscheinlichkeit, dass ein zufällig ausgewählter Schüler der Oberstufe einen Hund oder eine Katze besitzt?

		Katze		
		ja	nein	Summe
Hund	ja	■	45	57
	nein	58	■	■
	Summe	■	■	180

17 *Zum Üben und Interpretieren des Additionssatzes*
Angenommen, 80 % der Kinder einer Grundschule können schwimmen. 58 % der Kinder in der Grundschule sind Mädchen. Nehmen Sie weiter an, dass 50 % aller Kinder Mädchen sind und schwimmen können.
Welcher Prozentsatz der Kinder der Grundschule kann schwimmen oder ist ein Mädchen?

9.3 Wahrscheinlichkeitsmodelle

18 *Ereignisse beim Würfeln*   *Übungen*
Es wird ein Würfel einmal geworfen und die folgenden Ereignisse werden betrachtet:
A: „Augenzahl ist ungerade"   B: „Augenzahl ist durch 3 teilbar"
a) Welche der Ereignisse sind eingetreten, wenn eine 3 bzw. 2 geworfen wurde?
b) Drücken Sie die beiden Ereignisse A und B und A oder B als Mengen in aufzählender Form sowie in Worten aus.
c) Vergleichen Sie die Ereigniswahrscheinlichkeiten P(A), P(B), P(A oder B) und P(A und B) der Größe nach.

Mengensprache in der Stochastik

Bereits in anderen Gebieten der Mathematik haben Sie Mengen kennengelernt, wie z. B. Definitions- oder Wertebereiche bei Funktionen in der Analysis oder Lösungsmengen von linearen Gleichungssystemen. Auch in der Stochastik ist die Mengensprache hilfreich. Insbesondere Ereignisse und ihre Verknüpfungen lassen sich mithilfe von Mengen in knapper Form beschreiben und darstellen.

Schreibweise	Mengenbild	Sprechweise
A und B Mengenschreibweise: $A \cap B$		**Durchschnitt von A und B:** Das Ereignis **A und B** enthält alle Ergebnisse, die in A und B liegen. Das Ereignis A und B tritt genau dann ein, wenn **sowohl A als auch B eintritt**.
A oder B Mengenschreibweise: $A \cup B$		**Vereinigung von A und B:** Das Ereignis **A oder B** enthält alle Ergebnisse, die entweder in A oder in B oder in A und B gleichzeitig liegen. Das Ereignis A oder B tritt genau dann ein, wenn **mindestens eines der beiden Ereignisse** eintritt.
$\overline{A}$ Mengenschreibweise: $\Omega \setminus A$		**Gegenereignis von A:** Das Ereignis $\overline{A}$ (lies A quer) beinhaltet alle Ergebnisse, die nicht zu A gehören. Das Ereignis $\overline{A}$ tritt genau dann ein, wenn **A nicht** eintritt.

19 *Mindestens, höchstens oder ganz genau?*
Bei Problemen aus der Wahrscheinlichkeitsrechnung kommt es darauf an, die Fragestellung genau zu erfassen. So macht es einen Unterschied, ob beim vierfachen Wurf einer Laplace-Münze

- A: **mindestens** einmal,
- B: **genau** einmal   oder
- C: **höchstens** einmal

„Zahl" dabei war. Schreiben Sie die zu den drei Ereignissen gehörenden Ergebnisse auf und bestimmen Sie die Ereigniswahrscheinlichkeiten. Welche lassen sich besonders einfach ermitteln?

Besondere Ereignisse und ihre Wahrscheinlichkeiten

Gegenereignis $\overline{A}$: $\overline{A}$ tritt genau dann ein, wenn A nicht eintritt.
                                       $P(\overline{A}) = 1 - P(A)$

Unmögliches Ereignis $\{\}$:   Die Menge enthält kein Element.
                                       $P(\{\}) = 0$

Sicheres Ereignis Ω: Die Menge enthält alle möglichen Ergebnisse.
                                       $P(\Omega) = 1$

9 Zufall, Wahrscheinlichkeit und Wahrscheinlichkeitsmodelle (Wiederholung)

Basiswissen

Was versteht man unter der bedingten Wahrscheinlichkeit P(B|A)?

Es seien A und B zwei Ereignisse. Die **bedingte Wahrscheinlichkeit P(B|A)** ist die Wahrscheinlichkeit dafür, dass das Ereignis B eintritt, wenn bekannt ist, dass das Ereignis A eingetreten ist.

Beispiel:
Bei einer Verzehrstudie werden 8250 Personen befragt, ob sie sich vegetarisch ernähren oder nicht.

Vierfeldertafel:
Tabelle, mit der die Verteilung der Ereignisse A, $\bar{A}$, B und $\bar{B}$ zusammengefasst wird

Ergebnis der Befragung:

Absolute Häufigkeiten

	Ja	Nein	Summe
Männlich	53	3497	3550
Weiblich	141	4559	4700
Summe	194	8056	8250

Angenommen, Sie wählen aus diesen 8250 Personen zufällig eine Person aus.

Ereignis A: „Person ist männlich"
Ereignis B: „Person ist Vegetarier"

Dann gelten: $P(A) = P(\text{„männlich"}) = \frac{3550}{8250} \approx 0{,}4303$

$P(A \text{ und } B) = P(\text{„männlich und Vegetarier"}) = \frac{53}{8250} \approx 0{,}0064$

Die **bedingte Wahrscheinlichkeit P(B|A)** bezieht sich auf die Grundmenge A, die befragten Männer. Sie ist die Wahrscheinlichkeit dafür, dass ein zufällig ausgewählter Mann Vegetarier ist. Es gilt $P(B|A) = \frac{53}{3550} \approx 0{,}0149$.

Multiplikationsregel

Multiplikationsregel
Die Wahrscheinlichkeit dafür, dass das **Ereignis A und** das **Ereignis B** eintreten, wird mit der Formel $P(A \text{ und } B) = P(A) \cdot P(B|A)$ berechnet.

Bedingte Wahrscheinlichkeit

Regel zur Berechnung der bedingten Wahrscheinlichkeit
$P(B|A) = \frac{P(A \text{ und } B)}{P(A)}$; $P(A) \neq 0$ $\quad$ $P(B|A) = \frac{0{,}0064}{0{,}4303} \approx 0{,}0149$

Beispiele

B *Wintersport*

Eine Befragung von Schülerinnen und Schülern der Oberstufe eines Gymnasiums, welche Wintersportart sie bevorzugen, brachte die folgenden Ergebnisse (es durfte jeweils nur eine Wintersportart genannt werden):

	Skifahren	Snowboard fahren	Schlittschuh laufen	insgesamt
Klassenstufe 10	41	68	46	155
Klassenstufe 11	76	84	60	220
Klassenstufe 12	74	79	47	200
Summe	191	231	153	575

Angenommen, eine Schülerin oder ein Schüler, die an der Befragung teilgenommen haben, wird zufällig ausgewählt. Wie groß ist die Wahrscheinlichkeit, dass es sich
a) um jemanden aus der 10. Jahrgangsstufe handelt,
b) um jemanden handelt, der bei der Befragung „Skifahren" angekreuzt hat, wenn man weiß, dass er aus der 10. Jahrgangsstufe ist?

Lösung zu a) und b):
A: „betreffende Person ist aus der 10. Jahrgangsstufe" $P(A) = \frac{155}{575} \approx 0{,}27$
B: „betreffende Person hat als Lieblingssportart Skifahren" $P(B) = \frac{191}{575} \approx 0{,}332$
Dann sind $P(A \text{ und } B) = \frac{41}{575} \approx 0{,}071$ und $P(B|A) = \frac{41}{155} \approx 0{,}265$.

20 | So sollte man nicht rechnen

Peter macht folgende Annahmen: „Wenn ich in die Stadt fahre, dann parke ich gelegentlich im Parkverbot oder ohne Parkschein und erhalte dann häufig einen Strafzettel. Dies passiert mir in der Regel an 6 von 100 Tagen. Ich parke allerdings an 20 von 100 Tagen im Parkverbot oder ohne einen Parkschein zu ziehen. Mit welcher Wahrscheinlichkeit bekomme ich einen Strafzettel, wenn ich falsch parke?"

a) Welches Ereignis tritt mit einer Wahrscheinlichkeit von 6% auf?
b) Berechnen Sie die gesuchte Wahrscheinlichkeit.
c) Erläutern Sie, warum es sich bei dieser Wahrscheinlichkeit um eine bedingte Wahrscheinlichkeit handelt.

21 | Unabhängige Ereignisse

Zwei Ereignisse A und B nennt man unabhängig, wenn die Tatsache, dass das Ereignis A eingetreten ist, die Eintretenswahrscheinlichkeit des Ereignisses B nicht beeinflusst und umgekehrt.

a) Was bedeutet das für $P(B|A)$ und $P(B)$?
b) Aus der Urne werden zwei Kugeln ohne bzw. mit Zurücklegen gezogen. Zeichnen Sie je ein Baumdiagramm und beschriften Sie dieses. Bei welchem Versuch handelt es sich um unabhängige Ereignisse, bei welchem Versuch um abhängige Ereignisse?

Stochastische Unabhängigkeit von Ereignissen

Definition:
Zwei Ereignisse A und B sind genau dann stochastisch unabhängig, wenn
$P(A|B) = P(A)$.
Entsprechend gilt:
Zwei Ereignisse A und B sind genau dann stochastisch unabhängig, wenn
$P(B|A) = P(B)$.

Multiplikationsregel für stochastisch unabhängige Ereignisse:
Zwei Ereignisse A und B sind genau dann stochastisch unabhängig, wenn
$P(A \text{ und } B) = P(A) \cdot P(B)$.

---

22 | Unabhängigkeit beim Basketball

Welche der folgenden Ereignisse A und B sind unabhängig?
a) A: Ein zufällig ausgewählter Sportler ist Basketballspieler.
   B: Die letzte Ziffer seiner Telefonnummer ist eine 1.
b) A: Ein zufällig ausgewählter Sportler ist Basketballspieler.
   B: Er ist größer als 1,95 m.

23 | Triebwerksstörung

Ein Flugzeug mit drei Triebwerken startete vom Miami International Airport zu einem Flug nach Südamerika. Direkt nach dem Start fiel ein Triebwerk aus. Das Flugzeug kehrte unmittelbar um und landete sicher in Miami, obwohl auch die anderen beiden Triebwerke versagten.

a) Gehen wir davon aus, dass ein Triebwerk beim Start mit der Wahrscheinlichkeit 0,0001 ausfällt. Die Wahrscheinlichkeit, dass alle drei Triebwerke ausfallen, beträgt dann laut FAA (Federal Aviation Administration) $0,0001^3$. Welche Annahmen hat die FAA gemacht, um zu diesem Ergebnis zu kommen?
b) Bei der Untersuchung des Vorfalls stellte die FAA fest, dass der Mechaniker, der in allen drei Triebwerken das Öl ausgetauscht hat, bei allen Triebwerken den Öldichtungsring falsch eingesetzt hatte. Beurteilen Sie jetzt die Annahme der FAA in Teilaufgabe a).

Aufgaben

Fallstudie

Eine Fallstudie – „Der Fall Sally Clark"

England, im Dezember 1996. Christopher Clark, elf Wochen alt, liegt tot in seinem Bettchen. Diagnose: plötzlicher Kindstod. Bald darauf, im November 1997, bekommen die Eltern Sally und Steve Clark wieder ein Baby. Doch auch Harry stirbt früh, im Alter von acht Wochen.

Sally Clark wurde 1999 wegen Mordes an zwei ihrer Kinder zu einer lebenslangen Freiheitsstrafe verurteilt. Die erste Diagnose für den Tod der beiden Kinder war „plötzlicher Kindstod" (SIDS – sudden infant death). Damit bezeichnet man das unerwartete und nicht erklärliche Versterben eines Kleinkindes unter einem Jahr. In Deutschland starben im Jahre 2008 ca. 215 Kleinkinder an plötzlichem Kindstod. Obwohl man einige Risikofaktoren identifiziert hat, sind die Gründe für den plötzlichen Kindstod weitgehend unbekannt.

Sally Clark wurde verurteilt aufgrund eines Gutachtens. Ein wichtiges Argument, das die Anklage in den Prozess einbrachte, basiert auf der Grundlage eines Gutachtens von Sir Roy Meadow, einem renommierten Kinderarzt und Experten für Kindesmissbrauch. Dr. Meadow führte an, dass die Wahrscheinlichkeit, dass zufällig zwei Kinder in derselben Familie an SIDS sterben, außerordentlich gering ist und dass daher Mord eine erheblich plausiblere Erklärung für den Tod der beiden Kinder sei. Dr. Meadows argumentierte:

„Aus epidemiologischen Studien kann man herleiten, dass die Wahrscheinlichkeit, dass ein Kind am plötzlichen Kindstod verstirbt, $\frac{1}{8543}$ ist. Die Wahrscheinlichkeit, dass zwei Kinder in der gleichen Familie an SIDS sterben, ist demzufolge $\frac{1}{8543} \cdot \frac{1}{8543}$, d. h. ungefähr 1 zu 73 Millionen; eine verschwindend kleine Wahrscheinlichkeit."

Die Jury folgte der Argumentation des Gutachters und verurteilte Sally Clark wegen Mordes zu lebenslanger Haft im Gefängnis. Die originalen Worte des Richters über die Rolle der Statistik in diesem Fall: "… although we do not convict people in these courts on statistics … the statistics in this case do seem compelling."

a) Überprüfen Sie die Berechnung von Dr. Meadows. Von welchen Annahmen ging er bei seinen Berechnungen aus? Würdigen Sie die Argumentation von Dr. Meadows kritisch.

Sally Clarks Verfahren wurde wieder aufgenommen, nicht zuletzt wegen festgestellter fehlerhafter Annahmen und Folgerungen von Dr. Meadows. Eine der fehlerhaften Annahmen haben Sie sicher in Teilaufgabe a) entdeckt. Sally Clark wurde in einem Berufungsverfahren freigesprochen und 2003 aus dem Gefängnis entlassen. Sie verstarb aber bereits im März 2007 im Alter von nur 43 Jahren, vermutlich wegen einer Alkoholerkrankung, die ihre Familie auf den Stress wegen der Gerichtsverhandlungen und dem Gefängnisaufenthalt zurückführte.

b) Beurteilen Sie selbst, welche Bedeutung die Wahrscheinlichkeitsrechnung in Gerichtsverfahren haben sollte. Diskutieren Sie die Problematik in Ihrem Mathematikkurs.

c) Sollten Sie mehr über den Fall „Sally Clark" wissen wollen, dann recherchieren Sie im Internet.

CHECK UP

1 | Mensaessen
Bei einer Befragung von 59 Schülerinnen und Schülern zum Essen in der Mensa wurden die folgenden Ergebnisse zusammengefasst:

	Finden das Essen gut	Finden das Essen nicht gut	Summe
Mädchen	16	16	32
Jungen	19	8	27
Summe	35	24	59

a) Unter den Befragten wählt man zufällig eine Person aus. Wie groß ist die Wahrscheinlichkeit, dass es ein Junge (ein Mädchen) ist?
b) Angenommen, man wählt unter den befragten Mädchen (Jungen) eine Person aus. Wie groß ist die Wahrscheinlichkeit, dass die (der) Betreffende das Essen gut findet?

2 | Ausschussanteil
Ein Fertigungsteil durchläuft vier Maschinen mit einer Ausschussquote von 4 %, 1 %, 2 % und 1 %. Wie hoch ist die gesamte Ausschussquote?

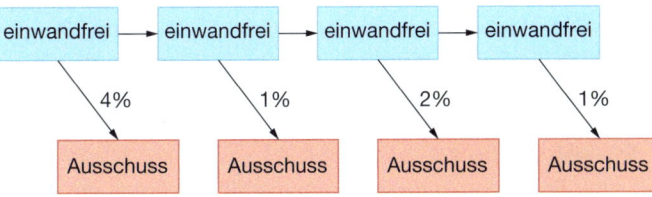

Tipp: Bestimmen Sie zunächst den Anteil der einwandfreien Fertigungsteile.

3 | Wartedauer
Ermitteln Sie durch Simulation einen Schätzwert für die Anzahl der Würfe mit einer Münze, bis das erste Mal zweimal „Kopf" (K) hintereinander geworfen wird.
Tipp: Ergebnisse wie KK, ZKK, KZKZZKK usw. erfüllen die Bedingung. Beim ersten Beispiel musste man 2-mal werfen, beim zweiten Beispiel 3-mal, beim dritten Beispiel 7-mal.
a) Erstellen Sie einen Simulationsplan.
b) Führen Sie die Simulation per Hand mithilfe von Zufallszahlen möglichst oft durch und berechnen Sie aus diesen Simulationen die gesuchte Anzahl.

4 | Doppelwurf
Beim Würfeln mit zwei Würfeln eignet sich als Ergebnismenge besonders gut die folgende Menge:
$\Omega = \{(1,1); (1,2); \ldots; (6,5); (6,6)\}$.
Stellen Sie jedes der folgenden Ereignisse als Teilmenge von Ω dar und geben Sie jeweils die zugehörige Eintrittswahrscheinlichkeit an.
a) Die Augensumme beträgt 10.
b) Mindestens einer der Würfel zeigt eine „6".
c) Das Produkt der beiden Augenzahlen ist 12.
d) Der Betrag der Differenz der beiden Augenzahlen ist 2.

Zufall, Wahrscheinlichkeit und Wahrscheinlichkeitsmodelle

Methoden zur Bestimmung von Wahrscheinlichkeiten

1. Realversuch
Ein Zufallsexperiment wird 1000-mal wiederholt. Die relative Häufigkeit h(E) ist ein Schätzwert für die Wahrscheinlichkeit P(E).

Tetraederwürfel

Zufallexperiment: Dreimaliges Würfeln
Ereignis E: Augensumme 10

2. Simulation des Zufallsexperimentes
Die Simulation wird z. B. 1000-mal durchgeführt. Schätzwert für die Wahrscheinlichkeit P(E) ist die entsprechende relative Häufigkeit. Simulation des dreifachen Wurfes mit einem Tetraederwürfel durch drei Zufallszahlen von 1 bis 4.
E: Summe der drei Zahlen ist 10

3. Abzählen
Annahme: Alle Ergebnisse des Zufallsexperimentes sind gleichwahrscheinlich. Man nennt dies einen „Laplace-Versuch". Dann ist:

$P(E) = \dfrac{\text{Anzahl der günstigen Ergebnisse}}{\text{Anzahl der möglichen Ergebnisse}}$

- Alle Ergebnisse des dreimaligen Wurfes mit einem Tetraederwürfel aufschreiben:
  (1,1,1); (1,1,2); (1,1,3); (1,1,4); (1,2,1) usw.
- Anzahl aller Ergebnisse feststellen
- Anzahl aller Ergebnisse mit Augensumme 10 feststellen
- P(E) berechnen

Ereignis und Ereigniswahrscheinlichkeit
Ereignis: Ein Ereignis fasst Ergebnisse eines Zufallsexperimentes zusammen.
Jede Teilmenge E der Ergebnismenge Ω ist ein Ereignis.

Wahrscheinlichkeit eines Ereignisses P(E)
P(E) ist die Summe der Wahrscheinlichkeiten, mit denen jedes Element von E auftritt:
$P(E) = P(\omega_1) + P(\omega_2) + \ldots$

Erinnern, Können, Gebrauchen

CHECK UP

Rechnen mit Ereigniswahrscheinlichkeiten

Verknüpfung von Ereignissen A und B

Und-Verknüpfung
Ereignis A und Ereignis B treten gleichzeitig ein.

Oder-Verknüpfung
Entweder Ereignis A oder Ereignis B tritt ein oder beide gleichzeitig.

Mengendiagramm
A und B

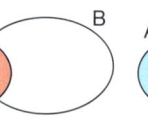

A oder B

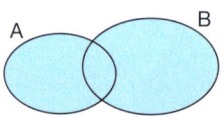

Für sich gegenseitig ausschließende Ereignisse A und B gilt:
$P(A \text{ und } B) = 0$

Additionssatz:
$P(A \text{ oder } B) = P(A) + P(B) - P(A \text{ und } B)$

Besondere Ereignisse und ihre Wahrscheinlichkeiten

Gegenereignis $\overline{A}$ $\overline{A}$ tritt genau dann ein, wenn A nicht eintritt: $P(\overline{A}) = 1 - P(A)$

Unmögliches Ereignis { } Die Menge enthält kein Element: $P(\{\}) = 0$

Sicheres Ereignis Ω Die Menge enthält alle möglichen Ergebnisse: $P(\Omega) = 1$

Bedingte Wahrscheinlichkeit und Vierfeldertafel mit absoluten Häufigkeiten

	A	$\overline{A}$	Summe
B	52	48	100
$\overline{B}$	65	16	81
Summe	117	64	181

$P(A) = \frac{117}{181} = 0{,}646$ $P(B) = \frac{100}{181} = 0{,}553$
$P(A \text{ und } B) = \frac{52}{181} = 0{,}287$
$P(B|A) = \frac{52}{117} = 0{,}444$ $P(A|B) = \frac{52}{100} = 0{,}52$

Unabhängige Ereignisse

Ereignisse, bei denen die Eintrittswahrscheinlichkeit des einen Ereignisses nicht durch das Eintreten des anderen Ereignisses beeinflusst wird:
In diesem Fall gelten $P(A|B) = P(A)$, $P(B|A) = P(B)$ und $P(A \text{ und } B) = P(A) \cdot P(B)$.

5 *Versicherungen*
Was halten Sie von der folgenden Aussage eines Versicherungsvertreters: „Sie fahren nun seit 13 Jahren unfallfrei. Wir müssen die Versicherungsprämie erhöhen, denn statistisch gesehen sind Sie bald „dran"."

6 *Obstliebhaber*
Angenommen, 80 % der Schüler eines Mathematikkurses mögen Apfelsinen, 60 % mögen Äpfel und 52 % mögen Apfelsinen und Äpfel. Berechnen Sie den Anteil der Schüler, die Apfelsinen oder Äpfel oder beides mögen.

7 *Praktikumsplatz*
Marius bewirbt sich um einen Praktikumsplatz bei zwei Firmen A und B. Er schätzt, dass er mit 70 %-iger Wahrscheinlichkeit bei der Firma A und mit 45 %-iger Wahrscheinlichkeit bei der Firma B einen Praktikumsplatz erhalten wird. Er meint, dass er somit sicher sein kann, dass er bei einer der Firmen einen Praktikumsplatz finden wird.
Stimmt das? Begründen Sie Ihre Antwort.

8 *Mindestens ein Treffer*
Ein Spieler setzt beim Roulette stets auf die 2. Berechnen Sie die Wahrscheinlichkeit, dass bei 10 (37, 100, 200) Spielen mindestens einmal die 2 vorkommt. Verwenden Sie das Gegenereignis.

9 *Lieblingsfarbe Rot*
Bei einer Befragung in einem Mathematikkurs wurden die beiden folgenden Fragen gestellt:
„Sind Sie weiblich?" und „Ist Ihre Lieblingsfarbe Rot?".
Bei dieser Befragung betrug der Anteil der „Ja-Antworten" auf die erste Frage 40 % und auf die zweite Frage 27 %.
Kann man mit diesen Ergebnissen die Wahrscheinlichkeit dafür berechnen, dass eine zufällig aus dem Kurs ausgewählte Person weiblich ist oder die Farbe Rot als Lieblingsfarbe hat?
Welche Zusatzinformation benötigen Sie für den Fall, in dem Sie die gefragte Wahrscheinlichkeit nicht berechnen können?

10 *Management*
In einer Firma arbeiten 253 Angestellte. Davon sind 165 weiblich und 88 männlich. 71 der weiblichen und 30 der männlichen Angestellten gehören dem Mittelmanagement an.
a) Stellen Sie die Daten in einer Vierfeldertafel dar.
Eine Personalakte wird nun zufällig ausgewählt.
b) Wie groß ist die Wahrscheinlichkeit, dass die zugehörige Person weiblich ist (dem Mittelmanagement angehört)?
c) Angenommen, die ausgewählte Akte ist die einer Mitarbeiterin. Wie groß ist die Wahrscheinlichkeit, dass die Mitarbeiterin dem Mittelmanagement angehört?
d) Angenommen, die Personalakte gehört zu einem Mitglied des Mittelmanagements. Wie groß ist die Wahrscheinlichkeit, dass die betreffende Person weiblich ist?
e) Sind die Ereignisse „gehört zum Mittelmanagement" und „ist weiblich" unabhängig?

10 Häufigkeits- und Wahrscheinlichkeitsverteilungen

In vielen Situationen werden Zufallsexperimente durch sogenannte Zufallsgrößen und deren Wahrscheinlichkeitsverteilung, die man theoretisch und empirisch ermitteln kann, beschrieben. Wahrscheinlichkeitsverteilungen lassen sich gut durch die beiden Kenngrößen „Erwartungswert" und „Standardabweichung", als ein Maß für die Streuung der Werte, charakterisieren. Als spezielle Wahrscheinlichkeitsfunktionen werden im Schwerpunkt die Binomialverteilung und die Normalverteilung in den Lernabschnitten 10.2 und 10.3 behandelt und zur Modellierung zufälliger Vorgänge verwendet. Hiermit werden wichtige Grundlagen für die in Kapitel 11 im Mittelpunkt stehenden Verfahren der beurteilenden Statistik bereitgestellt.

10.1 Zufallsgrößen und Erwartungswert

Wenn die Ergebnisse eines Zufallsexperimentes durch reelle Zahlen beschrieben werden, so spricht man von Zufallsgrößen. Mit den Kenngrößen arithmetisches Mittel und Standardabweichung lassen sich empirische als theoretische Wahrscheinlichkeitsverteilungen gut beschreiben. Diese Kenngrößen können zur Interpretation bei Modellierungen und in Anwendungssituationen herangezogen werden.

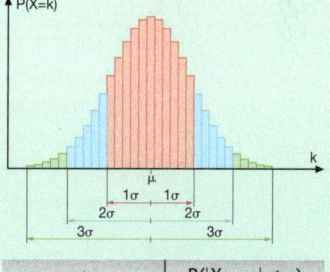

10.2 Binomialverteilung

Die Wahrscheinlichkeitsverteilung der Trefferanzahl X bei einer Bernoulli-Kette heißt Binomialverteilung. Mit ihr können unter bestimmten Voraussetzungen viele typische Zufallsvorgänge modelliert werden, wie zum Beispiel der Lauf einer Kugel durch das Galton-Brett oder die Umfrageergebnisse in einer Zufallsstichprobe. Die Berechnung und die grafische Darstellung der Verteilung sind mithilfe geeigneter Software leicht möglich. Für den Erwartungswert und die Standardabweichung gibt es einfache Formeln. Von besonderem Interesse sind die Wahrscheinlichkeiten, mit denen die Trefferanzahlen in bestimmten Bereichen um den Erwartungswert liegen; hierfür geben die Sigma-Regeln gute Näherungswerte an.

10.3 Normalverteilung

Die Normalverteilung – auch bekannt als Gaußsche Glockenkurve – ist das bekannteste Beispiel für die Verteilung einer stetigen Zufallsgröße. Viele empirische Verteilungen, wie z. B. die Körpergrößen von Erwachsenen, können durch Normalverteilungen modelliert werden. Unter bestimmten Voraussetzungen stellt die Normalverteilung eine gute Näherung für die Binomialverteilung dar.

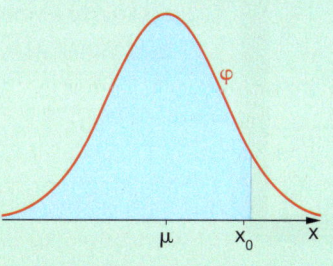

Inhalt der gefärbten Fläche: $P(X \leq x_0)$

10.1 Zufallsgrößen und Erwartungswert

Was Sie erwartet

Im Zentrum fast aller Aufgaben und Probleme in der Wahrscheinlichkeitsrechnung stehen Zufallsexperimente. Dabei haben wir bereits erfahren, dass der Zufallsmechanismus (z. B. das Werfen von zwei Würfeln) alleine noch nicht das Zufallsexperiment beschreibt. Man muss auch noch angeben, welches „Merkmal" man protokollieren möchte.

Beim Spiel mit zwei Würfeln kann man die Paare der Augenzahlen protokollieren. Die 36 verschiedenen, gleichwahrscheinlichen Ergebnisse lauten:

Augenzahl	1	2	3	4	5	6
1	(1,1)	(1,2)	(1,3)	(1,4)	(1,5)	(1,6)
2	(2,1)	(2,2)	(2,3)	(2,4)	(2,5)	(2,6)
3	(3,1)	(3,2)	(3,3)	(3,4)	(3,5)	(3,6)

Man kann sich für den Betrag der Differenz der beiden Augenzahlen interessieren oder auch nur für die größere der beiden Augenzahlen. Ist die „Größe", für die man sich interessiert, eine reelle Zahl, so nennt man diese **Zufallsgröße**. Der Wert, den sie annimmt, hängt von dem Ergebnis des jeweiligen Zufallsexperimentes ab. In diesem Lernabschnitt geht es vor allem um den Erwartungswert einer Zufallsgröße und um deren Streuung, d. h. um die Frage, mit welchem Mittelwert einer Zufallsgröße man bei einer langen Versuchsreihe rechnen kann und wie groß die Standardabweichung ist.

Erwartungswert und Standardabweichung spielen eine große Rolle bei Glücksspielen (erwarteter mittlerer Gewinn pro Spiel), bei Versicherungsgesellschaften (erwartete mittlere Kosten bei einem Versicherungsnehmer), bei Herstellern (erwartete Füllmenge in einer Flasche) und bei vielen anderen Gelegenheiten.

Aufgaben

1 *Gleiches Spielgerät – verschiedene Spiele*
Beim Wurf mit zwei Würfeln wird
a) die Augensumme,
b) die höchste der beiden Augenzahlen,
c) der Betrag der Differenz der Augenzahlen protokolliert.
Was ist jeweils die Ergebnismenge? Geben Sie die zugehörige Wahrscheinlichkeitsverteilung in tabellarischer Form an.

Wahrscheinlichkeitsverteilung zu b):

1	2	3	4	5	6
$\frac{1}{36}$		$\frac{5}{36}$			$\frac{11}{36}$

2 *„E-Reader"*
Die Geschäftsleitung einer Firma, die Unterhaltungselektronik herstellt, will entscheiden, welcher der beiden „E-Reader" A oder B sie herstellen und vertreiben soll. Die Marketingabteilung hat durch eine Marktanalyse die folgenden Daten herausgefunden:

A: Entwicklungskosten 2,5 Mio. €
Projektierte Einnahmen

Wahrscheinlichkeit	Nettoeinnahmen
20 %	5 Mio. €
45 %	3 Mio. €
25 %	2,5 Mio. €
10 %	0,25 Mio. €

B: Entwicklungskosten 1,5 Mio. €
Projektierte Einnahmen

Wahrscheinlichkeit	Nettoeinnahmen
10 %	6 Mio. €
40 %	5 Mio. €
30 %	2 Mio. €
10 %	0,5 Mio. €

Wie würden Sie entscheiden?

3 Erwartungswert und Streuung messen

Aufgaben

Die Tabelle A und das zugehörige Diagramm gibt die Wahrscheinlichkeit wieder, mit der beim zweifachen Münzwurf 0-, 1-, 2-mal „Kopf" geworfen wird. Die Tabelle B und das zugehörige Diagramm gibt die Wahrscheinlichkeit wieder, mit der beim fünffachen Münzwurf 0-, 1-, 2-, 3-, 4-, 5-mal „Kopf" geworfen wird.

A
Anzahl „Kopf"	0	1	2
Wahrscheinlichkeit p	$\frac{1}{4}$	$\frac{2}{4}$	$\frac{1}{4}$

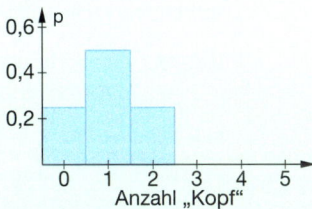

B
Anzahl „Kopf"	0	1	2	3	4	5
Wahrscheinlichkeit p	$\frac{1}{32}$	$\frac{5}{32}$	$\frac{10}{32}$	$\frac{10}{32}$	$\frac{5}{32}$	$\frac{1}{32}$

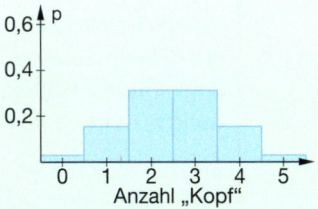

a) Vergleichen Sie die beiden Tabellen und die beiden Diagramme. Was können Sie an Gemeinsamkeiten und Unterschieden beobachten?

b) *Erwartungswert*
Mit welcher Anzahl von „Kopf" kann man im Mittel rechnen? Anton, Anna, Bert und Beate diskutieren diese Frage. Anna sagt: „Das sehe ich sofort: Im Mittel erhält man einmal Kopf." Anton ist sich nicht ganz sicher.
Er schlägt vor: „**Ich würde überlegen, mit was auf lange Sicht im Mittel zu rechnen ist.** Nehmen wir einmal an, ich werfe zwei Münzen 3200-mal. Dann erhalte ich in ca. 800 Fällen keinmal Kopf, 1600-mal einmal Kopf und 800-mal zweimal Kopf, also im Mittel $\frac{800 \cdot 0 + 1600 \cdot 1 + 800 \cdot 2}{3200} = 1$.
Anna hat recht."

Was erhält man aber beim fünffachen Münzwurf? Überlegen Sie sich zunächst, was ein zutreffender Erwartungswert sein könnte. Überprüfen Sie Ihre Vermutung mit dem von Anton vorgeschlagenen Verfahren.

c) *Maßzahl für die Streuung*
Wie findet man eine Maßzahl für die Streuung?
Anton, Anna, Bert und Beate legen fest, dass man ein Maß für die Streuung um den Erwartungswert sucht, also für den zweifachen Münzwurf um 1.

Anton, Anna, Bert und Beate haben vier unterschiedliche Ansätze. Sie gehen dabei alle davon aus, dass die beiden Münzen 3200-mal geworfen werden.

Anton: $(0-1) \cdot 800 + (1-1) \cdot 1600 + (2-1) \cdot 800 = 0$; $\frac{0}{3200} = 0$

Beate: $|0-1| \cdot 800 + |1-1| \cdot 1600 + |2-1| \cdot 800 = 1600$; $\frac{1600}{3200} = 0{,}5$

Bert: $(0-1)^2 \cdot 800 + (1-1)^2 \cdot 1600 + (2-1)^2 \cdot 800 = 1600$; $\frac{1600}{3200} = 0{,}5$

Anna: $(0-1)^2 \cdot 800 + (1-1)^2 \cdot 1600 + (2-1)^2 \cdot 800 = 1600$; $\sqrt{\frac{1600}{3200}} \approx 0{,}707$

Welche Ideen stecken hinter diesen Ansätzen?
Begründen Sie, welche Methode Sie favorisieren und erläutern Sie, was Ihnen an den anderen Methoden nicht gefällt.
Berechnen Sie mit allen vier Ansätzen ein Streumaß für den Wurf mit fünf Münzen.

10 Häufigkeits- und Wahrscheinlichkeitsverteilungen

Basiswissen

Zufallsgröße, Wahrscheinlichkeitsverteilung und deren Kenngrößen

Zufallsgröße

Es gibt viele Zufallsexperimente, deren Ergebnisse mit reellen Zahlen dargestellt werden. Unter der **Zufallsgröße X** versteht man eine Variable, die als Wert eine der betreffenden reellen Zahlen annimmt, je nachdem, wie das Experiment ausgeht.

Beispiel: Man wirft vier Münzen gleichzeitig und protokolliert die Anzahl von „Kopf".
     X: Anzahl von „Kopf" $X \in \{0; 1; 2; 3; 4\}$

Die Zufallsgröße X in dem Münzwurfbeispiel ist eine **diskrete Zufallsgröße**. Bei diskreten Zufallsgrößen kann man die möglichen Ergebnisse aufzählen:
$X \in \{x_1; x_2; x_3; ...\}$

Wahrscheinlichkeitsverteilung einer Zufallsgröße

Für diskrete Zufallsgrößen X gilt: Ordnet man jedem Wert, den die Zufallsgröße X annimmt, die Wahrscheinlichkeit zu, mit der er auftritt, so nennt man die Zuordnung $x_i \to P(X = x_i)$ **Wahrscheinlichkeitsverteilung der Zufallsgröße X**.

Beispiel: Wurf mit vier Münzen
     X: Anzahl von „Kopf"
     Wahrscheinlichkeitsverteilung:

k	0	1	2	3	4
P(X = k)	$\frac{1}{16}$	$\frac{4}{16}$	$\frac{6}{16}$	$\frac{4}{16}$	$\frac{1}{16}$

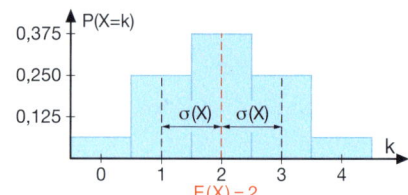

Erwartungswert E(X) und Standardabweichung σ(X) einer Wahrscheinlichkeitsverteilung

Der „Mittelwert" einer Wahrscheinlichkeitsverteilung hat einen besonderen Namen. Man nennt ihn den **Erwartungswert E(X)**. Häufig schreibt man auch μ.

$$E(X) = x_1 \cdot P(X = x_1) + x_2 \cdot P(X = x_2) + ... + x_n \cdot P(X = x_n)$$

Die Streuung einer Wahrscheinlichkeitsverteilung wird durch die Standardabweichung σ(X) erfasst.

Standardabweichung: $\sigma(X) = \sqrt{(x_1 - E(X))^2 \cdot P(X = x_1) + ... + (x_n - E(X))^2 \cdot P(X = x_n)}$

$P(X = x_i)$ gibt die Wahrscheinlichkeit dafür an, dass die Zufallsgröße X den Wert x_i annimmt.

Beispiele

A *Der Betrag der Differenz von Augenzahlen als Zufallsgröße*

Zwei Tetraederwürfel werden geworfen. Die Zufallsgröße X entspricht dem Betrag der Differenz der beiden Augenzahlen. Geben Sie die Wahrscheinlichkeitsverteilung der Zufallsgröße X an und berechnen Sie den Erwartungswert.

Lösung:
Die Zufallsgröße X kann die Werte 0, 1, 2 und 3 annehmen.

X	0	1	2	3
zugehörige Ergebnisse	(1,1); (2,2); (3,3); (4,4)	(2,1); (1,2); (3,2); (2,3); (4,3); (3,4)	(3,1); (1,3); (4,2); (2,4)	(4,1); (1,4)
Wahrscheinlichkeit	$\frac{4}{16}$	$\frac{6}{16}$	$\frac{4}{16}$	$\frac{2}{16}$

Erwartungswert: $E(X) = 0 \cdot \frac{4}{16} + 1 \cdot \frac{6}{16} + 2 \cdot \frac{4}{16} + 3 \cdot \frac{2}{16} = \frac{20}{16} = 1{,}25$

Der Erwartungswert der Zufallsgröße X beträgt somit 1,25.

Beispiele

B *Erwartungswert und Standardabweichung*

Vergleichen Sie Erwartungswert und Standardabweichung der beiden Glücksspiele A und B. Was stellen Sie fest? Welches Glücksspiel ist für den Spieler interessanter?

Spiel B   *Einsatz:* 1 €

Mit einem Zufallszahlengenerator werden zweistellige Zufallszahlen von 00 bis 99 erzeugt und auf einem Display ausgegeben.

Glückszahlen	Gewinn
66	50 €
11, 12, 21	5 €
22, 33, 44, 55	3 €
00, 88, 99	1 €
alle anderen Zahlen	0 €

Spiel A   *Einsatz:* 1 €

20% / 80%

Glücksfeld	Gewinn
rot	4 €
blau	0 €

Lösung:

Spiel A Erwartungswert: $E(X) = 0 \cdot \frac{4}{5} + 4 \cdot \frac{1}{5} = 0{,}8$

Standardabweichung: $\sigma(X) = \sqrt{(0-0{,}8)^2 \cdot \frac{4}{5} + (4-0{,}8)^2 \cdot \frac{1}{5}} = 1{,}6$

Spiel B Erwartungswert: $E(X) = 50 \cdot \frac{1}{100} + 5 \cdot \frac{3}{100} + 3 \cdot \frac{4}{100} + 1 \cdot \frac{3}{100} = 0{,}8$

Standardabweichung:

$\sigma(X) = \sqrt{(50-0{,}8)^2 \cdot \frac{1}{100} + (5-0{,}8)^2 \cdot \frac{3}{100} + (3-0{,}8)^2 \cdot \frac{4}{100} + (1-0{,}8)^2 \cdot \frac{3}{100} + (0-0{,}8)^2 \cdot \frac{89}{100}} \approx 5{,}05$

Die Erwartungswerte stimmen überein. Das Spiel B ist womöglich interessanter, da es verschiedene Gewinnmöglichkeiten gibt, u. a. eine mit einem besonders hohen Gewinn. Mathematisch macht sich dies in einer größeren Standardabweichung bemerkbar.

Zufallsgröße X: Gewinn

Einsatz: 1 €

Bei Spiel A und Spiel B verliert man im Mittel 0,20 € pro Spiel.

Übungen

4 *Erwartungswert und Standardabweichung beim vierfachen Münzwurf*

Fünf Münzen werden gleichzeitig geworfen. Die Zufallsgröße X gibt die Anzahl der Münzen, die mit „Kopf" (K) nach oben liegen, an. Berechnen Sie die Wahrscheinlichkeitsverteilung (vgl. Basiswissen auf der vorherigen Seite). Zeichnen Sie zu der Wahrscheinlichkeitsverteilung ein Histogramm. Berechnen Sie den Erwartungswert und die Standardabweichung. Veranschaulichen Sie beide Werte an dem Histogramm.

5 *Ein faires Spiel*

Alberto verabredet mit Ben die folgende Wette: Alberto würfelt mit zwei Würfeln. Ist mindestens eine der beiden Augenzahlen eine „4", so muss Ben an Alberto 2 € zahlen. Andernfalls muss Alberto an Ben 2 € zahlen.
a) Alberto meint, dass dies ein faires Spiel sei, da die Einsätze von beiden Spielern gleich sind. Was meinen Sie? Kann der Erwartungswert des Gewinns bei der Beantwortung dieser Frage helfen?
b) Wie müsste man die Einsätze verändern, damit das Spiel fair ist?

6 *Preisausschreiben*

An einem Preisausschreiben, bei dem ein bestimmtes Lösungswort gefunden werden sollte, nahmen 80 000 Personen teil. 20 000 Einsendungen waren dabei richtig. Unter diesen wurden als Preise ausgelost: 1. Preis   1000 €   (1-mal)
  2. Preis   250 €   (20-mal)
  3. Preis   50 €   (50-mal)
  Trostpreis im Wert von   5 €   (1000-mal)
Berechnen Sie den Erwartungswert des Gewinns.

Etwas zum Nachdenken:
Warum nehmen oft viele Leute an einem Preisausschreiben teil, auch wenn der Erwartungswert des Gewinns klein ist?

Übungen

Mithilfe von Übung 11 können Sie herausfinden, welche Bedeutung der Erwartungswert besitzt.

7 *Erwartungswert – nachgefragt*

Im Beispiel A wurde der Erwartungswert für die Differenz der Augenzahlen beim Wurf zweier Tetraeder berechnet. Das Ergebnis hierfür lautete 1,25. Macht der Erwartungswert hier Sinn, da die Zufallsgröße X nur ganzzahlige Werte annehmen kann? Sollte man vielleicht den Erwartungswert runden?

8 *Roulette*

Beim Roulette gibt es verschiedene Möglichkeiten zu setzen. Ihr Spieleinsatz ist ein Jeton im Wert von 10 €.
a) Vergleichen Sie den Erwartungswert für den Nettogewinn, wenn Sie auf eine „volle Zahl" setzen, mit dem Erwartungswert für den Gewinn, wenn Sie auf „Rouge" setzen.

Nettogewinn	Wahrscheinlichkeit
35 · 10 €	$\frac{1}{37}$
–10 €	$\frac{36}{37}$

Wahrscheinlichkeitsverteilung für X: Nettogewinn beim Setzen auf „volle Zahl":

Ergänzen Sie zunächst noch die Wahrscheinlichkeitsverteilung des Nettogewinns beim Setzen auf „Rouge".
b) Berechnen Sie den Erwartungswert für den Nettogewinn bei zwei anderen Wettmöglichkeiten (Wettmöglichkeiten beim Roulette und Gewinnquoten finden Sie z. B. auf der Seite 266). Was fällt Ihnen auf?

9 *Lotto „6 aus 49"*

Bei der wöchentlichen Lottoziehung „6 aus 49" interessiert man sich für die Verteilung der Zufallsgröße X: Anzahl der richtig getippten Zahlen.
Die Tabelle stellt die Wahrscheinlichkeitsverteilung der Zufallsgröße X = 0; 1; 2; …; 5; 6 (Anzahl der Richtigen) dar.

X = k	0	1	2	3	4	5	6
P(X = k)	0,436	0,413	0,132	0,0177	0,000969	0,0000184	0,000000072

a) Schätzen Sie den Erwartungswert und berechnen Sie ihn anschließend. Was sagt dieser Wert aus?
b) Schätzen Sie zunächst, ob die Standardabweichung eher groß oder klein ist. Berechnen Sie dann σ.
c) Berechnen Sie die Wahrscheinlichkeit beim Lotto „6 aus 49", sechs Richtige und die Superzahl zu haben.

10 *PS-Sparen*

Bei Sparkassen gibt es das sogenannte PS-Sparen: Man zahlt 5 € ein. Davon gehen 4 € auf das Sparkonto, von dem verbleibenden Euro kauft man ein Los und nimmt an einer Lotterie teil. Berechnen Sie anhand des Gewinnplans den Erwartungswert für einen Gewinn. Vergleichen Sie den Erwartungswert für den Gewinn mit dem Einsatz von 1 €.

PS-Sparen: Ihre Gewinne und Gewinnchancen

Gewinn	Wahrscheinlichkeit
2,50 €	0,1
5 €	0,01
25 €	0,002
500 €	0,0001
5000 €	0,00001
50 000 €	0,000001
250 000 €	0,0000001

Übungen

11 Was bedeutet der Erwartungswert oder das empirische Gesetz der großen Zahlen für Mittelwerte?

Angenommen, zwei Münzen werden geworfen. Die Zufallsgröße X gibt die Anzahl der Münzen an, die mit „Kopf" nach oben liegen.

a) Zeigen Sie, dass der Erwartungswert E(X) = 1 ist.

b) Werfen Sie wiederholt zwei Münzen und ergänzen Sie die folgende Tabelle. Fassen Sie alle Tabellen in Ihrem Mathematikkurs zusammen. Wie verhält sich der Mittelwert mit wachsender Spielanzahl?

🖱️ 10111.xlsx

Spiel	1	2	3	4	5	…	10
X: Anzahl „Kopf"	0	2	0	1	1	…	■
Summe	0	2	2	3	4	…	■
Mittelwert	$\frac{0}{1}=0$	$\frac{2}{2}=1$	$\frac{2}{3}$	$\frac{3}{4}$	$\frac{4}{5}$	…	■

c) In der Grafik ist die Entwicklung des Mittelwertes der Anzahl von „Kopf" in Abhängigkeit von der Versuchswiederholung dargestellt. Interpretieren Sie die Grafik. Erläutern Sie, inwiefern die Grafik das **empirische Gesetz der großen Zahlen für Mittelwerte** veranschaulicht.

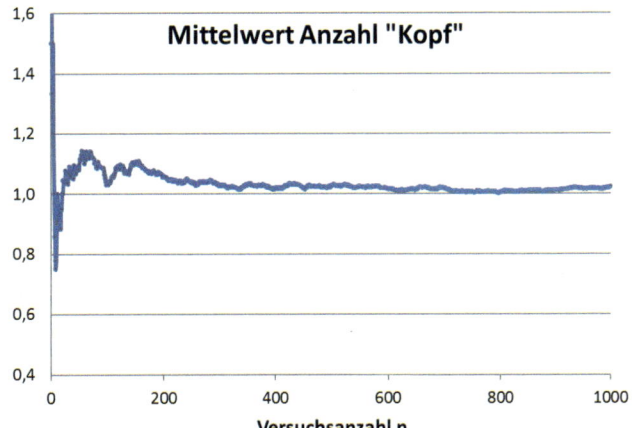

Das empirische Gesetz der großen Zahlen für Mittelwerte

Bei einer langen Versuchsreihe pendelt sich der Mittelwert der Zufallsgröße X bei dem Erwartungswert E(X) ein.

12 „Chuck a luck" – ein faires Spiel?

„Chuck a luck" ist ein Würfel-Spiel, das unter verschiedenen Namen weltweit bekannt ist.

Spielregeln: Ein Spieler setzt seinen Einsatz (z. B. 1 €) auf eine Augenzahl zwischen 1 und 6. Anschließend würfelt der Bankhalter mit drei Würfeln: Je nachdem, ob ein, zwei oder sogar alle drei Würfel die gesetzte Augenzahl zeigen, gewinnt der Spieler seinen Einsatz einfach, doppelt oder dreifach; zeigt kein Würfel die gesetzte Augenzahl, so ist sein Einsatz verloren.

a) Was meinen Sie, handelt es sich um ein „faires" Spiel? Diskutieren Sie zunächst, was man unter einem „fairen" Spiel verstehen könnte und spielen Sie „Chuck a luck" mit einem Partner, z. B. 10-mal. Wie sieht Ihre Gewinn- und Verlustbilanz aus?

b)

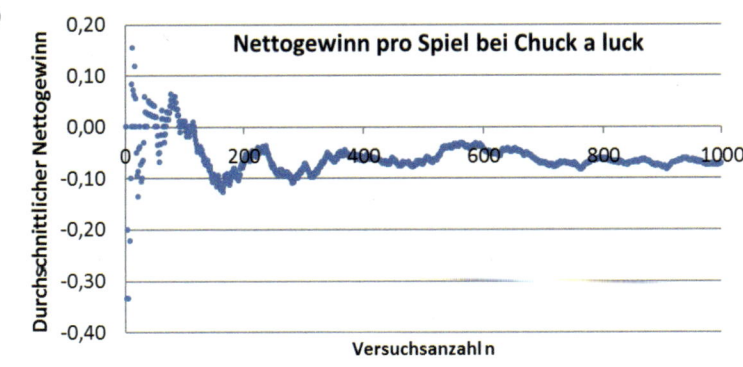

10112.xlsx

Die Abbildung stellt das Ergebnis einer Simulation von 1000 Spielen dar. Interpretieren Sie die Abbildung. Schätzen Sie den Nettogewinn pro Spiel auf „lange Sicht".

Übungen

13 *Nochmals „Chuck a luck" – theoretisch betrachtet*

Die Zufallsgröße X ist der Betrag, den man bei einem Spiel „Chuck a luck" gewinnt bzw. verliert. Bei einem Einsatz von 1 € ist X ∈ {–1; 1; 2; 3}.
Für die Zufallsgröße X ergibt sich die folgende Wahrscheinlichkeitsverteilung:

k	–1	1	2	3
P(X = k)	$\frac{125}{216}$	$\frac{75}{216}$	$\frac{15}{216}$	$\frac{1}{216}$

Überprüfen Sie die Wahrscheinlichkeiten in der Tabelle und berechnen Sie den Erwartungswert. Vergleichen Sie diesen mit dem Ergebnis der Simulation aus Übung 12.

14 *Gewinnspiel Städtereisen*

Ein Reisebüro verlost bei einer Werbeaktion zum jährlichen Sommerfest als Hauptgewinn Städtetouren in Form von Hotelübernachtungsgutscheinen. Allerdings wird es dem Zufall überlassen, wie „lang" die gewonnene Städtetour sein wird. Die Gewinner sollen einen handelsüblichen Würfel werfen, um zu ermitteln, welche Städte sie besuchen. Fällt eine Augenzahl zum zweiten Mal, so wird die Städtereise abgebrochen, da jede Stadt höchstens einmal besucht werden soll. Das Reisebüro ist daran interessiert, wie viele Städte die Gewinner dieser Verlosung durchschnittlich besuchen werden.

Berlin (1)
Hamburg (2)
Köln (3)
München (4)
Dresden (5)
Frankfurt (6)

Würfelfolge: 2, 1, 3, 1   Reise: Hamburg, Berlin, Köln, Stopp
Länge der Reise: 3

Der Reiseveranstalter lässt die zufällige Zusammenstellung der Städtetour mit einem Computerprogramm simulieren und ermittelt jeweils die Länge der Städtereisen. Dabei erhält er die unten abgebildeten Häufigkeitsverteilungen zu drei verschiedenen 1000-fachen Simulationen. Ermitteln Sie die durchschnittlichen Längen der Städtereisen.

Länge der Reise							Länge der Reise							Länge der Reise					
1	2	3	4	5	6		1	2	3	4	5	6		1	2	3	4	5	6
148	271	280	200	90	11		167	262	298	196	64	13		151	280	266	202	88	13

10114.ftm
10114.xlsx

Ermitteln Sie die Wahrscheinlichkeitsverteilung der zufälligen Länge der Städtereisen. Wie könnte man damit die zu erwartende durchschnittliche Länge einer Städtereise theoretisch ermitteln?

KOPFÜBUNGEN

1 Geben Sie einen geeigneten Wert für a an: (1 – a) · (1 + a) = 1 – 64

2 Geben Sie den Funktionsterm einer Ursprungsgeraden an, die eine Steigung von 50 % (100 %, 200 %) hat. Welchen der zugehörigen Steigungswinkel können Sie sofort angeben?

3 Die Strecke zwischen den Punkten A = (3|4|1) und B = (5|0|5) ist der Durchmesser einer Kugel. Bestimmen Sie den Radius und den Mittelpunkt.

4 Berechnen Sie das arithmetische Mittel und die Standardabweichung für folgende Messreihe bzgl. der Rotationsdauer eines Kreisels: 14 s; 16 s; 14 s; 26 s; 20 s.

15 Gruppentests

Bei Untersuchung von Körperflüssigkeiten und Gewebe auf selten auftretende Erkrankungen oder selten auftretende Inhaltsstoffe (z. B. Dopingmittel) kann man durch Gruppentests die Anzahl der Untersuchungen reduzieren.

a) Einfaches Gruppentestverfahren für zwei Personen

Die Blutproben von zwei verschiedenen Personen werden gemischt. Wenn man keine Erreger in der Mischung findet, dann sind beide Personen gesund. Findet man in der Mischung Krankheitserreger, dann werden beide Blutproben einzeln untersucht. Die Anzahl X der notwendigen Untersuchungen ist also 1 oder 3.

Angenommen, die Wahrscheinlichkeit p, mit der eine Person infiziert ist, sei bekannt. Dann kann man die Situation mit einem Baumdiagramm übersichtlich darstellen.

Erläutern Sie das Baumdiagramm und begründen Sie die Wahrscheinlichkeiten für die beiden auftretenden Fälle einer Untersuchung bzw. dreier Untersuchungen.

Nehmen Sie an, dass die Wahrscheinlichkeit p = 0,05 ist (5 % der Bevölkerung tragen den Erreger).

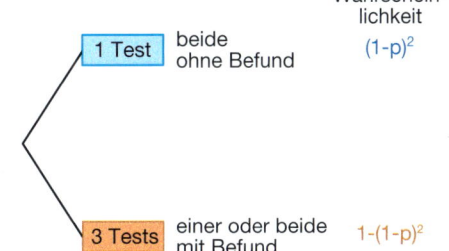

- Berechnen Sie den Erwartungswert der Anzahl der notwendigen Untersuchungen.
- Entwickeln Sie eine Formel für den Erwartungswert E(X) der Anzahl der Untersuchungen beim Paartest in Abhängigkeit von p.

b) Gruppentest mit n Personen

Blutproben von n verschiedenen Personen werden gemischt. Findet man keine Erreger in der Mischung, dann sind alle gesund. Wenn man in der Mischung Krankheitserreger findet, dann ist mindestens einer in der Gruppe Träger des Erregers. In diesem Fall werden alle n Blutproben einzeln untersucht. Die Anzahl X der notwendigen Untersuchungen ist also 1 oder n + 1.

- Ändern Sie das Baumdiagramm in Teilaufgabe a) entsprechend ab.
- Zeigen Sie, dass der Erwartungswert E(X) der Anzahl der notwendigen Untersuchungen $E(X) = n + 1 - (1-p)^n \cdot n$ ist.
- Begründen Sie mithilfe des Erwartungswertes, dass bei der Gruppenprüfung im Vergleich zur Einzelprüfung pro Person $(1-p)^n - \frac{1}{n}$ Untersuchungen eingespart werden (sofern diese Zahl positiv ist).

c) Forschungsaufträge

Forschungsauftrag 1

Ermitteln Sie für p = 0,05 die Gruppengröße, die die größte Ersparnis an Untersuchungen pro Person ergibt.

Forschungsauftrag 2

Ermitteln Sie für verschiedene Wahrscheinlichkeiten, mit denen der Erreger in der Bevölkerung auftritt, jeweils die Gruppengröße für eine maximale Ersparnis pro Person.

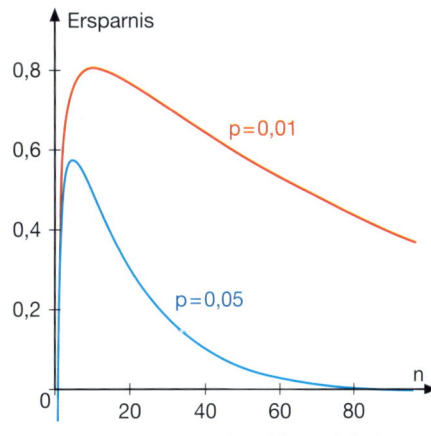

Ersparnis pro Person in Abhängigkeit von der Gruppengröße n

Aufgaben

0-Punkte-Wurf

16 *Spielstrategien bei „Sechs verliert"*

Bei dem Würfelspiel „Sechs verliert" geht es darum, möglichst viele Augen zu sammeln, wobei man beim Auftreten mindestens einer Sechs alles verliert. Dabei darf man sich die Anzahl der Würfel aussuchen, mit denen man spielen möchte.

a) Lesen Sie die nachfolgenden Spielregeln aufmerksam. Wie viele Würfel würden Sie wählen? Begründen Sie Ihre Entscheidung und vergleichen Sie Ihre Strategie mit der Ihrer Mitschülerinnen und Mitschüler.

> **Würfelspiel „Sechs verliert"**
>
> Zwei Spieler spielen gegeneinander. Jeder der beiden wirft eine vorher festgelegte Anzahl an Würfeln.
> - Wird mit *mindestens einem* Würfel eine „6" geworfen, so wird der gesamte Wurf mit 0 Punkten gewertet.
> - Wird mit *keinem* Würfel eine „6" geworfen, so werden die Augenzahlen der einzelnen Würfel addiert.
>
> Sieger ist, wer mit seinem Wurf die höhere Punktzahl erzielt hat.

b) Spielen Sie in Partnerarbeit das Würfelspiel mehrfach nach. Entscheiden Sie sich dabei für eine feste Anzahl an Würfeln und vergleichen Sie Ihre Punktzahlen. Wer ist nach mehreren Durchgängen der Sieger? Sammeln Sie anschließend alle in Ihrem Kurs erzielten Punktzahlen und stellen Sie diese übersichtlich dar. Welche Informationen liefern diese Daten? Würden Sie jetzt lieber Ihre Strategie ändern und eine andere Anzahl an Würfeln wählen?

c) Wie groß ist die Wahrscheinlichkeit, dass man beim Einsatz von 1, 2, 3, ..., k Würfeln alles verliert und der gesamte Wurf mit 0 Punkten gewertet wird?

d) Für welche Würfelanzahlen ist die durchschnittliche Punktzahl am höchsten? Diese Frage kann man gut mit einer Simulation untersuchen. In der nachfolgenden Tabelle sind einige arithmetische Mittel der Punktzahlen für jeweils 5000 Wiederholungen des Würfelspiels angegeben. Führen Sie die Simulationen mit einem geeigneten Programm weiter und ermitteln Sie die optimale Würfelanzahl.

10116.xlsx

Anzahl der Würfel	1	2	3	...
Mittelwert der Punktzahlen	2,53	4,2	5,28	...

e) Mithilfe theoretischer Berechnungen lässt sich der Erwartungswert der Punktzahlen für die einzelnen Würfelanzahlen ermitteln. Das ist allerdings knifflig. Nachfolgend sind die Erwartungswerte der Zufallsgröße G: „Punktzahl bei Sechs verliert" für einen und für zwei Würfel berechnet worden. Vollziehen Sie diese Berechnungen nach. Wie könnte die Rechnung für drei, vier usw. Würfel aussehen? Vergleichen Sie die theoretisch ermittelten Erwartungswerte mit den durch Simulation ermittelten Durchschnittswerten.

> **Ein Würfel:** Die Zufallsgröße G kann die Werte 1, 2, ..., 5 annehmen.
> $E(G) = 0 \cdot \frac{1}{6} + 1 \cdot \frac{1}{6} + 2 \cdot \frac{1}{6} + 3 \cdot \frac{1}{6} + 4 \cdot \frac{1}{6} + 5 \cdot \frac{1}{6} = \frac{15}{6} = 3 \cdot \frac{5}{6} = 2,5$
> Interpretation: Die Zufallsgröße G nimmt den mittleren Wert $3 = \frac{1+2+3+4+5}{5}$ mit der Wahrscheinlichkeit $\frac{5}{6}$ an.
>
> **Zwei Würfel:** Die Zufallsgröße G kann den Wert 0 annehmen, wenn mindestens eine „6" auftritt. Fällt keine „6", so nimmt G die Werte 2, 3, ..., 10 an.
> $E(G) = 0 \cdot \frac{11}{36} + 2 \cdot \frac{1}{36} + 3 \cdot \frac{2}{36} + ... + 10 \cdot \frac{1}{36} = \frac{150}{36} = 2 \cdot 3 \cdot \left(\frac{5}{6}\right)^2 = \frac{25}{6}$
> Interpretation: Die Zufallsgröße G nimmt den mittleren Wert $2 \cdot 3 = 6$ mit der Wahrscheinlichkeit $\left(\frac{5}{6}\right)^2$ an.

10.2 Binomialverteilung

In vielen Situationen wird die Zufallsgröße definiert als die Anzahl der Erfolge bei der n-fachen unabhängigen Wiederholung eines Zufallsexperimentes, wie z. B.

- *die Anzahl der „Pasche" beim sechsfachen Wurf mit zwei Würfeln,*
- *die Anzahl der Personen mit blauen Augen in einer Zufallsstichprobe von zehn Personen,*
- *die Anzahl der Studierenden in einer Zufallsstichprobe von 20 Studierenden des ersten Semesters, die die Mathematikklausur bestanden haben.*

In den beschriebenen Situationen können die beiden Ergebnisse der einzelnen Versuche, die wiederholt werden, als **Treffer** *(z. B. „Pasch" oder „hat blaue Augen" usw.) und* **Fehlschlag** *(z. B. „kein Pasch" oder „hat keine blauen Augen" usw.) interpretiert werden. Unter bestimmten Voraussetzungen kann man mit der* **Binomialverteilung** *die Wahrscheinlichkeit dafür ermitteln, dass eine bestimmte Trefferanzahl eintritt. Die Binomialverteilung kann recht einfach mathematisch dargestellt werden. In diesem Lernabschnitt werden die passende Formel für die Binomialverteilung hergeleitet und deren Eigenschaften beschrieben. In verschiedenen Situationen wird diskutiert, ob man die Binomialverteilung anwenden kann; neben ihren Stärken werden aber auch die Grenzen beim Lösen von Problemen aufgezeigt.*

Was Sie erwartet

X: Anzahl von „Zahl"
$P(X = 2) = $ ■

Aufgaben

1 Wurf mit vier Münzen
Vier Münzen werden geworfen. Alle möglichen Ergebnisse sollen in der nebenstehenden Tabelle als 4-Tupel dargestellt werden (Z: „Zahl", K: „Kopf").
a) Vervollständigen Sie die nebenstehende Tabelle.
b) Begründen Sie, warum jedes Ergebnis mit der Wahrscheinlichkeit $p = \frac{1}{2} \cdot \frac{1}{2} \cdot \frac{1}{2} \cdot \frac{1}{2}$ eintritt.

Anzahl „Zahl"	Ergebnisse	Anzahl der Ergebnisse
0	KKKK	1
1	KKKZ; KKZK; ■	4
2	KKZZ; ■	■
3	KZZZ; ■	■
4	■	■

Ein Tupel ist eine geordnete Liste. So sind z. B. (Z,Z,K,K) und (Z,K,Z,K) zwei verschiedene 4-Tupel.

c) Die Zufallsgröße X steht für die Anzahl der Münzen, die mit „Zahl" nach oben liegen. Sie kann die Werte 0, 1, 2, 3 und 4 annehmen.
Ermitteln Sie P(X = 2) mithilfe der Tabelle aus Aufgabenteil a).
Kann man die Anzahl der 4-Tupel mit genau zweimal „Zahl" berechnen, ohne alle Ergebnisse aufschreiben zu müssen? Wenn Sie die Tabelle richtig ergänzt und richtig gezählt haben, dann stehen in der dritten Spalte der obigen Tabelle die Zahlen 1 4 6 4 1.
Diese Zahlen findet man in der vierten Zeile des Pascalschen Dreiecks wieder. Von links nach rechts gelesen sind dies die Binomialkoeffizienten $\binom{4}{0}$, $\binom{4}{1}$, $\binom{4}{2}$, $\binom{4}{3}$ und $\binom{4}{4}$.

Begründen Sie, wieso $\binom{4}{2}$ die Anzahl der 4-Tupel mit genau zweimal „Zahl" ist und man somit $P(X = 2) = \binom{4}{2} \cdot \left(\frac{1}{2}\right)^4$ erhält.

Zeile									
0					1				
1				1		1			
2			1		2		1		
3		1		3		3		1	
4	1		4		6		4		1

Pascalsches Dreieck
Zur Erinnerung:
$\binom{n}{n} = 1, ..., \binom{n}{0} = 1$

Aufgaben

Stochastik 5

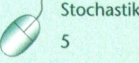
10202.ggb

2 *Experimentieren mit dem Galton-Brett*

Eine Kugel, die durch das Galton-Brett (siehe Abb.) läuft, wird zehnmal abgelenkt; bei einem idealen Galton-Brett mit der gleichen Wahrscheinlichkeit p = 0,5 entweder nach links oder rechts.

a) *Simulation*
Simulieren Sie den Durchlauf von 1000 Kugeln. Ermitteln Sie einen Schätzwert für die Wahrscheinlichkeit, mit der eine Kugel in das Fach mit der Nummer 0, 1, …, 10 fällt.

b) *Theoretische Berechnung*
Die durch Simulation ermittelten Wahrscheinlichkeiten aus Teilaufgabe a) kann man auch theoretisch berechnen. Jede Kugel wird zehnmal abgelenkt. Die Kugeln werden in den Fächern, die von links nach rechts mit 0 bis 10 durchnummeriert sind, aufgefangen. In das Fach mit der Nummer 0 gelangen nur die Kugeln, die nullmal nach rechts und zehnmal nach links abgelenkt werden, in das Fach mit der Nummer 1 die Kugeln, die einmal nach rechts und neunmal nach links abgelenkt werden, usw.

> **Mathematisches Modell:**
> - Mit der Wahrscheinlichkeit p = 0,5 wird die Kugel in jeder Reihe entweder nach rechts oder links abgelenkt.
> - Ergebnisse: Den Weg, den eine Kugel durch das Galton-Brett nimmt, kann man als 10-Tupel darstellen. So bedeuten z. B.
>   LLLLLLLLLL: 0-mal rechts und 10-mal links,
>   LLLLLLLLLR: 1-mal rechts und 9-mal links,
>   LRLRLRLRLR: 5-mal rechts und 5-mal links, usw.

- Begründen Sie, dass eine Kugel 1024 verschiedene Wege durch das Galton-Brett nehmen kann (entsprechend viele verschiedene 10-Tupel aus „R" und „L" gibt es).
- Mit welcher Wahrscheinlichkeit nimmt eine Kugel einen der Wege?
- Wie viele verschiedene Wege gibt es in das Fach mit der Nummer 0, 1, 2, …, 10?

> *Tipp:* In das Fach mit der Nummer 3 zum Beispiel gelangt eine Kugel, die auf ihrem Weg genau 3-mal nach rechts abgelenkt wurde. Die Anzahl der 10-Tupel mit genau 3-mal „R" ist $\binom{10}{3}$.

X ist die Anzahl der Ablenkungen nach rechts (Anzahl der „R"s).

- Stellen Sie eine Formel für $P(X = k)$ auf und berechnen Sie damit die Wahrscheinlichkeitsverteilung. Vergleichen Sie mit den Wahrscheinlichkeiten, die Sie durch Simulation erhalten haben.

c) *Schief stehendes Galton-Brett*
Stellt man das Galton-Brett schief, so erhält man eine schiefe Verteilung. Erzeugen Sie mit dem elektronischen Galton-Brett eine „schiefe" Verteilung, indem Sie für die Ablenkung nach rechts p = 0,3 einstellen.

Stochastik 5

Man kann die Wahrscheinlichkeitsverteilung auch berechnen. Ändern Sie dazu die Formel aus Aufgabenteil b) entsprechend ab.

> *Tipp:* Die Wahrscheinlichkeit für einen bestimmten Weg mit k-mal „R" ist $0{,}3^k \cdot 0{,}7^{10-k}$.

10.2 Binomialverteilung

Basiswissen

Bei vielen Zufallsexperimenten kann man Wahrscheinlichkeiten durch Zählen ermitteln.

Binomialkoeffizienten und Wahrscheinlichkeiten

Eine Münze wird 5-mal geworfen. Die Zufallsgröße X ist die Anzahl von „Kopf", wobei X die Werte 0, 1, 2, 3, 4 oder 5 annehmen kann.

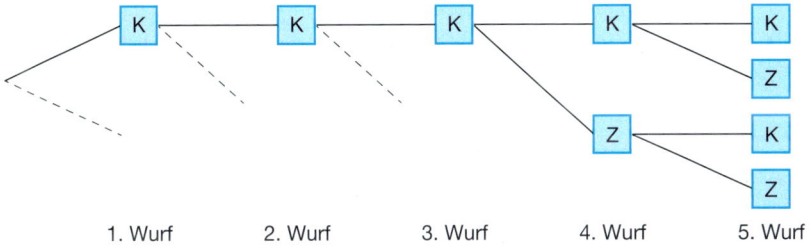

1. Wurf   2. Wurf   3. Wurf   4. Wurf   5. Wurf

Berechnung z.B. von P(X = 3)

- Anzahl der möglichen Ergebnisse (der möglichen Pfade): $2 \cdot 2 \cdot 2 \cdot 2 \cdot 2 = 2^5 = 32$

- Anzahl der Pfade mit genau dreimal „Kopf"?
  Wir nummerieren jeden der fünf Würfe: Wurf 1, Wurf 2, ..., Wurf 5
  Nun muss man drei der Würfe aussuchen, bei denen „Kopf" eintritt.
  Dies entspricht dem Ziehen von drei nummerierten Kugeln aus einer Urne ohne Zurücklegen und ohne Berücksichtigung der Reihenfolge, in der die Nummern gezogen werden.

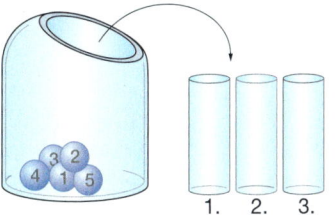

Dreimal Ziehen ohne Zurücklegen

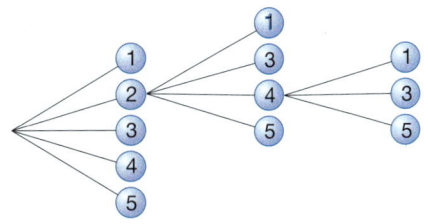

Man erhält $5 \cdot 4 \cdot 3 = 60$ verschiedene Ergebnisse.

„Gleichwertige" Ziehungen sind z.B. (2,3,5), (3,2,5), (5,2,3), (2,5,3), (3,5,2) und (5,3,2). Alle sechs „Ziehungen" bedeuten: „Kopf" im 2., 3. und 5. Wurf.

Wenn es auf die Reihenfolge, in der die Nummern gezogen werden, nicht ankommt, gibt es jeweils $3 \cdot 2 \cdot 1 = 6$ „gleichwertige" Ziehungen.
Die Anzahl der Pfade mit genau dreimal „Kopf" entspricht $\frac{5 \cdot 4 \cdot 3}{3 \cdot 2 \cdot 1} = 10$.
Es gilt: $P(X = 3) = \frac{10}{32}$

Binomialkoeffizient: Für den Bruch $\frac{5 \cdot 4 \cdot 3}{3 \cdot 2 \cdot 1}$ schreibt man kurz $\binom{5}{3}$ (sprich „5 über 3").

Man nennt $\binom{5}{3}$ – allgemein $\binom{n}{k}$ – **Binomialkoeffizient**. Es gilt: $\binom{n}{0} = \binom{n}{n} = 1$

Beispiele

A *Sechsfacher Münzwurf*
Wie groß ist die Wahrscheinlichkeit von genau 4-mal „Kopf" bei diesem Experiment?

Lösung: Anzahl der Ergebnisse: $2^6 = 64$;
Anzahl der Pfade mit genau 4-mal „Kopf": $\binom{6}{4} = \frac{6 \cdot 5 \cdot 4 \cdot 3}{4 \cdot 3 \cdot 2 \cdot 1} = 15$; Es gilt: $P(X = 2) = \frac{15}{64}$

Übungen

3 *Der achtfache Münzwurf*
Angenommen, ein Baumdiagramm stellt alle Ergebnisse des achtfachen Münzwurfes dar.
a) Wie viele Pfade mit genau 5-mal „Kopf" gibt es in diesem Baumdiagramm?
b) Es sei X die Anzahl von „Kopf". Berechnen Sie P(X = 5) und P(X = 8).

Basiswissen

Bernoulli-Kette und Binomialverteilung

Viele Zufallsexperimente können als Versuch mit zwei möglichen Ergebnissen beschrieben werden. Einen solchen Versuch nennt man **Bernoulli-Versuch**, die Ergebnisse **Treffer (T)** und **Fehlschlag (F)**. Wiederholt man einen Bernoulli-Versuch n-mal, nennt man diese Folge von Zufallsexperimenten eine **Bernoulli-Kette der Länge n**, wenn sie die folgenden Eigenschaften hat:

- Jeder Versuch ist ein Bernoulli-Versuch.
- Die Versuchswiederholungen sind unabhängig, d. h. die Wahrscheinlichkeit für einen Treffer hängt nicht davon ab, was zuvor geschehen ist.
- Die Anzahl n der Versuchswiederholungen ist festgelegt.
- Die Wahrscheinlichkeit p für einen Treffer ist bei jedem Versuch gleich.

Glücksrad — Treffer 40 %, Fehlschlag 60 %

Steckbrief konkret
- 4 Versuche, Treffer: rot
- Trefferwahrscheinlichkeit $p = 0{,}4$; Wahrscheinlichkeit für einen Fehlschlag: $q = 1 - 0{,}4 = 0{,}6$
- Anzahl der Treffer: 0 bis 4
- zu berechnen: Wahrscheinlichkeit für 2 Treffer

Steckbrief allgemein
- n Versuche, Treffer: rot
- Trefferwahrscheinlichkeit p; Wahrscheinlichkeit für einen Fehlschlag: $q = 1 - p$
- Anzahl der Treffer: 0 bis n
- zu berechnen: Wahrscheinlichkeit für k Treffer

⇓ ⇓

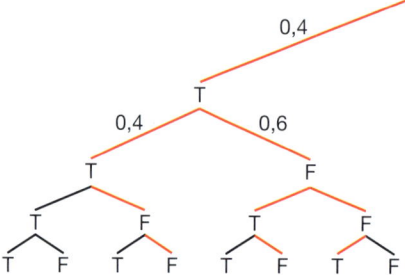
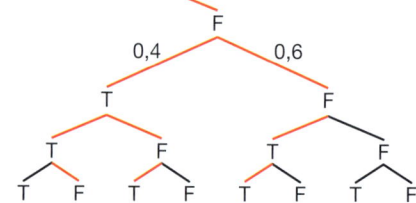

Anzahl der Pfade der Länge 4 mit genau 2 Treffern: $\binom{4}{2}$

Wahrscheinlichkeit für jeden Pfad mit genau zwei Treffern: $0{,}4^2 \cdot 0{,}6^2$

Wahrscheinlichkeit für genau 2 Treffer:
$P(X = 2) = \binom{4}{2} \cdot 0{,}4^2 \cdot 0{,}6^2$

Anzahl der Pfade der Länge n mit genau k Treffern: $\binom{n}{k}$

Wahrscheinlichkeit für jeden Pfad mit genau k Treffern: $p^k \cdot (1-p)^{n-k}$

Wahrscheinlichkeit für genau k Treffer:
$P(X = k) = \binom{n}{k} \cdot p^k \cdot (1-p)^{n-k}$

Berechnung des Binomialkoeffizienten:
$\binom{n}{k} = \dfrac{n \cdot (n-1) \cdot \ldots \cdot (n-k+1)}{k \cdot (k-1) \cdot \ldots \cdot 2 \cdot 1}$

Binomialverteilung

Die Wahrscheinlichkeitsverteilung der Trefferanzahl X bei einer Bernoulli-Kette nennt man **Binomialverteilung**. Für n = 4 und die Trefferwahrscheinlichkeit p = 0,4 erhält man folgende Tabelle und folgendes Histogramm der Binomialverteilung.

Trefferanzahl k	$P(X=k) = \binom{4}{k} \cdot 0{,}4^k \cdot 0{,}6^{4-k}$
0	0,130
1	0,345
2	0,345
3	0,154
4	0,026

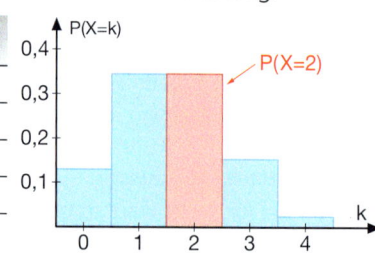

10.2 Binomialverteilung

Beispiele

B *Der achtfache Münzwurf*
Eine Münze wird achtmal geworfen. Wie groß ist die Wahrscheinlichkeit
a) genau dreimal „Zahl", b) mindestens sechsmal „Zahl" zu erhalten?

Lösung:
Treffer: Die Münze liegt mit „Zahl" nach oben.
Darf man die Binomialverteilung anwenden? Ja, denn:
- jeder Wurf mit einer Münze kann als Bernoulli-Versuch beschrieben werden,
- die Würfe der Münze erfolgen unabhängig,
- die Trefferwahrscheinlichkeit ist p = 0,5 für alle Würfe,
- die Anzahl der Versuche beträgt n = 8.

Wahrscheinlichkeitsverteilung:
$$P(X = k) = \binom{8}{k} \cdot 0{,}5^k \cdot 0{,}5^{8-k} = \binom{8}{k} \cdot 0{,}5^8$$

Damit gelten:

a) $P(X = 3) = \binom{8}{3} \cdot 0{,}5^8 \approx 0{,}219$

b) $P(X \geq 6) = \binom{8}{6} \cdot 0{,}5^8 + \binom{8}{7} \cdot 0{,}5^8 + \binom{8}{8} \cdot 0{,}5^8 \approx 0{,}145$

Histogramme zur Veranschaulichung von Binomialverteilungen

Bei einem Histogramm für eine Binomialverteilung werden auf der x-Achse die Werte der Zufallsgröße X aufgetragen. Die verwendeten Rechtecke haben die Breite 1, die Maßzahl der jeweiligen Höhe entspricht der betreffenden Wahrscheinlichkeit.

Da die Rechtecksbreite 1 beträgt, entspricht auch die Maßzahl des Flächeninhalts jedes Rechtecks der jeweiligen Wahrscheinlichkeit.
Somit hat die Summe aller Rechtecksflächen die Maßzahl 1.
$P(X \geq 6)$ stellt die rot gefärbte Fläche in dem Histogramm dar.

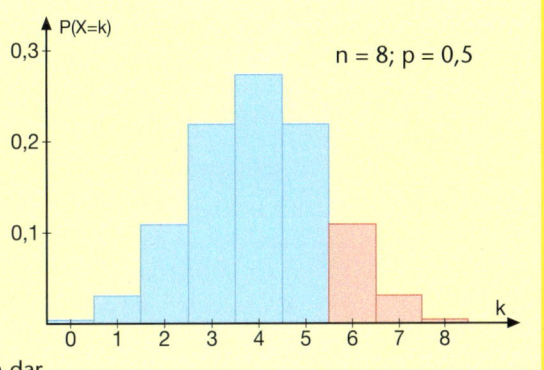

C *Hochschulabschluss*
In Deutschland beträgt der Anteil der Personen mit einem Hochschulabschluss 25 %. Angenommen, man erhebt eine Zufallsstichprobe von sieben Personen. Wie groß ist die Wahrscheinlichkeit, dass in dieser Stichprobe genau drei Personen einen Hochschulabschluss haben?

Lösung:
- Treffer: Hochschulabschluss
- Kann der Versuch durch eine Bernoulli-Kette modelliert werden?
  Die Stichprobe wird „ohne Zurücklegen" erhoben. Da die Stichprobe sehr klein ist (gegenüber der Gesamtheit 7 aus ungefähr 80 Mio. Bundesbürgern), verändert sich die Trefferwahrscheinlichkeit beim „Ziehen ohne Zurücklegen" fast nicht. Deshalb kann man bei der Modellierung die Unabhängigkeit verwenden.
- Trefferwahrscheinlichkeit: p = 0,25
- Anzahl der Wiederholungen: n = 7

$$P(X = 3) = \binom{7}{3} \cdot 0{,}25^3 \cdot 0{,}75^4 \approx 0{,}173$$

Die Wahrscheinlichkeit, in einer Zufallsstichprobe von sieben Personen genau drei mit einem Hochschulabschluss anzutreffen, beträgt etwa 17,3 %.

Berechnung mit dem GTR:
```
binompdf(7,0.25,3)
              .173034668
```

10 Häufigkeits- und Wahrscheinlichkeitsverteilungen

Histogramme zur Binomialverteilung kann man auch mit dem grafikfähigen Tschenrechner erstellen.

> **WERKZEUG**
>
> **Binomialverteilung mit dem grafikfähigen Taschenrechner**
> Taschenrechner besitzen spezielle Funktionen zur Berechnung von Wahrscheinlichkeitsverteilungen.
>
> ```
> binompdf(10,0.3,4)
>              .200120949
> ```
>
> Für die Binomialverteilung:
> $P(X = k) = \text{binompdf}(n, p, k)$
> *Im Beispiel:* $n = 10$, $p = 0{,}3$ und $k = 4$
> $P(X = 4) \approx 0{,}2001$
>
> ```
> binomcdf(20,0.4,8)
>              .5955987232
> ```
>
> Für die kumulierte Binomialverteilung:
> $P(X \leq k) = \text{binomcdf}(n, p, k)$
> *Im Beispiel:* $n = 20$, $p = 0{,}4$ und $k = 8$
> $P(X \leq 8) \approx 0{,}5956$

Übungen

 Stochastik 8

4 *Tabelle und Histogramm zu einer Wahrscheinlichkeitsverteilung*
Erstellen Sie mit einem geeigneten Hilfsmittel (GTR, Tabellenkalkulation usw.) eine Tabelle zu der Binomialverteilung aus Bsp. A und zeichnen Sie das zugehörige Histogramm.

5 *Einige einfache Übungsaufgaben*
Sammeln Sie Erfahrungen im Umgang mit der Formel für die Binomialverteilung, indem Sie die Wahrscheinlichkeiten „per Hand" berechnen. Angenommen, Sie würfeln mit zwei Würfeln fünfmal. Berechnen Sie die Wahrscheinlichkeit für die folgenden Ereignisse:
a) genau einmal einen Pasch,
b) genau dreimal die Augensumme 6,
c) mindestens einmal die Augensumme 7,
d) mindestens zweimal eine Augensumme, die größer als 9 ist.

6 *Bernoulli-Kette oder nicht?*
Bei welchem der folgenden Zufallsexperimente handelt es sich um eine Bernoulli-Kette, bei welchem nicht? Begründen Sie Ihre Entscheidung.
a) Ein Würfel wird siebenmal geworfen. *Treffer:* „Augenzahl 3"
b) Vier Karten werden nacheinander aus einem Kartenspiel mit 32 Karten ohne Zurücklegen gezogen. *Treffer:* „Ein Ass wird gezogen."
c) Aus einer Urne mit roten und schwarzen Kugeln wird fünfmal eine Kugel mit Zurücklegen gezogen. *Treffer:* „Eine schwarze Kugel wird gezogen."
d) Zehn Patienten in einer Arztpraxis wird Blut entnommen. *Treffer:* „Blutgruppe 0"

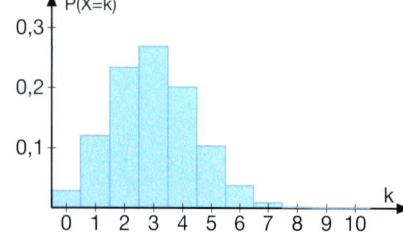

7 *Verkehrssicherheit*
Angenommen, 30 % der Autofahrer benutzen während der Fahrt widerrechtlich das Handy ohne Freisprechanlage und gefährden so sich und andere. Wie groß ist die Wahrscheinlichkeit, dass von zehn zufällig ausgewählten Autofahrern fünf (mehr als fünf) das Handy während der Fahrt benutzen? Schätzen Sie die gesuchte Wahrscheinlichkeit mit dem Diagramm. Rechnen Sie dann nach.

8 *Roulette und Binomialverteilung*
Ein Spieler setzt beim Roulette stets auf „erstes Dutzend", d.h. auf die Zahlen 1 bis 12. Er gewinnt bei zehn Spielen genau viermal.
a) Wie groß ist die Wahrscheinlichkeit für dieses Ereignis? Schätzen Sie zunächst und rechnen Sie dann nach.
b) Unter welchen Bedingungen ist die Binomialverteilung ein geeignetes mathematisches Modell?

X: Anzahl der Gewinne

c) Erstellen Sie eine Tabelle zu $P(X = k)$ für $k = 0, 1, 2, \ldots, 10$ bei zehn Spielen. Stellen Sie dann die Wahrscheinlichkeitsverteilung in einem Diagramm dar.

10.2 Binomialverteilung

Übungen

9 *Linkshänder in einer Stichprobe*

Etwa 10% aller Menschen sind Linkshänder. Angenommen, Sie wählen zufällig zehn Personen aus. Die Zufallsgröße X entspricht der Anzahl der Linkshänder.
a) Mit wie vielen Linkshändern in der Stichprobe rechnen Sie?
b) Sie wollen die Wahrscheinlichkeit ermitteln, dass sich in der Stichprobe genau ein Linkshänder befindet. Wieso ist die Binomialverteilung ein passendes mathematisches Modell? Lesen Sie die gesuchte Wahrscheinlichkeit aus dem Diagramm in der nebenstehenden Abbildung ab.
c) Begründen Sie, warum der Flächeninhalt der rot gefärbten Rechtecke in dem Diagramm $P(X \geq 3)$ darstellt. Schätzen Sie, wie groß die gesuchte Wahrscheinlichkeit ist, und berechnen Sie dann $P(X \geq 3)$.
d) Herr Lindemann stellt bei einem Familientreffen der Lindemanns fest, dass sechs von den zehn anwesenden Lindemanns Linkshänder sind. Er stellt fest: „Wenn ich $P(X \geq 6)$ abschätzen möchte, so muss ich nur auf das Diagramm schauen, um festzustellen, dass die betreffende Wahrscheinlichkeit sehr klein ist". Die vielen Linkshänder in der Lindemann-Familie können doch kein Zufall sein, oder? Helfen Sie Herrn Lindemann bei der Beantwortung seiner Frage. Die Antwort ist nicht so einfach, wie es zunächst erscheint.

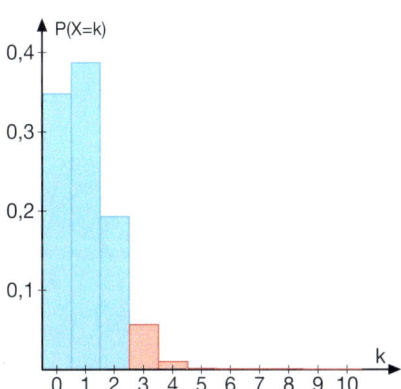

10 *Histogramme richtig lesen*

In den folgenden Diagrammen ist jeweils die Binomialverteilung für p = 0,3 und n = 10 dargestellt. Bestimmte Flächen sind dabei farblich rot hervorgehoben. Welche Darstellung passt zu welcher der folgenden Aufgaben? Ermitteln Sie die gesuchte Wahrscheinlichkeit.

a) $P(X = 2)$ $P(X = 5)$ $P(X \leq 3)$ $P(X > 5)$ $P(2 \leq X \leq 4)$

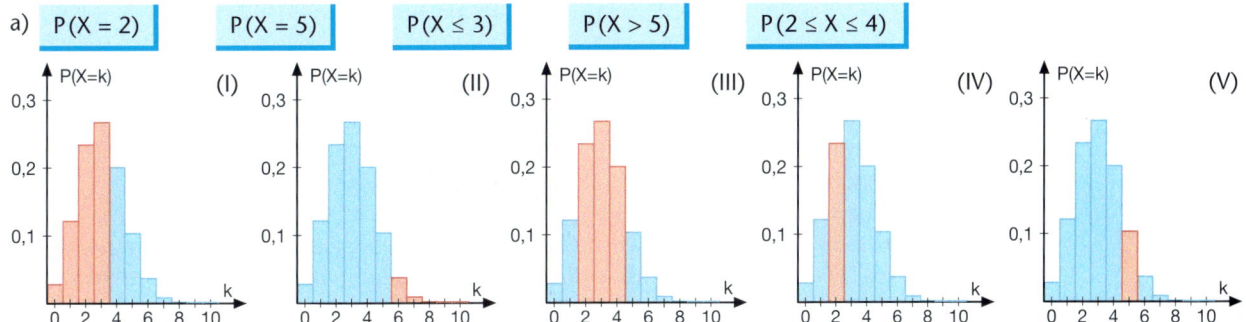

b) Wie groß ist die Summe aller Rechtecksflächen in dem Histogramm zu einer Binomialverteilung?

Kumulierte Wahrscheinlichkeiten

Unter der kumulierten Wahrscheinlichkeit $P(X \leq k)$ versteht man die Wahrscheinlichkeit, dass höchstens k Treffer aufgetreten sind.

$P(X \leq k) = P(X = 0) + P(X = 1) + \ldots + P(X = k)$

Die Wahrscheinlichkeiten für 0, 1, …, k Treffer werden summiert.
Kumulierte Wahrscheinlichkeiten für n = 4 und p = 0,4:

k	$P(X \leq k)$
0	0,130
1	0,475
2	0,820
3	0,974
4	1

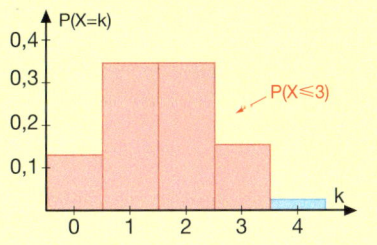

Hilfreiche Formel:

$P(X \geq k) = 1 - P(X \leq k - 1)$

Die Tabelle wird mit den Daten der Binomialverteilung aus dem Basiswissen, Seite 406, berechnet.

Übungen

11 *Nebenwirkungen*
Laut Medikamentenhersteller beträgt die Wahrscheinlichkeit, dass ein Patient bei Einnahme des neuen Medikamentes unter Übelkeit leidet, 20 %. Berechnen Sie mit dem GTR oder einer passenden Software die Wahrscheinlichkeit, dass von 50 Patienten, die das neue Medikament einnehmen,
a) genau 10   b) höchstens 10   c) mehr als 10   über Übelkeit klagen.
Verwenden Sie als Modell die Binomialverteilung. Ist dies zulässig?

Polizeipresse
Polizei Dortmund:

Lkw-Kontrolle auf der A2: Bei 315 kontrollierten Lkw gab es insgesamt 138 Beanstandungen.

12 *Lkw-Kontrolle*
Laut Schätzung der Polizei sind ein Drittel aller Lkw, die sich auf Deutschlands Straßen bewegen, technisch zu beanstanden.
Berechnen Sie $P(X \geq 138)$. Verwenden Sie als mathematisches Modell die Binomialverteilung mit $n = 315$ und $p = \frac{1}{3}$. Welche Schlüsse ziehen Sie aus Ihrem Ergebnis?

13 *Multiple-Choice-Test*
Im Medizinstudium werden für das Physikum Multiple-Choice-Tests eingesetzt. Dabei ist bei jeder Frage genau eine von fünf Auswahlantworten richtig. Angenommen, der Test enthält 50 Fragen. Der Test ist bestanden, wenn man 30 Fragen richtig beantwortet hat.

> 14. Welche Aussage zu proteinogenen Aminosäuren ist richtig?   (A) ☐ (B) ☐ (C) ☐ (D) ☐ (E) ☐
> (A) Sämtliche proteinogene Aminosäuren müssen mit der Nahrung aufgenommen werden.
> (B) Die proteinogenen Aminosäuren sind die wichtigsten Puffersubstanzen im Blut.

a) Welche mathematischen Fragen könnten sich stellen?
b) Welche Annahmen müssten Sie machen, um durch Simulation herauszubekommen, mit welcher Wahrscheinlichkeit ein „total ahnungsloser" Studierender diesen Test zufällig besteht? Führen Sie die Simulation durch. Vergleichen Sie das Simulationsergebnis mit dem einer Berechnung mithilfe der Binomialverteilung.

 10212.ggb

c) Lisa kennt sich in Mathematik gut aus. Sie stellt fest: *„Wenn ich gar keine Kenntnisse besitzen würde, dann wäre die Wahrscheinlichkeit, eine Frage richtig zu beantworten, 20 %. Wenn ich jedoch annehme, dass ich mich ein wenig auskenne, dann liegt die Wahrscheinlichkeit, eine Frage richtig zu beantworten, vielleicht bei 0,3 oder gar bei 0,5. Dann steigt doch die Wahrscheinlichkeit, dass ich den Test bestehe, deutlich."*

 Stochastik 8

Was meinen Sie? Zeichnen Sie zu den vorgegebenen Wahrscheinlichkeiten, eine Frage richtig zu beantworten, ein Histogramm. Beobachten Sie, wie sich das Histogramm mit größer werdender „Trefferwahrscheinlichkeit" verändert. Berechnen Sie jeweils die Wahrscheinlichkeit, mit der Lisa den Test besteht.
d) *Etwas zum Ausprobieren:* Wie groß muss die Wahrscheinlichkeit sein, eine Frage richtig zu beantworten, wenn die Wahrscheinlichkeit, mindestens 30 Fragen richtig zu beantworten, bei 80 % liegen soll?

14 *Wann ist man Experte?*
Bei einem Allgemeinbildungstest gibt es 30 Fragen mit jeweils drei Antwortmöglichkeiten. In einer Gruppe wird diskutiert, wie viele Fragen man richtig beantworten sollte, um als allgemeingebildet zu gelten. Dabei werden folgende drei Meinungen geäußert:

(A) Man darf höchstens 10 % falsch machen.	(B) Wer keine Frage richtig beantwortet, ist am wenigsten gebildet.	(C) Nur sehr wenige Ahnungslose machen mehr als die Hälfte richtig.

Nehmen Sie zu den Äußerungen Stellung. Benutzen Sie dazu Werte, die Ahnungslose, also zufällig ankreuzende Personen, jeweils nach den Aussagen (A)–(C) erzielen würden. Was meinen Sie: Wann ist man nach diesem Test allgemeingebildet?

10.2 Binomialverteilung

Übungen

15 *Einschaltquoten*
Angenommen, der Anteil aller Fernsehhaushalte, die am vergangenen Freitag die Tagesschau um 20 Uhr eingeschaltet haben, beträgt 14,6 %.
Wie groß ist die Wahrscheinlichkeit, dass der Anteil der Fernsehhaushalte in einer Stichprobe von 200 Haushalten, die bei der betreffenden Sendung der Tagesschau eingeschaltet haben, größer als 20 % ist?

> **Einschaltquoten**
> Informieren Sie sich darüber, wie in Deutschland zur Ermittlung von Einschaltquoten Daten erhoben und ausgewertet werden.

16 *Mensaessen*
Bei einer Befragung aller Schülerinnen und Schüler, die regelmäßig in der Schulmensa essen, zeigen sich 35 % mit dem Essen zufrieden.
a) Wie groß ist die Wahrscheinlichkeit, dass in einer Zufallsstichprobe von 20 Schülerinnen und Schülern weniger als sechs mit dem Mittagessen zufrieden sind?
b) An einem Treffen mit dem Caterer, der die Schule beliefert, nehmen 20 Schülerinnen und Schüler teil. Warum lässt sich jetzt recht schwer berechnen, mit welcher Wahrscheinlichkeit sich in dieser Gruppe weniger als sechs Schülerinnen und Schüler befinden, die mit dem Mittagessen zufrieden sind?

Aufgrund der kleinen Stichprobe (20 von 420) darf man auch hier die Binomialverteilung verwenden.

17 *„Alte Autos"*
Laut n-tv vom 13.09.2011 beträgt der Anteil der Pkw in Deutschland, die älter als zwölf Jahre sind, 25 %.
a) Wie groß ist die Wahrscheinlichkeit, dass bei einer Verkehrskontrolle von 50 Pkw mehr als 15 (höchstens 8) älter als zwölf Jahre sind?
b) Sie haben in Teilaufgabe a) sicher als mathematisches Modell die Binomialverteilung verwendet. Begründen Sie, warum dies sinnvoll ist. Können Sie sich eine Situation im Zusammenhang mit der Verkehrskontrolle vorstellen, in der die Binomialverteilung nicht passt?

18 *Wie lange muss man warten?*
Beim Würfeln ist es oft wichtig, dass die Augenzahl „6" erscheint.
a) Mit welcher Wahrscheinlichkeit kommt die erste „6" erst beim zehnten Wurf?
b) Mit welcher Wahrscheinlichkeit erzielt man mindestens eine „6" bei zehn Würfen?
c) Finden Sie heraus, wie oft man mindestens würfeln muss, damit das Ereignis „mindestens eine 6" mit 99,9 %-iger Wahrscheinlichkeit eintritt.

Die nebenstehenden Fragen sind sehr ähnlich. Daher gilt: Bitte schauen Sie genau hin.

19 *Binomialverteilung – Stichprobenumfang n ist gesucht*
Beim Roulette gewinnt man beim Setzen auf „Plein" mit einer Wahrscheinlichkeit von $\frac{1}{37}$. Finden Sie durch Ausprobieren heraus, wie häufig ein Spieler auf „Plein" setzen muss, wenn er mit 90 %-iger Wahrscheinlichkeit mindestens einmal gewinnen will. Ist es dabei wichtig, dass er immer auf dieselbe Zahl setzt?

„Plein": Man setzt auf eine der 37 Zahlen.

20 *Alarmanlagen*
In einem Gebäude wird eine Alarmanlage angebracht, die mit n Bewegungsmeldern n verschiedene Zonen überwacht. Die Bewegungsmelder arbeiten unabhängig voneinander. Angenommen, ein Alarm wird mit einer Wahrscheinlichkeit von 70 % ausgelöst, wenn ein Einbrecher sich in einer der überwachten Zonen bewegt. Ein Einbrecher dringt in das Gebäude ein und „schleicht" durch alle Zonen.
a) Mit welcher Wahrscheinlichkeit wird ein Alarm ausgelöst, wenn n = 3 ist?
b) Mit welcher Wahrscheinlichkeit wird ein Alarm ausgelöst, wenn n = 6 gewählt ist? Kann man durch die Verdopplung von n die Wahrscheinlichkeit verdoppeln, dass ein Alarm ausgelöst wird?
c) Finden Sie durch Ausprobieren heraus, wie groß n sein muss, damit mit einer Wahrscheinlichkeit von mindestens 95 % ein Alarm ausgelöst wird.

Stochastik
8

10 Häufigkeits- und Wahrscheinlichkeitsverteilungen

Übungen

21 *Der Erwartungswert bei einer Binomialverteilung – oder mit wie vielen Treffern kann man rechnen?*

Würfelt man mit dem abgebildeten Tetraeder, dann erzielt man mit einer Wahrscheinlichkeit von 0,25 die Augenzahl 1.

a) Angenommen, man würfelt achtmal. Mit wie vielen „Einsen" rechnen Sie im Mittel?

b) Den Erwartungswert E(X) für die Anzahl der Treffer beim achtfachen Wurf mit dem Tetraeder kann man mit der Formel

$$E(X) = 0 \cdot P(X = 0) + \ldots + n \cdot P(X = n)$$

berechnen. Vervollständigen Sie die Tabelle und berechnen Sie den Erwartungswert. Vergleichen Sie den berechneten Erwartungswert mit Ihrer Vermutung aus Teilaufgabe a).

Trefferanzahl k	P(X = k)	k · P(X = k)
0	■	0
1	■	■
2	■	■
3	0,208	■
4	■	■
5	■	■
6	■	0,023
7	■	■
8	■	■
Summe	1	?

c) *Etwas zum intelligenten Raten*

Mit welcher Formel kann man den Erwartungswert bei einer Binomialverteilung aus n und p berechnen?

Basiswissen

Charakteristika der Binomialverteilung: Erwartungswert und Standardabweichung

Allgemein kann man den Erwartungswert E(X) und die Standardabweichung σ(X) mit den folgenden Formeln berechnen:

$$E(X) = \mu = x_1 \cdot p_1 + \ldots + x_n \cdot p_n \quad \text{und} \quad \sigma(X) = \sqrt{(x_1 - \mu)^2 \cdot p_1 + \ldots + (x_n - \mu)^2 \cdot p_n}$$

Für die Binomialverteilung lassen sich hieraus einfachere Formeln herleiten.

E(X) wird auch als μ bezeichnet.

σ(X) wird auch als σ bezeichnet.

Für den **Erwartungswert**: $E(X) = \mu = n \cdot p$

Für die **Standardabweichung**: $\sigma(X) = \sigma = \sqrt{n \cdot p \cdot (1 - p)}$

Beispiele

D *Formeln zum Berechnen des Erwartungswertes und der Standardabweichung*

Berechnen Sie zu den drei Verteilungen B(5, 0.2, k), B(20, 0.2, k) und B(50, 0.2, k) jeweils den Erwartungswert und die Standardabweichung.

Lösung:
n = 5; p = 0,2 ⇒ μ = 1;   σ = $\sqrt{5 \cdot 0{,}2 \cdot 0{,}8}$ ≈ 0,894
n = 20; p = 0,2 ⇒ μ = 4;   σ = $\sqrt{20 \cdot 0{,}2 \cdot 0{,}8}$ ≈ 1,789
n = 50; p = 0,2 ⇒ μ = 10; σ = $\sqrt{50 \cdot 0{,}2 \cdot 0{,}8}$ ≈ 2,828

E *Richtig oder falsch? Begründen Sie Ihre Entscheidung.*

Für Binomialverteilungen gilt:
a) Der Erwartungswert ist proportional zu der Versuchsanzahl n.
b) Die Standardabweichung ist proportional zu der Versuchsanzahl n.
c) Die Standardabweichung ist bei fester Versuchsanzahl n am größten, wenn p = 0,5.

Lösung:
a) Richtig, da μ = n · p gilt.
b) Falsch, da σ proportional zu $\sqrt{n}$ ist.
c) Richtig, da der quadratische Term p · (1 – p) sein Maximum bei p = 0,5 hat.

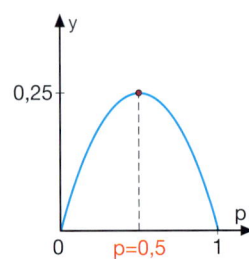

22 | Histogramme zu Binomialverteilungen
Im Folgenden sind Histogramme zu verschiedenen Binomialverteilungen dargestellt.

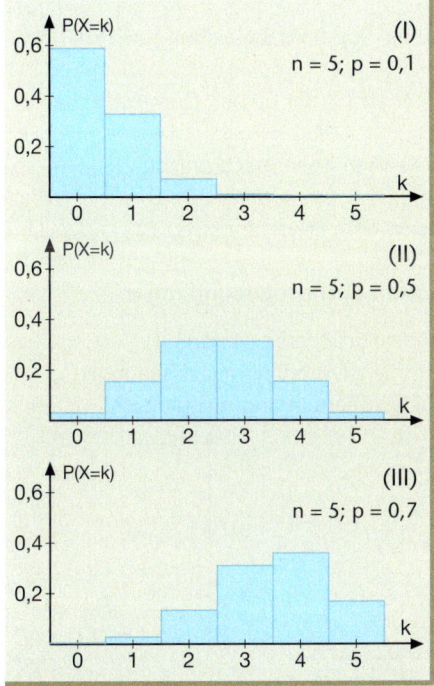
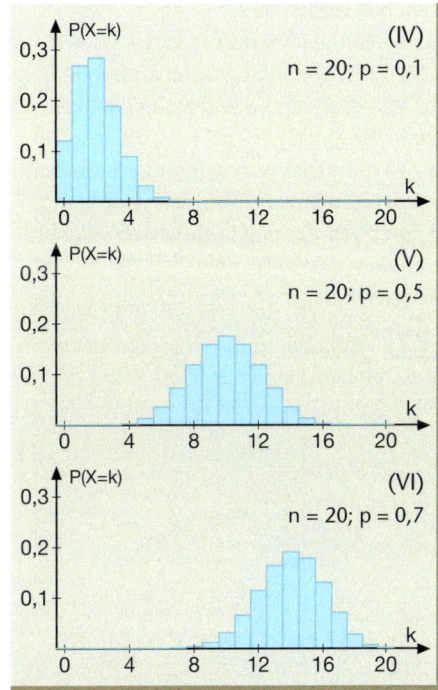

a) Welchen Einfluss hat eine wachsende Trefferwahrscheinlichkeit p bei einer festen Versuchsanzahl n auf die Gestalt, den Erwartungswert und die Streuung einer Binomialverteilung? Überprüfen Sie Ihre Vermutung hinsichtlich der Gestalt mit einer geeigneten Software.
b) Welchen Einfluss hat eine wachsende Versuchsanzahl n bei einer festen Trefferwahrscheinlichkeit p? Beantworten Sie die Frage zunächst, indem Sie die Histogramme in Augenschein nehmen, und dann unter Zuhilfenahme der berechneten Kenngrößen $E(X)$ und $\sigma(X)$.

23 | Überprüfen mit dem Computer oder dem GTR
a) Berechnen Sie für verschiedene Beispiele jeweils den Erwartungswert und die Standardabweichung mit den allgemeinen Formeln und den speziellen Formeln (alle Formeln finden Sie im Basiswissen auf Seite 412). Stimmen die Ergebnisse überein?
b) Überprüfen Sie anhand von mehreren Beispielen die Behauptung:
„Das Maximum der Binomialverteilung liegt in der Nähe des Erwartungswertes."

24 | Roulette
Ein Spieler setzt beim Roulette in 20 Spielen nacheinander stets auf „erstes Dutzend". Berechnen Sie den Erwartungswert für die Anzahl der Spiele, die er gewinnt, und die Standardabweichung.

25 | Suche nach Öl (aus dem Amerikanischen)
Eine Firma bohrt an zehn verschiedenen Standorten nach Öl. Angenommen, die Wahrscheinlichkeit, dass bei einer Bohrung Öl gefunden wird, beträgt 10 %. Die Kosten, eine Bohrung „nieder zu bringen", betragen 50 000 $. Bei einer erfolgreichen Bohrung wird Öl im Wert von 1 000 000 $ gefördert.
a) Berechnen Sie den Erwartungswert des Gewinns der Firma bei zehn Bohrungen.
b) Wie wahrscheinlich ist es, dass die Firma mit den zehn Bohrungen Geld verliert?
c) Wie groß ist die Wahrscheinlichkeit, dass die Firma mit den zehn Bohrungen mehr als 1 500 000 $ Gewinn macht?

Übungen

26 *Gummibärchen – nicht ganz ernst gemeint*
Aus einer Mischung mit 12% gelben Gummibärchen werden Tüten zu je 200 Gummibärchen abgefüllt.
a) Berechnen Sie den Erwartungswert E(X) und die Standardabweichung σ(X) der Anzahl X der gelben Gummibärchen in den Tüten.
b) Wie groß ist die Wahrscheinlichkeit, dass die Anzahl X der gelben Gummibärchen in einer Tüte,
• um mindestens eine Standardabweichung σ(X) nach oben (nach unten) von dem Erwartungswert E(X) abweicht,
• um mehr als eine Standardabweichung σ(X) von dem Erwartungswert E(X) abweicht?

Eigenschaften der Binomialverteilung für großen Stichprobenumfang n

27 *Veränderung der Histogramme mit wachsendem Stichprobenumfang n*
Beschreiben Sie anhand der Folge der Histogramme zu den Binomialverteilungen B(n, 0.2, k), wie sich diese mit wachsendem Stichprobenumfang n verändern.

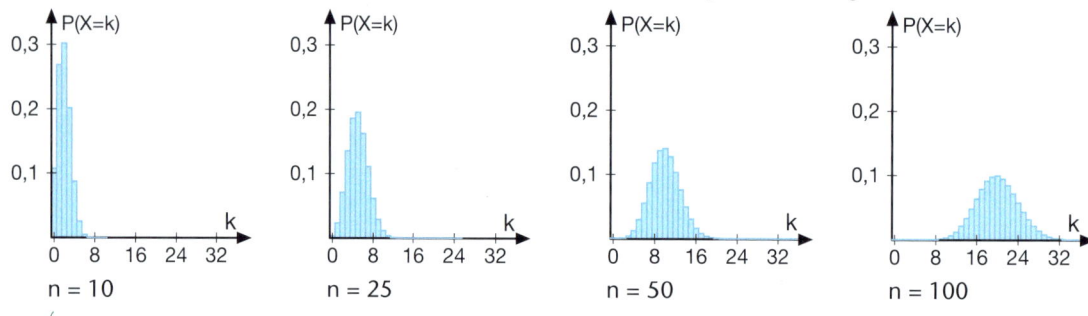

n = 10   n = 25   n = 50   n = 100

Stochastik 8

Berechnen Sie für jede der obigen Binomialverteilungen den Erwartungswert μ.
Nehmen Sie Stellung zu der folgenden Behauptung:
„Bei einer Binomialverteilung ist $P(X < \mu) \approx P(X > \mu)$."

28 *Die besondere Rolle der Standardabweichung bei großem Stichprobenumfang*
Bei der Binomialverteilung mit p = 0,3 und n = 100 ist der Erwartungswert
$\mu = 100 \cdot 0{,}3 = 30$ und die Standardabweichung $\sigma = \sqrt{100 \cdot 0{,}3 \cdot 0{,}7} \approx 4{,}58$.

$P(|X - \mu| \leq \sigma)$

a) Berechnen Sie die Wahrscheinlichkeit, dass die Trefferanzahl X vom Erwartungswert μ um höchstens eine Standardabweichung σ abweicht.
Tipp: Die Trefferanzahlen, die um höchstens 4,58 von 30 abweichen, sind 26, 27, …, 34.

Kumulierte Wahrscheinlichkeiten mit dem GTR berechnen:
z. B. binomcdf(…)

b) Berechnen Sie die Wahrscheinlichkeit dafür, dass die Trefferanzahl bei gleicher Trefferwahrscheinlichkeit p = 0,3 für größer werdendes n um höchstens σ von μ abweicht. Verwenden Sie eine geeignete Software oder den GTR. Ergänzen Sie die folgende Tabelle.

n	p	μ	σ	Trefferanzahl	Wahrscheinlichkeit $P(\mu - \sigma \leq X \leq \mu + \sigma)$
100	0,3	30	4,58	26, 27, …, 34	$P(26 \leq X \leq 34) \approx 0{,}674$
200	0,3	60	6,48	54, 55, …, 66	■
500	0,3	■	■	■	■
800	0,3	■	■	■	■

Wie verändern sich die berechneten Wahrscheinlichkeiten mit wachsendem n?
Können Sie bestätigen, dass die berechneten Wahrscheinlichkeiten sich kaum mehr ändern, wenn n hinreichend groß ist?

c) Überprüfen Sie in Gruppenarbeit, ob Sie die gemachten Beobachtungen auch für andere Trefferwahrscheinlichkeiten bestätigen können.

29 | Experimentieren mit der Binomialverteilung

In der Übung 28 haben Sie festgestellt, dass folgende Aussage gilt:
„Die Wahrscheinlichkeit dafür, dass die Trefferanzahl um höchstens die Standardabweichung σ von dem Erwartungswert μ abweicht, beträgt etwa 68 %. Diese Wahrscheinlichkeit ist für großes n nahezu unabhängig von der Trefferwahrscheinlichkeit p und dem Stichprobenumfang n."

Können Sie ähnliche Beobachtungen für die Wahrscheinlichkeit von Abweichungen um höchstens 2σ bzw. 3σ vom Erwartungswert μ machen? Experimentieren Sie in verschiedenen Gruppen. Orientieren Sie sich bei Ihrem Vorgehen an der Übung 28.

Stochastik
8, 10

10228.ggb

Sigma-Regeln

Häufig interessiert man sich für die Wahrscheinlichkeiten, dass die Trefferanzahl bei einer Bernoulli-Kette der Länge n bestimmte Abweichungen a vom Erwartungswert nicht überschreitet.

In mathematischer Kurzschreibweise: Man interessiert sich für $P(|X - \mu| \leq a)$.

Die Abweichungen werden als Vielfaches der Standardabweichung σ angegeben. Die Wahrscheinlichkeiten sind fast unabhängig von der Versuchslänge n und der Trefferwahrscheinlichkeit p, wenn n groß ist.

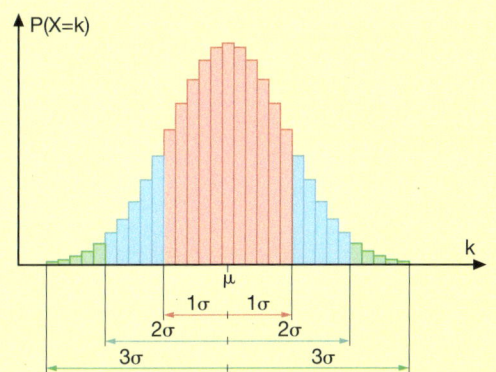

Die **Sigma-Regeln** geben Näherungswerte für die gesuchten Wahrscheinlichkeiten an. Als Faustregel gilt: Die Regeln liefern gute Näherungswerte, falls σ > 3. Die Näherungswerte sind umso besser, je größer σ ist.

Sigma-Regeln
(σ-Umgebungen von μ)

a	$P(|X - \mu| \leq a)$
σ	68,3 %
2σ	95,5 %
3σ	99,7 %

Für zahlreiche Anwendungen ist es von Interesse, in welches zum Erwartungswert μ symmetrische Intervall die Trefferanzahl X mit einer bestimmten Wahrscheinlichkeit fällt.

$P(|X - \mu| \leq a)$	a
90 %	1,64σ
95 %	1,96σ
99 %	2,58σ

30 | Anwendung der Sigma-Regeln

Angenommen, Sie würfeln 300-mal und protokollieren die Anzahl der „Sechsen". Berechnen Sie mithilfe der Sigma-Regeln,
a) in welchen zum Erwartungswert symmetrischen Bereich die Anzahl der „Sechsen" mit 99,7 %-iger Wahrscheinlichkeit fallen,
b) in welchen zum Erwartungswert symmetrischen Bereich die Anzahl der „Sechsen" mit 90 %-iger Wahrscheinlichkeit fallen.

31 | Mit was ist zu rechnen?

Mit einem Zufallszahlengenerator werden 200 ganzzahlige Zufallszahlen von 0 bis 9 erzeugt. In welches zum Erwartungswert symmetrische Intervall fällt die Anzahl der Nullen mit einer 99,7 %-igen Wahrscheinlichkeit? Verwenden Sie hierzu die Sigma-Regeln.

10 Häufigkeits- und Wahrscheinlichkeitsverteilungen

Wie man Prognosen für Stichprobenergebnisse erstellt

Eine der typischen Situationen in der beurteilenden Statistik ist: Man kennt aufgrund von empirischen Untersuchungen oder theoretischen Überlegungen (z. B. Laplace-Annahme) die Trefferwahrscheinlichkeit in der Grundgesamtheit. Nun möchte man eine Vorhersage für die Ergebnisse einer Stichprobe machen.

Mit welcher Trefferanzahl ist in der Stichprobe zu rechnen?

Wir erwarten, dass die Trefferanzahl um µ schwankt.
Mit den Sigma-Regeln können wir Intervalle bestimmen, in die die Trefferanzahl z. B. mit einer Wahrscheinlichkeit von 95 % oder 99,7 % fällt. Die betreffenden Wahrscheinlichkeiten werden **Sicherheitswahrscheinlichkeiten** genannt.

Wir erwarten z. B., dass die Trefferanzahl in der Stichprobe mit einer Wahrscheinlichkeit von 95 % in das Intervall [µ − 1,96 σ; µ + 1,96 σ] fällt. Mit einer Wahrscheinlichkeit von höchstens 5 % trifft diese Prognose nicht zu.
Das Intervall [µ − 1,96 σ; µ + 1,96 σ] nennt man auch **95 %-Prognoseintervall**.

Prognoseintervall

Modellannahme
− Binomialverteilung
− Trefferwahrscheinlichkeit p

⟶

Stichprobe
− geschätzte Trefferanzahl: µ
− **95 %-Prognoseintervall**
[µ − 1,96 σ; µ + 1,96 σ]

Beispiele

F Man würfelt z. B. 1200-mal mit einem Laplace-Würfel. Die Zufallsgröße X beschreibt die Anzahl der „Sechsen".
Berechnen Sie das 90 %-Prognoseintervall.

Lösung:
Ermittlung des Intervalls mithilfe der Sigma-Regeln:
90 %-Prognoseintervall: [200 − 1,64 σ; 200 + 1,64 σ]

$$\mu = 1200 \cdot \tfrac{1}{6} = 200; \quad \sigma = \sqrt{1200 \cdot \tfrac{1}{6} \cdot \left(1 - \tfrac{1}{6}\right)} = 12{,}91$$

90 %-Prognoseintervall: [200 − 1,64 · 12,91; 200 + 1,64 · 12,91]
= [178,83; 221,17]   sachbezogen „gerundet"   ⇒   **[178; 222]**

Übungen

32 *Anzahl der „e"s*
In der deutschen Sprache kommt der Buchstabe „e" mit einer Wahrscheinlichkeit von 17,4 % vor. Zählen Sie die Buchstaben in den ersten beiden Zeilen auf dieser Seite. Berechnen Sie das 95 %-Prognoseintervall für die Anzahl der „e"s in diesen beiden Zeilen. Überprüfen Sie, ob die Anzahl der „e"s tatsächlich in dem berechneten Prognoseintervall liegt.

33 *Beim Zoll – nicht ganz ernst zu nehmen*
Angenommen, der Zoll geht davon aus, dass der Anteil der Personen, die Waren unverzollt einführen, bei 15 % liegt.
Berechnen Sie das 95 %-Prognoseintervall für die Anzahl der „Schmuggler" des ankommenden Airbusses mit 480 Passagieren.

34 Vorhersagen von Stichprobenergebnissen – Prognoseintervall

Bei der Kommunalwahl betrug der Stimmenanteil der Partei „GSC" 8,9 %. Eine Woche vor der Wahl befragte das Meinungsforschungsinstitut „Dinfor" 2000 Wahlberechtigte.

a) Berechnen Sie den Erwartungswert und die Standardabweichung für die Anzahl der Wahlberechtigten, die bei der Befragung für die „GSC" stimmen werden.

b) Berechnen Sie mit den Ergebnissen aus Teil a) das 99,7 %-Prognoseintervall für die Anzahl der Wahlberechtigten, die bei der Befragung für die „GSC" stimmen werden. Geben Sie dieses Prognoseintervall auch mit relativen Zahlen angeben.

35 Bestimmung von Prognoseintervallen durch Simulation

Stellen Sie sich vor, ein Glücksrad mit zehn gleichgroßen Sektoren wird 100-mal gedreht. Drei der Sektoren sind rot gefärbt, die anderen blau. Treffer bedeutet: Das Glücksrad bleibt bei „rot" stehen. Damit ist die Trefferwahrscheinlichkeit p = 0,3.

a) Spielen Sie zunächst per Hand fünf Simulationen durch und registrieren Sie jeweils die Anzahl der Treffer. Zur Simulation können Sie ganzzahlige Zufallszahlen von 0 bis 9 benutzen, wie Sie sie tabelliert finden. Oder Sie erzeugen die Zufallszahlen selbst (z. B. mit dem GTR). Treffer könnten dabei die Zahlen 0, 1, 2 sein. Erstellen Sie mit den Ergebnissen Ihrer Kurskollegen ein Histogramm der Häufigkeitsverteilung der Trefferanzahl.

b) Es wurden 300 Serien mit 100 Spielen mit dem Glücksrad simuliert und in Form einer Häufigkeitsverteilung ausgewertet. Zusätzlich wurden der Mittelwert $\bar{x}$ und die empirische Standardabweichung s_{300} berechnet.

- Wo in etwa liegt das Maximum der Häufigkeitsverteilung?
- Schätzen Sie mithilfe der Häufigkeitsverteilung die Wahrscheinlichkeit, dass die Anzahl der Treffer zwischen 25 und 35 liegt. Welche (theoretische) Wahrscheinlichkeit erhält man mithilfe der Binomialverteilung?
- Ermitteln Sie das zu 30 symmetrische Intervall, in das etwa 95 % der Trefferanzahlen fallen. Vergleichen Sie diese Schätzung für das 95 %-Prognoseintervall mit dem Intervall $[\bar{x} - 1{,}96 \cdot s_{300}; \bar{x} + 1{,}96 \cdot s_{300}]$.

c) Führen Sie selbst 1000 Simulationen durch und bestimmen Sie so einen Schätzwert für das 95 %-Prognoseintervall der Trefferanzahl. Vergleichen Sie Ihr Ergebnis mit dem aus Teilaufgabe b).

Stochastik
3, 8

10234.ggb

KOPFÜBUNGEN

1 Vereinfachen Sie den Term: $1 - (1 - 2p)^2$

2 Skizzieren Sie die Graphen der Funktionen $f(x) = 3x + 1$ und $g(x) = x^2 - 2x$.

3 Bestimmen Sie ohne Messung den Abstand zwischen den Punkten $P = (3\,|\,2)$ und $Q = (4\,|\,7)$.

4 Entscheiden Sie, ob es sich um eine Bernoulli-Kette handelt. Wenn ja, geben Sie deren Länge, den Treffer sowie die Trefferwahrscheinlichkeit an.
   a) Ein Würfel wird viermal geworfen und die Augensumme notiert.
   b) Ein Würfel wird viermal geworfen und die Anzahl der „Fünfen" notiert.

Aufgaben

36 *Das $1/\sqrt{n}$-Gesetz – das (Bernoullische) Gesetz der großen Zahlen*

Eine Laplace-Münze wird geworfen. Treffer bedeutet: Die Münze liegt mit „Zahl" nach oben.

a) Das Ergebnis eines 100-fachen Münzwurfes wird mit dem Ergebnis eines 200-fachen Münzwurfes verglichen. Schätzen Sie, bei welcher der beiden Wurfserien die Wahrscheinlichkeit, dass man mehr als 60% Treffer erzielt, größer ist?

b) Bestimmen Sie das Prognoseintervall, in das bei jeder der beiden Serien die **absolute Anzahl** der Treffer mit 95%-iger Sicherheitswahrscheinlichkeit fällt.

c) In welches 95%-Prognoseintervall fällt die **relative Häufigkeit** der Treffer?
Verwenden Sie zur Lösung der Aufgabe die Abbildung und die Ergebnisse aus Teilaufgabe b).

d) Berechnen Sie das 95%-Prognoseintervall für eine 500er-Serie und für eine 1000er-Serie. Was stellen Sie fest?

e) Begründen Sie, dass das 95%-Prognoseintervall mit wachsendem n kleiner wird, und zwar proportional zu $1/\sqrt{n}$.

Tipp: Vereinfachen Sie $\frac{\sigma}{n}$, nachdem Sie für die Standardabweichung σ die Formel $\sqrt{n \cdot p \cdot (1-p)}$ eingesetzt haben.

Die Verteilung der relativen Häufigkeit der Treffer konzentriert sich mit wachsendem n immer mehr um die Trefferwahrscheinlichkeit p.

Wissenswertes über Prognoseintervalle

Prognoseintervalle für die absoluten Trefferanzahlen werden mithilfe der Abweichungen vom Erwartungswert in Vielfachen der Standardabweichung ($k \cdot \sigma$) angegeben. Dies sind die sogenannten Sigma-Regeln (siehe Tabelle, Seite 415). Prognoseintervalle zur gleichen Sicherheitswahrscheinlichkeit werden mit wachsendem Stichprobenumfang n mit dem Faktor $\sqrt{n}$ größer.

Prognoseintervalle für die relative Häufigkeit der Treffer werden mithilfe der Abweichung von der Trefferwahrscheinlichkeit p angegeben (siehe Abbildung in Aufgabe 36). Dabei ist die Abweichung $\frac{k \cdot \sigma}{n} = \frac{k \cdot \sqrt{n \cdot p \cdot (1-p)}}{n} = k \cdot \sqrt{\frac{p \cdot (1-p)}{n}}$.

Der Wert von k hängt von der Sicherheitswahrscheinlichkeit ab. So ist z.B. für eine 95%-ige Sicherheitswahrscheinlichkeit k = 1,96 (siehe Sigma-Regeln).

Die Prognoseintervalle für die relative Häufigkeit zur gleichen Sicherheitswahrscheinlichkeit werden mit wachsendem n mit dem Faktor $1/\sqrt{n}$ kleiner.

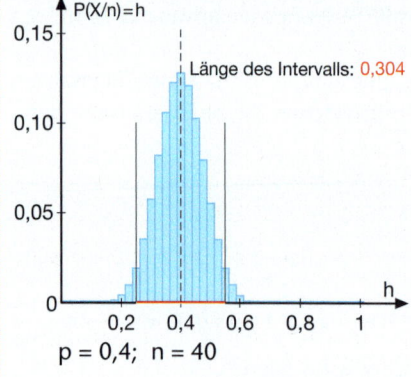
Länge des Intervalls: 0,304
p = 0,4; n = 40

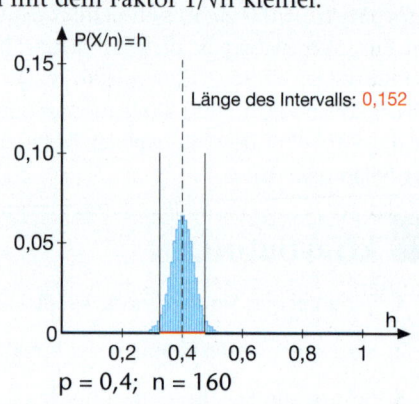
Länge des Intervalls: 0,152
p = 0,4; n = 160

---

37 *Prognoseintervall für die relative Häufigkeit*

Beim Roulette setzt ein Spieler 500-mal auf „erstes Dutzend". Er rechnet mit einer „Trefferwahrscheinlichkeit" von $\frac{12}{37}$. Berechnen Sie das 90%-Prognoseintervall für die relative Häufigkeit der Treffer in der 500er-Serie.

38 Eine Fallstudie – „Anwenden und Verantwortung"

Es gibt zahllose Anwendungsfelder der Binomialverteilung in der Wirtschaft, den Natur- und den Ingenieurwissenschaften sowie vielen anderen Anwendungsgebieten.

Anwenden

Nehmen Sie einmal an, Sie würden für eine Werbeagentur arbeiten und seien verantwortlich dafür, eine Werbeaktion für eine Zahnpasta der Marke „Zagut" für das Fernsehen zu kreieren und zu schalten. Der Hersteller dieser Zahnpastamarke behauptet, dass bereits 40% der Käufer von Zahnpasten die Marke „Zagut" bevorzugen. Um festzustellen, ob die Behauptung des Herstellers stimmen könnte, wird ein Marktforschungsinstitut beauftragt, eine Kundenbefragung durchzuführen. Es werden 200 Kunden nach dem Zufallsprinzip ausgewählt und befragt. In dieser Stichprobe bevorzugen nur 74, d. h. 37%, die Marke „Zagut".
Kann die Behauptung des Herstellers noch zutreffend sein? Was wäre, wenn in der Stichprobe lediglich 56 (28%) der Befragten „Zagut" kaufen? Rechtfertigt eines der beiden Ergebnisse den Start der Werbeaktion?

Verantwortung

Nehmen Sie weiterhin an, dass der Hersteller der Zahnpasta behauptet, dass vier von fünf Zahnärzten „Zagut" empfehlen. Ihre Werbeagentur möchte diese Tatsache in der TV-Werbung erwähnen. Als Sie untersuchten, wie die Stichprobe der Zahnärzte erhoben wurde, mussten Sie feststellen, dass die betreffenden Ärzte für den Hersteller arbeiten. Halten Sie es für verantwortbar, die Aussage der Zahnärzte zugunsten der Zahnpasta „Zagut" in die TV-Werbung aufzunehmen?

> Zagut ist gut zu Ihnen und Ihren Zähnen
>
> Und was sagen Experten? Vier von fünf Zahnärzten empfehlen „Zagut".

Falsche Anwendung

Was versteht man unter dem wahrscheinlichsten Ergebnis? Bleiben wir einmal bei der Kundenbefragung zu der Zahnpasta „Zagut". Angenommen, die Behauptung des Herstellers, dass 40% der Kunden „Zagut" bevorzugen, ist richtig. Unter dieser Annahme ist das wahrscheinlichste Ergebnis bei der Befragung von 200 Kunden, dass 80 „Zagut" kaufen. Die Wahrscheinlichkeit beträgt allerdings nur 5,8%, ist also recht gering. Wenn also ein anderes Ergebnis als 80 Käufer von „Zagut" in der Stichprobe auftritt, kann man nicht davon ausgehen, dass die Stichprobe keine Zufallsstichprobe ist. Ebenso wenig kann man auf einen Widerspruch zu der Behauptung des Herstellers schließen.

Nehmen Sie für die folgenden Aufgaben an, dass der Anspruch des Herstellers von „Zagut" zutreffend ist.

1. Wie groß ist die Wahrscheinlichkeit, dass die Anzahl der Käufer von „Zagut" in der Stichprobe vom Umfang 200 zwischen 66 und 94 liegt?

2. Angenommen, in der Stichprobe von 200 Kunden waren nur 74 Käufer von „Zagut". Kann man zu recht annehmen, dass die Behauptung des Herstellers nicht zutreffend ist?

3. Beantworten Sie die Frage aus obigem Aufgabenteil 2 für den Fall, dass in der Stichprobe nur 65 Käufer von „Zagut" anzutreffen waren.

10.3 Normalverteilung

Was Sie erwartet

Sehr häufig trifft man auf Zufallsgrößen, die, mathematisch betrachtet, **stetig** sind. Eine 500 g-Packung wird auf einer automatischen Abfüllanlage abgefüllt. Die Zufallsgröße X ist die Füllmenge einer zufällig aus der Produktion herausgegriffenen Packung. X kann jeden Wert (in der Nähe von 500 g) annehmen, d.h. die Zufallsgröße X ist stetig.

Im ersten Teil dieses Lernabschnitts werden Sie erfahren, wie man die Häufigkeitsverteilung für eine stetige Zufallsgröße X ermitteln kann und was man unter der **Dichtefunktion** versteht.

Im Zusammenhang mit stetigen Zufallsgrößen trifft man oft auf Häufigkeitsverteilungen, deren Histogramme alle in etwa die gleiche Form haben:

- Sie sehen glockenförmig aus und sind symmetrisch zum Mittelwert $\bar{x}$.
- Die relativen Häufigkeiten nähern sich für größer werdende Abweichungen von dem Mittelwert immer mehr der Null.
- In den Bereich $[\bar{x} - s; \bar{x} + s]$ fallen bei einer langen Versuchsreihe ca. 68,3 % der Ergebnisse (s: Standardabweichung).

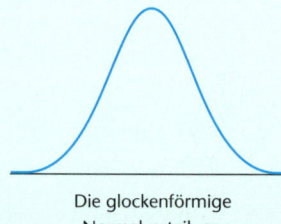

Die glockenförmige Normalverteilung

In diesem Lernabschnitt erfahren Sie, dass bei Zufallsgrößen, die angenähert normalverteilt sind, mit dem Mittelwert und der Standardabweichung die Verteilung vollständig beschrieben ist.

Aufgaben

1 *Häufigkeitsverteilungen bei einer Füllmenge*
Die Zufallsgröße X beschreibt die Füllmenge einer zufällig aus der Produktion ausgewählten 500 g-Packung.
a) Beschreiben Sie das nebenstehende Histogramm möglichst genau.
Wie könnte das Messprotokoll ungefähr ausgesehen haben (Anzahl der Messungen, Klassenbreite usw.)?

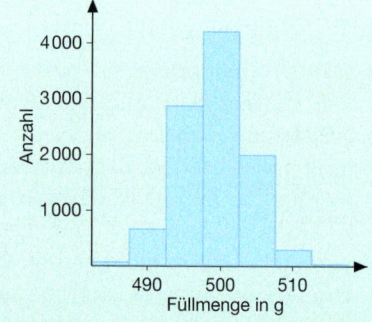

b) Die folgenden Histogramme stellen andere Auswertungen der Messwerte aus Teilaufgabe a) dar. Wie unterscheiden sich die Histogramme? Beschreiben Sie die Unterschiede genau. Erkennen Sie in der Folge der Histogramme eine Entwicklung?

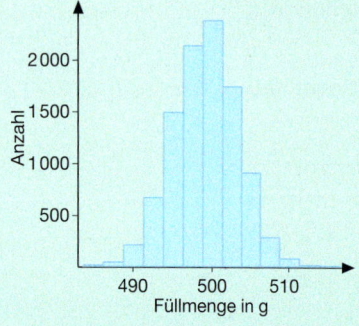
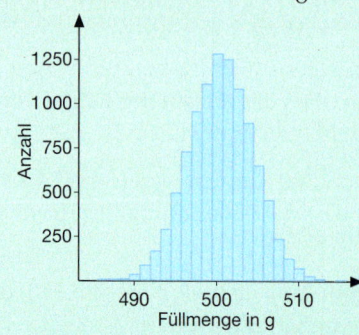
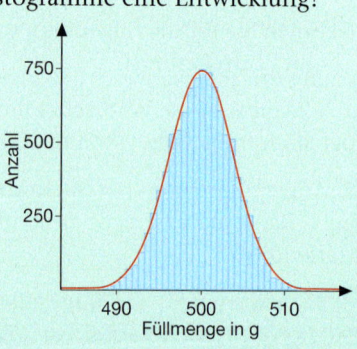

10.3 Normalverteilung

Beschreibung der Verteilung stetiger Zufallsgrößen

Stetige Zufallsgrößen
In der Praxis kommt es häufig vor, dass stetige Zufallsgrößen untersucht werden. Stetige Zufallsgrößen sind z. B. die Körpergröße von Erwachsenen, die Laufleistung eines Reifens, die Messfehler bei wiederholten Beobachtungen desselben Sachverhaltes usw. Theoretisch kann eine stetige Zufallsgröße jede reelle Zahl in einem bestimmten Intervall annehmen. Aus erhebungs- und aufbereitungstechnischen Gründen werden für die Werte der Zufallsgröße **Klassen** $K_1, K_2, \ldots, K_r$ gebildet. Dazu wird das Intervall, in das die Werte der Zufallsgröße fallen, in geeignete Teilintervalle zerlegt.

Häufigkeitsverteilung

Histogramm

Häufigkeitsdichte
Häufig stellt man ein Histogramm so dar, dass die relativen Häufigkeiten, mit der die Werte der Zufallsgröße in eine bestimmte Klasse fallen, den Maßzahlen der Flächeninhalte der jeweiligen Rechtecke entsprechen. Die Rechteckshöhen ergeben sich dann als Quotient aus relativer Häufigkeit h_i und Rechtecksbreite Δx_i des betreffenden Rechtecks. Den Quotienten $\frac{h_i}{\Delta x_i} = d_i$ nennt man **Häufigkeitsdichte** des i-ten Rechtecks. Summiert man alle Maßzahlen der Rechtecksflächen in dem Histogramm, das die Häufigkeitsdichte darstellt, so erhält man als Ergebnis den Wert 1.
In der Abbildung ist die Häufigkeitsdichte für die 500 g-Packungen (siehe Aufgabe 1) mit einer noch feineren Einteilung der Intervalle (Klassen) dargestellt.

Häufigkeitsdichte

Dichtefunktion

Dichtefunktion
Man erkennt, dass die Häufigkeitsverteilung durch den Graphen einer Funktion f angenähert werden kann. Diese Funktion nennt man die **Dichtefunktion** f. Kennt man die Funktionsgleichung der Dichtefunktion, d. h. das mathematische Modell, so kann man rechnen:

$$P(a \leq X \leq b) \approx \int_a^b f(x)\,dx \quad \text{und} \quad \int_{-\infty}^{\infty} f(x)\,dx = 1$$

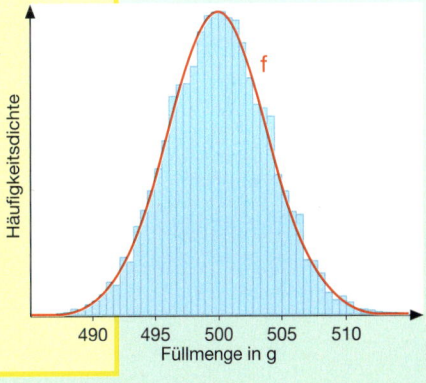

Aufgaben

2 *Stetig, diskret*
Welche der folgenden Zufallsgrößen sind stetig, welche diskret?

| I. Lebensdauer von Batterien | II. Wartezeit vor einem Ticketschalter | III. Anzahl der Werkstücke in einem Lager | IV. Anzahl der Kunden in einem Geschäft pro Stunde. | V. Gewicht von ausgewachsenen reinrassigen portugiesischen Wasserhunden |

3 *Häufigkeitsverteilung bei Tischtennisbällen*
Misst man den Durchmesser von vielen zufällig ausgewählten Tischtennisbällen, stellt man fest, dass die Messwerte nicht alle gleich groß sind, sondern um einen Wert „streuen". Welche der folgenden Abbildungen könnten die Häufigkeitsverteilung der Durchmesser von 1000 Tischtennisbällen darstellen? Begründen Sie Ihre Entscheidung.

Der Durchmesser eines Tischtennisballs, der bei offiziellen Wettkämpfen verwendet wird, soll einen Durchmesser von 40 mm ± 0,5 mm haben.

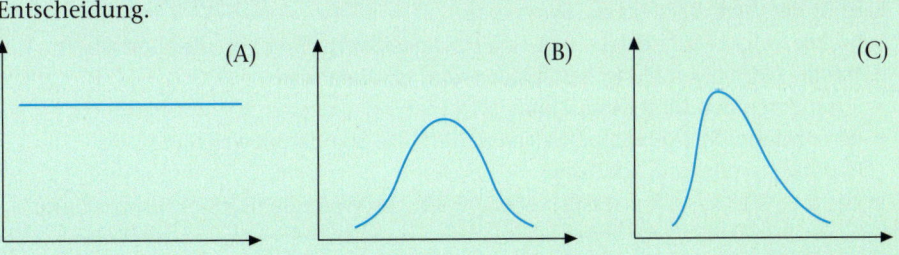

10 Häufigkeits- und Wahrscheinlichkeitsverteilungen

Aufgaben

4 *Normalverteilung*

In der Abbildung ist noch einmal das Histogramm der Häufigkeitsverteilung für das Beispiel der 500 g-Packungen dargestellt.

a) Beschreiben Sie die Gestalt des Histogramms möglichst genau.

b) Das glockenförmige Histogramm wird durch eine idealisierte Dichtefunktion, die Normalverteilung, angenähert. Diese ist in dem Histogramm eingezeichnet.

Der Graph der Normalverteilung ist
- symmetrisch zum Maximum und
- hat die x-Achse als Asymptote.

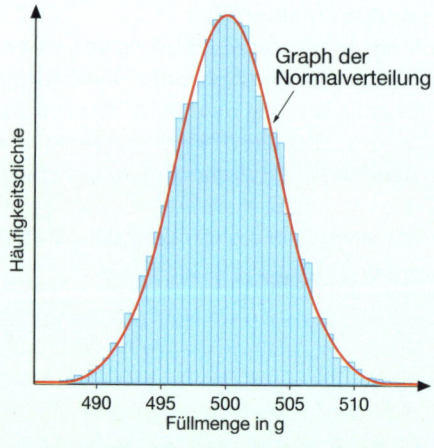

Schätzen Sie, wo die eingezeichnete Normalverteilung in etwa ihr Maximum und ihre Wendepunkte hat.

Übrigens: Kein Histogramm realer Daten entspricht exakt der Normalverteilung, aber viele sind angenähert normalverteilt.

5 *Normalverteilte Zufallsgrößen*

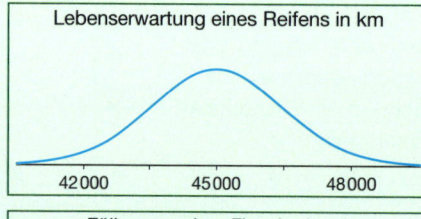
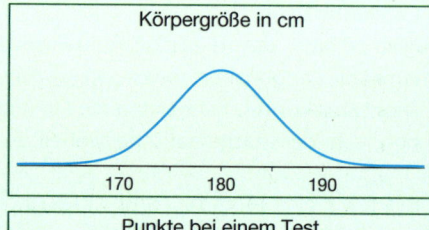
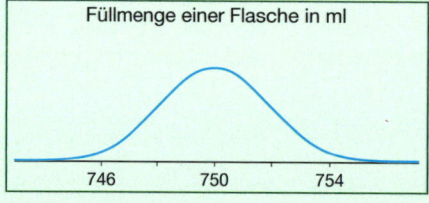
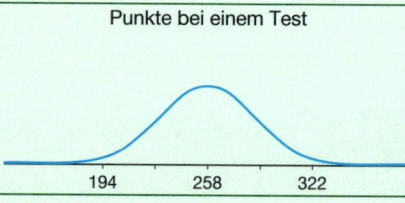

Worin gleichen sich die vier Häufigkeitsverteilungen, worin unterscheiden sie sich?

Normalverteilung

Die **Normalverteilung**, auch **Gauß-Verteilung** genannt, ist:
- symmetrisch, glockenförmig mit
- dem Erwartungswert als Maximum der Verteilung und
- der Standardabweichung als Entfernung der Wendepunkte (WP) von dem Maximum.

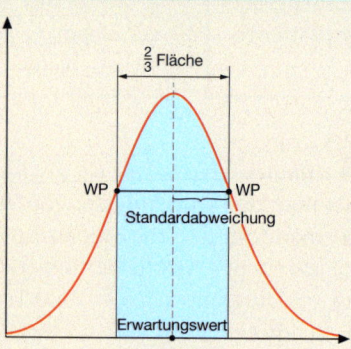

Der **Erwartungswert** μ einer Normalverteilung ist der Wert, bei dem die Symmetrieachse die x-Achse schneidet. Liegt eine Häufigkeitsverteilung vor, die angenähert durch die Normalverteilung beschrieben wird, so kann man
- μ gut durch den Mittelwert $\bar{x}$ und
- den Abstand der Wendepunkte von μ durch die Standardabweichung s der Häufigkeitsverteilung schätzen.

In das Intervall $[\bar{x} - s; \bar{x} + s]$ fallen etwa 68,3 % der Werte der Häufigkeitsverteilung.

CARL FRIEDRICH GAUSS (1777–1855), Professor und Direktor der Sternwarte in Göttingen, gilt als einer der bedeutendsten Mathematiker der Neuzeit.

10.3 Normalverteilung

 Normalverteilung   *Basiswissen*

Viele Zufallsgrößen X sind in etwa normalverteilt, d. h. viele Zufallsgrößen sind erfahrungsgemäß glockenförmig um den Erwartungswert verteilt. Unter welchen Bedingungen diese Annahme zutrifft, wird durch den **Zentralen Grenzwertsatz** präzisiert. Die mathematische Modellierung der Wahrscheinlichkeitsverteilung der Zufallsgröße X ist die sogenannte (Gaußsche) Normalverteilung mit dem Erwartungswert μ und der Standardabweichung σ.

Eine stetige Zufallsgröße heißt **normalverteilt** mit dem Erwartungswert μ und der Standardabweichung σ als Parameter, wenn sie folgende Dichtefunktion hat:

$$\varphi(x) = \frac{1}{\sigma\sqrt{2\pi}} \cdot e^{-\frac{(x-\mu)^2}{2\sigma^2}}$$

φ heißt auch **Gaußfunktion**.

Eigenschaften:

- Die gesamte Fläche unter der Kurve hat den Inhalt 1.
- Der **Erwartungswert** μ ist die Maximalstelle von φ (x-Koordinate des Hochpunktes)
- Die **Standardabweichung** σ ist der Abstand des Erwartungswertes zu einer Wendestelle.

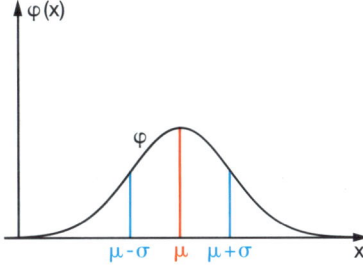

- Die gefärbte Fläche von $-\infty$ bis k entspricht dem Anteil der Werte der Zufallsgröße X, die kleiner oder gleich k sind.
- Die kumulierte Wahrscheinlichkeit $P(X \leq k)$ wird mit Φ bezeichnet. Es gilt dann:

$$P(X \leq k) = \Phi(k) = \int_{-\infty}^{k} \varphi(x)\,dx$$

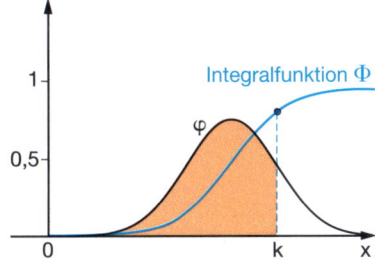

Anmerkung:
Zu φ existiert keine elementare Stammfunktion, die Werte von Φ können also nur grafisch-nummerisch ermittelt werden.

A *Normalverteilung als Dichtefunktion bei einer Füllmenge*   *Beispiele*

Angenommen, der Mittelwert der Füllmenge im Kasten auf der vorherigen Seite beträgt 500 g und die Standardabweichung 5 g. Ist die Füllmenge in etwa normalverteilt, dann wird das glockenförmige Histogramm idealisiert durch die Gaußsche Funktion φ beschrieben.
a) Wie lautet die Funktion φ für die Füllmenge?
b) Zeichnen Sie den Graphen der Funktion φ mit dem GTR und berechnen Sie dann $P(X \leq 495)$.

Lösung:
a) $\varphi(x) = \frac{1}{5\sqrt{2\pi}} \cdot e^{-\frac{1}{2}\left(\frac{x-500}{5}\right)^2}$ b)

$$P(X \leq 495) = \int_{-\infty}^{495} \varphi(x)\,dx \approx 0{,}16$$

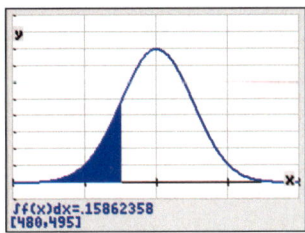

10 Häufigkeits- und Wahrscheinlichkeitsverteilungen

> **WERKZEUG**
>
> **Normalverteilung und GTR – Typische Aufgaben**
> Für die Normalverteilung gibt es wie für andere Wahrscheinlichkeitsverteilungen auf dem GTR eine entsprechende, einfach zu handhabende Funktion.
>
> a) Normalverteilung
> $\mu = 10$; $\sigma = 0{,}2$
> Berechnen Sie $P(X \geq 10{,}25)$.
>
> b) Normalverteilung
> $\mu = 180$; $\sigma = 10$
> Berechnen Sie $P(170 \leq X \leq 200)$.
>
>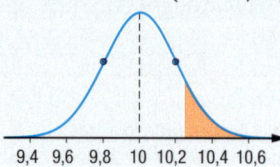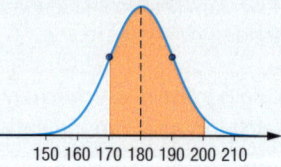
>
> Man berechnet die Wahrscheinlichkeit, dass die Zufallsgröße X mindestens 10,25 beträgt. Dies entspricht dem Inhalt der schraffierten Fläche.
>
> Man berechnet die Wahrscheinlichkeit, dass die Zufallsgröße X mindestens 170 und höchstens 200 beträgt. Dies entspricht dem Inhalt der schraffierten Fläche.
>
>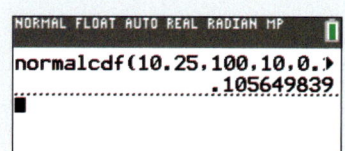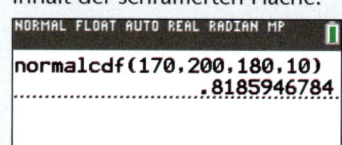

Beispiele

B *Tipps und Tricks*

Bestimmen Sie für eine normalverteilte Zufallsgröße X mit $\mu = 0{,}8$ und $\sigma = 1{,}4$ die folgenden Wahrscheinlichkeiten. Fertigen Sie zunächst zu jeder Aufgabe eine Skizze an.

a) $P(X \geq 2)$ b) $P(X \leq -1)$ c) $P(-0{,}5 \leq X \leq 1{,}2)$

Lösung:

$P(X \geq 2) \approx 0{,}196$ $P(X \leq -1) \approx 0{,}099$ $P(-0{,}5 \leq X \leq 1{,}2) \approx 0{,}436$

C *Wahrscheinlichkeit gegeben, k gesucht*

Laut einer statistischen Erhebung ist die Größe von Männern im Alter von 16 bis 40 Jahren in etwa normalverteilt mit einem Erwartungswert von 179 cm bei einer Standardabweichung von 11 cm. Wie groß sind die größten 10 % der Männer?

Lösung:

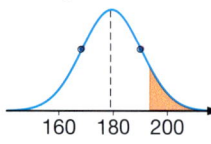

Der Inhalt der schraffierten Fläche beträgt 0,1; der Inhalt der unschraffierten Fläche 0,9. Es ist k gesucht. Mit dem GTR kann man k berechnen:
invNorm(0.9,179,11) = 193,1

Männer der betreffenden Altersgruppe sind mit einer Wahrscheinlichkeit von 10 % mindestens 193,1 cm groß.

Übungen

6 *Übungen zur Normalverteilung*

Skizzieren Sie jeweils die Normalverteilung und markieren Sie den angegebenen k-Wert bzw. die beiden Werte. Veranschaulichen und berechnen Sie die Wahrscheinlichkeiten.

a) $\mu = 30$; $\sigma = 2$
$P(X \leq 31)$

b) $\mu = 120$; $\sigma = 5$
$P(X \leq 110)$

c) $\mu = 1$; $\sigma = 0{,}05$
$P(0{,}95 \leq X \leq 1{,}05)$

d) $\mu = 1500$; $\sigma = 200$
$P(X > 1700)$

10.3 Normalverteilung

Übungen

7 *Wahrscheinlichkeiten in Grafiken*
Die gefärbten Flächen stellen Wahrscheinlichkeiten dar. Bestimmen Sie die Gleichung zu der Normalverteilung. Geben Sie eine passende Aufgabenstellung $P(k_1 \leq x \leq k_2)$ dazu an und ermitteln Sie die Wahrscheinlichkeiten.

a) b) c)

Die markierten Punkte sind Wendepunkte.

8 *Bestimmen von k-Werten*
Bestimmen Sie k so, dass gilt:
a) $\varphi: P(X \leq k) = 0{,}1$
b) $\varphi: P(X \leq k) = 0{,}16$
c) $\varphi: P(X \leq k) = 0{,}9$

Skizzieren Sie jeweils die Verteilung und schraffieren Sie den angegebenen Bereich.

9 *Steckbriefe – Für GTR-Experten*

(1): Bekannt: `1-normalcdf(-100,30,25,8)` `.2659854678`
Gesucht: Aufgabenstellung (Text und mathematische Notation)

(2): Bekannt: `invNorm(0.3,8,3)` `6.42679847`
Gesucht: Aufgabenstellung (Text und mathematische Notation)

Ein Tipp:
`Plot1 Plot2 Plot3`
`\Y1=BinvNorm(0.75,10,X)`
`\Y2=`
`\Y3=`

(3): Bekannt: $\mu = 10$; $P(X \leq 12) = 0{,}75$
Gesucht: σ

(4): Bekannt: $\sigma = 2$; $P(X \leq 12) = 0{,}95$
Gesucht: μ

Fertigen Sie zunächst eine Skizze an und veranschaulichen Sie die gesuchte Größe.

10 *Training: Mal die, mal die Größe*
Bei Problemen, die mithilfe der Normalverteilung bearbeitet werden, sind vier Größen von Bedeutung: Erwartungswert, Standardabweichung, Wert k der Zufallsgröße X und die Wahrscheinlichkeit $P(X \leq k)$, also die Werte der Zufallsgröße, die kleiner oder gleich x sind.

Erwartungswert	Standardabweichung	k	$P(X \leq k)$
6	2	3	
25	4		0,87
19		21	0,9
	3	6	0,09

Berechnen Sie in jeder Zeile den fehlenden Wert. Fertigen Sie zunächst Skizzen an und versuchen Sie eine Schätzung des gesuchten Werts.

11 *Parametervariationen*
Die Abbildungen zeigen die Normalverteilungen für:

(1) festes μ, variables σ

(2) variables μ, festes σ

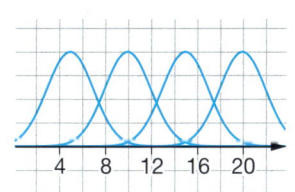
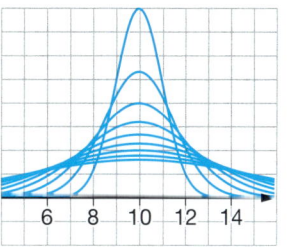

Ordnen Sie die Bilder zu und beschreiben Sie die Auswirkungen der Parametervariationen. Verwenden Sie dazu auch den Sachzusammenhang des Befüllens verschiedener Behälter aus Aufgabe 1.

Übungen

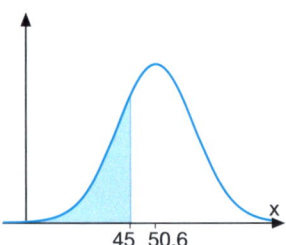

12 *Schätzen von Wahrscheinlichkeiten*

Auf einer Abfüllanlage wird ein Kosmetikum in kleine Döschen abgefüllt. Die Füllmenge sei normalverteilt mit einem Erwartungswert von 50,6 ml und einer Standardabweichung von 3,1 ml.
Auf der Verpackung soll als Füllmenge 45 ml angegeben werden.
a) Mit welcher Wahrscheinlichkeit wird beim Füllen der Döschen diese Füllmenge unterschritten?
b) Wie viele Döschen sind bei einer Tagesproduktion von 8000 zu beanstanden?

Protokoll der Abfüllanlage

$\bar{x}$ = 50,6 ml
s = 3,1 ml
min = 42,3 ml
max = 62,77 ml

Warum Normalverteilungen so wichtig sind

THE
NORMAL
LAW OF ERROR
STANDS OUT IN THE
EXPERIENCE OF MANKIND
AS ONE OF THE BROADEST
GENERALIZATIONS OF NATURAL
PHILOSOPHY + IT SERVES AS THE
GUIDING INSTRUMENT IN RESEARCHES
IN THE PHYSICAL AND SOCIAL SCIENCES AND
IN MEDICINE, AGRICULTURE AND ENGINEERING +
IT IS AN INDISPENSABLE TOOL FOR THE ANALYSIS AND
THE INTERPRETATION OF THE BASIC DATA OBTAINED BY OBSERVATION AND EXPERIMENT

Von dem amerikanischen Statistiker W. J. YOUDEN stammen die schön gesetzten Worte der Bewunderung der Normalverteilung.

Einige Gründe, warum die Normalverteilung zu einer der wichtigsten Verteilungen in der Statistik wurde:

1. Viele empirische Verteilungen wie Körpergröße von Erwachsenen, Füllmengen in Packungen und Flaschen, Lebensdauer von Glühlampen usw. sind angenähert Normalverteilungen.
2. Messergebnisse bei der wiederholten Beobachtung desselben Vorgangs, z. B. der sehr häufigen Messung der Fallzeit eines Körpers aus einer Höhe von 1 m, sind angenähert normalverteilt.
Die Begründung, warum die Messergebnisse streuen, liegt an dem Einfluss zahlreicher wirksamer Faktoren auf das Messergebnis. (Für das Beispiel des freien Falls könnten diese u. a. sein: leichte Luftbewegung, Unexaktheit bei der Höhe, Unregelmäßigkeiten und Fehler bei der Zeitmessung usw.) Jeder Faktor hat einen kleinen Einfluss. Diese Faktoren sind weitgehend unabhängig voneinander und wirken sich nicht systematisch aus.
3. Die Normalverteilung ist eine gute Näherung für die Binomialverteilung, falls σ > 3 gilt (siehe Lernabschnitt 10.2).
4. Die Verteilung der Mittelwerte von Stichproben kann umso besser mit der Normalverteilung beschrieben werden, je größer der Stichprobenumfang ist.

Wichtige Grundlage: Zentraler Grenzwertsatz (stark vereinfacht)

Ist eine Zufallsgröße X die Summe von n unabhängigen Zufallsgrößen, dann wird die Wahrscheinlichkeitsverteilung bei sehr großem n besser durch die Normalverteilung angenähert beschrieben.

ABRAHAM DE MOIVRE (1667–1754), französischer Mathematiker und Pionier der Wahrscheinlichkeitsrechnung

Die Normalverteilung, auch Gauß-Verteilung genannt, geht zurück auf den deutschen Mathematiker GAUSS. Ihre Formel und ihr Graph schmückten den alten 10-DM-Schein.
Entdeckt und verwendet wurde die Normalverteilung allerdings bereits im Jahre 1733 durch den Franzosen ABRAHAM DE MOIVRE.

10.3 Normalverteilung

Übungen

13 *Zuckerpackungen*
Zucker wird maschinell in 1 kg-Packungen abgefüllt. An der automatischen Abfüllanlage zeigt das Tagesprotokoll nebenstehende Daten:
a) Wie groß ist die Wahrscheinlichkeit, dass eine zufällig aus der Tagesproduktion herausgegriffene 1 kg-Packung weniger als 1 kg enthält?
b) In welches zum Mittelwert 1006 g symmetrische Intervall fallen 95 % (90 %) der Packungen?

Protokoll
Datum: 22.09.2011
Zeit: 7.00 – 19.00 Uhr
$\bar{x} = 1006\,g$
$s = 5\,g$

14 *Streuung bei Gewichten von Kaffeepackungen*
In einer Kaffeerösterei werden 500 g-Packungen Kaffee abgepackt. Die Anlage arbeitet laut Tagesprotokoll mit einem Mittelwert der abgepackten Kaffeemenge von 503 g bei einer Standardabweichung von 3,5 g. Man kann annehmen, dass die Zufallsgröße „Gewicht einer Packung" normalverteilt ist.
a) Wie groß ist der Anteil an der kontrollierten Tagesproduktion, der unterhalb von 495 g liegt?
b) In welches zu dem Mittelwert 503 g symmetrische Intervall fallen 95 % der Packungen?
c) Wie müsste der Mittelwert der Maschine bei gleicher Standardabweichung eingestellt sein, wenn der Anteil der Packungen mit einem Füllgewicht unter 500 g höchstens 10 % betragen soll?

15 *Sigma-Regeln bei der Normalverteilung*
Angenommen, die Zufallsgröße X ist normalverteilt mit dem Erwartungswert μ und der Standardabweichung σ.
Mit welcher Wahrscheinlichkeit fällt ein Wert der Zufallsgröße X in das Intervall $[\mu - k\sigma;\ \mu + k\sigma]$ für k = 1, 2, 3?
Vergleichen Sie Ihre Ergebnisse mit den sogenannten Sigma-Regeln, die Ihnen von der Binomialverteilung bekannt sind. Was stellen Sie fest?

10315.ggb

Sigma-Regeln

Sigma-Regeln erlauben es, zu vorgegebenen Wahrscheinlichkeiten einer normalverteilten Zufallsgröße X symmetrische Intervalle um den Erwartungswert anzugeben.

von	bis	p
μ − σ	μ + σ	68,3 %
μ − 2σ	μ + 2σ	95,5 %
μ − 3σ	μ + 3σ	99,7 %

Es ist hilfreich, wenn man diese Regeln auswendig kennt.

$P(\mu - \sigma \leq X \leq \mu + \sigma) = 68{,}3\,\%$

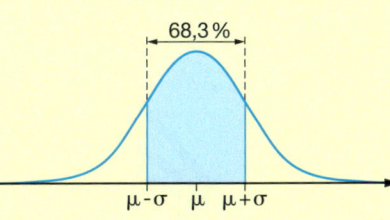

$P(\mu - 1{,}64\sigma \leq X \leq \mu + 1{,}64\sigma) = 90\,\%$

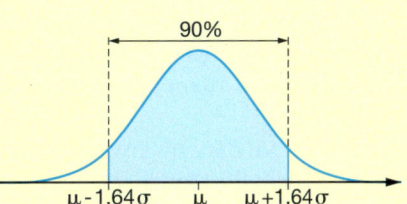

$P(\mu - 1{,}96\sigma \leq X \leq \mu + 1{,}96\sigma) = 95\,\%$

$P(\mu - 3\sigma \leq X \leq \mu + 3\sigma) = 99{,}7\,\%$

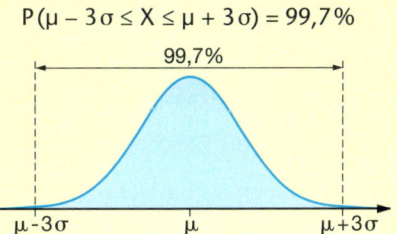

Übungen

μ und σ aus gemessenen Werten $\bar{x}$ und s.

16 *Ein Basketballspieler*
Männer zwischen 16 Jahren und 40 Jahren sind im Mittel 1,79 m groß bei einer Standardabweichung von 0,11 m. Ein sehr erfolgreicher Basketballspieler ist 2,14 m groß. Angenommen, in Deutschland leben 5 000 000 Männer zwischen 16 und 40 Jahren. Wie viele Männer in der entsprechenden Altersgruppe sind 2,14 m oder noch größer?

17 *Kugeln für ein Kugellager*
Eine Maschine stellt Kugeln für Kugellager her. Angenommen, der Durchmesser der Kugeln ist normalverteilt mit einem Erwartungswert von 10,2 cm bei einer Standardabweichung von 0,06 cm. Welchen Durchmesser haben die 7,5 % größten Kugeln?

18 *Wie vergleicht man etwas, was man nur schwer vergleichen kann?*
Albert und Pascal sind zwei sehr gute Weitspringer. Sie führen genau Statistik über ihre im Training unter Wettkampfbedingungen erzielten Leistungen. Die Auswertung beider Statistiken ergab für
Albert: Mittelwert 7,50 m bei einer Standardabweichung von 0,42 m,
Pascal: Mittelwert 7,30 m bei einer Standardabweichung von 0,30 m.
a) Erscheint Ihnen eine Modellierung mit Normalverteilung sinnvoll? Beschreiben und vergleichen Sie damit die unterschiedlichen „Springertypen" Albert und Pascal.
b) Beide wollen in einem Wettkampf gegeneinander antreten und diskutieren verschiedene Kriterien, nach denen der Sieger festgelegt werden soll.

Pascal: „Eigentlich habe ich in einem Wettkampf gegen dich nur geringe Chancen. Was hältst du davon, den zum Sieger zu erklären, der um mehr Standardabweichung über seinem Mittelwert liegt."

Albert: „Was hältst du davon, den zum Sieger zu erklären, dessen Abweichung von seinem persönlichen Mittelwert größer ist?

Beide treten zum Wettkampf an. Albert springt 7,85 m weit, Pascal 7,60 m.
Ermitteln Sie nach beiden Kriterien den Sieger. Wie würden Sie entscheiden?

19 *Flugzeiten*
Eine Fluggesellschaft hat herausgefunden, dass die Flugzeit zwischen zwei Städten im Mittel 75 Minuten beträgt mit einer Standardabweichung von 9 Minuten.
Nehmen Sie an, dass die Flugzeiten normalverteilt sind. In welchem zu dem Erwartungswert symmetrischen Zeitintervall liegen 90 % (95 %) der Flugzeiten?

20 *Länge von Nieten*
Die Längen von Nieten sind normalverteilt mit einem Erwartungswert von 10 cm und einer Standardabweichung von 0,02 cm.
a) Berechnen Sie das zum Erwartungswert symmetrische Intervall, in dem die Längen von 68,3 % der Nieten liegen.
b) Berechnen Sie den Anteil der Nieten, die zwischen 9,97 cm und 10,03 cm liegen.

KOPFÜBUNGEN

1 Lösen Sie die Gleichung nach a (b, c, d) auf: $\frac{a}{b} = \frac{c}{d}$

2 Bestimmen Sie die Höhe eines gleichseitigen Dreiecks mit der Seitenlänge a.

3 Bestimmen Sie den Median: a) -5; 5; -1; -2; 0   b) 200; 100; 108; 193

10.3 Normalverteilung

Normalverteilung und Binomialverteilung

Bei einem großen Stichprobenumfang n wird das Histogramm der Binomialverteilung immer glockenförmiger mit dem Maximum an der Stelle des Erwartungswertes. Dies legt nahe zu vermuten, dass sich für großes n die Binomialverteilung der Normalverteilung nähert. Diese Näherung ist umso besser, je größer n ist (siehe Aufgabe 22).

Beispiel:
Binomialverteilung: n = 100; p = 0,25
$\mu = n \cdot p = 25$;
$\sigma = \sqrt{100 \cdot 0{,}25 \cdot 0{,}75} \approx 4{,}33$

Normalverteilung:
$\varphi(x) = \frac{1}{4{,}33\sqrt{2\pi}} \cdot e^{-\frac{1}{2}\left(\frac{x-25}{4{,}33}\right)^2}$

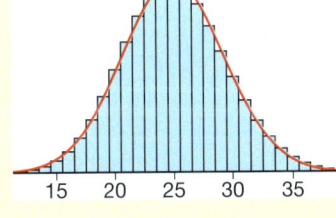

Als Näherung für die Binomialverteilung mit der Versuchslänge n und der Trefferwahrscheinlichkeit p verwendet man die Normalverteilung mit

$\mu = n \cdot p$ und $\sigma = \sqrt{n \cdot p \cdot (1-p)}$.

Faustregel: Ist für eine Binomialverteilung $\sigma > 3$, dann ist die passende Normalverteilung eine gute Näherung für die Binomialverteilung.

Aufgaben

21 *Vergleich von Wahrscheinlichkeiten*
Bestimmen Sie zu dem obigem Beispiel in der gelben Karte jeweils die Wahrscheinlichkeiten, die man mit der Binomialverteilung bzw. der Normalverteilung erhält. Vergleichen Sie die Werte.
(1) $P(X \leq 15)$ (2) $P(X \geq 30)$ (3) $P(20 \leq X \leq 25)$

22 *Variation von n*
Übertragen Sie die Tabelle und füllen Sie sie aus.

	n = 10	n = 100	n = 1000	n = 10000
p = 0,25	μ =	μ =	μ =	μ =
	σ =	σ =	σ =	σ =
Binomialverteilung $P(X \leq \mu + \sigma)$				
Normalverteilung $P(X \leq \mu + \sigma)$				

Interpretieren Sie das Ergebnis.

23 *Berechnen von P(X = k) (Etwas zum Nachdenken)*
a) Berechnen Sie für eine Binomialverteilung mit n = 400 und p = 0,65 den Erwartungswert und die Standardabweichung.
Ermitteln Sie dann mithilfe der Normalverteilung die Wahrscheinlichkeit für genau 260 Treffer. Geht das überhaupt?

b) Warum gilt bei Binomialverteilungen $P(X \leq k) \neq P(X < k)$, bei Normalverteilungen aber $P(X \leq k) = P(X < k)$?

Erinnern, Können, Gebrauchen

Wahrscheinlichkeitsverteilungen

Zufallsgröße und Erwartungswert

Wahrscheinlichkeitsverteilungen
Zufallsgröße: Unter der Zufallsgröße X versteht man eine Variable, die je nach Ausgang des Zufallsexperimentes eine reelle Zahl annimmt.

Wahrscheinlichkeitsverteilung einer Zufallsgröße (für diskrete Zufallsgrößen X): Ordnet jedem Wert, den die Zufallsgröße annimmt, die Wahrscheinlichkeit zu, mit der dieser auftritt: $x_i \to P(X = x_i)$

Darstellung (Beispiel: Wurf mit zwei Münzen)
X: Anzahl von „Kopf"

Tabelle

x_i	$P(X = x_i)$
0	$\frac{1}{4}$
1	$\frac{1}{2}$
2	$\frac{1}{4}$

Histogramm

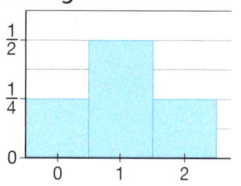

Kenngrößen
- Erwartungswert E(X):
$E(X) = x_1 \cdot P(X = x_1) + \ldots + x_n \cdot P(X = x_n)$

- Standardabweichung $\sigma(X)$:
$\sigma(X) =$
$\sqrt{(x_1 - E(X))^2 \cdot P(X = x_1) + \ldots + (x_n - E(X))^2 \cdot P(X = x_n)}$

Das **Empirische Gesetz der großen Zahlen für Mittelwerte**: Bei langen Versuchsreihen pendelt sich der Mittelwert der Zufallsgröße X bei dem Erwartungswert E(X) ein.

Binomialverteilung

Bernoulli-Kette und Binomialverteilung
Ein **Bernoulli-Versuch** ist ein Versuch mit zwei möglichen Ergebnissen: Treffer (T) und Fehlschlag (F).
Die n-fache Wiederholung eines Bernoulli-Versuches nennt man **Bernoulli-Kette** der Länge n, wenn gilt:
- Jeder Versuch ist ein Bernoulli-Versuch.
- Die Wahrscheinlichkeit eines Treffers hängt nicht davon ab, was zuvor geschehen ist.
- Die Anzahl n der Wiederholungen steht fest.
- Die Trefferwahrscheinlichkeit p ist bei jedem Versuch gleich.

1 *Lotteriegewinn*
Bei einer Lotterie werden für jede Million verkaufter Lose ein Preis zu 50 000 €, neun Preise zu 5 000 €, 90 Preise zu 500 € und 900 Preise zu 50 € verlost.
a) Berechnen Sie den Erwartungswert für den Gewinn pro Los.
b) Berechnen Sie die erwarteten Gesamteinnahmen, wenn man 1 000 000 Lose zu je 0,50 € verkauft.
Mit welchem Gewinn ist pro 1 000 000 Lose zu rechnen?

2 *Diebstahlversicherung*
Im Jahre 2009 wurden in der Bundesrepublik laut GDV (Gesellschaft Deutscher Versicherer) pro 1000 Porsche 1,26 vollkaskoversicherte Fahrzeuge gestohlen.
Angenommen, die durchschnittliche Entschädigungssumme beträgt 110 000 €. Welche Prämie muss eine Versicherung gegen Diebstahl ansetzen, um zumindest keine Verluste zu machen?

3 *Würfelspiel*
Bei einem Glücksspiel werden zwei Würfel geworfen. Der Einsatz beträgt 5 €. Bei einem „Sechserpasch" gewinnt man 15 €, ist eine der Augenzahlen eine „Sechs", aber keine „Doppelsechs", dann gewinnt man 8 €. Die Zufallsgröße X beschreibt den Gewinn bzw. den Verlust. Berechnen Sie den Erwartungswert E(X) und die Standardabweichung $\sigma(X)$. Ist das Spiel fair?

4 *Beliebtes „Kinogehen"*
Die Oberstufenschüler einer Schule wurden befragt, wie häufig sie in den vergangenen zwölf Monaten im Kino waren. Die Tabelle gibt das Ergebnis der Befragung wieder. Die Zufallsgröße X ist die Anzahl der Kinobesuche eines Schülers in den vergangenen zwölf Monaten.
Interpretation der Tabelle: Wenn man z. B. zufällig eine Oberstufenschülerin oder einen Oberstufenschüler der Schule auswählt, dann beträgt die Wahrscheinlichkeit, dass die betreffende Person kein einziges Mal im Kino war, 6 %.

Anzahl der Kinobesuche x_i in den vergangenen zwölf Monaten	Wahrscheinlichkeit p_i
0	0,06
1 bis 5	0,28
6 bis 10	0,40
11 bis 20	0,17
21 bis 40	0,09

Berechnen Sie den Erwartungswert und die Standardabweichung.

5 *Allergischer Schnupfen*
Jeder achte Bundesbürger leidet an allergischem Schnupfen. In einem Mathematikkurs sind 29 Schülerinnen und Schüler.
a) Mit wie vielen an allergischem Schnupfen leidenden Schülerinnen und Schülern in diesem Kurs kann man rechnen?
b) Wie groß ist die Wahrscheinlichkeit, dass mehr als sechs Schülerinnen und Schüler an allergischem Schnupfen leiden?
c) Begründen Sie, ob es berechtigt ist anzunehmen, dass die Anzahl der Allergiker binomialverteilt ist?

6 *Wahrscheinlichkeiten mit der Binomialverteilung berechnen*
X ist eine binomialverteilte Zufallsgröße. Bestimmen Sie die folgenden Wahrscheinlichkeiten:
a) $n = 10$; $p = 0{,}3$; $P(X > 5)$ b) $n = 15$; $p = 0{,}6$; $P(X \leq 4)$
c) $n = 100$; $p = 0{,}82$; $P(77 \leq X \leq 87)$

7 *Münzwurf*
Eine Münze wird achtmal geworfen. Wie groß ist die Wahrscheinlichkeit, dass man
a) genau,   b) mindestens,   c) höchstens viermal „Kopf" erhält?

8 *Binomialverteilung ein passendes Modell?*
Warum kann man die folgenden Wahrscheinlichkeitsverteilungen nicht mit der Binomialverteilung modellieren?
a) Ziehen von fünf Kugeln aus einer Urne mit zehn roten und zehn weißen Kugeln ohne Zurücklegen: Die Zufallsgröße X ist die Anzahl der roten Kugeln.
b) Wiederholtes Würfeln: Die Zufallsgröße X ist die Anzahl der Würfe bis zur ersten „Sechs".
c) In einer Firma sind im Mittel 7 % der Belegschaft krank. Die Zufallsgröße X ist die Anzahl der Erkrankten an einem bestimmten Tag.
d) 11 % der Bevölkerung haben die Blutgruppe B. Die Zufallsgröße X ist die Anzahl der Personen mit der Blutgruppe B in der fünfköpfigen Familie Schmidt.

9 *Ein Test in der Schule*
Für einen Test werden $\frac{1}{3}$ aller Schülerinnen und Schüler ausgelost. Anna wundert sich: Aus ihrer Klasse mit 30 Schülerinnen und Schülern wurden nur 6 für den Test ausgelost.
a) Berechnen Sie den Erwartungswert und die Standardabweichung.
b) Wie groß ist die Wahrscheinlichkeit, dass aus Annas Klasse zufällig so wenige Schülerinnen und Schüler ausgelost wurden?
Tipp: Man muss $P(X \leq 6)$ berechnen.

10 *Einfluss der Versuchsanzahl auf die Binomialverteilung*
Wie ändern sich die Gestalt, der Erwartungswert und die Standardabweichung einer Binomialverteilung, wenn sich die Versuchsanzahl n für ein festes p verändert?

11 *Telemarketing*
Beim Telemarketing werden die Kunden per Telefon angesprochen und sollen zum Kauf des betreffenden Produktes angeregt werden. Erfahrungsgemäß erreicht ein Verkäufer nur 68 % der angerufenen Kunden. Angenommen, der Verkäufer plant im Laufe der nächsten vier Wochen 1250 Personen anzurufen. Es sei X die Anzahl der erreichten Personen.
a) Berechnen Sie den Erwartungswert und die Standardabweichung der Zufallsgröße X.
b) Berechnen Sie $P(X \geq 880)$.
c) Ermitteln Sie mithilfe der Sigma-Regeln, in welches zum Erwartungswert symmetrische Intervall die Anzahl der erreichten Personen mit 95,5 %-iger Wahrscheinlichkeit fallen wird.

CHECK UP

Wahrscheinlichkeitsverteilungen

Binomialverteilung

Binomialverteilung – Steckbrief

- n Versuche
- Trefferwahrscheinlichkeit: p
  Wahrscheinlichkeit für einen Fehlschlag: $1 - p$
- Zufallsgröße X: Anzahl der Treffer
- **Wahrscheinlichkeitsverteilung**
  Wahrscheinlichkeit für genau k Treffer:
  $$P(X = k) = \binom{n}{k} \cdot p^k \cdot (1 - p)^{n-k}$$
- **kumulierte Wahrscheinlichkeit**
  Wahrscheinlichkeit für höchstens k Treffer:
  $$P(X \leq k) = \binom{n}{0} \cdot p^0 \cdot (1 - p)^{n-0} + \ldots + \binom{n}{k} \cdot p^k \cdot (1 - p)^{n-k}$$

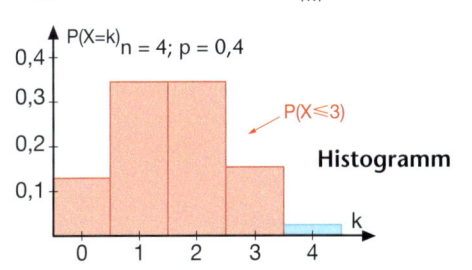

Eigenschaften der Binomialverteilung

- **Erwartungswert** $E(X) = \mu = n \cdot p$
- **Standardabweichung** $\sigma(X) = \sigma = \sqrt{n \cdot p \cdot (1 - p)}$
- **Sigma-Regeln**
Für $\sigma > 3$ kann man mit den Sigma-Regeln die Wahrscheinlichkeit dafür abschätzen, dass die Trefferanzahl X um höchstens $k \cdot \sigma$ von μ abweicht.

a	$P(|X - \mu| \leq a)$
σ	68,3 %
2σ	95,5 %
3σ	99,7 %

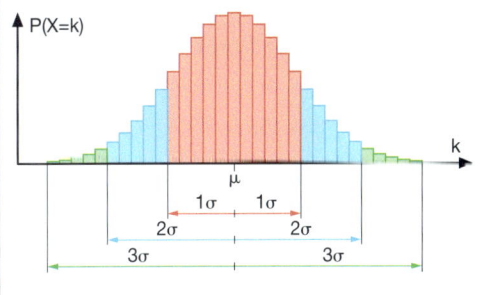

Erinnern, Können, Gebrauchen

CHECK UP

Wahrscheinlichkeitsverteilungen

Prognoseintervalle

Schluss von der Gesamtheit auf die Stichprobe

Schätzwert für die Trefferanzahl in der Stichprobe: Erwartungswert μ der Gesamtheit

Prognoseintervalle: Mit den Sigma-Regeln kann man prognostizieren, in welches zum Erwartungswert symmetrische Intervall die Trefferanzahl, z. B. mit einer „Sicherheit" von 95,5 %, fällt. Das **95,5 %-Prognoseintervall** ist $[\mu - 2\sigma; \mu + 2\sigma]$. Für die **relative Häufigkeit** der Trefferanzahl bei einer Stichprobe des Umfangs n erhält man als 95 %-Prognoseintervall $[p - 1{,}96\frac{\sigma}{n}; p + 1{,}96\frac{\sigma}{n}]$.

Normalverteilung

Eine stetige Zufallsgröße heißt **normalverteilt** mit dem Erwartungswert μ und der Standardabweichung σ als Parameter, wenn sie folgende Dichtefunktion hat:

$$\varphi(x) = \frac{1}{\sigma\sqrt{2\pi}} \cdot e^{-\frac{(x-\mu)^2}{2\sigma^2}}$$

φ heißt auch **Gaußfunktion**.
Die Wahrscheinlichkeit, dass die Zufallsgröße X kleiner oder gleich einem bestimmten Wert k ist, entspricht der Fläche unter der Normalverteilung von –∞ bis k:

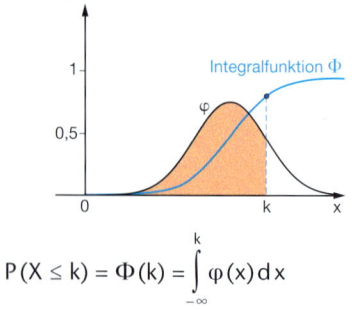

$$P(X \leq k) = \Phi(k) = \int_{-\infty}^{k} \varphi(x)\,dx$$

Normalverteilung und Sigma-Regeln

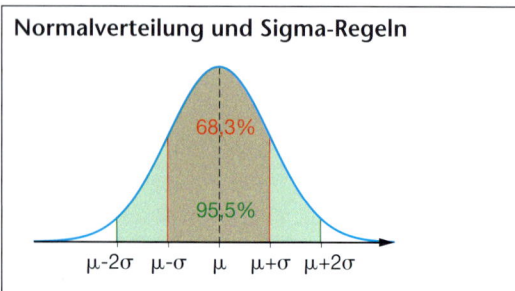

12 *Prognoseintervall*
Es werden 500 Zufallsziffern 0, 1, 2, …, 9 erzeugt und ausgewertet. Dabei ist X die absolute Häufigkeit der Ziffer 9. Bestimmen Sie das 95,5 %-Prognoseintervall. Interpretieren Sie das Ergebnis.

13 *Wählerbefragung*
Angenommen, der Anteil der Wähler einer Partei ABC an der Gesamtwählerschaft beträgt 37 %. Von einem Meinungsforschungsinstitut wird eine Stichprobe von 1000 Wählern erhoben. Berechnen Sie das 95 %-Prognoseintervall für den Anteil der ABC-Wähler in dieser Stichprobe.
Tipp: Das 95 %-Prognoseintervall hat eine Breite von ±1,96 σ.

14 *Interpretation*
Was versteht man unter dem 99,7 %-Prognoseintervall?

15 *Mit was ist zu rechnen?*
Ein Würfel wird n-mal geworfen. Die relative Häufigkeit der „Sechsen" sei h.
a) Berechnen Sie das 95,5 %-Prognoseintervall für die relative Häufigkeit h der „Sechsen", wenn n = 300 ist.
b) Wie verändert sich das 95,5 %-Prognoseintervall mit wachsendem n?

16 *Empirie und Theorie*
Was ist der Unterschied zwischen einer empirischen Verteilung und einer Wahrscheinlichkeitsverteilung?

17 *Normalverteilung auswerten*
Berechnen Sie die folgenden Wahrscheinlichkeiten für eine normalverteilte Zufallsgröße X mit μ = 125 und σ = 5.
a) $P(X \leq 110)$ b) $P(X \geq 132)$ c) $P(113 \leq X \leq 137)$

18 *Druckbleistifte*
Die Minen für einen Druckbleistift sollten einen Durchmesser von 0,5 mm haben. Minen mit einem Durchmesser, der kleiner als 0,485 mm ist, fallen aus dem Druckbleistift heraus, da sie zu dünn sind. Minen mit einem Durchmesser, der größer als 0,52 mm ist, sind zu dick, sie passen nicht in den Druckbleistift.
Ein Hersteller produziert entsprechende Minen mit einem Erwartungswert von 0,5 mm bei einer Standardabweichung von 0,01 mm. Mit welcher Wahrscheinlichkeit passt eine der Produktion zufällig entnommene Mine in den Druckbleistift?

19 *Verteilung des IQ in der Bevölkerung*
Der Intelligenzquotient ist in der Bevölkerung angenähert normalverteilt mit einem Mittelwert von 100 und einer Standardabweichung von 15. Bei einem IQ von mehr als 120 spricht man von überdurchschnittlicher Intelligenz, bei einem IQ von mehr als 130 von einer Hochbegabung. In Berlin gibt es ca. 280 000 Kinder. Wie viele dieser Kinder sind laut der obigen Definition überdurchschnittlich intelligent, wie viele sogar hochbegabt?

Sichern und Vernetzen – Vermischte Aufgaben zu den Kapiteln 9-10

1 | Würfel
Wissen und Verstehen

Ein idealer Würfel wird dreimal geworfen. Welche Aussagen sind wahr für das Ereignis E: „Augensumme 4"?

(A) $P(E) = \frac{1}{16}$ (B) $P(E) = \frac{1}{72}$ (C) $P(E) = \frac{1}{108}$ (D) $P(E) = \frac{1}{18}$

2 | Würfelereignisse
Welches Ereignis ist wahrscheinlicher?
a) Ein Würfel wird geworfen. A: „Es wird eine Primzahl geworfen" oder
   B: „Die Augenzahl ist gerade"
b) Zwei Würfel werden geworfen. A: „Pasch" oder
   B: „Die Augensumme ist größer als 9"
c) Zwei Würfel werden geworfen. A: „Pasch" oder
   B: „Das Produkt der Augenzahlen ist gleich 9"

3 | Münzwurf
Eine Münze wird zweimal geworfen und als Zufallsgröße X die Anzahl der Wappen gezählt. Wie groß ist $P(X = 2)$? Wie entwickelt sich die Wahrscheinlichkeit $P(X = 2)$, wenn die Anzahl der Münzwürfe erhöht wird?

4 | Was ist richtig?
Angenommen, ein kriminologischer Test ist zu 99 % zuverlässig, dann
(A) findet er nahezu sicher den richtigen Täter, (B) ist ein zweiter Test zu empfehlen,
(C) werden unter 1000 Unschuldigen ungefähr 10 fälschlicherweise beschuldigt.

5 | Laplace-Modell
Welche der Zufallsexperimente genügen einem Laplace-Modell?
(1) Wurf mit zwei Würfeln; Ergebnismenge: Augensumme
(2) Roulette; Ergebnismenge: alle Zahlen von 0 bis 36
(3) Elfmeter; Ergebnismenge: Treffer, kein Treffer

6 | Vierfeldertafel – Baumdiagramm
Die Vierfeldertafel stellt das Ergebnis einer Befragung hinsichtlich zweier Merkmale dar (A: befragte Person kauft Produkt „Toppy", B: befragte Person kauft Produkt „Tasty").

	A	Nicht A	Summe
B	230	80	310
Nicht B	120	70	190
Summe	350	150	500

a) Stellen Sie die Vierfeldertafel mit relativen Zahlen dar. Zeichnen Sie das zugehörige Baumdiagramm.
b) Eine der befragten Personen wird zufällig ausgewählt. Berechnen Sie P(A), P(A und B) und P(B|A).

7 | Glücksrad
Bevor ein Mathematiker an einem Glücksrad dreht, schreibt er folgende Rechnung auf:
$x_1 \cdot P(x_1) + x_2 \cdot P(x_2) + x_3 \cdot P(x_3) = 1€ \cdot \frac{1}{3} - 3€ \cdot \frac{1}{2} + 4€ \cdot \frac{1}{6} = -\frac{1}{2}€$
Welche Information erhält er durch die Rechnung?
Wie könnte das verwendete Glücksrad und der Gewinnplan aussehen?

8 | Erwartungswert und Standardabweichung
Eine Münze wird dreimal geworfen. Die Zufallsgröße X sei der Gewinn/Verlust in nebenstehendem Gewinnplan.

Ereignis	Gewinn/Verlust
1. Wurf „Z"	–2 €
1. Wurf „K", 2. Wurf „Z"	–1 €
Wurfergebnis „WWZ"	1 €
Wurfergebnis „WWW"	2 €

a) Übernehmen Sie die Tabelle ins Heft und ergänzen Sie sie um eine dritte Spalte, in die Sie die Wahrscheinlichkeiten für die Ereignisse eintragen.
b) Berechnen Sie den Erwartungswert und die Standardabweichung für X.

9 | Wahrscheinlichkeiten
Welche Aussagen über die binomialverteilte Zufallsgröße X mit den Parametern n = 15 und p = 0,7 sind wahr?

A $P(X = 0) = 0{,}7^0$

B $P(X = 12) = \binom{15}{12} \cdot 0{,}7^{12} \cdot 0{,}3^3$

C $P(X < 2) = 0{,}3^{15} + 0{,}7^1 \cdot 0{,}3^1$

D $P(2 < X < 5) = \binom{15}{3} \cdot 0{,}7^3 \cdot 0{,}3^{12} + \binom{15}{4} \cdot 0{,}7^4 \cdot 0{,}3^{11}$

10 | Wahrscheinlichkeiten berechnen für binomialverteilte Zufallsgrößen
Berechnen Sie für eine binomialverteilte Zufallsgröße E(X), σ(X) und die gesuchte Wahrscheinlichkeit.
a) n = 40; p = 0,3: P(X ≥ 15)
b) n = 225; p = 0,1: P(19 ≤ X ≤ 25)

11 | Binomialverteilung
Was gilt für die im Bild dargestellte binomialverteilte Zufallsgröße X?

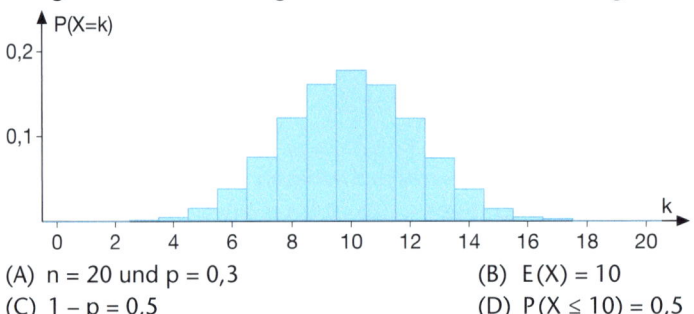

(A) n = 20 und p = 0,3
(B) E(X) = 10
(C) 1 − p = 0,5
(D) P(X ≤ 10) = 0,5

12 | Wahrscheinlichkeit einer Zufallsgröße
Was kann durch den Term $P(X = 3) = \binom{5}{3} \cdot 0{,}5^3 \cdot 0{,}5^2$ berechnet werden?

(A) Wahrscheinlichkeit dafür, dass beim fünfmaligen Werfen einer Münze mindestens dreimal „Wappen" auftritt
(B) Wahrscheinlichkeit dafür, dass in einer Familie mit fünf Kindern genau zwei Mädchen sind
(C) Wahrscheinlichkeit dafür, dass in einer Familie mit fünf Kindern genau drei Jungen sind
(D) Wahrscheinlichkeit dafür, dass in einer Familie mit fünf Kindern höchstens drei Mädchen sind

13 | Erwartungswert und Standardabweichung
Ein Tetraederwürfel mit den Augenzahlen 1, 2, 3 und 4 wird 80-mal geworfen. Die Zufallsgröße X ist die Häufigkeit, mit der die Augenzahl 4 auftritt. Berechnen Sie den Erwartungswert E(X) und die Standardabweichung σ(X).
Wie verändern sich E(X) und σ(X), wenn man statt 80-mal 320-mal würfelt?

14 | Begriffe gesucht
Erläutern Sie kurz die folgenden Begriffe: Binomialverteilung, Binomialkoeffizient, Laplace-Versuch, Prognoseintervall, Sigma-Regeln, Normalverteilung.

15 | Wahrscheinlichkeiten für normalverteilte Zufallsgrößen berechnen
Berechnen Sie für eine normalverteilte Zufallsgröße X mit E(X) = 50 und σ(X) = 2,5 die gesuchte Wahrscheinlichkeit. Veranschaulichen Sie diese Wahrscheinlichkeit mithilfe eines Diagramms.
a) P(X ≥ 53)   b) P(X ≥ 46)   c) P(46 ≤ X ≤ 54)   d) P(X ≤ 42,5 oder X ≥ 57,5)

16 *Wahrscheinlichkeit gegeben, k gesucht*
Die Zufallsgröße X sei normalverteilt mit E(X) = 234 und σ(X) = 9,3. Ermitteln Sie den Wert für k, sodass P(X ≥ k) = 0,05 gilt.

17 *Binomialverteilte Zufallsgrößen*
Welche der Zufallsgrößen können als binomialverteilt betrachtet werden?
(A) Anzahl der richtig angekreuzten Zahlen beim Zahlenlotto
(B) Anzahl der „Wappen" beim fünfmaligen Werfen einer Münze
(C) Anzahl der schwarzen Kugeln beim sechsmaligen Ziehen mit Zurücklegen aus einer Urne mit drei schwarzen und drei weißen Kugeln
(D) Anzahl der schwarzen Kugeln beim sechsmaligen Ziehen ohne Zurücklegen aus einer Urne mit drei schwarzen und drei weißen Kugeln
(E) Wiederholtes Würfeln: Anzahl der Würfe, bis zum ersten Mal eine „Sechs" eintritt.

18 *Prognoseintervalle*
Welche Aussagen über Prognoseintervalle sind wahr?
(A) Das 99%-Prognoseintervall ist kürzer als das 95%-Prognoseintervall bei konstantem n.
(B) Die Länge des 95%-Prognoseintervalls wird bei Verdopplung des Stichprobenumfangs halbiert.
(C) Das 100%-Prognoseintervall hat die Länge 1.

19 *Sigma-Regeln*
Erläutern Sie, was man unter einem 95%-Prognoseintervall versteht und warum beim Berechnen des Intervalls die Sigma-Regeln helfen.
Gelten die Sigma-Regeln sowohl für binomialverteilte als auch für normalverteilte Zufallsgrößen oder gibt es bei der Anwendung der Sigma-Regeln Unterschiede?

20 *Versicherung* *Anwenden und Modellieren*
Für die Festsetzung der Prämie bei einer Autoversicherung ist es von Bedeutung, wie viele Schadensfälle pro Versichertem im Jahr auftreten. In den letzten Jahren hatten jeweils 85% keinen Schaden gemeldet. 10% meldeten einen, 3% zwei, 1% meldete drei und 1% vier oder mehr Schadensfälle an. Mit wie vielen Schadensfällen muss die Versicherung in den nächsten Jahren pro Versichertem im Mittel rechnen?

21 *Investments*
In der Tabelle sind die Gewinnerwartungen zweier verschiedener Investments gemäß eines Analysten dargestellt.
a) Berechnen Sie für beide Investments den Erwartungswert des Gewinns und die Standardabweichung.

Investment 1		Investment 2	
Gewinn	p	Gewinn	p
500 €	0,2	800 €	0,25
1000 €	0,4	1000 €	0,35
1500 €	0,4	1375 €	0,4

b) Der Analyst empfiehlt das Investment mit der kleineren Standardabweichung. Warum könnte der Analyst diesen Vorschlag gemacht haben?

22 *Ziehen ohne Zurücklegen und dennoch binomialverteilt?*
Aus einer Urne mit 700 roten und 300 weißen Kugeln werden 10 Kugeln ohne Zurücklegen gezogen.
a) Berechnen Sie mit der Binomialverteilung die Wahrscheinlichkeit, dass unter den 10 gezogenen Kugeln 3 Kugeln weiß sind.
b) Warum ist es eigentlich nicht richtig, dass man zur Berechnung der Wahrscheinlichkeit in Teil a) die Binomialverteilung verwendet? Und warum ist es dennoch zulässig, die Binomialverteilung in diesem Fall zu verwenden.
c) Welche Bedeutung haben Ihre Erkenntnisse aus Teil b) bezüglich Wählerbefragungen, bei denen in der Regel ca. 1000 bis 2000 Wähler „ohne Zurücklegen gezogen" werden?

Stochastik

Kommunizieren und Präsentieren

23 *Manchmal bekommt man mehr als das, wofür man bezahlt hat – Fallstudie*

> Eine Verbraucherzeitschrift testet die Füllmenge von Apfelmus in einem Glas. Laut Aufschrift auf dem Glas soll die Füllmenge 360 g betragen und einen Brennwert von 331 kJ besitzen. Um die Menge präzise abzufüllen, benötigt man eine genau arbeitende Abfüllanlage. Dennoch kann man erwarten, dass die wirkliche Füllmenge der Apfelmusgläser mehr oder weniger leicht variiert.

Ein Redakteur der Zeitschrift kauft fünf dieser Apfelmusgläser des gleichen Herstellers in verschiedenen Geschäften und überprüft jeweils die Füllmenge. Alle fünf Gläser haben ein Füllgewicht von mehr als 360 g. Ein solches Untersuchungsergebnis kann zufällig zustande gekommen sein, doch wie wahrscheinlich ist dies, wenn man davon ausgeht, dass der Mittelwert der Füllmenge 360 g beträgt.
Bearbeiten Sie die folgenden Teilaufgaben und präsentieren Sie die Ergebnisse und Schlussfolgerungen.

a) Überlegen Sie zunächst, mit welcher Wahrscheinlichkeitsverteilung die Füllmenge modelliert werden kann und begründen Sie Ihre Entscheidung. Wie groß ist die Wahrscheinlichkeit, dass nach dem gewählten Modell die Füllmenge größer als 360 g ist?
b) Berechnen Sie mit dem Ergebnis aus Teilaufgabe a) die Wahrscheinlichkeit, dass alle fünf ausgewählten Gläser „Übergewicht" haben.
c) Beurteilen Sie mit dem Ergebnis aus Teilaufgabe b), ob es sinnvoll erscheint anzunehmen, dass die mittlere Füllmenge von Seiten des Herstellers etwas über 360 g liegt.

24 *Streifzug quer durch die Stochastik*

Erläutern Sie die Aufgaben und präsentieren Sie das jeweilige Ergebnis.

(A) Was ist wahrscheinlicher: Mit zwei idealen Würfeln die Augensumme 4 oder die Augensumme 5 zu werfen?

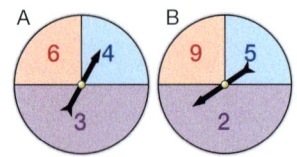

(B) Sie drehen zuerst das Glücksrad A und anschließend B. Wie groß ist die Wahrscheinlichkeit für folgende Ereignisse?
E_1: Genau eine der beiden Zahlen ist eine Primzahl
E_2: Höchstens eine der beiden Zahlen ist ungerade
E_3: Die Summe der beiden Zahlen ist zweistellig

(C) Die Farbe des Sektors auf einem Glücksrad gibt an, wie viel € man gewinnt, wenn der Zeiger auf dem Sektor stehen bleibt.
• Benennen Sie die Zufallsgröße und ermitteln Sie die Verteilung.
• Ist das Spiel fair, wenn man 1,30 € Einsatz pro Spiel bezahlen muss?

(D) 9 % der Bevölkerung leidet an einer bestimmten Allergie. Ein Allergietest zeigt bei 90 % dieser Allergiker ein positives Resultat. Irrtümlicherweise reagiert er auch bei 0,9 % der Nichtallergiker positiv. Eine zufällig ausgewählte Person wird getestet. Mit welcher Wahrscheinlichkeit …
a) … erzielt die Versuchsperson ein positives Resultat?
b) … ist die Versuchsperson, wenn der Test positiv ausfällt, trotzdem gesund?

(E) Statistische Untersuchungen an der Mailbox eines Benutzers haben ergeben, dass durchschnittlich 20 % der ankommenden Mails Spam ist. An einem Tag lädt der Benutzer 20 Mails von seiner Mailbox.
Berechnen Sie jeweils die Wahrscheinlichkeit dafür, dass mindestens fünf und höchstens zehn Mails Spam-Nachrichten sind.

(F) Bei Meinungsumfragen werden erfahrungsgemäß nur etwa $\frac{3}{4}$ der ausgewählten Personen angetroffen.
Berechnen Sie bei einer Befragung von 500 Personen das 95 %-Prognoseintervall.

11 Beurteilende Statistik

*In der beurteilenden Statistik geht es um Verfahren, wie man mithilfe von Stichproben auf nicht bekannte und vermutete Parameter in der Grundgesamtheit zurückschließen kann, kurz gesagt: um den **Schluss von der Stichprobe auf die Grundgesamtheit**.*

Bisher ging es in der Wahrscheinlichkeitstheorie meist um den umgekehrten Schluss von der Grundgesamtheit auf die Stichprobe. So konnte man z. B. mithilfe der Binomialverteilung berechnen, mit welcher Wahrscheinlichkeit in einer Stichprobe von 100 Würfen mit einer Münze die Anzahl von „Kopf" größer (kleiner oder gleich) einer bestimmten Anzahl ist.

In diesem Kapitel werden wir zunächst lernen, wie man mithilfe des sogenannten P-Wertes beurteilt, ob eine vermutete Wahrscheinlichkeit in der Grundgesamtheit mit dem Stichprobenergebnis übereinstimmen kann oder ob wir nicht deutliche Hinweise entdecken, dass die Vermutung vielleicht nicht richtig ist.

Grundlage unserer Berechnungen sind dabei binomialverteilte Zufallsgrößen. Welchen Wert die Ergebnisse von statistischen Untersuchungen bei der Frage nach der Kausalität der untersuchten Zusammenhänge haben, wird in dem zweiten Lernabschnitt an dem Beispiel der Entwicklung eines Medikamentes dargestellt.

11.1 Testen von Hypothesen

Beim Testen liegt in der Regel eine Behauptung (Hypothese), z. B. über eine bestimmte Wahrscheinlichkeit in der Grundgesamtheit, vor. Diese wird überprüft, indem man sie mit dem Ergebnis einer Zufallsstichprobe vergleicht: Kleinere Abweichungen vom erwarteten Wert wird man als zufallsbedingt akzeptieren, auffällig große Abweichungen sprechen gegen die Hypothese. Die daraus resultierenden Entscheidungen sind mit Unsicherheit behaftet, die Wahrscheinlichkeiten für die möglichen Fehler können mithilfe der Wahrscheinlichkeitsrechnung ermittelt werden.

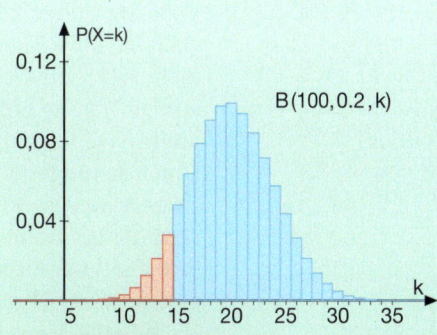

11.2 Nachgefragt – Entscheiden mit Statistik

Bei den bisherigen Verfahren wurden in der Regel binomialverteilte Testgrößen zugrunde gelegt. Aus den Ergebnissen lässt sich nur schwer auf einen kausalen Zusammenhang schließen. Warum dies so ist und wie man z. B. in der Medizin durch das sogenannte „Doppelblind-Verfahren" eher auf einen kausalen Zusammenhang schließen kann, wird in diesem Lernabschnitt an einem Beispiel vorgestellt.

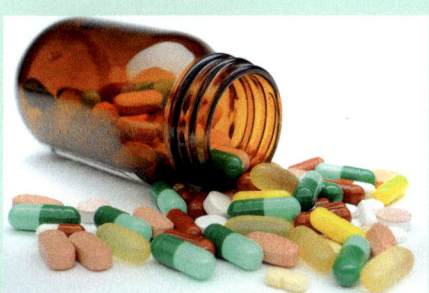

11.1 Testen von Hypothesen

Was Sie erwartet

In den Naturwissenschaften, in der Geschäftswelt, ja sogar im täglichen Leben treffen wir Entscheidungen auf Grundlage von unvollständigen und gelegentlich sogar widersprüchlichen Informationen.

Eine Firma, die Kaugummis herstellt, will z. B. herausfinden, welcher Prozentsatz der Kunden den Kaugummi mit dem „ganz anderen" Geschmack kaufen wird. Die Firma kann natürlich den geschmacklich neuen Kaugummi nicht an allen potenziellen Kunden testen. Sie muss sich auf eine kleine Stichprobe von Kunden stützen.

Eine Wissenschaftlerin eines pädagogischen Instituts untersucht, ob Kinder, die regelmäßig Instrumentalunterricht erhalten, kreativer sind als andere. Ein Kreativitätstest, den sie anwendet, zeigt bei einigen Kindern eine Erhöhung der Kreativität. Kann diese Erhöhung vielleicht zufällig zustande gekommen sein?

In diesem Lernabschnitt werden wir Entscheidungen auf Grundlage von Stichprobenergebnissen treffen. Da wir allerdings nur die Stichprobenergebnisse zur Verfügung haben, werden uns diese Entscheidungen schwerfallen und nicht fehlerfrei sein. Die Wahrscheinlichkeitsrechnung gibt uns jedoch Instrumente an die Hand, mit denen wir einschätzen können, mit welcher Wahrscheinlichkeit wir Fehlentscheidungen treffen.

Aufgaben

1 *Träume in Farbe?*

Viele Menschen können sich nur an Träume in „Schwarz-Weiß" erinnern. Andere glauben, ausschließlich bunt zu träumen. Was die Ursachen dafür sind, weiß man nicht mit Sicherheit. Einige Forscher vermuten, dass farbige Träume mit einem emotionaleren und intensiveren Gefühlsleben zusammenhängen. Bei Untersuchungen vor 40 Jahren haben Forscher festgestellt, dass 30% der Menschen „in Farbe" träumen. Einige Traumforscher glauben, dass dieser Anteil seit der Einführung des Farbfernsehens gestiegen ist. Es gibt Vermutungen, dass heute mehr als 30% der Menschen „in Farbe" träumen. Traumforscher haben hierzu 150 Personen nach ihren Träumen befragt. Bei dieser Untersuchung berichteten 54 interviewte Personen von farbigen Träumen.

a) Statistiker sagen, es werden zwei Hypothesen gegeneinander abgewogen:
die Nullhypothese H_0: $p = 0{,}3$ und die Alternativhypothese H_1: $p > 0{,}3$.
Erläutern Sie, was diese beiden Hypothesen bedeuten. Entscheiden Sie sich auf Grundlage der Untersuchung für eine der beiden Hypothesen und begründen Sie Ihre Entscheidung.

b) Forscher vermuten einen Zusammenhang zwischen dem Farbfernsehen und Träumen „in Farbe". Kann dieser Zusammenhang durch die Untersuchung belegt werden?

11.1 Testen von Hypothesen

Aufgaben

2 *Geschmackstest*

Christine trinkt gern stilles Mineralwasser. Leon ärgert sie und sagt: *„Da kannst du gleich Leitungswasser trinken."*
Christine behauptet, sie könne recht zuverlässig Leitungswasser von stillem Mineralwasser unterscheiden.
Leon schlägt vor: *„Wir können gleich einen Test machen."*
Er füllt fünf Gläser mit Leitungswasser und fünf Gläser mit stillem Mineralwasser. Er stellt die Gläser, ohne dass Christine es sehen kann, in beliebiger Reihenfolge auf. Christine nimmt jeweils eine Geschmacksprobe. Bei acht Gläsern ordnet sie den Inhalt richtig zu.

a) Spricht das Testergebnis nun für Christines Behauptung oder hat sie nur Glück gehabt? Tauschen Sie mit einem Partner Pro- und Contra-Argumente aus. Wie entscheiden Sie?

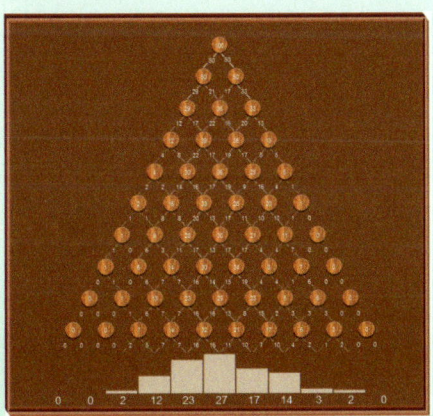

b) In der Abbildung links sehen Sie das Ergebnis eines Zufallsexperimentes mit einem Galton-Brett (100 Kugeln). Wie passt dieses zu dem Test, den Leon mit Christine durchgeführt hat?

c) Ermitteln Sie mithilfe der Simulation am Galton-Brett oder durch Berechnung mit der Binomialverteilung ($p = 0{,}5$) die Wahrscheinlichkeit, dass Christine lediglich durch Raten acht oder mehr „Treffer" erzielt. Beeinflusst diese Wahrscheinlichkeit Ihre obige Argumentation?

Eine Kugel läuft durch das Galton-Brett mit zehn Stufen.

Stochastik 5

d) Wenn Christine zehn „Treffer" bei den zehn Gläsern erzielen würde, besitzt sie doch sicher die behauptete Geschmacksfähigkeit, oder?

3 *In jedem siebten Ei …*

Die Werbung für den Kauf von Überraschungseiern verspricht, dass Figuren einer bestimmten Serie in jedem siebten Ei enthalten sind. Was denken Sie: Stimmt das wirklich?

a) Zur Überprüfung der Behauptung führen Sie einen Test durch. Sie kaufen 50 Überraschungseier und öffnen diese. Sie finden nur drei Figuren. Diskutieren Sie, ob Sie auf Grundlage der gemachten „Ü-Ei-Stichprobe" behaupten können, dass die Aussage des Herstellers nicht stimmt?

b) Um die Argumentation, die Sie in Teilaufgabe a) führen, auf eine solide Basis zu stellen, können Sie die in der Abbildung rechts dargestellte Wahrscheinlichkeitsverteilung in der Stichprobe benutzen. Sie passt als Modell, wenn die in der Werbung vertretene Hypothese „In jedem siebten Ei …" zutrifft.

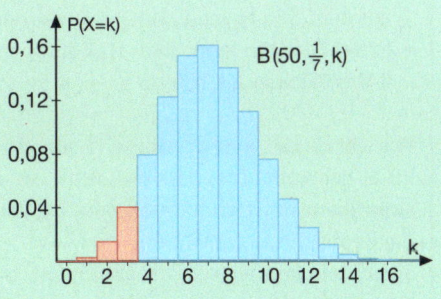

Bestimmen Sie aus der Grafik oder durch Berechnung die Wahrscheinlichkeit $P(X \leq 3)$. Welche Bedeutung hat dieser Wert in Bezug auf das obige Stichprobenergebnis? Hilft er bei der Argumentation?

11 Beurteilende Statistik

Basiswissen

Bewerten von Stichprobenergebnissen mit dem „P-Wert"

Angenommen, man hat eine Vermutung (Nullhypothese) über die Verteilung einer Zufallsgröße. Eine statistische Untersuchung (Zufallsstichprobe) liefert ein Ergebnis, das deutlich von dem Ergebnis abweicht, was man bei der vermuteten Verteilung erwartet hat.

Der **P-Wert** ist die Wahrscheinlichkeit, dass bei einer Zufallsstichprobe ein beobachtetes Ergebnis oder ein noch extremeres auftritt, unter der Annahme, dass die Nullhypothese wahr ist. Je kleiner der P-Wert ist, desto stärker spricht der experimentelle Befund in der Stichprobe gegen die Nullhypothese.

Situation: Kai beobachtet einen Spieler bei einem Würfelspiel. Er stellt fest, dass bei den ersten 60 Würfen 16-mal die „Sechs" erscheint. Bei einem fairen Würfel hätte er in etwa 10-mal eine „Sechs" erwartet.
Ist der Würfel bezüglich der „Sechs" manipuliert, oder kann das Ergebnis Zufall sein?

Nullhypothese H_0: Der Würfel ist fair, d. h. P(„Sechs") = $\frac{1}{6}$.
Alternativhypothese H_1: „Sechsen" sind bevorzugt, d. h. P(„Sechs") > $\frac{1}{6}$.

Testgröße X: Anzahl der „Sechsen"
Bei wahrer Nullhypothese ist X binomialverteilt mit $p = \frac{1}{6}$ und $n = 60$.

P-Wert: $P(X \geq 16 \mid H_0 \text{ ist wahr})$

$P(X \geq 16) \approx 0{,}034$

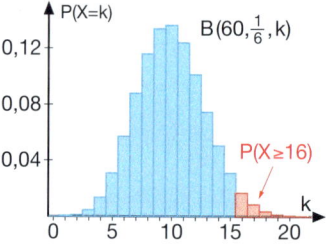

Interpretation und Bewertung: Wenn die Nullhypothese wahr ist, dann tritt das beobachtete Ergebnis oder ein noch extremeres mit einer Wahrscheinlichkeit von nur 3,4 % auf. Dies spricht gegen das Vorliegen eines fairen Würfels und damit für den Verdacht, dass es sich um einen manipulierten Würfel handelt.

Entscheidungsregel
Der P-Wert gibt die Wahrscheinlichkeit an, mit der das Testergebnis oder ein extremeres Ergebnis eintritt, wenn die Nullhypothese H_0 wahr ist.

Gängige Entscheidungsregeln:
- Häufig wird H_0 abgelehnt, wenn der P-Wert kleiner als 5 % ist. Die Wahrscheinlichkeit, dass man sich falsch entscheidet, ist dann kleiner als 5 %. Man sagt: H_0 kann auf dem 5 %-Niveau abgelehnt werden.
- In der Medizin lehnt man H_0 häufig erst auf dem 1 %-Niveau ab, d. h. wenn der P-Wert kleiner als 1 % ist.

Wir lehnen die Nullhypothese H_0 ab, da das Eintreten des beobachteten Ergebnisses unter der Annahme, dass H_0 zutrifft, so ungewöhnlich, so unwahrscheinlich, so **signifikant** abweichend von dem ist, was wir erwarten, dass wir H_0 als Erklärung für die Beobachtung ablehnen.
Sicher sein können wir uns aber nicht, da das beobachtete Ergebnis auch eintreten kann, wenn H_0 zutrifft, – allerdings nur mit einer sehr kleinen Wahrscheinlichkeit.
Die Fehlerwahrscheinlichkeit, d. h. die Wahrscheinlichkeit, H_0 fälschlicherweise abzulehnen, ist kleiner als 5 % bzw. 1 %.

```
1-binomcdf(60,1/6,15)
                .0338461991
```

11.1 Testen von Hypothesen

Beispiele

A *Wirkung eines Impfstoffes*

Ein neuer Impfstoff A gegen eine Krankheit ist entwickelt worden, der wirksamer sein soll als der bisher verwendete Impfstoff B, bei dem in der Regel etwa 10% der geimpften Personen erkrankten. In einer Zufallsstichprobe von 100 mit A geimpften Personen erkranken nur vier Personen. Ist das nun ein Beleg für die bessere Wirksamkeit von A?

Lösung:
Wir suchen eine Antwort mithilfe des P-Wertes:

Nullhypothese H_0: Der neue Impfstoff A ist nicht wirksamer als B, d.h. eine mit A geimpfte Person erkrankt mit der Wahrscheinlichkeit $p = 0{,}1$.

Alternativhypothese H_1: Der neue Impfstoff A ist wirksamer als B, d.h. $p < 0{,}1$.

Testgröße X: Anzahl der erkrankten Personen in der Stichprobe
Die Binomialverteilung mit $p = 0{,}1$ und $n = 100$ wird als Modell verwendet.
P-Wert: $P(X \leq 4 \mid H_0 \text{ ist wahr}) \approx 0{,}024$
Dies entspricht der Wahrscheinlichkeit, dass in der Stichprobe vier oder noch weniger Personen erkranken, unter der Annahme, dass die Nullhypothese wahr ist.

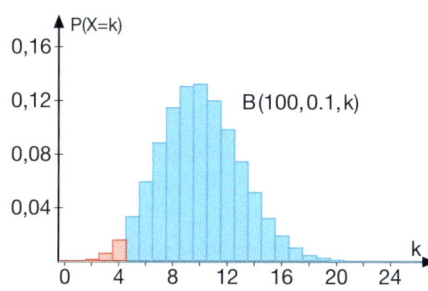

Interpretation: Der P-Wert ist deutlich kleiner als 5%. Das heißt, dass ein solches oder ein noch extremeres Ergebnis, wie das beobachtete, unter der Bedingung, dass die Nullhypothese wahr ist, sehr unwahrscheinlich ist. Dies spricht gegen die Nullhypothese. Der sehr kleine P-Wert liefert ein starkes Argument für die bessere Wirksamkeit des neuen Impfstoffes A. Man kann die Nullhypothese auf dem 5%-Niveau verwerfen, allerdings nicht auf dem 1%-Niveau. Und leider kann man mit dem P-Wert auch nicht herausfinden, um wie viel besser der neue Impfstoff wirkt.

Übungen

4 *Der Farbstift als Würfel*

Adugna würfelt mit einem sechseckigen Buntstift, dessen Seitenflächen mit den Zahlen 1 bis 6 beschriftet sind. Sie stellt ihn auf die Spitze, dreht ihn mit den Fingern und lässt ihn dann los. Wie beim Würfel zählt dann die oben liegende Zahl. Bei 120 aufeinanderfolgenden Würfen erzielt Adugna 35 „Sechsen".

 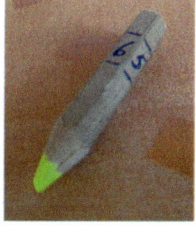

Experimentieren:
Testen Sie Ihre Manipulationsfähigkeit mit dem eigenen Stift.

Ist dies durch Zufall zu erklären, oder kann Adugna den Buntstift durch geschicktes Drehen manipulieren? Was sagt der P-Wert aus?
Testen Sie Ihre Manipulationsfähigkeit mit dem eigenen Stift und führen Sie mehrere Versuchsreihen mit jeweils 100 aufeinanderfolgenden Würfen durch.

Stochastik 9

5 *Parteien auf dem Prüfstand*

Die Partei „Die Karierten" ging davon aus, ein Wählerreservoir von etwa 10% in der Bevölkerung zu haben. Heftige Diskussionen in der Partei und der Öffentlichkeit zum Thema „Persönlichkeitsrechte" nährten die Vermutung, dass sich dieser Anteil vergrößert hat. Bei einer Befragung von 80 zufällig ausgewählten Wahlberechtigten hinsichtlich ihrer Einstellung zu der Partei, sprachen sich 15 positiv für die Partei „Die Karierten" aus. Sollte die Partei ihre 10%-Einschätzung korrigieren? Argumentieren Sie mit dem P-Wert.

Übungen

6 | Übersinnliche Wahrnehmungsfähigkeiten

Klaus behauptet, dass er übersinnliche Wahrnehmungsfähigkeiten besitzt. Er schlägt folgenden Versuch vor. Aus einem Kartenspiel mit 52 Karten wird eine Karte gezogen. Klaus will nun die „Farbe" der Karte (Herz, Karo, Kreuz, Pik) richtig vorhersagen. Die Wert p ist der Anteil an richtigen Vorhersagen bei einer größeren Anzahl von Ziehungen mit Zurücklegen und die Nullhypothese H_0 besagt, dass Klaus nur rät.

a) Welche ist die passende Nullhypothese?
(1) $p = \frac{1}{4}$ (2) $p = \frac{1}{3}$ (3) $p > \frac{1}{4}$ (4) $p > \frac{1}{3}$

b) Welche Alternativhypothese passt zu der Aussage von Klaus über seine übersinnlichen Fähigkeiten?
(1) $p = \frac{1}{4}$ (2) $p = \frac{1}{3}$ (3) $p > \frac{1}{4}$ (4) $p > \frac{1}{3}$

c) Bei 20 Versuchen hat Klaus 8-mal richtig vorhergesagt. Kann man die Nullhypothese H_0 auf dem 5%-Niveau verwerfen?

7 | Multiple-Choice-Test

Eine Studentin nimmt an einem Multiple-Choice-Test teil, der aus 50 Fragen mit je zwei Alternativantworten besteht. Vermutlich rät die Studentin nur, da sie sich in dem Fachgebiet, das der Test behandelt, nicht auskennt. Aber vielleicht hat sie doch einige Kenntnisse. Die beiden Hypothesen:
Nullhypothese H_0: $p = 0{,}5$ und
Alternativhypothese H_1: $p > 0{,}5$
beschreiben die Situation gut. Die Studentin hat 30 von 50 Fragen, d. h. 60% der Fragen, richtig beantwortet. Der P-Wert $P(X \geq 30 | H_0)$ beträgt 0,101. Erklären Sie die Bedeutung des P-Wertes in diesem Zusammenhang.

8 | Wirkung eines Impfstoffes

Ein neuer Impfstoff A gegen eine Krankheit ist entwickelt worden, der wirksamer sein soll als der bisher verwendete Impfstoff B, bei dem in der Regel etwa 8% der geimpften Personen trotz Impfung erkrankten. In einer Zufallsstichprobe von 150 mit A geimpften Personen erkranken nur fünf Personen.

a) Erläutern Sie den Begriff der Zufallsstichprobe.
b) Ist das Ergebnis in der Stichprobe nun ein Beleg für die bessere Wirksamkeit von A?

9 | Genau hingeschaut

a) Ist bewiesen, dass die Nullhypothese falsch ist, wenn sie nach einem statistischen Test und dessen Auswertung abgelehnt wurde? Begründen Sie Ihre Entscheidung.
b) Nach einem Test und dessen Auswertung wurde die Nullhypothese nicht abgelehnt. Ist damit bewiesen, dass die Nullhypothese richtig ist? Begründen Sie Ihre Entscheidung.

10 | Rettet Händewaschen Leben?

Der österreichisch-ungarische Arzt Ignaz Philipp Semmelweis entdeckte mangelnde Hygiene bei Ärzten als Ursache für das Kindbettfieber, an dem seinerzeit dramatisch viele Wöchnerinnen starben. Seine unermüdlichen Versuche, die Ärzte zur Desinfektion der Hände zu bewegen, stießen allerdings auf vehementen Widerstand der Kollegen. Semmelweis setzte im Jahr 1847 durch, dass sich Ärzte ihre Hände mit Chlorkalk waschen mussten, um zu testen, ob die Sterberate unter den Frauen, die bei 9,9% lag, sinkt.

a) Formulieren Sie eine passende Nullhypothese und eine Alternativhypothese.
b) Bestimmen Sie den P-Wert, wenn nach der Einführung der hygienischen Maßnahme die Sterberate in einer Stichprobe von 100 Frauen auf 2% gesunken war.

11 Münze testen

Es soll herausgefunden werden, ob sich der Verdacht bestätigt, dass eine bestimmte Münze nicht „fair" ist. Mia schlägt vor, die Münze 20-mal zu werfen und zu schauen, wie häufig dabei „Kopf" fällt.
Mia führt den Versuch durch. Es erscheint 16-mal „Kopf".
a) Wie lautet die Nullhypothese, wie die Alternativhypothese?
b) Entscheiden Sie sich mithilfe des P-Wertes für eine der beiden Hypothesen. Können Sie sich sicher sein, dass die Münze „fair" bzw. „nicht fair" ist? Begründen Sie Ihre Aussage.

■ Die „Zutaten" zur Überprüfung einer Vermutung

1. **Man macht eine Beobachtung:**
   z. B.: Bei einer bestimmten Anzahl von Würfen einer Münze kam „Kopf" deutlich häufiger als erwartet.

   Mathematiker nennen die Größe, die man beobachtet, **Testgröße**.
   Bei dem Beispiel mit der Münze ist die Testgröße die Anzahl „Kopf" bei einer bestimmten Anzahl von Würfen.

2. **Vermutung, die untersucht werden soll:**
   Die Münze ist nicht fair.
   Beim Wurf der Münze kommt „Kopf" häufiger vor als „Zahl".

   Aus der Vermutung und dem, was man von einer „fairen" Münze normalerweise annimmt, ergeben sich **zwei Hypothesen**:
   • die **Nullhypothese**: P(„Kopf") = 0,5 und
   • die **Alternativhypothese**: P(„Kopf") > 0,5.
   Die Nullhypothese ist stets die, die man in Zweifel zieht.

3. **Entscheidung und Bewertung der Entscheidung:**
   Ist die Anzahl „Kopf" bei z. B. 50 Würfen deutlich größer als 25, dann wird man der Vermutung zustimmen.

   Statistiker müssen nun das **beobachtete Stichprobenergebnis bewerten**, indem sie berechnen, mit welcher Wahrscheinlichkeit das betreffende Stichprobenergebnis auftreten kann, wenn die Nullhypothese stimmt.

---

12 Werbung im Internet

Eine Einzelhandelsfirma macht Werbung im Internet. In der Werbeabteilung plant man, einer Suchmaschinen-Gesellschaft mehr Geld für eine aufwändiger gestaltete Werbung zu bezahlen. Lohnen wird sich dies nur, wenn sich die CTR (click through rate), d. h. der Anteil der Besucher der Website, die ein Produkt der Einzelhandelsfirma in den Warenkorb legen, von allen Besuchern der betreffenden Website von derzeit 15 % durch diese Zusatzinvestitionen steigern lässt.
Wie könnte ein entsprechender Test zur Überprüfung, ob sich die CTR steigern lässt, durch die Suchmaschinen-Gesellschaft durchgeführt werden?

13 Handynutzung am Steuer

Laut einer großen Autozeitschrift nutzen 30 % der Fahrerinnen und Fahrer das Handy, während sie ein Fahrzeug steuern. Eine kritische Leserin vertraut dieser Angabe nicht und vermutet, dass der wirkliche Prozentsatz niedriger ist. Sie beobachtet von einem Straßencafé aus 40 Fahrzeuge und stellt fest, dass tatsächlich nur 6 der 40 Fahrerinnen und Fahrer ihr Handy ungeachtet des Handyverbots benutzen.
a) Welche zwei Hypothesen werden von der Leserin überprüft?
b) Bewerten Sie die von der Leserin gemachte Beobachtung.

Übungen

Stochastik 9

14 *Qualitätskontrolle mit Stichprobe: Klare Entscheidungsregel gefordert*

Eine Elektronik-Firma erhält in regelmäßigen Zeitabständen Lieferungen von 10 000 Chips von dem gleichen Lieferanten. Der Lieferant gibt die Zusage, dass höchstens 1 % der gelieferten Chips defekt ist. Der Chef der Firma hat den Verdacht, dass die Zusage nicht eingehalten wird und der Anteil der defekten Chips über 1 % liegt. Dies wird mithilfe eines Tests überprüft:
Man entnimmt der Lieferung eine Zufallsstichprobe von 100 Chips, darunter befinden sich drei defekte Chips.

Der Chef und der Hausstatistiker diskutieren das Testergebnis:

Chef: *„Damit ist ja alles klar. Nach der Zusage des Lieferanten rechnen wir mit einem defekten Chip in der Stichprobe. Es sind aber drei, also schicken wir die Sendung zurück."*

Statistiker: *„Ich erinnere daran, dass wir aus der Sendung mit insgesamt 10 000 Chips eine Zufallsstichprobe entnommen haben. Das schlechte Ergebnis kann ja auch zufällig entstanden sein, obwohl in der Gesamtsendung der Anteil wirklich nur 1 % ist.*
Das lässt sich nachrechnen: Die Wahrscheinlichkeit, dass in einer Lieferung der tatsächlich zugesagten Qualität unsere Zufallsstichprobe drei oder mehr defekte Chips enthält, liegt bei immerhin 8 %."

H_0: $p = 0{,}01$
H_1: $p > 0{,}01$
$P(X \geq 3 \mid H_0) \approx 0{,}08$

Chef: *„Wie müsste denn das Stichprobenergebnis ausfallen, damit die Wahrscheinlichkeit für eine ungerechtfertigte Zurückweisung höchstens 5 % ist? Aber wozu habe ich denn einen Hausstatistiker? Entwerfen Sie ein Testverfahren, das ich bei jeder Lieferung anwenden kann und mit dem ich immer zu einer klaren Entscheidung komme."*

Übernehmen Sie die Aufgabe des Hausstatistikers.

Hypothesentests mit Signifikanzniveau

Es gibt viele Situationen, in denen man eine Entscheidung von dem Ergebnis eines statistischen Tests abhängig macht, zum Beispiel, ob ein bestimmtes neues Medikament wegen verbesserter Wirksamkeit eingesetzt wird, ob man eine Lieferung mit zugesagter Qualität zurückweisen wird, oder ob sich eine aufwändige Wahlkampagne zum Verbessern des Wähleranteils lohnt. Solche Tests werden häufig in gleichartigen Situationen immer wieder eingesetzt. Ist für ein bestimmtes Testergebnis die Wahrscheinlichkeit, dass dieses bei Gültigkeit der Nullhypothese eintritt, gering, so wird die Nullhypothese verworfen. Wie gering diese Wahrscheinlichkeit sein soll, wird vor Durchführung des Tests festgelegt.

Übliche Signifikanzniveaus sind
$\alpha = 10\%$,
$\alpha = 5\%$ oder
$\alpha = 1\%$.

Signifikanzniveau

Beim Hypothesentest legt man vor der Durchführung des Tests das **Signifikanzniveau α** fest. Das Signifikanzniveau für einen Test ist eine Schranke für die Wahrscheinlichkeit, mit der ein Testergebnis unter der Annahme, dass H_0 stimmt, eintreten darf. Tritt ein Testergebnis mit einer Wahrscheinlichkeit $\leq \alpha$ ein, so spricht dies signifikant gegen die Nullhypothese; man wird H_0 „verwerfen". Das Signifikanzniveau kennzeichnet das Risiko, das man bei Anwendung des Testverfahrens in Kauf nimmt, die Nullhypothese zu verwerfen, obwohl sie eigentlich richtig ist. Damit ist eine klare Entscheidungsregel für den Test vorgegeben. Es hängt von der Bedeutung der Entscheidung ab, welches Signifikanzniveau man festlegt.

11.1 Testen von Hypothesen

Planen und Durchführen eines Hypothesentests („Signifikanztest") — *Basiswissen*

Ausgangssituation

Über eine vorliegende Vermutung/Behauptung soll mithilfe eines Testverfahrens entschieden werden.

Ein Kandidat behauptet, Kenntnisse auf dem Sachgebiet der Dinosaurier zu haben. Dies soll mithilfe eines Multiple-Choice-Fragebogens entschieden werden. Zu jeder Frage gibt es vier vorgegebene Antworten, davon ist jeweils genau eine richtig.

Planen des Tests

Formulieren der **Nullhypothese H_0** und der **Alternativhypothese H_1**

H_0: Der Kandidat hat keinerlei Sachkenntnisse, er rät nur. Bei jeder Frage ist die Wahrscheinlichkeit, die richtige Antwort anzukreuzen, **p = 0,25**.
H_1: Der Kandidat hat Sachkenntnisse.

Festlegen der **Stichprobe** und der **Testgröße X** (Zufallsgröße)

Der Fragebogen soll aus 20 Aufgaben bestehen: n = 20
Testgröße X: Anzahl der richtigen Antworten

Modellannahme über die **Verteilung von X**

X ist binomialverteilt.
(Hier geht man davon aus, dass bei jeder Frage das Ankreuzen zufällig und unabhängig erfolgt.)

Festlegen des **Signifikanzniveaus α**

α = **0,05**

Bestimmen des **Verwerfungsbereichs V**
Man sucht die kleinste Grenze, für die der P-Wert < α ist.

Verwerfungsbereich
$V = \{9, 10, ..., 20\}$
$P(X \geq 8) \approx 0{,}101$
$P(X \geq 9) \approx 0{,}041$

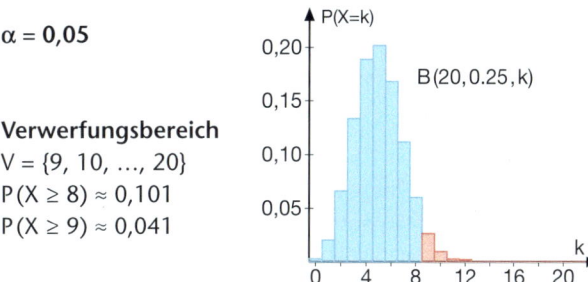

111RoKa.ggb

Entscheidungsregel
Fällt bei der Durchführung des Tests die Testgröße X in den Verwerfungsbereich, so wird die Nullhypothese zugunsten von H_1 verworfen.

Falls der Kandidat neun oder mehr richtige Antworten liefert, wird man die Nullhypothese, dass er nur rät, verwerfen und ihm Sachkenntnisse zubilligen.

Durchführen des Tests

1. Erheben der Stichprobe
2. Auswerten
3. Entscheiden

Falls z. B. das Ausfüllen des Fragebogens zwölf richtige Antworten ergibt, so führt die Entscheidungsregel zum Verwerfen der Nullhypothese.
Falls z. B. sieben Antworten richtig sind, so wird die Nullhypothese auf dem vorgegebenen Signifikanzniveau nicht verworfen.

Interpretieren

Mit dem Verwerfen der Nullhypothese ist die Richtigkeit der Alternative nicht „bewiesen".
Wenn die Nullhypothese nicht verworfen wird, bedeutet dies nicht, dass damit die Nullhypothese wahr ist.

Beispiele

B *Test auf Nebenwirkungen – einseitiger Verwerfungsbereich*

Ein Arzneimittelhersteller behauptet, dass sein neues Medikament A im Gegensatz zu dem vergleichbaren Medikament B eines anderen Herstellers seltener zu Allergien führe. Bei Medikament B treten in etwa 20% der Fälle Allergien auf.
Das neue Medikament A soll an 100 Personen auf einem Signifikanzniveau von 10% getestet werden. Geben Sie eine passende Entscheidungsregel an.

Lösung:
Nullhypothese H_0: A ist nicht besser als B, d.h. für das Medikament A gilt:
$\quad$ P(„Allergie") = 0,2
Alternativhypothese H_1: A ist besser als B, d.h. für das Medikament A gilt:
$\quad$ P(„Allergie") < 0,2
Signifikanzniveau: $\alpha = 0,1$

Testgröße X: Anzahl der Personen, bei denen nach Einnahme von A Allergien aufgetreten sind
X ist *binomialverteilt.*
Stimmt H_0, dann kann man bei 100 Patienten mit etwa 20 Allergiefällen rechnen. Sind es deutlich weniger Allergiefälle, wird H_0 zugunsten von H_1 verworfen.
Bestimmung des Verwerfungsbereichs V:
$P(X \leq 14 \mid H_0) \approx 0,08$
$P(X \leq 15 \mid H_0) \approx 0,13$
$\Rightarrow$ Verwerfungsbereich V = {0, 1, ..., 14}

linksseitiger Verwerfungsbereich:
Der Wert k = 14 wird auch als „kritischer Wert" bezeichnet.

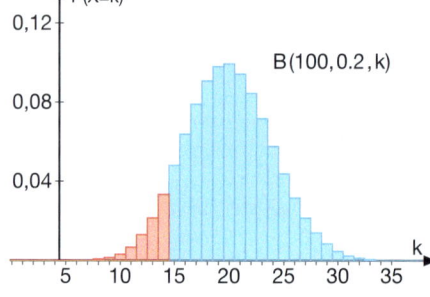

Entscheidungsregel: **Falls nur bei 14 oder weniger Personen Allergien auftreten, wird die Nullhypothese verworfen.**

C *Ist eine Münze fair? – zweiseitiger Verwerfungsbereich*

Entwerfen Sie einen Signifikanztest auf dem 5%-Niveau zur Überprüfung, ob eine Münze fair ist.

Lösung:
Nullhypothese H_0: Die Münze ist fair: $\qquad$ P(„Kopf") = 0,5
Alternativhypothese H_1: Die Münze ist nicht fair: $\;$ P(„Kopf") ≠ 0,5
Signifikanzniveau: $\alpha = 0,05$
Stichprobenumfang: 200 Würfe

Testgröße X: Anzahl von „Kopf" in der Stichprobe
X ist *binomialverteilt.*
Stimmt H_0, dann müsste bei 200 Würfen in etwa 100-mal „Kopf" auftreten. Große Abweichungen von 100 nach oben oder nach unten werden uns veranlassen, die Hypothese H_0 zugunsten von H_1 zu verwerfen. Dies legt nahe, einen zweiseitigen Verwerfungsbereich zu wählen:

Zweiseitiger Verwerfungsbereich

$V = \{0, 1, ..., k_1\} \cup \{k_2, ..., 200\}$

Bestimmen des Verwerfungsbereichs V:
Die 5% des Signifikanzniveaus werden zu gleichen Teilen auf die beiden Randbereiche der Verteilung aufgeteilt. Es geht also um die Bestimmung der „kritischen Werte" k_1 und k_2 mit $P(X \leq k_1 \mid H_0) \leq 0,025$ und $P(X \geq k_2 \mid H_0) \leq 0,025$.
Durch Ausprobieren mit dem GTR oder einer Software erhält man:
Verwerfungsbereich: **V = {0, 1, ..., 85} ∪ {115, ..., 200}**

11.1 Testen von Hypothesen

Übungen

15 *Reale und simulierte Münzen*

a) Stellen Sie aus Holz oder einem flachen runden Stein eine eigene Münze her, sie kann getrost etwas unsymmetrisch sein. Testen Sie diese Münze mit dem in Beispiel C entworfenen Testverfahren.

Stochastik 1

b) Mit der Erzeugung von Zufallszahlen 0 und 1 können Sie die faire Münze mit dem Computer oder dem GTR simulieren. Erheben Sie damit viele Stichproben von 200 Münzwürfen. Finden sich darunter Stichproben, die nach dem Testverfahren von Beispiel C zum Verwerfen der Nullhypothese führen?

11115.ggb

16 *Warenkontrolle*

Eine Herstellerfirma gibt an, dass ihre gelieferte Ware **höchstens** 7 % fehlerhafte Teile enthält. Der Abnehmer möchte diese Aussage mit einer Stichprobe von 50 Stück testen. Entwickeln Sie ein Testverfahren auf dem 5 %-Signifikanzniveau, um zu entscheiden, ab wie vielen fehlerhaften Stücken die Aussage des Herstellers als nicht glaubhaft angesehen und die Warenlieferung zurückgewiesen wird.

Nullhypothese H_0: $p = 0{,}07$

17 *Bevorzugen junge weibliche Meerkatzen Puppen als Spielzeug?*

Die Frage wird mit einem Experiment untersucht. Einer jungen Meerkatze werden Stoffpuppen und Stoffbälle in bunter Mischung, aber gleicher Anzahl vorgelegt. Man protokolliert, welche dieser Spielzeuge die Meerkatze bei den ersten zehn Versuchen auswählt.
Entwerfen Sie einen Signifikanztest auf dem 5 %-Niveau. (Nullhypothese: Die Meerkatze wählt jeweils zufällig aus, d. h. die Wahrscheinlichkeit für die Auswahl einer Puppe ist $\frac{1}{2}$.) Zu welcher Entscheidung führt das im Bild aufgezeichnete Protokoll?

Verhaltensforscher von der City University London boten einer Gruppe von Meerkatzen verschiedenes Spielzeug an und beobachteten, wie sich die Affenmännchen auf Autos und Bälle stürzten, die Weibchen aber zu Puppen und Töpfen griffen.

Quelle: Spiegel 21, 2004

18 *Alltagssprache und Fachsprache*

> In der Alltagssprache bedeutet signifikant: deutlich, wesentlich, wichtig.
> In der Statistik heißen Unterschiede oder Ergebnisse signifikant, wenn die Wahrscheinlichkeit gering ist, dass sie durch Zufall zustande gekommen sind.

Recherche im Internet: Suchwort „signifikant"

Beschreiben Sie mit Ihren eigenen Worten, was „signifikant" beim Hypothesentest bedeutet. Wie weit ist dies verträglich mit den oben beschriebenen Bedeutungen im Rahmen eines Signifikanztests?

19 *Euro-Münze*

„Der Euro ist unfair", haben polnische Statistiker festgestellt, die eine belgische Euro-Münze 1000 Mal über den Tisch kreiseln ließen. Rund 600 Mal blieb die neue Währung mit dem Kopf nach oben zeigend liegen. Das Ergebnis bringt den Deutschen Fußball-Bund (DFB) in Schwierigkeiten. Immer noch lässt der Verband bei Fußballspielen das Seiten- und Anstoßwahlrecht per Münzwurf entscheiden.
Auszug aus „Der Tagesspiegel" vom 09.02.2002

Liefert das von den polnischen Statistikern angegebene Stichprobenergebnis eine signifikante Abweichung auf dem 1 %-Niveau?

11 Beurteilende Statistik

Mit Näherungsverfahren zur Bestimmung von Verwerfungsbereichen

Faustregel:
$\sigma = \sqrt{n \cdot p \cdot (1-p)} > 3$

Bisher wurde der Verwerfungsbereich mithilfe der zugrunde liegenden Binomialverteilung bestimmt. Bei größerem n (Faustregel) können wir hierzu auch mit den Sigma-Regeln arbeiten.

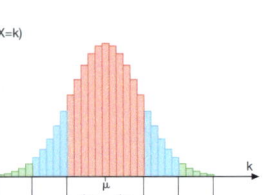

Sigma-Regeln für die Binomialverteilung, siehe Seite 415

Näherungsverfahren mithilfe der Sigma-Regeln

Bei der Übung 19 ist $\sigma = \sqrt{1000 \cdot 0{,}5 \cdot 0{,}5} \approx 15{,}81$ deutlich größer als 3. Damit ist die Voraussetzung für die Anwendung der **Sigma-Regeln** gegeben.

Unter der Annahme, dass H_0 stimmt, liegt der Wert der Testgröße mit einer Wahrscheinlichkeit von 0,99 in der 2,58σ-Umgebung des Erwartungswertes. Ein Stichprobenergebnis außerhalb der 2,58σ-Umgebung kommt also – vorausgesetzt, die Nullhypothese ist wahr – mit einer Wahrscheinlichkeit von weniger als 1 % vor.

Berechnung der 2,58σ-Umgebung des Erwartungswertes:
$\mu - 2{,}58 \cdot \sigma \approx 500 - 2{,}58 \cdot 15{,}81 \approx 459{,}21$;
$\mu + 2{,}58 \cdot \sigma \approx 500 + 2{,}58 \cdot 15{,}81 \approx 540{,}79$
„gerundeter" zweiseitiger Verwerfungsbereich: $V = \{X \leq 459\} \cup \{X \geq 541\}$

Mit den Sigma-Regeln kann man auch **einseitige Verwerfungsbereiche** ermitteln. Bei einem Signifikanzniveau von z. B. 5 % wählt man als Verwerfungsbereich den Bereich je nach Sachaufgabe links oder rechts von der 90 %-Umgebung des Erwartungswertes.

Übungen

20 *Einfacher Test beim Roulette*
Beim Roulette sollte „Rouge" mit einer Wahrscheinlichkeit von $\frac{18}{37}$ „fallen".
Entwerfen Sie einen einfachen Signifikanztest zum Testen der Nullhypothese H_0: Das Roulette-Spiel ist in Ordnung. Warum ist ein zweiseitiger Verwerfungsbereich sinnvoll? Ermitteln Sie mit den Sigma-Regeln den Verwerfungsbereich, wenn Sie 500 Spiele beobachten wollen und das Signifikanzniveau des Tests 5 % betragen soll.

21 *„absolute Mehrheit"*
Bei einer Wahlumfrage werden 600 zufällig ausgewählte Personen befragt. Die Partei A hofft auf die absolute Mehrheit. Welche Umfrageergebnisse sprechen signifikant (Signifikanzniveau von 5 %) gegen diese Hoffnung?

22 *Geld fürs Studium*
Entwerfen Sie einen Test zur Überprüfung der Hypothese, dass mindestens 30 % der Studierenden in Deutschland für ihren Lebensunterhalt arbeiten müssen. Wie lauten mögliche Hypothesen? Berechnen Sie den Verwerfungsbereich für eine Stichprobe von 1000 Studierenden bei einem Signifikanzniveau von 5 %.

23 *Noch einmal Werbung im Internet*
Eine Softwarefirma macht Werbung im Internet. Um zu testen, ob die CTR (click through rate), d. h. der Anteil der Besucher der Website, die ein Produkt der Softwarefirma auch in den Warenkorb legen, mindestens 20 % beträgt, schlägt das Beratungsunternehmen der Firma den folgenden Test vor:
Die Werbemaßnahme wird gestartet. Es werden die ca. 2500 Besucher der Website in dem folgenden Monat registriert und die CTR ermittelt. Liegt diese bei mindestens 550, dann wird die die Maßnahme als erfolgreich angesehen.
a) Um welche Art von Test handelt es sich?
b) Geben Sie die Entscheidungsregel und das zugehörige Signifikanzniveau des Tests an.

11.1 Testen von Hypothesen

Übungen

24 *Zweiseitiger oder einseitiger Verwerfungsbereich?*
a) In dem Beispiel im Basiswissen (Multiple-Choice-Fragebogen) wurde ein rechtsseitiger Verwerfungsbereich gewählt, in Beispiel B (Nebenwirkungen) ein linksseitiger und in Beispiel C (Münzwurf) ein zweiseitiger. Lässt sich dies mithilfe der jeweiligen Ausgangssituation begründen?
b) Finden Sie selbst jeweils eine Situation, bei der Sie einen linksseitigen, rechtsseitigen oder zweiseitigen Test einsetzen würden. Beschreiben Sie die Testverfahren.

Tipp zu b):
Die Aufgaben und Beispiele dieses Lernabschnitts können als Anregung dienen.

Zweiseitiger, linksseitiger und rechtsseitiger Test

Bei einem **zweiseitigen** Test wird die Nullhypothese verworfen, wenn der in der Stichprobe ermittelte Wert der Testgröße stark nach unten oder nach oben vom Erwartungswert abweicht *(zweiseitiger Verwerfungsbereich)*.
Bei einem **einseitigen** Test wird die Nullhypothese verworfen, wenn die Testgröße entweder stark nach unten vom Erwartungswert abweicht *(linksseitiger Verwerfungsbereich)* oder stark nach oben abweicht *(rechtsseitiger Verwerfungsbereich)*.

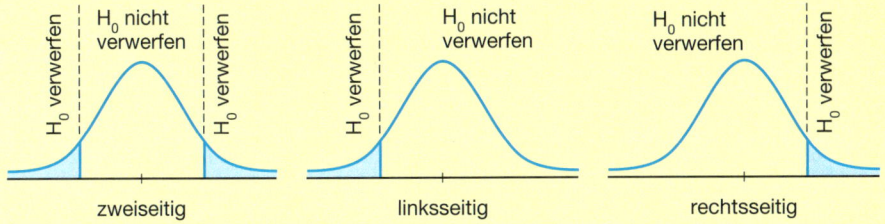

Ob man einen zweiseitigen oder einen einseitigen Verwerfungsbereich wählt, ergibt sich meist aus der Situation, insbesondere aus der Festlegung der Alternative.

---

25 *Telefonbuch und Zufallsziffern*
Liefert das Telefonverzeichnis einer größeren Stadt eine gute Tabelle von Zufallszahlen, wenn man von den fünf- bzw. sechsstelligen Telefonnummern jeweils die letzte Ziffer als Zufallszahl notiert?
Als Testgröße X kann man den Anteil der Zufallszahlen wählen, die zugleich Primzahlen sind. Das sind die Zahlen 2, 3, 5 und 7. Normalerweise wird in einer „guten" Zufallszahlentabelle dieser Anteil bei etwa 40 % liegen.
a) Entwerfen Sie einen geeigneten Test auf dem Signifikanzniveau von 10 %. Begründen Sie, warum man einen zweiseitigen Verwerfungsbereich wählen sollte.
b) Wenden Sie den Test auf eine Stichprobe aus dem Telefonverzeichnis Ihrer Region an.

Nullhypothese H_0: $p = 0{,}4$

26 *Verbesserung der Zahnpflege*
Bei Reihenuntersuchungen in einer Schule wurden bei durchschnittlich 20 % der Jugendlichen einer Altersgruppe Zahnschäden festgestellt, die eine weitere Behandlung beim Zahnarzt erforderlich machten. Man begann daraufhin eine aufwändige Aufklärungs- und Werbekampagne für eine intensive Zahnpflege. Nach einigen Jahren soll der Erfolg anhand einer Stichprobe überprüft werden.
a) Welche Entscheidung wird man aufgrund eines Tests jeweils treffen, wenn bei
  a_1) 50 der 300 Jugendlichen a_2) 100 der 600 Jugendlichen
behandlungswürdige Zahnschäden festgestellt wurden?
b) Bei jeder der Entscheidungen bei den Stichprobenergebnissen a_1) oder a_2) kann die Entscheidungsregel zu einer Fehlentscheidung führen. Beschreiben Sie diese beiden möglichen Fehler. Welche Bedeutung hätten dann die unterschiedlichen Fehler im gegebenen Sachzusammenhang?

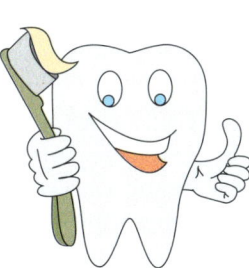

Übungen

27 *Feuerwerkskörper*

Ein Großhändler bestellt für den bevorstehenden Jahreswechsel 10 000 Leuchtraketen bei einem neuen Hersteller. Für seinen Kundenstamm darf er auf keinen Fall schlechte Qualität anbieten. Mit dem Hersteller wurde deshalb vertraglich vereinbart, dass die Sendung höchstens 4 % Ausschuss enthalten darf.
Gleichzeitig wurde festgehalten, wie die

Qualität der Sendung zu testen ist: Der Einkäufer wählt zufällig 50 Exemplare aus und zündet sie. Wenn mehr als vier Raketen nicht starten, so darf der Großhändler die Sendung zurückweisen und braucht nichts zu bezahlen. Andernfalls muss er die Sendung akzeptieren.

a) Ist dies ein Test auf dem Signifikanzniveau von 5 %?

Risiko für den Hersteller („Produzentenrisiko")

b) Ist dieser Test fair für den Hersteller? Wenn die Sendung gerade noch der Vereinbarung entspricht, müsste der Einkäufer mit etwa zwei defekten Knallkörpern in der Stichprobe rechnen. Aber wenn es „der Zufall will", geraten „leicht" einmal auch fünf oder sogar mehr defekte Exemplare in die Auswahl. Dann würde die Sendung zu Unrecht abgelehnt.

Risiko für den Großhändler („Konsumentenrisiko")

c) Ist das Testverfahren nicht zu riskant für den Großhändler? Er könnte die Sendung nicht zurückweisen, wenn vier defekte Feuerwerkskörper in der Stichprobe sind. Das wären dann immerhin 8 %.

d) Mit den Fragen in den Teilaufgaben b) und c) werden mögliche Fehlentscheidungen beim Anwenden der Entscheidungsregel angesprochen. Beschreiben Sie diese mithilfe der Tabelle in der folgenden gelben Karte. Welche Bedeutung haben diese jeweils für den Hersteller und für den Großhändler?

Fehlentscheidungen beim Signifikanztest

Gleichgültig, auf welchem Signifikanzniveau man testet: Die Entscheidung auf der Grundlage einer Zufallsstichprobe ist auf jeden Fall mit Unsicherheit behaftet.

Nach Durchführung eines Signifikanztests ist die Entscheidung klar:
Liegt der Wert der Testgröße X im Verwerfungsbereich, so wird die Nullhypothese H_0 verworfen, man entscheidet sich für die Alternativhypothese H_1. Liegt der Wert von X nicht im Verwerfungsbereich, so wird H_0 nicht verworfen, man entscheidet sich für das Beibehalten der Nullhypothese. In beiden Fällen ist die Entscheidung mit Unsicherheit behaftet: Man kann einen Fehler machen.

	H_0 wird verworfen	H_0 wird nicht verworfen
H_0 ist wahr	Fehler 1. Art	alles in Ordnung
H_0 ist falsch	alles in Ordnung	Fehler 2. Art

*Die Wahrscheinlichkeit für den Fehler 1. Art wird oft **Irrtumswahrscheinlichkeit** genannt.*

Der **Fehler 1. Art** tritt ein, wenn aufgrund des Stichprobenergebnisses die Nullhypothese H_0 verworfen wird, obwohl sie wahr ist.
Die Wahrscheinlichkeit für den Fehler 1. Art kann höchstens so groß sein wie das vorgegebene Signifikanzniveau α. Der Fehler 1. Art wird auch als „α-Fehler" bezeichnet. Die Hypothesentests sind durch das niedrige Signifikanzniveau in der Regel so angelegt, dass diese „Irrtumswahrscheinlichkeit" möglichst klein wird.

Genaueres zum Fehler 2. Art auf Seite 453.

Der **Fehler 2. Art** tritt dann ein, wenn die Nullhypothese H_0 aufgrund des Stichprobenergebnisses nicht verworfen wird, obwohl sie falsch ist. Dieser Fehler wird auch als „ß-Fehler" bezeichnet.

11.1 Testen von Hypothesen

28 | Impfstoff
Ein Arzneimittelhersteller behauptet, dass sein neuer Impfstoff gegen Heuschnupfen mehr als 75 % aller geimpften Personen fünf Monate lang schützt. Der Impfstoff soll an 50 Patienten getestet werden.
a) Welche Bedeutung hat ein Fehler 1. Art aus der Sicht des Patienten?
b) Bei welcher Entscheidungsregel kann man die Wahrscheinlichkeit für diese Fehlentscheidung auf höchstens 5 % beschränken?

Übungen

H_0: p = 0,75
H_1: p > 0,75

29 | Konsumenten- und Produzentenrisiko
Bei der Qualitätskontrolle mithilfe eines Signifikanztests, wie in Übung 14, können Entscheidungsfehler 1. Art und 2. Art vorkommen.
a) Beschreiben Sie diese Fehler in der gegebenen Sachsituation von Übung 14. Welche Auswirkungen haben diese Fehler jeweils für den Produzenten und den Konsumenten?
b) Einer der beiden Fehler wird üblicherweise als *Konsumentenrisiko*, der andere als *Produzentenrisiko* bezeichnet. Ordnen Sie zu.

Siehe dazu auch Übung 27.

30 | Fehler aus unterschiedlichem Blickwinkel
Von einem Medikament wird behauptet, dass es in mindestens neun von zehn Fällen gegen eine gefährliche Infektion wirken soll. Die Behauptung wird mit einem Test überprüft.
Beschreiben Sie sowohl den Fehler 1. Art als auch den Fehler 2. Art. Welche Auswirkungen könnte das Eintreten dieser Fehler jeweils für den Patienten haben? Wie sieht dies aus der Sicht des behandelnden Arztes aus?

31 | Fachbegriffe zuordnen

| Nullhypothese H_0 | Alternativhypothese H_1 | Testgröße X | Verwerfungsbereich V |

| Fehler 1. Art | Irrtumswahrscheinlichkeit | Signifikanzniveau α | Entscheidungsregel |

(A) Der Fehler 1. Art kann nur eintreten, wenn die …… wahr ist.

(B) Unter der …… versteht man die Zufallsgröße, von deren Wert es abhängt, ob H_0 verworfen wird.

(C) Unter der …… versteht man die Behauptung, die man akzeptiert, wenn H_0 verworfen wird.

(D) Unter dem …… versteht man den im Voraus festgelegten Zahlenbereich, mit dessen Hilfe entschieden wird, ob H_0 abgelehnt wird.

Erstellen Sie für die nicht verwendeten, oben aufgeführten Begriffe eigene Lückentexte.

32 | „Vokabelheft"
Suchen Sie die Fachbegriffe zum Testen von Hypothesen in diesem Lernabschnitt heraus und schreiben Sie Ihre eigenen kurzen Erklärungen dazu auf. Vergleichen Sie Ihre Ergebnisse sowohl untereinander als auch mit den entsprechenden Begriffserklärungen im Lexikon bzw. Internet.

P-Wert: …
Zweiseitiger Test: …

33 | Etwas zum Nachdenken und Diskutieren
Wird bei einem Test die Nullhypothese H_0 nicht abgelehnt, so bedeutet dies nicht, dass diese Nullhypothese H_0 statistisch gesichert ist. Über die Wahrscheinlichkeit des Fehlers, der bei der Nichtablehnung von H_0 auftreten kann (Fehler 2. Art), wird bei einem Signifikanztest in der Regel keine Aussage gemacht. Deshalb sagt man in diesem Fall: „Die Nullhypothese wird durch die Beobachtungen nicht widerlegt."
Welche Gründe könnte es geben, dass ein Test ein nichtsignifikantes Resultat liefert?

Übungen

34 *„Häufig gestellte Fragen"*
Im Internet wird Wissen über sogenannte FAQ („Frequently Asked Questions") ausgetauscht. Ergänzen Sie die folgende Liste der FAQ um weitere Fragen und Antworten.

> **FAQ**
>
> *Beim Hypothesentest geht es um eine Entscheidung zwischen konkurrierenden Hypothesen. Welche wählt man als Nullhypothese, welche als Alternative?*
>
> Es gibt keine zwingende Regel. Häufig hilft die Empfehlung: Als Nullhypothese H_0 wählt man die Behauptung (Vermutung), die man mit dem Test verwerfen möchte. Die Alternative H_1 ist dann die Behauptung, die man akzeptiert, wenn H_0 verworfen wird.
>
> *Wie kann man beim Signifikanztest die Wahrscheinlichkeit von 5% für einen Fehler 1. Art interpretieren?*
>
> Ein Statistikbüro wendet ein Testverfahren auf dem Signifikanzniveau von 5% sehr häufig an. Dann wird es auf „lange Sicht" in höchstens 5% der Testausführungen, in denen H_0 zutrifft, zu einer Fehlentscheidung im Sinne des Fehlers 1. Art kommen.

35 *Alles in Ordnung?*
Bei einer Therapie A weiß man aus langer Erfahrung, dass sie bei etwa 50% der behandelten Patienten zu einer Besserung führt. Nun wird eine neue Therapie B propagiert mit dem Versprechen, dass sie deutlich häufiger zum Erfolg führt. In zehn Zufallsstichproben an je zehn Patienten wird B getestet.

Stichprobe Nr.	1	2	3	4	5	6	7	8	9	10
Erfolge	6	4	5	5	3	9	6	4	6	6

Die Stichprobe Nr. 6 wird veröffentlicht mit dem Fazit: *„Die neue Therapie B ist besser als die alte Therapie A. Dies wurde auf einem Signifikanzniveau von 5% nachgewiesen."*

a) Formulieren Sie die Nullhypothese und Alternativhypothese für diesen Test. Überprüfen Sie, ob die Aussage für die Stichprobe mit der Nummer 6 zutrifft.
b) Was halten Sie von der Publikation?

36 *Rolle der Stichprobengröße*
Bei einem Medikament beträgt die Wahrscheinlichkeit für bestimmte Nebenwirkungen 25%. Ist ein neues Medikament hinsichtlich der Nebenwirkungen besser?
Test: H_0: $p = 0{,}25$; H_1: $p < 0{,}35$ Entscheidungsregel: Liegt der Anteil der Patienten mit Nebenwirkungen bei einem Test des neuen Medikamentes bei höchstens 18%, dann wird H_0 zugunsten von H_1 abgelehnt.
a) Berechnen Sie den Fehler 1. Art bei einer Stichprobe von 100 (200) Patienten.
b) Welche Wirkung hat die Stichprobengröße auf den Fehler 1. Art bei diesem Verfahren?

> **KOPFÜBUNGEN**
>
> **1** Für welchen Wert von k hat $x^2 + k = -2$ genau eine Lösung?
>
> **2** Geben Sie ein Beispiel für eine Funktion f an, die an der Stelle a keinen Extrempunkt besitzt und für die zusätzlich $f'(a) = 0$ gilt.
>
> **3** Geben Sie einen Punkt D so an, dass ABCD ein Trapez mit den Grundseiten $\overline{AB}$ und $\overline{CD}$ ist. $A = (1|4|0)$, $B = (7|1|0)$, $C = (5|2|3)$

11.1 Testen von Hypothesen

Aufgaben

37 *Alternativtest – Berechnung des Fehlers 2. Art*

Ein Besucher des Jahrmarkts kauft seit Jahren Lose bei der gleichen Losbude, bei der garantiert wird, dass der Anteil der Gewinnlose 50% beträgt. In diesem Jahr kommt das Gerücht auf, dass der Anteil der Gewinnlose nur noch 30% beträgt. Der statistisch versierte Besucher will einen Test durchführen, um die beiden Hypothesen $H_0: p = 0{,}5$ und $H_1: p = 0{,}3$ gegeneinander abzuwägen. Dazu kauft er 20 Lose. Er legt fest: Wenn sich in der Stichprobe 7 oder weniger Gewinne befinden, will er H_0 verwerfen und dem Gerücht Glauben schenken.

a) Beschreiben Sie das Vorgehen als Hypothesentest und die möglichen Fehler 1. Art und 2. Art, die bei dem Test auftreten können.

b) Zeigen Sie, dass die Wahrscheinlichkeit für:

den Fehler 1. Art gleich 13% ist,   den Fehler 2. Art gleich 23% ist.

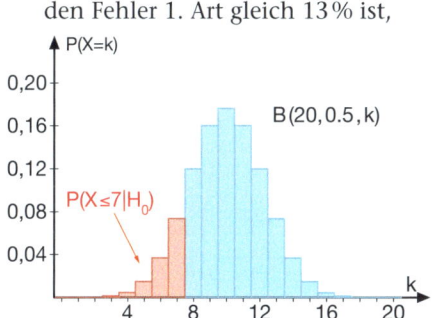 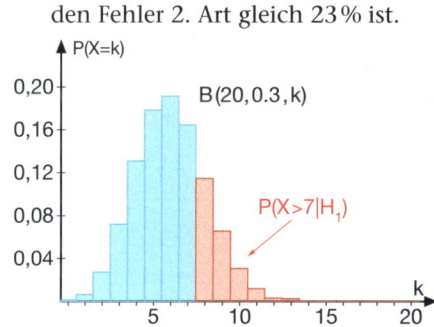

c) Wie ändern sich die Fehlerwahrscheinlichkeiten, wenn der Verwerfungsbereich verkleinert (z. B. weniger als 7 Gewinne) bzw. vergrößert (z. B. weniger als 9 Gewinne) wird?

Schätzen Sie zunächst und überprüfen Sie dann durch Rechnung.

d) Kann es gelingen, gleichzeitig den Fehler 1. Art und den Fehler 2. Art unter 10% zu halten, wenn man den Stichprobenumfang auf 50 vergrößert?

38 *„Medikamentenstudie" – Fehler 2. Art für angenommene Alternativen*

Ein auf dem Markt befindliches Medikament wirkt sich nach den langjährigen Erfahrungen bei etwa 70% der Patienten günstig auf den Krankheitsverlauf aus. Eine Firma hat ein neues Medikament entwickelt, von dem sie behauptet, dass die Patienten hiermit deutlich häufiger geheilt werden können. Das neue Medikament wird an 30 zufällig ausgewählten Patienten erprobt. Es wird festgelegt, dass die Nullhypothese $H_0: p_0 = 0{,}7$ zugunsten der Alternative $H_1: p > 0{,}7$ verworfen wird, wenn sich eine günstige Auswirkung bei 25 oder mehr Patienten zeigt.

a) Beschreiben Sie in dieser Situation den Fehler 1. Art und den Fehler 2. Art. Berechnen Sie die Wahrscheinlichkeit für den Fehler 1. Art und bestätigen Sie, dass der Test auf dem 10%-Signifikanzniveau erfolgt.

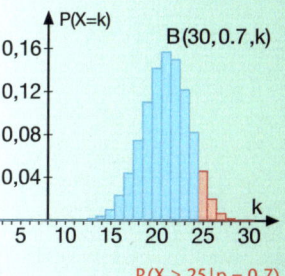

b) Der Fehler 2. Art kann in diesem Fall nicht berechnet werden, da die Wahrscheinlichkeit für die Alternative $H_1: p > 0{,}7$ nicht bekannt ist. Wir können uns einen Überblick verschaffen, indem wir den Fehler 2. Art für eine angenommene Alternativhypothese $p = p_1$ berechnen.

Füllen Sie die folgende Tabelle aus.

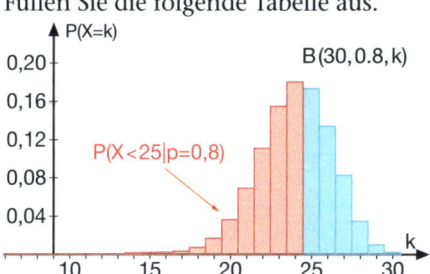

Angenommene Alternative $p = p_1$	Fehler 2. Art $P(X < 25 \mid p = p_1)$
0,71	■
0,75	■
0,8	0,572
0,85	■
0,9	■
0,95	■

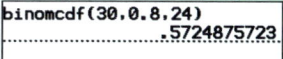

Können Sie die Entwicklung der Werte in der zweiten Spalte plausibel begründen?

Aufgaben

39 *Zufall im Sport*

Wie bewerten Sie die Aussagen der Artikel im Lichte eines Hypothesentests? Beziehen Sie gegebenenfalls Fußball- oder Tennisexperten in die Diskussion ein.

Soll der Gefoulte selbst den Elfmeter schießen?

Elfmeter: Nur zwei Prozent Trefferunterschied bei Gefoulten und Mannschaftskameraden

Auch die alte Fußballweisheit, dass der Gefoulte nicht selbst den Elfmeter schießen sollte, haben Wissenschaftler unter die Lupe genommen – und widerlegt. Biometriker Oliver Kuß von der Martin-Luther-Universität Halle-Wittenberg hat alle Foulelfmeter der Bundesliga aus zwölf Jahren, exakt 835, untersucht. 102 davon wurden von den Gefoulten selbst geschossen und zu 73 Prozent verwandelt. Führten nicht-gefoulte Spieler den Strafstoß aus, ging der Ball in 75 Prozent der Schüsse ins Netz. „*Dieser Unterschied liegt im Rahmen der zufälligen Schwankungen und lässt somit nicht auf einen Effekt schließen*", konstatiert Kuß. Seine Quintessenz: „König Fußball ist viel mehr vom Faktor Zufall bestimmt als viele Beteiligte glauben."

Frankfurter Rundschau 7.6.08

DER SPIEGEL 42/2011

Szene — **Sport**

Tennis
Endspiele nach Wunsch?

Nadal bei den U.S. Open 2010 in New York

Der Spanier Rafael Nadal und der Schweizer Roger Federer haben 11 der letzten 16 Grand-Slam-Turniere gewonnen, dabei standen sie sich viermal im Finale gegenüber. Die serbische Juristin Katarina Pijetlović, die unter anderem Sportrecht an der Universität von Helsinki lehrt, hegt Zweifel, dass dies allein an den Fähigkeiten der beiden Spieler liegt. Im Fokus ihrer Untersuchungen, die sie bei einem Anti-Korruptions-Symposium in Köln publik machte, stehen die Auslosungen der Australian Open, der U.S. Open und von Wimbledon in den Jahren 2008 bis 2011.

Um zu verhindern, dass die besten Spieler früh gegeneinander antreten müssen, werden sie gesetzt. Die Regeln schreiben vor, dass der an Nummer eins gesetzte Spieler immer an die Spitze des Tableaus platziert wird, der an Position zwei gesetzte Spieler immer ans Ende – so kann es erst im Finale zum Showdown kommen. Per Los wird dann entschieden, ob die Nummer drei oder die Nummer vier der Setzliste in der oberen Hälfte des Feldes spielt, die Chance darauf liegt bei 50 Prozent. Pijetlović fiel auf, dass bei den letzten zwölf Grand-Slam-Turnieren in Melbourne, New York und London stets der Serbe Novak Djoković und Federer zusammengelost wurden und der Brite Andy Murray (oder ein anderer an Position vier gesetzter Spieler) und Nadal. „Das ist so, als würde man zwölfmal eine Münze werfen, und zwölfmal landete sie mit der Zahl oben", sagt Pijetlović. Die Chance, dass dies passiert, liegt bei 0,02 Prozent. Die Juristin hält daher eine Manipulation der Auslosung für möglich – zumal Federer eine positive Bilanz gegen Djoković hat, aber eine negative gegen Murray.

Beim vierten Grand-Slam-Turnier, den French-Open in Paris, stand Djoković in den letzten vier Jahren übrigens zweimal in Federers Hälfte, zweimal in Nadals. „Das ist zu erwarten und statistisch normal", sagt Pijetlović. Die Turnier-Organisatoren der U.S. Open, der Australian Open und von Wimbledon äußerten sich auf Nachfrage nicht zu den Vorgängen.

11.2 Nachgefragt – Entscheiden mit Statistik

Häufig ist die wichtigste Frage in den Natur- und Wirtschaftswissenschaften, aber auch im täglichen Leben, ob zwischen zwei „Variablen" ein Sachzusammenhang besteht. Diese Fragen sind zumeist „Wenn …, dann …"-Fragen: „Wenn ich diese Medizin einnehme, dann geht es mir besser?" Oder: „Wenn ich mein Facebook-Profil ändere, dann erhalte ich eine höhere Klickrate?"

Wie muss man Daten erheben und wie auswerten, wenn man valide Aussagen über die Kausalität erhalten möchte?

Was Sie erwartet

Aufgaben

1 *Eine Fallstudie „Tödliche Handys"*
Im September 2002 verklagte Dr. CHRISTOPHER NEUMANN, ein US-Bürger, die Firmen Motorola, Verizon und andere Betreiber von Funknetzen. Er behauptete, dass sie Schuld daran seien, dass sich ein Hirntumor hinter seinem rechten Auge entwickelt habe. Als zusätzlichen Beweis legte der Rechtsanwalt von Herrn Dr. NEUMANN eine Studie von Dr. LENNART HARDELL vor. HARDELL hatte eine größere Anzahl von Personen mit Hirntumoren untersucht und dabei herausgefunden, dass ein größerer Prozentsatz dieser Personen Handys intensiver benutzten, als diejenigen Personen, die keinen Hirntumor entwickelt hatten.

Der Richter musste in diesem Fall entscheiden, ob die von dem Rechtsanwalt vorgelegten Studien und das Schicksal von Dr. NEUMANN zwingend genug waren, um die Klage zuzulassen.

a) Diskutieren Sie diese Frage in Ihrem Kurs.

> **Was Experten sagen**
> Die Daten, und wie sie erhoben werden, sind beim Testen von Hypothesen von besonderer Bedeutung. Grundsätzlich kann man unterscheiden zwischen
> - **Anekdoten:** Erzählungen von persönlichen Erfahrungen von Freunden, Promis und sogenannten Experten,
> - **Beobachtungsstudien:** Man vergleicht z. B. Personen in einer Beobachtungsgruppe mit denen in einer Vergleichsgruppe,
> - **randomisierte Studien:** Die Teilnehmer an einer solchen Studie werden nach dem Zufallsprinzip einer Versuchs- und einer in etwa gleich großen Kontrollgruppe zugelost. Die Personen in der Kontrollgruppe erfahren eine bestimmte Behandlung, die in der Kontrollgruppe nicht. Wenn möglich, wird die Studie nach dem Doppelblindprinzip durchgeführt.
> Nur randomisierte Studien erlauben es, kausale Zusammenhänge herzustellen.

b) *Doppelblind*
Informieren Sie sich im Internet darüber, was man z. B. bei der Entwicklung von Medikamenten unter dem Doppelblindprinzip versteht.
c) *Datenerhebung in der Fallstudie „Tödliche Handys"*
Ordnen Sie die vorgetragenen Beweise in dem Fall der Handyklage einer der drei Kategorien aus Teil a) zu. Warum ist im Falle der Frage nach der Schädigung durch den Gebrauch von Handys eine randomisierte Studie nicht möglich?
Warum kann man an Mäusen eine randomisierte Studie durchführen und wie könnte man sich diese vorstellen?
Übrigens: Die Versuche an Mäusen ergaben keinen statistischen Beleg für einen Zusammenhang zwischen Hirntumoren und Handystrahlung.

11 Beurteilende Statistik

Basiswissen

Datenerhebung und Auswertung

Verfahren	Bewertung
Anekdote Einzelerfahrung	Sie ist statistisch ohne Aussagekraft.
Beobachtungsstudie Vergleich zweier Gruppen (z. B. täglich Sport, nicht täglich Sport; unterscheiden sich die beiden Gruppen hinsichtlich des Fleischkonsums?)	Kausalität ist so nicht nachweisbar, auch wenn sich die beiden signifikant unterscheiden.
Randomisierte Studie Zufällig ausgewählte Versuchs- und Kontrollgruppe, am besten doppelblind und (wenn anwendbar) Verwendung von Placebos	Kausalität kann u. U. nachgewiesen werden.

Beispiele

A *Vitamin C schützt vor Erkältung*

In einem Betrieb wurden von 33 Mitarbeiterinnen und Mitarbeitern 20 zufällig ausgewählt und mit hoch dosiertem Vitamin C behandelt (Versuchsgruppe). Die restliche Belegschaft (Kontrollgruppe) erhielt ein

	Grippe	keine Grippe	Summe
Versuchsgruppe	4	14	18
Kontrollgruppe	8	7	15
Summe	12	21	33

Placebo. Während der anschließenden Grippesaison erkrankten vier Mitarbeiter aus der Versuchsgruppe und acht Mitarbeiter aus der Kontrollgruppe an Grippe.
Um welche Art von Datenerhebung handelt es sich?

Lösung:
Es handelt sich um eine randomisierte Studie für diese Firma.

Übungen

2 *Überprüfen von Hypothesen – kritisch hinterfragt*
Will man Hypothesen überprüfen, so gibt es grundsätzlich drei verschiedene Arten der Datenerhebung:
Anekdoten, Beobachtungstudien und randomisierte Studien.

(A) In einer Fernsehshow berichtet ein bekannter Moderator darüber, dass seine Kopfschmerzen schnell verschwinden, wenn er mit einsetzenden Schmerzen ein Glas Wasser trinkt.

(B) Ein Arzneimittelhersteller veröffentlicht, dass die Wirksamkeit seines neuen Medikamentes in einem randomisierten Experiment nach dem „Doppelblindprinzip" überprüft wurde.

(C) Die „New York Times" behauptet, dass laut einer Untersuchung Menschen, die in der Großstadt leben, einen höheren Blutdruck haben als Menschen, die in ländlicher Umgebung leben.

a) Ordnen Sie jede der drei „Datenerhebungen" einer der drei Kategorien zu.
b) Diskutieren Sie in Ihrem Kurs, welcher der drei „Testarten" Sie am ehesten vertrauen.
c) Wie müsste man im Falle der Beobachtungstudie der „New York Times" eine randomisierte Studie durchführen und warum ist dies grundsätzlich nicht möglich?

Einige Bemerkungen zu Hypothesentests bei klinischen Studien

Beim Testen von Hypothesen verwendet man oft *randomisierte Verfahren*.
Bei der **Randomisierung**, die häufig in *klinischen Studien* verwendet wird, werden die Versuchspersonen (z. B. teilnehmende Patienten) durch ein Zufallsverfahren (z. B. durch Losen) einer *Versuchsgruppe* oder einer *Kontrollgruppe* zugeteilt. Die Patienten in der Versuchsgruppe werden mit einem neuen Medikament behandelt, die Patienten in der Kontrollgruppe erhalten Placebos, z. B. eine gleich aussehende Tablette ohne Wirkstoff. Durch die Randomisierung sollen bekannte und unbekannte, personengebundene *Störgrößen* gleichmäßig auf Versuchs- und Kontrollgruppen verteilt werden. Man will so verhindern, dass die Ergebnisse der Untersuchung einer systematischen *Verzerrung* (englisch: *Bias*) unterliegen.
Gängige Störgrößen, die das Ergebnis einer klinischen Untersuchung systematisch verzerren können, sind z. B.
- *von Seiten des Arztes:* zu optimistische Beurteilung der Effekte,
- *von Seiten des Patienten:* Empfinden von Linderung der Symptome, ohne die wirksame Substanz erhalten zu haben.

Eine Studie, bei der alle beteiligten Personen nicht wissen, wer das Medikament erhält, und wer das Placebo, nennt man **Doppelblindstudie**.

Randomisierung

Störgrößen

Übungen

3 *Medikamenten-Test*
In einem frühen Stadium der klinischen Prüfung eines neuen Medikamentes wurde dieses an einer kleinen Anzahl von Patienten überprüft. Dazu wurde die Gruppe der Patienten, die an dem Test teilnehmen, per Losentscheid in eine Versuchs- und in eine Kontrollgruppe aufgeteilt. Die Patienten in der Versuchsgruppe erhielten das neue Medikament, die in der Kontrollgruppe ein Placebo. Die Untersuchung wurde als Doppelblindstudie durchgeführt. Die Ergebnisse des Tests wurden in einer Vierfeldertafel festgehalten.

Beispiel für einen randomisierten Test

a) Sprechen die Ergebnisse für die Wirkung des Medikamentes? Welche Zahlen wären in der Tabelle bei gleicher „Randverteilung" zu erwarten, wenn das Medikament sich in der Wirkung nicht von der des Placebos unterscheidet?

	Linderung	Keine Linderung	Summe
Versuchsgruppe	7	4	11
Kontrollgruppe	1	11	12
Summe	8	15	23

Randverteilung:
Unter der Randverteilung versteht man die Daten in den orange unterlegten Feldern der Vierfeldertafel.

b) Könnte das Ergebnis, das in der Vierfeldertafel dargestellt ist, auch dann zustande gekommen sein, wenn das Medikament keine Wirkung hat?
Übersetzt auf unsere konkreten Daten bedeutet dies:
Bei 8 der 23 Patienten, die an der klinischen Untersuchung teilgenommen haben, ist so oder so eine Linderung eingetreten.
Beim Auslosen der Versuchsgruppe wurden zufällig 7 der Patienten, die eine Linderung erfahren, in die Versuchsgruppe gelost.
Erläutern Sie, weshalb das dargestellte Urnenmodell zu dieser beschriebenen Situation passt.

23 Kugeln — Ziehen ohne Zurücklegen — 11 Kugeln
15 blaue   8 rote
7 rote
4 blaue

Was meinen Sie, können zufällig so viele rote Kugeln unter den 11 insgesamt gezogenen Kugeln sein? Schätzen Sie die Wahrscheinlichkeit für dieses Ereignis.

4 *Vitamin C schützt vor Erkältung*
Modellieren Sie den Test aus Beispiel A mit einem Urnenmodell analog zu dem Test in Übung 3. Was bedeutet der P-Wert?

Übungen

5 *Vierfelder-Test*

In Übung 3 wird die Nullhypothese H_0: „Das Medikament wirkt nicht" mithilfe einer Versuchs- und einer Kontrollgruppe getestet. Die Testgröße X ist dabei die Anzahl der Patienten in der Versuchsgruppe. Unter der Annahme, dass das Medikament keine Wirkung hat, wird dieser Test mit einem Urnenmodell simuliert. Die Wahrscheinlichkeit, dass man beim Ziehen von 11 Kugeln 7 oder mehr rote Kugeln zieht, beträgt $P(X \geq 7) \approx 0{,}0084$. Dies ist der P-Wert $P(X \geq 7 \mid H_0)$. Würden Sie die Nullhypothese H_0 ablehnen?

Sir RONALD AYLMER FISHER (1890 – 1962) war ein englischer Statistiker, Evolutionsbiologe und Genetiker.

Stochastik 7

Vierfelder-Test (Exakter Test von FISHER)

Bei einem Vierfelder-Test werden zwei Merkmale auf Unabhängigkeit getestet. Bei der Vierfeldertafel in Übung 3 beträgt der Anteil der Patienten in der Versuchsgruppe, die Linderung erfahren haben, $\frac{7}{11}$, in der Kontrollgruppe nur $\frac{1}{12}$. Dies legt die Vermutung nahe, dass das Medikament Einfluss auf das Testergebnis hat.

	Linderung	keine Linderung	Summe
Versuchsgruppe	7	4	11
Kontrollgruppe	1	11	12
Summe	8	15	23

Das Ergebnis hätte aber auch zufällig bei Unabhängigkeit der beiden Merkmale zustande kommen können, d.h. wenn das Medikament keinen Einfluss hätte.

Zur Überprüfung der Vermutung wird ein Hypothesentest durchgeführt mit der Nullhypothese H_0: „Die beiden Merkmale sind unabhängig voneinander". Falls der P-Wert (die Wahrscheinlichkeit $P(X \geq k \mid H_0)$) hinreichend klein ist, wird man die Nullhypothese verwerfen und dem Medikament einen Einfluss zubilligen.

Die Testgröße X ist nicht binomialverteilt, da es sich bei dem Urnenmodell um „Ziehen ohne Zurücklegen" handelt. Die gesuchte Wahrscheinlichkeit kann man mithilfe einer Simulation oder durch Rechnen mit der „hypergeometrischen Verteilung" berechnen. In dem obigen Beispiel ist $P(X \geq 7 \mid H_0) \approx 0{,}0084$.

6 *Antiseptische Chirurgie*

JOSEPH LISTER (1827–1912), Chirurg in Glasgow und Edinburgh, wurde auf die Schriften von LOUIS PASTEUR aufmerksam, der sich mit Keimen – heute würde man wohl Bakterien sagen – als Ursache für Fäulnisprozesse beschäftigte. LISTER kam auf die Idee, mit Karbolsäure (Phenol) in der Chirurgie zu experimentieren. Von 40 Patienten, die sich einer Amputation unter Verwendung karbolgetränkter Verbände unterziehen mussten, überlebten 34. Von 35 Patienten, die traditionell ohne Verwendung von Karbolsäure amputiert wurden, überlebten 19.
a) Fassen Sie die Ergebnisse in einer Vierfeldertafel zusammen.
b) Stellen Sie den Test mithilfe eines Urnenmodells nach.
Die Nullhypothese H_0 lautet: „Karbolsäure ist wirkungslos."
c) Der P-Wert beträgt $P(X \geq 34 \mid H_0) \approx 0{,}009$. Entscheiden Sie.
d) Informieren Sie sich über die Leistungen von JOSEPH LISTER. Stellen Sie diese in einer kurzen Laudatio für JOSEPH LISTER dar.

Quelle: CHARLES WINSLOW, The conquest of Epidemic, Princeton, UP 1943

7 *Die Impfung wirkt doch sicher?*

Begründen Sie mit einem Urnenmodell, dass diese überzeugende Vierfeldertafel nicht bedeutet, dass das Medikament, das getestet wurde, sicher wirkt.

Medikament	wirkt	wirkt nicht	Summe
Versuchsgruppe	4	0	4
Kontrollgruppe	0	4	4
Summe	4	4	8

CHECK UP

Erinnern, Können, Gebrauchen

1 | Gezinkter Würfel
Andrea würfelt 60-mal mit einem Würfel. Sie erwartet, dass in etwa 10 „Sechsen" kommen. Zu ihrer Überraschung kommt die „Sechs" doppelt so häufig als erwartet, nämlich 17-mal. Sie vermutet, dass der Würfel „gezinkt" ist.
a) Stellen Sie die Null- und die Alternativhypothese auf.
b) Bewerten Sie Andreas Beobachtung mithilfe des P-Wertes. Entscheiden Sie, ob man die Nullhypothese auf dem 1%-Niveau ablehnen kann.

2 | Schlussfolgerung mit dem P-Wert kritisch hinterfragt
a) Warum kann man sich bei keinem Stichprobenergebnis völlig sicher sein, dass die Nullhypothese H_0 nicht stimmt?
b) Was bedeutet ein kleiner P-Wert?

3 | Übersinnliche Wahrnehmungsfähigkeiten
Eine Person behauptet von sich, dass sie übersinnliche Wahrnehmungsfähigkeiten besitzt. Um diese Behauptung zu überprüfen, wird ein einfacher Signifikanztest geplant. Die betreffende Person wird in einen abgeschirmten Raum gesetzt. Im Nebenraum wird aus einem Kartenspiel, in dem gleich viele rote und schwarze Karten sind, 50-mal eine Karte mit anschließendem Zurücklegen und Mischen gezogen. Nun wird die Person nach der Anzahl der gezogenen roten und schwarzen Karten gefragt.
a) Formulieren Sie die Null- und die Alternativhypothese eines einseitigen Tests.
b) Bestimmen Sie den Verwerfungsbereich V, wenn Sie eine Irrtumswahrscheinlichkeit von α = 5% festlegen.
c) Wie verändert sich der Verwerfungsbereich V, wenn man eine kleinere Irrtumswahrscheinlichkeit (z. B. 1%) festlegt?

4 | Testarten
Ordnen Sie den Abbildungen die Begriffe linksseitiger Test, rechtsseitiger Test und zweiseitiger Test zu. Erläutern Sie die Unterschiede.

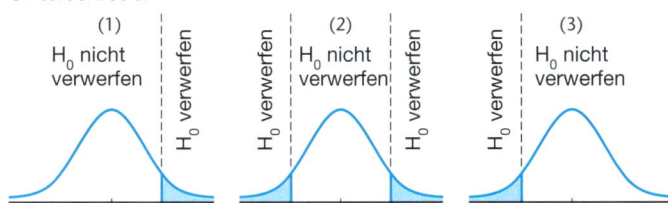

5 | Test eines Medikamentes
Bei einem klinischen Test soll die Behauptung über-prüft werden, ob ein neues Medikament mit einer Wahrscheinlichkeit von höchstens 10% stärkere Nebenwirkungen hervorruft.
a) Begründen Sie, warum die Problemstellung einen einseitigen Test nahelegt.
b) Planen Sie den Test mit 1000 Patienten und bestimmen Sie den Verwerfungsbereich V bei einer Irrtumswahrscheinlichkeit von 1%. Verwenden Sie als Nullhypothese p = 0,1 und als Alternativhypothese p < 0,1.
c) Welche Bedeutung hat der Fehler 1. Art und der Fehler 2. Art? Warum kann man den Fehler 2. Art nicht berechnen?

Testen von Hypothesen

Bewerten von Stichprobenergebnissen mit dem P-Wert
Angenommen, man hat eine Vermutung über die Verteilung der Zufallsgröße X. Diese Vermutung wird als **Nullhypothese** bezeichnet.

Der **P-Wert** ist die Wahrscheinlichkeit, dass das beobachtete Stichprobenergebnis oder ein noch extremeres eintritt unter der Annahme, dass die Nullhypothese wahr ist.

Entscheidung: Ist der P-Wert klein (z. B. kleiner als 5% oder gar 1%), so spricht dies gegen die Annahme, dass die Nullhypothese wahr ist. Allerdings kann man sich bei einer Entscheidung gegen die Nullhypothese nicht sicher sein.

Planung und Durchführung eines Signifikanztests
So wird es gemacht:
Planung
- Formulieren der **Nullhypothese** und der **Alternativhypothese**
- Festlegen der **Testgröße X**, des **Stichprobenumfangs n** und des **Signifikanzniveaus α**
- **Modellannahme:** Wie ist X verteilt (z. B. binomialverteilt)?
- **Verwerfungsbereich V** berechnen, d. h. die **Entscheidungsregel** festlegen

Durchführung des Tests
- Erheben der Stichprobe
- Auswerten
- Entscheiden

Interpretieren der Ergebnisse
Wichtig: Mit dem Verwerfen der Nullhypothese ist die Richtigkeit der Alternativhypothese nicht bewiesen und umgekehrt.

Fehler beim Testen von Hypothesen

Nullhypothese	Nullhypothese wird	
	verworfen	nicht verworfen
ist wahr	Fehler 1. Art	Alles in Ordnung
ist nicht wahr	Alles in Ordnung	Fehler 2. Art

Testarten
linksseitig, rechtsseitig, zweiseitig

Verteilung der Testgröße X
binomialverteilt, normalverteilt

Stochastik

Sichern und Vernetzen – Vermischte Aufgaben

Wissen und Verstehen

1 *Beurteilen einer Stichprobe mit dem P-Wert (abstraktes Beispiel)*
Angenommen, für die Nullhypothese gilt H_0: p = 0,2 (Trefferwahrscheinlichkeit) und für die Alternativhypothese gilt H_1: p < 0,2.
In einer Stichprobe mit dem Umfang n = 250 beträgt die Anzahl der Treffer 42.
Beurteilen Sie mit dem P-Wert die Vermutung, dass H_0 nicht zutreffend ist.

2 *Planung eines Signifikanztests*
Die Nullhypothese H_0: p = 0,25 soll getestet werden. Die Alternativhypothese lautet H_1: p > 0,25. Ein Stichprobenumfang von n = 150 wird geplant.
Ermitteln Sie den Verwerfungsbereich von H_0 zugunsten von H_1, wenn das Signifikanzniveau 1 % betragen soll.

3 *Signifikanztest*
a) Bei einem Signifikanztest wird bei konstantem Stichprobenumfang das Signifikanzniveau verkleinert. Wie wirkt sich das auf den Verwerfungsbereich aus?
b) Bei einem Signifikanztest wird bei konstantem Signifikanzniveau der Stichprobenumfang vergrößert. Wie wirkt sich das auf den Verwerfungsbereich aus?

4 *Testverfahren*
Erklären Sie an einem Beispiel die Begriffe Signifikanzniveau, Fehler 1. Art und Fehler 2. Art.

5 *Veränderung des Verwerfungsbereiches*
Welche Auswirkung hat eine Verkleinerung des Verwerfungsbereiches auf die Wahrscheinlichkeit, mit der ein Fehler 1. Art und ein Fehler 2. Art auftritt?

Anwenden und Modellieren

6 *Signifikanztest*
Eine längerfristig angelegte Untersuchung hat ergeben, dass das Waschmittel PERIEL einen Marktanteil von 25 % hat. Durch eine groß angelegte Werbeaktion will eine Werbeagentur in zwei Monaten den Marktanteil auf 35 % steigern. Nach Ablauf der beiden Monate behauptet die Agentur, dass das Ziel erreicht wurde. Dies soll durch einen Test (Kundenbefragung) überprüft werden.
a) Entwickeln Sie einen Signifikanztest auf dem 5 %-Niveau und erläutern Sie daran die Begriffe Nullhypothese, Alternativhypothese, Testgröße und ihre Verteilung, Entscheidungsregel, Fehler 1. Art und Fehler 2. Art.
b) Wie verändert sich die Entscheidungsregel, wenn das Signifikanzniveau auf 1 % festgelegt wird? Berechnen und erläutern Sie anhand einer Grafik der Binomialverteilung.
c) Welchen Einfluss hat eine Vergrößerung des Stichprobenumfangs auf die Entscheidungsregel?

Kommunizieren und Präsentieren

7 *Testverfahren kritisch hinterfragt*

> Ein Signifikanztest liefert keine 100 %-sichere Aussage.

Erläutern Sie diese Aussage mithilfe eines von Ihnen gewählten Beispiels. Verwenden Sie in Ihrer Argumentation die Begriffe Fehler 1. Art und 2. Art und deren Interpretation.

8 *Interpretation eines zweiseitigen Tests*
Beim Spiel mit einem Laplace-Tetraeder-Würfel muss jede Seite mit der Wahrscheinlichkeit von H_0: p = 0,25 fallen. Es soll getestet werden, ob dies für die Augenzahl 1 stimmt.
a) Begründen Sie, warum ein zweiseitiger Test dem Problem angemessen ist.
b) Stellen Sie die Planung eines Tests und dessen Durchführung möglichst genau dar.
c) Berechnen Sie für den in Teil b) festgelegten Ablehnungsbereich von H_0 den Fehler 2. Art, falls p(Augenzahl ist 1) = 0,3 bzw. 0,4 ist.

12 Stochastische Prozesse

Ein wichtiges Instrument zur Beschreibung der Realität sind Vektoren. Mit Vektoren kann man den „Zustand" eines Systems beschreiben. Stellen Sie sich einfach vor, Wissenschaftler würden die Mobilität innerhalb einer Tierpopulation untersuchen. Dazu teilen sie das Gebiet, in dem die betreffende Population lebt, z.B. in drei Teilgebiete auf. Ein Zustandsvektor – in diesem Fall ein Vektor mit drei Komponenten – könnte z.B. angeben, wie viele Individuen auf diese Gebiete verteilt sind. Angenommen, diese Tiere migrieren zum Teil von einem der Gebiete in ein anderes. Typische Fragen der Soziologen wären dann beispielsweise:

- *Wie groß ist die Wahrscheinlichkeit, dass Tiere in einem bestimmten Zeitraum von einem Gebiet in eines der anderen Gebiete migrieren?*
- *Wie viele Tiere befinden sich nach einiger Zeit in jedem der Gebiete?*
- *Oder auch: Was passiert auf lange Sicht?*

*Mathematiker bezeichnen ein Zufallsexperiment, bei dem das Ergebnis einzig von dem **Ausgangszustand** und den sogenannten **Übergangswahrscheinlichkeiten** abhängt, als **stochastischen Prozess**. Ein wichtiges Werkzeug bei der Untersuchung stochastischer Prozesse sind **Matrizen**. Viele Situationen in den unterschiedlichsten Wissenschaften, wie Soziologie, Biologie, Medizin, Physik u. v. a. m., können als stochastische Prozesse interpretiert und mit entsprechenden mathematischen Werkzeugen untersucht werden.*

12.1 Stochastische Prozesse und Matrizen

Bei stochastischen Prozessen kann mithilfe von Übergangswahrscheinlichkeiten von einem bestimmten Ausgangszustand auf den Folgezustand geschlossen werden. Stochastische Prozesse können mithilfe von Gleichungssystemen, Übergangsgraphen und Übergangsmatrizen, sogenannten stochastischen Matrizen, beschrieben werden.

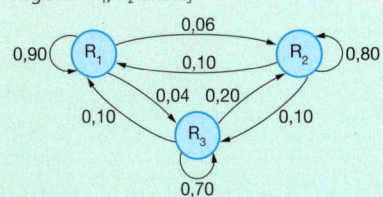

Bevölkerungswanderungen zwischen den Regionen R_1, R_2 und R_3

12.2 Langzeitverhalten bei stochastischen Prozessen

Langfristige Entwicklungen, bei denen die Übergänge über längere Zeit nach dem gleichen Muster verlaufen, lassen sich mithilfe von stochastischen Matrizen und der Multiplikation von Matrizen übersichtlich darstellen und untersuchen. Dabei können interessante Beobachtungen hinsichtlich des Langzeitverhaltens bei stochastischen Prozessen gemacht werden.

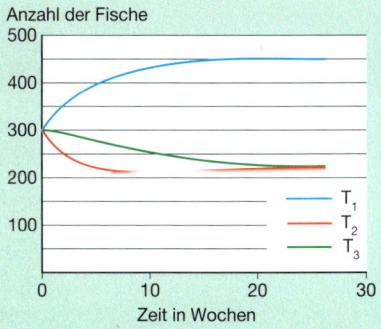

12.1 Stochastische Prozesse und Matrizen

Was Sie erwartet

Wählerwanderungen, Käuferverhalten und Populationsentwicklungen sind Prozesse, die in der Realität sehr komplex sein können. Bei diesen Prozessen handelt es sich um Zufallsprozesse, da man lediglich statistische Aussagen über solche Prozesse machen kann. Um sie zu beschreiben, werden mathematische Modelle entwickelt, die man mithilfe von Baumdiagrammen, Übergangsgraphen, Übergangsgleichungen und stochastischen Matrizen darstellen kann.

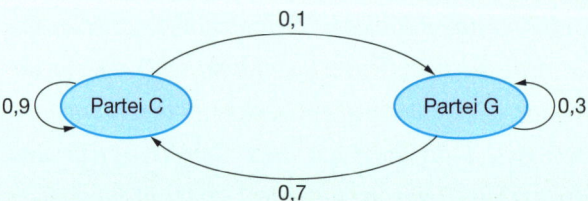

Matrizen, die sich als wirkungsvolles Hilfsmittel erweisen werden, sind nichts anderes als Tabellen, mit denen man rechnen kann. Allerdings muss man zunächst Regeln zum Rechnen mit Matrizen aufstellen. In den folgenden Lernabschnitten ist der Einsatz von digitalen Hilfsmitteln, wie z. B. dem GTR oder einer Tabellenkalkulation, sinnvoll und für die Berechnung langfristiger Entwicklungen unentbehrlich.

Aufgaben

1 *Nahverkehr*

Die Verkehrsbetriebe einer Stadt wollen den Anteil der Pendler, die öffentliche Verkehrsmittel nutzen, von derzeit 25 % deutlich vergrößern. Dazu wird der Fahrplan optimiert und zusätzlich eine aufwändige Werbekampagne gestartet.
Nach einem Monat ist zu beobachten, dass 80 % der Pendler, die öffentliche Verkehrsmittel (Ö) benutzen, diese auch weiterhin benutzen, aber 20 % auf private Verkehrsmittel (P) umgestiegen sind. Von den Pendlern, die bislang noch keine öffentlichen Verkehrsmittel benutzt haben, sind 30 % auf öffentliche Verkehrsmittel gewechselt, 70 % jedoch nicht.

Lieber gut sitzen als im Stau stehen.

a) Stellen Sie die Daten in einem Übergangsgraphen dar, indem Sie den Graphen in Ihr Heft übertragen und die Pfeile mit Übergangswahrscheinlichkeiten beschriften.

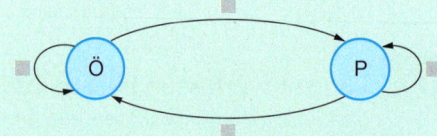

b) Stellen Sie die Daten auch mit zwei Gleichungen dar, mit denen man die Anteile der Pendler, die öffentliche Verkehrsmittel benutzen, und die Anteile der Pendler, die private Verkehrsmittel benutzen, aus den „alten Anteilen" berechnen kann. Berechnen Sie nun die entsprechenden Anteile der Pendler nach einem und nach zwei Monaten.
Tipp: Zur Selbstkontrolle muss man jeweils die beiden berechneten Ergebnisse addieren. Die Summe sollte 1 ergeben, sonst hat man etwas falsch gemacht.

Aufgaben

2 Marktanalyse

Der Hersteller der Jugendzeitschrift *Crazy* (C) möchte den Absatz seiner Zeitschrift verbessern. Dazu lässt er eine Marktanalyse durchführen. Zurzeit ist nur ein Konkurrenzprodukt auf dem Markt, nämlich die Zeitschrift *Szene* (S). Eine Analyse hat ergeben, dass ein gewisser Teil der Kunden von Woche zu Woche das Produkt wechselt. Der Übergangsgraph stellt die Übergangsquoten für einen Wechsel von einer Zeitschrift zur anderen dar, die durch die Marktanalyse bestimmt wurden.

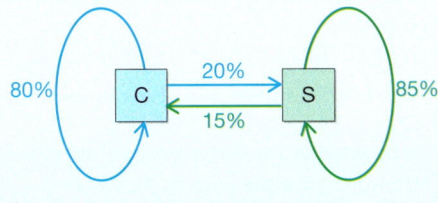

Übergangsgraph

Für die mathematische Modellierung werden die in der 43. Kalenderwoche festgestellten Verkaufsquoten verwendet: Der Anteil von *Crazy* betrug 45 %, der Anteil von *Szene* 55 %.

a) Sei x_n der Marktanteil von *Crazy* und y_n der Marktanteil von *Szene* in einer bestimmten Woche. Mit x_{n+1} und y_{n+1} bezeichnen wir die jeweiligen Marktanteile in der darauffolgenden Woche. Erläutern Sie, welcher Zusammenhang zwischen dem Übergangsgraphen und den beiden folgenden Gleichungen besteht.

(1) $x_{n+1} = 0{,}8 \cdot x_n + 0{,}15 \cdot y_n$
(2) $y_{n+1} = 0{,}2 \cdot x_n + 0{,}85 \cdot y_n$

Die langfristige Entwicklung kann man konkret mit dem GTR berechnen.

b) Wie müssten die Verkaufsanteile der beiden Jugendzeitschriften in der 44. Kalenderwoche sein, wenn der Übergangsgraph die Entwicklung des Zeitschriftenmarktes richtig beschreibt? Verwenden Sie zur Berechnung die beiden Gleichungen aus Teilaufgabe a).

c) Wie würden Sie mithilfe der gegebenen Daten die langfristige Prognose für die Zeitschrift *Crazy* ermitteln? Beschreiben Sie ein Verfahren.

3 Stochastische Prozesse und stochastische Matrizen

Übergangsgraphen können knapp und übersichtlich mithilfe von Matrizen aufgeschrieben werden. Matrizen sind Tabellen, in denen Daten nach bestimmten Prinzipien aufgelistet sind.
Der folgende Graph stellt die Wahrscheinlichkeiten dar, mit denen Individuen einer Tierpopulation von einem Ort zu einem anderen wechseln.

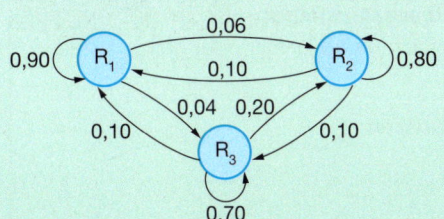

Stochastische Matrix

$$M = \begin{pmatrix} 0{,}90 & 0{,}1 & 0{,}1 \\ 0{,}06 & 0{,}8 & 0{,}2 \\ 0{,}04 & 0{,}1 & 0{,}7 \end{pmatrix}$$

a) Beschreiben Sie den Graphen verbal.

b) Was stellen die Daten in der ersten, zweiten und dritten Spalte der obigen Matrix M dar?

c) Die Anfangsverteilung der Tierpopulation ist in der Form $\vec{v}_0 = \begin{pmatrix} 0{,}3 \\ 0{,}2 \\ 0{,}5 \end{pmatrix}$ angegeben.
Was stellt $\vec{v}_0$ mathematisch dar und was bedeuten die Daten?

d) Berechnen Sie mit der angegebenen Anfangsverteilung den „Folgezustand".

12 Stochastische Prozesse

Basiswissen

Übergänge von einem Zustand in einen anderen, bei denen allein der Zufall und der Ausgangszustand eine Rolle spielen, bezeichnet man als stochastische Prozesse. Zumeist werden die Zustände durch Vektoren und die Übergänge durch Übergangsgraphen, Übergangstabellen, Übergangsgleichungen oder Übergangsmatrizen beschrieben.

Stochastische Prozesse beschreiben und berechnen

Stochastische Prozesse können übersichtlich in einem Übergangsgraphen oder einer Übergangsmatrix dargestellt werden.

Beispiel: Wählerwanderung
Bei der Landtagswahl hat es für die Partei A gerade zur absoluten Mehrheit gereicht. Ergebnis der Wahl: Partei A 50 %, Partei B 40 % und Partei C 10 %.
Die nun regierende Partei A möchte wissen, ob es bei der nächsten Wahl wieder reichen wird bzw. mit welchem Ergebnis zu rechnen ist.

Übergangsgraph

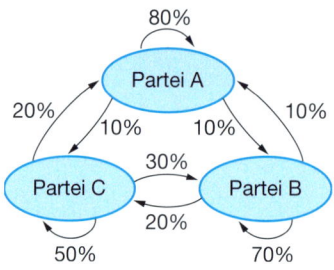

Übergangstabelle

nach \ von	Partei A	Partei B	Partei C
Partei A	0,8	0,1	0,2
Partei B	0,1	0,7	0,3
Partei C	0,1	0,2	0,5

> Bei einem Übergangsgraphen spricht man von **Knoten** (⬭) und **Kanten** (⌒). Der Übergangsgraph rechts hat drei Knoten und neun Kanten.

In der Übergangstabelle sind die Wahrscheinlichkeiten zusammengefasst, mit denen eine Person bei der nächsten Wahl eine Partei wählt.

Übergangsmatrix

Die Übergangstabelle wird in eine Übergangsmatrix M übersetzt:

$$\text{Übergangsmatrix } M = \begin{pmatrix} 0,8 & 0,1 & 0,2 \\ 0,1 & 0,7 & 0,3 \\ 0,1 & 0,2 & 0,5 \end{pmatrix} \qquad \text{Anfangsverteilung } \vec{v}_0 = \begin{pmatrix} 0,5 \\ 0,4 \\ 0,1 \end{pmatrix}$$

> **Zustand:** Stimmenanteile für Parteien A, B und C
>
> **Verteilung:** wird durch den Zustandsvektor erfasst. Auf die Reihenfolge der Parteien ist zu achten.

In der Übergangsmatrix stehen
- in der ersten Zeile alle Wahrscheinlichkeiten für Übergänge nach Partei A,
- in der zweiten Zeile alle Wahrscheinlichkeiten für Übergänge nach Partei B,
- in der dritten Zeile alle Wahrscheinlichkeiten für Übergänge nach Partei C.

Bei stochastischen Prozessen sind in der Übergangsmatrix
- alle Elemente Zahlen, die größer oder gleich 0 und kleiner oder gleich 1 sind,
- alle Spaltensummen gleich 1.

Diese Matrizen nennt man **stochastische Matrizen**.

Berechnung eines Folgezustandes

Anfangsverteilung   Übergangsmatrix anwenden   Verteilung nächste Wahl

$$\vec{v}_0 = \begin{pmatrix} 0,5 \\ 0,4 \\ 0,1 \end{pmatrix} \rightarrow \vec{v}_1 = \begin{pmatrix} 0,8 & 0,1 & 0,2 \\ 0,1 & 0,7 & 0,3 \\ 0,1 & 0,2 & 0,5 \end{pmatrix} \cdot \begin{pmatrix} 0,5 \\ 0,4 \\ 0,1 \end{pmatrix} = \begin{pmatrix} 0,8 \cdot 0,5 + 0,1 \cdot 0,4 + 0,2 \cdot 0,1 \\ 0,1 \cdot 0,5 + 0,7 \cdot 0,4 + 0,3 \cdot 0,1 \\ 0,1 \cdot 0,5 + 0,2 \cdot 0,4 + 0,5 \cdot 0,1 \end{pmatrix} = \begin{pmatrix} 0,46 \\ 0,36 \\ 0,18 \end{pmatrix}$$

Die Anwendung der Übergangsmatrix M auf den Zustandsvektor $\vec{v}_0$ nennt man die **Multiplikation** der Matrix M mit dem Vektor $\vec{v}_0$.

Beispiele

A Wählerwanderung
Im vorherigen Basiswissen wurde die Auswirkung der Wählerwanderung für die nächste Wahl vorhergesagt. Berechnen Sie den Stimmenanteil der Parteien bei gleichbleibender Wanderung für die darauffolgende Wahl?

Lösung:

$$\vec{v_1} \rightarrow \vec{v_2} = \begin{pmatrix} 0,8 & 0,1 & 0,2 \\ 0,1 & 0,7 & 0,3 \\ 0,1 & 0,2 & 0,5 \end{pmatrix} \cdot \begin{pmatrix} 0,46 \\ 0,36 \\ 0,18 \end{pmatrix} = \begin{pmatrix} 0,8 \cdot 0,46 + 0,1 \cdot 0,36 + 0,2 \cdot 0,18 \\ 0,1 \cdot 0,46 + 0,7 \cdot 0,36 + 0,3 \cdot 0,18 \\ 0,1 \cdot 0,46 + 0,2 \cdot 0,36 + 0,5 \cdot 0,18 \end{pmatrix} = \begin{pmatrix} 0,440 \\ 0,352 \\ 0,208 \end{pmatrix}$$

Der Stimmenanteil von Partei A wird bei der übernächsten Wahl 44 % betragen, der von Partei B 35,2 % und der Stimmenanteil von Partei C 20,8 %.

B Personalentwicklung
Ein Unternehmen unterhält drei verschiedene Produktionsstätten an den Orten A, B und C. Im Sinne der Aus- und Weiterbildung werden einige Mitarbeiter gelegentlich an einen anderen Standort versetzt. Um langfristig planen zu können, gibt es festgelegte Jahresquoten für den Wechsel der Standorte, die durch Übergangsmatrizen beschrieben werden.

$$\begin{array}{c} \text{von} \\ \begin{array}{ccc} A & B & C \end{array} \\ \begin{pmatrix} 0,8 & 0,05 & 0,25 \\ 0,1 & 0,9 & 0,05 \\ 0,1 & 0,05 & 0,7 \end{pmatrix} \begin{array}{l} A \\ B \text{ nach} \\ C \end{array} \end{array}$$

Interpretieren Sie die Einträge der markierten Spalte. Ermitteln Sie die Anzahl der Mitarbeiterinnen und Mitarbeiter an den einzelnen Standorten nach einem Jahr, wenn zu Beginn des Jahres 800 Mitarbeiterinnen und Mitarbeiter am Standort A, 500 am Standort B und 600 am Standort C arbeiten.

Zustand:
Die Verteilung der Arbeitnehmer auf die drei Standorte wird hier mit absoluten Zahlen angegeben. Bei dieser Berechnung wird davon ausgegangen, dass die Anzahl der Mitarbeiter gleich bleibt.

Lösung:
Die markierten Einträge bedeuten:
Von den Mitarbeiterinnen und Mitarbeitern der Firma C wechseln 25 % nach einem Jahr zum Standort A, 5 % wechseln zum Standort B und 70 % bleiben am Standort C.
Die neuen Mitarbeiteranzahlen erhält man durch Multiplikation der Übergangsmatrix mit dem passenden Startvektor:

$$\begin{pmatrix} 0,8 & 0,05 & 0,25 \\ 0,1 & 0,9 & 0,05 \\ 0,1 & 0,05 & 0,7 \end{pmatrix} \cdot \begin{pmatrix} 800 \\ 500 \\ 600 \end{pmatrix} = \begin{pmatrix} 0,8 \cdot 800 + 0,05 \cdot 500 + 0,25 \cdot 600 \\ 0,1 \cdot 800 + 0,9 \cdot 500 + 0,05 \cdot 600 \\ 0,1 \cdot 800 + 0,05 \cdot 500 + 0,7 \cdot 600 \end{pmatrix} = \begin{pmatrix} 815 \\ 560 \\ 525 \end{pmatrix} \begin{array}{l} A \\ B \\ C \end{array}$$

Nach einem Jahr gibt es also 815 Mitarbeiterinnen und Mitarbeiter am Standort A, 560 am Standort B und 525 am Standort C.

Übungen

4 Käuferverhalten
Die drei Internetanbieter I_1, I_2 und I_3 teilen sich den gesamten Markt für die Bereitstellung eines Internetzugangs. Mit ihren Kunden schließen sie dabei Jahresverträge ab. Ein Marktforschungsinstitut ermittelt die folgenden aktuellen Marktanteile und Kundenströme pro Jahr.

Aktuelle Marktanteile:
I_1: 1 Million Kunden I_2: 1,5 Millionen Kunden I_3: 2 Millionen Kunden

Kundenströme:
- 25 % der Kunden von I_1 wechseln zu I_2 und 35 % wechseln zu I_3.
- 40 % der Kunden von I_2 wechseln zu I_1 und 35 % wechseln zu I_3.
- 40 % der Kunden von I_3 wechseln zu I_1 und 25 % wechseln zu I_2.

a) Zeichnen Sie einen Übergangsgraphen und erstellen Sie die Übergangsmatrix.

b) Berechnen Sie die Verteilung für das nächste Jahr unter der Annahme, dass die Gesamtanzahl der Kunden konstant bleibt.

Matrizen und Vektoren mit dem GTR

Matrix-Vektor-Operationen lassen sich übersichtlich per Hand ausführen.
Bei umfangreichen Berechnungen ist ein GTR hilfreich, z. B. bei der
Multiplikation einer Matrix mit einem Vektor.

Eingabe der Matrix A

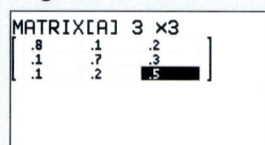

Eingabe des Vektors $\vec{c}$

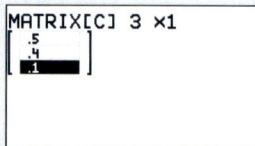

Der Vektor $\vec{c}$ wird als Matrix mit drei Zeilen und einer Spalte dargestellt.

Multiplikation der Matrix A
mit dem Vektor $\vec{c}$: $A \cdot \vec{c}$

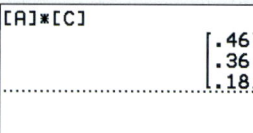

WERKZEUG

Übungen

5 *Marktentwicklung*

Ein Getränkehersteller, das Unternehmen „*Trinkgut*" (T), deckt in seinem Sektor 20 %
des Marktes ab. Um den Marktanteil zu vergrößern, beauftragt das Unternehmen
eine Werbeagentur, eine offensive Werbekampagne zu planen und durchzuführen.
Da diese Kampagne sehr teuer ist, belegt die Werbeagentur die Wirksamkeit ihrer
Kampagne durch eine Marktanalyse.
Das Ergebnis der Marktanalyse ist laut Werbeagentur ein eindeutiger Beleg für die
Wirksamkeit der Werbekampagne.

Die Ergebnisse im Einzelnen:
Innerhalb eines Monats seit Beginn der Werbekampagne sind:
- 90 % der Kunden von „*Trinkgut*" bei „*Trinkgut*" geblieben, 10 % haben kein Produkt mehr von „*Trinkgut*" gekauft.
- 70 % der Kunden, die bislang keine „*Trinkgut*"-Kunden waren, sind zu „*Trinkgut*" übergewechselt und 30 % kauften nach wie vor keine „*Trinkgut*"-Produkte.

a) Stellen Sie die Daten mithilfe eines Übergangsgraphen und einer Übergangsmatrix dar.
b) Berechnen Sie den Marktanteil des Unternehmens „*Trinkgut*" in seinem Sektor nach zwei Monaten. Was halten Sie von diesen Ergebnissen?
c) Berechnen Sie den Marktanteil bei gleichbleibenden Übergangswahrscheinlichkeiten nach 4, 6, 8 und 10 Monaten. Sie können sich die Arbeit mithilfe eines GTR sehr vereinfachen. Meinen Sie, dass „*Trinkgut*" irgendwann einmal den Markt zu 100 % beherrschen wird?

6 *Übersetzen in einen Übergangsgraphen*
Gegeben ist die Übergangsmatrix M.
Sie beschreibt den Übergang zwischen A, B
und C. Sie können sich diese Übergänge
z. B. als Wanderung von Tieren zwischen drei
verschiedenen Standorten vorstellen.

$$M = \begin{pmatrix} 0{,}5 & 0{,}2 & 0{,}3 \\ 0{,}2 & 0{,}4 & 0{,}5 \\ 0{,}3 & 0{,}4 & 0{,}2 \end{pmatrix} \begin{matrix} A \\ B \\ C \end{matrix} \text{nach}$$

von A B C

a) Stellen Sie die Übergangsmatrix mithilfe
eines Übergangsgraphen dar.
b) Stellen Sie sich vor, in der Matrix M stünde oben links die Zahl 0,8.
Wieso beschreibt diese Matrix keinen stochastischen Prozess?

7 | Relative – absolute Werte

In einer Kleinstadt gibt es drei Diskotheken, die von Jugendlichen der Stadt und den umliegenden Dörfern am Samstagabend besucht werden. Das Wechselverhalten der Jugendlichen zwischen den drei Diskotheken von Woche zu Woche lässt sich durch die Übergangsmatrix W beschreiben.

$$W = \begin{pmatrix} 0{,}8 & 0{,}2 & 0{,}2 \\ 0{,}1 & 0{,}7 & 0{,}3 \\ 0{,}1 & 0{,}1 & 0{,}5 \end{pmatrix} \begin{matrix} D_1 \\ D_2 \\ D_3 \end{matrix}$$

Übungen

Vereinfachende **Modellannahme**: Das Wechselverhalten von Woche zu Woche verhält sich nach der Matrix W und die Gesamtanzahl der Diskothekenbesucher bleibt gleich.

a) Übersetzen Sie die Matrix in einen Übergangsgraphen.
b) An einem Wochenende wurden 440 Besucher in Diskothek 1, 390 Besucher in Diskothek 2 und 370 Besucher in Diskothek 3 gezählt. Untersuchen Sie die Entwicklung der Besucherzahlen für die nächsten sechs Wochen. Was vermuten Sie hinsichtlich der langfristigen Entwicklung? Überprüfen Sie Ihre Vermutung mit dem GTR.
c) An einem anderen Wochenende besuchen 40 % der Jugendlichen Diskothek 1, 35 % Diskothek 2 und 25 % Diskothek 3. Bestimmen Sie die Anteile der Jugendlichen, die an den kommenden sechs Wochenenden die einzelnen Diskotheken besuchen. Welche langfristige Entwicklung erwarten Sie?
d) Vergleichen Sie die Rechnungen aus Teil b) und c) und beschreiben Sie Gemeinsamkeiten und Unterschiede.

Relative – absolute Werte
Die Berechnung von Folgeverteilungen kann sowohl relativ (mit Anteilen) als auch mit absoluten Werten erfolgen. Aus den relativen Anteilen lassen sich bei gegebener Gesamtgröße die absoluten Werte ermitteln und umgekehrt.

1201.xls
1202.xls

8 | Tarifklassen einer Haftpflichtversicherung

Bei einem Versicherungsunternehmen kann man eine Haftpflichtversicherung mit drei Tarifklassen abschließen. Tarifklasse X ist die teuerste, Z die günstigste Tarifklasse. Bei Vertragsabschluss beginnt man mit Tarifklasse X. Bleibt man während eines Jahres schadenfrei, so steigt man in die nächst günstigere Klasse auf, im Schadenfall steigt man in die nächst ungünstigere Klasse ab.

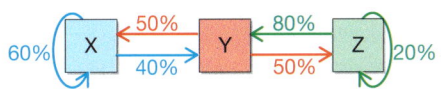

durchschnittliche Wechselquoten im Jahr

$$\vec{p}_{\text{Anfang}} = \begin{pmatrix} 31\,400 \\ 15\,700 \\ 11\,000 \end{pmatrix} \begin{matrix} X \\ Y \\ Z \end{matrix}$$

Kundenverteilung zu Jahresbeginn

a) Stellen Sie eine passende Übergangsmatrix auf. Begründen Sie, dass drei Matrixeinträge den Wert 0 haben.
b) Ermitteln Sie die Kundenverteilung am Jahresende.

9 | Münzwanderung

Die meisten in Deutschland geprägten 1-€-Münzen verbleiben im Land, ein Anteil wandert jedoch auch in die Nachbarländer.
Von dort wandern aber auch Münzen zurück. Der Übergangsgraph zwischen Deutschland (D), Frankreich (F) und sonstigen Ländern (S) stellt die (fiktiven) Wanderungsanteile der 1-€-Münzen in einem Jahr dar.

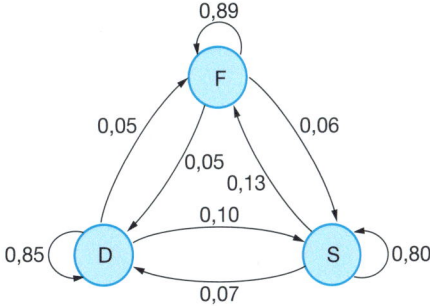

a) Stellen Sie den „Wanderungsgraphen" als „Wanderungsmatrix" dar.
b) Angenommen, zu Beginn der Einführung des Euros wären in Deutschland 3 Millionen, in Frankreich 2 Millionen und in den sonstigen Ländern 15 Millionen 1-€-Münzen in Umlauf gebracht worden.
Wie viele der 1-€-Münzen waren ein Jahr später in Deutschland, Frankreich und den sonstigen Ländern im Umlauf?

12 Stochastische Prozesse

> ### ■ Mathematische Fachsprache rund um Matrizen und Vektoren
>
> Matrizen und Vektoren sind in der Mathematik weit verbreitete Werkzeuge. Dabei kommen in Anwendungssituationen gelegentlich Matrizen mit mehreren tausend Zeilen und Spalten vor.
>
> **Matrix:** ein rechteckiges, im Spezialfall ein quadratisches Schema.
>
> $$A = \begin{pmatrix} a_{11} & a_{12} & a_{13} \\ a_{21} & a_{22} & a_{23} \\ a_{31} & a_{32} & a_{33} \end{pmatrix}$$
>
> Um ein bestimmtes Element in der Matrix ansprechen zu können, verwendet man Indizes: a_{ik} ist das **Element der Matrix**, das in der *i*-ten Zeile und in der *k*-ten Spalte steht.
>
> **Stochastische Matrizen:**
> - Matrizen mit der gleichen Anzahl von Zeilen und Spalten (quadratisch).
> - Alle Elemente sind Zahlen, die kleiner gleich 1 und größer gleich 0 sind.
> - Alle Spaltensummen sind 1.
>
> **Multiplikation einer Matrix mit einem Vektor**
>
> $$A = \begin{pmatrix} a_{11} & a_{12} & a_{13} \\ a_{21} & a_{22} & a_{23} \\ a_{31} & a_{32} & a_{33} \end{pmatrix}; \quad \vec{v} = \begin{pmatrix} v_1 \\ v_2 \\ v_3 \end{pmatrix} \quad A \cdot \vec{v} = \begin{pmatrix} a_{11} \cdot v_1 + a_{12} \cdot v_2 + a_{13} \cdot v_3 \\ a_{21} \cdot v_1 + a_{22} \cdot v_2 + a_{23} \cdot v_3 \\ a_{31} \cdot v_1 + a_{32} \cdot v_2 + a_{33} \cdot v_3 \end{pmatrix}$$
>
> Das Ergebnis ist ein Vektor.
>
> Die **Stärke der Verwendung von Matrizen** liegt darin, dass man alle Verfahren leicht auf Übergangsprozesse mit mehr als drei Übergangsgleichungen übertragen kann.

Übungen

10 *Tabellen und Matrizen beschreiben stochastische Prozesse*

Angenommen, Tiere einer Tierpopulation verbreiten sich in fünf verschiedenen Biotopen A, B, C, D und E, zwischen denen sie mit einer bestimmten Wahrscheinlichkeit innerhalb eines Tages wechseln.

Hinweis: Hier können Sie erproben, wie man Übergangsprozesse mit mehr als drei Übergangsgleichungen darstellen kann.

nach \ von	A	B	C	D	E
A	0,45	0,1	0,1	0,08	0,4
B	0,3	0,4	0,1	0,26	0,15
C	0,05	0,12	0,7	0,43	0,15
D	0,15	0,28	0,05	0,02	0,05
E	0,05	0,1	0,05	0,21	0,25

Verteilung der Ausgangspopulation:

$$\vec{v_0} = \begin{pmatrix} 0,35 \\ 0,15 \\ 0,05 \\ 0,13 \\ 0,32 \end{pmatrix}$$

a) Was gibt die Zahl 0,43 in der 3. Zeile, 4. Spalte in der obigen Tabelle an, was die Zahl in der 4. Zeile und 4. Spalte?

b) Ein Biologe beobachtet die Verteilung der Tierpopulation an einem bestimmten Tag und gibt sie als Vektor $\vec{v_0}$ an (siehe Abbildung). Erläutern Sie, was die Komponenten dieses Vektors in diesem Sachzusammenhang bedeuten. Berechnen Sie den Anteil der Tiere, die sich am nächsten Tag im Biotop C befinden.

c) Berechnen Sie mit dem GTR die Verteilung der gesamten Tierpopulation nach einem Tag.

11 Autovermietung

Eine Autovermietung hat in einer bestimmten Region drei Vermietungsstationen. Über Monate hinweg protokolliert die Firma, wo die an den verschiedenen Stationen angemieteten Fahrzeuge nach jeweils einer Woche zurückgegeben werden. Bei der folgenden Modellrechnung gehen wir davon aus, dass alle ausgeliehenen Fahrzeuge in der betreffenden Region verbleiben.

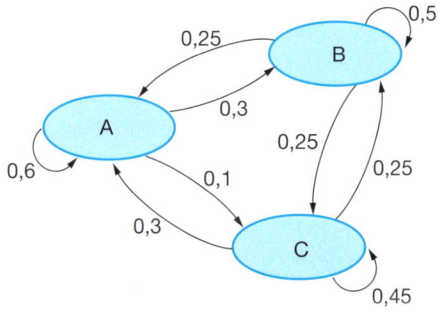

Übungen

1201.xls
1202.xls

a) Die „Fahrzeugwanderung" ist mit einem Übergangsgraphen mit drei Knoten und neun Kanten dargestellt. Anfangs befinden sich in A 50 Leihwagen, in B 40 Leihwagen und in C 100 Leihwagen. Wie viele Fahrzeuge befinden sich in A, B und C nach einer Woche?

b) Die Autovermietung kauft einen Mitbewerber mit weiteren vier Vermietungsstationen auf. Wie müsste der zugehörige Übergangsgraph, der die neue Situation für die sieben Vermietungsstationen modelliert, aussehen?
Wie viele Knoten und wie viele Kanten müsste der Übergangsgraph haben?
Wie viele Zeilen und Spalten hat dann die zugehörige Übergangsmatrix?

12 Übergangsmatrix – Wo steckt der Fehler?

Der Übergangsgraph zeigt die Quoten, mit der die Kunden dreier Stromanbieter innerhalb eines Jahres den Anbieter wechseln. Bei der Erstellung der zugehörigen Übergangsmatrix ist ein Fehler unterlaufen.

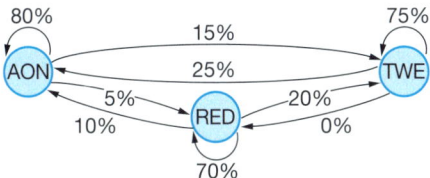

$$M = \begin{pmatrix} 0{,}8 & 0{,}15 & 0{,}05 \\ 0{,}25 & 0{,}75 & 0 \\ 0{,}1 & 0{,}2 & 0{,}7 \end{pmatrix} \begin{matrix} \text{AON} \\ \text{TWE} \\ \text{RED} \end{matrix}$$

AON TWE RED

KOPFÜBUNGEN

1 Markieren Sie auf der x-Achse alle Stellen mit $|x| < 1{,}5$.

2 Gegeben ist die Funktion $f(x) = -x^2 + 2x + 1$. Begründen Sie ohne Rechnung, dass f genau zwei Nullstellen besitzt.

3 Bei einem Zufallsexperiment werden zwei identisch gebaute Glücksräder, wie in nebenstehender Grafik abgebildet, gleichzeitig gedreht und das Produkt der beiden Zahlen notiert. Geben Sie die Ergebnismenge und den Erwartungswert an.

4 Bestimmen Sie ohne technische Mittel den Winkel zwischen den Vektoren

$\vec{u} = \begin{pmatrix} 1 \\ 1 \\ 0 \end{pmatrix}$ und $\vec{v} = \begin{pmatrix} 1 \\ 0 \\ 1 \end{pmatrix}$.

Aufgaben

13 *Rückwärtsrechnen*

In einer Stadt kann man sowohl am Bahnhof (B) als auch am Marktplatz (M) mit einer EC-Karte Fahrräder leihen. Die Fahrräder müssen dann an einer der beiden Verleihstationen zurückgegeben werden.
Der folgende Übergangsgraph zeigt das „Rückgabeverhalten" der Ausleiher für einen Tag:

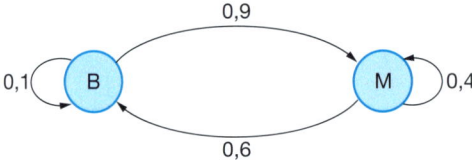

a) Angenommen, zu einem bestimmten Zeitpunkt befinden sich 40 Fahrräder am Bahnhof und 40 Fahrräder am Marktplatz. Berechnen Sie, wie viele Leihräder sich am nächsten Tag und am übernächsten Tag bei gleichem „Rückgabeverhalten" am Bahnhof und am Marktplatz befinden – tun Sie dies auf zwei verschiedene Weisen:
- mit dem GTR, nachdem Sie die Übergangsmatrix zu dem Graphen aufgestellt haben,
- mit zwei Übergangsgleichungen, die man mithilfe des Übergangsgraphen erhält.

Die Übergangsgleichung zur Berechnung der Anzahl der Fahrräder am Bahnhof lautet:
$F_B = 0{,}1 \cdot F_B(\text{vom Vortag}) + 0{,}6 \cdot F_M(\text{vom Vortag})$

Ergänzen Sie die zweite Übergangsgleichung für die Anzahl der Fahrräder am Marktplatz und rechnen Sie.

b) An einem bestimmten Tag befanden sich am Marktplatz 46 Fahrräder und am Bahnhof 34 Fahrräder. Berechnen Sie, wie viele Fahrräder sich am Tag zuvor an den beiden Verleihstationen befunden haben müssen.
Tipp: Verwenden Sie die Übergangsgleichungen aus Teil a) und Ihre Kenntnisse über das Lösen von Gleichungssystemen.

14 *Eine kleine Erkundungsreise in die Welt der stochastischen Matrizen*

Eine oder mehrere Nullen in einer stochastischen Matrix, was dann?
Gegeben sind die drei Matrizen A, B und C:

$A = \begin{pmatrix} 0{,}8 & 1 \\ 0{,}2 & 0 \end{pmatrix} \qquad B = \begin{pmatrix} 0{,}8 & 0 \\ 0{,}2 & 1 \end{pmatrix} \qquad C = \begin{pmatrix} 0 & 1 \\ 1 & 0 \end{pmatrix}$

a) Ordnen Sie den Matrizen A, B und C jeweils den passenden Übergangsgraphen zu.

(1)   (2)   (3)

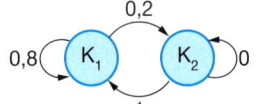

b) Erfinden Sie zu jedem der Graphen eine „Übergangsgeschichte". Was ist das Besondere, wenn in der Übergangsmatrix eine Null steht?

c) Beobachten Sie in allen Fällen, welche Folgezustände sich aus der Anfangsverteilung (Startvektor) $\vec{v}_0 = \begin{pmatrix} 0{,}9 \\ 0{,}1 \end{pmatrix}$ bei sich mehrfach wiederholenden Übergängen, d.h. bei wiederholter Multiplikation mit der betreffenden Matrix, ergeben.
Können Sie sich denken, wie dies „weiter geht"?

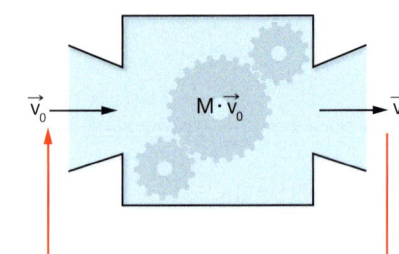

12.2 Langzeitverhalten bei stochastischen Prozessen

Was Sie erwartet

Stochastische Prozesse kann man grafisch, mit Übergangsgleichungen und mit Übergangsmatrizen darstellen. Besonders anschaulich ist ein Umfüllproblem. Beide Gefäße sind zu Beginn mit je 10 Litern Wasser gefüllt. Aus der Abbildung kann man ablesen, dass in einer bestimmten Zeiteinheit über Zwischengefäße aus dem Gefäß A 60 % der Flüssigkeit in das Gefäß B umgepumpt wird und gleichzeitig 35 % aus dem Gefäß B in das Gefäß A. Dieses Umpumpen wird häufig wiederholt.

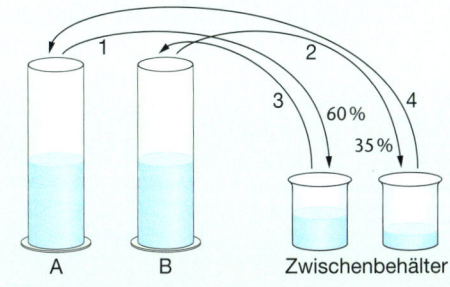

Was meinen Sie: Wie lange wird es dauern, bis das Gefäß A leer ist; oder wird es gar nicht leer? Diskutieren Sie, welche Flüssigkeitsmengen sich jeweils nach 10- und 20-maligem Umpumpen in den beiden Gefäßen befinden?

Fragen dieser Art führen auf Fragen nach dem Verhalten von Verteilungen, wenn man mehrere „Übergänge" hintereinander ausführt, und nach dem Langzeitverhalten von Verteilungen bei Prozessen dieser Art. Die Übergangsmatrizen und deren Multiplikation sind bei der Beantwortung dieser und ähnlicher Fragen hilfreich.

Aufgaben

1 *Umpumpen*

Die Übergangsmatrix M für einen „Umpumpvorgang" von Gefäß A nach Gefäß B und von B nach A ist gegeben durch die Matrix

$M = \begin{pmatrix} 0{,}4 & 0{,}35 \\ 0{,}6 & 0{,}65 \end{pmatrix}$.

a) Berechnen Sie die Wassermengen mithilfe des GTR nach 1 (2, 3, 4) Pumpvorgängen mit jeweils derselben Matrix.
Gehen Sie von 10 Litern Wasser in beiden Gefäßen zu Beginn aus. Verwenden Sie jeweils die berechneten Wassermengen als neuen Startvektor und multiplizieren Sie diese stets mit der Matrix M.

b) Wird sich eines der Gefäße ganz entleeren? Begründen Sie Ihre Antwort.

2 *Kundenströme*

Ein Marktforschungsinstitut beobachtet ein halbes Jahr lang das Wechselverhalten von Kunden zwischen zwei Kaufhäusern R und V. Die Kundenströme lassen sich für das erste halbe Jahr mit der Matrix A beschreiben. Das Institut erstellt die Übergangsmatrix J für eine Ganzjahresprognose unter der Annahme, dass das Wechselverhalten im zweiten Halbjahr gleich bleibt, mithilfe des GTR oder per Hand, als Produkt von A mit A. Nehmen Sie an, dass beide Kaufhäuser je 1000 Kunden haben. Berechnen Sie eine Ganzjahresprognose, indem Sie die Matrix A zweimal hintereinander auf die Ausgangsverteilung anwenden und zum Vergleich einmal J.

$\begin{array}{c} \text{von} \\ \text{R} \quad \text{V} \end{array}$
$A = \begin{pmatrix} 0{,}6 & 0{,}3 \\ 0{,}4 & 0{,}7 \end{pmatrix} \begin{array}{c} \text{R} \\ \text{V} \end{array}$ nach

$J = A \cdot A = \begin{pmatrix} 0{,}6 & 0{,}3 \\ 0{,}4 & 0{,}7 \end{pmatrix} \cdot \begin{pmatrix} 0{,}6 & 0{,}3 \\ 0{,}4 & 0{,}7 \end{pmatrix} = \begin{pmatrix} 0{,}48 & 0{,}39 \\ 0{,}52 & 0{,}61 \end{pmatrix}$

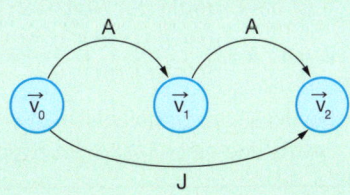

12 Stochastische Prozesse

Aufgaben

3 „Aus 2 mache 1" – Aus zwei Übergangsmatrizen eine Übergangsmatrix machen
Ein Marktforschungsinstitut wurde von einem Verlag beauftragt, das Kaufverhalten der Käufer von zwei neu aufgelegten, wöchentlich erscheinenden Magazinen A und B zu untersuchen, um so Hilfen für spätere Produktions- und Vertriebsentscheidungen zu liefern.
Zu Beginn (in Woche 0) kauften 60 000 Kunden Magazin A und 90 000 Kunden Magazin B. Das Institut ermittelt mithilfe statistischer Untersuchungen, wie die monatlichen Wechsel der Käufer stattfinden.
Die Ergebnisse werden in *Übergangsmatrizen* festgehalten.

Monat 0 → Monat 1:
$$M = \begin{pmatrix} 0{,}79 & 0{,}05 \\ 0{,}21 & 0{,}95 \end{pmatrix} \begin{matrix} A \\ B \end{matrix} \text{ nach}$$
von A B

Monat 1 → Monat 2:
$$N = \begin{pmatrix} 0{,}75 & 0{,}06 \\ 0{,}25 & 0{,}94 \end{pmatrix} \begin{matrix} A \\ B \end{matrix} \text{ nach}$$
von A B

a) Bestimmen Sie die Verkaufszahlen der Zeitschriften für die ersten zwei Monate.
b) Man kann aus den beiden Übergangsmatrizen M und N die Übergangsmatrix von Monat 0 zu Monat 2 bestimmen. Die möglichen Übergänge sind angegeben und für zwei Fälle auch deren Berechnung. Ergänzen Sie die beiden weiteren Fälle.

(1) Von A nach A   A → A → A $0{,}79 \cdot 0{,}75$
                   A → B → A $+ 0{,}21 \cdot 0{,}06 = 0{,}6051$
(2) Von A nach B   A → A → B $0{,}79 \cdot 0{,}25$
                   A → B → B $+ 0{,}21 \cdot 0{,}94 = 0{,}3949$
(3) Von B nach A   B → B → A $0{,}95 \cdot 0{,}06$
                   _____   + _____ = _____
(4) Von B nach B   _____   _____
                   _____   + _____ = _____

Schreiben Sie nun die Übergangsmatrix von Monat 0 nach Monat 2 auf.

Basiswissen

Die Verwendung von Matrizen in Sachzusammenhängen führt oft dazu, dass man Matrizen multiplizieren muss. Dafür benötigt man eine Regel.

Multiplikation von Matrizen
Zwei stochastische Matrizen A und B stellen den Übergang von Zustand $\vec{v}_0$ über Zustand $\vec{v}_1$ zu Zustand $\vec{v}_2$ dar.

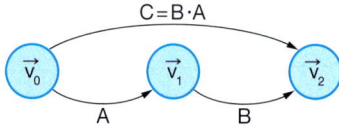

$$\vec{v}_2 = B \cdot (A \cdot \vec{v}_0) = (B \cdot A) \cdot \vec{v}_0 = C \cdot \vec{v}_0$$

$$A = \begin{pmatrix} 0{,}6 & 0{,}2 \\ 0{,}4 & 0{,}8 \end{pmatrix} \quad B = \begin{pmatrix} 0{,}9 & 0{,}5 \\ 0{,}1 & 0{,}5 \end{pmatrix}$$

Die Matrix C stellt den Übergang von $\vec{v}_0$ direkt nach $\vec{v}_2$ dar.
C ist das **Produkt der Matrizen A und B**.

$$C = B \cdot A = \begin{pmatrix} 0{,}9 & 0{,}5 \\ 0{,}1 & 0{,}5 \end{pmatrix} \cdot \begin{pmatrix} 0{,}6 & 0{,}2 \\ 0{,}4 & 0{,}8 \end{pmatrix} = \begin{pmatrix} 0{,}9 \cdot 0{,}6 + 0{,}5 \cdot 0{,}4 & 0{,}9 \cdot 0{,}2 + 0{,}5 \cdot 0{,}8 \\ 0{,}1 \cdot 0{,}6 + 0{,}5 \cdot 0{,}4 & 0{,}1 \cdot 0{,}2 + 0{,}5 \cdot 0{,}8 \end{pmatrix} = \begin{pmatrix} 0{,}74 & 0{,}58 \\ 0{,}26 & 0{,}42 \end{pmatrix}$$

Bei der Matrizenmultiplikation wird immer das Skalarprodukt einer Zeile der ersten Matrix und einer Spalte der zweiten Matrix berechnet.

Bei der Multiplikation von Matrizen kommt es auf die Reihenfolge der Faktoren an.

12.2 Langzeitverhalten bei stochastischen Prozessen

Beispiele

A *Produkt von stochastischen Matrizen*

Die beiden stochastischen Matrizen $A = \begin{pmatrix} 0,7 & 0,05 \\ 0,3 & 0,95 \end{pmatrix}$ und $B = \begin{pmatrix} 0,8 & 0,1 \\ 0,2 & 0,9 \end{pmatrix}$ beschreiben die Übergänge von Zustand $\vec{v}_0$ über $\vec{v}_1 = A \cdot \vec{v}_0$ nach $\vec{v}_2 = B \cdot \vec{v}_1$.

a) Berechnen Sie per Hand $\vec{v}_1$ und $\vec{v}_2$ für den Ausgangszustand $\vec{v}_0 = \begin{pmatrix} 0,5 \\ 0,5 \end{pmatrix}$.

b) Weisen Sie nach, dass die Matrix $C = B \cdot A$ die Übergangsmatrix von $\vec{v}_0$ nach $\vec{v}_2$ ist.

Lösung:

a) $\vec{v}_1 = \begin{pmatrix} 0,7 & 0,05 \\ 0,3 & 0,95 \end{pmatrix} \cdot \begin{pmatrix} 0,5 \\ 0,5 \end{pmatrix} = \begin{pmatrix} 0,375 \\ 0,625 \end{pmatrix}$ $\vec{v}_2 = \begin{pmatrix} 0,8 & 0,1 \\ 0,2 & 0,9 \end{pmatrix} \cdot \begin{pmatrix} 0,375 \\ 0,625 \end{pmatrix} = \begin{pmatrix} 0,3625 \\ 0,6375 \end{pmatrix}$

b) Berechnung des Produktes: $C = \begin{pmatrix} c_{11} & c_{12} \\ c_{21} & c_{22} \end{pmatrix} = B \cdot A = \begin{pmatrix} 0,8 & 0,1 \\ 0,2 & 0,9 \end{pmatrix} \cdot \begin{pmatrix} 0,7 & 0,05 \\ 0,3 & 0,95 \end{pmatrix}$

$c_{11} = 0,8 \cdot 0,7 + 0,1 \cdot 0,3 = 0,59$ Skalarprodukt 1. Zeile von A und 1. Spalte von B
$c_{12} = 0,8 \cdot 0,05 + 0,1 \cdot 0,95 = 0,135$ Skalarprodukt 1. Zeile von A und 2. Spalte von B
$c_{21} = 0,2 \cdot 0,7 + 0,9 \cdot 0,3 = 0,41$ Skalarprodukt 2. Zeile von A und 1. Spalte von B
$c_{22} = 0,2 \cdot 0,05 + 0,9 \cdot 0,95 = 0,865$ Skalarprodukt 2. Zeile von A und 2. Spalte von B

$\vec{v}_2 = C \cdot \vec{v}_0 = \begin{pmatrix} 0,59 & 0,135 \\ 0,41 & 0,865 \end{pmatrix} \cdot \begin{pmatrix} 0,5 \\ 0,5 \end{pmatrix} = \begin{pmatrix} 0,3625 \\ 0,6375 \end{pmatrix}$ Die Ergebnisse von Teil a) und Teil b) stimmen überein.

Übungen

4 *Matrizenprodukte per Hand berechnen*
Berechnen Sie die Matrizenprodukte $A \cdot B$ und $B \cdot A$ per Hand und vergleichen Sie die Ergebnisse. Was stellen Sie fest?

$A = \begin{pmatrix} 0,4 & 0,1 \\ 0,6 & 0,9 \end{pmatrix}$ $B = \begin{pmatrix} 0,8 & 0,25 \\ 0,2 & 0,75 \end{pmatrix}$

5 *Übergangsmatrizen M und M²*
a) Ermitteln Sie zu dem Übergangsgraphen die zugehörige Übergangsmatrix M.
b) Berechnen Sie $N = M \cdot M$. Welche Bedeutung hat die Übergangsmatrix N?
c) Berechnen Sie auch die Übergangsmatrix $P = M \cdot N$. Welche Bedeutung hat P?

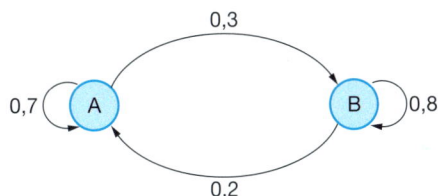

6 *Mittagessen im italienischen Restaurant*
Die beiden italienischen Restaurants „da Franco" und „da Mario" liegen direkt nebeneinander. Beide bieten einen günstigen Mittagstisch, der von den Angestellten der umliegenden Geschäfte und Büros genutzt wird. Beobachtungen haben ergeben, dass die Gäste der beiden Restaurants von Tag zu Tag ein Wechselverhalten zwischen den beiden Restaurants zeigen, das durch den Übergangsgraphen in der nebenstehenden Abbildung beschrieben wird.

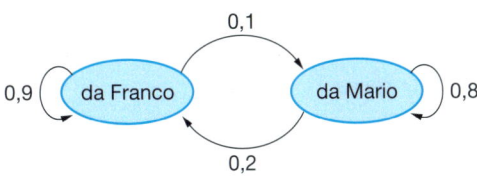

a) Heute sind bei „da Franco" 160 Gäste bedient worden und bei „da Mario" 140 Gäste. Wie sieht die Entwicklung der Anzahl der Gäste für die nächsten fünf Tage aus? Gehen Sie dabei von der Modellannahme aus, dass sich der Übergangsgraph nicht verändert und die Gesamtanzahl der Gäste, die beide Restaurants besuchen, gleich bleibt. „Übersetzen" Sie zunächst den Übergangsgraphen in eine Übergangsmatrix M und berechnen Sie dann die Gesamtanzahl der Gäste von Tag zu Tag mit dem GTR.
b) Warum ist es aufwändig, die Anzahl der Gäste für den 10. Folgetag auf diese Weise zu berechnen?

12 Stochastische Prozesse

Basiswissen

Langfristige Entwicklungen lassen sich unter der vereinfachenden Annahme, dass die Übergangsmatrix während eines Prozesses unverändert bleibt, durch die wiederholte Anwendung der Übergangsmatrix auf die jeweils aktuelle Verteilung untersuchen.

Übergangsprozesse schrittweise (iterativ)

Übergangsgraph

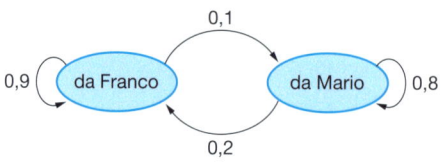

Übergangsmatrix **Anfangsverteilung**

$$M = \begin{pmatrix} 0{,}9 & 0{,}2 \\ 0{,}1 & 0{,}8 \end{pmatrix} \qquad \vec{v}_0 = \begin{pmatrix} 160 \\ 140 \end{pmatrix}$$

Aufeinanderfolgende Verteilungen lassen sich durch wiederholte Anwendung der Übergangsmatrix auf die vorherige Verteilung (Matrix mal Vektor) bestimmen. Man nennt dieses Verfahren **Iteration**.

Iteration

$\vec{v}_0$
$\vec{v}_1 = M \cdot \vec{v}_0$
$\vec{v}_2 = M \cdot \vec{v}_1 = M \cdot (M \cdot \vec{v}_0)$
$\vec{v}_3 = M \cdot \vec{v}_2 = M \cdot (M \cdot (M \cdot \vec{v}_0))$
...
$\vec{v}_{k+1} = M \cdot \vec{v}_k$

Iterationsvorschrift $\vec{v}_{k+1} = M \cdot \vec{v}_k$

Übergangsprozesse mit Matrixpotenzen

Anstelle der schrittweisen Bestimmung der Anteile kann man z. B. $\vec{v}_2$ direkt aus $\vec{v}_0$ mit Matrixpotenzen berechnen.

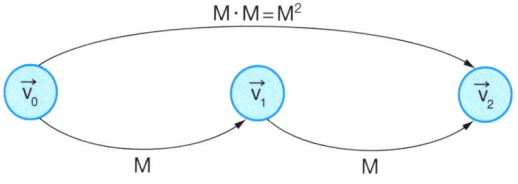

Anstelle von Iteration: $\vec{v}_1 = \begin{pmatrix} 0{,}9 & 0{,}2 \\ 0{,}1 & 0{,}8 \end{pmatrix} \cdot \begin{pmatrix} 160 \\ 140 \end{pmatrix} = \begin{pmatrix} 172 \\ 128 \end{pmatrix} \qquad \vec{v}_2 = \begin{pmatrix} 0{,}9 & 0{,}2 \\ 0{,}1 & 0{,}8 \end{pmatrix} \cdot \begin{pmatrix} 172 \\ 128 \end{pmatrix} = \begin{pmatrix} 180{,}4 \\ 119{,}6 \end{pmatrix}$

Rechnung mit Matrixpotenzen: $\vec{v}_2 = \begin{pmatrix} 0{,}9 & 0{,}2 \\ 0{,}1 & 0{,}8 \end{pmatrix}^2 \cdot \begin{pmatrix} 160 \\ 140 \end{pmatrix} = \begin{pmatrix} 180{,}4 \\ 119{,}6 \end{pmatrix}$

Matrizenmultiplikation mit dem GTR

Matrizenmultiplikation B · A

```
MATRIX[A] 2 ×2
[ .9   .2 ]
[ .1   .8 ]
```

```
MATRIX[B] 2 ×2
[ .4   .2 ]
[ .6   .8 ]
```

```
[B]*[A]
        [.38  .24]
        [.62  .76]
```

Multiplikation von A mit sich selbst: A · A

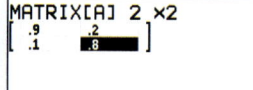

Matrixpotenz A^2

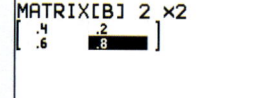

WERKZEUG

Beispiele

B | Mäuselabyrinth

Mäuse sind neugierig. In einem großen Labyrinth mit den drei Räumen R_1, R_2 und R_3 stellt die Übergangsmatrix M das Wechselverhalten der Mäuse innerhalb von zwei Minuten dar. Angenommen, in dem Labyrinth werden 30 Mäuse in Raum 1 ausgesetzt. Wie verteilen sich die Mäuse in den Räumen nach zehn Minuten? Zehn Minuten entsprechen fünf 2-Minuten-Intervallen. Berechnen Sie die Verteilung $\vec{v}_5$ zum einen per Iteration und zum anderen mithilfe der Matrixpotenz M^5.

$$M = \begin{pmatrix} 0,1 & 0,7 & 0,4 \\ 0,6 & 0,1 & 0,4 \\ 0,3 & 0,2 & 0,2 \end{pmatrix} \begin{matrix} R_1 \\ R_2 \\ R_3 \end{matrix} \text{ nach}$$

von R_1 R_2 R_3

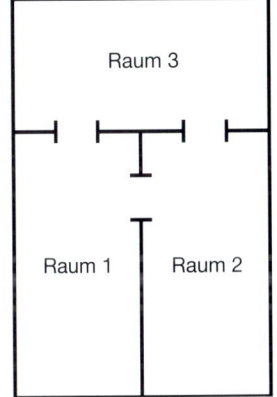

Lösung:
Berechnung per Iteration:

$$\vec{v}_0 = \begin{pmatrix} 30 \\ 0 \\ 0 \end{pmatrix} \quad \vec{v}_1 = \begin{pmatrix} 0,1 & 0,7 & 0,4 \\ 0,6 & 0,1 & 0,4 \\ 0,3 & 0,2 & 0,2 \end{pmatrix} \cdot \begin{pmatrix} 30 \\ 0 \\ 0 \end{pmatrix} = \begin{pmatrix} 3 \\ 18 \\ 9 \end{pmatrix} \quad \vec{v}_2 = \begin{pmatrix} 0,1 & 0,7 & 0,4 \\ 0,6 & 0,1 & 0,4 \\ 0,3 & 0,2 & 0,2 \end{pmatrix} \cdot \begin{pmatrix} 3 \\ 18 \\ 9 \end{pmatrix} = \begin{pmatrix} 16,5 \\ 7,2 \\ 6,3 \end{pmatrix}$$

$$\vec{v}_3 = \begin{pmatrix} 0,1 & 0,7 & 0,4 \\ 0,6 & 0,1 & 0,4 \\ 0,3 & 0,2 & 0,2 \end{pmatrix} \cdot \begin{pmatrix} 16,5 \\ 7,2 \\ 6,3 \end{pmatrix} = \begin{pmatrix} 9,21 \\ 13,14 \\ 7,65 \end{pmatrix} \quad \vec{v}_4 = \ldots = \begin{pmatrix} 13,179 \\ 9,9 \\ 6,921 \end{pmatrix} \quad \vec{v}_5 = \ldots = \begin{pmatrix} 11,0163 \\ 12,6658 \\ 7,3179 \end{pmatrix}$$

Bei dieser Sachaufgabe ist es sinnvoll, die Ergebnisse zu runden.

Berechnung per Matrixpotenz:

Die Matrix M^5 ist die Übergangsmatrix für das 10-Minuten-Intervall, wenn man davon ausgeht, dass das Wechselverhalten der Mäuse gleich bleibt. Mit dem GTR erhält man:

$$M^5 = \begin{pmatrix} 0,36721 & 0,42067 & 0,39124 \\ 0,38886 & 0,34521 & 0,36924 \\ 0,24393 & 0,23412 & 0,23952 \end{pmatrix}$$

$$\vec{v}_5 = \begin{pmatrix} 0,36721 & 0,42067 & 0,39124 \\ 0,38886 & 0,34521 & 0,36924 \\ 0,24393 & 0,23412 & 0,23952 \end{pmatrix} \cdot \begin{pmatrix} 30 \\ 0 \\ 0 \end{pmatrix} = \begin{pmatrix} 11,0163 \\ 12,6658 \\ 7,3179 \end{pmatrix}$$

Man erhält das gleiche Ergebnis wie bei der Iteration.

Übungen

7 | Verteilungen berechnen

Berechnen Sie jeweils $\vec{v}_1$, $\vec{v}_2$ und $\vec{v}_{10}$ mit der vorgegebenen Übergangsmatrix und Anfangsverteilung.

a) $M = \begin{pmatrix} 0,8 & 0,4 \\ 0,2 & 0,6 \end{pmatrix}$ und $\vec{v}_0 = \begin{pmatrix} 100 \\ 900 \end{pmatrix}$

b) $M = \begin{pmatrix} 0,9 & 0 & 0,3 \\ 0 & 0,6 & 0 \\ 0,1 & 0,4 & 0,7 \end{pmatrix}$ und $\vec{v}_0 = \begin{pmatrix} 200 \\ 400 \\ 200 \end{pmatrix}$

Berechnen Sie für alle Verteilungen die Summe der Komponenten der Verteilungsvektoren. Was stellen Sie fest?

8 | Aus der medizinischen Forschung

Ein Forscher untersuchte den Zusammenhang zwischen dem Gewicht eines Vaters und dem seines Sohnes. Dazu teilte er die Männer in drei Gewichtsklassen ein und ermittelte die nebenstehende Übergangsmatrix M.

Gewicht Vater → Sohn

von
unter normal über

$$M = \begin{pmatrix} 0,3 & 0,2 & 0,1 \\ 0,5 & 0,6 & 0,5 \\ 0,2 & 0,2 & 0,4 \end{pmatrix} \begin{matrix} \text{unter} \\ \text{normal} \\ \text{über} \end{matrix} \text{ nach}$$

a) Berechnen Sie M^3. Was stellt diese Matrix dar?

b) Wie groß ist die Wahrscheinlichkeit, dass ein Urenkel eines übergewichtigen Vaters ebenfalls übergewichtig ist?

Übungen

9 *Längerfristige Entwicklungen*

Ein Hersteller von Haarwaschmitteln hat die Sorten „Goldener Glanz" (GG), „Frische und Kraft" (FK) und „Volumen Traum" (VT) im Angebot.

Das Kaufverhalten der Kunden von Monat zu Monat ist in der Tabelle dargestellt. So greifen z. B. 10 % der Kunden, die vorher „Frische und Kraft" gekauft haben, im nächsten Monat zur Sorte „Goldener Glanz".

	GG	FK	VT
GG	0,90	0,10	0,20
FK	0,05	0,70	0,20
VT	0,05	0,20	0,60

In diesem Monat kaufen 20 % der Kunden GG, 30 % die Sorte FK und 50 % kaufen VT.

a) Berechnen Sie die Anteile für die nächsten 2, 3, 4, 6, 9 und 12 Monate. Was stellen Sie fest?

b) Die Grafik zeigt die Entwicklung des Kundenanteils von GG während eines Jahres.
Erstellen Sie entsprechende Grafiken für die Kundenanteile von FK und VT.

10 *Mäuselabyrinth*

Ein biologisches Forschungslabor will das Verhalten von Mäusen studieren. Dazu wird eine Versuchsanordnung benutzt, die im Grundriss abgebildet ist. Sie besteht aus drei Räumen, die durch vier Türen miteinander verbunden sind.
Die Forscher haben festgestellt, dass jede Maus innerhalb einer Minute den Raum wechselt. Dabei ist die Wahl der Tür völlig zufällig.
Zu Beginn der Untersuchung werden 18 Mäuse in Raum 1 gesetzt.

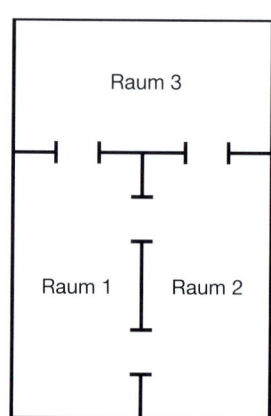

Die Forscher haben das Wechselverhalten der Mäuse in einer Übergangsmatrix M aufgezeichnet.

a) Stellen Sie die Daten aus der Matrix in einem Übergangsgraphen dar.

b) Berechnen Sie, wie die Mäuse nach zehn Minuten auf die drei Räume verteilt sind, falls die Übergangsmatrix gleich bleibt.

$$M = \begin{pmatrix} 0 & \frac{2}{3} & \frac{1}{2} \\ \frac{2}{3} & 0 & \frac{1}{2} \\ \frac{1}{3} & \frac{1}{3} & 0 \end{pmatrix} \begin{matrix} R_1 \\ R_2 \\ R_3 \end{matrix} \text{ nach}$$

von R_1 R_2 R_3

11 *Stabile Verteilungen*

Die Übergangsmatrix M beschreibt das Wechselverhalten von Kunden zwischen den Supermärkten A, B und C innerhalb eines Monats.
Anfänglich verteilen sich die Kunden wie folgt auf die Supermärkte: A: 45 %, B: 20 %, C: 35 %.

$$M = \begin{pmatrix} 0{,}8 & 0{,}1 & 0{,}2 \\ 0{,}1 & 0{,}6 & 0{,}1 \\ 0{,}1 & 0{,}3 & 0{,}7 \end{pmatrix} \begin{matrix} A \\ B \\ C \end{matrix} \text{ nach}$$

von A B C

a) Bestimmen Sie die Verteilung $\vec{v}_1$ nach einem Monat. Was fällt Ihnen auf?

b) Angenommen, die anfängliche Verteilung beträgt A: 30 %, B: 50 %, C: 20 %.
Berechnen Sie bei einem angenommenen konstanten Wechselverhalten $\vec{v}_1$ und $\vec{v}_2$.
Vergleichen Sie Ihre Ergebnisse mit den Daten aus Teil a).

12.2 Langzeitverhalten bei stochastischen Prozessen

12 Forellenteiche

Drei Teiche T_1, T_2 und T_3 sind miteinander verbunden. Die Forellen, die darin leben, wechseln ab und zu den Teich. Aufgrund der Strömungsverhältnisse sind Wechsel von T_1 nach T_3 und von T_3 nach T_2 nicht möglich. Die wöchentliche Fischwanderung ist in der Tabelle dargestellt.
Am Ende der Angelsaison Anfang November waren die drei Teiche leergefischt und es werden in jeden Teich 300 einjährige Forellen ausgesetzt.
Wir gehen von einem vereinfachten Modell aus, in dem sich die Gesamtanzahl der Forellen bis zur neuen Angelsaison Anfang Mai nicht ändert.

von \ nach	T_1	T_2	T_3
T_1	0,9	0,1	0,1
T_2	0,1	0,8	0
T_3	0	0,1	0,9

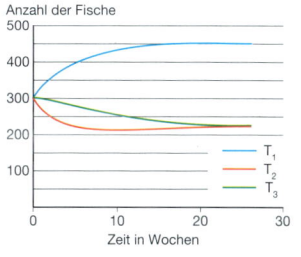

a) Bestimmen Sie die Verteilungen für die ersten drei Wochen.

b) Wie geht es weiter? In der Grafik sind die Verteilungen bis zur 26. Woche dargestellt. Interpretieren Sie die Grafik und bestätigen Sie die Werte für die letzten Wochen.

Übungen

1201.xls
1202.xls

Bei vielen stochastischen Prozessen stellt sich nach und nach eine stabile Verteilung ein.

Basiswissen

Langfristige Entwicklung und stabile Verteilung

Stabile Verteilung: Beim Anwenden der Matrix M ändert sich der Verteilungsvektor nicht mehr: $M \cdot \vec{v} = \vec{v}$

$$\begin{pmatrix} 0,9 & 0,1 & 0,1 \\ 0,1 & 0,8 & 0 \\ 0 & 0,1 & 0,9 \end{pmatrix} \cdot \begin{pmatrix} 0,5 \\ 0,25 \\ 0,25 \end{pmatrix} = \begin{pmatrix} 0,5 \\ 0,25 \\ 0,25 \end{pmatrix}$$

Wie findet man eine stabile Verteilung, falls sie existiert?

a) Probieren: $\vec{v}_0 = \begin{pmatrix} 0,24 \\ 0,56 \\ 0,2 \end{pmatrix} \Rightarrow \vec{v}_1 = M \cdot \begin{pmatrix} 0,24 \\ 0,56 \\ 0,2 \end{pmatrix} = \begin{pmatrix} 0,292 \\ 0,472 \\ 0,236 \end{pmatrix} \ldots \vec{v}_{20} = M^{20} \cdot \begin{pmatrix} 0,24 \\ 0,56 \\ 0,2 \end{pmatrix} = \begin{pmatrix} 0,497002 \\ 0,246080 \\ 0,256918 \end{pmatrix}$

$\ldots \vec{v}_{50} = M^{50} \cdot \begin{pmatrix} 0,24 \\ 0,56 \\ 0,2 \end{pmatrix} = \begin{pmatrix} 0,499996 \\ 0,249981 \\ 0,250022 \end{pmatrix} \ldots \vec{v}_{100} = M^{100} \cdot \begin{pmatrix} 0,24 \\ 0,56 \\ 0,2 \end{pmatrix} = \begin{pmatrix} 0,5 \\ 0,25 \\ 0,25 \end{pmatrix}$

Mit dem Rechnereinsatz kann man vermuten:
Die stabile Verteilung lautet $\vec{v} = \begin{pmatrix} 0,5 \\ 0,25 \\ 0,25 \end{pmatrix}$.

Nicht zu jeder stochastischen Übergangsmatrix gibt es genau eine stabile Verteilung.

b) Gleichungssystem lösen:
Die Gleichung $M \cdot \vec{v} = \vec{v}$ lösen.

$$\begin{pmatrix} 0,9 & 0,1 & 0,1 \\ 0,1 & 0,8 & 0 \\ 0 & 0,1 & 0,9 \end{pmatrix} \cdot \begin{pmatrix} x \\ y \\ z \end{pmatrix} = \begin{pmatrix} x \\ y \\ z \end{pmatrix}$$

Dies führt zu dem LGS:
(1) $0,9x + 0,1y + 0,1z = x \Rightarrow -0,1x + 0,1y + 0,1z = 0$
(2) $0,1x + 0,8y = y \Rightarrow 0,1x - 0,2y = 0$
(3) $0,1y + 0,9z = z \Rightarrow 0,1y - 0,1z = 0$
(4) $ x + y + z = 1$

x, y und z ergeben in der Summe 1 (100%).

Lösung: mit dem GTR
(4 x 4-Matrix: die erweiterte Koeffizientenmatrix eingeben und bearbeiten)
$\Rightarrow x = 0,5 \quad y = 0,25 \quad z = 0,25$

12 Stochastische Prozesse

Beispiele

C *Stabile Verteilung von Anteilen (relative Werte) gesucht*
Gegeben ist die nebenstehende Übergangsmatrix M.
Überprüfen Sie, ob es sich um eine stochastische Matrix handelt.
Bestimmen Sie die zugehörige stabile Verteilung mithilfe von
Matrixpotenzen.

$$M = \begin{pmatrix} 0{,}4 & 0{,}2 & 0{,}6 \\ 0{,}4 & 0{,}8 & 0 \\ 0{,}2 & 0 & 0{,}4 \end{pmatrix}$$

Lösung:
M ist eine stochastische Matrix, da alle Einträge größer oder gleich 0 sind und die Spaltensummen stets 1 ergeben.

Stabile Verteilung ermitteln: Strategie A – Ausprobieren

Man „nimmt" eine beliebige Anfangsverteilung $\vec{v}$ und berechnet dann $M \cdot \vec{v}$, $M^{50} \cdot \vec{v}$ und $M^{100} \cdot \vec{v}$.
Sind diese Ergebnisse bei hohen Potenzen in etwa gleich, kann man die stabile Verteilung schätzen. Das Ergebnis mit einer Probe überprüfen.

z. B. $\vec{v} = \begin{pmatrix} 0{,}3 \\ 0{,}3 \\ 0{,}4 \end{pmatrix}$ $M^{50} \cdot \vec{v} = \begin{pmatrix} 0{,}3 \\ 0{,}6 \\ 0{,}1 \end{pmatrix}$ $M^{100} \cdot \vec{v} = \begin{pmatrix} 0{,}3 \\ 0{,}6 \\ 0{,}1 \end{pmatrix}$ $\Rightarrow$ Stabile Verteilung: $\begin{pmatrix} 0{,}3 \\ 0{,}6 \\ 0{,}1 \end{pmatrix}$

Probe: $M \cdot \begin{pmatrix} 0{,}3 \\ 0{,}6 \\ 0{,}1 \end{pmatrix} = \begin{pmatrix} 0{,}3 \\ 0{,}6 \\ 0{,}1 \end{pmatrix}$

Stabile Verteilung ermitteln: Strategie B – Gleichungssystem lösen

Die Gleichung $M \cdot \vec{v} = \vec{v}$
mit
$x + y + z = 1$ lösen.

$$\begin{pmatrix} 0{,}4 & 0{,}2 & 0{,}6 \\ 0{,}4 & 0{,}8 & 0 \\ 0{,}2 & 0 & 0{,}4 \end{pmatrix} \cdot \begin{pmatrix} x \\ y \\ z \end{pmatrix} = \begin{pmatrix} x \\ y \\ z \end{pmatrix}$$

Dies führt zu einem (4 × 4)-LGS:

(1) $0{,}4x + 0{,}2y + 0{,}6z = x$ $\Rightarrow$ $-0{,}6x + 0{,}2y + 0{,}6z = 0$
(2) $0{,}4x + 0{,}8y \phantom{+ 0{,}0z} = y$ $\Rightarrow$ $0{,}4x - 0{,}2y \phantom{+ 0{,}0z} = 0$
(3) $0{,}2x \phantom{+ 0{,}0y} + 0{,}4z = z$ $\Rightarrow$ $0{,}2x \phantom{+ 0{,}0y} - 0{,}6z = 0$
(4) $\phantom{-0{,}0x + 0{,}0y + 0{,}0z = x \Rightarrow} x + y + z = 1$

Mit dem GTR erhält man als Lösung $\vec{v} = \begin{pmatrix} 0{,}3 \\ 0{,}6 \\ 0{,}1 \end{pmatrix}$.

Übungen

Wenn Sie eine Anfangsverteilung benutzen, dann rechnen Sie mit relativen Zahlen. Die Summe der Anteile ist stets 1.

13 *Stabile Verteilungen*
Untersuchen Sie die folgenden Übergangsmatrizen auf stabile Verteilungen.

a) $\begin{pmatrix} 0{,}8 & 0{,}3 & 0{,}4 \\ 0{,}1 & 0{,}6 & 0{,}1 \\ 0{,}1 & 0{,}1 & 0{,}5 \end{pmatrix}$ b) $\begin{pmatrix} 0{,}8 & 0{,}3 & 0 \\ 0{,}2 & 0{,}7 & 1 \\ 0 & 0 & 0 \end{pmatrix}$ c) $\begin{pmatrix} 0{,}8 & 0{,}3 & 0 \\ 0{,}2 & 0{,}7 & 0 \\ 0 & 0 & 1 \end{pmatrix}$

Berechnen Sie zumindest auch eine stabile Verteilung mithilfe eines LGS.

1201.xls
1202.xls

14 *Autovermietung*
Für einen Autovermieter mit drei Standorten gilt für den wöchentlichen Wechsel der nebenstehende Übergangsgraph
(H: Hannover, B: Braunschweig,
G: Göttingen).
An einem Tag stehen 50 % der Fahrzeuge in Hannover und je 25 % an den beiden anderen Standorten. Untersuchen Sie die langfristige Entwicklung. Gibt es eine stabile Verteilung?

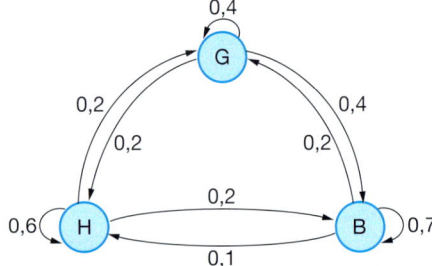

12.2 Langzeitverhalten bei stochastischen Prozessen

Übungen

15 *Marktanalyse, langfristiger Trend, Rolle der Anfangsverteilung*
Ein Marktforschungsinstitut hat das Kaufverhalten der Leser von konkurrierenden Zeitschriften („Gala" und „Scala") untersucht, die einmal im Monat erscheinen.
Dabei hat sich herausgestellt, dass 90% der „Gala"-Leser beim nächsten Mal wieder „Gala" lesen, während 8% der „Scala"-Leser beim nächsten Mal „Gala" kaufen.

	Gala	Scala
Gala	0,90	0,08
Scala	0,10	0,92

a) Im letzten Monat haben 12 000 Leser „Gala" und 6 000 Leser „Scala" gekauft. Wie ist die langfristige Entwicklung, wenn das Kaufverhalten wie in der Tabelle bleibt. Stellt sich eine stabile Verteilung ein?

b) Welchen langfristigen Trend kann man beobachten, wenn zunächst 18 000 Leser Gala kaufen und noch niemand „Scala". Was meinen Sie, welche Rolle für den langfristigen Trend die Anfangsverteilung spielt?

Innermathematisches Training

16 *Vektor für stabile Verteilung*
a) Gegeben ist die folgende Übergangsmatrix M. Bestimmen Sie die zugehörige stabile Verteilung mit Spaltensumme 1.

$$M = \begin{pmatrix} 0,4 & 0,2 & 0,6 \\ 0,4 & 0,8 & 0 \\ 0,2 & 0 & 0,4 \end{pmatrix}$$

b) Zeigen Sie mithilfe zweier verschiedener Anfangsverteilungen, dass die stabile Verteilung unabhängig von der Anfangsverteilung ist.

17 *Übergangsmatrix bestimmen*
Gegeben ist die stabile Verteilung

$$\vec{v} = \begin{pmatrix} 0,25 \\ 0,75 \end{pmatrix}$$ sowie der unvollständige Übergangsgraph.

Vervollständigen Sie den Graphen und geben Sie die zugehörige Übergangsmatrix an.

18 *Langfristige Entwicklung*
Gegeben ist der nebenstehende Übergangsgraph.
Für die Anfangsverteilung gilt:
A: 245; B: 185; C: 155
Berechnen Sie die langfristige Verteilung.

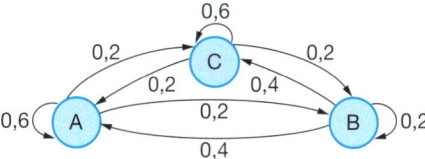

19 *Matrixpotenzen*
a) Bilden Sie jeweils die Matrixpotenzen M^2 und M^3.

$$A = \begin{pmatrix} 0,1 & 0,6 \\ 0,9 & 0,4 \end{pmatrix} \quad B = \begin{pmatrix} 0,8 & 0,3 & 0 \\ 0,2 & 0,7 & 0 \\ 0 & 0 & 1 \end{pmatrix} \quad C = \begin{pmatrix} 0,8 & 0,3 & 0 \\ 0,2 & 0,7 & 1 \\ 0 & 0 & 0 \end{pmatrix} \quad D = \begin{pmatrix} 0 & 1 \\ 1 & 0 \end{pmatrix} \quad E = \begin{pmatrix} 0 & 1 & 0 \\ 1 & 0 & 0 \\ 0 & 0 & 1 \end{pmatrix}$$

b) Welche Matrizen besitzen eine stabile Verteilung?

20 *Stabile Verteilung bestimmen*
Ermitteln Sie die stabile Verteilung zum nebenstehenden Übergangsgraphen.

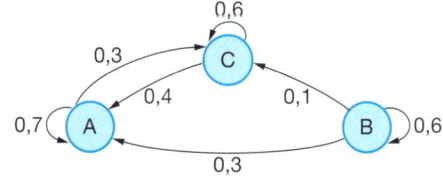

Übungen **21** *Experiment Schokolinsen*

Spielregeln:
1. Spieler A schiebt jeweils ein Drittel seiner Schokolinsen von Feld A nach Feld B.
   Spieler B schiebt jeweils die Hälfte seiner Schokolinsen von Feld B nach Feld A.
2. Schieben Sie gleichzeitig.
3. Eventuell muss gerundet werden.
4. Schieben Sie erneut wie in 1.

Für das „Partnerspiel" legen Sie von 50 Schokolinsen zunächst 10 in Feld A und 40 in Feld B. Danach schieben Sie die Schokolinsen nach den Spielregeln.

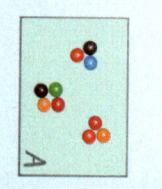 

Anfangsverteilung

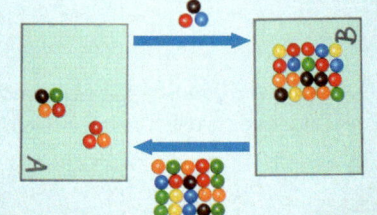

Schieben

 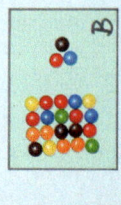

Folgeverteilung

Spielen Sie einige Runden. Notieren Sie nach jedem Schritt jeweils die Verteilung der Schokolinsen auf die beiden Felder.

Feld A	10	27		
Feld B	40		20	

a) Was beobachten Sie? Vergleichen Sie mit Ihren Nachbarn.
b) Wiederholen Sie das Experiment für eine andere Anfangsverteilung der 50 Schokolinsen auf die beiden Felder. Stellen Sie eine Vermutung auf.
c) Überprüfen Sie Ihre Vermutung mit einem passenden mathematischen Modell. Stellen Sie eine Übergangsmatrix auf und berechnen Sie die Entwicklung der Schokolinsenverteilung – diesmal ohne Runden. Vergleichen Sie die Ergebnisse.

KOPFÜBUNGEN

1 Einige Untersuchungen haben gezeigt, dass unter Rechtshändern 20 % mehr Mädchen als Jungen sind. Was folgt daraus in Bezug auf die stochastische Unabhängigkeit?

2 Bestimmen Sie die Koordinaten des Scheitelpunktes: $f(x) = x \cdot (x - 4)$
Handelt es sich hierbei um einen lokalen Hoch- oder Tiefpunkt?

3 Die Seitenlängen eines Rechtecks betragen 4 cm und 5 cm. Wie lang sind die Seiten eines flächeninhaltsgleichen Quadrats?

4 Wie viele Lösungen (x|y) hat das folgende Gleichungssystem?
$0{,}6x + 0{,}2y = x$ Beantworten Sie die Frage, wenn zusätzlich
$0{,}4x + 0{,}8y = y$ die Bedingung $x + y = 1$ gilt.

Aufgaben

22 *Kundenbindungsprogramme*
Drei große Luftfahrtallianzen „Endless-Horizon" (E), „Open-Sky" (O) und „Small-World" (S) teilen sich den Markt auf. Jede der drei Allianzen versucht, ihren Anteil am Markt zu halten und neue Anteile dazuzugewinnen. Ein Marktforschungsinstitut hat die Wechselgewohnheiten von Vielfliegern innerhalb von sechs Monaten untersucht und die Ergebnisse in einem Graphen dargestellt.

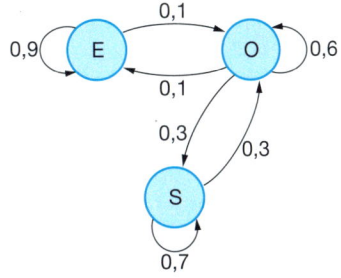

a) Stellen Sie den Übergangsgraphen in einer Matrix dar. Ermitteln Sie, wie sich bei gleichbleibendem Wechselverhalten die Vielflieger auf die drei Luftfahrtallianzen auf lange Sicht verteilen.

b) Eine Werbeagentur stellt der Allianz O durch Verbesserung ihres Meilenprogramms „Miles in the Sky" eine Erhöhung des Anteils der Stammkunden von 60 % auf 70 % in Aussicht bei Senkung der Wechsler nach E auf 5 % und nach S auf 25 %. Lohnen sich für O die erheblichen Kosten für die entsprechende Maßnahme?

23 *Soziologie – soziale Mobilität*
Soziologen haben Personen in drei Einkommensklassen I, II und III eingeteilt und erforscht, mit welcher Wahrscheinlichkeit Kinder von einer der Einkommensklassen ihrer Eltern in eine der anderen wechseln oder in derselben verbleiben.
Die Wechselwahrscheinlichkeiten sind in dem Übergangsgraphen dargestellt.

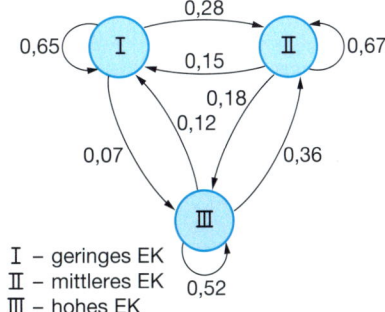

I – geringes EK
II – mittleres EK
III – hohes EK

a) Geben Sie die Übergangsmatrix an.

b) Angenommen, anfänglich wären 20 % der Personen in der Einkommensklasse I, 70 % in II und 10 % in III. Wie ist die Verteilung der Einkommensklassen bei gleichbleibenden Wechselwahrscheinlichkeiten nach fünf Generationen? Ist ein langfristiger Trend auszumachen?

24 *Wo wohnen wir morgen?*
Bei einer Befragung über die Wohngegebenheiten vor fünf Jahren wurde Folgendes festgestellt:
- 34 % der Bevölkerung wohnt in eigenen „vier Wänden".
- 66 % der Bevölkerung wohnt in einer Mietwohnung.

Fünf Jahre später wurde festgestellt:
- 90 % derjenigen, die in einer eigenen Wohnung oder einem eigenen Haus wohnten, sind immer noch Eigentümer; 10 % haben sich verändert und wohnen zur Miete.
- 5 % derjenigen, die zur Miete wohnten, wohnen jetzt in eigenem Wohnraum; 95 % wohnen nach wie vor zur Miete.

a) Stellen Sie die obigen Informationen in einem Übergangsgraphen dar. Welcher Vektor stellt die Verteilung vor fünf Jahren dar?

b) Berechnen Sie bei gleichbleibendem Trend die Verteilung der Bevölkerung nach Wohnraum nach 10 Jahren (20 Jahren).

c) Stellt sich auf lange Sicht ein stabiler Zustand ein?

12 Stochastische Prozesse

>
> ### Matrixpotenzen und Grenzmatrix von stochastischen Matrizen
>
> Viele stochastische Matrixpotenzen besitzen eine bemerkenswerte Eigenschaft: Schaut man sich die Folge der Matrixpotenzen $M, M^2, M^3, ..., M^n, ...$ an, dann nähern sich die Matrixpotenzen einer **Grenzmatrix G**.
>
> Mathematisch formuliert bedeutet dies: $\lim_{n \to \infty} M^n = G$
>
> Die Grenzmatrix G existiert nur dann, wenn es zu der stochastischen Matrix M eine stabile Verteilung gibt.
>
> Welche Eigenschaft die Grenzmatrix G besitzt, können Sie in der folgenden Aufgabe untersuchen.

Aufgaben

25 *Forschungsauftrag: Grenzmatrix ermitteln und Eigenschaften entdecken*
Untersuchen Sie die Folge der Matrixpotenzen zu der stochastischen Matrix M im Basiswissen auf Seite 477. Berechnen Sie dazu M^2, M^3, M^{10}, M^{50} und M^{100}.
a) Welche Grenzmatrix G vermuten Sie für die Folge der Matrixpotenzen?
b) Welcher Zusammenhang besteht Ihrer Meinung nach zwischen der Grenzmatrix G und den Ergebnissen im Basiswissen?
c) Überprüfen Sie Ihre Vermutung aus Teilaufgabe b) mithilfe der Daten aus dem Beispiel C.

26 *Forschungslabor*
Ein biologisches Forschungslabor will das Verhalten von Mäusen studieren. Dazu benutzt es eine Versuchsanordnung, die im Grundriss abgebildet ist. Sie besteht aus vier Räumen, die durch Türen miteinander verbunden sind.

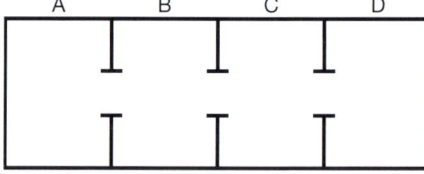

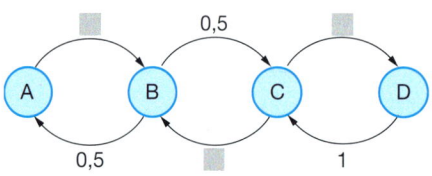

Die Forscher haben festgestellt, dass jede Maus innerhalb einer Minute in den Nachbarraum wechselt. Dabei ist die Wahl des linken oder rechten Nachbarraums zufällig.

a) Am Anfang setzen die Forscher 30 Mäuse in Raum A und 30 Mäuse in Raum B. Zeigen Sie, dass sich langfristig eine stabile Verteilung einstellt.

b) Diese stabile Verteilung lässt sich auch in einer Grafik darstellen. Welche der nebenstehenden Grafiken beschreibt die Situation?

c) Weisen Sie nach, dass sich die Population langfristig anders entwickelt, wenn Sie alle 60 Mäuse in den Raum A setzen (*Hinweis:* Multiplizieren Sie den Anfangsvektor mit M^{30}, M^{31}, ...). Zeigen Sie, dass es keine Grenzmatrix gibt. Welche Grafik beschreibt diese Situation?

d) Die beiden anderen Grafiken gehören zu den Anfangsverteilungen $\begin{pmatrix}15\\15\\15\\15\end{pmatrix}$ und $\begin{pmatrix}0\\0\\0\\60\end{pmatrix}$. Ordnen Sie zu.

CHECK UP

1 *Stochastische Matrizen und Übergangsgraphen*
Welche der Matrizen ist eine stochastische Matrix? Zeichnen Sie zu jeder der stochastischen Matrizen den Übergangsgraphen.

$$M_1 = \begin{pmatrix} 0{,}6 & 0 & 0{,}4 \\ 0{,}3 & 0{,}5 & 0 \\ 0{,}1 & 0{,}5 & 0{,}6 \end{pmatrix} \quad M_2 = \begin{pmatrix} 1 & 0{,}3 & 0{,}7 \\ 0 & 0{,}1 & 0{,}3 \\ 0 & 0{,}5 & 0{,}6 \end{pmatrix} \quad M_3 = \begin{pmatrix} 0{,}9 & 0{,}01 & 0{,}09 \\ 0{,}01 & 0{,}9 & 0{,}01 \\ 0{,}09 & 0{,}09 & 0{,}9 \end{pmatrix}$$

2 *Vom Graphen zur Matrix*
Stellen Sie jeweils die Übergangsmatrix auf. In welchen Fällen handelt es sich um eine stochastische Matrix?

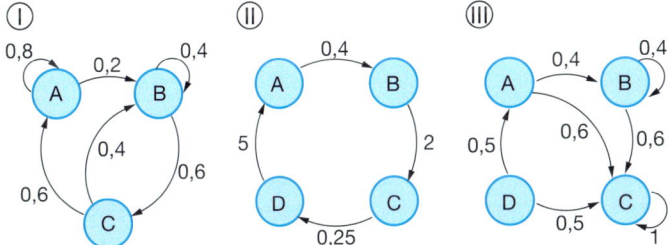

3 *Einen Prozess untersuchen*
Ein Prozess lässt sich durch drei Zustände A, B und C und die Übergangsmatrix $M = \begin{pmatrix} 0{,}2 & 0{,}3 & 0{,}7 \\ 0{,}3 & 0{,}4 & 0{,}1 \\ 0{,}5 & 0{,}3 & 0{,}2 \end{pmatrix}$ beschreiben.

a) Zeichnen Sie den Übergangsgraphen.
b) Berechnen Sie, wie sich die Anfangsverteilung $\vec{v}_0 = \begin{pmatrix} 60 \\ 60 \\ 60 \end{pmatrix}$ über zwei Generationen entwickelt.
c) Berechnen Sie M^2 und interpretieren Sie die Elemente dieser Matrix.

4 *Marktanteile*
Die drei Firmen *AComp*, *BMicro* und *CTech* führen je einen völlig neuartigen Speicherchip auf dem Markt ein.
Zu Beginn besitzt *AComp* 50%, *BMicro* 10% und *CTech* 40% Marktanteil. Während des ersten Jahres verliert *AComp* 5% seiner Kunden an *BMicro* und 10% an *CTech*. *BMicro* gibt 15% seiner Kunden an *AComp* und 10% an *CTech* ab, *CTech* verliert seinerseits jeweils 5% seiner Kunden an *AComp* und *BMicro*.
Während der folgenden Jahre verändern sich die Marktanteile stets nach demselben Schema.
a) Übersetzen Sie die Daten in den Startvektor $\vec{v}_0$ und die Übergangsmatrix M.
b) Berechnen Sie die Marktanteile nach einem Jahr (zwei, drei Jahren).
c) Berechnen Sie die Entwicklung der Marktanteile mithilfe der Übergangsmatrix aus Teilaufgabe a). Was geschieht auf lange Sicht?

5 *Langfristige stochastische Prozesse*
Stochastische Prozesse beschreiben zumeist den zeitlichen Verlauf eines Systems mit dem Ziel, Aussagen über das langfristige Verhalten zu machen. Welche Annahmen muss man machen, damit dies mit Übergangsmatrizen gelingt?

Stochastische Prozesse und Matrizen

Übergangsprozesse mit Matrizen beschreiben

Strategie:
- Situation erfassen
- Übergangsgraph oder Übergangstabelle erstellen:

Übergangsgraph

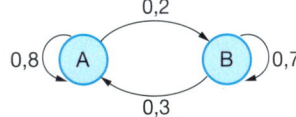

Übergangstabelle

von \ nach	A	B
A	0,8	0,3
B	0,2	0,7

- Übergangsmatrix aufstellen:

$$M = \begin{pmatrix} 0{,}8 & 0{,}3 \\ 0{,}2 & 0{,}7 \end{pmatrix}$$

- Anfangsverteilung der Anteile aufstellen:

$$\vec{v}_0 = \begin{pmatrix} 0{,}4 \\ 0{,}6 \end{pmatrix}$$

- Aus Anfangsverteilung durch Multiplikation mit der Übergangsmatrix die Folgeverteilung berechnen:

$$\vec{v}_1 = \begin{pmatrix} 0{,}8 & 0{,}3 \\ 0{,}2 & 0{,}7 \end{pmatrix} \cdot \begin{pmatrix} 0{,}4 \\ 0{,}6 \end{pmatrix} = \begin{pmatrix} 0{,}5 \\ 0{,}5 \end{pmatrix}$$

Multiplikation einer Matrix mit einem Vektor

Stochastische Matrix

In den Übergangsgraphen und Übergangsmatrizen sind jeweils relative Häufigkeiten oder Wahrscheinlichkeiten eingetragen.

Die Einträge in der Matrix sind alle nicht negativ (≥ 0) und die Spaltensumme beträgt jeweils 1. Eine solche quadratische Matrix M heißt **stochastische Matrix**.

z.B. $M = \begin{pmatrix} 0{,}1 & 0{,}5 & 0{,}4 \\ 0{,}7 & 0{,}5 & 0{,}3 \\ 0{,}2 & 0 & 0{,}3 \end{pmatrix}$

CHECK UP

Langzeitverhalten bei stochastischen Prozessen und stabile Verteilungen

Matrixpotenzen und Multiplikation von Matrizen

Matrizen werden miteinander multipliziert, indem man das Skalarprodukt von Zeilen der ersten Matrix und Spalten der zweiten Matrix berechnet.

$$M^2 = M \cdot M = \begin{pmatrix} 0{,}8 & 0{,}3 \\ 0{,}2 & 0{,}7 \end{pmatrix} \cdot \begin{pmatrix} 0{,}8 & 0{,}3 \\ 0{,}2 & 0{,}7 \end{pmatrix}$$

$$= \begin{pmatrix} 0{,}8 \cdot 0{,}8 + 0{,}3 \cdot 0{,}2 & 0{,}45 \\ 0{,}2 \cdot 0{,}8 + 0{,}7 \cdot 0{,}2 & 0{,}55 \end{pmatrix} = \begin{pmatrix} 0{,}7 & 0{,}45 \\ 0{,}3 & 0{,}55 \end{pmatrix}$$

Übergangsprozesse schrittweise – iterativ oder mit Matrixpotenzen

iterativ

$$\vec{v}_0 = \begin{pmatrix} 0{,}4 \\ 0{,}6 \end{pmatrix}$$

$$\vec{v}_1 = M \cdot \vec{v}_0 = \begin{pmatrix} 0{,}5 \\ 0{,}5 \end{pmatrix}$$

$$\vec{v}_2 = M \cdot \vec{v}_1 = \begin{pmatrix} 0{,}55 \\ 0{,}45 \end{pmatrix}$$

...

$$\vec{v}_{50} = M \cdot \vec{v}_{49} = \begin{pmatrix} 0{,}6 \\ 0{,}4 \end{pmatrix}$$

mit Matrixpotenzen

$$M = \begin{pmatrix} 0{,}8 & 0{,}3 \\ 0{,}2 & 0{,}7 \end{pmatrix}$$

$$\vec{v}_2 = M^2 \cdot \vec{v}_0 = \begin{pmatrix} 0{,}55 \\ 0{,}45 \end{pmatrix}$$

$$\vec{v}_{50} = M^{50} \cdot \vec{v}_0 = \begin{pmatrix} 0{,}6 \\ 0{,}4 \end{pmatrix}$$

Langfristige Entwicklung und stabile Verteilung

Stabile Verteilung
Unter einer stabilen Verteilung versteht man eine Verteilung $\vec{v}$, für die gilt: $M \cdot \vec{v} = \vec{v}$.

Finden einer stabilen Verteilung
a) Probieren:

$$\vec{v}_{50} = M^{50} \cdot \vec{v}_0 = \begin{pmatrix} 0{,}6 \\ 0{,}4 \end{pmatrix} \qquad \vec{v}_{100} = M^{100} \cdot \vec{v}_0 = \begin{pmatrix} 0{,}6 \\ 0{,}4 \end{pmatrix}$$

Stabile Verteilung: $\vec{v} = \begin{pmatrix} 0{,}6 \\ 0{,}4 \end{pmatrix}$

b) Gleichungssystem lösen:

$$\begin{pmatrix} 0{,}8 & 0{,}3 \\ 0{,}2 & 0{,}7 \end{pmatrix} \cdot \begin{pmatrix} x \\ y \end{pmatrix} = \begin{pmatrix} x \\ y \end{pmatrix} \quad \text{LGS:}$$

(1) $0{,}8x + 0{,}3y = x$
(2) $0{,}2x + 0{,}7y = y$
(3) $x + y = 1$

Lösung: $x = 0{,}6$; $y = 0{,}4$

---

6 *Stochastische Prozesse verfolgen*
Die folgenden Matrizen sind stochastische Matrizen und können somit als Übergangsmatrizen interpretiert werden.

$$M_1 = \begin{pmatrix} 0{,}3 & 0{,}1 & 0{,}2 \\ 0 & 0{,}8 & 0{,}2 \\ 0{,}7 & 0{,}1 & 0{,}6 \end{pmatrix} \quad M_2 = \begin{pmatrix} 1 & 0{,}5 & 0 \\ 0 & 0{,}3 & 0 \\ 0 & 0{,}2 & 1 \end{pmatrix} \quad M_3 = \begin{pmatrix} 0{,}4 & 0{,}2 & 0{,}3 \\ 0{,}4 & 0{,}6 & 0{,}1 \\ 0{,}2 & 0{,}2 & 0{,}6 \end{pmatrix}$$

a) Zeichnen Sie zu jeder Übergangsmatrix den zugehörigen Übergangsgraphen.
b) Berechnen Sie mithilfe des GTR, ausgehend von einer Anfangsverteilung $\vec{v}_0 = \begin{pmatrix} 0{,}1 \\ 0{,}4 \\ 0{,}5 \end{pmatrix}$ die folgenden Verteilungen $\vec{v}_1$, $\vec{v}_2$, $\vec{v}_{10}$ und $\vec{v}_{20}$.

7 *Stabile Verteilungen bestimmen*
Ermitteln Sie zu den folgenden Übergangsmatrizen die jeweilige stabile Verteilung der Anteile mithilfe eines Gleichungssystems.

$$M_1 = \begin{pmatrix} \frac{2}{3} & \frac{1}{2} \\ \frac{1}{3} & \frac{1}{2} \end{pmatrix} \quad M_2 = \begin{pmatrix} 0{,}7 & 0{,}5 \\ 0{,}3 & 0{,}5 \end{pmatrix} \quad M_3 = \begin{pmatrix} 0{,}6 & 0{,}2 \\ 0{,}4 & 0{,}8 \end{pmatrix}$$

Tipp: Denken Sie daran, dass die Anteile, die Sie bestimmen, zusammen 1 ergeben.

8 *Bewegung von Amphibien*
Der Graph gibt das Wechselverhalten von einer bestimmten Amphibienart zwischen Wasser (W) und Land (L) wieder.

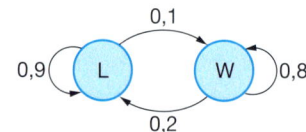

a) Übersetzen Sie den Graphen in eine Übergangsmatrix.
b) Berechnen Sie die Verteilung der Anteile der Tiere an Land und im Wasser auf lange Sicht.
c) Angenommen, die Gesamtanzahl der Tiere bleibt in der betreffenden Region in etwa konstant bei 6000. Geben Sie die stabile Verteilung in absoluten Zahlen an.

9 *Käferwanderung*
In einem Naturschutzgebiet haben Wissenschaftler die Wanderbewegung einer bestimmten Käferart beobachtet. Diese Tierart hält sich in drei Regionen A, B und C des Gebietes auf. Die Käfer wurden markiert, damit man das Wanderverhalten von Monat zu Monat relativ genau bestimmen kann.

80% der Käfer im Gebiet A bleiben dort, jeweils 10% wandern in Gebiet B und C ab. Von den Käfern in Gebiet B verbleiben 60% dort, 10% wandern nach A und 30% nach C ab. 20% der Tiere aus Gebiet C wechseln ins Gebiet A, 30% ins Gebiet B, während 50% das Gebiet C nicht verlassen.
a) Eine Zählung ergibt 300 Tiere im Gebiet A, 700 im Gebiet B und 200 im Gebiet C. Berechnen Sie die Verteilung dieser Käferart in den nächsten drei Monaten.
b) Gibt es eine stabile Verteilung?

Sichern und Vernetzen – Vermischte Aufgaben

1 | Von der Übergangsmatrix zum Übergangsgraphen
Stellen Sie zu jeder der stochastischen Matrizen den Übergansgraphen dar.

a) $M = \begin{pmatrix} 0{,}35 & 0{,}1 \\ 0{,}65 & 0{,}9 \end{pmatrix}$
b) $N = \begin{pmatrix} 0{,}35 & 0 \\ 0{,}65 & 1 \end{pmatrix}$
c) $P = \begin{pmatrix} 0{,}8 & 0{,}3 & 0{,}25 \\ 0{,}15 & 0{,}6 & 0{,}25 \\ 0{,}05 & 0{,}1 & 0{,}5 \end{pmatrix}$

Training

2 | Von dem Übergangsgraphen zur Übergangsmatrix
„Übersetzen" Sie jeden Übergangsgraphen in eine Übergangsmatrix.

a)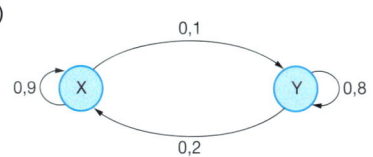

b)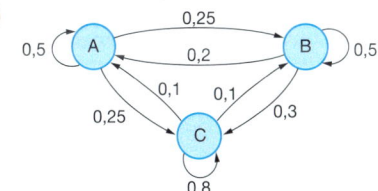

3 | Matrixpotenzen
Berechnen Sie zu der Matrix $M = \begin{pmatrix} 0{,}1 & 0{,}5 \\ 0{,}9 & 0{,}5 \end{pmatrix}$ …

a) … die Potenzen M^2 und M^{10}.
b) … die stabile Verteilung mit einem der Ihnen bekannten Verfahren.

4 | Übergangsmatrizen und Übergangsgraphen
a) Stellen Sie den nebenstehenden Übergangsgraphen durch eine Übergangsmatrix dar. Ergänzen Sie zunächst in dem Übergangsgraphen die fehlenden Übergangswahrscheinlichkeiten. Was müssen Sie beim Ergänzen der Wahrscheinlichkeiten beachten?

b) Berechnen Sie zu dem Ausgangszustand $\vec{z}_0 = \begin{pmatrix} 200 \\ 100 \\ 0 \end{pmatrix}$ die Zustände $\vec{z}_1$, $\vec{z}_{10}$ und $\vec{z}_{40}$.

c) Ermitteln Sie, bei welcher Verteilung sich auf lange Sicht eine stabile Verteilung einstellt.

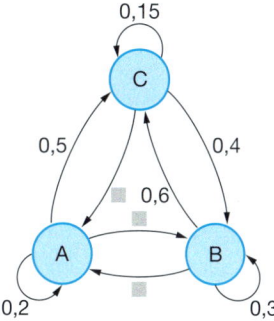

5 | Stochastische Matrizen
Was sind die Kennzeichen einer stochastischen Matrix?

Verstehen von Begriffen und Verfahren

6 | Elemente einer stochastischen Matrix
Erläutern Sie an einem Beispiel, was die Übergangsmatrix $M = \begin{pmatrix} 0{,}7 & 0{,}5 & 0{,}3 \\ 0{,}3 & 0{,}1 & 0{,}3 \\ 0 & 0{,}4 & 0{,}4 \end{pmatrix}$

beschreiben könnte und was die Matrixkomponenten a_{13} und a_{31} bedeuten.

7 | Stabiler Zustand
Wie kann man überprüfen, ob es sich bei einem gegebenen Zustand um einen stabilen Zustand zu einer gegebenen Übergangsmatrix handelt?

8 | Matrixpotenzen
Die Matrix $M = \begin{pmatrix} 0{,}85 & 0{,}3 \\ 0{,}15 & 0{,}7 \end{pmatrix}$ ist eine Übergangsmatrix. Berechnen Sie M^3 und M^{10}.
Was stellen die beiden Matrizen dar bzw. was kann man mit ihnen berechnen?

9 | Stabile Zustände
Erläutern Sie mindestens zwei Verfahren zur Bestimmung des stabilen Zustandes zu einer Übergangsmatrix M.

Stochastik

Anwenden und Modellieren

10 *Kaufverhalten*

Angenommen, der abgebildete Übergangsgraph soll das Wechselverhalten von Käufern zwischen den drei verschiedenen Kaffeesorten A, B und C darstellen, die ein Supermarkt anbietet.

a) Die Daten sind unvollständig. Ergänzen Sie die fehlenden Daten.
b) Stellen Sie die Daten in einer Übergangsmatrix dar.
c) Wie verteilen sich die Käufer auf lange Sicht auf die drei Kaffeesorten. Beginnen Sie dabei mit der Gleichverteilung $\vec{v}_0 = \begin{pmatrix} \frac{1}{3} \\ \frac{1}{3} \\ \frac{1}{3} \end{pmatrix}$.

11 *Stochastische Prozesse*

Das Wechselverhalten von Pkws von einer Spur auf die andere einer zweispurigen Straße kann laut einer statistischen Untersuchung wie folgt beschrieben werden:
Innerhalb eines Zeitintervalls von einer Minute wechselt ein Pkw
- von der 1. auf die 2. Spur mit einer Wahrscheinlichkeit von 58% – bleibt also mit einer Wahrscheinlichkeit von 42% auf der 1. Spur,
- von der 2. Spur auf die 1. Spur mit einer Wahrscheinlichkeit von 63% – bleibt also mit einer Wahrscheinlichkeit von 37% auf der 2. Spur.

a) Stellen Sie das Wechselverhalten mithilfe eines Übergangsgraphen und einer Übergangsmatrix dar.
b) Welcher Anteil der Pkws befindet sich auf lange Sicht auf der 1. Spur, welcher Anteil auf der 2. Spur?
c) Berechnen Sie die Verteilung der Pkws auf die beiden Spuren auf lange Sicht auch durch Lösen eines LGS.

Kommunizieren und Präsentieren

12 *Streifzug durch das Themengebiet „Stochastische Prozesse"*

(A) Stellen Sie eine Liste der wesentlichen Begriffe und Verfahren aus dem Themengebiet „Stochastische Prozesse" zusammen und erläutern Sie die Begriffe jeweils kurz.

(B) Verwenden Sie die Begriffe aus Teil a), um die folgenden Aufgaben zu bearbeiten. Dokumentieren und erläutern Sie jeden Ihrer Arbeitsschritte.

> An einer Kreuzung haben sich die zwei Discounter „Kmarkt" und „Hansis" sowie der Lebensmittelfachmarkt „WerM" niedergelassen. Ein Marktforschungsinstitut hat die folgende Käuferwanderung für einen Zeitraum von 4 Wochen herausgefunden:
> - von „Kmarkt" zu „Hansis" 15%, zu „WerM" 5%, 80% bleiben bei „Kmarkt".
> - von „Hansis" zu „WerM" 20%, zu „Kmarkt" 15%, 65% bleiben bei „Hansis".
> - von „WerM" zu „Kmarkt" 20%, zu „Hansis" 10%, 70% bleiben bei „WerM".

a) Stellen Sie die Käuferwanderung in einem Übergangsgraphen und mithilfe einer Übergangsmatrix dar.
b) Das Marktforschungsinstitut hat festgestellt, dass zur Zeit 25% der Käufer in der Region bei „Kmarkt", 60% bei „Hansis" und 15% bei „WerM" einkaufen.
Berechnen Sie die Verteilung der Käufer nach 12 Wochen. Wie pendeln sich die Käuferzahlen auf lange Sicht ein, wenn die Käuferwanderung stabil bleibt?

13 *Gibt es eine stabile Verteilung?*

Tipp: Stellen Sie die Übergangsmatrix auch als Übergangsgraphen dar.

Gegeben ist die nebenstehende Übergangsmatrix M. Berechnen Sie zu einem beliebigen Ausgangszustand $\vec{v}_0$ die Folgezustände $\vec{v}_1, \vec{v}_2, \vec{v}_3$ und $\vec{v}_4$. Diskutieren Sie in Ihrem Kurs die Frage, ob es auf lange Sicht einen stabilen Zustand gibt.

$M = \begin{pmatrix} 0 & 0{,}2 & 0 \\ 1 & 0 & 1 \\ 0 & 0{,}8 & 0 \end{pmatrix}$

Aufgaben zur Vorbereitung auf das Abitur*

1 | Reaktionsstärke und Empfindlichkeit

> In der Medizin wird die *Reaktionsstärke* **R** auf ein Medikament der Dosis x häufig durch eine Funktion des Typs $R_k(x) = x^2 \cdot (k - 2x)$; $k > 0$ angegeben.
> Die *Empfindlichkeit* eines Körpers auf die Dosis x wird als Ableitung $R'(x)$ definiert.

a) Skizzieren Sie R für einige Werte von k. Beschreiben Sie den Verlauf von R in Abhängigkeit der Dosis und des Parameters k. Welche Bedeutung im Sachkontext kann k haben? Erläutern Sie, in welcher Weise der grafische Verlauf der Reaktionsstärke sinnvoll ist.
Das Modell ist so lange sinnvoll, wie die Reaktionsstärke positiv ist. Bestimmen Sie den Definitionsbereich von $R(x)$.

b) Sei $k = 6$: Für welchen Dosiswert ist die Reaktion am stärksten, für welchen die Empfindlichkeit?
Erläutern Sie mithilfe des Begriffs der Ableitung und ihrer Bedeutung, dass es sinnvoll ist, die Empfindlichkeit durch die Ableitung zu definieren.

c) Zeigen Sie für beliebige Werte von k:
Die stärkste Empfindlichkeit liegt bei der Hälfte der stärksten Reaktion.
Auf welchen Kurven liegen die Extrem- und Wendepunkte? Skizzieren Sie diese Kurven in obige Skizze. Welche sachbezogene Bedeutung haben diese Kurven?

2 | Konzentration eines Medikaments

> Die Konzentration eines Medikaments in der Leber kann näherungsweise durch eine ganzrationale Funktion f vom Grad 3 ($f(t) = at^3 + bt^2 + ct + d$) beschrieben werden (t: Zeit in Stunden; f(t): Menge in mg). Zum Zeitpunkt $t = 0$ erfolgt die Einnahme.

a) Über ein Medikament weiß man bei einer gewissen Dosierung:
(1) Die momentane Änderungsrate der Konzentration bei der Einnahme ist $1 \frac{mg}{h}$.
(2) Die maximale Konzentration ist nach zwei Stunden vorhanden.
(3) Nach vier Stunden ist die Abnahme der Konzentration am größten.
Entwickeln Sie die zu den Informationen passende Funktion 3. Grades mit der Gleichung $f(t) = \frac{1}{36}t^3 - \frac{1}{3}t^2 + t$.
Das Modell ist sinnvoll, solange das Medikament in der Leber nicht vollständig abgebaut ist. Bestimmen Sie den passenden Definitionsbereich.

b) Für die medizinische Wirksamkeit kommt es neben der Menge des Wirkstoffes auch auf die Zeit an, in der der Wirkstoff für den Körper zur Verfügung steht. Das Produkt aus Menge und Zeit wird „Wirksamkeit" genannt.
Berechnen Sie die Wirksamkeit des Medikaments.

c) Das Medikament kann in unterschiedlichen Dosen verabreicht werden. Die Funktion, die die Wirkstoffmenge in der Leber beschreibt, ist von der Anfangsdosis abhängig.

Durch die Funktionenschar mit der Gleichung $f_a(t) = \frac{a}{(a+5)^2} t \cdot (t - (a+5))^2$ mit $a > 0$

Funktionenschar

wird das beschrieben. Der Parameter a gibt die Anfangsdosis an.

Geben Sie den sinnvollen Definitionsbereich für das Modell an.

Zeigen Sie, dass $f_a(t) = \frac{a}{(a+5)^2} \cdot t^3 - \frac{2a}{a+5} \cdot t^2 + a \cdot t$ gilt.

Für welche Anfangsdosis erhält man die Funktion aus a)?

Weisen Sie nach, dass $t = a + 5$ und $t = \frac{a+5}{3}$ Extremstellen sind und die maximale Abnahme der Konzentration zeitlich genau in der Mitte zwischen maximaler Konzentration und vollständigem Abbau liegt.

*) Die Lösungen zu den Abituraufgaben finden Sie im Internet unter www.schroedel.de/nw-85827.

3 *Kostenfunktionen*

Die Grafiken zeigen verschiedene Kostenfunktionen
(x: Produktionsmenge in 100/Zeiteinheit; y: Kosten in 1000€).
(1) Lineare Funktion   (2) Quadratische Funktion   (3) Polynom 3. Grades

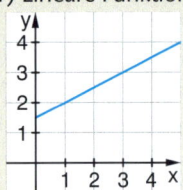
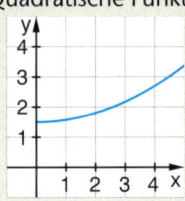
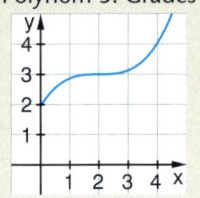

a) Beschreiben Sie jeweils kurz die Entwicklung der Produktionskosten in Abhängigkeit von der produzierten Menge. Benutzen Sie dazu auch die Änderung der Kosten. Ermitteln Sie zu den drei Modellen jeweils eine Funktionsgleichung.

Funktionenschar

b) Durch $K_a(x) = \frac{1}{10}x^3 - \frac{3}{10}ax^2 + \frac{3}{10}a^2x - \frac{1}{10}a^3 + a + 2$ ist eine Schar von Kostenfunktionen im Intervall I = [0; 5] gegeben (x und y wie oben in Teil a)).
Skizzieren Sie für $-1 < k < 5$ einige Kurven der Schar.

Bestimmen Sie die Wendepunkte. Diese Punkte sollen im 1. Quadranten liegen. Ermitteln Sie die dafür notwendige Bedingung für a.

Bestimmen Sie die Steigung im Wendepunkt. Welche inhaltliche Bedeutung hat das Ergebnis hier? Auf welcher Kurve liegen die Wendepunkte?

Es gibt noch eine weitere Bedingung für a, damit das Modell sinnvoll ist. Welche ist dies, und warum ist dies so?

c) Die Umsatzfunktion U zur Kostenfunktion $K_2(x) = \frac{1}{10}x^3 - \frac{3}{5}x^2 + \frac{6}{5}x + \frac{16}{5}$ ist $U(x) = 3x$. Untersuchen Sie mit der Gewinnfunktion G mit $G(x) = U(x) - K_2(x)$, wann die Firma Gewinn macht, und wie groß dieser maximal sein kann.

Skizzieren Sie zu Umsatzfunktionen $U_p(x) = p \cdot x$ ($1 \leq p \leq 4$) mit unterschiedlichen Preisen p einige Gewinnfunktionen. Beschreiben Sie den Gewinn in Abhängigkeit von p.

4 *Ein Dachprofil*

Das Dachprofil eines Cafés soll mit einer ganzrationalen Funktion 3. Grades modelliert werden. Die Grundrissfläche des Gebäudes ist ein Quadrat mit der Seitenlänge 16 m.

a) Stellen Sie die Bedingungen und die zugehörigen Gleichungen auf und leiten Sie die näherungsweise Lösungsfunktion $f(x) = 0{,}0025x^3 - 0{,}07x^2 + 0{,}4x + 4$ her.
Nennen Sie die zusätzlich notwendigen Bedingungen, wenn D Tiefpunkt und C Wendepunkt sein sollen. Welcher Funktionstyp muss dann zum Ansatz kommen?

b) Bestimmen Sie den Inhalt der sichtbaren Frontfläche in m².
Wie groß ist der Rauminhalt des Cafés?

c) Am Rand (Punkt A und Punkt D) sollen geradlinige Dachüberstände knickfrei angebaut werden. In welchem Winkel, gemessen zur Horizontalen, muss dies geschehen?

d) Das Dach soll mit Kunststoffplatten gedeckt werden, für die eine Mindestdachneigung von 10° vorgesehen ist, damit das Regenwasser gut abläuft. Untersuchen Sie, ob diese Bedingung bei dem Dach weitestgehend erfüllt ist. Warum kann sie hier nicht an jeder Stelle erfüllt sein?

5 Eine Straße

Eine geradlinige, parallel zur x-Achse verlaufende Straße ist jeweils bis zu den Anschlussstellen A(0|2) und C(5|2) fertiggestellt. Jetzt soll das fehlende Stück gebaut werden, allerdings so, dass die Straße an dem in B(4|1) gelegenen Zoo vorbeiführt (x und y in 100 m).

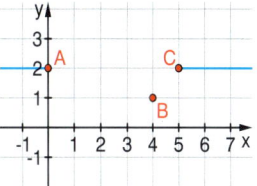

a) Ermitteln Sie eine Polynomfunktion f mit möglichst geringem Grad, die eine knickfreie Verbindung herstellt (zur Kontrolle: $f(x) = -\frac{1}{16}x^4 + \frac{5}{8}x^3 - \frac{25}{16}x^2 + 2$).

b) $g(x) = \frac{1}{64}x^6 - \frac{15}{64}x^5 + \frac{75}{64}x^4 - \frac{125}{64}x^3 + 2$ liefert ebenfalls eine knickfreie Verbindung. Weisen Sie dies nach. Welche Eigenschaft hat aber g darüber hinaus?

Skizzieren Sie f und g und vergleichen Sie beide möglichen Verbindungen. Welche Argumente sprechen jeweils für f bzw. für g?

c) Ein Ingenieurbüro erarbeitet noch einen anderen Vorschlag:

$$h(x) = \begin{cases} \frac{13}{28}x^3 - \frac{15}{32}x^2 + 2 & \text{für } 0 \leq x \leq 4 \\ -\frac{7}{8}x^3 + \frac{45}{4}x^2 - \frac{375}{8}x + \frac{129}{2} & \text{für } 4 \leq x \leq 5 \end{cases}$$

Zeigen Sie, dass auch h in A, B und C keine Knicke hat.

Skizzieren Sie h in obiger Skizze und vergleichen Sie diese Lösung mit f und g.

d) Wie groß ist die Fläche, die h mit der geradlinigen Verbindung von A und C umschließt?

6 Kurvendiskussion

Gegeben ist die Funktion f mit $f(x) = -\frac{1}{4}x^4 + 2x^2$.

a) Bestimmen Sie die Koordinaten der Schnittpunkte des Graphen von f mit den Koordinatenachsen. Wie groß ist die Steigung in diesen Punkten? Berechnen Sie die Extrem- und Wendepunkte.

b) P(t|f'(t)) ist ein Punkt von f' im 1. Quadranten. Wie muss t gewählt werden, damit das Dreieck OQP einen maximalen Flächeninhalt hat? Wie groß ist dieser Inhalt dann?

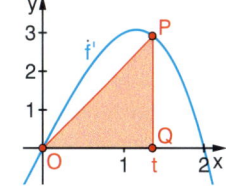

c) Es wird jetzt die Funktionenschar f_a mit $f_a(x) = -\frac{a}{4}x^4 + 2ax^2$ betrachtet.

- Zeigen Sie, dass die Graphen achsensymmetrisch zur y-Achse sind.
  Was folgt daraus für die Graphen der 1. und 2. Ableitung?
  Argumentieren Sie ohne Rechnung, aber mit Skizzen.

- Begründen Sie, dass die Nullstellen der Schar unabhängig von a sind.

- Bestimmen Sie den Inhalt der Fläche, die die Graphen von f_a mit der x-Achse einschließen.
  Erläutern Sie den Satz: *Dieser Flächeninhalt ist proportional zu a.*

7 | Kurvendiskussion

Gegeben ist die Funktion f mit $f(x) = -\frac{1}{8}x^3 + \frac{3}{4}x^2$.

a) Skizzieren Sie f. Weisen Sie nach, dass W(2|2) Wendepunkt des Graphen von f ist. Bestimmen Sie die Steigung des Graphen an den Stellen x = −2 und x = 6 sowie im Wendepunkt. Begründen Sie, dass der Graph von f in keinem Punkt eine größere Steigung als in W besitzt.

b) Ermitteln Sie den Inhalt der Fläche, die der Graph von f mit dem Graphen von g mit $g(x) = -\frac{1}{2}x + 3$ umschließt.

Interpretieren Sie die Bedeutung der Gleichung $\int_{-2}^{6} (f(x) - g(x))\,dx = 0$.

Geben Sie eine Bedingung für a an, sodass $\int_{a}^{10} (f(x) - g(x))\,dx = 0$ gilt.

Beschreiben Sie allgemein, wie die Integrationsgrenzen gewählt werden müssen, damit das Integral den Wert 0 hat.

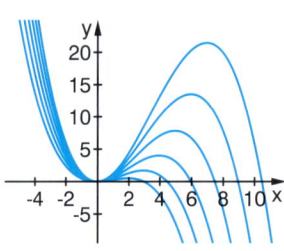

c) f gehört zu der Funktionenschar f_k mit $f_k(x) = -\frac{1}{8}x^3 + \frac{3k}{8}x^2$; k > 0.
Bestimmen Sie den Hoch- und den Wendepunkt in Abhängigkeit von k.
Welche Werte für k gehören zu den Graphen der Skizze?

Auf welcher Linie liegen die Wendepunkte?
(zur Kontrolle: $h(x) = \frac{1}{4}x^3$)
Überprüfen Sie folgende Aussagen:

(A) Im Wendepunkt ist die Steigung der Ortslinie doppelt so groß wie die Steigung des Graphen von f.

(B) Die Gerade durch den Ursprung und den Wendepunkt verläuft auch durch den Hochpunkt.

8 | Eine Hängebrücke

Die Skizze zeigt eine Hängebrücke in Seitenansicht. Die Pylone sind 80 m hoch und haben einen Abstand von 1200 m voneinander.

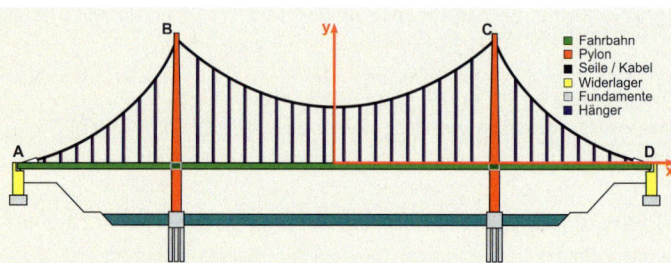

Die Widerlager haben einen Abstand von 400 m von den Pylonen. Die Seile haben im Widerlager eine Steigung von 0,05. Das Seil in der Mitte hängt 40 m über der Fahrbahn.

a) Modellieren Sie mithilfe von ganzrationalen Funktionen möglichst niedrigen Grades den Verlauf der Spanndrahtseile durch Funktionen f_1, f_2, f_3
(1) von A nach B,   (2) von B nach C,   (3) von C nach D.
Skizzieren Sie die Graphen der Modellierungsfunktionen.

b) Es soll der Seilverlauf von B nach C jetzt mit einer Funktion des Typs
$f_{k,c}(x) = e^{kx} + e^{-kx} + c$ modelliert werden. Bestimmen Sie c und stellen Sie eine Gleichung zur Bestimmung von k auf. Weisen Sie nach, dass k = 0,00623 das Seil gut modelliert.

c) Vergleichen Sie die Modelle f_2 und $f_{k,c}$. Wo ist die Abweichung voneinander am größten?

9 Eine Digitalkamera

Exponentialfunktionen

Die Firma KONIN bringt eine neue Digitalkamera auf den Markt. Aus Erfahrung mit der Verkaufsentwicklung anderer, ähnlicher Produkte weiß die Firma, dass die Funktion f mit $f(x) = 800 \cdot x \cdot e^{-0{,}1x}$; $x > 0$, die Verkaufsentwicklung gut beschreibt (x: Zeit nach Verkaufsbeginn in Wochen; f(x): Stückzahl pro Woche).

a) Skizzieren Sie den Graphen von f. Beschreiben Sie den Verlauf der Verkaufsentwicklung. Weisen Sie die langfristige Entwicklung auch am Funktionsterm nach. Nennen Sie Gründe, warum der beschriebene Verlauf plausibel ist.

b) In welcher Woche werden am meisten Kameras verkauft werden?
Mit den Großhändlern ist vereinbart, dass die Bestellmengen reduziert werden, wenn die Abnahme der wöchentlichen Verkaufszahlen am größten ist. Wann tritt dies ein?

c) Zeigen Sie, dass $G(x) = 80\,000 - 8000 \cdot (x + 10) \cdot e^{-0{,}1x}$ die Gesamtanzahl der nach x Wochen verkauften Kameras beschreibt.
Wie viele Kameras werden im ersten halben Jahr verkauft?
Wie viele Kameras können nach dem Modell langfristig abgesetzt werden?

d) Die Produktionskapazität der Firma liegt bei 2000 Kameras pro Woche. Begründen Sie anhand der Skizze, dass vor dem Verkaufsstart Kameras produziert sein müssen, damit zu jedem Zeitpunkt genügend Kameras bereitstehen. Wie viele Kameras müssen vorweg produziert sein?

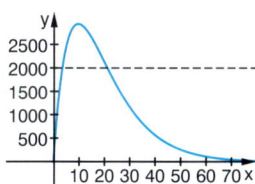

Um Verluste zu vermeiden, hat die Firma beschlossen, die Produktion einzustellen, wenn nach dem Modell insgesamt nur noch 5000 Kameras verkauft werden können. Wann wird dieser Zeitpunkt sein?

10 Ein blutdrucksenkendes Mittel

Funktionenschar

Es wird das Anwachsen und Abfallen der Wirkung eines bestimmten blutdrucksenkenden Mittels betrachtet. Zahlreiche Tests haben ergeben, dass der zeitliche Verlauf der Wirkung jeweils gut näherungsweise durch folgende Funktion beschrieben werden kann: $f_m(x) = m^2 \cdot (9 - m) \cdot x^2 \cdot e^{-x}$; $0 < m < 9$; $x \geq 0$
(m: verabreichte Menge in mg (Dosis); x: Zeit in Stunden seit Verabreichung)

a) Skizzieren Sie drei Kurven, die den typischen Verlauf der Graphenschar wiedergeben. Beschreiben Sie die Wirkung im Verlaufe der Zeit in Abhängigkeit von m. Nennen Sie Gemeinsamkeiten und Unterschiede. Begründen Sie das Verhalten für $x \to \infty$.

b) Ermitteln Sie den Zeitpunkt und die Größe der maximalen Wirkung.
Oft wird behauptet „Viel hilft sofort". Nehmen Sie dazu unter Bezugnahme auf f_m Stellung.
Beschreiben Sie, in welcher Weise die jeweiligen maximalen Wirkungen von der eingenommenen Menge m abhängen. Geben Sie eine Funktionsgleichung für die maximale Wirkung w_{max} in Abhängigkeit der verabreichten Menge m an. Was ist die optimale Dosis?

c) Neben der größten auftretenden Wirkung für jede verabreichte Menge m spielt die Summe aller Wirkungen innerhalb relevanter Zeitspannen für jedes m eine wichtige Rolle. Eine relevante Wirkungszeitspanne bildet der Zeitraum zwischen den beiden Zeitpunkten mit der stärksten Wirkungsänderung.
Bestimmen Sie diese beiden Zeitpunkte.

> *Hinweis:*
> $f''_m(x) = m^2(9-m)(x^2 - 4x + 2)e^{-x}$

Berechnen Sie die Summe der Wirkungen im relevanten Zeitraum in Abhängigkeit von m. Veranschaulichen Sie die Wirksumme grafisch und beschreiben Sie sie in Abhängigkeit von m. Häufig wird die Meinung „viel hilft viel" vertreten; nehmen Sie dazu Stellung.

11 *Eine Eisenbahnbrücke*

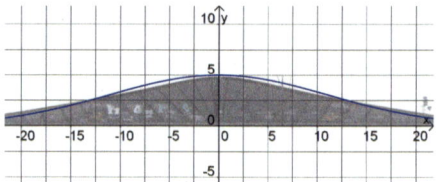

Die Oberkante des abgebildeten Segments einer Brücke soll mathematisch modelliert werden. Es hat eine Breite von 40 m und ist in der Mitte 5 m hoch. Rechts und links außen beträgt die Höhe noch etwa 1 m.

a) Begründen Sie, dass eine Parabel kein passender Modelltyp ist. Es soll mit einer Exponentialfunktion vom Typ $f(x) = a \cdot e^{bx^2}$ modelliert werden. Bestimmen Sie die exakten Werte für a und b.

Zur Kontrolle:
$f(x) = 5 \cdot e^{-0{,}004 x^2}$

b) Bestimmen Sie die Steigung der Oberkante an den Rändern. Wie groß ist der Winkel, den die Oberkante mit der x-Achse an den Rändern bildet?

Wo hat die Oberkante die größte Steigung?

c) Unmittelbar rechts und links sollen gleiche Segmente angebaut werden. Wie lauten deren Funktionsgleichungen? Begründen Sie, warum in den Anschlussstellen Knicke vorhanden sind.

d) Mit $f(x) = a \cdot e^{bx^2}$ können unterschiedliche Versionen desselben Brückentyps modelliert werden. Untersuchen und beschreiben Sie nacheinander anhand von Graphen, wie sich Veränderungen der Parameter a und b auf die Form der Brückensegmente auswirken, indem Sie
- (1) a bei festem b = –0,004 variieren,
- (2) b bei festem a = 5 variieren.

12 *Fichtenwachstum*

Die Wachstumsgeschwindigkeit einer Fichte kann in Abhängigkeit der Zeit durch $f(x) = 0{,}3 \cdot x \cdot e^{-0{,}1x}$ beschrieben werden (x: Zeit in Jahren; f(x): momentane Wachstumsrate in m/Jahr).
Zum Zeitpunkt t = 0 hat die Fichte eine Höhe von ca. 1 m.

a) Skizzieren Sie den Graphen von f und beschreiben Sie das Wachstum der Fichte im Laufe der Jahre.

Bestimmen Sie f(30) und interpretieren Sie das Ergebnis im Sachzusammenhang.

b) Wann wächst die Fichte am stärksten, wie groß muss dann die Wachstumsgeschwindigkeit sein?

c) Begründen Sie anschaulich anhand des Graphen, dass die Fichte nach 20 Jahren weniger als 20 Meter hoch ist.

Zeigen Sie, dass $F(x) = -3 \cdot (x + 10) \cdot e^{-0{,}1x} + c$ die Menge der Stammfunktionen von f ist. Berechnen Sie die zu erwartende Höhe der Fichte nach 20 Jahren.
Wie groß wird die Fichte werden?

Skizzieren Sie ein *Zeit-Höhen-Diagramm* und vergleichen Sie dies mit Ihrer Beschreibung in Teilaufgabe a).

d) Auf öffentlichen Plätzen werden Fichten mit 8 m Höhe als Weihnachtsbäume aufgestellt. Wann müssen die Fichten gefällt werden?

13 Algenwachstum

Auf einem kleinen See von ca. 6000 m² Größe kommt es im Sommer zu einer „Algenpest". Zu Beginn der Beobachtung (t = 0) ist die von Algen bedeckte Fläche etwa 200 m² groß, am Ende einer Woche (t = 7) sind bereits 350 m² Wasserfläche bedeckt.

a) Zwei Gruppen beschreiben das Wachstum durch zwei unterschiedliche Modelle:
(1) $L(t) = a \cdot t + b$ (2) $E(t) = A \cdot e^{kt}$
Bestimmen Sie zu beiden Modellen die passenden Werte für die Parameter.
Wann wäre nach (1) und (2) der See vollständig mit Algen bedeckt?
Warum sind beide Modelle nicht zur Beschreibung des Algenwachstums über einen langen Zeitraum geeignet?

Aus Erfahrung weiß man, dass die „Algenpest" nach einem Höhepunkt wieder abnimmt und im Herbst verschwindet.

b) Zeigen Sie, dass sowohl $G_1(t) = 200 \cdot e^{0,09t - 0,001t^2}$ als auch $G_2(t) = 200 \cdot e^{0,1t - 0,0025t^2}$ zu der Erfahrung und den Messwerten passende Funktionen sind.
Wie groß wird die von Algen bedeckte Fläche nach den beiden Modellen jeweils maximal werden?
Wie könnte man eine Entscheidung finden, welches Modell besser ist?

c) Zeigen Sie, dass für die Modelle L, E und G_1 jeweils folgende Gleichungen gelten:
(1) $L'(t) = 21,4$ (2) $E'(t) = 0,09 \cdot E(t)$ (3) $G_1'(t) = (0,1 - 0,001 \cdot t) \cdot G_1(t)$ Differenzialgleichung
Beschreiben Sie mithilfe der Gleichungen das Änderungsverhalten des Wachstums des Algenteppichs.

14 Verschiedene Modelle

Bestimmte Wachstumsvorgänge werden beschrieben durch Funktionen f_c mit:
$$f_c(t) = \frac{1000}{10 + 90e^{-ct}}; \ 0 < c < 1$$

a) Skizzieren Sie für drei selbst gewählte Werte von c die Graphen und beschreiben Sie die Wachstumsvorgänge in Abhängigkeit von c.
Berechnen Sie einen Wert für c so, dass $f_c(10) \approx 50$ ist.
Bestimmen Sie für c = 0,15 den Zeitpunkt t, ab dem der Bestand 99 % des maximalen Bestandes überschritten hat.

b) Bei einem Wachstumsprozess wird der Bestand gemessen. Man erhält folgende Werte:

Zeit in Tagen	10	20	30	40	50
Bestand in Mengeneinheiten (ME)	22	50	72	83	92

Zeigen Sie, dass $f_{0,1}$ gut zu den Messwerten passt.
Zur Beschreibung der Bestandsentwicklung wird alternativ die Funktion g vorgeschlagen mit:

$$g(t) = \begin{cases} 9,5 \cdot e^{0,08t} & \text{für } 0 \leq t \leq 20 \\ 2,5t - 3 & \text{für } 20 < t \leq 30 \\ -125e^{-0,05x} + 100 & \text{für } t > 30 \end{cases}$$

Beschreiben Sie die einzelnen Teile des Graphen unter dem Aspekt „Wachstum".

Vergleichen Sie die beiden Modelle $f_{0,1}$ und g. Welches Modell bevorzugen Sie? Beziehen Sie Prognosemöglichkeit, Passung mit den Daten und die Kurvenverläufe in Ihre Überlegungen mit ein.

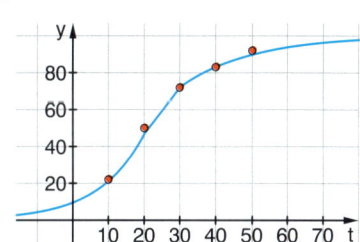

15 Kurvendiskussion

Gegeben sind die Funktionen $f(x) = x^3 - x$ und $g(x) = e^{x^3 - x} - 1$.

a) Skizzieren Sie g. Entnehmen Sie der Skizze Vermutungen über Nullstellen, lokale Extrempunkte und das Verhalten für $x \to \pm\infty$. Weisen Sie Ihre Vermutungen rechnerisch nach.

b) Skizzieren Sie zusätzlich f. Vergleichen Sie die grafischen Verläufe von f und g. Vergleichen Sie f und g bzgl. der
- Nullstellen und dortigen Steigungen,
- lokalen Extremstellen.

Bestimmen Sie die maximale Differenz der Funktionswerte von g und f in $[-1;1]$ mithilfe der Differenzfunktion d mit $d(x) = g(x) - f(x)$.

Beweisen Sie allgemein:

> Die Funktionen f und g mit $g(x) = e^{f(x)} + c$ haben dieselben Extremstellen.

Zeigen Sie, dass die Wendepunkte von g nicht an derselben Stelle wie bei f liegen.

Hinweis:
$g''(x) = (9x^4 - 6x^2 + 6x + 1) \cdot e^{x^3 - x}$

c) Die Fläche, die f mit der x-Achse im Intervall $[-1;1]$ umschließt, soll durch eine Ursprungsgerade h mit $h(x) = m \cdot x$ halbiert werden. Bestimmen Sie m.

Funktionenschar

16 Kurvendiskussion

Es soll die Funktionenschar f_n mit $f_n(x) = x^n \cdot e^x$ für natürliche Zahlen n untersucht werden.

a) Erzeugen Sie mit dem GTR einige Scharkurven und ordnen Sie diese nach ihrem Verlauf in drei Gruppen ein. Skizzieren Sie je einen Vertreter der drei Gruppen und nennen Sie jeweils charakteristische Merkmale der Funktion.

b) Untersuchen Sie die Schar in Abhängigkeit von n auf ihr Verhalten im Unendlichen und auf Nullstellen.

Ermitteln Sie mögliche Extremstellen. Geben Sie die Art der Extremstellen für $n = 1$, $n = 2$ und $n = 3$ an. Machen Sie begründete Aussagen über die Art der Extremstellen für $n > 3$.

Hinweis:
$f_n''(x) = (x + 2nx^2 + n^2 - n) \cdot x^{n-2} \cdot e^x$

Untersuchen Sie auf der Grundlage der bisherigen Untersuchungen die Anzahl der Wendepunkte in Abhängigkeit von n.

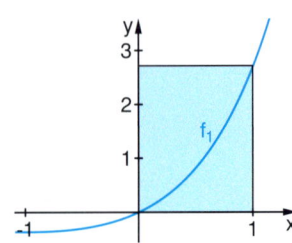

c) Begründen Sie, dass die Punkte $(0|0)$ und $(1|e)$ zu jedem Graphen der Schar f_n gehören. Zeigen Sie, dass $F_1(x) = (x - 1) \cdot e^x$ Stammfunktion von f_1 ist.

Jeder Graph der Schar f_n zerlegt das Rechteck mit den Eckpunkten $(0|0)$, $(1|0)$, $(1|e)$ und $(0|e)$ in zwei Teilflächen. Berechnen Sie für f_1 das Verhältnis der beiden Teilflächen. Begründen Sie, dass keine Funktion der Schar dieses Rechteck halbiert.

d) Untersuchen Sie, ob $\lim\limits_{c \to -\infty} \int_0^c f_1(x)\,dx$ existiert.

e) Beschreiben Sie den Körper, der entsteht, wenn f_1 in $[-2;1]$ um die x-Achse rotiert und berechnen Sie sein Volumen.

Hinweis:
Stammfunktion von $h(x) = x^2 \cdot e^{2x}$ ist:
$H(x) = \left(\frac{x^2}{2} - \frac{x}{2} + \frac{1}{4}\right) \cdot e^{2x}$

17 Viereck

Ein Quader ABCDEFGH hat die Kantenlängen $\overline{DA} = 6\,cm$, $\overline{DC} = 4\,cm$ und $\overline{DH} = 4\,cm$. M ist der Mittelpunkt der Kante $\overline{CG}$.

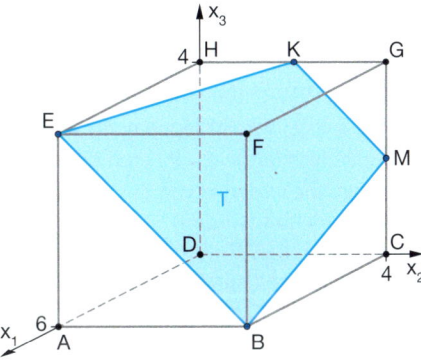

a) Geben Sie eine Gleichung der Ebene T an, die durch die Punkte E, B und M bestimmt ist.

b) Zeigen Sie rechnerisch, dass der Mittelpunkt K der Kante $\overline{GH}$ ein Punkt der Ebene T ist.

c) Bestimmen Sie den Schnittpunkt S der Raumdiagonalen $\overline{DF}$ mit der Ebene T. Ist S gleichzeitig Diagonalenschnittpunkt der Geraden EM und BK?

d) Entscheiden Sie, ob die Raumdiagonale $\overline{DF}$ orthogonal zur Ebene T ist.

e) Zeigen Sie, dass die Länge von $\overline{EB}$ das Doppelte der Länge von $\overline{KM}$ ist und dass die Längen von $\overline{EK}$ und $\overline{BM}$ gleich sind. Was bedeutet dies geometrisch?

f) Bestimmen Sie die Innenwinkel des Vierecks EBMK.

18 Oktaeder

Ein Würfel hat die Kantenlänge 4 und liegt im Koordinatenursprung.

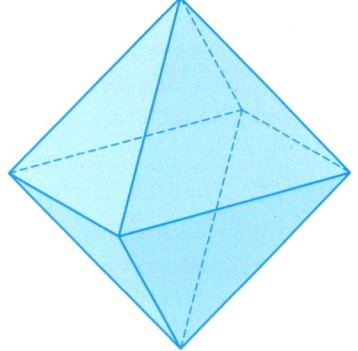

a) Die sechs Mittelpunkte der Seitenflächen des Würfels bilden die Eckpunkte eines Oktaeders. Zeichnen Sie das Oktaeder.

b) Begründen Sie geometrisch an der Zeichnung und rechnerisch, dass die Kantenlänge des Oktaeders halb so lang ist wie die Diagonale einer Würfelseitenfläche.

19 Quader in einer Pyramide

In eine quadratische Pyramide ABCDS mit der Kantenlänge 4 und der Höhe 6 sollen Quader mit quadratischer Grundseite a und unterschiedlicher Höhe h einbeschrieben werden.

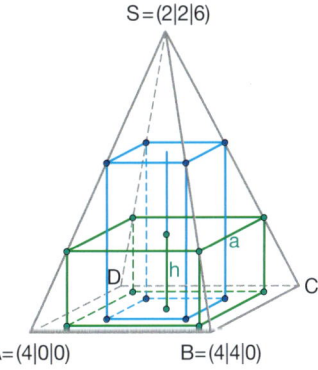

a) Bestimmen Sie die Eckpunkte des Quaders mit h = 3 und berechnen Sie sein Volumen.

b) Für welches h ist der Quader ein Würfel? Bestimmen Sie das Volumen dieses Würfels.

20 Marktplatz

Der Marktplatz einer kleinen Stadt – ein 30 × 40 m² großes Rechteck – soll mit einer Plane überdacht werden. Diese soll an den Enden von vier – unterschiedlich langen – Pfosten befestigt werden, die in den Ecken des Grundstücks errichtet werden.
Im Koordinatensystem (1 LE ≙ 10 m) können die Fuß- und Endpunkte der Pfosten dargestellt werden durch:
$P = (0|0|0)$, $Q = (3|0|0)$, $R = (3|4|0)$, $S = (0|4|0)$, $T = (0|0|0{,}5)$, $U = (3|0|1)$, $V = (3|4|1{,}5)$, $W = (0|4|2)$

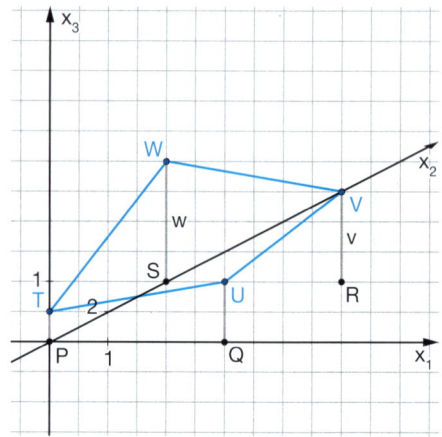

a) Beim Aufstellen der Pfosten kommen den Arbeitern Zweifel, ob die vorgegebenen Höhen der Pfosten zu einer ebenen Plane führen.
Zeigen Sie, dass die Zweifel berechtigt sind und ändern Sie die Höhe von w so ab, dass nun die Punkte T, U, V und W in einer Ebene liegen.

b) Zeigen Sie, dass das in a) aufgetretene Problem auch dadurch gelöst werden kann, dass die Pfosten in R und S getauscht werden.
Bezeichnen Sie die geänderten Eckpunkte mit V' und W' und zeichnen Sie die geänderte Plane in eine Skizze ein. Weisen Sie nach, dass jetzt die Pfostenendpunkte auf einer Ebene liegen.

c) Nun soll die Plane für das gemäß b) geänderte Gestell bestellt werden. Es wird vermutet, dass ihre Fläche ca. 1 000 m² beträgt. Begründen Sie ohne den Flächeninhalt der Plane zu berechnen, dass dies nicht sein kann. Weisen Sie nach, dass die Plane die Form eines Parallelogramms hat.

21 Pyramide

Gegeben ist die quadratische Pyramide mit den Eckpunkten $A = (4|0|0)$, $B = (4|4|0)$, $C = (0|4|0)$, $D = (0|0|0)$ und $S = (2|2|4)$.

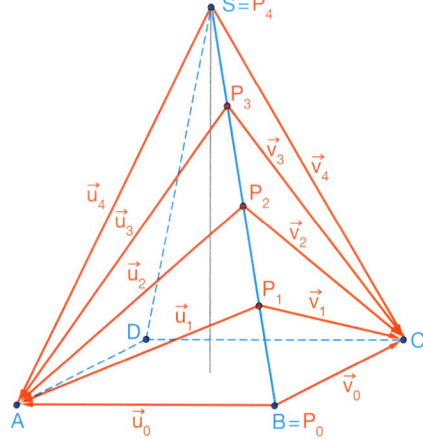

a) Zeichnen Sie ein Schrägbild der Pyramide.

b) Berechnen Sie die Länge von $\overline{BS}$ und den Winkel ∢ BSD.

c) Mit P_h werden die Punkte von $\overline{BS}$ mit der x_3-Koordinate h bezeichnet. Tragen Sie $P_1 = (3{,}5|3{,}5|1)$, $P_2 = (3|3|2)$, und $P_3 = (2{,}5|2{,}5|3)$ in das Schrägbild ein und bezeichnen Sie B mit P_0 und S mit P_4. Bestätigen Sie, dass P_2 auf $\overline{BS}$ liegt.
Nun werden die Dreiecke AP_hC mit den Seitenvektoren $\overrightarrow{P_hA} = \vec{u}_h$ und $\overrightarrow{P_hC} = \vec{v}_h$ betrachtet. Es soll die Änderung der Winkel α_h in P_h in Abhängigkeit von h untersucht werden.
Die Winkel $\alpha_0 = 90°$, $\alpha_3 = 85{,}08°$ und $\alpha_4 = 70{,}53°$ legen die Vermutung nahe, dass α_h mit wachsendem h kleiner wird.
Berechnen Sie α_1 und α_2 und nehmen Sie Stellung zu der obigen Vermutung.

d) Bestimmen Sie die Koordinaten der Punkte P_h sowie der Vektoren $\vec{u}_h$ und $\vec{v}_h$ und bestätigen Sie, dass Folgendes gilt: $\cos(\alpha_h) = \dfrac{1{,}5h^2 - 4h}{1{,}5h^2 - 4h + 16}$

22 Würfelspiele

Laplace-Versuch

Für Würfelspiele werden häufig Spielwürfel genutzt, die deckungsgleiche, regelmäßige Seitenflächen haben.

Tetraeder  Oktaeder  Dodekaeder

a) Laplace-Versuche
Kann man das Werfen der Würfel als Laplace-Versuch ansehen? Welche Bedingungen müssen dazu erfüllt sein?

b) Wahrscheinlichkeiten
Bestimmen Sie die Wahrscheinlichkeit der folgenden Ereignisse.

A: Beim gleichzeitigen Werfen des Tetraeders und Oktaeders treten zwei Einsen (Pasch) auf.	B: Beim gleichzeitigen Werfen des Tetraeders und Dodekaeders ist die Augensumme kleiner als 3.
C: Beim gleichzeitigen Werfen der drei Würfel treten drei gleiche Augenzahlen (Pasch) auf.	D: Beim vierfachen Werfen eines Oktaeders beträgt die Summe der Augenzahlen mindestens 31.

c) Tetraederspiel für zwei Personen
Pro Runde würfelt ein Spieler mit dem Tetraeder, solange er will. Die erzielten Augenzahlen werden addiert. Fällt aber eine „1", so erhält der Spieler für diese Runde keine Punkte und der nächste Spieler ist an der Reihe. Tina will in einer Runde so lange würfeln, bis sie mindestens fünf Punkte erzielt hat. Wie oft muss sie dazu würfeln? Wie groß ist die Wahrscheinlichkeit, dass ihr das in einer Runde gelingt?

23 Stornierungen und Überbuchungen

Binomialverteilung

Eine Fluggesellschaft setzt auf einer bestimmten Flugroute nur Flugzeuge mit 100 Plätzen ein. Im letzten Jahr waren die Flüge stets ausgebucht, durchschnittlich wurden aber 20% der gebuchten Plätze kurzfristig storniert. Ein Flug kostete 250 Euro, im Fall einer späten Stornierung waren 100 Euro zu zahlen.
Um die Zahl der späten Stornierungen zu senken, verlangt die Fluggesellschaft ab diesem Jahr bei gleichbleibendem Flugpreis für eine Stornierung 125 Euro. Im Juli dieses Jahres wurde ermittelt, dass die Stornierungen auf 10% zurückgegangen sind.

Nehmen Sie im Folgenden an, dass in beiden Fällen die Anzahl der Passagiere, die fliegen bzw. stornieren, binomialverteilt ist.

a) Wahrscheinlichkeiten
Wie groß ist in den beiden Jahren jeweils die Wahrscheinlichkeit, dass bei einem Flug
(1) genau 16 Plätze   (2) höchstens 10 Plätze   storniert wurden?

b) Welche Einnahmen konnte die Fluggesellschaft im letzten und in diesem Jahr pro Flug erwarten?

c) Welche Bedingungen müssen erfüllt sein, damit das Modell der Binomialverteilung zugrunde gelegt werden kann?

Aufgaben zur Vorbereitung auf das Abitur

Prognoseintervall, Sigma-Regeln

24 *Womit ist zu rechnen? Vorhersagen mit Wahrscheinlichkeitsrechnung*

> In einer Kreisstadt gibt es ein großes und ein kleines Krankenhaus. In der Kreisstadt werden im Schnitt pro Woche 40 Kinder geboren, in der Hauptstadt sind es wöchentlich im Schnitt 80 Kinder. In den beiden vergangenen Jahren wurden in beiden Städten die Wochen gezählt, in denen mindestens 60 % der Kinder männlich waren. Es stellte sich heraus, dass in der Kreisstadt rund dreimal so häufig ein Jungenüberschuss von 60 % festgestellt wurde wie in der Hauptstadt.

a) Ist dies Zufall? Berechnen Sie für beide Städte die Wahrscheinlichkeit, dass pro Woche 60 % oder mehr der Geburten Jungengeburten sind. Gehen Sie davon aus, dass die Wahrscheinlichkeit einer Jungengeburt 50 % beträgt.

b) Berechnen Sie für beide Städte die Wahrscheinlichkeit, dass die Anzahl der Jungengeburten um höchstens 10 % von dem Erwartungswert abweicht.

c) Berechnen Sie, in welches zum Erwartungswert symmetrische Intervall die Anzahl der Jungengeburten in beiden Städten mit einer Wahrscheinlichkeit von mindestens 90 % fällt. Verwenden Sie dazu die Sigma-Regeln.

d) Die in Teil c) berechneten Intervalle nennt man das 90 %-Prognoseintervall. Erläutern Sie den Begriff 90 %-Prognoseintervall.

Hypothesen, Beurteilen mit P-Wert

25 *Zeitkarten im öffentlichen Verkehrsnetz*

> Der Betreiber eines öffentlichen Verkehrsnetzes in einer Großstadt geht davon aus, dass 40 % der Fahrgäste sogenannte Zeitkarteninhaber sind. Um den Anteil an Fahrgästen mit Zeitkarten zu überprüfen, werden in regelmäßigen Abständen Stichproben durchgeführt. Mit der binomialverteilten Zufallsgröße X wird die Anzahl der Fahrgäste mit Zeitkarten beschrieben.

a) Erläutern Sie, welche Bedeutung in diesem Zusammenhang der folgende Term sowie dessen einzelne Faktoren haben: $\binom{3}{2} \cdot 0{,}4^2 \cdot 0{,}6^1$.

b) Bestimmen Sie die Wahrscheinlichkeit, dass in einer Stichprobe von 100 Fahrgästen mindestens 35 und höchstens 45 Fahrgäste Zeitkarteninhaber sind.

c) Eine Marketingfirma, die vom Betreiber der Stadt beauftragt wird, soll herausfinden, ob sich der Anteil der Zeitkarteninhaber verändert hat. Dazu erhebt sie eine Stichprobe von 150 Fahrgästen und stellt fest, dass in dieser Stichprobe 73 Zeitkarteninhaber sind. Formulieren Sie die Null- und die Alternativhypothese. Entscheiden Sie mithilfe des P-Wertes, ob die Nullhypothese auf dem 5 %-Niveau abgelehnt werden kann oder nicht.

Hypothesen, Beurteilen mit P-Wert

26 *Glücksrad*

Ein Glücksrad hat die Sektoren mit den Zahlen 1, 2 und 3 mit folgender Wahrscheinlichkeitsverteilung:

Sektor	1	2	3
Wahrscheinlichkeit	0,2	0,3	0,5

a) Wie oft muss man das Glücksrad mindestens drehen, um mit einer Wahrscheinlichkeit von mindestens 95 % wenigstens einmal die Zahl 1 zu erhalten?

b) Es besteht der Verdacht, dass die Wahrscheinlichkeit für die Zahl 1 größer als 0,2 ist. Beschreiben Sie, wie Sie diesen Verdacht überprüfen würden.
Formulieren Sie dazu die Nullhyptphese und die Alternativhypothese. Beschreiben Sie, wie man mit dem P-Wert das Ergebnis einer Stichprobe bewerten kann.

c) Warum liefert ein noch so kleiner P-Wert keine 100 %-ige Sicherheit, wenn man sich gegen H_0 entscheidet?

27 Telefongesellschaften

Stochastische Prozesse, Übergangsmatrizen

Zwei Telefongesellschaften *Tecom* und *coTe* konkurrieren um Kunden. Andere Anbieter gibt es nicht. Die Matrix A stellt das Wechselverhalten von Kunden der beiden Firmen innerhalb von drei Monaten dar.

$$A = \begin{pmatrix} 0{,}6 & 0{,}3 \\ 0{,}4 & 0{,}7 \end{pmatrix}$$

a) Übersetzen Sie die Daten der Matrix in einen Übergangsgraphen.

b) Angenommen, anfangs beträgt der Anteil der *Tecom*-Kunden 90 % und der Anteil der *coTe*-Kunden 10 %. Berechnen Sie die Verteilung der Kunden auf die beiden Anbieter nach 3, 6 und 9 Monaten. Setzen Sie voraus, dass das Wechselverhalten gleich bleibt.

c) Bei welcher Verteilung stabilisiert sich die Verteilung der Kunden auf lange Sicht? Lösen Sie diese Aufgabe durch Lösen eines Gleichungssystems oder mit dem GTR durch Iteration.

28 Taxistandorte (Rechnen mit dem GTR)

Verhalten von stochastischen Prozessen auf „lange Sicht"

Ein einer größeren Stadt gibt es für die Taxen drei Standorte: W, O und C. Die Taxen führen ihre Fahrten durch und halten dann an dem Standort, der dem Ende der Taxifahrt am nächsten ist. Der folgende Graph gibt an, mit welcher Wahrscheinlichkeit eine Taxe, die von einem Standort aus losfährt, an einem der drei Standorte hält.

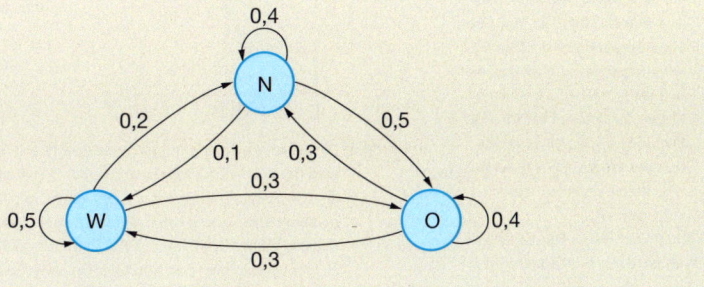

a) Interpretieren Sie verbal den Übergangsgraphen.

b) Wie groß ist die Wahrscheinlichkeit, dass ein Taxi, das am Standort W startet, nach zwei bzw. drei Fahrten wieder in W anhält?

c) Stellen Sie den Übergangsgraphen mit einer Übergangsmatrix dar. Angenommen, der Verteilungsvektor $\vec{v} = \begin{pmatrix} 0{,}2 \\ 0{,}5 \\ 0{,}3 \end{pmatrix}$ stellt die Verteilung der Taxen auf die drei Standorte zu Beginn einer Arbeitsschicht dar. Mit welcher Verteilung kann man auf „lange Sicht" rechnen? Machen Sie auch die Probe.

29 Übergangsmatrizen (mit dem GTR)

Interpretation von Matrixpotenzen

Eine Matrix $A = \begin{pmatrix} 0{,}7 & 0{,}1 \\ 0{,}3 & 0{,}9 \end{pmatrix}$ ist gegeben.

a) Begründen Sie, dass es sich bei dieser Matrix um eine stochastische Matrix handelt.

b) Berechnen Sie die Matrix, mit der man direkt vom Ausgangszustand $\vec{v}_0$ den 4. Zustand $\vec{v}_4$ berechnen kann.

c) Was stellt die Matrix A^{10} dar?

d) Berechnen Sie den Zustand, bei dem sich jede Anfangsverteilung auf „lange Sicht" einpendelt.

Lösungen zu den Check-ups

Lösungen zu Seite 39

1 a) F1 → G2   F2 → G3   F3 → G1   F4 → G4
b)
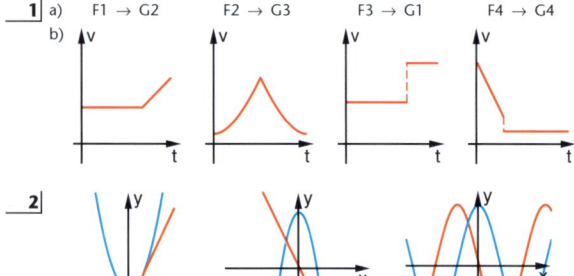

2

Funktionsgraph: blau; Steigungsgraph: rot

3 Lösung: b
Begründung: Funktionsgraph steigt für x < 1, also ist die Steigung dort positiv; Funktionsgraph fällt für x > 1, also ist die Steigung dort negativ.

4 a) Skizze des Geschwindigkeitsgraphen: rot (ohne Maßstab)

b) (I) Die Durchschnittsgeschwindigkeit während der Fahrzeiten liegt bei über 100 km/h und schwankt nur geringfügig, was typisch für eine Autobahnfahrt ist. Auf einer Bundesstraße wäre die Durchschnittsgeschwindigkeit geringer und die Schwankungen wären wegen der Ortsdurchfahrten größer. Zudem wäre zu erwarten, dass der Wagen etwa an Ampeln des Öfteren anhalten würde.

(II) Der Fahrer hat etwa von t = 0,8 h bis t = 1,25 h pausiert.
(III) Konstant war die Geschwindigkeit nur während der Pause. Der Geschwindigkeitsgraph zeigt, dass die Geschwindigkeit ansonsten nie für längere Zeiten konstant war.

5

Die mittlere Änderungsrate ist …	Die Mitte des Intervalls I liegt etwa bei …
… maximal	7
… minimal	16
… null	12

Somit ist:

Zeit t in s	1	2	3
Höhe f(t) in m	75	60	35
Geschwindigkeit f'(t) in m/s	−10	−20	−30

d) Aus a) und c) folgt: Aufschlaggeschwindigkeit f'(4) = −40 m/s

8 a)
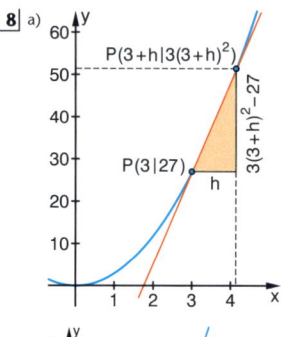
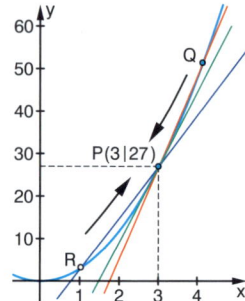
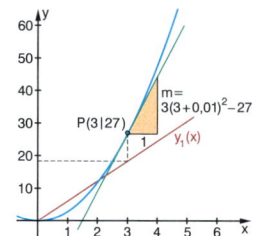

b) Term 1 → Durchschnittssteigung im Intervall [3; 3 + h]
Term 2 → Momentansteigung im Punkt (3 | f(3))
Term 3 → Sekantensteigungsfunktion für h = 0,01

9 a) Die Sekantensteigung m_s durch die Punkte (a | f(a)) und (a + h | f(a + h)) wird (im Beispiel) für kleiner werdendes h geringer und nähert sich, wie an dem Steigungsdreieck gut zu erkennen, der Tangentensteigung m an. m_s kommt m beliebig nahe, allerdings wird m nie erreicht, da für keinen noch so kleinen Wert von h die Sekante zur gesuchten Tangente wird. Die Tangentensteigung m ist somit der Grenzwert der Sekantensteigungen.

b)
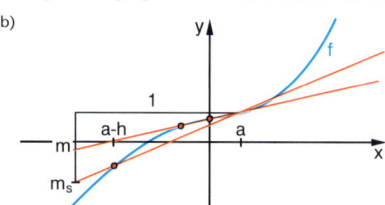

Lösungen zu Seite 40

6 a)
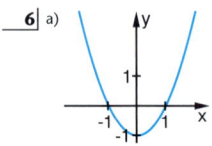

b) Durchschnittssteigung: m = 3
c) Sekantensteigung durch (2 | 3) und (3 | 8): m = 5
d) Bestimmung eines Näherungswertes mithilfe der Sekantensteigungsfunktion.
Sei h = 0,1: $msek(1) = \frac{f(1+0,1) - f(1)}{0,1} = 2,1$
(der Näherungswert wird mit kleinerem h besser).

e) Da der Graph von f nach oben geöffnet ist, wächst die Steigung, je weiter h rechts von 1 liegt, und fällt, je weiter h links von 1 liegt. Also gilt $d_1 > d_2$.

7 a) Der Stein trifft auf, falls gilt: f(t) = 0, also: $0 = 80 - 5t^2$.
Lösungen: $t_1 = -4$; $t_2 = 4$. Nur die Lösung t = 4 s ist sinnvoll.
b) Die Durchschnittsgeschwindigkeit ist die Sekantensteigung im Intervall [0; 4], also die der Sekante durch (0 | 80) und (4 | 0): m = −20 m/s.
c) Für die Ableitungsfunktion f' gilt:
$f'(t) = \lim_{h \to 0} \frac{(80 - 5(t+h)^2) - (80 - 5t^2)}{h} = \lim_{h \to 0} \frac{-10th - 5h^2}{h} = -10t$.

10 a) Wähle ein kleines h, etwa h = 0,01. Dann ist die Sekantensteigungsfunktion
$msek(x) = \frac{((x + 0,01)^2 + 2) - (x^2 + 2)}{0,01} = \frac{0,02x + 0,0001}{0,01} = 2x + 0,01$
eine gute Näherung für die Änderungsrate an der Stelle x.
Die Näherung wird für kleineres h besser.

b) $f'(x) = \lim_{h \to 0} \underbrace{\frac{((x+h)^2 + 2) - (x^2 + 2)}{h}}_{\text{Differenzenquotient}} = \lim_{h \to 0} \frac{x^2 + 2hx + h^2 + 2 - x^2 - 2}{h} = \lim_{h \to 0} \frac{2hx + h^2}{h}$
$= \lim_{h \to 0} (2x + h) = 2x$

Lösungen zu Seite 41

11 a)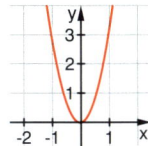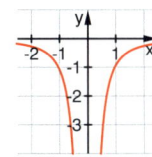

$f(x) = x^3$; $f'(x) = 3x^2$ $f(x) = \sqrt{x}$; $f'(x) = \frac{1}{2\sqrt{x}}$ $f(x) = \frac{1}{x}$; $f'(x) = -\frac{1}{x^2}$

b)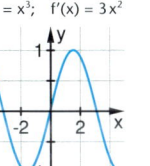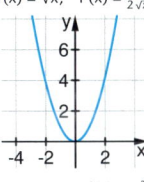

$f'(x) = \cos(x)$; $f(x) = \sin(x)$ $f'(x) = 2x$; $f(x) = x^2$ $f'(x) = 4x^3$; $f(x) = x^4$

12 $f_2'(x) = 2x$; $f_3'(x) = 3x^2$; $f_4'(x) = 4x^3$; $f_5'(x) = 5x^4$; $f_6'(x) = 6x^5$
Allgemein gilt: $f_n'(x) = n\,x^{n-1}$
Die Steigungen von $f_2(x)$ betragen: $f_2'(\tfrac{1}{2}) = 1$; $f_2'(1) = 2$; $f_2'(2) = 4$

Die Steigungen stehen also jeweils im Verhältnis 1 : 2.

Entsprechend erhält man für
$f_3(x)$ jeweils das Verhältnis 1 : 4,
$f_4(x)$ jeweils das Verhältnis 1 : 8,
$f_5(x)$ jeweils das Verhältnis 1 : 16,
$f_6(x)$ jeweils das Verhältnis 1 : 32,
$f_n(x)$ jeweils das Verhältnis $1 : 2^{n-1}$.

13 a) $f'(x) = 3x^2$ b) $f'(x) = 9x^2 - 2x$ c) $f'(x) = 2 + \cos(x)$
d) $f'(x) = 2ax - b$ e) $f'(x) = \tfrac{1}{3}$ f) $f'(t) = 20t - 1$

14 $f'(x) = 4ax^3 + 3bx^2 + 2cx + d$
$f''(x) = 12ax^2 + 6bx + 2c$
$f'''(x) = 24ax + 6b$

15 a) Nullstellen: $x_1 = 0$; $x_2 = 6$; $f'(x) = 2x - 6$, also: $f'(0) = -6$; $f'(6) = 6$
Die Steigungen in den Nullstellen sind -6 und 6.
b) Steigung 4: $f'(x) = 2x - 6 = 4 \Rightarrow x = 5$; an der Stelle 5 ist die Steigung 4.
Steigung -3: $f'(x) = 2x - 6 = -3 \Rightarrow x = 1{,}5$; an der Stelle 1,5 ist die Steigung -3.
Steigung 5: $f'(x) = 2x - 6 = 5 \Rightarrow x = 5{,}5$; an der Stelle 5,5 ist die Steigung 5.
c) Waagerechte Tangente: $f'(x) = 0$: $2x - 6 = 0 \Rightarrow x = 3$
An der Stelle 3 liegt eine waagerechte Tangente vor, $(3\,|-9)$ ist Scheitelpunkt.

16 a) $f'(x) = x$; $f'(1) = 1$ b) $f'(x) = -\tfrac{2}{x^3}$; $f'(1) = -2$ c) $f'(x) = 2\cdot\cos(x)$; $f'(0) = 2$
$y = x$ $y = -2x + 4$ $y = 2x$

17 a) Steigung m der Tangente im Punkt $P(a|a^4)$: $f'(a) = 4a^3 = m$
Einsetzen von m und P (mit $x = a$ und $y = a^4$) in die allgemeine Geradengleichung $y = mx + b$ liefert: $a^4 = 4a^3 \cdot a + b \Leftrightarrow b = -3a^4$
Also folgt mit $m = 4a^3$ und $b = -3a^4$ die Tangentengleichung
$y = 4a^3 \cdot x - 3a^4$.
b) Steigung m_f von $f(x) = x^2$ an der Stelle $x = 2$: $f'(2) = 4$
Steigung m_{AB} der Sekante durch A und B: $\frac{f(3) - f(1)}{3 - 1} = \frac{8}{2} = 4$
Also gilt $m_f = m_{AB}$.
c) Steigung m_f von $f(x) = x^3$ an der Stelle $x = 2$: $f'(2) = 12$
Steigung m_{AB} der Sekante durch A und B: $\frac{f(3) - f(1)}{3 - 1} = \frac{26}{2} = 13$
Also gilt $m_f \neq m_{AB}$.

Lösungen zu Seite 42

18 a) $f'(x) = 1{,}5x^2$: f ist überall monoton wachsend.
b) $f'(x) = 3x^2 - 6x = 3x(x - 2)$
$x < 0$ oder $x > 2$: f monoton wachsend;
$0 < x < 2$: f monoton fallend
c) $f'(x) = 8x^3$:
$x < 0$: f monoton fallend; $x > 0$: f monoton wachsend
d) $f'(x) = 4x^3 - 32x = 4x(x^2 - 8)$
$-\sqrt{8} < x < 0$ oder $x > \sqrt{8}$: f monoton wachsend;
$x < -\sqrt{8}$ oder $0 < x < \sqrt{8}$: f monoton fallend

19 f(x) hat bei $x = 0$ einen Hochpunkt ($f'(0) = 0$ und VZW von + nach –) und bei $x = 4$ ($f'(4) = 0$ und VZW von – nach +) einen Tiefpunkt.

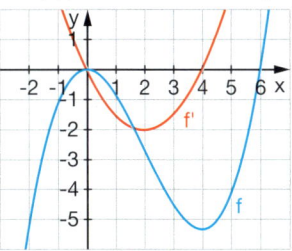

20 (I) Falsch, Gegenbeispiel: $f(x) = x^3$
(II) Wahr, $f'(x)$ ist quadratisch und kann somit höchstens zwei Nullstellen haben.
(III) Falsch, $f(x)$ kann auch zwei Nullstellen (davon eine doppelte Nullstelle) haben. Gegenbeispiel: $f(x) = (x - 1)^2 \cdot x$
(IV) Wahr, an einem Tiefpunkt hat $f'(x)$ einen Vorzeichenwechsel und somit eine Nullstelle.

21 a) Wahr, weil $f'(x)$ keine Nullstellen hat.
b) Wahr, die Steigung beträgt -5.
c) Falsch, $f'(x)$ hat keine Nullstelle bei $x = 2$.
d) Wahr, weil $f'(x)$ überall negativ ist.

22 a) $f(x) = 2x^3 - 4x$ b) $f(x) = x^3 + 2x^2$

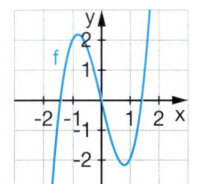 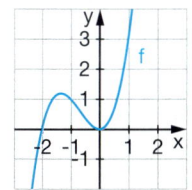

NST: $x_1 = 0$; $x_{2,3} = \pm\sqrt{2}$ NST: $x_1 = 0$; $x_2 = -2$
$f'(x) = 6x^2 - 4$ $f'(x) = 3x^2 + 4x$
HP$\left(-\sqrt{\tfrac{2}{3}}\,\big|\,\tfrac{8}{3}\sqrt{\tfrac{2}{3}}\right) \approx (-0{,}82\,|\,2{,}18)$;   HP$\left(-\tfrac{4}{3}\,\big|\,\tfrac{32}{27}\right) \approx (-1{,}33\,|\,1{,}19)$;
TP$\left(\sqrt{\tfrac{2}{3}}\,\big|\,-\tfrac{8}{3}\sqrt{\tfrac{2}{3}}\right) \approx (0{,}82\,|\,-2{,}18)$ TP$(0\,|\,0)$

c) $f(x) = x^4 + 2x^2 + 1$ d) $f(x) = x^4 - x$

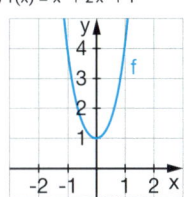 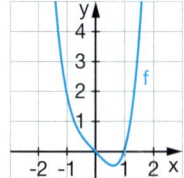

NST: keine   NST: $x_1 = 0$; $x_2 = 1$
$f'(x) = 4x^3 + 4x$ $f'(x) = 4x^3 - 1$
TP$(0\,|\,1)$ TP$\left(\sqrt[3]{0{,}25}\,\big|\,\sqrt[3]{0{,}25}^{\,4} - \sqrt[3]{0{,}25}\right)$
    $\approx (0{,}63\,|\,-0{,}47)$

e) $f(x) = x^4 - 5x^2 + 6$ f) $f(x) = x^5 - 2x^3 + 3$

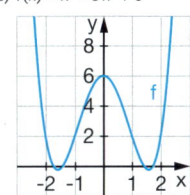 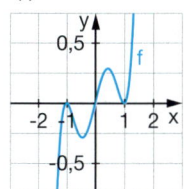

NST: $x_{1,2} = \pm\sqrt{3}$; $x_{3,4} = \pm\sqrt{2}$ NST: $x_{1,2} = \pm 1$; $x_3 = 0$
$f'(x) = 4x^3 - 10x = x(4x^2 - 10)$ $f'(x) = 5x^4 - 6x^2 + 1$
TP$_{1,2}(\pm\sqrt{2{,}5}\,|\,-0{,}25) \approx (\pm 1{,}58\,|\,-0{,}25)$,   HP$_1(-1\,|\,0)$,
HP$(0\,|\,6)$ HP$_2\left(\sqrt{0{,}2}\,\big|\,\tfrac{16\sqrt{5}}{125}\right) \approx (0{,}45\,|\,0{,}29)$;
    TP$_1\left(-\sqrt{0{,}2}\,\big|\,-\tfrac{16\sqrt{5}}{125}\right) \approx (-0{,}45\,|\,-0{,}29)$;
    TP$_2(1\,|\,0)$

Lösungen zu den Check-ups

23 a) (1) $x_1 = 0$; $x_2 = -1$; $x_3 = 4$
(2) $x_1 = 0$; $x_2 = 3$ beides doppelte NST
(3) $x_1 = 0$ doppelte NST; $x_2 = \sqrt{3}$; $x_3 = -\sqrt{3}$
(4) $x = 0$ doppelte NST
b) (1) $-1 < x < 0$: Hochpunkt; $0 < x < 4$: Tiefpunkt
(2) Tiefpunkte $(0|0)$ und $(3|0)$
(3) Hochpunkt $(0|0)$;
 $-\sqrt{3} < x < 0$: Tiefpunkt; $0 < x < \sqrt{3}$: Tiefpunkt
(4) Tiefpunkt $(0|0)$
Anmerkung: In (1) und (3) gibt es keine weiteren Extrempunkte, weil f ganzrational vom Grad 3 bzw. vom Grad 4 ist. In (2) und (4) kann es noch weitere Extrempunkte geben.

24 a) $f(x) = (x + 4) \cdot (x - 3) \cdot (x - 5)$
b) $f(x) = (x - 1)^2 \cdot (x - 5)^2$
c) $f(x) = x^3$

Lösungen zu Seite 84

1 a) (1) – A, B, C   (2) – A, B, F, G   (3) – D   (4) – D

2 a) An lokalen Extremstellen gilt $f'(x) = 0$, also:
$f'(x) = 3x^2 - 6x = 0 \Rightarrow x_1 = 0$; $x_2 = 2$
Außerdem ist: $f''(x_1) = -6 < 0 \Rightarrow$ Hochpunkt $H(0|4)$
$f''(x_2) = 6 > 0 \Rightarrow$ Tiefpunkt $T(2|0)$
An Wendestellen gilt $f''(x) = 0$, also:
$f''(x) = 6x - 6 = 0 \Rightarrow x = 1$
Außerdem ist: $f'''(x) = 6 > 0 \Rightarrow$ Wendepunkt $W(1|2)$

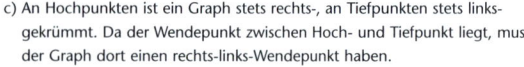

b) streng monoton wachsend: $]-\infty; 0]$; $[2, \infty[$
streng monoton fallend: $[0; 2]$
c) An Hochpunkten ist ein Graph stets rechts-, an Tiefpunkten stets linksgekrümmt. Da der Wendepunkt zwischen Hoch- und Tiefpunkt liegt, muss der Graph dort einen rechts-links-Wendepunkt haben.

3 $f(x)$ hat bei $x = 0$ einen Hochpunkt ($f'(0) = 0$ und $f''(0) < 0$) und bei $x = 4$ ($f'(4) = 0$ und $f''(4) > 0$) einen Tiefpunkt. Außerdem hat $f(x)$ bei $x = 2$ einen Wendepunkt ($f''(x)$ hat bei $x = 2$ einen VZW bzw. $f'(x)$ ein lokales Extremum).

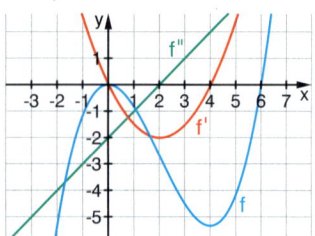

4 (I) Falsch, Gegenbeispiel: $f(x) = x^3$
(II) Wahr, $f'(x)$ ist quadratisch und kann somit höchstens zwei Nullstellen haben.
(III) Wahr, $f'(x)$ ist quadratisch und hat stets genau ein lokales Extremum.
(IV) Wahr, an einem Tiefpunkt hat $f'(x)$ einen Vorzeichenwechsel und somit eine Nullstelle.
(V) Falsch, da $f(x)$ immer einen Wendepunkt besitzt (vergl. (III)), ändert sich das Krümmungsverhalten immer.

5 a) $f'(x)$ ist eine Parabel und hat somit genau ein lokales Extremum.
b) $f'(x)$ ist für alle x negativ. Die Wendetangente hat die Steigung $m = -1$.
c) $f'(x)$ besitzt keine Nullstellen, somit hat $f(x)$ keine lokalen Extrema.
d) $f'(x)$ ist für alle x negativ.

6 $y = m \cdot x + n$; $m = f'(a) = a$
$n = f(a) - f'(a) \cdot a = \frac{a^2}{2} - 2 - a \cdot a = -\frac{a^2}{2} - 2$
$\Rightarrow y = a \cdot x - \frac{a^2}{2} - 2$

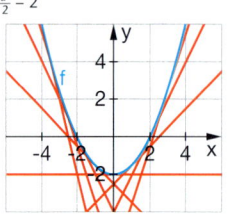

Lösungen zu Seite 85

7 a: Seitenlänge der quadratischen Grundfläche des Quaders in cm
b: Höhe des Quaders in cm. Zielfunktion: $V = a^2 \cdot b$
Nebenbedingung: $O = 24$; $24 = 2a^2 + 4ab \Leftrightarrow b = -\frac{1}{2}a + \frac{6}{a}$
Einsetzen von b in die Zielfunktion: $V(a) = -\frac{1}{2}a^3 + 6a$
Extremwertbestimmung: $V'(a) = -\frac{3}{2}a^2 + 6$; $V'(a) = 0 \Rightarrow a_1 = -2$; $a_2 = 2$
Nur a_2 ist sinnvoll im Sinne der Aufgabenstellung. Da $V'(a)$ eine nach unten geöffnete Parabel ist, liegt für a_2 ein Maximum vor.
Einsetzen von $a = 2$ in $b = -\frac{1}{2}a + \frac{6}{a}$ ergibt $b = 2$; die ideale Form ist also ein Würfel mit der Seitenlänge 2 cm.
b) Wiederholt man die Rechenschritte aus a) mit allgemeinem O, so erhält man als ideale Seitenlänge $a = \sqrt{\frac{O}{6}}$. Setzt man diesen Wert ein, so erhält man $b = \sqrt{\frac{O}{6}}$. Die ideale Form ist also immer ein Würfel mit Seitenlänge $\sqrt{\frac{O}{6}}$ cm.

8 a: Höhe des Ganges bis zum Halbkreis in m
b: Radius des Halbkreises in m
Zielfunktion: $A = a \cdot 2r + 0{,}5 \cdot \pi r^2$
Nebenbedingung: $U = 10$; $10 = 2a + 2r + \pi r \Leftrightarrow a = -\frac{\pi r}{2} - r + 5$
Einsetzen von a in die Zielfunktion: $A(r) = -(0{,}5\pi + 2)r^2 + 10r$
Extremwertbestimmung: $A'(r) = -2(0{,}5\pi + 2)r + 10$;
$A'(r) = 0 \Rightarrow r = \frac{10}{\pi + 4} \approx 1{,}4$
Da $A(r)$ eine nach unten geöffnete Parabel ist, liegt für r ein Maximum vor.
Einsetzen von $r = \frac{10}{\pi + 4}$ in $a = -\frac{\pi r}{2} - r + 5$ ergibt $a = \frac{10}{\pi + 4} \approx 1{,}4$; die ideale Form ist also ein Rechteck mit Breite etwa 2,4 m, Höhe etwa 1,4 m und aufgesetztem Halbkreis.

9 n: Anzahl der Bestellungen
a: Anzahl der Einheiten pro Bestellung
K: Gesamtkosten
Zielfunktion: $K = 75n + \frac{a}{2} \cdot 8$ ($75n$: Bestellkosten in €; $\frac{a}{2} \cdot 8$: jährliche Lagerkosten in € (Erläuterung: man sieht leicht, dass durchschnittlich das ganze Jahr über $\frac{a}{2}$ Einheiten lagern; diese verursachen Kosten von 8 € pro Stück))
Nebenbedingung: $1200 = n \cdot a$; $n = \frac{1200}{a}$
Einsetzen von n in die Zielfunktion: $K(a) = \frac{90000}{a} + 4a$
Extremwertbestimmung:
$K'(a) = \frac{-90000}{a^2} + 4$; $K'(a) = 0 \Rightarrow a_1 = -150$; $a_2 = 150$
Nur a_2 ist sinnvoll im Sinne der Aufgabenstellung. Da $K'(a)$ eine nach unten geöffnete Parabel ist, liegt für a_2 ein Maximum vor.
Einsetzen von $a = 150$ in $n = \frac{1200}{a}$ ergibt $n = 8$; die ideale Bestellstrategie erfordert also 8 Bestellungen à 150 Einheiten.

10 $G(x) = U(x) - K(x) = 40x - (2{,}5x^3 - 16x^2 + 60x + 10)$
$= -2{,}5x^3 + 16x^2 - 20x - 10$

Bestimmung des Gewinnbereiches:
Nullstellen von $G(x)$: $G(x) = 0 \Rightarrow x_1 \approx -0{,}38$; $x_2 \approx 2{,}43$; $x_3 \approx 4{,}35$

Nur x_2 und x_3 sind sinnvolle Produktionsmengen. Eine Vorzeichenbetrachtung zeigt, dass etwa im Intervall $[2{,}43; 4{,}35]$ ein Gewinn erwirtschaftet wird.

Bestimmung der idealen Stückzahl:
Extremstellen von $G(x)$: $G'(x) = 0 \Rightarrow x_1 \approx 0{,}76$; $x_2 \approx 3{,}51$
Die Bestimmung des Gewinnbereiches (s. o.) zeigt, dass es sich bei x_2 um das gesuchte Maximum handelt.

Bestimmung des Gewinnmaximums:
$G(3{,}51) \approx 8{,}81$
Bei einer Produktion von etwa 351 Radiergummis wird ein Gewinn von etwa 8,81 € erwirtschaftet.

Lösungen zu Seite 86

11 a) Nullstellen: $-x^3 + 3ax^2 = 0 \Leftrightarrow x^2 \cdot (-x + 3a) = 0 \Leftrightarrow x = 0 \vee x = 3a$
Bedingung: $f_a'(1) = 3$ Es ist $f_a'(x) = -3x^2 + 6ax$, also $f_a'(1) = -3 + 6a$
Aus $-3 + 6a = 3$ folgt $a = 1$
b) Bedingung für Extrempunkte: $f_a'(x) = 0$,
also: $-3x^2 + 6ax = 0 \Leftrightarrow 3x(-x + 2a) = 0 \Leftrightarrow x = 0 \vee x = 2a$
$f(2a) = 4a^3 \Rightarrow E_1(2a|4a^3), E_2(0|0)$
Parameterelimination: $x = 2a \Rightarrow a = \frac{x}{2}$, also: $y = 4a^3 = 4 \cdot \left(\frac{x}{2}\right)^3 = \frac{1}{2}x^3$
(auch E_2 liegt auf dieser Kurve)
c) Bedingung für Wendepunkte: $f_a''(x) = 0$,
also: $-6x + 6a = 0 \Leftrightarrow -6x + 6a = 0 \Leftrightarrow x = a$
$f(a) = 2a^3 \Rightarrow W(a|2a^3)$ Parameterelimination: $x = a$, also: $y = 2a^3 = 2x^3$

12 a) $f_k(x) = x \cdot (x^2 - 2kx + k^2)$
$\Rightarrow$ einfache Nullstelle $x_1 = 0$
  doppelte Nullstelle $x_{2,3} = k$
Die einfache Nullstelle $x_1 = 0$ ist unabhängig von k.
b) $f_k''(x) = 6x - 4k$
$\Rightarrow$ Wendepunkt $\left(\frac{2}{3}k \Big| \frac{2}{27}k^3\right)$
Ortskurve $y = \frac{1}{4}x^3$

13 a) $f(3) = 6$; für $x > 3: \lim\limits_{x \to 3} x^2 - 3 = 6$; $f'(3) = 2$; für $x > 3: \lim\limits_{x \to 3} 2x = 6$
$\Rightarrow$ f ist stetig, aber nicht differenzierbar an der Stelle $x = 3$.
b) $f(1) = 1$; für $x > 1: \lim\limits_{x \to 1} 3x = 3 \Rightarrow$ f ist nicht stetig und somit auch nicht differenzierbar an der Stelle $x = 1$.
c) $f(1) = 2$; für $x > 1: \lim\limits_{x \to 1} -x^2 + 5x = 2$; $f'(1) = 3$; für $x > 1$:
$\lim\limits_{x \to 1} -2x + 5 = 3 \Rightarrow$ f ist stetig und differenzierbar an der Stelle $x = 1$.

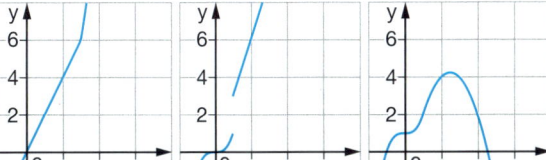

14 a) Falsch, denn z. B. $f(x) = |x|$ ist stetig, aber nicht differenzierbar.
b) Wahr. Siehe Kapitel 2.4 Aufgabe 9 Satz (1).

15 a) (A) falsch, denn f ist nicht an jeder Stelle des Definitionsbereichs stetig (s. (C))
(B) wahr, denn $\lim\limits_{x \to 3} f(x) = f(3) = \frac{27}{8}$
(C) falsch, denn $\lim\limits_{x \to 2} f(x)$ existiert nicht.
b) g ist stetig, da g auch an der Stelle 2 stetig ist: $\lim\limits_{x \to 2} g(x) = g(2) = 3$

16 a) Zum Beispiel: $g(x) = x + 1$
b) Zum Beispiel: $g(x) = (x - 1)^2 + 2$

Lösungen zu Seite 124

1 $f_1(x) = -0{,}111x^2 + 1{,}51x + 0{,}085$ $f_2(x) = -0{,}094x^2 + 1{,}264x + 0{,}374$

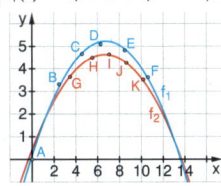

2 Regressionen: (Lineare Funktion nach Augenmaß nicht sinnvoll)
(1) quadratische Funktion
$f_1(x) = 5{,}804x^2 + 8{,}725x + 7{,}821$

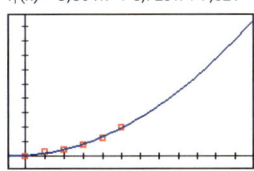

(2) Polynom vom Grad 3
$f_2(x) = 1{,}676x^3 - 6{,}766x^2 + 31{,}685x + 2{,}794$

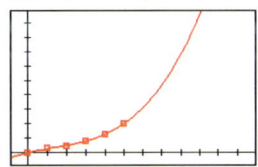

(3) Exponentialfunktion
$f_3(x) = 6{,}005 \cdot 2{,}21^x$

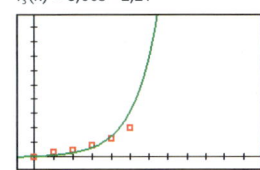

Die quadratische Funktion und das Polynom vom Grad 3 passen sehr gut, die Exponentialfunktion weniger gut.
Die Anzahl der Fische nach 10 Jahren im exponentiellen Modell erscheint sehr unrealistisch. Nach $f_2(x)$ sind es nach 10 Jahren ungefähr doppelt so viele Fische wie nach dem Modell $f_1(x)$. In der Realität wird das Wachstum wohl spätestens nach 10 Jahren zurückgehen, sodass die Bestände nicht in kurzer Zeit über alle Grenzen wachsen können. Langfristig sind alle drei Modelle sinnlos, weil nach ihnen die Bestände über alle Grenzen wachsen.

3 a) $\begin{pmatrix} 1 & -1 & 2 & | & 1 \\ 2 & 1 & -1 & | & 3 \\ 1 & 1 & -1 & | & 2 \end{pmatrix} \begin{matrix} -2 \cdot (I) + (II) \\ \to \\ (III) - (I) \end{matrix} \begin{pmatrix} 1 & -1 & 2 & | & 1 \\ 0 & 3 & -5 & | & 1 \\ 0 & 2 & -3 & | & 1 \end{pmatrix} \begin{matrix} -2 \cdot (II) + 3 \cdot (III) \\ \to \end{matrix} \begin{pmatrix} 1 & -1 & 2 & | & 1 \\ 0 & 3 & -5 & | & 1 \\ 0 & 0 & 1 & | & 1 \end{pmatrix}$

(III): $z = 1$
(II): $3y - 5 \cdot 1 = 1 \Rightarrow y = 2$
(I): $x - 2 + 2 \cdot 1 = 1 \Rightarrow x = 1$

b) $\begin{pmatrix} 2 & 1 & -1 & | & 2 \\ 1 & 2 & 1 & | & 1 \\ 2 & -1 & 3 & | & -10 \end{pmatrix} \begin{matrix} -2 \cdot (II) + (I) \\ \to \\ (III) - (I) \end{matrix} \begin{pmatrix} 2 & 1 & -1 & | & 2 \\ 0 & -3 & -3 & | & 0 \\ 0 & -2 & 4 & | & -12 \end{pmatrix} \begin{matrix} -2 \cdot (II) + 3 \cdot (III) \\ \to \end{matrix} \begin{pmatrix} 2 & 1 & -1 & | & 2 \\ 0 & -3 & -3 & | & 0 \\ 0 & 0 & 18 & | & -36 \end{pmatrix}$

(III): $18z = -36 \Rightarrow z = -2$
(II): $-3y - 3 \cdot (-2) = 0 \Rightarrow y = 2$
(I): $2x + 2 - 1 \cdot (-2) = 2 \Rightarrow x = -1$

4 Ansatz: $f(x) = ax^2 + bx + c$
a) Bedingungen: $f(1) = 3 \Rightarrow a + b + c = 3$
$f(2) = 5{,}5 \Rightarrow 4a + 2b + c = 5{,}5$
$f(4) = 13{,}5 \Rightarrow 16a + 4b + c = 13{,}5$
Lösung: $a = 0{,}5$; $b = 1$; $c = 1{,}5 \Rightarrow f(x) = 0{,}5x^2 + x + 1{,}5$
b) Bedingungen: $f(-1) = 3 \Rightarrow a - b + c = 3$
$f(1) = -1 \Rightarrow a + b + c = -1$
$f(2) = -6 \Rightarrow 4a + 2b + c = -6$
Lösung: $a = -1$; $b = -2$; $c = 2 \Rightarrow f(x) = -x^2 - 2x + 2$
c) Bedingungen: $f(-2) = -5 \Rightarrow 4a - 2b + c = -5$
$f(2) = 3 \Rightarrow 4a + 2b + c = 3$
$f(4) = 1 \Rightarrow 16a + 4b + c = 1$
Lösung: $a = -0{,}5$; $b = 2$; $c = 1 \Rightarrow f(x) = -0{,}5x^2 + 2x + 1$

Lösungen zu den Check-ups

5 a) Am Graphen erkennbar: Hochpunkt (2|4); Tiefpunkt (5|1) ⇒ 4 Bedingungen
Ansatz: $f(x) = ax^3 + bx^2 + cx + d \Rightarrow f'(x) = 3ax^2 + 2bx + c$
Bedingungen: $f(2) = 4 \Rightarrow 8a + 4b + 2c + d = 4$
$f'(2) = 0 \Rightarrow 12a + 4b + c = 0$
$f(5) = 1 \Rightarrow 125a + 25b + 5c + d = 1$
$f'(5) = 0 \Rightarrow 75a + 10b + c = 0$
Lösung: $a = \frac{2}{9}$; $b = -\frac{7}{3}$; $c = \frac{20}{3}$; $d = -\frac{16}{9} \Rightarrow f(x) = \frac{2}{9}x^3 - \frac{7}{3}x^2 + \frac{20}{3}x - \frac{16}{9}$

b) Am Graphen erkennbar: Tiefpunkt (−2|−1); Sattelpunkt (1|2) ⇒ 5 Bedingungen
Ansatz: $f(x) = ax^4 + bx^3 + cx^2 + dx + e$
$\Rightarrow f'(x) = 4ax^3 + 3bx^2 + 2cx + d \Rightarrow f''(x) = 12ax^2 + 6bx + 2c$
Bedingungen: $f(−2) = −1 \Rightarrow 16a − 8b + 4c − 2d + e = −1$
$f'(−2) = 0 \Rightarrow −32a + 12b − 4c + d = 0$
$f(1) = 2 \Rightarrow a + b + c + d + e = 2$
$f'(1) = 0 \Rightarrow 4a + 3b + 2c + d = 0$
$f''(1) = 0 \Rightarrow 12a + 6b + 2c = 0$
Lösung: $a = \frac{1}{9}$; $b = 0$; $c = -\frac{2}{3}$; $d = \frac{8}{9}$; $e = \frac{5}{3} \Rightarrow f(x) = \frac{1}{9}x^4 - \frac{2}{3}x^2 + \frac{8}{9}x + \frac{5}{3}$

Lösungen zu Seite 125

6 a) Sattelpunkt (1|5); Tiefpunkt (2|2); Hochpunkt (4|?) ⇒ 6 Bedingungen
Ansatz: $f(x) = ax^5 + bx^4 + cx^3 + dx^2 + ex + f$
$\Rightarrow f'(x) = 5ax^4 + 4bx^3 + 3cx^2 + 2dx + e$
$\Rightarrow f''(x) = 20ax^3 + 12bx^2 + 6cx + 2d$
Bedingungen: $f(1) = 5 \Rightarrow a + b + c + d + e + f = 5$
$f'(1) = 0 \Rightarrow 5a + 4b + 3c + 2d + e = 0$
$f''(1) = 0 \Rightarrow 20a + 12b + 6c + 2d = 0$
$f(2) = 2 \Rightarrow 32a + 16b + 8c + 4d + 2e + f = 2$
$f'(2) = 0 \Rightarrow 80a + 32b + 12c + 4d + e = 0$
$f'(4) = 0 \Rightarrow 1280a + 256b + 48c + 8d + e = 0$
Lösung: $a = −3$; $b = 30$; $c = −105$; $d = 165$; $e = −120$; $f = 38$
$\Rightarrow f(x) = −3x^5 + 30x^4 − 105x^3 + 165x^2 − 120x + 38$

b) Hochpunkt (−2|3); Tiefpunkt (1|1); Hochpunkt (2|?) ⇒ 5 Bedingungen
Ansatz: $f(x) = ax^4 + bx^3 + cx^2 + dx + e$
$\Rightarrow f'(x) = 4ax^3 + 3bx^2 + 2cx + d$
$\Rightarrow f''(x) = 12ax^2 + 6bx + 2c$
Bedingungen: $f(−2) = 3 \Rightarrow 16a − 8b + 4c − 2d + e = 3$
$f'(−2) = 0 \Rightarrow −32a + 12b − 4c + d = 0$
$f(1) = 1 \Rightarrow a + b + c + d + e = 1$
$f'(1) = 0 \Rightarrow 4a + 3b + 2c + d = 0$
$f'(2) = 0 \Rightarrow 32a + 12b + 4c + d = 0$
Lösung: $a = -\frac{2}{45}$; $b = \frac{8}{135}$; $c = \frac{16}{45}$; $d = -\frac{32}{45}$; $e = \frac{181}{135}$
$\Rightarrow f(x) = -\frac{2}{45}x^4 + \frac{8}{135}x^3 + \frac{16}{45}x^2 - \frac{32}{45}x + \frac{181}{135}$
y-Koordinate des Hochpunkts: $f(2) = \frac{149}{135}$

7 Es handelt sich um eine ganzrationale Funktion 2. Grades, da in der Matrix drei Variablen berechnet werden.
Ansatz: $f(x) = ax^2 + bx + c$
Setzt man die Koordinaten der Punkte P(1|5), Q(3|1) und R(4|3) in diese Funktionsgleichung ein, erhält man die angegebene Matrix.
Die Lösung ist dann $f(x) = \frac{4}{3}x^2 - \frac{22}{3}x + 11$.

8 Ansatz für eine ganzrationale Funktion 4. Grades mit Symmetrie zur y-Achse:
$f(x) = ax^4 + bx^2 + c \Rightarrow f'(x) = 4ax^3 + 2bx$
Bedingungen: Hochpunkt (0|4) ⇒ f(0) = 4 ⇒ c = 4 (Die Bedingung f'(0) = 0 liefert keine neue Information, da alle ganzrationalen Funktionen mit Symmetrie zur y-Achse ein Extremum auf der y-Achse haben.)
Tiefpunkt (4|0) ⇒ $f(4) = 0 \Rightarrow 256a + 16b + 4 = 0$
$f'(4) = 0 \Rightarrow 256a + 8b = 0$
Subtrahieren der beiden Gleichungen liefert $8b + 4 = 0 \Rightarrow b = -\frac{1}{2}$
Einsetzen in die 2. Gleichung liefert $256a + 8 \cdot (-\frac{1}{2}) = 0$ und somit $a = \frac{1}{64}$
Der Giebel wird durch die Funktion $f(x) = \frac{1}{64}x^4 - \frac{1}{2}x^2 + 4$ modelliert.
Bestimmung der Wendepunkte: $f'(x) = \frac{1}{16}x^3 - x \Rightarrow f''(x) = \frac{3}{16}x^2 - 1$
Bedingung für Wendestelle: $f''(x) = 0 \Rightarrow x^2 = \frac{16}{3} \Rightarrow x = \pm\frac{4}{\sqrt{3}} \approx \pm 2{,}309$
$f(\pm 2{,}309) \approx 1{,}778 \Rightarrow$ Wendepunkte $W_{1,2}(\pm 2{,}309 | 1{,}778)$
Fensterfläche: Länge · Breite = 2 · 2,309 m · 1,778 m ≈ 8,21 m²

9 a) Es gibt vier Bedingungen: Der Graph muss durch die Punkte (2|4) und (4|1) gehen, die Steigung muss an der Stelle 2 mit der Steigung der Parabel (f'(2) = 2 · 2 = 4) und an der Stelle 4 mit der Steigung der Geraden (2) übereinstimmen.
Ansatz: $h(x) = ax^3 + bx^2 + cx + d \Rightarrow h'(x) = 3ax^2 + 2bx + c$
Bedingungen: $h(2) = 4 \Rightarrow 8a + 4b + 2c + d = 4$
$h(4) = 1 \Rightarrow 64a + 16b + 4c + d = 1$
$h'(2) = 4 \Rightarrow 12a + 4b + c = 4$
$h'(4) = 2 \Rightarrow 48a + 8b + c = 2$
Lösung: $a = \frac{9}{4}$; $b = -\frac{83}{4}$; $c = 60$; $d = -51 \Rightarrow h(x) = \frac{9}{4}x^3 - \frac{83}{4}x^2 + 60x - 51$
b) $h'(x) = \frac{27}{4}x^2 - \frac{83}{2}x + 60 \Rightarrow h''(x) = \frac{27}{2}x - \frac{83}{2}$
$h''(2) = 27 - \frac{83}{2} = -\frac{29}{2}$ Parabel: $f''(2) = 2 \Rightarrow h''(2) \neq f''(2)$
⇒ kein ruckfreier Übergang
$h''(4) = \frac{25}{2}$ Gerade: $g''(4) = 0 \Rightarrow h''(2) \neq g''(2) \Rightarrow$ kein ruckfreier Übergang

10 Kriterien: knickfrei (1. Ableitung gleich) und ruckfrei (2. Ableitung gleich).
Ansatz: ganzrationale Funktion 4. Grades mit Symmetrie zur y-Achse:
$f(x) = ax^4 + bx^2 + c \Rightarrow f'(x) = 4ax^3 + 2bx \Rightarrow f''(x) = 12ax^2 + 2b$
Bedingungen im Punkt Q: $f(1) = 1 \Rightarrow a + b + c = 1$
$f'(1) = 1$ (Steigung von y = x) ⇒ 4a + 2b = 1
$f''(1) = 0$ (Gerade hat Krümmung 0) ⇒ 12a + 2b = 0
Lösung: $a = -\frac{1}{8}$; $b = \frac{3}{4}$; $c = \frac{3}{8} \Rightarrow f(x) = -\frac{1}{8}x^4 + \frac{3}{4}x^2 + \frac{3}{8}$

Lösungen zu Seite 175

1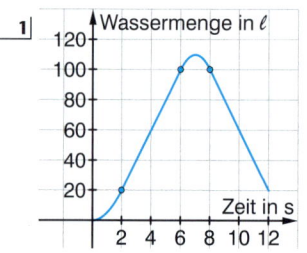

Die Bestandsfunktion gibt die Wassermenge im Becken zu jedem Zeitpunkt an.

2

Beispiel: Zufluss in ein Wasserbecken als Änderungsrate, Wassermenge im Becken als Bestandsfunktion
Dargestellte Situation: der Zufluss steigt gleichmäßig an und wird gestoppt, steigt dann wieder von null an und wird wieder gestoppt

3 a) Wenn das Auto stets langsamer als mit 100 km/h gefahren ist, hat es weniger als 100 km in dieser Stunde zurückgelegt. Eine sehr grobe Schätzung liefert z. B. das arithmetische Mittel der angegebenen Werte der momentanen Geschwindigkeiten: 62 km/h, der zurückgelegte Weg könnte demnach 62 km sein.
b) Wegen $\Delta t = 5$ min $= \frac{1}{12}$ h folgt für den Weg s, der in dieser Stunde zurückgelegt wurde: $s = \frac{1}{12} \cdot (\frac{1}{2} \cdot 20 + 65 + \ldots + 75 + \frac{1}{2} \cdot 25) = \frac{1}{12} \cdot 777{,}5 \approx 64{,}8$ (in km)
Der Näherungswert entspricht der Erwartung.
c) Die Bestandsfunktion gibt zu jedem Zeitpunkt den zurückgelegten Weg an.

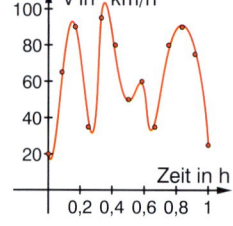 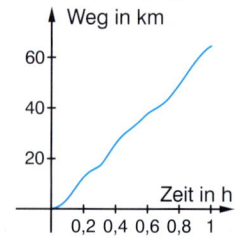

4 a) Zu Beginn wird kein CO_2 produziert. Die Gärungsgeschwindigkeit nimmt bis zum 3. Tag erst immer schneller, danach immer langsamer zu und ist nach 6,5 Tagen am größten. In weiteren 3,5 Tagen nimmt sie immer schneller ab. Nach 10 Tagen ist der Gärungsprozess beendet.
b) Die Bestandsfunktion f(x) beschreibt die im Zeitraum [0; x] produzierte Menge an CO_2.
$f(x) = -\frac{1}{100}x^4 + \frac{17}{150}x^3 + \frac{8}{25}x^2$
c) In den 10 Tagen wurden insgesamt $f(10) = 45\frac{1}{3}$ Liter produziert.

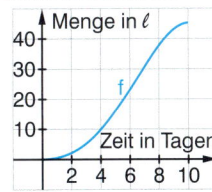

5 Die Bestandsfunktion und die Integralfunktion geben den Wert des orientierten Flächeninhalts unter dem Graphen einer Funktion in einem Intervall an.
Die linke Grenze des Intervalls ist fest (bei der Bestandsfunktion liegt sie meistens bei null) und die rechte Grenze variabel.
Bei der Integralfunktion muss die Berandungsfunktion nicht die Änderungsrate eines Bestandes darstellen, sondern kann eine beliebige (integrierbare) Funktion sein.

6 Angegeben sind jeweils Stammfunktionen mit c = 0:
$F_1(x) = 3x$; $F_2(x) = 1,5x^2 - 2x$; $F_3(x) = \frac{1}{5}x^5 - \frac{4}{3}x^3 + 6x$;
$F_4(x) = \frac{1}{4}x^4 - \frac{2}{3}x^3 + \frac{1}{2}x^2$; $F_5(x) = \sin(x)$; $F_6(x) = \frac{1}{3}x^3 - 25x$

7 Für $c \in \mathbb{R}$ gilt: $(F(x) + c)' = F'(x) + c' = F'(x) = f(x)$
Also ist $F(x) + c$ auch eine Stammfunktion zu $f(x)$.

Lösungen zu Seite 176

8 a) $f(x) = 2x$ und $I_1(x) = x^2 - 1$
Probe: $(I_1(x))' = 2x = f(x)$ und $I_1(1) = 0$
b) $I_0(x) = x^2$ bzw. $I_2(x) = x^2 - 4$
Der Graph von $I_0(x)$ bzw. $I_2(x)$ entsteht aus dem Graphen von $I_1(x)$ durch eine Verschiebung entlang der y-Achse so, dass $I_0(0) = 0$ bzw. $I_2(2) = 0$ erfüllt ist.

9 a) Beispiel mit $f(x) = x^2$

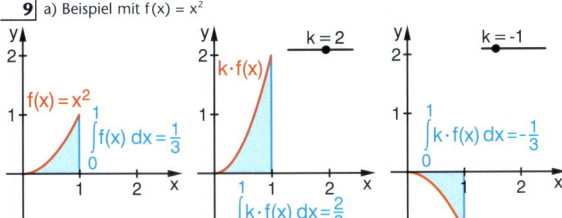

b) Sei F(x) eine Stammfunktion zu f(x), es gilt also: $F'(x) = f(x)$. Dann ist $k \cdot F(x)$ eine Stammfunktion zu $k \cdot f(x)$,
denn es gilt $(k \cdot F(x))' = k \cdot F'(x) = k \cdot f(x)$. Mit dem Hauptsatz folgt:
$\int_a^b k \cdot f(x) = k \cdot F(b) - k \cdot F(a) = k \cdot (F(b) - F(a)) = k \cdot \int_a^b f(x)$

10 a) Nullstellen: $x_1 = 0$; $x_2 = \frac{4}{3}t$
Scheitelpunkt: $\left(S\frac{2}{3}t \mid -\frac{1}{3}t^2\right)$
t in der Zeichnung: −5 bis 5
b) (1) $\int_0^4 f_t(x)\,dx = 16 - 8t$
(2) $\int_0^4 f_t(x)\,dx = 0$; $t = 2$
(3) $t < 2$
(4) $t = 3$

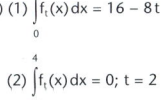
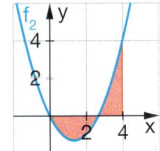

11 a) Nullstellen von f: −1; 0; 1
Eine Stammfunktion ist: $F(x) = 0,25x^4 - 0,5x^2$
$A = \left|\int_{-1}^2 f(x)\,dx\right| = \left|\frac{1}{4}\right| + \left|-\frac{1}{4}\right| + \left|\frac{9}{4}\right| = \frac{11}{4}$

b) Nullstellen von f: −2; 0; 4
Eine Stammfunktion ist: $F(x) = \frac{1}{8}x^4 - \frac{1}{3}x^3 - 2x^2$
$A = \left|\int_{-2}^4 f(x)\,dx\right| = \left|\frac{10}{3}\right| + \left|-\frac{64}{3}\right| = \frac{74}{3} = 24\frac{2}{3}$

12 a) $\int_{-2}^2 f(x)\,dx = \left[\frac{1}{4}x^2\right]_{-2}^2 = 0$

Die Nullstelle von f ist x = 0.

Es gilt: $A = \left|\int_{-2}^0 f(x)\,dx\right| + \left|\int_0^2 f(x)\,dx\right| = \left|\left[\frac{1}{4}x^4\right]_{-2}^0\right| + \left|\left[\frac{1}{4}x^4\right]_0^2\right| = 8$

Die Werte sind unterschiedlich: $0 \neq 8$

b) $\int_{-2}^0 f(x)\,dx = \left[\frac{1}{20}x^5 - \frac{1}{3}x^3\right]_{-2}^0 = -\frac{16}{15}$

Die Nullstellen von f sind −2; 0 und 2.

Es gilt: $A = \left|\int_{-2}^0 f(x)\,dx\right| = \frac{16}{15}$

Die Werte sind unterschiedlich: $-\frac{16}{15} \neq \frac{16}{15}$

c) $\int_0^4 f(x)\,dx = \left[x - \frac{2}{3}x^{\frac{3}{2}}\right]_0^4 = -\frac{4}{3}$

Die Nullstelle von f ist x = 1.

Es gilt: $A = \left|\int_0^1 f(x)\,dx\right| + \left|\int_1^4 f(x)\,dx\right| = \left|\frac{1}{3}\right| + \left|-\frac{5}{3}\right| = 2$

Die Werte sind unterschiedlich: $-\frac{4}{3} \neq 2$

Die Fälle a), b) und c) zeigen, dass das Integral von f im Intervall [a; b] und der Flächeninhalt unter dem Graphen im Intervall [a; b] unterschiedliche Werte haben können.

13 a) Die Schnittstellen von f und g sind 1 und 4. Im Intervall [1; 4] gilt $f(x) \geq g(x)$. Es folgt:
$A = \int_1^4 (f(x) - g(x))\,dx = \left[-\frac{1}{3}x^3 + \frac{5}{2}x^2 - 4x\right]_1^4 = \frac{9}{2}$

b) Die Schnittstellen von f und g sind −3 und 1. Im Intervall [−3; 1] gilt $f(x) \geq g(x)$. Es folgt:
$A = \int_{-3}^1 (f(x) - g(x))\,dx = \left[-0,5x^3 - 1,5x^2 + 4,5x\right]_{-3}^1 = 16$

Lösungen zu Seite 177

14 Der Wendepunkt des Graphen liegt an der Stelle x = 1. Begründung: x = 1 ist (einzige) Nullstelle von f'' und f'''(1) = 6 ≠ 0
Die Parallele zur y-Achse ist die Gerade mit der Gleichung x = 1. Die Nullstellen von f sind 0 und 3, dazwischen liegt die eingeschlossene Fläche, die durch die Parallele zur y-Achse geteilt wird.

$A_1 = \left|\int_0^1 f(x)\,dx\right| = \left|\left[0,25x^4 - x^3\right]_0^1\right| = \left|-\frac{3}{4}\right| = \frac{3}{4}$

$A_2 = \left|\int_1^3 f(x)\,dx\right| = \left|\left[0,25x^4 - x^3\right]_1^3\right| = |-6| = 6$

Verhältnis von A_2 zu A_1: $\frac{A_2}{A_1} = 8$

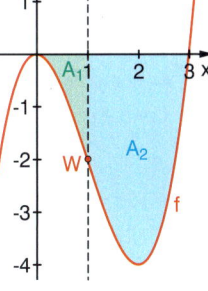

Lösungen zu den Check-ups

15 a) Nullstellen: $x_{1,2} = 0$; $x_3 = k$

b) $A = \left|\int_0^k f_k(x)\,dx\right|$

$= \left|\frac{1}{4}k^4 - \frac{1}{3}k^4\right| = \frac{1}{12}k^4$

Für den Fall $k = 0$ ist der Flächeninhalt $A = 0$, da der Graph und die x-Achse keine Fläche einschließen.
Da der Flächeninhalt $A = \frac{1}{12}k^4$ immer größer wird, je größer k wird, gibt es keinen maximalen Flächeninhalt.

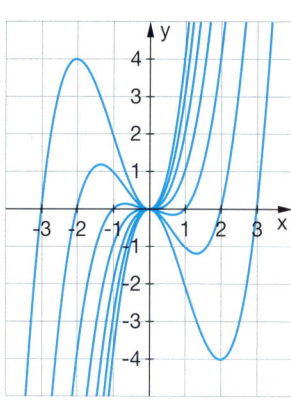

16 a) $\int_a^b f(x)\,dx$ ist im Fall I gleich 0, im Fall II kleiner als 0 und im Fall III größer als 0.

b) (1) $\int_2^3 f(x)\,dx = [1{,}5x^2 + x]_2^3 = 8{,}5$ (2) $\int_{-2}^{2} f(x)\,dx = [2x - \frac{1}{3}x^3]_{-2}^2 = \frac{8}{3}$

17 $V_{außen} = \pi \cdot \int_0^1 (g(x))^2\,dx = \pi \cdot \left[\frac{x^2}{2}\right]_0^1 = \frac{\pi}{2}$

$V_{innen} = \pi \cdot \int_0^1 (f(x))^2\,dx = \pi \cdot \left[\frac{x^5}{5}\right]_0^1 = \frac{\pi}{5}$

$V_{außen} - V_{innen} = \frac{3\pi}{10} \approx 0{,}9$ (in Volumeneinheiten)

18 Sei A_1 die Fläche, die zwischen dem Graphen von f und der x-Achse eingeschlossen ist. Sei V_1 das Volumen des Rotationskörpers, der bei der Rotation von A_1 um die x-Achse entsteht. Entsprechendes gelte für g und V_2. Das gesuchte Volumen ist dann gleich $V_2 - V_1$.

$V_2 - V_1 = \pi \cdot \int_0^4 (f(x))^2\,dx - \pi \cdot \int_0^4 (g(x))^2\,dx = \pi \cdot \int_0^4 ((f(x))^2 - (g(x))^2)\,dx$

$= \pi \int_0^4 x\,dx = 8\pi \approx 25{,}13$ (in VE)

Wenn $\pi \cdot \int_0^4 (f(x) - g(x))^2\,dx$ das richtige Ergebnis liefern würde, wäre es mit dem richtigen Ergebnis von oben gleich. Dann würde gelten (in Kurzform notiert):

$\pi \cdot \int_0^4 (f - g)^2\,dx = \pi \cdot \int_0^4 f^2\,dx - \pi \cdot \int_0^4 g^2\,dx$

Nach Äquivalenzumformungen würde folgen $\int_0^4 g \cdot (f - g)\,dx = 0$

Unter der plausiblen Annahme, dass $0 \le g(x) \le f(x)$ für alle $x \in [0; 4]$ gilt, folgt $g(x) = 0$ oder $f(x) = g(x)$ für alle $x \in [0; 4]$. Im 1. Fall handelt es sich um einen Vollkörper und im 2. Fall um einen „Becher" mit unendlich dünnen Wänden. Bei den gegebenen Funktionen handelt es sich nicht um diese beiden Sonderfälle.

19 Für $a > 0$ gilt $\int_a^c f(x)\,dx = \left[-\frac{2}{x}\right]_a^c = -\frac{2}{c} + \frac{2}{a} \xrightarrow{c \to \infty} \frac{2}{a}$. Für $a > 0$ existiert der Grenzwert des Integrals.

Seien $b < 0$ und $b < c < 0$. Das Integral $\int_b^c f(x)\,dx$ ist ein uneigentliches Integral, dessen Grenzwert nicht existiert, denn $\int_b^c f(x)\,dx = \left[-\frac{2}{x}\right]_b^c = -\frac{2}{c} + \frac{2}{b} \xrightarrow{c \to 0} -\infty$.

Lösungen zu Seite 241

1 a) $f'(x) = 9x^2 - 2x + 3$ (Produktregel bzw. Ausmultiplizieren und Summenregel)
b) $f'(x) = 6x(x^2 + 1)^2 = 6x^5 + 12x^3 + 6x$ (Kettenregel)
c) $f'(x) = -4x^{-5} = \frac{-4}{x^5}$ (Potenzregel)
d) $f'(x) = 2x \cdot \sin(x) + x^2 \cdot \cos(x)$ (Produktregel)
e) $f'(x) = 3 \cdot \cos(3x - 1)$ (Kettenregel)
f) $f(x) = \frac{1}{x} \cdot \sin(x) = x^{-1} \cdot \sin(x)$;
$f'(x) = -1 \cdot x^{-2} \cdot \sin(x) + \frac{1}{x} \cdot \cos(x) = \frac{-1}{x^2} \cdot \sin(x) + \frac{1}{x} \cdot \cos(x)$
(Produktregel, Potenzregel)
g) $f'(x) = 2x \cdot x^{\frac{2}{3}} + (x^2 + 1) \cdot \frac{2}{3} \cdot x^{-\frac{1}{3}} = 2x \cdot \sqrt[3]{x^2} + \frac{2}{3} \cdot (x^2 + 1) \cdot \frac{1}{\sqrt[3]{x}}$
(Produktregel, Potenzregel)
h) $f'(x) = \frac{4}{3}(2x + 5)^{\frac{1}{3}} \cdot 2 = \frac{8}{3}\sqrt[3]{2x + 5}$
(Kettenregel, Potenzregel)
i) $f'(x) = -\frac{15}{2}x^{-\frac{5}{2}}$ (Potenzregel)

2 a) $g'(x) = 2f(x) \cdot f'(x) = 2(f(x))^2 = 2g(x)$

b) $h'(x) = \frac{1}{2\sqrt{f(x)}} \cdot f'(x) = \frac{f(x)}{2\sqrt{f(x)}} = \frac{1}{2}\sqrt{f(x)} = \frac{1}{2}h(x)$

c) $k'(x) = -\frac{1}{(f(x))^2} \cdot f'(x) = -\frac{f(x)}{(f(x))^2} = -\frac{1}{f(x)} = -k(x)$

3 Es ist $f(1) = 0$ und $f'(1) = 0$, $f''(1) \ne 0$ (Extrempunkt).
$g(1) = 1 \cdot f(1) = 1 \cdot 0 = 0 \Rightarrow (1 | 0)$ liegt auf dem Graphen von g
$g'(x) = 1 \cdot f(x) + x \cdot f'(x) \Rightarrow g'(1) = 1 \cdot f(1) + 1 \cdot f'(1) = 1 \cdot 0 + 1 \cdot 0 = 0$
$g''(x) = f'(x) \cdot 1 + 1 \cdot f'(x) + x \cdot f''(x) \Rightarrow g''(1) = 2 \cdot f'(1) + x \cdot f''(1) = 2 \cdot 0 + 1 \cdot f''(1) = f''(1) \ne 0$
Also ist $(1|0)$ auch Extrempunkt von $g(x)$.

4 a) Es gilt nach der Kettenregel: $f'(x) = e^{-x} \cdot (-x)' = -e^{-x}$
b) Die Tangente an den Graphen von $g(x) = e^x$ im Punkt $(0|1)$ hat die Steigung 1. Der Graph von f geht aus dem Graphen von g durch das Spiegeln an der y-Achse hervor, gleiches gilt für seine Tangente im Punkt $(0|1)$. Dort hat der Graph von f somit die Steigung –1, also gilt: $f'(0) = -1$.
Mit $f'(x) = f'(0) \cdot e^{-x}$ folgt die Behauptung.

5 a) $f(x) = e^x + 1$ b) $f(x) = e^{-x} - 1$ c) $f(x) = e^{2x}$ d) $f(x) = 2e^x$

6 a) (1) $g(x) = e^{-x}$ (2) $g(x) = -e^x$
(3) $g(x) = e^{x+3}$ (4) $g(x) = e^x + 2$

b) f: Verschiebung um 2 in positive x-Richtung, Verschiebung um 1 in negative y-Richtung

g: Spiegelung an der y-Achse, Streckung mit Faktor 3 entlang der y-Achse

h: Verschiebung um 2 in die positive x-Richtung, Verschiebung um 1 in die negative y-Richtung

7 a) $x = 0{,}5 \cdot \ln(2000)$
b) $x = \ln(6)$
c) grafisch-numerische Lösung:
$x_1 \approx -3{,}98$; $x_2 \approx 1{,}75$
d) $x = 2 \cdot \ln(11)$
e) $x = e^5 - 1$
f) $x = \pm\sqrt{e^3 - 1}$

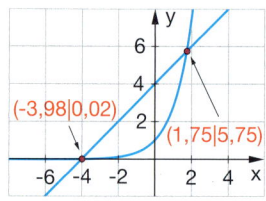

Lösungen zu Seite 242

8

	$f'(x)$	$f''(x)$
a)	$1{,}5 e^{0{,}5x}$	$0{,}75 e^{0{,}5x}$
b)	$2e^{2x} - 2x$	$4e^{2x} - 2$
c)	$(3 + 2x) \cdot e^x$	$(5 + 2x) \cdot e^x$
d)	$(x^2 + 2x - 1) \cdot e^x$	$(x^2 + 4x + 1) \cdot e^x$
e)	$\frac{6}{2x + 1}$	$-\frac{12}{(2x+1)^2}$
f)	$\ln(x) + 1$	$\frac{1}{x}$
g)	$\frac{2}{x}$	$-\frac{2}{x^2}$
h)	$e^{\sin(x)} \cdot \cos(x)$	$e^{\sin(x)} \cdot [(\cos(x))^2 - \sin(x)]$

9 a) $e - \frac{1}{e^2} \approx 2{,}58$ b) $2 \cdot \ln(8) \approx 4{,}16$

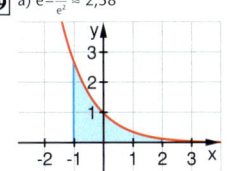 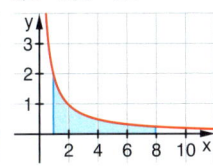

c) $e^k - e^{-k}$ d) $e^2 - \frac{1}{e} - 3 \approx 4{,}02$

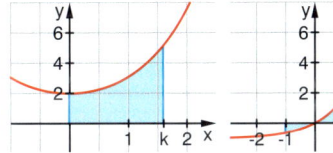

e) $\frac{1}{m}(e^{2m} - 1)$ f) $\frac{1}{2}(e^6 - e^2) + 2 \approx 200{,}02$

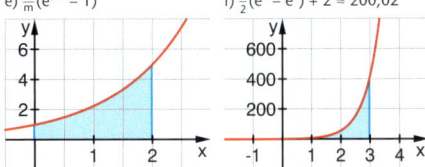

10 a) $t(x) = 2x + 1$ b) $t(x) = 2e^2 \cdot x - e^2$ c) $t(x) = \frac{2}{e}x + \frac{2}{e}$

11 a) $f'(2) = 0{,}5 \cdot e \approx 1{,}36$
b) $x = 2 \cdot \ln(8) \approx 4{,}16$
c) $x = 2 \cdot \ln(30) \approx 6{,}80$
d) $\int_0^1 f(x)\,dx = 2 \cdot (\sqrt{e} - 1)$

12 a) Genau eine Nullstelle: $x = 0{,}5$
Genau ein Tiefpunkt: $T(-0{,}5 \mid -2 \cdot e^{-0{,}5})$
Genau ein Wendepunkt: $W(-1{,}5 \mid -4 \cdot e^{-1{,}5})$
Verhalten für $x \to +\infty : f(x) \to +\infty$
Verhalten für $x \to -\infty : f(x) \to 0$ (negativer Bereich der x-Achse als Asymptote)
b) keine Nullstellen
keine Extrempunkte, genau ein Wendepunkt, der ein Sattelpunkt ist: $S\left(1 \mid \frac{2}{e}\right)$
Verhalten für $x \to +\infty : f(x) \to 0$ (positiver Bereich der x-Achse als Asymptote)
Verhalten für $x \to -\infty : f(x) \to +\infty$
c) keine Nullstellen
genau ein Tiefpunkt: $T(2 \mid e^{-4})$
kein Wendepunkt
Verhalten für $x \to +\infty : f(x) \to +\infty$
Verhalten für $x \to -\infty : f(x) \to +\infty$

13 a) $f(x) = -70x + 20000$
b) $f(x) = 52000 \cdot 0{,}8^x = 52000 \cdot e^{\ln(0{,}8) \cdot x} \approx 52000 \cdot e^{-0{,}2231 x}$

14 a) $f(x) = 20 \cdot e^{\ln(1{,}5)x} = 20 \cdot e^{0{,}4057 x}$
b) $f'(x) = 20 \cdot 0{,}4057 \cdot e^{0{,}4057 x} = 8{,}114 \cdot e^{0{,}4057 x}$
Durchschnittliche Änderungsraten:
1. Tag: $\frac{f(1) - f(0)}{1 - 0} \approx 10{,}007$;
2. Tag: 15,014;   3. Tag: 22,526
c) $20 \cdot e^{0{,}4057 x} = 1\,000\,000 \Rightarrow x \approx 26{,}6694$
Nach knapp 27 Tagen ist die Fläche 100 m² groß.
d) in cm²: $20 \cdot e^{\ln(1{,}5)x} =$
$1\,490\,000\,000\,000\,000\,000 \Rightarrow$
$x \approx 95{,}81$
Nach ca. 96 Tagen wäre die gesamte Landfläche der Erde bedeckt.
Man schätzt meist einen viel größeren Zeitraum.

Zeit	f'(x)
0	8,114
1	12,174
2	18,265
3	27,404

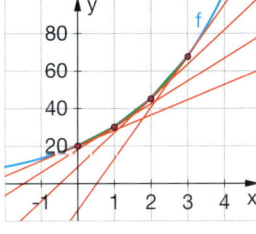

Lösungen zu Seite 243

15 a) Aus den Bedingungen für die Verdopplungszeit $\frac{\ln(2)}{k} = 2$ und für den Anfangsbestand $f(0) = A = 5000$ folgt: $f(x) = 5000 \cdot e^{\frac{1}{2} \cdot \ln(2) \cdot x}$
b) Ohne Rechnung: Nach 6 Jahren wird sich der Bestand dreimal verdoppelt haben, also 40000 Tiere betragen. Der Bestand nach 1 bzw. nach 4 Jahren:
$f(1) = 5000 \cdot e^{\frac{1}{2} \cdot \ln(2) \cdot 1} \approx 7071$
$f(4) = 5000 \cdot e^{\frac{1}{2} \cdot \ln(2) \cdot 4} = 20000$
c) Dazu kann man z.B. die Gleichung $f(x) = 10^6$ lösen:
Nach $x = 2 \cdot \frac{\ln(200)}{\ln(2)} \approx 15{,}3$ Jahren. Das Modell berücksichtigt nicht, dass das Raum- und Nahrungsmittelangebot begrenzt ist.

16 a)

Zeit in Tagen	0	4	8	16	256	24
Restbestand in %	100	50	25	6,25	$5{,}4 \cdot 10^{-18}$	1,5625

b) Die (2) passt exakt, die (4) näherungsweise.
c) Nach ca. 22,6 Tagen: $f(x) = 2 \Leftrightarrow x = 4 \cdot \frac{\ln(0{,}02)}{\ln(0{,}5)} \approx 22{,}6$

17 Uran: $k = \frac{\ln(0{,}5)}{704 \cdot 10^6} = -9{,}846 \cdot 10^{-10}$
$f'(x) = -9{,}846 \cdot 10^{-10} \cdot f(x)$ $f(x) = A \cdot e^{-9{,}846 \cdot 10^{-10} \cdot x}$
Radium: $k = \frac{\ln(0{,}5)}{1602} = -4{,}327 \cdot 10^{-4}$
$f'(x) = -4{,}327 \cdot 10^{-4} \cdot f(x)$ $f(x) = A \cdot e^{-4{,}327 \cdot 10^{-4} \cdot x}$
Cobalt: $k = \frac{\ln(0{,}5)}{5{,}3} = -0{,}131$
$f'(x) = -0{,}131 \cdot f(x)$ $f(x) = A \cdot e^{-0{,}131 \cdot x}$
Thorium: $k = \frac{\ln(0{,}5)}{0{,}6} = -1{,}155$
$f'(x) = -1{,}155 \cdot f(x)$ $f(x) = A \cdot e^{-1{,}155 \cdot x}$

Nach folgenden Zeiten sind 90% zerfallen:
Uran: $x = \frac{\ln(0{,}1)}{-9{,}846 \cdot 10^{-10}} = 2338{,}6$ Mio. Jahre
Radium: $x = \frac{\ln(0{,}1)}{-4{,}328 \cdot 10^{-4}} = 5320{,}2$ Jahre
Cobalt: $x = \frac{\ln(0{,}1)}{-0{,}131} = 17{,}58$ Jahre
Thorium: $x = \frac{\ln(0{,}1)}{-1{,}155} = 2$ s

18 $f(x) = A \cdot e^{kx}$
$(0 \mid 6{,}6): A = 6{,}6$
Bsp. $(10 \mid 35{,}5): 35{,}5 = 6{,}6 \cdot e^{10k}$
$\Rightarrow k = \frac{1}{10}\ln\left(\frac{355}{66}\right) \approx 0{,}1682$
2005: $f(19) = 6{,}6 \cdot e^{0{,}1682 \cdot 19} \approx 161{,}4$
2010: $f(24) = 6{,}6 \cdot e^{0{,}1682 \cdot 24} \approx 374{,}27$

Lösungen zu Seite 244

19 a) 85 °C, da $f(0) = 85$ gilt
b) 20 °C, da gilt: $f(x) \to 20$ für $x \to +\infty$
c) ca. 23 °C, da $f(15) \approx 23$ gilt
d) Nach ca. 6 min, da gilt: $f(x) = 40 \Leftrightarrow x = -5 \cdot \ln\left(\frac{20}{65}\right) \approx 5{,}89$

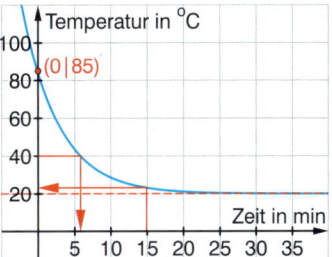

Lösungen zu den Check-ups

20

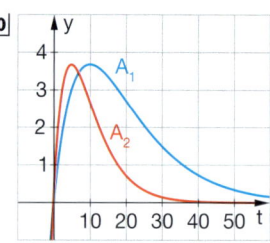

a) A_1 wächst langsamer an als A_2, gleiche maximal bedeckte Fläche (ca. 4000 m²), Maximum wird von A_1 später erreicht. Schnelles Absterben bei A_2, langsameres Absterben bei A_1; langfristig verschwinden beide Arten.

b) $A_1(5) \approx 3{,}03$ km²; $A_2(5) \approx 3{,}68$ km²
Grafisch-numerische Lösungen sind angemessen.
A_1 ist nach ca. 2,6 und 25,4 Tagen 2000 m² groß.
A_2 ist nach ca. 1,3 und 12,7 Tagen 2000 m² groß.
$A_1'(t) = (1 - 0{,}1\,t) \cdot e^{-0{,}1t} = 0 \Rightarrow t = 10$; $A_1(10) = 3{,}6787\ldots$
$A_2'(t) = (2 - 0{,}4\,t) \cdot e^{-0{,}2t} = 0 \Rightarrow t = 5$; $A_2(5) = 3{,}6787\ldots$
Die maximal bedeckte Fläche ist bei beiden Modellen ca. 3700 m² groß.
$A_1''(t) = (0{,}01\,t - 0{,}2) \cdot e^{-0{,}1t} = 0 \Rightarrow t = 20$
$A_2''(t) = (0{,}08\,t - 0{,}8) \cdot e^{-0{,}2t} = 0 \Rightarrow t = 10$
Nach 20 Tagen bei A_1 und 10 Tagen bei A_2 ist die Abnahme maximal, die maximale Zunahme ist bei beiden Modellen zu Beginn (t = 0).

21 a) 15 000 m², da $f(0) = 15$ gilt
b) Langfristig bildet sich die algenbedeckte Fläche zurück, denn $f(x) \to 0$ für $x \to +\infty$.
c) Nach ca. 2,5 Monaten ist die algenbedeckte Fläche maximal und beträgt ca. 28 000 m².
Begründung: $f(x)$ hat einen Hochpunkt $H(2{,}5 \mid 15 \cdot e^{0{,}625})$. Für $x_E = 2{,}5$ gilt nämlich $f'(x_E) = 0$ und $f''(x_E) < 0$.
d) Zeitpunkt der größten Zunahme: $x_1 = 2{,}5 - \sqrt{5} \approx 0{,}264$
Zeitpunkt der größten Abnahme: $x_2 = 2{,}5 + \sqrt{5} \approx 4{,}736$
Begründung:
$f''(x) = 0 \Leftrightarrow 0{,}6\,x^2 - 3x + 0{,}75 = 0$
$\Leftrightarrow x = 2{,}5 - \sqrt{5} \vee x = 2{,}5 + \sqrt{5}$

22 a) Nach dem Einsetzen von $x = 0$ in den Term für f_k gilt: $f_k(0) = 1 - k$.
Damit folgt:
$f_k(0) = 0 \Rightarrow k = 1$
$f_k(0) = 1 \Rightarrow k = 0$
$f_k(0) = 2 \Rightarrow k = -1$
b) $f_k'(x_E) = 0 \Leftrightarrow x_E = \ln\left(\frac{1}{2k}\right)$ und $k > 0$.
Es gilt: $f_k''(x_E) < 0$.
Also folgt: Für $k \leq 0$ hat f_k keine Extrempunkte.
Für $k > 0$ hat f_k genau einen Hochpunkt.
$H_k\left(\ln\left(\frac{1}{2k}\right) \mid \frac{1}{4k}\right)$
Ortslinie der Hochpunkte für $k > 0$: $h(x) = 0{,}5\,e^x$
c) Der Schnittpunkt von f_k mit der y-Achse: $(0 \mid 1 - k)$
Die Tangentengleichung: $y(x) = (1 - 2k) \cdot x + (1 - k)$
d) $\int_0^1 f_k(x)\,dx = e - 0{,}5\,k\,e^2 - 1 + 0{,}5\,k$
Es gilt: $\int_0^1 f_k(x)\,dx = e \Leftrightarrow k = \frac{2}{1 - e^2}$

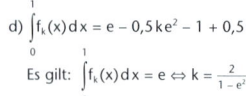

Lösungen zu Seite 265

1 Im „2-1-Koordinatensystem":

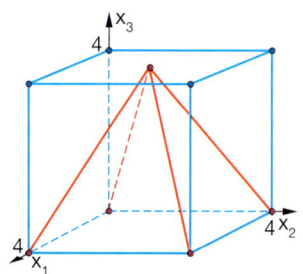

2 Koordinaten der Eckpunkte: $A = (5 \mid 0 \mid 0)$, $M = (5 \mid 5 \mid 2{,}5)$, $G = (0 \mid 5 \mid 5)$, $N = (0 \mid 0 \mid 2{,}5)$

Seiten des Vierecks: $\vec{AM} = \begin{pmatrix} 0 \\ 5 \\ 2{,}5 \end{pmatrix}$, $\vec{MG} = \begin{pmatrix} -5 \\ 0 \\ 2{,}5 \end{pmatrix}$, $\vec{GN} = \begin{pmatrix} 0 \\ -5 \\ -2{,}5 \end{pmatrix}$, $\vec{NA} = \begin{pmatrix} 5 \\ 0 \\ -2{,}5 \end{pmatrix}$

Die Seitenlängen sind jeweils $\sqrt{31{,}25}$, aber $\vec{AM} \cdot \vec{MG} = 6{,}25 \neq 0$. Das Viereck ist eine Raute, aber kein Quadrat.

3 Die Punkte liegen auf einer Geraden, der Verlängerung der Raumdiagonalen im Würfel mit der Kantenlänge 1 durch $(0 \mid 0 \mid 0)$ und $(1 \mid 1 \mid 1)$.

4 a) „1-1-Koordinatensystem"   b) „2-1-Koordinatensystem"

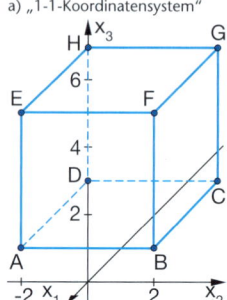 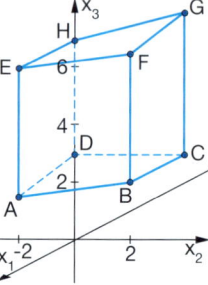

Das Bild in b) zeigt, dass es sich nicht um einen Würfel handelt. Die verschiedenen Ansichten resultieren aus den unterschiedlichen Koordinatensystemen.
c) „Boden": A liegt nicht in der durch B, C und D bestimmten Ebene.
Die x_3-Koordinate müsste 3 sein.
„Deckfläche": E, F und H liegen auf der Ebene E: $-x_2 + 5\,x_3 = 35$.
G liegt nicht auf E, denn $-6 + 5 \cdot 9 \neq 35$.

5 Es gibt acht verschiedene Vektoren: $\vec{AB}, \vec{AD}, \vec{AE}, \vec{EI}, \vec{HI}, \vec{FK}, \vec{GK}, \vec{IK}$
Parallel zueinander sind:
$\vec{AB} \parallel \vec{DC} \parallel \vec{EF} \parallel \vec{HG} \parallel \vec{IK}$ und $\vec{AD} \parallel \vec{BC} \parallel \vec{EH} \parallel \vec{FG}$ sowie $\vec{AE} \parallel \vec{DH} \parallel \vec{BF} \parallel \vec{CG}$

6 a) Ortsvektoren der Eckpunkte des grünen Würfels:
$\begin{pmatrix} 1 \\ 0 \\ 0 \end{pmatrix}; \begin{pmatrix} 1 \\ 1 \\ 0 \end{pmatrix}; \begin{pmatrix} 0 \\ 1 \\ 0 \end{pmatrix}; \begin{pmatrix} 0 \\ 0 \\ 0 \end{pmatrix}; \begin{pmatrix} 1 \\ 0 \\ 1 \end{pmatrix}; \begin{pmatrix} 1 \\ 1 \\ 1 \end{pmatrix}; \begin{pmatrix} 0 \\ 1 \\ 1 \end{pmatrix}; \begin{pmatrix} 0 \\ 0 \\ 1 \end{pmatrix}$

Ortsvektoren der Eckpunkte des roten Würfels:
$\begin{pmatrix} 0 \\ 2{,}5 \\ 0 \end{pmatrix}; \begin{pmatrix} 0 \\ 3{,}5 \\ 0 \end{pmatrix}; \begin{pmatrix} -1 \\ 3{,}5 \\ 0 \end{pmatrix}; \begin{pmatrix} -1 \\ 2{,}5 \\ 0 \end{pmatrix}; \begin{pmatrix} 0 \\ 2{,}5 \\ 1 \end{pmatrix}; \begin{pmatrix} 0 \\ 3{,}5 \\ 1 \end{pmatrix}; \begin{pmatrix} -1 \\ 3{,}5 \\ 1 \end{pmatrix}; \begin{pmatrix} -1 \\ 2{,}5 \\ 1 \end{pmatrix}$

Ortsvektoren der Eckpunkte des blauen Würfels:
$\begin{pmatrix} 0 \\ -1 \\ 3 \end{pmatrix}; \begin{pmatrix} 0 \\ 0 \\ 3 \end{pmatrix}; \begin{pmatrix} -1 \\ 0 \\ 3 \end{pmatrix}; \begin{pmatrix} -1 \\ -1 \\ 3 \end{pmatrix}; \begin{pmatrix} 0 \\ -1 \\ 4 \end{pmatrix}; \begin{pmatrix} 0 \\ 0 \\ 4 \end{pmatrix}; \begin{pmatrix} -1 \\ 0 \\ 4 \end{pmatrix}; \begin{pmatrix} -1 \\ -1 \\ 4 \end{pmatrix}$

b) Verschiebungsvektoren:
grün → rot: $\begin{pmatrix} -1 \\ 2{,}5 \\ 0 \end{pmatrix}$; rot → blau: $\begin{pmatrix} 0 \\ -3{,}5 \\ 3 \end{pmatrix}$; blau → grün: $\begin{pmatrix} 1 \\ 1 \\ -3 \end{pmatrix}$

Lösungen zu Seite 266

7 a) $|\vec{AB}| = \left| \begin{pmatrix} 2 - 4 \\ 3 - 2 \\ 8 - 7 \end{pmatrix} \right| = \left| \begin{pmatrix} -2 \\ 1 \\ 1 \end{pmatrix} \right| = \sqrt{(-2)^2 + 1^2 + 1^2} = \sqrt{6}$;

$|\vec{BC}| = \left| \begin{pmatrix} 3 - 2 \\ 1 - 3 \\ 9 - 8 \end{pmatrix} \right| = \left| \begin{pmatrix} 1 \\ -2 \\ 1 \end{pmatrix} \right| = \sqrt{1^2 + (-2)^2 + 1^2} = \sqrt{6}$;

$|\vec{AC}| = \left| \begin{pmatrix} 3 - 4 \\ 1 - 2 \\ 9 - 7 \end{pmatrix} \right| = \left| \begin{pmatrix} -1 \\ -1 \\ 2 \end{pmatrix} \right| = \sqrt{(-1)^2 + (-1)^2 + 2^2} = \sqrt{6}$;

Da alle Seiten gleich lang sind, ist das Dreieck ABC gleichseitig.

b) —

c) $|\vec{AB}| = \left| \begin{pmatrix} 6 - 2 \\ 4 - 1 \\ 6 - 4 \end{pmatrix} \right| = \left| \begin{pmatrix} 4 \\ 3 \\ 2 \end{pmatrix} \right| = \sqrt{4^2 + 3^2 + 2^2} = \sqrt{29}$;

$|\vec{BC}| = \left| \begin{pmatrix} 2 - 6 \\ 2 - 4 \\ 3 - 6 \end{pmatrix} \right| = \left| \begin{pmatrix} -4 \\ -2 \\ -3 \end{pmatrix} \right| = \sqrt{(-4)^2 + (-2)^2 + (-3)^2} = \sqrt{29}$;

$|\vec{AC}| = \left| \begin{pmatrix} 2 - 2 \\ 2 - 1 \\ 3 - 4 \end{pmatrix} \right| = \left| \begin{pmatrix} 0 \\ 1 \\ -1 \end{pmatrix} \right| = \sqrt{0^2 + 1^2 + (-1)^2} = \sqrt{2}$;

Da die Seiten AB und BC gleich lang sind, ist das Dreieck ABC gleichschenklig.

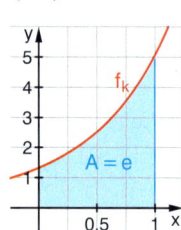

Lösungen zu den Check-ups

8 a) $\vec{m} = \vec{a} + \frac{1}{2}(\vec{b} - \vec{a}) = \frac{1}{2}\vec{a} + \frac{1}{2}\vec{b} = \frac{1}{2}(\vec{a}+\vec{b})$

$\vec{m} = \frac{1}{2}\left[\begin{pmatrix}1\\-3\\4\end{pmatrix}+\begin{pmatrix}5\\3\\2\end{pmatrix}\right] = \frac{1}{2}\begin{pmatrix}6\\0\\6\end{pmatrix} = \begin{pmatrix}3\\0\\3\end{pmatrix} \Rightarrow M = (3|0|3)$

b) $\vec{m} = \frac{1}{2}(\vec{a}+\vec{b}) \Leftrightarrow 2\vec{m} = \vec{a}+\vec{b} \Leftrightarrow \vec{b} = 2\vec{m}-\vec{a}$

$\vec{b} = 2\begin{pmatrix}2\\-4\\1\end{pmatrix} - \begin{pmatrix}-1\\2\\3\end{pmatrix} = \begin{pmatrix}5\\-10\\-1\end{pmatrix} \Rightarrow B = (5|-10|-1)$

9 Der zu P gehörende Ortsvektor ist $\vec{p} = \frac{1}{2}(\vec{b}-\vec{a})$. Dieser Vektor ist halb so lang wie der Verbindungsvektor von A nach B. Es wird also nicht der Mittelpunkt der Strecke $\overline{AB}$ beschrieben.

10
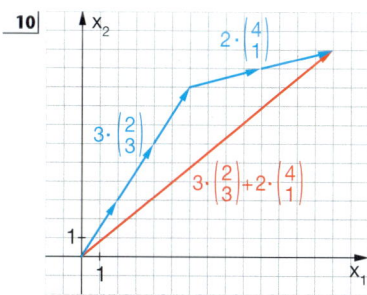

11 a) $\vec{c} = -\vec{b} + \vec{a}; \quad \vec{d} = -\frac{1}{2}\vec{b}$

b) $\vec{c} = \vec{a}; \quad \vec{d} = \frac{1}{2}(\vec{a}+\vec{b})$

12 a) $|\overrightarrow{AB}| = \left|\begin{pmatrix}2-1\\2-0\\7-4\end{pmatrix}\right| = \left|\begin{pmatrix}1\\2\\3\end{pmatrix}\right| = \sqrt{1^2+2^2+3^2} = \sqrt{14};$

$|\overrightarrow{BC}| = \left|\begin{pmatrix}3-2\\0-2\\10-7\end{pmatrix}\right| = \left|\begin{pmatrix}1\\-2\\3\end{pmatrix}\right| = \sqrt{1^2+(-2)^2+3^2} = \sqrt{14};$

$|\overrightarrow{CD}| = \left|\begin{pmatrix}2-3\\-2-0\\7-10\end{pmatrix}\right| = \left|\begin{pmatrix}-1\\-2\\-3\end{pmatrix}\right| = \sqrt{(-1)^2+(-2)^2+(-3)^2} = \sqrt{14};$

$|\overrightarrow{DA}| = \left|\begin{pmatrix}1-2\\0-(-2)\\4-7\end{pmatrix}\right| = \left|\begin{pmatrix}-1\\2\\-3\end{pmatrix}\right| = \sqrt{(-1)^2+2^2+(-3)^2} = \sqrt{14}$

b) Für den Mittelpunkt der Raute gilt:

$\vec{m} = \vec{a} + \frac{1}{2}\overrightarrow{AC} = \begin{pmatrix}1\\0\\4\end{pmatrix} + \frac{1}{2}\begin{pmatrix}3-1\\0-0\\10-4\end{pmatrix} = \begin{pmatrix}1\\0\\4\end{pmatrix} + \begin{pmatrix}1\\0\\3\end{pmatrix} = \begin{pmatrix}2\\0\\7\end{pmatrix}.$

Somit ist $M = (2|0|7)$.

13 a) S wird an C gespiegelt, indem der Vektor $\overrightarrow{SC} = \begin{pmatrix}-2\\2\\-3\end{pmatrix}$ nach C verschoben wird. Damit gilt $S'_C = (0|7|0)$.

b) $S'_A = (8|-1|0);\ S'_B = (8|7|0);\ S'_D = (0|-1|0)$

c) Doppelpyramide

Lösungen zu Seite 313

1 Es entsteht das Viereck ACGE, das den Würfel halbiert.

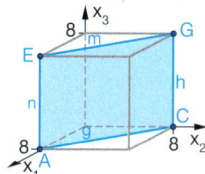

2 a) Parallel zu g sind z. B. $h : \vec{x} = \begin{pmatrix}0\\2\\-1\end{pmatrix}+t\begin{pmatrix}-2\\1\\4\end{pmatrix}$ oder $k : \vec{x} = \begin{pmatrix}1\\2\\3\end{pmatrix}+t\begin{pmatrix}4\\-2\\-8\end{pmatrix}.$

Einen Schnittpunkt mit g haben z. B. $h : \vec{x} = \begin{pmatrix}1\\2\\3\end{pmatrix}+t\begin{pmatrix}3\\0\\1\end{pmatrix}$ oder $k : \vec{x} = \begin{pmatrix}-1\\3\\7\end{pmatrix}+t\begin{pmatrix}2\\-4\\5\end{pmatrix}.$

b) g und k schneiden sich in S = (3|-1|2); h und k sind zueinander parallel; g und h sind windschief.

3 $AB : \vec{x} = \begin{pmatrix}4\\0\\0\end{pmatrix}+t\begin{pmatrix}0\\4\\0\end{pmatrix}$ mit $0 \leq t \leq 1$; $DC : \vec{x} = t\begin{pmatrix}0\\4\\0\end{pmatrix}$ mit $0 \leq t \leq 1$;

$AS : \vec{x} = \begin{pmatrix}4\\0\\0\end{pmatrix}+t\begin{pmatrix}-2\\2\\6\end{pmatrix}$ mit $0 \leq t \leq 1$; $CS : \vec{x} = \begin{pmatrix}0\\4\\0\end{pmatrix}+t\begin{pmatrix}2\\-2\\6\end{pmatrix}$ mit $0 \leq t \leq 1$

4 Die Punkte im Sechseck sind R = (9|0|4); S = (3|0|0); T = (0|1|0); U = (0|3|4); V = (3|3|6) und W = (9|1|6). Parallel sind $\overline{RS}$ und $\overline{UV}$; $\overline{ST}$ und $\overline{VW}$ sowie $\overline{TU}$ und $\overline{WR}$.

5 a) Die Geraden $g : \vec{x} = \begin{pmatrix}0\\7\\0\end{pmatrix}+r\begin{pmatrix}4\\-4\\4\end{pmatrix}$ und $h : \vec{x} = \begin{pmatrix}2\\5\\0\end{pmatrix}+s\begin{pmatrix}0\\0\\1\end{pmatrix}$ schneiden sich für r = 0,5 und s = 2 im Punkt (2|5|2).

b) Die Geraden $g : \vec{x} = \begin{pmatrix}4\\0\\0\end{pmatrix}+t\begin{pmatrix}-3\\3\\2\end{pmatrix}$ und $h : \vec{x} = \begin{pmatrix}3\\1\\2\end{pmatrix}+t\begin{pmatrix}-1\\3\\-2\end{pmatrix}$ sind windschief.

Lösungen zu Seite 314

6 a) vordere Dachfläche: $E : \vec{x} = \begin{pmatrix}2\\0\\1,5\end{pmatrix}+r\begin{pmatrix}0\\4\\0\end{pmatrix}+s\begin{pmatrix}-1\\1\\1,5\end{pmatrix};$

rechte Dachfläche: $E : \vec{x} = \begin{pmatrix}2\\4\\1,5\end{pmatrix}+r\begin{pmatrix}-2\\0\\0\end{pmatrix}+s\begin{pmatrix}-1\\-1\\1,5\end{pmatrix};$

hintere Dachfläche: $E : \vec{x} = \begin{pmatrix}0\\0\\1,5\end{pmatrix}+r\begin{pmatrix}0\\4\\0\end{pmatrix}+s\begin{pmatrix}1\\1\\1,5\end{pmatrix};$

linke Dachfläche: $E : \vec{x} = \begin{pmatrix}0\\0\\1,5\end{pmatrix}+r\begin{pmatrix}2\\0\\0\end{pmatrix}+s\begin{pmatrix}1\\1\\1,5\end{pmatrix}.$

b) E beschreibt die Ebene, in der die vordere Hausfläche liegt.

7 E beschreibt die Ebene, in der die Bodenfläche liegt. F beschreibt die Ebene, in der das Dreieck ABD liegt. Die Ebenen, in denen die weiteren Flächen liegen sind:

„hintere Fläche": $E : \vec{x} = \begin{pmatrix}0\\0\\0\end{pmatrix}+r\begin{pmatrix}0\\4\\0\end{pmatrix}+s\begin{pmatrix}0\\2\\2\end{pmatrix}$; „linke Fläche": $E : \vec{x} = \begin{pmatrix}0\\0\\0\end{pmatrix}+r\begin{pmatrix}4\\2\\0\end{pmatrix}+s\begin{pmatrix}0\\2\\2\end{pmatrix}$

8 Für A ergibt sich $1,5 \cdot 4 + 2 \cdot 0 + 3 \cdot 0 = 6$ wahr;
für B: $1,5 \cdot 0 + 2 \cdot 3 + 3 \cdot 0 = 6$ wahr; für C: $1,5 \cdot 0 + 2 \cdot 0 + 3 \cdot 2 = 6$ wahr.
Für P gilt $1,5 \cdot 2 + 2 \cdot 2 + 3 \cdot (-1) = 4 \neq 6$. P liegt somit nicht auf E.

9 Der Schnittpunkt ist jeweils der Mittelpunkt des Würfels $M = \left(\frac{1}{2}\left|\frac{1}{2}\right|\frac{1}{2}\right)$. Weitere Ebenen, die sich mit der Raumdiagonalen in M schneiden, sind Ebenen, die den Würfel halbieren.

10 a) Das Dreieck, das in der Ebene $E : \vec{x} = \begin{pmatrix}4\\0\\0\end{pmatrix}+r\begin{pmatrix}-4\\0\\4\end{pmatrix}+s\begin{pmatrix}0\\4\\4\end{pmatrix}$ liegt, wird von der Raumdiagonalen $g : \vec{x} = \begin{pmatrix}0\\4\\0\end{pmatrix}+t\begin{pmatrix}4\\-4\\4\end{pmatrix}$ im Punkt $S = \left(\frac{8}{3}\left|\frac{4}{3}\right|\frac{8}{3}\right)$ geschnitten.

b) Die Gerade g schneidet nicht die Ebene, in der das Dreieck AFH liegt. Die Gerade ist parallel zur Ebene.

11 $E_1 : \vec{x} = \begin{pmatrix}0\\0\\2\end{pmatrix}+r\begin{pmatrix}0\\3\\0\end{pmatrix}+s\begin{pmatrix}4\\0\\0\end{pmatrix}$; $E_2 : \vec{x} = \begin{pmatrix}0\\0\\0\end{pmatrix}+r\begin{pmatrix}0\\3\\0\end{pmatrix}+s\begin{pmatrix}4\\0\\2\end{pmatrix}$; $E_3 : \vec{x} = \begin{pmatrix}0\\0\\0\end{pmatrix}+r\begin{pmatrix}0\\3\\0\end{pmatrix}+s\begin{pmatrix}4\\0\\0\end{pmatrix}$

E_1 und E_3 sind zueinander parallel.
E_1 und E_2 schneiden sich in der Schnittgeraden $g : \vec{x} = \begin{pmatrix}4\\0\\2\end{pmatrix}+t\begin{pmatrix}0\\3\\0\end{pmatrix}.$

E_2 und E_3 schneiden sich in der Schnittgeraden $g : \vec{x} = \begin{pmatrix}0\\0\\0\end{pmatrix}+t\begin{pmatrix}0\\3\\0\end{pmatrix}.$

Lösungen zu Seite 360

1 $\begin{pmatrix}2\\3\\-4\end{pmatrix} \cdot \begin{pmatrix}0,5\\1,5\\2,5\end{pmatrix} = -4,5 \quad \begin{pmatrix}-1\\1,5\\2\end{pmatrix} \cdot \begin{pmatrix}-1\\-1\\-3\end{pmatrix} = -2 \quad \begin{pmatrix}2\\-1\\-4\end{pmatrix} \cdot \begin{pmatrix}-4\\2\\-3\end{pmatrix} = 2$

$\begin{pmatrix}-1,5\\2\\0,5\end{pmatrix} \cdot \begin{pmatrix}-2\\-4\\3\end{pmatrix} = -3,5 \quad \begin{pmatrix}3\\4\\-1\end{pmatrix} \cdot \begin{pmatrix}-2,5\\3\\4\end{pmatrix} = 0,5$

2 $\vec{a} \cdot \vec{b} = 5 < \vec{b} \cdot \vec{c} = 7 < \vec{a} \cdot \vec{c} = 10$

Lösungen zu den Check-ups

3 Das Viereck ABCD hat die Seitenvektoren $\vec{a} = \begin{pmatrix}5\\0\\1\end{pmatrix}$, $\vec{b} = \begin{pmatrix}1\\3\\2\end{pmatrix}$, $\vec{c} = \begin{pmatrix}-5\\0\\-1\end{pmatrix}$ und $\vec{d} = \begin{pmatrix}-1\\-3\\-2\end{pmatrix}$.

Gegenüberliegende Seiten sind also parallel und gleichlang.
Benachbarte Seiten aber haben unterschiedliche Längen $a = c = \sqrt{26}$, $b = d = \sqrt{14}$

4 Für das Dreieck PQR gilt: $\vec{PQ} = \begin{pmatrix}b-a\\c-b\\a-c\end{pmatrix}$, $\vec{QR} = \begin{pmatrix}c-b\\a-c\\b-a\end{pmatrix}$, $\vec{RP} = \begin{pmatrix}a-c\\b-a\\c-b\end{pmatrix}$

Die Seitenlängen sind demnach gleich. Dieselben drei Koordinaten haben auch die Seitenvektoren im Dreieck STU.
Die Seitenvektoren in VWX haben jeweils die Koordinaten a – b, b – a und 0 und damit ebenfalls gleiche Länge.

5 Nein, denn die Länge von Vektoren sagt nichts aus über den Winkel, den sie bilden.
Zum Beispiel gilt für die Vektoren $\vec{a} = \begin{pmatrix}15\\0\\0\end{pmatrix}$, $\vec{b} = \begin{pmatrix}0\\13\\0\end{pmatrix}$, $\vec{c} = \begin{pmatrix}2\\1\\2\end{pmatrix}$ und $\vec{d} = \begin{pmatrix}0\\1\\0\end{pmatrix}$
dann $15 > 13 > 3 > 1$,
aber $\vec{a}\vec{b} = 0$ und $\vec{c}\vec{d} = 1$.

6 Für die Koordinaten von $\vec{w}$ muss $w_2 = 3w_3$ und $w_1 = w_3$ gelten.

Für jedes $\vec{w}$ erfüllt $\vec{w} = \begin{pmatrix}w\\3w\\w\end{pmatrix}$ die Bedingung.

7 Mit $\vec{u} = \begin{pmatrix}-1\\-3\\-2\end{pmatrix}$ und $\vec{v} = \begin{pmatrix}3\\1\\-2\end{pmatrix}$ gilt: $\cos(\alpha) = \frac{-2}{\sqrt{14}\cdot\sqrt{14}} = -0{,}14 \Rightarrow \alpha = 98{,}21°$

8 Mit $\vec{u} = \begin{pmatrix}-3{,}5\\-0{,}5\\2\end{pmatrix}$, $\vec{v} = \begin{pmatrix}-1\\-3\\4\end{pmatrix}$, $\vec{w} = \begin{pmatrix}2{,}5\\-2{,}5\\2\end{pmatrix}$ gilt:

(1) $\cos(\alpha) = \frac{13}{\sqrt{16{,}5}\cdot\sqrt{26}} = 0{,}63 \Rightarrow \alpha = 51{,}12°$

(2) $\cos(\beta) = \frac{3{,}5}{\sqrt{16{,}5}\cdot\sqrt{16{,}5}} = 0{,}21 \Rightarrow \beta = 77{,}75°$

(3) $\cos(\gamma) = \frac{13}{\sqrt{16{,}5}\cdot\sqrt{26}} = 0{,}63 \Rightarrow \gamma = 51{,}12°$

Das Dreieck ist somit gleichschenklig.

Lösungen zu Seite 361

9 Normalenvektor zu E_1: Es muss gelten: $n_2 + 4n_3 = 0$ und $n_1 + n_2 + n_3 = 0$

$\Rightarrow n_2 = -4n_3$ und $n_1 = 3n_3 \Rightarrow \vec{n} = \begin{pmatrix}3\\-4\\1\end{pmatrix}$

Normalenvektor zu E_2: Es muss gelten: $2n_1 + n_2 + 4n_3 = 0$ und $3n_1 + 3n_3 = 0$

$\Rightarrow n_1 = -n_3$ und $n_2 = -2n_3 \Rightarrow \vec{n} = \begin{pmatrix}-1\\-2\\1\end{pmatrix}$

Normalenvektor zu E_3: $\vec{n} = \begin{pmatrix}2\\-3\\7\end{pmatrix}$

Normalenformen:

$E_1: \begin{pmatrix}3\\-4\\1\end{pmatrix} \cdot \left[\vec{x} - \begin{pmatrix}0\\1\\2\end{pmatrix}\right] = 0$; $E_2: \begin{pmatrix}-1\\-2\\1\end{pmatrix} \cdot \left[\vec{x} - \begin{pmatrix}2\\1\\4\end{pmatrix}\right] = 0$; $E_3: \begin{pmatrix}2\\-3\\7\end{pmatrix} \cdot \left[\vec{x} - \begin{pmatrix}5\\0\\0\end{pmatrix}\right] = 0$

10 Winkel zwischen g und h: $\cos(\alpha) = \frac{0}{\sqrt{2}} = 0 \Rightarrow \alpha = 90°$
Somit sind g und h orthogonal.
Winkel zwischen g und k: $\cos(\alpha) = \frac{1}{\sqrt{3}} = 0{,}58 \Rightarrow \alpha = 54{,}7°$
Winkel zwischen h und k: $\cos(\alpha) = \frac{1}{\sqrt{2}\cdot\sqrt{3}} = 0{,}82 \Rightarrow \alpha = 35{,}3°$

11 E hat die Koordinatenform $2x_1 - 2x_2 + x_3 = 4$.

Mit dem Normalenvektor $\vec{n} = \begin{pmatrix}2\\-2\\1\end{pmatrix}$ von E und den Richtungsvektoren

$\vec{u} = \begin{pmatrix}1\\0\\0\end{pmatrix}$, $\vec{u} = \begin{pmatrix}0\\0\\1\end{pmatrix}$ bzw. $\vec{u} = \begin{pmatrix}0\\-2\\4\end{pmatrix}$ ergibt sich für die Ergänzungswinkel β und die

gesuchten Winkel α:
(1) Winkel zwischen E und x_1-Achse: $\cos(\beta) = \frac{2}{3} \Rightarrow \beta = 48{,}2° \Rightarrow \alpha = 41{,}8°$
(2) Winkel zwischen E und x_3-Achse: $\cos(\beta) = \frac{1}{3} \Rightarrow \beta = 70{,}5° \Rightarrow \alpha = 19{,}5°$
(3) Winkel zwischen E und Kante BS: $\cos(\beta) = \frac{8}{3\cdot\sqrt{20}} \Rightarrow \beta = 53{,}4° \Rightarrow \alpha = 36{,}6°$

12 a) Parameterdarstellungen und Normalenvektoren von E_1 und E_2:

$E_1: \vec{x} = \begin{pmatrix}4\\0\\0\end{pmatrix} + r\begin{pmatrix}-4\\-4\\0\end{pmatrix} + s\begin{pmatrix}-2\\0\\4\end{pmatrix}$, $\vec{n} = \begin{pmatrix}2\\-2\\1\end{pmatrix}$; $E_2: \vec{x} = \begin{pmatrix}4\\0\\0\end{pmatrix} + r\begin{pmatrix}-4\\4\\0\end{pmatrix} + s\begin{pmatrix}-2\\0\\4\end{pmatrix}$, $\vec{n} = \begin{pmatrix}2\\2\\1\end{pmatrix}$

$\Rightarrow \cos(\alpha) = \frac{1}{9} \Rightarrow \alpha = 83{,}6°$ oder $\alpha = 96{,}4°$ (Ergänzungswinkel)
Überlegungen am Objekt ergeben, dass der Winkel zwischen den Seitenflächen größer als 90° sein muss. Somit gilt $\alpha = 96{,}4°$.

b) Die Deckfläche hat den Normalenvektor $\vec{n} = \begin{pmatrix}0\\0\\1\end{pmatrix}$. Damit gilt für den Winkel β

zwischen den Ebenen E_1 und der Deckfläche: $\cos(\beta) = \frac{1}{\sqrt{9}} = \frac{1}{3} \Rightarrow \beta = 70{,}53°$
Der gesuchte Winkel ist größer als 90°. Es ist der Ergänzungswinkel zu 180°, nämlich 109,5°.
Der Winkel zwischen zwei Seitenflächen ist kleiner als der Winkel zwischen einer Seitenfläche und der Deckfläche.

Lösungen zu Seite 362

13 Der Abstand Dachfirst zur Bodenfläche beträgt 3,5.

14 Abstand von O zu A: $d(O, A) = \sqrt{4 + 4 + 1} = 3$
Abstand von O zu g: $d(O, g) = 3$, denn g verläuft parallel zur x_2-Achse, auf der Höhe 3. Der Abstand von O zu g ist daher der Abstand von O zum Punkt $(0|0|3)$. Abstand von O zu W: $d(O, W) = 4$, denn W verläuft parallel zur x_1x_3- Ebene, im Abstand 4. Der Abstand von O zu W ist daher der Abstand von O zum Punkt $(0|4|0)$.

15 Abstand von A zu F: $d(A, F) = \sqrt{4 + 25 + 9} = 6{,}16$
Der Abstand von A zu F beträgt 6,16.

Abstand von A zu FG: Aufstellen der Geradengleichung g von FG:

$\vec{x} = \begin{pmatrix}2\\5\\3\end{pmatrix} + t\begin{pmatrix}-4\\0\\0\end{pmatrix}$

Der Richtungsvektor von g ist Normalenvektor der Hilfsebene H, die durch A verläuft:
Gleichung von H: $-4x_1 = -16$ bzw. $x_1 = 4$
Schnittpunkt von g und H: $2 - 4t = 4 \Leftrightarrow t = -0{,}5 \Rightarrow S = (4|5|3)$
$d(A, S) = \sqrt{0 + 25 + 9} = 5{,}83$ Der Abstand von A zu FG beträgt 5,83.

Abstand von A zu BCFG: Ebenengleichung $E: \vec{x} = \begin{pmatrix}4\\4\\0\end{pmatrix} + r\begin{pmatrix}-4\\0\\2\end{pmatrix} + s\begin{pmatrix}-2\\1\\2\end{pmatrix}$

Ein Normalenvektor von E: $\vec{n} = \begin{pmatrix}0\\2\\-1\end{pmatrix}$; zu E senkrechte Hilfsgerade h durch A mit

$h: \vec{x} = \begin{pmatrix}4\\0\\0\end{pmatrix} + t\begin{pmatrix}0\\2\\-1\end{pmatrix}$

Das LGS zur Berechnung des Schnittpunktes von E und h
(I: $4 - 4r - 2s = 4 \wedge$ II: $4 + s = 2t \wedge 1 + 2s = -t$) ergibt $r = 0{,}6$; $s = -1{,}2$; $t = 1{,}4$ und den Schnittpunkt $S = (4|2{,}8|-1{,}4)$.
$d(A, S) = \sqrt{0 + 7{,}84 + 1{,}96} = 3{,}13$ Der Abstand von A zu BCFG beträgt 3,13.

16 $d(P, x_1x_2) = 2$; $d(P, x_1x_3) = 3$; $d(P, x_2x_3) = 4$

17 Der Abstand Ursprung – Ebene muss kleiner sein als der Abstand vom Ursprung zu den Achsenschnittpunkten. Dieser beträgt 1. Der Fehler: der Normalenvektor wurde nicht normiert.

Es hätte mit $\vec{n}_0 = \frac{1}{\sqrt{3}}\begin{pmatrix}1\\1\\1\end{pmatrix}$ gerechnet werden müssen. $d(O, E) = \frac{1}{\sqrt{3}}$

Lösungen zu Seite 391

1 a) $P(J) = \frac{27}{59} = 0{,}46$ b) Unter den Mädchen: $P(\text{Essen gut}) = \frac{16}{32} = 0{,}5$

$P(M) = \frac{32}{59} = 0{,}54$ Unter den Jungen: $P(\text{Essen gut}) = \frac{19}{27} = 0{,}7$

2 $P(\text{einwandfrei}) = 0{,}96 \cdot 0{,}99 \cdot 0{,}98 \cdot 0{,}99 = 0{,}922 = 92{,}2\%$
$P(\text{Ausschuss}) = 1 - 0{,}922 = 0{,}078 = 7{,}8\%$

Lösungen zu den Check-ups

3 a) Problem: Wie lange dauert es, bis zum ersten Mal zweimal „K" hintereinander kommt?
Modellierung
Zufallsgerät: Zufallsziffern, gerade Ziffern stehen für „Kopf".
Simulation so oft wiederholen, bis zum ersten Mal „zweimal gerade Zahl hintereinander" kommt. Ende der Simulation.
Was interessiert? Zählen der Würfe, bis zum ersten Mal „zweimal gerade Zahl hintereinander" kommt.
Die kleinste Zahl der Würfe ist 2, die größte Zahl kann beliebig groß werden.
b) Durchführung: z.B. 1000 Simulationen. Ermitteln Sie jedes Mal die Zahl der Würfe.
Auswertung: Addieren Sie alle 1000 Simulationsergebnisse und dividieren Sie die Summe durch 1000.

4 a) $E_1 = \{(4,6); (6,4); (5,5)\}$ $P(E_1) = \frac{3}{36}$
b) $E_2 = \{(1,6); (2,6); ...; (6,6); (6,1); (6,2); ...; (6,5)\}$ $P(E_2) = \frac{11}{36}$
c) $E_3 = \{(3,4); (4,3); (2,6); (6,2)\}$ $P(E_3) = \frac{4}{36}$
d) $E_4 = \{(6,4); (4,6); (5,3); (3,5); (2,4); (4,2); (1,3); (3,1)\}$ $P(E_4) = \frac{8}{36}$

Lösungen zu Seite 392

5 Aus der Tatsache, dass ein Fahrer lange Zeit keinen Unfall hatte, darf man nicht schließen, dass er jetzt „dran" ist, d.h. die Wahrscheinlichkeit für einen Unfall gestiegen ist. Eher erscheint es so, dass man von langem, unfallfreiem Fahren darauf schließen kann, dass er ein besonders umsichtiger Fahrer ist.

6 P(Apfel) = 0,6 P(Apfelsine) = 0,8 P(Apfelsine und Apfel) = 0,52
P(Apfel oder Apfelsine oder beides) = 0,6 + 0,8 − 0,52 = 0,88

7 Die Vermutung ist falsch.
Um die Wahrscheinlichkeit zu berechnen, dass man bei der Firma A oder bei der Firma B einen Praktikumsplatz erhält, darf man wegen des Additionssatzes nicht die Einzelwahrscheinlichkeiten addieren. Man kann jedoch P(A ∪ B) nicht berechnen, da P(A ∩ B) nicht bekannt ist.

8 Das Gegenereignis zu E: mindestens einmal die „2" lautet wie folgt:
$\bar{E}$: keinmal die „2"
n = 10: $P(E) = 1 − P(\bar{E}) = 1 − \left(\frac{36}{37}\right)^{10} \approx 0{,}2397$
n = 37: $P(E) = 1 − \left(\frac{36}{37}\right)^{37} \approx 0{,}6371$
n = 100: $P(E) = 1 − \left(\frac{36}{37}\right)^{100} \approx 0{,}9354$
n = 200: $P(E) = 1 − \left(\frac{36}{37}\right)^{200} \approx 0{,}9958$

9 Nein. Nach dem Additionssatz benötigt man zur Berechnung von P(„weiblich" oder „Lieblingsfarbe rot") noch P(„weiblich" und „Lieblingsfarbe Rot"); dies wurde aber bei der Befragung nicht festgestellt.

10 a)

	männlich	weiblich	Summe
Mittelmanagement	30	71	101
Nicht Mittelmanagement	58	94	152
Summe	88	165	253

b) P(weiblich) = $\frac{165}{253} \approx 0{,}6521$; P(Mittelmanagement) = $\frac{101}{253} \approx 0{,}3992$
c) P(Mittelmanagement | weiblich) = $\frac{71}{165} \approx 0{,}4303$
d) P(weiblich | Mittelmanagement) = $\frac{71}{101} \approx 0{,}7030$
e) Nein, denn P(weiblich | Mittelmanagement) ist ungleich P(weiblich).

Lösungen zu Seite 430

1 a) $\mu = \frac{(50000€ + 9 \cdot 5000€ + 90 \cdot 500€ + 900 \cdot 50€)}{1000000} = 0{,}185€$
b) Gesamteinnahmen: 1 000 000 · 0,50 € = 500 000 €
Gewinn: 500 000 € − 185 000 € = 315 000 €

2 $\mu = 110000€ \cdot \frac{1{,}26}{1000} = 138{,}60€$ (Mindestprämie für die Diebstahlversicherung)

3

Gewinn	p	μ	$(x − \mu)^2$	$(x − \mu)^2 \cdot p$
15 €	$\frac{1}{36}$	$−\frac{5}{36}$	229,19	6,37
8 €	$\frac{10}{36}$	$−\frac{5}{36}$	66,24	18,4
−5 €	$\frac{20}{36}$	$−\frac{5}{36}$	23,63	13,13
Summe				37,9
σ				6,156

Das Spiel ist nicht fair, da der Erwartungswert ungleich 0 ist.

4 Klassenmitten verwenden: μ = 9,42; σ = 7,997
Man kann erwarten, dass die Schüler im vergangenen Jahr im Mittel neun- bis zehnmal im Kino waren.

5 n = 29; p = $\frac{1}{8}$
a) μ = 3,63
b) P(X ≥ 7) = 1 − P(X ≤ 6) = 1 − 0,983 = 0,017
c) Allergien sind nicht ansteckend. Deshalb könnte die Binomialverteilung ein passendes Modell sein.
Problem: Für welche Jahreszeit gilt die „Allergie-Wahrscheinlichkeit" $\frac{1}{8}$?

Lösungen zu Seite 431

6 a) 0,0473   b) 0,00935   c) 0,849

7 a) P(X = 4) = 0,273   b) P(X ≥ 4) = 0,636   c) P(X ≤ 4) = 0,636

8 a) Die Trefferwahrscheinlichkeit verändert sich.
b) n liegt nicht fest.
c) Ansteckung erhöht die Erkrankungswahrscheinlichkeit.
d) Vererbung wird eine Rolle spielen. Blutgruppen sind in der Familie nicht unabhängig.

9 n = 30; p = $\frac{1}{3}$
a) μ = 10; σ = 2,58
b) P(X ≤ 6) = 0,083: Ca. 8% der Klassen sind mit sechs oder weniger Personen vertreten, d.h. bei 50 Klassen muss man etwa in vier Klassen mit so wenigen Ausgelosten rechnen.

10 Die Verteilung wird symmetrischer und flacher.
μ wächst proportional mit n; σ wächst proportional mit $\sqrt{n}$.

11 a) μ = 1250 · 0,68 = 850; σ = $\sqrt{1250 \cdot 0{,}68 \cdot 0{,}32}$ = 16,49
b) P(X ≥ 880) = 1 − P(X ≤ 879) ≈ 0,0362
c) 95,5 %-Prognoseintervall mit Breite ± 2σ
⇒ Prognoseintervall: [850 − 32,98; 850 + 32,98] ≈ [817; 883]

Lösungen zu Seite 432

12 n = 500; p = 0,1; μ = 50; σ = 6,71
Prognoseintervall: [50 − 2 · 6,71; 50 + 2 · 6,71] ≈ [36; 64]
Mit einer Wahrscheinlichkeit von 95,5 % fällt die absolute Häufigkeit der Zufallsziffer 9 bei 500 Versuchen in das Intervall [36; 64].

13 n = 1000; p = 0,37; μ = 370; σ = 15,27
Prognoseintervall: [370 − 1,96 · 15,27; 370 + 1,96 · 15,27] ≈ [340; 400]
Prognoseintervall für die relative Häufigkeit: [0,34; 0,4]

14 In diesem zum Erwartungswert symmetrische Intervall fällt die Zufallsgröße mit einer Wahrscheinlichkeit von 99,7 %. Die Breite dieses Intervalls ist ± 3σ.

15 n = 300; μ = 50; σ = 6,45
a) 95,5 %-Prognoseintervall für die relative Häufigkeit der „Sechsen":
$\left[\frac{1}{6} - 2 \cdot \frac{6{,}45}{300}; \frac{1}{6} + 2 \cdot \frac{6{,}45}{300}\right] = [0{,}124; 0{,}210]$
b) Das Prognoseintervall wird bei wachsendem n kleiner.

16 Empirische Verteilung: Durch Beobachtungen und Messungen gewonnene Verteilung
Wahrscheinlichkeitsverteilung: Darstellung von empirischen Verteilungen mit einem mathematischen Modell

Lösungen zu den Check-ups

17 a) z = –3: P(Z ≤ –3) = 0,00135
b) z = 1,4: P(Z ≥ 1,4) = 0,0081
c) z = –2,4: P(–2,4 ≤ Z ≤ 2,4) = 0,984

18 P(0,485 ≤ X ≤ 0,52) = P(–1,5 ≤ Z ≤ 2) = 0,9104
Eine zufällig aus der Produktion herausgegriffene Mine passt mit einer Wahrscheinlichkeit von 91,04 % in den Druckbleistift.

19 P(X ≥ 120) = 0,0912 = 9,12 % ⇒ 25 539 Kinder haben einen IQ über 120.
P(X ≥ 130) = 0,0228 = 2,28 % ⇒ 6370 Kinder haben einen IQ über 130.

Lösungen zu Seite 459

1 a) $H_0: p = \frac{1}{6}$; $H_1: p > \frac{1}{6}$
b) P-Wert: P(X ≥ 17 | H_0 wahr) ⇒ n = 60; $p = \frac{1}{6}$
P(X ≥ 17) = 1 – P(X ≤ 16) ≈ 0,016
Man darf H_0 auf dem 1 %-Niveau nicht ablehnen, da das Stichprobenergebnis oder ein noch extremeres mit einer Wahrscheinlichkeit von ca. 1,6 % auftreten kann, wenn der Würfel fair ist.

2 a) Bei einer binomialverteilten Zufallsgröße X ist es gleichgültig, wie die Nullhypothese H_0 lautet, selbst „extreme" Stichprobenergebnisse wie z. B. X = 0 oder X = n (n Stichprobenumfang) sind nicht unmöglich, auch wenn die zugehörige Wahrscheinlichkeit sehr klein ist. Dies bedeutet, dass selbst solche „extremen" Ergebnisse keine 100 %-ige Sicherheit liefern, wenn man sich gegen H_0 entscheidet bzw. H_0 beibehält.
b) Ein kleiner P-Wert besagt, dass das beobachtete Stichprobenergebnis unter der Annahme, dass H_0 wahr ist, mit einer kleinen Wahrscheinlichkeit eintreten kann. Ein kleiner P-Wert weist darauf hin, dass H_0 nicht zutreffend ist und man sich für H_1 entscheiden sollte. Sicher sein kann man sich seiner Entscheidung allerdings nicht.

3 a) Nullhypothese: Testperson rät nur ⇒ Trefferwahrscheinlichkeit p = 0,5
Alternativhypothese: Testperson hat übersinnliche Wahrnehmungsfähigkeiten ⇒ Trefferwahrscheinlichkeit p > 0,5
b) Stichprobenumfang 50 (Binomialverteilung)
Verwerfungsbereich von H_0: P(X ≥ k) ≤ 0,05 ⇒ P(X ≤ k – 1) ≥ 0,95
⇒ k – 1 = 31 ⇒ V = {32, …, 50}
c) Kleinere Irrtumswahrscheinlichkeit: Der Verwerfungsbereich wird kleiner.

4 Bei einem zweiseitigen Test wird die Nullhypothese verworfen, wenn der in der Stichprobe ermittelte Wert der Testgröße stark nach unten oder nach oben vom Erwartungswert abweicht (zweiseitiger Verwerfungsbereich, siehe (2)).
Bei einem einseitigen Test wird die Nullhypothese verworfen, wenn die Testgröße entweder stark nach unten vom Erwartungswert abweicht (linksseitiger Verwerfungsbereich, siehe (3)) oder stark nach oben abweicht (rechtsseitiger Verwerfungsbereich, siehe (1)).

5 a) Getestet wird H_0: p = 0,1 gegen p < 0,1, da sich der Medikamentenhersteller absichern will gegen eine höhere Nebenwirkungswahrscheinlichkeit.
b) V = {0, 1, …, 78}
c) Fehler 1. Art: Man kann ziemlich sicher sein, dass man H_0 nicht irrtümlich zugunsten der Alternativhypothese ablehnt.
Fehler 2. Art: Irrtümliche Beibehaltung von H_0 kann bedeuten, dass das Medikament in weniger als 10 % der Fälle Nebenwirkungen hervorruft. Dennoch wird die Hypothese H_0 nicht abgelehnt.
Man müsste berechnen: P(X ≤ 78 | H_1 ist wahr). Doch mit welcher Wahrscheinlichkeit für Nebenwirkungen soll man rechnen?

Lösungen zu Seite 483

1 M_2 ist keine stochastische Matrix, da die Spaltensumme der zweiten Spalte nicht 1 ergibt.
M_1 Übergangsgraph M_3 Übergangsgraph

2
$M_I = \begin{pmatrix} 0{,}8 & 0 & 0{,}6 \\ 0{,}2 & 0{,}4 & 0{,}4 \\ 0 & 0{,}6 & 0 \end{pmatrix}$ $M_{II} = \begin{pmatrix} 0 & 0 & 0 & 5 \\ 0{,}4 & 0 & 0 & 0 \\ 0 & 2 & 0 & 0 \\ 0 & 0 & 0{,}25 & 0 \end{pmatrix}$ $M_{III} = \begin{pmatrix} 0 & 0 & 0 & 0{,}5 \\ 0{,}4 & 0{,}4 & 0 & 0 \\ 0{,}6 & 0{,}6 & 0 & 0{,}5 \\ 0 & 0 & 1 & 0 \end{pmatrix}$

stochastisch   nicht stochastisch   stochastisch

3
a)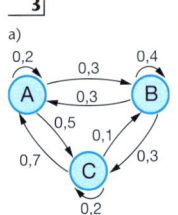
b) $M \cdot \begin{pmatrix} 60 \\ 60 \\ 60 \end{pmatrix} = \begin{pmatrix} 72 \\ 48 \\ 60 \end{pmatrix}$; $M \cdot \begin{pmatrix} 72 \\ 48 \\ 60 \end{pmatrix} = \begin{pmatrix} 70{,}8 \\ 46{,}8 \\ 62{,}4 \end{pmatrix}$
c) $M^2 = \begin{pmatrix} 0{,}48 & 0{,}39 & 0{,}31 \\ 0{,}23 & 0{,}28 & 0{,}27 \\ 0{,}29 & 0{,}33 & 0{,}42 \end{pmatrix}$
M^2 beschreibt die Übergangsraten für einen Zeitraum von zwei Generationen: m_{32} = 0,33 bedeutet, dass nach zwei Generationen ein Anteil von 33 % von B nach C gewechselt ist.

4 a) $\vec{v}_0 = \begin{pmatrix} 0{,}5 \\ 0{,}1 \\ 0{,}4 \end{pmatrix}$ $M = \begin{pmatrix} 0{,}85 & 0{,}15 & 0{,}05 \\ 0{,}05 & 0{,}75 & 0{,}05 \\ 0{,}1 & 0{,}1 & 0{,}9 \end{pmatrix}$

Die Reihenfolge in dem Startvektor und in der Matrix ist: Zuerst *AComp*, dann *BMicro* und schließlich *CTech*.

b) $\vec{v}_1 = \begin{pmatrix} 0{,}46 \\ 0{,}12 \\ 0{,}42 \end{pmatrix}$ $\vec{v}_2 = \begin{pmatrix} 0{,}43 \\ 0{,}134 \\ 0{,}436 \end{pmatrix}$ $\vec{v}_3 = \begin{pmatrix} 0{,}4074 \\ 0{,}1438 \\ 0{,}4488 \end{pmatrix}$

c) z. B.: $\vec{v}_{10} = \begin{pmatrix} 0{,}34595 \\ 0{,}16478 \\ 0{,}48926 \end{pmatrix}$ $\vec{v}_{20} = \begin{pmatrix} 0{,}334539 \\ 0{,}166661 \\ 0{,}498847 \end{pmatrix}$ $\vec{v}_{100} = \begin{pmatrix} 0{,}333333334 \\ 0{,}166666667 \\ 0{,}5 \end{pmatrix}$

Es sieht so aus, als wenn sich die Verteilung bei $\vec{v} = \begin{pmatrix} \frac{1}{3} \\ \frac{1}{6} \\ 0{,}5 \end{pmatrix}$ einpendelt.

Probe: $M \cdot \vec{v} = \begin{pmatrix} 0{,}85 & 0{,}15 & 0{,}05 \\ 0{,}05 & 0{,}75 & 0{,}05 \\ 0{,}1 & 0{,}1 & 0{,}9 \end{pmatrix} \cdot \begin{pmatrix} \frac{1}{3} \\ \frac{1}{6} \\ 0{,}5 \end{pmatrix} = \begin{pmatrix} \frac{1}{3} \\ \frac{1}{6} \\ 0{,}5 \end{pmatrix}$

5 Man muss zur Berechnung des Langzeitverhaltens annehmen, dass die Übergangsmatrix stets gleich bleibt.

Lösungen zu den Check-ups

Lösungen zu Seite 484

6 a)

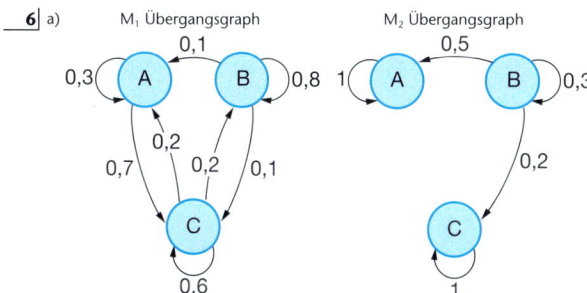

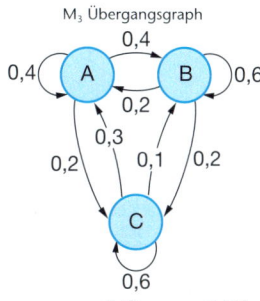

b) Für M_1: $\vec{v}_1 = \begin{pmatrix} 0{,}17 \\ 0{,}42 \\ 0{,}41 \end{pmatrix}$ $\vec{v}_2 = \begin{pmatrix} 0{,}175 \\ 0{,}418 \\ 0{,}407 \end{pmatrix}$ $\vec{v}_{10} = \begin{pmatrix} 0{,}1674 \\ 0{,}4119 \\ 0{,}4116 \end{pmatrix}$ $\vec{v}_{20} = \begin{pmatrix} 0{,}1675 \\ 0{,}4118 \\ 0{,}4118 \end{pmatrix}$

Für M_2: $\vec{v}_1 = \begin{pmatrix} 0{,}3 \\ 0{,}12 \\ 0{,}58 \end{pmatrix}$ $\vec{v}_2 = \begin{pmatrix} 0{,}36 \\ 0{,}036 \\ 0{,}604 \end{pmatrix}$ $\vec{v}_{10} = \begin{pmatrix} 0{,}3857 \\ 0 \\ 0{,}6243 \end{pmatrix}$ $\vec{v}_{20} = \begin{pmatrix} 0{,}3857 \\ 0 \\ 0{,}3857 \end{pmatrix}$

Für M_3: $\vec{v}_1 = \begin{pmatrix} 0{,}27 \\ 0{,}33 \\ 0{,}4 \end{pmatrix}$ $\vec{v}_2 = \begin{pmatrix} 0{,}294 \\ 0{,}346 \\ 0{,}36 \end{pmatrix}$ $\vec{v}_{10} = \begin{pmatrix} 0{,}2917 \\ 0{,}3750 \\ 0{,}4116 \end{pmatrix}$ $\vec{v}_{20} = \begin{pmatrix} 0{,}21917 \\ 0{,}3750 \\ 0{,}33333 \end{pmatrix}$

7 Für M_1: $\frac{2}{3}x + \frac{1}{2}y = x \Rightarrow \frac{1}{2}y = \frac{1}{3}x \Rightarrow x = \frac{3}{2}y$
Zudem gilt $x + y = 1 \Rightarrow$ Einsetzen: $\frac{3}{2}y + y = 1$
$\frac{5}{2}y = 1 \Rightarrow y = \frac{2}{5}$ und $x = \frac{3}{5}$
Stabile Verteilung: $\vec{v} = \begin{pmatrix} \frac{3}{5} \\ \frac{2}{5} \end{pmatrix}$

Für M_2: $0{,}7x + 0{,}5y = x \Rightarrow 0{,}5y = 0{,}3x \Rightarrow y = \frac{3}{5}x$
Zudem gilt $x + y = 1 \Rightarrow$ Einsetzen: $x + \frac{3}{5}x = 1$
$\frac{8}{5}x = 1 \Rightarrow x = \frac{5}{8}$ und $y = \frac{3}{8}$
Stabile Verteilung: $\vec{v} = \begin{pmatrix} \frac{5}{8} \\ \frac{3}{8} \end{pmatrix}$

Für M_3: $0{,}6x + 0{,}2y = x \Rightarrow 0{,}2y = 0{,}4x \Rightarrow y = 2x$
Zudem gilt $x + y = 1 \Rightarrow$ Einsetzen: $x + 2x = 1$
$3x = 1 \Rightarrow x = \frac{1}{3}$ und $y = \frac{2}{3}$
Stabile Verteilung: $\vec{v} = \begin{pmatrix} \frac{1}{3} \\ \frac{2}{3} \end{pmatrix}$

8 a) $M = \begin{pmatrix} 0{,}9 & 0{,}2 \\ 0{,}1 & 0{,}8 \end{pmatrix}$

b) $0{,}9x + 0{,}2y = x \Rightarrow 0{,}2y = 0{,}1x \Rightarrow y = 0{,}5x$
Zudem gilt $x + y = 1 \Rightarrow$ Einsetzen: $x + 0{,}5x = 1$
$\frac{3}{2}x = 1 \Rightarrow x = \frac{2}{3}$ und $y = \frac{1}{3}$
Stabile Verteilung: $\vec{v} = \begin{pmatrix} \frac{2}{3} \\ \frac{1}{3} \end{pmatrix}$

Die Tiere verteilen sich auf lange Sicht so, dass sich $\frac{2}{3}$ der Tiere an Land und $\frac{1}{3}$ der Tiere im Wasser befinden.

c) 4000 der Tiere werden sich an Land und 2000 der Tiere im Wasser befinden.

9 a)

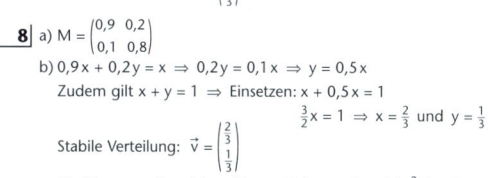

$M = \begin{pmatrix} 0{,}8 & 0{,}1 & 0{,}2 \\ 0{,}1 & 0{,}6 & 0{,}3 \\ 0{,}1 & 0{,}3 & 0{,}5 \end{pmatrix}$

Matrix	Tag			
	0	1	2	3
0,8 0,1 0,2	300	350	399	435,1
0,1 0,6 0,3	700	510	443	413,1
0,1 0,3 0,5	200	340	358	351,8

b) Wählen Sie dazu den folgenden Ansatz:

$M \cdot \begin{pmatrix} a \\ b \\ c \end{pmatrix} = \begin{pmatrix} a \\ b \\ c \end{pmatrix}$ und $a + b + c = 1200$ führt auf das LGS

$\begin{pmatrix} -0{,}2a + 0{,}1b + 0{,}2c = 0 \\ 0{,}1a - 0{,}4b + 0{,}3c = 0 \\ a + b + c = 1200 \end{pmatrix}$ mit der Lösung $a = \frac{6600}{13}$; $b = \frac{4800}{13}$; $c = \frac{4200}{13}$.

Zufallsziffern in 5er-Blöcken

	Spalte									
	5 ↓	10 ↓	15 ↓	20 ↓	25 ↓	30 ↓	35 ↓	40 ↓	45 ↓	50 ↓
	12159	66144	05091	13446	45653	13684	66024	91410	51351	22772
	30156	90519	95785	47544	66735	35754	11088	67310	19720	08379
	59069	01722	53338	41942	65118	71236	01932	70343	25812	62275
	54107	58081	82470	59407	13475	95872	16268	78436	39251	64247
5 →	99681	81295	06315	28212	45029	57701	96327	85436	33614	29070
	27252	37875	53679	01889	35714	63534	63791	76342	47717	73684
	93259	74585	11863	78985	03881	46567	93696	93521	54970	37607
	84068	43759	75814	32261	12728	09636	22336	76529	01017	45503
	68582	97054	28251	63787	57285	18854	35006	16343	51867	67979
10 →	60646	11298	19680	10087	66391	70853	24423	73007	74958	29020
	97437	52922	80739	59178	50628	61017	51652	40915	94696	67843
	58009	20681	98823	50979	01237	70152	13711	73916	87902	84759
	77211	70110	93803	60135	22881	13423	30999	07104	27400	25414
	54256	84591	65302	99257	92970	28924	36632	54044	91798	78018
15 →	37493	69330	94069	39544	14050	03476	25804	49350	92525	87941
	87569	22661	55970	52623	35419	76660	42394	63210	62626	00581
	22896	62237	39635	63725	10463	87944	92075	90914	30599	35671
	02697	33230	64527	97210	41359	79399	13941	88378	68503	33609
	20080	15652	37216	00679	02088	34138	13953	68939	05630	27653
20 →	20550	95151	60557	57449	77115	87372	02574	07851	22428	39189
	72771	11672	67492	42904	64647	94354	45994	42538	54885	15983
	38472	43379	76295	69406	96510	16529	83500	28590	49787	29822
	24511	56510	72654	13277	45031	42235	96502	25567	23653	36707
	01054	06674	58283	82831	97048	42983	06471	12350	49990	04809
25 →	94437	94907	95274	26487	60496	78222	43032	04276	70800	17378
	97842	69095	25982	03484	25173	05982	14624	31653	17170	92785
	53047	13486	69712	33567	82313	87631	03197	02438	12374	40329
	40770	47013	63306	48154	80970	87976	04939	21233	20572	31013
	52733	66251	69661	58387	72096	21355	51659	19003	75556	33095
30 →	41749	46502	18378	83141	63920	85516	75743	66317	45428	45940
	10271	85184	46468	38860	24039	80949	51211	35411	40470	16070
	98791	48848	68129	51024	53044	55039	71290	26484	70682	56255
	30196	09295	47685	56768	29285	06272	98789	47188	35063	24158
	99373	64343	92433	06388	65713	35386	43370	19254	55014	98621
35 →	27768	27552	42156	23239	46823	91077	06306	17756	84459	92513
	67791	35910	56921	51976	78475	15336	92544	82601	17996	72268
	64018	44004	08136	56129	77024	82650	18163	29158	33935	94262
	79715	33859	10835	94936	02857	87486	70613	41909	80667	52176
	20190	40737	82688	07099	65255	52767	65930	45861	32575	93731
40 →	82421	01208	49762	66360	00231	87540	88302	62686	38456	25872
	00083	81269	35320	72064	10472	92080	80447	15259	62654	70882
	56558	09762	20813	48719	35530	96437	96343	21212	32567	34305
	41183	20460	08608	75283	43401	25888	73405	35639	92114	48006
	39977	10603	35052	53751	64219	36235	84687	42091	42587	16996
45 →	29310	84031	03052	51356	44747	19678	14619	03600	08066	93899
	47360	03571	95657	85065	80919	14890	97623	57375	77855	15735
	48481	98262	50414	41929	05977	78903	47602	52154	47901	84523
	48097	56362	16342	75261	27751	28715	21871	37943	17850	90999
	20648	30751	96515	51581	43877	94494	80164	02115	09738	51938
50 →	60704	10107	59220	64220	23944	34684	83696	82344	19020	84834

Stichwortverzeichnis

Symbole

σ 396

A

ableiten 132
Ableitung 32, 47, 114
  –, Exponentialfunktion 204
  –, ganzrationale Funktionen dritten
      Grades 36
  –, Leibniz-Notation 195
  –, natürliche Logarithmusfunktion 205
  –, Umkehrfunktion 194
  –, Vorzeichenwechsel 47
Ableitungsfunktion 23, 26
Ableitungsregeln 28, 138
  –, Faktorregel 28, 189
  –, für konstante Summanden 28
  –, Kettenregel 188
  –, Potenzregel 28
  –, Produktregel 188
  –, Quotientenregel 192
  –, Summenregel 28
absolute Häufigkeit 370
Abstand
  –, als Extremwertproblem 358
  –, Punkt – Ebene 350
  –, Punkt – Gerade 350
  –, Punkt – Gerade mithilfe der Analysis
      358
  –, windschiefer Geraden 356
  –, zweier Punkte 253
Achsenabschnittsform der Ebene 300
Allaussage 52
Alternativhypothese 440, 443, 445
Analytische Geometrie 256
Änderungsfunktion 137
Änderungsrate 16, 132
  –, durchschnittliche 20
  –, mittlere 213
  –, momentane 21, 132, 213
Änderungsratenfunktion 132, 139
Änderungsverhalten einer Funktion 19
Anfangsbedingung 144
Antangsbestand 213
Anfangswert 217
Äquivalenzumformungen 283
ARCHIMEDES 161
aufleiten 138
Aussagen 52
  –, begründen 52
  –, widerlegen 52

B

BATEMAN, HARRY 232
Baumdiagramm 370
bedingte Wahrscheinlichkeit 388
  –, Multiplikationsregel 388
Bedingung
  –, hinreichende 50
  –, notwendige 50
begründen 52
BERNOULLI, JAKOB 208
BERNOULLI, JOHANN 233
Bernoulli-Kette 406
Bernoulli-Versuch 406
Bestand 132
Bestandsberechnung 139
  –, Trapezformel 139
Bestandsfunktion 132, 137, 142
  –, in der Physik 141
  –, Rekonstruktion 132, 137
bestimmtes Integral 152
Betrag
  –, Vektor 258
Biegelinien 115
Bildpunkt 258
Binomialkoeffizienten 405, 406
Binomialverteilung 406, 429
  –, Erwartungswert 412
  –, für großen Stichprobenumfang 414
  –, Histogramm 407, 413
  –, Standardabweichung 412
Bogenlänge 174
BOLZANO, BERNHARD 83

C

CAD 120
capture-recapture-Methode 372
Chuck a luck 400
Computer-Algebra-System 102, 358
  –, Kettenregel 187
  –, lineares Gleichungssystem 284
  –, Trapezsummen 140

D

Dachformen 255
Daten
 –, Auswertung 456
 –, Erhebung 456
DESCARTES, RENÉ 256
DGS 92, 116, 143, 212, 263, 298
Diagonalform 284
Dichtefunktion 421
Differenzenquotient 19, 193
 –, Grenzwert 21
 –, GTR 20
 –, h-Methode 22
Differenzialgleichung 225
 –, begrenztes Wachstum 226
 –, exponentielles Wachstum 225
 –, lineares Wachstum 225
 –, logistisches Wachstum 227
 –, Physik 228
 –, quadratisches Wachstum 225
differenzierbar 79
differenzierbar an der Stelle 79
Differenzvektor 261
digitale Wurfspeer 141
DIRICHLET, PETER-GUSTAV-LEJEUNE 153
diskrete Zufallsgröße 396
DITFURTH, HOIMAR VON 216
Doppelblindstudie 457
Durchschnittsgeschwindigkeit 18
DÜRER, ALBRECHT 311

E

Ebenengleichung
 –, Achsenabschnittsform 300
 –, Hesse'sche Normalenform 354
 –, Koordinatenform 295
 –, Normalenform 338
 –, Punkt-Richtungs-Form 295
e-Funktion 199, 231
 –, Tangente 199
Elefantenrennen 135
empirisches Gesetz der großen Zahlen 370, 399
Entscheidungsregel 440, 444, 445
Ereignis 382
 –, ausschließend 386
 –, stochastisch unabhängig 389
 –, Verknüpfung 382
 –, Wahrscheinlichkeit 382
Erwartungswert 396, 412
erweiterte Koeffizientenmatrix 284

EULER, LEONHARD 199
Eulersche Zahl 199, 209, 210
Existenzaussage 52
Exponent
 –, rational 190
Exponentialfunktion 197, 206
 –, Ableitung 204
 –, e-Funktion 199, 204
 –, natürliche 199
exponentielles Wachstum 213, 216
 –, Differenzialgleichung 225
Extrempunkt 37, 51
 –, lokaler 32, 47
Extremum
 –, globales 34
 –, lokales 34
Extremwert
 –, Zielfunktion 61

F

Faktorregel 28, 189
Fehler 1. Art 450
Fehler 2. Art 450
FERMAT, PIERRE DE 256
FISHER, SIR RONALD AYLIMER 458
Flächenberechnung
 –, Flächenvergleich 160
 –, GTR 157
 –, Integral 156
 –, zwischen Graphen 156
Flächeninhalt
 –, orientiert 143
 –, orientierter 132, 147
Fluchtpunkt 312
Flugaufgabe 279, 288, 359, 365
Flussdiagramm 304, 307
Füllgraph 17
Funktion
 –, Änderungsverhalten 19
 –, äußere 188
 –, differenzierbar 79
 –, innere 188
 –, mit Parameter mit dem GTR 30
 –, Mittelwert auf Intervall 173
 –, nicht integrierbar 153
 –, Produkt 188
 –, stetig 79
 –, stetig an der Stelle 79
 –, Verkettung 188
 –, Verknüpfungen 188
Funktionenschar 234
 –, Ortskurve 72

G

GALILEI 233
Galton-Brett 404
ganzrationale Funktion 107
 –, differenzierbar 82
 –, dritten Grades 36
 –, n-ten Grades 29
 –, stetig 82
 –, vierten Grades 108
Gauß-Algorithmus 101, 104, 107, 283
GAUSS, CARL FRIEDRICH 100, 283, 422
Gaußfunktion 423
Gaußsche Glockenkurve 234
Gaußsche Normalverteilung 423
geometrische Interpretation von Gleichungssystemen 344
Gerade
 –, identisch 280
 –, im Raum 272
 –, in der Ebene 272
 –, parallel 280
 –, Spurpunkte 277
 –, windschief 280
 –, Winkel 333
Geradengleichung
 –, Punkt-Richtungs-Form 272
Geschwindigkeit-Zeit-Diagramm 131
Gewinnentwicklung 136
GINI, CORRADO 165
Gini-Koeffizient 165
Gleichungssystem
 –, lineares 101
global
 –, Extremum 34
 –, Maximum 34
 –, Minimum 34
Grad 29
Graph einer Funktion 16
 –, Ableitung 32, 36, 47
 –, Eigenschaften 32
 –, Extrempunkt 36, 37
 –, ganzrationale Funktionen dritten Grades 36
 –, Hochpunkt 32, 36
 –, punktsymmetrisch 36
 –, Sattelpunkt 37
 –, Steigung 16
 –, streng monoton fallend 32
 –, streng monoton steigend 32
 –, Tiefpunkt 32
GRASSMANN, HERMANN GÜNTER 264
Grenzmatrix 482

Grippewelle 235
GTR 22, 29, 37, 45, 48, 73, 92, 93, 99, 108, 116, 160, 187, 198, 200, 212, 270, 284, 299, 301, 302, 303, 305, 306, 318, 368, 407, 410, 413, 414, 424, 470, 471, 475, 477, 478
 –, Binomialverteilung 408, 424
 –, Differenzenquotient 20
 –, Flächenberechnung 157
 –, Funktion mit Parameter 30
 –, Integral 147
 –, lineares Gleichungssystem 102, 284
 –, Matrix-Vektor-Operationen 466
 –, Matrizenmultiplikation 474
 –, Normalverteilung 424
 –, Nullstellen 38
 –, Parameterdarstellung 73
 –, Regression 93, 94, 96
 –, Sekantensteigungsfunktion 188
 –, Wertetabelle 61

H

Halbwertszeit 215
hängende Kette 233
Häufigkeit
 –, absolute 370
Häufigkeitsdichte 421
Hauptsatz der Differenzial- und Integralrechnung 144, 147
 –, anschaulicher „Beweis" 146
Haus des Nikolaus 275
HESSE, LUDWIG OTTO 354
Hesse'sche Normalenform 354
hinreichende Bedingung 50
Histogramm 407
h-Methode 22, 24, 27
Hochpunkt 32, 36, 47, 51
HUYGENS, CHRISTIAN 172
Hyperbel 30, 94
Hypothese
 –, Alternativhypothese 440, 443
 –, Nullhypothese 440, 443
Hypothesentest 444, 445, 452, 457
 –, Vierfelder-Test 458

I

identisch
 –, Ebenen 306
 –, Geraden 280

Integral 144
  –, als Grenzwert von Produktsummen 150
  –, bestimmtes 152
  –, Flächenberechnung 156
  –, GTR 147
  –, obere Grenze 144
  –, Obersumme 151
  –, Rotationskörper 168
  –, uneigentliches 170
  –, untere Grenze 144
  –, Untersumme 151
  –, Unter- und Obersummen 151, 152, 153
Integralfunktion 143, 144
  –, Anfangsbedingung 144
  –, Eigenschaften 144, 145
  –, Konstante c 144
Integrand 144
Integrationsvariablen 149
integrieren 132
Interpretation 441
Intervall 47
  –, abgeschlossenes 35
irrationale Zahl 199
Iteration 474, 475
Iterationsvorschrift 474

K

KEPLER, JOHANNES 169
Kettenlinie 233, 240
Kettenregel 188
Koeffizient 29, 94, 101
Koeffizientenmatrix 102, 284
  –, erweiterte 284
Kohlendioxid 93
kollinear 261, 280
Koordinatenform
  –, Ebenengleichung 295
Koordinatensystem 253, 254
  –, Ortsvektor 258
  –, Punkte 258
Krümmung 47, 106, 114, 174
Krümmungsmaß 122
Kuboktaeder 252, 308, 317, 336
kumulierte Wahrscheinlichkeiten 409
Kurven
  –, Parameterdarstellung 76
Kurvendiskussion 57

L

Lagebeziehung
  –, zwischen Ebenen 306
  –, zwischen Geraden 280
  –, zwischen Gerade und Ebene 302
Länge eines Vektors 322
Laplace-Versuch 370
LEBESGUE, HENRI LÉON 153
LEIBNIZ, GOTTFRIED WILHELM 196, 233, 264
linear
  –, abhängig 304
  –, unabhängig 304
lineares Gleichungssystem 101, 107, 344, 477
  –, Gauß-Algorithmus 101, 283
  –, geometrische Interpretation 344
  –, GTR 102, 284
Linearfaktorzerlegung 37
Linearkombination 260
linksgekrümmt 47
LISTER, JOSEPH 458
Logarithmus
  –, natürlicher 203
Logik 50, 52
logistisches Wachstum
  –, Differenzialgleichung 227
lokal
  –, Extrempunkt 32, 47
  –, Extremum 34
  –, Maximum 34
  –, Minimum 34
Lorenzkurve 165
LORENZ, MAX OTTO 165
Lösungsstrategie
  –, Optimierungsaufgaben 61
  –, Steckbriefaufgaben 107
Lotfußpunktverfahren 350

M

MALTHUS, THOMAS ROBERT 216
Martix
  –, Grenzmatrix 482
Matrix 101, 284
  –, Diagonalform 102, 284
  –, Dreiecksform 101, 102
  –, Koeffizientenmatrix 102
  –, Matrixpotenz 482
  –, Multiplikation 464, 472
  –, stochastisch 464
  –, Übergangsmatrix 464

Matrixpotenz 482
Matrizenmultiplikation 472
  –, GTR 474
Maximum 34
  –, globales 34
  –, lokales 34
Mengendiagramm 382
Minimum 34
  –, globales 34
  –, lokales 34
Mittelpunkt einer Strecke 261
Mittelwert 396
Mittenviereck 263
  –, Ebene 263
  –, Raum 263
mittlere Änderungsrate 213
Modell 217, 231, 263, 404, 416
modellieren 164, 217
modellieren mit Funktionen 94, 116
  –, aus Daten 217
  –, Ziele 99
momentane Änderungsrate 21, 132, 199, 213
Monotonie 32, 47

N

natürliche Exponentialfunktion 199
natürliche Logarithmusfunktion 205
  –, Ableitung 205
natürlicher Logarithmus 203
Nebenbedingung 61
Newtonsches Abkühlungsgesetz 227
NEWTON, SIR ISAAC 196
Normalenform einer Ebenengleichung 338
Normalenvektor 333
Normalverteilung 423, 429
  –, Erwartungswert 423
  –, Sigma-Regeln 427
  –, Standardabweichung 423
notwendige Bedingung 50
Nullhypothese 440, 443, 444, 445
Nullstelle
  –, ganzrationale Funktionen dritten Grades 36
  –, GTR 38
  –, mehrfache 37
Nullstellensatz von Bolzano 83

O

Obersumme 151
Oktaeder 252
Optimierungsaufgabe 61
orientierter Flächeninhalt 132, 143, 147
orthogonal 322
Ortskurve 72, 234
  –, der Extremwerte 73
  –, Parameterdarstellung 72
  –, Parameterelimination 72
Ortsvektor 258

P

Paradoxon 172
parallele Vektoren 261, 280
Parallelprojektion 278, 289
Parameter 272
Parameterdarstellung
  –, Kurven 76
  –, Ortskurve 72
Parameterelimination
  –, Ortskurve 72
Parametergleichung 272
Parametervariation 234
Parkettierung des Raumes 342
Pfadregeln 370
Platonische Körper 268, 342
Polynom 29
  –, Grad 29
Potenzregel 28
Produktregel 188
  –, Beweis 193
Prognose 416
Prognoseintervall 416, 418
Projektion
  –, Parallelprojektion 278, 289
  –, Zentralprojektion 278, 289
Punkte
  –, Abstand 253
  –, Darstellung 253, 254
  –, im Koordinatensystem 253, 258
Punkt-Richtungs-Form
  –, Ebenengleichung 295
  –, Geradengleichung 272
punktsymmetrisch 36
P-Wert 440, 445

Q

Quotientenregel 192

R

radioaktiver Zerfall 215
Radiokarbonmethode 215
Realversuch 370
rechtsgekrümmt 47
Regression 93, 217
– , GTR 94, 96
Reichstagskuppel 92
relative
– , Häufigkeit 370
relative Häufigkeit 370
Richtungsvektor 272, 295
RIEMANN, BERNHARD 152
Rotationskörper 167, 168
ruckfrei 114

S

Sattelpunkt 36, 37, 50
Satz des Thales 328
Satz von Varignon 263
Schatten 278, 279, 289, 290, 310, 311
Schnittpunkt 280, 282
Schnittpunktansatz 282, 302
Sekantensteigungsfunktion 23, 122
– , GTR 188
Semmelweis, Ignaz Philipp 442
Sigma-Regeln 415, 427
– , Verwerfungsbereich 448
signifikant 440
Signifikanzniveau 444, 445
Signifikanztest 445, 452
– , Fehler 1. Art 450
– , Fehler 2. Art 450
Simulation
– , Zufallsexperiment 370
Simulationsplan 373
Skalarprodukt 322
– , Eigenschaften 327
– , S-Multipikation 346
SLUZE, RENÉ FRANÇOIS WALTHER DE 172
Spat 324
Splines 120
Spurpunkte 277, 300
Stammfunktion 138, 207
– , bestimmen 138
– , konstanter Faktor 138
– , Summenregel 138
Standardabweichung 396, 412
Steckbriefaufgaben 107
– , Lösungsvielfalt 111

Steigung 16, 30
– , durchschnittliche 21
– , Sekante 21
– , Tangente 21
Stelle 32, 47
– , differenzierbar 79, 82
– , stetig 79, 82
stetig 79
stetig an der Stelle 79
stetige Verzinsung 208
Stichprobe 416
Stichprobenergebnis 443
stochastische Matrix 464, 468
– , Grenzmatrix 482
stochastischer Prozess 464
– , langfristige Entwicklung 477
– , stabile Verteilung 477
– , Übergangsgraph 464
– , Übergangsmatrix 464
– , Übergangstabelle 464
stochastisch unabhängig 389
Strecke
– , im Raum 272
– , in der Ebene 272
streng monoton fallend 32
streng monoton steigend 32
Streuung 396
Stützvektor 272, 295
Summenregel 28
– , Stammfunktion 138

T

Tabelle 284
Tangente
– , Steigung 30
– , waagerecht 50
– , y-Achsenabschnitt 30
Tangentengleichung 30
Tangentensteigung 21
Taylorentwicklung 121
Test 449
– , einseitig 449
– , zweiseitig 449
Testgröße 440
Tetraederpackung 342
Tiefpunkt 32, 36, 47, 51
TORRICELLI, EVANGELISTA 172
Torricelli-Trompete 172
Translation 258
Trapezformel 139
Trapezsummen 140
Tripelspiegel 290

U

Übergangsgraph 464, 474
Übergangsmatrix 464, 474
Übergangsprozesse 474
 –, Matrixpotenzen 474
Übergangstabelle 464
Umkehrfunktion 194
 –, Ableitung 194
Umkehrung 50
Untersumme 151

V

Vektor 258
 –, Addition 260
 –, algebraisch 258
 –, Betrag 258
 –, Differenzvektor 261
 –, geometrisch 258
 –, in der Physik 330
 –, kollinear 261
 –, Koordinaten 258
 –, Länge 322
 –, linear abhängig 304
 –, Linearkombination 260
 –, linear unabhängig 304
 –, Normalenvektor 333
 –, orthogonal 322
 –, Ortsvektor 258
 –, parallel 261
 –, Richtungsvektor 272
 –, Skalarprodukt 322
 –, S-Multiplikation 260
 –, Stützvektor 272
 –, Winkel 322
 –, Zahlentripel 258
Vektorprodukt 346
 –, Flächenberechnung 347
 –, Volumenberechnungen 347
Vektorrechnung 260, 264
Verdopplungszeit 215
Verkettung von Funktionen 188, 189
Verschiebung 258
Verwerfungsbereich 445
 –, bestimmen 448
 –, einseitig 448
 –, Sigma-Regel 448
 –, zweiseitig 448
Vierfeldertafel 457
Vierfelder-Test 458
Vorzeichenwechsel 47
 –, Ableitung 47

W

Wachstum
 –, begrenzt 219
 –, Differenzialgleichung 225
 –, exponentiell 213, 216
 –, linear 216
 –, logistisch 221
Wachstumsfaktor 213
Wachstumskonstante 213
Wahrscheinlichkeit 370, 382
 –, bedingt 388
 –, Binomialkoeffizienten 405
 –, Ereignis 382
 –, kumuliert 409
Wahrscheinlichkeitsverteilung 396
 –, Erwartungswert 396
 –, Standardabweichung 396
Weg-Zeit-Gesetz 141
Wendepunkt 47, 50, 51
Wenn-dann-Aussage 50
windschief 280
Winkel
 –, Vektoren 322
 –, zwischen Ebenen 333
 –, zwischen Geraden 333
 –, zwischen Gerade und Ebene 333

Y

y-Achsenabschnitt 30

Z

Zahl
 –, Eulersche 199, 210
 –, irrationale 199
Zahlentripel 258
Zählmethode 370
Zählprinzip 383
zentraler Grenzwertsatz 426
Zentralperspektive 311
Zentralprojektion 278, 289
Zielfunktion 61
 –, Extremwert 61
Zufallsexperiment 369, 396
 –, mehrstufig 369
 –, Simulation 370
Zufallsgröße 396, 440
 –, diskret 396
 –, normalverteilt 423
 –, stetig 421
 –, Wahrscheinlichkeitsverteilung 396
Zufallsstichprobe 440
Zufallszahlen 371
Zustand 464

Fotoverzeichnis

|akg-images GmbH, Berlin: 100, 196, 196, 215, 283, 311, 422; Bildarchiv Steffens 385; IAM/World History Archive 169. |alamy images, Abingdon/Oxfordshire: David R. Frazier Photolibrary, Inc. 133; Historic Images 264. |alimdi.net, Deisenhofen: Kurt Moebus 319, 359. |American Institute of Physics - AIP Emilio Segrè Visual Archives (AIP), MD Maryland: 232. |argum Fotojournalismus, München: Christian Lehsten 374. |Bartl GmbH, Garching: 383. |Bicer, Vasfi: 269, 289. |bildagentur-online GmbH, Burgkunstadt: 43, 310; SC-Photos 348. |Bostelmann, Michael, Neuhäusel: 254, 269, 269, 292, 292, 292, 292, 292, 292, 323, 344, 344, 344, 344, 344, 344, 344, 480, 480, 480, 480. |Bramsiepe, Gudrun, Dornum: 131. |Bridgeman Images, Berlin: 63, 153, 227. |Bundesministerium der Finanzen, Berlin: 369, 433. |Busl, Matthias, Karlsfeld: 133. |Caro Fotoagentur, Berlin: Oberhaeuser 220. |Chesapeake Light Craft, LLC., clcboats.com, Annapolis, Maryland: Chesapeake Light Craft, LLC., clcboats.com 271. |Colourbox.com, Odense: Bunyos 95. |Deutsche Bundesbank, Frankfurt: 426. |Druwe & Polastri, Cremlingen/Weddel: 76, 122, 127, 128, 141. |ecopix Fotoagentur, Berlin: Andreas Froese 498; Froese 173. |Engel, Michael Dr. - University of Michigan, Computational Nanoscience & Soft Matter Simulation, Ann Arbor, MI 48109-2136: 342. |F1online, Frankfurt/M.: Horizon 288; Johner 43, 72; parasola 218; Prisma 233. |Fabian, Michael, Hannover: 380, 383, 386, 412, 497, 497. |fotolia.com, New York: Alexandr Mitiuc 120, 120; Andrey Burdjukov 220; benjaminnolte 410; Birgit Reitz-Hofmann 436; Boggy 455; Christian Jung 221; DeVIce 450; engel.ac 400; Fontanis 390; fotografx324 443; Frank Rhode 411; givina 120; k-xperience 312; Kanea 210; Marc Cecchetti 95; Marc Heiligenstein 95; Marcel Schauer 116; mihaela19750405 120; Mitiuc, Alexandr 120; mkinlondon 438; OlegDoroshin 438; PHILETDOM 419; PRILL Mediendesign 433; Race, Dan 437; reinobjektiv 135; robert6666 442; Sanders, Gina 292; ThinMan 372; tournee 462; womue 379; Yantra 317; zinkevych 71. |Frankfurter Allgemeine Zeitung GmbH, Frankfurt/Main: F.A.Z.-Grafik Kaiser 342. |Fraunhofer-Institut für Fabrikbetrieb und -automatisierung IFF, Magdeburg: 141; Bettina Rohrschneider 141. |Fritz Hansen AG, Frankfurt am Main: 120. |GeoGebra: 492. |Getty Images, München: Caspar Benson 280; David Madison 348; Gregor Schuster 212; Jeremy Horner 348; Joe McDonald 96; John Madere 271; Nigel Pavitt/JAI 348; Rick Gomez 185. |Glow Images GmbH c/o Regus, München: ImageBROKER RM/Cordelia Ewerth 95. |Guido Schiefer Fotografie, Köln: 257. |Haenel, Hardy, Hamburg: 428. |Helga Lade Fotoagenturen GmbH, Frankfurt/M.: H.R. Bramaz 247; Werner H. Müller 381. |Hofmann, Marcus, Georgenthal: 403. |Imago, Berlin: blickwinkel 114; Chai v.d. Laage 428; Christine Roth 164; GEPA pictures 447; Hoffmann 453; imagebroker 163; imagebroker/boensch 134, 154; Leemage 172; Manfred Segerer 469; PEMAX 18; Steinach 348; Sven Simon 454. |IPN - Stock, Berlin: Kevin Taylor 233. |iStockphoto.com, Calgary: Andy Cook 384; AVTG 169, 169; CandyBoxImages 320; Dantesattic 154; Irochka_T 367; Juanmonino Titel. |juniors@wildlife Bildagentur GmbH, Hamburg: 58. |Kanakris-Wirtl, Inge, Berlin: 492. |Kepler-Gesellschaft e.V., Weil der Stadt: 169. |Keystone Pressedienst, Hamburg: Jochen Zick 221; Volkmar Schulz 402. |Körner, Henning, Oldenburg: 67, 67, 67, 91, 91, 117, 117, 118, 118, 119, 172, 183. |Leemage, Berlin: MP 153. |LOKOMOTIV Fotografie, Stadtlohn: Thomas Willemsen 182, 249. |Lookphotos, München: H. & D. Zielske 124. |Masters Traditional Games / www.mastersofgames.com, St. Albans: 399. |mauritius images GmbH, Mittenwald: age 46, 220; Alamy 116, 248; Greatshots 467; imagebroker/Christian Reister 92; imagebroker/Horst Rudel 129, 135; imagebroker/Jochen Tack 398; Kraass 378; Photo Researchers/Bowater, Peter 154; Photoshot 279; Phototake 235; Science Source/Photo Researchers 172. |Mettin, Markus, Offenbach: 115. |Microsoft Deutschland GmbH, München: 399, 399. |Nusko, Ulrich, Bern: 288. |OKAPIA KG - Michael Grzimek & Co., Frankfurt/M.: Lee D.Simon/ScienceSource 222. |Oster, Karlheinz, Mettmann: 120. |PantherMedia GmbH (panthermedia.net), München: fouroaks 224; Heinz-Jürgen Landshoeft 411; Zuck 95. |Picture-Alliance GmbH, Frankfurt/M.: 185, 216, 217, 219; akg-images/NASA 141; dieKLEINERT.de/Niklas

Hughes 432; dpa 116, 442; dpa-Zentralbild/Woitas, Jan 134; dpa/Frank Rumpenhorst 348; dpa/Peter Kneffel 164; Leemage 208, 256; MP/Leemage 83, 375; MP/Leemage/maxppp 152; Sefano Bianchetti/Leemage 256. |plainpicture, Hamburg: S. Zirwes 114. |REUTERS, Berlin: Eduardo Munoz 454. |RIVA 1920 Industria Mobili SPA, Cantù (CO): 128. |Ruprecht-Karls-Universität Heidelberg, Universitätsarchiv, Heidelberg: 354. |Rüsing, Michael, Essen: 64. |Scheid, Olga, Oldenburg: 169, 233, 240, 488. |Schmidt, Prof. Günter, Stromberg: 13, 15, 15, 58, 65, 65, 76, 97, 99, 106, 106, 106, 106, 125, 167, 174, 186, 251, 251, 251, 253, 253, 261, 262, 263, 263, 279, 290, 290, 291, 299, 319, 326, 330, 331, 331, 337, 343, 343, 343, 349, 369, 441, 441, 447. |Schroeder, Mike /argus, Hamburg: 479. |Science Photo Library, München: SPL 216, 458; SPL/A. Barrington Brown 458; SPL/Sinclair Stammers 324. |Shutterstock.com, New York: 18; Anderl 212; Fedor Korolevskiy 64; fritz16 95; Leonid Dushin 247; Neamov 232; Rawpixel 230; science photo 229; steamroller_blues 232; Torwaiphoto 211; tristan tan 142; zstock 211. |Spektrum der Wissenschaft Verlagsgesellschaft mbH, Heidelberg: Mit freundlicher Genehmigung von Springer Science and Business Media 385. |Steinberg, Günter, Oldenburg: 269, 270. |stock.adobe.com, Dublin: Alessandro 93; Cynthia 447; marchello74 154; TIMDAVIDCOLLECTION 163; tope007 311; UTOPIA 212. |StockFood GmbH, München: Uwe Bender 62. |Süddeutsche Zeitung - Photo, München: Scherl 196. |supraphoto, Berlin: 91, 92, 92. |Thinkstock, Sandyford/Dublin: iStock 394. |Tierbildarchiv Angermayer, Holzkirchen: Pfletschinger 484. |TV-yesterday, München: W. M. Weber 66. |Verlag Harri Deutsch ---> aufgelöst!!!, Haan-Gruiten: Ostwalds Klassiker der exakten Wissenschaften Bd 162 (Reprint 162/164). Über die Analysis des Unendlichen - G.Leibniz. Abhandlung über die Quadratur von Kurven - I. Newton. Verlag Harri Deutsch 2007, 3. Auflage, S.14 233. |Visum Foto GmbH, München: A. Vossberg 59; euroluftbild.de 64; Marc Steinmetz 279; Sven Doering 59. |Vogt, Thomas, Hargesheim / Bad Kreuznach: 58, 58, 321, 338, 341, 341, 356, 416, 439, 444, 445. |Wandmacher, Ingo, Bad Schwartau: 43, 235. |Warmuth, Torsten, Berlin: 367, 368, 369, 369, 370. |Weller, Hubert Dr., Lahnau: 91, 108, 115, 115, 115, 257, 275, 290, 290, 290, 310, 311, 312, 312, 439. |Werner Otto Bildarchiv, Oberhausen: 477. |Werth, Gerda, Bad Lippspringe: 391, 396, 497. |wikimedia.commons: 426; gemeinfrei 172; Matthias079 CC-Genehmigung CC BY-SA 3.0 490. |Zacharias, Martin, Molfsee: 366. |© Europa-Park, Rust bei Freiburg: 20.

Wir arbeiten sehr sorgfältig daran, für alle verwendeten Abbildungen die Rechteinhaberinnen und Rechteinhaber zu ermitteln. Sollte uns dies im Einzelfall nicht vollständig gelungen sein, werden berechtigte Ansprüche selbstverständlich im Rahmen der üblichen Vereinbarungen abgegolten.